高等数学一题多解 300 例

郑华盛　编著

科学出版社

北　京

内 容 简 介

本书主要介绍高等数学中 300 道经典习题的一题多解, 这是作者在 30 多年教学过程中的积累和总结. 书中的习题及其解法部分选自高等数学及数学分析类参考文献、国内外大学数学竞赛试题和研究生入学考试试题及其解答, 部分源于作者多年的教学研究成果, 其中有不少是作者编制的新题和给出的新颖解法, 解法丰富多彩. 每道习题均包括典型例题、特别提示及类题训练三个环节, 供读者拓展解题思路、思考和练习之用, 以加深对相关解题方法的理解和运用. 全书例题与同类训练题总和达 1500 多道. 习题的典型性与广泛性、解法的多样性与新颖性、解法的普适性与拓展性、类题的针对性及习题的海量性是本书的主要特色.

本书可作为高等数学及数学分析的教学参考书, 供理工、经管类等专业大学生, 参加大学数学竞赛及研究生入学考试的大学生参考, 也可供大学数学教师及数学工作者教学与教学研究参考.

图书在版编目 (CIP) 数据

高等数学一题多解 300 例 / 郑华盛编著. —北京: 科学出版社, 2019.5
ISBN 978-7-03-061074-4

Ⅰ. ①高⋯ Ⅱ. ①郑⋯ Ⅲ. ①高等数学-高等学校-题解 Ⅳ. ①O13-44

中国版本图书馆 CIP 数据核字 (2019) 第 075016 号

责任编辑: 张中兴 梁 清 / 责任校对: 杨聪敏
责任印制: 张 伟 / 封面设计: 迷底书装

科 学 出 版 社 出版
北京东黄城根北街 16 号
邮政编码: 100717
http://www.sciencep.com

北京建宏印刷有限公司印刷
科学出版社发行 各地新华书店经销
*
2019 年 5 月第 一 版 开本: 720×1000 B5
2025 年 4 月第七次印刷 印张: 38 1/2
字数: 774 000
定价: 89.00 元
(如有印装质量问题, 我社负责调换)

前　言

在高等数学和数学分析课程学习过程中，解题是一项非常重要的活动. 美国著名数学家和数学教育家 G. 波利亚指出："解题是智力的特殊成就，而智力乃是人类的天赋，因此解题可以认为是人的最富有特征性的活动."众所周知，一道好的典型数学习题往往比那些精心准备的课堂讲授更易于启发学生的思维. 解题训练使学生掌握和巩固所学知识. 在解题过程中，如果能多思考一题多解，那么解题就会成为一项有趣且富有挑战性的工作，对培养学生的发散思维与创新思维，提高他们的创新能力具有重要的促进作用.

本书给出高等数学中 300 道经典与重点类型习题的一题多解，使读者从多个角度审视和解决问题，一方面熟悉多个知识点，达到融会贯通，提高灵活运用知识的能力；另一方面能拓宽视野和解题思路，培养和提高创新思维及创新能力，使其触类旁通. 对于培养数学兴趣和数学审美情趣也有很好的促进作用.

本书内容主要涉及微积分学、向量代数与空间解析几何、常微分方程和级数，只有个别习题解法中涉及少量的数值分析、线性代数和概率论知识. 依据高等数学的教学内容顺序，本书主要包括极限与连续、一元函数微分学、一元函数积分学、多元函数微分学、多元函数积分学、向量代数与空间解析几何、微分方程和级数等八章内容，每个章节又分为两个部分：第一部分是章节对应的经典习题选编，以方便读者练习和查找之用，虽然并非每道习题都是难题，但其解题方法新颖、富有启发性，习题的难度基本上是先易后难，并考虑题型的分类与关联；第二部分是对所选编经典习题的一题多解，对所选的每一个习题均依序分别给出了典型例题、特别提示和类题训练等三个环节. 典型例题部分给出了每道习题的多种解法，其中部分解法选自参考文献，部分解法是作者自己完成的；特别提示是作者对该习题或解法的一般性推广，或对需要注意的问题及解法中所用结论等给出提示和补充说明；类题训练中所列的习题都是可以用该题的一种或多种解法类似求解的习题，可供读者测试与练习之用. 之所以这样安排，是希望读者针对每个章节第一部分精选的经典习题，坚持先自己做，并认真思考是否可以给出一题多解，然后再看第二部分给出的习题的多种经典解法，深刻理解并掌握其解题方法与技巧，启发和拓展自己的解题思路，并认真体会特别提示中的相关内容；最后再借鉴一种或多种方法类似地求解类题训练中的习题.

若能如此阅读本书, 将一定会使读者的解题能力得到较大的提升、解题思路与方法得到丰富和拓展, 同时享受解题带来的乐趣. 这也是作者写本书的初衷, 希望能与读者分享本书中的一题多解.

本书具有以下几个特点.

(1) 习题的典型性与广泛性. 习题及其解法部分选自一些高等数学及数学分析类参考书、国内外大学数学竞赛试题及历年研究生入学考试题, 部分来源于作者多年的教学研究成果, 其中有不少是作者自己给出的解法和编制的新题.

(2) 解法的多样性与新颖性. 除了应用高等数学的知识解题, 还有少量习题利用线性代数、概率论及数值分析等知识求解, 解法丰富多彩. 所选习题都具有代表性, 且每道习题都给出了多种解法, 除个别习题只给出两种解法外, 一般都给出三种及以上解法, 有的多达九种解法, 其解题方法基本上能涵盖主要的解题方法.

(3) 解法的普适性与拓展性. 一些习题虽然是特定问题, 但在特别提示中, 给出了它们的一般性结论及推广, 使其适用于一类问题的求解. 这种对问题的一般化推广与拓展, 对于培养创新思维、激发研究问题的兴趣具有很好的促进作用.

(4) 类题的针对性. 每道习题都包含典型例题的经典解法、特别提示及类题训练等三个环节. 类题训练主要供读者练习之用, 类题的解法具有很强的针对性, 可由经典习题的一种或多种解法类似地求解, 使读者不至于无从下手. 通过能否正确解答, 检验是否掌握了该习题的解法.

(5) 习题的海量性. 虽然只是给出 300 道习题的多种解法, 但每道例题的类题训练部分又含有多个习题, 所以本书实际上给出了 1500 多道习题的解法.

本书的内容是作者从事高等数学课程 30 多年教学实践的积累, 凝聚了作者大量的心血, 其中有不少习题和解法是作者编制和给出的, 源于作者的教学研究成果及教学体会, 一些解法很新颖且富有创意, 希望能与读者分享, 并享受解题带来的乐趣. 作者主讲考研数学辅导班和大学数学竞赛培训课, 所指导的大学生参加全国大学生数学竞赛决赛曾获国家二、三等奖, 对高等数学解题方法有一定的研究且一直致力于高等数学一题多解的研究与收集, 编写此书是作者的夙愿. 为此, 作者一方面积极开展关于高等数学等课程的教学及教学研究工作, 特别关注一题多解; 另一方面一直注意一题多解习题及其解法的收集, 购买并参阅了一些相关的数学类书籍, 查阅了大量的文献资料, 花费了大量的时间和精力. 本书成稿经历了漫长的收集、整理、修改、补充等过程, 编著过程中参考了书后所列的参考资料. 在此, 对所有参考资料的作者表示衷心的感谢.

　　本书在出版过程中, 得到了科学出版社张中兴编辑和梁清编辑的大力支持和帮助, 在此表示衷心的感谢! 本书的出版得到了国家自然科学基金(项目编号: 11261040)及高等学校大学数学教学研究与发展中心项目(项目编号: CMC20160413)的经费支持, 得到了袁达明副教授和南昌航空大学科技处的大力支持, 也得到了南昌航空大学王如海教授的热情鼓励, 在此一并致谢!

　　囿于作者水平和时间, 书中难免会出现疏漏之处, 恳请读者批评指正.

郑华盛

于南昌航空大学前湖校区

2018 年 10 月 8 日

目　录

第1章

极限与连续

 一、经典习题选编

1 证明 $\lim\limits_{n\to\infty}\sqrt[n]{n}=1$.

2 设函数 $f(x)$ 在点 $x_0\in(a,b)$ 处可导, 且 $a<\alpha_n<x_0<\beta_n<b(n\in\mathbf{N})$, $\lim\limits_{n\to\infty}\alpha_n=\lim\limits_{n\to\infty}\beta_n=x_0$, 则有 $\lim\limits_{n\to\infty}\dfrac{f(\beta_n)-f(\alpha_n)}{\beta_n-\alpha_n}=f'(x_0)$.

3 求极限 $\lim\limits_{n\to\infty}\displaystyle\int_0^{\frac{\pi}{2}}\sin^n x\,\mathrm{d}x$.

4 求极限 $\lim\limits_{n\to\infty}\dfrac{\sqrt[n]{n!}}{n}$. (2018 年河北省大学生数学竞赛(非数学类)试题)

5 设 $x_n=\mathrm{e}-\left(1+\dfrac{1}{n}\right)^n$, 求极限 $\lim\limits_{n\to\infty}nx_n$. (2010 年首届全国大学生数学竞赛决赛(非数学类)试题)

6 设 $x_n=\sum\limits_{i=1}^{n}\dfrac{1}{n}\sin\dfrac{i}{n}\pi$, 证明数列 $\{x_n\}$ 存在极限, 并求极限 $\lim\limits_{n\to\infty}x_n$.

7 求极限 $\lim\limits_{n\to\infty}\sum\limits_{k=1}^{n-1}\left(1+\dfrac{k}{n}\right)\cdot\sin\dfrac{k\pi}{n^2}$. (2010 年首届全国大学生数学竞赛决赛(非数学类)试题)

8 求极限 $\lim\limits_{n\to\infty}\sum\limits_{k=1}^{n}\dfrac{n+k}{n^2+k}$. (2003 年浙江省大学生高等数学竞赛题)

9 求极限 $\lim\limits_{n\to\infty}\left(a_1^n+a_2^n+\cdots+a_m^n\right)^{\frac{1}{n}}$, 其中 $a_i>0,i=1,2,\cdots,m$.

10 设数列 $\{x_n\}$ 满足 $x_n=\dfrac{11\cdot12\cdot13\cdots(n+10)}{2\cdot5\cdot8\cdots(3n-1)},n=1,2,\cdots$, 求极限 $\lim\limits_{n\to\infty}x_n$.

11 设数列 $\{x_n\}$ 满足: $x_0=1,x_{n+1}=\sqrt{2x_n},n=0,1,2,\cdots$, 证明数列 $\{x_n\}$ 收敛, 并求其极限值.

12 已知 $x_1=\sqrt{6},x_n=\sqrt{6+x_{n-1}},n=2,3,\cdots$, 证明数列 $\{x_n\}$ 有极限, 并求其值.

13　设数列 $\{x_n\}$ 满足 $0 < x_1 < 3, x_{n+1} = \sqrt{x_n(3-x_n)}, n = 1, 2, \cdots$, 证明数列 $\{x_n\}$ 的极限存在, 并求其极限值. (2002 年硕士研究生入学考试数学(二)试题)

14　设 $0 < c < 1, x_1 = \dfrac{c}{2}$, 且 $x_{n+1} = \dfrac{c}{2} + \dfrac{x_n^2}{2}, n = 1, 2, \cdots$, 证明数列 $\{x_n\}$ 收敛, 并求其极限值.

15　设 $a > 0, x_0 > 0, x_{n+1} = \dfrac{1}{2}\left(x_n + \dfrac{a}{x_n}\right), n = 0, 1, 2, \cdots$, 证明数列 $\{x_n\}$ 收敛, 并求其极限值.

16　设 $a > 0, x_0 > 0, x_{n+1} = \dfrac{x_n(x_n^2 + 3a)}{3x_n^2 + a}, n = 0, 1, 2, \cdots$, 证明数列 $\{x_n\}$ 收敛, 并求其极限值. (1975 年苏联大学生数学竞赛题)

17　设数列 $\{x_n\}$ 满足 $x_1 > 0, x_{n+1} = \dfrac{C(1+x_n)}{C+x_n}, n = 1, 2, \cdots$, $C > 1$ 为常数, 求极限 $\lim\limits_{n \to \infty} x_n$.

18　设数列 $\{x_n\}$ 满足 $x_1 = 1$, $x_{n+1} = \dfrac{1}{1+x_n}$, $n = 1, 2, \cdots$, 求极限 $\lim\limits_{n \to \infty} x_n$.

19　设数列 $\{x_n\}$ 满足 $x_1 = 2$, $x_{n+1} = 2 + \dfrac{1}{x_n}$, $n = 1, 2, \cdots$, 证明数列 $\{x_n\}$ 收敛, 并求极限 $\lim\limits_{n \to \infty} x_n$. (1975 年苏联大学生数学竞赛题)

20　已知 $x_0 = 1$, $x_{n+1} = \dfrac{1}{x_n^3 + 4}$, $n = 0, 1, 2, \cdots$, 证明(1)数列 $\{x_n\}$ 收敛; (2) $\{x_n\}$ 的极限值 a 是方程 $x^4 + 4x - 1 = 0$ 的唯一正根.

21　设数列 $\{x_n\}$ 满足 $(2 - x_n) \cdot x_{n+1} = 1, n = 1, 2, \cdots$, 证明对于任意初值 x_1, 数列 $\{x_n\}$ 皆收敛, 并求极限 $\lim\limits_{n \to \infty} x_n$. (第七届美国大学生数学竞赛题)

22　设数列 $\{x_n\}$ 满足: $x_0 = a, x_1 = b, x_{n+1} = \dfrac{x_n + x_{n-1}}{2}, n = 1, 2, 3, \cdots$, 求极限 $\lim\limits_{n \to \infty} x_n$.

23　设 $k > 0, l > 0, a_1, a_2$ 为已知常数, $a_1^2 + a_2^2 \neq 0$, 数列 $\{a_n\}$ 由关系式 $a_{n+1} = k a_n + l a_{n-1}$ 给出, 求极限 $\lim\limits_{n \to \infty} \dfrac{a_n}{a_{n-1}}$.

24　设 $\{a_n\}, \{b_n\}$ 均为正整数数列, 且满足 $a_1 = b_1 = 1$, $a_n + \sqrt{3} b_n =$

$\left(a_{n-1} + \sqrt{3}\, b_{n-1}\right)^2$，证明数列 $\left\{\dfrac{a_n}{b_n}\right\}$ 的极限存在，并求该极限值.

25　设数列 $\{p_n\}, \{q_n\}$ 满足 $p_{n+1} = p_n + 2q_n, q_{n+1} = p_n + q_n, p_1 = q_1 = 1$，求极限 $\lim\limits_{n \to \infty} \dfrac{p_n}{q_n}$.

26　已知 $a_1 = \alpha, b_1 = \beta\,(\alpha > \beta), a_{n+1} = \dfrac{a_n + b_n}{2}, b_{n+1} = \dfrac{a_{n+1} + b_n}{2}, n = 1, 2, \cdots$，证明 $\lim\limits_{n \to \infty} a_n$ 及 $\lim\limits_{n \to \infty} b_n$ 存在且相等，并求出极限值.

27　设 $a_1^{(0)}, a_2^{(0)}, a_3^{(0)}$ 为三角形各边的长，令 $a_1^{(k)} = \dfrac{1}{2}\left(a_2^{(k-1)} + a_3^{(k-1)}\right)$，$a_2^{(k)} = \dfrac{1}{2}\left(a_1^{(k-1)} + a_3^{(k-1)}\right)$，$a_3^{(k)} = \dfrac{1}{2}\left(a_1^{(k-1)} + a_2^{(k-1)}\right)$，证明 $\lim\limits_{k \to \infty} a_i^{(k)} = \dfrac{a_1^{(0)} + a_2^{(0)} + a_3^{(0)}}{3}, i = 1, 2, 3.$
(1976 年苏联大学生数学竞赛题)

28　设 $a_0 > 0, a_{n+1} = a_n + \dfrac{1}{a_n}, n = 0, 1, 2, \cdots$，证明 $\lim\limits_{n \to \infty} \dfrac{a_n}{\sqrt{2n}} = 1.$

29　设 $0 < x_1 < 1, x_{n+1} = x_n \cdot (1 - x_n), n = 1, 2, \cdots$，证明 $\lim\limits_{n \to \infty} n x_n = 1.$

30　设 $a_0 = 0, a_1 = 1$，且 $a_{n+2} = \dfrac{1}{n+1}(n a_{n+1} + a_n), n = 0, 1, 2, \cdots$，求 (1) a_n 的表达式; (2) $\lim\limits_{n \to \infty} a_n$.

31　求极限 $\lim\limits_{n \to \infty} \sqrt{n^2 + 1} \cdot \left(\arctan \dfrac{n+1}{n} - \dfrac{\pi}{4}\right).$

32　求极限 $\lim\limits_{n \to \infty} \left(\dfrac{1}{n} - \sin \dfrac{1}{n}\right)^{\frac{1}{3}} \cdot \sqrt[n]{n!}.$

33　计算极限 $\lim\limits_{n \to \infty} \dfrac{1}{n} \int_{\frac{1}{n}}^{1} \dfrac{\cos 2t}{4t^2}\, dt.$

34　设 $x_n = 1 + \dfrac{1}{\sqrt{2}} + \dfrac{1}{\sqrt{3}} + \cdots + \dfrac{1}{\sqrt{n}} - 2\sqrt{n}, n = 1, 2, \cdots$，证明极限 $\lim\limits_{n \to \infty} x_n$ 存在.

35　计算极限 $\lim\limits_{n \to \infty} \left(\dfrac{1}{n+1} + \dfrac{1}{n+2} + \cdots + \dfrac{1}{2n}\right).$

36　设 $x_n = 1 + \dfrac{1}{2} + \dfrac{1}{3} + \cdots + \dfrac{1}{n}$，$n \in \mathbf{N}^+$，证明数列 $\{x_n\}$ 发散.

37　设函数 $f(x)$ 在 $x = 0$ 的某个邻域内有连续导数，且 $\lim\limits_{x \to 0} \left(\dfrac{\sin x}{x^2} + \dfrac{f(x)}{x}\right) = 2$，求 $f(0)$ 及 $f'(0)$.

38 已知 $\lim\limits_{x\to 0}\dfrac{\sin 6x + x f(x)}{x^3} = 0$，求极限 $\lim\limits_{x\to 0}\dfrac{6 + f(x)}{x^2}$．(2000 年硕士研究生入学考试数学(二)试题)

39 设 $\lim\limits_{x\to 0}\dfrac{\ln\left(1 + \dfrac{f(x)}{\sin 2x}\right)}{3^x - 1} = 5$，求极限 $\lim\limits_{x\to 0}\dfrac{f(x)}{x^2}$．

40 确定常数 a，b，使 $\lim\limits_{x\to -\infty}\left(\sqrt{2x^2 + 4x - 1} - ax - b\right) = 0$．

41 设 $\lim\limits_{x\to 0}\dfrac{\ln(1+x) - (ax + bx^2)}{x^2} = 2$，求常数 a，b．

42 设函数 $f(x)$ 在 $x = 0$ 的某邻域内有一阶连续导数，且 $f(0) \neq 0$，$f'(0) \neq 0$，若 $af(h) + bf(2h) - f(0)$ 在 $h \to 0$ 时是比 h 高阶的无穷小，试确定 a,b 的值.(2002 年硕士研究生入学考试数学(一)试题)

43 设函数 $f(x)$ 在 $x = 0$ 的某邻域内具有二阶导数，且 $\lim\limits_{x\to 0}\dfrac{f(x)}{x} = 0$，$f''(0) = 4$，求极限 $\lim\limits_{x\to 0}\left(1 + \dfrac{f(x)}{x}\right)^{\frac{1}{x}}$．

44 求极限 $\lim\limits_{x\to 0}\left(\dfrac{\sin x}{x}\right)^{\frac{1}{1-\cos x}}$．(2011 年第二届全国大学生数学竞赛(非数学类)决赛试题)

45 求极限 $\lim\limits_{x\to 0}\left(\dfrac{a^x + b^x + c^x}{3}\right)^{\frac{1}{x}}$，其中 $a,b,c > 0$．

46 求极限 $\lim\limits_{n\to\infty}\tan^n\left(\dfrac{\pi}{4} + \dfrac{1}{n}\right)$．

47 设 a，$b > 0$，证明 $\lim\limits_{n\to\infty}\left(\dfrac{\sqrt[n]{a} + \sqrt[n]{b}}{2}\right)^n = \sqrt{ab}$．

48 已知函数 $f(x)$ 在 $(0, +\infty)$ 上可导，$f(x) > 0$，$\lim\limits_{x\to +\infty} f(x) = 1$，且满足 $\lim\limits_{h\to 0}\left(\dfrac{f(x+hx)}{f(x)}\right)^{\frac{1}{h}} = e^{\frac{1}{x}}$，求 $f(x)$．(2002 年硕士研究生入学考试数学(二)试题)

49 求极限 $\lim\limits_{x\to 0}\dfrac{\sqrt{1-x^2} - \sqrt{1-4x^2}}{x^2}$．

50 求极限 $\lim\limits_{x\to+\infty}\left(\sqrt[6]{x^6+x^5}-\sqrt[6]{x^6-x^5}\right)$.

51 设 $m,n\in\mathbf{N}^+$(正整数集),求极限 $\lim\limits_{x\to1}\left(\dfrac{m}{x^m-1}-\dfrac{n}{x^n-1}\right)$.

52 求极限 $\lim\limits_{x\to0}\dfrac{\sqrt[3]{2-\cos x}-1-\dfrac{x^2}{6}}{x^4}$.

53 求极限 $\lim\limits_{x\to0}\dfrac{(1+x)^x-\cos\dfrac{x}{2}}{\left(\sin x-\sin\dfrac{x}{2}\right)\cdot\ln(1+x)}$.

54 设函数 $f(x)$ 有一阶连续导数,且 $f(0)=f'(0)=1$,求极限 $\lim\limits_{x\to0}\dfrac{f(\sin x)-1}{\ln f(x)}$.

55 设函数 $f(x)$ 在 $x=0$ 的某邻域内连续,且 $f(0)\neq0$,求极限 $\lim\limits_{x\to0}\dfrac{\displaystyle\int_0^x(x-t)f(t)\mathrm{d}t}{x\displaystyle\int_0^x f(x-t)\mathrm{d}t}$. (2005 年硕士研究生入学考试数学(二)试题)

56 设函数 $f(x)$ 在闭区间 $[0,1]$ 上具有连续导数, $f(0)=0,f(1)=1$,证明 $\lim\limits_{n\to\infty}n\cdot\left(\displaystyle\int_0^1 f(x)\mathrm{d}x-\dfrac{1}{n}\sum\limits_{k=1}^n f\left(\dfrac{k}{n}\right)\right)=-\dfrac{1}{2}$. (2016 年第八届全国大学生数学竞赛预赛(非数学类)试题)

57 设函数 $f(x)$ 在 $[0,1]$ 上连续,证明 $\lim\limits_{h\to0^+}\displaystyle\int_0^1\dfrac{h}{h^2+x^2}\cdot f(x)\mathrm{d}x=\dfrac{\pi}{2}f(0)$.

58 计算极限 $\lim\limits_{n\to\infty}\dfrac{1}{n}\sum\limits_{k=1}^n\left(\left[\dfrac{2n}{k}\right]-2\left[\dfrac{n}{k}\right]\right)$,其中 $[x]$ 表示 x 的最大整数部分. (1976 年美国 Putnam 数学竞赛题)

59 设 $f(x)$ 在 $[a,b]$ 上连续,且 $a<c<d<b$,证明至少存在一个 $\xi\in(a,b)$,使得 $pf(c)+qf(d)=(p+q)f(\xi)$,其中 p,q 为任意正常数.

60 设函数 $f(x)$ 在开区间 (a,b) 内连续,$x_1,x_2,\cdots,x_n\in(a,b)$,证明存在 $\xi\in(a,b)$,使 $f(\xi)=\dfrac{1}{n}\sum\limits_{i=1}^n f(x_i)$.

61 设函数 $f(x)$ 在 $(-\infty,+\infty)$ 上连续,且 $f[f(x)]=x$,证明至少存在一个 $\xi\in\mathbf{R}$,使 $f(\xi)=\xi$. (2018 年河北省大学生数学竞赛(非数学类)试题)

62 设函数 $f(x)$ 在 $[0,1]$ 上连续, $f(0)=f(1)$,证明对于任意自然数 n,存在

$\xi \in [0,1)$, 使得 $f\left(\xi + \dfrac{1}{n}\right) = f(\xi)$.

63   设函数 $f(x)$ 在 $[a,b]$ 上连续，且对于任意 $x \in [a,b]$，存在相应的 $y \in [a,b]$，使得 $|f(y)| \leqslant \dfrac{1}{2}|f(x)|$. 证明至少存在一点 $\xi \in [a,b]$，使得 $f(\xi) = 0$.

二、一题多解

典型例题

1   证明 $\lim\limits_{n\to\infty} \sqrt[n]{n} = 1$.

【证法 1】   不妨设 $\lambda_n = \sqrt[n]{n} - 1$，则 $\lambda_n \geqslant 0$，且

$$n = (1+\lambda_n)^n = 1 + n\lambda_n + \frac{n(n-1)}{2}\lambda_n^2 + \cdots + \lambda_n^n \geqslant 1 + \frac{n(n-1)}{2}\lambda_n^2,$$

于是当 $n > 1$ 时，有 $0 \leqslant \lambda_n^2 \leqslant \dfrac{2}{n}$，即得 $0 \leqslant \sqrt[n]{n} - 1 \leqslant \sqrt{\dfrac{2}{n}}$. 故 $\forall \varepsilon > 0$，取 $N = \left[\dfrac{2}{\varepsilon^2}\right] + 1$，则当 $n > N$ 时，有 $\left|\sqrt[n]{n} - 1\right| < \varepsilon$，即得 $\lim\limits_{n\to\infty} \sqrt[n]{n} = 1$.

【证法 2】   当 $n \geqslant 2$ 时，由

$$n = 1 + (n-1) = 1 + \frac{n(n-1)}{2}\cdot\frac{2}{n} = 1 + C_n^2\left(\sqrt{\frac{2}{n}}\right)^2 < \left(1 + \sqrt{\frac{2}{n}}\right)^n,$$

得 $1 < \sqrt[n]{n} < 1 + \sqrt{\dfrac{2}{n}}$，于是由夹逼准则，即得 $\lim\limits_{n\to\infty} \sqrt[n]{n} = 1$.

【证法 3】   令 $\sqrt[n]{\sqrt{n}} - 1 = x_n$，则 $x_n > 0 (n > 1)$，且 $\sqrt{n} = (1+x_n)^n > nx_n$，于是 $0 < x_n < \dfrac{1}{\sqrt{n}}$，从而由夹逼准则知 $\lim\limits_{n\to\infty} x_n = 0$，故

$$\lim_{n\to\infty} \sqrt[n]{n} = \lim_{n\to\infty}\left(\sqrt[n]{\sqrt{n}}\right)^2 = \lim_{n\to\infty}(1+x_n)^2 = 1.$$

【证法 4】   利用 Heine 定理及 L'Hospital 法则，有

$$\lim_{n\to\infty} \sqrt[n]{n} = \lim_{n\to\infty} e^{\frac{\ln n}{n}} = e^{\lim\limits_{n\to\infty}\frac{\ln n}{n}} = e^{\lim\limits_{x\to+\infty}\frac{\ln x}{x}} = e^{\lim\limits_{x\to+\infty}\frac{1}{x}} = e^0 = 1.$$

【证法 5】   已知算术-几何-调和平均值不等式：设 $a_i > 0 (i=1,2,\cdots,n)$，则有

$$\frac{n}{\dfrac{1}{a_1}+\dfrac{1}{a_2}+\cdots+\dfrac{1}{a_n}} \leqslant \sqrt[n]{a_1 a_2 \cdots a_n} \leqslant \frac{a_1 + a_2 + \cdots + a_n}{n}.$$

因为 n 可看作两个 $\sqrt{n}$ 与 $n-2$ 个1的乘积，所以由上述不等式有

$$\frac{n}{\dfrac{2}{\sqrt{n}}+n-2}\leqslant \sqrt[n]{n}=\sqrt[n]{\sqrt{n}\cdot\sqrt{n}\cdot\underbrace{1\cdot1\cdots1}_{n-2\uparrow}}\leqslant \frac{2\sqrt{n}+n-2}{n}<1+\frac{2}{\sqrt{n}},$$

而 $\displaystyle\lim_{n\to\infty}\frac{n}{\dfrac{2}{\sqrt{n}}+n-2}=1$，$\displaystyle\lim_{n\to\infty}\left(1+\frac{2}{\sqrt{n}}\right)=1$，故由夹逼准则得 $\displaystyle\lim_{n\to\infty}\sqrt[n]{n}=1$.

【证法 6】　记 $x_n=n$，则 $\displaystyle\lim_{n\to\infty}\frac{x_{n+1}}{x_n}=\lim_{n\to\infty}\frac{n+1}{n}=1$. 于是由已知结论

"设 $x_n>0\,(n=1,2,\cdots)$，且 $\displaystyle\lim_{n\to\infty}\frac{x_{n+1}}{x_n}=a$，则 $\displaystyle\lim_{n\to\infty}\sqrt[n]{x_n}=a$."

即得

$$\lim_{n\to\infty}\sqrt[n]{n}=\lim_{n\to\infty}\sqrt[n]{x_n}=\lim_{n\to\infty}\frac{x_{n+1}}{x_n}=1.$$

【证法 7】　记 $x_n=\sqrt[n]{n}$，则 $\dfrac{x_{n+1}}{x_n}=\dfrac{\sqrt[n+1]{n+1}}{\sqrt[n]{n}}=\sqrt[n(n+1)]{\dfrac{(n+1)^n}{n^{n+1}}}=\sqrt[n(n+1)]{\left(1+\dfrac{1}{n}\right)^n\cdot\dfrac{1}{n}}$.

而由已知 $\left(1+\dfrac{1}{n}\right)^n<3$，所以当 $n\geqslant 3$ 时，有 $\left(1+\dfrac{1}{n}\right)^n<n$，于是 $x_{n+1}<x_n$，即当 $n\geqslant 3$ 时，数列 $\left\{\sqrt[n]{n}\right\}$ 严格单调减少. 又 $\sqrt[n]{n}\geqslant 1$，从而由单调有界原理知，数列 $\left\{\sqrt[n]{n}\right\}$ 的极限存在.

不妨记 $\displaystyle\lim_{n\to\infty}\sqrt[n]{n}=a$，则 $a\geqslant 1$，且由 $x_{2n}=\sqrt[2n]{2n}=\sqrt[n]{\sqrt{2}}\cdot\sqrt[n]{\sqrt{n}}=\sqrt[n]{\sqrt{2}}\cdot\sqrt{x_n}$，两边取极限，得 $a=1\cdot\sqrt{a}$，解得 $a=0$ 或 $a=1$. 而 $a\geqslant 1$，故 $a=1$，即 $\displaystyle\lim_{n\to\infty}\sqrt[n]{n}=1$.

✳ **特别提示**　该结论可当作重要极限使用.

♻ **类题训练**

1. 设 $a>0$，证明 $\displaystyle\lim_{n\to\infty}\sqrt[n]{a}=1$.

2. 求下列极限.

(1) $\displaystyle\lim_{n\to\infty}\frac{1}{\sqrt[n]{n!}}$；　　(2) $\displaystyle\lim_{n\to\infty}\frac{a^n}{n!}$，其中 $a>0$；　　(3) $\displaystyle\lim_{n\to\infty}\frac{1+\sqrt[n]{2}+\cdots+\sqrt[n]{n}}{n}$；

(4) $\lim\limits_{n\to\infty}\dfrac{n^k}{a^n}$，其中 $a>1$，k 为正整数；   (5) $\lim\limits_{n\to\infty}\sqrt[n]{1+\dfrac{1}{2}+\cdots+\dfrac{1}{n}}$.

3. 已知 $a_n=\dfrac{1\cdot3\cdot5\cdots(2n-1)}{2\cdot4\cdot6\cdots(2n)}$，求 $\lim\limits_{n\to\infty}\sqrt[n]{a_n}$.

📖 **典型例题**

2   设函数 $f(x)$ 在点 $x_0\in(a,b)$ 处可导，且 $a<\alpha_n<x_0<\beta_n<b\,(n\in\mathbf{N})$，
$\lim\limits_{n\to\infty}\alpha_n=\lim\limits_{n\to\infty}\beta_n=x_0$，则有 $\lim\limits_{n\to\infty}\dfrac{f(\beta_n)-f(\alpha_n)}{\beta_n-\alpha_n}=f'(x_0)$.

【证法 1】   记 $\lambda_n=\dfrac{\beta_n-x_0}{\beta_n-\alpha_n}$，则 $0<\lambda_n<1$，$0<1-\lambda_n<1$，且有

$$\frac{f(\beta_n)-f(\alpha_n)}{\beta_n-\alpha_n}=\frac{f(\beta_n)-f(x_0)+f(x_0)-f(\alpha_n)}{\beta_n-\alpha_n}$$

$$=\frac{f(\beta_n)-f(x_0)}{\beta_n-x_0}\cdot\frac{\beta_n-x_0}{\beta_n-\alpha_n}+\frac{f(x_0)-f(\alpha_n)}{x_0-\alpha_n}\cdot\frac{x_0-\alpha_n}{\beta_n-\alpha_n}$$

$$=\lambda_n\cdot\frac{f(\beta_n)-f(x_0)}{\beta_n-x_0}+(1-\lambda_n)\frac{f(\alpha_n)-f(x_0)}{\alpha_n-x_0},$$

于是

$$\min\left\{\frac{f(\beta_n)-f(x_0)}{\beta_n-x_0},\frac{f(\alpha_n)-f(x_0)}{\alpha_n-x_0}\right\}\leqslant\frac{f(\beta_n)-f(\alpha_n)}{\beta_n-\alpha_n}$$

$$\leqslant\max\left\{\frac{f(\beta_n)-f(x_0)}{\beta_n-x_0},\frac{f(\alpha_n)-f(x_0)}{\alpha_n-x_0}\right\}.$$

因为 $f(x)$ 在 x_0 处可导，且 $\lim\limits_{n\to\infty}\alpha_n=\lim\limits_{n\to\infty}\beta_n=x_0$，所以

$$\lim\limits_{n\to\infty}\frac{f(\beta_n)-f(x_0)}{\beta_n-x_0}=f'(x_0),\quad\lim\limits_{n\to\infty}\frac{f(\alpha_n)-f(x_0)}{\alpha_n-x_0}=f'(x_0).$$

故由夹逼准则，得 $\lim\limits_{n\to\infty}\dfrac{f(\beta_n)-f(\alpha_n)}{\beta_n-\alpha_n}=f'(x_0)$.

【证法 2】   先证命题：设 $a>0$，$b>0$，则 $\dfrac{c+d}{a+b}$ 介于 $\dfrac{c}{a}$ 与 $\dfrac{d}{b}$ 之间.

不妨设 $\dfrac{c}{a}<\dfrac{d}{b}$，则由已知 $a>0$，$b>0$ 得 $bc<ad$. 于是

$$\frac{c}{a}=\frac{ac+bc}{a(a+b)}<\frac{ac+ad}{a(a+b)}=\frac{c+d}{a+b}<\frac{ad+bd}{b(a+b)}=\frac{d}{b}.$$

再证该题:

由上述命题, 即得 $\dfrac{f(\beta_n)-f(\alpha_n)}{\beta_n-\alpha_n}$ 介于 $\dfrac{f(\beta_n)-f(x_0)}{\beta_n-x_0}$ 与 $\dfrac{f(x_0)-f(\alpha_n)}{x_0-\alpha_n}$ 之间.

而由已知, $f(x)$ 在点 x_0 处可导, 且 $\lim\limits_{n\to\infty}\alpha_n=\lim\limits_{n\to\infty}\beta_n=x_0$, 所以有

$$\lim_{n\to\infty}\frac{f(\beta_n)-f(x_0)}{\beta_n-x_0}=f'(x_0),\quad \lim_{n\to\infty}\frac{f(x_0)-f(\alpha_n)}{x_0-\alpha_n}=f'(x_0).$$

故由夹逼准则, 得

$$\lim_{n\to\infty}\frac{f(\beta_n)-f(\alpha_n)}{\beta_n-\alpha_n}=f'(x_0).$$

【证法 3】 由导数定义: $\lim\limits_{x\to x_0}\dfrac{f(x)-f(x_0)}{x-x_0}=f'(x_0)$, 即得 $\forall x\in U(x_0,\delta)$, 有

$$f(x)=f(x_0)+f'(x_0)\cdot(x-x_0)+o(x-x_0).$$

于是取 $x=\alpha_n\in U(x_0,\delta)$, 有

$$f(\alpha_n)=f(x_0)+f'(x_0)\cdot(\alpha_n-x_0)+o(\alpha_n-x_0),$$

取 $x=\beta_n\in U(x_0,\delta)$, 有

$$f(\beta_n)=f(x_0)+f'(x_0)\cdot(\beta_n-x_0)+o(\beta_n-x_0).$$

两式相减, 得

$$f(\beta_n)-f(\alpha_n)=f'(x_0)(\beta_n-\alpha_n)+o(\beta_n-x_0)+o(\alpha_n-x_0),$$

即

$$\frac{f(\beta_n)-f(\alpha_n)}{\beta_n-\alpha_n}=f'(x_0)+\frac{o(\beta_n-x_0)+o(\alpha_n-x_0)}{\beta_n-\alpha_n}.$$

又因为 $0<\dfrac{\beta_n-x_0}{\beta_n-\alpha_n}<1$, $0<\dfrac{x_0-\alpha_n}{\beta_n-\alpha_n}<1$, 所以

$$\left|\frac{o(\beta_n-x_0)+o(\alpha_n-x_0)}{\beta_n-\alpha_n}\right|=\left|\frac{\beta_n-x_0}{\beta_n-\alpha_n}\cdot\frac{o(\beta_n-x_0)}{\beta_n-x_0}+\frac{\alpha_n-x_0}{\beta_n-\alpha_n}\cdot\frac{o(\alpha_n-x_0)}{\alpha_n-x_0}\right|$$

$$\leqslant\left|\frac{o(\beta_n-x_0)}{\beta_n-x_0}\right|+\left|\frac{o(\alpha_n-x_0)}{\alpha_n-x_0}\right|\to 0\ (n\to\infty),$$

故 $\lim\limits_{n\to\infty}\dfrac{f(\beta_n)-f(\alpha_n)}{\beta_n-\alpha_n}=f'(x_0)$.

【证法 4】 因为

$$\frac{f(\beta_n)-f(\alpha_n)}{\beta_n-\alpha_n}=\frac{f(\beta_n)-f(x_0)}{\beta_n-x_0}\cdot\frac{\beta_n-x_0}{\beta_n-\alpha_n}+\frac{f(x_0)-f(\alpha_n)}{x_0-\alpha_n}\cdot\frac{x_0-\alpha_n}{\beta_n-\alpha_n},$$

且

$$\frac{\beta_n-x_0}{\beta_n-\alpha_n}+\frac{x_0-\alpha_n}{\beta_n-\alpha_n}=1,\quad 0\leqslant\frac{\beta_n-x_0}{\beta_n-\alpha_n}\leqslant1,\quad 0\leqslant\frac{x_0-\alpha_n}{\beta_n-\alpha_n}\leqslant1.$$

所以有

$$\left|\frac{f(\beta_n)-f(\alpha_n)}{\beta_n-\alpha_n}-f'(x_0)\right|\leqslant\left|\frac{\beta_n-x_0}{\beta_n-\alpha_n}\right|\cdot\left|\frac{f(\beta_n)-f(x_0)}{\beta_n-x_0}-f'(x_0)\right|$$

$$+\left|\frac{x_0-\alpha_n}{\beta_n-\alpha_n}\right|\cdot\left|\frac{f(x_0)-f(\alpha_n)}{x_0-\alpha_n}-f'(x_0)\right|.$$

而由已知 $f'(x_0)$ 存在, 可得 $\lim\limits_{n\to\infty}\dfrac{f(\beta_n)-f(x_0)}{\beta_n-x_0}=f'(x_0)$, $\lim\limits_{n\to\infty}\dfrac{f(\alpha_n)-f(x_0)}{\alpha_n-x_0}=$ $f'(x_0)$, 于是由上述不等式得

$$\lim_{n\to\infty}\left|\frac{f(\beta_n)-f(\alpha_n)}{\beta_n-\alpha_n}-f'(x_0)\right|=0,$$

即得 $\lim\limits_{n\to\infty}\dfrac{f(\beta_n)-f(\alpha_n)}{\beta_n-\alpha_n}=f'(x_0)$.

【证法 5】　选取 $A(\alpha_n,f(\alpha_n))$, $B(\beta_n,f(\beta_n))$, $C(x_0,f(x_0))$ 三点, 连接线段 AB,AC,CB. 下面根据点 C 与线段 AB 的位置关系, 分三种情形讨论.

情形(1): 点 C 在线段 AB 的上方, 此时 CB 的斜率 $<AB$ 的斜率 $<AC$ 的斜率, 即有 $\dfrac{f(\beta_n)-f(x_0)}{\beta_n-x_0}<\dfrac{f(\beta_n)-f(\alpha_n)}{\beta_n-\alpha_n}<\dfrac{f(\alpha_n)-f(x_0)}{\alpha_n-x_0}$;

情形(2): 点 C 在线段 AB 的上, 此时 CB 的斜率 $=AB$ 的斜率 $=AC$ 的斜率, 即有 $\dfrac{f(\beta_n)-f(x_0)}{\beta_n-x_0}=\dfrac{f(\beta_n)-f(\alpha_n)}{\beta_n-\alpha_n}=\dfrac{f(\alpha_n)-f(x_0)}{\alpha_n-x_0}$;

情形(3): 点 C 在线段 AB 的下方, 此时 AC 的斜率 $<AB$ 的斜率 $<CB$ 的斜率, 即有 $\dfrac{f(\alpha_n)-f(x_0)}{\alpha_n-x_0}<\dfrac{f(\beta_n)-f(\alpha_n)}{\beta_n-\alpha_n}<\dfrac{f(\beta_n)-f(x_0)}{\beta_n-x_0}$.

因为 $f(x)$ 在点 x_0 处可导, 且 $\lim\limits_{n\to\infty}\alpha_n=\lim\limits_{n\to\infty}\beta_n=x_0$, 所以

$$\lim_{n\to\infty}\frac{f(\alpha_n)-f(x_0)}{\alpha_n-x_0}=\lim_{n\to\infty}\frac{f(\beta_n)-f(x_0)}{\beta_n-x_0}=f'(x_0).$$

故对于上述三种情形, 皆有 $\lim\limits_{n\to\infty}\dfrac{f(\beta_n)-f(\alpha_n)}{\beta_n-\alpha_n}=f'(x_0)$.

⊛ **特别提示**   该题反过来不一定成立. 例如, 取

$$f(x)=\begin{cases} x, & x \neq 0, \\ 1, & x=0, \end{cases} \quad \alpha_n < 0 < \beta_n, \quad \lim_{n \to \infty} \alpha_n = \lim_{n \to \infty} \beta_n = 0,$$

则有 $\lim\limits_{n \to \infty} \dfrac{f(\beta_n)-f(\alpha_n)}{\beta_n - \alpha_n} = \lim\limits_{n \to \infty} \dfrac{\beta_n - \alpha_n}{\beta_n - \alpha_n} = 1$, 但 $f(x)$ 在点 $x=0$ 不连续, 更不可导.

♻ **类题训练**

1. 设函数 $f(x)$ 在点 x_0 处可导, $\{\alpha_n\}$ 与 $\{\beta_n\}$ 都是收敛于 0 的正项数列, 则有

$$\lim_{n \to \infty} \frac{f(x_0+\alpha_n)-f(x_0-\beta_n)}{\alpha_n + \beta_n} = f'(x_0).$$

2. 设函数 $f(x)$ 在 $[a,b]$ 上有定义, 且在点 $x_0 \in (a,b)$ 处有左右导数. 又设点列 $\{\alpha_n\},\{\beta_n\}$ 满足条件: $a < \alpha_n < x_0 < \beta_n < b$, $\lim\limits_{n \to \infty} \alpha_n = x_0 = \lim\limits_{n \to \infty} \beta_n$. 证明存在非负实数 p 和 q, $p+q=1$ 与子列 $\{\alpha_{n_k}\}$ 及 $\{\beta_{n_k}\}$, 使得

$$\lim_{k \to 0} \frac{f(\beta_{n_k})-f(\alpha_{n_k})}{\beta_{n_k} - \alpha_{n_k}} = p f_+'(x_0) + q f_-'(x_0).$$

📖 **典型例题**

3 求极限 $\lim\limits_{n \to \infty} \int_0^{\frac{\pi}{2}} \sin^n x \, dx$.

【**解法 1**】 记 $I_n = \int_0^{\frac{\pi}{2}} \sin^n x \, dx$, 则数列 $\{I_n\}$ 单调减少且非负, 于是有

$$I_n \cdot I_{n+1} < I_n^2 < I_n \cdot I_{n-1},$$

即

$$\frac{(n-1)!!}{n!!} \cdot \frac{n!!}{(n+1)!!} \cdot \frac{\pi}{2} < I_n^2 < \frac{(n-1)!!}{n!!} \cdot \frac{(n-2)!!}{(n-1)!!} \cdot \frac{\pi}{2},$$

整理即得

$$\frac{1}{n+1} \cdot \frac{\pi}{2} < I_n^2 < \frac{1}{n} \cdot \frac{\pi}{2},$$

从而有

$$\sqrt{\frac{1}{n+1} \cdot \frac{\pi}{2}} < I_n < \sqrt{\frac{1}{n} \cdot \frac{\pi}{2}},$$

故由夹逼准则得

$$\lim_{n\to\infty}\int_0^{\frac{\pi}{2}}\sin^n x\mathrm{d}x=\lim_{n\to\infty}I_n=0.$$

【解法 2】 $\forall 0<\varepsilon<\dfrac{\pi}{2}$，有

$$0\leqslant\int_0^{\frac{\pi}{2}}\sin^n x\mathrm{d}x=\int_0^{\frac{\pi}{2}-\varepsilon}\sin^n x\mathrm{d}x+\int_{\frac{\pi}{2}-\varepsilon}^{\frac{\pi}{2}}\sin^n x\mathrm{d}x$$

$$<\frac{\pi}{2}\cdot\sin^n\left(\frac{\pi}{2}-\varepsilon\right)+\int_{\frac{\pi}{2}-\varepsilon}^{\frac{\pi}{2}}\mathrm{d}x$$

$$=\frac{\pi}{2}\cdot\sin^n\left(\frac{\pi}{2}-\varepsilon\right)+\varepsilon,$$

令 $n\to\infty$，得

$$0\leqslant\lim_{n\to\infty}\int_0^{\frac{\pi}{2}}\sin^n x\mathrm{d}x\leqslant\lim_{n\to\infty}\frac{\pi}{2}\cdot\sin^n\left(\frac{\pi}{2}-\varepsilon\right)+\varepsilon=\varepsilon.$$

再由 ε 的任意性及夹逼准则，即得

$$\lim_{n\to\infty}\int_0^{\frac{\pi}{2}}\sin^n x\mathrm{d}x=0.$$

【解法 3】 记 $I_n=\displaystyle\int_0^{\frac{\pi}{2}}\sin^n x\mathrm{d}x$，则利用分部积分法易求得 I_n 的递推关系式为

$$I_n=\left(1-\frac{1}{n}\right)I_{n-2},$$

于是 $\dfrac{I_{2n}}{I_{2n-2}}=1-\dfrac{1}{2n}$，$\ln\dfrac{I_{2n}}{I_{2n-2}}=\ln\left(1-\dfrac{1}{2n}\right)\sim-\dfrac{1}{2n}(n\to\infty)$，从而级数 $\displaystyle\sum_{n=1}^{\infty}\ln\dfrac{I_{2n}}{I_{2n-2}}$ 发散到 $-\infty$.

因为

$$\sum_{k=1}^n\ln\frac{I_{2k}}{I_{2k-2}}=\sum_{k=1}^n\left(\ln I_{2k}-\ln I_{2k-2}\right)=\ln I_{2n}-\ln I_0=\ln I_{2n}-\ln\frac{\pi}{2},$$

所以 $\lim_{n\to\infty}\ln I_{2n}=-\infty$，从而 $\lim_{n\to\infty}I_{2n}=0$.

又由 $I_{2n}<I_{2n-1}<I_{2n-2}$ 得 $\lim_{n\to\infty}I_{2n-1}=0$，故得 $\lim_{n\to\infty}I_n=0$，即 $\lim_{n\to\infty}\displaystyle\int_0^{\frac{\pi}{2}}\sin^n x\mathrm{d}x=0$.

【解法 4】 记 $I_n=\displaystyle\int_0^{\frac{\pi}{2}}\sin^n x\mathrm{d}x$，则由

$$\int_0^{\frac{\pi}{2}} \sin^n x \mathrm{d}x = \begin{cases} \dfrac{(n-1)!!}{n!!} \cdot \dfrac{\pi}{2}, & n\text{为正偶数,} \\ \dfrac{(n-1)!!}{n!!}, & n\text{为大于1的正奇数.} \end{cases}$$

其中 $n!!$ 表示不大于 n 且与 n 有相同奇偶性的数的连乘积. 得

$$I_{2k} = \frac{(2k-1)!!}{(2k)!!} \cdot \frac{\pi}{2},$$

于是有

$$I_{2k}^2 = \frac{1 \cdot 3 \cdot 3 \cdot 5 \cdot 5 \cdots (2k-3)(2k-3)(2k-1)(2k-1) \cdot 1}{2 \cdot 2 \cdot 4 \cdot 4 \cdot 6 \cdot 6 \cdots (2k-4)(2k-2)(2k-2)(2k) \cdot 2k} \cdot \frac{\pi^2}{4},$$

从而得 $\dfrac{1}{4k} \cdot \dfrac{\pi^2}{4} < I_{2k}^2 < \dfrac{2k-1}{4k^2} \cdot \dfrac{\pi^2}{4}$，故 $\lim\limits_{k \to 0} I_{2k} = 0$．又因为 $0 \leqslant I_{2k+1} \leqslant I_{2k}$，所以

$\lim\limits_{k \to \infty} I_{2k+1} = 0$，从而得 $\lim\limits_{n \to \infty} I_n = 0$，即 $\lim\limits_{n \to \infty} \int_0^{\frac{\pi}{2}} \sin^n x \mathrm{d}x = 0$．

特别提示　特别要注意解法 2 中的分区间处理方法, 并思考在什么情况下可使用该方法. 注意公式

$$\int_0^{\frac{\pi}{2}} \sin^n x \mathrm{d}x = \begin{cases} \dfrac{(n-1)!!}{n!!} \cdot \dfrac{\pi}{2}, & n\text{为正偶数,} \\ \dfrac{(n-1)!!}{n!!}, & n\text{为大于1的正奇数} \end{cases}$$

的应用.

利用该公式可得如下不等式:

$$\left\{ \frac{2n(2n+1)}{4n+1} \cdot \pi \right\}^{\frac{1}{2}} < \frac{2 \cdot 4 \cdots (2n)}{1 \cdot 3 \cdots (2n-1)} < \left\{ \frac{(4n+3)(2n+1)}{4n+4} \cdot \frac{\pi}{2} \right\}^{\frac{1}{2}}.$$

事实上, 由 $(\sin x - 1)^2 \geqslant 0$, 得 $1 \geqslant 2\sin x - \sin^2 x$.

分别用 $\sin^{2n-1} x$ 及 $\sin^{2n} x$ 乘以上述不等式两边, 并在 $\left[0, \dfrac{\pi}{2}\right]$ 上积分, 可得

$$\int_0^{\frac{\pi}{2}} \sin^{2n-1} x \mathrm{d}x > 2\int_0^{\frac{\pi}{2}} \sin^{2n} x \mathrm{d}x - \int_0^{\frac{\pi}{2}} \sin^{2n+1} x \mathrm{d}x,$$

$$\int_0^{\frac{\pi}{2}} \sin^{2n} x \mathrm{d}x > 2\int_0^{\frac{\pi}{2}} \sin^{2n+1} x \mathrm{d}x - \int_0^{\frac{\pi}{2}} \sin^{2n+2} x \mathrm{d}x.$$

再利用公式, 化简整理即得证.

[1]   一般地, 设 $f(x)$ 在 $[a,b]$ 上连续, a,b 为有限值, $0 \leqslant f(x) < 1 (a \leqslant x < b)$, 则有 $\lim\limits_{n \to \infty} \int_a^b f^n(x) \mathrm{d}x = 0$.

[2]   该例可拓展为证明 $\lim\limits_{n \to \infty} \int_0^{\frac{\pi}{2}} f(x) \cdot \sin^n x \mathrm{d}x = 0$, 其中 $f(x)$ 是 $\left[0, \dfrac{\pi}{2}\right]$ 上的连续函数.

♻ 类题训练

1. 试证明下列各题:

(i) $\lim\limits_{n \to \infty} \int_0^1 \dfrac{x^n}{1+x} \mathrm{d}x = 0$;   (ii) $\lim\limits_{n \to \infty} \int_0^1 \mathrm{e}^{x^n} \mathrm{d}x = 1$;   (iii) $\lim\limits_{n \to \infty} \int_0^{\frac{\pi}{2}} \mathrm{e}^x \cdot \cos^n x \mathrm{d}x = 0$.

2. 设 $I_n = \int_0^1 \left(1 - x^2\right)^n \mathrm{d}x$, 证明 $\lim\limits_{n \to \infty} I_n = 0$.

3. 设 $J_n = \int_0^{+\infty} \left(1 + x^2\right)^{-n} \mathrm{d}x$, 证明 $\lim\limits_{n \to \infty} J_n = 0$.

4. 设 $I_{2n} = \int_0^{\frac{\pi}{2}} t^2 \cdot \cos^{2n} t \mathrm{d}t$, 证明 $\lim\limits_{n \to \infty} \dfrac{(2n)!!}{(2n-1)!!} I_{2n} = 0$, 其中 $n!!$ 表示不大于 n 且与 n 有相同奇偶性的数的连乘积.

📖 典型例题

4   求极限 $\lim\limits_{n \to \infty} \dfrac{\sqrt[n]{n!}}{n}$. (2018 年河北省大学生数学竞赛(非数学类)试题)

【解法 1】   利用定积分定义

因为 $\ln \dfrac{\sqrt[n]{n!}}{n} = \dfrac{1}{n} \ln n! - \ln n = \dfrac{1}{n} \left(\sum\limits_{k=1}^n \ln k - \sum\limits_{k=1}^n \ln n \right) = \dfrac{1}{n} \sum\limits_{k=1}^n \ln \dfrac{k}{n}$, 所以

$$\lim_{n \to \infty} \ln \frac{\sqrt[n]{n!}}{n} = \lim_{n \to \infty} \frac{1}{n} \sum_{k=1}^n \ln \frac{k}{n} = \int_0^1 \ln x \mathrm{d}x = -1,$$

故 $\lim\limits_{n \to \infty} \dfrac{\sqrt[n]{n!}}{n} = \mathrm{e}^{-1} = \dfrac{1}{\mathrm{e}}$.

【解法 2】   利用定积分的几何意义, 有

$$\sum_{k=1}^{n-1} \ln k < \int_1^n \ln x \mathrm{d}x < \sum_{k=2}^n \ln k,$$

即 $\ln(n-1)! < n \ln n - n + 1 < \ln n!$, 整理得 $\mathrm{e} \left(\dfrac{n}{\mathrm{e}} \right)^n < n! < n \mathrm{e} \left(\dfrac{n}{\mathrm{e}} \right)^n$, 于是有

$$\sqrt[n]{e}\cdot\frac{1}{e}<\frac{\sqrt[n]{n!}}{n}<\frac{1}{e}\cdot\sqrt[n]{ne}.$$

故由夹逼准则及 $\lim\limits_{n\to\infty}\sqrt[n]{e}=1$ 和 $\lim\limits_{n\to\infty}\sqrt[n]{n}=1$，得 $\lim\limits_{n\to\infty}\dfrac{\sqrt[n]{n!}}{n}=\dfrac{1}{e}$.

【解法 3】 利用不等式: $\left(\dfrac{n+1}{e}\right)^n<n!<e\left(\dfrac{n+1}{e}\right)^{n+1}$，知

$$\frac{1}{e}\cdot\frac{n+1}{n}<\frac{\sqrt[n]{n!}}{n}<\sqrt[n]{e}\cdot\frac{1}{e}\cdot\frac{n+1}{n}\cdot\sqrt[n]{\frac{n+1}{e}},$$

故由夹逼准则，得 $\lim\limits_{n\to\infty}\dfrac{\sqrt[n]{n!}}{n}=\dfrac{1}{e}$.

【解法 4】 利用结论: "设 $a_n>0$，且 $\lim\limits_{n\to\infty}\dfrac{a_{n+1}}{a_n}=a$，则 $\lim\limits_{n\to\infty}\sqrt[n]{a_n}=a$."

不妨记 $a_n=\dfrac{n!}{n^n}$，则 $\lim\limits_{n\to\infty}\dfrac{a_{n+1}}{a_n}=\lim\limits_{n\to\infty}\dfrac{(n+1)!}{(n+1)^{n+1}}\cdot\dfrac{n^n}{n!}=\lim\limits_{n\to\infty}\left(1+\dfrac{1}{n}\right)^{-n}=\dfrac{1}{e}$，故由上述

结论可得 $\lim\limits_{n\to\infty}\sqrt[n]{a_n}=\dfrac{1}{e}$，即 $\lim\limits_{n\to\infty}\dfrac{\sqrt[n]{n!}}{n}=\dfrac{1}{e}$.

【解法 5】 利用 Cauchy 命题: "设 $\lim\limits_{n\to\infty}(a_n-a_{n-1})=d$，则 $\lim\limits_{n\to\infty}\dfrac{a_n}{n}=d$."

将 $\dfrac{n}{\sqrt[n]{n!}}$ 取对数，得 $\ln\dfrac{n}{\sqrt[n]{n!}}=\dfrac{n\ln n-(\ln2+\ln3+\cdots+\ln n)}{n}\xlongequal{\triangle}\dfrac{a_n}{n}$.

因为 $a_{n+1}-a_n=n\ln\left(1+\dfrac{1}{n}\right)=\ln\left(1+\dfrac{1}{n}\right)^n\to1(n\to\infty)$，所以由上述 Cauchy 命题得

$$\lim\limits_{n\to\infty}\ln\frac{n}{\sqrt[n]{n!}}=\lim\limits_{n\to\infty}\frac{a_n}{n}=\lim\limits_{n\to\infty}(a_{n+1}-a_n)=1,$$

故 $\lim\limits_{n\to\infty}\dfrac{n}{\sqrt[n]{n!}}=e$，即得 $\lim\limits_{n\to\infty}\dfrac{\sqrt[n]{n!}}{n}=\dfrac{1}{e}$.

特别提示 由上可知，一些重要的极限命题及不等式在极限计算与证明中均有重要的应用. 本题也可由 Stirling 公式求得，Stirling 公式为

$$n!=\sqrt{2\pi n}\cdot\left(\frac{n}{e}\right)^n\cdot e^{\frac{\theta_n}{12n}}\quad\text{或}\quad\ln n!=\ln\sqrt{2\pi}+\left(n+\frac{1}{2}\right)\ln n-n+\frac{\theta_n}{12n},$$

其中 $0<\theta_n<1$.

♻ 类题训练

1. 设 $x_n = \dfrac{n}{\sqrt[n]{n!}}$，求(i) $\lim\limits_{n\to\infty} \dfrac{n^2}{\ln n} \cdot \left(\dfrac{x_{n+1}}{x_n} - 1 \right)$; (ii) $\lim\limits_{n\to\infty} \left(\dfrac{x_{n+1}}{x_n} \right)^{\frac{n^2}{\ln n}}$.

2. 求极限 $\lim\limits_{n\to\infty} \sqrt[n]{\dfrac{(2n)!}{(n!)^2}}$.

3. 求极限 $\lim\limits_{n\to\infty} \left(\sqrt[n+1]{(n+1)!} - \sqrt[n]{n!} \right)$. (2018 年第九届全国大学生数学竞赛决赛(非数学类)试题)

📖 典型例题

5 设 $x_n = \mathrm{e} - \left(1 + \dfrac{1}{n} \right)^n$，求极限 $\lim\limits_{n\to\infty} n x_n$. (2010 年首届全国大学生数学竞赛决赛(非数学类)试题)

【解法1】 利用 Taylor 展开公式

$$x_n = \mathrm{e} - \left(1 + \frac{1}{n} \right)^n = \mathrm{e} - \mathrm{e}^{n\ln\left(1+\frac{1}{n}\right)} = \mathrm{e} - \mathrm{e}^{n\left[\frac{1}{n} - \frac{1}{2n^2} + o\left(\frac{1}{n^2}\right)\right]}$$

$$= \mathrm{e} \cdot \left(1 - \mathrm{e}^{-\frac{1}{2n} + o\left(\frac{1}{n}\right)} \right) = \mathrm{e} \cdot \left[1 - \left(1 - \frac{1}{2n} + o\left(\frac{1}{n}\right) \right) \right] = \frac{\mathrm{e}}{2n} + o\left(\frac{1}{n}\right),$$

故 $\lim\limits_{n\to\infty} n x_n = \lim\limits_{n\to\infty} \left(\dfrac{\mathrm{e}}{2} + o(1) \right) = \dfrac{\mathrm{e}}{2}$.

【解法2】 利用中值定理及 Taylor 展开公式

$$x_n = \mathrm{e} - \left(1 + \frac{1}{n} \right)^n = \mathrm{e} - \mathrm{e}^{n\ln\left(1+\frac{1}{n}\right)} = \mathrm{e}^{\xi_n} \left[1 - n\ln\left(1 + \frac{1}{n} \right) \right]$$

$$= \mathrm{e}^{\xi_n} \left[1 - n\left(\frac{1}{n} - \frac{1}{2n^2} + o\left(\frac{1}{n^2}\right) \right) \right] = \mathrm{e}^{\xi_n} \left[\frac{1}{2n} + o\left(\frac{1}{n}\right) \right],$$

其中 $n\ln\left(1 + \dfrac{1}{n} \right) < \xi_n < 1$.

因为 $\lim\limits_{n\to\infty} n\ln\left(1 + \dfrac{1}{n} \right) = \lim\limits_{n\to\infty} \dfrac{\ln\left(1 + \dfrac{1}{n} \right)}{\dfrac{1}{n}} = 1$，所以 $\lim\limits_{n\to\infty} \xi_n = 1$，故

$$\lim_{n\to\infty} nx_n = \lim_{n\to\infty} ne^{\xi_n} \cdot \left[\frac{1}{2n} + o\left(\frac{1}{n}\right)\right] = \frac{e}{2}.$$

【解法 3】 利用 Heine 定理及 L'Hospital 法则

$$\lim_{n\to\infty} nx_n = \lim_{n\to\infty} \frac{e - \left(1+\frac{1}{n}\right)^n}{\frac{1}{n}} = \lim_{t\to\infty} t\left[e - \left(1+\frac{1}{t}\right)^t\right] = \lim_{x\to 0^+} \frac{e - (1+x)^{\frac{1}{x}}}{x}$$

$$= \lim_{x\to 0^+}\left[-(1+x)^{\frac{1}{x}} \cdot \frac{\dfrac{x}{x+1} - \ln(1+x)}{x^2}\right] = -e \cdot \lim_{x\to 0^+} \frac{\dfrac{x}{x+1} - \ln(1+x)}{x^2}$$

$$= -e \cdot \lim_{x\to 0^+} \frac{\dfrac{1}{(1+x)^2} - \dfrac{1}{1+x}}{2x} = -e \cdot \lim_{x\to 0^+} \frac{-1}{2(1+x)^2} = \frac{e}{2}.$$

【解法 4】 利用不等式: 对于任意自然数 n, 都成立不等式

$$\frac{e}{2n+2} < e - \left(1+\frac{1}{n}\right)^n < \frac{e}{2n+1}.$$

知

$$n \cdot \frac{e}{2n+2} < n \cdot \left[e - \left(1+\frac{1}{n}\right)^n\right] < n \cdot \frac{e}{2n+1},$$

故由夹逼准则得 $\lim_{n\to\infty} nx_n = \dfrac{e}{2}$.

✳ **特别提示** 关于 e 的一些重要不等式:

[1] 证明: 对任意自然数 n, 都成立不等式 $\dfrac{e}{2n+2} < e - \left(1+\dfrac{1}{n}\right)^n < \dfrac{e}{2n+1}$.

【提示】 左边不等式 $\Leftrightarrow \left(1+\dfrac{1}{n}\right)^{n+1} < e\left(1+\dfrac{1}{2n}\right)$.

令 $f(x) = x + x\ln\left(1+\dfrac{x}{2}\right) - (1+x)\ln(1+x),\ 0 < x \leqslant \dfrac{1}{n}$, 则由 $f(0)=0$, 且 $f'(x) =$

$\dfrac{x}{x+2} - \ln\dfrac{1+x}{1+\dfrac{x}{2}} > \dfrac{x}{x+2} - \dfrac{1+x}{1+\dfrac{x}{2}} + 1 = 0$, 得 $f(x) > 0$, 即得证左边不等式.

同理, 右边不等式 $\Leftrightarrow e < \left(1 + \dfrac{1}{n}\right)^n \cdot \left(1 + \dfrac{1}{2n}\right)$.

令 $g(x) = \ln(1+x) + x\ln\left(1 + \dfrac{x}{2}\right) - x, \ 0 < x \leqslant \dfrac{1}{n}$, 则由 $g(0) = 0, \ g'(x) > 0$, 得 $g(x) > 0$, 即得证右边不等式.

由该不等式进一步可得对任意自然数 n, 都有

$$\left(1 + \frac{1}{n}\right)^n \cdot \left(1 + \frac{1}{4n}\right) < e < \left(1 + \frac{1}{n}\right)^n \cdot \left(1 + \frac{1}{2n}\right).$$

[2] 对任意自然数 n, 都成立不等式

$$\left(1 + \frac{1}{n}\right)^n < e < \left(1 + \frac{1}{n}\right)^{n+1}.$$

进一步可得存在最大的 $\alpha = \dfrac{1}{\ln 2} - 1$ 和最小的 $\beta = \dfrac{1}{2}$, 使得

$$\left(1 + \frac{1}{n}\right)^{n+\alpha} \leqslant e \leqslant \left(1 + \frac{1}{n}\right)^{n+\beta}.$$

[3] 设 $a \geqslant 1$, 证明当 $x \in [0, a]$ 时, 成立不等式

$$0 \leqslant e^{-x} - \left(1 - \frac{x}{a}\right)^a \leqslant \frac{x^2}{a} e^{-x}.$$

[4] 证明当 $x > 0$ 时, 成立不等式

$$\frac{2}{2x+1} < \ln\left(1 + \frac{1}{x}\right) < \frac{1}{\sqrt{x^2 + x}}.$$

♻ 类题训练

1. 设 $x_n = \left(1 + \dfrac{1}{n}\right)^n, \ a_n = e - x_n$, 求下列极限:

(i) $\lim\limits_{n \to \infty} n\left(\dfrac{e}{x_n} - 1\right)$; (2009 年天津市大学生数学竞赛题)

(ii) $\lim\limits_{n \to \infty} n\left(na_n - \dfrac{e}{2}\right)$; 　　　(iii) $\lim\limits_{n \to \infty} n^2\left(\dfrac{x_{n+1}}{x_n} - 1\right)$;

(iv) $\lim\limits_{n \to \infty}\left(\dfrac{x_{n+1}}{x_n}\right)^{n^2}$; 　　　(v) $\lim\limits_{n \to \infty}\left(\dfrac{a_{n+1}}{a_n}\right)^n$.

2. 求 $\lim\limits_{n \to \infty} n\left[\left(1 + \dfrac{x}{n}\right)^n - e^x\right]$. (2006 年浙江省高等数学竞赛题)

3. 设 $x_n = \sum_{k=0}^{n} \dfrac{1}{k!}$，$a_n = \mathrm{e} - x_n$，求下列极限：

(i) $\lim\limits_{n\to\infty} (n+1)! \cdot a_n$；

(ii) $\lim\limits_{n\to\infty} (n+1)! \cdot \left(\dfrac{x_{n+1}}{x_n} - 1 \right)$；

(iii) $\lim\limits_{n\to\infty} \left(\dfrac{x_{n+1}}{x_n} \right)^{(n+1)!}$；

(iv) $\lim\limits_{n\to\infty} \left(\dfrac{a_{n+1}}{a_n} \right)^{\frac{1}{\ln n}}$.

4. 设 n 为自然数，$0 < x < 1$，证明 $x^n \cdot (1-x) < \dfrac{1}{n\mathrm{e}}$.

5. 设整数 $n > 1$，证明 $\dfrac{1}{2n\mathrm{e}} < \dfrac{1}{\mathrm{e}} - \left(1 - \dfrac{1}{n}\right)^n < \dfrac{1}{n\mathrm{e}}$. (2002 年第六十三届美国大学生数学竞赛题; 2006 年第十七届北京市大学生数学竞赛题)

📖 **典型例题**

6 设 $x_n = \sum_{i=1}^{n} \dfrac{1}{n} \sin \dfrac{i}{n} \pi$，证明数列 $\{x_n\}$ 存在极限，并求极限 $\lim\limits_{n\to\infty} x_n$.

【解法 1】 数列的通项具有和式形式，一般考虑用夹逼准则或定积分定义计算. 此处不能用夹逼准则，可以考虑用定积分的定义.

若取 $[a,b] = [0,1]$，$\Delta x_i = \dfrac{1}{n}$，$f(x) = \sin \pi x$，则

$$\lim_{n\to\infty} x_n = \lim_{n\to\infty} \sum_{i=1}^{n} \frac{1}{n} \sin \frac{i}{n} \pi = \int_0^1 \sin \pi x \,\mathrm{d}x = \frac{2}{\pi}.$$

【解法 2】 类似于解法 1.

若取 $[a,b] = [0,\pi]$，$\Delta x_i = \dfrac{\pi}{n}$，$f(x) = \sin x$，则

$$\lim_{n\to\infty} x_n = \lim_{n\to\infty} \sum_{i=1}^{n} \frac{1}{n} \sin \frac{i}{n} \pi = \frac{1}{\pi} \lim_{n\to\infty} \sum_{i=1}^{n} \frac{\pi}{n} \sin \frac{i\pi}{n} = \frac{1}{\pi} \int_0^\pi \sin x \,\mathrm{d}x = \frac{2}{\pi}.$$

✳ **特别提示**

[1] 设函数 $f(x)$ 在 $[a,b]$ 上可积，则 $\lim\limits_{n\to\infty} \sum_{i=1}^{n} f\left(a + i\dfrac{b-a}{n}\right) \cdot \dfrac{b-a}{n} = \int_a^b f(x)\,\mathrm{d}x$.

[2] 一些具有复杂和式形式通项的数列，其极限需联合运用夹逼准则和定积分的定义两种方法才能求出. 例如

设 $x_n = \sum_{i=1}^{n} \dfrac{\sin \dfrac{i}{n}\pi}{n+\dfrac{i}{n}}$，求 $\lim_{n\to\infty} x_n$. (2015 年第七届全国大学生数学竞赛预赛(非数学类)试题)

【解】 $\dfrac{1}{n+1}\sum_{i=1}^{n}\sin\dfrac{i}{n}\pi < x_n < \dfrac{1}{n}\sum_{i=1}^{n}\sin\dfrac{i}{n}\pi$，故 $\lim_{n\to\infty} x_n = \int_0^1 \sin\pi x\,\mathrm{d}x = \dfrac{2}{\pi}$.

♻ 类题训练

1. 求极限 $\lim_{n\to\infty} \dfrac{1}{n^2}\left(\sin\dfrac{1}{n} + 2\sin\dfrac{2}{n} + \cdots + n\sin\dfrac{n}{n}\right)$. (2016 年硕士研究生入学考试数学(二)考试题)

2. 求极限 $\lim_{n\to\infty} \dfrac{1}{n^2}\left(\sqrt{n^2-1} + \sqrt{n^2-2^2} + \cdots + \sqrt{n^2-(n-1)^2}\right)$. (1999 年陕西省大学生数学竞赛题)

3. 求极限 $\lim_{n\to\infty}\left(\dfrac{1}{1+\sqrt{n^2-1}} + \dfrac{1}{2+\sqrt{n^2-2^2}} + \cdots + \dfrac{1}{(n-1)+\sqrt{n^2-(n-1)^2}}\right)$.

4. 设 $x_n = \dfrac{\sqrt[n]{(n+1)(n+2)\cdots(n+n)}}{n}$，证明 $\lim_{n\to\infty} x_n = \dfrac{4}{\mathrm{e}}$.

5. 设 $a_n = \left[\left(1+\dfrac{1^2}{n^2}\right)\cdot\left(1+\dfrac{2^2}{n^2}\right)\cdots\left(1+\dfrac{n^2}{n^2}\right)\right]^{\frac{1}{n}}$，证明 $\lim_{n\to\infty} a_n = 2\mathrm{e}^{\frac{\pi-4}{2}}$.

6. 设 $x_n = \dfrac{1}{n^4}\prod_{i=1}^{2n}(n^2+i)^{\frac{1}{n}}$，求极限 $\lim_{n\to\infty} x_n$.

📖 典型例题

7 求极限 $\lim_{n\to\infty}\sum_{k=1}^{n-1}\left(1+\dfrac{k}{n}\right)\cdot\sin\dfrac{k\pi}{n^2}$. (2010 年首届全国大学生数学竞赛决赛(非数学类)试题).

【解法1】 利用 Taylor-Peano 展开式.

由 $\sin x = x + o(x^2)$，知 $\sin\dfrac{k\pi}{n^2} = \dfrac{k\pi}{n^2} + o\left(\dfrac{1}{n^2}\right)$，$k=1,2,\cdots,n$. 于是

$$\sum_{k=1}^{n-1}\left(1+\frac{k}{n}\right)\cdot\sin\frac{k\pi}{n^2}=\sum_{k=1}^{n-1}\left(1+\frac{k}{n}\right)\cdot\left(\frac{k\pi}{n^2}+o\left(\frac{1}{n^2}\right)\right)=\frac{\pi}{n^2}\sum_{k=1}^{n-1}k+\frac{\pi}{n^3}\sum_{k=1}^{n-1}k^2+o\left(\frac{1}{n}\right)$$

$$=\pi\cdot\frac{\dfrac{1}{2}n(n-1)}{n^2}+\pi\cdot\frac{\dfrac{1}{6}(n-1)n(2n-1)}{n^3}+o\left(\frac{1}{n}\right),$$

故 $\displaystyle\lim_{n\to\infty}\sum_{k=1}^{n-1}\left(1+\frac{k}{n}\right)\cdot\sin\frac{k\pi}{n^2}=\frac{\pi}{2}+\frac{\pi}{3}=\frac{5\pi}{6}$.

【解法 2】　利用夹逼准则及定积分定义

当 $x>0$ 时，有 $x-\dfrac{x^3}{6}<\sin x<x$. 而 $0<\dfrac{k\pi}{n^2}=\dfrac{k}{n}\cdot\dfrac{\pi}{n}\leqslant\dfrac{\pi}{n}$, 所以有

$$\frac{k\pi}{n^2}-\frac{1}{6}\left(\frac{k\pi}{n^2}\right)^3<\sin\frac{k\pi}{n^2}<\frac{k\pi}{n^2}\quad(k=1,2,\cdots,n).$$

于是

$$\sum_{k=1}^{n-1}\left(1+\frac{k}{n}\right)\left[\frac{k\pi}{n^2}-\frac{1}{6}\left(\frac{k\pi}{n^2}\right)^3\right]<\sum_{k=1}^{n-1}\left(1+\frac{k}{n}\right)\sin\frac{k\pi}{n^2}<\sum_{k=1}^{n-1}\left(1+\frac{k}{n}\right)\frac{k\pi}{n^2}.$$

又由

$$\lim_{n\to\infty}\sum_{k=1}^{n-1}\left(1+\frac{k}{n}\right)\cdot\frac{k\pi}{n^2}=\lim_{n\to\infty}\frac{1}{n}\sum_{k=1}^{n-1}\left(1+\frac{k}{n}\right)\cdot\frac{k}{n}\pi=\pi\int_0^1(1+x)x\,\mathrm{d}x=\frac{5}{6}\pi,$$

且 $0<\displaystyle\sum_{k=1}^{n-1}\left(1+\frac{k}{n}\right)\cdot\left(\frac{k\pi}{n^2}\right)^3=\pi^3\sum_{k=1}^{n-1}\left(1+\frac{k}{n}\right)\cdot\left(\frac{k}{n}\right)^3\cdot\frac{1}{n^3}<\pi^3\sum_{k=1}^{n-1}2\frac{1}{n^3}<\frac{2\pi^3}{n^2}$, 得

$$\lim_{n\to\infty}\sum_{k=1}^{n-1}\left(1+\frac{k}{n}\right)\cdot\left[\frac{k\pi}{n^2}-\frac{1}{6}\left(\frac{k\pi}{n^2}\right)^3\right]=\frac{5}{6}\pi.$$

从而，由夹逼准则得 $\displaystyle\lim_{n\to\infty}\sum_{k=1}^{n-1}\left(1+\frac{k}{n}\right)\cdot\sin\frac{k\pi}{n^2}=\frac{5}{6}\pi$.

【解法 3】　利用拆项及夹逼准则

原式 $=\displaystyle\lim_{n\to\infty}\sum_{k=1}^{n-1}\left[\left(1+\frac{k}{n}\right)\cdot\frac{k\pi}{n^2}+\left(1+\frac{k}{n}\right)\cdot\left(\sin\frac{k\pi}{n^2}-\frac{k\pi}{n^2}\right)\right]=\lim_{n\to\infty}\sum_{k=1}^{n-1}\left(1+\frac{k}{n}\right)\cdot\frac{k\pi}{n^2}+\lim_{n\to\infty}\gamma_n,$

其中 $\gamma_n=\displaystyle\sum_{k=1}^{n-1}\left(1+\frac{k}{n}\right)\cdot\left(\sin\frac{k\pi}{n^2}-\frac{k\pi}{n^2}\right)$. 而

$$\lim_{n\to\infty}\sum_{k=1}^{n-1}\left(1+\frac{k}{n}\right)\frac{k\pi}{n^2}=\lim_{n\to\infty}\left(\sum_{k=1}^{n-1}\frac{k\pi}{n^2}+\sum_{k=1}^{n-1}\frac{k^2\pi}{n^3}\right)$$

$$= \lim_{n\to\infty} \left(\pi \frac{\frac{1}{2}(n-1)n}{n^2} + \pi \frac{\frac{1}{6}(n-1)n(2n-1)}{n^3} \right) = \frac{\pi}{2} + \frac{\pi}{3} = \frac{5}{6}\pi.$$

又当 $x>0$ 时，有 $x - \frac{x^3}{6} < \sin x < x - \frac{x^3}{6} + \frac{x^5}{120}$，且 $\forall x \in \mathbf{R}$，$|\sin x| \leqslant |x|$，所以有

$$|\gamma_n| = \left| \sum_{k=1}^{n-1} \left(1 + \frac{k}{n}\right) \cdot \left(\sin \frac{k\pi}{n^2} - \frac{k\pi}{n^2} \right) \right| \leqslant \sum_{k=1}^{n-1} \left(1 + \frac{k}{n}\right) \cdot \frac{1}{6} \cdot \left(\frac{k\pi}{n^2} \right)^3$$

$$= \sum_{k=1}^{n-1} \left(\frac{1}{6} \cdot \frac{k^3 \pi^3}{n^6} + \frac{1}{6} \cdot \frac{k^4 \pi^3}{n^7} \right) \leqslant \sum_{k=1}^{n-1} \left(\frac{1}{6} \cdot \frac{\pi^3}{n^3} + \frac{1}{6} \cdot \frac{\pi^3}{n^3} \right) < \frac{\pi^3}{3n^2} \to 0 \quad (n \to \infty),$$

从而得 $\lim_{n\to\infty} \gamma_n = 0$，故得原式 $= \frac{5}{6}\pi$.

【解法 4】　利用拆项、夹逼准则及定积分定义

因为当 $0 < x < \frac{\pi}{2}$ 时，有 $\sin x < x < \tan x$，所以当 $n \geqslant 3$ 时，$\forall k = 1, 2, \cdots, n-1$，

有 $\cos \frac{k\pi}{n^2} = \cos \left(\frac{k}{n} \cdot \frac{\pi}{n} \right) > \cos \frac{\pi}{n} \geqslant \frac{1}{2}$，于是

$$0 < \frac{k\pi}{n^2} - \sin \frac{k\pi}{n^2} < \tan \frac{k\pi}{n^2} - \sin \frac{k\pi}{n^2} = \frac{\sin \frac{k\pi}{n^2}}{\cos \frac{k\pi}{n^2}} \cdot \left(1 - \cos \frac{k\pi}{n^2} \right) < \frac{2k\pi}{n^2} \cdot \left(1 - \cos \frac{\pi}{n} \right),$$

从而

$$0 < \sum_{k=1}^{n-1} \left(1 + \frac{k}{n} \right) \cdot \left(\frac{k\pi}{n^2} - \sin \frac{k\pi}{n^2} \right) < \sum_{k=1}^{n-1} \left(1 + \frac{k}{n} \right) \cdot \frac{2k\pi}{n^2} \cdot \left(1 - \cos \frac{\pi}{n} \right)$$

$$< \sum_{k=1}^{n-1} \frac{4k\pi}{n^2} \cdot \left(1 - \cos \frac{\pi}{n} \right) < 2\pi \left(1 - \cos \frac{\pi}{n} \right) \to 0 \quad (n \to \infty).$$

故原式 $= \lim_{n\to\infty} \sum_{k=1}^{n-1} \left(1 + \frac{k}{n} \right) \cdot \frac{k\pi}{n^2} = \lim_{n\to\infty} \frac{1}{n} \sum_{k=1}^{n-1} \left(1 + \frac{k}{n} \right) \cdot \frac{k}{n} \pi = \pi \int_0^1 (1+x) x \, \mathrm{d}x = \frac{5}{6}\pi$.

✳ **特别提示**　求和式数列极限的常用方法主要有：①夹逼准则；②定积分定义；③Taylor-Peano 展开；④拆项、夹逼准则及定积分定义；⑤夹逼准则与定积分定义. 具体求解时，要熟悉几个基本初等函数 e^x，$\sin x$，$\cos x$，$\ln(1+x)$，$\frac{1}{1-x}$ 及 $(1+x)^\alpha$ 的 Taylor 展开公式及常用的几个正整数幂和公式：

$$1+2+\cdots+n=\frac{1}{2}n(n+1),$$

$$1^2+2^2+\cdots+n^2=\frac{1}{6}n(n+1)(2n+1),$$

$$1^3+2^3+\cdots+n^3=\frac{1}{4}n^2(n+1)^2.$$

一般地, 有前 n 个正整数幂和的公式又称为 Jacobi-Bernoulli 公式: 设 p 为正整数, 则

$$1^p+2^p+\cdots+n^p=\frac{n^{p+1}}{p+1}+\frac{n^p}{2}+\mathrm{C}_p^1\cdot B_2\cdot\frac{n^{p-1}}{2}+\mathrm{C}_p^3\cdot B_4\cdot\frac{n^{p-3}}{4}+\cdots,$$

其中 $B_2=\dfrac{1}{6}$, $B_4=-\dfrac{1}{30},\cdots$ 为 Bernoulli 数.

♻ 类题训练

1. 求极限 $\lim\limits_{n\to\infty}\sum\limits_{k=1}^{n}\dfrac{k}{n^2}\ln\left(1+\dfrac{k}{n}\right)$. (2017 年硕士研究生入学考试数学(一)、(三)考试题)

2. 求极限 $\lim\limits_{n\to\infty}\sum\limits_{k=1}^{n}\sin\dfrac{k}{n}\cdot\sin\dfrac{k}{n^2}$.

3. 求极限 $\lim\limits_{n\to\infty}\sum\limits_{i=1}^{n}\left(\sqrt[3]{1+\dfrac{i}{n^2}}-1\right)$.

4. 设 $f(x)$ 在 $(-1,1)$ 内有定义, 在 $x=0$ 处可导, 且 $f(0)=0$, 证明 $\lim\limits_{n\to\infty}\sum\limits_{k=1}^{n}f\left(\dfrac{k}{n^2}\right)=\dfrac{f'(0)}{2}$. (2010 年首届全国大学生数学竞赛决赛(数学类)试题)

5. 求极限 $\lim\limits_{n\to\infty}\left(\dfrac{1}{\sqrt{n^6+n}}+\dfrac{2^2}{\sqrt{n^6+2n}}+\cdots+\dfrac{n^2}{\sqrt{n^6+n^2}}\right)$.

📖 典型例题

8　求极限 $\lim\limits_{n\to\infty}\sum\limits_{k=1}^{n}\dfrac{n+k}{n^2+k}$. (2003 年浙江省大学生高等数学竞赛题)

【解法 1】　利用夹逼准则

因为 $\dfrac{n+k}{n^2+n}\leqslant\dfrac{n+k}{n^2+k}<\dfrac{n+k}{n^2}$, $k=1,2,\cdots,n$, 所以

$$\sum_{k=1}^{n}\frac{n+k}{n^2+n}\leqslant\sum_{k=1}^{n}\frac{n+k}{n^2+k}<\sum_{k=1}^{n}\frac{n+k}{n^2}.$$

而 $\displaystyle\lim_{n\to\infty}\sum_{k=1}^{n}\frac{n+k}{n^2+n}=\lim_{n\to\infty}\left[\frac{n^2}{n^2+n}+\frac{\frac{1}{2}n(n+1)}{n^2+n}\right]=\frac{3}{2}$, $\displaystyle\lim_{n\to\infty}\sum_{k=1}^{n}\frac{n+k}{n^2}=\lim_{n\to\infty}\left[1+\frac{\frac{1}{2}n(n+1)}{n^2}\right]=\frac{3}{2}$.

故由夹逼准则, 得 $\displaystyle\lim_{n\to\infty}\sum_{k=1}^{n}\frac{n+k}{n^2+k}=\frac{3}{2}$.

【解法2】 利用夹逼准则及定积分定义

因为 $\dfrac{n+k}{n^2+k}=\dfrac{1}{n}\cdot\dfrac{1+\dfrac{k}{n}}{1+\dfrac{k}{n^2}}$, 且 $\dfrac{1+\dfrac{k}{n}}{1+\dfrac{1}{n}}<\dfrac{1+\dfrac{k}{n}}{1+\dfrac{k}{n^2}}<1+\dfrac{k}{n}\ (k=1,2,\cdots,n)$, 所以

$$\frac{1}{n}\sum_{k=1}^{n}\frac{1+\dfrac{k}{n}}{1+\dfrac{1}{n}}<\sum_{k=1}^{n}\frac{n+k}{n^2+k}<\frac{1}{n}\sum_{k=1}^{n}\left(1+\frac{k}{n}\right).$$

而

$$\lim_{n\to\infty}\frac{1}{n}\sum_{k=1}^{n}\left(1+\frac{k}{n}\right)=\int_0^1(1+x)\mathrm{d}x=\frac{3}{2},$$

$$\lim_{n\to\infty}\frac{1}{n}\sum_{k=1}^{n}\frac{1+\dfrac{k}{n}}{1+\dfrac{1}{n}}=\lim_{n\to\infty}\frac{1}{1+\dfrac{1}{n}}\cdot\frac{1}{n}\sum_{k=1}^{n}\left(1+\frac{k}{n}\right)=\int_0^1(1+x)\mathrm{d}x=\frac{3}{2}.$$

故由夹逼准则, 得 $\displaystyle\lim_{n\to\infty}\sum_{k=1}^{n}\frac{n+k}{n^2+k}=\frac{3}{2}$.

【解法3】 利用Tayor-Peano展开式

因为 $\dfrac{1}{1+x}=1-x+x^2-x^3+\cdots+(-1)^n x^n+\cdots\left(|x|<1\right)$, 所以

$$\frac{1}{1+\dfrac{k}{n^2}}=1-\frac{k}{n^2}+o\left(\frac{k}{n^2}\right)=1-\frac{k}{n^2}+o\left(\frac{1}{n}\right),\quad k=1,2,\cdots.$$

从而

$$\sum_{k=1}^{n}\frac{n+k}{n^2+k}=\sum_{k=1}^{n}\frac{\dfrac{1}{n}+\dfrac{k}{n^2}}{1+\dfrac{k}{n^2}}=\sum_{k=1}^{n}\left(\frac{1}{n}+\frac{k}{n^2}\right)\cdot\left(1-\frac{k}{n^2}+o\left(\frac{1}{n}\right)\right)$$

$$= \sum_{k=1}^{n} \left[\frac{1}{n} + \frac{k}{n^2} - \frac{k}{n^3} - \frac{k^2}{n^4} + \left(\frac{1}{n} + \frac{k}{n^2} \right) \cdot o\left(\frac{1}{n} \right) \right]$$

$$= 1 + \frac{\frac{1}{2}n(n+1)}{n^2} - \frac{\frac{1}{2}n(n+1)}{n^3} - \frac{\frac{1}{6}n(n+1)(2n+1)}{n^4} + o\left(\frac{1}{n} \right),$$

故 $\lim\limits_{n \to \infty} \sum\limits_{k=1}^{n} \dfrac{n+k}{n^2+k} = 1 + \dfrac{1}{2} = \dfrac{3}{2}$.

【解法 4】　利用拆项夹逼准则及定积分的定义

$$\text{原式} = \lim_{n \to \infty} \left[\sum_{k=1}^{n} \frac{n+k}{n^2} + \sum_{k=1}^{n} \left(\frac{n+k}{n^2+k} - \frac{n+k}{n^2} \right) \right] = \lim_{n \to \infty} \sum_{k=1}^{n} \frac{n+k}{n^2} + \lim_{n \to \infty} \gamma_n,$$

其中 $\gamma_n = \sum\limits_{k=1}^{n} \left(\dfrac{n+k}{n^2+k} - \dfrac{n+k}{n^2} \right)$. 而

$$|\gamma_n| = \left| \sum_{k=1}^{n} \left(\frac{n+k}{n^2+k} - \frac{n+k}{n^2} \right) \right| \leqslant \sum_{k=1}^{n} \frac{nk+k^2}{n^4}$$

$$= \frac{\frac{1}{2}n^2(n+1) + \frac{1}{6}n(n+1)(2n+1)}{n^4} \to 0 \quad (n \to \infty),$$

所以 $\lim\limits_{n \to \infty} \gamma_n = 0$.

又 $\lim\limits_{n \to \infty} \sum\limits_{k=1}^{n} \dfrac{n+k}{n^2} = \lim\limits_{n \to \infty} \dfrac{1}{n} \sum\limits_{k=1}^{n} \left(1 + \dfrac{k}{n} \right) = \int_0^1 (1+x)\mathrm{d}x = \dfrac{3}{2}$, 故原式 $= \dfrac{3}{2}$.

特别提示　有关和式数列的极限问题, 通常按上述几种思路进行考虑和求解.

类题训练

1. 求下列各极限:

(i)　$\lim\limits_{n \to \infty} \sum\limits_{i=1}^{n} \dfrac{1}{n + \dfrac{i^2+1}{n}}$;　　(ii)　$\lim\limits_{n \to \infty} \sum\limits_{i=1}^{n} \dfrac{i \cos \dfrac{i}{n}}{n^2+i}$;　　(iii)　$\lim\limits_{n \to \infty} \sum\limits_{k=1}^{n} \dfrac{\mathrm{e}^{\frac{k}{n}}}{n + \dfrac{1}{k}}$;

(iv)　$\lim\limits_{n \to \infty} \sin \dfrac{\pi}{2n} \cdot \sum\limits_{i=1}^{n} \dfrac{1}{1 + \cos \dfrac{i\pi}{2n}}$;　　(v)　$\lim\limits_{n \to \infty} \sum\limits_{k=1}^{n} \dfrac{2^{\frac{k}{n}}}{n + \dfrac{n-k+1}{n}}$.

2. 求极限 $\lim\limits_{n\to\infty}\left[\dfrac{\ln\left(1+\dfrac{1}{n}\right)}{n+\dfrac{1}{1}}+\dfrac{\ln\left(1+\dfrac{2}{n}\right)}{n+\dfrac{1}{2}}+\cdots+\dfrac{\ln\left(1+\dfrac{n}{n}\right)}{n+\dfrac{1}{n}}\right]$.

📖 **典型例题**

9 求极限 $\lim\limits_{n\to\infty}\left(a_1^n+a_2^n+\cdots+a_m^n\right)^{\frac{1}{n}}$ ，其中 $a_i>0, i=1,2,\cdots,m$.

【**解法 1**】 记 $a_{i0}=\max\limits_{1\le j\le m}\{a_j\}$ ，则 $a_{i0}<a_1^n+a_2^n+\cdots+a_m^n<ma_{i0}^n$ ，于是 $a_{i0}<$

$\left(a_1^n+a_2^n+\cdots+a_m^n\right)^{\frac{1}{n}}<\sqrt[n]{m}\,a_{i0}$ ，故由 $\lim\limits_{n\to\infty}\sqrt[n]{m}=1$ 及夹逼准则得

$$\lim\limits_{n\to\infty}\left(a_1^n+a_2^n+\cdots+a_m^n\right)^{\frac{1}{n}}=a_{i0}=\max\left(a_1,a_2,\cdots,a_m\right).$$

【**解法 2**】 转化为函数极限

$$\lim\limits_{n\to\infty}\left(a_1^n+a_2^n+\cdots+a_m^n\right)^{\frac{1}{n}}=\lim\limits_{x\to+\infty}\left(a_1^x+a_2^x+\cdots+a_m^x\right)^{\frac{1}{x}}=\mathrm{e}^{\lim\limits_{x\to+\infty}\frac{1}{x}\ln\left(a_1^x+a_2^x+\cdots+a_m^x\right)}.$$

记 $a_{i0}=\max\left(a_1,a_2,\cdots,a_m\right)$ ，则

$$1<\left(\dfrac{a_1}{a_{i0}}\right)^x+\left(\dfrac{a_2}{a_{i0}}\right)^x+\cdots+\left(\dfrac{a_{i0-1}}{a_{i0}}\right)^x+1+\left(\dfrac{a_{i0+1}}{a_{i0}}\right)^x+\cdots+\left(\dfrac{a_m}{a_{i0}}\right)^x\le m,$$

于是 $\lim\limits_{x\to+\infty}\dfrac{1}{x}\cdot\ln\left[\left(\dfrac{a_1}{a_{i0}}\right)^x+\left(\dfrac{a_2}{a_{i0}}\right)^x+\cdots+\left(\dfrac{a_m}{a_{i0}}\right)^x\right]=0$ ，从而

$$\lim\limits_{x\to+\infty}\dfrac{1}{x}\ln\left(a_1^x+a_2^x+\cdots+a_m^x\right)=\lim\limits_{x\to+\infty}\dfrac{x\ln a_{i0}+\ln\left[\left(\dfrac{a_1}{a_{i0}}\right)^x+\left(\dfrac{a_2}{a_{i0}}\right)^x+\cdots+\left(\dfrac{a_m}{a_{i0}}\right)^x\right]}{x}=\ln a_{i0},$$

故 $\lim\limits_{n\to\infty}\left(a_1^n+a_2^n+\cdots+a_m^n\right)^{\frac{1}{n}}=\mathrm{e}^{\ln a_{i0}}=a_{i0}=\max\left(a_1,a_2,\cdots,a_m\right)$.

✴ **特别提示** 由该问题可推广得到：设 $a_i>0, p_i>0, i=1,2,\cdots,m$ ，则有

$$\lim\limits_{n\to\infty}\left(\dfrac{a_1^n+a_2^n+\cdots+a_m^n}{m}\right)^{\frac{1}{n}}=\max\left(a_1,a_2,\cdots,a_m\right),$$

$$\lim\limits_{n\to\infty}\left(\dfrac{p_1a_1^n+p_2a_2^n+\cdots+p_ma_m^n}{p_1+p_2+\cdots+p_m}\right)^{\frac{1}{n}}=\max\left(a_1,a_2,\cdots,a_m\right),$$

$$\lim_{n\to\infty}\left(p_1a_1^n+p_2a_2^n+\cdots+p_ma_m^n\right)^{\frac{1}{n}}=\max\left(a_1,a_2,\cdots,a_m\right),$$

$$\lim_{x\to+\infty}\left(p_1a_1^x+p_2a_2^x+\cdots+p_ma_m^x\right)^{\frac{1}{x}}=\max\left(a_1,a_2,\cdots,a_m\right).$$

♻ **类题训练**

1. 设 $a_i>0(i=1,2,\cdots,2018)$，求极限 $\displaystyle\lim_{n\to+\infty}\left(a_1^n+2a_2^n+\cdots+2018a_{2018}^n\right)^{\frac{1}{n}}$.

2. 求极限 $\displaystyle\lim_{n\to\infty}\sqrt[n]{2^n+a^{2n}}$，其中 a 为常数. (2004 年浙江省高等数学竞赛题)

3. 求极限 $\displaystyle\lim_{n\to\infty}\sqrt[n]{1+2^n\cdot\sin^n x}$.

4. 求极限 $\displaystyle\lim_{n\to\infty}\sqrt[n]{\sin^2 n+2\cos^2 n}$.

5. 设 $a\geqslant 0$，证明 $\displaystyle\lim_{n\to\infty}\sqrt[n]{1+a^n+\left(\dfrac{a^2}{2}\right)^n}$ 存在，并求其值.

📖 **典型例题**

10　设数列 $\{x_n\}$ 满足 $x_n=\dfrac{11\cdot12\cdot13\cdots(n+10)}{2\cdot5\cdot8\cdots(3n-1)}, n=1,2,\cdots$，求极限 $\displaystyle\lim_{n\to\infty}x_n$.

【解法 1】　当 $n\geqslant 11$ 时，$\dfrac{x_{n+1}}{x_n}=\dfrac{n+11}{3n+2}<\dfrac{2n}{3n}=\dfrac{2}{3}<1$，所以当 $n\geqslant 11$ 时, 数列 $\{x_n\}$ 单调减少，且 $x_n>0$，从而有

$$0<x_n<\frac{2}{3}x_{n-1}<\left(\frac{2}{3}\right)^2\cdot x_{n-2}\leqslant\cdots\leqslant\left(\frac{2}{3}\right)^{n-11}\cdot x_{11}.$$

而 $\displaystyle\lim_{n\to\infty}\left(\frac{2}{3}\right)^{n-11}=0$，故由夹逼准则得 $\displaystyle\lim_{n\to\infty}x_n=0$.

【解法 2】　类似于解法 1 证明 $\{x_n\}$ 单调减少，且 $x_n>0$，从而数列 $\{x_n\}$ 收敛. 不妨设 $\displaystyle\lim_{n\to\infty}x_n=a\neq 0$，则 $\displaystyle\lim_{n\to\infty}\frac{x_{n+1}}{x_n}=\frac{a}{a}=1$，而 $\displaystyle\lim_{n\to\infty}\frac{x_{n+1}}{x_n}=\lim_{n\to\infty}\frac{n+11}{3n+2}=\frac{1}{3}$，矛盾. 故 $\displaystyle\lim_{n\to\infty}x_n=0$.

【解法 3】　考虑级数 $\displaystyle\sum_{n=1}^{\infty}x_n$：因为 $\displaystyle\lim_{n\to\infty}\frac{x_{n+1}}{x_n}=\lim_{n\to\infty}\frac{n+11}{3n+2}=\frac{1}{3}<1$，所以级数 $\displaystyle\sum_{n=1}^{\infty}x_n$ 收敛，故由级数收敛的必要条件即得 $\displaystyle\lim_{n\to\infty}x_n=0$.

特别提示

[1]　由数列极限的定义可知, 数列的收敛性与其前有限项无关; 单调有界原理中数列的单调性无须从 $n=1$ 项开始, 仅需存在 N, 当 $n \geqslant N$ 时, 数列单调增加或者单调减少即可; 这可以分别从解法 1 和解法 2 中得到印证.

[2]　利用级数收敛的必要条件是求极限为 0 的数列极限的方法之一.

类题训练

1. 求极限 $\lim\limits_{n \to \infty} \dfrac{5^n \cdot n!}{(2n)^n}$.

2. 求极限 $\lim\limits_{n \to \infty} \dfrac{1 \cdot 3 \cdots (2n-1)}{2 \cdot 4 \cdots (2n)}$.

3. 求极限 $\lim\limits_{n \to \infty} \dfrac{3 \cdot 7 \cdots (4n-1)}{4 \cdot 8 \cdots (4n)}$.

4. 求极限 $\lim\limits_{n \to \infty} \sin^n \dfrac{3n\pi}{4n+3}$.

典型例题

11　设数列 $\{x_n\}$ 满足: $x_0 = 1$, $x_{n+1} = \sqrt{2x_n}$, $n = 0,1,2,\cdots$, 证明数列 $\{x_n\}$ 收敛, 并求其极限值.

【解法 1】　由已知, 有

$$x_n = \sqrt{2x_{n-1}} = \sqrt{2\sqrt{2x_{n-2}}} = \sqrt{2\sqrt{2\sqrt{2\cdots\sqrt{2}}}} = 2^{\frac{1}{2} + \frac{1}{2^2} + \cdots + \frac{1}{2^n}} = 2^{1 - \frac{1}{2^n}},$$

故 $\lim\limits_{n \to \infty} x_n = 2$.

【解法 2】　显然 $1 \leqslant x_0 < 2$. 假设 $1 \leqslant x_k < 2$, 则 $1 \leqslant x_{k+1} = \sqrt{2x_k} < \sqrt{2 \cdot 2} = 2$, 故由数学归纳法知, $\forall n \in \mathbf{N}$, 有 $1 \leqslant x_n < 2$.

又由 $\dfrac{x_{n+1}}{x_n} = \dfrac{\sqrt{2x_n}}{x_n} = \sqrt{\dfrac{2}{x_n}} > 1$, 知 $\{x_n\}$ 单调增加, 所以由单调有界原理得 $\{x_n\}$ 收敛. 不妨记 $\lim\limits_{n \to \infty} x_n = a$, 则在递推关系式 $x_{n+1} = \sqrt{2x_n}$ 两边取极限, 即得 $a = \sqrt{2a}$, 解得 $a = 0$ 或 $a = 2$. 而由 $x_n \geqslant 1$, 知 $a \geqslant 1$, 故取 $a = 2$, 即得 $\lim\limits_{n \to \infty} x_n = 2$.

【解法 3】　令 $f(x) = \sqrt{2x}$ $(x > 0)$, 则 $f'(x) = \dfrac{1}{\sqrt{2x}} > 0$ $(x > 0)$, 于是当 $x > 0$ 时,

$f(x)$ 单调增加，从而由 $x_n > x_{n-1}$ 可得 $x_{n+1} = f(x_n) > f(x_{n-1}) = x_n$，而 $x_1 = \sqrt{2} > x_0 = 1$，故有 $x_1 < x_2 < x_3 < \cdots$，即 $\{x_n\}$ 单调增加，其余同解法 2.

【解法 4】 如解法 2, 利用数学归纳法证明：$1 \leqslant x_n < 2$．

令 $f(x) = \sqrt{2x}\ (x \geqslant 1)$，则 $\left| f'(x) \right| = \dfrac{1}{\sqrt{2x}} \leqslant \dfrac{\sqrt{2}}{2} < 1$，于是有

$$\left| x_{n+1} - x_n \right| = \left| f(x_n) - f(x_{n-1}) \right| = \left| f'(\xi) \cdot (x_n - x_{n-1}) \right| \leqslant \frac{\sqrt{2}}{2} \cdot \left| x_n - x_{n-1} \right|,$$

从而得级数 $\displaystyle\sum_{n=1}^{\infty} \left| x_{n+1} - x_n \right|$ 收敛，进而知 $\displaystyle\sum_{n=1}^{\infty} (x_{n+1} - x_n)$ 收敛．又

$$x_n = (x_n - x_{n-1}) + (x_{n-1} - x_{n-2}) + \cdots + (x_1 - x_0) + x_0,$$

故数列 $\{x_n\}$ 收敛，其余同解法 2.

【解法 5】 由递推关系式两边取对数，得 $\ln x_{n+1} = \dfrac{1}{2}\ln x_n + \dfrac{1}{2}\ln 2$，令 $b_n = \ln x_n$，则

$$b_{n+1} = \frac{1}{2}b_n + \frac{1}{2}\ln 2, \quad b_0 = 0.$$

记 $f(x) = \dfrac{1}{2}x + \dfrac{1}{2}\ln 2$，则 $b_{n+1} = f(b_n)$．

又由特征方程 $x = f(x) = \dfrac{1}{2}x + \dfrac{1}{2}\ln 2$，解得特征根 $x = \ln 2$，所以

$$b_n - \ln 2 = \left(\frac{1}{2}b_{n-1} + \frac{1}{2}\ln 2 \right) - \left(\frac{1}{2}\ln 2 + \frac{1}{2}\ln 2 \right) = \frac{1}{2}(b_{n-1} - \ln 2) = \cdots$$

$$= \left(\frac{1}{2} \right)^n \cdot (b_0 - \ln 2) = -\ln 2 \cdot \left(\frac{1}{2} \right)^n.$$

于是 $\displaystyle\lim_{n \to \infty}(b_n - \ln 2) = 0$，即 $\displaystyle\lim_{n \to \infty} b_n = \ln 2$，从而 $\displaystyle\lim_{n \to \infty} x_n = 2$．

特别提示　一般地，设 $a > 0, x_0 > 0, x_{n+1} = \sqrt{ax_n}, n = 0, 1, 2, \cdots$，则数列 $\{x_n\}$ 收敛，且 $\displaystyle\lim_{n \to \infty} x_n = a$．

类题训练

1. 设 $a > 0, x_0 = \sqrt[3]{a}, x_{n+1} = \sqrt[3]{ax_n}, n = 0, 1, 2, \cdots$，证明数列 $\{x_n\}$ 收敛，且 $\displaystyle\lim_{n \to \infty} x_n = \sqrt{a}$．

2. 设 $x_n = \sqrt{2} \cdot \sqrt[4]{2} \cdot \sqrt[8]{2} \cdots \sqrt[2^n]{2}$，$n = 1,2,3,\cdots$，求 $\lim\limits_{n\to\infty} x_n$.

📖 典型例题

12 已知 $x_1 = \sqrt{6}$，$x_n = \sqrt{6 + x_{n-1}}$，$n = 2,3,\cdots$，证明数列 $\{x_n\}$ 有极限，并求其值.

【证法1】 利用单调有界原理

用数学归纳法可证：$0 < x_n < 3 (n = 1,2,\cdots)$.

因为 $x_{n+1} - x_n = \sqrt{6 + x_n} - \sqrt{6 + x_{n-1}} = \dfrac{x_n - x_{n-1}}{\sqrt{6 + x_n} + \sqrt{6 + x_{n-1}}}$，所以 $x_{n+1} - x_n$ 与 $x_n - x_{n-1}$ 同号. 又 $x_2 = \sqrt{6 + \sqrt{6}} > \sqrt{6} = x_1$，所以 $x_{n+1} > x_n$，即 $\{x_n\}$ 单调增加，故由单调有界原理知，数列 $\{x_n\}$ 收敛.

不妨设 $\lim\limits_{n\to\infty} x_n = l$，则由递推关系式 $x_n = \sqrt{6 + x_{n-1}}$ 两边取极限，得 $l = \sqrt{6 + l}$，解得 $l = 3$ 或 $l = -2$. 而因为 $x_n > 0$，所以 $l \geqslant 0$，故 $l = 3$，即 $\lim\limits_{n\to\infty} x_n = 3$.

【证法2】 利用级数方法

令 $f(x) = \sqrt{6 + x}$，则 $x_n = f(x_{n-1})(n = 2,3,\cdots)$，$x_n > 0(n = 1,2,\cdots)$，且当 $x > 0$ 时有 $f'(x) = \dfrac{1}{2\sqrt{6 + x}} \leqslant \dfrac{1}{2\sqrt{6}} < 1$. 于是得

$$\left| x_{n+1} - x_n \right| = \left| \sqrt{6 + x_n} - \sqrt{6 + x_{n-1}} \right| = \dfrac{\left| x_n - x_{n-1} \right|}{\sqrt{6 + x_n} + \sqrt{6 + x_{n-1}}} < \dfrac{1}{2\sqrt{6}} \left| x_n - x_{n-1} \right|,$$

从而知级数 $\sum\limits_{n=1}^{\infty} \left| x_{n+1} - x_n \right|$ 收敛，进而知 $\sum\limits_{n=1}^{\infty} (x_{n+1} - x_n)$ 收敛. 故由 $x_n = \sum\limits_{k=1}^{n-1} (x_{k+1} - x_k) + x_1$，知数列 $\{x_n\}$ 收敛. 不妨设 $\lim\limits_{n\to\infty} x_n = l$，如证法1，可求得 $l = 3$，即 $\lim\limits_{n\to\infty} x_n = 3$.

【证法3】 利用极限定义

先假设数列 $\{x_n\}$ 收敛，不妨设 $\lim\limits_{n\to\infty} x_n = l$，则由递推关系式两边取极限，得 $l = \sqrt{6 + l}$，解得 $l = 3$ 或 $l = -2$. 因为 $x_n > 0(n = 1,2,\cdots)$，所以 $l \geqslant 0$，于是取 $l = 3$.

下证数列 $\{x_n\}$ 收敛于 3.

记 $q = \dfrac{1}{\sqrt{6} + 3}$，则有

$$\left| x_n - 3 \right| = \left| \sqrt{6 + x_{n-1}} - 3 \right| = \dfrac{\left| x_{n-1} - 3 \right|}{\sqrt{6 + x_{n-1}} + 3} < q \cdot \left| x_{n-1} - 3 \right| < \cdots < q^{n-1} \cdot \left| x_1 - 3 \right|,$$

而由 $\lim\limits_{n\to\infty} q^n = 0$（这里 $0 < q < 1$），故由极限的定义或者夹逼准则，可得 $\lim\limits_{n\to\infty} x_n = 3$.

【证法4】 利用Cauchy收敛准则

首先，证明数列 $\{x_n\}$ 收敛.

记 $x_0 = 0, x_1 = \sqrt{6 + x_0}$ ，又记 $q = \dfrac{1}{2\sqrt{6}}$ ，则由已知有 $x_n > 0$ ，且有

$$\left| x_k - x_{k-1} \right| = \left| \sqrt{6 + x_{k-1}} - \sqrt{6 + x_{k-2}} \right| = \frac{\left| x_{k-1} - x_{k-2} \right|}{\sqrt{6 + x_{k-1}} + \sqrt{6 + x_{k-2}}} < q \cdot \left| x_{k-1} - x_{k-2} \right|$$

$$< \cdots < q^{k-1} \cdot \left| x_1 - x_0 \right| = \sqrt{6} q^{k-1}.$$

不妨设 $m > n$ ，则由上式得

$$\left| x_m - x_n \right| \leqslant \left| x_m - x_{m-1} \right| + \left| x_{m-1} - x_{m-2} \right| + \cdots + \left| x_{n+1} - x_n \right|$$

$$< \sqrt{6} \left(q^{m-1} + q^{m-2} + \cdots + q^n \right)$$

$$< \frac{\sqrt{6} q^n}{1 - q} \to 0 \quad (n \to \infty),$$

故由 Cauchy 收敛准则知数列 $\{x_n\}$ 收敛.

其次，求 $\{x_n\}$ 的极限值. 不妨设 $\lim\limits_{n \to \infty} x_n = l$ ，则由递推关系式两边取极限，得 $l = \sqrt{6 + l}$ ，解得 $l = 3$ 或 $l = -2$. 而因为 $x_n > 0 \, (n = 1, 2, \cdots)$ ，所以 $l \geqslant 0$ ，故取 $l = 3$ ，即 $\lim\limits_{n \to \infty} x_n = 3$.

【证法 5】　利用几何意义及单调有界原理

由已知，得 $0 < x_2 < \sqrt{6 + x_1} = \sqrt{6 + \sqrt{6}} < 3$ ，假设 $0 < x_{n-1} < 3$ ，则 $0 < x_n = \sqrt{6 + x_{n-1}} < 3$ ，故由数学归纳法知数列 $\{x_n\}$ 有界，且 $0 < x_n < 3 \, (n = 1, 2, \cdots)$.

考察抛物线 $y^2 = 6 + x$ ，显然 (x_n, x_{n+1}) 满足该抛物线方程，它们位于抛物线上以 $A(0, \sqrt{6})$ 为起点，$B(3, 3)$ 为终点的曲线弧上，该曲线弧位于直线 $y = x$ 的上方，从而有 $x_{n+1} \geqslant x_n$ ，故 $\{x_n\}$ 单调增加且有界，因而由单调有界原理知数列 $\{x_n\}$ 收敛. 再由递推关系式两边取极限，即得 $\lim\limits_{n \to \infty} x_n = 3$ (图 1.1).

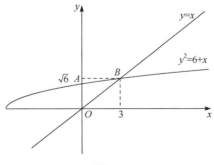

图 1.1

⊛ **特别提示**　该例也可利用压缩映射原理证明和求解. 一般地, 有

[1]　设 $a>0, x_n=\sqrt{a+\sqrt{a+\cdots+\sqrt{a}}}$（$n$ 个根式）, $n=1,2,\cdots$, 则数列 $\{x_n\}$ 的极限存在, 且 $\lim_{n\to\infty}x_n=\dfrac{1+\sqrt{1+4a}}{2}$.

[2]　设 $x_1=\alpha$, $x_{n+1}=\sqrt{\beta+x_n}, n=1,2,\cdots$, 其中 $\alpha>0, \beta>0$, 且 $\alpha+\beta>\dfrac{1}{4}$, 则数列 $\{x_n\}$ 的极限存在, 且 $\lim_{n\to\infty}x_n=\dfrac{1+\sqrt{1+4\beta}}{2}$.

[3]　设 $\{a_n\}$ 是一正项收敛数列, $\lim_{n\to\infty}a_n=a$, 令 $x_n=\sqrt{a_n+\sqrt{a_{n-1}+\cdots+\sqrt{a_1}}}$, $n=2,3,\cdots$, 则数列 $\{x_n\}$ 的极限存在, 且 $\lim_{n\to\infty}x_n=\dfrac{1+\sqrt{1+4a}}{2}$.

♻ **类题训练**

1. 已知 $x_1>-6, x_{n+1}=\sqrt{6+x_n}, n=1,2,\cdots$, 证明数列 $\{x_n\}$ 存在极限, 并求 $\lim_{n\to\infty}x_n$.

2. 设 $a\geqslant0, x_1=\sqrt{2+a}, x_{n+1}=\sqrt{2+x_n}, n=1,2,\cdots$, 证明数列 $\{x_n\}$ 的极限存在, 并求 $\lim_{n\to\infty}x_n$.

3. 设 $x_1\geqslant-12, x_{n+1}=\sqrt{x_n+12}, n=1,2,\cdots$, 证明数列 $\{x_n\}$ 存在极限, 并求 $\lim_{n\to\infty}x_n$.

📖 **典型例题**

13　设数列 $\{x_n\}$ 满足 $0<x_1<3, x_{n+1}=\sqrt{x_n(3-x_n)}, n=1,2,\cdots$, 证明数列 $\{x_n\}$ 的极限存在, 并求其极限值. (2002 年硕士研究生入学考试数学(二)试题)

【证法1】　利用数学归纳法及单调有界原理

由已知 $0<x_1<3$, 有 $0<x_2=\sqrt{x_1(3-x_1)}\leqslant\dfrac{1}{2}\left[x_1+(3-x_1)\right]=\dfrac{3}{2}$.

假设当 $n=k>1$ 时, $0<x_k\leqslant\dfrac{3}{2}$, 则当 $n=k+1$ 时,

$$0<x_{k+1}=\sqrt{x_k(3-x_k)}\leqslant\dfrac{1}{2}(x_k+3-x_k)=\dfrac{3}{2}.$$

故由数学归纳法知, 当 $n\geqslant2$ 时, 有 $0<x_n\leqslant\dfrac{3}{2}$, 即数列 $\{x_n\}$ 有界.

又当 $n\geqslant2$ 时, $x_{n+1}-x_n=\sqrt{x_n(3-x_n)}-x_n=\dfrac{\sqrt{x_n}\cdot(3-2x_n)}{\sqrt{3-x_n}+\sqrt{x_n}}\geqslant0$, 于是 $\{x_n\}$ 单调

增加, 从而由单调有界原理知数列 $\{x_n\}$ 收敛.

不妨设 $\lim\limits_{n\to\infty} x_n = a$, 则由递推关系式 $x_{n+1} = \sqrt{x_n(3-x_n)}$ 两边取极限, 得 $a = \sqrt{a(3-a)}$, 解得 $a = \dfrac{3}{2}, a = 0$ (舍去). 故 $\lim\limits_{n\to\infty} x_n = \dfrac{3}{2}$.

【**证法 2**】 利用函数单调性的判别及单调有界原理

由已知及 Cauchy 不等式, 有 $x_{n+1} = \sqrt{x_n(3-x_n)} \leqslant \dfrac{x_n + (3-x_n)}{2} = \dfrac{3}{2} \, (n = 1, 2, \cdots)$, 即当 $n \geqslant 2$ 时, 有 $0 < x_n \leqslant \dfrac{3}{2}$, 所以数列 $\{x_n\}$ 有界.

令 $f(x) = \sqrt{x(3-x)}$, 则 $f'(x) = \dfrac{3-2x}{2\sqrt{x(3-x)}} \geqslant 0 \left(0 < x \leqslant \dfrac{3}{2}\right)$, 于是有 $x_{n+1} \geqslant x_n$, 从而知当 $n \geqslant 2$ 时, 数列 $\{x_n\}$ 单调增加, 故由单调有界原理知数列 $\{x_n\}$ 收敛.

不妨设 $\lim\limits_{n\to\infty} x_n = a$, 则由递推关系式 $x_{n+1} = \sqrt{x_n(3-x_n)}$ 两边取极限, 得 $a = \sqrt{a(3-a)}$, 解得 $a = \dfrac{3}{2}, a = 0$ (舍去). 故 $\lim\limits_{n\to\infty} x_n = \dfrac{3}{2}$.

【**证法 3**】 利用数形结合法(图 1.2)

由已知, $x_n > 0$, 且由递推关系式化简得 $\left(x_n - \dfrac{3}{2}\right)^2 + x_{n+1}^2 = \left(\dfrac{3}{2}\right)^2, n = 1, 2, \cdots$, 从而知 $0 < x_{n+1} \leqslant \dfrac{3}{2}(n = 1, 2, \cdots)$, 且点 (x_n, x_{n+1}) 位于圆周 $\left(x - \dfrac{3}{2}\right)^2 + y^2 = \left(\dfrac{3}{2}\right)^2$ 的上左半圆弧 $\overset{\frown}{OA}$ 上, 它位于直线段 $\overline{OA}$: $y = x \left(0 < x \leqslant \dfrac{3}{2}\right)$ 的上方 $(y \geqslant x)$, 于是 $x_n \leqslant x_{n+1}$, 故由单调有界原理知数列 $\{x_n\}$ 收敛. 不妨设 $\lim\limits_{n\to\infty} x_n = a$, 则由递推关系

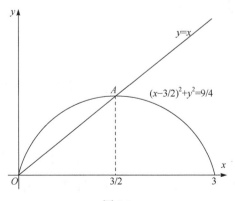

图 1.2

式两边取极限, 得 $a=\sqrt{a(3-a)}$, 解得 $a=\dfrac{3}{2}$, $a=0$ (舍去), 即得 $\lim\limits_{n\to\infty}x_n=\dfrac{3}{2}$.

🔆 **特别提示**

[1]   证法 1 和证法 2 中 $\{x_n\}$ 的单调性也可由 $\dfrac{x_{n+1}}{x_n}=\sqrt{\dfrac{3-x_n}{x_n}}>1$ 证得; 数列

$\{x_n\}$ 的有界性, 也可由 $x_{n+1}-\dfrac{3}{2}=\sqrt{x_n(3-x_n)}-\dfrac{3}{2}=-\dfrac{\left(x_n-\dfrac{3}{2}\right)^2}{\sqrt{x_n(3-x_n)}+\dfrac{3}{2}}\leqslant 0\ (n=1,2,\cdots)$

证得.

[2]   一般地, 设数列 $\{x_n\}$ 满足 $0<x_1<a$, $a>0$, 且 $x_{n+1}=\sqrt{x_n(a-x_n)}$

$(n=1,2,\cdots)$, 则数列 $\{x_n\}$ 收敛, 且其极限值 $\lim\limits_{n\to\infty}x_n=\dfrac{a}{2}$.

♻ **类题训练**

1. 设 $x_1>a>0$, $x_{n+1}=\sqrt{x_n-2ax_n+2a^2}$, $n=1,2,\cdots$, 求 $\lim\limits_{n\to\infty}x_n$.

2. 设 $x_1=1$, $x_{n+1}+\sqrt{1+x_n}=0$, $n=1,2,\cdots$, 证明数列 $\{x_n\}$ 的极限存在, 并求 $\lim\limits_{n\to\infty}x_n$. (1991 年江苏省数学竞赛题)

3. 设 $0<x_1<1$, $x_{n+1}=-x_n^2+2x_n$, $n=1,2,\cdots$, 求 $\lim\limits_{n\to\infty}x_n$.

4. 设定义数列 $\{a_n\}$ 如下: $a_1=\dfrac{1}{2}$, $a_n=\int_0^1\max(a_{n-1},x)\mathrm{d}x$, $n=2,3,\cdots$, 求 $\lim\limits_{n\to\infty}x_n$. (2010 年浙江省高等数学竞赛题)

📖 **典型例题**

14 设 $0<c<1$, $x_1=\dfrac{c}{2}$, 且 $x_{n+1}=\dfrac{c}{2}+\dfrac{x_n^2}{2}$, $n=1,2,\cdots$, 证明数列 $\{x_n\}$ 收敛, 并求其极限值.

【证法 1】 由已知, $x_1=\dfrac{c}{2}\in(0,1)$, $x_2=\dfrac{c}{2}+\dfrac{x_1^2}{2}\in(0,1)$, 假设 $n=k$ 时, $x_k\in$

$(0,1)$, 则当 $n=k+1$ 时, $x_{k+1}=\dfrac{c}{2}+\dfrac{x_k^2}{2}\in(0,1)$, 故由数学归纳法知, $\forall n\in\mathbf{N}$, $x_n\in(0,1)$,

即 $\{x_n\}$ 有界. 又 $x_2 > x_1$, 假设 $x_k > x_{k-1}\,(k > 1)$, 则

$$x_{k+1} - x_k = \frac{1}{2}\left(x_k^2 - x_{k-1}^2\right) = \frac{1}{2}\left(x_k + x_{k-1}\right)\left(x_k - x_{k-1}\right) > 0,$$

故由数学归纳法知, $x_{n+1} > x_n\,(n = 1, 2, \cdots)$, 即 $\{x_n\}$ 单调增加. 综上所述 $\{x_n\}$ 单调增加有界, 故由单调有界原理知数列 $\{x_n\}$ 收敛. 不妨设 $\lim\limits_{n \to \infty} x_n = l$, 则在递推关系式两边取极限, 得 $l = \dfrac{c}{2} + \dfrac{l^2}{2}$, 注意到 $l < 1$, 解得 $l = 1 - \sqrt{1 - c}$, 即得 $\lim\limits_{n \to \infty} x_n = 1 - \sqrt{1 - c}$.

【证法 2】　用数学归纳法可以证明: $0 < x_n < c\,(n = 1, 2, \cdots)$.

事实上, $0 < x_1 = \dfrac{c}{2} < c$, 假设 $0 < x_k < c < 1$, 则

$$0 < x_{k+1} = \frac{c}{2} + \frac{x_k^2}{2} < \frac{c}{2} + \frac{c^2}{2} < \frac{c}{2} + \frac{c}{2} = c.$$

令 $f(x) = \dfrac{c}{2} + \dfrac{x^2}{2}$, 则 $f'(x) = x$, 且

$$|x_{n+1} - x_n| = |f(x_n) - f(x_{n-1})| = |f'(\xi)| \cdot |x_n - x_{n-1}| = |\xi| \cdot |x_n - x_{n-1}| < c \cdot |x_n - x_{n-1}|,$$

其中 ξ 介于 x_n 与 x_{n-1} 之间, $0 < c < 1$.

故级数 $\sum\limits_{n=1}^{\infty} |x_{n+1} - x_n|$ 收敛, 从而 $\sum\limits_{n=1}^{\infty} (x_{n+1} - x_n)$ 收敛. 又 $x_n = \sum\limits_{k=1}^{n-1} (x_{k+1} - x_k) + x_1$, 所以 $\{x_n\}$ 收敛. 不妨设 $\lim\limits_{n \to \infty} x_n = l$, 则 $\dfrac{c}{2} \leqslant l \leqslant c$, 在递推关系式两边取极限, 得 $l = \dfrac{c}{2} + \dfrac{l^2}{2}$, 解得 $l = 1 - \sqrt{1 - c}$, $l = 1 + \sqrt{1 - c}$ (舍去), 故 $\lim\limits_{n \to \infty} x_n = 1 - \sqrt{1 - c}$.

【证法 3】　由于 $0 < c < 1$, 用数学归纳法可以证明: $0 < x_n < 1\,(n = 1, 2, \cdots)$.

令 $f(x) = \dfrac{c}{2} + \dfrac{x^2}{2}$, 则 $f'(x) = x > 0\,(0 < x < 1)$, 于是 $f(x)$ 单调增加.

又 $x_1 = \dfrac{c}{2} < \dfrac{c}{2} + \dfrac{x_1^2}{2} = x_2$, 所以 $x_2 = f(x_1) < f(x_2) = x_3, \cdots$, 进一步得 $x_n < x_{n+1}$, 于是 $\{x_n\}$ 单调增加, 从而由单调有界原理知 $\{x_n\}$ 收敛. 不妨设 $\lim\limits_{n \to \infty} x_n = l$, 则在递推关系式两边取极限, 得 $l = \dfrac{c}{2} + \dfrac{l^2}{2}$, 解得 $l = 1 \pm \sqrt{1 - c}$. 因为 $0 < x_n < 1$, 所以 $l \leqslant 1$, 故 $l = 1 - \sqrt{1 - c}$, 即得 $\lim\limits_{n \to \infty} x_n = 1 - \sqrt{1 - c}$.

【证法 4】　同证法 3, 由数学归纳法得 $0 < x_n < 1\,(n = 1, 2, \cdots)$.

假设数列 $\{x_n\}$ 收敛, 不妨设 $\lim\limits_{n \to \infty} x_n = l$, 则在递推关系式两边取极限, 得

$l = \dfrac{c}{2} + \dfrac{l^2}{2}$，解得 $l = 1 - \sqrt{1-c}$.

下证数列 $\{x_n\}$ 收敛于 $l = 1 - \sqrt{1-c}$:

$$\left| x_{n+1} - \left(1 - \sqrt{1-c}\right) \right| = \left| \frac{c + x_n^2}{2} - 1 + \sqrt{1-c} \right| = \left| \frac{x_n^2 - \left(1 - \sqrt{1-c}\right)^2}{2} \right|$$

$$= \left| \frac{\left(x_n - 1 + \sqrt{1-c}\right) \cdot \left(x_n + 1 - \sqrt{1-c}\right)}{2} \right| \leqslant \left(1 - \frac{\sqrt{1-c}}{2}\right) \cdot \left| x_n - \left(1 - \sqrt{1-c}\right) \right|$$

$$\leqslant \cdots \leqslant \left| x_1 - \left(1 - \sqrt{1-c}\right) \right| \cdot \left(1 - \frac{\sqrt{1-c}}{2}\right)^n ,$$

又 $\lim\limits_{n \to \infty} \left(1 - \dfrac{\sqrt{1-c}}{2}\right)^n = 0$ ，故由夹逼准则得 $\lim\limits_{n \to \infty} \left| x_{n+1} - \left(1 - \sqrt{1-c}\right) \right| = 0$ ，故 $\lim\limits_{n \to \infty} x_n = 1 - \sqrt{1-c}$.

特别提示   更完整地设数列 $\{x_n\}$ 满足 $x_1 = \dfrac{c}{2}$, $x_{n+1} = \dfrac{c}{2} + \dfrac{x_n^2}{2}$, $n = 1, 2, \cdots$, 则

(1) 当 $c > 0$ 时, 有 $\lim\limits_{n \to \infty} x_n = \begin{cases} 1 - \sqrt{1-c}, & 0 < c \leqslant 1, \\ +\infty, & c > 1; \end{cases}$

(2) 问当 $-3 \leqslant c < 0$ 时, 数列 $\{x_n\}$ 的收敛性如何?

(3) 问 c 是任意实数时, 数列 $\{x_n\}$ 的收敛性如何?

类题训练

1. 设 $0 < c \leqslant 1$, $x_1 = \dfrac{c}{2}$, 且 $x_{n+1} = \dfrac{c}{2} - \dfrac{x_n^2}{2}$, $n = 1, 2, \cdots$, 证明数列 $\{x_n\}$ 收敛, 并求 $\lim\limits_{n \to \infty} x_n$.

2. 设 $a > 0$, $0 < x_1 < a$, 且 $x_{n+1} = x_n \left(2 - \dfrac{x_n}{a}\right)$, $n = 1, 2, \cdots$, 证明数列 $\{x_n\}$ 收敛, 并求 $\lim\limits_{n \to \infty} x_n$.

典型例题

15   设 $a > 0$, $x_0 > 0$, $x_{n+1} = \dfrac{1}{2}\left(x_n + \dfrac{a}{x_n}\right)$, $n = 0, 1, 2, \cdots$, 证明数列 $\{x_n\}$ 收敛, 并求

其极限值.

【证法 1】   利用单调有界原理

由算术平均值大于几何平均值, 得

$$x_{n+1} = \frac{1}{2}\left(x_n + \frac{a}{x_n}\right) \geqslant \sqrt{a} \quad (n = 0,1,2,\cdots),$$

于是 $\frac{x_{n+1}}{x_n} = \frac{1}{2}\left(1 + \frac{a}{x_n^2}\right) \leqslant 1$, 即 $x_{n+1} \leqslant x_n$, 从而数列 $\{x_n\}$ 单调减少有下界, 故数列 $\{x_n\}$ 收敛.

不妨记 $\lim\limits_{n\to\infty} x_n = l$, 则由递推关系式两边取极限, 得

$$l = \frac{1}{2}\left(l + \frac{a}{l}\right), \text{解得} \, l = \pm\sqrt{a}.$$

因为 $x_n \geqslant \sqrt{a}$, 所以 $l \geqslant \sqrt{a} > 0$, 故 $l = \sqrt{a}$, 即 $\lim\limits_{n\to\infty} x_n = \sqrt{a}$.

【证法 2】   利用单调有界原理

由已知, 有 $x_n > 0$, 且

$$x_{n+1} - x_n = \frac{1}{2}\left(x_n + \frac{a}{x_n}\right) - x_n = \frac{1}{2}\left(\frac{a}{x_n} - x_n\right)$$

$$= \frac{1}{2}\cdot\left[\frac{a}{\frac{1}{2}\left(x_{n-1} + \frac{a}{x_{n-1}}\right)} - \frac{1}{2}\left(x_{n-1} + \frac{a}{x_{n-1}}\right)\right] = \frac{1}{4}\cdot\frac{-\left(x_{n-1}^2 - a\right)^2}{x_{n-1}\cdot\left(x_{n-1}^2 + a\right)},$$

于是当 $n \geqslant 2$ 时, $x_{n+1} - x_n < 0$, 即知数列 $\{x_n\}$ 为单调减少有下界, 因而数列 $\{x_n\}$ 收敛.

再类似于证法 1, 求得 $\lim\limits_{n\to\infty} x_n = \sqrt{a}$.

【证法 3】   利用不动点方法

令 $f(x) = \frac{1}{2}\left(x + \frac{a}{x}\right)$, 则由 $f(x) = x$ 求得不动点 $\lambda_1 = \sqrt{a}, \lambda_2 = -\sqrt{a}$. 于是有

$$\frac{x_{n+1} - \sqrt{a}}{x_{n+1} + \sqrt{a}} = \frac{\frac{1}{2}\left(x_n + \frac{a}{x_n}\right) - \sqrt{a}}{\frac{1}{2}\left(x_n + \frac{a}{x_n}\right) + \sqrt{a}} = \left(\frac{x_n - \sqrt{a}}{x_n + \sqrt{a}}\right)^2 = \cdots = \left(\frac{x_0 - \sqrt{a}}{x_0 + \sqrt{a}}\right)^{2^n} \quad (n = 0,1,2,\cdots).$$

记 $\gamma = \dfrac{x_0 - \sqrt{a}}{x_0 + \sqrt{a}}$，则 $|\gamma| < 1$，$\dfrac{x_{n+1} - \sqrt{a}}{x_{n+1} + \sqrt{a}} = \gamma^{2^n}$，从而有 $x_{n+1} = \dfrac{\sqrt{a} + \sqrt{a} \cdot \gamma^{2^n}}{1 - \gamma^{2^n}}$，故

$\lim\limits_{n \to \infty} x_n = \sqrt{a}$.

【证法4】   利用极限的定义或夹逼准则

由递推关系式，有

$$x_{n+1} = \frac{1}{2}\left(x_n + \frac{a}{x_n}\right) \geqslant \sqrt{a} \quad (n = 0,1,2,\cdots),$$

$$x_{n+1} - \sqrt{a} = \left(x_n - \sqrt{a}\right) \cdot \frac{1}{2}\left(1 - \frac{\sqrt{a}}{x_n}\right),$$

反复利用该递推关系式，得

$$x_{n+1} - \sqrt{a} = \left(x_1 - \sqrt{a}\right) \cdot \frac{1}{2^n}\left(1 - \frac{\sqrt{a}}{x_1}\right)\left(1 - \frac{\sqrt{a}}{x_2}\right)\cdots\left(1 - \frac{\sqrt{a}}{x_n}\right),$$

于是 $\left|x_{n+1} - \sqrt{a}\right| \leqslant \dfrac{1}{2^n} \cdot \left|x_1 - \sqrt{a}\right|$. 因为 $\lim\limits_{n \to \infty} \dfrac{1}{2^n} = 0$，所以由夹逼准则得 $\lim\limits_{n \to \infty}\left|x_{n+1} - \sqrt{a}\right| = 0$.

从而 $\lim\limits_{n \to \infty}\left(x_{n+1} - \sqrt{a}\right) = 0$，故 $\lim\limits_{n \to \infty} x_n = \sqrt{a}$. 或用极限的定义说明.

【证法5】   利用换元变换

令 $\omega_n = \dfrac{x_n - \sqrt{a}}{x_n + \sqrt{a}}$，则有 $x_n = \sqrt{a} \cdot \dfrac{1 + \omega_n}{1 - \omega_n}$，代入递推关系式，得

$$\omega_{n+1} = \omega_n^2 = \omega_{n-1}^{2^2} = \cdots = \omega_0^{2^{n+1}}.$$

而因为 $x_0 = \sqrt{a} \cdot \dfrac{1 + \omega_0}{1 - \omega_0}$，所以 $x_0 > 0$(或 $x_0 < 0$)分别对应于 $|\omega_0| < 1$(或 $|\omega_0| > 1$)，于是

得当 $|\omega_0| < 1$(或 $|\omega_0| > 1$)时，数列 $\{\omega_n\}$ 收敛于 0(或为 ∞). 又 $x_n \to \sqrt{a}\,(n \to \infty) \Leftrightarrow \omega_n$

$\to 0\,(n \to \infty)$，故当 $x_0 > 0$ 时，$\lim\limits_{n \to \infty} x_n = \sqrt{a}$. 同理可得当 $x_0 < 0$ 时，$\lim\limits_{n \to \infty} x_n = -\sqrt{a}$.

特别提示   一般地，由牛顿切线法可构造得到收敛于 $\sqrt[m]{a}\,(a > 0)$ 的迭代数

列 $\{x_n\}$. 事实上，有

设 $a > 0, x_1 > 0, x_{n+1} = \dfrac{1}{m}\left[(m-1)x_n + \dfrac{a}{x_n^{m-1}}\right]$($m$ 是正整数)，则 $\lim\limits_{n \to \infty} x_n = \sqrt[m]{a}$.

类题训练

1. 设 $x_0 > 0, x_{n+1} = \dfrac{1}{4}\left(3x_n + \dfrac{81}{x_n^3}\right), n = 0,1,2,\cdots$, (i)证明 $x_n \geqslant 3\,(n = 1,2,\cdots)$; (ii)证明

数列 $\{x_n\}$ 收敛, 并求 $\lim\limits_{n\to\infty} x_n$.

2. 设 $x_0 > 0, x_{n+1} = \dfrac{1}{3}\left(x_n + \dfrac{2a}{x_n}\right), n = 0,1,2,\cdots$, 证明数列 $\{x_n\}$ 收敛, 并求 $\lim\limits_{n\to\infty} x_n$.

3. 设 $a > 0, x_1 > 0, x_{n+1} = \dfrac{1}{3}\left(2x_n + \dfrac{a}{x_n^2}\right), n = 1,2,\cdots$, 证明数列 $\{x_n\}$ 收敛, 并求 $\lim\limits_{n\to\infty} x_n$.

典型例题

16 设 $a > 0, x_0 > 0, x_{n+1} = \dfrac{x_n\left(x_n^2 + 3a\right)}{3x_n^2 + a}, n = 0,1,2,\cdots$, 证明数列 $\{x_n\}$ 收敛, 并求其极限值. (1975 年苏联大学生数学竞赛题)

【证法 1】 利用单调有界原理

由已知, 有 $x_n > 0, \forall n \in \mathbf{N}$, 且有

$$x_{n+1} - x_n = \frac{-2x_n\left(x_n^2 - a\right)}{3x_n^2 + a}, \quad x_{n+1} - \sqrt{a} = \frac{\left(x_n - \sqrt{a}\right)^3}{3x_n^2 + a}.$$

(i) 若 $x_0 \geqslant \sqrt{a}$, 则由上述两式及数学归纳法可得 $x_n \geqslant \sqrt{a}$, 且 $x_{n+1} \leqslant x_n$, 从而知数列 $\{x_n\}$ 收敛;

(ii) 若 $0 < x_0 < \sqrt{a}$, 则类似于(i), 可得 $0 < x_n < \sqrt{a}$, 且 $x_{n+1} \geqslant x_n$, 从而知数列 $\{x_n\}$ 收敛. 不妨设 $\lim\limits_{n\to\infty} x_n = l$, 则在递推关系式两边取极限, 得 $l = \dfrac{l\left(l^2 + 3a\right)}{3l^2 + a}$, 解得 $l = \pm\sqrt{a}$ 或 $l = 0$. 而由情形(i)和(ii)知 $l > 0$, 故 $l = \sqrt{a}$, 即 $\lim\limits_{n\to\infty} x_n = \sqrt{a}$.

【证法 2】 利用单调性及单调有界原理

令 $f(x) = \dfrac{x\left(x^2 + 3a\right)}{3x^2 + a}$, 则 $f'(x) = \dfrac{3\left(x^2 - a^2\right)^2}{\left(3x^2 + a\right)^2} \geqslant 0, x_{n+1} = f(x_n)$.

(i) 若 $x_0 \geqslant \sqrt{a}$, 则 $x_1 = f(x_0) \geqslant f\left(\sqrt{a}\right) = \sqrt{a}$. 由 $x_n \geqslant \sqrt{a}$ 可得 $x_{n+1} = f(x_n) \geqslant f\left(\sqrt{a}\right) = \sqrt{a}$, 于是由数学归纳法得 $\forall n \in \mathbf{N}, x_n \geqslant \sqrt{a}$. 又 $x_1 = \dfrac{x_0\left(x_0^2 + 3a\right)}{3x_0^2 + a} \leqslant x_0$, 由 $f'(x) \geqslant 0$ 得 $x_2 = f(x_1) \leqslant f(x_0) = x_1$, 反复利用该关系, 即得 $x_{n+1} \leqslant x_n$, 于是数列 $\{x_n\}$ 为单调减少有下界 $\sqrt{a}$, 故数列 $\{x_n\}$ 收敛.

(ii) 若 $0 < x_0 < \sqrt{a}$，则类似于上面可证得 $\forall n \in \mathbf{N}, 0 < x_n < \sqrt{a}$ 且 $x_{n+1} \geqslant x_n$，于是数列 $\{x_n\}$ 单调增加有上界 $\sqrt{a}$，故数列 $\{x_n\}$ 收敛.

不妨设 $\lim\limits_{n \to \infty} x_n = l$，类似于证法 1 可得 $\lim\limits_{n \to \infty} x_n = \sqrt{a}$.

【证法 3】 利用不动点方法

令 $f(x) = \dfrac{x(x^2 + 3a)}{3x^2 + a}$，则由 $f(x) = x$ 解得三个不动点：$\lambda_1 = \sqrt{a}, \lambda_2 = -\sqrt{a}$，$\lambda_3 = 0$，且有

$$\frac{x_n - \lambda_1}{x_n - \lambda_2} = \left(\frac{x_{n-1} - \lambda_1}{x_{n-1} - \lambda_2}\right)^3 = \cdots = \left(\frac{x_0 - \lambda_1}{x_0 - \lambda_2}\right)^{3^n}.$$

又因为 $x_0 > 0$，所以 $\left|\dfrac{x_0 - \lambda_1}{x_0 - \lambda_2}\right| = \left|\dfrac{x_0 - \sqrt{a}}{x_0 + \sqrt{a}}\right| < 1$，故得 $\lim\limits_{n \to \infty} \dfrac{x_n - \lambda_1}{x_n - \lambda_2} = 0$，即得 $\lim\limits_{n \to \infty} x_n = \lambda_1 = \sqrt{a}$.

特别提示　一般地，设 $k \geqslant 2, k \in \mathbf{N}^+, x_0 > 0$，令 $x_{n+1} = \dfrac{x_n^k + \sum\limits_{i=1}^{\left[\frac{k}{2}\right]} C_k^{2i} \cdot x_n^{k-2i} \cdot a^i}{\sum\limits_{i=0}^{\left[\frac{k-1}{2}\right]} C_k^{2i+1} \cdot x_n^{k-2i-1} \cdot a^i}$，

$n = 0, 1, 2, \cdots$，则数列 $\{x_n\}$ k 阶收敛于 $\sqrt{a}$.

事实上，因为 $\dfrac{x_{n+1} - \sqrt{a}}{x_{n+1} + \sqrt{a}} = \left(\dfrac{x_n - \sqrt{a}}{x_n + \sqrt{a}}\right)^k = \cdots = \left(\dfrac{x_1 - \sqrt{a}}{x_1 + \sqrt{a}}\right)^{k^n}$，所以有 $x_{n+1} - \sqrt{a} = 2\sqrt{a}\dfrac{\gamma^{k^n}}{1 - \gamma^{k^n}} \to 0 (n \to \infty)$，且有

$$\lim_{n \to \infty} \frac{x_{n+1} - \sqrt{a}}{\left(x_n - \sqrt{a}\right)^k} = \lim_{n \to \infty} \frac{x_{n+1} + \sqrt{a}}{\left(x_n + \sqrt{a}\right)^k} = \frac{1}{\left(2\sqrt{a}\right)^{k-1}}.$$

类题训练

1. 设数列 $\{x_n\}$ 满足 $x_1 > 0, x_{n+1} = \dfrac{x_n^4 + 12x_n^2 + 4}{4x_n^3 + 8x_n}, n = 1, 2, \cdots$，证明数列 $\{x_n\}$ 收敛，并求其极限值.

2. 设数列 $\{x_n\}$ 满足 $x_1 > 0$, $x_{n+1} = \dfrac{3}{8}\left(x_n + \dfrac{5a}{3x_n}\right)$, $n = 1,2,\cdots$, 其中 $a > 0$, 证明数列 $\{x_n\}$ 收敛, 并求其极限值.

3. 设 $a > 0$, $x_1 > 0$, 且 $x_{n+1} = \dfrac{1}{2}\left(x_n + \dfrac{a}{x_n^2}\right)$, $n = 1,2,\cdots$, 证明数列 $\{x_n\}$ 收敛, 并求其极限值.

4. 设 $x_1 > 0$, 且 $x_{n+1} = \dfrac{1}{2}x_n(x_n^2 + 1)$, $n = 1,2,\cdots$, 试讨论数列 $\{x_n\}$ 的敛散性, 若收敛, 则求其极限值.

📖 典型例题

17　设数列 $\{x_n\}$ 满足 $x_1 > 0$, $x_{n+1} = \dfrac{C(1+x_n)}{C+x_n}$, $n = 1,2,\cdots$, $C > 1$ 为常数, 求极限 $\lim\limits_{n\to\infty} x_n$.

【解法 1】　利用单调有界原理

(i) 若 $x_1 = \sqrt{C}$, 则 $\forall n \in \mathbf{N}$, $x_n = \sqrt{C}$, $\lim\limits_{n\to\infty} x_n = \sqrt{C}$;

(ii) 若 $x_1 > \sqrt{C}$, 令 $f(x) = \dfrac{C(1+x)}{C+x}$, 则 $f'(x) = \dfrac{C(C-1)}{(C+x)^2} > 0 (\forall x > 0, C > 1)$, 于是 $x_2 = f(x_1) > f(\sqrt{C}) = \sqrt{C}$. 假设 $\forall k \in \mathbf{N}$, $x_k > \sqrt{C}$, 则有 $x_{k+1} = f(x_k) > f(\sqrt{C}) = \sqrt{C}$. 故由数学归纳法知 $\forall n \in \mathbf{N}$, $x_n > \sqrt{C}$.

又因为 $x_{n+1} - x_n = \dfrac{C - x_n^2}{C + x_n} < 0$, 所以数列 $\{x_n\}$ 单调减少, 因而数列 $\{x_n\}$ 收敛.

(iii) 若 $0 < x_1 < \sqrt{C}$, 则由数学归纳法可证得 $\forall n \in \mathbf{N}$, $0 < x_n < \sqrt{C}$, 且由 $x_{n+1} - x_n = \dfrac{C - x_n^2}{C + x_n} > 0$, 知数列 $\{x_n\}$ 单调增加, 因而数列 $\{x_n\}$ 收敛.

综上所述, 数列 $\{x_n\}$ 收敛. 不妨设 $\lim\limits_{n\to\infty} x_n = A$, 则在递推关系式两边取极限, 即得 $A = \dfrac{C(1+A)}{C+A}$, 解得 $A = \pm\sqrt{C}$. 而由 $x_n > 0$, 知 $A \geqslant 0$, 故取 $A = \sqrt{C}$, 即得 $\lim\limits_{n\to\infty} x_n = \sqrt{C}$.

【解法 2】　利用递推关系式

由递推关系式 $x_n = \dfrac{C(1+x_{n-1})}{C+x_{n-1}}$ 得

$$x_n + \sqrt{C} = \sqrt{C} \cdot \left(1 + \sqrt{C}\right) \cdot \frac{x_{n-1} + \sqrt{C}}{x_{n-1} + C},$$

$$\frac{1}{x_n + \sqrt{C}} = \frac{1}{C + \sqrt{C}} \cdot \frac{x_{n-1} + C}{x_{n-1} + \sqrt{C}} = \frac{1}{C + \sqrt{C}} + \frac{C - \sqrt{C}}{C + \sqrt{C}} \cdot \frac{1}{x_{n-1} + \sqrt{C}},$$

所以

$$\frac{1}{x_n + \sqrt{C}} - \frac{1}{2\sqrt{C}} = \frac{C - \sqrt{C}}{C + \sqrt{C}} \cdot \left(\frac{1}{x_{n-1} + \sqrt{C}} - \frac{1}{2\sqrt{C}}\right) = \cdots$$

$$= \left(\frac{C - \sqrt{C}}{C + \sqrt{C}}\right)^{n-1} \cdot \left(\frac{1}{x_1 + \sqrt{C}} - \frac{1}{2\sqrt{C}}\right).$$

因为 $\left|\dfrac{C - \sqrt{C}}{C + \sqrt{C}}\right| < 1$，所以 $\lim\limits_{n \to \infty} \left(\dfrac{C - \sqrt{C}}{C + \sqrt{C}}\right)^{n-1} = 0$，从而 $\lim\limits_{n \to \infty} \dfrac{1}{x_n + \sqrt{C}} = \dfrac{1}{2\sqrt{C}}$. 故 $\lim\limits_{n \to \infty}\left(x_n + \sqrt{C}\right) = 2\sqrt{C}$，即得 $\lim\limits_{n \to \infty} x_n = \sqrt{C}$.

【解法 3】 利用单调有界原理

因为 $x_n > 0 (n = 1, 2, \cdots)$，$C > 1$，且

$$x_{n+2} - x_{n+1} = \frac{C(1 + x_{n+1})}{C + x_{n+1}} - x_{n+1} = \frac{C - x_{n+1}^2}{C + x_{n+1}} = \frac{C - \left(\dfrac{C(1 + x_n)}{C + x_n}\right)^2}{C + \dfrac{C(1 + x_n)}{C + x_n}} = \frac{(C-1)(C - x_n^2)}{(C + 2x_n + 1)(C + x_n)},$$

所以 $\dfrac{x_{n+2} - x_{n+1}}{x_{n+1} - x_n} = \dfrac{\dfrac{(C-1)(C - x_n^2)}{(C + 2x_n + 1)(C + x_n)}}{\dfrac{C - x_n^2}{C + x_n}} = \dfrac{C - 1}{C + 2x_n + 1} > 0$，于是 $x_{n+2} - x_{n+1}$ 与 x_{n+1}

$-x_n$ 同号，从而知 $\{x_n\}$ 为单调增加数列.

又由 $0 < x_{n+1} = \dfrac{C(1 + x_n)}{C + x_n} < \dfrac{C(1 + x_n)}{1 + x_n} = C$，可知数列 $\{x_n\}$ 有界，从而由单调有界原理知数列 $\{x_n\}$ 收敛. 不妨记 $\lim\limits_{n \to \infty} x_n = l$，则由递推关系式两边取极限得

$l = \dfrac{C(1 + l)}{C + l}$，解得 $l = \pm\sqrt{C}$. 而由 $x_n > 0$，知 $l \geqslant 0$，故取 $l = \sqrt{C}$，即得 $\lim\limits_{n \to \infty} x_n = \sqrt{C}$.

【解法 4】 利用极限的定义

假设数列 $\{x_n\}$ 收敛，不妨设 $\lim\limits_{n \to \infty} x_n = A$，则由递推关系式两边取极限，得

$A = \dfrac{C(1+A)}{C+A}$，解得 $A = \pm\sqrt{C}$．又因为 $x_n > 0$，所以 $A \geqslant 0$，故 $A = \sqrt{C}$．

以下证明数列 $\{x_n\}$ 收敛且以 $\sqrt{C}$ 为极限．因为

$$\left| x_n - \sqrt{C} \right| = \left| \frac{C(1+x_{n-1})}{C+x_{n-1}} - \sqrt{C} \right| = \left| \frac{\left(C-\sqrt{C}\right)\cdot\left(x_{n-1}-\sqrt{C}\right)}{C+x_{n-1}} \right| < \frac{C-\sqrt{C}}{C}\cdot\left| x_{n-1}-\sqrt{C} \right|$$

$$< \left(\frac{C-\sqrt{C}}{C} \right)^{n-1} \cdot \left| x_1 - \sqrt{C} \right|,$$

且 $\lim\limits_{n\to\infty} \left(\dfrac{C-\sqrt{C}}{C} \right)^{n-1} = 0$，所以由夹逼准则得 $\lim\limits_{n\to\infty}\left| x_n - \sqrt{C} \right| = 0$，即得 $\lim\limits_{n\to\infty} x_n = \sqrt{C}$．

【解法 5】　利用不动点方法

令 $f(x) = \dfrac{C(1+x)}{C+x}$，则由 $f(x) = x$ 求得 $f(x)$ 的不动点 $x_1 = \sqrt{C}, x_2 = -\sqrt{C}$．于是

$$x_n - \sqrt{C} = \frac{\left(C-\sqrt{C}\right)\cdot\left(x_{n-1}-\sqrt{C}\right)}{C+x_{n-1}}, \quad x_n + \sqrt{C} = \frac{\left(C+\sqrt{C}\right)\cdot\left(x_{n-1}+\sqrt{C}\right)}{C+x_{n-1}},$$

从而 $\dfrac{x_n - \sqrt{C}}{x_n + \sqrt{C}} = \dfrac{C-\sqrt{C}}{C+\sqrt{C}}\cdot\dfrac{x_{n-1}-\sqrt{C}}{x_{n-1}+\sqrt{C}} = \cdots = \left(\dfrac{C-\sqrt{C}}{C+\sqrt{C}} \right)^{n-1}\cdot\dfrac{x_1-\sqrt{C}}{x_1+\sqrt{C}}$．故由 $\lim\limits_{n\to\infty}\left(\dfrac{C-\sqrt{C}}{C+\sqrt{C}} \right)^{n-1}$

$= 0$ 得 $\lim\limits_{n\to\infty}\dfrac{x_n-\sqrt{C}}{x_n+\sqrt{C}} = 0$，即得 $\lim\limits_{n\to\infty} x_n = \sqrt{C}$．

【解法 6】　利用 Cauchy 收敛准则

由已知，有 $x_n > 0$，且

$$\left| x_{n+1} - x_n \right| = \left| \frac{C(1+x_n)}{C+x_n} - \frac{C(1+x_{n-1})}{C+x_{n-1}} \right| = \left| \frac{(C-1)(x_n-x_{n-1})}{(C+x_n)(C+x_{n-1})} \right| = \left| \frac{(C-1)(x_n-x_{n-1})}{(C+x_{n-1})+(1+x_{n-1})} \right|$$

$$< \frac{|C-1|}{C+1}\cdot\left| x_n - x_{n-1} \right| < \cdots < \left(\frac{C-1}{C+1} \right)^{n-1}\cdot\left| x_2 - x_1 \right|.$$

于是对任意正整数 p，有

$$\left| x_{n+p} - x_n \right| \leqslant \left| x_{n+p} - x_{n+p-1} \right| + \left| x_{n+p-1} - x_{n+p-2} \right| + \cdots + \left| x_{n+1} - x_n \right|$$

$$< \left[\left(\frac{C-1}{C+1} \right)^{n+p-2} + \left(\frac{C-1}{C+1} \right)^{n+p-3} + \cdots + \left(\frac{C-1}{C+1} \right)^{n-1} \right]\cdot\left| x_2 - x_1 \right|$$

$$< \frac{C+1}{2} \cdot \left(\frac{C-1}{C+1} \right)^{n-1} \cdot |x_2 - x_1|,$$

由 $\lim\limits_{n \to \infty} \left(\dfrac{C-1}{C+1} \right)^{n-1} = 0$ 知，$\forall \varepsilon > 0$，$\exists N$，当 $n > N$ 时，有 $|x_{n+p} - x_n| \leqslant \varepsilon$，故由 Cauchy 收敛准则知数列 $\{x_n\}$ 收敛. 然后，类似于解法 1，在递推关系式两边取极限，即可得 $\lim\limits_{n \to \infty} x_n = \sqrt{C}$.

【解法 7】　利用级数方法

类似于解法 6，得 $|x_{n+1} - x_n| < \dfrac{|C-1|}{C+1} \cdot |x_n - x_{n-1}|$，于是由达朗贝尔判别法知 $\sum\limits_{n=1}^{\infty} |x_{n+1} - x_n|$ 收敛，从而 $\sum\limits_{n=1}^{\infty} (x_{n+1} - x_n)$ 收敛.

又 $x_n = (x_n - x_{n-1}) + (x_{n-1} - x_{n-2}) + \cdots + (x_2 - x_1) + x_1$，故数列 $\{x_n\}$ 收敛. 再由递推关系式两边取极限，即得 $\lim\limits_{n \to \infty} x_n = \sqrt{C}$.

特别提示　由上述解法可以看出，仅有解法 1、解法 3 和解法 6 中利用了 $C > 1$ 条件，其他解法中仅需 $C > 0$ 即可. 因此该例可减弱条件 $C > 1$ 为 $C > 0$.

类题训练

1. 设 $C > 0$，$x_1 > 0$，$x_{n+1} = \dfrac{C + x_n}{1 + x_n}$，$n = 1, 2, \cdots$，求 $\lim\limits_{n \to \infty} x_n$.

2. 设 $x_1 > 0$，$x_{n+1} = 2 + \dfrac{x_n}{2 + x_n}$，$n = 1, 2, \cdots$，求 $\lim\limits_{n \to \infty} x_n$.

3. 设 $x_1 = 1$，$x_{n+1} = \dfrac{3 + 2x_n}{3 + x_n}$，$n = 1, 2, \cdots$，证明数列 $\{x_n\}$ 收敛，并求其极限值.

4. 设 $x_1 = a > 1$，$x_2 = a + \dfrac{1}{x_1^2}$，$\cdots$，$x_n = a + \dfrac{1}{x_{n-1}^2}$，$n = 2, 3, \cdots$，问数列 $\{x_n\}$ 是否收敛? 若收敛，求其极限值.

典型例题

18　设数列 $\{x_n\}$ 满足 $x_1 = 1$，$x_{n+1} = \dfrac{1}{1 + x_n}$，$n = 1, 2, \cdots$，求极限 $\lim\limits_{n \to \infty} x_n$.

【解法 1】　由已知，有 $0 < x_n \leqslant 1$，$n = 1, 2, \cdots$，即数列 $\{x_n\}$ 有界. 又因为 $x_{n+1} - x_n = \dfrac{x_{n-1} - x_n}{(1 + x_n)(1 + x_{n-1})}$，所以数列 $\{x_n\}$ 非单调，此时不能直接利用单调有界原理

判定数列 $\{x_n\}$ 的收敛性. 但由于 $(1+x_n)(1+x_{n-1})>1+x_n(1+x_{n-1})=1+1=2$ ，于是有

$$|x_{n+1}-x_n|<\frac{1}{2}|x_n-x_{n-1}|<\cdots<\left(\frac{1}{2}\right)^{n-1}\cdot|x_2-x_1|,$$

从而级数 $\displaystyle\sum_{n=1}^{\infty}|x_{n+1}-x_n|$ 收敛，进而级数 $\displaystyle\sum_{n=1}^{\infty}(x_{n+1}-x_n)$ 收敛. 又 $x_n=\displaystyle\sum_{k=1}^{n}(x_k-x_{k-1})+x_0$ ，

故数列 $\{x_n\}$ 收敛. 不妨设 $\displaystyle\lim_{n\to\infty}x_n=l$ ，在递推关系式 $x_{n+1}=\dfrac{1}{1+x_n}$ 两边取极限，即

得 $l=\dfrac{1}{1+l}$ ，解得 $l=\dfrac{-1\pm\sqrt5}{2}$. 因为 $x_n>0$ ，所以 $l\geqslant0$ ，故 $l=\dfrac{-1+\sqrt5}{2}$ ，即 $\displaystyle\lim_{n\to\infty}x_n=$

$\dfrac{\sqrt5-1}{2}$.

【解法 2】　由数学归纳法，容易证明：$\dfrac{1}{2}\leqslant x_n\leqslant1(n=1,2,\cdots)$.

假设数列 $\{x_n\}$ 的极限存在，不妨设 $\displaystyle\lim_{n\to\infty}x_n=A$ ，则由递推关系式两边求极限，

即得 $A=\dfrac{1}{1+A}$ ，解得 $A=\dfrac{-1\pm\sqrt5}{2}$. 因为 $x_n\geqslant\dfrac{1}{2}$ ，所以 $A\geqslant\dfrac{1}{2}$ ，故取 $A=\dfrac{-1+\sqrt5}{2}$.

下证数列 $\{x_n\}$ 的极限存在.

因为

$$0\leqslant|x_n-A|=\left|\frac{1}{1+x_{n-1}}-\frac{1}{1+A}\right|=\frac{|x_{n-1}-A|}{(1+x_{n-1})(1+A)}\leqslant\frac{4}{9}|x_{n-1}-A|\leqslant\cdots\leqslant\left(\frac{4}{9}\right)^{n-1}\cdot|x_1-A|,$$

所以由夹逼准则得 $\displaystyle\lim_{n\to\infty}|x_n-A|=0$ ，故 $\displaystyle\lim_{n\to\infty}x_n=A=\dfrac{\sqrt5-1}{2}$.

【解法 3】　由已知，有 $0<x_n\leqslant1$ ，$n=1,2,\cdots$.

因为

$$x_{2k+2}-x_{2k}=\frac{1}{1+x_{2k+1}}-\frac{1}{1+x_{2k-1}}=\frac{x_{2k-1}-x_{2k+1}}{(1+x_{2k+1})\cdot(1+x_{2k-1})},$$

$$x_{2k+1}-x_{2k-1}=\frac{1}{1+x_{2k}}-\frac{1}{1+x_{2k-2}}=\frac{x_{2k-2}-x_{2k}}{(1+x_{2k})(1+x_{2k-2})}$$

$$=\frac{x_{2k-1}-x_{2k-3}}{(1+x_{2k})(1+x_{2k-2})(1+x_{2k-1})(1+x_{2k-3})}$$

所以数列 $\{x_{2k}\}$ 与 $\{x_{2k-1}\}$ 的单调性相反.

又由 $x_3=\dfrac{2}{3}$ ，且 $x_1=1$ ，知 $x_3<x_1$. 所以由数学归纳法知 $\{x_{2k-1}\}$ 单调减少. 从

而 $\{x_{2k-1}\}$ 收敛. 同理可知 $\{x_{2k}\}$ 也收敛.

不妨设 $\lim_{k\to\infty} x_{2k}=A, \lim_{k\to\infty} x_{2k-1}=B$，则由 $x_{n+1}=\dfrac{1}{1+x_n}$，有

$$x_{2k}=\dfrac{1}{1+x_{2k-1}}, \quad x_{2k+1}=\dfrac{1}{1+x_{2k}}.$$

两边分别取极限，得 $\begin{cases} A=\dfrac{1}{1+B}, \\ B=\dfrac{1}{1+A}, \end{cases}$ 解得 $A=B=\dfrac{\pm\sqrt{5}-1}{2}$. 又 $x_n>0$，所以有 $A\geqslant 0$. 故

$$\lim_{n\to\infty} x_n=\dfrac{\sqrt{5}-1}{2}.$$

【解法4】 $x_1=1, x_2=\dfrac{1}{2}, x_3=\dfrac{2}{3}, x_4=\dfrac{3}{5}, x_5=\dfrac{5}{8}, \cdots$，由数学归纳法易证 $\dfrac{1}{2}\leqslant x_n\leqslant 1$，$n=(1,2,\cdots)$.

令 $f(x)=\dfrac{1}{1+x}$，则 $x_{n+1}=f(x_n), \left|f'(x)\right|=\dfrac{1}{(1+x)^2}\leqslant \dfrac{1}{\left(1+\dfrac{1}{2}\right)^2}=\dfrac{4}{9}<1, x\in\left[\dfrac{1}{2},1\right]$.

于是由压缩映射原理知数列 $\{x_n\}$ 收敛. 不妨设 $\lim_{n\to\infty} x_n=A$，则在递推式

$x_{n+1}=\dfrac{1}{1+x_n}$ 两边取极限，得 $A=\dfrac{1}{1+A}$，即 $A^2+A-1=0$，解得 $A=B=\dfrac{-1\pm\sqrt{5}}{2}$.

又 $x_n>0$，所以 $A\geqslant 0$，故 $\lim_{n\to\infty} x_n=\dfrac{\sqrt{5}-1}{2}$.

【解法5】 令 $f(x)=\dfrac{1}{1+x}$，则由 $f(x)=x$ 求得不动点 $\alpha=\dfrac{-1-\sqrt{5}}{2}, \beta=\dfrac{-1+\sqrt{5}}{2}$，且有

$$x_{n+1}-\alpha=\dfrac{1}{1+x_n}-\dfrac{1}{1+\alpha}=\dfrac{\alpha-x_n}{(1+\alpha)(1+x_n)},$$
$$x_{n+1}-\beta=\dfrac{1}{1+x_n}-\dfrac{1}{1+\beta}=\dfrac{\beta-x_n}{(1+\beta)(1+x_n)}.$$

两式相除，得

$$\dfrac{x_{n+1}-\beta}{x_{n+1}-\alpha}=\dfrac{1+\alpha}{1+\beta}\cdot\dfrac{x_n-\beta}{x_n-\alpha}=\cdots=\left(\dfrac{1+\alpha}{1+\beta}\right)^n\cdot\dfrac{x_1-\beta}{x_1-\alpha}.$$

记 $\gamma=\dfrac{1+\alpha}{1+\beta}=\dfrac{1-\sqrt{5}}{1+\sqrt{5}}$，则 $|\gamma|<1$，$\lim_{n\to\infty}\gamma^n=0$. 故 $\lim_{n\to\infty} x_{n+1}=\beta$，即 $\lim_{n\to\infty} x_n=\dfrac{-1+\sqrt{5}}{2}$.

【解法6】 由已知，有 $0<x_n<1(n=2,3,\cdots)$.

因为

$$x_{n+1}-x_n=\frac{1}{1+x_n}-\frac{1}{1+x_{n-1}}=\frac{x_{n-1}-x_n}{(1+x_n)(1+x_{n-1})}=\frac{x_n}{1+x_n}\cdot(x_{n-1}-x_n),$$

所以 $|x_{n+1}-x_n|=\dfrac{x_n}{1+x_n}\cdot|x_n-x_{n-1}|$. 又 $2x_n<1+x_n$, 于是有

$$\frac{x_n}{1+x_n}<\frac{x_n}{2x_n}=\frac{1}{2},\quad |x_{n+1}-x_n|\leqslant\frac{1}{2}|x_n-x_{n-1}|\quad(n=3,4,\cdots).$$

故对任意的 $m>n$, 有

$$|x_m-x_n|\leqslant|x_m-x_{m-1}|+|x_{m-1}-x_{m-2}|+\cdots+|x_{n+1}-x_n|$$

$$\leqslant\left(\frac{1}{2}\right)^{m-3}\cdot|x_3-x_2|+\left(\frac{1}{2}\right)^{m-4}\cdot|x_3-x_2|+\cdots+\left(\frac{1}{2}\right)^{n-2}\cdot|x_3-x_2|$$

$$\leqslant\left(\frac{1}{2}\right)^{m-1}+\left(\frac{1}{2}\right)^{m-2}+\cdots+\left(\frac{1}{2}\right)^n<\frac{\left(\frac{1}{2}\right)^n}{1-\frac{1}{2}}=\frac{1}{2^{n-1}}.$$

因为对于 $\forall\varepsilon>0$, 必存在 N, 使当 $n>N$, 有 $\dfrac{1}{2^{n-1}}<\varepsilon$, 所以对任意 $m>n>N$, 总有 $|x_m-x_n|<\varepsilon$, 故由 Cauchy 极限存在准则知数列 $\{x_n\}$ 收敛. 不妨设 $\lim\limits_{n\to\infty}x_n=A$, 则由递推关系式 $x_{n+1}=\dfrac{1}{1+x_n}$ 两边取极限得 $A=\dfrac{1}{1+A}$, 解得 $A=\dfrac{-1\pm\sqrt5}{2}$. 又因为 $x_n>0$, 所以 $A\geqslant0$, 故 $A=\dfrac{-1+\sqrt5}{2}$, 即 $\lim\limits_{n\to\infty}x_n=\dfrac{-1+\sqrt5}{2}$.

【解法 7】 令 $x_n=\dfrac{a_n}{a_{n+1}}$, 其中 $a_1=a_2=1$, 则 $x_{n+1}=\dfrac{1}{1+x_n}$ 可化简为 $a_{n+2}=a_{n+1}+a_n$, 再改写为矩阵形式

$$\begin{pmatrix}a_{n+1}\\a_n\end{pmatrix}=\begin{pmatrix}1&1\\1&0\end{pmatrix}\begin{pmatrix}a_n\\a_{n-1}\end{pmatrix}=\cdots=\begin{pmatrix}1&1\\1&0\end{pmatrix}^{n-1}\begin{pmatrix}a_2\\a_1\end{pmatrix}\quad(n\geqslant2).$$

记 $A=\begin{pmatrix}1&1\\1&0\end{pmatrix}$, 则由 $|\lambda E-A|=0$ 求得 A 的特征值为 $\lambda_1=\dfrac{1+\sqrt5}{2}\overset{\triangle}{=}\alpha$, $\lambda_2=\dfrac{1-\sqrt5}{2}\overset{\triangle}{=}\beta$, 对应的特征向量为 $X_1=(\alpha,1)^T$, $X_2=(\beta,1)^T$.

取 $X=(X_1,X_2)=\begin{pmatrix}\alpha&\beta\\1&1\end{pmatrix}$, 则 $A=X\begin{pmatrix}\alpha&0\\0&\beta\end{pmatrix}X^{-1}$, 于是得

$$\binom{a_{n+1}}{a_n} = \boldsymbol{A}^{n-1}\binom{a_2}{a_1} = \boldsymbol{X}\begin{pmatrix} \alpha^{n-1} & 0 \\ 0 & \beta^{n-1} \end{pmatrix}\boldsymbol{X}^{-1}\binom{1}{1} = \frac{1}{\sqrt{5}}\begin{pmatrix} \alpha^{n+2} - \beta^{n+2} \\ \alpha^{n+1} - \beta^{n+1} \end{pmatrix},$$

从而 $a_n = \dfrac{1}{\sqrt{5}}\left(\alpha^{n+1} - \beta^{n+1}\right)$.

故 $\displaystyle\lim_{n\to\infty} x_n = \lim_{n\to\infty}\frac{a_n}{a_{n+1}} = \lim_{n\to\infty}\frac{\alpha^{n+1} - \beta^{n+1}}{\alpha^{n+2} - \beta^{n+2}} = \lim_{n\to\infty}\frac{1 - \left(\dfrac{\beta}{\alpha}\right)^{n+1}}{\alpha - \beta\cdot\left(\dfrac{\beta}{\alpha}\right)^{n+1}} = \frac{1}{\alpha} = \frac{\sqrt{5}-1}{2}$.

✳ 特别提示

[1]　该题初值 x_1 可取为任意正数, 可参考解法 3;

[2]　一般地, 设数列 $\{x_n\}$ 满足 $x_{n+1} = \dfrac{k}{1+x_n}$, 其中 x_1 与 k 皆为正数, $n = 1, 2, \cdots$, 则数列 $\{x_n\}$ 收敛于 $x^2 + x = k$ 的正根;

[3]　解法 7 不仅可以求得数列 $\{x_n\}$ 的极限, 而且可求得 $\{a_n\}$ 的通项.

♻ 类题训练

1. 设数列 $\{x_n\}$ 满足 $x_1 = \sqrt{2}$, $x_{n+1} = \dfrac{1}{2+x_n}$, $n = 1, 2, 3, \cdots$, 证明数列 $\{x_n\}$ 收敛, 并求 $\displaystyle\lim_{n\to\infty} x_n$.

2. 设 $f(x) = \dfrac{x+2}{x+1}$, 数列 $\{x_n\}$ 有如下定义: $x_1 = 1, x_{n+1} = f(x_n), n = 1, 2, \cdots$, 证明 $\displaystyle\lim_{n\to\infty} x_n = \sqrt{2}$. (2002 年浙江大学考研题)

3. 设 $x_0 = a, x_1 = b(b > a)$, 如下定义数列 $\{x_n\}$ 的项:

$$x_{2n} = \frac{x_{2n-1} + 2x_{2n-2}}{3}, \quad x_{2n+1} = \frac{2x_{2n} + x_{2n-1}}{3}, \quad n = 1, 2, \cdots,$$

证明数列 $\{x_n\}$ 的极限存在, 并求 $\displaystyle\lim_{n\to\infty} x_n$.

📖 典型例题

19　设数列 $\{x_n\}$ 满足 $x_1 = 2, x_{n+1} = 2 + \dfrac{1}{x_n}, n = 1, 2, \cdots$, 证明数列 $\{x_n\}$ 收敛, 并求 $\displaystyle\lim_{n\to\infty} x_n$. (1975 年苏联大学生数学竞赛题)

【解法 1】　由已知, 有 $\forall n \in \mathbf{N}, x_n \geqslant 2$. 又因为

$$\left| x_{n+1} - x_n \right| = \left| \frac{1}{x_n} - \frac{1}{x_{n-1}} \right| = \frac{\left| x_n - x_{n-1} \right|}{\left| x_n \cdot x_{n-1} \right|} \leqslant \frac{1}{4} \left| x_n - x_{n-1} \right| \leqslant \cdots \leqslant \left(\frac{1}{4} \right)^{n-1} \cdot \left| x_2 - x_1 \right|,$$

所以级数 $\sum\limits_{n=1}^{\infty} \left| x_{n+1} - x_n \right|$ 收敛, 于是 $\sum\limits_{n=1}^{\infty} (x_{n+1} - x_n)$ 收敛, 从而数列 $\{x_n\}$ 收敛.

不妨设 $\lim\limits_{n \to \infty} x_n = a$, 则在递推式 $x_{n+1} = 2 + \dfrac{1}{x_n}$ 两边取极限, 得 $a = 2 + \dfrac{1}{a}$, 解得 $a = 1 \pm \sqrt{2}$. 因为 $x_n \geqslant 2$, 所以 $a \geqslant 2$, 故 $a = 1 + \sqrt{2}$, 即 $\lim\limits_{n \to \infty} x_n = 1 + \sqrt{2}$.

【解法 2】 假设数列 $\{x_n\}$ 的极限存在, 不妨设 $\lim\limits_{n \to \infty} x_n = a$, 则由递推式 $x_{n+1} = 2 + \dfrac{1}{x_n}$ 两边取极限, 即得 $a = 2 + \dfrac{1}{a}$, 解得 $a = 1 \pm \sqrt{2}$. 又因为 $x_{n+1} = 2 + \dfrac{1}{x_n}$ > 2, 所以 $a \geqslant 2$, 故取 $a = 1 + \sqrt{2}$.

以下证明数列 $\{x_n\}$ 的极限存在: 因为

$$\left| x_n - a \right| = \left| \left(2 + \frac{1}{x_{n-1}} \right) - \left(2 + \frac{1}{a} \right) \right| = \left| \frac{1}{x_{n-1}} - \frac{1}{a} \right| = \frac{\left| x_{n-1} - a \right|}{a x_{n-1}} < \frac{\left| x_{n-1} - a \right|}{4}$$

$$< \frac{1}{4^2} \left| x_{n-2} - a \right| < \cdots < \left(\frac{1}{4} \right)^{n-1} \cdot \left| x_1 - a \right| = \left(\frac{1}{4} \right)^{n-1} \cdot \left| 1 - \sqrt{2} \right| = \frac{\sqrt{2} - 1}{4^{n-1}},$$

所以由极限定义或夹逼准则知, $\lim\limits_{n \to \infty} (x_n - a) = 0$, 故 $\lim\limits_{n \to \infty} x_n = a = 1 + \sqrt{2}$.

【解法 3】 假设数列 $\{x_n\}$ 的极限存在, 不妨设 $\lim\limits_{n \to \infty} x_n = a$, 则由递推关系式 $x_{n+1} = 2 + \dfrac{1}{x_n}$ 两边取极限, 即得 $a = 2 + \dfrac{1}{a}$, 解得 $a = 1 \pm \sqrt{2}$. 又因为 $x_{n+1} = \dfrac{1}{x_n} + 2 > 2$, 所以 $a \geqslant 2$, 故取 $a = 1 + \sqrt{2}$.

下证数列 $\{x_n\}$ 的极限存在.

记 $x_n = 1 + \sqrt{2} + \beta_n$, 则由 $x_{n+1} = 2 + \dfrac{1}{x_n}$ 知, $2 < 1 + \sqrt{2} + \beta_n < 3$, 从而 $\left| \beta_n \right| < 1$ $(n = 1, 2, \cdots)$. 而 $x_{n+1} = 2 + \dfrac{1}{1 + \sqrt{2} + \beta_n} = 1 + \sqrt{2} + \dfrac{\beta_n \cdot (1 - \sqrt{2})}{1 + \sqrt{2} + \beta_n}$, 即 $1 + \sqrt{2} + \beta_{n+1} = 1 + \sqrt{2} + \dfrac{\beta_n (1 - \sqrt{2})}{1 + \sqrt{2} + \beta_n}$, $\beta_{n+1} = \beta_n \dfrac{1 - \sqrt{2}}{1 + \sqrt{2} + \beta_n}$. 于是得 $\left| \beta_{n+1} \right| < \left| \beta_n \right| \cdot \left| \dfrac{1 - \sqrt{2}}{\sqrt{2}} \right| <$ $\dfrac{1}{2} \left| \beta_n \right| (n = 1, 2, \cdots)$, 从而得 $\left| \beta_{n+p} \right| < \dfrac{1}{2^p} \left| \beta_n \right| < \dfrac{1}{2^p}$.

令 $p \to +\infty$, 则有 $\beta_{n+p} \to 0$. 故数列 $\{x_n\}$ 的极限存在, 且极限为 $1 + \sqrt{2}$.

【解法4】 化简后用矩阵对角化方法

令 $x_n = \dfrac{a_{n+1}}{a_n}$，则 $x_{n+1} = 2 + \dfrac{1}{x_n}$ 可化简为 $a_{n+2} = 2a_{n+1} + a_n$，改写为矩阵形式：

$$\begin{pmatrix} a_{n+2} \\ a_{n+1} \end{pmatrix} = \begin{pmatrix} 2 & 1 \\ 1 & 0 \end{pmatrix} \begin{pmatrix} a_{n+1} \\ a_n \end{pmatrix} = \cdots = \begin{pmatrix} 2 & 1 \\ 1 & 0 \end{pmatrix}^n \cdot \begin{pmatrix} a_2 \\ a_1 \end{pmatrix}.$$

记 $\boldsymbol{A} = \begin{pmatrix} 2 & 1 \\ 1 & 0 \end{pmatrix}$，则由 $|\lambda \boldsymbol{E} - \boldsymbol{A}| = 0$ 求得 $\boldsymbol{A}$ 的特征值为 $\lambda_1 = 1 + \sqrt{2}$，$\lambda_2 = 1 - \sqrt{2}$，

对应的特征向量为 $\boldsymbol{X}_1 = \left(1, \sqrt{2} - 1\right)^{\mathrm{T}}$，$\boldsymbol{X}_2 = \left(1, -1 - \sqrt{2}\right)^{\mathrm{T}}$. 取 $\boldsymbol{X} = (\boldsymbol{X}_1, \boldsymbol{X}_2)$，则

$$\boldsymbol{A}^n = \boldsymbol{X} \begin{pmatrix} \left(1 + \sqrt{2}\right)^n & 0 \\ 0 & \left(1 - \sqrt{2}\right)^n \end{pmatrix} \boldsymbol{X}^{-1}$$

$$= -\frac{1}{2\sqrt{2}} \begin{pmatrix} -\left(1 + \sqrt{2}\right)^{n+1} + \left(1 - \sqrt{2}\right)^{n+1} & -\left(1 + \sqrt{2}\right)^n + \left(1 - \sqrt{2}\right)^n \\ -\left(1 + \sqrt{2}\right)^n + \left(1 - \sqrt{2}\right)^n & -\left(1 + \sqrt{2}\right)^{n-1} + \left(1 - \sqrt{2}\right)^{n-1} \end{pmatrix},$$

故

$$\lim_{n \to \infty} x_n = \lim_{n \to \infty} \frac{a_{n+1}}{a_n}$$

$$= \lim_{n \to \infty} \frac{\left[-\left(1 + \sqrt{2}\right)^{n+1} + \left(1 - \sqrt{2}\right)^{n+1}\right] \cdot a_2 + \left[-\left(1 + \sqrt{2}\right)^n + \left(1 - \sqrt{2}\right)^n\right] \cdot a_1}{\left[-\left(1 + \sqrt{2}\right)^n + \left(1 - \sqrt{2}\right)^n\right] \cdot a_2 + \left[-\left(1 + \sqrt{2}\right)^{n-1} + \left(1 - \sqrt{2}\right)^{n-1}\right] \cdot a_1} = \sqrt{2} + 1.$$

【解法5】 由已知，得 $2 \leqslant x_n < 3 (n = 1, 2, \cdots)$.

又由 $x_{n+1} - x_n = \left(2 + \dfrac{1}{x_n}\right) - \left(2 + \dfrac{1}{x_{n-1}}\right) = \dfrac{x_{n-1} - x_n}{x_{n-1} x_n}$ 知，$x_{n+1} - x_n$ 与 $x_n - x_{n-1}$ 异号，

所以 $\{x_n\}$ 不是单调数列. 但由于 $x_1 = 2$，$x_2 = 2 + \dfrac{1}{x_1}$，$x_3 = 2 + \dfrac{1}{x_2}$，可知 $x_1 < x_2$，

$x_1 < x_3$，$x_2 > x_3$，$x_4 = 2 + \dfrac{1}{x_3} < 2 + \dfrac{1}{x_1} = x_2$，故可以考虑子列 $\{x_{2n}\}$ 与 $\{x_{2n-1}\}$.

假设 $x_2 > x_4 > \cdots > x_{2k-2} > x_{2k} > x_{2k-1} > x_{2k-3} > \cdots > x_3 > x_1$，则

$$x_{2k+1} = 2 + \frac{1}{x_{2k}} < 2 + \frac{1}{x_{2k-1}} = x_{2k},$$

$$x_{2k+1} = 2 + \frac{1}{x_{2k}} > 2 + \frac{1}{x_{2k-2}} = x_{2k-1},$$

$$x_{2k+2} = 2 + \frac{1}{x_{2k+1}} < 2 + \frac{1}{x_{2k-1}} = x_{2k}.$$

于是由数学归纳法可知数列 $\{x_{2n}\}$ 单调减少且有下界，$\{x_{2n-1}\}$ 单调增加且有上界，从而由单调有界原理知 $\{x_{2n}\}$ 与 $\{x_{2n-1}\}$ 都存在极限.

不妨设 $\lim\limits_{n\to\infty} x_{2n} = A$，$\lim\limits_{n\to\infty} x_{2n-1} = B$，则由递推关系式

$$x_{2n} = 2 + \frac{1}{x_{2n-1}} \quad \text{与} \quad x_{2n+1} = 2 + \frac{1}{x_{2n}},$$

两边取极限，得 $\begin{cases} A = 2 + \dfrac{1}{B}, \\ B = 2 + \dfrac{1}{A}, \end{cases}$ 解得 $A = 1 \pm \sqrt{2}$．因为 $x_n \geqslant 2$，所以 $A \geqslant 2$，故取 $A = 1 + \sqrt{2}$，即得 $\lim\limits_{n\to\infty} x_n = 1 + \sqrt{2}$．

【解法 6】　由已知，得 $2 \leqslant x_n < 3 (n = 1, 2, \cdots)$，且有

$$|x_{n+1} - x_n| = \left| \left(2 + \frac{1}{x_n} \right) - \left(2 + \frac{1}{x_{n-1}} \right) \right| = \frac{1}{x_{n-1} x_n} \cdot |x_n - x_{n-1}|.$$

又因为 $x_n \cdot x_{n-1} = \left(2 + \dfrac{1}{x_{n-1}} \right) \cdot x_{n-1} = 1 + 2x_{n-1}$，且 $x_n > 2$（当 $n \geqslant 2$ 时），所以 $\dfrac{1}{x_n \cdot x_{n-1}} = \dfrac{1}{1 + 2x_{n-1}} < \dfrac{1}{5}$（当 $n \geqslant 2$ 时），于是得 $|x_{n+1} - x_n| < \dfrac{1}{5} |x_n - x_{n-1}| < \dfrac{1}{5^2} |x_{n-1} - x_{n-2}|$，从而有

$$|x_{n+p} - x_n| \leqslant |x_{n+p} - x_{n+p-1}| + |x_{n+p-1} - x_{n+p-2}| + \cdots + |x_{n+1} - x_n|$$

$$\leqslant \left(\frac{1}{5} \right)^n \cdot \left[1 + \frac{1}{5} + \cdots + \left(\frac{1}{5} \right)^{p-1} \right] \cdot |x_2 - x_1|$$

$$\leqslant \frac{\left(\dfrac{1}{5} \right)^n}{1 - \dfrac{1}{5}} \cdot |x_2 - x_1| \leqslant \frac{1}{2} \cdot \left(\frac{1}{5} \right)^{n-1}.$$

故对任意 $p \in \mathbf{N}^+$，当 $n \to \infty$ 时，有 $|x_{n+p} - x_n| \to 0$，从而由 Cauchy 收敛准则即得数列 $\{x_n\}$ 收敛.

不妨设 $\lim\limits_{n\to\infty} x_n = A$，则由递推关系式 $x_{n+1} = 2 + \dfrac{1}{x_n}$ 两边取极限得 $A = 2 + \dfrac{1}{A}$，解得 $A = 1 \pm \sqrt{2}$．再由 $x_n \geqslant 2$，得 $A \geqslant 2$，故取 $A = 1 + \sqrt{2}$，即有 $\lim\limits_{n\to\infty} x_n = 1 + \sqrt{2}$．

【解法 7】　由已知，有 $2 \leqslant x_n < 3 (n = 1, 2, \cdots)$，所以数列 $\{x_n\}$ 有界.

下面利用上、下极限说明数列 $\{x_n\}$ 的收敛性.

记 $\overline{a}=\varlimsup\limits_{n\to\infty}x_n$, $\underline{a}=\varliminf\limits_{n\to\infty}x_n$, 则由递推关系式, 有 $\overline{a}=2+\dfrac{1}{\underline{a}}$, $\underline{a}=2+\dfrac{1}{\overline{a}}$. 于是得 $\overline{a}=\underline{a}$, 从而得数列 $\{x_n\}$ 收敛, 且 $\lim\limits_{n\to\infty}x_n=1+\sqrt{2}$.

【解法 8】 利用对偶方法, 或称不动点方法

记 $f(x)=2+\dfrac{1}{x}$, 则 $x_{n+1}=f(x_n)$. 由 $f(x)=x$ 解得不动点为 $\lambda_1=1+\sqrt{2}$, $\lambda_2=1-\sqrt{2}$. 又当 $i=1,2$ 时, 有

$$x_n-\lambda_i=\left(2+\frac{1}{x_{n-1}}\right)-\left(2+\frac{1}{\lambda_i}\right)=-\frac{x_n-\lambda_i}{x_n\cdot\lambda_i},$$

于是

$$\frac{x_n-\lambda_1}{x_n-\lambda_2}=\frac{\lambda_2}{\lambda_1}\cdot\frac{x_{n-1}-\lambda_1}{x_{n-1}-\lambda_2}=\cdots=\left(\frac{\lambda_2}{\lambda_1}\right)^{n-1}\cdot\frac{x_1-\lambda_1}{x_1-\lambda_2}.$$

而 $\left|\dfrac{\lambda_2}{\lambda_1}\right|=\left|\dfrac{1-\sqrt{2}}{1+\sqrt{2}}\right|<1$, 故得 $\lim\limits_{n\to\infty}\dfrac{x_n-\lambda_1}{x_n-\lambda_2}=0$, 即得 $\lim\limits_{n\to\infty}x_n=\lambda_1=1+\sqrt{2}$.

特别提示 该例可以进行拓展. 一般地, 设 $a,b>0$, $x_1>0$, $x_n=a+\dfrac{b}{x_{n-1}}$, $n=2,3,\cdots$, 则数列 $\{x_n\}$ 收敛, 且有 $\lim\limits_{n\to\infty}x_n=\dfrac{a+\sqrt{4b+a^2}}{2}$ (读者自己证明).

类题训练

1. 设 $x_1=1$, $x_{n+1}=1+\dfrac{1}{x_n}$, $n=1,2,\cdots$, 证明数列 $\{x_n\}$ 收敛, 并求 $\lim\limits_{n\to\infty}x_n$.

2. 设 $x_1=1$, $x_{n+1}=\dfrac{1+2x_n}{1+x_n}$, $n=1,2,\cdots$, 证明数列 $\{x_n\}$ 收敛, 求 $\lim\limits_{n\to\infty}x_n$.

3. 设 $x_1>0$, $x_{n+1}=2+\dfrac{1}{\sqrt{x_n}}$, $n=1,2,\cdots$, 求 $\lim\limits_{n\to\infty}x_n$.

4. 设数列 $\{x_n\}$ 由递推关系式: $x_{n+1}\cdot x_n-2x_n=3$, $n=1,2,\cdots$, $x_1>0$ 给出, 证明数列 $\{x_n\}$ 收敛, 并求 $\lim\limits_{n\to\infty}x_n$.

5. 设 $x_1>1$, $x_{n+1}=\dfrac{1}{x_n}+x_1-1$, $n=1,2,\cdots$, 求 $\lim\limits_{n\to\infty}x_n$ 及 $\lim\limits_{n\to\infty}\left|x_{n+1}-x_n\right|^{\frac{1}{n}}$.

20 已知 $x_0 = 1, x_{n+1} = \dfrac{1}{x_n^3 + 4}, n = 0,1,2,\cdots$，证明(1)数列 $\{x_n\}$ 收敛; (2) $\{x_n\}$ 的极限值 a 是方程 $x^4 + 4x - 1 = 0$ 的唯一正根.

【证法1】 (1) 由已知得 $0 < x_n < 1$，且

$$|x_{n+1} - x_n| = \left|\frac{1}{x_n^3 + 4} - \frac{1}{x_{n-1}^3 + 4}\right| = \frac{\left|x_n^3 - x_{n-1}^3\right|}{(x_n^3 + 4)(x_{n-1}^3 + 4)}$$

$$< \frac{|x_n - x_{n-1}| \cdot |x_n^2 + x_n x_{n-1} + x_{n-1}^2|}{4^2} < \frac{3}{16}|x_n - x_{n-1}|,$$

所以由达朗贝尔判别法知，级数 $\sum\limits_{n=0}^{\infty}|x_{n+1} - x_n|$ 收敛，从而 $\sum\limits_{n=0}^{\infty}(x_{n+1} - x_n)$ 收敛. 又 $S_n = \sum\limits_{k=0}^{n-1}(x_{k+1} - x_k) = x_n - x_0$，故数列 $\{x_n\}$ 收敛.

(2) 不妨设 $\lim\limits_{n\to\infty} x_n = a$，因为 $0 < x_n < 1$，所以 $0 \leqslant a \leqslant 1$. 对递推关系式 $x_{n+1} = \dfrac{1}{x_n^3 + 4}$ 两边取极限得 $a = \dfrac{1}{a^3 + 4}$，即 $a^4 + 4a - 1 = 0$，于是 a 是方程 $x^4 + 4x - 1 = 0$ 的根.

下证其唯一性.

令 $f(x) = x^4 + 4x - 1, x \in [0, +\infty)$，则 $f'(x) = 4x^3 + 4 > 0, x \in (0, +\infty)$，且 $f(0) = -1$，$\lim\limits_{x\to+\infty} f(x) = +\infty$，故 $f(x) = 0$ 的根唯一，从而 a 是 $x^4 + 4x - 1 = 0$ 的唯一正根.

【证法2】 (1) 假设数列 $\{x_n\}$ 收敛, 不妨设 $\lim\limits_{n\to\infty} x_n = a$. 则由递推关系式两边取极限得 $a = \dfrac{1}{a^3 + 4}$，即 $a^4 + 4a - 1 = 0$，于是 a 是方程 $x^4 + 4x - 1 = 0$ 的根. 又由已知得 $0 < x_n < 1$，所以 $0 \leqslant a \leqslant 1$.

下证数列 $\{x_n\}$ 收敛于 a.

因为

$$|x_n - a| = \left|\frac{1}{x_{n-1}^3 + 4} - \frac{1}{a^3 + 4}\right| = \frac{|x_{n-1} - a| \cdot |x_{n-1}^2 + ax_{n-1} + a^2|}{(x_{n-1}^3 + 4)(a^3 + 4)} < \frac{3}{16}|x_{n-1} - a|$$

$$< \left(\frac{3}{16}\right)^2 \cdot |x_{n-2} - a| < \cdots < \left(\frac{3}{16}\right)^n \cdot |x_0 - a| = \left(\frac{3}{16}\right)^n \cdot (1 - a),$$

且 $\lim\limits_{n\to\infty}\left(\dfrac{3}{16}\right)^n=0$，所以由夹逼准则得 $\lim\limits_{n\to\infty}x_n=a$，即数列 $\{x_n\}$ 收敛于方程 $x^4+4x-1=0$ 的根.

(2) 下证数列 $\{x_n\}$ 的极限值的唯一性.(反证法)

假设 $\{x_n\}$ 的极限值不唯一，不妨设 $\lim\limits_{n\to\infty}x_n=a$ 且 $\lim\limits_{n\to\infty}x_n=b$ $(a\neq b)$，则 a,b 都应是方程 $x^4+4x-1=0$ 的根，即有 $a^4+4a-1=0$，$b^4+4b-1=0$.两式相减，得

$$b^4-a^4+4(b-a)=(b-a)\left[(b+a)\left(b^2+a^2\right)+4\right]=0.$$

而 $0\leqslant a\leqslant 1$ 且 $0\leqslant b\leqslant 1$，从而由上式得 $a=b$，矛盾.故假设不成立，从而得证 $\{x_n\}$ 的极限值存在唯一.

【证法 3】   (1) 由已知 $x_0=1$，$x_1=\dfrac{1}{x_0^3+4}=0.2$，$x_2=\dfrac{1}{x_1^3+4}=0.2495$，$x_3=\dfrac{1}{x_2^3+4}=0.2490$，$\cdots$，由此可知 $x_0>x_2$，$x_1<x_3$.

下面用数学归纳法证明：偶数项数列单调减少，奇数项数列单调增加.

假设 $x_{2n-2}\geqslant x_{2n}$，$x_{2n-1}\leqslant x_{2n+1}$，则 $x_{2n}=\dfrac{1}{x_{2n-1}^3+4}\geqslant\dfrac{1}{x_{2n+1}^3+4}=x_{2n+2}$，$x_{2n+1}=\dfrac{1}{x_{2n}^3+4}\leqslant\dfrac{1}{x_{2n+2}^3+4}=x_{2n+3}$，于是 $\{x_{2n}\}$ 单调减少，$\{x_{2n+1}\}$ 单调增加.而由已知有 $0<x_n<1$，故由单调有界原理知，数列 $\{x_{2n}\}$ 和 $\{x_{2n+1}\}$ 均收敛.

不妨设 $\lim\limits_{n\to\infty}x_{2n}=a$，$\lim\limits_{n\to\infty}x_{2n+1}=b$，则 $0\leqslant a\leqslant 1$，$0\leqslant b\leqslant 1$.

对 $x_{2n}=\dfrac{1}{x_{2n-1}^3+4}$ 及 $x_{2n+1}=\dfrac{1}{x_{2n}^3+4}$ 两边分别取极限得：$a=\dfrac{1}{b^3+4}$，$b=\dfrac{1}{a^3+4}$，解得 $a=b$.故数列 $\{x_n\}$ 收敛，且其极限值 a 为方程 $x^4+4x-1=0$ 的根.

(2) 极限值的唯一性证明同证法 1 或证法 2.

特别提示   方程根的唯一性证明，常见的方法主要有反证法或零点定理与单调性的结合.

类题训练

1. 设 $1<x_1<2$，$7x_{n+1}=x_n^3+6, n=1,2,\cdots$，求 $\lim\limits_{n\to\infty}x_n$.

2. 设 $a>0, x_1>0, x_{n+1}=\dfrac{1}{4}\left(3x_n+\dfrac{a}{x_n^3}\right), n=1,2,\cdots$，求 $\lim\limits_{n\to\infty}x_n$.

3. 设 $a > 0, x_1 = \left(a + \sqrt[3]{a}\right)^{\frac{1}{3}}, x_2 = \left(x_1 + \sqrt[3]{a}\right)^{\frac{1}{3}}, \cdots, x_n = \left(x_{n-1} + \sqrt[3]{x_{n-2}}\right)^{\frac{1}{3}}, \cdots$. 证 明

(i) $\{x_n\}$ 单调有界; (ii) $\{x_n\}$ 收敛于方程 $x^3 = x + x^{\frac{1}{3}}$ 的一个正根.

📖 **典型例题**

21 设数列 $\{x_n\}$ 满足 $(2 - x_n) \cdot x_{n+1} = 1, n = 1, 2, \cdots$, 证明对于任意初值 x_1 , 数列 $\{x_n\}$ 皆收敛, 并求极限 $\lim\limits_{n \to \infty} x_n$. (第七届美国大学生数学竞赛题)

【**证法 1**】 (i) 若 $x_1 = 1$, 则由题设知, $x_{n+1} = 1$, 从而数列 $\{x_n\}$ 收敛, 且 $\lim\limits_{n \to \infty} x_n = 1$;

(ii) 若 $x_1 \neq 1$, 则由方程 $(2 - x) \cdot x = 1$ 求得不动点 $\lambda_1 = \lambda_2 = 1$, 且由递推关系式 $x_{n+1} = \dfrac{1}{2 - x_n}$ 可得 $x_{n+1} - 1 = \dfrac{x_n - 1}{2 - x_n}$, 于是得 $\dfrac{1}{x_{n+1} - 1} = \dfrac{1}{x_n - 1} - 1$.

记 $b_n = \dfrac{1}{x_n - 1}$, 则有 $b_{n+1} = b_n - 1 = \cdots = b_1 - n$, 于是 $b_n = \dfrac{1}{x_n - 1} = b_1 - (n - 1)$, 从而 $x_n = 1 + \dfrac{1}{\dfrac{1}{x_1 - 1} - (n - 1)}$, 故 $\lim\limits_{n \to \infty} x_n = 1$.

综上所述, 即得证对于任意 x_1 , 数列 $\{x_n\}$ 收敛, 且 $\lim\limits_{n \to \infty} x_n = 1$.

【**证法 2**】 先证明当 n 充分大时, $x_n > 0$.

(i) 若 $x_n \geqslant 0 (n = 1, 2, \cdots)$, 则由 $(2 - x_n) \cdot x_{n+1} = 1$ 知, 当 $n \geqslant 2$ 时, 必有 $x_n \neq 0$, 从而 $x_n > 0 (n \geqslant 2)$;

(ii) 若存在某个 N , 使 $x_N \leqslant 0$, 则由 $2 - x_N > 0$, 得

$$0 < x_{N+1} = \frac{1}{2 - x_N} \leqslant \frac{1}{2}, \quad 0 < x_{N+2} = \frac{1}{2 - x_{N+1}} \leqslant \frac{2}{3},$$

于是由数学归纳法可证明得到 $0 < x_{N+k} \leqslant \dfrac{k}{k+1}$, 从而知当 $n > N$ 时, 有 $0 < x_n < \dfrac{n - N}{n - N + 1}$.

综上所述, 当 n 充分大时, 有 $x_n > 0$.

又由 n 充分大时, $x_n > 0$, 所以 $2 - x_n = \dfrac{1}{x_{n+1}} > 0$, 于是 $0 < x_n < 2$, 且有 $x_n = x_n \cdot 1 = x_n \cdot (2 - x_n) \cdot x_{n+1} \leqslant \left(\dfrac{x_n + 2 - x_n}{2}\right)^2 \cdot x_{n+1} = x_{n+1}$, 即 n 充分大时, 数列 $\{x_n\}$ 单调

增加有界, 从而数列 $\{x_n\}$ 收敛. 不妨设 $\lim\limits_{n\to\infty} x_n = a$, 则由递推关系式两边取极限, 得 $(2-a)\cdot a = 1$, 解得 $a = 1$, 故 $\lim\limits_{n\to\infty} x_n = 1$.

【证法 3】 由已知, 有 $x_n \neq 2(n=1,2,\cdots)$.

(i) 若 $x_1 = 1$, 则 $x_n \equiv 1(n=1,2,\cdots)$, 从而数列 $\{x_n\}$ 收敛且 $\lim\limits_{n\to\infty} x_n = 1$;

(ii) 若 $x_1 \neq 1$, 则利用反证法可以证明: 对任意自然数 m, $x_1 \neq \dfrac{m+1}{m}$.

事实上, 假设 $x_1 = \dfrac{m+1}{m}$, 则 $x_2 = \dfrac{1}{2-x_1} = \dfrac{m}{m-1}, x_3 = \dfrac{m-1}{m-2}, \cdots, x_m = 2$. 这与 $x_n \neq 2(n=1,2,\cdots)$ 矛盾.

又由递推关系式 $x_{n+1} = \dfrac{1}{2-x_n}$, 有

$$x_n = \dfrac{1}{2-x_{n-1}} = \dfrac{1}{2-\dfrac{1}{2-x_{n-2}}} = \dfrac{2-x_{n-2}}{3-2x_{n-2}} = \dfrac{2-\dfrac{1}{2-x_{n-3}}}{3-\dfrac{2}{2-x_{n-3}}} = \dfrac{3-2x_{n-3}}{4-3x_{n-3}}.$$

由数学归纳法得 $x_n = \dfrac{(n-1)-(n-2)x_1}{n-(n-1)x_1}(n \geqslant 2)$. 故 $\lim\limits_{n\to\infty} x_n = \lim\limits_{n\to\infty} \dfrac{(n-1)-(n-2)x_1}{n-(n-1)x_1} = 1$.

综上所述, 对于任意 x_1, 数列 $\{x_n\}$ 收敛, 且 $\lim\limits_{n\to\infty} x_n = 1$.

【证法 4】 下面分两种情况讨论:

(i) 若存在 k, 使 $x_k \leqslant 1$, 则 $x_{k+1} = \dfrac{1}{2-x_k} \leqslant 1$, 且 $x_{k+1} - x_k = \dfrac{1}{2-x_k} - x_k = \dfrac{(1-x_k)^2}{2-x_k} \geqslant 0$.

假设当 $n = l > k$ 时, $x_l \leqslant 1$, 且 $x_{l+1} \geqslant x_l$, 则 $x_{l+1} = \dfrac{1}{2-x_l} \leqslant 1$, 且

$$x_{l+2} - x_{l+1} = \dfrac{1}{2-x_{l+1}} - \dfrac{1}{2-x_l} = \dfrac{x_{l+1} - x_l}{(2-x_{l+1})(2-x_l)} \geqslant 0.$$

于是由数学归纳法得当 $n > k$ 时, $x_n \leqslant 1$, 且 $x_{n+1} \geqslant x_n$, 从而由单调有界原理知数列 $\{x_n\}$ 收敛. 不妨设 $\lim\limits_{n\to\infty} x_n = a$, 则对递推关系式取极限, 得 $(2-a)\cdot a = 1$, 解得 $a = 1$, 即 $\lim\limits_{n\to\infty} x_n = 1$.

(ii) 若对任意 $n \in \mathbf{N}$, 有 $x_n > 1$, 则 $x_n = 2 - \dfrac{1}{x_{n+1}} < 2$, 于是

$$x_{n+1} - x_n = \frac{1}{2-x_n} - x_n = \frac{(1-x_n)^2}{2-x_n} \geqslant 0.$$

故由单调有界原理知数列 $\{x_n\}$ 收敛, 且类似于(i)可求得 $\lim\limits_{n \to \infty} x_n = 1$. 但由 $\{x_n\}$ 单调增加且 $x_n > 1 (n \in \mathbf{N})$, 所以 $\lim\limits_{n \to \infty} x_n > 1$, 矛盾. 故这种情形不存在.

【证法 5】　令 $f(x) = \frac{1}{2-x}$, 则 $x_{n+1} = f(x_n), f'(x) = \frac{1}{(2-x)^2} > 0 (x \neq 2)$, 且由 $f(x) = x$ 解得不动点 $x = 1$. 于是当 $1 < x < 2$ 时, 有 $f(x) = \frac{1}{2-x} > f(1) = 1$; 当 $x \leqslant 1$ 时, $f(x) \leqslant f(1) = 1$.

显然 $x_1 \neq \frac{3}{2}$ (否则 $x_2 = 2$, 这与已知矛盾), 不妨设 $1 < x_1 < \frac{3}{2}$, 则必存在 N, 使 $x_N > \frac{3}{2}$. 否则有 $1 < x_1 \leqslant x_2 \leqslant x_3 \leqslant \cdots \leqslant \frac{3}{2}$, 于是由单调有界原理知数列 $\{x_n\}$ 收敛. 不妨设 $\lim\limits_{n \to \infty} x_n = a$, 则 $a > 1$, 但由 $(2 - x_n) x_{n+1} = 1$ 两边取极限得 $a = 1$, 矛盾.

又由 $x_N > \frac{3}{2}$, 有 $x_{N+1} > 2, x_{N+2} < 0 < 1$, 故总存在指标 p, 使 $x_p \leqslant x_{p+1} \leqslant x_{p+2} \leqslant \cdots \leqslant 1$, 从而由单调有界原理知数列 $\{x_n\}$ 收敛. 不妨设 $\lim\limits_{n \to \infty} x_n = a$, 则由递推关系式两边取极限, 得 $(2 - a)a = 1$, 解得 $a = 1$, 故 $\lim\limits_{n \to \infty} x_n = 1$.

⊛　**特别提示**　一般地, 设 m 是正整数, $m \geqslant 2$, $x_1 \neq m - 1$, $(m - x_n) \cdot x_{n+1} = m - 1$, 则数列 $\{x_n\}$ 收敛, 且 $\lim\limits_{n \to \infty} x_n = 1$.

♻　**类题训练**

1. 设 $0 < x_1 < 1, (2 - x_n) \cdot x_{n+1} = 1, n = 1, 2, \cdots$, 求 $\lim\limits_{n \to \infty} n(x_n - 1)$.

2. 设 $0 < x_1 < 3, x_{n+1}x_n - 2x_n = 3, n = 1, 2, \cdots$, 证明数列 $\{x_n\}$ 收敛, 并求 $\lim\limits_{n \to \infty} x_n$.

📖　**典型例题**

22　设数列 $\{x_n\}$ 满足: $x_0 = a, x_1 = b, x_{n+1} = \frac{x_n + x_{n-1}}{2}, n = 1, 2, 3, \cdots$, 求极限 $\lim\limits_{n \to \infty} x_n$.

【解法 1】　由已知得 $x_n - x_{n-1} = -\frac{1}{2}(x_{n-1} - x_{n-2}) (n = 2, 3, 4, \cdots)$, 反复用该递推

关系，有 $x_n - x_{n-1} = \left(-\dfrac{1}{2}\right)^{n-1} \cdot (x_1 - x_0) = \left(-\dfrac{1}{2}\right)^{n-1} \cdot (b-a) \ (n=2,3,4,\cdots)$，从而得

$$x_n = (x_n - x_{n-1}) + (x_{n-1} - x_{n-2}) + \cdots + (x_1 - x_0) + x_0$$

$$= (b-a) \cdot \left[\left(-\frac{1}{2}\right)^{n-1} + \left(-\frac{1}{2}\right)^{n-2} + \cdots + 1\right] + a$$

$$= \frac{2}{3}(b-a) \cdot \left[1 - \left(-\frac{1}{2}\right)^{n-1}\right] + a,$$

故 $\lim\limits_{n\to\infty} x_n = \dfrac{2}{3}(b-a) + a = \dfrac{a+2b}{3}$.

【解法2】 利用矩阵对角化方法

将 $\begin{cases} x_{n+1} = \dfrac{1}{2}x_n + \dfrac{1}{2}x_{n-1}, \\ x_n = x_n \end{cases}$ 改写为如下矩阵形式：

$$\begin{pmatrix} x_{n+1} \\ x_n \end{pmatrix} = \begin{pmatrix} \dfrac{1}{2} & \dfrac{1}{2} \\ 1 & 0 \end{pmatrix} \begin{pmatrix} x_n \\ x_{n-1} \end{pmatrix} = \cdots = \begin{pmatrix} \dfrac{1}{2} & \dfrac{1}{2} \\ 1 & 0 \end{pmatrix}^n \begin{pmatrix} x_1 \\ x_0 \end{pmatrix}.$$

记 $A = \begin{pmatrix} \dfrac{1}{2} & \dfrac{1}{2} \\ 1 & 0 \end{pmatrix}$，由 $|\lambda E - A| = 0$ 求得 A 的特征值为 $\lambda_1 = 1, \lambda_2 = -\dfrac{1}{2}$，对应的特征向

量为 $X_1 = (1,1)^{\mathrm{T}}, X_2 = \left(-\dfrac{1}{2}, 1\right)^{\mathrm{T}}$.

取 $X = (X_1, X_2)$，则 $X^{-1} = \dfrac{2}{3}\begin{pmatrix} 1 & \dfrac{1}{2} \\ -1 & 1 \end{pmatrix}$，$A = X\begin{pmatrix} 1 & 0 \\ 0 & -\dfrac{1}{2} \end{pmatrix}X^{-1}$，于是

$$\begin{pmatrix} x_{n+1} \\ x_n \end{pmatrix} = X\begin{pmatrix} 1 & 0 \\ 0 & -\dfrac{1}{2} \end{pmatrix}^n X^{-1}\begin{pmatrix} b \\ a \end{pmatrix} = \begin{pmatrix} \dfrac{a+2b}{3} + \dfrac{b-a}{3}\cdot\left(-\dfrac{1}{2}\right)^n \\ \dfrac{a+2b}{3} + \dfrac{2a-2b}{3}\cdot\left(-\dfrac{1}{2}\right)^n \end{pmatrix}.$$

故 $\lim\limits_{n\to\infty} x_n = \lim\limits_{n\to\infty}\left(\dfrac{a+2b}{3} + \dfrac{2a-2b}{3}\cdot\left(-\dfrac{1}{2}\right)^n\right) = \dfrac{a+2b}{3}$.

【解法3】 不妨设 $x_0 < x_1$，则由递推关系式知

$$x_0 < x_2 < x_4 < \cdots < x_1; \quad x_1 > x_3 > x_5 > \cdots > x_0.$$

于是数列 $\{x_{2n}\}$ 单调增加有上界 x_1，$\{x_{2n+1}\}$ 单调减少有下界 x_0，从而知数列 $\{x_{2n}\}$

与 $\{x_{2n+1}\}$ 的极限均存在.

不妨设 $\lim\limits_{n\to\infty}x_{2n}=A$, $\lim\limits_{n\to\infty}x_{2n+1}=B$, 则由递推关系式 $x_{2n+1}=\dfrac{x_{2n}+x_{2n-1}}{2}$ 两边取极限, 即得 $A=B$. 故数列 $\{x_n\}$ 的极限存在, 且 $\lim\limits_{n\to\infty}x_n=A$.

又由递推关系式得 $x_n+\dfrac{x_{n-1}}{2}=x_{n-1}+\dfrac{x_{n-2}}{2}=\cdots=x_1+\dfrac{x_0}{2}$. 所以 $\lim\limits_{n\to\infty}\left(x_n+\dfrac{x_{n-1}}{2}\right)=x_1+\dfrac{x_0}{2}$, 即得 $A=\dfrac{2x_1+x_0}{3}=\dfrac{2b+a}{3}$. 故 $\lim\limits_{n\to\infty}x_n=\dfrac{2b+a}{3}$.

【解法 4】 已知的线性递推关系式可以看成一个二阶线性齐次差分方程, 改写为 $2x_n-x_{n-1}-x_{n-2}=0$. 其特征方程为 $2\lambda^2-\lambda-1=0$, 解得 $\lambda_1=-\dfrac{1}{2},\lambda_2=1$.

故差分方程的通解为 $x_n-A\cdot\lambda_1^n+B\cdot\lambda_2^n=A\cdot\left(-\dfrac{1}{2}\right)^n+B$, 其中 A,B 为待定系数.

从而得 $\lim\limits_{n\to\infty}x_n=B$. 又由 $x_0=a,x_1=b$, 于是有 $\begin{cases}A+B=a,\\ -\dfrac{1}{2}A+B=b,\end{cases}$ 解得 $B=\dfrac{a+2b}{3}$. 故

$$\lim\limits_{n\to\infty}x_n=B=\dfrac{a+2b}{3}.$$

【解法 5】 利用母函数法, 将数列问题转化为函数问题.

令 $f(t)=\displaystyle\sum_{n=0}^{\infty}x_nt^n$, 则

$$f(t)=\sum_{n=0}^{\infty}x_nt^n=a+bt+\sum_{n=2}^{\infty}x_nt^n=a+bt+\sum_{n=2}^{\infty}\frac{x_{n-1}+x_{n-2}}{2}t^n$$

$$=a+bt+\frac{1}{2}t\cdot\sum_{n=2}^{\infty}x_{n-1}t^{n-1}+\frac{1}{2}t^2\cdot\sum_{n=2}^{\infty}x_{n-2}t^{n-2}$$

$$=a+bt+\frac{1}{2}t\left(f(t)-a\right)+\frac{1}{2}t^2f(t).$$

于是得 $f(t)=\dfrac{a+bt-\dfrac{1}{2}at}{1-\dfrac{1}{2}t-\dfrac{1}{2}t^2}=\dfrac{2a+2bt-at}{2-t-t^2}=\dfrac{2a+2bt-at}{(2+t)(1-t)}$.

令 $f(t)=\dfrac{A}{2+t}+\dfrac{B}{1-t}$, 与上式比较系数, 得 $A=\dfrac{4a-4b}{3},B=\dfrac{2b+a}{3}$. 于是

$$f(t)=\frac{4a-4b}{3}\cdot\frac{1}{2+t}+\frac{2b+a}{3}\cdot\frac{1}{1-t}=\frac{4a-4b}{6}\cdot\sum_{n=0}^{\infty}\left(-\frac{1}{2}\right)^nt^n+\frac{2b+a}{3}\cdot\sum_{n=0}^{\infty}t^n$$

$$= \sum_{n=0}^{\infty} \left[\frac{4a-4b}{6} \cdot \left(-\frac{1}{2} \right)^n + \frac{a+2b}{3} \right] t^n$$

从而 $x_n = \frac{4a-4b}{6} \cdot \left(-\frac{1}{2} \right)^n + \frac{2b+a}{3}$. 故得 $\lim_{n \to \infty} x_n = \frac{2b+a}{3}$.

✳ 特别提示

[1]　由已知得 $x_n - x_{n-1} = -\frac{1}{2}(x_{n-1} - x_{n-2})(n=2,3,4,\cdots)$，所以数列 $\{x_n\}$ 满足压缩映射原理，于是 $\{x_n\}$ 收敛. 但由递推关系式两边取极限无法求出极限值.

[2]　一般地，设 $x_0 > 0, x_1 > 0, x_{n+1} = kx_n + lx_{n-1}(n=1,2,3,\cdots)$，其中 $k>0, l>0$，且 $k+l=1$，则数列 $\{x_n\}$ 收敛，且 $\lim_{n \to \infty} x_n = \frac{x_1 + lx_0}{1+l}$.

[3]　某些具有非线性递推关系的数列可化为线性形式处理. 如，

(i) 设 $x_0 = 1, x_1 = e, x_{n+1} = \sqrt{x_n x_{n-1}}, n=1,2,3,\cdots$，求 $\lim_{n \to \infty} x_n$.

【解】　由已知得 $x_n > 0(n=0,1,2,\cdots)$，且 $\ln x_{n+1} = \frac{1}{2}(\ln x_n + \ln x_{n-1})$.

令 $a_n = \ln x_n$，则 $a_0 = 0, a_1 = 1, a_{n+1} = \frac{a_n + a_{n-1}}{2}, n=1,2,3,\cdots$，即化为本例形式，于是可求得 $a_n = \frac{2}{3} \cdot \left[1 - \left(-\frac{1}{2} \right)^n \right]$，故 $x_n = \mathrm{e}^{\frac{2}{3}\left[1 - \left(-\frac{1}{2} \right)^n \right]}$，即得 $\lim_{n \to \infty} x_n = \mathrm{e}^{\frac{2}{3}}$.

(ii) 设 $x_1 = 2, x_{n+1} = 2 + \frac{1}{x_n}$，证明 $\{x_n\}$ 收敛，并求 $\lim_{n \to \infty} x_n$.

【解】　令 $x_n = \frac{a_{n+1}}{a_n}$，其中 $a_1 = a_2 = 1$，则递推关系式可化为 $a_{n+2} = 2a_{n+1} + a_n$. 于是由矩阵对角化方法可求得数列 $\{a_n\}$ 的通项表达式，从而求得数列 $\{x_n\}$ 的极限值(略).

[4]　类似于解法2，可利用矩阵对角化方法求具有 $k(k \geqslant 3)$ 阶线性递推关系数列 $x_{n+k} = \lambda_1 x_{n+k-1} + \lambda_2 x_{n+k-2} + \cdots + \lambda_k x_n$ 的通项式与极限.

例如，由该例可以推广得到如下结论:

设数列 $\{x_n\}$ 满足: $x_1 = a, x_2 = b, x_3 = c, x_n = \frac{x_{n-1} + x_{n-2} + x_{n-3}}{3}(n \geqslant 4)$，则

$$\lim_{n \to \infty} x_n = \frac{a + 2b + 3c}{6}.$$

[5]　设给定一个数列 $\{a_n\}$，使得数列 $\{b_n\}$: $b_n = pa_n + qa_{n+1}(n=1,2,\cdots)$ 收敛且 $\lim_{n \to \infty} b_n = b$. 如果 $|p| < |q|$，证明数列 $\{a_n\}$ 收敛.

◆◆ **类题训练**

1. 设数列 $\{x_n\}$ 的递推关系式为 $x_{n+1}=x_n^p\cdot x_{n-1}^{\gamma}(n=2,3,\cdots)$，其中 x_1,x_2,p,γ 均为正数，求 $\lim\limits_{n\to\infty}x_n$.

2. 设 $x_1\in[0,1]$，对于任意 $n\geqslant 2$，记 $x_n=\begin{cases}\dfrac{1}{2}x_{n-1}, & n\text{为偶数},\\[2mm]\dfrac{1+x_{n-1}}{2}, & n\text{为奇数}.\end{cases}$　证明 $\lim\limits_{k\to+\infty}x_{2k}=\dfrac{1}{3}$，$\lim\limits_{k\to+\infty}x_{2k+1}=\dfrac{2}{3}$.

3. 设 $x_0=1,x_1=2,3x_{n+1}-2x_n-x_{n-1}=0$，求 $\lim\limits_{n\to\infty}x_n$.

4. 设 $x_1=1,x_2=2,x_{n+2}=\dfrac{2x_nx_{n+1}}{x_n+x_{n+1}}$，$n=1,2,\cdots$，证明数列 $\{x_n\}$ 收敛，并求 $\lim\limits_{n\to\infty}x_n$.

📖 **典型例题**

23　设 $k>0,l>0,a_1,a_2$ 为已知常数，$a_1^2+a_2^2\neq 0$，数列 $\{a_n\}$ 由关系式 $a_{n+1}=ka_n+la_{n-1}$ 给出，求极限 $\lim\limits_{n\to\infty}\dfrac{a_n}{a_{n-1}}$.

【解法 1】　利用矩阵对角化方法

将递推关系式 $a_{n+1}=ka_n+la_{n-1},a_n=a_n$ 改写为如下矩阵形式：

$$\begin{pmatrix}a_{n+1}\\a_n\end{pmatrix}=\begin{pmatrix}k & l\\1 & 0\end{pmatrix}\begin{pmatrix}a_n\\a_{n-1}\end{pmatrix}=\cdots=\begin{pmatrix}k & l\\1 & 0\end{pmatrix}^{n-1}\cdot\begin{pmatrix}a_2\\a_1\end{pmatrix},$$

即 $\boldsymbol{A}=\begin{pmatrix}k & l\\1 & 0\end{pmatrix}$，则由 $|\lambda\boldsymbol{E}-\boldsymbol{A}|=0$，即 $\begin{vmatrix}\lambda-k & -l\\-1 & \lambda\end{vmatrix}=\lambda^2-k\lambda-l=0$，求得 $\boldsymbol{A}$ 的特征值

为 $\lambda_1=\dfrac{k+\sqrt{k^2+4l}}{2}\overset{\triangle}{=}\alpha$，$\lambda_2=\dfrac{k-\sqrt{k^2+4l}}{2}\overset{\triangle}{=}\beta$，于是有 $\alpha+\beta=k,\alpha\beta=-l$，且对应

的特征向量为 $\boldsymbol{X}_1=(\alpha,1)^{\mathrm{T}},\boldsymbol{X}_2=(\beta,1)^{\mathrm{T}}$. 取 $\boldsymbol{X}=(\boldsymbol{X}_1,\boldsymbol{X}_2)=\begin{pmatrix}\alpha & \beta\\1 & 1\end{pmatrix}$，则有

$$\boldsymbol{X}^{-1}=\dfrac{1}{\alpha-\beta}\begin{pmatrix}1 & -\beta\\-1 & \alpha\end{pmatrix}=\dfrac{1}{\sqrt{k^2+4l}}\begin{pmatrix}1 & -\beta\\-1 & \alpha\end{pmatrix},\quad \boldsymbol{A}=\boldsymbol{X}\begin{pmatrix}\alpha & 0\\0 & \beta\end{pmatrix}\boldsymbol{X}^{-1},$$

$$\boldsymbol{A}^{n-1}=\boldsymbol{X}\begin{pmatrix}\alpha & 0\\0 & \beta\end{pmatrix}^{n-1}\boldsymbol{X}^{-1}=\dfrac{1}{\sqrt{k^2+4l}}\begin{pmatrix}\alpha^n-\beta^n & -\alpha^n\beta+\alpha\beta^n\\\alpha^{n-1}-\beta^{n-1} & -\alpha^{n-1}\beta+\alpha\beta^{n-1}\end{pmatrix},$$

于是有

$$\begin{pmatrix} a_{n+1} \\ a_n \end{pmatrix} = A^{n-1} \begin{pmatrix} a_2 \\ a_1 \end{pmatrix} = \frac{1}{\sqrt{k^2+4l}} \begin{pmatrix} (\alpha^n - \beta^n) \cdot a_2 + (-\alpha^n \beta + \alpha \beta^n) \cdot a_1 \\ (\alpha^{n-1} - \beta^{n-1}) \cdot a_2 + (-\alpha^{n-1} \beta + \alpha \beta^{n-1}) \cdot a_1 \end{pmatrix},$$

从而得通项 $a_n = \dfrac{1}{\sqrt{k^2+4l}} \left[\left(\alpha^{n-1} - \beta^{n-1} \right) \cdot a_2 + \left(-\alpha^{n-1}\beta + \alpha\beta^{n-1} \right) \cdot a_1 \right]$,故

$$\frac{a_{n+1}}{a_n} = \frac{(\alpha^n - \beta^n) \cdot a_2 + (-\alpha^n \beta + \alpha \beta^n) \cdot a_1}{(\alpha^{n-1} - \beta^{n-1}) \cdot a_2 + (-\alpha^{n-1} \beta + \alpha \beta^{n-1}) \cdot a_1}.$$

下面分两种情况加以考虑:

(i) 当 $a_2 = \beta a_1$ 时, 则 $a_n = (\alpha - \beta) \cdot \beta^{n-1}$, $\dfrac{a_n}{a_{n-1}} \equiv \beta$, 从而得

$$\lim_{n \to \infty} \frac{a_n}{a_{n-1}} = \beta = \frac{k - \sqrt{k^2 + 4l}}{2};$$

(ii) 当 $a_2 \neq \beta a_1$ 时, 则 $\dfrac{a_{n+1}}{a_n} = \dfrac{\left[1 - \left(\dfrac{\beta}{\alpha} \right)^n \right] \cdot a_2 + \left[-\beta + \left(\dfrac{\beta}{\alpha} \right)^{n-1} \right] \cdot a_1}{\left[\dfrac{1}{\alpha} - \left(\dfrac{\beta}{\alpha} \right)^{n-1} \right] \cdot a_2 + \left[-\dfrac{\beta}{\alpha} + \left(\dfrac{\beta}{\alpha} \right)^{n-1} \right] \cdot a_1}$, 显然

$\left| \dfrac{\beta}{\alpha} \right| < 1$, 从而得 $\lim\limits_{n \to \infty} \dfrac{a_{n+1}}{a_n} = \alpha = \dfrac{k + \sqrt{k^2 + 4l}}{2}$.

【解法 2】　假设 $\lim\limits_{n \to \infty} \dfrac{a_n}{a_{n-1}}$ 存在, 不妨设 $\lim\limits_{n \to \infty} \dfrac{a_n}{a_{n-1}} = \gamma$, 则将递推关系式 $a_{n+1} =$

$ka_n + la_{n-1}$ 化简为 $\dfrac{a_{n+1}}{a_n} \cdot \dfrac{a_n}{a_{n-1}} = k \dfrac{a_n}{a_{n-1}} + l$, 两边取极限, 即得 $\gamma^2 = k\gamma + l$, 解得

$$\gamma_{1,2} = \begin{cases} \dfrac{k + \sqrt{k^2 + 4l}}{2} \overset{\triangle}{=} \alpha, \\ \dfrac{k - \sqrt{k^2 + 4l}}{2} \overset{\triangle}{=} \beta, \end{cases} 显然 \left| \dfrac{\beta}{\alpha} \right| < 1.$$

以上说明: 若所求的极限存在, 则其极限值必为 α 或 β.

下证极限 $\lim\limits_{n \to \infty} \dfrac{a_n}{a_{n-1}}$ 存在.

由韦达定理知, $\alpha + \beta = k$, $\alpha\beta = -l$. 代入递推关系式, 得

$$a_{n+1} - \alpha a_n = \beta \cdot (a_n - \alpha a_{n-1}),$$
$$a_{n+1} - \beta a_n = \alpha \cdot (a_n - \beta a_{n-1}) \quad (n = 2, 3, \cdots).$$

反复利用上述关系式, 得

$$a_{n+1} - \alpha a_n = \beta^{n-1} \cdot (a_2 - \alpha a_1),$$
$$a_{n+1} - \beta a_n = \alpha^{n-1} \cdot (a_2 - \beta a_1) \quad (n = 2, 3, \cdots).$$

下面分情况讨论:

(i) 若 $a_2 = \beta a_1$,则 $\dfrac{a_n}{a_{n-1}} \equiv \beta$,从而 $\lim\limits_{n\to\infty} \dfrac{a_n}{a_{n-1}} = \beta = \dfrac{k - \sqrt{k^2 + 4l}}{2}$;

(ii) 若 $a_2 \neq \beta a_1$,则由上述递推关系可得 $a_{n+1} = \dfrac{\alpha^n \cdot (a_2 - \beta a_1) - \beta^n \cdot (a_2 - \alpha a_1)}{\alpha - \beta}$.

于是

$$\frac{a_n}{a_{n-1}} = \frac{\alpha^{n-1} \cdot (a_2 - \beta a_1) - \beta^{n-1} \cdot (a_2 - \alpha a_1)}{\alpha^{n-2} \cdot (a_2 - \beta a_1) - \beta^{n-2} \cdot (a_2 - \alpha a_1)} = \frac{\alpha \cdot \left(\dfrac{\alpha}{\beta}\right)^{n-2} - \beta \left(\dfrac{a_2 - \alpha a_1}{a_2 - \beta a_1}\right)}{\left(\dfrac{\alpha}{\beta}\right)^{n-2} - \left(\dfrac{a_2 - \alpha a_1}{a_2 - \beta a_1}\right)}.$$

因为 $\left|\dfrac{\alpha}{\beta}\right| > 1$,所以当 n 充分大时,$\left|\dfrac{\alpha}{\beta}\right|^{n-2} > \left|\dfrac{a_2 - \alpha a_1}{a_2 - \beta a_1}\right|$,故得 $\lim\limits_{n\to\infty} \dfrac{a_n}{a_{n-1}} = \alpha = \dfrac{k + \sqrt{k^2 + 4l}}{2}$.

【解法 3】 利用不动点方法,或称特征方程法.

记 $b_n = \dfrac{a_n}{a_{n-1}}$,则由递推关系式 $a_{n+1} = k a_n + l a_{n-1}$ 得 $b_{n+1} = k + l \cdot \dfrac{1}{b_n}$.

令 $f(x) = k + \dfrac{l}{x}$,则 $b_{n+1} = f(b_n)$. 由方程 $b = f(b) = k + \dfrac{l}{b}$ 解得不动点

$$\alpha = \frac{k + \sqrt{k^2 + 4l}}{2}, \quad \beta = \frac{k - \sqrt{k^2 + 4l}}{2}.$$

因为

$$b_{n+1} - \alpha = k + l \cdot \frac{1}{b_n} - \left(k + l \cdot \frac{1}{\alpha}\right) = -l \cdot \frac{b_n - \alpha}{b_n \cdot \alpha}, \quad b_{n+1} - \beta = -l \cdot \frac{b_n - \beta}{b_n \cdot \beta},$$

所以 $\dfrac{b_{n+1} - \alpha}{b_{n+1} - \beta} = \dfrac{\beta}{\alpha} \cdot \dfrac{b_n - \alpha}{b_n - \beta} = \cdots = \dfrac{b_2 - \alpha}{b_2 - \beta} \left(\dfrac{\beta}{\alpha}\right)^{n-1}$,其中 $\left|\dfrac{\beta}{\alpha}\right| < 1$.

下面分情况讨论:

(i) 若 $\dfrac{a_2}{a_1} - \beta \neq 0$,则由上式有 $\dfrac{b_{n+1} - \alpha}{b_{n+1} - \beta} = \dfrac{\dfrac{a_2}{a_1} - \alpha}{\dfrac{a_2}{a_1} - \beta} \cdot \left(\dfrac{\beta}{\alpha}\right)^{n-1}$,于是 $\lim\limits_{n\to\infty} \dfrac{b_{n+1} - \alpha}{b_{n+1} - \beta} = 0$.

记 $c_n = \dfrac{b_n - \alpha}{b_n - \beta}$，则 $\lim\limits_{n \to \infty} c_n = 0$．而 $b_n - \alpha = c_n b_n - c_n \beta, b_n = \dfrac{-c_n \beta + \alpha}{1 - c_n}$，故 $\lim\limits_{n \to \infty} b_n = \alpha$，

即 $\lim\limits_{n \to \infty} \dfrac{a_n}{a_{n-1}} = \alpha = \dfrac{k + \sqrt{k^2 + 4l}}{2}$．

(ii) 若 $\dfrac{a_2}{a_1} - \beta = 0$，则 $\dfrac{b_{n+1} - \beta}{b_{n+1} - \alpha} = 0$，从而 $b_{n+1} - \beta = 0$，故

$$\lim_{n \to \infty} b_n = \beta = \frac{k - \sqrt{k^2 + 4l}}{2}.$$

⊛ 特别提示

[1]　该例也可考虑用母函数方法求解.

[2]　解法 1 和解法 2 不仅可求得极限 $\lim\limits_{n \to \infty} \dfrac{a_n}{a_{n-1}}$，而且可求得数列 $\{a_n\}$ 的通项.

♻ 类题训练

1. 设 $\{a_n\}$ 为 Fibonacci 数列，即 $a_1 = 1, a_2 = 1, a_{n+2} = a_{n+1} + a_n, n = 1, 2, \cdots$，求 $\lim\limits_{n \to \infty} \dfrac{a_{n+1}}{a_n}$．

2. 设数列 $\{a_n\}$ 由下列定义给出：$a_0 = 1, a_1 = 2, a_2 = 3$，且 $\begin{vmatrix} 1 & a_n & a_{n-1} \\ 1 & a_{n-1} & a_{n-2} \\ 1 & a_{n-2} & a_{n-3} \end{vmatrix} = 1$

$(n \geqslant 3)$，求 $\{a_n\}$ 的表达式，并计算 $\lim\limits_{n \to \infty} \dfrac{a_n}{a_{n+1}}$．

3. 设数列 $\{a_n\}$ 满足：$a_{n+2} - 3a_{n+1} + 2a_n = n, a_0 = a_1 = 1$，并求 $\lim\limits_{n \to \infty} \dfrac{a_{n+1}}{a_n}$．

4. 设 a_1, a_2 为任意取定的非负实数，且 $a_1 < a_2$．定义

$$a_{2k+1} = \frac{a_{2k} + a_{2k-1}}{2} \ (k = 1, 2, \cdots), \quad a_{2k} = \sqrt{a_{2k-1} \cdot a_{2k-2}} \ (k = 2, 3, \cdots).$$

求 $\lim\limits_{n \to \infty} \dfrac{a_{n+1}}{a_n}$．

📖 典型例题

24　设 $\{a_n\}, \{b_n\}$ 均为正整数数列，且满足 $a_1 = b_1 = 1$，$a_n + \sqrt{3}\, b_n =$

$\left(a_{n-1}+\sqrt{3}\,b_{n-1}\right)^2$，证明数列 $\left\{\dfrac{a_n}{b_n}\right\}$ 的极限存在，并求该极限值.

【证法 1】　利用单调有界原理

由已知，

$$a_n+\sqrt{3}\,b_n=\left(a_{n-1}+\sqrt{3}\,b_{n-1}\right)^2=a_{n-1}^2+3b_{n-1}^2+2\sqrt{3}\,a_{n-1}b_{n-1},$$

而 $\{a_n\},\{b_n\}$ 均为正整数数列，于是有 $a_n=a_{n-1}^2+3b_{n-1}^2,b_n=2a_{n-1}b_{n-1}$. 从而得

$$\frac{a_n}{b_n}=\frac{a_{n-1}^2+3b_{n-1}^2}{2a_{n-1}b_{n-1}}=\frac{\left(\dfrac{a_{n-1}}{b_{n-1}}\right)^2+3}{2\dfrac{a_{n-1}}{b_{n-1}}}.$$

记 $\dfrac{a_n}{b_n}=c_n$，则由上式得 $c_n=\dfrac{c_{n-1}^2+3}{2c_{n-1}}\geqslant\sqrt{3}\quad(n\geqslant2)$.

注意到 $c_n-c_{n-1}=\dfrac{-c_{n-1}^2+3}{2c_{n-1}}\leqslant0\quad(n\geqslant3)$，于是数列 $\{c_n\}$ 单调减少有下界 $\sqrt{3}$，

从而 $\lim\limits_{n\to\infty}c_n=c\geqslant\sqrt{3}$ 存在. 又在递推关系式 $c_n=\dfrac{c_{n-1}^2+3}{2c_{n-1}}$ 两边取极限，得 $c=\dfrac{c^2+3}{2c}$，

解得 $c=\sqrt{3}$，即 $\lim\limits_{n\to\infty}\dfrac{a_n}{b_n}=\sqrt{3}$.

【证法 2】　利用对偶方法

由题设知，$a_n+\sqrt{3}\,b_n=\left(a_{n-1}+\sqrt{3}\,b_{n-1}\right)^2=a_{n-1}^2+3b_{n-1}^2+2\sqrt{3}\,a_{n-1}b_{n-1}$. 因为 $\{a_n\}$，$\{b_n\}$ 均为正整数数列，所以有 $a_n=a_{n-1}^2+3b_{n-1}^2,b_n=2a_{n-1}b_{n-1}$.

考虑 $a_n+\sqrt{3}b_n$ 的对偶问题：

$$a_n-\sqrt{3}\,b_n=a_{n-1}^2+3b_{n-1}^2-2\sqrt{3}\,a_{n-1}b_{n-1}=\left(a_{n-1}-\sqrt{3}\,b_{n-1}\right)^2,$$

于是 $\dfrac{a_n-\sqrt{3}\,b_n}{a_n+\sqrt{3}\,b_n}=\dfrac{\left(a_{n-1}-\sqrt{3}\,b_{n-1}\right)^2}{\left(a_{n-1}+\sqrt{3}\,b_{n-1}\right)^2}=\cdots=\left(\dfrac{a_1-\sqrt{3}\,b_1}{a_1+\sqrt{3}\,b_1}\right)^{2^{n-1}}=\left(\dfrac{1-\sqrt{3}}{1+\sqrt{3}}\right)^{2^{n-1}}$. 从而

$$\lim_{n\to\infty}\frac{a_n-\sqrt{3}\,b_n}{a_n+\sqrt{3}\,b_n}=\lim_{n\to\infty}\left(\frac{1-\sqrt{3}}{1+\sqrt{3}}\right)^{2^{n-1}}=0.$$

又 $\lim\limits_{n\to\infty}\dfrac{a_n-\sqrt{3}\,b_n}{a_n+\sqrt{3}\,b_n}=\lim\limits_{n\to\infty}\dfrac{\dfrac{a_n}{b_n}-\sqrt{3}}{\dfrac{a_n}{b_n}+\sqrt{3}}$，故得 $\lim\limits_{n\to\infty}\dfrac{a_n}{b_n}=\sqrt{3}$.

【证法3】 利用定义法

由已知，$a_n + \sqrt{3}\,b_n = \left(a_{n-1} + \sqrt{3}\,b_{n-1}\right)^2 = a_{n-1}^2 + 3b_{n-1}^2 + 2\sqrt{3}\,a_{n-1}b_{n-1}$，而 $\{a_n\}$，$\{b_n\}$

均为正整数数列，于是有 $a_n = a_{n-1}^2 + 3b_{n-1}^2$，$b_n = 2a_{n-1}b_{n-1}$. 从而得

$$\frac{a_n}{b_n} = \frac{a_{n-1}^2 + 3b_{n-1}^2}{2a_{n-1}b_{n-1}} = \frac{\left(\dfrac{a_{n-1}}{b_{n-1}}\right)^2 + 3}{2\dfrac{a_{n-1}}{b_{n-1}}}.$$

记 $c_n = \dfrac{a_n}{b_n}$，则由上式得 $c_n = \dfrac{c_{n-1}^2 + 3}{2c_{n-1}}(n \geqslant 2)$.

不妨设数列 $\{c_n\}$ 收敛，且 $\lim\limits_{n \to \infty} c_n = c$. 则由递推关系式 $c_n = \dfrac{c_{n-1}^2 + 3}{2c_{n-1}}$ 两边取

极限，得 $c = \dfrac{c^2 + 3}{2c}$，解得 $c = \sqrt{3}$. 由极限的保号性知，当 n 充分大时，$c_n > \sqrt{2}$，

所以

$$0 \leqslant |c_n - \sqrt{3}| = \left|\frac{\left(c_{n-1} - \sqrt{3}\right)^2}{2c_{n-1}}\right| < \frac{\left|c_{n-1} - \sqrt{3}\right|^2}{2\sqrt{2}} < \frac{\left|c_{n-2} - \sqrt{3}\right|^{2^2}}{\left(2\sqrt{2}\right)^3}$$

$$< \cdots < \frac{\left|c_1 - \sqrt{3}\right|^{2^{n-1}}}{\left(2\sqrt{2}\right)^{2^{n-1}-1}} = \frac{\left|1 - \sqrt{3}\right|^{2^{n-1}}}{\left(2\sqrt{2}\right)^{2^{n-1}-1}},$$

而 $\dfrac{\left|1 - \sqrt{3}\right|^{2^{n-1}}}{\left(2\sqrt{2}\right)^{2^{n-1}-1}} \to 0(n \to \infty)$，故由夹逼准则或数列极限的定义知 $\lim\limits_{n \to \infty} \dfrac{a_n}{b_n} = \sqrt{3}$.

特别提示　一般地，设 $\{a_n\}$，$\{b_n\}$ 均为正整数数列，且满足 $a_n + \sqrt{l}\,b_n = \left(a_{n-1} + \sqrt{l}\,b_{n-1}\right)^m$，其中 $m \geqslant 2$，$l \geqslant 2$ 为正整数，$\sqrt{l}$ 为无理数，则数列 $\left\{\dfrac{a_n}{b_n}\right\}$ 的极限存在，且 $\lim\limits_{n \to \infty} \dfrac{a_n}{b_n} = \sqrt{l}$.

类题训练

1. 设 $\left(1 + \sqrt{3}\right)^n = a_n + \sqrt{3}\,b_n$，其中 a_n，b_n 为正整数，求 $\lim\limits_{n \to \infty} \dfrac{a_n}{b_n}$.

2. 设 $[x]$ 表示不超过 x 的最大整数, 记号 $\{x\}=x-[x]$ 表示 x 的小数部分, 求 $\lim\limits_{n\to\infty}\left\{\left(2+\sqrt{3}\right)^n\right\}$.

3. 计算 $\lim\limits_{n\to\infty}\sqrt{n}\cdot\sin\left[\pi\left(\sqrt{2}+1\right)^n\right]$.

📖 **典型例题**

25 设数列 $\{p_n\},\{q_n\}$ 满足 $p_{n+1}=p_n+2q_n,\ q_{n+1}=p_n+q_n,\ p_1=q_1=1$, 求极限 $\lim\limits_{n\to\infty}\dfrac{p_n}{q_n}$.

【解法1】 令 $a_n=\dfrac{p_n}{q_n}$, 则有 $a_1=1,\ a_{n+1}=\dfrac{p_{n+1}}{q_{n+1}}=\dfrac{p_n+2q_n}{p_n+q_n}=\dfrac{a_n+2}{a_n+1}$. 于是得 $a_n>1\,(n\geqslant2)$, 从而有

$$\left|a_{n+1}-a_n\right|=\left|\frac{1}{a_n+1}-\frac{1}{a_{n-1}+1}\right|=\frac{\left|a_n-a_{n-1}\right|}{(a_n+1)(a_{n-1}+1)}<\frac{1}{4}\left|a_n-a_{n-1}\right|,$$

由此得 $\forall p\geqslant1,\left|a_{n+p}-a_n\right|\leqslant\sum\limits_{k=n+1}^{n+p}\left|a_k-a_{k-1}\right|\leqslant\sum\limits_{k=n+1}^{n+p}\left(\frac{1}{4}\right)^{k-2}\left|a_2-a_1\right|\leqslant\frac{1}{3}\cdot\left(\frac{1}{4}\right)^{n-1}\left|a_2-a_1\right|,$

故由 Cauchy 收敛准则知数列 $\{a_n\}$ 收敛.

不妨设 $\lim\limits_{n\to\infty}a_n=a$, 则在递推关系式 $a_{n+1}=\dfrac{a_n+2}{a_n+1}$ 两边分别取极限, 得 $a=\dfrac{a+2}{a+1}$, 解得 $a=\pm\sqrt{2}$. 又因为 $a_n\geqslant1$, 所以 $a\geqslant1$, 故 $a=\sqrt{2}$, 即 $\lim\limits_{n\to\infty}\dfrac{p_n}{q_n}=\sqrt{2}$.

【解法2】 矩阵对角化方法

将已知递推关系组, 改写为下列矩阵形式:

$$\begin{pmatrix}p_{n+1}\\q_{n+1}\end{pmatrix}=\begin{pmatrix}1&2\\1&1\end{pmatrix}\begin{pmatrix}p_n\\q_n\end{pmatrix}=\cdots=\begin{pmatrix}1&2\\1&1\end{pmatrix}^n\begin{pmatrix}p_1\\q_1\end{pmatrix}.$$

记 $A=\begin{pmatrix}1&2\\1&1\end{pmatrix}$, 则由 $|\lambda E-A|=0$ 求得 A 的特征值为 $\lambda_1=1+\sqrt{2}$, $\lambda_2=1-\sqrt{2}$, 对应的特征向量为 $X_1=\left(\sqrt{2},1\right)^{\mathrm{T}},\ X_2=\left(-\sqrt{2},1\right)^{\mathrm{T}}$. 取 $X=(X_1,X_2)$, 则

$$X^{-1}=\frac{1}{2\sqrt{2}}\begin{pmatrix}1&\sqrt{2}\\-1&\sqrt{2}\end{pmatrix},\quad A=X\begin{pmatrix}1+\sqrt{2}&0\\0&1-\sqrt{2}\end{pmatrix}X^{-1},$$

从而有

$$\begin{pmatrix} p_{n+1} \\ q_{n+1} \end{pmatrix} = X \begin{pmatrix} 1+\sqrt{2} & 0 \\ 0 & 1-\sqrt{2} \end{pmatrix}^n X^{-1} \begin{pmatrix} 1 \\ 1 \end{pmatrix} = \begin{pmatrix} \dfrac{\left(1+\sqrt{2}\right)^{n+1} + \left(1-\sqrt{2}\right)^{n+1}}{2} \\ \dfrac{\left(1+\sqrt{2}\right)^{n+1} - \left(1-\sqrt{2}\right)^{n+1}}{2\sqrt{2}} \end{pmatrix},$$

因此可得 $\{p_n\},\{q_n\}$ 的通项为 $p_n = \dfrac{\left(1+\sqrt{2}\right)^n + \left(1-\sqrt{2}\right)^n}{2}$, $q_n = \dfrac{\left(1+\sqrt{2}\right)^n - \left(1-\sqrt{2}\right)^n}{2\sqrt{2}}$,

且 $\lim\limits_{n\to\infty} \dfrac{p_n}{q_n} = \lim\limits_{n\to\infty} \dfrac{\sqrt{2}\cdot\left(1+\sqrt{2}\right)^n + \sqrt{2}\cdot\left(1-\sqrt{2}\right)^n}{\left(1+\sqrt{2}\right)^n - \left(1-\sqrt{2}\right)^n} = \sqrt{2}$.

【解法 3】 令 $a_n = \dfrac{p_n}{q_n}$, 则 $a_1 = 1$, $a_{n+1} = \dfrac{p_{n+1}}{q_{n+1}} = \dfrac{p_n + 2q_n}{p_n + q_n} = \dfrac{a_n + 2}{a_n + 1}\,(n \in \mathbf{N}^+)$. 再令

$f(x) = \dfrac{x+2}{x+1}\,(x \geqslant 1)$, 则 $a_{n+1} = f(a_n)$, $f'(x) = -\dfrac{1}{(x+1)^2}$, $\left|f'(x)\right| = \dfrac{1}{(x+1)^2} < \dfrac{1}{4}$. 又由

$x = f(x) = \dfrac{x+2}{x+1}$, 解得不动点 $x = \sqrt{2}$, $x = -\sqrt{2}$ (舍去), 于是

$$a_n - \sqrt{2} = f(a_{n-1}) - f\left(\sqrt{2}\right) = f'(\xi)\cdot\left(a_{n-1} - \sqrt{2}\right),$$

其中 ξ 介于 a_{n-1} 与 $\sqrt{2}$ 之间. 从而

$$\left|a_n - \sqrt{2}\right| < \frac{1}{4}\cdot\left|a_{n-1} - \sqrt{2}\right| < \cdots < \frac{1}{4^{n-1}}\cdot\left|a_1 - \sqrt{2}\right| = \frac{1}{4^{n-1}}\cdot\left(\sqrt{2}-1\right),$$

故由夹逼准则或由数列极限的定义得 $\lim\limits_{n\to\infty} a_n = \sqrt{2}$, 即 $\lim\limits_{n\to\infty} \dfrac{p_n}{q_n} = \sqrt{2}$.

【解法 4】 由题设有 $\dfrac{p_{n+1}}{q_{n+1}} = \dfrac{p_n + 2q_n}{p_n + q_n} = \dfrac{\dfrac{p_n}{q_n} + 2}{\dfrac{p_n}{q_n} + 1}$.

令 $x_n = \dfrac{p_n}{q_n}$, $f(x) = \dfrac{x+2}{x+1}$, 则 $x_1 = 1$, $x_{n+1} = f(x_n)\,(n = 1,2,\cdots)$. 由 $f(x) = x$ 解得不

动点为 $\lambda_1 = \sqrt{2}$, $\lambda_2 = -\sqrt{2}$, 且

$$\frac{x_n - \lambda_1}{x_n - \lambda_2} = \frac{x_n - \sqrt{2}}{x_n + \sqrt{2}} = \frac{1-\sqrt{2}}{1+\sqrt{2}}\cdot\frac{x_{n-1} - \sqrt{2}}{x_{n-1} + \sqrt{2}} = \cdots = \left(\frac{1-\sqrt{2}}{1+\sqrt{2}}\right)^{n-1}\cdot\frac{x_1 - \sqrt{2}}{x_1 + \sqrt{2}} = \left(\frac{1-\sqrt{2}}{1+\sqrt{2}}\right)^n.$$

于是得 $\lim\limits_{n\to\infty} \dfrac{x_n - \lambda_1}{x_n - \lambda_2} = 0$, 故得 $\lim\limits_{n\to\infty} x_n = \lambda_1 = \sqrt{2}$, 即 $\lim\limits_{n\to\infty} \dfrac{p_n}{q_n} = \sqrt{2}$.

【解法 5】 设 $a_n = \dfrac{p_n}{q_n}$, 则 $a_1 = 1$, $a_{n+1} = \dfrac{p_{n+1}}{q_{n+1}} = \dfrac{p_n + 2q_n}{p_n + q_n} = \dfrac{a_n + 2}{a_n + 1}$, $n \in \mathbf{N}^+$. 令

$f(x) = \dfrac{x+2}{x+1}(x \geqslant 1)$，则 $a_1 = 1, a_{n+1} = f(a_n), f'(x) = -\dfrac{1}{(x+1)^2} < 0$，$f(x)$ 在 $[1, +\infty)$ 上单调减少.

下证 $a_1 < a_3 < a_5 < \cdots < a_{2n-1} < a_{2n} < \cdots < a_4 < a_2$.

当 $k = 2, 3$ 时，$a_1 = 1, a_2 = \dfrac{3}{2} > a_1, a_3 = \dfrac{7}{5} > 1 = a_1$，$a_3 = f(a_2) < f(a_1) = a_2$，$a_4 = f(a_3) > f(a_2) = a_3$，$a_4 = f(a_3) < f(a_1) = a_2$，所以 $a_1 < a_3 < a_4 < a_2$.

假设当 $k = n$ 时，$a_1 < a_3 < \cdots < a_{2n-1} < a_{2n} < \cdots < a_4 < a_2$，则当 $k = n+1$ 时，有
$$a_{2n+1} = f(a_{2n}) < f(a_{2n-1}) = a_{2n}, \quad a_{2n+2} = f(a_{2n+1}) > f(a_{2n}) = a_{2n+1},$$
$$a_{2n+1} = f(a_{2n}) > f(a_{2n-2}) = a_{2n-1}, \quad a_{2n+2} = f(a_{2n+1}) < f(a_{2n-1}) = a_{2n}.$$
由上得 $a_{2n-1} < a_{2n+1} < a_{2n+2} < a_{2n}$.

于是由数学归纳法可得 $a_1 < a_3 < a_5 < \cdots < a_{2n-1} < a_{2n} < \cdots < a_4 < a_2$，即数列 $\{a_{2n-1}\}$ 单调增加有上界，$\{a_{2n}\}$ 单调减少有下界，从而知 $\{a_{2n-1}\}$，$\{a_{2n}\}$ 都收敛. 不妨设 $\lim\limits_{n\to\infty} a_{2n-1} = a, \lim\limits_{n\to\infty} a_{2n} = b$，则由递推关系式 $a_{n+1} = \dfrac{a_n + 2}{a_n + 1}$ 两边取极限，得
$a = \dfrac{b+2}{b+1}$，$b = \dfrac{a+2}{a+1}$，解得 $a = b = \pm\sqrt{2}$. 又因为 $a_n \geqslant 1$，所以 $a \geqslant 1$，故 $a = b = \sqrt{2}$，即 $\{a_n\}$ 收敛，且 $\lim\limits_{n\to\infty} a_n = \sqrt{2}$.

特别提示　从上述解法可以看出，具有线性递推关系组的数列极限问题总可以转化为具有分式线性关系式的数列极限问题求解. 解法 2 不仅可以方便地求得 $\lim\limits_{n\to\infty} \dfrac{p_n}{q_n}$，而且可同时得到数列 $\{p_n\}$ 和 $\{q_n\}$ 的通项.

一般地，设 a, b, m, p 是正整数，数列 $\{a_n\}, \{b_n\}$ 满足 $a_n = pa_{n-1} + mb_{n-1}$，$b_n = a_{n-1} + pb_{n-1}, n = 1, 2, \cdots$，且 $a_0 = a, b_0 = b$，则 $\lim\limits_{n\to\infty} \dfrac{a_n}{b_n} = \sqrt{m}$.

类题训练

1. 设 $\begin{cases} x_n = 2x_{n-1} - y_{n-1}, \\ y_n = \dfrac{3}{2}x_{n-1} - \dfrac{1}{2}y_{n-1}, \end{cases}$ 且 $x_0 = -1, y_0 = 1$，试求 $\lim\limits_{n\to\infty} x_n$ 及 $\lim\limits_{n\to\infty} y_n$.

2. 设数列 $\{p_n\}, \{q_n\}$ 满足关系式：$p_n = 2p_{n-1} + q_{n-1}, q_n = -2p_{n-1} + 5q_{n-1}$，且 $p_0 = 1, q_0 = -1$，求 p_n, q_n.

3. 设 a_1, b_1 为任意取定的实数，$a_n = \int_0^1 \max(b_{n-1}, x)\mathrm{d}x$，$b_n = \int_0^1 \min(a_{n-1}, x)\mathrm{d}x$，$n = 2,3,\cdots$，证明 $\lim\limits_{n\to\infty} a_n = 2 - \sqrt{2}$，$\lim\limits_{n\to\infty} b_n = \sqrt{2} - 1$.

📖 典型例题

26 已知 $a_1 = \alpha, b_1 = \beta\,(\alpha > \beta), a_{n+1} = \dfrac{a_n + b_n}{2}, b_{n+1} = \dfrac{a_{n+1} + b_n}{2}, n = 1,2,\cdots$，证明 $\lim\limits_{n\to\infty} a_n$ 及 $\lim\limits_{n\to\infty} b_n$ 存在且相等，并求出极限值.

【证法1】 由已知, 得 $b_{n+1} - a_{n+1} = \dfrac{1}{2}(a_{n+1} - a_n)$, 于是

$$a_{n+1} - a_n = \frac{1}{2}(b_n - a_n) = \frac{1}{4}(a_n - a_{n-1}) = \cdots = \frac{1}{4^{n-1}}\cdot(a_2 - a_1),$$

从而

$$\begin{aligned}
a_n &= (a_n - a_{n-1}) + (a_{n-1} - a_{n-2}) + \cdots + (a_2 - a_1) + a_1 \\
&= \left[\frac{1}{4^{n-2}} + \frac{1}{4^{n-3}} + \cdots + \frac{1}{4} + 1\right]\cdot(a_2 - a_1) + a_1 \\
&= \frac{1 - \dfrac{1}{4^{n-1}}}{1 - \dfrac{1}{4}}\cdot(a_2 - a_1) + a_1,
\end{aligned}$$

故 $\lim\limits_{n\to\infty} a_n = \dfrac{4}{3}\cdot(a_2 - a_1) + a_1 = \dfrac{\alpha + 2\beta}{3}$, $\lim\limits_{n\to\infty} b_n = \lim\limits_{n\to\infty}(2a_{n+1} - a_n) = \lim\limits_{n\to\infty} a_n$.

【证法2】 将递推关系式化为 $\begin{cases} a_{n+1} = \dfrac{1}{2}a_n + \dfrac{1}{2}b_n, \\ b_{n+1} = \dfrac{1}{4}(a_n + b_n) + \dfrac{1}{2}b_n = \dfrac{1}{4}a_n + \dfrac{3}{4}b_n. \end{cases}$ 写为矩阵形式:

$$\begin{pmatrix} a_{n+1} \\ b_{n+1} \end{pmatrix} = \begin{pmatrix} \dfrac{1}{2} & \dfrac{1}{2} \\ \dfrac{1}{4} & \dfrac{3}{4} \end{pmatrix}\begin{pmatrix} a_n \\ b_n \end{pmatrix} = \cdots = \begin{pmatrix} \dfrac{1}{2} & \dfrac{1}{2} \\ \dfrac{1}{4} & \dfrac{3}{4} \end{pmatrix}^n\begin{pmatrix} a_1 \\ b_1 \end{pmatrix}.$$

记 $\boldsymbol{A} = \begin{pmatrix} \dfrac{1}{2} & \dfrac{1}{2} \\ \dfrac{1}{4} & \dfrac{3}{4} \end{pmatrix}$, 则由 $|\lambda\boldsymbol{E} - \boldsymbol{A}| = 0$ 求得 $\boldsymbol{A}$ 的特征值为 $\lambda_1 = 1, \lambda_2 = \dfrac{1}{4}$, 对应的特

征向量为 $\boldsymbol{X}_1 = (1,1)^{\mathrm{T}}$, $\boldsymbol{X}_2 = (-2,1)^{\mathrm{T}}$.

取 $\boldsymbol{X} = (\boldsymbol{X}_1, \boldsymbol{X}_2) = \begin{pmatrix} 1 & -2 \\ 1 & 1 \end{pmatrix}$, 则 $\boldsymbol{X}^{-1} = \begin{pmatrix} \dfrac{1}{3} & \dfrac{2}{3} \\ -\dfrac{1}{3} & \dfrac{1}{3} \end{pmatrix}$, $\boldsymbol{A} = \boldsymbol{X} \begin{pmatrix} 1 & 0 \\ 0 & \dfrac{1}{4} \end{pmatrix} \boldsymbol{X}^{-1}$, 从而

$$\begin{pmatrix} a_{n+1} \\ b_{n+1} \end{pmatrix} = \boldsymbol{X} \begin{pmatrix} 1 & 0 \\ 0 & \dfrac{1}{4} \end{pmatrix}^n \boldsymbol{X}^{-1} \begin{pmatrix} a_1 \\ b_1 \end{pmatrix} = \begin{pmatrix} \left(\dfrac{1}{3} + \dfrac{2}{3} \cdot \dfrac{1}{4^n}\right) a_1 + \left(\dfrac{2}{3} - \dfrac{2}{3} \cdot \dfrac{1}{4^n}\right) b_1 \\ \left(\dfrac{1}{3} - \dfrac{1}{3} \cdot \dfrac{1}{4^n}\right) a_1 + \left(\dfrac{2}{3} + \dfrac{1}{3} \cdot \dfrac{1}{4^n}\right) b_1 \end{pmatrix},$$

故 $\displaystyle \lim_{n \to \infty} a_n = \lim_{n \to \infty} b_n = \dfrac{1}{3} a_1 + \dfrac{2}{3} b_1 = \dfrac{\alpha + 2\beta}{3}$.

特别提示 该题可先由数学归纳法证明: 对所有 n, 有 $b_n < a_n$; 再由递推关系式知: 数列 $\{a_n\}$ 单调减少有下界, $\{b_n\}$ 单调增加有上界, 从而 $\{a_n\}$ 和 $\{b_n\}$ 都收敛, 然后由递推关系式即可证明它们的极限相等.

类题训练

1. 设 a_1, b_1 是任意两个正数, 令 $a_{n+1} = \sqrt{a_n b_n}$, $b_{n+1} = \dfrac{a_n + b_n}{2}$, $n = 1, 2, \cdots$, 证明数列 $\{a_n\}$ 和 $\{b_n\}$ 均收敛, 且 $\displaystyle \lim_{n \to \infty} a_n = \lim_{n \to \infty} b_n$.

2. 设 a_1, b_1 是任意两个正数, 且 $a_1 \leqslant b_1$, 又令 $a_n = \dfrac{2a_{n-1}b_{n-1}}{a_{n-1} + b_{n-1}}$, $b_n = \sqrt{a_{n-1}b_{n-1}}$, $n = 2, 3, \cdots$, 证明数列 $\{a_n\}$ 和 $\{b_n\}$ 均收敛, 且 $\displaystyle \lim_{n \to \infty} a_n = \lim_{n \to \infty} b_n$.

3. 设 $a_1 > b_1 > 0$, 令 $a_{n+1} = \dfrac{a_n + b_n}{2}$, $b_{n+1} = \dfrac{2a_n b_n}{a_n + b_n}$, $n = 1, 2, \cdots$, 证明数列 $\{a_n\}$ 和 $\{b_n\}$ 均收敛, 且 $\displaystyle \lim_{n \to \infty} a_n = \lim_{n \to \infty} b_n = \sqrt{a_1 b_1}$.

4. 设 $0 < a_1 < b_1 < c_1$, 令 $a_{n+1} = \dfrac{3}{\dfrac{1}{a_n} + \dfrac{1}{b_n} + \dfrac{1}{c_n}}$, $b_{n+1} = \sqrt[3]{a_n b_n c_n}$, $c_{n+1} = \dfrac{a_n + b_n + c_n}{3}$, 证明数列 $\{a_n\}, \{b_n\}, \{c_n\}$ 均收敛, 且收敛于同一实数.

典型例题

27 设 $a_1^{(0)}, a_2^{(0)}, a_3^{(0)}$ 为三角形各边的长, 令

$$a_1^{(k)} = \frac{1}{2}\left(a_2^{(k-1)} + a_3^{(k-1)}\right), \quad a_2^{(k)} = \frac{1}{2}\left(a_1^{(k-1)} + a_3^{(k-1)}\right), \quad a_3^{(k)} = \frac{1}{2}\left(a_1^{(k-1)} + a_2^{(k-1)}\right),$$

证明 $\lim\limits_{k\to\infty} a_i^{(k)} = \dfrac{a_1^{(0)} + a_2^{(0)} + a_3^{(0)}}{3}$ $(i=1,2,3)$. (1976年苏联大学生数学竞赛题)

【证法1】 由已知,得

$$a_1^{(k)} + a_2^{(k)} + a_3^{(k)} = a_1^{(k-1)} + a_2^{(k-1)} + a_3^{(k-1)} = \cdots = a_1^{(0)} + a_2^{(0)} + a_3^{(0)} \overset{\triangle}{=} d .$$

又 $a_1^{(k)} = \dfrac{1}{2}\left(a_2^{(k-1)} + a_3^{(k-1)}\right) = \dfrac{1}{2}\left[\dfrac{1}{2}\left(a_1^{(k-2)} + a_3^{(k-2)}\right) + \dfrac{1}{2}\left(a_1^{(k-2)} + a_2^{(k-2)}\right)\right] = \dfrac{d}{4} + \dfrac{1}{4}a_1^{(k-2)}$. 由

此知 $a_1^{(2k)} = \dfrac{d}{4} + \dfrac{d}{4^2} + \cdots + \dfrac{d}{4^k} + \dfrac{a_1^{(0)}}{4^k} = \dfrac{\dfrac{d}{4} - \dfrac{d}{4^{k+1}}}{1 - \dfrac{1}{4}} + \dfrac{a_1^{(0)}}{4^k} \to \dfrac{d}{3} (k\to\infty) .$

同理得 $a_2^{(2k)} \to \dfrac{d}{3}(k\to\infty)$, $a_3^{(2k)} \to \dfrac{d}{3}(k\to\infty)$, 从而得

$$a_1^{(2k+1)} = \dfrac{1}{2}\left(a_2^{(2k)} + a_3^{(2k)}\right) \to \dfrac{d}{3} \quad (k\to\infty),$$

$$a_2^{(2k+1)} = \dfrac{1}{2}\left(a_1^{(2k)} + a_3^{(2k)}\right) \to \dfrac{d}{3} \quad (k\to\infty),$$

$$a_3^{(2k+1)} = \dfrac{1}{2}\left(a_1^{(2k)} + a_2^{(2k)}\right) \to \dfrac{d}{3} \quad (k\to\infty).$$

故 $\lim\limits_{k\to\infty} a_i^{(k)} = \dfrac{d}{3} = \dfrac{a_1^{(0)} + a_2^{(0)} + a_3^{(0)}}{3}$.

【证法2】 由已知,得

$$a_1^{(k)} + a_2^{(k)} + a_3^{(k)} = a_1^{(k-1)} + a_2^{(k-1)} + a_3^{(k-1)} = \cdots = a_1^{(0)} + a_2^{(0)} + a_3^{(0)} \overset{\triangle}{=} d .$$

又由

$$a_1^{(k)} - a_2^{(k)} = \dfrac{1}{2}\left(a_2^{(k-1)} + a_3^{(k-1)}\right) - \dfrac{1}{2}\left(a_1^{(k-1)} + a_3^{(k-1)}\right)$$

$$= -\dfrac{a_1^{(k-1)} - a_2^{(k-1)}}{2} = \cdots = (-1)^k \cdot \dfrac{a_1^{(0)} - a_2^{(0)}}{2^k},$$

得 $\lim\limits_{k\to\infty}\left(a_1^{(k)} - a_2^{(k)}\right) = 0$. 同理, $\lim\limits_{k\to\infty}\left(a_3^{(k)} - a_1^{(k)}\right) = 0$. 又

$$a_1^{(k)} = \dfrac{1}{3}\left[\left(a_1^{(k)} + a_2^{(k)} + a_3^{(k)}\right) - \left(a_3^{(k)} - a_1^{(k)}\right) + \left(a_1^{(k)} - a_2^{(k)}\right)\right]$$

$$= \dfrac{1}{3}\left[d - \left(a_3^{(k)} - a_1^{(k)}\right) + \left(a_1^{(k)} - a_2^{(k)}\right)\right],$$

于是 $\lim\limits_{k\to\infty} a_1^{(k)} = \dfrac{d}{3}$, 从而 $\lim\limits_{k\to\infty} a_3^{(k)} = \lim\limits_{k\to\infty} a_2^{(k)} = \lim\limits_{k\to\infty} a_1^{(k)} = \dfrac{d}{3} = \dfrac{a_1^{(0)} + a_2^{(0)} + a_3^{(0)}}{3}$.

【证法3】 利用矩阵对角化方法

将递推关系组改写为下列矩阵形式

$$\begin{pmatrix} a_1^{(k)} \\ a_2^{(k)} \\ a_3^{(k)} \end{pmatrix} = \begin{pmatrix} 0 & \dfrac{1}{2} & \dfrac{1}{2} \\ \dfrac{1}{2} & 0 & \dfrac{1}{2} \\ \dfrac{1}{2} & \dfrac{1}{2} & 0 \end{pmatrix} \begin{pmatrix} a_1^{(k-1)} \\ a_2^{(k-1)} \\ a_3^{(k-1)} \end{pmatrix}.$$

记 $\boldsymbol{A} = \begin{pmatrix} 0 & \dfrac{1}{2} & \dfrac{1}{2} \\ \dfrac{1}{2} & 0 & \dfrac{1}{2} \\ \dfrac{1}{2} & \dfrac{1}{2} & 0 \end{pmatrix}$，则由 $|\lambda \boldsymbol{E} - \boldsymbol{A}| = 0$ 求得 $\boldsymbol{A}$ 的特征值为 $\lambda_1 = \lambda_2 = -\dfrac{1}{2}, \lambda_3 = 1$，对应

的特征向量为 $\boldsymbol{X}_1 = (1, 0, -1)^{\mathrm{T}}, \boldsymbol{X}_2 = (0, 1, -1)^{\mathrm{T}}, \boldsymbol{X}_3 = (1, 1, 1)^{\mathrm{T}}.$

取 $\boldsymbol{X} = (\boldsymbol{X}_1, \boldsymbol{X}_2, \boldsymbol{X}_3) = \begin{pmatrix} 1 & 0 & 1 \\ 0 & 1 & 1 \\ -1 & -1 & 1 \end{pmatrix}$，则

$$\boldsymbol{X}^{-1} = \begin{pmatrix} \dfrac{2}{3} & -\dfrac{1}{3} & -\dfrac{1}{3} \\ -\dfrac{1}{3} & \dfrac{2}{3} & -\dfrac{1}{3} \\ \dfrac{1}{3} & \dfrac{1}{3} & \dfrac{1}{3} \end{pmatrix}, \quad \boldsymbol{A} = \boldsymbol{X} \begin{pmatrix} -\dfrac{1}{2} & 0 & 0 \\ 0 & -\dfrac{1}{2} & 0 \\ 0 & 0 & 1 \end{pmatrix} \boldsymbol{X}^{-1},$$

$$\begin{pmatrix} a_1^{(k)} \\ a_2^{(k)} \\ a_3^{(k)} \end{pmatrix} = \boldsymbol{X} \begin{pmatrix} -\dfrac{1}{2} & 0 & 0 \\ 0 & -\dfrac{1}{2} & 0 \\ 0 & 0 & 1 \end{pmatrix}^k \boldsymbol{X}^{-1} \begin{pmatrix} a_1^{(0)} \\ a_2^{(0)} \\ a_3^{(0)} \end{pmatrix}$$

$$= \dfrac{1}{3} \begin{pmatrix} 1 + 2 \cdot \left(-\dfrac{1}{2}\right)^k & 1 - \left(-\dfrac{1}{2}\right)^k & 1 - \left(-\dfrac{1}{2}\right)^k \\ 1 - \left(-\dfrac{1}{2}\right)^k & 1 + 2 \cdot \left(-\dfrac{1}{2}\right)^k & 1 - \left(-\dfrac{1}{2}\right)^k \\ 1 - \left(-\dfrac{1}{2}\right)^k & 1 - \left(-\dfrac{1}{2}\right)^k & 1 + 2 \cdot \left(-\dfrac{1}{2}\right)^k \end{pmatrix} \begin{pmatrix} a_1^{(0)} \\ a_2^{(0)} \\ a_3^{(0)} \end{pmatrix},$$

从而得

$$\lim_{k \to \infty} \begin{pmatrix} a_1^{(k)} \\ a_2^{(k)} \\ a_3^{(k)} \end{pmatrix} = \frac{1}{3} \begin{pmatrix} 1 & 1 & 1 \\ 1 & 1 & 1 \\ 1 & 1 & 1 \end{pmatrix} \begin{pmatrix} a_1^{(0)} \\ a_2^{(0)} \\ a_3^{(0)} \end{pmatrix},$$

即 $\lim\limits_{k \to \infty} a_i^{(k)} = \dfrac{a_1^{(0)} + a_2^{(0)} + a_3^{(0)}}{3}$ $(i = 1, 2, 3)$.

该方法可同时写出数列 $\left\{ a_i^{(k)} \right\}$ $(i = 1, 2, 3)$ 的通项表达式.

【证法 4】   由已知, 得

$$a_1^{(k)} + a_2^{(k)} + a_3^{(k)} = a_1^{(k-1)} + a_2^{(k-1)} + a_3^{(k-1)} = \cdots = a_1^{(0)} + a_2^{(0)} + a_3^{(0)} \overset{\triangle}{=} d.$$

所以数列 $\left\{ a_j^{(k)} \right\}$ $(j = 1, 2, 3)$ 有界, 但不一定单调.

令 $\alpha_k = \min\left\{ a_1^{(k)}, a_2^{(k)}, a_3^{(k)} \right\}$, $\beta_k = \max\left\{ a_1^{(k)}, a_2^{(k)}, a_3^{(k)} \right\}$, 则 $\alpha_k \leqslant a_j^{(k)} \leqslant \beta_k$ $(j = 1, 2, 3)$, 且可以证明

$$\alpha_0 \leqslant \alpha_1 \leqslant \cdots \leqslant \alpha_k \leqslant \alpha_{k+1} \leqslant \cdots \leqslant \beta_{k+1} \leqslant \beta_k \leqslant \cdots \leqslant \beta_0, \quad 且 \quad \beta_k - \alpha_k \leqslant \frac{1}{2^k}(\beta_0 - \alpha_0).$$

故由区间套定理, $\lim\limits_{k \to \infty} a_j^{(k)} = \lim\limits_{k \to \infty} \beta_k = \lim\limits_{k \to \infty} \alpha_k$. 从而得

$$\lim_{k \to \infty} a_j^{(k)} = \frac{d}{3} = \frac{a_1^{(0)} + a_2^{(0)} + a_3^{(0)}}{3}.$$

✦ **特别提示**   一般地, 设 $a_1^{(0)}, a_2^{(0)}, \cdots, a_n^{(0)}$ 为给定的 n 个数, 令

$$a_i^{(k)} = \frac{1}{n-1} \sum_{\substack{j=1 \\ j \neq i}}^{n} a_j^{(k-1)} \quad (k = 1, 2, \cdots; i = 1, 2, \cdots, n),$$

证明 $\lim\limits_{k \to \infty} a_i^{(k)} = \dfrac{a_1^{(0)} + a_2^{(0)} + \cdots + a_n^{(0)}}{n}$ $(i = 1, 2, \cdots, n)$.

♻ **类题训练**

1. 设 $a_1^{(0)}, a_2^{(0)}, \cdots, a_n^{(0)}$ 为任意给定的 n 个实数, 令 $a_i^{(k)} = \dfrac{a_i^{(k-1)} + a_{i+1}^{(k-1)}}{2}$ $(i = 1, 2, \cdots, n; k = 1, 2, \cdots)$, 其中 $a_{n+1}^{(k-1)}$ 应理解为 $a_1^{(k-1)}$, $k = 1, 2, 3, \cdots$, 证明 $\lim\limits_{k \to \infty} a_i^{(k)} = \dfrac{a_1^{(0)} + a_2^{(0)} + \cdots + a_n^{(0)}}{n}$ $(i = 1, 2, \cdots, n)$.

2. 设在三角形的三条边上写上三个数 $a_1^{(1)}, a_2^{(1)}, a_3^{(1)}$, 然后擦掉这些数, 将每边换成

$$a_1^{(2)} = p_1 a_1^{(1)} + p_2 a_2^{(1)} + p_3 a_3^{(1)},$$
$$a_2^{(2)} = p_2 a_1^{(1)} + p_3 a_2^{(1)} + p_1 a_3^{(1)},$$
$$a_3^{(2)} = p_3 a_1^{(1)} + p_1 a_2^{(1)} + p_2 a_3^{(1)},$$

其中 $p_1 + p_2 + p_3 = 1, 0 \leqslant p_i \leqslant 1 \quad (i = 1, 2, 3)$. 如此下去, 构造数列 $\{a_i^{(k)}\} (i = 1, 2, 3)$,

证明 $\lim\limits_{k \to \infty} a_i^{(k)}$ 存在 $(i = 1, 2, 3)$, 且有 $\lim\limits_{k \to \infty} a_i^{(k)} = \dfrac{a_1^{(1)} + a_2^{(1)} + a_3^{(1)}}{3} \quad (i = 1, 2, 3)$.

3. 设给定六个数 $a_1^{(1)}, a_2^{(1)}, \cdots, a_6^{(1)}$, 令 $a_i^{(j+1)} = p a_i^{(j)} + q a_{i+1}^{(j)}, a_6^{(j+1)} = p a_6^{(j)} + q a_1^{(j)}$, 其中 $i = 1, 2, \cdots, 5; j = 1, 2, \cdots; p + q = 1$. 证明 $\lim\limits_{k \to \infty} a_i^{(k)}$ 存在 $(i = 1, 2, \cdots, 6)$, 且有

$$\lim_{k \to \infty} a_i^{(k)} = \frac{a_1^{(1)} + a_2^{(1)} + \cdots + a_6^{(1)}}{6}.$$

📖 **典型例题**

28 设 $a_0 > 0, a_{n+1} = a_n + \dfrac{1}{a_n}, n = 0, 1, 2, \cdots$, 证明 $\lim\limits_{n \to \infty} \dfrac{a_n}{\sqrt{2n}} = 1$.

【证法 1】 由递推关系式两边平方, 得 $a_{k+1}^2 = a_k^2 + \dfrac{1}{a_k^2} + 2, k = 0, 1, 2, \cdots$. 对 $k = 0, 1, 2, \cdots, n-1$, 上式两边求和, 得 $\sum\limits_{k=0}^{n-1} a_{k+1}^2 = \sum\limits_{k=0}^{n-1} a_k^2 + \sum\limits_{k=0}^{n-1} \dfrac{1}{a_k^2} + 2n$, 化简得 $a_n^2 = 2n + \sum\limits_{k=0}^{n-1} \dfrac{1}{a_k^2} + a_0^2 > 2n$. 于是 $\{a_n^2\}$ 是无穷大, 从而 $\{a_n\}$ 也是无穷大, 且有

$$\sum_{k=0}^{n-1} \frac{1}{a_k^2} < \sum_{k=1}^{n-1} \frac{1}{2k} = \frac{1}{2} \sum_{k=1}^{n-1} \frac{1}{k} < \frac{1}{2} H_n,$$

其中 $H_n = 1 + \dfrac{1}{2} + \cdots + \dfrac{1}{n} = \ln n + \gamma + \varepsilon_n$, 这里 $\gamma = 0.57722 \cdots, \varepsilon_n > 0, \varepsilon_n \to 0 (n \to \infty)$.

故 $1 < \dfrac{a_n^2}{2n} < 1 + \dfrac{1}{4} \cdot \dfrac{H_n}{n} + \dfrac{a_0^2 + \dfrac{1}{a_0^2}}{2n} (n = 1, 2, \cdots)$. 又因为 $\lim\limits_{n \to \infty} \dfrac{H_n}{n} = \lim\limits_{n \to \infty} \dfrac{\ln n}{n} = 0$, 所以由夹逼准则得 $\lim\limits_{n \to \infty} \dfrac{a_n^2}{2n} = 1$, 从而 $\lim\limits_{n \to \infty} \dfrac{a_n}{\sqrt{2n}} = 1$.

【证法 2】 由已知, 有 $a_{n+1} > a_n$, 所以 $\{a_n\}$ 严格单调递增, 且由递推关系式可知 $\{a_n\}$ 不能有上界. 事实上, 假设 $\{a_n\}$ 有上界, 则 $\{a_n\}$ 存在有限极限 a, 即 $\lim\limits_{n \to \infty} a_n = a$. 再由递推关系式 $a_{n+1} = a_n + \dfrac{1}{a_n}$ 两边取极限, 得 $a = a + \dfrac{1}{a}$, 解得 $a = +\infty$, 这与 a 为有限数矛盾. 于是由 $\{a_n\}$ 严格单调增加, 且无上界, 得 $\lim\limits_{n \to \infty} a_n = +\infty$.

令 $b_n = a_n^2$，则

$$b_{n+1} - b_n = a_{n+1}^2 - a_n^2 = (a_{n+1} - a_n)(a_{n+1} + a_n) = \frac{1}{a_n} \cdot (a_{n+1} + a_n) = 2 + \frac{1}{a_n^2} \rightarrow 2 \quad (n \rightarrow \infty).$$

于是得

$$\lim_{n \rightarrow \infty} \frac{b_n}{n} = \lim_{n \rightarrow \infty} \frac{(b_n - b_{n-1}) + (b_{n-1} - b_{n-2}) + \cdots + (b_2 - b_1)}{n} + \lim_{n \rightarrow \infty} \frac{b_1}{n} = 2.$$

$$\left(此处用到结论：若 \lim_{n \rightarrow \infty} x_n = d, 则 \lim_{n \rightarrow \infty} \frac{x_1 + x_2 + \cdots + x_n}{n} = d \right).$$

从而得 $\lim\limits_{n \rightarrow \infty} \dfrac{a_n^2}{n} = 2$，即得 $\lim\limits_{n \rightarrow \infty} \dfrac{a_n}{\sqrt{2n}} = 1$.

【证法 3】 由已知可以看出 $\{a_n\}$ 为严格单调增加的正数列，因此只有两种可能：要么它有极限，要么它是正无穷大量.

假设它有极限，不妨设 $\lim\limits_{n \rightarrow \infty} a_n = a$，则由递推关系式 $a_{n+1} = a_n + \dfrac{1}{a_n}$ 两边取极限

得 $a = a + \dfrac{1}{a}$，这对任何有限数 a 都不可能成立，故 $\{a_n\}$ 只能是正无穷大量. 利用 Stolz 定理，有 $\lim\limits_{n \rightarrow \infty} \dfrac{a_n^2}{2n} = \lim\limits_{n \rightarrow \infty} \dfrac{a_{n+1}^2 - a_n^2}{2(n+1) - 2n} = \dfrac{1}{2} \lim\limits_{n \rightarrow \infty} \left(2 + \dfrac{1}{a_n^2} \right) = 1$，故 $\lim\limits_{n \rightarrow \infty} \dfrac{a_n}{\sqrt{2n}} = 1$.

✲ 特别提示

[1] 一般地，设实数 $\gamma > 0$，数列 $\{a_n\}$ 满足 $a_0 > 0, a_{n+1} = a_n + \dfrac{1}{n^\gamma a_n} (n = 0, 1, 2, \cdots)$，

则有(i)当且仅当 $\gamma > 1$ 时，数列 $\{a_n\}$ 收敛，且 $\lim\limits_{n \rightarrow \infty} \dfrac{a_n - a}{a(1-\gamma) \cdot n^{\gamma-1}} = 1$，其中 $a = \lim\limits_{n \rightarrow \infty} a_n$；

(ii)当 $\gamma = 1$ 时，有 $\lim\limits_{n \rightarrow \infty} \dfrac{a_n}{\sqrt{2 \ln n}} = 1$；(iii)当 $0 < \gamma < 1$ 时，有 $\lim\limits_{n \rightarrow \infty} \dfrac{a_n}{\sqrt{\dfrac{2}{1-\gamma} \cdot n^{\frac{1-\gamma}{2}}}} = 1$.

[2] 证法 1 中用到了一个重要结论：$1 + \dfrac{1}{2} + \cdots + \dfrac{1}{n} = \ln n + \gamma + \varepsilon_n$，其中 $\gamma = 0.577221566490\cdots$ 称为 Euler 常数，$\varepsilon_n > 0, \varepsilon_n \rightarrow 0 (n \rightarrow \infty)$.

[3] 证法 3 中用到了数列极限的 Stolz(施笃兹)定理：
设有实数列 $\{x_n\}, \{y_n\}, 0 < x_1 < x_2 < \cdots < x_n < x_{n+1} < \cdots$，且 $\lim\limits_{n \rightarrow \infty} x_n = +\infty$，若存在有穷极限 $\lim\limits_{n \rightarrow \infty} \dfrac{y_n - y_{n-1}}{x_n - x_{n-1}} = a$，则有 $\lim\limits_{n \rightarrow \infty} \dfrac{y_n}{x_n} = \lim\limits_{n \rightarrow \infty} \dfrac{y_n - y_{n-1}}{x_n - x_{n-1}} = a$.

类题训练

1. 设数列 $\{a_n\}$ 满足 $a_1=1, a_{n+1}=a_n+\dfrac{1}{a_n}(n\geqslant 1)$，则当 $n\geqslant 3$ 时，有 $\sqrt{2n}<a_n<$

$\sqrt{2n+\dfrac{1}{2}\ln n}$；当 $n>4$ 时，下限 $\sqrt{2n}$ 可改进为 $\sqrt{2n+\dfrac{1}{2}\ln\dfrac{n}{4}}$.

2. 设 $a_1=1, a_{n+1}=a_n+\dfrac{1}{a_n}(n\geqslant 1)$，则(i) $\lim\limits_{n\to\infty}a_n=+\infty$；(ii) $\sum\limits_{n=1}^{\infty}\dfrac{1}{a_n}=+\infty$.

3. 设数列 $\{a_n\}$ 满足 $a_1=1, a_{n+1}=a_n+\dfrac{1}{a_1+a_2+\cdots+a_n}(n\geqslant 1)$，求 $\lim\limits_{n\to\infty}\dfrac{a_n}{\sqrt{2\ln n}}$.

(2007 年湖南省大学生数学竞赛数学专业试题)

4. 设数列 $\{a_n\}$ 满足 $a_{n+1}=a_n+\dfrac{n}{a_n}(n=1,2,\cdots), a_1>0$，证明 $\lim\limits_{n\to\infty}n(a_n-n)$ 存在.

(2015 年第七届中国大学生数学竞赛(数学类)预赛试题)

典型例题

29　设 $0<x_1<1, x_{n+1}=x_n\cdot(1-x_n), n=1,2,\cdots$，证明 $\lim\limits_{n\to\infty}nx_n=1$.

【证法 1】　利用 Stolz 定理

由 $0<x_1<1$ 及 $x_2=x_1(1-x_1)$ 知，$0<x_2<1$. 用数学归纳法易证: 对任意的 n，有 $0<x_n<1$. 于是 $0<\dfrac{x_{n+1}}{x_n}=1-x_n<1(n=1,2,\cdots)$，从而知数列 $\{x_n\}$ 单调减少且有下界，故其极限存在.

不妨设 $\lim\limits_{n\to\infty}x_n=a$，则在递推关系式两边取极限，得 $a=a(1-a)$，解得 $a=0$.

令 $b_n=\dfrac{1}{x_n}$，则 $\lim\limits_{n\to\infty}b_n=+\infty$，且 $\{b_n\}$ 是严格单调增加的，故由 Stolz 定理，有

$$\lim_{n\to\infty}nx_n=\lim_{n\to\infty}\frac{n}{\dfrac{1}{x_n}}=\lim_{n\to\infty}\frac{n}{b_n}=\lim_{n\to\infty}\frac{1}{b_{n+1}-b_n}=\lim_{n\to\infty}(1-x_n)=1.$$

【证法 2】　转化为级数的问题

注意到

$$(n+1)x_{n+1}=nx_n+x_n-(n+1)x_n^2=nx_n+x_n[1-(n+1)x_n], \tag{1}$$

由已知易知，有 $0<x_n<1(n=1,2,\cdots)$. 为了证明数列 $\{nx_n\}$ 的单调性，只需判断 $1-(n+1)x_n$ 的符号. 令 $g(x)=x(1-x), 0<x<1$. 则由 $g'(x)=0$ 得 $x=\dfrac{1}{2}$. 于是当

$x < \dfrac{1}{2}$ 时，$g'(x) > 0$ ；当 $x > \dfrac{1}{2}$ 时，$g'(x) < 0$. 从而当 $0 < x_n \leqslant a \leqslant \dfrac{1}{2}$ 时，有

$x_{n+1} \leqslant a(1-a)$. 又 $x_2 = x_1(1-x_1) \leqslant \left[\dfrac{x_1 + (1-x_1)}{2}\right]^2 = \dfrac{1}{4} < \dfrac{1}{3}$ ，故有

$$x_3 = x_2(1-x_2) \leqslant \dfrac{1}{3}\left(1 - \dfrac{1}{3}\right) = \dfrac{2}{9} < \dfrac{1}{4},$$

$$x_4 = x_3(1-x_3) \leqslant \dfrac{1}{4}\left(1 - \dfrac{1}{4}\right) = \dfrac{3}{16} < \dfrac{1}{5}, \cdots, x_n \leqslant \dfrac{1}{n}\left(1 - \dfrac{1}{n}\right) < \dfrac{1}{n+1}.$$

于是有 $(n+1)x_n < (n+1) \cdot \dfrac{1}{n+1} = 1$ ，即 $1 - (n+1)x_n > 0$ ，从而 $(n+1)x_{n+1} > nx_n$. 又 $nx_n < (n+1)x_n < 1$ ，所以 $\{nx_n\}$ 是单调增加且有上界数列，故数列 $\{nx_n\}$ 收敛.

不妨设 $\lim\limits_{n \to \infty} nx_n = l$ ，则 $0 < nx_n < l \leqslant 1$.

又由(1)式有 $(n+1)x_{n+1} - nx_n = x_n \cdot [1 - (n+1)x_n]$ ，于是

$$\sum_{m=2}^{n}[(m+1)x_{m+1} - mx_m] = \sum_{m=2}^{n} x_m[1 - (m+1)x_m],$$

整理得

$$(n+1)x_{n+1} - 2x_2 = x_2(1-3x_2) + \cdots + x_n \cdot [1 - (n+1)x_n], \tag{2}$$

$$\sum_{m=1}^{n-1}[(m+1)x_{m+1} - mx_m] = \sum_{m=1}^{n-1} x_m[1 - (m+1)x_m],$$

整理得

$$nx_n - x_1 = x_1(1-2x_1) + x_2(1-3x_2) + \cdots + x_n[1 - (n+1)x_n], \tag{3}$$

下面通过反证法证明 $l = 1$.

若 $l \neq 0$ ，则 $l < 1$. 因为 $\lim\limits_{n \to \infty} nx_n = l$ ，且 $0 < x_{n+1} < x_n$ ，所以 $\{x_n\}$ 收敛，且由 $x_{n+1} = x_n(1-x_n)$ 得 $\lim\limits_{n \to \infty} x_n = 0$ ，于是有 $\lim\limits_{n \to \infty}(n+1)x_n = \lim\limits_{n \to \infty} nx_n + \lim\limits_{n \to \infty} x_n = l$. 故

$$\lim_{n \to \infty}[1 - (n+1)x_n] = 1 - l > \dfrac{1-l}{2},$$

即存在 N ，当 $n > N$ 时，有 $1 - (n+1)x_n > \dfrac{1-l}{2}$ ，因而

$$x_n[1 - (n+1)x_n] > \dfrac{1-l}{2} x_n > 0.$$

又由(2)式得 $\sum\limits_{n=1}^{\infty} x_n \cdot [1 - (n+1)x_n]$ 收敛，于是得 $\sum\limits_{n=1}^{\infty} x_n$ 收敛；且由(3)式得 $nx_n - x_1 \geqslant 0$ ，

即 $x_n \geqslant \dfrac{x_1}{n} > 0$，所以 $\displaystyle\sum_{n=1}^{\infty} \dfrac{x_1}{n}$ 收敛. 这与已知级数 $\displaystyle\sum_{n=1}^{\infty} \dfrac{1}{n}$ 发散矛盾，故 $l = 1$，即

$\displaystyle\lim_{n\to\infty} nx_n = 1$.

特别提示

Stolz 定理是求解和证明数列极限的一种重要方法. 它有 $\dfrac{0}{0}$ 型和 $\dfrac{*}{\infty}$ 型两种

形式.

(1) $\left(\dfrac{0}{0}$ 型的Stolz定理$\right)$ 设 $\{a_n\}$ 和 $\{b_n\}$ 都是无穷小量，且 $\{a_n\}$ 严格单调减少，

若 $\displaystyle\lim_{n\to\infty} \dfrac{b_{n+1} - b_n}{a_{n+1} - a_n} = l$ （l 为有限或 $\pm\infty$），则 $\displaystyle\lim_{n\to\infty} \dfrac{b_n}{a_n} = \lim_{n\to\infty} \dfrac{b_{n+1} - b_n}{a_{n+1} - a_n} = l$.

(2) $\left(\dfrac{*}{\infty}$ 型的Stolz定理$\right)$ 设数列 $\{a_n\}$ 是严格单调增加的无穷大量，若

$\displaystyle\lim_{n\to\infty} \dfrac{b_{n+1} - b_n}{a_{n+1} - a_n} = l$ （l 为有限或 $\pm\infty$），则 $\displaystyle\lim_{n\to\infty} \dfrac{b_n}{a_n} = \lim_{n\to\infty} \dfrac{b_{n+1} - b_n}{a_{n+1} - a_n} = l$.

类题训练

1. 设 $a > 0, 0 < x_1 < a, x_{n+1} = x_n \left(2 - \dfrac{x_n}{a}\right), n = 1, 2, \cdots$，(1)证明数列 $\{x_n\}$ 收敛，并

求其极限; (2)求 $\displaystyle\lim_{n\to\infty} n(x_n - a)$.

2. 设 $0 < x_0 < \dfrac{\pi}{2}, x_n = \sin x_{n-1}, n = 1, 2, \cdots$，证明(1) $\displaystyle\lim_{n\to\infty} x_n = 0$; (2) $\displaystyle\lim_{n\to\infty} \sqrt{\dfrac{n}{3}} \cdot x_n = 1$.

3. 设 $x_1 > 0, x_{n+1} = \ln(1 + x_n), n = 1, 2, \cdots$，求(1) $\displaystyle\lim_{n\to\infty} nx_n$; (2) $\displaystyle\lim_{n\to\infty} \dfrac{n(na_n - 2)}{\ln n}$.

4. 设 $\{x_n\}$ 满足 $\displaystyle\lim_{n\to\infty} \left(x_n \sum_{i=1}^{n} x_i^2\right) = 1$，证明 $\displaystyle\lim_{n\to\infty} \sqrt[3]{3n}\, x_n = 1$.

5. 设 $x_{n+1} = x_n(2 - ax_n), n = 0, 1, 2, \cdots$，其中 $a > 0$，确定初始值 x_0，使数列 $\{x_n\}$

收敛.

典型例题

30 设 $a_0 = 0, a_1 = 1$，且 $a_{n+2} = \dfrac{1}{n+1}(na_{n+1} + a_n), n = 0, 1, 2, \cdots$，求(1) a_n 的表达

式; (2) $\displaystyle\lim_{n\to\infty} a_n$.

【解法1】 由递推关系式, 得

$$a_{n+2} - a_{n+1} = -\frac{1}{n+1} \cdot (a_{n+1} - a_n) = \left(-\frac{1}{n+1}\right) \cdot \left(-\frac{1}{n}\right) \cdots (-1) \cdot (a_1 - a_0)$$

$$= (-1)^{n+1} \cdot \frac{1}{(n+1)!} \cdot (a_1 - a_0) = (-1)^{n+1} \cdot \frac{1}{(n+1)!},$$

于是有

$$a_n = \sum_{k=0}^{n-2} (a_{k+2} - a_{k+1}) + a_1 = \sum_{k=0}^{n-2} (-1)^{k+1} \frac{1}{(k+1)!} + 1 = \sum_{k=0}^{n-1} (-1)^k \frac{1}{k!},$$

故 $\lim\limits_{n\to\infty} a_n = \lim\limits_{n\to\infty} \sum\limits_{k=0}^{n-1} (-1)^k \cdot \frac{1}{k!} = \frac{1}{e}$.

【解法2】 利用幂级数方法. 令 $f(x) = \sum\limits_{n=0}^{\infty} a_{n+1} x^n$, 则

$$f'(x) = \sum_{n=1}^{\infty} n a_{n+1} x^{n-1} = \sum_{n=0}^{\infty} (n+1) a_{n+2} x^n = \sum_{n=0}^{\infty} (n a_{n+1} + a_n) x^n = \sum_{n=1}^{\infty} n a_{n+1} x^n + \sum_{n=1}^{\infty} a_n x^n$$

$$= \sum_{n=0}^{\infty} (n+1) a_{n+2} x^{n+1} + \sum_{n=0}^{\infty} a_{n+1} x^{n+1} = x(f'(x) + f(x)).$$

解微分方程 $(1-x)f'(x) - x f(x) = 0$, 得 $f(x) = \dfrac{c e^{-x}}{1-x}$. 而由 $f(0) = a_1 = 1$ 得 $c = 1$, 所

以 $f(x) = \dfrac{e^{-x}}{1-x}$. 因为 $e^{-x} = \sum\limits_{n=0}^{\infty} \dfrac{(-x)^n}{n!}, \dfrac{1}{1-x} = \sum\limits_{n=0}^{\infty} x^n$, 所以

$$f(x) = \left(\sum_{n=0}^{\infty} x^n\right) \cdot \left(\sum_{n=0}^{\infty} \frac{(-x)^n}{n!}\right) = \sum_{n=0}^{\infty} \left(\sum_{k=0}^{n} \frac{(-1)^k}{k!}\right) x^n,$$

于是 $a_{n+1} = \sum\limits_{k=0}^{n} \dfrac{(-1)^k}{k!} (n=1,2,\cdots)$, 从而 $a_n = \sum\limits_{k=0}^{n-1} \dfrac{(-1)^k}{k!} (n=2,3,\cdots)$, 且

$$\lim_{n\to\infty} a_n = \sum_{k=0}^{\infty} \frac{(-1)^k}{k!} = e^{-1} = \frac{1}{e}.$$

✵ 特别提示

[1] 解法2是求解该类题的一种重要方法, 又称母函数法.

[2] 若数列 $\{a_n\}$ 满足递推关系式 $a_{n+1} = p a_n + q a_{n-1} + f(n) (n=1,2,\cdots)$, 且 $a_1 = a$, $a_2 = b$ (a, b 为常数), 则递推关系式可变形为

$$a_{n+1} - \alpha a_n = \beta(a_n - \alpha a_{n-1}) + f(n) \quad \text{或} \quad a_{n+1} - \beta a_n = \alpha(a_n - \beta a_{n-1}) + f(n).$$

令 $x_n = a_{n+1} - \alpha a_n$ (或 $x_n = a_{n+1} - \beta a_n$), 则有

$$x_n = \beta x_{n-1} + f(n) \quad (\text{或} x_n = \alpha x_{n-1} + f(n)),$$

其中 α，β 分别为方程 $x^2 - px - q = 0$ 的两个根.

🔄 类题训练

1. 设 $a_{n+2} = a_{n+1} + \dfrac{1}{n+1} a_n$，$n = 0,1,2,\cdots$，$a_0 = a$，$a_1 = b$，求 a_n 的表达式，并求 $\lim\limits_{n\to\infty} a_n$.

2. 设 $a_1 = 1$，$a_2 = 6$，且 $a_{n+1} = 6a_n - 9a_{n-1} + 3^n$，$n = 2,3,\cdots$，求 (i) a_n 的表达式；(ii) $\lim\limits_{n\to\infty} \dfrac{a_n}{3^{n-1} n^2}$.

3. 设 $a_1 = 1$，$a_n = n(a_{n-1}+1)$，$n = 2,3,\cdots$，且 $x_n = \prod\limits_{k=1}^{n}\left(1 + \dfrac{1}{a_k}\right)$，求 $\lim\limits_{n\to\infty} x_n$.

4. 设数列 $\{a_n\}$ 定义为 $a_0 = 1$，$a_{n+1} = \dfrac{1}{n+1}\sum\limits_{k=0}^{n}\dfrac{a_k}{n-k+2}$，问极限 $\lim\limits_{n\to\infty}\sum\limits_{k=0}^{n}\dfrac{a_k}{2^k}$ 是否存在? 若存在, 求其极限值. (第 10 届国际大学生数学竞赛试题)

5. 设数列 $\{x_n\}$ 满足: $x_0 = a, x_1 = b, x_{n+1} = \dfrac{1}{2n}[(2n-1)x_n + x_{n-1}]$，$n = 1,2,3,\cdots$，其中 a 与 b 是已知数, 试用 a 与 b 表示 $\lim\limits_{n\to\infty} x_n$. (第 10 届美国大学生数学竞赛题)

6. 设 $\{b_n\}$ 是正实数序列, 满足 $b_0 = 1$，$b_n = 2 + \sqrt{b_{n-1}} - 2\sqrt{1+\sqrt{b_{n-1}}}$，$n = 1,2,\cdots$，求 $\sum\limits_{n=0}^{\infty} 2^n b_n$. (第 2 届国际大学生数学竞赛试题)

📖 典型例题

31 求极限 $\lim\limits_{n\to\infty} \sqrt{n^2+1}\cdot\left(\arctan\dfrac{n+1}{n} - \dfrac{\pi}{4}\right)$.

【解法 1】　由 Lagrange 中值定理, 有
$$\arctan\frac{n+1}{n} - \frac{\pi}{4} = \arctan\frac{n+1}{n} - \arctan 1 = \frac{1}{n}\cdot\frac{1}{1+\xi_n^2},$$
其中 $1 < \xi_n < \dfrac{n+1}{n}$，$\lim\limits_{n\to\infty}\xi_n = 1$.

故 $\lim\limits_{n\to\infty}\sqrt{n^2+1}\cdot\left(\arctan\dfrac{n+1}{n} - \dfrac{\pi}{4}\right) = \lim\limits_{n\to\infty}\sqrt{n^2+1}\cdot\dfrac{1}{n}\cdot\dfrac{1}{1+\xi_n^2}$

$$= \lim_{n\to\infty}\sqrt{1+\frac{1}{n^2}}\cdot\frac{1}{1+\xi_n^2} = \frac{1}{2}.$$

【解法 2】　利用 Heine 定理, 化为函数极限问题, 然后用 L'Hospital 法则

$$\lim_{n\to\infty}\sqrt{n^2+1}\cdot\left(\arctan\frac{n+1}{n}-\frac{\pi}{4}\right)=\lim_{x\to+\infty}\sqrt{x^2+1}\cdot\left(\arctan\frac{x+1}{x}-\frac{\pi}{4}\right)$$

$$=\lim_{x\to+\infty}\frac{\arctan\dfrac{x+1}{x}-\dfrac{\pi}{4}}{\dfrac{1}{\sqrt{x^2+1}}}=\lim_{x\to+\infty}\frac{\dfrac{1}{1+\left(\dfrac{x+1}{x}\right)^2}\cdot\left(-\dfrac{1}{x^2}\right)}{-\dfrac{1}{x^2+1}\cdot\dfrac{x}{\sqrt{x^2+1}}}$$

$$=\lim_{x\to+\infty}\frac{1}{x^2+(x+1)^2}\cdot\frac{(x^2+1)^{\frac{3}{2}}}{x}=\lim_{x\to+\infty}\frac{\left(\sqrt{1+\dfrac{1}{x^2}}\right)^3}{1+\left(1+\dfrac{1}{x}\right)^2}=\frac{1}{2}.$$

【解法 3 】 令 $\theta=\arctan\dfrac{n+1}{n}-\dfrac{\pi}{4}$，则

$$\tan\theta=\tan\left(\arctan\frac{n+1}{n}-\frac{\pi}{4}\right)=\frac{\tan\left(\arctan\dfrac{n+1}{n}\right)-\tan(\arctan 1)}{1+\tan\left(\arctan\dfrac{n+1}{n}\right)\cdot\tan(\arctan 1)}=\frac{\dfrac{n+1}{n}-1}{1+\dfrac{n+1}{n}}=\frac{1}{2n+1},$$

于是 $\theta=\arctan\dfrac{1}{2n+1}$，故

$$\lim_{n\to\infty}\sqrt{n^2+1}\cdot\left(\arctan\frac{n+1}{n}-\frac{\pi}{4}\right)=\lim_{n\to\infty}\sqrt{n^2+1}\cdot\arctan\frac{1}{2n+1}$$

$$=\lim_{n\to\infty}\frac{\arctan\dfrac{1}{2n+1}}{\dfrac{1}{2n+1}}\cdot\frac{\sqrt{n^2+1}}{2n+1}=\frac{1}{2}.$$

【解法 4 】 利用导数的定义

$$\lim_{n\to\infty}\sqrt{n^2+1}\cdot\left(\arctan\frac{n+1}{n}-\frac{\pi}{4}\right)=\lim_{n\to\infty}\frac{\sqrt{n^2+1}}{n}\cdot\frac{\arctan\left(1+\dfrac{1}{n}\right)-\arctan 1}{\dfrac{1}{n}}$$

$$=\lim_{n\to\infty}\frac{\sqrt{n^2+1}}{n}\cdot(\arctan x)'|_{x=1}=\frac{1}{2}.$$

【解法 5 】 令 $f(x)=\arctan x$，将 $f(x)$ 在 $x=1$ 处进行 Taylor 展开，得

$$f(x)=f(1)+f'(1)(x-1)+o(x-1).$$

取 $x = \dfrac{n+1}{n}$，则得 $\arctan\dfrac{n+1}{n} = \arctan 1 + \dfrac{1}{2}\cdot\dfrac{1}{n} + o\left(\dfrac{1}{n}\right)$，于是

$$\sqrt{n^2+1}\cdot\left(\arctan\dfrac{n+1}{n} - \arctan 1\right) = \sqrt{n^2+1}\cdot\left(\dfrac{1}{2}\cdot\dfrac{1}{n} + o\left(\dfrac{1}{n}\right)\right),$$

故

$$\lim_{n\to\infty}\sqrt{n^2+1}\cdot\left(\arctan\dfrac{n+1}{n} - \dfrac{\pi}{4}\right) = \lim_{n\to\infty}\sqrt{n^2+1}\cdot\left(\dfrac{1}{2n} + o\left(\dfrac{1}{n}\right)\right)$$

$$= \lim_{n\to\infty}\left[\dfrac{1}{2}\cdot\dfrac{\sqrt{n^2+1}}{n} + \dfrac{\sqrt{n^2+1}}{n}\cdot no\left(\dfrac{1}{n}\right)\right] = \dfrac{1}{2}.$$

特别提示　利用 Heine 定理(又称归结定理)，将数列极限转化为函数极限，并用 L'Hospital 法则，是一类求数列极限的重要方法.

类题训练

1. 求极限 $\lim\limits_{n\to\infty} n^2\cdot\left(\arctan\dfrac{a}{n} - \arctan\dfrac{a}{n+1}\right)$，其中 $a\neq 0$.

2. 求极限 $\lim\limits_{x\to+\infty} x^2\cdot[\arctan(x+1) - \arctan x]$. (2018 年硕士研究生入学考试数学(二)试题)

3. 求极限 $\lim\limits_{n\to\infty} n\cdot\left(\arctan n - \dfrac{\pi}{2}\right)$.

4. 求极限 $\lim\limits_{n\to\infty} n^3\cdot\left(2\sin\dfrac{1}{n} - \sin\dfrac{2}{n}\right)$.

5. 求极限 $\lim\limits_{n\to\infty} n\cdot\left[\dfrac{1^2+3^2+\cdots+(2n+1)^2}{(2n)^3} - \dfrac{1}{6}\right]$. (2006 年浙江省高等数学竞赛题)

6. 设 $a>0$，求极限 $\lim\limits_{n\to\infty} n^2\cdot\left(a^{\frac{1}{n}} - a^{\frac{1}{n+1}}\right)$.

典型例题

32　求极限 $\lim\limits_{n\to\infty}\left(\dfrac{1}{n} - \sin\dfrac{1}{n}\right)^{\frac{1}{3}}\cdot\sqrt[n]{n!}$.

【解法 1】　因为 $\lim\limits_{x\to 0}\dfrac{x-\sin x}{x^3} = \lim\limits_{x\to 0}\dfrac{1-\cos x}{3x^2} = \lim\limits_{x\to 0}\dfrac{\frac{x^2}{2}}{3x^2} = \dfrac{1}{6}$，所以 $\dfrac{1}{n} - \sin\dfrac{1}{n} \sim$

$\dfrac{1}{6}\cdot\dfrac{1}{n^3}(n\to\infty)$，从而 $\left(\dfrac{1}{n}-\sin\dfrac{1}{n}\right)^{\frac{1}{3}}\cdot\sqrt[n]{n!}\sim\dfrac{1}{\sqrt[3]{6}}\cdot\dfrac{1}{n}\cdot\sqrt[n]{n!}\,(n\to\infty)$．故

$$\lim_{n\to\infty}\left(\dfrac{1}{n}-\sin\dfrac{1}{n}\right)^{\frac{1}{3}}\cdot\sqrt[n]{n!}=\lim_{n\to\infty}\dfrac{1}{\sqrt[3]{6}}\cdot\dfrac{\sqrt[n]{n!}}{n}=\dfrac{1}{\sqrt[3]{6}}\lim_{n\to\infty}\sqrt[n]{\dfrac{n!}{n^n}}=\dfrac{1}{\sqrt[3]{6}}\mathrm{e}^{\lim\limits_{n\to\infty}\frac{1}{n}\ln\frac{n!}{n^n}}$$

$$=\dfrac{1}{\sqrt[3]{6}}\mathrm{e}^{\lim\limits_{n\to\infty}\frac{1}{n}\sum\limits_{k=1}^{n}\ln\frac{k}{n}}=\dfrac{1}{\sqrt[3]{6}}\mathrm{e}^{\int_0^1\ln x\,\mathrm{d}x}=\dfrac{1}{\sqrt[3]{6}\mathrm{e}}.$$

【解法 2】　令 $x_n=\left(1+\dfrac{1}{n}\right)^{-n}$，则 $\lim\limits_{n\to\infty}x_n=\lim\limits_{n\to\infty}\left(1+\dfrac{1}{n}\right)^{-n}=\dfrac{1}{\mathrm{e}}$．又

$$x_1\cdot x_2\cdots x_n=\left(1+\dfrac{1}{1}\right)^{-1}\cdot\left(1+\dfrac{1}{2}\right)^{-2}\cdots\left(1+\dfrac{1}{n}\right)^{-n}=\left(\dfrac{1}{2}\right)^1\cdot\left(\dfrac{2}{3}\right)^2\cdot\left(\dfrac{3}{4}\right)^3\cdots\left(\dfrac{n}{n+1}\right)^n=\dfrac{n!}{(n+1)^n},$$

记 $a_n=x_1\cdot x_2\cdots x_n$，则 $\lim\limits_{n\to\infty}\dfrac{a_{n+1}}{a_n}=\lim\limits_{n\to\infty}x_{n+1}=\dfrac{1}{\mathrm{e}}$，于是由结论："设 $a_n>0$，$\lim\limits_{n\to\infty}\dfrac{a_{n+1}}{a_n}=a$，则 $\lim\limits_{n\to\infty}\sqrt[n]{a_n}=\lim\limits_{n\to\infty}\dfrac{a_{n+1}}{a_n}=a$"得

$$\lim_{n\to\infty}\sqrt[n]{x_1x_2\cdots x_n}=\lim_{n\to\infty}\dfrac{\sqrt[n]{n!}}{n+1}=\lim_{n\to\infty}x_n=\dfrac{1}{\mathrm{e}}.$$ 又 $\dfrac{1}{n}-\sin\dfrac{1}{n}\sim\dfrac{1}{6}\cdot\dfrac{1}{n^3}(n\to\infty)$，故

$$\lim_{n\to\infty}\left(\dfrac{1}{n}-\sin\dfrac{1}{n}\right)^{\frac{1}{3}}\cdot\sqrt[n]{n!}=\lim_{n\to\infty}\dfrac{\sqrt[n]{n!}}{\sqrt[3]{6}n}=\dfrac{1}{\sqrt[3]{6}}\lim_{n\to\infty}\dfrac{\sqrt[n]{n!}}{n+1}\cdot\dfrac{n+1}{n}=\dfrac{1}{\sqrt[3]{6}\mathrm{e}}.$$

【解法 3】　由 Taylor-Peano 展开式：$\sin x=x-\dfrac{x^3}{3!}+o(x^3)$ 知

$$\sin\dfrac{1}{n}=\dfrac{1}{n}-\dfrac{1}{3!n^3}+o\left(\dfrac{1}{n^3}\right),$$

于是

$$\lim_{n\to\infty}\left(\dfrac{1}{n}-\sin\dfrac{1}{n}\right)^{\frac{1}{3}}\cdot\sqrt[n]{n!}=\lim_{n\to\infty}\left[\dfrac{1}{6n^3}+o\left(\dfrac{1}{n^3}\right)\right]^{\frac{1}{3}}\cdot\sqrt[n]{n!}=\dfrac{1}{\sqrt[3]{6}}\lim_{n\to\infty}\dfrac{\sqrt[n]{n!}}{n}=\dfrac{1}{\sqrt[3]{6}}\mathrm{e}^{\lim\limits_{n\to\infty}\frac{\ln n!-n\ln n}{n}}.$$

而由 Stolz 定理，

$$\lim_{n\to\infty}\dfrac{\ln n!-n\ln n}{n}=\lim_{n\to\infty}\dfrac{(\ln n!-n\ln n)-(\ln(n-1)!-(n-1)\ln(n-1))}{n-(n-1)}$$

$$=\lim_{n\to\infty}(1-n)\cdot\ln\dfrac{n}{n-1}=-1,$$

故 $\lim\limits_{n\to\infty}\left(\dfrac{1}{n}-\sin\dfrac{1}{n}\right)^{\frac{1}{3}}\cdot\sqrt[n]{n!}=\dfrac{1}{\sqrt[3]{6}}\cdot\mathrm{e}^{-1}=\dfrac{1}{\sqrt[3]{6}\mathrm{e}}.$

✳ **特别提示**　　Taylor-Peano 展开和等价无穷小的代换是求数列极限的常用方法, 经常结合其他方法一起使用.

♻ **类题训练**

1. 求极限 $\lim\limits_{n\to\infty}\sqrt[n]{n!}\cdot\ln\left(1+\dfrac{2}{n}\right)$.

2. 求极限 $\lim\limits_{n\to\infty}\left[\left(n^3-n^2+\dfrac{n}{2}\right)\mathrm{e}^{\frac{1}{n}}-\sqrt{1+n^6}\right]$.

📖 **典型例题**

33　计算极限 $\lim\limits_{n\to\infty}\dfrac{1}{n}\displaystyle\int_{\frac{1}{n}}^{1}\dfrac{\cos 2t}{4t^2}\mathrm{d}t$.

【**解法 1**】　将 $\dfrac{1}{n}$ 替换为 x, 利用 Heine 定理把数列极限转化为函数极限 $\lim\limits_{x\to 0^+}x\displaystyle\int_{x}^{1}\dfrac{\cos 2t}{4t^2}\mathrm{d}t$. 又由 Tayler 展开知 $1-2t^2\leqslant\cos 2t\leqslant 1, 0<t\leqslant 1$. 所以 $\dfrac{\cos 2t}{4t^2}\geqslant\dfrac{1-2t^2}{4t^2}$. 于是 $\lim\limits_{x\to 0^+}\displaystyle\int_{x}^{1}\dfrac{\cos 2t}{4t^2}\mathrm{d}t=+\infty$. 故由 L'Hospital 法则得.

$$\lim_{n\to\infty}\frac{1}{n}\int_{\frac{1}{n}}^{1}\frac{\cos 2t}{4t^2}\mathrm{d}t=\lim_{x\to 0^+}x\int_{x}^{1}\frac{\cos 2t}{4t^2}\mathrm{d}t=\lim_{x\to 0^+}\frac{\displaystyle\int_{x}^{1}\frac{\cos 2t}{4t^2}\mathrm{d}t}{\dfrac{1}{x}}$$

$$=\lim_{x\to 0^+}\frac{-\dfrac{\cos 2x}{4x^2}}{-\dfrac{1}{x^2}}=\frac{1}{4}\lim_{x\to 0^+}\cos 2x=\frac{1}{4}.$$

【**解法 2**】　由 Taylor 展开 $\cos 2t=1-\dfrac{1}{2!}\cdot(2t)^2+\dfrac{\sin\xi}{3!}\cdot(2t)^3$, 知 $1-2t^2\leqslant\cos 2t\leqslant 1$, 其中 $0<\xi<2t$, $0<\dfrac{1}{n}\leqslant t\leqslant 1$. 于是有 $\dfrac{1-2t^2}{4t^2}\leqslant\dfrac{\cos 2t}{4t^2}\leqslant\dfrac{1}{4t^2}$, 从而得

$$\frac{1}{4}+\frac{1}{2n^2}-\frac{3}{4n}=\frac{1}{n}\int_{\frac{1}{n}}^{1}\frac{1-2t^2}{4t^2}\mathrm{d}t\leqslant\frac{1}{n}\int_{\frac{1}{n}}^{1}\frac{\cos 2t}{4t^2}\mathrm{d}t\leqslant\frac{1}{n}\int_{\frac{1}{n}}^{1}\frac{1}{4t^2}\mathrm{d}t=\frac{1}{4}-\frac{1}{4n},$$

故由夹逼准则得 $\lim\limits_{n\to\infty}\dfrac{1}{n}\displaystyle\int_{\frac{1}{n}}^{1}\dfrac{\cos 2t}{4t^2}\mathrm{d}t=\dfrac{1}{4}$.

【解法 3】 令 $\dfrac{1}{t}=u$，则 $\dfrac{1}{n}\displaystyle\int_{\frac{1}{n}}^{1}\dfrac{\cos 2t}{4t^2}\mathrm{d}t=\dfrac{1}{4}\cdot\dfrac{\displaystyle\int_{1}^{n}\cos\dfrac{2}{u}\mathrm{d}u}{n}$，而 $\cos x=1-\dfrac{x^2}{2}+\dfrac{\sin\xi}{3!}x^3$，

所以 $1-\dfrac{1}{2}\cdot\left(\dfrac{2}{u}\right)^2\leqslant\cos\dfrac{2}{u}\leqslant 1$，其中 $1\leqslant u\leqslant n$．从而

$$\dfrac{n+\dfrac{2}{n}-3}{n}=\dfrac{\displaystyle\int_{1}^{n}\left(1-\dfrac{2}{u^2}\right)\mathrm{d}u}{n}\leqslant\dfrac{\displaystyle\int_{1}^{n}\cos\dfrac{2}{u}\mathrm{d}u}{n}\leqslant\dfrac{\displaystyle\int_{1}^{n}\mathrm{d}u}{n}=\dfrac{n-1}{n}.$$

故由夹逼准则得 $\displaystyle\lim_{n\to\infty}\dfrac{\displaystyle\int_{1}^{n}\cos\dfrac{2}{u}\mathrm{d}u}{n}=1$，从而 $\displaystyle\lim_{n\to\infty}\dfrac{1}{n}\displaystyle\int_{\frac{1}{n}}^{1}\dfrac{\cos 2t}{4t^2}\mathrm{d}t=\dfrac{1}{4}$．

特别提示   计算该类数列极限的主要方法有：①利用 Heine 定理转化为函数极限，并用 L'Hospital 法则；②利用 Taylor 展开式，放缩得不等式，并结合夹逼准则．

类题训练

1. 计算 $\displaystyle\lim_{n\to\infty}\dfrac{1}{\sqrt{n}}\displaystyle\int_{1}^{n}\ln\left(1+\dfrac{1}{\sqrt{x}}\right)\mathrm{d}x$．

2. 设 $f(x)=\displaystyle\int_{x}^{x^2}\left(1+\dfrac{1}{2t}\right)^t\sin\dfrac{1}{\sqrt{t}}\mathrm{d}t\,(x>0)$，求 $\displaystyle\lim_{n\to\infty}f(n)\cdot\sin\dfrac{1}{n}$．

3. 计算 $\displaystyle\lim_{x\to+\infty}\sqrt{x}\displaystyle\int_{x}^{x+1}\dfrac{\mathrm{d}t}{\sqrt{t+\cos t}}$．

典型例题

34 设 $x_n=1+\dfrac{1}{\sqrt{2}}+\dfrac{1}{\sqrt{3}}+\cdots+\dfrac{1}{\sqrt{n}}-2\sqrt{n},n=1,2,\cdots$，证明极限 $\displaystyle\lim_{n\to\infty}x_n$ 存在．

【证法 1】   利用单调有界原理及定积分的几何意义
因为

$$x_{n+1}-x_n=\dfrac{1}{\sqrt{n+1}}-2\sqrt{n+1}+2\sqrt{n}=\dfrac{1}{\sqrt{n+1}}-2\left(\sqrt{n+1}-\sqrt{n}\right)$$

$$=\dfrac{1}{\sqrt{n+1}}-\dfrac{2}{\sqrt{n+1}+\sqrt{n}}=\dfrac{\sqrt{n}-\sqrt{n+1}}{\sqrt{n+1}\left(\sqrt{n+1}+\sqrt{n}\right)}<0,$$

所以数列 $\{x_n\}$ 单调减少．又令 $f(x)=\dfrac{1}{\sqrt{x}}$，则 $f(x)$ 在 $(0,+\infty)$ 内单调减少，于是由

定积分的几何意义, 得

$$x_n = \left(1 + \frac{1}{\sqrt{2}} + \frac{1}{\sqrt{3}} + \cdots + \frac{1}{\sqrt{n}}\right) - 2\sqrt{n} > \int_1^{n+1} \frac{1}{\sqrt{x}} dx - 2\sqrt{n} = 2\sqrt{n+1} - 2 - 2\sqrt{n} > -2,$$

故由单调有界原理知数列 $\{x_n\}$ 收敛, 即 $\lim\limits_{n\to\infty} x_n$ 存在.

【证法 2】　利用级数的性质及级数的敛散性判别

考虑构作数项级数 $\sum\limits_{n=1}^{\infty} u_n$, 使 x_n 为其部分和, 即 $x_n = \sum\limits_{k=1}^{n} u_k$. 为此, 取 $u_n = x_n - x_{n-1}$, $n = 1, 2, \cdots, x_0 = 0$. 则

$$u_n = \frac{1}{\sqrt{n}} - 2\sqrt{n} + 2\sqrt{n-1} = \frac{1}{\sqrt{n}} - \frac{2}{\sqrt{n} + \sqrt{n-1}} = -\frac{1}{\sqrt{n} \cdot (\sqrt{n} + \sqrt{n-1})^2}.$$

又当 $n \to \infty$ 时, $|u_n| = \frac{1}{\sqrt{n} \cdot (\sqrt{n} + \sqrt{n-1})^2} \sim \frac{1}{4n\sqrt{n}} = \frac{1}{4n^{\frac{3}{2}}}$, 且 $\sum\limits_{n=1}^{\infty} \frac{1}{n^{\frac{3}{2}}}$ 收敛, 故由正项级数比较判别法的极限形式知, 级数 $\sum\limits_{n=1}^{\infty} |u_n|$ 收敛, 即 $\sum\limits_{n=1}^{\infty} u_n$ 绝对收敛, 从而 $\lim\limits_{n\to\infty} x_n$ 存在.

【证法 3】　利用 Lagrange 中值定理及正项级数的比较判别法

$$x_{n+1} - x_n = \frac{1}{\sqrt{n+1}} - 2\sqrt{n+1} + 2\sqrt{n} = \frac{1}{\sqrt{n+1}} - 2(\sqrt{n+1} - \sqrt{n}).$$

由 Lagrange 中值定理, 有

$$\sqrt{n+1} - \sqrt{n} = \frac{1}{2\sqrt{\xi}}, \quad n < \xi < n+1,$$

于是得 $|x_{n+1} - x_n| = \left|\frac{1}{\sqrt{n+1}} - \frac{1}{\sqrt{\xi}}\right| = \left|\frac{\sqrt{\xi} - \sqrt{n+1}}{\sqrt{n+1}\sqrt{\xi}}\right| < \frac{\sqrt{n+1} - \sqrt{n}}{n} < \frac{1}{2n\sqrt{n}}$. 又因为级数 $\sum\limits_{n=1}^{\infty} \frac{1}{n\sqrt{n}}$ 收敛, 所以由正项级数的比较判别法知级数 $\sum\limits_{n=1}^{\infty} |x_{n+1} - x_n|$ 收敛. 而 $x_n = x_1 + \sum\limits_{k=1}^{n-1} (x_{k+1} - x_k)$, 故数列 $\{x_n\}$ 收敛, 即极限 $\lim\limits_{n\to\infty} x_n$ 存在.

⊛ 特别提示　一般地, 设函数 $f(x)$ 是 $[0, +\infty)$ 上单调减少且非负的连续函数, 记 $a_n = \sum\limits_{k=1}^{n} f(k) - \int_1^n f(x)dx$, $n = 1, 2, \cdots$, 则数列 $\{x_n\}$ 的极限存在.

◆ 类题训练

1. 设 $x_n = 1 + \dfrac{1}{\sqrt[3]{2}} + \dfrac{1}{\sqrt[3]{3}} + \cdots + \dfrac{1}{\sqrt[3]{n}} - \dfrac{3}{2} n^{\frac{2}{3}}$, $n = 1, 2, \cdots$, 证明数列 $\{x_n\}$ 收敛.

2. 设 $a_n = \displaystyle\sum_{k=1}^{n} \dfrac{1}{k} - \ln n$, (i)证明极限 $\displaystyle\lim_{n\to\infty} a_n$ 存在; (ii)记 $\displaystyle\lim_{n\to\infty} a_n = c$, 讨论级数 $\displaystyle\sum_{n=1}^{\infty}(a_n - c)$ 的敛散性. (2017 年第八届全国大学生数学竞赛决赛(非数学类)试题)

3. 设 $a_k = \dfrac{1}{k^2} + \dfrac{1}{k^2+1} + \dfrac{1}{k^2+2} + \cdots + \dfrac{1}{k^2+2k}$, $k = 1, 2, \cdots$, (i)求 $\displaystyle\lim_{k\to\infty} a_k$; (ii)证明数列 $\{a_k\}$ 单调减少. (2005 年浙江省高等数学竞赛题)

4. 设数列 $\{x_n\}$ 满足 $|x_{n+1} - x_n| \leqslant 2^{-n}$ $(n = 1, 2, \cdots)$, 证明数列 $\{x_n\}$ 收敛.

5. 设 $x_n = \dfrac{1}{2\ln 2} + \dfrac{1}{3\ln 3} + \cdots + \dfrac{1}{n\ln n} - \ln\ln n$, 证明数列 $\{x_n\}$ 收敛.

▥ 典型例题

35 计算极限 $\displaystyle\lim_{n\to\infty}\left(\dfrac{1}{n+1} + \dfrac{1}{n+2} + \cdots + \dfrac{1}{2n}\right)$.

【解法1】 利用定积分的定义

$$\lim_{n\to\infty}\left(\frac{1}{n+1} + \frac{1}{n+2} + \cdots + \frac{1}{2n}\right) = \lim_{n\to\infty}\frac{1}{n}\cdot\left(\frac{1}{1+\frac{1}{n}} + \frac{1}{1+\frac{2}{n}} + \cdots + \frac{1}{1+\frac{n}{n}}\right) = \int_0^1 \frac{\mathrm{d}x}{1+x} = \ln 2.$$

【解法2】 利用不等式: 当 $x > 0$ 时, $\dfrac{x}{x+1} < \ln(1+x) < x$. 于是有

$$\frac{1}{k+1} < \ln\left(1 + \frac{1}{k}\right) < \frac{1}{k}, \quad k = 1, 2, \cdots.$$

记 $x_n = \dfrac{1}{n+1} + \dfrac{1}{n+2} + \cdots + \dfrac{1}{2n}$, 则由上述不等式, 得

$$\ln\left(1 + \frac{1}{n+1}\right) + \cdots + \ln\left(1 + \frac{1}{2n}\right) < x_n < \ln\left(1 + \frac{1}{n}\right) + \cdots + \ln\left(1 + \frac{1}{2n-1}\right),$$

化简即得 $\ln\dfrac{2n+1}{n+1} < x_n < \ln 2$, 两边取极限, 由夹逼准则得 $\displaystyle\lim_{n\to\infty} x_n = \ln 2$.

【解法3】 利用结论: $1 + \dfrac{1}{2} + \cdots + \dfrac{1}{n} = \ln n + \gamma + o(1)$, 其中 $\gamma = 0.577215\cdots$ (称为 Euler 常数).

记 $a_n = 1 + \dfrac{1}{2} + \cdots + \dfrac{1}{n} - \ln n$，则有

$$a_{2n} - a_n = \dfrac{1}{n+1} + \dfrac{1}{n+2} + \cdots + \dfrac{1}{2n} - \ln 2,$$

且 $\lim\limits_{n\to\infty}(a_{2n} - a_n) = 0$，故

$$\lim_{n\to\infty}\left(\dfrac{1}{n+1} + \dfrac{1}{n+2} + \cdots + \dfrac{1}{2n}\right) = \lim_{n\to\infty}(a_{2n} - a_n) + \ln 2 = \ln 2.$$

✳ 特别提示　由 Catalan 恒等式:

$$1 - \dfrac{1}{2} + \dfrac{1}{3} - \dfrac{1}{4} + \cdots + \dfrac{1}{2n-1} - \dfrac{1}{2n} = \left(1 + \dfrac{1}{2} + \cdots + \dfrac{1}{2n}\right) - 2\left(\dfrac{1}{2} + \dfrac{1}{4} + \cdots + \dfrac{1}{2n}\right)$$

$$= \left(1 + \dfrac{1}{2} + \cdots + \dfrac{1}{2n}\right) - \left(1 + \dfrac{1}{2} + \cdots + \dfrac{1}{n}\right)$$

$$= \dfrac{1}{n+1} + \dfrac{1}{n+2} + \cdots + \dfrac{1}{2n},$$

利用该题结果，可以得到 $1 - \dfrac{1}{2} + \dfrac{1}{3} - \dfrac{1}{4} + \dfrac{1}{5} - \dfrac{1}{6} + \cdots = \ln 2$.

类似地，可以得到更为一般的结果: 已知 m 为自然数，则有

$$\lim_{n\to\infty}\left(\dfrac{1}{mn+1} + \dfrac{1}{mn+2} + \cdots + \dfrac{1}{(m+1)n}\right) = \ln\dfrac{m+1}{m}.$$

♺ 类题训练

1. 证明极限 $\lim\limits_{n\to\infty}\left(\dfrac{1}{n} + \dfrac{1}{n+1} + \cdots + \dfrac{1}{3n}\right)$ 存在，并求出极限值.

2. 设 $a_n = \dfrac{1}{n+1} + \dfrac{1}{n+2} + \cdots + \dfrac{1}{2n}$，求 $\lim\limits_{n\to\infty} n\,(\ln 2 - a_n)$.

3. 设 $b_n = \dfrac{2}{2n+1} + \dfrac{2}{2n+3} + \cdots + \dfrac{2}{4n-1}$，求 $\lim\limits_{n\to\infty} n^2\,(\ln 2 - b_n)$.

4. 设 $u_n = 1 + \dfrac{1}{2} - \dfrac{2}{3} + \dfrac{1}{4} + \dfrac{1}{5} - \dfrac{2}{6} + \cdots + \dfrac{1}{3n-2} + \dfrac{1}{3n-1} - \dfrac{2}{3n}$，$v_n = \dfrac{1}{n+1} + \dfrac{1}{n+2} + \cdots + \dfrac{1}{3n}$，求(i) $\dfrac{u_{10}}{v_{10}}$；(ii) $\lim\limits_{n\to\infty} u_n$. (2007 年浙江省高等数学竞赛题)

📖 典型例题

36　设 $x_n = 1 + \dfrac{1}{2} + \dfrac{1}{3} + \cdots + \dfrac{1}{n}$，$n \in \mathbf{N}^+$，证明数列 $\{x_n\}$ 发散.

【证法 1】　由 Cauchy 收敛准则，找一个 $\varepsilon_0 > 0$，$\forall N$，都存在 $m_0, n_0 > N$ (不

妨设 $m_0 > n_0$)，使得 $\left| x_{m_0} - x_{n_0} \right| \geqslant \varepsilon_0$.

事实上，取 $\varepsilon_0 = \dfrac{1}{2}$，则不论如何选取 N，总可以取一个 $n_0 > N$（如取 $n_0 = N+1$），同时取 $m_0 = 2n_0$，使得

$$\left| x_{m_0} - x_{n_0} \right| = \frac{1}{n_0+1} + \frac{1}{n_0+2} + \cdots + \frac{1}{2n_0} > \frac{n_0}{2n_0} = \frac{1}{2}.$$

因而数列 $\{x_n\}$ 不满足 Cauchy 收敛准则，故数列是发散的.

【**证法 2**】　因为 $\{x_n\}$ 是单调增加的，所以只需证明 $\{x_n\}$ 无上界即可得到它发散. 而

$$x_2 = 1 + \frac{1}{2}, \quad x_4 = x_2 + \frac{1}{3} + \frac{1}{4} > x_2 + \frac{1}{4} + \frac{1}{4} = 1 + \frac{2}{2},$$

$$x_8 = x_4 + \frac{1}{5} + \frac{1}{6} + \frac{1}{7} + \frac{1}{8} > x_4 + \frac{1}{2} > 1 + \frac{3}{2}, \cdots,$$

利用数学归纳法不难证明：对每个正整数 n 成立不等式 $x_{2^n} \geqslant 1 + \dfrac{n}{2}$，所以数列 $\{x_n\}$ 无上界，故 $\{x_n\}$ 发散.

【**证法 3**】　反证法. 假设 $\{x_n\}$ 收敛，则由 $\{x_n\}$ 单调增加知，$\exists M > 0$，使得 $\forall n \in \mathbf{N}^+$，有 $x_n < M$. 又由 $\dfrac{1}{n+1} < \ln\left(1 + \dfrac{1}{n}\right) < \dfrac{1}{n}$，于是有

$$\ln(n+1) = \ln\frac{n+1}{n} + \ln\frac{n}{n-1} + \cdots + \ln\frac{2}{1} < \frac{1}{n} + \frac{1}{n-1} + \cdots + 1 = x_n < M.$$

而对每一个正整数 n，不可能成立不等式 $n+1 < \mathrm{e}^M$，故假设不成立，即数列 $\{x_n\}$ 发散.

【**证法 4**】　因为 $\dfrac{1}{k+1} < \ln\left(1 + \dfrac{1}{k}\right) < \dfrac{1}{k}$，$k = 1, 2, \cdots$，所以有

$$0 < \frac{1}{k} - \ln\left(1 + \frac{1}{k}\right) < \frac{1}{k} - \frac{1}{k+1},$$

上式中 k 取 1 到 n，然后求和，得

$$0 < y_n \overset{\triangle}{=} 1 + \frac{1}{2} + \cdots + \frac{1}{n} - \ln(n+1) < 1 - \frac{1}{n+1} < 1.$$

又由 $y_{n+1} - y_n = \dfrac{1}{n+1} + \ln(n+1) - \ln(n+2) = \dfrac{1}{n+1} - \ln\left(1 + \dfrac{1}{n+1}\right) > 0$ 可知数列 $\{y_n\}$ 单调增加有上界，所以 $\{y_n\}$ 收敛.

记 $z_n = x_n - \ln n$，则 $z_n = y_n + \ln\dfrac{n+1}{n}$，于是由 $0 < \ln\dfrac{n+1}{n} < \dfrac{1}{n}$ 知 $\{z_n\}$ 收敛且 $\lim\limits_{n\to\infty} z_n = \lim\limits_{n\to\infty} y_n$. 记该极限为 $\gamma = 0.577215\cdots$，于是有 $z_n = \gamma + \varepsilon_n$，其中 $\varepsilon \to 0$ $(n \to \infty)$，从而得 $1 + \dfrac{1}{2} + \cdots + \dfrac{1}{n} - \ln n = \gamma + \varepsilon_n$. 故 $\lim\limits_{n\to\infty} x_n = +\infty$，即 $\{x_n\}$ 发散.

【证法 5】 Bernoulli 方法

因为对任意的正整数 n，有 $\dfrac{1}{n+1} + \dfrac{1}{n+2} + \cdots + \dfrac{1}{n^2} > \dfrac{n^2 - n}{n^2} = 1 - \dfrac{1}{n}$，所以 $\dfrac{1}{n} + \dfrac{1}{n+1} + \cdots + \dfrac{1}{n^2} > 1$，于是有 $x_4 = 1 + \dfrac{1}{2} + \dfrac{1}{3} + \dfrac{1}{4} > 1 + 1 = 2$，$x_{25} = x_4 + \dfrac{1}{5} + \cdots + \dfrac{1}{25} > 2 + 1 = 3$，$x_{36} = x_{25} + \dfrac{1}{26} + \cdots + \dfrac{1}{36} > 3 + 1 = 4$，$\cdots$，以此类推，可知数列 $\{x_n\}$ 不可能收敛，即数列 $\{x_n\}$ 发散.

【证法 6】 由定积分的几何意义

取 $f(x) = \dfrac{1}{x}$，则 $y = f(x) = \dfrac{1}{x}$ 在 $[1, +\infty)$ 上单调减少，且有

$$x_n = 1 + \frac{1}{2} + \frac{1}{3} + \cdots + \frac{1}{n} > \int_1^{n+1} f(x)\mathrm{d}x = \int_1^{n+1} \frac{1}{x}\mathrm{d}x = \ln(n+1),$$

从而 $\lim\limits_{n\to\infty} x_n = +\infty$，即 $\{x_n\}$ 发散.

【证法 7】 反证法. 假设 $\{x_n\}$ 收敛，不妨设 $\lim\limits_{n\to\infty} x_n = a$，则由

$$x_{2n} = A_n + B_n, \quad B_n = \frac{1}{2}x_n,$$

其中 $A_n = 1 + \dfrac{1}{3} + \dfrac{1}{5} + \cdots + \dfrac{1}{2n-1}$，$B_n = \dfrac{1}{2} + \dfrac{1}{4} + \dfrac{1}{6} + \cdots + \dfrac{1}{2n}$. 可得 $\lim\limits_{n\to\infty} B_n = \lim\limits_{n\to\infty} \dfrac{1}{2}x_n = \dfrac{1}{2}a$，$\lim\limits_{n\to\infty} A_n = \lim\limits_{n\to\infty}(x_{2n} - B_n) = \lim\limits_{n\to\infty} x_{2n} - \lim\limits_{n\to\infty} B_n = \dfrac{1}{2}a$，于是 $\lim\limits_{n\to\infty}(A_n - B_n) = 0$. 而比较 A_n 和 B_n 可知，对每个 n 都有 $A_n - B_n > \dfrac{1}{2}$，所以 $\lim\limits_{n\to\infty}(A_n - B_n) \geqslant \dfrac{1}{2}$，矛盾，故 $\{x_n\}$ 发散.

★ **特别提示** 反证法或数列收敛定义的否定叙述形式或数列收敛的 Cauchy 收敛准则的否定叙述形式是证明数列发散的常用方法. 希望读者认真体会.

♺ **类题训练**

1. 证明极限 $\lim\limits_{n\to\infty} \sin n$ 不存在.

2. 证明数列 $\{\tan n\}$ 发散.

3. 设数列 $\{x_n\}$ 满足 $x_n = 1 + \dfrac{1}{2^p} + \dfrac{1}{3^p} + \cdots + \dfrac{1}{n^p}$，其中 $n \in \mathbf{N}^+$，$0 < p < 1$，证明数列 $\{x_n\}$ 发散.

📖 典型例题

37　设函数 $f(x)$ 在 $x = 0$ 的某个邻域内有连续导数，且 $\lim\limits_{x \to 0}\left(\dfrac{\sin x}{x^2} + \dfrac{f(x)}{x}\right) = 2$，求 $f(0)$ 及 $f'(0)$.

【解法 1】　因为 $\lim\limits_{x \to 0}\left(\dfrac{\sin x}{x^2} + \dfrac{f(x)}{x}\right) = \lim\limits_{x \to 0}\dfrac{\sin x + xf(x)}{x^2} = 2$，所以当 $x \to 0$ 时，有 $\sin x + xf(x)$ 与 $2x^2$ 是等价无穷小. 又由 Tayler 展开，有

$$\sin x + xf(x) = (x + o(x^2)) + x(f(0) + f'(0)x + o(x)) = (1 + f(0))x + f'(0)x^2 + o(x^2),$$

故 $1 + f(0) = 0$，$f'(0) = 2$，从而得 $f(0) = -1$，$f'(0) = 2$.

【解法 2】　由已知 $\lim\limits_{x \to 0}\left(\dfrac{\sin x}{x^2} + \dfrac{f(x)}{x}\right) = \lim\limits_{x \to 0}\dfrac{\dfrac{\sin x}{x} + f(x)}{x} = 2$，所以有

$$\lim\limits_{x \to 0}\left(\dfrac{\sin x}{x} + f(x)\right) = 0,\ \text{从而得}\ f(0) = \lim\limits_{x \to 0}f(x) = -\lim\limits_{x \to 0}\dfrac{\sin x}{x} = -1.$$

又由 L'Hospital 法则，得

$$2 = \lim\limits_{x \to 0}\left(\dfrac{\sin x}{x^2} + \dfrac{f(x)}{x}\right) = \lim\limits_{x \to 0}\dfrac{\sin x + xf(x)}{x^2} = \lim\limits_{x \to 0}\dfrac{\cos x + f(x) + xf'(x)}{2x}$$

$$= \lim\limits_{x \to 0}\left[\dfrac{\cos x - 1}{2x} + \dfrac{f(x) - f(0)}{2x} + \dfrac{1}{2}f'(x)\right] = f'(0).$$

【解法 3】　由已知 $\lim\limits_{x \to 0}\left(\dfrac{\sin x}{x^2} + \dfrac{f(x)}{x}\right) = 2$，则有 $\dfrac{\sin x}{x^2} + \dfrac{f(x)}{x} = 2 + \alpha(x)$，其中 $\alpha(x) \to 0\ (x \to 0)$. 于是 $f(x) = 2x - \dfrac{\sin x}{x} + x \cdot \alpha(x)$，从而

$$f(0) = \lim\limits_{x \to 0}f(x) = \lim\limits_{x \to 0}\left(2x - \dfrac{\sin x}{x} + x \cdot \alpha(x)\right) = -1,$$

$$f'(0) = \lim\limits_{x \to 0}\dfrac{f(x) - f(0)}{x} = \lim\limits_{x \to 0}\dfrac{f(x) + 1}{x} = \lim\limits_{x \to 0}\left(2 + \dfrac{x - \sin x}{x^2} + \alpha(x)\right) = 2.$$

【解法 4】　将 $\sin x$ 在 $x = 0$ 处进行 Taylor-Peano 展开：$\sin x = x + o(x^2)$. 再由已知

$$2 = \lim_{x\to 0}\left(\frac{\sin x}{x^2} + \frac{f(x)}{x}\right) = \lim_{x\to 0}\frac{x + o(x^2) + x f(x)}{x^2} = \lim_{x\to 0}\frac{1 + f(x)}{x},$$

于是 $\lim_{x\to 0}(1 + f(x)) = 0$，即得 $f(0) = \lim_{x\to 0} f(x) = -1$，从而

$$f'(0) = \lim_{x\to 0}\frac{f(x) - f(0)}{x} = \lim_{x\to 0}\frac{f(x) + 1}{x} = 2.$$

✳ 特别提示　以上解法中除了用到 Taylor 展开公式, L'Hospital 法则及函数与极限之间关系的命题, 还用到了常用的分析命题:

设 $\lim\dfrac{f(x)}{g(x)} = A$，$A$ 为有限常数, 则

(i) 当 $g(x) \to 0$ 时, 必有 $f(x) \to 0$;

(ii) 当 $f(x) \to 0$, 且 $A \neq 0$ 时, 必有 $g(x) \to 0$,

其中自变量的变化过程可以是 $x \to a$, $x \to a \pm 0$, $x \to \infty$, $x \to \pm\infty$ 六种之一.

♻ 类题训练

1. 设函数 $f(x)$ 在 $x = 0$ 的某个邻域内有连续导数, $\lim_{x\to 0}\dfrac{f(x)+2}{3x - \sin x} = 1$, 求 $f(0)$ 及 $f'(0)$.

2. 设函数 $f(x)$ 在 $x = 0$ 处存在二阶导数, 且 $\lim_{x\to 0}\dfrac{x f(x) - \ln(1+x)}{x^3} = \dfrac{1}{3}$, 求 $f(0)$, $f'(0)$ 及 $f''(0)$.

3. 设函数 $f(x)$ 在 $x = 0$ 的某个邻域内三阶可导, 且 $\lim_{x\to 0}\left(\dfrac{\sin 3x}{x^3} + \dfrac{f(x)}{x^2}\right) = 0$, 求 (i) $f^{(k)}(0)$ $(k = 0,1,2)$; (ii) $\lim_{x\to 0}\left(\dfrac{3}{x^2} + \dfrac{f(x)}{x^3}\right)$.

📖 典型例题

38　已知 $\lim_{x\to 0}\dfrac{\sin 6x + x f(x)}{x^3} = 0$, 求 $\lim_{x\to 0}\dfrac{6 + f(x)}{x^2}$. (2000 年硕士研究生入学考试数学(二)试题)

【解法 1】　利用函数与极限的关系, 有

$$\frac{\sin 6x + x f(x)}{x^3} = 0 + \alpha(x) \quad (\alpha(x) \to 0),$$

于是得

$$f(x) = \frac{-\sin 6x + x^3 \cdot \alpha(x)}{x},$$

故 $\lim\limits_{x\to 0}\dfrac{6+f(x)}{x^2} = \lim\limits_{x\to 0}\dfrac{6x-\sin 6x}{x^3} = \lim\limits_{x\to 0}\dfrac{6-6\cos 6x}{3x^2} = \lim\limits_{x\to 0}\dfrac{36\sin 6x}{6x} = 36.$

【解法2】 利用 Taylor-Peano 展开公式，$\sin 6x = 6x - \dfrac{(6x)^3}{3!} + o(x^3)$，所以

$\lim\limits_{x\to 0}\dfrac{\sin 6x + x f(x)}{x^3} = \lim\limits_{x\to 0}\left(\dfrac{6+f(x)}{x^2} - 36\right) = 0$，故得 $\lim\limits_{x\to 0}\dfrac{6+f(x)}{x^2} = 36.$

【解法3】 利用凑项及 L'Hospital 法则

$$\lim_{x\to 0}\frac{6+f(x)}{x^2} = \lim_{x\to 0}\frac{6x+xf(x)}{x^3} = \lim_{x\to 0}\left(\frac{\sin 6x + x f(x)}{x^3} + \frac{6x-\sin 6x}{x^3}\right)$$

$$= \lim_{x\to 0}\frac{6x-\sin 6x}{x^3} = 36.$$

特别提示　利用解法2时，要记住几个常用的初等函数的 Taylor 展开公式.

类题训练

1. 已知 $\lim\limits_{x\to 0}\dfrac{\ln(1+2x)+xf(x)}{\sin x^2} = 2$，求 $\lim\limits_{x\to 0}\dfrac{2+f(x)}{x}$.

2. 已知 $\lim\limits_{x\to 0}\dfrac{x^2+f(x)}{x^2\sin^2 x} = 1$，求 $\lim\limits_{x\to 0}\dfrac{\sin^2 x + f(x)}{x^2\sin^2 x}$.

典型例题

39 设 $\lim\limits_{x\to 0}\dfrac{\ln\left(1+\dfrac{f(x)}{\sin 2x}\right)}{3^x-1} = 5$，求 $\lim\limits_{x\to 0}\dfrac{f(x)}{x^2}$.

【解法1】 利用函数极限的四则运算法则及等价无穷小的代换

因为 $\lim\limits_{x\to 0}(3^x-1) = 0$，所以有 $\lim\limits_{x\to 0}\ln\left(1+\dfrac{f(x)}{\sin 2x}\right) = \lim\limits_{x\to 0}\dfrac{\ln\left(1+\dfrac{f(x)}{\sin 2x}\right)}{3^x-1}\cdot(3^x-1) = 0,$

于是 $\lim\limits_{x\to 0}\dfrac{f(x)}{\sin 2x} = 0$，从而当 $x\to 0$ 时，$\ln\left(1+\dfrac{f(x)}{\sin 2x}\right) \sim \dfrac{f(x)}{\sin 2x}$. 又 $3^x-1 \sim x\ln 3$，$x\to 0$，再由已知

$$5 = \lim_{x\to 0}\frac{\ln\left(1+\dfrac{f(x)}{\sin 2x}\right)}{3^x-1} = \lim_{x\to 0}\frac{\dfrac{f(x)}{\sin 2x}}{x\cdot\ln 3} = \lim_{x\to 0}\frac{f(x)}{2\ln 3\cdot x^2},$$

故得 $\lim\limits_{x\to 0}\dfrac{f(x)}{x^2}=10\ln 3$.

【解法 2】 利用函数极限的四则运算法则及凑项

同解法 1 得, 当 $x\to 0$ 时, $\ln\left(1+\dfrac{f(x)}{\sin 2x}\right)\sim\dfrac{f(x)}{\sin 2x}$. 于是

$$\lim\limits_{x\to 0}\frac{f(x)}{x^2}=\lim\limits_{x\to 0}\frac{\ln\left(1+\dfrac{f(x)}{\sin 2x}\right)}{3^x-1}\cdot\frac{\dfrac{f(x)}{\sin 2x}}{\ln\left(1+\dfrac{f(x)}{\sin 2x}\right)}\cdot\frac{\sin 2x}{x}\cdot\frac{3^x-1}{x}=10\lim\limits_{x\to 0}\frac{3^x-1}{x}=10\ln 3.$$

【解法 3】 利用 $\lim f(x)=A\Leftrightarrow f(x)=A+\alpha(x),\ \alpha(x)\to 0$.

由上述结论, 有 $\dfrac{\ln\left(1+\dfrac{f(x)}{\sin 2x}\right)}{3^x-1}=5+\alpha(x)$, 其中 $\alpha(x)\to 0\,(x\to 0)$, 于是 $f(x)=$

$\sin 2x\cdot[\mathrm{e}^{(5+\alpha(x))\cdot(3^x-1)}-1]$, 而 $\mathrm{e}^{(5+\alpha(x))\cdot(3^x-1)}-1\sim(5+\alpha(x))\cdot(3^x-1)\,(x\to 0)$, 故得

$$\lim\limits_{x\to 0}\frac{f(x)}{x^2}=\lim\limits_{x\to 0}\frac{\sin 2x\cdot(5+\alpha(x))\cdot(3^x-1)}{x^2}=\lim\limits_{x\to 0}\frac{2x\cdot(5+\alpha(x))\cdot x\ln 3}{x^2}=10\ln 3.$$

特别提示 从上述解法可以看出, 解法 1 利用等价无穷小的代换求极限最为简单、快捷. 一般地, 可完全类似地求,

设 $\lim\limits_{x\to 0}\dfrac{\ln\left(1+\dfrac{f(x)}{\sin x}\right)}{a^x-1}=A\,(a>0,\ a\neq 1)$, 求 $\lim\limits_{x\to 0}\dfrac{f(x)}{x^2}$.

类题训练

1. 已知函数 $f(x)$ 满足 $\lim\limits_{x\to 0}\dfrac{\sqrt{1+f(x)\sin 2x}-1}{\mathrm{e}^{3x}-1}=2$, 则 $\lim\limits_{x\to 0}f(x)=$ _____.
(2016 年硕士研究生入学考试数学(三)试题)

2. 已知 $\lim\limits_{x\to 0}\dfrac{\ln\left(1+\dfrac{f(x)}{1-\cos x}\right)}{2^x-1}=4$, 求 $\lim\limits_{x\to 0}\dfrac{f(x)}{x^3}$.

3. 已知 $\lim\limits_{x\to 0}\left(1+x+\dfrac{f(x)}{x}\right)^{\frac{1}{x}}=\mathrm{e}^2$, 求 $\lim\limits_{x\to 0}\dfrac{f(x)}{x^2}$.

4. 已知 $\lim\limits_{x\to 0}\dfrac{\ln\left(1+\dfrac{3\varphi(x)}{1-\cos x}\right)}{\mathrm{e}^x-1}=9$, 求 $\lim\limits_{x\to 0}\dfrac{\varphi(x)}{\tan x-\sin x}$.

5. 设 $f(x)$ 在 $[-1,1]$ 上连续，求 $\lim\limits_{x\to 0}\dfrac{\sqrt[3]{1+f(x)\cdot\sin x}-1}{3^x-1}$.

📖 典型例题

40　确定常数 a，b，使 $\lim\limits_{x\to-\infty}\left(\sqrt{2x^2+4x-1}-ax-b\right)=0$.

【解法 1】　令 $x=\dfrac{1}{t}$，则由已知有

$$0=\lim\limits_{x\to-\infty}\left(\sqrt{2x^2+4x-1}-ax-b\right)=\lim\limits_{t\to 0^-}\left(\sqrt{\frac{2}{t^2}+\frac{4}{t}-1}-\frac{a}{t}-b\right)$$

$$=\lim\limits_{t\to 0^-}\left(\frac{-\sqrt{2+4t-t^2}-a}{t}-b\right),$$

于是极限 $=\lim\limits_{t\to 0^-}\dfrac{-\sqrt{2+4t-t^2}-a}{t}$ 存在，从而 $\lim\limits_{t\to 0}\left(-\sqrt{2+4t-t^2}-a\right)=0$，即得

$$a=-\lim\limits_{t\to 0^-}\sqrt{2+4t-t^2}=-\sqrt{2},$$

$$b=\lim\limits_{t\to 0^-}\frac{-\sqrt{2+4t-t^2}+\sqrt{2}}{t}=-\sqrt{2}\lim\limits_{t\to 0^-}\frac{\sqrt{1+2t-\frac{t^2}{2}}-1}{t}=-\sqrt{2}\lim\limits_{t\to 0^-}\frac{\frac{1}{2}\left(2t-\frac{t^2}{2}\right)}{t}=-\sqrt{2},$$

其中用到等价无穷小的代换：当 $t\to 0^-$ 时，$\sqrt{1+2t-\dfrac{t^2}{2}}-1\sim\dfrac{1}{2}\left(2t-\dfrac{t^2}{2}\right)$.

【解法 2】　由已知，得

$$0=\lim\limits_{x\to-\infty}\left(\sqrt{2x^2+4x-1}-ax-b\right)=\lim\limits_{x\to-\infty}\frac{(2-a^2)x^2+(4-2ab)x-(1+b^2)}{-x\cdot\sqrt{2+\frac{4}{x}-\frac{1}{x^2}}+ax+b},$$

通过对分子和分母中 x 幂次的分析，可知须有 $\begin{cases}2-a^2=0,\\4-2ab=0.\end{cases}$ 解得 $a=\sqrt{2}$，$b=\sqrt{2}$，

或 $a=-\sqrt{2}$，$b=-\sqrt{2}$. 注意到化简后极限表达式中的分母，取 $a=\sqrt{2}$ 时，已知极限不可能成立，故得 $a=-\sqrt{2}$，$b=-\sqrt{2}$.

【解法 3】　当 $x<0$ 时，

$$\sqrt{2x^2+4x-1}-ax-b=\sqrt{2}\cdot|x|\cdot\left(1+\frac{2}{x}-\frac{1}{2x^2}\right)^{\frac{1}{2}}-ax-b$$

$$=-\sqrt{2}x\cdot\left(1+\frac{1}{x}+o\left(\frac{1}{x}\right)\right)-ax-b$$

$$= \left(-\sqrt{2}-a\right)x - \left(\sqrt{2}+b\right) + o(1),$$

由已知, 得 $\begin{cases} -\sqrt{2}-a = 0, \\ \sqrt{2}+b = 0. \end{cases}$ 故得 $a = -\sqrt{2}$, $b = -\sqrt{2}$.

【解法 4】 依 $\lim\limits_{x\to-\infty}[f(x)-(ax+b)]=0$ 的几何意义: 曲线 $y=f(x)$ 以直线 $y=ax+b$ 为斜渐近线. 于是由求渐近线的方法, 得

$$a = \lim_{x\to-\infty} \frac{f(x)}{x} = \lim_{x\to-\infty} \frac{\sqrt{2x^2+4x-1}}{x} = -\sqrt{2} ,$$

$$b = \lim_{x\to-\infty} (f(x)-ax) = \lim_{x\to-\infty} \left(\sqrt{2x^2+4x-1}+\sqrt{2}x\right) = \lim_{x\to-\infty} \frac{4x-1}{\sqrt{2x^2+4x-1}-\sqrt{2}x} = -\sqrt{2}.$$

特别提示 在求解该类问题时, 经常会用到如下命题:

设 $P_m(x) = a_0 x^m + a_1 x^{m-1} + \cdots + a_{m-1}x + a_m$, $Q_n(x) = b_0 x^n + b_1 x^{n-1} + \cdots + b_{n-1}x + b_n$,

其中常数 $a_0 \neq 0, b_0 \neq 0$, 则 $\lim\limits_{x\to\infty} \dfrac{P_m(x)}{Q_n(x)} = \begin{cases} 0, & m < n, \\ \dfrac{a_0}{b_0}, & m = n, \\ \infty, & m > n. \end{cases}$

类题训练

1. 已知 $\lim\limits_{x\to-\infty} \left(\sqrt{4x^2-3x+1}-ax-b\right)=0$, 求常数 a , b .

2. 已知 $\lim\limits_{x\to+\infty} \left(5x-\sqrt{ax^2+bx+2}\right)=2$, 求常数 a , b .

3. 已知 $\lim\limits_{x\to\infty} \left(\sqrt[3]{1+x^3+x^2}-ax-b\right)=0$, 求常数 a , b . (2004 年浙江省高等数学竞赛题)

4. 已知 $\lim\limits_{x\to\infty} \left(\dfrac{x^2}{x+1}-ax-b\right)=0$, 求常数 a , b .

5. 设 $f(x)$ 是多项式, 且 $\lim\limits_{x\to\infty} \dfrac{f(x)-2x^3}{x^2} = 2$, $\lim\limits_{x\to0} \dfrac{f(x)}{x} = 3$, 求 $f(x)$.

典型例题

41 设 $\lim\limits_{x\to0} \dfrac{\ln(1+x)-\left(ax+bx^2\right)}{x^2} = 2$, 求常数 a , b .

【解法 1】 由已知, 有

$$2 = \lim_{x \to 0} \frac{\ln(1+x) - (ax + bx^2)}{x^2} = \lim_{x \to 0} \frac{\dfrac{\ln(1+x)}{x} - (a+bx)}{x},$$

因为分母 $x \to 0$，所以分子 $\dfrac{\ln(1+x)}{x} - (a+bx) \to 0 \,(x \to 0)$，于是得

$$a = \lim_{x \to 0} \frac{\ln(1+x)}{x} = 1,$$

从而 $b = \lim\limits_{x \to 0} \dfrac{\ln(1+x) - x}{x^2} - 2 = \lim\limits_{x \to 0} \dfrac{\dfrac{1}{1+x} - 1}{2x} - 2 = -\dfrac{5}{2}$.

【解法 2】　利用 L'Hospital 法则，有

$$2 = \lim_{x \to 0} \frac{\ln(1+x) - (ax + bx^2)}{x^2} = \lim_{x \to 0} \frac{(1-a) - (a+2b)x - 2bx^2}{2x(1+x)}.$$

因为分母 $2x(1+x) \to 0 \,(x \to 0)$，所以分子 $(1-a) - (a+2b)x - 2bx^2 \to 0 \,(x \to 0)$，解得 $1 - a = 0$，即 $a = 1$.

又由 $\lim\limits_{x \to 0} \dfrac{(1-a) - (a+2b)x - 2bx^2}{2x(1+x)} = \lim\limits_{x \to 0} \dfrac{-(1+2b) - 2bx}{2(1+x)} = -\dfrac{1+2b}{2} = 2$，即得 $b = -\dfrac{5}{2}$.

【解法 3】　利用 Taylor-Peano 展开公式，有

$$\ln(1+x) - (ax + bx^2) = \left(x - \frac{x^2}{2} + o(x^2) \right) - (ax + bx^2)$$

$$= (1-a)x - \left(\frac{1}{2} + b \right)x^2 + o(x^2),$$

由已知，得 $\begin{cases} 1 - a = 0, \\ -\left(\dfrac{1}{2} + b \right) = 2. \end{cases}$ 解得 $a = 1$，$b = -\dfrac{5}{2}$.

【解法 4】　利用 $\lim f(x) = A \Leftrightarrow f(x) = A + \alpha(x)$，$\alpha(x) \to 0$.

由已知极限得

$$\frac{\ln(1+x) - (ax + bx^2)}{x^2} = 2 + \alpha(x), \quad 其中 \alpha(x) \to 0 \,(x \to 0),$$

化简得 $(2 + b + \alpha(x))x^2 + ax = \ln(1+x)$，然后两边同时除以 x，并令 $x \to 0$，得

$a = \lim\limits_{x \to 0} \dfrac{\ln(1+x)}{x} = 1$，再代入化简式，得 $2 + b + \alpha(x) = \dfrac{\ln(1+x) - x}{x^2}$. 令 $x \to 0$，得

$$b = \lim_{x \to 0} \frac{\ln(1+x) - x}{x^2} - 2 = -\frac{1}{2} - 2 = -\frac{5}{2}.$$

特别提示 在求解该类问题时, 经常会用到如下命题: 设

$$P_m(x) = a_0 x^m + a_1 x^{m-1} + \cdots + a_{m-1}x + a_m, \quad Q_n(x) = b_0 x^n + b_1 x^{n-1} + \cdots + b_{n-1}x + b_n,$$

则 $\displaystyle\lim_{x \to x_0} \frac{P_m(x)}{Q_n(x)} = \begin{cases} \dfrac{P_m(x_0)}{Q_n(x_0)}, & Q_n(x_0) \neq 0, \quad P_m(x_0) \text{任意}, \\ \infty, & Q_n(x_0) = 0, \quad P_m(x_0) \neq 0, \\ \text{约去} \dfrac{P_m(x)}{Q_n(x)} \text{的公因式, 再处理}, & Q_n(x_0) = 0, \quad P_m(x_0) = 0. \end{cases}$

类题训练

1. 已知 $\displaystyle\lim_{x \to 2} \frac{ax + b + x^2}{x^2 - x - 2} = 4$, 求常数 a, b.

2. 设 $x > 0$ 时, $f(x) = (1+x)^{\frac{1}{x}}$, 证明当 $x > 0^+$ 时, $f(x) = e + Ax + Bx^2 + o(x^2)$, 并求 A, B 之值.

3. 确定常数 a, b, 使得 $\displaystyle\lim_{x \to 0}\left(x^{-3} \cdot \sin 3x + a \cdot x^{-2} + b\right) = 0$.

4. 确定常数 a, b, c 的值, 使 $\displaystyle\lim_{x \to 0} \frac{ax - \sin x}{\displaystyle\int_b^x \frac{\ln(1+t^3)}{t} dt} = c$, 其中 $c \neq 0$. (1998 年硕士研究生入学考试数学(二)试题)

5. 问 a, b, c 取何值时, 才能使 $\displaystyle\lim_{x \to 0} \frac{1}{\sin x - ax} \cdot \int_b^x \frac{t^2}{\sqrt{1+t^2}} dt = c$ 成立.

6. 设 $a > 0$, 且 $\displaystyle\lim_{x \to 0} \frac{x^2}{(b - \cos x) \cdot \sqrt{a + x^2}} = 1$, 求常数 a, b.

7. 已知极限 $\displaystyle\lim_{x \to 0}\left(e^x + \frac{ax^2 + bx}{x-1}\right)^{\frac{1}{x^2}} = 1$, 求常数 a, b. (2009 年浙江省高等数学竞赛题)

典型例题

42 设函数 $f(x)$ 在 $x = 0$ 的某邻域内有一阶连续导数, 且 $f(0) \neq 0$, $f'(0) \neq 0$, 若 $af(h) + bf(2h) - f(0)$ 在 $h \to 0$ 时是比 h 高阶的无穷小, 试确定 a, b 的值. (2002

年硕士研究生入学考试数学(一)试题)

【解法 1】 利用无穷小的比较, 结合 L'Hospital 法则

因为 $\lim\limits_{h\to 0}\left(af(h)+bf(2h)-f(0)\right)=(a+b-1)f(0)=0,\ f(0)\neq 0$, 所以 $a+b-1=0$.
又

$$\lim_{h\to 0}\frac{af(h)+bf(2h)-f(0)}{h}=\lim_{h\to 0}\frac{af'(h)+2bf'(2h)}{1}=(a+2b)f'(0)=0,$$

且 $f'(0)\neq 0$, 故 $a+2b=0$. 联立 $a+b-1=0$, 求解得 $a=2,b=-1$.

【解法 2】 利用 Taylor-Peano 展开公式

由 $f(h)$ 及 $f(2h)$ 在 $x=0$ 的 Taylor-Peano 展开公式, 有

$$af(h)+bf(2h)-f(0)=a\left[f(0)+f'(0)h+o(h)\right]+b\left[f(0)+f'(0)\cdot 2h+o(h)\right]$$
$$-f(0)=(a+b-1)f(0)+(a+2b)\cdot hf'(0)+o(h)=o(h),$$

又由 $f(0)\neq 0,f'(0)\neq 0$ 知 $\begin{cases}a+b-1=0,\\a+2b=0.\end{cases}$ 解得 $a=2,b=-1$.

【解法 3】 利用导数定义

由

$$\lim_{h\to 0}\frac{af(h)+bf(2h)-f(0)}{h}$$
$$=\lim_{h\to 0}\left(a\cdot\frac{f(h)-f(0)}{h}+2b\cdot\frac{f(2h)-f(0)}{2h}+\frac{(a+b-1)f(0)}{h}\right)$$
$$=(a+2b)f'(0)+\lim_{h\to 0}\frac{(a+b-1)f(0)}{h}=0,$$

而 $f(0)\neq 0,f'(0)\neq 0$, 故有 $\begin{cases}a+b-1=0,\\a+2b=0.\end{cases}$ 解得 $a=2,b=-1$.

【解法 4】 利用函数与极限的关系

由已知 $\lim\limits_{h\to 0}\dfrac{af(h)+bf(2h)-f(0)}{h}=0$, 知 $\dfrac{af(h)+bf(2h)-f(0)}{h}=\alpha(h)$,
其中 $\alpha(h)\to 0(h\to 0)$. 于是 $af(h)+bf(2h)-f(0)=\alpha(h)\cdot h$, 两边令 $h\to 0$, 得 $(a+b-1)\cdot f(0)=0$. 因为 $f(0)\neq 0$, 所以 $a+b-1=0$, 于是 $af(h)+bf(2h)-(a+b)f(0)=\alpha(h)\cdot h$, 从而得

$$a\frac{f(h)-f(0)}{h}+2(1-a)\cdot\frac{f(2h)-f(0)}{2h}=\alpha(h),$$

两边令 $h\to 0$, 得 $af'(0)+2(1-a)\cdot f'(0)=0$. 又 $f'(0)\neq 0$, 即得 $a+2(1-a)=0$, 解得 $a=2,b=1-a=-1$.

☀ **特别提示** 将该结论进行拓展, 设函数 $f(x)$ 在 $x=0$ 的某邻域内具有二阶连续导数, 且 $f(0) \neq 0, f'(0) \neq 0, f''(0) \neq 0$, 则存在唯一的一组实数 $\lambda_1, \lambda_2, \lambda_3$, 使得当 $h \to 0$ 时, $\lambda_1 f(h) + \lambda_2 f(2h) + \lambda_3 f(3h) - f(0)$ 是比 h^2 高阶的无穷小. (2002 年硕士研究生入学考试数学(二)试题)

更为一般地, 设函数 $f(x)$ 在 $x=0$ 的某邻域内具有 n 阶连续导数, 且 $f(0) \neq 0, f^{(k)}(0) \neq 0 \quad (1,2,\cdots,n)$, 则存在唯一的一组实数 $\lambda_k (k=1,2,\cdots,n)$, 使得当 $h \to 0$ 时, $\sum\limits_{k=1}^{n+1} \lambda_k f(kh) - f(0)$ 是比 h^n 高阶的无穷小(读者可以自己给予证明).

♻ **类题训练**

1. 试确定常数 a 和 b, 使 $f(x) = x - (a + b\cos x) \cdot \sin x$ 为 $x \to 0$ 时关于 x 的 5 阶无穷小.

2. 设函数 $f(x) = x + a\ln(1+x) + bx\sin x$, $g(x) = kx^3$, 若 $f(x)$ 与 $g(x)$ 在 $x \to 0$ 时是等价无穷小, 求 a, b, k 的值. (2015 年硕士研究生入学考试数学(二)试题)

3. 试确定常数 A, B, C 的值, 使得 $e^x \cdot (1 + Bx + Cx^2) = 1 + Ax + o(x^3)$, 其中 $o(x^3)$ 是当 $x \to 0$ 时比 x^3 高阶的无穷小. (2006 年硕士研究生入学考试数学(二)、(四)试题)

4. 证明存在这样的常数 a, b, c, 使对任意在 $[-1,1]$ 上三阶可导的函数 $f(x)$, 成立以下关系式:

$$af(-h) + bf(0) + cf(h) = f'(0)h + O(h^3) \quad (|h| \leqslant 1),$$

其中 $O(h^3)$ 是当 $h \to 0$ 时与 h^3 同阶的无穷小.

📖 **典型例题**

43 设函数 $f(x)$ 在 $x=0$ 的某邻域内具有二阶导数, 且 $\lim\limits_{x \to 0} \dfrac{f(x)}{x} = 0$, $f''(0) = 4$, 求 $\lim\limits_{x \to 0} \left(1 + \dfrac{f(x)}{x}\right)^{\frac{1}{x}}$.

【解法 1】 由已知 $\lim\limits_{x \to 0} \dfrac{f(x)}{x} = 0$, 得

$$f(0) = \lim\limits_{x \to 0} f(x) = 0, \quad f'(0) = \lim\limits_{x \to 0} \frac{f(x) - f(0)}{x} = \lim\limits_{x \to 0} \frac{f(x)}{x} = 0.$$

又因为 $f''(0) = \lim\limits_{x \to 0} \dfrac{f'(x) - f'(0)}{x} = \lim\limits_{x \to 0} \dfrac{f'(x)}{x} = 4$，所以

$$\lim\limits_{x \to 0} \frac{1}{x} \ln\left(1 + \frac{f(x)}{x}\right) = \lim\limits_{x \to 0} \frac{1}{x} \cdot \frac{f(x)}{x} = \lim\limits_{x \to 0} \frac{f(x)}{x^2} = \lim\limits_{x \to 0} \frac{f'(x)}{2x} = 2.$$

故 $\lim\limits_{x \to 0} \left(1 + \dfrac{f(x)}{x}\right)^{\frac{1}{x}} = \mathrm{e}^{\lim\limits_{x \to 0} \frac{1}{x} \ln\left(1 + \frac{f(x)}{x}\right)} = \mathrm{e}^2.$

【解法 2】　同解法 1，得 $f(0) = 0, f'(0) = 0$．因为 $\lim\limits_{x \to 0} \dfrac{f(x)}{x} = 0$，所以

$\lim\limits_{x \to 0} \left(1 + \dfrac{f(x)}{x}\right)^{\frac{1}{x}}$ 为 1^∞ 型未定式，从而由重要极限知

$$\lim\limits_{x \to 0} \left(1 + \frac{f(x)}{x}\right)^{\frac{1}{x}} = \lim\limits_{x \to 0} \left\{\left(1 + \frac{f(x)}{x}\right)^{\frac{x}{f(x)}}\right\}^{\frac{f(x)}{x^2}} = \left\{\lim\limits_{x \to 0} \left(1 + \frac{f(x)}{x}\right)^{\frac{x}{f(x)}}\right\}^{\lim\limits_{x \to 0} \frac{f(x)}{x^2}} = \mathrm{e}^{\lim\limits_{x \to 0} \frac{f(x)}{x^2}}.$$

而 $\lim\limits_{x \to 0} \dfrac{f(x)}{x^2} = \lim\limits_{x \to 0} \dfrac{f'(x)}{2x} = \dfrac{1}{2} \lim\limits_{x \to 0} \dfrac{f'(x) - f'(0)}{x} = \dfrac{1}{2} f''(0) = 2$，故 $\lim\limits_{x \to 0} \left(1 + \dfrac{f(x)}{x}\right)^{\frac{1}{x}} = \mathrm{e}^2.$

【解法 3】　由已知 $\lim\limits_{x \to 0} \dfrac{f(x)}{x} = 0$，得 $\dfrac{f(x)}{x} = 0 + \alpha(x)$，$\alpha(x) \to 0 (x \to 0)$．于是

$f(x) = x \cdot \alpha(x)$，从而 $f(0) = \lim\limits_{x \to 0} f(x) = 0$，$f'(0) = \lim\limits_{x \to 0} \dfrac{f(x) - f(0)}{x} = 0$．又

$$f(x) = f(0) + f'(0)x + \frac{f''(0)}{2!}x^2 + o(x^2) = 2x^2 + o(x^2),$$

故

$$\lim\limits_{x \to 0} \left(1 + \frac{f(x)}{x}\right)^{\frac{1}{x}} = \lim\limits_{x \to 0} (1 + 2x + o(x))^{\frac{1}{x}} = \lim\limits_{x \to 0} \left\{(1 + 2x + o(x))^{\frac{1}{2x}}\right\}^2 = \mathrm{e}^2.$$

✸ 特别提示　对于 1^∞ 型未定式极限的计算方法主要有三种，具体如下：

设 $f(x) = u(x)^{v(x)} \left(u(x) > 0, u(x) \neq 1\right)$，在同一自变量变化过程中，$\lim u(x) = 1$，$\lim v(x) = \infty$，则有

方法 1　$\lim f(x) = \lim u(x)^{v(x)} = \mathrm{e}^{\lim v(x) \ln u(x)} = \mathrm{e}^{\lim v(x) \cdot (u(x) - 1)}$，

其中 $\ln u(x)=\ln\left(1+\left(u(x)-1\right)\right)\sim u(x)-1$.

方法 2　$\lim f(x)=\lim u(x)^{v(x)}=\mathrm{e}^{\lim v(x)\cdot\ln u(x)}$，再由 L'Hospital 法则求 $\lim v(x)\cdot$ $\ln u(x)$.

方法 3　$\lim f(x)=\lim u(x)^{v(x)}=\lim\left\{\left[1+\left(u(x)-1\right)\right]^{\frac{1}{u(x)-1}}\right\}^{v(x)\cdot(u(x)-1)}$

$$=\mathrm{e}^{\lim v(x)\cdot(u(x)-1)}.$$

类题训练

1. 已知 $\lim\limits_{x\to 0}\left(1+x+\dfrac{f(x)}{x}\right)^{\frac{1}{x}}=\mathrm{e}^3$，则 $\lim\limits_{x\to 0}\dfrac{f(x)}{x^2}=$ _____. (2014 年第六届全国大学生数学竞赛预赛(非数学类)试题)

2. 设函数 $f(x)$ 在 $x=0$ 的某邻域内有二阶导数，且 $\lim\limits_{x\to 0}\left(1+x+\dfrac{f(x)}{x}\right)^{\frac{1}{x}}=\mathrm{e}^3$，求 $f(0),f'(0),f''(0)$ 及 $\lim\limits_{x\to 0}\left(1+\dfrac{f(x)}{x}\right)^{\frac{1}{x}}$.

3. 已知 $\lim\limits_{x\to 0}\dfrac{f(x)}{1-\cos x}=4$，求 $\lim\limits_{x\to 0}\left(1+\dfrac{f(x)}{x}\right)^{\frac{1}{x}}$.

4. 设函数 $f(x)$ 在 $[-1,1]$ 上恒正连续可导，且 $f(0)=1$，证明 $\lim\limits_{x\to 0}\left[f(x)\right]^{\frac{1}{x}}=\mathrm{e}^{f'(0)}$.

5. 设函数 $f(x)$ 连续可导，且 $\lim\limits_{x\to 0}\dfrac{f(x)}{x}=2$，求

$$\lim\limits_{x\to 0}\left(\cos x+\int_0^x f(x-t)\mathrm{d}t\right)^{\frac{1}{x-\ln(1+x)}}.$$

典型例题

44　求极限 $\lim\limits_{x\to 0}\left(\dfrac{\sin x}{x}\right)^{\frac{1}{1-\cos x}}$. (2011 年第二届全国大学生数学竞赛(非数学类)决赛试题)

【解法1】　该极限为1^∞型未定式

$$原式=e^{\lim\limits_{x\to0}\frac{1}{1-\cos x}\ln\frac{\sin x}{x}}=e^{\lim\limits_{x\to0}\frac{1}{1-\cos x}\left(\frac{\sin x}{x}-1\right)}=e^{\lim\limits_{x\to0}\frac{\sin x-x}{\frac{1}{2}x^3}}=e^{\lim\limits_{x\to0}\frac{\cos x-1}{\frac{3}{2}x^2}}=e^{\lim\limits_{x\to0}\frac{-\frac{x^2}{2}}{\frac{3}{2}x^2}}=e^{-\frac{1}{3}}$$

$\left(因为x\to0时,1-\cos x\sim\dfrac{x^2}{2}\right)$.

【解法2】

$$原式=e^{\lim\limits_{x\to0}\frac{\ln\frac{\sin x}{x}}{1-\cos x}}=e^{\lim\limits_{x\to0}\frac{\frac{x\cos x-\sin x}{x\cdot\sin x}}{\sin x}}=e^{\lim\limits_{x\to0}\frac{x\cos x-\sin x}{x^3}}=e^{-\lim\limits_{x\to0}\frac{\sin x}{3x}}=e^{-\frac{1}{3}}（因为x\to0时,$$

$\sin x\sim x$).

【解法3】

$$原式=\lim_{x\to0}\left[1+\left(\frac{\sin x}{x}-1\right)\right]^{\frac{1}{1-\cos x}}=\lim_{x\to0}\left\{\left[1+\left(\frac{\sin x}{x}-1\right)\right]^{\frac{1}{\frac{\sin x}{x}-1}}\right\}^{\frac{\frac{\sin x}{x}-1}{1-\cos x}}$$

$$=\left\{\lim_{x\to0}\left[1+\left(\frac{\sin x}{x}-1\right)\right]^{\frac{1}{\frac{\sin x}{x}-1}}\right\}^{\lim\limits_{x\to0}\frac{\frac{\sin x}{x}-1}{1-\cos x}}.$$

而$\lim\limits_{x\to0}\dfrac{\frac{\sin x}{x}-1}{1-\cos x}=\lim\limits_{x\to0}\dfrac{\sin x-x}{x(1-\cos x)}=\lim\limits_{x\to0}\dfrac{\sin x-x}{x\cdot\frac{x^2}{2}}=\lim\limits_{x\to0}\dfrac{\cos x-1}{\frac{3}{2}x^2}=-\dfrac{1}{3}$. 故原式$=e^{-\frac{1}{3}}$.

【解法4】　由Taylor展开, 有

$$\sin x=x-\frac{x^3}{3!}+o(x^4),\quad\cos x=1-\frac{x^2}{2}+o(x^3).$$

于是$\dfrac{\sin x}{x}=1-\dfrac{x^2}{6}+o(x^3),\dfrac{1}{1-\cos x}=\dfrac{1}{\frac{x^2}{2}+o(x^3)}$.

令$\alpha(x)=-\dfrac{x^2}{6}+o(x^3),\beta(x)=\dfrac{x^2}{2}+o(x^3)$, 则$\alpha(x)\to0,\beta(x)\to0(x\to0)$, 且

$\dfrac{\alpha(x)}{\beta(x)}\to-\dfrac{1}{3}(x\to0)$. 故

$$\lim_{x\to 0}\left(\frac{\sin x}{x}\right)^{\frac{1}{1-\cos x}}=\lim_{x\to 0}\left(1+\alpha(x)\right)^{\frac{1}{\beta(x)}}=\lim_{x\to 0}\left\{\left(1+\alpha(x)\right)^{\frac{1}{\alpha(x)}}\right\}^{\frac{\alpha(x)}{\beta(x)}}$$

$$=\left\{\lim_{x\to 0}\left(1+\alpha(x)\right)^{\frac{1}{\alpha(x)}}\right\}^{\lim\limits_{x\to 0}\frac{\alpha(x)}{\beta(x)}}=e^{-\frac{1}{3}}.$$

✴ 特别提示

[1]　对于 1^{∞} 型未定式极限, 其计算方法主要有三种, 前面已作介绍.

[2]　上述解法 3 和解法 4 用到了如下结论: 设在自变量的同一变化过程中, 有 $\lim u(x)=A,\lim v(x)=B$ (A,B 为有限值), 则有 $\lim u(x)^{v(x)}=\left(\lim u(x)\right)^{\lim v(x)}=A^{B}$, 其中 $u(x)>0$, $u(x)\not\equiv 1$.

[3]　对于 $\infty-\infty,0\cdot\infty,0^{0}$ 及 ∞^{0} 型未定式极限, 可转化为 $\dfrac{0}{0}$ 或 $\dfrac{\infty}{\infty}$ 型极限, 利用 L'Hospital 法则求解.

♻ 类题训练

1. 求下列极限:

(a)　$\lim\limits_{x\to 0}\left(\dfrac{\arcsin x}{x}\right)^{\frac{1}{x^{2}}}$;　　　　(b)　$\lim\limits_{x\to 0}\left(\dfrac{3-e^{x}}{2+x}\right)^{\csc x}$;

(c)　$\lim\limits_{x\to 0}\left(2-\dfrac{\ln(1+x)}{x}\right)^{\frac{1}{x}}$; (2013 年硕士研究生入学考试数学(二)试题)

(d)　$\lim\limits_{x\to 0}\left(\cos 2x+2x\sin x\right)^{\frac{1}{x^{4}}}$; (2016 年硕士研究生入学考试数学(二)试题)

(e)　$\lim\limits_{x\to\infty}e^{-x}\cdot\left(1+\dfrac{1}{x}\right)^{x^{2}}$. (2010 年第二届全国大学生数学竞赛预赛(非数学类)试题)

2. 求极限 $\lim\limits_{x\to 0}\left(\dfrac{(1+x)^{\frac{1}{x}}}{e}\right)^{\frac{1}{x}}$.

3. 求下列极限:

(a)　$\lim\limits_{x\to +\infty}\left(\dfrac{2}{\pi}\arctan x\right)^{x}$;　(b)　$\lim\limits_{x\to 0}\left(1+\sin^{2}x\right)^{\frac{1}{1-\cos x}}$;　(c)　$\lim\limits_{x\to +\infty}\left(x^{\frac{1}{x}}-1\right)^{\frac{1}{\ln x}}$.

4. 求极限 $\lim\limits_{x\to\infty}\left(\dfrac{1}{x}+2^{\frac{1}{x}}\right)^{x}$. (2018 年河北省大学生数学竞赛(非数学类)试题)

📖 典型例题

45 求极限 $\lim\limits_{x\to0}\left(\dfrac{a^{x}+b^{x}+c^{x}}{3}\right)^{\frac{1}{x}}$, 其中 $a,b,c>0$.

【解法1】 利用 L'Hospital 法则

$$\lim_{x\to0}\left(\frac{a^{x}+b^{x}+c^{x}}{3}\right)^{\frac{1}{x}}=\mathrm{e}^{\lim\limits_{x\to0}\frac{1}{x}\ln\left(\frac{a^{x}+b^{x}+c^{x}}{3}\right)}=\mathrm{e}^{\lim\limits_{x\to0}\frac{\ln\left(a^{x}+b^{x}+c^{x}\right)-\ln3}{x}}$$

$$=\mathrm{e}^{\lim\limits_{x\to0}\frac{a^{x}\ln a+b^{x}\ln b+c^{x}\ln c}{a^{x}+b^{x}+c^{x}}}=\mathrm{e}^{\frac{1}{3}\left(\ln a+\ln b+\ln c\right)}=\sqrt[3]{abc}.$$

【解法2】 利用等价无穷小的代换: $\ln\left(1+u\right)\sim u\left(u\to0\right)$.

$$\lim_{x\to0}\left(\frac{a^{x}+b^{x}+c^{x}}{3}\right)^{\frac{1}{x}}=\mathrm{e}^{\lim\limits_{x\to0}\frac{1}{x}\ln\frac{a^{x}+b^{x}+c^{x}}{3}}=\mathrm{e}^{\lim\limits_{x\to0}\frac{1}{x}\left(\frac{a^{x}+b^{x}+c^{x}}{3}-1\right)}$$

$$=\mathrm{e}^{\frac{1}{3}\lim\limits_{x\to0}\left(\frac{a^{x}-1}{x}+\frac{b^{x}-1}{x}+\frac{c^{x}-1}{x}\right)}=\mathrm{e}^{\frac{1}{3}\left(\ln a+\ln b+\ln c\right)}=\sqrt[3]{abc}.$$

【解法3】 利用重要极限: $\lim\limits_{\alpha(x)\to0}\left(1+\alpha\left(x\right)\right)^{\frac{1}{\alpha(x)}}=\mathrm{e}$.

$$\lim_{x\to0}\left(\frac{a^{x}+b^{x}+c^{x}}{3}\right)^{\frac{1}{x}}=\lim_{x\to0}\left\{\left[1+\left(\frac{a^{x}+b^{x}+c^{x}}{3}-1\right)\right]^{\frac{1}{\frac{a^{x}+b^{x}+c^{x}}{3}-1}}\right\}^{\frac{\frac{a^{x}+b^{x}+c^{x}}{3}-1}{x}}$$

$$=\mathrm{e}^{\lim\limits_{x\to0}\frac{\frac{a^{x}+b^{x}+c^{x}}{3}-1}{x}}=\mathrm{e}^{\frac{1}{3}\lim\limits_{x\to0}\frac{a^{x}-1+b^{x}-1+c^{x}-1}{x}}=\sqrt[3]{abc}.$$

【解法4】 利用 e^{x} 及 $\ln\left(1+x\right)$ 的 Taylor-Peano 展开公式

因为 $a^{x}=\mathrm{e}^{x\ln a}=1+x\ln a+o\left(x\right)$, $b^{x}=\mathrm{e}^{x\ln b}=1+x\ln b+o\left(x\right)$, $c^{x}=\mathrm{e}^{x\ln c}=1+x\ln c+o\left(x\right)$, 所以

$$\frac{a^{x}+b^{x}+c^{x}}{3}=1+\frac{\ln a+\ln b+\ln c}{3}x+o\left(x\right)=1+x\ln\sqrt[3]{abc}+o\left(x\right),$$

于是 $\ln\left(\dfrac{a^{x}+b^{x}+c^{x}}{3}\right)=\ln\left[1+x\cdot\ln\sqrt[3]{abc}+o\left(x\right)\right]=x\cdot\ln\sqrt[3]{abc}+o\left(x\right)$, 从而

$$\lim_{x \to 0}\left(\frac{a^x + b^x + c^x}{3}\right)^{\frac{1}{x}} = e^{\lim\limits_{x \to 0}\frac{1}{x}\ln\left(\frac{a^x+b^x+c^x}{3}\right)} = e^{\lim\limits_{x \to 0}\left(\ln\sqrt[3]{abc}+\frac{o(x)}{x}\right)} = \sqrt[3]{abc}.$$

✳ **特别提示**　　该问题可推广到有限个情形. 一般地, 设 $a_i > 0$　$(i = 1, 2, \cdots, n)$,

则 $\lim\limits_{x \to 0}\left(\dfrac{a_1^x + a_2^x + \cdots + a_n^x}{n}\right)^{\frac{1}{x}} = \sqrt[n]{a_1 a_2 \cdots a_n}$.

♻ **类题训练**

1. 求极限 $\lim\limits_{x \to 0}\left(\dfrac{e^x + e^{2x} + e^{3x}}{3}\right)^{\frac{1}{\sin x}}$. (2008 年浙江省高等数学竞赛题)

2. 求极限 $\lim\limits_{x \to 0}\left(\dfrac{e^x + e^{2x} + \cdots + e^{nx}}{n}\right)^{\frac{e}{x}}$, 其中 n 是给定的正整数. (2009 年首届全国大学生数学竞赛预赛(非数学类)试题)

3. 设 $a_1, a_2, \cdots, a_n$ 均为正数, 求极限 $\lim\limits_{x \to +\infty}\left(\dfrac{a_1^{\frac{1}{x}} + a_2^{\frac{1}{x}} + \cdots + a_n^{\frac{1}{x}}}{n}\right)^{nx}$.

4. 求极限 $\lim\limits_{x \to 0}\left(\dfrac{a^x - x\ln a}{b^x - x\ln b}\right)^{\frac{1}{x^2}}$ $(a > b > 0)$.

📖 **典型例题**

46　求极限 $\lim\limits_{n \to \infty}\tan^n\left(\dfrac{\pi}{4} + \dfrac{1}{n}\right)$.

【**解法 1**】　该数列极限为 1^∞ 型未定式, 所以可以化为以 e 为底的指数函数形式的极限求解.

$$\text{原式} = e^{\lim\limits_{n \to \infty} n \cdot \ln\tan\left(\frac{\pi}{4}+\frac{1}{n}\right)} = e^{\lim\limits_{n \to \infty} n \cdot \ln\left(1 + \frac{2\tan\frac{1}{n}}{1-\tan\frac{1}{n}}\right)} = e^{\lim\limits_{n \to \infty}\frac{2n\tan\frac{1}{n}}{1-\tan\frac{1}{n}}} = e^2,$$

其中用到等价无穷小的代换: 当 $n \to \infty$ 时, $\ln\left(1 + \dfrac{2\tan\frac{1}{n}}{1-\tan\frac{1}{n}}\right) \sim \dfrac{2\tan\frac{1}{n}}{1-\tan\frac{1}{n}}$.

【解法 2】 该数列极限为 1^{∞} 型未定式, 所以可利用重要极限求解

$$原式 = \lim_{n\to\infty}\left(\frac{1+\tan\frac{1}{n}}{1-\tan\frac{1}{n}}\right)^n = \lim_{n\to\infty}\left(1+\frac{2\tan\frac{1}{n}}{1-\tan\frac{1}{n}}\right)^{\frac{1-\tan\frac{1}{n}}{2\tan\frac{1}{n}}\cdot\frac{2\tan\frac{1}{n}}{1-\tan\frac{1}{n}}\cdot n} = e^{\lim_{n\to\infty}\frac{2\tan\frac{1}{n}}{1-\tan\frac{1}{n}}\cdot n} = e^2.$$

【解法 3】 该数列极限为 1^{∞} 型未定式, 所以可由 Heine 定理转化为函数极限, 再由 L'Hospital 法则求解.

$$原式 = \lim_{x\to+\infty}\left[\tan\left(\frac{\pi}{4}+\frac{1}{x}\right)\right]^x = e^{\lim_{x\to+\infty}x\ln\tan\left(\frac{\pi}{4}+\frac{1}{x}\right)} = e^{\lim_{t\to0^+}\frac{\ln\tan\left(\frac{\pi}{4}+t\right)}{t}} = e^{\lim_{t\to0^+}\frac{1}{\tan\left(\frac{\pi}{4}+t\right)}\cdot\sec^2\left(\frac{\pi}{4}+t\right)} = e^2.$$

【解法 4】 利用函数导数的定义

$$原式 = e^{\lim_{n\to\infty}n\cdot\ln\tan\left(\frac{\pi}{4}+\frac{1}{n}\right)} = e^{\lim_{n\to\infty}\frac{\ln\tan\left(\frac{\pi}{4}+\frac{1}{n}\right)-\ln\tan\frac{\pi}{4}}{\frac{1}{n}}} = e^{(\ln\tan x)'\big|_{x=\frac{\pi}{4}}} = e^2.$$

特别提示

[1] 数列是一种特殊形式的函数, 幂指函数结构形式数列极限的计算可参照幂指函数极限计算的方法, 也可以利用 Heine 定理转化为函数极限, 再由 L'Hospital 法则求解, 但自变量的变化过程应为 $x\to+\infty$, 而不是 $x\to\infty$, 可参见解法 3.

[2] Heine 定理(函数极限与数列极限的关系): 设极限 $\lim\limits_{x\to x_0}f(x)$ 存在, $\{x_n\}$ 为函数 $f(x)$ 的定义域内任一收敛于 x_0 的数列, 且满足 $x_n\neq x_0\left(n\in\mathbf{N}^+\right)$, 则相应的函数值数列 $\{f(x_n)\}$ 必收敛, 且 $\lim\limits_{n\to\infty}f(x_n)=\lim\limits_{x\to x_0}f(x)$, 其中 x_0 可以是有限, 也可以是 ∞.

类题训练

1. 设 $f(x)$ 在 $x=a$ 处可微, 且 $f(a)\neq 0$, 求 $\lim\limits_{n\to\infty}\left[\dfrac{f\left(a+\dfrac{1}{n}\right)}{f(a)}\right]^n$. (2016 年第八届全国大学生数学竞赛预赛(非数学类)试题)

2. 求极限 $\lim\limits_{n\to\infty}\left(\cos\dfrac{\theta}{n}\right)^n$.

3. 设数列 $\{x_n\}$ 满足 $0<x_1<\pi, x_{n+1}=\sin x_n, n=1,2,\cdots,$ (i)证明 $\lim\limits_{n\to\infty}x_n$ 存在, 并

求该极限; (ii)计算 $\lim\limits_{n\to\infty}\left(\dfrac{x_{n+1}}{x_n}\right)^{\frac{1}{x_n^2}}$. (2006 年硕士研究生入学考试数学(一)、(二)试题)

4. 求极限 $\lim\limits_{n\to\infty}\left(1+\sin\pi\sqrt{1+4n^2}\right)^n$. (2013 年第五届全国大学生数学竞赛预赛(非数学类)试题)

5. 求极限 $\lim\limits_{n\to\infty}(n!)^{\frac{1}{n^2}}$. (2012 年第四届全国大学生数学竞赛预赛(非数学类)试题)

6. 设 $f(x)$ 在 $x=0$ 点的某邻域内可导，且 $f(0)=1$, $f'(0)=2$，求极限 $\lim\limits_{n\to\infty}\left(n\cdot\sin\dfrac{1}{n}\right)^{\frac{n}{1-f\left(\frac{1}{n}\right)}}$.

📖 典型例题

47　设 $a,b>0$，证明 $\lim\limits_{n\to\infty}\left(\dfrac{\sqrt[n]{a}+\sqrt[n]{b}}{2}\right)^n=\sqrt{ab}$.

【证法 1】　$\lim\limits_{n\to\infty}\left(\dfrac{\sqrt[n]{a}+\sqrt[n]{b}}{2}\right)^n=\mathrm{e}^{\lim\limits_{n\to\infty}n\ln\frac{\sqrt[n]{a}+\sqrt[n]{b}}{2}}=\mathrm{e}^{\lim\limits_{n\to\infty}n\cdot\ln\left[1+\left(\frac{\sqrt[n]{a}+\sqrt[n]{b}}{2}-1\right)\right]}=\mathrm{e}^{\lim\limits_{n\to\infty}n\cdot\left(\frac{\sqrt[n]{a}+\sqrt[n]{b}}{2}-1\right)}$

$$=\mathrm{e}^{\lim\limits_{n\to\infty}n\cdot\frac{\sqrt[n]{a}-1+\sqrt[n]{b}-1}{2}}.$$

因为 $\lim\limits_{n\to\infty}n\cdot\left(\sqrt[n]{a}-1\right)=\lim\limits_{n\to\infty}\dfrac{\sqrt[n]{a}-1}{\dfrac{1}{n}}=\lim\limits_{x\to0}\dfrac{a^x-1}{x}=\ln a$，$\lim\limits_{n\to\infty}n\cdot\left(\sqrt[n]{b}-1\right)=\ln b$，所以

$$\lim\limits_{n\to\infty}\left(\dfrac{\sqrt[n]{a}+\sqrt[n]{b}}{2}\right)^n=\mathrm{e}^{\frac{1}{2}\ln a+\frac{1}{2}\ln b}=\sqrt{ab}.$$

【证法 2】　设 $f(x)=a^x$，则

$$f'(0)=\ln a,\quad \lim\limits_{n\to\infty}\dfrac{f\left(\dfrac{1}{n}\right)-f(0)}{\dfrac{1}{n}}=f'(0),\quad 即 \quad \lim\limits_{n\to\infty}n\left(\sqrt[n]{a}-1\right)=\ln a.$$

同理，$\lim\limits_{n\to\infty}n\left(\sqrt[n]{b}-1\right)=\ln b$.

令 $x_n=n\left(\dfrac{\sqrt[n]{a}+\sqrt[n]{b}}{2}-1\right)=\dfrac{1}{2}\cdot\left[n\left(\sqrt[n]{a}-1\right)+n\left(\sqrt[n]{b}-1\right)\right]$，于是

$$\lim_{n\to\infty} x_n = \frac{1}{2}(\ln a + \ln b) = \ln\sqrt{ab}, \quad 且 \quad \frac{\sqrt[n]{a}+\sqrt[n]{b}}{2} = 1 + \frac{x_n}{n}.$$

故 $\lim_{n\to\infty}\left(\dfrac{\sqrt[n]{a}+\sqrt[n]{b}}{2}\right)^n = \lim_{n\to\infty}\left(1+\dfrac{x_n}{n}\right)^n = \lim_{n\to\infty}\left[\left(1+\dfrac{x_n}{n}\right)^{\frac{n}{x_n}}\right]^{x_n} = \mathrm{e}^{\ln\sqrt{ab}} = \sqrt{ab}.$

【证法3】 原式 $= \lim_{x\to0}\left(\dfrac{a^x+b^x}{2}\right)^{\frac{1}{x}} = \mathrm{e}^{\lim\limits_{x\to0}\frac{1}{x}\ln\frac{a^x+b^x}{2}} = \mathrm{e}^{\lim\limits_{x\to0}\frac{a^x\ln a+b^x\ln b}{a^x+b^x}} = \mathrm{e}^{\frac{1}{2}(\ln a+\ln b)}$

$\qquad\qquad = \sqrt{ab}.$

【证法4】 $\lim_{n\to\infty}\left(\dfrac{\sqrt[n]{a}+\sqrt[n]{b}}{2}\right)^n = \lim_{n\to\infty}\left\{\left(1+\dfrac{\sqrt[n]{a}+\sqrt[n]{b}-2}{2}\right)^{\frac{2}{\sqrt[n]{a}+\sqrt[n]{b}-2}}\right\}^{\frac{\sqrt[n]{a}+\sqrt[n]{b}-2}{2}\cdot n}$, 而

$$\lim_{n\to\infty}\left(1+\frac{\sqrt[n]{a}+\sqrt[n]{b}-2}{2}\right)^{\frac{2}{\sqrt[n]{a}+\sqrt[n]{b}-2}} = \mathrm{e},$$

且

$$\lim_{n\to\infty}\frac{\sqrt[n]{a}+\sqrt[n]{b}-2}{2}\cdot n = \lim_{x\to0^+}\frac{a^x+b^x-2}{2x} = \lim_{x\to0^+}\frac{a^x\cdot\ln a+b^x\cdot\ln b}{2} = \frac{\ln a+\ln b}{2},$$

故 $\lim_{n\to\infty}\left(\dfrac{\sqrt[n]{a}+\sqrt[n]{b}}{2}\right)^n = \mathrm{e}^{\frac{\ln a+\ln b}{2}} = \sqrt{ab}.$

【证法5】 由 Taylor 展开公式, 有

$$a^{\frac{1}{n}} = \mathrm{e}^{\frac{1}{n}\ln a} = 1+\frac{1}{n}\ln a+o\left(\frac{1}{n}\right), \quad b^{\frac{1}{n}} = \mathrm{e}^{\frac{1}{n}\ln b} = 1+\frac{1}{n}\ln b+o\left(\frac{1}{n}\right),$$

于是 $\left(\dfrac{\sqrt[n]{a}+\sqrt[n]{b}}{2}\right)^n = \left[1+\dfrac{1}{n}\cdot\dfrac{\ln a+\ln b}{2}+o\left(\dfrac{1}{n}\right)\right]^n.$

记 $x_n = \dfrac{1}{n}\cdot\dfrac{\ln a+\ln b}{2}+o\left(\dfrac{1}{n}\right)$, 则 $nx_n = \ln\sqrt{ab}+o(1)$, 故

$$\lim_{n\to\infty}\left(\frac{\sqrt[n]{a}+\sqrt[n]{b}}{2}\right)^n = \lim_{n\to\infty}(1+x_n)^n = \lim_{n\to\infty}(1+x_n)^{\frac{1}{x_n}\cdot nx_n} = \mathrm{e}^{\lim\limits_{n\to\infty} nx_n} = \mathrm{e}^{\ln\sqrt{ab}} = \sqrt{ab}.$$

✳ **特别提示** 该问题可推广为

[1] 设 $a_i>0, p_i>0, i=1,2,\cdots,m, p=\sum\limits_{i=1}^{m}p_i$, 则有

(i) $\lim\limits_{n\to\infty}\left(\dfrac{\sqrt[n]{a_1}+\sqrt[n]{a_2}+\cdots+\sqrt[n]{a_m}}{m}\right)^n=\sqrt[m]{a_1 a_2\cdots a_m}$;

(ii) $\lim\limits_{n\to\infty}\left(\dfrac{p_1\cdot\sqrt[n]{a_1}+p_2\cdot\sqrt[n]{a_2}+\cdots+p_m\cdot\sqrt[n]{a_m}}{p_1+p_2+\cdots+p_m}\right)^n=\sqrt[p]{a_1^{p_1} a_2^{p_2}\cdots a_m^{p_m}}$.

[2] 设正数列 $\{a_n\}$, $\{b_n\}$ 满足 $a_n^n\to a$, $b_n^n\to b$ $(n\to\infty)$, 其中 $0<a,b<+\infty$, p,q 为非负数, 且满足 $p+q=1$, 则 $\lim\limits_{n\to\infty}(pa_n+qb_n)^n=a^p b^q$.

类题训练

1. 求极限 $\lim\limits_{n\to\infty}\left(\dfrac{\sqrt[n]{2}+\sqrt[n]{3}+\sqrt[n]{5}}{3}\right)^n$. (2005 年浙江省高等数学竞赛题)

2. 求极限 $\lim\limits_{n\to\infty}\left(\dfrac{2+\sqrt[n]{64}}{3}\right)^{2n-1}$.

3. 求极限 $\lim\limits_{n\to\infty}\left(\dfrac{n+\ln n}{n-\ln n}\right)^{\frac{n}{\ln n}}$.

4. 求极限 $\lim\limits_{n\to\infty}\left(n\cdot\tan\dfrac{1}{n}\right)^{n^2}$. (1998 年硕士研究生入学考试数学(四)试题)

5. 求极限 $\lim\limits_{n\to\infty} n^2\cdot\left(\sqrt[n]{a}-\sqrt[n+1]{a}\right)$, 其中 $a>0$.

6. 求极限 $\lim\limits_{n\to\infty}\left(n\cdot\sin\dfrac{1}{n}\right)^{\frac{1}{1-\cos\frac{1}{n}}}$.

典型例题

48 已知函数 $f(x)$ 在 $(0,+\infty)$ 上可导, $f(x)>0$, $\lim\limits_{x\to+\infty}f(x)=1$, 且满足

$$\lim\limits_{h\to 0}\left(\dfrac{f(x+hx)}{f(x)}\right)^{\frac{1}{h}}=e^{\frac{1}{x}},$$

求 $f(x)$. (2002 年硕士研究生入学考试数学(二)试题)

【解法 1 】 将幂指函数化为以 e 为底的指数函数

由已知, 有

$$e^{\frac{1}{x}}=\lim\limits_{h\to 0}\left(\dfrac{f(x+hx)}{f(x)}\right)^{\frac{1}{h}}=e^{\lim\limits_{h\to 0}\frac{1}{h}[\ln f(x+hx)-\ln f(x)]}=e^{\lim\limits_{h\to 0}\frac{\ln f(x+hx)-\ln f(x)}{hx}\cdot x}=e^{x\cdot[\ln f(x)]'},$$

于是得 $x \cdot [\ln f(x)]' = \dfrac{1}{x}$，从而解得 $f(x) = c \cdot e^{-\frac{1}{x}}$．再由 $\lim\limits_{x \to +\infty} f(x) = 1$ 代入得 $c = 1$，

故 $f(x) = e^{-\frac{1}{x}}$．

【解法 2】　利用 1^{∞} 型未定式极限的求法

由已知，有

$$e^{\frac{1}{x}} = \lim_{h \to 0} \left(\frac{f(x+hx)}{f(x)} \right)^{\frac{1}{h}} = e^{\lim\limits_{h \to 0} \frac{1}{h} \ln \frac{f(x+hx)}{f(x)}} = e^{\lim\limits_{h \to 0} \frac{1}{h} \ln \left[1 + \frac{f(x+hx)-f(x)}{f(x)} \right]} = e^{\lim\limits_{h \to 0} \frac{1}{h} \cdot \frac{f(x+hx)-f(x)}{f(x)}}.$$

而 $\lim\limits_{h \to 0} \dfrac{1}{h} \cdot \dfrac{f(x+hx)-f(x)}{f(x)} = \dfrac{x}{f(x)} \cdot \lim\limits_{h \to 0} \dfrac{f(x+hx)-f(x)}{hx} = \dfrac{x}{f(x)} \cdot f'(x)$，故 $\dfrac{x}{f(x)} \cdot$

$f'(x) = \dfrac{1}{x}$，即 $\dfrac{f'(x)}{f(x)} = \dfrac{1}{x^2}$，解得 $f(x) = c\,e^{-\frac{1}{x}}$．再由 $\lim\limits_{x \to +\infty} f(x) = 1$ 代入得 $c = 1$，即得

$f(x) = e^{-\frac{1}{x}}$．

【解法 3】　利用 Taylor-Peano 展开公式

因为 $f(x+hx) = f(x) + hx \cdot f'(x) + o(h)$，所以 $\dfrac{f(x+hx)}{f(x)} = 1 + \dfrac{x f'(x)}{f(x)} h + o(h)$．

于是由已知，得

$$e^{\frac{1}{x}} = \lim_{h \to 0} \left(\frac{f(x+hx)}{f(x)} \right)^{\frac{1}{h}} = \lim_{h \to 0} \left(1 + \frac{x f'(x)}{f(x)} h + o(h) \right)^{\frac{1}{h}} = e^{\lim\limits_{h \to 0} \frac{1}{h} \ln \left[1 + \frac{x f'(x)}{f(x)} h + o(h) \right]}$$

$$= e^{\lim\limits_{h \to 0} \frac{1}{h} \left(\frac{x f'(x)}{f(x)} h + o(h) \right)} = e^{\frac{x f'(x)}{f(x)}},$$

从而得 $\dfrac{x f'(x)}{f(x)} = \dfrac{1}{x}$，解得 $f(x) = c \cdot e^{-\frac{1}{x}}$．再由 $\lim\limits_{x \to +\infty} f(x) = 1$ 代入得 $c = 1$，故

$f(x) = e^{-\frac{1}{x}}$．

特别提示　注意幂指函数极限的求解方法．

类题训练

1. 求 $f(x) = \lim\limits_{t \to x} \left(\dfrac{\sin t}{\sin x} \right)^{\frac{x}{\sin t - \sin x}}$．

2. 求 $f(x) = \lim\limits_{t \to x} \left(\dfrac{x-1}{t-1} \right)^{\frac{1}{x-t}}$，其中 $(x-1) \cdot (t-1) > 0$．

3. 设函数 $f(x)$ 的定义域为 $\left(-\dfrac{\pi}{2}, \dfrac{\pi}{2}\right)$，$f(x)$ 可导，且 $f(0)=1$，$f(x)>0$，又

满足 $\lim\limits_{h \to 0} \left(\dfrac{f(x + h \cdot \cos^2 x)}{f(x)}\right)^{\frac{1}{h}} = e^{x \cdot \cos^2 x + \tan x}$，求 $f(x)$ 及 $f(x)$ 的极值.

📖 典型例题

49 求极限 $\lim\limits_{x \to 0} \dfrac{\sqrt{1-x^2} - \sqrt{1-4x^2}}{x^2}$.

【**解法 1**】 利用分子有理化

$$\lim_{x \to 0} \frac{\sqrt{1-x^2} - \sqrt{1-4x^2}}{x^2} = \lim_{x \to 0} \frac{3x^2}{x^2 \cdot \left(\sqrt{1-x^2} + \sqrt{1-4x^2}\right)} = \lim_{x \to 0} \frac{3}{\sqrt{1-x^2} + \sqrt{1-4x^2}} = \frac{3}{2}.$$

【**解法 2**】 利用等价无穷小代换：$(1+x)^\alpha - 1 \sim \alpha x$，$x \to 0$，$\alpha \in \mathbf{R}$.

$$\lim_{x \to 0} \frac{\sqrt{1-x^2} - \sqrt{1-4x^2}}{x^2} = \lim_{x \to 0} \frac{\sqrt{1-x^2} - 1}{x^2} - \lim_{x \to 0} \frac{\sqrt{1-4x^2} - 1}{x^2} = \lim_{x \to 0} \frac{-\dfrac{1}{2}x^2}{x^2} - \lim_{x \to 0} \frac{-2x^2}{x^2} = \frac{3}{2}.$$

【**解法 3**】 利用 L'Hospital 法则

$$\lim_{x \to 0} \frac{\sqrt{1-x^2} - \sqrt{1-4x^2}}{x^2} = \lim_{x \to 0} \frac{\dfrac{-2x}{2\sqrt{1-x^2}} - \dfrac{-8x}{2\sqrt{1-4x^2}}}{2x} = \frac{1}{2} \lim_{x \to 0} \left(-\frac{1}{\sqrt{1-x^2}} + \frac{4}{\sqrt{1-4x^2}}\right) = \frac{3}{2}.$$

【**解法 4**】 利用 Maclaurin-Peano 展开

$$\sqrt{1-x^2} = 1 - \frac{1}{2}x^2 + o(x^2), \quad \sqrt{1-4x^2} = 1 - 2x^2 + o(x^2).$$

$$\lim_{x \to 0} \frac{\sqrt{1-x^2} - \sqrt{1-4x^2}}{x^2} = \lim_{x \to 0} \frac{1 - \dfrac{1}{2}x^2 + o(x^2) - 1 + 2x^2 + o(x^2)}{x^2} = \frac{3}{2}.$$

【**解法 5**】 利用 Lagrange 中值定理

令 $f(t) = \sqrt{t}$，则由 Lagrange 中值定理，有

$$f(1-x^2) - f(1-4x^2) = f'(\xi) \cdot 3x^2 = \frac{1}{2\sqrt{\xi}} \cdot 3x^2,$$

其中 ξ 介于 $1-x^2$ 与 $1-4x^2$ 之间. 当 $x \to 0$ 时，$\xi \to 1$. 故

$$\lim_{x \to 0} \frac{\sqrt{1-x^2} - \sqrt{1-4x^2}}{x^2} = \lim_{\xi \to 1} \frac{3}{2\sqrt{\xi}} = \frac{3}{2}.$$

特别提示 解法 2 中, 拆分后的两个极限都存在才能如此处理, 否则不满足极限的四则运算法则, 就不能拆分处理!

类题训练

1. 求极限 $\lim\limits_{x\to 0}\dfrac{e^{x^2}-e^{2-2\cos x}}{x^4}$. (2012 年硕士研究生入学考试数学(三)试题)

2. 求极限 $\lim\limits_{x\to 0}\dfrac{\sqrt{1+\tan x}-\sqrt{1-\tan x}}{\sqrt{1+2x}-1}$.

3. 求极限 $\lim\limits_{x\to 0}\dfrac{\sqrt{4+\tan x}-\sqrt{4+\sin x}}{e^{\tan x}-e^{\sin x}}$.

4. 求极限 $\lim\limits_{x\to 0}\dfrac{\sqrt{1+x\sin x}-\cos x}{x^2}$.

5. 求极限 $\lim\limits_{x\to 0}\dfrac{\sin x-\tan x}{\left(\sqrt[3]{1+x^2}-1\right)\left(\sqrt{1+\sin x}-1\right)}$.

6. 求极限 $\lim\limits_{x\to 0}\dfrac{\arcsin 2x-2\arcsin x}{x^3}$.

典型例题

50 求极限 $\lim\limits_{x\to +\infty}\left(\sqrt[6]{x^6+x^5}-\sqrt[6]{x^6-x^5}\right)$.

【解法 1】 利用 Taylor 展开公式

$$原式=\lim_{x\to +\infty} x\cdot\left(\sqrt[6]{1+\frac{1}{x}}-\sqrt[6]{1-\frac{1}{x}}\right)=\lim_{x\to +\infty} x\cdot\left[1+\frac{1}{6x}+o\left(\frac{1}{x}\right)-\left(1-\frac{1}{6x}+o\left(\frac{1}{x}\right)\right)\right]$$

$$=\lim_{x\to +\infty} x\cdot\left[\frac{1}{3x}+o\left(\frac{1}{x}\right)\right]=\frac{1}{3}.$$

【解法 2】 利用拆项及等价无穷小的代换

因为当 $x\to +\infty$ 时, 有 $\sqrt[6]{1+\frac{1}{x}}-1\sim\frac{1}{6}\cdot\frac{1}{x}$, $\sqrt[6]{1-\frac{1}{x}}-1\sim-\frac{1}{6}\cdot\frac{1}{x}$, 所以

$$原式=\lim_{x\to +\infty} x\cdot\left(\sqrt[6]{1+\frac{1}{x}}-\sqrt[6]{1-\frac{1}{x}}\right)=\lim_{x\to +\infty}\frac{\sqrt[6]{1+\frac{1}{x}}-1}{\frac{1}{x}}-\lim_{x\to +\infty}\frac{\sqrt[6]{1-\frac{1}{x}}-1}{\frac{1}{x}}$$

$$=\lim_{x\to +\infty}\frac{\frac{1}{6x}}{\frac{1}{x}}-\lim_{x\to +\infty}\frac{-\frac{1}{6x}}{\frac{1}{x}}=\frac{1}{6}+\frac{1}{6}=\frac{1}{3}.$$

【**解法 3**】　利用换元变换

令 $u = x^6 + x^5$，$v = x^6 - x^5$，则

$$\sqrt[6]{u} - \sqrt[6]{v} = \frac{\left(\sqrt[6]{u} - \sqrt[6]{v}\right)\left(\sqrt[6]{u} + \sqrt[6]{v}\right)}{\sqrt[6]{u} + \sqrt[6]{v}} = \frac{\sqrt[3]{u} - \sqrt[3]{v}}{\sqrt[6]{u} + \sqrt[6]{v}} = \frac{u - v}{\left(\sqrt[6]{u} + \sqrt[6]{v}\right) \cdot \left(\sqrt[3]{u^2} + \sqrt[3]{uv} + \sqrt[3]{v^2}\right)},$$

故原式 $= \lim\limits_{x \to +\infty} \dfrac{2}{\left(\sqrt[6]{1 + \dfrac{1}{x}} + \sqrt[6]{1 - \dfrac{1}{x}}\right) \cdot \left(\sqrt[3]{\left(1 + \dfrac{1}{x}\right)^2} + \sqrt[3]{1 - \dfrac{1}{x^2}} + \sqrt[3]{\left(1 - \dfrac{1}{x}\right)^2}\right)} = \dfrac{1}{3}$.

【**解法 4**】　利用倒代换及 L'Hospital 法则

令 $\dfrac{1}{x} = t$，则由 $x \to +\infty$ 知，$t \to 0^+$.

$$原式 = \lim\limits_{t \to 0^+} \frac{\sqrt[6]{1+t} - \sqrt[6]{1-t}}{t} \overset{\text{``}\frac{0}{0}\text{''}}{=\!=\!=} \lim\limits_{t \to 0^+}\left[\frac{1}{6}(1+t)^{-\frac{5}{6}} + \frac{1}{6}(1-t)^{-\frac{5}{6}}\right] = \frac{1}{6} + \frac{1}{6} = \frac{1}{3}.$$

【**解法 5**】　利用等价无穷小的代换：$(1+x)^\mu - 1 \sim \mu x\,(x \to 0)$，$\mu \in \mathbf{R}$.

$$原式 = \lim\limits_{x \to +\infty} \sqrt[6]{x^6 - x^5}\left(\sqrt[6]{\frac{x^6 + x^5}{x^6 - x^5}} - 1\right) = \lim\limits_{x \to +\infty} \sqrt[6]{x^6 - x^5}\left(\sqrt[6]{1 + \frac{2x^5}{x^6 - x^5}} - 1\right)$$

$$= \lim\limits_{x \to +\infty} \sqrt[6]{x^6 - x^5} \cdot \frac{1}{6} \frac{2x^5}{x^6 - x^5} = \frac{1}{3} \lim\limits_{x \to +\infty} \sqrt[6]{\frac{x^6 - x^5}{x^6}} \cdot \frac{x^5}{x^5 - x^4} = \frac{1}{3}.$$

【**解法 6**】　利用 Lagrange 中值定理

令 $f(t) = \sqrt[6]{t}$，$t > 0$，则由 Lagrange 中值定理，有

$$f(x^6 + x^5) - f(x^6 - x^5) = f'(\xi) \cdot 2x^5 = \frac{1}{3} \frac{x^5}{\sqrt[6]{\xi^5}},$$

其中 $x^6 - x^5 < \xi < x^6 + x^5$.

因为 $\left(\dfrac{1}{\sqrt[6]{1 + \dfrac{1}{x}}}\right)^5 = \left(\dfrac{x}{\sqrt[6]{x^6 + x^5}}\right)^5 < \dfrac{x^5}{\sqrt[6]{\xi^5}} < \left(\dfrac{x}{\sqrt[6]{x^6 - x^5}}\right)^5 = \left(\dfrac{1}{\sqrt[6]{1 - \dfrac{1}{x}}}\right)^5$，所以

$\lim\limits_{x \to +\infty} \dfrac{x^5}{\sqrt[6]{\xi^5}} = 1$，故原式 $= \lim\limits_{x \to +\infty}\left[f\left(x^6 + x^5\right) - f\left(x^6 - x^5\right)\right] = \dfrac{1}{3} \lim\limits_{x \to +\infty} \dfrac{x^5}{\sqrt[6]{\xi^5}} = \dfrac{1}{3}$.

✳ **特别提示**　该题极限为 "$\infty - \infty$" 型未定式. 它的一般计算方法是先通分，再用 L'Hospital 法则求. 该题没办法通分，故一般采用倒代换化简，再用 L'Hospital 法则求，或由其他方法计算.

❖ 类题训练

1. 求 $\lim\limits_{x\to+\infty}\left(\sqrt[5]{x^5+x^4}-\sqrt[5]{x^5-x^4}\right)$.

2. 求 $\lim\limits_{x\to+\infty}\left(\sqrt[3]{x^3+3x^2}-\sqrt[4]{x^4-2x^3}\right)$.

3. 求 $\lim\limits_{x\to+\infty}\left(\sqrt[3]{x^3+2x^2+1}-xe^{\frac{1}{x}}\right)$.

4. 求 $\lim\limits_{x\to+\infty}x^{\frac{3}{2}}\cdot\left(\sqrt{x+1}+\sqrt{x-1}-2\sqrt{x}\right)$.

5. 求 $\lim\limits_{x\to+\infty}\left[\sqrt[3]{x^3+x^2+x+1}-\sqrt{x^2+x+1}\cdot\dfrac{\ln(e^x+x)}{x}\right]$.

6. 求 $\lim\limits_{x\to+\infty}\left[\left(x^3+\dfrac{x}{2}-\tan\dfrac{1}{x}\right)e^{\frac{1}{x}}-\sqrt{1+x^6}\right]$. (2012 年第三届全国大学生数学竞赛决赛(非数学类)试题)

📖 典型例题

51　设 $m,n\in\mathbf{N}^{+}$ (正整数集), 求极限 $\lim\limits_{x\to1}\left(\dfrac{m}{x^m-1}-\dfrac{n}{x^n-1}\right)$.

【解法1】

因为

$$\frac{m}{x^m-1}-\frac{n}{x^n-1}=\frac{1}{x-1}\cdot\left(\frac{m}{1+x+x^2+\cdots+x^{m-1}}-\frac{n}{1+x+x^2+\cdots+x^{n-1}}\right)$$

$$=\frac{m(1+x+x^2+\cdots+x^{n-1}-n)-n(1+x+x^2+\cdots+x^{m-1}-m)}{(x-1)\cdot(1+x+x^2+\cdots+x^{m-1})\cdot(1+x+x^2+\cdots+x^{n-1})},$$

所以

$$原式=\frac{1}{mn}\left(m\sum_{k=1}^{n-1}\lim_{x\to1}\frac{x^k-1}{x-1}-n\sum_{k=1}^{m-1}\lim_{x\to1}\frac{x^k-1}{x-1}\right)$$

$$=\frac{1}{mn}\cdot\left(m\sum_{k=1}^{n-1}k-n\sum_{k=1}^{m-1}k\right)=\frac{1}{mn}\cdot\left(\frac{mn(n-1)}{2}-\frac{nm(m-1)}{2}\right)=\frac{n-m}{2}.$$

【解法2】　令 $t=\dfrac{1}{x}$, 则由 $x\to1$ 知, $t\to1$.

$$原式=\lim_{t\to1}\left(\frac{m(t^m-1)+m}{1-t^m}-\frac{n(t^n-1)+n}{1-t^n}\right)=-(m-n)+\lim_{t\to1}\left(\frac{m}{1-t^m}-\frac{n}{1-t^n}\right)$$

$$= n - m - \lim_{t \to 1}\left(\frac{m}{t^m - 1} - \frac{n}{t^n - 1}\right) = n - m - \lim_{x \to 1}\left(\frac{m}{x^m - 1} - \frac{n}{x^n - 1}\right),$$

故原式 $= 2\dfrac{n-m}{2}$.

【解法 3】　该极限为 "$\infty - \infty$" 型未定式

考虑通分，得 $\dfrac{m}{x^m - 1} - \dfrac{n}{x^n - 1} = \dfrac{n - m + mx^n - nx^m}{(x^m - 1)(x^n - 1)}$. 因为

$$(x^m - 1)(x^n - 1) = (x - 1)^2 \cdot (1 + x + \cdots + x^{m-1}) \cdot (1 + x + \cdots + x^{n-1}),$$

且

$$
\begin{aligned}
mx^n - nx^m &= m[1 + (x-1)]^n - n[1 + (x-1)]^n \\
&= m\left[1 + n(x-1) + \frac{n(n-1)}{2}(x-1)^2 + \cdots + (x-1)^n\right] \\
&\quad - n\left[1 + m(x-1) + \frac{m(m-1)}{2}(x-1)^2 + \cdots + (x-1)^m\right] \\
&= m - n + \frac{mn(n-m)}{2}(x-1)^2 + \cdots m(x-1)^n - n(x-1)^m,
\end{aligned}
$$

所以 $n - m + mx^n - nx^m = \dfrac{mn(n-m)}{2}(x-1)^2 + \cdots + m(x-1)^n - n(x-1)^m$, 从而由分

子 $n - m + mx^n - nx^m$ 与分母 $(x^m - 1)(x^n - 1)$ 约去 $(x-1)^2$ 后, 直接求极限, 得

$$\lim_{x \to 1}\left(\frac{m}{x^m - 1} - \frac{n}{x^n - 1}\right) = \frac{n-m}{2}.$$

【解法 4】　该极限为 "$\infty - \infty$" 型未定式

通分得 $\dfrac{m}{x^m - 1} - \dfrac{n}{x^n - 1} = \dfrac{n - m + mx^n - nx^m}{(x^m - 1)(x^n - 1)}$, 于是将 "$\infty - \infty$" 型未定式转化为

"$\dfrac{0}{0}$" 型, 再由 L'Hospital 法则即可得

$$
\begin{aligned}
\text{原式} &= \lim_{x \to 1}\frac{n - m + mx^n - nx^m}{(x^m - 1)(x^n - 1)} = \lim_{x \to 1}\frac{n - m + mx^n - nx^m}{mn(x-1)^2} = \lim_{x \to 1}\frac{mnx^{n-1} - nmx^{m-1}}{2mn(x-1)} \\
&= \lim_{x \to 1}\frac{mn\left((n-1)x^{n-2} - (m-1)x^{m-2}\right)}{2nm} = \frac{n-m}{2}.
\end{aligned}
$$

其 中 $x^m - 1 = e^{m\ln x} - 1 \sim m\ln x = m\ln[1 + (x-1)] \sim m(x-1)(x \to 1)$, $x^n - 1 \sim n(x-1)(x \to 1)$.

✪ **特别提示**　**[1]** 解法 4 是假设 $m \geqslant 2, n \geqslant 2$ 时, 连续两次应用 L'Hospital 法

则求得的. 若 m, n 中至少有一个为 1, 则可先代入原式, 通分后再由 L'Hospital 法

则求得.

[2]　求 "$\infty - \infty$" 型未定式极限的常用方法主要有 (i) 通分; (ii) 换元; (iii) Taylor 展开. 解法 2 中用到函数极限与自变量用什么符号 (字母) 无关, 所用方法新颖、简洁, 值得读者思考和借鉴.

♻ 类题训练

1. 求 $\lim\limits_{x\to 1}\left(\dfrac{3}{1-\sqrt{x}}-\dfrac{2}{1-\sqrt[3]{x}}\right)$.

2. 求 $\lim\limits_{x\to 1}\left(\dfrac{(1-\sqrt{x})\cdot(1-\sqrt[3]{x})\cdots(1-\sqrt[n]{x})}{(1-x)^{n-1}}\right)$, 其中 n 为正整数.

3. 设 m 为非零整数, 求 $\lim\limits_{x\to 0}\dfrac{(1+x)^{\frac{1}{m}}-1-\dfrac{1}{m}x}{x^2}$.

4. 求 $\lim\limits_{x\to 1}\dfrac{x^{n+1}-(n+1)x+n}{(x-1)^2}$, 其中 n 为正整数.

📖 典型例题

52　求 $\lim\limits_{x\to 0}\dfrac{\sqrt[3]{2-\cos x}-1-\dfrac{x^2}{6}}{x^4}$.

【解法 1】　利用 Taylor 展开式

由 $1-\cos x=\dfrac{x^2}{2}-\dfrac{x^4}{24}+o(x^5)\ (x\to 0)$, 则有

$$\sqrt[3]{2-\cos x}=\sqrt[3]{1+(1-\cos x)}=1+\dfrac{1-\cos x}{3}-\dfrac{(1-\cos x)^2}{9}+o\left((1-\cos x)^3\right)\quad(x\to 0)$$

$$=1+\left(\dfrac{x^2}{6}-\dfrac{x^4}{72}\right)-\dfrac{x^4}{36}+o(x^5)=1+\dfrac{x^2}{6}-\dfrac{x^4}{24}+o(x^5),$$

故原式 $=\lim\limits_{x\to 0}\dfrac{-\dfrac{x^4}{24}+o(x^5)}{x^4}=-\dfrac{1}{24}$.

【解法 2】　利用奇偶性及展开式

令 $f(x)=\sqrt[3]{2-\cos x}$, 则 $f(x)$ 为偶函数, 于是可设

$$f(x)=1+ax^2+bx^4+o(x^5)\quad(x\to 0),$$

从而得

$$[f(x)]^3 = 2 - \cos x = 1 + \frac{x^2}{2} - \frac{x^4}{24} + o(x^5) = \left(1 + ax^2 + bx^4 + o(x^5)\right)^3 \quad (x \to 0),$$

比较上式两边同次幂的系数, 得 $3a = \frac{1}{2}$, $3b + 3a^2 = -\frac{1}{24}$, 解得 $a = \frac{1}{6}$, $b = -\frac{1}{24}$.

故原式 $= \lim\limits_{x \to 0} \dfrac{-\dfrac{x^4}{24} + o(x^5)}{x^4} = -\dfrac{1}{24}$.

【**解法 3**】　利用 L'Hospital 法则

$$\text{原式} = \lim_{x \to 0} \frac{\dfrac{1}{3}(2 - \cos x)^{-\frac{2}{3}} \cdot \sin x - \dfrac{1}{3} x}{4x^3} = \frac{1}{12} \lim_{x \to 0} \frac{\sin x - (2 - \cos x)^{\frac{2}{3}} \cdot x}{x^3 \cdot (2 - \cos x)^{\frac{2}{3}}}$$

$$= \frac{1}{12} \lim_{x \to 0} \frac{\sin x - x(2 - \cos x)^{\frac{2}{3}}}{x^3} = \frac{1}{36} \lim_{x \to 0} \frac{\cos x \cdot (2 - \cos x)^{\frac{1}{3}} - (2 - \cos x) - \dfrac{2}{3} x \sin x}{x^2 (2 - \cos x)^{\frac{1}{3}}}$$

$$= \frac{1}{36} \lim_{x \to 0} \frac{\cos x \cdot (2 - \cos x)^{\frac{1}{3}} - (2 - \cos x) - \dfrac{2}{3} x \sin x}{x^2}$$

$$= \frac{1}{72} \lim_{x \to 0} \frac{-\sin x \cdot (2 - \cos x) + \dfrac{1}{3} \cos x \cdot \sin x - \dfrac{5}{3} \sin x \cdot (2 - \cos x)^{\frac{2}{3}} - \dfrac{2}{3} x \cos x \cdot (2 - \cos x)^{\frac{2}{3}}}{x \cdot (2 - \cos x)^{\frac{2}{3}}}$$

$$= \frac{1}{72} \cdot \left(-1 + \frac{1}{3} - \frac{5}{3} - \frac{2}{3}\right) = -\frac{1}{24}.$$

⚹ **特别提示**　利用 L'Hospital 法则求该题较为复杂, 而利用 Taylor 展开式或结合奇偶性展开式求解较为简单. 求极限时, 应熟记 $\sin x, \cos x, \mathrm{e}^x, \ln(1 + x)$ 及 $(1 + x)^{\alpha} (x \in \mathbf{R})$ 等几类函数的 Maclaurin 展开式:

$$\sin x = x - \frac{x^3}{3!} + \frac{x^5}{5!} - \cdots + (-1)^{m-1} \cdot \frac{x^{2m-1}}{(2m-1)!} + o(x^{2m}),$$

$$\cos x = 1 - \frac{1}{2!} x^2 + \frac{1}{4!} x^4 - \cdots + (-1)^m \cdot \frac{1}{(2m)!} x^{2m} + o(x^{2m+1}),$$

$$\mathrm{e}^x = 1 + x + \frac{x^2}{2!} + \cdots + \frac{x^n}{n!} + o(x^n),$$

$$\ln(1+x) = x - \frac{1}{2}x^2 + \frac{1}{3}x^3 - \cdots + \frac{(-1)^{n-1}}{n}x^n + o(x^n),$$

$$(1+x)^\alpha = 1 + \alpha x + \frac{\alpha(\alpha-1)}{2!}x^2 + \cdots + \frac{\alpha(\alpha-1)\cdots(\alpha-n+1)}{n!}x^n + o(x^n).$$

♻ 类题训练

1. 求 $\lim\limits_{x\to 0}\dfrac{\arcsin x - x - \dfrac{1}{6}x^3}{x^5}$.

2. 求 $\lim\limits_{x\to 0}\dfrac{\cos x - \mathrm{e}^{-\frac{x^2}{2}}}{x^2[2x+\ln(1-2x)]}$.

3. 求 $\lim\limits_{x\to 0}\dfrac{1}{x^3}\left[\left(\dfrac{2+\cos x}{3}\right)^x - 1\right]$. (2004 年硕士研究生入学考试数学(二)试题)

4. 求 $\lim\limits_{x\to 0^+}\dfrac{\sqrt{1-\mathrm{e}^{-x}} - \sqrt{1-\cos x}}{\sqrt{\sin 2x}}$.

📖 典型例题

53 求极限 $\lim\limits_{x\to 0}\dfrac{(1+x)^x - \cos\dfrac{x}{2}}{\left(\sin x - \sin\dfrac{x}{2}\right)\cdot\ln(1+x)}$.

【解法 1】 利用 Taylor 展开公式及等价无穷小的代换:

当 $x\to 0$ 时, $\ln(1+x)\sim x$; $\cos\dfrac{x}{2} = 1 - \dfrac{x^2}{8} + o(x^2)$, $\sin x - \sin\dfrac{x}{2} = \dfrac{x}{2} + o(x)$,

$$(1+x)^x = \mathrm{e}^{x\ln(1+x)} = 1 + x^2 + o(x^2).$$

故原式 $= \lim\limits_{x\to 0}\dfrac{1+x^2+o(x^2) - \left(1 - \dfrac{x^2}{8} + o(x^2)\right)}{\left(\dfrac{x}{2}+o(x)\right)\cdot x} = \lim\limits_{x\to 0}\dfrac{\dfrac{9}{8}x^2 + o(x^2)}{\dfrac{x^2}{2}+o(x^2)} = \dfrac{9}{4}$.

【解法 2】 利用等价无穷小的代换

当 $x\to 0$ 时, $\ln(1+x)\sim x$, $(1+x)^x - 1 = \mathrm{e}^{x\ln(1+x)} - 1 \sim x\ln(1+x) \sim x^2$, $1-\cos\dfrac{x}{2}\sim$

$\dfrac{x^2}{8}$, $\sin\dfrac{x}{2}\sim\dfrac{x}{2}$. 故

$$\text{原式} = \lim_{x \to 0} \frac{(1+x)^x - 1 + \left(1 - \cos\frac{x}{2}\right)}{x \cdot \sin\frac{x}{2} \cdot \left(2\cos\frac{x}{2} - 1\right)}$$

$$= \lim_{x \to 0} \frac{(1+x)^x - 1}{x \cdot \sin\frac{x}{2} \cdot \left(2\cos\frac{x}{2} - 1\right)} + \lim_{x \to 0} \frac{1 - \cos\frac{x}{2}}{x \cdot \sin\frac{x}{2} \cdot \left(2\cos\frac{x}{2} - 1\right)}$$

$$= \lim_{x \to 0} \frac{x^2}{x \cdot \frac{x}{2} \cdot \left(2\cos\frac{x}{2} - 1\right)} + \lim_{x \to 0} \frac{\frac{x^2}{8}}{x \cdot \frac{x}{2} \cdot \left(2\cos\frac{x}{2} - 1\right)} = 2 + \frac{1}{4} = \frac{9}{4}.$$

【**解法 3**】 利用等价无穷小的代换及 L'Hospital 法则

当 $x \to 0$ 时，$\sin\frac{x}{2} \sim \frac{x}{2}$. 故

$$\text{原式} = \lim_{x \to 0} \frac{e^{x\ln(1+x)} - \cos\frac{x}{2}}{x \cdot \sin\frac{x}{2} \cdot \left(2\cos\frac{x}{2} - 1\right)} = \lim_{x \to 0} \frac{e^{x\ln(1+x)} - \cos\frac{x}{2}}{\frac{x^2}{2}}$$

$$= \lim_{x \to 0} \frac{e^{x\ln(1+x)} \cdot \left(\ln(1+x) + \frac{x}{1+x}\right) + \frac{1}{2}\sin\frac{x}{2}}{x}$$

$$= \lim_{x \to 0} e^{x\ln(1+x)} \cdot \left(\frac{\ln(1+x)}{x} + \frac{1}{1+x}\right) + \lim_{x \to 0} \frac{\sin\frac{x}{2}}{\frac{x}{2}} \cdot \frac{1}{4} = 2 + \frac{1}{4} = \frac{9}{4}.$$

✳ **特别提示** 由上可知，在求 $\frac{0}{0}$ 或 $\frac{\infty}{\infty}$ 型未定式极限时，应首先用等价无穷小的代换定理或其他方法化简，再用 L'Hospital 法则或 Taylor 展开公式求解；对于 $\infty - \infty$，$0 \cdot \infty$，0^0，1^∞ 及 ∞^0 五种未定式极限，需转化为 $\frac{0}{0}$ 或 $\frac{\infty}{\infty}$ 型未定式极限求解. 应该熟记一些常用的等价无穷小：当 $x \to 0$ 时，

$$\sin x \sim x \sim \tan x \sim \arcsin x \sim \arctan x, \quad \ln(1+x) \sim x, \quad 1 - \cos x \sim \frac{x^2}{2},$$

$$e^x - 1 \sim x, \quad a^x - 1 = e^{x\ln a} - 1 \sim x\ln a, \quad (1+x)^\mu - 1 \sim \mu x \quad (\mu \in \mathbf{R}).$$

♻ 类题训练

1. 求 $\lim\limits_{x\to 0}\dfrac{(1+x)^{\frac{1}{x}}-(1+2x)^{\frac{1}{2x}}}{\sin x}$. (2007 年浙江省高等数学竞赛题)

2. 求 $\lim\limits_{x\to 0}\dfrac{(\mathrm{e}^{x^2}-1)\cdot\left(\sqrt{1+x}+\sqrt{1-x}-2\right)}{[\ln(1-x)+\ln(1+x)]\cdot\sin\dfrac{x^2}{1+x}}$.

3. 求 $\lim\limits_{x\to 0^+}\left[\ln(x\ln a)\cdot\ln\left(\dfrac{\ln ax}{\ln\dfrac{x}{a}}\right)\right]$, 其中 $a>1$. (2013 年第四届全国大学生数学

竞赛决赛(非数学类)试题)

4. 若 $f(1)=0$, $f'(1)$ 存在, 求极限 $I=\lim\limits_{x\to 0}\dfrac{f(\sin^2 x+\cos x)\cdot\tan 3x}{(\mathrm{e}^{x^2}-1)\cdot\sin x}$. (2016 年第

八届全国大学生数学竞赛预赛(非数学类)试题)

5. 求 $\lim\limits_{x\to 0}\dfrac{(1+x)^{\frac{2}{x}}-\mathrm{e}^2\cdot(1-\ln(1+x))}{x}$. (2011 年第三届全国大学生数学竞赛预赛

(非数学类)试题)

6. 求 $\lim\limits_{x\to 0}\dfrac{\ln^2\left(x+\sqrt{1+x^2}\right)+\mathrm{e}^{-x^2}-1}{x^4}$.

📖 典型例题

54 设函数 $f(x)$ 有一阶连续导数, 且 $f(0)=f'(0)=1$, 求极限 $\lim\limits_{x\to 0}\dfrac{f(\sin x)-1}{\ln f(x)}$.

【解法 1】　利用导数定义

$$\lim_{x\to 0}\frac{f(\sin x)-1}{\ln f(x)}=\lim_{x\to 0}\frac{\dfrac{f(\sin x)-f(0)}{\sin x}\cdot\sin x}{\dfrac{\ln f(x)-\ln f(0)}{x}\cdot x}=\frac{f'(0)}{\dfrac{f'(0)}{f(0)}}=f(0)=1 .$$

【解法 2】　利用 L'Hospital 法则

$$\lim_{x\to 0}\frac{f(\sin x)-1}{\ln f(x)}=\lim_{x\to 0}\frac{f'(\sin x)\cdot\cos x}{\dfrac{f'(x)}{f(x)}}=\frac{f'(0)}{\dfrac{f'(0)}{f(0)}}=f(0)=1 .$$

【解法 3】　利用中值定理

分别对 $f(x)$ 及 $\ln f(x)$ 用 Lagrange 中值定理, 有

$$f(\sin x) - 1 = f(\sin x) - f(0) = f'(\xi_1)\sin x,$$

$$\ln f(x) = \ln f(x) - \ln f(0) = \frac{f'(\xi_2)}{f(\xi_2)}x,$$

其中 ξ_1 介于 0 与 $\sin x$ 之间，ξ_2 介于 0 与 x 之间. 于是当 $x \to 0$ 时，$\xi_1 \to 0$，$\xi_2 \to 0$，从而

$$\lim_{x \to 0}\frac{f(\sin x) - 1}{\ln f(x)} = \lim_{x \to 0}\frac{f'(\xi_1)}{\dfrac{f'(\xi_2)}{f(\xi_2)}}\cdot\frac{\sin x}{x} = \frac{f'(0)}{\dfrac{f'(0)}{f(0)}} = f(0) = 1.$$

或由函数 $f(\sin x)$ 与 $\ln f(x)$ 在 $[0,x]$ 或 $[x,0]$ 上用 Cauchy 中值定理得.

【解法 4】　利用函数与极限的关系

由已知 $f(0) = f'(0) = 1$，所以有 $f'(0) = \lim\limits_{x \to 0}\dfrac{f(x) - f(0)}{x} = \lim\limits_{x \to 0}\dfrac{f(x) - 1}{x} = 1$，于是 $\dfrac{f(x) - 1}{x} = 1 + \alpha(x)$，其中 $\alpha(x) \to 0\ (x \to 0)$，即得 $f(x) = 1 + x + x\alpha(x)$. 从而

$$\lim_{x \to 0}\frac{f(\sin x) - 1}{\ln f(x)} = \lim_{x \to 0}\frac{\sin x + \sin x \cdot \alpha(x)}{\ln[1 + x + x\cdot\alpha(x)]} = \lim_{x \to 0}\frac{\sin x + \sin x \cdot \alpha(x)}{x + x\cdot\alpha(x)}$$

$$= \lim_{x \to 0}\frac{\dfrac{\sin x}{x} + \dfrac{\sin x}{x}\cdot\alpha(x)}{1 + \alpha(x)} = 1.$$

✳ **特别提示**　若仅知 $f(x)$ 在点 $x = 0$ 可导，或 $f(x)$ 仅有一阶导数，但未必连续，则解法 2 和解法 3 不能用.

♻ **类题训练**

1. 设函数 $f(x)$ 在 $x = 1$ 点附近有定义，且在 $x = 1$ 可导，$f(1) = 0$，$f'(1) = 2$，求 $\lim\limits_{x \to 0}\dfrac{f(\sin^2 x + \cos x)}{x^2 + x\tan x}$. (2010 年首届全国大学生数学竞赛决赛(非数学类)试题)

2. 设函数 $f(x)$ 在 $[-1,1]$ 上有定义，且满足 $x \leqslant f(x) \leqslant x^3 + x\ \ (-1 \leqslant x \leqslant 1)$，证明 $f'(0)$ 存在，且 $f'(0) = 1$.

3. 设函数 $f(x)$ 在 $x = 0$ 点可导，且 $\lim\limits_{x \to 0}\dfrac{\cos x - 1}{\mathrm{e}^{f(x)} - 1} = 1$，求 $f'(0)$.

4. 若 $f(1) = 0$，$f'(1)$ 存在，求极限 $I = \lim\limits_{x \to 0}\dfrac{f(\sin^2 x + \cos x)\tan 3x}{(\mathrm{e}^{x^2} - 1)\sin x}$. (2016 年第八届全国大学生数学竞赛预赛(非数学类)试题)

5. 设函数 $f(x)$ 有二阶连续导数，且 $f(0)=f'(0)=0$，$f''(0)=6$，则 $\lim\limits_{x\to 0}\dfrac{f(\sin^2 x)}{x^4}=$ _____. (2017 年第九届全国大学生数学竞赛预赛(非数学类)试题)

6. 设函数 $f(x)$ 在 $x=0$ 的某个邻域内有连续的一阶导数，$f'(0)=0$，$f''(0)$ 存在，证明 $\lim\limits_{x\to 0}\dfrac{f(x)-f\big(\ln(1+x)\big)}{x^3}=\dfrac{1}{2}f''(0)$.

📖 典型例题

55 设函数 $f(x)$ 在 $x=0$ 的某邻域内连续，且 $f(0)\neq 0$，求极限 $\lim\limits_{x\to 0}\dfrac{\int_0^x (x-t)f(t)\mathrm{d}t}{x\int_0^x f(x-t)\mathrm{d}t}$. (2005 年硕士研究生入学考试数学(二)试题)

【解】 先化简极限中的分子、分母，再用 L'Hospital 法则

$$\int_0^x (x-t)f(t)\mathrm{d}t = x\int_0^x f(t)\mathrm{d}t - \int_0^x tf(t)\mathrm{d}t,$$

$$\int_0^x f(x-t)\mathrm{d}t \xlongequal{\diamondsuit u=x-t} \int_x^0 f(u)\cdot(-\mathrm{d}u) = \int_0^x f(u)\mathrm{d}u = \int_0^x f(t)\mathrm{d}t.$$

$$\text{原式} = \lim_{x\to 0}\frac{x\int_0^x f(t)\mathrm{d}t - \int_0^x tf(t)\mathrm{d}t}{x\int_0^x f(t)\mathrm{d}t} = \lim_{x\to 0}\frac{\int_0^x f(t)\mathrm{d}t}{\int_0^x f(t)\mathrm{d}t + xf(x)}.$$

因为 $f(x)$ 在 $x=0$ 的某邻域内未必可导，不满足 L'Hospital 法则条件，不能继续用 L'Hospital 法则. 以下给出两种解法:

【解法1】 用积分中值定理: $\int_0^x f(t)\mathrm{d}t = f(\xi)\cdot x$，其中 ξ 介于 0 与 x 之间.

$$\text{原式} = \lim_{x\to 0}\frac{\int_0^x f(t)\mathrm{d}t}{\int_0^x f(t)\mathrm{d}t + xf(x)} = \lim_{x\to 0}\frac{xf(\xi)}{xf(\xi)+xf(x)} = \lim_{x\to 0}\frac{f(\xi)}{f(\xi)+f(x)} = \frac{1}{2}.$$

【解法2】 令 $F(x)=\int_0^x f(t)\mathrm{d}t$，则 $F'(x)=f(x)$，$\lim\limits_{x\to 0}\dfrac{F(x)-F(0)}{x}=f(0)$.

$$\text{原式} = \lim_{x\to 0}\frac{\int_0^x f(t)\mathrm{d}t}{\int_0^x f(t)\mathrm{d}t + xf(x)} = \lim_{x\to 0}\frac{F(x)}{F(x)+xF'(x)} = \lim_{x\to 0}\frac{\dfrac{F(x)-F(0)}{x}}{\dfrac{F(x)-F(0)}{x}+F'(x)}$$

$$= \frac{f(0)}{f(0)+f(0)} = \frac{1}{2}.$$

特别提示　一般地，可推广：设函数 $f(x)$ 在 $x=0$ 的某邻域内存在 $n-1$ 阶导数，在 $x=0$ 处存在 n 阶导数，且 $f(0)=f'(0)=\cdots=f^{(n-1)}(0)=0$，$f^{(n)}(0)\neq 0$，则

$$\lim_{x\to 0}\frac{\int_0^x (x-t)f(t)\mathrm{d}t}{x\int_0^x f(x-t)\mathrm{d}t}=\frac{1}{n+2}.$$

类题训练

1. 求极限 $\displaystyle\lim_{x\to 0}\frac{\int_0^x \sin(xt)^2\,\mathrm{d}t}{x^5}$．(2003 年浙江省大学生高等数学竞赛题)

2. 设 $f'(x)$ 连续，$f(0)=0$，$f'(0)\neq 0$，求 $\displaystyle\lim_{x\to 0}\frac{\int_0^{x^2} f(x^2-t)\mathrm{d}t}{x^3\int_0^1 f(xt)\mathrm{d}t}$．

3. 设 $f(x)$ 在 $x=0$ 的某邻域内连续，且 $f(0)=0$，$f'(0)=1$，求

$$\lim_{x\to 0}\frac{\int_0^x tf(x^2-t^2)\mathrm{d}t}{x^3\sin x}.$$

4. 求极限 $\displaystyle\lim_{x\to +\infty}\frac{\int_1^x\left[t^2\left(\mathrm{e}^{\frac{1}{t}}-1\right)-t\right]\mathrm{d}t}{x^2\ln\left(1+\frac{1}{x}\right)}$．(2014 年硕士研究生入学考试数学(一)、

(二)试题)

5. 设 $F(x)=\displaystyle\int_0^{x^2} t\cdot\sin\left(x^2-t^2\right)\mathrm{d}t$，求 $\displaystyle\lim_{x\to 0}\frac{F(x)}{x^4}$．(第九届北京市大学生竞赛题)

6. 设 $f(x)$ 在 $x=12$ 的某邻域内可导，且 $\displaystyle\lim_{x\to 12}f(x)=0$，$\displaystyle\lim_{x\to 12}f'(x)=1009$，求

$$\lim_{x\to 12}\frac{\int_{12}^x\left[t\int_t^{12} f(u)\mathrm{d}u\right]\mathrm{d}t}{(12-x)^3}.$$

7. 设 $f(x)$ 在 $x=0$ 的某邻域内二阶可导，$f'(0)\neq 0$，$\displaystyle\lim_{x\to 0^+}\frac{f(x)}{x}=0$，$\displaystyle\lim_{x\to 0^+}\frac{\int_0^x f(t)\mathrm{d}t}{x^{\alpha}-\sin x}=\beta\neq 0$，求 α 与 β 的值．

📖 典型例题

56 设函数 $f(x)$ 在闭区间 $[0,1]$ 上具有连续导数, $f(0)=0, f(1)=1$, 证明

$$\lim_{n\to\infty} n\cdot\left(\int_0^1 f(x)\mathrm{d}x - \frac{1}{n}\sum_{k=1}^n f\left(\frac{k}{n}\right)\right) = -\frac{1}{2}.$$ (2016 年第八届全国大学生数学竞赛预赛(非数学类)试题)

【**证法 1**】 将 $[0,1]$ n 等分, 设分点为 $x_k = \frac{k}{n}$, 则 $\Delta x_k = x_k - x_{k-1} = \frac{1}{n}$, $k=1,2,\cdots,$ $n; x_0=0, x_n=1$.

记 $g(x) = \begin{cases} \dfrac{f(x)-f(x_k)}{x-x_k}, & x\neq x_k, \\ f'(x_k), & x = x_k. \end{cases}$ 则 $\lim_{x\to x_k} g(x) = g(x_k)$. 于是 $g(x)$ 在 $[x_{k-1}, x_k]$ 上连续.

故 $\lim_{n\to\infty} n\cdot\left(\int_0^1 f(x)\mathrm{d}x - \frac{1}{n}\sum_{k=1}^n f\left(\frac{k}{n}\right)\right) = \lim_{n\to\infty} n\cdot\left(\sum_{k=1}^n \int_{x_{k-1}}^{x_k} f(x)\mathrm{d}x - \sum_{k=1}^n f(x_k)\cdot\Delta x_k\right)$

$$= \lim_{n\to\infty} n\cdot\left(\sum_{k=1}^n \int_{x_{k-1}}^{x_k} [f(x)-f(x_k)]\mathrm{d}x\right)$$

$$= \lim_{n\to\infty} n\cdot\left(\sum_{k=1}^n \int_{x_{k-1}}^{x_k} g(x)\cdot(x-x_k)\mathrm{d}x\right)$$

$$= \lim_{n\to\infty} n\cdot\left(\sum_{k=1}^n fg(\eta_k)\cdot\int_{x_{k-1}}^{x_k} (x-x_k)\mathrm{d}x\right)$$

$$= \lim_{n\to\infty} n\cdot\left(\sum_{k=1}^n f'(\eta_k)\cdot\int_{x_{k-1}}^{x_k} (x-x_k)\mathrm{d}x\right)$$

$$= -\frac{1}{2}\lim_{n\to\infty}\left(\sum_{k=1}^n f'(\eta_k)\cdot\Delta x_k\right) = -\frac{1}{2}\int_0^1 f'(x)\mathrm{d}x$$

$$= -\frac{1}{2}[f(1)-f(0)] = -\frac{1}{2}.$$

其中 $\xi_k\in(x_{k-1},x_k), \eta_k\in(\xi_k,x_k)$.

【**证法 2**】 将 $[0,1]$ n 等分, 设分点为 $x_k = \frac{k}{n}$, 则 $\Delta x_k = x_k - x_{k-1} = \frac{1}{n}$, 且

$$\int_0^1 f(x)\mathrm{d}x - \frac{1}{n}\sum_{k=1}^n f\left(\frac{k}{n}\right) = \sum_{k=1}^n \int_{x_{k-1}}^{x_k}\left(f(x)-f\left(\frac{k}{n}\right)\right)\mathrm{d}x = \sum_{k=1}^n \int_{x_{k-1}}^{x_k} f'(\xi_k)\cdot(x-x_k)\mathrm{d}x,$$

其中 $\xi_k\in[x_{k-1},x_k]$. 因为 $f'(x)\in C[0,1]$, 所以 $f'(x)$ 在 $[x_{k-1},x_k]$ 上有最大值 M_k 和最小值 m_k, 即 $\forall x\in [x_{k-1},x_k]$, 有 $m_k\leqslant f'(x)\leqslant M_k$. 于是 $\forall x\in[x_{k-1},x_k]$, 有

$M_k(x - x_k) \leqslant f'(\xi_k) \cdot (x - x_k) \leqslant m_k(x - x_k)$，从而

$$m_k \leqslant \dfrac{\displaystyle\int_{x_{k-1}}^{x_k} f'(\xi_k) \cdot (x - x_k)\mathrm{d}x}{\displaystyle\int_{x_{k-1}}^{x_k} (x - x_k)\mathrm{d}x} \leqslant M_k.$$

故由 $f'(x)$ 在 $[x_{k-1}, x_k]$ 上的介值定理，存在 $\eta_k \in [x_{k-1}, x_k]$，使

$$f'(\eta_k) = \dfrac{\displaystyle\int_{x_{k-1}}^{x_k} f'(\xi_k)(x - x_k)\mathrm{d}x}{\displaystyle\int_{x_{k-1}}^{x_k} (x - x_k)\mathrm{d}x},$$

即 $\displaystyle\int_{x_{k-1}}^{x_k} f'(\xi_k) \cdot (x - x_k)\mathrm{d}x = f'(\eta_k) \cdot \int_{x_{k-1}}^{x_k} (x - x_k)\mathrm{d}x = -\dfrac{1}{2}f'(\eta_k) \cdot \dfrac{1}{n^2}$. 故

$$\lim_{n \to \infty} n\left(\int_0^1 f(x)\mathrm{d}x - \dfrac{1}{n}\sum_{k=1}^{n} f\left(\dfrac{k}{n}\right)\right) = \lim_{n \to \infty} n \cdot \sum_{k=1}^{n}\left(-\dfrac{1}{2}f'(\eta_k) \cdot \dfrac{1}{n^2}\right) = -\dfrac{1}{2}\lim_{n \to \infty}\sum_{k=1}^{n} f'(\eta_k) \cdot \dfrac{1}{n}$$

$$= -\dfrac{1}{2}\int_0^1 f'(x)\mathrm{d}x = -\dfrac{1}{2}.$$

✳ **特别提示**　　一般地，有以下结论：

[1]　设函数 $f(x)$ 在 $[a, b]$ 上有连续导数，令 $h = \dfrac{b-a}{n}$，$S_n = \displaystyle\sum_{k=1}^{n} h f(a + kh)$，$I = \displaystyle\int_a^b f(x)\mathrm{d}x$，则 $\displaystyle\lim_{n \to \infty} n(I - S_n) = -\dfrac{b-a}{2}\big(f(b) - f(a)\big)$.

[2]　设函数 $f(x)$ 在 $[a, b]$ 上有连续二阶导数，令 $h = \dfrac{b-a}{n}$，$\sigma_n = \displaystyle\sum_{k=1}^{n} h f\left(a + \dfrac{2k-1}{2}h\right)$，$I = \displaystyle\int_a^b f(x)\mathrm{d}x$，则 $\displaystyle\lim_{n \to \infty} n^2(I - \sigma_n) = \dfrac{(b-a)^2}{24}\big(f'(b) - f'(a)\big)$.

[3]　证法 1 中用到了积分第一中值定理：设函数 $f(x)$ 在 $[a, b]$ 上连续，$g(x)$ 在 $[a, b]$ 上可积且恒不变号，则至少存在一点 $\xi \in (a, b)$，使 $\displaystyle\int_a^b f(x)g(x)\mathrm{d}x = f(\xi)\int_a^b g(x)\mathrm{d}x$.

♲ **类题训练**

1. 设 $f(x)$ 是 $[0,1]$ 上的可导函数，且 $\forall x \in (0,1)$，有 $\left|f'(x)\right| \leqslant M$，证明对任何正整数 n，有

$$\left|\int_0^1 f(x)\mathrm{d}x - \frac{1}{n}\sum_{k=1}^{n} f\left(\frac{k}{n}\right)\right| \leqslant \frac{M}{2n}.$$

2. 设 $A_n = \dfrac{n}{n^2+1} + \dfrac{n}{n^2+2^2} + \cdots + \dfrac{n}{n^2+n^2}$，求 (1) $\displaystyle\lim_{n\to\infty} n\left(\dfrac{\pi}{4} - A_n\right)$ (2014 年全国大学生数学竞赛预赛(非数学类)试题); (2) $\displaystyle\lim_{n\to\infty} n\left[n\left(\dfrac{\pi}{4} - A_n\right) - \dfrac{1}{4}\right]$.

3. 设 $B_n = \dfrac{2}{2n+1} + \dfrac{2}{2n+3} + \cdots + \dfrac{2}{4n-1}$，求 $\displaystyle\lim_{n\to\infty} n^2(\ln 2 - B_n)$.

📖 **典型例题**

57　设函数 $f(x)$ 在 $[0,1]$ 上连续，证明 $\displaystyle\lim_{h\to 0^+}\int_0^1 \dfrac{h}{h^2+x^2} f(x)\mathrm{d}x = \dfrac{\pi}{2}f(0)$.

【证法1】　利用积分区间的可加性, 分区间处理

$$\int_0^1 \frac{h}{h^2+x^2} f(x)\mathrm{d}x = \int_0^{h^{\frac{1}{4}}} \frac{h}{h^2+x^2} f(x)\mathrm{d}x + \int_{h^{\frac{1}{4}}}^1 \frac{h}{h^2+x^2} f(x)\mathrm{d}x \overset{\triangle}{=} I_1 + I_2,$$

其中

$$I_1 = \int_0^{h^{\frac{1}{4}}} \frac{h}{h^2+x^2} f(x)\mathrm{d}x = f(\xi)\cdot\int_0^{h^{\frac{1}{4}}} \frac{h}{h^2+x^2}\mathrm{d}x = f(\xi)\cdot\arctan\frac{x}{h}\Big|_0^{h^{\frac{1}{4}}}$$

$$= f(\xi)\cdot\arctan\frac{1}{h^{\frac{3}{4}}} \to f(0)\cdot\frac{\pi}{2} \quad (h\to 0^+),$$

这里 $0 \leqslant \xi \leqslant h^{\frac{1}{4}}$.

又因为 $f(x)$ 在 $[0,1]$ 上连续, 所以 $f(x)$ 在 $[0,1]$ 上有界, 即 $\exists M > 0$, $\forall x \in [0,1]$, 有 $|f(x)| \leqslant M$, 于是有

$$0 \leqslant |I_2| = \left|\int_{h^{\frac{1}{4}}}^1 \frac{h}{h^2+x^2} f(x)\mathrm{d}x\right| \leqslant M\int_{h^{\frac{1}{4}}}^1 \frac{h}{h^2+x^2}\mathrm{d}x$$

$$= M\left(\arctan\frac{1}{h} - \arctan\frac{1}{h^{\frac{3}{4}}}\right) \to 0 \ (h\to 0^+),$$

从而 $\displaystyle\lim_{h\to 0^+} I_2 = 0$, 故 $\displaystyle\lim_{h\to 0^+}\int_0^1 \dfrac{h}{h^2+x^2} f(x)\mathrm{d}x = \lim_{h\to 0^+}(I_1+I_2) = \dfrac{\pi}{2}f(0)$.

【证法2】　利用拆分被积函数, 结合分区间处理

$$\int_0^1 \frac{hf(x)}{h^2+x^2}\mathrm{d}x = \int_0^1 \frac{h}{h^2+x^2}[f(x) - f(0)]\mathrm{d}x + f(0)\int_0^1 \frac{h}{h^2+x^2}\mathrm{d}x \overset{\triangle}{=} I_1 + I_2,$$

因为 $I_1 = \int_0^{\frac{1}{h^4}} \frac{h}{h^2+x^2}\left(f(x)-f(0)\right)\mathrm{d}x + \int_{\frac{1}{h^4}}^1 \frac{h}{h^2+x^2}\left(f(x)-f(0)\right)\mathrm{d}x$，$f(x)$ 在 $[0,1]$ 上连续, 类似于证法 1 可得 $\lim\limits_{h\to 0^+} I_1 = 0$，$\lim\limits_{h\to 0^+} I_2 = \dfrac{\pi}{2}f(0)$. 所以

$$\lim_{h\to 0^+}\int_0^1 \frac{h}{h^2+x^2}f(x)\mathrm{d}x = \frac{\pi}{2}f(0).$$

【证法 3】　利用极限的定义

因为 $\lim\limits_{h\to 0^+}\int_0^1 \dfrac{h}{h^2+x^2}\mathrm{d}x = \dfrac{\pi}{2}$，所以问题转化为证明

$$\lim_{h\to 0^+}\int_0^1 \frac{h}{h^2+x^2}\left(f(x)-f(0)\right)\mathrm{d}x = 0.$$

而

$$\int_0^1 \frac{h}{h^2+x^2}\left(f(x)-f(0)\right)\mathrm{d}x = \int_0^\delta \frac{h}{h^2+x^2}\left(f(x)-f(0)\right)\mathrm{d}x + \int_\delta^1 \frac{h}{h^2+x^2}\left(f(x)-f(0)\right)\mathrm{d}x,$$

由 $f(x)$ 在 $x=0$ 点连续, 知 $\forall\varepsilon>0$，$\exists$ 充分小 $\delta>0$，$\forall x\in[0,\delta]$ 时, 有 $\left|f(x)-f(0)\right|<\dfrac{\varepsilon}{\pi}$. 于是有

$$\left|\int_0^\delta \frac{h}{h^2+x^2}\left(f(x)-f(0)\right)\mathrm{d}x\right| \leqslant \int_0^\delta \frac{h}{h^2+x^2}\left|f(x)-f(0)\right|\mathrm{d}x \leqslant \frac{\varepsilon}{\pi}\int_0^\delta \frac{h}{h^2+x^2}\mathrm{d}x$$

$$= \frac{\varepsilon}{\pi}\cdot\arctan\frac{\delta}{h} < \frac{\varepsilon}{\pi}\cdot\frac{\pi}{2} = \frac{\varepsilon}{2},$$

$$\forall h>0, \left|\int_\delta^1 \frac{h}{h^2+x^2}\left(f(x)-f(0)\right)\mathrm{d}x\right| \leqslant h\cdot\int_\delta^1 \frac{1}{x^2}\left|f(x)-f(0)\right|\mathrm{d}x \overset{\triangle}{=} h\cdot M_0,$$

故当 $0<h<\dfrac{\varepsilon}{2M_0}$ 时, 有

$$\left|\int_0^1 \frac{h}{h^2+x^2}\left(f(x)-f(0)\right)\mathrm{d}x\right|$$

$$\leqslant \left|\int_0^\delta \frac{h}{h^2+x^2}\left(f(x)-f(0)\right)\mathrm{d}x\right| + \left|\int_\delta^1 \frac{h}{h^2+x^2}\left(f(x)-f(0)\right)\mathrm{d}x\right|$$

$$< \frac{\varepsilon}{2} + \frac{\varepsilon}{2} = \varepsilon,$$

即得证.

 特别提示

[1]　特别要注意上述证法中的分区间处理方法及分点的选取. 分点的选取不

唯一, 该题中也可取 $h^{\frac{1}{2}}$ 为分点.

[2]　该题可以改写为如下几种形式:

(i)　设 $f(x)$ 在 $[0,1]$ 上连续, 证明 $\lim\limits_{n\to\infty}\dfrac{2}{\pi}\int_0^1\dfrac{n}{n^2x^2+1}f(x)\mathrm{d}x=f(0)$.

(ii)　设 $f(x)$ 在 $[0,1]$ 上连续, 证明 $\lim\limits_{t\to+\infty}\int_0^1\dfrac{t}{t^2x^2+1}f(x)\mathrm{d}x=\dfrac{\pi}{2}f(0)$.

(iii)　设 $f(x)$ 在 $[-1,1]$ 上连续, 证明 $\lim\limits_{t\to+\infty}\int_{-1}^1\dfrac{t}{t^2x^2+1}f(x)\mathrm{d}x=\pi f(0)$.

(iv)　设 $f(x)$ 在 $[-1,1]$ 上连续, 证明 $\lim\limits_{h\to0^+}\int_{-1}^1\dfrac{h}{h^2+x^2}f(x)\mathrm{d}x=\pi f(0)$.

♻ 类题训练

1. 设 $f(x)$ 在 $[0,1]$ 上连续, 证明 $\lim\limits_{n\to\infty}\int_0^1 nx^n f(x)\mathrm{d}x=f(1)$.

2. 设 $f(x)$ 和 $g(x)$ 在 $[0,1]$ 上连续, 证明 $\lim\limits_{n\to\infty}\int_0^1 f(x^n)g(x)\mathrm{d}x=f(0)\int_0^1 g(x)\mathrm{d}x$.

3. (i)求解微分方程 $\begin{cases}\dfrac{\mathrm{d}y}{\mathrm{d}x}-xy=x\mathrm{e}^{x^2}, \\ y(0)=1.\end{cases}$ (ii)如 $y=f(x)$ 为上述方程的解, 证明

$\lim\limits_{n\to+\infty}\int_0^1\dfrac{n}{n^2x^2+1}f(x)\mathrm{d}x=\dfrac{\pi}{2}$. (2012 年第三届全国大学生数学竞赛决赛(非数学类)试题)

4. 设 $f(x)$ 在 $[-1,1]$ 上连续, $\lambda_n=2\int_0^1(1-t^2)^n\mathrm{d}t$, 证明

$$\lim_{n\to\infty}\frac{1}{\lambda_n}\cdot\int_{-1}^1(1-t^2)^n f(t)\mathrm{d}t=f(0).$$

5. 设函数 $f(x)$ 在 $[0,\pi]$ 上连续, $n\in\mathbf{N}$, 证明

$$\lim_{n\to+\infty}\int_0^\pi f(x)\cdot|\sin nx|\mathrm{d}x=\frac{2}{\pi}\int_0^\pi f(x)\mathrm{d}x.$$

6. 设 $f(x)$ 在 $[-1,1]$ 上连续, 证明 $\lim\limits_{h\to0^+}\dfrac{1}{2h}\int_{-1}^1 f(x)\mathrm{e}^{-\frac{|x|}{h}}\mathrm{d}x=f(0)$.

7. 证明 $\lim\limits_{n\to\infty}\sqrt{n}\cdot\int_{-\infty}^{+\infty}\dfrac{\mathrm{d}x}{(1+x^2)^n}=\sqrt{\pi}$.

8. 设 $f(x)$ 在 $[0,+\infty)$ 上连续, $\lim\limits_{x\to+\infty}f(x)=A$, 证明 $\lim\limits_{\alpha\to0^+}\int_0^{+\infty}\alpha\mathrm{e}^{-\alpha x}f(x)\mathrm{d}x=A$.

📖 **典型例题**

58　计算极限 $\lim\limits_{n\to\infty}\dfrac{1}{n}\sum\limits_{k=1}^{n}\left(\left[\dfrac{2n}{k}\right]-2\left[\dfrac{n}{k}\right]\right)$，其中 $[x]$ 表示 x 的最大整数部分. (1976 年美国 Putnam 数学竞赛题)

【**解法 1**】　令 $f(x)=\begin{cases}0, & x=0,\\ \left[\dfrac{2}{x}\right]-2\left[\dfrac{1}{x}\right], & x\in(0,1],\end{cases}$ 则要计算所求极限只需计算

$\displaystyle\int_0^1 f(x)\mathrm{d}x$.

为此，令 $\dfrac{1}{x}=t$，则

$$原极限=\int_0^1 f(x)\mathrm{d}x=\int_0^1\left(\left[\dfrac{2}{x}\right]-2\left[\dfrac{1}{x}\right]\right)\mathrm{d}x=\int_1^{+\infty}([2t]-2[t])\dfrac{\mathrm{d}t}{t^2}=\sum_{n=1}^{\infty}\int_n^{n+1}([2t]-2[t])\cdot\dfrac{\mathrm{d}t}{t^2}$$

$$=\sum_{n=1}^{\infty}\left[\int_n^{n+\frac{1}{2}}([2t]-2[t])\cdot\dfrac{\mathrm{d}t}{t^2}+\int_{n+\frac{1}{2}}^{n+1}([2t]-2[t])\cdot\dfrac{\mathrm{d}t}{t^2}\right]=\sum_{n=1}^{\infty}\int_{n+\frac{1}{2}}^{n+1}\dfrac{\mathrm{d}t}{t^2}$$

$$=\sum_{n=1}^{\infty}\dfrac{2}{(2n+1)(2n+2)}=2\sum_{n=1}^{\infty}\left(\dfrac{1}{2n+1}-\dfrac{1}{2n+2}\right)$$

$$=2\left[\left(\dfrac{1}{3}-\dfrac{1}{4}\right)+\left(\dfrac{1}{5}-\dfrac{1}{6}\right)+\cdots+\left(\dfrac{1}{2n+1}-\dfrac{1}{2n+2}\right)+\cdots\right].$$

$$=2\sum_{n=3}^{\infty}(-1)^{n-1}\dfrac{1}{n}$$

$$=2\sum_{n=1}^{\infty}(-1)^{n-1}\cdot\dfrac{1}{n}-2\left(1-\dfrac{1}{2}\right)=2\ln 2-1.$$

【**解法 2**】　同解法 1 令 $f(x)=\begin{cases}0, & x=0,\\ \left[\dfrac{2}{x}\right]-2\left[\dfrac{1}{x}\right], & x\in(0,1],\end{cases}$ 则只需证明 $f(x)$ 在

$[0,1]$ 上可积，并计算 $\displaystyle\int_0^1 f(x)\mathrm{d}x$.

记 $\{x\}=x-[x]$ 为 x 的小数部分，则当 $x\neq 0$ 时，有

$$f(x)=\left[\dfrac{2}{x}\right]-2\left[\dfrac{1}{x}\right]=-\left\{\dfrac{2}{x}\right\}+2\left\{\dfrac{1}{x}\right\},$$

于是 $f(x)$ 在 $[0,1]$ 上有界. 因为 $f(x)$ 在 $[0,1]$ 上有间断点：$0,\dfrac{2}{3},\dfrac{1}{n},\dfrac{2}{2n+1}$ $(n=2,$

$3,\cdots)$，且它们构成一个可数集，其测度为零，所以 $f(x)$ 在 $[0,1]$ 上可积.

因为 $\lim\limits_{n\to\infty}\dfrac{2}{2n}=0,\ \lim\limits_{n\to\infty}\dfrac{2}{2n+1}=0$，所以对于任意充分小 $\varepsilon\in(0,1)$，$\exists N$，当 $n>N$ 时，有 $\dfrac{2}{2n}<\dfrac{\varepsilon}{3},\ \dfrac{2}{2n+1}<\dfrac{\varepsilon}{3}$. 于是 $f(x)$ 在 $\left[\dfrac{\varepsilon}{3},1\right]$ 上最多只有有限个(N个)间断点，从而知 $f(x)$ 在 $\left[\dfrac{\varepsilon}{3},1\right]$ 上可积，即对上述 $\varepsilon>0$，存在 $\left[\dfrac{\varepsilon}{3},1\right]$ 的分割 T_1，使

$$\sum_{T_1}w_i\cdot\Delta x_i<\frac{\varepsilon}{3}.$$

又在 $\left[0,\dfrac{\varepsilon}{3}\right]$ 上，有 $\sum\limits_{T_2}w_i\Delta x_i\leqslant 2\cdot\dfrac{\varepsilon}{3}=\dfrac{2}{3}\varepsilon$，所以对于 $[0,1]$ 的分割 $T=\left[\dfrac{\varepsilon}{3},1\right]$ 的分割 $T_1\cup\left[0,\dfrac{\varepsilon}{3}\right]$ 的任意分割 T_2，有

$$\sum_{T}w_i\Delta x_i=\sum_{T_1}w_i\Delta x_i+\sum_{T_2}w_i\Delta x_i<\frac{\varepsilon}{3}+\frac{2}{3}\varepsilon=\varepsilon.$$

故由可积的充分性知，$f(x)$ 在 $[0,1]$ 上可积，从而积分下限函数 $F(t)=\displaystyle\int_t^1 f(x)\mathrm{d}x$ 在 $[0,1]$ 上连续.

又因为

$$f(x)=\begin{cases}0, & x=0,\\ 1, & \dfrac{1}{k+1}<x\leqslant\dfrac{2}{2k+1}\\ 0, & \dfrac{2}{2k+1}<x\leqslant\dfrac{1}{k},\end{cases}\quad(k=1,2,\cdots),$$

所以

$$\int_0^1 f(x)\mathrm{d}x=\lim_{t\to 0^+}\int_t^1 f(x)\mathrm{d}x=\lim_{n\to\infty}\int_{\frac{1}{n+1}}^1 f(x)\mathrm{d}x$$

$$=\lim_{n\to\infty}\sum_{k=1}^n\left[\int_{\frac{1}{k+1}}^{\frac{2}{2k+1}}f(x)\mathrm{d}x+\int_{\frac{2}{2k+1}}^{\frac{1}{k}}f(x)\mathrm{d}x+\int_{\frac{1}{k}}^1 f(x)\mathrm{d}x\right]=\lim_{n\to\infty}\sum_{k=1}^n\int_{\frac{1}{k+1}}^{\frac{2}{2k+1}}\mathrm{d}x$$

$$=\lim_{n\to\infty}\sum_{k=1}^n\left(\frac{2}{2k+1}-\frac{1}{k+1}\right)=-1+2\sum_{n=1}^\infty\frac{(-1)^{n-1}}{n}=-1+2\ln 2.$$

【解法 3】　原极限 $=\displaystyle\int_0^1\left(\left[\frac{2}{x}\right]-2\left[\frac{1}{x}\right]\right)\mathrm{d}x=\lim_{n\to\infty}\sum_{k=1}^{n-1}\int_{\frac{1}{k+1}}^{\frac{1}{k}}\left(\left[\frac{2}{x}\right]-2\left[\frac{1}{x}\right]\right)\mathrm{d}x$

$$= \lim_{n\to\infty} \sum_{k=1}^{n-1} \left(\frac{1}{k+\dfrac{1}{2}} - \frac{1}{k+1} \right).$$

而

$$\sum_{k=1}^{n-1} \left(\frac{1}{k+\dfrac{1}{2}} - \frac{1}{k+1} \right) = \sum_{k=1}^{n-1} \left(\frac{2}{2k+1} - \frac{1}{k+1} \right) = 2\left(\sum_{k=1}^{2n} \frac{1}{k} - \sum_{k=1}^{n} \frac{1}{2k} - 1 \right) - \left(\sum_{k=1}^{n} \frac{1}{k} - 1 \right)$$

$$= 2\sum_{k=1}^{2n} \frac{1}{k} - 2\sum_{k=1}^{n} \frac{1}{k} - 1,$$

且 $\displaystyle\sum_{k=1}^{n} \frac{1}{k} = 1 + \frac{1}{2} + \frac{1}{3} + \cdots + \frac{1}{n} = \ln n + \gamma + \varepsilon_n$, 其中 γ 为 Euler 常数, $\varepsilon_n \to 0$ $(n\to\infty)$. 故

$$原极限 = \lim_{n\to\infty} \left(2\sum_{k=1}^{2n} \frac{1}{k} - 2\sum_{k=1}^{n} \frac{1}{k} - 1 \right) = \lim_{n\to\infty} \left\{ 2\left[\ln(2n) + \gamma + \varepsilon_{2n} \right] - 2\left[\ln n + \gamma + \varepsilon_n \right] - 1 \right\}$$

$$= 2\ln 2 - 1 .$$

特别提示 该题解法 1 给出了计算一类和式数列极限的一种另类方法. 其基本思想是先转化为广义积分问题, 再由广义积分与级数的联系化为级数求和问题. 其中解法 1 中用到了重要的和式结论 $\displaystyle\sum_{n=1}^{\infty} (-1)^{n-1} \frac{1}{n} = \ln 2$.

类题训练

1. 计算极限 $\displaystyle\lim_{n\to\infty} \frac{1}{n^2} \sum_{k=1}^{n} k\left[\frac{n}{k} \right]$, 其中 $[x]$ 表示 x 的最大整数部分.

2. 设函数 $f(x)$ 在 $(0,1]$ 上单调, 瑕积分 $\displaystyle\int_0^1 f(x)\mathrm{d}x$ 收敛, $x=0$ 是瑕点, 则

$$\lim_{n\to\infty} \frac{1}{n} \sum_{k=1}^{n} f\left(\frac{k}{n} \right) = \int_0^1 f(x)\mathrm{d}x .$$

3. 证明 $\displaystyle\int_1^{+\infty} \left\{ \frac{1}{[x]} - \frac{1}{x} \right\}\mathrm{d}x = \lim_{n\to\infty} \left(1 + \frac{1}{2} + \cdots + \frac{1}{n} - \ln n \right)$.

4. 设 $a\in\mathbf{R}$, 求 $\displaystyle\int_0^1 \left(\left[\frac{a}{x} \right] - a\left[\frac{1}{x} \right] \right)\mathrm{d}x$.

典型例题

59 设 $f(x)$ 在 $[a,b]$ 上连续, 且 $a<c<d<b$, 证明至少存在一个 $\xi\in[c,d]$, 使得 $pf(c) + qf(d) = (p+q)f(\xi)$, 其中 p,q 为任意正常数.

【证法 1】　因为 $f(x)$ 在 $[a,b]$ 上连续, 所以 $f(x)$ 在 $[c,d]$ 上也连续, 从而 $f(x)$ 在 $[c,d]$ 上有最大值 M 及最小值 m, 即 $\forall x \in [c,d]$, $m \leqslant f(x) \leqslant M$, 于是有

$$(p+q)m \leqslant pf(c)+qf(d) \leqslant (p+q)M,$$

即 $m \leqslant \dfrac{pf(c)+qf(d)}{p+q} \leqslant M$. 故由介值定理, 在 $[c,d]$ 上至少存在一个 ξ, 即 $\xi \in [c,d] \subset (a,b)$, 使 $\dfrac{pf(c)+qf(d)}{p+q} = f(\xi)$, 即得证.

【证法 2】　令 $F(x) = (p+q)f(x) - pf(c) - qf(d)$, 由题设 $F(x)$ 在 $[c,d]$ 上连续, 且 $F(c) = q[f(c)-f(d)]$, $F(d) = p[f(d)-f(c)]$, 所以

$$F(c) \cdot F(d) = -pq[f(c)-f(d)]^2 \leqslant 0.$$

(i) 当 $f(c)-f(d)=0$ 时, $F(c)=F(d)=0$, 取 $\xi = c$ 或 d 即可;

(ii) 当 $f(c)-f(d) \neq 0$ 时, $F(c) \cdot F(d) < 0$, 由零点定理知, 存在 $\xi \in (c,d) \subset (a,b)$, 使 $F(\xi)=0$, 即 $pf(c)+qf(d) = (p+q)f(\xi)$.

【证法 3】　反证法. 令 $F(x) = (p+q)f(x) - pf(c) - qf(d)$, 则 $F(x)$ 在 $[a,b]$ 上连续, 从而 $F(x)$ 在 $[c,d]$ 上连续.

假设 $\forall x \in (a,b)$, $F(x) \neq 0$, 则 $F(x)$ 在 (a,b) 上不变号, 即恒有 $F(x)>0$ 或 $F(x)<0$. 不妨设 $F(x)>0$, 则 $F(c)>0$, $F(d)>0$, $pF(c)+qF(d)>0$. 而由 $F(c)=q[f(c)-f(d)]$, $F(d)=p[f(d)-f(c)]$, 知 $pF(c)+qF(d)=0$, 这与 $pF(c)+qF(d)>0$ 矛盾. 故至少存在一个 $\xi \in (a,b)$, 使 $F(\xi)=0$, 即 $pf(c)+qf(d) = (p+q)f(\xi)$.

特别提示　在证明含中值的等式时, 常常用到闭区间上连续函数的有界性、最值性、零点定理及介值定理.

类题训练

1. 设函数 $f(x)$ 在 (a,b) 内连续, $a < x_1 < x_2 < b$, 证明存在 $\xi \in (a,b)$, 使得
$$f(\xi) = \frac{f(x_1)+f(x_2)}{2}.$$

2. 证明方程 $x = a\sin x + b$ 至少有一个正根, 并且它不超过 $a+b$, 其中 $a>0, b>0$.

3. 设函数 $f(x)$ 在 $[a,b]$ 上连续, $f(a)<a$, $f(b)>b$, 证明至少存在一点 $\xi \in (a,b)$, 使 $f(\xi)=\xi$.

4. 设函数 $f(x)$ 在 $[0,1]$ 上连续, $f(0)=0$, $f(1)=1$, 证明至少存在一点 $\xi \in (0,1)$, 使得 $f(\xi)=1-\xi$.

5. 设函数 $f(x)$ 在 $[0,1]$ 上非负连续，且 $f(1)=0$，证明至少存在一点 $\xi \in (0,1)$，使 $f(\xi) = \int_0^\xi f(x)\mathrm{d}x$．

6. 设函数 $f(x)$ 在 $[0,+\infty)$ 上连续，且 $\int_0^1 f(x)\mathrm{d}x < -\dfrac{1}{2}$，$\lim\limits_{x \to +\infty} \dfrac{f(x)}{x} = 0$，证明存在 $\xi \in (0,+\infty)$，使得 $f(\xi) + \xi = 0$．

📖 典型例题

60 设函数 $f(x)$ 在开区间 (a,b) 内连续，$x_1, x_2, \cdots, x_n \in (a,b)$，证明存在 $\xi \in (a,b)$，使 $f(\xi) = \dfrac{1}{n}\sum\limits_{i=1}^{n} f(x_i)$．

【**证法 1**】 记 $x_{i_0} = \min\limits_{1 \le i \le n}\{x_i\}$，$x_{i_1} = \max\limits_{1 \le i \le n}\{x_i\}$．

因为 $f(x)$ 在 $[x_{i_0}, x_{i_1}] \subset (a,b)$ 上连续，所以 $f(x)$ 在 $[x_{i_0}, x_{i_1}]$ 上有最大值 M 和最小值 m，即 $\forall x \in [x_{i_0}, x_{i_1}]$，有 $m \le f(x) \le M$，从而有

$$m \le \frac{f(x_1) + f(x_2) + \cdots + f(x_n)}{n} \le M .$$

故由介值定理知，$\exists \xi \in [x_{i_0}, x_{i_1}] \subset (a,b)$，使得

$$f(\xi) = \frac{f(x_1) + f(x_2) + \cdots + f(x_n)}{n} = \frac{1}{n}\sum_{i=1}^{n} f(x_i) .$$

【**证法 2**】 反证法. 假设 $\forall x \in (a,b)$，$f(x) \ne \dfrac{1}{n}\sum\limits_{i=1}^{n} f(x_i)$，

记 $\varphi(x) = f(x) - \dfrac{1}{n}\sum\limits_{i=1}^{n} f(x_i)$，则 $\varphi(x) \ne 0$．又由 $f(x)$ 在 (a,b) 内连续，所以 $\varphi(x)$ 在 (a,b) 内连续且不变号，即恒有 $\varphi(x) > 0$ 或 $\varphi(x) < 0$．不妨设 $\forall x \in (a,b)$，$\varphi(x) > 0$，则 $\varphi(x_i) > 0$ $(i = 1, 2, \cdots, n)$，于是

$$\varphi(x_1) + \varphi(x_2) + \cdots + \varphi(x_n) > 0 ,$$

这与已知 $\varphi(x_1) + \varphi(x_2) + \cdots + \varphi(x_n) = 0$ 相矛盾. 故存在 $\xi \in (a,b)$，使

$$f(\xi) = \frac{1}{n}\sum_{i=1}^{n} f(x_i) .$$

✳ 特别提示

更为一般地，设函数 $f(x)$ 在 (a,b) 内连续，$x_1, x_2, \cdots, x_n \in (a,b)$，$\sum\limits_{i=1}^{n} \lambda_i = 1$，其中 $\lambda_i > 0 (i = 1, 2, \cdots, n)$，则存在 $\xi \in (a,b)$，使 $f(\xi) = \sum\limits_{i=1}^{n} \lambda_i f(x_i)$．

♻ 类题训练

1. 设函数 $f(x)$ 在 (a,b) 内非负连续，$x_1, x_2, \cdots, x_n \in (a,b)$，证明存在 $\xi \in (a,b)$，

使 $f(\xi) = \sqrt[n]{f(x_1) \cdot f(x_2) \cdots f(x_n)}$.

2. 设 $a_k > 0$ $(k = 1, 2, \cdots, n)$,证明存在 $\theta = \theta(x) \in [1, n]$,使 $\sum_{k=1}^{n} a_k \sin kx = \sin \theta x \cdot \sum_{k=1}^{n} a_k$. (江苏省高等数学(专科)竞赛试题)

3. 设 $x_1, x_2, \cdots, x_n \in [0, 1]$,证明至少存在一点 $\xi \in [0, 1]$,使得 $\frac{1}{n} \sum_{i=1}^{n} |\xi - x_i| = \frac{1}{2}$.

📖 **典型例题**

61 设函数 $f(x)$ 在 $(-\infty, +\infty)$ 上连续,且 $f[f(x)] = x$,证明至少存在一个 $\xi \in \mathbf{R}$,使 $f(\xi) = \xi$. (2018 年河北省大学生数学竞赛(非数学类)试题)

【证法 1】 令 $F(x) = f(x) - x$,显然 $F(x)$ 在 $(-\infty, +\infty)$ 上连续,因而在 $[x, f(x)]$ 或 $[f(x), x]$ 上连续. 注意到 $f[f(x)] = x$,且
$$F(f(x)) = f(f(x)) - f(x) = x - f(x),$$
所以 $F(x) \cdot F[f(x)] = -(f(x) - x)^2 \leqslant 0$.

(i) 当 $f(x) - x = 0$ 时, $F(x) = F[f(x)] = 0$,可取任一 x 作为 ξ ;

(ii) 当 $f(x) - x \neq 0$ 时, $F(x) \cdot F[f(x)] < 0$,由零点定理,在 $(x, f(x))$ 或 $(f(x), x)$ 内至少存在一个 ξ ,使 $F(\xi) = 0$,即 $f(\xi) = \xi$.

综上所述,存在 $\xi \in (-\infty, +\infty)$,使 $f(\xi) = \xi$.

【证法 2】 反证法. 假设对于 $\forall x \in \mathbf{R}$, $f(x) \neq x$.

令 $\varphi(x) = f(x) - x$,则 $\varphi(x) \neq 0$. 由于 $\varphi(x)$ 连续,所以 $\varphi(x)$ 在 $(-\infty, +\infty)$ 不变号,即恒有 $\varphi(x) > 0$ 或 $\varphi(x) < 0$. 不妨设 $\varphi(x) > 0$,令 $y = f(x)$,则 $\varphi(y) = f(y) - y > 0$,即 $f(f(x)) > f(x) > x$,这与已知相矛盾. 故存在 $\xi \in \mathbf{R}$,使 $f(\xi) = \xi$.

✳ **特别提示** 设 $f(x)$ 在 $(-\infty, +\infty)$ 上连续,令 $f_1(x) = f(x)$, $f_n(x) = f(f_{n-1}(x))$ $(n > 1)$,则称 $f_n(x)$ 为 $f(x)$ 的 n 次迭代函数, $f_n(x) = x$ 的根为 $f(x)$ 的 n 阶不动点. 特别地,称方程 $f(x) = x$ 的根为 $f(x)$ 的(一阶)不动点.

一般地,若 $f(x)$ 有一个 n 阶不动点,则必有一阶不动点,即若 $\exists x \in \mathbf{R}$,使 $f_n(x) = x$,则必有 $\xi \in \mathbf{R}$,使 $f(\xi) = \xi$.

♻ **类题训练**

1. 设函数 $f(x)$ 在 $(-\infty, +\infty)$ 上连续,证明(i)若 $f(x)$ 无实根,则 $f(x)$ 在 $(-\infty, +\infty)$ 上不变号;(ii)若 $\exists r \in (-\infty, +\infty)$,使得 $f(f(r)) = r$,则 $\exists \xi \in (-\infty, +\infty)$,

使得 $f(\xi) = \xi$.

2. 设函数 $f(x)$ 是以 2 为周期的连续函数，证明方程 $f(x) - f(x-1) = 0$ 在任何区间长度为 1 的闭区间上至少有一个实根.

3. 设函数 $f(x)$ 在 $[0,1]$ 上连续，$f(0) = 0$，$f(1) = 1$，$f(f(x)) = x$，证明 $f(x) \equiv x$.

📖 **典型例题**

62 设函数 $f(x)$ 在 $[0,1]$ 上连续，$f(0) = f(1)$，证明对于任意自然数 n，存在 $\xi \in [0,1)$，使得 $f\left(\xi + \dfrac{1}{n}\right) = f(\xi)$.

【证法 1】 若 $f(x) \equiv 0$，则结论显然成立. 下面考虑 $f(x)$ 不恒为零的情形：

(i) 当 $n = 1$ 时，取 $\xi = 0$ 即可；

(ii) 当 $n > 1$ 时，由已知 $f(x)$ 在 $[0,1]$ 上连续，$f(0) = f(1)$，则 $f(x)$ 在 $[0,1]$ 上取最大值和最小值，且不可能同时在端点取得. 不妨设存在 $x_0 \in (0,1)$，使 $f(x_0)$ 是 $f(x)$ 在 $[0,1]$ 上的最大值(否则，考虑 $f(x_0)$ 是 $f(x)$ 在 $[0,1]$ 上的最小值).

令 $F(x) = f\left(x + \dfrac{1}{n}\right) - f(x)$，则

$$F\left(x_0 - \frac{1}{n}\right) = f(x_0) - f\left(x_0 - \frac{1}{n}\right) \geqslant 0, \quad F(x_0) = f\left(x_0 + \frac{1}{n}\right) - f(x_0) \leqslant 0.$$

若 $F\left(x_0 - \dfrac{1}{n}\right) = 0$ 或 $F(x_0) = 0$，则取 $\xi = x_0 - \dfrac{1}{n}$ 或 $\xi = x_0$ 即可. 否则，有

$$F\left(x_0 - \frac{1}{n}\right) \cdot F(x_0) < 0,$$

由零点定理知，存在 $\xi \in \left(x_0 - \dfrac{1}{n}, x_0\right)$，使 $F(\xi) = 0$.

综上所述，当 $n > 1$ 时，存在 $\xi \in \left[x_0 - \dfrac{1}{n}, x_0\right] \subset (0,1)$，使 $F(\xi) = 0$，即 $f\left(\xi + \dfrac{1}{n}\right) = f(\xi)$. 故由(i)和(ii)得存在 $\xi \in [0,1)$，使得 $f\left(\xi + \dfrac{1}{n}\right) = f(\xi)$.

【证法 2】 反证法. 令 $g(x) = f(x) - f\left(x + \dfrac{1}{n}\right)$，假设在 $\left[0, 1 - \dfrac{1}{n}\right]$ 上，$g(x) \neq 0$，则由已知 $f(x)$ 在 $[0,1]$ 上连续，可得 $g(x)$ 在 $\left[0, 1 - \dfrac{1}{n}\right]$ 上连续，且 $g(x)$ 恒不变号. 不妨设 $g(x) > 0, \forall x \in \left[0, 1 - \dfrac{1}{n}\right]$，则有 $f(0) > f\left(\dfrac{1}{n}\right) > f\left(\dfrac{2}{n}\right) > \cdots > f\left(\dfrac{n}{n}\right) = f(1)$，与

已知相矛盾. 故存在 $\xi \in \left[0, 1 - \dfrac{1}{n}\right] \subset [0,1)$, 使 $g(\xi) = 0$, 即 $f\left(\xi + \dfrac{1}{n}\right) = f(\xi)$.

【证法 3】 令 $g(x) = f\left(x + \dfrac{1}{n}\right) - f(x)$, 则 $g(x)$ 在 $\left[0, 1 - \dfrac{1}{n}\right]$ 上连续.

如果存在自然数 $i (1 \leqslant i \leqslant n-1)$, 使 $g\left(\dfrac{i}{n}\right) = 0$, 那么取 $\xi = \dfrac{i}{n}$ 即可; 否则, 由

$g(0) + g\left(\dfrac{1}{n}\right) + \cdots + g\left(1 - \dfrac{1}{n}\right) = f(1) - f(0) = 0$, 知 $g\left(\dfrac{i}{n}\right) (1 \leqslant i \leqslant n-1)$ 不可能同时为

正或同时为负, 故至少有两项异号. 不妨设 $g\left(\dfrac{i_1}{n}\right) \cdot g\left(\dfrac{i_2}{n}\right) < 0, 1 \leqslant i_1 < i_2 \leqslant n-1$, 则由

零点定理, 存在 $\xi \in \left(\dfrac{i_1}{n}, \dfrac{i_2}{n}\right) \subset [0,1)$, 使 $g(\xi) = 0$, 即 $f\left(\xi + \dfrac{1}{n}\right) = f(\xi)$.

(*) **特别提示** 类似地, 设函数 $f(x)$ 在 $[0, n]$ 上连续 (n 为大于 1 的整数), 且 $f(0) = f(n)$, 则存在 $\xi \in [0, n-1]$, 使得 $f(\xi) = f(\xi + 1)$.

一般地, 设函数 $f(x)$ 在 $[a, b]$ 上连续 $(a < b)$, $f(a) = f(b)$, 则存在 $\xi \in \left[a, \dfrac{a+b}{2}\right]$, 使 $f(\xi) = f\left(\xi + \dfrac{b-a}{2}\right)$.

♻ **类题训练**

1. 设函数 $f(x)$ 在 $[0,1]$ 上连续, $f(0) = f(1)$, $n \geqslant 2$ 为正整数. 证明 (i) 存在 $\xi \in \left[\dfrac{1}{3}, 1\right]$, 使得 $f(\xi) = f\left(\xi - \dfrac{1}{3}\right)$; (ii) 存在 $\alpha, \beta, 0 \leqslant \alpha < \beta < 1, \beta - \alpha = \dfrac{1}{n}$, 使 $f(\alpha) = f(\beta)$.

2. 设函数 $f(x)$ 在 $[0,1]$ 上连续, $n \geqslant 2$ 为自然数. 证明

(i) 若 $f(0) = f(1)$, 则存在 $\xi \in \left[0, \dfrac{1}{n}\right]$, 使得 $f(\xi) = f\left(\xi + \dfrac{1}{n}\right)$;

(ii) 若 $f(0) = 0, f(1) = 1$, 则存在 $\xi \in (0,1)$, 使得 $f(\xi) + \dfrac{1}{n} = f\left(\xi + \dfrac{1}{n}\right)$.

3. 设函数 $f(x)$ 在 $[0, 2a]$ 上连续 $(a > 0)$, 且 $f(0) = f(2a)$, 证明存在 $\xi \in [0, a]$, 使得 $f(\xi) = f(\xi + a)$.

4. 设函数 $f(x)$ 在 $[0,1]$ 上连续, 且 $f(0) = 0, f(1) = 1$, 证明对于任意自然数 n, 至少存在一点 $\xi \in [0,1]$, 使得 $f\left(\xi - \dfrac{1}{n}\right) = f(\xi) - \dfrac{1}{n}$.

5. 设函数 $f(x)$ 在 $[0,1]$ 上非负连续, 且 $f(0) = f(1) = 0$, 证明对任意实数 $r(0 < r < 1)$, 必存在 $\xi \in [0,1]$, 使得 $\xi + r \in [0,1]$, 且 $f(\xi) = f(\xi + r)$.

📖 **典型例题**

63　设函数 $f(x)$ 在 $[a,b]$ 上连续，且对于任意 $x\in[a,b]$，存在相应的 $y\in[a,b]$，使得 $|f(y)|\leqslant\dfrac{1}{2}|f(x)|$. 证明至少存在一点 $\xi\in[a,b]$，使得 $f(\xi)=0$.

【证法 1】　反证法. 假设 $f(x)\neq0$，$\forall x\in[a,b]$，则 $f(x)$ 在 $[a,b]$ 上恒为正或恒为负. 不妨设 $\forall x\in[a,b]$，$f(x)>0$，因为 $f(x)$ 在 $[a,b]$ 上连续，所以 $f(x)$ 在 $[a,b]$ 上必有最小值，记为 $\min\limits_{x\in[a,b]}f(x)=f(\xi)>0$.

对于 $x=\xi\in[a,b]$，由已知，存在相应的 $y=\eta\in[a,b]$，使得

$$f(\eta)=|f(\eta)|\leqslant\frac{1}{2}|f(\xi)|<f(\xi).$$

这与 $f(\xi)$ 为最小值相矛盾. 故 $f(x)$ 在 $[a,b]$ 上必有零点.

【证法 2】　$\forall x\in[a,b]$，由已知存在 $y=x_1\in[a,b]$，使得 $|f(x_1)|\leqslant\dfrac{1}{2}|f(x)|$. 对于 $x_1\in[a,b]$，可知必存在 $x_2\in[a,b]$，使得 $|f(x_2)|\leqslant\dfrac{1}{2}|f(x_1)|\leqslant\left(\dfrac{1}{2}\right)^2|f(x)|$，…，依次继续下去，可知存在 $x_n\in[a,b]$，使得 $|f(x_n)|\leqslant\left(\dfrac{1}{2}\right)^n|f(x)|$. 因为 $f(x)$ 在 $[a,b]$ 上连续，所以必存在 $M\geqslant0$，使 $\forall x\in[a,b]$，$|f(x)|\leqslant M$，从而 $0\leqslant|f(x_n)|\leqslant\left(\dfrac{1}{2}\right)^nM$. 又 $\lim\limits_{n\to\infty}\left(\dfrac{1}{2}\right)^n=0$，故由夹逼定理，得 $\lim\limits_{n\to\infty}f(x_n)=0$.

由于 $x_n\in[a,b]$，$f(x)$ 为 $[a,b]$ 上的连续函数，取 $\{x_n\}$ 的一个子列 $\{x_{n_k}\}$，$x_{n_k}\to x_0(k\to+\infty)$，则 $x_0\in[a,b]$ 且 $f(x_0)=0$. 故取 $\xi=x_0$ 即得证.

【证法 3】　因为 $f(x)$ 在 $[a,b]$ 上连续，所以 $|f(x)|$ 在 $[a,b]$ 上连续，于是 $|f(x)|$ 在 $[a,b]$ 上必有最小值，不妨设为 $|f(x_0)|$，$x_0\in[a,b]$. 因而必有 $f(x_0)=0$. 否则，若 $f(x_0)\neq0$，则对于 $x_0\in[a,b]$，存在对应的 $y\in[a,b]$，使得 $|f(y)|\leqslant\dfrac{1}{2}|f(x_0)|<|f(x_0)|$. 这与 $|f(x_0)|$ 为 $|f(x)|$ 的最小值相矛盾. 故取 $\xi=x_0$，即得证.

【证法 4】　因为 $f(x)$ 在 $[a,b]$ 上连续，所以 $f(x)$ 在 $[a,b]$ 上必有最小值，即存在 $x_0\in[a,b]$，使 $f(x_0)=\min\limits_{x\in[a,b]}f(x)$.

若 $f(x_0)=0$，则取 $\xi=x_0$ 即得证；若 $f(x_0)\neq0$，则必有 $f(x_0)<0$. 否则，若 $f(x_0)>0$，则存在对应 $y_0\in[a,b]$，使 $f(y_0)=\dfrac{1}{2}|f(x_0)|=\dfrac{1}{2}f(x_0)<f(x_0)$，这与

$f(x_0)$ 是最小值相矛盾.

由于 $f(x_0) < 0$, $f(y_0) = \frac{1}{2}|f(x_0)| > 0$, 由零点定理, 存在 $\xi \in (x_0, y_0)$ 或 (y_0, x_0), 使 $f(\xi) = 0$.

特别提示   该题本身并不涉及最值, 但证法却依赖于最小值. 事实上, 若函数 $f(x)$ 不恒为零, 则由已知条件必有大于 0 的点, 于是只需说明有小于 0 的点, 为此考虑最小值点即可.

类题训练

1. 设函数 $f(x)$ 在 $[a, b]$ 上连续, 且当 $x \in [a, b]$, $f(x) \neq 0$ 时, 存在 $y \in [a, b]$, 使得 $|f(y)| < |f(x)|$, 证明 $f(x)$ 在 $[a, b]$ 上必有零点.

2. 设函数 $f(x), g(x)$ 为有界闭区间 $[a, b]$ 上的连续函数, 且有数列 $\{x_n\} \subset [a, b]$, 使 $g(x_n) = f(x_{n+1})\,(n = 1, 2, \cdots)$, 证明至少存在一点 $x_0 \in [a, b]$, 使 $f(x_0) = g(x_0)$.

第 2 章

一元函数微分学

 一、经典习题选编

1 设 $0 < a < b$，函数 $f(x)$ 在 $[a,b]$ 上连续，在 (a,b) 内可导，证明至少存在一点 $\xi \in (a,b)$，使 $f(b) - f(a) = \xi f'(\xi) \ln \dfrac{b}{a}$.

2 设 $0 < a < b$，函数 $f(x)$ 在 $[a,b]$ 上连续，在 (a,b) 内可导，证明至少存在一点 $\xi \in (a,b)$，使 $2\xi[f(b) - f(a)] = (b^2 - a^2)f'(\xi)$.

3 设函数 $f(x)$ 在 $[a,b]$ 上连续，在 (a,b) 内可导，证明至少存在一点 $\xi \in (a,b)$，使得

$$\frac{f(\xi) - f(a)}{b - \xi} = f'(\xi).$$

4 设函数 $f(x)$ 和 $g(x)$ 在 $[a,b]$ 上连续，在 (a,b) 内可导，且 $f(a) = f(b) = 0$，证明至少存在一点 $\xi \in (a,b)$，使得 $f'(\xi) + f(\xi) \cdot g'(\xi) = 0$.

5 设函数 $f(x)$ 在 $[0,1]$ 上连续，在 $(0,1)$ 内可导，$f(0) = 0$，且 $\forall x \in (0,1)$，都有 $f(x) \neq 0$，证明至少存在一点 $\xi \in (0,1)$，使得 $\dfrac{nf'(\xi)}{f(\xi)} = \dfrac{f'(1-\xi)}{f(1-\xi)}$，其中 n 为自然数.

6 设函数 $f(x)$ 在 $[0,3]$ 上连续，在 $(0,3)$ 内可导，且 $f(0) + f(1) + f(2) = 3$，$f(3) = 1$，证明至少存在一点 $\xi \in (0,3)$，使 $f'(\xi) = 0$.（2003 年硕士研究生入学考试数学(三)试题）

7 设函数 $f(x)$ 在 $[a,b]$ 上连续，在 (a,b) 内可导，且 $f(a) = f(b) = 1$，证明存在 $\xi, \eta \in (a,b)$，使得 $e^{\eta - \xi} \cdot [f(\eta) + f'(\eta)] = 1$.

8 设函数 $f(x)$ 在 $[0,1]$ 上有三阶导数，且 $f(0) = f(1) = 0$. 又 $F(x) = x^3 f(x)$，证明存在 $\xi \in (0,1)$，使 $F'''(\xi) = 0$.

9 设函数 $f(x)$ 在 $[a,b]$ 上可导，μ 为介于 $f'(a)$ 与 $f'(b)$ 之间的实数，则存在 $\xi \in (a,b)$，使 $f'(\xi) = \mu$.（导函数的达布定理）

10 设函数 $f(x)$ 在 $[0,2]$ 上连续，在 $(0,2)$ 内二阶可导，且 $f(0) = 0$，$f(1) = 2$，$f(2) = 0$. 证明存在 $\xi \in (0,2)$，使 $f''(\xi) = -4$.

11　设函数 $f(x)$ 在 $[a,b]$ 上三阶可导, 证明存在 $\xi \in (a,b)$, 使得

$$f(b) = f(a) + f'\left(\frac{a+b}{2}\right)(b-a) + \frac{1}{24}f'''(\xi)(b-a)^3.$$

12　设函数 $f(x)$ 在 $[a,b]$ 上三阶可导, 证明存在 $\xi \in (a,b)$, 使得

$$f(b) = f(a) + \frac{1}{2}(f'(a) + f'(b))(b-a) - \frac{1}{12}f'''(\xi)(b-a)^3.$$

13　设函数 $f(x)$ 在 $[a,b]$ 上连续, 在 (a,b) 内二阶可导, 证明存在 $\xi \in (a,b)$, 使得

$$f(b) - 2f\left(\frac{a+b}{2}\right) + f(a) = \frac{(b-a)^2}{4}f''(\xi).$$

14　设函数 $f(x)$ 在 $[0,1]$ 上三阶可导, 且 $f(0) = -1, f(1) = 0, f'(0) = 0$, 证明 $\forall x \in (0,1)$, 至少存在一点 $\xi \in (0,1)$, 使得 $f(x) = -1 + x^2 + \frac{x^2(x-1)}{3!}f'''(\xi)$. (2004 年浙江省高等数学竞赛题)

15　证明当 $0 < x < \frac{\pi}{2}$ 时, $\sin x > \frac{2}{\pi}x$.

16　证明当 $x > 0$ 时, $x - \frac{x^3}{6} < \sin x < x - \frac{x^3}{6} + \frac{x^5}{120}$.

17　设 $0 < |x| \leqslant \frac{\pi}{2}$, 证明 $\left(\frac{\sin x}{x}\right)^3 > \cos x$. (1977 年苏联大学生数学竞赛题)

18　设 $0 < a < b$, 证明 $\ln\left(\frac{b}{a}\right) > \frac{2(b-a)}{b+a}$.

19　设 $x > 0, x \neq 1$, 证明 $0 < \frac{x \ln x}{x^2 - 1} < \frac{1}{2}$.

20　证明当 $x < 1, x \neq 0$ 时, $\frac{1}{x} + \frac{1}{\ln(1-x)} < 1$.

21　设 $0 \leqslant x \leqslant 1$, $p > 1$, 证明 $\frac{1}{2^{p-1}} \leqslant x^p + (1-x)^p \leqslant 1$.

22　证明对于任意 $x \in (-\infty, +\infty)$, 有 $1 + x\ln\left(x + \sqrt{1+x^2}\right) \geqslant \sqrt{1+x^2}$. (2001 年天津市(理工类)大学数学竞赛试题)

23　证明当 $x > 0$ 时, 有 $(x^2 - 1)\ln x \geqslant (x-1)^2$. (1999 年硕士研究生入学考试数学(一)试题)

24　设函数 $f(x)$ 在 $(0, +\infty)$ 内二阶可导, 且 $f''(x) < 0$, $f(0) = 0$, 证明对于

任何 $x_1 > 0, x_2 > 0$，有 $f(x_1 + x_2) < f(x_1) + f(x_2)$．

25　设 $f(x)$ 二阶可导，且 $\lim\limits_{x \to 0} \dfrac{f(x)}{x} = 1$，$f''(x) > 0$，证明 $f(x) \geqslant x$．(1995 年硕士研究生入学考试数学(二)试题)

26　设函数 $f(x)$ 在 $[a, b]$ 上二阶可导，$f'(a) = f'(b) = 0$，证明存在 $\xi \in (a, b)$，使得 $|f''(\xi)| \geqslant \dfrac{4}{(b-a)^2} |f(b) - f(a)|$．

27　设函数 $f(x)$ 在 $[a, b]$ 上二阶连续可导，且 $f(a) = f(b) = 0$，证明

$$\max_{x \in [a, b]} |f(x)| \leqslant \frac{1}{8} (b-a)^2 \cdot \max_{x \in [a, b]} |f''(x)|.$$

28　设 $a > 0, b > 0, p > 1$ 且 $\dfrac{1}{p} + \dfrac{1}{q} = 1$，证明 $ab \leqslant \dfrac{a^p}{p} + \dfrac{b^q}{q}$．

29　设函数 $f(x)$ 在 $[0, 1]$ 上有二阶连续导数，且 $f(0) = f(1) = 0$，$\min\limits_{0 \leqslant x \leqslant 1} f(x) = -1$，证明 $\max\limits_{0 \leqslant x \leqslant 1} f''(x) \geqslant 8$．

30　设函数 $f(x)$ 在 $[0, 1]$ 上具有三阶连续导数，且 $f(0) = 1$，$f(1) = 2$，$f'\left(\dfrac{1}{2}\right) = 0$，证明在 $(0, 1)$ 内至少存在一点 ξ，使 $|f'''(\xi)| \geqslant 24$．

31　设函数 $f(x)$ 在 $[a, b]$ 上连续，在 (a, b) 内可微，且为非线性函数，证明存在 $\xi \in [a, b]$，使得 $|f'(\xi)| > \left| \dfrac{f(b) - f(a)}{b - a} \right|$．

32　设函数 $f(x)$ 在 $[0, 2]$ 上二阶可微，且对 $\forall x \in [0, 2]$，有 $|f(x)| \leqslant 1, |f''(x)| \leqslant 1$，证明 $\forall x \in [0, 2]$，有 $|f'(x)| \leqslant 2$．

33　设 $f(x)$ 为 $(-\infty, +\infty)$ 上的二次可微函数，$M_k = \sup\limits_{-\infty < x < +\infty} \left| f^{(k)}(x) \right| < +\infty$ $(k = 0, 2)$，其中 $f^{(0)}(x)$ 表示 $f(x)$，证明 $M_1 = \sup\limits_{-\infty < x < +\infty} |f'(x)| < +\infty$，且 $M_1^2 \leqslant 2 M_0 M_2$．

34　比较 π^e 与 e^π 的大小，并说明理由．

35　设 $y = \dfrac{x^4}{x-1}$，求 $y^{(2017)}(0)$．

36　设 $y = \arctan x$，求 $y^{(n)}(0)$．

37　设函数 $f(x)$ 在 $[0, 1]$ 上可导，对 $[0, 1]$ 上每一个 x，有 $0 < f(x) < 1$，且 $f'(x) \neq 1$，证明在 $(0, 1)$ 内有且仅有一个 x，使 $f(x) = x$．

38　证明方程 $1 + x + \dfrac{x^2}{2} + \dfrac{x^3}{6} = 0$ 有且仅有一个实根．

39   设函数 $f(x)$ 在 $(-1,1)$ 内有二阶连续导数，且 $f''(x)\neq 0$，证明(1)对于 $(-1,1)$ 内任意 $x\neq 0$，存在唯一的 $\theta(x)\in(0,1)$，使 $f(x)=f(0)+xf'(\theta(x)x)$；(2) $\lim\limits_{x\to 0}\theta(x)=\dfrac{1}{2}$. (2001 年硕士研究生入学考试数学(一)试题)

40   设 $a>0$，试讨论方程 $\ln x=ax$ 有几个实根？(2014 年大连市第二十三届高等数学竞赛试题(B))

41   设 $x>0$ 时，方程 $kx+\dfrac{1}{x^2}=1$ 有且仅有一个解，求 k 的取值范围. (2010 年首届全国大学生数学竞赛决赛(数学类)试题, 1994 年硕士研究生入学考试数学(三)试题)

42   设函数 $f(x)$ 在 $\mathbf{R}$ 上三阶连续可导，且 $\forall h>0$，有 $f(x+h)-f(x)=hf'\left(x+\dfrac{h}{2}\right)$，证明 $f(x)$ 是至多二次的多项式.

43   设 $f(x)\in C^1[a,b]$，$f(a)=0$，$\lambda\in\mathbf{R}$，$\lambda>0$ 且 $\forall x\in[a,b]$，有 $|f'(x)|\leqslant\lambda|f(x)|$，证明 $\forall x\in[a,b]$，$f(x)=0$. (第 1 届国际大学生数学竞赛试题)

44   设函数 $f(x)$ 在 $(-\infty,+\infty)$ 内具有任意阶导数，且满足(1)存在常数 $L>0$，$\forall x\in(-\infty,+\infty)$，$n\in\mathbf{N}$，有 $\left|f^{(n)}(x)\right|<L$；(2) $f\left(\dfrac{1}{n}\right)=0$ $(n=1,2,\cdots)$. 证明 $\forall x\in(-\infty,+\infty)$，$f(x)\equiv 0$.

45   设函数 $f(x)$ 在 $(-\infty,+\infty)$ 上二次可微，且有界，证明存在点 $x_0\in(-\infty,+\infty)$，使得 $f''(x_0)=0$.

二、一 题 多 解

典型例题

1   设 $0<a<b$，函数 $f(x)$ 在 $[a,b]$ 上连续，在 (a,b) 内可导，证明至少存在一点 $\xi\in(a,b)$，使 $f(b)-f(a)=\xi f'(\xi)\ln\dfrac{b}{a}$.

【证法 1】   将要证的等式化为 $\dfrac{f(b)-f(a)}{\xi}=f'(\xi)\ln\dfrac{b}{a}$，即只需证

$$\left[(f(b)-f(a))\ln x\right]'_{x=\xi}=\left[f(x)\ln\dfrac{b}{a}\right]'_{x=\xi}.$$

为此，作辅助函数 $F(x)=\big(f(b)-f(a)\big)\ln x-f(x)\ln\dfrac{b}{a}$，则 $F(x)$ 在 $[a,b]$ 上连续，在 (a,b) 内可导，且 $F(a)=f(b)\ln a-f(a)\ln b=F(b)$，故由 Rolle 定理得，至少

存在一点 $\xi \in (a,b)$，使 $F'(\xi) = 0$，即 $f(b) - f(a) = \xi f'(\xi) \ln \dfrac{b}{a}$.

【证法 2】　将要证的等式化为 $\dfrac{f(b) - f(a)}{\ln b - \ln a} = \dfrac{f'(\xi)}{\dfrac{1}{\xi}}$. 易见，设 $g(x) = \ln x$，则

$f(x)$ 和 $g(x)$ 均在 $[a,b]$ 上连续，在 (a,b) 内可导，且 $\forall x \in (a,b), g'(x) = \dfrac{1}{x} > 0$. 故由

Cauchy 中值定理知，至少存在一点 $\xi \in (a,b)$，使 $\dfrac{f(b) - f(a)}{g(b) - g(a)} = \dfrac{f'(\xi)}{g'(\xi)}$，即

$\dfrac{f(b) - f(a)}{\ln b - \ln a} = \dfrac{f'(\xi)}{g'(\xi)}$，化简即得 $f(b) - f(a) = \xi f'(\xi) \ln \dfrac{b}{a}$.

【证法 3】　将要证的等式化为 $\dfrac{f(b) - f(a)}{\ln b - \ln a} = \xi f'(\xi)$.

令 $\dfrac{f(b) - f(a)}{\ln b - \ln a} = k$，则 $f(b) - k \ln b = f(a) - k \ln a$. 此时只需证 $k = \xi f'(\xi)$. 为此，作辅助函数 $F(x) = f(x) - k \ln x$，则 $F(x)$ 在 $[a,b]$ 上连续，在 (a,b) 内可导，且 $F(a) = F(b)$，故由 Rolle 定理知，至少存在一点 $\xi \in (a,b)$，使 $F'(\xi) = 0$，即得 $k = \xi f'(\xi)$，从而得 $f(b) - f(a) = \xi f'(\xi) \ln \dfrac{b}{a}$.

【证法 4】　要证 $f(b) - f(a) = \xi f'(\xi) \ln \dfrac{b}{a}$，只需设 k 为使等式 $f(b) - f(a) = k \cdot \ln \dfrac{b}{a}$ 成立的待定常数，再证明 $k = \xi f'(\xi)$ 即可.

为此，将等式中的 b 改写成 x，并移项，令 $F(x) = f(x) - f(a) - k \ln \dfrac{x}{a}$，$x \in [a,b]$，则 $F(x)$ 在 $[a,b]$ 上连续，在 (a,b) 内可导，且 $F(a) = 0 = F(b)$，于是由 Rolle 定理知，至少存在一点 $\xi \in (a,b)$，使 $F'(\xi) = 0$，即得 $k = \xi f'(\xi)$，从而得证.

✳ 特别提示

[1]　证法 3 和证法 4 分别给出了两种不同形式的待定常数法. 证法 3 又称为常数 k 值法，主要适用于常数部分可以分离的微积分中值等式证明题；证法 4 适用面要广些.

[2]　该题可进一步推广为设函数 $f(x)$ 和 $g(x)$ 皆在 $[a,b]$ 上连续，在 (a,b) 内可导，且 $g'(x) \neq 0$. 又 $g(x) > 0, a \leqslant x \leqslant b$，则至少存在一点 $\xi \in (a,b)$，使得

$$g'(\xi)[f(b) - f(a)] = g(\xi) f'(\xi) \ln \dfrac{g(b)}{g(a)}.$$

♻ 类题训练

1. 设 $0 < a < b$，函数 $f(x)$ 在 $[a,b]$ 上连续，在 (a,b) 内可导，则(i)至少存在一点 $\xi \in (a,b)$，使得 $af(b) - bf(a) = (b-a)(\xi f'(\xi) - f(\xi))$；(ii)至少存在一点 $\eta \in (a,b)$，使得 $\dfrac{af(b) - bf(a)}{ab(b-a)} = \dfrac{\eta f'(\eta) - f(\eta)}{\eta^2}$.

2. 设函数 $f(x)$ 在 $[a,b]$ 上连续，在 (a,b) 内可导，证明(i)至少存在一点 $\xi \in (a,b)$，使得 $\dfrac{bf(b) - af(a)}{b-a} = f(\xi) + \xi f'(\xi)$；(ii)至少存在一点 $\eta \in (a,b)$，使 $f'(\eta) = \dfrac{f(\eta) - f(a)}{b - \eta}$.

3. 设 $0 < a < b$，$f(x)$ 是 $[a,b]$ 上的正值连续函数，且在 (a,b) 内可导，证明至少存在一点 $\xi \in (a,b)$，使得 $\ln \dfrac{f(b)}{f(a)} = \dfrac{f'(\xi)}{f(\xi)}(b-a)$.

4. 设 $a > 1$，函数 $f(x)$ 在 $[0,a]$ 上连续，在 $(0,a)$ 内可导，且 $af(a) = \ln \dfrac{e^{f(1)} - 1}{f(1)}$，证明至少存在一点 $\xi \in (0,a)$，使得 $f(\xi) + \xi f'(\xi) = 0$.

5. 设 $0 < a < b$，函数 $f(x)$ 在 $[a,b]$ 上连续，证明至少存在一点 $\xi \in (a,b)$，使得 $a\displaystyle\int_{\xi}^{b} f(x)\mathrm{d}x + b\displaystyle\int_{a}^{\xi} f(x)\mathrm{d}x = (b-a)\xi f(\xi)$.

📖 典型例题

2 设 $0 < a < b$，函数 $f(x)$ 在 $[a,b]$ 上连续，在 (a,b) 内可导，证明至少存在一点 $\xi \in (a,b)$，使 $2\xi[f(b) - f(a)] = (b^2 - a^2)f'(\xi)$.

【证法 1】　要证 $2\xi \cdot [f(b) - f(a)] = (b^2 - a^2)f'(\xi)$，只需证

$$\left[x^2 \cdot (f(b) - f(a))\right]'_{x=\xi} = \left[(b^2 - a^2)f(x)\right]'_{x=\xi}.$$

为此，构作辅助函数 $F(x) = x^2 \cdot (f(b) - f(a)) - (b^2 - a^2)f(x)$，则 $F(x)$ 在 $[a,b]$ 上连续，在 (a,b) 内可导，且 $F(a) = F(b)$，故由 Rolle 定理知，至少存在一点 $\xi \in (a,b)$，使 $F'(\xi) = 0$，即 $2\xi[f(b) - f(a)] = (b^2 - a^2)f'(\xi)$.

【证法 2】　将要证的等式化为 $\dfrac{f(b) - f(a)}{b^2 - a^2} = \dfrac{f'(\xi)}{2\xi}$.

令 $g(x) = x^2$，则 $f(x)$ 和 $g(x)$ 在 $[a,b]$ 上连续，在 (a,b) 内可导，且 $\forall x \in (a,b)$，$g'(x) = 2x > 0$，故由 Cauchy 中值定理知，至少存在一点 $\xi \in (a,b)$，使

$\dfrac{f(b)-f(a)}{g(b)-g(a)} = \dfrac{f'(\xi)}{g'(\xi)}$，化简即得 $2\xi[f(b)-f(a)] = (b^2-a^2)f'(\xi)$.

【证法 3】　将要证的等式化为 $2\xi \dfrac{f(b)-f(a)}{b^2-a^2} = f'(\xi)$.

令 $\dfrac{f(b)-f(a)}{b^2-a^2} = k$，则 $f(b)-kb^2 = f(a)-ka^2$.

为此，构作辅助函数 $F(x) = f(x)-kx^2$，则 $F(x)$ 在 $[a,b]$ 上连续，在 (a,b) 内可导，且 $F(a)=F(b)$，故由 Rolle 定理知，至少存在一点 $\xi \in (a,b)$，使 $F'(\xi)=0$，即 $f'(\xi)=2k\xi$. 因而在 $\dfrac{f(b)-f(a)}{b^2-a^2} = k$ 的两边同时乘以 $2\xi(b^2-a^2)$，即可得

$$2\xi[f(b)-f(a)] = (b^2-a^2)f'(\xi).$$

【证法 4】　将要证的等式化为 $f(b)-f(a) = \dfrac{f'(\xi)}{2\xi}(b^2-a^2)$.

设 k 为使 $f(b)-f(a) = k(b^2-a^2)$ 成立的实常数，则只需证明 $k = \dfrac{f'(\xi)}{2\xi}$. 为此，将上式改写为 $f(b)-f(a)-k\left(b^2-a^2\right)=0$，并将等式左边的 b 改写为 x，构造辅助函数 $F(x) = f(x)-f(a)-k(x^2-a^2)$，则 $F(x)$ 在 $[a,b]$ 上连续，在 (a,b) 内可导，且 $F(a)=F(b)$，故由 Rolle 定理知，至少存在一点 $\xi \in (a,b)$，使 $F'(\xi)=0$，即得 $f'(\xi)=2k\xi$. 又 $0<a<b$，$\xi \in (a,b)$，所以 $\xi>0$，于是 $k = \dfrac{f'(\xi)}{2\xi}$，从而得证.

⊛ 特别提示

[1]　若题设条件 $0<a<b$ 未给出，则可能有 $0 \in (a,b)$，$g'(x)=2x=0$，此时不满足 Cauchy 中值定理的条件，因此证法 2 不能用. 此外，证法 4 也不能用. 只能用证法 1 和证法 3.

[2]　该题可进一步推广为：设函数 $f(x)$ 和 $g(x)$ 皆在 $[a,b]$ 上连续，在 (a,b) 内可导，则至少存在一点 $\xi \in (a,b)$，使 $g'(\xi)\left(f(b)-f(a)\right) = \left(g(b)-g(a)\right)f'(\xi)$.

♻ 类题训练

1. 设函数 $f(x)$ 在 $[0,1]$ 上连续，在 $(0,1)$ 内可导，且 $f(0)=f(1)=0$，证明(i)至少存在一点 $\xi \in (0,1)$，使得 $f(\xi)+\xi f'(\xi)=0$；(ii)至少存在一点 $\eta \in (0,1)$，使 $\eta f'(\eta)+2f(\eta)=0$；(iii)至少存在一点 $\varsigma \in (0,1)$，使得 $2f(\varsigma)+4\varsigma f'(\varsigma)+\varsigma^2 f''(\varsigma)=0$.

2. 设 $0<a<b$，证明至少存在一点 $\xi \in (a,b)$，使 $ae^b-be^a = (1-\xi)e^{\xi}(a-b)$.

3. 设函数 $f(x)$ 在 $[1, 2]$ 上可导, 证明至少存在一点 $\xi \in (1, 2)$, 使

$$f(2) - 2f(1) = \xi f'(\xi) - f(\xi).$$

📖 **典型例题**

3 设函数 $f(x)$ 在 $[a, b]$ 上连续, 在 (a, b) 内可导, 证明至少存在一点 $\xi \in (a, b)$, 使得 $\dfrac{f(\xi) - f(a)}{b - \xi} = f'(\xi)$.

【**证法 1**】 将要证的等式 $\dfrac{f(\xi) - f(a)}{b - \xi} = f'(\xi)$ 化简为

$$\left(f(\xi) + \xi f'(\xi) \right) - f(a) - b f'(\xi) = 0.$$

即只需证 $\left[x f(x) - f(a)x - b f(x) \right]' \Big|_{x=\xi} = 0$. 为此, 令 $F(x) = x f(x) - f(a)x - b f(x)$, 则 $F(x)$ 在 $[a, b]$ 上连续, 在 (a, b) 内可导, 且 $F(a) = -b f(a) = F(b)$, 故由 Rolle 定理知, 至少存在一点 $\xi \in (a, b)$, 使 $F'(\xi) = 0$, 化简即得 $f'(\xi) = \dfrac{f(\xi) - f(a)}{b - \xi}$.

【**证法 2**】 将要证的等式中的 ξ 换成 x, 有 $\dfrac{f(x) - f(a)}{b - x} = f'(x)$, 化简为 $\dfrac{1}{b - x} = \dfrac{[f(x) - f(a)]'}{f(x) - f(a)}$, 两边关于 x 积分, 得 $-\ln(b - x) = \ln|f(x) - f(a)| + \ln c$, 即 $(b - x)(f(x) - f(a)) \equiv C_1$.

为此, 令 $F(x) = (-x + b)(f(x) - f(a))$, 则 $F(x)$ 在 $[a, b]$ 上连续, 在 (a, b) 内可导, 且 $F(a) = 0 = F(b)$, 故由 Rolle 定理知, 至少存在一点 $\xi \in (a, b)$, 使 $F'(\xi) = 0$, 化简即得 $f'(\xi) = \dfrac{f(\xi) - f(a)}{b - \xi}$.

【**证法 3**】 将要证的等式化简为 $(b - x)f'(\xi) - f(\xi) = -f(a) = -\dfrac{(b - a)f(a)}{b - a}$. 为此, 令 $F(x) = (b - x)f(x)$, 则 $F(x)$ 在 $[a, b]$ 上连续, 在 (a, b) 内可导, 故由 Lagrange 中值定理知, 至少存在一点 $\xi \in (a, b)$, 使得 $\dfrac{F(b) - F(a)}{b - a} = F'(\xi)$, 即得 $f'(\xi) = \dfrac{f(\xi) - f(a)}{b - \xi}$.

【**证法 4**】 将要证的等式化简为 $f(\xi) - f(a) + \xi f'(\xi) = b f'(\xi)$, 即只需证

$$\frac{1}{b} = \frac{f'(\xi)}{f(\xi) - f(a) + \xi f'(\xi)}.$$

而 $f(\xi) - f(a) + \xi f'(\xi) = \left[x f(x) - f(a)x \right]'_{x=\xi}$, 故可令 $F(x) = x \cdot (f(x) - f(a))$, 则

$f(x)$，$F(x)$ 在 $[a,b]$ 上满足 Cauchy 中值定理的条件，于是至少存在一点 $\xi \in (a,b)$，使得 $\dfrac{f(b)-f(a)}{F(b)-F(a)} = \dfrac{f'(\xi)}{F'(\xi)}$，化简即得 $\dfrac{f(\xi)-f(a)}{b-\xi} = f'(\xi)$.

✷ 特别提示

[1]　将要证明的等式化简变形，经过分析，再构作辅助函数，然后由 Rolle 定理或 Lagrange 中值定理或 Cauchy 中值定理证明，这是一种常用的方法. 特别是，证法 2 中从要证的等式出发，利用不定积分确定原函数，从而构作辅助函数的方法值得关注.

[2]　该题可进一步推广为：设函数 $f(x)$ 和 $g(x)$ 都在 $[a,b]$ 上连续，在 (a,b) 内可导，且对于任意 $x \in (a,b)$，有 $g'(x) \neq 0$，则至少存在一点 $\xi \in (a,b)$，使得 $\dfrac{f(\xi)-f(a)}{g(b)-g(\xi)} = \dfrac{f'(\xi)}{g'(\xi)}$.

♻ 类题训练

1. 设函数 $f(x)$ 和 $g(x)$ 都在 $[a,b]$ 上连续，在 (a,b) 内可导，且
$$g(x) \neq 0，\quad f(a)g(b) = g(a)f(b)，$$
证明至少存在一点 $\xi \in (a,b)$，使得 $f'(\xi)g(\xi) = f(\xi)g'(\xi)$.

2. 设函数 $f(x)$ 和 $g(x)$ 都在 $[a,b]$ 上存在二阶导数，且
$$g''(x) \neq 0，\quad f(a) = f(b) = g(a) = g(b) = 0，$$
证明 (i) 在 (a,b) 内，$g(x) \neq 0$；(ii) 至少存在一点 $\xi \in (a,b)$，使得 $\dfrac{f(\xi)}{g(\xi)} = \dfrac{f''(\xi)}{g''(\xi)}$.

3. 设函数 $f(x)$ 在 $[a,b]$ 上连续，在 (a,b) 内可导，且 $f(a) = 0$ $(a > 0)$，证明至少存在一点 $\xi \in (a,b)$，使得 $f(\xi) = \dfrac{b-\xi}{a} f'(\xi)$. (1991 年广东省高等数学竞赛题)

4. 设函数 $f(x)$ 在 $[0,\pi]$ 上连续，在 $(0,\pi)$ 内可导，且 $f(0) = 0$，证明至少存在一点 $\xi \in (0,\pi)$，使得 $2f'(\xi) = \tan\dfrac{\xi}{2} \cdot f(\xi)$.

5. 设函数 $f(x)$ 在 $[a,b]$ 上有连续的导数，且存在 $c \in (a,b)$，使得 $f'(c) = 0$. 证明至少存在一点 $\xi \in (a,b)$，使得 $f'(\xi) = \dfrac{f(\xi)-f(a)}{b-a}$.

6. 设函数 $f(x)$ 在 $[0,1]$ 上连续，在 $(0,1)$ 内可导，且 $f(0) \cdot f(1) < 0$，证明至少存在一点 $\xi \in (0,1)$，使得 $\xi f'(\xi) + (2-\xi)f(\xi) = 0$.

7. 设函数 $f(x)$ 在 $[a,b]$ 上连续，在 (a,b) 内可导，且 $f(a) = 0$，证明至少存在

一点 $\xi \in (a,b)$，使 $kf(\xi) - (b-\xi)f'(\xi) = 0$，其中 $k \geqslant 1$ 为实常数.

📖 **典型例题**

4 设函数 $f(x)$ 和 $g(x)$ 在 $[a,b]$ 上连续，在 (a,b) 内可导，且 $f(a) = f(b) = 0$，证明至少存在一点 $\xi \in (a,b)$，使得 $f'(\xi) + f(\xi)g'(\xi) = 0$.

【证法 1】 将要证的等式中的 ξ 换成 x，有 $f'(x) + f(x)g'(x) = 0$，化为 $\dfrac{f'(x)}{f(x)} = -g'(x)$，然后两边关于 x 积分，得 $\ln|f(x)| = -g(x) + C_1$，即 $f(x) = Ce^{-g(x)}$，其中 $C = \pm e^{C_1}$，亦即 $f(x)e^{g(x)} = C$.

为此，令 $F(x) = f(x)e^{g(x)}$，则由题设有 $F(x)$ 在 $[a,b]$ 上连续，在 (a,b) 内可导，且 $F(a) = F(b) = 0$，故由 Rolle 定理知，至少存在一个 $\xi \in (a,b)$，使得 $F'(\xi) = 0$，即 $(f'(\xi) + f(\xi) \cdot g'(\xi))e^{g(\xi)} = 0$. 而 $e^{g(\xi)} > 0$，故得 $f'(\xi) + f(\xi) \cdot g'(\xi) = 0$.

【证法 2】 (i) 若 $f(x) \equiv 0$，$x \in [a,b]$，则 $\forall \xi \in (a,b)$，都有
$$f'(\xi) + f(\xi)g'(\xi) = 0.$$

(ii) 若 $f(x) \not\equiv 0$，$x \in [a,b]$，则由 $f(a) = f(b) = 0$ 知，存在 $a \leqslant a_1 < b_1 \leqslant b$，使 $f(a_1) = f(b_1) = 0$，且 $f(x) > 0 (或 < 0)$，$x \in (a_1, b_1)$.

令 $F(x) = \ln|f(x)| + g(x)$，因为 $F(x)$ 在 (a_1, b_1) 内连续，且
$$\lim_{x \to a_1^+} F(x) = \lim_{x \to a_1^+} \left(\ln|f(x)| + g(x)\right) = -\infty, \quad \lim_{x \to b_1^-} F(x) = \lim_{x \to b_1^-} \left(\ln|f(x)| + g(x)\right) = -\infty,$$
所以至少存在一点 $\xi \in (a_1, b_1)$，使 $F(\xi) = \max\limits_{a_1 < x < b_1} F(x)$，故由 Fermat 定理，得 $F'(\xi) = 0$，即 $\dfrac{f'(\xi)}{f(\xi)} + g'(\xi) = 0$. 又 $f(\xi) > 0 (或 < 0)$，因而 $f'(\xi) + f(\xi) \cdot g'(\xi) = 0$.

✳ **特别提示** 特别地，在同样的条件下，可以证明：对于任意的 λ，至少存在一点 $\eta \in (a,b)$，使 $f'(\eta) + \lambda f(\eta) = 0$.

♻ **类题训练**

1. 设函数 $f(x)$ 在 $[a,b]$ 上有一阶连续的导数，在 (a,b) 内二阶可导，且 $f(a) = f(b) = 0$，$\int_a^b f(x)\mathrm{d}x = 0$，证明(i)至少存在一点 ξ，使得 $f'(\xi) = f(\xi)$；(ii)在 (a,b) 内至少有一点 η，$\eta \neq \xi$，使得 $f''(\eta) = f(\eta)$.

2. 设函数 $f(x)$ 在 $[a,b]$ 上连续，在 (a,b) 内可导，且 $f(a) = f(b) = 0$. 又 $g(x)$ 在 $[a,b]$ 上连续，证明至少存在一点 $\xi \in (a,b)$，使得 $f'(\xi) = g(\xi)f(\xi)$.

3. 设函数 $f(x)$ 在 $\left[0,\dfrac{\pi}{2}\right]$ 上可导，且 $f(0)=f\left(\dfrac{\pi}{2}\right)=\dfrac{1}{2}$，证明至少存在一点 $\xi\in\left(0,\dfrac{1}{2}\right)$，使得 $f'(\xi)+f(\xi)=\cos\xi$.

4. 设函数 $f(x)$ 在 $[0,1]$ 上有连续的导数，且 $f(0)=0$，$f'(1)=0$，证明至少存在一点 $\xi\in(0,1)$，使得 $f'(\xi)=f(\xi)$.

📖 **典型例题**

5 设函数 $f(x)$ 在 $[0,1]$ 上连续，在 $(0,1)$ 内可导，$f(0)=0$，且 $\forall x\in(0,1)$，都有 $f(x)\neq 0$，证明至少存在一点 $\xi\in(0,1)$，使得 $\dfrac{nf'(\xi)}{f(\xi)}=\dfrac{f'(1-\xi)}{f(1-\xi)}$，其中 n 为自然数.

【证法 1】 将要证的等式中的 ξ 换成 x，有 $\dfrac{nf'(x)}{f(x)}=\dfrac{f'(1-x)}{f(1-x)}$，两边关于 x 积分，得 $n\ln|f(x)|=-\ln|f(1-x)|+C_1$，即 $f^n(x)\cdot f(1-x)=C$，其中 $C=\pm e^{C_1}$. 由此可知，令 $F(x)=f^n(x)\cdot f(1-x)$，则 $F(x)$ 在 $[0,1]$ 上连续，在 $(0,1)$ 内可导，且 $F(0)=F(1)=0$，故由 Rolle 定理，至少存在一点 $\xi\in(0,1)$，使得 $F'(\xi)=0$，即

$$nf^{n-1}(\xi)f'(\xi)f(1-\xi)-f^n(\xi)f'(1-\xi)=0.$$

又 $f(\xi)\neq 0$，$f(1-\xi)\neq 0$，故有 $nf'(\xi)f(1-\xi)-f(\xi)f'(1-\xi)=0$，即

$$\frac{nf'(\xi)}{f(\xi)}=\frac{f'(1-\xi)}{f(1-\xi)}.$$

【证法 2】 令 $F(x)=n\ln|f(x)|+\ln|f(1-x)|$，$x\in(0,1)$，则由 $f(0)=0$，$f(1-1)=f(0)=0$，且 $\forall x\in(0,1)$，$f(x)\neq 0$ 知，$F(x)$ 在 $(0,1)$ 内可导，且有

$$F'(x)=\frac{nf'(x)}{f(x)}-\frac{f'(1-x)}{f(1-x)},$$

$\lim\limits_{x\to 0^+}F(x)=-\infty$，$\lim\limits_{x\to 1^-}F(x)=-\infty$. 故至少存在一点 $\xi\in(0,1)$，使 $F(\xi)=\max\limits_{0<x<1}F(x)$，从而由 Fermat 定理，得 $F'(\xi)=0$，即 $\dfrac{nf'(\xi)}{f(\xi)}=\dfrac{f'(1-\xi)}{f(1-\xi)}$.

✳ **特别提示** 该题可进一步推广为：设函数 $f(x)$ 在 $[0,1]$ 上连续，在 $(0,1)$ 内可导，$f(0)=0$，且 $\forall x\in(0,1)$，都有 $f(x)\neq 0$，则有

(i) 至少存在一点 $\xi\in(0,1)$，使得 $\dfrac{mf'(\xi)}{f(\xi)}=\dfrac{nf'(1-\xi)}{f(1-\xi)}$，其中 m,n 为自然数；

(ii) 对于任意实数 $\alpha > 0$, 至少存在一点 $\eta \in (0,1)$, 使得 $\dfrac{\alpha f'(\xi)}{f(\xi)} = \dfrac{f'(1-\xi)}{f(1-\xi)}$.

♻ 类题训练

1. 设函数 $f(x)$ 在 $[0,1]$ 上连续, 在 $(0,1)$ 内可导, 且 $f(x) > 0$ $(0 < x < 1)$, 证明至少存在一点 $\xi \in (0,1)$, 使得 $\dfrac{f'(\xi)}{f(\xi)} = \dfrac{f'(1-\xi)}{f(1-\xi)}$.

2. 设函数 $f(x)$ 在 $(0,+\infty)$ 内可导, 且 $f(x) > 0$, $0 < a < 1$, 证明存在 $\xi \in \left(a, \dfrac{1}{a}\right)$, 使得 $\dfrac{\xi f'(\xi)}{f(\xi)} = \dfrac{\xi^{-1} f'(\xi^{-1})}{f(\xi^{-1})}$.

📖 典型例题

6 设函数 $f(x)$ 在 $[0,3]$ 上连续, 在 $(0,3)$ 内可导, 且 $f(0) + f(1) + f(2) = 3$, $f(3) = 1$, 证明至少存在一点 $\xi \in (0,3)$, 使 $f'(\xi) = 0$. (2003 年硕士研究生入学考试数学(三)试题)

【证法 1】 因为 $f(x)$ 在 $[0,3]$ 上连续, 所以 $f(x)$ 在 $[0,2]$ 上连续, 于是 $f(x)$ 在 $[0,2]$ 上存在最大值 M 和最小值 m, 即 $\forall x \in [0,2]$, 有 $m \leqslant f(x) \leqslant M$. 从而 $m \leqslant f(0)$, $f(1)$, $f(2) \leqslant M$, 即有 $m \leqslant \dfrac{f(0) + f(1) + f(2)}{3} \leqslant M$. 故由连续函数的介值定理, 至少存在一点 $\eta \in [0,2]$, 使 $f(\eta) = \dfrac{f(0) + f(1) + f(2)}{3} = 1$.

又因为 $f(x)$ 在 $[\eta, 3]$ 上连续, 在 $(\eta, 3)$ 内可导, 且 $f(\eta) = f(3) = 1$, 所以由 Rolle 定理知, 必存在 $\xi \in (\eta, 3) \subset (0,3)$, 使 $f'(\xi) = 0$.

【证法 2】 首先利用反证法证明: 至少存在一点 $\eta \in [0,2]$, 使 $f(\eta) = 1$.

假设 $\forall x \in [0,2]$, 恒有 $f(x) > 1$, 则 $f(0) + f(1) + f(2) > 3$, 与已知条件矛盾, 于是在 $[0,2]$ 上不可能恒有 $f(x) > 1$. 同理可证, 在 $[0,2]$ 上不可能恒有 $f(x) < 1$. 而因为 $f(x)$ 在 $[0,2]$ 上连续, 故至少存在一点 $\eta \in [0,2]$, 使 $f(\eta) = 1$.

其次利用 Rolle 定理证明至少存在一点 $\xi \in (0,3)$, 使 $f'(\xi) = 0$.

又因为 $f(x)$ 在 $[\eta, 3]$ 上连续, 在 $(\eta, 3)$ 内可导, 且 $f(\eta) = f(3) = 1$, 故由 Rolle 定理知, 至少存在一点 $\xi \in (\eta, 3) \subset (0,3)$, 使 $f'(\xi) = 0$.

【证法 3】 分情况考虑:

(i) 如果 $f(x)$ 在 $[0,3]$ 上恒为常数, 由 $f(3) = 1$ 得 $f(x) \equiv 1$, 则 $f'(x) = 0$, $\forall x \in (0,3)$;

(ii) 如果 $f(x)$ 在 $[0,3]$ 上不恒为常数, 则 $f(x)$ 在 $[0,3]$ 上不是单调函数.

事实上，假设 $f(x)$ 在 $[0,3]$ 上是单调增加的，则必有 $f(0)+f(1)+f(2)<3f(3)=3$ ，与已知 $f(0)+f(1)+f(2)=3$ 矛盾. 故 $f(x)$ 在 $[0,3]$ 上不是单调增加的. 同理可证， $f(x)$ 在 $[0,3]$ 上也不是单调减少的.

又因为 $f(x)$ 在 $[0,3]$ 上连续，所以必存在两个不同点 $x_1,x_2\in[0,3]$ ，使 $f(x_1)=f(x_2)$. 不妨设 $x_1<x_2$ ，则由 $f(x)$ 在 $[x_1,x_2]$ 上用 Rolle 定理知，至少存在一点 $\xi\in(x_1,x_2)\subset(0,3)$ ，使 $f'(\xi)=0$.

【证法 4】 基于题设条件 $f(0)+f(1)+f(2)=3$ ，分情况讨论：

(i) 如果 $f(0)=1$ ，因为 $f(x)$ 在 $[0,3]$ 上连续，在 $(0,3)$ 内可导，且 $f(0)=1=f(3)$ ，所以对 $f(x)$ 在 $[0,3]$ 上用 Rolle 定理知，至少存在一点 $\xi\in(0,3)$ ，使 $f'(\xi)=0$ ；

(ii) 如果 $f(0)\neq1$ ，不妨设 $f(0)<1$ ，则由 $f(0)+f(1)+f(2)=3$ 可知：

(a) 当 $f(1)=1$ 时，则 $f(2)>1$ ，此时 $f(1)=f(3)$ ，于是对 $f(x)$ 在 $[1,3]$ 上用 Rolle 定理知，至少存在一点 $\xi_1\in(1,3)\subset(0,3)$ ，使 $f'(\xi_1)=0$ ；

(b) 当 $f(1)<1$ 时，则 $f(2)>1$ ，于是由闭区间 $[1,2]$ 上连续函数 $f(x)$ 的介值定理知，存在 $\eta_1\in[1,2]$ ，使 $f(\eta_1)=1$. 再对 $f(x)$ 在 $[\eta_1,3]$ 上用 Rolle 定理知，至少存在一点 $\xi_2\in(\eta_1,3)\subset(0,3)$ ，使 $f'(\xi_2)=0$ ；

(c) 当 $f(1)>1$ 时，则对 $f(x)$ 在 $[0,1]$ 上由连续函数的介值定理知，存在 $\eta_2\in[0,1]$ ，使 $f(\eta_2)=1$. 再对 $f(x)$ 在 $[\eta_2,3]$ 上用 Rolle 定理知，至少存在一点 $\xi_3\in(\eta_2,3)\subset(0,3)$ ，使 $f'(\xi_3)=0$.

综上所述，即得证.

⚡ **特别提示**

[1] 证法 1 和证法 4 表明闭区间上连续函数的最大值和最小值定理及连续函数的介值定理在含中值的微分证明题中常有重要应用；

[2] 证法 2 说明反证法在证明题中也有重要应用.

♻ **类题训练**

1. 设函数 $f(x)$ 在 $[0,1]$ 上连续，在 $(0,1)$ 内可导，且 $f(0)=f(1)=0$ ， $f\left(\dfrac{1}{2}\right)=1$ ，证明至少存在一点 $\xi\in(0,1)$ ，使 $f'(\xi)=1$.

2. 设函数 $f(x)$ 在 $[0,1]$ 上连续，在 $(0,1)$ 内可导，且 $f(0)=0$ ， $f(1)=1$. 证明：

(i) 对于任意的正数 m_1 ， m_2 ，存在两个不同的 $x_1,x_2\in(0,1)$ ，使得

$$\frac{m_1}{f'(x_1)}+\frac{m_2}{f'(x_2)}=m_1+m_2 ;$$

(ii) 对于任意的正数 $m_k (k=1,2,\cdots,n)$，存在互不相同的 $x_k \in (0,1)$，$k=1,2,\cdots,n$，使得 $\displaystyle\sum_{k=1}^{n} \frac{m_k}{f'(x_k)} = \sum_{k=1}^{n} m_k$.

3. 设 $f(x)$ 为 n 次多项式，且 $f(x)$ 有 n 个互不相同的零点 $x_1, x_2, \cdots, x_n$，记 m_i 为曲线 $y = f(x)$ 在点 $(x_i, f(x_i))$ 的法线的斜率 $(i = 1, 2, \cdots, n)$. 证明 $m_1 + m_2 + \cdots + m_n = 0$.

📖 **典型例题**

7 设函数 $f(x)$ 在 $[a,b]$ 上连续，在 (a,b) 内可导，且 $f(a) = f(b) = 1$，证明存在 $\xi, \eta \in (a,b)$，使得 $\mathrm{e}^{\eta-\xi}[f(\eta) + f'(\eta)] = 1$.

【证法 1】 将要证明的等式中含 ξ 和 η 的项分别放到等式的两侧，化为
$$\mathrm{e}^{\eta}[f(\eta) + f'(\eta)] = \mathrm{e}^{\xi},$$
即只需证 $[\mathrm{e}^x f(x)]'_{x=\eta} = (\mathrm{e}^x)'_{x=\xi}$. 而由
$$\frac{\mathrm{e}^b - \mathrm{e}^a}{b-a} = (\mathrm{e}^x)'_{x=\xi}, \quad \frac{\mathrm{e}^b f(b) - \mathrm{e}^a f(a)}{b-a} = \left(\mathrm{e}^x f(x)\right)'_{x=\eta},$$
且 $f(a) = f(b) = 1$ 知 $\dfrac{\mathrm{e}^b f(b) - \mathrm{e}^a f(a)}{b-a} = \dfrac{\mathrm{e}^b - \mathrm{e}^a}{b-a}$. 故可令 $F(x) = \mathrm{e}^x f(x)$，$G(x) = \mathrm{e}^x$，则 $F(x)$ 和 $G(x)$ 在 $[a,b]$ 上连续，在 (a,b) 内可导，于是分别对 $F(x)$ 和 $G(x)$ 在 $[a,b]$ 上应用 Lagrange 中值定理知，存在 $\xi, \eta \in (a,b)$，使
$$\frac{\mathrm{e}^b - \mathrm{e}^a}{b-a} = (\mathrm{e}^x)'_{x=\xi} = \mathrm{e}^{\xi}, \quad \frac{\mathrm{e}^b f(b) - \mathrm{e}^a f(a)}{b-a} = \left(\mathrm{e}^x f(x)\right)'_{x=\eta} = \mathrm{e}^{\eta}[f(\eta) + f'(\eta)].$$
又 $f(a) = f(b) = 1$，从而得 $\mathrm{e}^{\eta}[f(\eta) + f'(\eta)] = \mathrm{e}^{\xi}$，即 $\mathrm{e}^{\eta-\xi}[f(\eta) + f'(\eta)] = 1$.

【证法 2】 要证 $\mathrm{e}^{\eta-\xi} \cdot [f(\eta) + f'(\eta)] = 1$，即要证 $\mathrm{e}^{\eta-\xi}[f(\eta) + f'(\eta)] - 1 = 0$，将 η 改写为 x 后，即只需证明 $\left[\mathrm{e}^{x-\xi} \cdot f(x) - x\right]'_{x=\eta} = 0$.

为此，令 $F(x) = \mathrm{e}^{x-\xi} \cdot f(x) - x$，即只要证 $F(x)$ 满足 Rolle 定理，而这只需证明 $F(b) = F(a)$，即 $\mathrm{e}^{b-\xi} - \mathrm{e}^{a-\xi} = b-a$，亦即 $\dfrac{\mathrm{e}^b - \mathrm{e}^a}{b-a} = \mathrm{e}^{\xi} = (\mathrm{e}^x)'_{x=\xi}$.

再令 $G(x) = \mathrm{e}^x$，则 $G(x)$ 在 $[a,b]$ 上连续，在 (a,b) 内可导，于是由 Lagrange 中值定理知，存在 $\xi \in (a,b)$，使 $G(b) - G(a) = G'(\xi)(b-a)$，从而得 $F(a) = F(b)$. 故对 $F(x)$ 在 $[a,b]$ 上由 Rolle 定理知，存在 $\eta \in (a,b)$，使 $F'(\eta) = 0$，即 $\mathrm{e}^{\eta-\xi}[f(\eta) + f'(\eta)] = 1$.

⚹ **特别提示**

[1] 一般地，设函数 $f(x)$ 在 $[a,b]$ 上连续，在 (a,b) 内可导，且 $f(a)=f(b)=A$，证明存在 $\xi,\eta \in (a,b)$，使得 $e^{\eta-\xi} \cdot [f(\eta)+f'(\eta)]=A$.

[2] 证明含有两个中值微分等式的常见方法主要有：①使用两次 Lagrange 中值定理；②使用两次 Cauchy 中值定理；③使用两次 Taylor 中值定理；④使用 Rolle 定理、Lagrange 中值定理及 Cauchy 中值定理中的任两个定理各一次；等等. 对于含有三个中值微分等式的证明题，其证明方法可以类似地推广得到.

♻ **类题训练**

1. 设函数 $f(x)$ 在 $[a,b]$ 上连续，在 (a,b) 内可导，且 $0<a<b$，证明(1)存在 $\xi_1,\eta_1 \in (a,b)$，使 $f'(\xi_1)=\dfrac{\eta_1^2 f'(\eta_1)}{ab}$；(2)存在 $\xi_2,\eta_2 \in (a,b)$，使 $f'(\xi_2)=\dfrac{a+b}{2\eta_2}f'(\eta_2)$；(3)存在 $\xi_3,\eta_3 \in (a,b)$，使 $\dfrac{f(\xi_3)+\xi_3 f'(\xi_3)}{f(\eta_3)+\eta_3 f'(\eta_3)}=\dfrac{a+b}{2\eta_3}$.

2. 设函数 $f(x)$ 在 $[a,b]$ 上连续，在 (a,b) 内可导，$f'(x)\neq 0$，证明存在 $\xi,\eta \in (a,b)$，使 $\dfrac{f'(\xi)}{f'(\eta)}=\dfrac{e^b-e^a}{b-a} \cdot e^{-\eta}$.

3. 设函数 $f(x)$ 在 $[a,b]$ 上连续，在 (a,b) 内可导，$0 \leqslant a<b \leqslant \dfrac{\pi}{2}$，证明在 (a,b) 内至少存在两点 ξ_1,ξ_2，使 $f'(\xi_2) \cdot \tan \dfrac{a+b}{2}=f'(\xi_1) \cdot \dfrac{\sin \xi_2}{\cos \xi_1}$.

4. 设函数 $f(x)$ 在 $[0,1]$ 上连续，在 $(0,1)$ 内可导，且 $f(0)=0$，$f(1)=1$，证明(i)存在 $\xi \in (0,1)$，使得 $f(\xi)=1-\xi$；(ii)存在两个不同的点 $\eta,\xi \in (0,1)$，使得 $f'(\eta) \cdot f'(\xi)=1$. (2005 年硕士研究生入学考试数学(一)试题)

5. 设 $0<a<b$，$f'(x)\neq 0$，证明存在 $\xi,\eta \in (a,b)$，使得
$$ab\xi f'(\xi)\ln \frac{b}{a}=(b-a)\eta^2 f'(\eta).$$

6. 已知函数 $f(x)$ 在 $[0,1]$ 上连续，在 $(0,1)$ 内可导，且 $f(0)=0$，$f(1)=\dfrac{1}{2}$，证明存在 $\xi,\eta \in (0,1)$，$\xi \neq \eta$，使得 $f'(\xi)+f'(\eta)=\xi+\eta$.

7. 设函数 $f(x)$ 在 $[a,b]$ 上连续，在 (a,b) 内可导，证明存在 $\xi,\eta,\varsigma \in (a,b)$，使得 $f'(\xi)=e^{\varsigma-\eta}f'(\eta)$.

8. 设函数 $f(x)$ 在 $[1,2]$ 上连续，在 $(1,2)$ 内可导，且 $f'(x)\neq 0$，证明存在

$\xi, \eta, \varsigma \in (1, 2)$，使得 $\dfrac{f'(\varsigma)}{f'(\xi)} = \dfrac{\xi}{\eta}$.

9. 设函数 $f(x)$ 在 $\left[0, \dfrac{\pi}{2}\right]$ 上有二阶导数，且 $f'(0) = 0$，证明存在 $\xi_1, \xi_2, \xi_3 \in \left[0, \dfrac{\pi}{2}\right]$，使得 $\dfrac{\pi}{2}\xi_2 f''(\xi_3)\sin(2\xi_1) = f'(\xi_1)$.（大连市第九届大学生竞赛题）

📖 **典型例题**

8 设函数 $f(x)$ 在 $[0, 1]$ 上有三阶导数，且 $f(0) = f(1) = 0$. 又 $F(x) = x^3 f(x)$，证明存在 $\xi \in (0, 1)$，使 $F'''(\xi) = 0$.

【证法 1】 考虑利用 Rolle 定理. 由已知，$F(x)$ 在 $[0, 1]$ 上可导，且 $F(0) = F(1) = 0$，故由 Rolle 定理知，存在 $\xi_1 \in (0, 1)$，使 $F'(\xi_1) = 0$. 又 $F'(x) = 3x^2 f(x) + x^3 f'(x)$，$F''(x) = 6xf(x) + 6x^2 f'(x) + x^3 f''(x)$，所以 $F'(0) = 0$，$F''(0) = 0$. 于是对 $F'(x)$ 在 $[0, \xi_1]$ 上用 Rolle 定理，知存在 $\xi_2 \in (0, \xi_1)$，使 $F''(\xi_2) = 0$；再由 $F''(x)$ 在 $[0, \xi_2]$ 上用 Rolle 定理，知存在 $\xi \in (0, \xi_2) \subset (0, \xi_1) \subset (0, 1)$，使 $F'''(\xi) = 0$.

【证法 2】 考虑利用 Taylor 展开定理. 将 $F(x)$ 在点 $x = 0$ 处 Taylor 展开为

$F(x) = F(0) + F'(0)x + \dfrac{1}{2!}F''(0)x^2 + \dfrac{1}{3!}F'''(\xi_x)x^3$，其中 ξ_x 介于 0 与 x 之间.

又 $F(x) = x^3 f(x)$，$F'(x) = 3x^2 f(x) + x^3 f'(x)$，$F''(x) = 6xf(x) + 6x^2 f'(x) + x^3 f''(x)$，且 $f(0) = f(1) = 0$，所以 $F(0) = F'(0) = F''(0) = 0$，于是有 $F(x) = \dfrac{1}{3!}F'''(\xi_x)x^3$. 故由 $F(1) = f(1) = 0$，得 $F(1) = \dfrac{1}{3!}F'''(\xi) = 0$，即 $F'''(\xi) = 0$，其中 $\xi \in (0, 1)$.

【证法 3】 由题设可知，$F(x) = x^3 f(x)$ 在 $[0, 1]$ 上三阶可导，且 $F(0) = F(1) = 0$，$F'(0) = F''(0) = 0$. 令 $g(x) = x^3$，则 $g'(x) = 3x^2 > 0$，$g''(x) = 6x > 0$，$\forall x \in (0, 1)$，于是对 $F(x)$ 与 $g(x)$ 在 $[0, 1]$ 上用 Cauchy 中值定理，知存在 $\xi_1 \in (0, 1)$，使 $\dfrac{F(1) - F(0)}{g(1) - g(0)} = \dfrac{F'(\xi_1)}{g'(\xi_1)}$. 然后分别对 $F'(x)$ 与 $g'(x)$ 在 $[0, \xi_1]$ 和 $F''(x)$ 与 $g''(x)$ 在 $[0, \xi_2]$ 上用 Cauchy 中值定理，即得

$$0 = \frac{F'(\xi_1) - F'(0)}{g'(\xi_1) - g'(0)} = \frac{F''(\xi_2)}{g''(\xi_2)} = \frac{F''(\xi_2) - F''(0)}{g''(\xi_2) - g''(0)} = \frac{F'''(\xi)}{g'''(\xi)} = \frac{F'''(\xi)}{6},$$

其中 $\xi_2 \in (0, \xi_1)$，$\xi \in (0, \xi_2) \subset (0, 1)$，故得 $F'''(\xi) = 0$.

✳ **特别提示** 要证明含有中值的高阶导数等式问题，常用的方法主要是多次

应用 Rolle 定理, 或多次应用 Cauchy 中值定理, 或应用 Taylor 展开式.

♻️ **类题训练**

1. 设函数 $f(x)$ 在 $[1, 2]$ 上二阶可导, 且 $f(2) = 0$. 又 $F(x) = (x-1)^2 f(x)$, 证明在 $(1, 2)$ 内至少存在一点 ξ, 使得 $F''(\xi) = 0$.

2. 设函数 $f(x)$ 在 $[0, 2]$ 上连续, 在 $(0, 2)$ 内二阶可导, 且 $\lim\limits_{x \to \frac{1}{2}} \dfrac{f(x)}{\cos \pi x} = 0$,

$f(2) = 2\int_1^{\frac{3}{2}} f(x)\mathrm{d}x$, 证明至少存在一点 $\xi \in (0, 2)$, 使得 $f''(\xi) = 0$.

3. 设函数 $f(x)$ 在 $[0, \pi]$ 上连续, 在 $(0, \pi)$ 内二阶可导, 且 $f(1) = 0$, 证明至少存在一点 $\xi \in (0, \pi)$, 使得 $f''(\xi) + 2f'(\xi)\cot\xi = f(\xi)$.

📖 **典型例题**

9 设函数 $f(x)$ 在 $[a, b]$ 上可导, $f'_+(a) \neq f'_-(b)$, μ 为介于 $f'_+(a)$ 与 $f'_-(b)$ 之间的实数, 则存在 $\xi \in (a, b)$, 使 $f'(\xi) = \mu$. (导函数的介值定理, 也称为达布(G. Darboux)定理).

【证法 1】 不妨设 $f'(a) < \mu < f'(b)$, 令 $F(x) = f(x) - \mu x$, 则 $F'(x) = f'(x) - \mu$, $F'(a) = f'(a) - \mu < 0$, $F'(b) = f'(b) - \mu > 0$, 故只需证明存在 $\xi \in (a, b)$, 使 $F'(\xi) = 0$.

因为 $F(x)$ 在 $[a, b]$ 上连续, 所以存在最小值点 $\xi \in [a, b]$. 可以证明: $\xi \neq a$, $\xi \neq b$. 事实上, 若 $\xi = a$, 则有 $F(a) \leqslant F(x)$, 于是 $\forall x \in (a, b]$, $\dfrac{F(x) - F(a)}{x - a} \geqslant 0$, 从而 $\lim\limits_{x \to a^+} \dfrac{F(x) - F(a)}{x - a} = F'(a) \geqslant 0$, 这与 $F'(a) < 0$ 矛盾, 故 $\xi \neq a$. 同理可证 $\xi \neq b$, 即得 $\xi \in (a, b)$. 而由 ξ 为 $F(x)$ 的极(最)小值点, 故得 $F'(\xi) = 0$, 即得 $f'(\xi) = \mu$.

【证法 2】 由归一法, 首先考虑 $\mu = 0$ 的情形.

由已知, 不妨设 $f'(a) < 0$, $f'(b) > 0$.

若 $f(a) = f(b)$, 则由 Rolle 定理得证. 否则, 不妨设 $f(a) > f(b)$, 则由 $f'(b) = \lim\limits_{x \to b^-} \dfrac{f(x) - f(b)}{x - b} > 0$ 及极限的保号性知, 存在 $\delta > 0$, 当 $x \in (b - \delta, b)$ 时, 有 $\dfrac{f(x) - f(b)}{x - b} > 0$, 得 $f(x) < f(b)$, 于是取 $x_0 \in (b - \delta, b)$, 可使 $f(x_0) < f(b) < f(a)$, 从而由连续函数的介值定理知, 存在 $x_1 \in (a, x_0)$, 使 $f(x_1) = f(b)$. 再由 $f(x)$ 在 $[x_1, b]$ 上用 Rolle 定理知, 存在 $\xi \in (x_1, b) \subset (a, b)$, 使 $f'(\xi) = 0$.

其次, 令 $F(x) = f(x) - \mu x$, 不妨设 $f'(a) < \mu < f'(b)$, 则 $F'(a) = f'(a) - \mu < 0$, $F'(b) = f'(b) - \mu > 0$, 则由上知, 存在 $\xi \in (a, b)$, 使 $F'(\xi) = 0$, 即得证.

【证法3】 首先考虑 $\mu=0$ 的情形.

不妨设 $f'(a)<0$，$f'(b)>0$，则由 $f'(a)=\lim\limits_{x\to a^+}\dfrac{f(x)-f(a)}{x-a}<0$，$f'(b)=$ $\lim\limits_{x\to b^-}\dfrac{f(x)-f(b)}{x-b}>0$ 知，$\exists\delta_1>0$，使当 $x\in(a,a+\delta_1)$ 时，有 $\dfrac{f(x)-f(a)}{x-a}<0$，从而 $f(x)<f(a)$；$\exists\delta_2>0$，使当 $x\in(b-\delta_2,b)$ 时，有 $\dfrac{f(x)-f(b)}{x-b}>0$，从而 $f(x)<f(b)$. 又因为 $f(x)$ 在 $[a,b]$ 上连续，所以 $f(x)$ 在 (a,b) 内取得最小值(极小值)，不妨设在点 $\xi\in(a,b)$ 取得极小值，故由 Fermat 定理知 $f'(\xi)=0$.

其次，令 $F(x)=f(x)-\mu x$，不妨设 $f'(a)<\mu<f'(b)$，则由 $F'(a)<0$，$F'(b)>0$，由上可得，存在 $\xi\in(a,b)$，使 $F'(\xi)=0$，即 $f'(\xi)=\mu$.

【证法4】 令

$$g_1(x)=\begin{cases}f'(a), & x=a,\\ \dfrac{f(x)-f(a)}{x-a}, & x\neq a,\end{cases}\qquad g_2(x)=\begin{cases}f'(b), & x=b,\\ \dfrac{f(x)-f(b)}{x-b}, & x\neq b,\end{cases}$$

则 $g_1(a)=f'(a)$，$g_2(b)=f'(b)$，$g_1(b)=\dfrac{f(b)-f(a)}{b-a}=g_2(a)$，

$$\lim\limits_{x\to a^+}g_1(x)=\lim\limits_{x\to a^+}\dfrac{f(x)-f(a)}{x-a}=f'_+(a)=f'(a)=g_1(a),$$

$$\lim\limits_{x\to b^-}g_2(x)=\lim\limits_{x\to b^-}\dfrac{f(x)-f(b)}{x-b}=f'_-(b)=g_2(b),$$

故 $g_1(x)$，$g_2(x)$ 在 $[a,b]$ 上连续.

由题设 μ 介于 $f'(a)$ 与 $f'(b)$ 之间，下面分三种情况考虑：

(1) 若 μ 介于 $g_1(a)=f'(a)$ 与 $g_1(b)$ 之间，则由 $g_1(x)$ 的连续性介值定理知，存在 $x_1\in(a,b]$，使 $\mu=g_1(x_1)=\dfrac{f(x_1)-f(a)}{x_1-a}=f'(\xi_1)$，其中 $\xi_1\in(a,x_1)$；

(2) 若 μ 介于 $g_2(a)$ 与 $g_2(b)$ 之间，则由 $g_2(x)$ 的连续性介值定理知，存在 $x_2\in[a,b)$，使 $\mu=g_2(x_2)=\dfrac{f(x_2)-f(b)}{x_2-b}=f'(\xi_2)$，其中 $\xi_2\in(x_2,b)$；

(3) 若 $\mu=g_1(b)=g_2(a)$，则 $\mu=\dfrac{f(b)-f(a)}{b-a}=f'(\xi_3)$，其中 $\xi_3\in(a,b)$.

综上所述，总存在 $\xi\in(a,b)$，使 $f'(\xi)=\mu$.

特别提示 注意导函数的达布定理不要求 $f'(x)$ 在 $[a,b]$ 上连续，区别于导函数 $f'(x)$ 的介值定理.

一般的，设函数 $f(x)$ 在区间 I 可导，$x_1<x_2<\cdots<x_n$ 是 I 中 n 个点，$\lambda_1,\lambda_2,\cdots,\lambda_n$ 是正数，则一定存在 $\xi\in I$，使得 $\lambda_1f'(x_1)+\lambda_2f'(x_2)+\cdots\lambda_nf'(x_n)=$

$(\lambda_1 + \lambda_2 + \cdots + \lambda_n) f'(\xi)$.

♻ **类题训练**

1. 设函数 $f(x)$ 在 $[0,1]$ 上可微, 且 $f'(0) \cdot f'(1) < 0$, 证明存在 $\xi \in (0,1)$, 使 $f'(\xi) = 0$.

2. 设函数 $f(x)$ 在 $[0,1]$ 上可导, 且 $f(0) = f'(0) = 0$, $f(1) = 2011$, 证明存在 $\xi \in (0,1)$, 使 $f'(\xi) = 2010$.

3. 已知 Dirichlet 函数 $D(x) = \begin{cases} 1, & x\text{为有理数}, \\ 0, & x\text{为无理数}. \end{cases}$ 问 $D(x)$ 是否存在原函数?

4. 设函数 $f(x)$ 在 $(-\infty, +\infty)$ 上可微, 且存在常数 a_1, b_1, a_2, b_2 $(a_1 < a_2)$, 使 $\lim\limits_{x \to -\infty} [f(x) - (a_1 x + b_1)]$ 及 $\lim\limits_{x \to +\infty} [f(x) - (a_2 x + b_2)]$ 都存在, 证明对于任意 $k \in (a_1, a_2)$, 存在 ξ, 使 $f'(\xi) = k$.

📖 **典型例题**

10　设函数 $f(x)$ 在 $[0,2]$ 上连续, 在 $(0,2)$ 内二阶可导, 且 $f(0) = 0$, $f(1) = 2$, $f(2) = 0$. 证明存在 $\xi \in (0,2)$, 使 $f''(\xi) = -4$.

【**证法 1**】　将 $f(x)$ 在 $x = 1$ 处进行 Taylor 展开, 得

$$f(x) = f(1) + f'(1) \cdot (x-1) + \frac{f''(\xi_x)}{2!} \cdot (x-1)^2,$$

其中 ξ_x 介于 1 与 x 之间.

分别代入 $x = 0, 2$, 得

$$0 = f(0) = f(1) - f'(1) + \frac{f''(\xi_1)}{2}, \quad 0 = f(2) = f(1) + f'(1) + \frac{f''(\xi_2)}{2},$$

其中 $\xi_1 \in (0,1)$, $\xi_2 \in (1,2)$. 两式相加, 得 $\dfrac{f''(\xi_1) + f''(\xi_2)}{2} = -4$.

而 $\min\{f''(\xi_1), f''(\xi_2)\} \leqslant \dfrac{f''(\xi_1) + f''(\xi_2)}{2} \leqslant \max\{f''(\xi_1), f''(\xi_2)\}$, 故由导函数的

介值定理(达布定理)知, 存在 $\xi \in (\xi_1, \xi_2) \subset (0,2)$, 使 $f''(\xi) = \dfrac{f''(\xi_1) + f''(\xi_2)}{2} = -4$.

【**证法 2**】　首先分析辅助函数的构造问题. 要证 $f''(\xi) = -4$, 为此考虑 $f''(x) = -4$, 两边积分得 $f'(x) = -4x + c_1$, 两边再积分得 $f(x) = -2x^2 + c_1 x + c_2$, 即 $f(x) + 2x^2 - c_1 x = c_2$. 于是可考虑构造辅助函数 $F(x) = f(x) + 2x^2 - c_1 x$, 而 $F(0) = 0$, 想用 Rolle 定理, 需使 $F(2) = 0$, 即 $8 - 2c_1 = 0$, $c_1 = 4$. 故可令 $F(x) = f(x) + 2x^2 - 4x$, 则 $F(x)$ 在 $[0,2]$ 上连续, 在 $(0,2)$ 内二阶可导, 且 $F(0) = F(1) = F(2) = 0$, 对 $F(x)$ 分别在 $[0,1]$ 和 $[1,2]$ 上由 Rolle 定理, 可得存在

$\xi_1 \in (0,1)$，$\xi_2 \in (1,2)$，使得 $F'(\xi_1) = 0$，$F'(\xi_2) = 0$.

再对 $F'(x)$ 在 $[\xi_1, \xi_2]$ 上由 Rolle 定理，得存在 $\xi \in (\xi_1, \xi_2) \subset (0,2)$，使 $F''(\xi) = 0$，即 $f''(\xi) + 4 = 0$，故 $f''(\xi) = -4$.

【证法 3】 构造二次多项式 $p(x)$，使 $p(x)$ 与 $f(x)$ 在 $x = 0, 1, 2$ 处的函数值相等，即有 $p(0) = f(0) = 0$，$p(1) = f(1) = 2$，$p(2) = f(2) = 0$. 于是可设 $p(x) = A(x-0)(x-2)$，其中 A 为待定常数. 又由 $p(1) = 2$，代入上式得 $A = -2$，故 $p(x) = -2x(x-2)$. 再令 $F(x) = f(x) - p(x)$，则 $F(0) = F(1) = F(2)$. 对 $F(x)$ 分别在 $[0,1]$ 及 $[1,2]$ 上由 Rolle 定理知，存在 $\xi_1 \in (0,1)$，$\xi_2 \in (1,2)$，使 $F'(\xi_1) = 0$，$F'(\xi_2) = 0$. 再由 $F'(x)$ 在 $[\xi_1, \xi_2]$ 上用 Rolle 定理知，存在 $\xi \in (\xi_1, \xi_2) \subset (0,2)$，使 $F''(\xi) = 0$，即 $f''(\xi) + 4 = 0$，故 $f''(\xi) = -4$.

【证法 4】 构造线性插值多项式 $L_1(x)$，使 $L_1(0) = f(0)$，$L_1(1) = f(1)$. 则

$$L_1(x) = f(0) + \frac{f(1) - f(0)}{1 - 0} x = 2x，\quad 且 \quad f(x) - L_1(x) = \frac{f''(\xi_x)}{2!} x(x-1)，$$

其中 ξ_x 介于 0 与 x 之间.

又由已知 $f(2) = 0$，于是得 $f(2) - L_1(2) = 2 \cdot \frac{f''(\xi)}{2!}$，即得 $f''(\xi) = -4$，其中 $\xi \in (0,2)$.

✳ 特别提示

[1] 因为仅知 $f(x)$ 在 $(0,2)$ 内二阶可导，未有二阶连续可导的条件，所以证法 1 中用导函数的介值定理(达布定理)，而不能对 $f''(x)$ 用最值定理和介值定理.

[2] 导函数的介值定理(达布定理，G. Darboux)：设函数 $f(x)$ 在 $[a,b]$ 上处处可导(端点指单侧导数)，$f'(a) < f'(b)$ 或 $f'(a) > f'(b)$，则 $\forall \mu : f'(a) < \mu < f'(b)$，或 $f'(a) > \mu > f'(b)$，$\exists \xi \in (a,b)$，使得 $f'(\xi) = \mu$.

♻ 类题训练

1. 设函数 $f(x)$ 在 $[0,4]$ 上二阶可导，且 $f(0) = 0, f(1) = 1, f(4) = 2$，证明存在 $\xi \in (0,4)$，使得 $f''(\xi) = -\frac{1}{3}$.

2. 设函数 $f(x)$ 在 $[-1,1]$ 上连续，在 $(-1,1)$ 内二阶可导，且 $x^2 \leqslant f(x) \leqslant |x|$ $(-1 \leqslant x \leqslant 1)$，证明存在 $\xi \in (-1,1)$，使得 $f''(\xi) = 2$.

3. 设函数 $f(x)$ 在 $[-1,1]$ 上具有连续的三阶导数，且 $f(-1) = 0$，$f(1) = 1$，$f'(0) = 0$，证明在 $(-1,1)$ 内至少存在一点 x_0，使得 $f'''(x_0) = 3$. (2011 年第三届全国大学生数学竞赛预赛(非数学类)试题)

4. 设函数 $f(x)$ 三阶可导, 且 $f(1)=-1$ 是其极小值, 而 $f(-1)=3$ 是其极大值, 证明存在 $\xi\in(-1,1)$, 使 $f'''(\xi)=6$. (陕西省第九次大学生高等数学竞赛复赛试题)

5. 设抛物线 $y=-x^2+Bx+C$ (B,C 为常数) 与 x 轴有两个交点 $(a,0),(b,0)$ ($a<b$), 与曲线 $y=f(x)$ 在开区间 (a,b) 内有一个交点 $(x_0,f(x_0))$, 其中 $f(x)$ 在闭区间 $[a,b]$ 上具有二阶导数, 且 $f(a)=f(b)=0$, 证明在 (a,b) 内至少存在一点 ξ, 使得 $f''(\xi)=-2$.

6. 设函数 $f(x)$ 在 $[0,2]$ 上连续, 在 $(0,2)$ 内三阶可导, 且 $\lim\limits_{x\to0^+}\dfrac{f(x)}{x}=2$, $f(1)=1$, $f(2)=6$, 证明存在 $\xi\in(0,2)$, 使 $f'''(\xi)=9$.

📖 **典型例题**

11　设函数 $f(x)$ 在 $[a,b]$ 上三阶可导, 证明存在 $\xi\in(a,b)$, 使得

$$f(b)=f(a)+f'\left(\frac{a+b}{2}\right)(b-a)+\frac{1}{24}f'''(\xi)(b-a)^3.$$

【证法 1】　利用 Taylor 展开及导函数的介值性定理

将 $f(a),f(b)$ 在 $x=\dfrac{a+b}{2}$ 处进行 Taylor 展开, 得

$$f(a)=f\left(\frac{a+b}{2}\right)+f'\left(\frac{a+b}{2}\right)\cdot\frac{a-b}{2}+\frac{1}{2}f''\left(\frac{a+b}{2}\right)\cdot\frac{(a-b)^2}{4}+\frac{1}{6}f'''(\xi_1)\cdot\frac{(a-b)^3}{8},$$

$$f(b)=f\left(\frac{a+b}{2}\right)+f'\left(\frac{a+b}{2}\right)\cdot\frac{b-a}{2}+\frac{1}{2}f''\left(\frac{a+b}{2}\right)\cdot\frac{(b-a)^2}{4}+\frac{1}{6}f'''(\xi_2)\cdot\frac{(b-a)^3}{8},$$

其中 $\xi_1\in\left(a,\dfrac{a+b}{2}\right)$, $\xi_2\in\left(\dfrac{a+b}{2},b\right)$.

两式相减, 得

$$f(b)-f(a)-f'\left(\frac{a+b}{2}\right)(b-a)=\frac{1}{24}\frac{f'''(\xi_1)+f'''(\xi_2)}{2}(b-a)^3.$$

而由

$$\min\left(f'''(\xi_1),f'''(\xi_2)\right)\leqslant\frac{f'''(\xi_1)+f'''(\xi_2)}{2}\leqslant\max\left(f'''(\xi_1),f'''(\xi_2)\right)$$

及导函数 $f'''(x)$ 的介值定理 (达布定理) 知, 存在 $\xi\in(\xi_1,\xi_2)\subset(a,b)$, 使得 $f'''(\xi)=\dfrac{f'''(\xi_1)+f'''(\xi_2)}{2}$, 故得证.

【证法 2】　利用待定常数法

设 k 为使 $f(b)=f(a)+f'\left(\dfrac{a+b}{2}\right)(b-a)+\dfrac{1}{24}k(b-a)^3$ 成立的实常数, 为此只

需证 $k = f'''(\xi)$ 即可.

令 $g(x) = f(x) - f(a) - f'\left(\dfrac{a+x}{2}\right)(x-a) - \dfrac{k}{24}(x-a)^3$, 则 $g(a) = g(b) = 0$,

于是由 Rolle 定理知, $\exists \eta \in (a,b)$, 使 $g'(\eta) = 0$, 即

$$f'(\eta) - \frac{1}{2}f''\left(\frac{a+\eta}{2}\right)(\eta-a) - f'\left(\frac{a+\eta}{2}\right) - \frac{k}{8}(\eta-a)^2 = 0.$$

又将 $f'(\eta)$ 在 $x = \dfrac{a+\eta}{2}$ 处进行 Taylor 展开, 得

$$f'(\eta) = f'\left(\frac{a+\eta}{2}\right) + f''\left(\frac{a+\eta}{2}\right) \cdot \frac{\eta-a}{2} + \frac{f'''(\xi)}{2!} \cdot \left(\frac{\eta-a}{2}\right)^2,$$

代入上式, 得 $\dfrac{f'''(\xi)}{2!} \cdot \left(\dfrac{\eta-a}{2}\right)^2 - \dfrac{k}{8}(\eta-a)^2 = 0$, 从而得 $k = f'''(\xi)$, 其中 $\xi \in \left(\dfrac{a+\eta}{2}, \eta\right) \subset (a,b)$. 故得证.

【证法 3】 利用重节点差商

由于要证明的等式中含有 $f'\left(\dfrac{a+b}{2}\right)$, 因而考虑选取重节点: $x_0 = a, x_1 = c \overset{\triangle}{=} \dfrac{a+b}{2}$, $x_2 = c, x_3 = b$, 列差商表如下(表 2.1).

表 2.1 差商表(1)

x_k	$f(x_k)$	一阶差商	二阶差商	三阶差商
$x_0 = a$	$f(a)$			
$x_1 = c$	$f(c)$	$f[a,c]$		
$x_2 = c$	$f(c)$	$f'(c)$	$f[a,c,c]$	
$x_3 = b$	$f(b)$	$f[c,b]$	$f[c,c,b]$	$f[a,c,c,b]$

而由差商与导数的关系, 得 $f[a,c,c,b] = \dfrac{f'''(\xi)}{3!}$, 其中 $\xi \in (a,b)$.

由重节点差商定义, 有

$$f[a,c,c,b] = \frac{f[c,c,b] - f[a,c,c]}{b-a}, \quad f[c,c,b] = \frac{f[c,b] - f'(c)}{b-c},$$

$$f[a,c,c] = \frac{f'(c) - f[a,c]}{c-a}, \quad f[c,b] = \frac{f(b) - f(c)}{b-c}, \quad f[a,c] = \frac{f(c) - f(a)}{c-a}.$$

代入整理, 即得 $f(b) = f(a) + f'\left(\dfrac{a+b}{2}\right)(b-a) + \dfrac{1}{24}f'''(\xi)(b-a)^3$.

【证法 4 】　利用插值多项式理论

构作二次插值多项式 $p_2(x)$，使 $p_2(a)=f(a)$，$p_2\left(\dfrac{a+b}{2}\right)=f\left(\dfrac{a+b}{2}\right)$，

$p_2'\left(\dfrac{a+b}{2}\right)=f'\left(\dfrac{a+b}{2}\right)$，则由插值理论，Newton 均差多项式为

$$p_2(x)=f(a)+f\left[a,\dfrac{a+b}{2}\right](x-a)+f\left[a,\dfrac{a+b}{2},\dfrac{a+b}{2}\right](x-a)\left(x-\dfrac{a+b}{2}\right)$$

$$=f(a)+\dfrac{f\left(\dfrac{a+b}{2}\right)-f(a)}{\dfrac{b-a}{2}}(x-a)$$

$$+\dfrac{f'\left(\dfrac{a+b}{2}\right)-\dfrac{f\left(\dfrac{a+b}{2}\right)-f(a)}{\dfrac{b-a}{2}}}{\dfrac{b-a}{2}}(x-a)\left(x-\dfrac{a+b}{2}\right),$$

且 $f(x)-p_2(x)=\dfrac{f'''(\xi_x)}{3!}(x-a)\left(x-\dfrac{a+b}{2}\right)^2$，其中 ξ_x 介于 $a,\dfrac{a+b}{2}$ 与 x 之间.

取 $x=b$，则有 $f(b)-p_2(b)=\dfrac{f'''(\xi)}{3!}(b-a)\left(b-\dfrac{a+b}{2}\right)^2$，其中 $\xi\in(a,b)$.

由 $p_2(b)=f(a)+f'\left(\dfrac{a+b}{2}\right)(b-a)$ 代入上式，即得

$$f(b)=f(a)+f'\left(\dfrac{a+b}{2}\right)(b-a)+\dfrac{1}{24}f'''(\xi)(b-a)^3.$$

✳ **特别提示**　若已知 $f(x)$ 在 $[a,b]$ 上有三阶连续导数, 则也可由闭区间 $[a,b]$ 上连续函数 $f'''(x)$ 的介值定理证明.

♻ **类题训练**

1. 设函数 $f(x)$ 在 $[-1,1]$ 上三阶可导, 证明存在 $\xi\in(-1,1)$，使得

$$\dfrac{f'''(\xi)}{6}=\dfrac{f(1)-f(-1)}{2}-f'(0).$$

2. 设函数 $f(x)$ 在 $[a,b]$ 上五阶可导, 证明存在 $\eta\in(a,b)$，使得

$$f(b)=f(a)+f'\left(\dfrac{a+b}{2}\right)(b-a)+\dfrac{1}{24}f'''\left(\dfrac{a+b}{2}\right)(b-a)^3+\dfrac{1}{1920}f^{(5)}(\eta)(b-a)^5.$$

📖 **典型例题**

12 设函数 $f(x)$ 在 $[a,b]$ 上三阶可导, 证明存在 $\xi \in (a,b)$, 使得

$$f(b) = f(a) + \frac{1}{2}(f'(a) + f'(b))(b-a) - \frac{1}{12}f'''(\xi)(b-a)^3.$$

【证法 1】 利用 Cauchy 中值定理

将要证的等式化为 $\dfrac{f(b) - f(a) - \dfrac{1}{2}(f'(a) + f'(b))(b-a)}{-\dfrac{1}{12}(b-a)^3} = f'''(\xi)$.

为此, 令

$$F(x) = f(x) - f(a) - \frac{1}{2}(f'(a) + f'(x))(x-a), \quad G(x) = -\frac{1}{12}(x-a)^3,$$

则 $F(x)$ 在 $[a,b]$ 上二阶可导, $G(x)$ 在 $[a,b]$ 上任意阶可导. 于是两次用 Cauchy 中值定理, 得

$$\frac{F(b)}{G(b)} = \frac{F(b) - F(a)}{G(b) - G(a)} = \frac{F'(\xi_1)}{G'(\xi_1)} = \frac{F'(\xi_1) - F'(a)}{G'(\xi_1) - G'(a)} = \frac{F''(\xi)}{G''(\xi)} = f'''(\xi),$$

其中 $F(a) = 0 = F'(a)$, $G(a) = 0 = G'(a)$, $\xi_1 \in (a,b)$, $\xi \in (a,\xi_1) \subset (a,b)$.

整理即得 $f(b) = f(a) + \dfrac{1}{2}(f'(a) + f'(b))(b-a) - \dfrac{1}{12}f'''(\xi)(b-a)^3$.

【证法 2】 利用重节点差商

由于要证明的等式中含有 $f'(a)$ 及 $f'(b)$, 因而考虑选取重节点: $x_0 = a$, $x_1 = a$, $x_2 = b$, $x_3 = b$, 列差商表如下(表 2.2).

表 2.2　差商表(2)

x_k	$f(x_k)$	一阶差商	二阶差商	三阶差商
$x_0 = a$	$f(a)$			
$x_1 = a$	$f(a)$	$f'(a)$		
$x_2 = b$	$f(b)$	$f[a,b]$	$f[a,a,b]$	
$x_3 = b$	$f(b)$	$f'(b)$	$f[a,b,b]$	$f[a,a,b,b]$

而由差商与导数的关系, 得 $f[a,a,b,b] = \dfrac{f'''(\xi)}{3!}$, 其中 $\xi \in (a,b)$.

又由重节点差商定义, 有

$$f[a,a,b,b] = \frac{f[a,b,b] - f[a,a,b]}{b-a}, \quad f[a,a,b] = \frac{f[a,b] - f'(a)}{b-a},$$

$$f[a,b,b] = \frac{f'(b) - f[a,b]}{b-a}, \quad f[a,b] = \frac{f(b)-f(a)}{b-a}.$$

代入整理, 即得 $f(b) = f(a) + \frac{1}{2}(f'(a) + f'(b))(b-a) - \frac{1}{12}f'''(\xi)(b-a)^3$.

【证法3】 利用待定常数法

设 k 为使 $f(b) = f(a) + \frac{b-a}{2}(f'(a)+f'(b)) - \frac{1}{12}k(b-a)^3$ 成立的实常数, 为此证明 $k = f'''(\xi)$ 即可.

令 $g(x) = f(x) - f(a) - \frac{x-a}{2}(f'(a)+f'(x)) + \frac{1}{12}k(x-a)^3$, 则 $g(a) = g(b) = 0$, 于是由 Rolle 定理知, 存在 $\eta \in (a,b)$, 使得 $g'(\eta) = 0$, 即

$$\frac{1}{2}f'(\eta) - \frac{1}{2}f'(a) - \frac{\eta-a}{2}f''(\eta) + \frac{k}{4}(\eta-a)^2 = 0.$$

又将 $f'(a)$ 在 $x = \eta$ 处进行 Taylor 展开, 得

$$f'(a) = f'(\eta) + f''(\eta)(a-\eta) + \frac{1}{2}f'''(\xi)(a-\eta)^2,$$

代入上式, 即得 $k = f'''(\xi)$, 其中 $\xi \in (a,\eta) \subset (a,b)$. 故得证.

特别提示 该题利用 Taylor 展开无法证明.

类题训练

1. 设函数 $f(x)$ 在 $[a,b]$ 上二阶可导, 证明存在 $\xi \in (a,b)$, 使得

$$f(b) = f(a) + f'(a)(b-a) + \frac{1}{2}f''(\xi)(b-a)^2.$$

2. 设函数 $f(x)$ 在 $[a,b]$ 上三阶可导, 证明存在 $\xi \in (a,b)$, 使得

$$f(b) = f(a) + \frac{b-a}{2}(f'(a)+f'(b)) + \frac{(b-a)^2}{8}(f''(a)-f''(b)) + \frac{(b-a)^3}{24}f'''(\xi).$$

典型例题

13 设函数 $f(x)$ 在 $[a,b]$ 上连续, 在 (a,b) 内二阶可导, 证明存在 $\xi \in (a,b)$, 使得

$$f(b) - 2f\left(\frac{a+b}{2}\right) + f(a) = \frac{(b-a)^2}{4}f''(\xi).$$

【证法1】 利用 Lagrange 中值定理

注意到

$$f(b)-2f\left(\frac{a+b}{2}\right)+f(a)=\left[f\left(\frac{a+b}{2}+\frac{b-a}{2}\right)-f\left(\frac{a+b}{2}\right)\right]-\left[f\left(a+\frac{b-a}{2}\right)-f(a)\right],$$

令 $F(x)=f\left(x+\dfrac{b-a}{2}\right)-f(x)$, $x\in\left[a,\dfrac{a+b}{2}\right]$, 则由题设 $F(x)$ 在 $\left[a,\dfrac{a+b}{2}\right]$ 上连续,

在 $\left(a,\dfrac{a+b}{2}\right)$ 内二阶可导, 故由 Lagrange 中值定理, 存在 $\xi_1\in\left(a,\dfrac{a+b}{2}\right)$, 使

$$F\left(\frac{a+b}{2}\right)-F(a)=F'(\xi_1)\cdot\frac{b-a}{2}.$$

又由 $f'(x)$ 在 $\left[\xi_1,\xi_1+\dfrac{b-a}{2}\right]$ 上用 Lagrange 中值定理, 有 $\xi\in\left(\xi_1,\xi_1+\dfrac{b-a}{2}\right)\subset(a,b)$,

使 $f'\left(\xi_1+\dfrac{b-a}{2}\right)-f'(\xi_1)=f''(\xi)\cdot\dfrac{b-a}{2}$. 代入上式, 即得

$$f(b)-2f\left(\frac{a+b}{2}\right)+f(a)=\frac{(b-a)^2}{4}f''(\xi).$$

【证法 2】　利用 Taylor 展开及导函数的介值性定理

将 $f(a),f(b)$ 分别在 $x=\dfrac{a+b}{2}$ 处进行 Taylor 展开, 得

$$f(a)=f\left(\frac{a+b}{2}\right)+\frac{a-b}{2}f'\left(\frac{a+b}{2}\right)+\left(\frac{a-b}{2}\right)^2\frac{f''(\xi_1)}{2!},$$

$$f(b)=f\left(\frac{a+b}{2}\right)+\frac{b-a}{2}f'\left(\frac{a+b}{2}\right)+\left(\frac{b-a}{2}\right)^2\frac{f''(\xi_2)}{2!},$$

其中 $a<\xi_1<\dfrac{a+b}{2},\dfrac{a+b}{2}<\xi_2<b$.

两式相加, 得

$$f(b)-2f\left(\frac{a+b}{2}\right)+f(a)=\frac{(b-a)^2}{4}\cdot\left[\frac{f''(\xi_1)+f''(\xi_2)}{2}\right].$$

而 $\min\left(f''(\xi_1),f''(\xi_2)\right)\leqslant\dfrac{f''(\xi_1)+f''(\xi_2)}{2}\leqslant\max\left(f''(\xi_1),f''(\xi_2)\right)$, 于是由导函数的介

值性定理知, 存在 $\xi\in(\xi_1,\xi_2)\subset(a,b)$, 使得 $f''(\xi)=\dfrac{f''(\xi_1)+f''(\xi_2)}{2}$, 从而得

$$f(b)-2f\left(\frac{a+b}{2}\right)+f(a)=\frac{(b-a)^2}{4}\cdot f''(\xi).$$

【证法 3】　利用待定常数法

设 k 为使 $f(b)-2f\left(\dfrac{a+b}{2}\right)+f(a)=\dfrac{(b-a)^2}{4}k$ 成立的实常数.

令 $g(x)=f(x)-2f\left(\dfrac{a+x}{2}\right)+f(a)-\dfrac{(x-a)^2}{4}k$ ，则 $g(a)=g(b)=0$ ，于是由

Rolle 定理得，存在 $\xi_1\in(a,b)$ ，使 $g'(\xi_1)=0$ ，即 $f'(\xi_1)-f'\left(\dfrac{a+\xi_1}{2}\right)-\dfrac{k}{2}(\xi_1-a)=0$.

又 $f'\left(\dfrac{a+\xi_1}{2}\right)=f'(\xi_1)+f''(\xi)\cdot\dfrac{a-\xi_1}{2}$ ，其中 $\xi\in\left(\dfrac{a+\xi_1}{2},\xi_1\right)\subset(a,b)$.

代入前一式, 即得 $k=f''(\xi)$ ，故得证.

【证法 4】　利用线性插值

构作线性插值多项式 $L_1(x)$ ，使 $L_1(a)=f(a)$ ， $L_1\left(\dfrac{a+b}{2}\right)=f\left(\dfrac{a+b}{2}\right)$ ，则

$$L_1(x)=f(a)+\dfrac{f\left(\dfrac{a+b}{2}\right)-f(a)}{\dfrac{b-a}{2}}(x-a),$$

且有

$$f(x)-L_1(x)=\dfrac{f''(\xi_x)}{2!}(x-a)\left(x-\dfrac{a+b}{2}\right),$$

其中 ξ_x 介于 a , $\dfrac{a+b}{2}$ 与 x 之间.

于是得 $f(b)-L_1(b)=\dfrac{f''(\xi)}{2!}(b-a)\left(b-\dfrac{a+b}{2}\right)$ ，即

$$f(b)-2f\left(\dfrac{a+b}{2}\right)+f(a)=\dfrac{(b-a)^2}{4}\cdot f''(\xi),$$

其中 $\xi\in(a,b)$.

【证法 5】　分析法, 利用 Rolle 定理

要证 $f(b)-2f\left(\dfrac{a+b}{2}\right)+f(a)=f''(\xi)\dfrac{(b-a)^2}{4}$ ，即证

$$f''(\xi)=4\dfrac{f(b)-2f\left(\dfrac{a+b}{2}\right)+f(a)}{(b-a)^2}.$$

不妨记 $\dfrac{f(b)-2f\left(\dfrac{a+b}{2}\right)+f(a)}{(b-a)^2}=k$ ，则只需证 $f''(\xi)=4k$. 而由 $f''(x)=4k$ 两

边对 x 积分, 得 $f'(x) = \int 4k\,\mathrm{d}x = 4kx + c_1$; 两边再对 x 积分, 得

$$f(x) = 2kx^2 + c_1 x + c_2.$$

再由 $\begin{cases} f(a) = 2ka^2 + ac_1 + c_2, \\ f(b) = 2kb^2 + bc_1 + c_2, \end{cases}$ 解得

$$c_1 = \frac{f(b) - f(a)}{b - a} - 2k(a + b), \quad c_2 = \frac{bf(a) - af(b)}{b - a} + 2kab,$$

故令 $F(x) = f(x) - 2kx^2 - c_1 x - c_2$, c_1, c_2 如上选取, 则 $F(x)$ 在 $[a, b]$ 上连续, 在 (a, b) 内二阶可导, 且有 $F(a) = F\left(\dfrac{a+b}{2}\right) = F(b) = 0$, 于是对 $F(x)$ 分别在 $\left[a, \dfrac{a+b}{2}\right]$ 及 $\left[\dfrac{a+b}{2}, b\right]$ 上由 Rolle 定理知, 存在 $\xi_1 \in \left(a, \dfrac{a+b}{2}\right)$, $\xi_2 \in \left(\dfrac{a+b}{2}, b\right)$, 使 $F'(\xi_1) = 0 = F'(\xi_2)$. 又对 $F'(x)$ 在 $[\xi_1, \xi_2]$ 上由 Rolle 定理知, 存在 $\xi \in (\xi_1, \xi_2) \subset (a, b)$, 使 $F''(\xi) = 0$, 即得 $f''(\xi) = 4k$. 故得证.

【证法 6】 利用 Cauchy 中值定理

要证 $f(b) - 2f\left(\dfrac{a+b}{2}\right) + f(a) = \dfrac{(b-a)^2}{4} f''(\xi)$, 即证

$$\frac{f(b) - 2f\left(\dfrac{a+b}{2}\right) + f(a)}{(b-a)^2} = \frac{1}{4} f''(\xi).$$

为此, 令 $F(x) = f(x) - 2f\left(\dfrac{a+x}{2}\right) + f(a)$, $G(x) = (x - a)^2$, 则 $F(x)$, $G(x)$ 满足 Cauchy 中值定理的条件, 故由 Cauchy 中值定理得

$$\frac{F(b)}{G(b)} = \frac{F(b) - F(a)}{G(b) - G(a)} = \frac{F'(\xi_1)}{G'(\xi_1)} = \frac{f'(\xi_1) - f'\left(\dfrac{a + \xi_1}{2}\right)}{2(\xi_1 - a)} = \frac{f''(\xi) \cdot \dfrac{\xi_1 - a}{2}}{2(\xi_1 - a)} = \frac{1}{4} f''(\xi),$$

其中 $\xi_1 \in (a, b)$, $\xi \in \left(\dfrac{a + \xi_1}{2}, \xi_1\right) \subset (a, b)$.

【证法 7】 利用二次插值

记 $c = \dfrac{a+b}{2}$, 经过三点 $(a, f(a)), (b, f(b)), (c, f(c))$, 构作二次插值多项式:

$$p_2(x) = \frac{(x-b)(x-c)}{(a-b)(a-c)} f(a) + \frac{(x-a)(x-b)}{(c-a)(c-b)} f(c) + \frac{(x-c)(x-a)}{(b-c)(b-a)} f(b).$$

则 $p_2(a) = f(a)$, $p_2(c) = f(c)$, $p_2(b) = f(b)$.

令 $F(x) = f(x) - p_2(x)$，则对 $F(x)$ 在 $[a, c]$ 及 $[c, b]$ 上分别用 Rolle 定理知，存在 $\xi_1 \in (a, c)$，使 $F'(\xi_1) = 0$；存在 $\xi_2 \in (c, b)$，使 $F'(\xi_2) = 0$．又对 $F'(x)$ 在 $[\xi_1, \xi_2]$ 上用 Rolle 定理得，存在 $\xi \in (\xi_1, \xi_2) \subset (a, b)$，使 $F''(\xi) = 0$，即

$$f''(\xi) = p_2''(\xi) = \frac{4}{(b-a)^2} f(a) + \frac{4}{(b-a)^2} f(b) - \frac{8}{(b-a)^2} f(c)$$

$$= 4 \frac{f(b) - 2f\left(\dfrac{a+b}{2}\right) + f(a)}{(b-a)^2}.$$

特别提示 若已知 $f(x)$ 在 (a, b) 内有二阶连续导数，则证法 2 中可由闭区间 $[a, b]$ 上连续函数 $f''(x)$ 的最值定理及介值定理证得，而不必用导函数的介值性定理(达布定理).

类题训练

1. 设函数 $f(x)$ 在 $[-1, 1]$ 上三阶可导，$\lim\limits_{x \to 0} \dfrac{f(x)}{x} = 1$，$f(-1) = 0$，$f(1) = 2$，证明存在 $\xi \in (-1, 1)$，使得 $f'''(\xi) = 0$．

2. 设函数 $f(x)$ 在 $[a, b]$ 上连续，在 (a, b) 内四阶可导，证明存在 $\xi \in (a, b)$，使得

$$f(b) = 2f\left(\frac{a+b}{2}\right) - f(a) + f''\left(\frac{a+b}{2}\right)\frac{(b-a)^2}{4} + \frac{1}{192} f^{(4)}(\xi)(b-a)^4.$$

3. 设函数 $f(x)$ 在 $[a, b]$ 上连续，在 (a, b) 内六阶可导，证明存在 $\xi \in (a, b)$，使得

$$f(b) = 2f\left(\frac{a+b}{2}\right) - f(a) + f''\left(\frac{a+b}{2}\right)\frac{(b-a)^2}{4}$$

$$+ \frac{1}{192} f^{(4)}\left(\frac{a+b}{2}\right)(b-a)^4 + \frac{(b-a)^6}{23040} f^{(6)}(\xi).$$

典型例题

14 设函数 $f(x)$ 在 $[0, 1]$ 上三阶可导，且 $f(0) = -1$，$f(1) = 0$，$f'(0) = 0$，证明 $\forall x \in (0, 1)$，至少存在一点 $\xi \in (0, 1)$，使得 $f(x) = -1 + x^2 + \dfrac{x^2(x-1)}{3!} f'''(\xi)$．(2004 年浙江省高等数学竞赛题)

【证法 1】 利用待定常数法

$\forall x \in (0,1)$，设 $k(x)$ 为使 $f(x) = -1 + x^2 + x^2(x-1) \cdot k(x)$ 成立的实值待定函数.

令 $F(t) = f(t) + 1 - t^2 - k(x) \cdot t^2(t-1)$，则 $F(0) = F(x) = F(1) = 0, F'(0) = 0$．对 $F(t)$ 分别在 $[0,x]$ 和 $[x,1]$ 上由 Rolle 定理得，存在 $\xi_1 \in (0,x), \xi_2 \in (x,1)$，使 $F'(\xi_1) = F'(\xi_2) = 0$．又对 $F'(t)$ 在 $[0,\xi_1]$ 及 $[\xi_1,\xi_2]$ 上由 Rolle 定理知，存在 $\xi_3 \in (0,\xi_1), \xi_4 \in (\xi_1,\xi_2)$，使 $F''(\xi_3) = 0 = F''(\xi_4)$．再对 $F''(t)$ 在 $[\xi_3,\xi_4]$ 上由 Rolle 定理知，存在 $\xi \in (\xi_3,\xi_4) \subset (0,1)$，使 $F'''(\xi) = 0$．而 $F'''(t) = f'''(t) - 3! \cdot k(x)$，故得 $k(x) = \dfrac{f'''(\xi)}{3!}$，从而得 $f(x) = -1 + x^2 + \dfrac{x^2(x-1)}{3!} \cdot f'''(\xi)$．

【证法 2】　利用有重节点的 Newton 插值

构造二次插值多项式 $p_2(x)$，使满足 $p_2(0) = f(0), p_2'(0) = f'(0), p_2(1) = f(1)$．则 $\forall x \in (0,1)$，有

$$p_2(x) = f(0) + f[0,0]x + f[0,0,1]x^2 = f(0) + f'(0)x + (1 - f'(0))x^2 = -1 + x^2$$

且

$$f(x) - p_2(x) = \frac{f'''(\xi)}{3!}x^2(x-1),$$

其中 $\xi \in (0,1)$．故得

$$f(x) = -1 + x^2 + \frac{f'''(\xi)}{3!}x^2(x-1), \quad \xi \in (0,1).$$

【证法 3】　利用重节点的差商表

注意到已知信息中含有 $f'(0)$，因而考虑选取重节点：$x_0 = 0, x_1 = 0, x_2 = x, x_3 = 1$．列差商表如下(表 2.3).

表 2.3　差商表(3)

x_k	$f(x_k)$	一阶差商	二阶差商	三阶差商
$x_0 = 0$	$f(0) = -1$			
$x_1 = 0$	$f(0) = -1$	$f'(0)$		
$x_2 = x$	$f(x)$	$f[0,x]$	$f[0,0,x]$	
$x_3 = 1$	$f(1) = 0$	$f[x,1]$	$f[0,x,1]$	$f[0,0,x,1]$

而由差商与导数的关系，得 $f[0,0,x,1] = \dfrac{f'''(\xi)}{3!}$，其中 $\xi \in (0,1)$．再由重节点差商的定义，有

$$f[0,x]=\frac{f(x)-f(0)}{x},\quad f[x,1]=\frac{f(1)-f(x)}{1-x},$$

$$f[0,0,x]=\frac{f[0,x]-f'(0)}{x},\quad f[0,x,1]=\frac{f[x,1]-f[0,x]}{1-0}.$$

$$f[0,0,x,1]=\frac{f[0,x,1]-f[0,0,x]}{1-0},$$

代入整理, 即得证 $f(x)=-1+x^2+\dfrac{x^2(x-1)}{3!}f'''(\xi)$.

特别提示

[1]　一般地, 设函数 $f(x)$ 在 $[a,b]$ 上三阶可微, 且有 $f(a)=f'(a)=f(b)=0$, 证明对任意 $x\in[a,b]$, 存在 $\xi\in(a,b)$, 使得 $f(x)=\dfrac{f'''(\xi)}{3!}(x-a)^2(x-b)$.

[2]　差商的定义及其与导数的关系

(a)　定义: 设 $x_0,x_1,\cdots,x_n$ 为 $[a,b]$ 上的节点, 若 $x_i\neq x_j$, 则称 $f[x_i,x_j]=\dfrac{f(x_j)-f(x_i)}{x_j-x_i}$ 为函数 $f(x)$ 关于节点 x_i,x_j 的一阶差商; 若 $x_i=x_j$, 则定义重节点差商 $f[x_i,x_j]=\lim\limits_{x\to x_i}f[x_i,x]=\lim\limits_{x\to x_i}\dfrac{f(x)-f(x_i)}{x-x_i}=f'(x_i)$. 若 x_i,x_j,x_k 互异, 则定义二阶差商 $f[x_i,x_j,x_k]=\dfrac{f[x_j,x_k]-f[x_i,x_j]}{x_k-x_i}$; 若 $x_i=x_j\neq x_k$ 或 $x_i=x_j=x_k$, 则分别定义

$$f[x_i,x_i,x_k]=\frac{f[x_i,x_k]-f[x_i,x_i]}{x_k-x_i},\quad f[x_i,x_i,x_i]=\lim_{\substack{x_j\to x_i\\x_k\to x_i}}f[x_i,x_j,x_k]=\frac{1}{2}f''(x_i).$$

一般地, 定义 n 阶差商及 n 阶重节点差商分别为

$$f[x_{i0},x_{i1},\cdots,x_{in}]=\frac{f[x_{i1},\cdots,x_{in}]-f[x_{i0},x_{i1},\cdots,x_{i(n-1)}]}{x_{in}-x_{i0}},$$

$$f[x_{i0},x_{i0},\cdots,x_{i0}]=\lim_{x_{ij}\to x_{i0}}f[x_{i0},x_{i1},\cdots,x_{in}]=\frac{1}{n!}f^{(n)}(x_{i0}).$$

(b)　差商与导数的关系: 设函数 $f(x)$ 在 $[a,b]$ 上存在 n 阶导数, 且节点 $x_{i0},x_{i1},\cdots,x_{in}\in[a,b]$ (其中可有重节点), 则有 $f[x_{i0},x_{i1},\cdots,x_{in}]=\dfrac{f^{(n)}(\xi)}{n!}$, 其中 $\xi\in\left(\min\limits_{0\leqslant k\leqslant n}\{x_{ik}\},\max\limits_{0\leqslant k\leqslant n}\{x_{ik}\}\right)$.

♻ **类题训练**

1. 设函数 $f(x)$ 在 $[0,1]$ 上五阶可导, 且 $f\left(\dfrac{1}{3}\right) = f\left(\dfrac{2}{3}\right) = f(1) = f'(1) = f''(1) = 0$, 证明 $\forall x \in [0,1]$, 至少存在一点 $\xi \in [0,1]$, 使得 $f(x) = \dfrac{f^{(5)}(\xi)}{5!}\left(x - \dfrac{1}{3}\right)\left(x - \dfrac{2}{3}\right)(x-1)^3$.

2. 设函数 $f(x)$ 在 $[a,b]$ 上二阶可导, 且 $f(a) = f(b) = 0$, 证明 $\forall x \in (a,b)$, 至少存在一点 $\xi \in (a,b)$, 使得 $f(x) = \dfrac{f''(\xi)}{2}(x-a)(x-b)$.

📖 **典型例题**

15 证明当 $0 < x < \dfrac{\pi}{2}$ 时, $\sin x > \dfrac{2}{\pi} x$.

【证法1】 利用单调性

设 $f(x) = \sin x - \dfrac{2}{\pi} x$, 则 $f(0) = f\left(\dfrac{\pi}{2}\right) = 0$, $f'(x) = \cos x - \dfrac{2}{\pi}$, 此时 $f'(x)$ 的符号不易判别, 因而利用 $f(x)$ 的单调性不易证明. 为此, 可把不等式变形为 $\dfrac{\sin x}{x} > \dfrac{2}{\pi}$, 进而令 $f(x) = \dfrac{\sin x}{x} - \dfrac{2}{\pi}$, 则 $f'(x) = \dfrac{x \cdot \cos x - \sin x}{x^2}$.

虽然 $f'(x)$ 在 $\left(0, \dfrac{\pi}{2}\right)$ 上的符号不明显, 但注意到其分母 $x^2 > 0$, 因而只需判断分子 $x\cos x - \sin x$ 的符号.

再令 $g(x) = x\cos x - \sin x$, 则有 $g'(x) = -x\sin x < 0 \quad \left(0 < x < \dfrac{\pi}{2}\right)$, 于是 $g(x)$ 在 $\left(0, \dfrac{\pi}{2}\right)$ 上严格单调减少, 即有 $\forall 0 < x < \dfrac{\pi}{2}, g(x) < g(0) = 0$, 从而当 $0 < x < \dfrac{\pi}{2}$ 时, $f'(x) < 0$. 故当 $0 < x < \dfrac{\pi}{2}$ 时, $f(x) > f\left(\dfrac{\pi}{2}\right) = 0$, 即 $\sin x > \dfrac{2}{\pi} x$.

【证法2】 利用单调性

注意到 $\lim\limits_{x \to 0^+} \dfrac{\sin x}{x} = 1$, 构造函数 $f(x) = \begin{cases} \dfrac{\sin x}{x}, & 0 < x \leqslant \dfrac{\pi}{2}, \\ 1, & x = 0, \end{cases}$ 则 $f(x)$ 在 $\left[0, \dfrac{\pi}{2}\right]$ 上连续, 在 $\left(0, \dfrac{\pi}{2}\right)$ 内可导, 且 $f'(x) = \dfrac{\cos x}{x^2} \cdot (x - \tan x) < 0 \left(\forall x \in \left(0, \dfrac{\pi}{2}\right)\right)$, 于是 $f(x)$ 在

$\left[0,\dfrac{\pi}{2}\right]$ 上严格单调减少, 从而 $\forall x \in \left(0,\dfrac{\pi}{2}\right)$, 有 $f(x) > f\left(\dfrac{\pi}{2}\right) = \dfrac{2}{\pi}$, 即 $\sin x > \dfrac{2}{\pi}x$.

【证法 3】 利用凹凸性的判别及其几何意义

设 $f(x) = \sin x - \dfrac{2}{\pi}x$, 则 $f'(x) = \cos x - \dfrac{2}{\pi}, f''(x) = -\sin x < 0 \left(0 < x < \dfrac{\pi}{2}\right)$, 于是 $f(x)$ 在 $\left[0,\dfrac{\pi}{2}\right]$ 上为凸函数. 又 $f(0) = f\left(\dfrac{\pi}{2}\right) = 0$, 故当 $0 < x < \dfrac{\pi}{2}$ 时, $f(x) > 0$, 即 $\sin x > \dfrac{2}{\pi}x$.

【证法 4】 利用凹凸性的定义

设 $f(x) = \sin x$, 则 $f'(x) = \cos x, f''(x) = -\sin x < 0 \left(0 < x < \dfrac{\pi}{2}\right)$, 于是 $f(x)$ 在 $\left[0,\dfrac{\pi}{2}\right]$ 上是凸函数, 从而由凸函数的定义, 有

$$f(x) = f\left[\dfrac{2x}{\pi} \cdot \dfrac{\pi}{2} + \left(1 - \dfrac{2x}{\pi}\right) \cdot 0\right] > \dfrac{2x}{\pi} \cdot f\left(\dfrac{\pi}{2}\right) + \left(1 - \dfrac{2x}{\pi}\right) \cdot f(0) = \dfrac{2x}{\pi},$$

即得 $\sin x > \dfrac{2}{\pi}x \left(0 < x < \dfrac{\pi}{2}\right)$.

【证法 5】 利用中值定理

设 $f(x) = \sin x$, 对于 $x \in \left(0,\dfrac{\pi}{2}\right)$, 将 $f(t)$ 分别在 $[0,x]$ 和 $\left[x,\dfrac{\pi}{2}\right]$ 上应用 Lagrange 中值定理, 得: 存在 $\xi \in (0,x)$, 使得 $\dfrac{\sin x - \sin 0}{x - 0} = \cos\xi$, 即 $\dfrac{\sin x}{x} = \cos\xi$;

存在 $\eta \in \left(x,\dfrac{\pi}{2}\right)$, 使得 $\dfrac{\sin\dfrac{\pi}{2} - \sin x}{\dfrac{\pi}{2} - x} = \cos\eta$, 即 $\dfrac{1 - \sin x}{\dfrac{\pi}{2} - x} = \cos\eta$.

又因为 $\cos x$ 在 $\left(0,\dfrac{\pi}{2}\right)$ 内严格单调减少, $\xi < \eta$, 所以 $\cos\xi > \cos\eta$, 从而

$$\dfrac{\sin x}{x} > \dfrac{1 - \sin x}{\dfrac{\pi}{2} - x}, \quad 即得 \sin x > \dfrac{2}{\pi}x \left(0 < x < \dfrac{\pi}{2}\right).$$

【证法 6】 利用极值的判别及其几何意义

设 $f(x) = \sin x - \dfrac{2}{\pi}x$, 则 $\forall 0 < x < \dfrac{\pi}{2}, f'(x) = \cos x - \dfrac{2}{\pi}$.

令 $f'(x) = 0$，得驻点 $x = \arccos\dfrac{2}{\pi}$. 又 $f''(x) = -\sin x < 0\left(0 < x < \dfrac{\pi}{2}\right)$，则

$f''\left(\arccos\dfrac{2}{\pi}\right) < 0$，于是由驻点处取极值的判别定理知，$f(x)$ 在 $x = \arccos\dfrac{2}{\pi}$ 处取

得极大值且为唯一的极值. 而 $f(0) = f\left(\dfrac{\pi}{2}\right) = 0$，故当 $0 < x < \dfrac{\pi}{2}$ 时，$f(x) > 0$，即

$\sin x > \dfrac{2}{\pi}x$.

【证法 7】 利用函数的图形

由 $y = \sin x$ 及 $y = \dfrac{2}{\pi}x$ 的图像可知：当 $0 < x < \dfrac{\pi}{2}$ 时，$y = \sin x$ 总是位于直线

$y = \dfrac{2}{\pi}x$ 的上方，即有当 $0 < x < \dfrac{\pi}{2}$ 时，$\dfrac{2}{\pi}x < \sin x$.

特别提示

[1] 证明函数不等式的方法主要有：①利用单调性；②利用凹凸性；③利用中值定理；④利用极值；等等. 其中辅助函数的构造是关键. 该题用到了上述几种方法，请读者细细体会.

[2] 因为当 $x \in \left[0, \dfrac{\pi}{2}\right]$ 时，恒有 $\sin x \leqslant x$，所以由该题可知：

$$\forall x \in \left[0, \dfrac{\pi}{2}\right]，有 \dfrac{2}{\pi}x \leqslant \sin x \leqslant x, 1 - \dfrac{2}{\pi}x \leqslant \cos x \leqslant 1.$$

[3] "设 $0 \leqslant x \leqslant \dfrac{\pi}{2}$，则 $\sin x \geqslant \dfrac{2}{\pi}x$." 该不等式称为 Jordan 不等式. 有比 Jordan

不等式更好的结果：设 $0 \leqslant x \leqslant \dfrac{\pi}{2}$，则有 $\sin x \geqslant \dfrac{2}{\pi}x + \dfrac{1}{12\pi}x(\pi^2 - 4x^2)$.

类题训练

1. 证明当 $0 < x < \dfrac{\pi}{2}$ 时，$\tan x > x + \dfrac{x^3}{3}$.

2. 证明当 $x < 1$ 时，$e^x \leqslant \dfrac{1}{1-x}$.

3. 证明当 $0 < x < 1$ 时，$\dfrac{1-x}{1+x} < e^{-2x}$.

4. 证明当 $0 < x < 1$ 时, $\pi < \dfrac{\sin \pi x}{x(1-x)} \leqslant 4$.

5. 已知对于任意给定的 $x \in \left[\dfrac{\pi}{3}, \dfrac{\pi}{2}\right]$, 利用 Lagrange 中值定理知存在 $\xi(x) \in$

$(0, x)$, 使得 $\sin x = x \cos \xi(x)$, 证明 $\xi(x) < \dfrac{\pi}{3}$.

典型例题

16 证明当 $x > 0$ 时, $x - \dfrac{x^3}{6} < \sin x < x - \dfrac{x^3}{6} + \dfrac{x^5}{120}$.

【证法 1】 利用单调性

先证左边不等式:

令 $f(x) = \sin x - x + \dfrac{x^3}{6}$, 则 $f'(x) = \cos x - 1 + \dfrac{x^2}{2}$, 其符号确定不了, 为此继续

求导: $f''(x) = -\sin x + x$, $f'''(x) = 1 - \cos x$, 于是当 $x > 0$ 时, $\left(f''(x)\right)' = f'''(x) \geqslant 0$

(等号仅当 $x = 2k\pi, k \in \mathbf{Z}^+$ 时成立), 从而 $f''(x) > f''(0) = 0$. 又 $\left(f'(x)\right)' = f''(x) > 0$,

所以当 $x > 0$ 时, $f'(x) > f'(0) = 0$, 故 $f(x) > f(0) = 0$, 即得 $\sin x > x - \dfrac{x^3}{6}$.

然后再证右边不等式:

令 $g(x) = \sin x - x + \dfrac{x^3}{6} - \dfrac{x^5}{120}$, 则 $g'(x) = \cos x - 1 + \dfrac{x^2}{2} - \dfrac{x^4}{24}$, 符号不易判断, 继

续求导: $g''(x) = -\sin x + x - \dfrac{x^3}{6}, g'''(x) = -\cos x + 1 - \dfrac{x^2}{2}, g^{(4)}(x) = \sin x - x, g^{(5)}(x) =$

$\cos x - 1$. 故当 $x > 0$ 时, $g^{(5)}(x) \leqslant 0$ (等号仅当 $x = 2k\pi, k \in \mathbf{Z}^+$ 时成立). 从而有

$g^{(4)}(x) < g^{(4)}(0) = 0$, $g'''(x) < g'''(0) = 0$, $g''(x) < g''(0) = 0$, $g'(x) < g'(0) = 0$,

$g(x) < g(0) = 0$, 即得证 $\sin x < x - \dfrac{x^3}{6} + \dfrac{x^5}{120}$.

【证法 2】 利用两边积分法

由已知 $\cos x \leqslant 1$ (等号仅当 $x = 2k\pi, k \in \mathbf{Z}$ 时成立). 当 $x > 0$ 时, 两端分别在

$[0, x]$ 上积分, 得 $\sin x < x$; 两端再次在 $[0, x]$ 上积分, 得 $1 - \cos x < \dfrac{x^2}{2}$; 两端第三

次在 $[0, x]$ 上积分, 得 $x - \sin x < \dfrac{x^3}{6}$, 即 $x - \dfrac{x^3}{6} < \sin x$; 两端继续在 $[0, x]$ 上积分两

次，得 $\sin x < x - \dfrac{x^3}{6} + \dfrac{x^5}{120}$.

【证法 3】 利用幂级数展开

利用该方法，仅能证明：设 $0 < x < \sqrt{6}$ ，则有 $x - \dfrac{x^3}{6} < \sin x < x - \dfrac{x^3}{6} + \dfrac{x^5}{120}$. 事实上，由 $\sin x$ 的幂级数展开式

$$\sin x = \sum_{k=1}^{\infty} (-1)^{k-1} \cdot \frac{x^{2k-1}}{(2k-1)!} = x - \frac{1}{3!} x^3 + \frac{1}{5!} x^5 - \cdots + (-1)^{n-1} \cdot \frac{x^{2n-1}}{(2n-1)!} + \cdots ,$$

记 $u_k(x) = \dfrac{x^{2k-1}}{(2k-1)!}$ ，则当 $0 < x < \sqrt{6}$ 时，有

$$\frac{u_{k+1}(x)}{u_k(x)} = \frac{x^2}{2k(2k+1)} \leqslant \frac{x^2}{6} \overset{\triangle}{=} q < 1,$$

于是 $0 < u_{k+1}(x) \leqslant q u_k(x) \leqslant \cdots \leqslant q^k \cdot u_1(x) < \sqrt{6} q^k$ ，从而 $\lim\limits_{k \to \infty} u_k(x) = 0$. 故由类-交错级数的莱布尼茨判别法，得 $x - \dfrac{x^3}{6} < \sin x < x - \dfrac{x^3}{6} + \dfrac{x^5}{120}$.

⚡ **特别提示**

[1] 证法 1 中用了多次单调性，该类方法在导数的符号不易判定的情况下经常使用.

[2] 证法 2 中用到了知识点：设函数 $f(x)$ ，$g(x)$ 在 $[a,b]$ 上连续，且 $f(x) \leqslant g(x)$ ，但 $f(x) \not\equiv g(x)$ ，则有 $\displaystyle\int_a^b f(x)\mathrm{d}x < \int_a^b g(x)\mathrm{d}x$.

[3] 由证法 2 中的方法，可编制得到一些类题. 如，由已知不等式：当 $0 \leqslant x \leqslant \dfrac{\pi}{2}$ 时，有 $\dfrac{2}{\pi} x \leqslant \sin x \leqslant x$ ，不等式两边分别在 $[0, x]$ 上积分两次，得 $\dfrac{x^3}{3\pi} \leqslant x - \sin x \leqslant \dfrac{x^3}{6}$ ，即得 $x - \dfrac{x^3}{6} \leqslant \sin x \leqslant x - \dfrac{x^3}{3\pi}$ $\left(0 \leqslant x \leqslant \dfrac{\pi}{2} \right)$.

类似地，继续两端分别在 $[0, x]$ 上积分两次，即可得

$$x - \frac{x^3}{6} + \frac{x^5}{60\pi} \leqslant \sin x \leqslant x - \frac{x^3}{6} + \frac{x^5}{120} \quad \left(0 \leqslant x \leqslant \frac{\pi}{2} \right).$$

[4] 利用该题结论可以得到

设 $x \in \mathbf{R}, |x| \leqslant 1$ ，则有 $\left| \dfrac{\sin x}{x} - 1 \right| \leqslant \dfrac{x^2}{5}, \left| \dfrac{x}{\sin x} - 1 \right| \leqslant \dfrac{x^2}{4}$.

[5] 证法 3 中用到了类-交错级数的莱布尼茨判别法的结论: 设函数 $f(x)$ 在区间 I 内能展开成交错形式的函数项级数 $f(x) = \sum_{k=0}^{\infty} (-1)^k \cdot u_k(x), \forall x \in I$. 其中 $u_k(x)$ 满足: ① $u_k(x) \geqslant u_{k+1}(x) > 0$ $(k = 0, 1, 2, \cdots)$; ② $\lim\limits_{k \to \infty} u_k(x) = 0$; 则当 $n = 2m$ 时, 有 $\sum_{k=0}^{n-1} (-1)^k u_k(x) < f(x) < \sum_{k=0}^{n} (-1)^k u_k(x)$; 当 $n = 2m+1$ 时, 不等号反向.

事实上, 给定 $x_0 \in I$, $\sum_{k=0}^{\infty} (-1)^k u_k(x_0)$ 即为数项级数, 由交错级数的莱布尼茨判别法即可得.

♻ 类题训练

1. 设 $0 < |x| < \sqrt{12}$, 证明 $1 - \dfrac{x^2}{2} < \cos x < 1 - \dfrac{x^2}{2} + \dfrac{x^4}{24}$.

2. 证明当 $x > 0$ 时, $x(2 + \cos x) > 3\sin x$.

3. 证明当 $0 < x < \dfrac{\pi}{2}$ 时, $\tan x > x + \dfrac{x^3}{3} + \dfrac{2}{15} x^5 + \dfrac{1}{63} x^7$. (2005 年浙江省大学生数学竞赛题)

4. 设 $0 < x < \dfrac{\pi}{2}$, 证明 $\dfrac{x}{\sin x} < \dfrac{\tan x}{x}$.

5. 设 $0 < x < 1$, 证明 $3\ln \dfrac{1+x}{1-x} < \dfrac{6x - 4x^3}{1-x^2}$.

📖 典型例题

17 设 $0 < |x| \leqslant \dfrac{\pi}{2}$, 证明 $\left(\dfrac{\sin x}{x}\right)^3 > \cos x$. (1977 年苏联大学生数学竞赛题)

【证法 1】 利用单调性

当 $|x| = \dfrac{\pi}{2}$ 时, 不等式显然成立.

因 $\dfrac{\sin x}{x}$ 及 $\cos x$ 均为偶函数, 故只需证明: 当 $0 < x < \dfrac{\pi}{2}$ 时, 不等式 $\left(\dfrac{\sin x}{x}\right)^3 > \cos x$ 成立, 即 $\dfrac{\sin x}{\sqrt[3]{\cos x}} > x$ 成立.

为此, 令 $f(x) = \dfrac{\sin x}{\sqrt[3]{\cos x}} - x$ $\left(0 < x < \dfrac{\pi}{2}\right)$, 则

$$f'(x) = \frac{\cos^{\frac{4}{3}} x + \frac{1}{3}\cos^{-\frac{2}{3}} x \cdot \sin^2 x}{\cos^{\frac{2}{3}} x} - 1 = \frac{2}{3}\cos^{\frac{2}{3}} x + \frac{1}{3}\cos^{-\frac{4}{3}} x - 1.$$

而由 Cauchy 不等式, 得

$$\frac{2}{3}\cos^{\frac{2}{3}} x + \frac{1}{3}\cos^{-\frac{4}{3}} x = \frac{1}{3}\left(\cos^{\frac{2}{3}} x + \cos^{\frac{2}{3}} x + \cos^{-\frac{4}{3}} x\right) \geqslant \sqrt[3]{\cos^{\frac{2}{3}} x \cdot \cos^{\frac{2}{3}} x \cdot \cos^{-\frac{4}{3}} x} = 1,$$

所以当 $0 < x < \dfrac{\pi}{2}$ 时, $f'(x) \geqslant 0$ $\left(\text{等号仅当} \cos^{\frac{2}{3}} x = \cos^{-\frac{4}{3}} x, \text{即} x = 0 \text{时成立}\right)$, 于是

$f(x)$ 在 $\left[0, \dfrac{\pi}{2}\right)$ 内单调增加. 又 $f(0) = 0$, 故当 $0 < x < \dfrac{\pi}{2}$ 时, $f(x) > f(0) = 0$, 即得

$\sin^3 x - x^3 \cos x > 0$, 从而 $\left(\dfrac{\sin x}{x}\right)^3 > \cos x$.

【证法 2】 利用单调性

同证法 1 分析, 仅需证明: 当 $0 < x < \dfrac{\pi}{2}$ 时, 不等式 $\left(\dfrac{\sin x}{x}\right)^3 > \cos x$ 成立即可.

而这只需证明 $x - \sin x \cdot (\cos x)^{-\frac{1}{3}} < 0$. 为此, 令 $f(x) = x - \sin x \cdot (\cos x)^{-\frac{1}{3}}$, 则

$$f'(x) = 1 - \cos^{\frac{2}{3}} x - \frac{1}{3}\sin^2 x \cdot \cos^{-\frac{4}{3}} x = 1 - \frac{2}{3}\cos^{\frac{2}{3}} x - \frac{1}{3}\cos^{-\frac{4}{3}} x,$$

$$f''(x) = \frac{4}{9}\sin x \cdot \cos^{-\frac{1}{3}} x \cdot (1 - \cos^{-2} x) = -\frac{4}{9}\sin^3 x \cdot \cos^{-\frac{7}{3}} x,$$

于是当 $0 < x < \dfrac{\pi}{2}$ 时, $f''(x) < 0$, 从而 $f'(x) < f'(0) = 0$. 故当 $0 < x < \dfrac{\pi}{2}$ 时, $f(x) <$

$f(0) = 0$, 即 $x - \sin x \cdot (\cos x)^{-\frac{1}{3}} < 0$, 即 $\left(\dfrac{\sin x}{x}\right)^3 > \cos x$.

【证法 3】 利用 Taylor 展开

不妨设 $0 < x < \dfrac{\pi}{2}$, 要证 $\left(\dfrac{\sin x}{x}\right)^3 > \cos x$, 即证 $\sin^3 x \cdot (\cos x)^{-1} - x^3 > 0$. 为此,

令 $f(x) = \sin^3 x \cdot (\cos x)^{-1} - x^3$, 则 $f'(x) = 2\sin^2 x + \sin^2 x \cdot \cos^{-2} x - 3x^2$,

$$f''(x) = 2\sin 2x + 2\sin x \cdot \cos^{-1} x + 2\sin^3 x \cdot \cos^{-3} x - 6x,$$

$$f'''(x) = 4\cos 2x - 4\cos^{-2} x + 6\cos^{-4} x - 6,$$

$$f^{(4)}(x) = 8\sin x \cdot (3\cos^{-5} x - \cos^{-3} x - 2\cos x).$$

$$f(0) = f'(0) = f''(0) = f'''(0) = 0.$$

于是将 $f(x)$ 在 $x=0$ 处进行 Taylor 展开, 得

$$f(x) = f(0) + f'(0)x + \frac{f''(0)}{2!}x^2 + \frac{f'''(0)}{3!}x^3 + \frac{f^{(4)}(\xi)}{4!}x^4 = \frac{f^{(4)}(\xi)}{4!}x^4,$$

其中 $\xi \in (0,x) \subset \left(0, \frac{\pi}{2}\right)$.

要证 $f(x) > 0$, 只需证 $f^{(4)}(\xi) > 0$. 而当 $0 < x < \frac{\pi}{2}$ 时, $\cos^{-5}x > \cos^{-3}x > \cos x$, 所以 $f^{(4)}(x) > 0$, 从而 $f^{(4)}(\xi) > 0$, 故得 $f(x) > 0$ $\left(0 < x < \frac{\pi}{2}\right)$, 即 $\sin^3 x \cdot (\cos x)^{-1} - x^3 > 0$, 亦即 $\left(\frac{\sin x}{x}\right)^3 > \cos x$.

又因为 $\frac{\sin(-x)}{-x} = \frac{\sin x}{x}$, $\cos x$ 为偶函数, 所以当 $-\frac{\pi}{2} < x < 0$ 时, $0 < -x < \frac{\pi}{2}$, 于是有 $\left(\frac{\sin(-x)}{-x}\right)^3 > \cos(-x)$, 即 $\left(\frac{\sin x}{x}\right)^3 > \cos x$ 仍成立. 故当 $0 < |x| < \frac{\pi}{2}$ 时,

$$\left(\frac{\sin x}{x}\right)^3 > \cos x.$$

【证法 4】 利用幂级数

因为 $\frac{\sin x}{x}$ 及 $\cos x$ 为偶函数, 所以只需证明: 当 $0 < x < \frac{\pi}{2}$ 时, 不等式 $\left(\frac{\sin x}{x}\right)^3 > \cos x$ 成立即可.

由第 16 题知, 当 $0 < x < \sqrt{6}$ 时, 有 $x - \frac{x^3}{6} < \sin x < x - \frac{x^3}{6} + \frac{x^5}{120}$. 由此得 $\frac{\sin x}{x} > 1 - \frac{x^2}{6}$,

$$\left(\frac{\sin x}{x}\right)^3 > \left(1 - \frac{x^2}{6}\right)^3 = 1 - \frac{x^2}{2} + \frac{x^4}{12} - \frac{x^6}{216},$$

而类似于第 16 题的证法 3, 由幂级数展开可证得: 当 $0 < |x| < \sqrt{12}$ 时, 有 $1 - \frac{x^2}{2!} < \cos x < 1 - \frac{x^2}{2!} + \frac{x^4}{4!} - \frac{x^6}{6!} + \frac{x^8}{8!}$, 于是只需证明

$$1 - \frac{x^2}{2} + \frac{x^4}{12} - \frac{x^6}{216} > 1 - \frac{x^2}{2!} + \frac{x^4}{4!} - \frac{x^6}{6!} + \frac{x^8}{8!},$$

整理得 $1 - \frac{7}{90}x^2 - \frac{1}{1680}x^4 > 0$.

为此, 令 $f(x) = 1 - \dfrac{7}{90}x^2 - \dfrac{1}{1680}x^4$, 则 $f'(x) = -\dfrac{7}{45}x - \dfrac{1}{420}x^3 < 0\,(x > 0)$, 于是

当 $0 < x \leqslant \dfrac{\pi}{2}$ 时, $f(x) > f\left(\dfrac{\pi}{2}\right) > f(2) = \dfrac{642}{945} > 0$.

以上各步均可逆, 故得证.

特别提示

[1] 证法 1 和证法 2 都是利用单调性证明, 只是构造的辅助函数及判别一阶导数符号的方法不同而已. 证法 3 利用 Taylor 展开证明, 通过构造辅助函数, 在 $x = 0$ 点进行 Taylor 展开, 并判断余项的符号而证明. 证法 4 利用幂级数得到已知不等式, 并给予分析说明.

[2] 一般地, 设 $0 < x < \dfrac{\pi}{2}$, 则(i)当 $0 < \alpha \leqslant 3$ 时, 则有 $\left(\dfrac{\sin x}{x}\right)^{\alpha} > \cos x$;

(ii)当 $\alpha > 3$ 时,存在依赖于 α 的 $x_0 \in \left(0, \dfrac{\pi}{2}\right)$, 满足 $\left(\dfrac{\sin x_0}{x_0}\right)^{\alpha} = \cos x_0$, 使得当

$0 < x < x_0$ 时, $\left(\dfrac{\sin x}{x}\right)^{\alpha} < \cos x$; 当 $x_0 < x < \dfrac{\pi}{2}$ 时, $\left(\dfrac{\sin x}{x}\right)^{\alpha} > \cos x$.

类题训练

1. 设 $0 < x < \dfrac{\pi}{2}$ 时, 证明 $\dfrac{4}{\pi^2} < \dfrac{1}{x^2} - \dfrac{1}{\tan^2 x} < \dfrac{2}{3}$ (2017 年第八届全国大学生数学竞赛决赛(非数学类)试题)

2. 设 $0 < x < \dfrac{\pi}{2}$, 证明 (1) $2\sin x + \tan x > 3x$ (惠更斯不等式); (2) $\cos x < \dfrac{\sin x}{2x - \sin x}$.

3. 设 $0 < x < \dfrac{\pi}{2}$, 证明 $\dfrac{\tan x}{x} + \left(\dfrac{\sin x}{x}\right)^2 > 2$.

4. 设 $0 < x \leqslant \dfrac{\pi}{2}$, 证明 $1 + \dfrac{x^2}{3} \leqslant \dfrac{x^2}{\sin^2 x} \leqslant 1 + \left(1 - \dfrac{4}{\pi^2}\right)x^2$. (苏联奥林匹克数学竞赛试题)

典型例题

18 设 $0 < a < b$, 证明 $\ln\left(\dfrac{b}{a}\right) > \dfrac{2(b-a)}{b+a}$.

【证法 1】　利用单调性

要证 $\ln\left(\dfrac{b}{a}\right) > \dfrac{2(b-a)}{b+a}$，只需证 $\ln\left(\dfrac{b}{a}\right) > \dfrac{2\left(\dfrac{b}{a}-1\right)}{1+\dfrac{b}{a}}$.

为此，令 $f(x) = \ln x - \dfrac{2(x-1)}{1+x}\ (x \geqslant 1)$，则

$$f'(x) = \frac{1}{x} - \frac{4}{(x+1)^2} = \frac{(x+3)(x-1)}{x(x+1)^2} \geqslant 0 \quad (x \geqslant 1)\,(\text{等号仅在 } x=1 \text{ 时成立}),$$

而 $f(1) = 0$，所以当 $x > 1$ 时，$f(x) > f(1) = 0$，即 $\ln x > \dfrac{2(x-1)}{1+x}$. 故取 $x = \dfrac{b}{a} > 1$，代

入上式即得 $\ln\left(\dfrac{b}{a}\right) > \dfrac{2(b-a)}{b+a}$.

【证法 2】　利用单调性

要证 $\ln\left(\dfrac{b}{a}\right) > \dfrac{2(b-a)}{b+a}$，即证 $(\ln b - \ln a)(a+b) > 2(b-a)$.

为此，令 $f(x) = (\ln x - \ln a)(a+x) - 2(x-a)\ (x \geqslant a)$，则

$$f'(x) = \frac{1}{x}(a+x) + (\ln x - \ln a) - 2, \quad f''(x) = -\frac{a}{x^2} + \frac{1}{x} = \frac{x-a}{x^2} \geqslant 0 \quad (x \geqslant a).$$

所以 $f'(x)$ 单调增加. 又 $f'(a) = 0$，于是当 $x > a$ 时，$f'(x) > f'(a) = 0$，从而 $f(x)$ 单调增加. 又 $f(a) = 0$，故当 $x > a$ 时，$f(x) > f(a) = 0$，从而当 $0 < a < b$ 时，$f(b) > 0$，即得证.

【证法 3】　分析法

因为 $\ln\dfrac{b}{a} = \displaystyle\int_1^{\frac{b}{a}} \frac{1}{t}\,\mathrm{d}t$，$\dfrac{2(b-a)}{b+a} = \dfrac{2\left(\dfrac{b}{a}-1\right)}{\dfrac{b}{a}+1} = \displaystyle\int_1^{\frac{b}{a}} \frac{4}{(1+t)^2}\,\mathrm{d}t$，所以只要证不等式等

价于 $\displaystyle\int_1^{\frac{b}{a}} \frac{4}{(1+t)^2}\,\mathrm{d}t < \int_1^{\frac{b}{a}} \frac{1}{t}\,\mathrm{d}t$. 而这是显然成立的，因为当 $1 < t < \dfrac{b}{a}$ 时，有 $(t-1)^2 > 0$，

于是得 $\dfrac{4}{(1+t)^2} < \dfrac{1}{t}$，从而得 $\displaystyle\int_1^{\frac{b}{a}} \frac{4}{(1+t)^2}\,\mathrm{d}t < \int_1^{\frac{b}{a}} \frac{1}{t}\,\mathrm{d}t$.

【证法 4】　利用凹凸性及定积分的几何意义

令 $f(x) = \dfrac{1}{x}$，则 $f'(x) = -\dfrac{1}{x^2}$，$f''(x) = 2x^{-3} > 0 \quad (x > 0)$，于是 $f(x)$ 在 $(0, +\infty)$ 上是凹函数.

过点 $M\left(\dfrac{a+b}{2}, \dfrac{2}{a+b}\right)$ 作曲线 $y=f(x)=\dfrac{1}{x}$ 的切线, 则切线方程为

$$y - \frac{2}{a+b} = -\frac{4}{(a+b)^2}\cdot\left(x - \frac{a+b}{2}\right).$$

记该切线与两直线 $x=a$ 及 $x=b$ 的交点分别为 A 和 B , 则可得

$A\left(a, \dfrac{4b}{(a+b)^2}\right), B\left(b, \dfrac{4a}{(a+b)^2}\right)$.

故由曲线的凹性及定积分的几何意义可知: 曲线 $y=f(x)=\dfrac{1}{x}$, $x=a$, $x=b$ 及 x 轴所围平面图形的面积大于过 M 点处的切线与 $x=a, x=b$ 及 x 轴所围平面图形的面积, 即有

$$\int_a^b \frac{1}{x}\,\mathrm{d}x > \frac{1}{2}\left(\frac{4b}{(a+b)^2} + \frac{4a}{(a+b)^2}\right)\cdot(b-a),$$

化简即得 $\ln\left(\dfrac{b}{a}\right) > \dfrac{2(b-a)}{b+a}$.

特别提示

[1] 利用单调性证明不等式, 辅助函数的构造不唯一, 如证法 1 及证法 2. 证法 1 中也可构造辅助函数

$$f(x) = (1+x)\ln x - 2(x-1)(x \geqslant 1) \quad \text{或} \quad f(x) = \ln(1+x) - \frac{2x}{2+x} \quad (x \geqslant 0).$$

[2] 进一步地, 设 $0 < a < b$, 则有 $\dfrac{2}{a+b} < \dfrac{\ln b - \ln a}{b-a} < \dfrac{1}{2}\left(\dfrac{1}{a} + \dfrac{1}{b}\right)$.

类题训练

1. 设 $a,b>0$, $a \neq b$, 证明 $\dfrac{2}{a+b} < \dfrac{\ln b - \ln a}{b-a} < \dfrac{1}{\sqrt{ab}}$.

2. 设 $0<a<b$, 证明 $\dfrac{2a}{a^2+b^2} < \dfrac{\ln b - \ln a}{b-a} < \dfrac{1}{\sqrt{ab}}$.

3. 设 $0<a<b$, 证明 $\sqrt{ab} < \dfrac{b-a}{\ln b - \ln a} < \left(\dfrac{a^{\frac{1}{3}}+b^{\frac{1}{3}}}{2}\right)^3$.

4. 设 n 为整数, 证明当 $x>0$ 时, $\mathrm{e}^x > \left(1 + \dfrac{x}{n}\right)^x$.

📖 **典型例题**

19 设 $x > 0, x \neq 1$，证明 $0 < \dfrac{x\ln x}{x^2-1} < \dfrac{1}{2}$.

【证法 1】 利用单调性

要证 $\dfrac{x\ln x}{x^2-1} < \dfrac{1}{2}$，即证 $\dfrac{2\ln x}{x^2-1} < \dfrac{1}{x}$，只需证 $2\ln x - \dfrac{x^2-1}{x} \begin{cases} > 0, & 0 < x < 1, \\ < 0, & x > 1. \end{cases}$

为此，令 $f(x) = 2\ln x - \dfrac{x^2-1}{x}(x>0)$，则 $f(1) = 0$，且 $f'(x) = -\dfrac{(x-1)^2}{x^2} \leqslant 0$，等号仅当 $x=1$ 时成立. 于是当 $x > 0$ 时，$f(x)$ 单调减少，从而知：当 $0 < x < 1$ 时，$f(x) > f(1) = 0$；当 $x > 1$ 时，$f(x) < 0$. 故得当 $x > 0, x \neq 1$ 时，$\dfrac{x\ln x}{x^2-1} \leqslant \dfrac{1}{2}$.

又因为当 $0 < x < 1$ 及 $x > 1$ 时，$x\ln x$ 与 x^2-1 同号，所以 $\dfrac{x\ln x}{x^2-1} > 0$.

综上所述，当 $x > 0, x \neq 1$ 时，$0 < \dfrac{x\ln x}{x^2-1} < \dfrac{1}{2}$.

【证法 2】 利用单调性

同证法 1 可证 $\dfrac{x\ln x}{x^2-1} > 0 \quad (x > 0, x \neq 1)$.

要证 $\dfrac{x\ln x}{x^2-1} < \dfrac{1}{2}$，即证当 $0 < x < 1$ 时，$x^2-1 < 2x\ln x$；当 $x > 1$ 时，$x^2-1 > 2x\ln x$. 为此，令 $f(x) = x^2-1-2x\ln x$，则 $f'(x) = 2x - 2\ln x - 2$，$f''(x) = 2 - \dfrac{2}{x}$，于是令 $f''(x) = 0$ 得 $x = 1$，且有当 $0 < x < 1$ 时，$f''(x) = \left(f'(x)\right)' < 0$，又 $f'(1) = 0$，所以 $f'(x) > f'(1) = 0$，从而 $f(x) < f(1) = 0$，即 $x^2-1 < 2x\ln x$，$\dfrac{x\ln x}{x^2-1} < \dfrac{1}{2}$；当 $x > 1$ 时，$f''(x) = \left(f'(x)\right)' > 0$，所以 $f'(x) > f'(1) = 0$，从而 $f(x) > f(1) = 0$，即 $x^2-1 > 2x\ln x$，$\dfrac{x\ln x}{x^2-1} < \dfrac{1}{2}$.

综上所述得证：$0 < \dfrac{x\ln x}{x^2-1} < \dfrac{1}{2} (x > 0, x \neq 1)$.

【证法 3】 利用幂级数展开

当 $0 < x < 1$ 或 $x > 1$ 时，x^2-1 与 $x\ln x$ 同号，所以 $\dfrac{x\ln x}{x^2-1} > 0$.

令 $x = \dfrac{1+t}{1-t}$，则 $\dfrac{x\ln x}{x^2-1} = \dfrac{1}{4}\left(\dfrac{1}{t}-t\right) \cdot \ln\dfrac{1+t}{1-t}$，$0 < |t| < 1$. 而由 $\ln(1+t)$ 及 $\ln(1-t)$ 的幂级数展开式，有

$$\frac{1}{4}\left(\frac{1}{t}-t\right)\ln\frac{1+t}{1-t}=\frac{1}{2}\left(\sum_{n=0}^{\infty}\frac{1}{2n+1}t^{2n}-\sum_{n=0}^{\infty}\frac{1}{2n+1}t^{2n+2}\right)=\frac{1}{2}-\frac{1}{3}t^2+\frac{1}{2}\sum_{n=2}^{\infty}\left(\frac{1}{2n+1}-\frac{1}{2n-1}\right)t^{2n}$$

$$=\frac{1}{2}-\frac{1}{3}t^2-\sum_{n=2}^{\infty}\frac{1}{4n^2-1}t^{2n}.$$

记 $u_n=\dfrac{1}{4n^2-1}t^{2n}$，则 $\lim\limits_{n\to\infty}\dfrac{u_{n+1}}{u_n}=t^2$，于是当 $0<|t|<1$ 时，$\sum\limits_{n=2}^{\infty}\dfrac{1}{4n^2-1}t^{2n}$ 收敛，

且它的和大于 0，从而得 $\dfrac{x\ln x}{x^2-1}=\dfrac{1}{4}\left(\dfrac{1}{t}-t\right)\ln\dfrac{1+t}{1-t}<\dfrac{1}{2}$.

综上所述得证：$0<\dfrac{x\ln x}{x^2-1}<\dfrac{1}{2}\ (x>0,x\neq1)$.

【证法 4】 利用定积分的几何意义及梯形公式

设 $0<a<b$，在 $[a,b]$ 上对 $f(x)=\dfrac{1}{x}$ 用梯形公式及定积分的几何意义，有

$$\ln\frac{b}{a}=\int_a^b\frac{\mathrm{d}x}{x}\leqslant\frac{1}{2}\left(\frac{1}{a}+\frac{1}{b}\right)(b-a)=\frac{b^2-a^2}{2ab}.$$

又过点 $M\left(\dfrac{a+b}{2},\dfrac{2}{a+b}\right)$ 作曲线 $y=f(x)=\dfrac{1}{x}$ 的切线，则由定积分的几何意义有

$$\ln\frac{b}{a}=\int_a^b\frac{\mathrm{d}x}{x}\geqslant\frac{1}{2}\left(\frac{4b}{(a+b)^2}+\frac{4a}{(a+b)^2}\right)(b-a)=\frac{2(b-a)}{a+b},$$

于是 $\dfrac{2(b-a)}{a+b}\leqslant\ln\dfrac{b}{a}\leqslant\dfrac{b^2-a^2}{2ab}$，其中等号当且仅当 $a=b$ 时成立．故当 $0<x<1$ 时，

取 $a=x,b=1$，则有 $\ln\dfrac{1}{x}<\dfrac{1-x^2}{2x}$，即 $\dfrac{x\ln x}{x^2-1}<\dfrac{1}{2}$；当 $x>1$ 时，取 $a=1,b=x$，则有

$\ln x<\dfrac{x^2-1}{2x}$，即 $\dfrac{x\ln x}{x^2-1}<\dfrac{1}{2}$．综合即得当 $x>0,x\neq1$ 时，$0<\dfrac{x\ln x}{x^2-1}<\dfrac{1}{2}$.

✳ 特别提示

[1] 在用单调性证明不等式时，如果令 $f(x)=\dfrac{x\ln x}{x^2-1}-\dfrac{1}{2}$，则 $f'(x)$ 的符号不

易判定，此时需先改写要证明的不等式形式，再构造辅助函数，如证法 1 和证法 2．

[2] 证法 3 表明：利用幂级数展开证明不等式也是一种证明不等式的重要方

法．如

设 $x>0,x\neq1$，证明 $\dfrac{\ln x}{x-1}\leqslant\dfrac{1}{\sqrt{x}}$.

事实上, 令 $x=\left(\dfrac{1+t}{1-t}\right)^2$, 则要证的不等式 $\dfrac{\ln x}{x-1}\leqslant\dfrac{1}{\sqrt{x}}$ 化为

$$\frac{1}{t}\ln\frac{1+t}{1-t}-\frac{2}{1-t^2}\leqslant 0,\quad 0<|t|<1.$$

而由 $\ln\dfrac{1+t}{1-t}=2\sum\limits_{n=0}^{\infty}\dfrac{t^{2n+1}}{2n+1}$, $\dfrac{1}{1-t^2}=\sum\limits_{n=0}^{\infty}t^{2n}$, 类似于证法 3 即可证得.

该题也可由证法 4 中得到的不等式而证得. 事实上,

当 $0<x<1$ 时, 取 $a=\sqrt{x},b=1$, 有 $2\dfrac{1-\sqrt{x}}{1+\sqrt{x}}<\ln\dfrac{1}{\sqrt{x}}<\dfrac{1-x}{2\sqrt{x}}$;

当 $x>1$ 时, 取 $a=1,b=\sqrt{x}$, 有 $2\dfrac{\sqrt{x}-1}{\sqrt{x}+1}<\ln\sqrt{x}<\dfrac{x-1}{2\sqrt{x}}$.

整理即得 $\dfrac{4}{\left(\sqrt{x}+1\right)^2}<\dfrac{\ln x}{x-1}<\dfrac{1}{\sqrt{x}}$.

♻ 类题训练

1. 设 $x>0,x\neq 1$, 证明 $\dfrac{\ln x}{x-1}\leqslant\dfrac{1+\sqrt[3]{x}}{x+\sqrt[3]{x}}$.

2. 设 $x>0$, 证明 $\dfrac{2}{2x+1}<\ln\left(1+\dfrac{1}{x}\right)<\dfrac{1}{\sqrt{x^2+x}}$.

3. 设 $0<x<1$, 证明(i) $0<\dfrac{1}{2}\ln\dfrac{1+x}{1-x}-x<\dfrac{x^3}{3(1-x^2)}$; (ii) $3\ln\dfrac{1+x}{1-x}<\dfrac{6x-4x^3}{1-x^2}$.

4. 设 $x>0$, 证明 $x-\dfrac{x^2}{2}<\ln(1+x)<x-\dfrac{x^2}{2(1+x)}$.

5. 设 $|x|\leqslant\dfrac{1}{2}$, 证明 $|\ln(1-x)+x|\leqslant c_1 x^2$, 其中 $c_1>0$ 是常数.

📖 典型例题

20　证明当 $x<1,x\neq 0$ 时, $\dfrac{1}{x}+\dfrac{1}{\ln(1-x)}<1$.

【证法 1】　利用单调性

当 $x<0$ 或 $0<x<1$ 时, 皆有 $x\ln(1-x)<0$.

要证 $\dfrac{1}{x}+\dfrac{1}{\ln(1-x)}<1$, 即要证 $\ln(1-x)+x>x\ln(1-x)$.

为此, 令 $f(x)=(1-x)\ln(1-x)+x$, 则 $f'(x)=-\ln(1-x)$. 当 $x<0$ 时, $f'(x)<$

0，而 $f(0)=0$，于是 $f(x)>f(0)=0$，即 $(1-x)\ln(1-x)+x>0$，化简即得 $\dfrac{1}{x}+$

$\dfrac{1}{\ln(1-x)}<1$；当 $0<x<1$ 时，$f'(x)>0$，于是 $f(x)>f(0)=0$，即有 $(1-x)\ln(1-x)+$

$x>0$，化简即得 $\dfrac{1}{x}+\dfrac{1}{\ln(1-x)}<1$.

综上所述：当 $x<1,x\neq0$ 时，有 $\dfrac{1}{x}+\dfrac{1}{\ln(1-x)}<1$.

【证法2】 利用已知不等式

首先证明命题：当 $t>-1$ 时，有 $\dfrac{t}{1+t}<\ln(1+t)<t$.

事实上，由 Lagrange 中值定理知，$\ln(1+t)=\ln(1+t)-\ln1=\dfrac{t}{\xi}$，其中 ξ 介于 1

与 $1+t$ 之间.

当 $t>0$ 时，$1<\xi<1+t,\dfrac{1}{1+t}<\dfrac{1}{\xi}<1,\dfrac{t}{1+t}<\dfrac{t}{\xi}=\ln(1+t)<t$；

当 $-1<t<0$ 时，$1+t<\xi<1,1<\dfrac{1}{\xi}<\dfrac{1}{1+t},\dfrac{t}{1+t}<\dfrac{t}{\xi}=\ln(1+t)<t$.

下面，用上述命题证明本题：

当 $x<0$ 时，令 $t=-x$，则 $t>0$，且有 $\dfrac{t}{1+t}<\ln(1+t)$，于是 $\dfrac{1}{\ln(1+t)}<1+\dfrac{1}{t}$，从

而 $\dfrac{1}{\ln(1+t)}-\dfrac{1}{t}<1$，即 $\dfrac{1}{x}+\dfrac{1}{\ln(1-x)}<1$；

当 $0<x<1$ 时，令 $t=\dfrac{x}{x-1}$，则 $t<0$，$x=\dfrac{t}{t-1}$，且有 $\ln(1-t)<-t$，于是 $\ln\dfrac{1}{1-x}<$

$\dfrac{x}{1-x}$，从而 $\dfrac{1}{-\ln(1-x)}>\dfrac{1-x}{x}=\dfrac{1}{x}-1$，即 $\dfrac{1}{x}+\dfrac{1}{\ln(1-x)}<1$.

综上所述：当 $x<1,x\neq0$ 时，$\dfrac{1}{x}+\dfrac{1}{\ln(1-x)}<1$.

【证法3】 利用幂级数展开

当 $x<0$ 或 $0<x<1$ 时，皆有 $x\ln(1-x)<0$.

要证 $\dfrac{1}{x}+\dfrac{1}{\ln(1-x)}<1$，即要证 $\ln(1-x)+x>x\ln(1-x)$.

当 $0<x<1$ 时，由幂级数展开 $\ln(1-x)=-\displaystyle\sum_{n=0}^{\infty}\dfrac{x^{n+1}}{n+1}$ 知

$$\ln(1-x)+x=-\sum_{n=1}^{\infty}\frac{x^{n+1}}{n+1}\underline{\underline{m=n-1}}-\sum_{m=0}^{\infty}\frac{x^{m+2}}{m+2}=-\sum_{n=0}^{\infty}\frac{x^{n+2}}{n+2},\quad x\ln(1-x)=-\sum_{n=0}^{\infty}\frac{x^{n+2}}{n+1},$$

故 $\ln(1-x)+x>x\ln(1-x)$，即 $\dfrac{1}{x}+\dfrac{1}{\ln(1-x)}<1$．

当 $x<0$ 时，令 $x=\dfrac{t}{t-1}$，则 $t=\dfrac{x}{x-1}$，$0<t<1$，$1-t=\dfrac{1}{1-x}$．由 $-1<-t<0$，$\ln(1-t)<$

$-t$，得 $-\ln(1-x)<-\dfrac{x}{x-1}$，从而 $\dfrac{1}{-\ln(1-x)}>\dfrac{1-x}{x}$，即 $\dfrac{1}{x}+\dfrac{1}{\ln(1-x)}<1$．

综上所述，当 $x<1,x\neq0$ 时，$\dfrac{1}{x}+\dfrac{1}{\ln(1-x)}<1$．

✳ **特别提示**

[1]　证法 1 利用单调性证明，构造辅助函数是关键．若直接构造辅助函数，其导数的符号不易判别，则可改写要证的不等式后，即可构造恰当的辅助函数，由单调性证明．

[2]　证法 3 利用幂级数展开证明，一般情况下，也是先改写要证的不等式，再由幂级数展开比较不等式两边同次幂的系数．

♻ **类题训练**

1. 设 $x>0$，证明 $2(\mathrm{e}^x-1)<x(\mathrm{e}^x+1)$．

2. 设 $0<x<1$，证明 $\mathrm{e}^{2x}\leqslant\dfrac{1+x}{1-x}$．

3. 设 $x>0$，证明 $\dfrac{x^2+x}{\mathrm{e}^{2x}-1}<\dfrac{1}{2}$．

4. 设 $x>0$，证明 $1+2\ln x\leqslant x^2$．

5. 设 $0<x<\dfrac{\pi}{2}$，证明 $\mathrm{e}^{-x}+\sin x<1+\dfrac{x^2}{2}$．

6. 问对于哪些实数 c，不等式 $\dfrac{1}{2}(\mathrm{e}^x+\mathrm{e}^{-x})\leqslant\mathrm{e}^{cx^2}$ 对所有实数 x 都成立？(第 41 届美国大学生数学竞赛题)

📖 **典型例题**

21　设 $0\leqslant x\leqslant1$，$p>1$，证明 $\dfrac{1}{2^{p-1}}\leqslant x^p+(1-x)^p\leqslant1$．

【证法 1】　利用最值性

要证 $\dfrac{1}{2^{p-1}} \leqslant x^p + (1-x)^p \leqslant 1$，只需证函数 $x^p + (1-x)^p$ 在 $[0,1]$ 上的最大值为 1，

最小值为 $\dfrac{1}{2^{p-1}}$ 即可.

令 $f(x) = x^p + (1-x)^p, 0 \leqslant x \leqslant 1$，则 $f'(x) = p \cdot [x^{p-1} - (1-x)^{p-1}]$.

由 $f'(x) = 0$ 得 $x = \dfrac{1}{2}$. 而 $f(0) = f(1) = 1$，$f\left(\dfrac{1}{2}\right) = \dfrac{1}{2^{p-1}}$，故 $f(x)$ 在 $[0,1]$ 上的最

大值为 1，最小值为 $\dfrac{1}{2^{p-1}}$，从而 $\forall x \in [0,1]$，$p > 1$，有 $\dfrac{1}{2^{p-1}} \leqslant f(x) \leqslant 1$，即

$$\dfrac{1}{2^{p-1}} \leqslant x^p + (1-x)^p \leqslant 1, \quad \forall x \in [0,1], \quad p > 1.$$

【证法 2】   利用单调性与极值性

令 $f(x) = x^p + (1-x)^p, 0 \leqslant x \leqslant 1$，则 $f'(x) = p \cdot [x^{p-1} - (1-x)^{p-1}]$.

又由 $f'(x) = 0$ 得唯一驻点 $x = \dfrac{1}{2}$，且当 $0 < x < \dfrac{1}{2}$ 时，$f'(x) < 0$；当 $\dfrac{1}{2} < x < 1$ 时，

$f'(x) > 0$，所以 $x = \dfrac{1}{2}$ 为 $f(x)$ 在 $[0,1]$ 上的唯一极小值点，也是最小值点，且最大

值为 $f(0) = f(1) = 1$，即有 $\dfrac{1}{2^{p-1}} = f\left(\dfrac{1}{2}\right) \leqslant f(x) \leqslant 1$，故

$$\dfrac{1}{2^{p-1}} \leqslant x^p + (1-x)^p \leqslant 1, \quad \forall x \in [0,1], \quad p > 1.$$

【证法 3】   利用凹凸性

令 $f(t) = t^p$，则 $f'(t) = p t^{p-1}$，$f''(t) = p(p-1) t^{p-2} > 0$，$\forall t \in [0,1]$，$p > 1$. 于

是 $f(t)$ 在 $[0,1]$ 上为凹函数，从而 $\forall x \in [0,1]$，有

$$\dfrac{x^p + (1-x)^p}{2} \geqslant \left(\dfrac{x+1-x}{2}\right)^p = \dfrac{1}{2^p},$$

即 $x^p + (1-x)^p \geqslant \dfrac{1}{2^{p-1}}$. 又因为 $f(t)$ 在 $[0,1]$ 上为凹函数，所以 $f(t)$ 的最大值在端

点处取得，从而 $f(x) \leqslant \max(f(0), f(1)) = 1$，即 $x^p + (1-x)^p \leqslant 1$.

综上所述，即得证.

✳ **特别提示**   利用最值性，先求出最大(小)值，即可证明不等式，这是证明函数不等式的一种常用方法. 而最大(小)值又可以由最值的求法、极值法、凹凸性等方法确定，如证法 1、证法 2 及证法 3.

类题训练

1. 证明当 $|x| \leqslant 2$ 时, 有 $\left|3x - x^3\right| \leqslant 2$.

2. 证明当 $x \geqslant 0, 0 < \alpha < 1$ 时, 有 $x^\alpha - \alpha x \leqslant 1 - \alpha$.

3. 证明当 $0 < x < 2$ 时, 有 $\ln x > \dfrac{1}{4}x - \dfrac{1}{x} + \dfrac{1}{2}$.

4. 设 $0 < x < 1$ 时, 证明 $\displaystyle\sum_{i=1}^{n} x^i (1-x)^{2i} \leqslant \dfrac{4}{23}$.

5. 设 $a, b > 0, a + b = 1, \lambda > 0$, 证明 $\left(a + \dfrac{1}{a}\right)^\lambda + \left(b + \dfrac{1}{b}\right)^\lambda \geqslant \dfrac{5^\lambda}{2^{\lambda-1}}$.

6. 设 $x \geqslant 0$, 证明 $f(x) = \displaystyle\int_0^x (t - t^2) \cdot \sin^{2n} t \, dt$ 的最大值 $M \leqslant \dfrac{1}{(2n+2)(2n+3)}$, 其中 n 为正整数.

7. 设 a, b, p, q 都是正数, (1) 求 $f(x) = x^p \cdot (1-x)^q$ 在 $[0,1]$ 上的最大值; (2) 证明 $\left(\dfrac{a}{p}\right)^p \cdot \left(\dfrac{b}{q}\right)^q \leqslant \left(\dfrac{a+b}{p+q}\right)^{p+q}$.

典型例题

22 证明对于任意 $x \in (-\infty, +\infty)$, 有 $1 + x\ln\left(x + \sqrt{1+x^2}\right) \geqslant \sqrt{1+x^2}$. (2001 年天津市 (理工类) 大学数学竞赛试题)

【证法 1】 利用单调性

要证 $1 + x\ln\left(x + \sqrt{1+x^2}\right) \geqslant \sqrt{1+x^2}$, 只需证 $1 + x\ln\left(x + \sqrt{1+x^2}\right) - \sqrt{1+x^2} \geqslant 0$.

为此, 令 $f(x) = 1 + x\ln\left(x + \sqrt{1+x^2}\right) - \sqrt{1+x^2}$, 则 $f'(x) = \ln\left(x + \sqrt{1+x^2}\right)$, 于是当 $x > 0$ 时, $f'(x) > 0, f(x) > f(0) = 0$; 当 $x < 0$ 时, $f'(x) = -\ln\sqrt{1+x^2} - x < 0$, $f(x) > f(0) = 0$. 故 $\forall x \in (-\infty, +\infty)$, $f(x) \geqslant f(0) = 0$, 即 $1 + x\ln\left(x + \sqrt{1+x^2}\right) \geqslant \sqrt{1+x^2}$.

【证法 2】 利用最值性

令 $f(x) = 1 + x\ln\left(x + \sqrt{1+x^2}\right) - \sqrt{1+x^2}$, 则 $f'(x) = \ln\left(x + \sqrt{1+x^2}\right)$.

由 $f'(x) = 0$ 得唯一驻点 $x = 0$. 又 $f''(x) = \dfrac{1}{\sqrt{1+x^2}}, f''(0) = 1 > 0$, 所以 $x = 0$ 为 $f(x)$ 的极小值点, 且由其唯一性知, $x = 0$ 为 $f(x)$ 的最小值点, 故 $f(x) \geqslant f(0)$, 即

$\forall x \in (-\infty, +\infty)$，有 $1 + x \ln\left(x + \sqrt{1+x^2}\right) \geqslant \sqrt{1+x^2}$.

【证法 3】　利用拉格朗日中值定理

任取 $x \neq 0$，令 $f(t) = 1 + t \ln\left(t + \sqrt{1+t^2}\right) - \sqrt{1+t^2}$，则 $f(t)$ 在 $[0, x]$ 或 $[x, 0]$ 上连续，在 $(0, x)$ 或 $(x, 0)$ 内可导，且 $f'(t) = \ln\left(t + \sqrt{1+t^2}\right)$，于是由 Lagrange 中值定理知，$f(x) - f(0) = f'(\xi)x$，其中 ξ 介于 0 与 x 之间．从而当 $x > 0$ 时，$\xi > 0$，$f'(\xi) > 0$，$f(x) - f(0) > 0$ 即 $f(x) > f(0) = 0$；当 $x < 0$ 时，$\xi < 0$，$f'(\xi) = -\ln\left(\sqrt{1+\xi^2} - \xi\right) < 0$，$f(x) - f(0) > 0$，即 $f(x) > f(0) = 0$；即得当 $x \neq 0$ 时，$f(x) > 0$．又 $f(0) = 0$，故 $\forall x \in (-\infty, +\infty)$，$f(x) \geqslant 0$，即 $1 + x \ln\left(x + \sqrt{1+x^2}\right) \geqslant \sqrt{1+x^2}$.

【证法 4】　利用 Taylor 展开

令 $f(x) = 1 + x \ln\left(x + \sqrt{1+x^2}\right) - \sqrt{1+x^2}$，则 $f(0) = 0$，$f'(x) = \ln\left(x + \sqrt{1+x^2}\right)$，$f''(x) = \dfrac{1}{\sqrt{1+x^2}}$，$f'(0) = 0$，于是将 $f(x)$ 在 $x = 0$ 处进行 Taylor 展开，得

$$f(x) = f(0) + f'(0)x + \frac{f''(\xi)}{2!}x^2 = \frac{f''(\xi)}{2}x^2, \quad x \in (-\infty, +\infty),$$

其中 ξ 介于 0 与 x 之间．

而由 $f''(\xi) = \dfrac{1}{\sqrt{1+\xi^2}} > 0$，即得当 $x \neq 0$ 时，有 $f(x) > 0$．又 $f(0) = 0$，故 $\forall x \in (-\infty, +\infty)$，有 $f(x) \geqslant 0$，即 $1 + x \ln\left(x + \sqrt{1+x^2}\right) \geqslant \sqrt{1+x^2}$.

特别提示　利用单调性、最值性、凹凸性、中值定理及 Taylor 展开是证明不等式的常用方法.

类题训练

1. 证明对于任意 $x \in (-\infty, +\infty)$，有 $2x \arctan x \geqslant \ln(1+x^2)$.

2. 证明当 $x > 0$ 时，有 $\ln\left(1 + \dfrac{1}{x}\right) > \dfrac{1}{1+x}$.

3. 设 $0 < x < 1$，证明 $\dfrac{1}{\ln 2} - 1 < \dfrac{1}{\ln(1+x)} - \dfrac{1}{x} < \dfrac{1}{2}$.

4. 设 $e < a < b < e^2$，证明 $\ln^2 b - \ln^2 a > \dfrac{4}{e^2}(b - a)$. (2004 年硕士研究生入学考

试数学(一)、(二)试题)

5. 证明当 $x>0$ 时，有 $\arctan x+\dfrac{1}{x}>\dfrac{\pi}{2}$.

6. 设 $x>0$，证明 $(1+x)^{\frac{1}{x}}\cdot\left(1+\dfrac{1}{x}\right)^{x}\leqslant 4$，且仅在 $x=1$ 处等号成立.

📖 典型例题

23　证明当 $x>0$ 时，有 $(x^2-1)\ln x\geqslant(x-1)^2$. (1999 年硕士研究生入学考试数学(一)试题)

【证法 1】　多次利用单调性

要证 $(x^2-1)\ln x\geqslant(x-1)^2$，即证 $(x^2-1)\ln x-(x-1)^2\geqslant 0$. 为此，令 $f(x)=(x^2-1)\ln x-(x-1)^2$，则 $f'(x)=2x\ln x-x+2-\dfrac{1}{x}$，$f''(x)=2\ln x+1+\dfrac{1}{x^2}$. 因为 $f'(x),f''(x)$ 的符号不易判别，所以考虑再求导，$f'''(x)=\dfrac{2(x^2-1)}{x^3}$，由此知：当 $0<x<1$ 时，$f'''(x)<0$，$f''(x)$ 单调减少，$f''(x)>f''(1)=2>0$；当 $x>1$ 时，$f'''(x)>0$，$f''(x)$ 单调增加，$f''(x)>f''(1)=0$. 于是得当 $x>0$ 时，$f''(x)>0$. 又由 $\left(f'(x)\right)'=f''(x)>0$，$f'(1)=0$，故当 $0<x<1$ 时，$f'(x)<f'(1)=0$；当 $x>1$ 时，$f'(x)>f'(1)=0$. 再由 $f(1)=0$ 即得当 $0<x<1$ 时，$f(x)>f(1)=0$；当 $x>1$ 时，$f(x)>f(1)=0$.

综合上述得当 $x>0$ 时，$f(x)\geqslant 0$，即 $(x^2-1)\ln x\geqslant(x-1)^2$.

【证法 2】　利用 Taylor 展开式

同上分析，令 $f(x)=(x^2-1)\ln x-(x-1)^2$，则 $f(1)=0,f'(1)=0,f''(1)=2$，将 $f(x)$ 在 $x=1$ 处展开为带 Lagrange 型余项的 Taylor 公式，有

$$f(x)=f(1)+f'(1)\cdot(x-1)+\frac{f''(1)}{2!}(x-1)^2+\frac{f'''(\xi)}{3!}(x-1)^3$$
$$=(x-1)^2+\frac{2(\xi+1)(\xi-1)}{3!\xi^3}(x-1)^3,$$

其中 $x>0,\xi$ 介于 x 与 1 之间.

由于 $\xi-1$ 与 $x-1$ 同号，$x>0$，所以 $\xi>0,f(x)\geqslant 0$，即 $(x^2-1)\ln x\geqslant(x-1)^2$.

【证法 3】　改写结论形式，构造辅助函数，再利用单调性

将要证的结论变形，并令 $f(x)=\ln x-\dfrac{(x-1)^2}{x^2-1}=\ln x-\dfrac{x-1}{x+1}$，则 $f'(x)=\dfrac{x^2+1}{x(x+1)^2}>$

0 $(x>0)$，于是当 $x>0$ 时，$f(x)$ 单调增加．又 $f(1)=0$，所以当 $0<x<1$ 时，$f(x)<f(1)=0$；当 $x>1$ 时，$f(x)>f(1)=0$．故当 $x>0$ 时，有 $(x^2-1)f(x)\geqslant 0$，即 $(x^2-1)\ln x\geqslant(x-1)^2$．

【证法 4】 利用极值与最值及中值定理

当 $x=1$ 时，等式显然成立；当 $x>0$ 且 $x\neq 1$ 时，要证 $(x^2-1)\cdot\ln x\geqslant(x-1)^2$，只需证明

$$\frac{(x^2-1)\ln x}{(x-1)^2}=\frac{(x+1)\ln x}{x-1}\geqslant 1.$$

令 $f(x)=(x+1)\ln x$，则由

$$\frac{(x+1)\ln x}{x-1}=\frac{f(x)-f(1)}{x-1}=f'(\xi)=\ln\xi+\frac{\xi+1}{\xi}=1+\ln\xi+\frac{1}{\xi},$$

其中 ξ 介于 x 与 1 之间，$x>0$．故只需证明 $\ln\xi+\frac{1}{\xi}>0$．为此，再令 $g(x)=\ln x+\frac{1}{x}$，则

$$g'(x)=\frac{1}{x}-\frac{1}{x^2}=\frac{x-1}{x^2}\begin{cases}>0, & x>1,\\ =0, & x=1,\\ <0, & 0<x<1.\end{cases}$$

于是 $x=1$ 是 $g(x)$ 在 $(0,+\infty)$ 内的唯一极小值点，从而也是 $g(x)$ 的最小值点．故当 $x>0$ 时，有 $g(x)\geqslant g(1)=1>0$，从而

$$g(\xi)=\ln\xi+\frac{1}{\xi}>0,\quad \frac{(x+1)\ln x}{x-1}>1,\quad \frac{(x^2-1)\ln x}{(x-1)^2}>1.$$

综上所述，即得当 $x>0$ 时，$\dfrac{(x^2-1)\ln x}{(x-1)^2}\geqslant 1$．

✵ 特别提示

[1] 对于一些结论较为复杂的不等式，可适当地变形后，再构作辅助函数，利用单调性或极值性证明，更为简洁，如证法 1．

[2] 由证法 4 的证明过程可知，该题可改进为：设 $x>0$ 且 $x\neq 1$，证明 $(x^2-1)\ln x>2(x-1)^2$．

♻ 类题训练

1. 证明当 $x>0$ 时，$\ln(1+x)>\dfrac{\arctan x}{1+x}$．

2. 证明当 $0 < x < 1$ 时，$\sqrt{\dfrac{1-x}{1+x}} < \dfrac{\ln(1+x)}{\arcsin x}$．(大连市第八届大学生数学竞赛题)

3. 证明当 $0 < x < 1$ 时，$(1+x)\ln^2(1+x) < x^2$．(1998 年硕士研究生入学考试数学(二)试题)

4. 证明当 $x < 1$ 时，$e^x \leqslant \dfrac{1}{1-x}$．

5. 证明当 $x > 1$ 时，$\dfrac{\ln(1+x)}{\ln x} > \dfrac{x}{1+x}$．

6. 证明当 $x > 0$ 时，$2\arctan x < 3\ln(1+x)$．

📖 典型例题

24　设函数 $f(x)$ 在 $(0, +\infty)$ 内二阶可导，且 $f''(x) < 0$，$f(0) = 0$，证明对于任何 $x_1 > 0, x_2 > 0$，有 $f(x_1 + x_2) < f(x_1) + f(x_2)$．(2011 年中国科学院研究生院考研题)

【证法 1】　要证 $f(x_1 + x_2) < f(x_1) + f(x_2)$，只需证 $f(x_1 + x_2) - f(x_1) - f(x_2) < 0$．

为此，将 x_2 改写为 x，构作辅助函数 $F(x) = f(x_1 + x) - f(x_1) - f(x)$，$x > 0$，则 $F'(x) = f'(x_1 + x) - f'(x)$．由已知 $f''(x) < 0$，$x \in (0, +\infty)$，所以 $f'(x_1 + x) < f'(x)$，于是 $F'(x) < 0, \forall x \in (0, +\infty)$．又 $F(0) = 0$，故对于 $\forall x \in (0, +\infty)$，有 $F(x) < F(0) = 0$，从而 $F(x_2) < 0$，即 $f(x_1 + x_2) < f(x_1) + f(x_2)$．

【证法 2】　不妨设 $x_1 < x_2$，要证 $f(x_1 + x_2) < f(x_1) + f(x_2)$，即证 $f(x_1 + x_2) - f(x_2) < f(x_1)$，只需证 $\dfrac{f(x_1 + x_2) - f(x_2)}{x_1} < \dfrac{f(x_1) - f(0)}{x_1}$．而由题设，$f(x)$ 在 $[0, x_1]$ 及 $[x_2, x_1 + x_2]$ 上都满足 Lagrange 中值定理的条件，于是有

$$\frac{f(x_1) - f(0)}{x_1 - 0} = \frac{f(x_1)}{x_1} = f'(\xi_1), \quad \frac{f(x_1 + x_2) - f(x_2)}{(x_1 + x_2) - x_2} = \frac{f(x_1 + x_2) - f(x_2)}{x_1} = f'(\xi_2),$$

其中 $0 < \xi_1 < x_1, x_2 < \xi_2 < x_1 + x_2$．

又由题设 $f''(x) < 0$，所以 $f'(x)$ 单调减少，于是 $f'(\xi_1) > f'(\xi_2)$，故 $\dfrac{f(x_1)}{x_1} > \dfrac{f(x_1 + x_2) - f(x_2)}{x_1}$，即得 $f(x_1 + x_2) < f(x_1) + f(x_2)$．

⚡ 特别提示

[1]　证法 1 中也可将 x_1 改写为 x，构作辅助函数 $F(x) = f(x_2 + x) - f(x) - f(x_2)$，$x > 0$．

[2]　证法 2 的证明思路实际上是源于几何意义．

♻ **类题训练**

1. 设 $f(x)$ 是可微函数, 导函数 $f'(x)$ 严格单调增加, $f(a)=f(b)(a<b)$, 证明 $\forall x\in(a,b)$, 有 $f(x)<f(a)=f(b)$.

2. 设函数 $f(x)$ 在 $[0,2]$ 上具有二阶连续的导数, 且 $f(a)\geqslant f(a+b)$, $f''(x)<0$, 证明对于 $0<a<b<a+b<2$, 恒有 $\dfrac{af(a)+bf(b)}{a+b}\geqslant f(a+b)$.

📖 **典型例题**

25 设 $f(x)$ 二阶可导, 且 $\lim\limits_{x\to0}\dfrac{f(x)}{x}=1$, $f''(x)>0$, 证明 $f(x)\geqslant x$. (1995 年硕士研究生入学考试数学(二)试题)

【**证法 1**】 要证 $f(x)\geqslant x$, 只需证 $f(x)-x\geqslant0$. 为此, 令 $g(x)=f(x)-x$, 则由 $\lim\limits_{x\to0}\dfrac{f(x)}{x}=1$, 得 $f(0)=\lim\limits_{x\to0}f(x)=0$, $f'(0)=\lim\limits_{x\to0}\dfrac{f(x)-f(0)}{x}=1$, 所以 $g'(x)=f'(x)-1=f'(x)-f'(0)$. 又由 $f''(x)=\left(f'(x)\right)'>0$ 知, $f'(x)$ 在 $(-\infty,+\infty)$ 上单调增加, 于是当 $x<0$ 时, $g'(x)<0$; 当 $x>0$ 时, $g'(x)>0$. 从而知 $x=0$ 为 $g(x)$ 的极小值点也是最小值点, 故 $g(x)\geqslant g(0)=0$, 即 $f(x)\geqslant x$.

【**证法 2**】 由 $\lim\limits_{x\to0}\dfrac{f(x)}{x}=1$ 可知, $f(0)=\lim\limits_{x\to0}f(x)=0$, $f'(0)=\lim\limits_{x\to0}\dfrac{f(x)-f(0)}{x}=\lim\limits_{x\to0}\dfrac{f(x)}{x}=1$. 由题设 $f(x)$ 二阶可导, 将 $f(x)$ 在 $x=0$ 点进行 Taylor 展开, 得

$$f(x)=f(0)+f'(0)x+\frac{f''(\xi)}{2!}x^2,$$

其中 ξ 介于 0 与 x 之间.

故由 $f''(x)>0$ 得 $f(x)\geqslant f(0)+f'(0)x=x$ (等号仅当 $x=0$ 时成立).

【**证法 3**】 由 $\lim\limits_{x\to0}\dfrac{f(x)}{x}=1$ 及 $f(x)$ 连续可知, $f(0)=\lim\limits_{x\to0}f(x)=0$, $f'(0)=\lim\limits_{x\to0}\dfrac{f(x)-f(0)}{x}=1$. 又由 $f''(x)=\left(f'(x)\right)'>0$ 知 $f'(x)$ 严格单调增加, 于是由 Lagrange 中值定理得

当 $x>0$ 时, $\dfrac{f(x)}{x}=\dfrac{f(x)-f(0)}{x}=f'(\xi_1)>f'(0)=1$, 其中 $\xi_1\in(0,x)$, 故 $f(x)>x$;

当 $x<0$ 时, $\dfrac{f(x)}{x}=\dfrac{f(x)-f(0)}{x}=f'(\xi_2)<f'(0)=1$, 其中 $\xi_2\in(x,0)$, 故 $f(x)>x$;

当 $x=0$ 时, $f(0)=0$, 故对任意 $x\in(-\infty,+\infty)$, 都有 $f(x)\geqslant x$.

特别提示

[1] 一般地,设 $\lim\limits_{x \to 0} \dfrac{f(x)}{x} = A$,且 $f''(x) > 0$,则有 $f(x) \geqslant Ax$.

[2] 上述三种证法分别利用极(最)值法、Taylor 展开法、Lagrange 中值法给予了证明,它们也是证明不等式的主要方法.

类题训练

1. 设 $a \cdot b < 0$,在 (a, b) 内,$f(x)$ 二阶可导,且 $f''(x) > 0$,$\lim\limits_{x \to 0} \dfrac{f(x) - \mathrm{e}^{x^2}}{x - \sin x} = 2$,证明在 (a, b) 内 $f(x) \geqslant 1$.

2. 设函数 $f(x)$ 在 $(-1, 1)$ 内二阶可导,且有 $f''(x) < 0$,$\lim\limits_{x \to 0} \dfrac{f(x) - \sin x}{x} = 2$,证明在 $(-1, 1)$ 内有 $f(x) < 3x$.

3. 设函数 $f(x)$ 在 $[0, +\infty)$ 二阶可导,且 $f(0) = 1, f'(0) \geqslant 1, f''(x) > f(x)\ (x > 0)$,证明 $f(x) > \mathrm{e}^x$.

4. 设函数 $f(x)$ 二阶可导,$f(0) = 0, f''(x) > 0$,且 $\lim\limits_{x \to 0^+} \dfrac{\ln\left(2x + f(x)\right) - \ln x}{\sqrt{1 - 2x} - 1} = -1$,证明 $f(x) + x \geqslant 0$.

5. 设函数 $f(x)$ 在 $[0, 1]$ 上二阶连续可导,且 $f(0) = 0, f(1) = 1, f''(x) < 0$,则 $f(x) \geqslant x$,$x \in [0, 1]$.

6. 设函数 $f(x)$ 在 $[0, +\infty)$ 上可导,$f(0) = -1, f(x) \leqslant f'(x), \forall x \in [0, +\infty)$,证明 $\forall x \in [0, +\infty)$,$f(x) + \mathrm{e}^x \geqslant 0$.

典型例题

26 设函数 $f(x)$ 在 $[a, b]$ 上二阶可导,$f'(a) = f'(b) = 0$,证明存在 $\xi \in (a, b)$,使得 $|f''(\xi)| \geqslant \dfrac{4}{(b - a)^2} |f(b) - f(a)|$.

【证法 1】 将 $f\left(\dfrac{a + b}{2}\right)$ 分别在 $x = a$ 和 $x = b$ 处进行 Taylor 展开:

$$f\left(\frac{a + b}{2}\right) = f(a) + f'(a)\frac{b - a}{2} + \frac{f''(\xi_1)}{2!}\left(\frac{b - a}{2}\right)^2,$$

$$f\left(\frac{a + b}{2}\right) = f(b) - f'(b)\frac{b - a}{2} + \frac{f''(\xi_2)}{2!}\left(\frac{a - b}{2}\right)^2,$$

其中 $a < \xi_1 < \dfrac{a + b}{2} < \xi_2 < b$.

由已知 $f'(a) = f'(b) = 0$ 代入上两式, 得

$$f\left(\frac{a+b}{2}\right) - f(a) = \frac{f''(\xi_1)}{2}\left(\frac{b-a}{2}\right)^2, \quad f(b) - f\left(\frac{a+b}{2}\right) = -\frac{f''(\xi_2)}{2}\left(\frac{b-a}{2}\right)^2.$$

记 $\xi = \begin{cases} \xi_1, & |f''(\xi_2)| \leqslant |f''(\xi_1)|, \\ \xi_2, & |f''(\xi_2)| > |f''(\xi_1)|, \end{cases}$ 则 $\xi \in (a,b)$, $|f''(\xi)| = \max(|f''(\xi_1)|, |f''(\xi_2)|)$. 故

$$\left|f(b) - f(a)\right| \leqslant \left|f(b) - f\left(\frac{a+b}{2}\right)\right| + \left|f\left(\frac{a+b}{2}\right) - f(a)\right|$$

$$\leqslant \frac{|f''(\xi_1)| + |f''(\xi_2)|}{2}\left(\frac{b-a}{2}\right)^2 \leqslant \frac{(b-a)^2}{4}|f''(\xi)|,$$

即 $|f''(\xi)| \geqslant \dfrac{4}{(b-a)^2}|f(b) - f(a)|$.

【证法 2】 由连续函数 $f(x)$ 在 $[a,b]$ 上用介值定理知, 存在 $x_0 \in [a,b]$, 使 $f(x_0) = \dfrac{1}{2}[f(a) + f(b)]$. 不妨设 $a \leqslant x_0 \leqslant \dfrac{a+b}{2}$ $\left(\text{若} \dfrac{a+b}{2} \leqslant x_0 \leqslant b, \text{类似证明}\right)$, 则将 $f(x_0)$ 在点 $x = a$ 处进行 Taylor 展开, 得存在 $\xi \in (a, x_0) \subset (a,b)$, 使

$$f(x_0) = f(a) + f'(a)(x_0 - a) + \frac{f''(\xi)}{2!}(x_0 - a)^2 = f(a) + \frac{f''(\xi)}{2}(x_0 - a)^2,$$

于是 $|f''(\xi)| = \dfrac{2|f(x_0) - f(a)|}{(x_0 - a)^2} \geqslant \dfrac{|f(b) - f(a)|}{\left(\dfrac{b-a}{2}\right)^2} = \dfrac{4}{(b-a)^2}|f(b) - f(a)|$.

【证法 3】 利用反证法. 令 $k = \dfrac{4}{(b-a)^2}|f(b) - f(a)|$, 假设 $\forall x \in (a,b)$, $|f''(x)| < k$. 将 $f(x)$ 在点 x_0 处进行 Taylor 展开, 得

$$f(x) = f(x_0) + f'(x_0)(x - x_0) + \frac{1}{2}f''(\xi)(x - x_0)^2,$$

其中 ξ 介于 $x_0 \in [a,b]$ 与 x 之间.

取 $x = \dfrac{a+b}{2}, x_0 = a$, 注意到 $f'(a) = 0$, 得

$$f\left(\frac{a+b}{2}\right) = f(a) + \frac{1}{8}(b-a)^2 f''(\xi_1), \quad a < \xi_1 < \frac{a+b}{2}.$$

于是 $\left|f\left(\dfrac{a+b}{2}\right) - f(a)\right| < \dfrac{(b-a)^2}{8}k$.

同理, 取 $x = \dfrac{a+b}{2}, x_0 = b$, 注意到 $f'(b) = 0$, 得 $\left|f(b) - f\left(\dfrac{a+b}{2}\right)\right| < \dfrac{(b-a)^2}{8}k$,

因此

$$\left|f(b)-f(a)\right| = \left|f(b)-f\left(\frac{a+b}{2}\right)+f\left(\frac{a+b}{2}\right)-f(a)\right|$$

$$\leqslant \left|f(b)-f\left(\frac{a+b}{2}\right)\right|+\left|f\left(\frac{a+b}{2}\right)-f(a)\right| < \frac{1}{4}k(b-a)^2 = \left|f(b)-f(a)\right|,$$

这是不可能的. 所以假设不成立, 即得在 (a,b) 内至少存在一点 ξ, 使

$$\left|f''(\xi)\right| \geqslant \frac{4}{(b-a)^2}\left|f(b)-f(a)\right|.$$

【证法 4】 若 $f(a)=f(b)$, 则结论显然成立. 不妨设 $f(a)<f(b)$, 取 $x_0 = \frac{a+b}{2}$, 如下分情况讨论:

(i) 若 $f(x_0) \geqslant \frac{f(a)+f(b)}{2}$, 则构作辅助函数 $F(x)=f(x)-\frac{1}{2}k(x-a)^2$, 其中 $k=\frac{4}{(b-a)^2}(f(b)-f(a))$, 于是问题转化为证明存在 $\xi \in (a,b)$, 使 $F''(\xi) \geqslant 0$.

因 为 $F'(x)=f'(x)-k(x-a)$, $F'(a)=f'(a)$, $F(x_0)=f(x_0)-\frac{1}{2}k(x_0-a)^2 = f(x_0)-\frac{1}{2}(f(b)-f(a)) \geqslant \frac{f(a)+f(b)}{2}-\frac{f(b)-f(a)}{2}=f(a)=F(a)$, 所 以 $F(x_0)-F(a)\geqslant 0$.

又将 $F(x)$ 在点 $x=a$ 处进行 Taylor 展开, 得

$$F(x)=F(a)+F'(a)(x-a)+\frac{1}{2}F''(\xi_x)(x-a)^2 = F(a)+\frac{1}{2}F''(\xi_x)(x-a)^2,$$

其中 ξ_x 介于 a 与 x 之间.

取 $x=x_0$, 得 $F(x_0)-F(a)=\frac{1}{2}F''(\xi)(x_0-a)^2$, 其中 $\xi \in (a,x_0) \subset (a,b)$, 即得 $F''(\xi) \geqslant 0$.

又 $F''(x)=f''(x)-k$, 故得 $\left|f''(\xi)\right| \geqslant f''(\xi) \geqslant k = \frac{4}{(b-a)^2}\left|f(b)-f(a)\right|$.

(ii) 若 $f(x_0) < \frac{f(a)+f(b)}{2}$, 则构作辅助函数 $G(x)=f(x)+\frac{1}{2}k(x-b)^2$, 类似于情形(i)证明.

【证法 5】 令 $g_1(x)=(x-a)^2$, $g_2(x)=(x-b)^2$, 则将 $f(x)$ 与 $g_1(x)$ 和 $f(x)$ 与 $g_2(x)$ 分别在 $\left[a,\frac{a+b}{2}\right]$ 和 $\left[\frac{a+b}{2},b\right]$ 上用两次 Cauchy 中值定理, 知 $\exists \eta_1 \in$

$\left(a,\dfrac{a+b}{2}\right),\xi_1\in(a,\eta_1)$，使

$$\dfrac{f\left(\dfrac{a+b}{2}\right)-f(a)}{\left(\dfrac{b-a}{2}\right)^2}=\dfrac{f\left(\dfrac{a+b}{2}\right)-f(a)}{g_1\left(\dfrac{a+b}{2}\right)-g_1(a)}=\dfrac{f'(\eta_1)}{g_1'(\eta_1)}=\dfrac{f'(\eta_1)-f'(a)}{g_1'(\eta_1)-g_1'(a)}=\dfrac{f''(\xi_1)}{g_1''(\xi_1)}=\dfrac{1}{2}f''(\xi_1),$$

$\exists\eta_2\in\left(\dfrac{a+b}{2},b\right),\xi_2\in(\eta_2,b)$，使

$$\dfrac{f\left(\dfrac{a+b}{2}\right)-f(b)}{\left(\dfrac{b-a}{2}\right)^2}=\dfrac{f\left(\dfrac{a+b}{2}\right)-f(b)}{g_2\left(\dfrac{a+b}{2}\right)-g_2(b)}=\dfrac{f'(\eta_2)}{g_2'(\eta_2)}=\dfrac{f'(\eta_2)-f'(b)}{g_2'(\eta_2)-g_2'(b)}=\dfrac{f''(\xi_2)}{g_2''(\xi_2)}=\dfrac{1}{2}f''(\xi_2).$$

取 $\xi=\begin{cases}\xi_1,&|f''(\xi_1)|\geqslant|f''(\xi_2)|,\\\xi_2,&|f''(\xi_1)|<|f''(\xi_2)|,\end{cases}$ 则

$$|f''(\xi)|=\max\left(|f''(\xi_1)|,|f''(\xi_2)|\right)\geqslant\dfrac{1}{2}\left(|f''(\xi_1)|+|f''(\xi_2)|\right)\geqslant\dfrac{1}{2}\left|f''(\xi_1)-f''(\xi_2)\right|$$

$$=\left|\dfrac{f\left(\dfrac{a+b}{2}\right)-f(a)}{\left(\dfrac{b-a}{2}\right)^2}-\dfrac{f\left(\dfrac{a+b}{2}\right)-f(b)}{\left(\dfrac{b-a}{2}\right)^2}\right|=\dfrac{4}{(b-a)^2}\left|f(b)-f(a)\right|.$$

✳ **特别提示**　一般地，设函数 $f(x)$ 在 $[a,b]$ 上具有直至 n 阶的导数 $(n\geqslant2)$，且 $f^{(k)}(a)=f^{(k)}(b)=0\quad(k=1,2,\cdots,n-1)$，则至少存在一点 $\xi\in(a,b)$，使

$$\left|f^{(n)}(\xi)\right|\geqslant\dfrac{2^{n-1}\cdot n!}{(b-a)^n}\left|f(b)-f(a)\right|.$$

♻ **类题训练**

1. 设函数 $f(x)$ 在 $[a,b]$ 上二阶可导，$f'\left(\dfrac{a+b}{2}\right)=0$，证明存在 $\xi\in(a,b)$，使得

$$|f''(\xi)|\geqslant\dfrac{4}{(b-a)^2}\left|f(b)-f(a)\right|.$$

2. 设函数 $f(x)$ 在 $[a,b]$ 上三阶可导，$f'(a)=f'(b)=0$，证明存在 $\xi\in(a,b)$，使得

$$|f'''(\xi)| \geqslant \frac{12}{(b-a)^3}|f(b)-f(a)|.$$

3. 设函数 $f(x)$ 在 $[a,b]$ 上二阶可导，$f'\left(\dfrac{a+2b}{3}\right)=0$，证明存在 $\xi \in (a,b)$，使得

$$|f(b)-f(a)| \leqslant \frac{5}{18}(b-a)^2|f''(\xi)|.$$

📖 **典型例题**

27　设函数 $f(x)$ 在 $[a,b]$ 上二阶连续可导，且 $f(a)=f(b)=0$，证明

$$\max_{x\in[a,b]}|f(x)| \leqslant \frac{1}{8}(b-a)^2 \cdot \max_{x\in[a,b]}|f''(x)|.$$

【证法 1】　由已知 $f(a)=f(b)=0$，且要证的结论中含有 $f(x)$ 与 $f''(x)$ 的信息，所以可考虑将 $f(a),f(b)$ 分别在点 $x\in[a,b]$ 处进行 Taylor 展开，得

$$f(a)=f(x)+f'(x)(a-x)+\frac{1}{2}f''(\xi_1)(a-x)^2,$$

$$f(b)=f(x)+f'(x)(b-x)+\frac{1}{2}f''(\xi_2)(b-x)^2,$$

其中 $\xi_1 \in (a,x) \subset (a,b)$，$\xi_2 \in (x,b) \subset (a,b)$.

再由上两式消去含 $f'(x)$ 的项，整理得

$$(b-a)f(x)=-\frac{1}{2}\Big[f''(\xi_1)(a-x)^2(b-x)+f''(\xi_2)(b-x)^2(x-a)\Big],$$

故

$$(b-a)\cdot\max_{x\in[a,b]}|f(x)| \leqslant \frac{1}{2}\max_{x\in[a,b]}|f''(x)|\cdot\max_{x\in[a,b]}|(b-a)(x-a)(b-x)|$$

$$\leqslant \frac{1}{8}(b-a)^3\cdot\max_{x\in[a,b]}|f''(x)|,$$

即得 $\displaystyle\max_{x\in[a,b]}|f(x)| \leqslant \frac{1}{8}(b-a)^2\cdot\max_{x\in[a,b]}|f''(x)|$.

【证法 2】　构作线性插值多项式 $L_1(x)$，使 $L_1(a)=f(a),L_1(b)=f(b)$，则由 $f(a)=f(b)=0$，得 $L_1(x)=0$，且有 $f(x)-L_1(x)=\dfrac{1}{2!}f''(\xi)(x-a)(x-b)$，于是

$$|f(x)| \leqslant \frac{1}{2}|f''(\xi)|\cdot|(x-a)(x-b)|.$$

因为 $f(x)$ 在 $[a,b]$ 上二阶连续可导, 所以 $\max\limits_{x\in[a,b]}|f''(x)|$ 存在且

$$|f''(\xi)| \leqslant \max_{x\in[a,b]}|f''(x)|.$$

又 $(x-a)(x-b)=x^2-(a+b)x+ab$ 在 $x=\dfrac{a+b}{2}$ 处取极大值, 也是最大值, 即得

$$|(x-a)(x-b)| \leqslant \left|\frac{a+b}{2}-a\right|\cdot\left|\frac{a+b}{2}-b\right| \leqslant \frac{1}{4}(b-a)^2,$$

故 $\forall x\in[a,b]$, 有 $|f(x)| \leqslant \dfrac{1}{8}(b-a)^2\cdot\max\limits_{x\in[a,b]}|f''(x)|$, 从而

$$\max_{x\in[a,b]}|f(x)| \leqslant \frac{1}{8}(b-a)^2\cdot\max_{x\in[a,b]}|f''(x)|.$$

【证法 3】 由题设知, $|f(x)|$ 在 $[a,b]$ 上连续, 所以 $|f(x)|$ 在 $[a,b]$ 上有最大值, 即存在 $x_0\in[a,b]$, 使 $|f(x_0)|=\max\limits_{x\in[a,b]}|f(x)|$. 若 $x_0=a$ 或 b, 则结论显然成立. 下面设 $a<x_0<b$, 将 $f(a),f(b)$ 分别在点 x_0 处进行 Taylor 展开, 有

$$f(a)=f(x_0)+f'(x_0)(a-x_0)+\frac{1}{2}f''(\xi_1)(a-x_0)^2,$$

$$f(b)=f(x_0)+f'(x_0)(b-x_0)+\frac{1}{2}f''(\xi_2)(b-x_0)^2,$$

其中 $\xi_1\in(a,x_0)$, $\xi_2\in(x_0,b)$.

而由 $f(x)$ 在 $[a,b]$ 上二阶连续可导, $a<x_0<b$, $|f(x_0)|=\max\limits_{x\in[a,b]}|f(x)|$, 得 $f'(x_0)=0$, 且 $f''(x)$ 在 $[a,b]$ 上有最大值. 再将 $f(a)=f(b)=0$ 代入上两式, 得

$$f(x_0)=-\frac{1}{2}f''(\xi_1)(a-x_0)^2, \quad f(x_0)=-\frac{1}{2}f''(\xi_2)(b-x_0)^2,$$

于是有 $|f(x_0)| \leqslant \dfrac{1}{2}(a-x_0)^2\cdot\max\limits_{x\in[a,b]}|f''(x)|$, $|f(x_0)| \leqslant \dfrac{1}{2}(b-x_0)^2\cdot\max\limits_{x\in[a,b]}|f''(x)|$.

又当 $x_0\in\left(a,\dfrac{a+b}{2}\right)$ 时, $(a-x_0)^2<\dfrac{1}{4}(b-a)^2$; 当 $x_0\in\left[\dfrac{a+b}{2},b\right)$ 时, $(b-x_0)^2 \leqslant \dfrac{1}{4}(b-a)^2$.

故综合上述两种情况, 得 $|f(x_0)|=\max\limits_{x\in[a,b]}|f(x)| \leqslant \dfrac{1}{8}(b-a)^2\cdot\max\limits_{x\in[a,b]}|f''(x)|$.

✦ 特别提示

[1] Taylor 展开式是建立函数及其各阶导数关系的桥梁, 在证明过程中有着重要的应用, 如上证法 1 和证法 3.

[2] 一般地, 设函数 $f(x)$ 在区间 $[a,b]$ 上 n 阶连续可导, 且有不少于 n 个零点(重零点按重数计算), 则有 $\max\limits_{x\in[a,b]}\left|f(x)\right| \leqslant \dfrac{(b-a)^n}{n!} \cdot \max\limits_{x\in[a,b]}\left|f^{(n)}(x)\right|$.

类题训练

1. 设函数 $f(x)$ 在 $[a,b]$ 上连续, 在 (a,b) 内二阶可导, $f(a)=f(b)=0$, 且 $\left|f''(x)\right| \geqslant m > 0$ (m 为常数), 证明 $\max\limits_{x\in[a,b]}\left|f(x)\right| \geqslant \dfrac{m}{8}(b-a)^2$. (北京师范大学考研题)

2. 设函数 $f(x)$ 在 $[a,b]$ 上连续, 在 (a,b) 内二阶可导, 且当 $x\in(a,b)$ 时, $\left|f''(x)\right| \geqslant 1$. 证明在 $[a,b]$ 上的曲线 $y=f(x)$ 上, 存在三个点 $A(a,f(a))$, $B(b,f(b))$, $C(c,f(c))$, 使 $\triangle ABC$ 的面积 $\geqslant \dfrac{(b-a)^3}{16}$.

3. 设插值节点 $a=x_0 < x_1 < x_2 < x_3 = b$, 且 $x_i - x_{i-1} = h$ ($i=1,2,3$), 证明

(i) 若 $f(x) \in C^2[a,b]$, 则 $f(x)$ 在 $[a,b]$ 上的线性插值函数 $L_1(x)$ 的误差界为

$\max\limits_{x\in[a,b]}\left|f(x)-L_1(x)\right| \leqslant \dfrac{(b-a)^2}{8} \cdot \max\limits_{x\in[a,b]}\left|f''(x)\right|$, 并举一例说明上述不等式的等号成立.

(ii) 若 $f(x) \in C^3[a,b]$, 则 $f(x)$ 在 $[x_0, x_2]$ 上的二次插值多项式 $L_2(x)$ 的误差界为

$$\max\limits_{x\in[x_0,x_2]}\left|f(x)-L_2(x)\right| \leqslant \dfrac{\sqrt{3}}{27} h^3 \cdot \max\limits_{x\in[x_0,x_2]}\left|f'''(x)\right|.$$

(iii) 若 $f(x) \in C^4[a,b]$, 则 $f(x)$ 在 $[a,b]$ 上的三次插值多项式 $L_3(x)$ 的误差界为

$$\max\limits_{x\in[a,b]}\left|f(x)-L_3(x)\right| \leqslant \dfrac{1}{24} h^4 \cdot \max\limits_{x\in[a,b]}\left|f^{(4)}(x)\right|.$$

典型例题

28 设 $a>0, b>0, p>1$ 且 $\dfrac{1}{p}+\dfrac{1}{q}=1$, 证明 $ab \leqslant \dfrac{a^p}{p} + \dfrac{b^q}{q}$.

【证法1】 首先证明: $\forall x>0, 0<\alpha<1$, 有 $x^\alpha - \alpha x + \alpha - 1 \leqslant 0$.

事实上, 设 $f(x) = x^\alpha - \alpha x + \alpha - 1, x>0$, 则 $f'(x) = \alpha(x^{\alpha-1}-1)$.

令 $f'(x)=0$, 得驻点 $x=1$. 因为 $x>0, 0<\alpha<1$, 所以 $f''(1) = \alpha(\alpha-1) < 0$, 于是 $f(1)=0$ 是 $f(x)$ 的唯一极大值, 从而也是 $f(x)$ 在 $(0,+\infty)$ 上的最大值. 故 $\forall x>0$, 都有 $f(x) \leqslant f(1) = 0$, 即 $x^\alpha - \alpha x + \alpha - 1 \leqslant 0$.

现在取 $x = \dfrac{a^p}{b^q}$, $\alpha = \dfrac{1}{p}$, 代入上述不等式, 得 $\left(\dfrac{a^p}{b^q}\right)^{\frac{1}{p}} - \dfrac{1}{p} \cdot \dfrac{a^p}{b^q} + \dfrac{1}{p} - 1 \leqslant 0$.

注意到 $\dfrac{1}{p} - 1 = -\dfrac{1}{q}$, 则有 $\dfrac{a^p}{b^q} \cdot \left[\left(\dfrac{a^p}{b^q}\right)^{-\frac{1}{q}} - \dfrac{1}{p}\right] - \dfrac{1}{q} \leqslant 0$. 两边乘以 $b^q > 0$, 并移项,

得 $a^p \cdot \left[\left(\dfrac{a^p}{b^q}\right)^{-\frac{1}{q}} - \dfrac{1}{p}\right] \leqslant \dfrac{b^q}{q}$, 即 $a^{p\left(1-\frac{1}{q}\right)} b \leqslant \dfrac{a^p}{p} + \dfrac{b^q}{q}$. 注意到 $p\left(1-\dfrac{1}{q}\right) = 1$, 即得 $ab \leqslant$

$\dfrac{a^p}{p} + \dfrac{b^q}{q}$.

【证法 2】 要证 $ab \leqslant \dfrac{a^p}{p} + \dfrac{b^q}{q}$, 只需证 $\dfrac{ab}{b^q} \leqslant \dfrac{a^p b^{-q}}{p} + \dfrac{1}{q}$.

注意到 $\left(\dfrac{ab}{b^q}\right)^p = \dfrac{a^p b^p}{b^{pq}} = \dfrac{a^p b^p}{b^{p+q}} = a^p b^{-q}$ (因 $pq = p+q$), 故只需证 $\dfrac{ab}{b^q} \leqslant \dfrac{\left(\dfrac{ab}{b^q}\right)^p}{p} +$

$\dfrac{1}{q}$. 为此, 设 $f(x) = \dfrac{1}{p} x^p + \dfrac{1}{q} - x$, $x > 0$, 则 $f'(x) = x^{p-1} - 1$.

令 $f'(x) = 0$, 得驻点 $x = 1$. 又 $f''(1) = p - 1 > 0$, 所以 $f(1) = 0$ 是 $f(x)$ 的唯一极小值, 从而也是 $f(x)$ 在 $(0, +\infty)$ 上的最小值. 故 $\forall x > 0$, 都有 $f(x) \geqslant f(1) = 0$.

取 $x = \dfrac{ab}{b^q}$, 即有 $f\left(\dfrac{ab}{b^q}\right) > 0$, 即 $\dfrac{1}{p}\left(\dfrac{ab}{b^q}\right)^p + \dfrac{1}{q} - \dfrac{ab}{b^q} \geqslant 0$, 化简得 $ab \leqslant \dfrac{a^p}{p} \cdot \dfrac{b^{p+q}}{b^{pq}} +$

$\dfrac{b^q}{q}$. 注意到 $p + q = pq$, 即得 $ab \leqslant \dfrac{a^p}{p} + \dfrac{b^q}{q}$.

【证法 3】 设 $f(x) = \dfrac{x^p}{p} + \dfrac{b^q}{q} - bx$, $x > 0$, 则 $f'(x) = x^{p-1} - b$. 令 $f'(x) = 0$, 得

驻点 $x = b^{\frac{1}{p-1}}$. 又 $f''\left(b^{\frac{1}{p-1}}\right) = (p-1) \cdot b^{\frac{p-2}{p-1}} > 0$, 所以 $f(x)$ 在 $x = b^{\frac{1}{p-1}}$ 取极小值且为最小值. 而

$$f\left(b^{\frac{1}{p-1}}\right) = \dfrac{\left(b^{\frac{1}{p-1}}\right)^p}{p} + \dfrac{b^q}{q} - b \cdot b^{\frac{1}{p-1}} = \dfrac{b^{\frac{p}{p-1}}}{p} + \dfrac{b^q}{q} - b^{\frac{p}{p-1}} = b^q\left(\dfrac{1}{p} + \dfrac{1}{q} - 1\right) = 0,$$

所以 $\forall x > 0$, $f(x) \geqslant f\left(b^{\frac{1}{p-1}}\right) = 0$. 取 $x = a > 0$, 即得 $f(a) \geqslant 0$, 即 $ab \leqslant \dfrac{a^p}{p} + \dfrac{b^q}{q}$.

【证法 4】　利用定积分的几何意义. 图 2.1(a)和(b)中两个平面图形的面积 S_1

与 S_2 分别为: $S_1 = \int_0^a x^{p-1}\mathrm{d}x = \dfrac{a^p}{p}$, $S_2 = \int_0^b y^{\frac{1}{p-1}}\mathrm{d}y = \dfrac{b^{\frac{p}{p-1}}}{\dfrac{p}{p-1}} = \dfrac{b^q}{q}$, 其中 $\dfrac{p}{p-1} = q$. 图

中矩形的面积 ab 小于面积 S_1 与 S_2 之和, 即 $ab \leqslant \dfrac{a^p}{p} + \dfrac{b^q}{q}$.

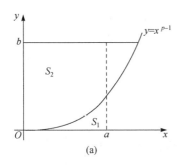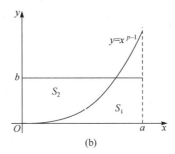

图 2.1

【证法 5】　利用凹凸性. 要证 $ab \leqslant \dfrac{a^p}{p} + \dfrac{b^q}{q}$, 即得 $\ln(ab) \leqslant \ln\left(\dfrac{a^p}{p} + \dfrac{b^q}{q}\right)$.

令 $f(x) = \ln x$, 则 $f''(x) = -\dfrac{1}{x^2} < 0$　$(x > 0)$, 于是 $f(x)$ 在 $(0, +\infty)$ 为凸函数,

从而 $\forall \lambda \in [0,1]$, 有 $f[\lambda x_1 + (1-\lambda)x_2] \geqslant \lambda f(x_1) + (1-\lambda)f(x_2)$.

取 $\lambda = \dfrac{1}{p}, x_1 = a^p, x_2 = b^q$, 代入上式即得

$$\ln\left(\frac{a^p}{p} + \frac{b^q}{q}\right) \geqslant \frac{1}{p}\ln(a^p) + \frac{1}{q}\ln(b^q) = \ln(ab).$$

故 $\dfrac{a^p}{p} + \dfrac{b^q}{q} \geqslant ab$.

【证法 6】　要证 $ab \leqslant \dfrac{a^p}{p} + \dfrac{b^q}{q}$, 只需证 $\dfrac{ab}{b^q} \leqslant \dfrac{a^p b^{-q}}{p} + \dfrac{1}{q}$, 而 $\dfrac{1}{p} + \dfrac{1}{q} = 1$, 故只需

证 $(a^p b^{-q})^{\frac{1}{p}} = ab^{-\frac{q}{p}} = ab^{1-q} = \dfrac{ab}{b^q} \leqslant \dfrac{a^p b^{-q}}{p} + \dfrac{1}{q}$.

为此, 设 $f(x) = x^{\frac{1}{p}} - \dfrac{1}{p}x - \dfrac{1}{q}, x > 0$, 则 $f'(x) = \dfrac{1}{p}\left(x^{\frac{1}{p}-1} - 1\right)$. 令 $f'(x) = 0$, 得

$x=1$. 再由 $p>1$, $f''(1)=\dfrac{1}{p}\left(\dfrac{1}{p}-1\right)<0$, 知 $f(1)=0$ 是 $f(x)$ 的唯一极大值, 也是最大值. 故 $\forall x>0, f(x)\leqslant f(1)=0$.

取 $x=a^{p}b^{-q}$, 即有 $f(a^{p}b^{-q})\leqslant 0$, 化简即得 $ab\leqslant\dfrac{a^{p}}{p}+\dfrac{b^{q}}{q}$.

特别提示

[1] 一般地, 设 $a>0, b>0$, 实数 p,q 满足 $\dfrac{1}{p}+\dfrac{1}{q}=1$, 则

(i) 当 $p>1$ 时, 有 $ab\leqslant\dfrac{1}{p}a^{p}+\dfrac{1}{q}b^{q}$;

(ii) 当 $0<p<1$ 或 $p<0$ 时, 有 $ab\geqslant\dfrac{1}{p}a^{p}+\dfrac{1}{q}b^{q}$; 当且仅当 $a^{p}=b^{q}$ 时等式成立.

[2] 从证法 5 可以看出: 设 $a>0, b>0, p>0, q>0$, $\dfrac{1}{p}+\dfrac{1}{q}=1$, 则必有

$$ab\leqslant\dfrac{a^{p}}{p}+\dfrac{b^{q}}{q}.$$ (该不等式称为 Young 不等式)

它可推广为: 设 $a>0, b>0, c>0$, $p,q,r>0$ 且 $\dfrac{1}{p}+\dfrac{1}{q}+\dfrac{1}{r}=1$, 则有

$$abc\leqslant\dfrac{a^{p}}{p}+\dfrac{b^{q}}{q}+\dfrac{c^{r}}{r}.$$

一般地, 该结论可推广到有限个情形.

[3] 由证法 6 可得: 设 $x>0$, 实数 p,q 满足 $\dfrac{1}{p}+\dfrac{1}{q}=1$, 则 (i) 当 $p>1$ 时, 有

$x^{\frac{1}{p}}\leqslant\dfrac{1}{p}x+\dfrac{1}{q}$; (ii) 当 $0<p<1$ 或 $p<0$ 时, 有 $x^{\frac{1}{p}}\geqslant\dfrac{1}{p}x+\dfrac{1}{q}$; 当且仅当 $x=1$ 时等式成立.

类题训练

1. 设 $a>0, b>0, 0<p<1$, 且 $\dfrac{1}{p}+\dfrac{1}{q}=1$, 证明 $ab\geqslant\dfrac{1}{p}a^{p}+\dfrac{1}{q}b^{q}$.

2. 设函数 $y=f(x)$ 在 $[0,+\infty)$ 上连续, 且严格单调增加, $f(0)=0$, f^{-1} 是 f 的反函数, 证明 (i) 对任意 $a\geqslant 0, b\geqslant 0$, 有 $ab\leqslant\displaystyle\int_{0}^{a}f(x)\mathrm{d}x+\int_{0}^{b}f^{-1}(y)\mathrm{d}y$; (ii) 对任意 $a\geqslant 0$, $b\geqslant 0$, 有 $ab\leqslant af(a)+bf^{-1}(b)$.

3. 设 $a > 0, b > 0, p > 1$，且 $\dfrac{1}{p} + \dfrac{1}{q} = 1$，证明(i)当 $t > 0$ 时，$\dfrac{a}{p}t^{-\frac{1}{q}} + \dfrac{b}{q}t^{\frac{1}{p}} \geqslant a^{\frac{1}{p}}b^{\frac{1}{q}}$；

(ii)当 $0 < t < 1$ 时，$a^p t^{1-p} + b^p (1-t)^{1-p} \geqslant (a+b)^p$.

4. 求实数 α 的取值范围，使得不等式 $x \leqslant \dfrac{\alpha-1}{\alpha}y + \dfrac{1}{\alpha}x^\alpha y^{1-\alpha}$ 对一切正数 x 与 y 成立. (1977 年苏联大学生数学竞赛题)

📖 典型例题

29 设函数 $f(x)$ 在 $[0,1]$ 上有二阶连续导数，且 $f(0) = f(1) = 0$，$\min\limits_{0 \leqslant x \leqslant 1} f(x) = -1$，证明 $\max\limits_{0 \leqslant x \leqslant 1} f''(x) \geqslant 8$.

【证法 1】　由题设知，存在 $0 < c < 1$，使得 $f(c) = \min\limits_{0 \leqslant x \leqslant 1} f(x) = -1$，且 $f'(c) = 0$. 将 $f(x)$ 在 $x = c$ 处进行 Taylor 展开，有

$$f(x) = f(c) + f'(c)(x-c) + \frac{f''(\xi)}{2!}(x-c)^2, \quad \text{其中 } \xi \text{ 介于 } c \text{ 与 } x \text{ 之间.}$$

分别代入 $x = 0, 1$ 得

$$0 = f(0) = f(c) - cf'(c) + \frac{c^2}{2}f''(\xi_1) = -1 + \frac{c^2}{2}f''(\xi_1),$$

$$0 = f(1) = f(c) + f'(c)(1-c) + \frac{(1-c)^2}{2}f''(\xi_2) = -1 + \frac{(1-c)^2}{2}f''(\xi_2),$$

其中 $\xi_1 \in (0,c)$，$\xi_2 \in (c,1)$.

下面分情况讨论:

(i)当 $0 < c \leqslant \dfrac{1}{2}$ 时，有 $f''(\xi_1) = \dfrac{2}{c^2} \geqslant 8$；(ii)当 $\dfrac{1}{2} < c < 1$ 时，有 $f''(\xi_2) = \dfrac{2}{(1-c)^2} > 8$.

综上所述，有 $\max\limits_{0 \leqslant x \leqslant 1} f''(x) \geqslant \max\left(f''(\xi_1), f''(\xi_2)\right) \geqslant 8$.

【证法 2】　由已知 $f(0) = f(1) = 0$，$\min\limits_{x \in [0,1]} f(x) = -1$，可知存在 $c \in (0,1)$，使 $f(c) = \min\limits_{0 \leqslant x \leqslant 1} f(x) = -1$，且 $f'(c) = 0$. 将 $f(x)$ 在 $x = c$ 处进行 Taylor 展开，得

$$f(x) = f(c) + f'(c)(x-c) + \frac{f''(\xi)}{2!}(x-c)^2 = -1 + \frac{f''(\xi)}{2}(x-c)^2,$$

其中 ξ 介于 c 与 x 之间.

分别代入 $x = 0, 1$，得

$$-1 + \frac{c^2}{2}f''(\xi_1) = -1 + \frac{(1-c)^2}{2}f''(\xi_2) = 0, \quad \text{其中 } 0 < \xi_1 < c < \xi_2 < 1.$$

于是 $\max\limits_{0<x<1} f''(x) \geqslant \dfrac{1}{2}\big(f''(\xi_1)+f''(\xi_2)\big)=\dfrac{1}{c^2}+\dfrac{1}{(1-c)^2}$.

令 $g(x)=\dfrac{1}{x^2}+\dfrac{1}{(1-x)^2}$, $0<x<1$, 则只需求 $g(x)$ 在 $(0,1)$ 上的最小值.

因为 $g'(x)=-\dfrac{2}{x^3}+\dfrac{2}{(1-x)^3}$, 所以令 $g'(x)=0$ 得驻点 $x=\dfrac{1}{2}$. 又当 $0<x<\dfrac{1}{2}$ 时,

$g'(x)<0$; 当 $\dfrac{1}{2}<x<1$ 时, $g'(x)>0$, 且 $\lim\limits_{x\to 0^+} g(x)=\lim\limits_{x\to 1^-} g(x)=+\infty$, 所以 $g(x)$ 在 $x=\dfrac{1}{2}$

处取最小值, 即有 $g(x)\geqslant g\Big(\dfrac{1}{2}\Big)=8$. 故得 $\max\limits_{0<x<1} f''(x)\geqslant \dfrac{1}{c^2}+\dfrac{1}{(1-c)^2}=g(c)\geqslant 8$.

【证法 3】 注意到 $f(0)=f(1)=0$, $\min\limits_{0<x<1} f(x)=-1$, 首先构造一个二次多项式

函数 $p(x)$, 使其满足插值条件: $p(0)=f(0)=0$, $p(1)=f(1)=0$, $\min\limits_{0<x<1} p(x)=$

$\min\limits_{0<x<1} f(x)=-1$. 而由 $p(0)=p(1)=0$, 易得 $p(x)=A(x-0)(x-1)$; 再由 $\min\limits_{0<x<1} p(x)=$

$p\Big(\dfrac{1}{2}\Big)=-1$, 即得 $A=4$. 故可得 $p(x)=4x(x-1)$. 而因为 $f(x)$ 与 $p(x)$ 皆在 $[0,1]$ 上

连续, 所以由介值定理知, 至少存在一点 $c\in(0,1)$, 使 $f(c)=p(c)$.

再令 $F(x)=f(x)-p(x)$, 则有 $F(0)=F(c)=F(1)=0$, 于是由 Rolle 定理知,

存在 $\xi_1\in(0,c)$, 使 $F'(\xi_1)=0$; 存在 $\xi_2\in(c,1)$, 使 $F'(\xi_2)=0$. 再对函数 $F'(x)$ 在

$[\xi_1,\xi_2]$ 上用 Rolle 定理知, 存在 $\xi\in(\xi_1,\xi_2)\subset(0,1)$, 使 $F''(\xi)=0$, 即 $f''(\xi)=8$. 故

$\max\limits_{0<x<1} f''(x)\geqslant 8$.

✦ **特别提示**　该题也可改写为: 设函数 $f(x)$ 在 $[0,1]$ 上二阶可导, $f(0)=$ $f(1)=0$, $\min\limits_{0<x<1} f(x)=-1$, 证明存在 $\xi_1,\xi_2\in(0,1)$, 使得 $f''(\xi_1)\geqslant 8, f''(\xi_2)\leqslant 8$.

♻ **类题训练**

1. 设函数 $f(x)$ 在 $[0,1]$ 上连续, 在 $(0,1)$ 内二阶可导, $f(0)=f(1)=0$, $\max\limits_{x\in[0,1]} f(x)=2$, 证明存在 $\xi\in(0,1)$, 使 $f''(\xi)\leqslant -16$.

2. 设函数 $f(x)$ 在 $[0,1]$ 上二阶可导, $f(0)=f(1)$, $f'(1)=1$, 证明存在 $\xi\in(0,1)$, 使 $f''(\xi)=2$.

3. 设函数 $f(x)$ 在 $[0,1]$ 上二阶可导, $f(0)=f(1)$, $f'(0)=f'(1)=0$, 证明存在 $\xi\in(0,1)$, 使 $|f''(\xi)|\geqslant 4$.

4. 设函数 $f(x)$ 在 $[0,1]$ 上二阶可导, 且 $f(0)=f(1)=0$, $\min\limits_{x\in[0,1]} f(x)=-1$, 证明

(i) 存在 $\xi_1,\xi_2\in(0,1)$，使 $\dfrac{1}{4}\leqslant\dfrac{1}{f''(\xi_1)}+\dfrac{1}{f''(\xi_2)}<\dfrac{1}{2}$；

(ii) 存在 $\xi\in(0,1)$，使 $f''(\xi)=8$．

5. 设函数 $f(x)$ 在 $[0,1]$ 上连续，在 $(0,1)$ 内可导，且 $f(0)=f(1)=0$，证明在 $(0,1)$ 内至少存在 ξ 和 η，使 $|f'(\xi)|\geqslant 2M,|f'(\eta)|\leqslant 2M$，其中 $M=\max\limits_{x\in[0,1]}\{|f(x)|\}$．

📖 典型例题

30 设函数 $f(x)$ 在 $[0,1]$ 上具有三阶连续导数，且 $f(0)=1$，$f(1)=2$，$f'\left(\dfrac{1}{2}\right)=0$，证明在 $(0,1)$ 内至少存在一点 ξ，使 $|f'''(\xi)|\geqslant 24$．

【证法 1】　将 $f(x)$ 在 $x=\dfrac{1}{2}$ 处进行 Taylor 展开，得

$$f(x)=f\left(\frac{1}{2}\right)+f'\left(\frac{1}{2}\right)\left(x-\frac{1}{2}\right)+\frac{f''\left(\frac{1}{2}\right)}{2!}\left(x-\frac{1}{2}\right)^2+\frac{f'''(\xi_x)}{3!}\left(x-\frac{1}{2}\right)^3,$$

其中 ξ_x 介于 $\dfrac{1}{2}$ 与 x 之间．

分别代入 $x=0,1$ 得

$$1=f(0)=f\left(\frac{1}{2}\right)-\frac{1}{2}f'\left(\frac{1}{2}\right)+\frac{1}{8}f''\left(\frac{1}{2}\right)-\frac{1}{48}f'''(\xi_1),$$

$$2=f(1)=f\left(\frac{1}{2}\right)+\frac{1}{2}f'\left(\frac{1}{2}\right)+\frac{1}{8}f''\left(\frac{1}{2}\right)+\frac{1}{48}f'''(\xi_2),$$

其中 $\xi_1\in\left(0,\dfrac{1}{2}\right),\xi_2\in\left(\dfrac{1}{2},1\right)$．

上述两式相减，得 $1=\dfrac{1}{48}(f'''(\xi_1)+f'''(\xi_2))$．

由已知，$f'''(x)$ 在 $[0,1]$ 上连续，于是 $f'''(x)$ 在 $[\xi_1,\xi_2]$ 上连续，从而有最大值 M 和最小值 m，即 $\forall x\in[\xi_1,\xi_2]$，有 $m\leqslant f'''(x)\leqslant M$．由此得 $m\leqslant\dfrac{f'''(\xi_1)+f'''(\xi_2)}{2}\leqslant M$．

再对 $f'''(x)$ 在 $[\xi_1,\xi_2]$ 上用介值定理知，至少存在一点 $\xi\in[\xi_1,\xi_2]\subset(0,1)$，使得 $f'''(\xi)=\dfrac{f'''(\xi_1)+f'''(\xi_2)}{2}=24$．故 $|f'''(\xi)|=24$．

【证法 2】　令 $F(x)=f\left(x+\dfrac{1}{2}\right)-f\left(\dfrac{1}{2}-x\right)$，则 $F(x)$ 在 $\left[-\dfrac{1}{2},\dfrac{1}{2}\right]$ 上三阶可导，

且 $F(0) = F'(0) = F''(0) = 0, F\left(\dfrac{1}{2}\right) = 1$. 将 $F\left(\dfrac{1}{2}\right)$ 在 $x = 0$ 处 Taylor 展开，得

$$1 = F\left(\frac{1}{2}\right) = F(0) + \frac{1}{2}F'(0) + \frac{F''(0)}{2!} \cdot \left(\frac{1}{2}\right)^2 + \frac{F'''(\eta)}{3!} \cdot \left(\frac{1}{2}\right)^3$$

$$= \frac{f'''\left(\dfrac{1}{2} + \eta\right) + f'''\left(\dfrac{1}{2} - \eta\right)}{2} \cdot \frac{1}{24},$$

取 $|f'''(\xi)| = \max\left(\left|f'''\left(\dfrac{1}{2} + \eta\right)\right|, \left|f'''\left(\dfrac{1}{2} - \eta\right)\right|\right)$，即

$$\xi = \begin{cases} \dfrac{1}{2} + \eta, & \left|f'''\left(\dfrac{1}{2} + \eta\right)\right| \geqslant \left|f'''\left(\dfrac{1}{2} - \eta\right)\right|, \\[2mm] \dfrac{1}{2} - \eta, & \left|f'''\left(\dfrac{1}{2} + \eta\right)\right| < \left|f'''\left(\dfrac{1}{2} - \eta\right)\right|, \end{cases}$$

所以

$$24 = \frac{f'''\left(\dfrac{1}{2} + \eta\right) + f'''\left(\dfrac{1}{2} - \eta\right)}{2}$$

$$\leqslant \frac{\left|f'''\left(\dfrac{1}{2} + \eta\right)\right| + \left|f'''\left(\dfrac{1}{2} - \eta\right)\right|}{2}$$

$$\leqslant |f'''(\xi)|$$

【证法 3】　根据题设条件，构造次数不超过三次的多项式 $p(x)$，使得 $p(x)$ 和 $f(x)$ 在 $x = 0, \dfrac{1}{2}, 1$ 有相同的函数值，在 $x = \dfrac{1}{2}$ 有相同的一阶导数值.

为此，首先确定满足插值条件 $N_2(x_j) = f(x_j)\,(j = 0, 1, 2)$ 的次数不超过二次的插值多项式 $N_2(x)$：

$$N_2(x) = f(x_0) + f[x_0, x_1](x - x_0) + f[x_0, x_1, x_2](x - x_0)(x - x_1)$$

$$= f(0) + f\left[0, \frac{1}{2}\right]x + f\left[0, \frac{1}{2}, 1\right]x\left(x - \frac{1}{2}\right),$$

其中 $x_0 = 0, x_1 = \dfrac{1}{2}, x_2 = 1$.

令 $Q(x) = p(x) - N_2(x)$，则 $Q(x_j) = p(x_j) - N_2(x_j) = 0 \quad (j = 0, 1, 2)$，从而

$$Q(x) = A(x - x_0)(x - x_1)(x - x_2) = Ax\left(x - \frac{1}{2}\right)(x - 1),$$

其中 A 为待定常数. 故得

$$p(x) = N_2(x) + Q(x) = f(0) + f\left[0, \frac{1}{2}\right]x + f\left[0, \frac{1}{2}, 1\right]x\left(x - \frac{1}{2}\right) + Ax\left(x - \frac{1}{2}\right)(x-1).$$

上式求导, 再由 $p'\left(\frac{1}{2}\right) = f'\left(\frac{1}{2}\right) = 0$ 代入, 即得

$$p(x) = 4\left(x - \frac{1}{2}\right)^2 (x+1) - 4x(x-1)f\left(\frac{1}{2}\right).$$

易于验证 $p(0) = f(0), p\left(\frac{1}{2}\right) = f\left(\frac{1}{2}\right), p(1) = f(1), p'\left(\frac{1}{2}\right) = f'\left(\frac{1}{2}\right)$.

再令 $F(x) = f(x) - p(x)$, 则 $F(0) = F\left(\frac{1}{2}\right) = F(1) = 0$. 于是对 $F(x)$ 分别在 $\left[0, \frac{1}{2}\right]$ 及 $\left[\frac{1}{2}, 1\right]$ 上用 Rolle 定理知, 存在 $c_1 \in \left(0, \frac{1}{2}\right), c_2 \in \left(\frac{1}{2}, 1\right)$, 使 $F'(c_1) = F'(c_2) = 0$. 又 $F'\left(\frac{1}{2}\right) = 0$, 对 $F'(x)$ 在 $\left[c_1, \frac{1}{2}\right]$ 及 $\left[\frac{1}{2}, c_2\right]$ 上用 Rolle 定理知, 存在 $\xi_1 \in \left(c_1, \frac{1}{2}\right), \xi_2 \in \left(\frac{1}{2}, c_2\right)$, 使 $F''(\xi_1) = F''(\xi_2) = 0$. 再对 $F''(x)$ 在 $[\xi_1, \xi_2]$ 上用 Rolle 定理知, 存在 $\xi \in (\xi_1, \xi_2) \subset (c_1, c_2) \subset (0, 1)$, 使 $F'''(\xi) = 0$, 即 $f'''(\xi) - 24 = 0$. 故 $\left|f'''(\xi)\right| = 24$.

【证法 4】 取 $x_0 = 0, x_1 = \frac{1}{2}, x_1 = \frac{1}{2}$, 利用有重节点的插值理论, 构造二次插值多项式 $p_2(x)$, 使 $p_2(0) = f(0), p_2\left(\frac{1}{2}\right) = f\left(\frac{1}{2}\right), p_2'\left(\frac{1}{2}\right) = f'\left(\frac{1}{2}\right)$, 则有

$$p_2(x) = f(0) + f\left[0, \frac{1}{2}\right]x + f\left[0, \frac{1}{2}, \frac{1}{2}\right]x\left(x - \frac{1}{2}\right)$$

$$= 1 + 2\left[f\left(\frac{1}{2}\right) - 1\right]x - 4\left[f\left(\frac{1}{2}\right) - 1\right]x\left(x - \frac{1}{2}\right),$$

且 $f(x) - p_2(x) = \frac{f'''(\xi_x)}{3!}x\left(x - \frac{1}{2}\right)^2$, 其中 ξ_x 介于 $0, \frac{1}{2}$ 与 x 之间.

又由 $f(1) = 2, p_2(1) = 1$, 将 $x = 1$ 代入上式, 即得 $1 = \frac{f'''(\xi)}{3!}\left(1 - \frac{1}{2}\right)^2$, 即 $f'''(\xi) = 24$. 故 $\left|f'''(\xi)\right| = 24$. 其中 $\xi \in (0, 1)$.

★ 特别提示

[1] 该题已知条件可以削弱, 只需 $f(x)$ 在 $[0, 1]$ 上具有三阶导数, 无须具有

三阶连续导数, 其他条件同, 其结论仍然成立.

[2] 若已知条件中, $f(x)$ 在 $[0,1]$ 上具有三阶导数, 但未指出是否三阶导数连续, 则证法 1 中不能用 $f'''(x)$ 的连续性介值定理, 此时证明方法应该调整为: 将 $f(x)$ 在 $x = \dfrac{1}{2}$ 处进行 Taylor 展开, 得

$$f(x) = f\left(\frac{1}{2}\right) + f'\left(\frac{1}{2}\right)\left(x - \frac{1}{2}\right) + \frac{f''\left(\frac{1}{2}\right)}{2!}\left(x - \frac{1}{2}\right)^2 + \frac{f'''(\xi_x)}{3!}\left(x - \frac{1}{2}\right)^3,$$

其中 ξ_x 介于 $\dfrac{1}{2}$ 与 x 之间.

分别代入 $x = 0, 1$ 得

$$1 = f(0) = f\left(\frac{1}{2}\right) - \frac{1}{2}f'\left(\frac{1}{2}\right) + \frac{1}{8}f''\left(\frac{1}{2}\right) - \frac{1}{48}f'''(\xi_1),$$

$$2 = f(1) = f\left(\frac{1}{2}\right) + \frac{1}{2}f'\left(\frac{1}{2}\right) + \frac{1}{8}f''\left(\frac{1}{2}\right) + \frac{1}{48}f'''(\xi_2),$$

其中 $\xi_1 \in \left(0, \dfrac{1}{2}\right), \xi_2 \in \left(\dfrac{1}{2}, 1\right)$.

两式相减, 得

$$1 = \frac{1}{24} \cdot \frac{f'''(\xi_1) + f'''(\xi_2)}{2} \leqslant \frac{1}{24}\max\left(\left|f'''(\xi_1)\right|, \left|f'''(\xi_2)\right|\right).$$

记 $\xi = \begin{cases} \xi_1, & \left|f'''(\xi_1)\right| \geqslant \left|f'''(\xi_2)\right|, \\ \xi_2, & \left|f'''(\xi_1)\right| < \left|f'''(\xi_2)\right|, \end{cases}$ 则 $\left|f'''(\xi)\right| = \max\left(\left|f'''(\xi_1)\right|, \left|f'''(\xi_2)\right|\right)$. 故得 $\left|f'''(\xi)\right| \geqslant 24$.

[3] 证法 3 和证法 4 中用到了插值理论.

[4] 从以上证法可以看出: 实际上, 此处我们得到了一个更强的结果, 即在 $(0,1)$ 内至少存在一点 ξ, 使得 $f'''(\xi) = 24$.

♻ **类题训练**

1. 设函数 $f(x)$ 在 $[0,1]$ 上具有三阶导数, 且 $f(0) = 0, f(1) = \dfrac{1}{2}, f'\left(\dfrac{1}{2}\right) = 0$, 证明在 $(0,1)$ 内至少存在一点 ξ, 使得 $\left|f'''(\xi)\right| \geqslant 12$.

2. 设函数 $f(x)$ 在 $[-1,1]$ 上三阶可导, 且 $f(-1) = 0, f(1) = 1, f'(0) = 0$, 证明存在 $\xi_1 \in (-1,1)$, 使 $f'''(\xi_1) \geqslant 3$.

3. 设函数 $f(x)$ 在闭区间 $[-\delta, \delta](\delta > 0)$ 上具有三阶连续导数, 且 $f(-\delta) = -\delta$, $f(\delta) = \delta$, $f'(0) = 0$, 证明在开区间 $(-\delta, \delta)$ 内至少存在一点 ξ, 使 $\delta^2 f'''(\xi) = 6$.

📖 **典型例题**

31　设函数 $f(x)$ 在 $[a,b]$ 上连续, 在 (a,b) 内可微, 且为非线性函数, 证明存在 $\xi \in (a,b)$, 使得 $|f'(\xi)| > \left| \dfrac{f(b)-f(a)}{b-a} \right|$.

【**证法 1**】　由 Lagrange 中值定理, 存在 $c \in (a,b)$, 使得 $f'(c) = \dfrac{f(b)-f(a)}{b-a}$.
又对 $f(x)$ 在 $[a,c]$ 和 $[c,b]$ 上分别用 Lagrange 中值定理, 知存在 $\xi_1 \in (a,c)$,
$\xi_2 \in (c,b)$, 使得 $f'(\xi_1) = \dfrac{f(c)-f(a)}{c-a}$, $f'(\xi_2) = \dfrac{f(b)-f(c)}{b-c}$.

而 $f(x)$ 是非线性函数, 故由导数的几何意义知:
$$\max\left(\left| \frac{f(c)-f(a)}{c-a} \right|, \left| \frac{f(b)-f(c)}{b-c} \right| \right) > \left| \frac{f(b)-f(a)}{b-a} \right|,$$
即 $\max\left(|f'(\xi_1)|, |f'(\xi_2)| \right) > \left| \dfrac{f(b)-f(a)}{b-a} \right|$, 亦即 $|f'(\xi)| > \left| \dfrac{f(b)-f(a)}{b-a} \right|$. 其中
$$\xi = \begin{cases} \xi_1, & |f'(\xi_1)| \geqslant |f'(\xi_2)|, \\ \xi_2, & |f'(\xi_1)| < |f'(\xi_2)|. \end{cases}$$

【**证法 2**】　用反证法. 假设 $\forall x \in (a,b)$, 有 $|f'(x)| \leqslant \left| \dfrac{f(b)-f(a)}{b-a} \right| \overset{\triangle}{=} k$.

因为 $f(x)$ 是非线性函数, 所以存在 $c \in (a,b)$, 有
$$\left| \frac{f(c)-f(a)}{c-a} \right| = |f'(\eta_1)| < k, \quad \left| \frac{f(b)-f(c)}{b-c} \right| = |f'(\eta_2)| < k,$$
即
$$-k(c-a) < f(c)-f(a) < k(c-a) \text{ 及 } -k(b-c) < f(b)-f(c) < k(b-c),$$
其中 $\eta_1 \in (a,c), \eta_2 \in (c,b)$. 将上述两式对应项相加, 得 $-k(b-a) < f(b)-f(a) <$
$k(b-a)$, 即 $-k < \dfrac{f(b)-f(a)}{b-a} < k$, 这与 $\left| \dfrac{f(b)-f(a)}{b-a} \right| = k$ 矛盾.

故假设不成立, 即存在 $\xi \in (a,b)$, 使得 $|f'(\xi)| > \left| \dfrac{f(b)-f(a)}{b-a} \right|$.

【**证法 3**】　连接两点 $(a, f(a)), (b, f(b))$ 的直线方程是
$$y - f(a) = \frac{f(b)-f(a)}{b-a}(x-a).$$

令 $F(x) = f(x) - f(a) - \dfrac{f(b)-f(a)}{b-a}(x-a)$, 则 $F(x)$ 在 $[a,b]$ 上可导, 且 $F(a) =$
$F(b) = 0$. 因为 $f(x)$ 为非线性函数, 所以存在 $c \in (a,b)$, 使得 $F(c) > 0$ 或 $F(c) < 0$.

不妨设 $F(c) > 0$(对于 $F(c) < 0$, 可完全类似地证明), 对 $F(x)$ 分别在 $[a,c]$ 与 $[c,b]$ 上用 Lagrange 中值定理, 必存在 $\xi_1 \in (a,c), \xi_2 \in (c,b)$, 使得

$$F'(\xi_1) = f'(\xi_1) - \frac{f(b) - f(a)}{b - a} = \frac{F(c) - F(a)}{c - a} = \frac{F(c)}{c - a} > 0,$$

$$F'(\xi_2) = f'(\xi_2) - \frac{f(b) - f(a)}{b - a} = \frac{F(b) - F(c)}{b - c} = \frac{-F(c)}{b - c} < 0.$$

(i) 若 $\dfrac{f(b) - f(a)}{b - a} \geqslant 0$, 则 $f'(\xi_1) > \dfrac{f(b) - f(a)}{b - a}$, 即有 $|f'(\xi_1)| > \left| \dfrac{f(b) - f(a)}{b - a} \right|$, 此时取 $\xi = \xi_1$;

(ii) 若 $\dfrac{f(b) - f(a)}{b - a} < 0$, 则 $f'(\xi_2) < \dfrac{f(b) - f(a)}{b - a}$, 即有 $|f'(\xi_2)| > \left| \dfrac{f(b) - f(a)}{b - a} \right|$, 此时取 $\xi = \xi_2$.

【证法 4】 在 $[a,b]$ 中插入 $n-1$ 个分点 $x_1 < x_2 < \cdots < x_{n-1}$, 并记 $x_0 = a, x_n = b$, n 为有限正整数, 则 $f(b) - f(a) = \displaystyle\sum_{i=1}^{n} \left(f(x_i) - f(x_{i-1}) \right) = \sum_{i=1}^{n} f'(\xi_i) \cdot (x_i - x_{i-1})$, 其中 $\xi_i \in (x_{i-1}, x_i)$.

因为 $f(x)$ 为非线性函数, 所以 $f'(x) \not\equiv c$ (c 为实常数), 因而存在 $x^{(1)} < x^{(2)}$, 使对于 $x \in [x^{(1)}, x^{(2)}]$, $f'(x) \neq c$. 此时把 $x^{(1)}, x^{(2)}$ 作为 $n-1$ 个插入点中的两个分点即可. 于是 $f'(\xi_1), f'(\xi_2), \cdots, f'(\xi_n)$ 不全相等, 从而有

$$|f(b) - f(a)| = \left| \sum_{i=1}^{n} f'(\xi_i) \cdot (x_i - x_{i-1}) \right| \leqslant \sum_{i=1}^{n} |f'(\xi_i)| \cdot (x_i - x_{i-1})$$

$$< \max_{1 \leqslant i \leqslant n} |f'(\xi_i)| \cdot \sum_{i=1}^{n} (x_i - x_{i-1}) = \max_{1 \leqslant i \leqslant n} |f'(\xi_i)| \cdot (b - a),$$

记 $|f'(\xi)| = \max\limits_{1 \leqslant i \leqslant n} |f'(\xi_i)|$, 则 $|f'(\xi)| > \left| \dfrac{f(b) - f(a)}{b - a} \right|$, 其中 $\xi \in [\xi_1, \xi_2] \subset (a,b)$.

【证法 5】 从几何上考虑, 连接点 $(a, f(a))$ 和 $(b, f(b))$ 的直线段的斜率是 $\dfrac{f(b) - f(a)}{b - a}$. 由于 $f(x)$ 为非线性函数, 所以 $y = f(x)$ 的图像上一定有不在上述直线段上的点. 不妨设有点 $(c, f(c))$ 在直线的上方, 将它与直线段的两个端点相连接, 则可以看出其中有一条的斜率大于直线段的斜率.

事实上, 由 $f(c) > f(a) + \dfrac{f(b) - f(a)}{b - a}(c - a)$, 可推得 $\dfrac{f(c) - f(a)}{c - a} > \dfrac{f(b) - f(a)}{b - a}$

和 $\dfrac{f(b) - f(c)}{b - c} < \dfrac{1}{b - c}\left(f(b) - f(a) - \dfrac{f(b) - f(a)}{b - a}(c - a) \right) = \dfrac{f(b) - f(a)}{b - a}$.

又在 $[a,c]$ 和 $[c,b]$ 上分别用 Lagrange 中值定理，知存在 $\xi_1 \in (a,c), \xi_2 \in (c, b)$，使

$$f'(\xi_1) = \frac{f(c)-f(a)}{c-a}, \quad f'(\xi_2) = \frac{f(b)-f(c)}{b-c}.$$

综上所述即得 $f'(\xi_1) > \dfrac{f(b)-f(a)}{b-a} > f'(\xi_2)$. 故 ξ_1, ξ_2 中一定有一个点的导数绝对值大于 $\left| \dfrac{f(b)-f(a)}{b-a} \right|$，取该点为 ξ 即可.

✳ **特别提示**　该题有明显的物理意义：设 x 表示时间，$f(x)$ 表示时刻 x 的位移，质点从时刻 a 到时刻 b 做直线运动，如果不是匀速运动，那么一定有某个时刻的瞬时速度大于(或小于)全程的平均速度.

♻ **类题训练**

1. 设函数 $f(x)$ 在 $[a,b]$ 上连续，在 (a,b) 内可导，$f(x)$ 为非线性函数，且 $f(b) > f(a)$，证明存在 $\xi \in (a,b)$，使得 $f'(\xi) > \dfrac{f(b)-f(a)}{b-a}$.

2. 设函数 $f(x)$ 在 $[a,b]$ 上连续，在 (a,b) 内可导，且 $f(x)$ 不是常数，证明存在 $\xi \in (a,b)$，使得 $f'(\xi) > \dfrac{f(\xi)-f(a)}{b-\xi}$.

3. 设函数 $f(x)$ 可微，导函数 $f'(x)$ 严格单调增加，若 $f(a) = f(b)\,(a<b)$，证明对一切 $x \in (a,b)$，有 $f(x) < f(a) = f(b)$(不得直接利用凸函数的性质).

4. 设 $f(x)$ 在 $(-\infty, +\infty)$ 上可微，且存在常数 a_1, b_1, a_2, b_2 使 $\lim\limits_{x \to -\infty} [f(x)-(a_1x+b_1)]$ 存在，$\lim\limits_{x \to +\infty} [f(x)-(a_2x+b_2)]$ 存在，其中 $a_1 < a_2$，则对任意 $k \in (a_1, a_2)$，存在 ξ，使得 $f'(\xi) = k$.

📖 **典型例题**

32　设函数 $f(x)$ 在 $[0,2]$ 上二阶可微，且对 $\forall x \in [0,2]$，有 $|f(x)| \leqslant 1, |f''(x)| \leqslant 1$，证明 $\forall x \in [0,2]$，有 $|f'(x)| \leqslant 2$.

【证法 1】　建立函数及其一、二阶导数之间联系，可考虑用 Taylor 展开公式.
将 $f(2), f(0)$ 分别在 $x \in [0,2]$ 处进行 Taylor 展开，得

$$f(2) = f(x) + f'(x)(2-x) + \frac{1}{2}f''(\xi)(2-x)^2,$$

$$f(0) = f(x) + f'(x)(0-x) + \frac{1}{2}f''(\eta)(0-x)^2,$$

其中 ξ 介于 x 与 2 之间，η 介于 0 与 x 之间.

上述两式相减，得

$$f(2)-f(0)=2f'(x)+\frac{1}{2}f''(\xi)(2-x)^2-\frac{1}{2}f''(\eta)x^2,$$

于是 $2|f'(x)|\leqslant|f(2)|+|f(0)|+\frac{1}{2}|f''(\xi)|(2-x)^2+\frac{1}{2}|f''(\eta)|x^2$

$$\leqslant 2+\frac{(2-x)^2}{2}+\frac{1}{2}x^2=x^2-2x+4=(x-1)^2+3\leqslant 4,$$

从而 $|f'(x)|\leqslant 2$.

【证法 2】 利用反证法证明. 假设存在 $x_0\in[0,2]$，使 $|f'(x_0)|>2$.

不妨设 $f'(x_0)>2$（若 $f'(x_0)<-2$，则可类似证明）. 将 $f(x)$ 在点 $x=x_0$ 处进行 Taylor 展开，得

$$f(x)=f(x_0)+f'(x_0)(x-x_0)+\frac{1}{2!}f''(\xi)(x-x_0)^2,$$

其中 ξ 介于 x_0 与 x 之间.

分别取 $x=0,2$，代入上式得

$$f(0)=f(x_0)+f'(x_0)(0-x_0)+\frac{1}{2!}f''(\xi_1)(0-x_0)^2,$$

$$f(2)=f(x_0)+f'(x_0)(2-x_0)+\frac{1}{2!}f''(\xi_2)(2-x_0)^2,$$

其中 $0<\xi_1<x_0,x_0<\xi_2<2$.

上述两式相减，得

$$f(2)-f(0)=2f'(x_0)+\frac{1}{2}f''(\xi_2)(2-x_0)^2-\frac{1}{2}f''(\xi_1)x_0^2$$

$$>4-\frac{1}{2}(2-x_0)^2-\frac{1}{2}x_0^2=4-\frac{1}{2}\left[(2-x_0)^2+x_0^2\right]\geqslant 2.$$

而由已知 $|f(x)|\leqslant 1$，得 $f(2)-f(0)\leqslant|f(2)|+|f(0)|\leqslant 2$，两者矛盾. 故得证 $\forall x\in[0,2]$，有 $|f'(x)|\leqslant 2$.

✦ 特别提示

[1] 要证明关于函数 $f(x)$ 及其导函数 $f'(x),f''(x)$ 的不等式问题，通常是先用 Taylor 展开公式建立它们之间的联系，然后再进行缩放处理.

[2] 一般地，有：

设函数 $f(x)$ 在 $[a,b]$ 上二阶可导，且 $|f(x)|\leqslant A,|f''(x)|\leqslant B$，则 $\forall x\in[a,b]$，有 $|f'(x)|\leqslant\dfrac{2A}{b-a}+\dfrac{B}{2}(b-a)$. 其中等号仅可能在端点取得.

另有: (i) 设 $f(x)$ 是定义在长度不小于 a 的闭区间 I 上的实函数, $a>0$, 且满足 $\forall x\in I$, $|f(x)|\leqslant 1$, $|f''(x)|\leqslant 1$, 证明 $\forall x\in I$, 有 $|f'(x)|\leqslant\dfrac{2}{a}+\dfrac{a}{2}$.

(ii) 设函数 $f(x)$ 在 $[a,b]$ 上二阶可导, 且满足 $[f(x)]^2+[f''(x)]^2=r^2(r>0)$, 则 $\forall x\in[a,b]$, 有 $|f'(x)|\leqslant\left(\dfrac{2}{b-a}+\dfrac{b-a}{2}\right)r$.

(iii) 设函数 $f(x)$ 在 $(-\infty,+\infty)$ 上二阶可导, 且对任意 $x\in(-\infty,+\infty)$, 有 $|f(x)|\leqslant M_0$, $|f''(x)|\leqslant M_2$, 则①对任意 $h>0$, $x\in(-\infty,+\infty)$, 有 $|f'(x)|\leqslant\dfrac{M_0}{h}+\dfrac{h}{2}M_2$; ② $\forall x\in(-\infty,+\infty)$, 有 $|f'(x)|\leqslant\sqrt{2M_0M_2}$; ③ $\forall x\in(0,+\infty)$, 有 $|f'(x)|\leqslant\sqrt{2M_0M_2}$.

♻ **类题训练**

1. 设函数 $f(x)$ 在 $[0,1]$ 上二阶可导, 且当 $0\leqslant x\leqslant 1$ 时, 恒有 $|f(x)|\leqslant A$, $|f''(x)|\leqslant B$, 其中 A,B 皆为大于 0 的常数, 证明对于任意 $x\in[0,1]$, 有 $|f'(x)|\leqslant 2A+\dfrac{B}{2}$. (2014 年第六届全国大学生数学竞赛预赛(非数学类)试题)

2. 设函数 $f(x)$ 在 $[0,1]$ 上二阶可导, $f(0)=f\left(\dfrac{1}{2}\right)=f(1)=0$, 且当 $0\leqslant x\leqslant 1$ 时, $|f''(x)|\leqslant M$, $M>0$, 证明 $\forall x\in[0,1]$, 有 $|f'(x)|<\dfrac{M}{2}$.

3. 设函数 $f(x)$ 在 $[0,1]$ 上二阶可导, $f(0)=f(1)$, 且 $\forall 0\leqslant x\leqslant 1$, 有 $|f''(x)|\leqslant 2$, 证明 $\forall x\in(0,1)$, 有 $|f'(x)|\leqslant 1$. 此估计式能否改进?

4. 设函数 $f(x)$ 在 $[0,1]$ 上有二阶连续导数, $f(0)=f(1)$, 且当 $x\in(0,1)$ 时, $|f''(x)|\leqslant M$, 证明 $\forall x\in[0,1]$, 有 $|f'(x)|\leqslant\dfrac{M}{2}$.

📖 **典型例题**

33　设 $f(x)$ 为 $(-\infty,+\infty)$ 上的二次可微函数, $M_k=\sup\limits_{-\infty<x<+\infty}\left|f^{(k)}(x)\right|<+\infty$ ($k=0,2$), 其中 $f^{(0)}(x)$ 表示 $f(x)$, 证明 $M_1=\sup\limits_{-\infty<x<+\infty}|f'(x)|<+\infty$, 且 $M_1^2\leqslant 2M_0M_2$.

【证法 1】　联系函数及其各阶导数的桥梁是 Taylor 公式.

将 $f(x+h)$ 及 $f(x-h)$ 分别在点 x 处进行 Taylor 展开

$$f(x+h)=f(x)+f'(x)h+\frac{1}{2}f''(\xi_1)h^2,$$

$$f(x-h) = f(x) - f'(x)h + \frac{1}{2}f''(\xi_2)h^2,$$

其中 ξ_1 介于 x 与 $x+h$ 之间, ξ_2 介于 $x-h$ 与 x 之间.

两式相减, 得

$$f(x+h) - f(x-h) = 2f'(x)h + \frac{h^2}{2}(f''(\xi_1) - f''(\xi_2)),$$

于是

$$2f'(x)h = f(x+h) - f(x-h) - \frac{h^2}{2}(f''(\xi_1) - f''(\xi_2)),$$

从而

$$2|f'(x)|h \leqslant |f(x+h)| + |f(x-h)| + \frac{h^2}{2}(|f''(\xi_1)| + |f''(\xi_2)|) \leqslant 2M_0 + M_2h^2,$$

即 $M_2h^2 - 2|f'(x)|h + 2M_0 \geqslant 0$ 对一切 h 成立.

故判别式 $\Delta = 4|f'(x)|^2 - 8M_0M_2 \leqslant 0$, 即 $|f'(x)|^2 \leqslant 2M_0M_2$ 对一切 $x \in \mathbf{R}$ 成立, 因而 $M_1 = \sup\limits_{-\infty < x < +\infty} |f'(x)| < +\infty$, 且 $M_1^2 \leqslant 2M_0M_2$.

【证法 2】 如证法 1 导出 $2|f'(x)|h \leqslant 2M_0 + M_2h^2, \forall h > 0$, 将它改写成

$$|f'(x)| \leqslant \frac{M_0}{h} + \frac{M_2h}{2}, \quad \forall h > 0.$$

记 $g(h) = \dfrac{M_0}{h} + \dfrac{M_2h}{2}$, 则 $g'(h) = -\dfrac{M_0}{h^2} + \dfrac{M_2}{2}$. 令 $g'(h) = 0$, 得驻点 $h = \sqrt{\dfrac{2M_0}{M_2}}$.

因为 $g''\left(\sqrt{\dfrac{2M_0}{M_2}}\right) = \dfrac{2M_0}{h^3}\Bigg|_{h=\sqrt{\frac{2M_0}{M_2}}} > 0$, 所以当 $h = \sqrt{\dfrac{2M_0}{M_2}}$ 时, $g(h)$ 取最小值, 从而

得 $\forall x \in (-\infty, +\infty)$, 有 $|f'(x)| \leqslant \sqrt{2M_0M_2}$, 故得 $M_1^2 \leqslant 2M_0M_2$, 且 $M_1 = \sup\limits_{-\infty < x < +\infty} |f'(x)| < +\infty$.

【证法 3】 要证 $M_1^2 \leqslant 2M_0M_2$, 即只需证 $\forall x \in \mathbf{R}$, $|f'(x)| \leqslant \sqrt{2M_0M_2}$.

下面利用反证法证明. 假设存在某点 $x_0 \in \mathbf{R}$, 使 $|f'(x_0)| > \sqrt{2M_0M_2}$.

不妨设 $f(x_0) \geqslant 0, f'(x_0) > 0$. (否则, 如果 $f(x_0) \geqslant 0, f'(x_0) < 0$, 则用 $f(2x_0 - x)$ 替代 $f(x)$; 如果 $f(x_0) < 0$, 则考虑 $-f(x)$.) 则 $f'(x_0) > \sqrt{2M_0M_2}$, 且当 $x \geqslant x_0$, 有

$$f'(x) = f'(x_0) + \int_{x_0}^{x} f''(u)\mathrm{d}u \geqslant f'(x_0) + \int_{x_0}^{x}(-M_2)\mathrm{d}u$$

$$= f'(x_0) - M_2(x - x_0) > \sqrt{2M_0M_2} - M_2(x - x_0).$$

从而有

$$f(x) = f(x_0) + \int_{x_0}^{x} f'(u)\mathrm{d}u > f(x_0) + \int_{x_0}^{x} \left(\sqrt{2M_0M_2} - M_2(u - x_0)\right)\mathrm{d}u$$

$$= f(x_0) + \sqrt{2M_0M_2}(x - x_0) - \frac{1}{2}M_2(x - x_0)^2$$

$$> \sqrt{2M_0M_2}(x - x_0) - \frac{1}{2}M_2(x - x_0)^2.$$

因为函数 $\sqrt{2M_0M_2}(x - x_0) - \dfrac{1}{2}M_2(x - x_0)^2$ 在点 $\tilde{x} = x_0 + \dfrac{\sqrt{2M_0M_2}}{M_2}$ 取到极大值, 也是最大值 M_0, 所以 $f(\tilde{x}) > M_0$, 这与 $M_0 = \sup\limits_{-\infty < x < +\infty}|f(x)|$ 相矛盾, 故 $M_1 \leqslant \sqrt{2M_0M_2} < +\infty$, 且 $M_1^2 \leqslant 2M_0M_2$.

✳ 特别提示

[1]　若将该题中的 $(-\infty, +\infty)$ 改为 $(0, +\infty)$, 则有类似的结论, 但 M_1 的估计式应改为 $M_1^2 \leqslant 4M_0M_2$.

[2]　设函数 $f(x)$ 在 $(-\infty, +\infty)$ 上二阶可导, 且满足 $f^2(x) \leqslant a$, $[f'(x)]^2 + [f''(x)]^2 \leqslant b$, $-\infty < x < +\infty$, 其中 a, b 都是正常数, 则对于 $\forall x \in (-\infty, +\infty)$, 有 $f^2(x) + [f'(x)]^2 \leqslant \max\{a, b\}$.

[3]　一般地, 设函数 $f(x)$ 在 $(-\infty, +\infty)$ 上 n 阶可微, $M_0 = \sup\limits_{x \in \mathbf{R}}|f(x)|$, $M_k = \sup\limits_{x \in \mathbf{R}}|f^{(k)}(x)|$ $(k = 1, 2, \cdots, n)$, 且 M_0, M_n 为有限数, 则 $M_1, M_2, \cdots, M_{n-1}$ 都是有限数, 且有 $M_k \leqslant 2^{\frac{k(n-k)}{2}} M_0^{1 - \frac{k}{n}} M_n^{\frac{k}{n}}$ $(k = 1, 2, \cdots, n-1)$.

♻ 类题训练

1. 设函数 $f(x)$ 在 $(-\infty, +\infty)$ 上有三阶导数, 且 $f(x)$ 和 $f'''(x)$ 在 $(-\infty, +\infty)$ 上有界, 证明 $f'(x)$ 和 $f''(x)$ 也在 $(-\infty, +\infty)$ 上有界.

2. 设函数 $f(x)$ 在 $[0, 1]$ 上二阶可导, $|f(0)| \leqslant 1, |f(1)| \leqslant 1, |f''(x)| \leqslant 2, \forall x \in [0, 1]$, 证明 $\forall x \in [0, 1]$, 有 $|f'(x)| \leqslant 3$.

3. 设函数 $f(x)$ 在 $[0, 1]$ 上二阶可导, $f(0) = f(1), |f''(x)| \leqslant 1, \forall x \in [0, 1]$, 证明 $\forall x \in [0, 1]$, 有 $|f'(x)| \leqslant \dfrac{1}{2}$.

4. 设函数 $f(x)$ 在 $[0, 1]$ 上二阶可导, 且 $\forall x \in [0, 1], |f''(x)| \leqslant 1$, 证明 $\forall x \in [0, 1]$,

有 $\left|f'(x)-f(1)+f(0)\right|\leqslant\dfrac{1}{2}-x+x^2$.

5. 设函数 $f(x)$ 在 $(-1,1)$ 内有二阶导数, 且 $f(0)=f'(0)=0$, $\left|f''(x)\right|\leqslant\left|f(x)\right|+\left|f'(x)\right|$, 证明存在 $\delta>0$, 使得 $\forall x\in(-\delta,\delta)$, $f(x)\equiv 0$.

📖 典型例题

34 比较 π^e 与 e^π 的大小, 并说明理由.

【解法 1】 要比较 e^π 与 π^e 的大小, 取对数后知, 只需比较 $\dfrac{\ln e}{e}$ 与 $\dfrac{\ln\pi}{\pi}$ 的大小. 为此, 令 $f(x)=\dfrac{\ln x}{x}(x\geqslant e)$, 则 $f'(x)=\dfrac{1-\ln x}{x^2}<0$ $(x>e)$, 于是 $f(x)$ 在 $[e,+\infty)$ 上单调减少, 又 $\pi>e$, 从而得 $f(\pi)<f(e)$, 即 $\dfrac{\ln\pi}{\pi}<\dfrac{\ln e}{e}$, 故 $e^\pi>\pi^e$.

【解法 2】 同上分析.

因为 $\dfrac{\ln\pi}{\pi}-\dfrac{\ln e}{e}=\displaystyle\int_e^\pi d\left(\dfrac{\ln x}{x}\right)=\int_e^\pi\dfrac{1-\ln x}{x^2}dx$, 且当 $x\in[e,\pi]$ 时, $\dfrac{1-\ln x}{x^2}\leqslant 0$, 但 $\dfrac{1-\ln x}{x^2}\neq 0$, 所以 $\displaystyle\int_e^\pi\dfrac{1-\ln x}{x^2}dx<0$, 于是 $\dfrac{\ln\pi}{\pi}<\dfrac{\ln e}{e}$, 从而 $e^\pi>\pi^e$.

【解法 3】 要比较 π^e 与 e^π 的大小, 只需比较 $\ln(\pi^e)<\ln(e^\pi)$ 的大小, 为此, 令 $f(x)=e\ln x-x, x\in[1,+\infty)$, 则 $f'(x)=\dfrac{e}{x}-1$. 令 $f'(x)=0$, 得驻点 $x=e$. 且当 $1\leqslant x<e$ 时, $f'(x)>0$; 当 $x>e$ 时, $f'(x)<0$. 所以 $f(x)$ 在 $x=e$ 取极大值, 也是最大值, 于是当 $x\in[1,+\infty)$ 且 $x\neq e$ 时, 有 $f(x)<f(e)=0$, 从而得 $f(\pi)<0$, 即得 $e^\pi>\pi^e$.

【解法 4】 记 $\pi=e+\lambda$, 则 $\lambda>0$,

$$\dfrac{\pi^e}{e^\pi}=\dfrac{(e+\lambda)^e}{e^{e+\lambda}}=\dfrac{1}{e^\lambda}\left(\dfrac{e+\lambda}{e}\right)^e=\dfrac{1}{e^\lambda}\left[\left(1+\dfrac{\lambda}{e}\right)^{\frac{e}{\lambda}}\right]^\lambda<\dfrac{1}{e^\lambda}e^\lambda=1,$$

故 $e^\pi>\pi^e$.

✴ **特别提示** 要比较 f^g 与 g^f 的大小, 可参照解法 1—解法 3 给出证明.

♺ **类题训练**

1. 比较 $\sqrt 2-1$ 与 $\ln\left(\sqrt 2+1\right)$ 的大小.

2. 设 $x \geqslant 5$，证明 $2^x > x^2$.

3. 设 $b > a > \mathrm{e}$，证明 $a^b > b^a$. (1993 年硕士研究生入学考试数学(一)(二)试题)

4. 设 $x > 0$，常数 $a > \mathrm{e}$，证明 $(a+x)^a > a^{a+x}$. (1993 年硕士研究生入学考试数学(三)试题)

5. 当 $n > 8$ 时，试比较 $\left(\sqrt{n}\right)^{\sqrt{n+1}}$ 与 $\left(\sqrt{n+1}\right)^{\sqrt{n}}$ 的大小.

📖 典型例题

35　设 $y = \dfrac{x^4}{x-1}$，求 $y^{(2017)}(0)$.

【解法 1】　将假分式化为真分式，再由高阶求导法则及求导公式

$$y = \frac{x^4}{x-1} = (x^2+1)(x+1) + \frac{1}{x-1},$$

于是

$$y^{(n)} = \left[(x^2+1)(x+1)\right]^{(n)} + \left(\frac{1}{x-1}\right)^{(n)} = (-1)^n \cdot \frac{n!}{(x-1)^{n+1}} \quad (n \geqslant 4),$$

故 $y^{(2017)} = -\dfrac{2017!}{(x-1)^{2018}}$，$y^{(2017)}(0) = -2017!$.

【解法 2】　将 $y = \dfrac{x^4}{x-1}$ 化为 $y(x-1) = x^4$，两端分别对 x 求导数，由莱布尼茨公式得

$$y'(x-1) + y = 4x^3, \quad y''(x-1) + 2y' = 12x^2, \quad y'''(x-1) + 3y'' = 24x,$$

$$y^{(4)}(x-1) + 4y''' = 24, \quad y^{(n)}(x-1) + ny^{(n-1)} = 0 \quad (n \geqslant 5),$$

于是

$$y^{(n)} = -\frac{n}{x-1}y^{(n-1)} = \cdots = (-1)^{n-4}\frac{n\cdot(n-1)\cdots 6\cdot 5}{(x-1)^{n-4}}y^{(4)} = (-1)^{n-4}\frac{n!}{(x-1)^{n+1}},$$

故 $y^{(2017)} = (-1)^{2013}\dfrac{2017!}{(x-1)^{2018}} = -\dfrac{2017!}{(x-1)^{2018}}$，$y^{(2017)}(0) = -2017!$.

【解法 3】　利用幂级数展开式的唯一性

将 $y = \dfrac{x^4}{x-1}$ 进行幂级数展开：$y = -x^4\sum\limits_{n=0}^{\infty}x^n = -\sum\limits_{n=0}^{\infty}x^{n+4} = -\sum\limits_{m=4}^{\infty}x^m \left(|x|<1\right)$，$y^{(k)} = -\sum\limits_{m=k}^{\infty}m(m-1)\cdots(m-k+1)x^{m-k}$，故 $y^{(2017)}(0) = -2017!$.

特别提示 求高阶导数的方法主要有

[1] 由求导法则 $(cu)^{(n)}=cu^{(n)}$，$(u\pm v)^{(n)}=u^{(n)}\pm v^{(n)}$ 及常用基本初等函数 $y=\mathrm{e}^x$，$\ln(1+x)$，$\sin x$，$\cos x$，$(1+x)^{\alpha}(x\in\mathbf{R})$ 的 n 阶导数公式；

[2] 由莱布尼茨公式 $(u\cdot v)^{(n)}=\sum_{k=0}^{n}\mathrm{C}_n^k u^{(n-k)}v^{(k)}$（其中 $u^{(0)}=u$，$v^{(0)}=v$）及数学归纳法；

[3] 由幂级数展开求 $f^{(n)}(x_0)$：设 $f(x)=\sum_{n=0}^{\infty}a_n(x-x_0)^n$，则 $f^{(n)}(x_0)=n!a_n$.

类题训练

1. 已知函数 $f(x)=\dfrac{1}{1+x^2}$，求 $f^{(8)}(0)$.

2. 设 $f(x)=\dfrac{x^n}{x^2-1}(n=1,2,\cdots)$，求 $f^{(n)}(x)$ 及 $f^{(n)}(0)$.

3. 已知函数 $f(x)=x^2\ln(1+x)$，求 $f^{(n)}(0)(n\geqslant 3)$.

4. 设 $f(x)=x^{1997}\tan x$，求 $f^{(1997)}(0)$.

典型例题

36 设 $y=\arctan x$，求 $y^{(n)}(0)$.

【解法1】 因为

$$\arctan x=\int_0^x\frac{\mathrm{d}t}{1+t^2}=\int_0^x(1-t^2+t^4-\cdots+(-1)^n t^{2n}+\cdots)\mathrm{d}t$$

$$=x-\frac{x^3}{3}+\frac{x^5}{5}-\cdots\quad(-1<x<1),$$

所以由幂级数展开式的唯一性，得

$$y^{(2n)}(0)=0,\quad y^{(2n+1)}(0)=(2n+1)!\frac{(-1)^n}{2n+1}=(-1)^n(2n)!.$$

【解法2】 由 $y=\arctan x$，则 $y'=\dfrac{1}{1+x^2}$，$y'(1+x^2)=1$. 两端对 x 求 $n+1$ 阶导数，由莱布尼茨公式，得

$$\left[y'\cdot\left(1+x^2\right)\right]^{(n+1)}=\sum_{i=0}^{n+1}\mathrm{C}_{n+1}^i\left(y'\right)^{(n+1-i)}\left(1+x^2\right)^{(i)}=0,$$

即

$$\left(1+x^2\right)y^{(n+2)}+(n+1)y^{(n+1)}\left(1+x^2\right)'+\frac{n(n+1)}{2!}y^{(n)}\left(1+x^2\right)''=0,$$

于是得 $\left(1+x^2\right)y^{(n+2)}+2(n+1)xy^{(n+1)}+n(n+1)y^{(n)}=0$.

令 $x=0$，代入上式得 $y^{(n+2)}(0)=-n(n+1)y^{(n)}(0)$. 又 $y'(0)=1,y''(0)=0$，故由上式得 $y^{(2m)}(0)=0,y^{(2m+1)}(0)=(-1)^m(2m)!$.

【解法 3】 由 $y=\arctan x$，知 $x=\tan y$，于是

$$y'=\frac{1}{1+x^2}=\frac{1}{1+\tan^2 y}=\frac{1}{\sec^2 y}=\cos^2 y=\cos y\cdot\sin\left(y+\frac{\pi}{2}\right),$$

两边关于 x 求导，得

$$y''=-\sin y\cdot y'\cdot\sin\left(y+\frac{\pi}{2}\right)+\cos y\cdot\cos\left(y+\frac{\pi}{2}\right)\cdot\left(y+\frac{\pi}{2}\right)'$$

$$=y'\cdot\left[-\sin y\cdot\sin\left(y+\frac{\pi}{2}\right)+\cos y\cdot\cos\left(y+\frac{\pi}{2}\right)\right]$$

$$=y'\cdot\cos\left(2y+\frac{\pi}{2}\right)=\cos^2 y\cdot\sin\left(2y+2\cdot\frac{\pi}{2}\right)=\cos^2 y\cdot\sin 2\left(y+\frac{\pi}{2}\right),$$

由数学归纳法可证得

$$y^{(n)}=(n-1)!\cdot\cos^n y\cdot\sin n\left(y+\frac{\pi}{2}\right).$$

当 $x=0$ 时，$y=0$，故

$$y^{(n)}(0)=(n-1)!\cdot\sin\frac{n\pi}{2}=\begin{cases}0, & n=2m,\\ (-1)^m(2m)!, & n=2m+1,\end{cases}\quad\text{其中 } m=0,1,\cdots.$$

【解法 4】 因为 $y'=\dfrac{1}{1+x^2}=\dfrac{1}{2i}\left(\dfrac{1}{x-i}-\dfrac{1}{x+i}\right),x\pm i=re^{\pm i\theta}$，其中 $r=\sqrt{1+x^2}$，

$\theta=\arctan\dfrac{1}{x}$ （或 $\theta=\text{arccot}\,x$）. 所以

$$y^{(n+1)}=\left(\frac{1}{1+x^2}\right)^{(n)}=\frac{1}{2i}\left[\left(\frac{1}{x-i}\right)^{(n)}-\left(\frac{1}{x+i}\right)^{(n)}\right]$$

$$=\frac{1}{2i}\left[\frac{(-1)^n n!}{(x-i)^{n+1}}-\frac{(-1)^n n!}{(x+i)^{n+1}}\right]$$

$$=\frac{(-1)^n n!}{2i\left(1+x^2\right)^{n+1}}\cdot\left[(x+i)^{n+1}-(x-i)^{n+1}\right]$$

$$= \frac{(-1)^n n!}{2\mathrm{i}\left(1+x^2\right)^{n+1}} \cdot \left[r^{n+1}\mathrm{e}^{\mathrm{i}(n+1)\theta} - r^{n+1}\mathrm{e}^{-\mathrm{i}(n+1)\theta} \right]$$

$$= \frac{(-1)^n n!}{\left(1+x^2\right)^{n+1}} r^{n+1}\sin(n+1)\theta = \frac{(-1)^n n!}{\left(1+x^2\right)^{\frac{n+1}{2}}} \sin\left[(n+1)\cdot\operatorname{arccot} x\right].$$

于是 $y'(0)=1$, $y^{(n+1)}(0)=(-1)^n n!\sin\dfrac{(n+1)\pi}{2}(n=1,2,\cdots)$. 故当 $n=2m$ 时,

$$y^{(2m+1)}(0)=(-1)^{2m}(2m)!\sin\frac{2m+1}{2}\pi=(-1)^m(2m)!;$$

当 $n=2m-1$ 时, $y^{(2m)}(0)=0$.

特别提示　解法 1 表明在由幂级数展开式的唯一性求高阶导数时, 常常需要利用逐次积分或逐次求导方法得到幂级数的展开式; 解法 2 表明常常需要通过求导或积分, 化为简单函数形式, 再由莱布尼茨公式, 得到高阶导数的递推关系式, 从而得到在给定点的高阶导数值.

类题训练

1. 设 $y=\arctan\dfrac{1-x}{1+x}$, 求 $y^{(n)}(0)$.

2. 设 $y=(\arcsin x)^2$, (i)证明 $\left(1+x^2\right)y''-xy'=2$; (ii)求 $y^{(n)}(0)$.

3. 设 $y=\arcsin x$, 求 $y^{(n)}(0)$.

4. 设 $y=\dfrac{1}{\sqrt{1-x^2}}\cdot\arcsin x$, 求 $y^{(n)}(0)$.

典型例题

37　设函数 $f(x)$ 在 $[0,1]$ 上可导, 对 $[0,1]$ 上每一个 x, 有 $0<f(x)<1$, 且 $f'(x)\neq 1$, 证明在 $(0,1)$ 内有且仅有一个 x, 使 $f(x)=x$.

【证法 1】　令 $F(x)=f(x)-x$, 则要证的问题转化为证明方程 $F(x)=0$ 在 $(0,1)$ 内有且仅有一个根.

下面先证明根的存在性.

因为 $F(x)$ 在 $[0,1]$ 上连续, 且 $0<f(x)<1$, 所以 $F(0)=f(0)>0$, $F(1)=f(1)-1<0$, 故由连续函数的零点定理知, 至少存在一点 $\xi\in(0,1)$, 使 $F(\xi)=0$, 即 $f(\xi)=\xi$.

再证根的唯一性.

用反证法. 假设至少存在 $x_1, x_2 \in (0,1), x_1 \neq x_2$, 使 $f(x_1) = x_1, f(x_2) = x_2$. 不妨设 $x_1 < x_2$, 则由 $f(x)$ 在 $[x_1, x_2]$ 上用 Lagrange 中值定理, 得 $\xi_1 \in (x_1, x_2)$, 使 $f(x_2) - f(x_1) = f'(\xi_1) \cdot (x_2 - x_1)$, 即得 $x_2 - x_1 = f'(\xi_1) \cdot (x_2 - x_1)$, 于是 $f'(\xi_1) = 1$. 这与已知 $f'(x) \neq 1, \forall x \in [0,1]$ 矛盾.

综上所述, 在 $(0,1)$ 内有且仅有一个 x, 使 $f(x) = x$.

【证法 2】 令 $F(x) = f(x) - x$, 则同证法 1 证明方程 $F(x)$ 在 $(0,1)$ 内至少有一个根, 即在 $(0,1)$ 内至少有一个 x, 使 $f(x) = x$.

下面由单调性证明根的唯一性.

由已知, 有 $F'(x) = f'(x) - 1 \neq 0, \forall x \in [0,1]$, 则 $F'(x)$ 在 $(0,1)$ 内恒不变号. 否则, 若存在 $x_1, x_2 \in (0,1)$, 不妨设 $x_1 < x_2$, 使 $F'(x_1) < 0, F'(x_2) > 0$, 或 $F'(x_1) > 0$, $F'(x_2) < 0$, 则由达布定理知, 存在 $\xi \in (x_1, x_2) \subset (0,1)$, 使 $F'(\xi) = 0$, 即 $f'(\xi_1) = 1$, 这与已知矛盾. 不妨设 $\forall x \in (0,1), F'(x) > 0$, 则 $F(x)$ 在 $[0,1]$ 上单调增加.

综上所述, 方程 $F(x) = 0$, 即 $f(x) = x$ 在 $(0,1)$ 内有且仅有一个根.

✳ **特别提示**

[1] 证明方程 $F(x) = 0$ 在 (a, b) 内有且仅有一个根的方法主要有两种: (i)利用零点定理证明方程 $F(x) = 0$ 根的存在性, 再用反证法说明根的唯一性; (ii)利用零点定理, 结合单调性证明方程 $F(x) = 0$ 根的存在唯一性.

[2] 一般地, 设函数 $f(x)$ 在 $(-\infty, +\infty)$ 上可导, 且 $\forall x \in (-\infty, +\infty), |f'(x)| \leqslant k < 1$, 则 $f(x)$ 存在唯一的不动点, 即存在唯一的 x, 使得 $f(x) = x$.

♲ **类题训练**

1. 证明方程 $x - \cos x = 0$ 有且仅有一个实根.

2. 证明方程 $x \ln 2 - 2 = 0$ 在 $[1, e]$ 上恰好只有一个实根.

3. 证明多项式 $f(x) = x^3 - 3x + a$ 在 $[0,1]$ 上不可能有两个零点.

4. 设函数 $f(x)$ 在 $[0,1]$ 上连续, 在 $(0,1)$ 内可导, 且 $f(0) = f(1) = 0$, $f\left(\dfrac{1}{2}\right) = 1$, 证明(1)存在一点 $\xi \in \left(\dfrac{1}{2}, 1\right)$, 使得 $f(\xi) = \xi$; (2)存在一个 $\eta \in (0, \xi)$, 使得 $f'(\eta) = f(\eta) - \eta + 1$. (2010 年首届全国大学生数学竞赛决赛(非数学类)试题)

5. 证明方程 $x^n + x^{n-1} + \cdots + x = 1$ $(n > 1)$ 在 $(0,1)$ 内必有唯一实根 x_n，并求 $\lim\limits_{n \to \infty} x_n$.

6. 设 $f_n(x) = C_n^1 \cdot \cos x - C_n^2 \cdot \cos^2 x + \cdots + (-1)^{n-1} C_n^n \cdot \cos^n x$，证明(i)对任意自然数 n，方程 $f_n(x_n) = \dfrac{1}{2}$ 在 $\left(0, \dfrac{\pi}{2}\right)$ 内仅有一个根；(ii)对 $x_n \in \left(0, \dfrac{\pi}{2}\right)$ 满足 $f_n(x_n) = \dfrac{1}{2}$，证明 $\lim\limits_{n \to \infty} x_n = \dfrac{\pi}{2}$.

7. 证明方程 $\tan x = x$ 在 $\left[n\pi, n\pi + \dfrac{\pi}{2}\right)$ 内有且仅有一个根 x_n，并求 $\lim\limits_{n \to \infty} (x_n - n\pi)$.

📖 典型例题

38 证明方程 $1 + x + \dfrac{x^2}{2} + \dfrac{x^3}{6} = 0$ 有且仅有一个实根.

【证法 1】 令 $f(x) = 1 + x + \dfrac{x^2}{2} + \dfrac{x^3}{6}$，则问题转化为证明方程 $f(x) = 0$ 有且仅有一个实根.

先证根的存在性：

因为 $\lim\limits_{x \to -\infty} f(x) = \lim\limits_{x \to -\infty} \left(1 + x + \dfrac{x^2}{2} + \dfrac{x^3}{6}\right) = \lim\limits_{x \to -\infty} x^3 \cdot \left(\dfrac{1}{x^3} + \dfrac{1}{x^2} + \dfrac{1}{2x} + \dfrac{1}{6}\right) = -\infty$，

$$\lim\limits_{x \to +\infty} f(x) = \lim\limits_{x \to +\infty} \left(1 + x + \dfrac{x^2}{2} + \dfrac{x^3}{6}\right) = +\infty,$$

所以存在充分小的 x_1，使 $f(x_1) < 0$；充分大的 x_2，使 $f(x_2) > 0$. 故由 $f(x)$ 的连续性，在 $[x_1, x_2]$ 上用零点定理知，至少存在一个 $\xi \in (x_1, x_2) \subset (-\infty, +\infty)$，使 $f(\xi) = 0$，即 $f(x) = 0$ 在 $(-\infty, +\infty)$ 内至少有一个实根.

下证根的唯一性：

用反证法. 假设 $f(x) = 0$ 在 $(-\infty, +\infty)$ 内至少有两个根 ξ_1, ξ_2，不妨设 $\xi_1 < \xi_2$，则 $f(\xi_1) = f(\xi_2) = 0$，故对 $f(x)$ 在 $[\xi_1, \xi_2]$ 上用 Rolle 定理知，至少存在一个 $\eta \in (\xi_1, \xi_2) \subset (-\infty, +\infty)$，使 $f'(\eta) = 0$，即方程 $f'(x) = 1 + x + \dfrac{x^2}{2} = 0$ 在 $(-\infty, +\infty)$ 内至少有一个实根 η. 而这与方程 $f'(x) = 0$，即 $x^2 + 2x + 2 = 0$，亦即 $(x+1)^2 = -1$ 不存在根矛盾.

综上所述，即得证.

【**证法 2**】 令 $f(x)=1+x+\dfrac{x^2}{2}+\dfrac{x^3}{6}$，类似于证法 1 的分析.

先证根的存在性:

因为 $f(-2)=-\dfrac{1}{3}<0$, $f(0)=1>0$，所以在 $[-2,0]$ 上由零点定理知，至少存在一点 $\xi\in(-2,0)\subset(-\infty,+\infty)$，使 $f(\xi)=0$，即得方程 $f(x)=0$ 在 $(-2,0)$ 内, 从而在 $(-\infty,+\infty)$ 内至少有一个实根.

下面由单调性证明根的唯一性:

因为 $f'(x)=1+x+\dfrac{x^2}{2}=\dfrac{1}{2}\left(x^2+2x+2\right)=\dfrac{1}{2}\left[(x+1)^2+1\right]>0$，所以 $f(x)$ 在 $(-\infty,+\infty)$ 上是单调增加的, 故方程 $f(x)=0$ 在 $(-\infty,+\infty)$ 内有且仅有一个实根.

特别提示 由证法 1 可知, 该题可推广到实系数奇次幂多项式方程情况. 一般地, 设 $p_n(x)=1+x+\dfrac{x^2}{2!}+\cdots+\dfrac{x^n}{n!}$，则当 n 为偶数时, 方程 $p_n(x)=0$ 没有实根, 且 $p_n(x)>0$; 当 n 为奇数时, 方程 $p_n(x)=0$ 有且仅有一个实根, 且 $p_n(x)$ 单调增加.

类题训练

1. 证明方程 $x^5+x-5=0$ 有且仅有一个实根.

2. 证明方程 $1-x+\dfrac{x^2}{2}-\dfrac{x^3}{3}+\dfrac{x^4}{4}-\dfrac{x^5}{5}=0$ 有且仅有一个实根.

3. 设 $f_n(x)=1-x+\dfrac{x^2}{2}+\cdots+(-1)^n\dfrac{x^n}{n}$，证明(i)当 n 为奇数时, 方程 $f_n(x)=0$ 有且仅有一个实根; (ii)当 n 为偶数时, 方程 $f_n(x)=0$ 没有根.

4. 证明方程 $x+p+q\cos x=0$ 恰有一个实根, 其中 p,q 为常数, 且 $0<q<1$.

5. 已知 a 是一个正常数, 证明方程 $ae^x=1+x+\dfrac{x^2}{2}$ 恰有一个实根.

典型例题

39 设函数 $f(x)$ 在 $(-1,1)$ 内具有二阶连续导数, 且 $f''(x)\neq0$, 证明

(1) 对于 $(-1,1)$ 内任意 $x\neq0$，存在唯一的 $\theta(x)\in(0,1)$，使 $f(x)=f(0)+xf'\left(\theta(x)x\right)$ 成立; (2) $\displaystyle\lim_{x\to0}\theta(x)=\dfrac{1}{2}$. (2001 年硕士研究生入学考试数学(一)试题)

【证法 1 】 (1) $\forall x \in (-1,1), x \neq 0$, 对 $f(x)$ 在 $[0,x]$ 或 $[x,0]$ 上用 Lagrange 中值定理, 存在 $\xi_x \in (0,x)$ 或 $(x,0)$, 使 $f(x) - f(0) = x f'(\xi_x)$. 记 $\dfrac{\xi_x - 0}{x - 0} = \theta(x)$, 则 $0 < \theta(x) < 1$, 且 $\xi_x = x \cdot \theta(x)$, 于是存在 $\theta(x) \in (0,1)$, 使 $f(x) = f(0) + x f'(\theta(x)x)$.

下面由 $f'(x)$ 的单调性证明 $\theta(x)$ 的唯一性.

因为 $f''(x)$ 连续, 且 $f''(x) \neq 0$, 所以 $f''(x)$ 在 $(-1,1)$ 内不变号, 从而 $f'(x)$ 在 $(-1,1)$ 内严格单调, 故 $\theta(x)$ 唯一.

(2) 对 $f'(\theta(x)x)$ 用 Lagrange 中值定理, 有

$$f'(\theta(x)x) = f'(0) + f''(\xi) \cdot \theta(x)x,$$

其中 ξ 介于 0 与 $\theta(x)x$ 之间. 于是得

$$f(x) = f(0) + x f'(\theta(x)x) = f(0) + x f'(0) + f''(\xi)\theta(x)x^2,$$

从而 $\theta(x) = \dfrac{f(x) - f(0) - x f'(0)}{x^2} \cdot \dfrac{1}{f''(\xi)}$. 故由 L'Hospital 法则得

$$\lim_{x \to 0} \theta(x) = \frac{1}{f''(0)} \cdot \lim_{x \to 0} \frac{f(x) - f(0) - x f'(0)}{x^2} = \frac{1}{f''(0)} \cdot \frac{f''(0)}{2} = \frac{1}{2}.$$

【证法 2 】 (1) 同证法 1.

(2) 对 $f'(\theta(x)x)$ 用 Lagrange 中值定理, 有

$$f'(\theta(x)x) = f'(0) + f''(\xi)\theta(x)x,$$

其中 ξ 介于 0 与 $\theta(x)x$ 之间. 于是得 $f(x) = f(0) + x f'(0) + f''(\xi)\theta(x)x^2$.

又将 $f(x)$ 在 $x = 0$ 点进行 Taylor 展开, 有

$$f(x) = f(0) + x f'(0) + \frac{f''(\xi_1)}{2!} x^2,$$

其中 ξ_1 介于 0 与 x 之间.

上述两式比较得 $f''(\xi) \cdot \theta(x) = \dfrac{f''(\xi_1)}{2!}$. 令 $x \to 0$, 则 $\xi \to 0, \xi_1 \to 0$, 两边取极限得 $f''(0) \cdot \lim\limits_{x \to 0} \theta(x) = \dfrac{f''(0)}{2!}$. 而 $f''(0) \neq 0$, 故 $\lim\limits_{x \to 0} \theta(x) = \dfrac{1}{2}$.

【证法 3 】

(1) 同证法 1.

(2) 由(1), 有

$$f(x)=f(0)+xf'(\theta(x)x)=f(0)+xf'(0)+x\frac{f'(\theta(x)x)-f'(0)}{\theta(x)x}\theta(x)x,$$

于是 $\dfrac{f(x)-f(0)-xf'(0)}{x^2}=\dfrac{f'(\theta(x)x)-f'(0)}{\theta(x)x}\theta(x).$

令 $x\to 0$，两边取极限，且由 $f''(0)$ 的定义，得 $\dfrac{1}{2}f''(0)=f''(0)\cdot\lim\limits_{x\to 0}\theta(x)$，故

$\lim\limits_{x\to 0}\theta(x)=\dfrac{1}{2}.$

特别提示　一般地，设函数 $f(x)$ 在点 $x=a$ 的某邻域内具有 $n+1$ 阶连续导数，$f^{(n+1)}(a)\neq 0$，且

$$f(x)=f(a)+f'(a)(x-a)+\frac{1}{2!}f''(a)(x-a)^2+\cdots+\frac{1}{(n-1)!}f^{(n-1)}(a)(x-a)^{n-1}$$

$$+\frac{1}{n!}f^{(n)}(a+\theta(x)\cdot(x-a))\quad(0<\theta(x)<1),$$

则 $\lim\limits_{x\to a}\theta(x)=\dfrac{1}{n+1}.$

类题训练

1. 设函数 $f(x)$ 在点 $x=x_0$ 的某邻域内有 n 阶连续导函数，$f^{(i)}(x_0)=0$ $(i=2,3,\cdots,n-1)$，$f^{(n)}(x_0)\neq 0$，记 $f(x_0+h)=f(x_0)+hf'(x_0+\theta(h)h)$ $(0<\theta(h)<1)$，证明 $\lim\limits_{h\to 0}\theta(h)=\sqrt[n-1]{\dfrac{1}{n}}.$

2. 证明当 $x\geqslant 0$ 时，有 $\sqrt{x+1}-\sqrt{x}=\dfrac{1}{2\sqrt{x+\theta(x)}}$，其中 $\dfrac{1}{4}\leqslant\theta(x)\leqslant\dfrac{1}{2}$，并求极限 $\lim\limits_{x\to 0^+}\theta(x)$ 及 $\lim\limits_{x\to +\infty}\theta(x).$

3. 证明当 $|x|\leqslant 1$ 时，存在 $\theta\in(0,1)$，使得 $\arcsin x=\dfrac{x}{\sqrt{1-(\theta x)^2}}$，且有

$$\lim_{x\to 0}\theta=\frac{1}{\sqrt{3}}.$$

4. 设 $a,h>0$，函数 $f(x)$ 在 $[a,a+h]$ 上可导，证明存在 $\theta\in(0,1)$，使得

$$f(a+h)=f(a)+(e^h-1)\cdot e^{-\theta h}\cdot f'(a+\theta h).$$

5. 设 $x>0$，证明存在 $\theta\in(0,1)$，使得 $\int_0^x \mathrm{e}^t \mathrm{d}t = x\mathrm{e}^{\theta x}$，且 $\lim\limits_{x\to+\infty}\theta=1$.

6. 设函数 $f(x)$ 在 $[-a,a]$ 上连续，在 $x=0$ 处可导，且 $f'(0)\neq 0$，(i)证明 $\forall x\in(0,a)$，存在 $\theta\in(0,1)$，使 $\int_0^x f(t)\mathrm{d}t + \int_0^{-x} f(t)\mathrm{d}t = x\big[f(\theta x)-f(-\theta x)\big]$；(ii)求 $\lim\limits_{x\to 0^+}\theta$.

📖 典型例题

40　设 $a>0$，试讨论方程 $\ln x = ax$ 有几个实根？(2014 年大连市第二十三届高等数学竞赛试题(B))

【解法1】　利用几何意义. 方程 $\ln x = ax$ 的根在几何上表示曲线 $y=\ln x$ 与直线 $y=ax$ 的交点的横坐标. 如图 2.2 所示，直线 $y=ax$ 与曲线 $y=\ln x$ 的交点个数可能有三种情况，即有两个交点、一个交点和没有交点.

而 $y=\ln x$ 上任一点 (x_0,y_0) 的切线方程为 $y=\dfrac{1}{x_0}x+\ln x_0 -1$. 故当 $x_0=\mathrm{e}$ 时，切线通过原点，此时切线的斜率为 $\dfrac{1}{\mathrm{e}}$. 因此，方程 $\ln x = ax$ 的根的情况是当 $a=\dfrac{1}{\mathrm{e}}$ 时，方程仅有一个实根；当 $0<a<\dfrac{1}{\mathrm{e}}$ 时，方程有两个实根；当 $a>\dfrac{1}{\mathrm{e}}$ 时，方程没有实根.

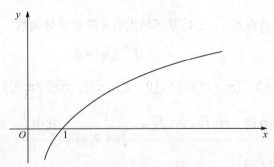

图 2.2　$y=\ln x$ 的图像

【解法2】　设 $f(x)=\ln x - ax,\ 0<x<+\infty$，则方程 $\ln x = ax$ 的根在几何上表示曲线 $y=f(x)$ 与 x 轴的交点的横坐标；实根个数即为交点个数.

由 $f'(x)=\dfrac{1}{x}-a=0$，得驻点 $x=\dfrac{1}{a}$，且有当 $x\in\left(0,\dfrac{1}{a}\right)$ 时，$f'(x)>0$；当 $x\in\left(\dfrac{1}{a},+\infty\right)$ 时，$f'(x)<0$. 故 $f\left(\dfrac{1}{a}\right)=\ln\dfrac{1}{a}-1=-(\ln a +1)$ 为极大值. 而 $\lim\limits_{x\to 0^+}f(x)=$

$$\lim_{x \to 0^+}(\ln x - ax) = -\infty, \quad \lim_{x \to +\infty} f(x) = \lim_{x \to +\infty}(\ln x - ax) = \lim_{x \to +\infty} x \cdot \left(\frac{\ln x}{x} - a\right) = -\infty \left(\text{事实上,} \right.$$

$$\lim_{x \to +\infty}\frac{\ln x}{x} = \lim_{x \to +\infty}\frac{1}{x} = 0, \lim_{x \to +\infty}\left(\frac{\ln x}{x} - a\right) = -a\Bigg).$$

因此只需讨论 $f\left(\dfrac{1}{a}\right)$ 的符号:

(i) 当 $f\left(\dfrac{1}{a}\right) = -(\ln a + 1) > 0$, 即 $0 < a < \dfrac{1}{e}$ 时, 由广义零点定理及函数的单调

性, $f(x) = 0$ 在 $\left(0, \dfrac{1}{a}\right)$ 和 $\left(\dfrac{1}{a}, +\infty\right)$ 内各有一个实根;

(ii) 当 $f\left(\dfrac{1}{a}\right) = -(\ln a + 1) = 0$, 即 $a = \dfrac{1}{e}$ 时, $x = \dfrac{1}{a} = e$ 是 $f(x) = 0$ 的唯一实根;

(iii) 当 $f\left(\dfrac{1}{a}\right) = -(\ln a + 1) < 0$, 即 $a > \dfrac{1}{e}$ 时, $f(x) = 0$ 无实根.

【解法 3】　将方程 $\ln x = ax$ 改写成 $\dfrac{\ln x}{x} = a$. 令 $f(x) = \dfrac{\ln x}{x}, x \in (0, +\infty)$. 则方程 $\ln x = ax$ 的根等价于求 $f(x) = a$ 的根, 即求直线 $y = a$ 与曲线 $y = f(x)$ 的交点的横坐标.

又由

$$\lim_{x \to 0^+} f(x) = -\infty, \quad \lim_{x \to +\infty} f(x) = 0, \quad f'(x) = \frac{1 - \ln x}{x^2}, \quad f''(x) = \frac{2\ln x - 3}{x^3}.$$

可知 $f(x)$ 在各区间上的单调性及凹凸性态, 列表如表 2.4 所示.

表 2.4

x	$(0, e)$	e	$\left(e, e^{\frac{3}{2}}\right)$	$e^{\frac{3}{2}}$	$\left(e^{\frac{3}{2}}, +\infty\right)$
$f'(x)$	$+$	0	$-$	$-$	$-$
$f''(x)$	$-$	$-$	$-$	0	$+$
$f(x)$	↗ 凸	取极大值 $\dfrac{1}{e}$	↘ 凸	拐点 $\left(e^{\frac{3}{2}}, \dfrac{3}{2}e^{-\frac{3}{2}}\right)$	↘ 凹

由此可画出 $y = f(x) = \dfrac{\ln x}{x}$ 的图形(图 2.3).

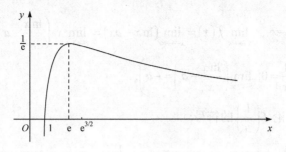

图 2.3 $y = f(x) = \dfrac{\ln x}{x}$ 的图像

由图 2.3 可知：当 $a > \dfrac{1}{e}$ 时，$f(x) = a$ 无实根；当 $a = \dfrac{1}{e}$ 时，$f(x) = a$ 有一个实根；当 $0 < a < \dfrac{1}{e}$ 时，$f(x) = a$ 有两个实根.

【解法 4】   将 $\ln x = ax$ 改写成 $\ln x - ax = 0$. 令 $g(x) = \ln x - ax$，则原方程的实根就是 $g(x)$ 的零点个数. 为了确定函数 $g(x)$ 的零点个数，可利用 $y = g(x)$ 的图形.

函数 $y = g(x)$ 的定义域为 $(0, +\infty)$，$g'(x) = \dfrac{a}{x} \cdot \left(\dfrac{1}{a} - x\right)$，$g''(x) = -\dfrac{1}{x^2} < 0$. 于是 $y = g(x)$ 在 $(0, +\infty)$ 是凸函数，$g'\left(\dfrac{1}{a}\right) = 0$，且 $\left(x - \dfrac{1}{a}\right) \cdot g'(x) = -\dfrac{a}{x}\left(x - \dfrac{1}{a}\right)^2 < 0$ $\left(x \neq \dfrac{1}{a}\right)$. 因此，$\max\limits_{x>0} g(x) = g\left(\dfrac{1}{a}\right) = -\ln a - 1$. 故 (i) 当 $\max\limits_{x>0} g(x) < 0$ 时，$g(x)$ 无零点，此时由 $g\left(\dfrac{1}{a}\right) < 0$ 得 $a > \dfrac{1}{e}$；(ii) 当 $\max\limits_{x>0} g(x) = 0$ 时，$x = \dfrac{1}{a}$ 是 $g(x)$ 的唯一零点，此时由 $g\left(\dfrac{1}{a}\right) = 0$ 得 $a = \dfrac{1}{e}$；(iii) 当 $\max\limits_{x>0} g(x) > 0$ 时，由 $\lim\limits_{x \to 0^+} g(x) = -\infty = \lim\limits_{x \to +\infty} g(x)$，所以 $y = g(x)$ 与 x 轴有两个交点，即 $g(x)$ 有两个零点，此时由 $g\left(\dfrac{1}{a}\right) > 0$ 得 $0 < a < \dfrac{1}{e}$.

综上所述：当 $a > \dfrac{1}{e}$ 时，$g(x)$ 无零点，即方程 $\ln x = ax$ 无实根；当 $a = \dfrac{1}{e}$ 时，$g(x)$ 有一个零点，即方程 $\ln x = ax$ 有一个实根；当 $0 < a < \dfrac{1}{e}$ 时，$g(x)$ 有两个零点，即方程 $\ln x = ax$ 有两个实根.

✳ **特别提示**　以上从四个不同的角度给出了方程实根个数的判别方法. 通常需结合几何图形及函数的性态(单调性、极值(最值)性及凹凸性等)和零点定理判别方程实数个数, 也用到如下方程有唯一实根的判别方法.

方程 $f(x)=0$ 存在唯一实根的判别方法: 设函数 $f(x)$ 在 $[a,b]$ 上连续, $f(a)\cdot f(b)<0$, 且 $f(x)$ 在 (a,b) 内单调增加(或单调减少), 则方程 $f(x)=0$ 在 (a,b) 内存在唯一的实根.

该判别方法对于无穷区间或开区间 (a,b) 仍然成立. 对于无穷区间, 若 $a=-\infty$, 则取 $f(a)=\lim\limits_{x\to-\infty}f(x)$; 若 $b=+\infty$, 则取 $f(b)=\lim\limits_{x\to+\infty}f(x)$. 而对于开区间 (a,b), 则取 $f(a)=\lim\limits_{x\to a^{+}}f(x)$, 或 $f(b)=\lim\limits_{x\to b^{-}}f(x)$.

♻ **类题训练**

1. 设常数 $k>0$, 讨论函数 $f(x)=\ln x-\dfrac{x}{e}+k$ 在 $(0,+\infty)$ 内零点的个数.

2. 问方程 $e^{-\frac{x}{2}}=x(x^{2}-3)$ 总共有几个实根?

3. 讨论方程 $xe^{-x}=a$ $(a>0)$ 的实根个数.

4. 就 k 的不同取值情况, 确定方程 $x-\dfrac{\pi}{2}\cdot\sin x=k$ 在 $\left(0,\dfrac{\pi}{2}\right)$ 内根的个数, 并证明你的结论. (1997 年硕士研究生入学考试数学(二)试题)

5. 讨论方程 $x^{a}=a^{x}$ 的正根个数及范围, 其中常数 $a>0$.

6. 证明方程 $\ln x=\dfrac{x}{e}-\displaystyle\int_{0}^{\pi}\sqrt{1-\cos 2x}\,dx$ 在 $(0,+\infty)$ 内只有两个不同实根. (1989 年硕士研究生入学考试数学(二)试题)

📖 **典型例题**

41　设 $x>0$ 时, 方程 $kx+\dfrac{1}{x^{2}}=1$ 有且仅有一个解, 求 k 的取值范围. (2010 年首届全国大学生数学竞赛决赛(数学类)试题, 1994 年研究生入学数学(三)考试题)

【**解法 1**】　显然, 方程 $kx+\dfrac{1}{x^{2}}=1$ $(x>0)$ 与方程 $\dfrac{1}{x}-\dfrac{1}{x^{3}}=k$ $(x>0)$ 是同解的. 而求方程 $\dfrac{1}{x}-\dfrac{1}{x^{3}}=k$ $(x>0)$ 的解就是求直线 $y=k$ 与曲线 $y=\dfrac{1}{x}-\dfrac{1}{x^{3}}$ 交点的横坐标. 当 k 变化时, 直线 $y=k$ 形成一簇平行于 x 轴的直线.

令 $f(x) = \dfrac{1}{x} - \dfrac{1}{x^3} = \dfrac{(x-1)(x+1)}{x^3}$，则 $\lim\limits_{x \to 0^+} f(x) = -\infty$，$\lim\limits_{x \to +\infty} f(x) = 0$，$f'(x) =$

$\dfrac{(\sqrt{3}-x)(\sqrt{3}+x)}{x^4}$．令 $f'(x) = 0$，则得驻点 $x = \sqrt{3}$，且当 $0 < x < \sqrt{3}$ 时，$f'(x) > 0$；

当 $x > \sqrt{3}$ 时，$f'(x) < 0$，于是 $f(x)$ 在 $(0, +\infty)$ 上取最大值 $f(\sqrt{3}) = \dfrac{2\sqrt{3}}{9}$．从而由

$y = f(x)$ 的图形(图 2.4)可知：(i)当 $k = \dfrac{2\sqrt{3}}{9}$ 或 $k \leqslant 0$ 时，直线 $y = k$ 与曲线 $y = f(x)$

只有一个交点；(ii)当 $0 < k < \dfrac{2\sqrt{3}}{9}$ 时，直线 $y = k$ 与曲线 $y = f(x)$ 有两个交点；(iii)当

$k > \dfrac{2\sqrt{3}}{9}$ 时，直线 $y = k$ 与曲线 $y = f(x)$ 无交点．

故当 $k = \dfrac{2\sqrt{3}}{9}$ 或 $k \leqslant 0$ 时，方程只有一个解；当 $0 < k < \dfrac{2\sqrt{3}}{9}$ 时，方程有两个解；

当 $k > \dfrac{2\sqrt{3}}{9}$ 时，方程无解．从而由题设方程有且仅有一个解知 $k = \dfrac{2\sqrt{3}}{9}$ 或 $k \leqslant 0$．

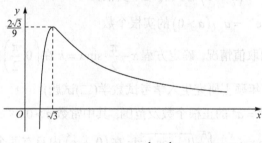

图 2.4　$y = f(x) = \dfrac{1}{x} - \dfrac{1}{x^3}$ 的图像

【解法 2】　令 $g(x) = kx + \dfrac{1}{x^2} - 1, x > 0$，则 $g'(x) = k - \dfrac{2}{x^3}, g''(x) = \dfrac{6}{x^4} > 0$．

(i) 当 $k \leqslant 0$ 时，$g'(x) < 0$ $(x > 0)$ 且有 $\lim\limits_{x \to 0^+} g(x) = +\infty$，$\lim\limits_{x \to +\infty} g(x) = \begin{cases} -\infty, & k < 0, \\ -1, & k = 0. \end{cases}$
此时方程 $g(x) = 0$ 只有一个解．

(ii) 当 $k > 0$ 时，由 $g'(x) = 0$，得驻点 $x = \sqrt[3]{\dfrac{2}{k}}$．再由 $g''(x) > 0$ 知 $x = \sqrt[3]{\dfrac{2}{k}}$ 是唯

一极小值点，也是最小值，$g\left(\sqrt[3]{\dfrac{2}{k}}\right)$ 是最小值．故当 $g\left(\sqrt[3]{\dfrac{2}{k}}\right) = 0$，即 $k = \dfrac{2\sqrt{3}}{9}$ 时，曲

线 $y = g(x)$ 与 x 轴相切，只有一个交点，即方程 $g(x) = 0$ 只有一个解；当 $0 < k <$

$\dfrac{2\sqrt{3}}{9}$ 时, 曲线 $y=g(x)$ 与 x 轴有两个交点; 当 $k>\dfrac{2\sqrt{3}}{9}$ 时, 曲线 $y=g(x)$ 与 x 轴无

交点. 从而由题设方程有且仅有一个解知: $k=\dfrac{2\sqrt{3}}{9}$ 或 $k\leqslant 0$.

【解法 3】　显然, 求方程 $kx+\dfrac{1}{x^2}=1$　$(x>0)$ 的解就是求直线 $y=kx$ 与曲线

$y=1-\dfrac{1}{x^2}$　$(x>0)$ 交点的横坐标. 当 k 变化时, 直线 $y=kx$ 形成一簇过原点的直线.

令 $h(x)=1-\dfrac{1}{x^2}$, 则 $h'(x)=\dfrac{2}{x^3}$,　$h''(x)=-\dfrac{6}{x^4}<0$. 从而 $y=h(x)$ 在 $(0,+\infty)$ 上

是凸函数. 因为曲线 $y=h(x)$ 上任一点 (x_0,y_0) 处的切线方程为

$$y=1-\dfrac{1}{x_0^2}+\dfrac{2}{x_0^3}(x-x_0)=\dfrac{2}{x_0^3}x+1-\dfrac{3}{x_0^2},$$

所以当 $1-\dfrac{3}{x_0^2}=0$　$(x_0>0)$, 即 $x_0=\sqrt{3}$ 时, 切线通过原点. 此时切线的斜率为 $\dfrac{2\sqrt{3}}{9}$.

故由几何图形(图 2.5)可知: 当 $k=\dfrac{2\sqrt{3}}{9}$ 或 $k\leqslant 0$ 时, 方程有且仅有一个解.

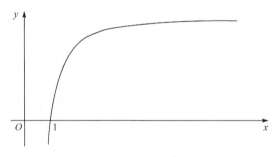

图 2.5　$y=h(x)=1-\dfrac{1}{x^2}$ 的图像

特别提示　将方程的求解问题转化为求直线与曲线交点的横坐标问题, 再利用单调性、极值(最值)性与凹凸性等几何性态, 并结合几何图形给出方程实根个数的判别方法, 这也是常用的处理方法.

类题训练

1. 试问: 当 k 在什么范围内取值时, 方程 $1+kx=\dfrac{1}{x^2}$ 有且仅有一个正根.

(2018 年浙江省微积分竞赛(文专类)试题)

2. 讨论曲线 $y=4\ln x+k$ 与 $y=4x+\ln^4 x$ 的交点个数. (2003 年硕士研究生入

学考试数学(三)试题)

3. 当 a 取何值时，函数 $f(x) = 2x^3 - 9x^2 + 12x - a$ 恰好有两个不同的零点. (2005 年硕士研究生入学考试数学(三)试题)

4. 证明方程 $4\arctan x - x + \dfrac{4\pi}{3} - \sqrt{3} = 0$ 的根的个数. (2011 年硕士研究生入学考试数学(三)试题)

5. 已知方程 $\dfrac{1}{\ln(1+x)} - \dfrac{1}{x} = k$ 在区间 $(0,1)$ 内有实根, 试确定常数 k 的取值范围. (2017 年硕士研究生入学考试数学(三)试题)

6. 求方程 $x^3 = 3px + q \quad (p > 0)$ 恰好有三个实根的条件.

📖 典型例题

42 设函数 $f(x)$ 在 **R** 上三阶连续可导, 且 $\forall h > 0$, 有

$$f(x+h) - f(x) = h f'\left(x + \frac{h}{2}\right),$$

证明 $f(x)$ 是至多二次的多项式.

【证法 1】 分别将 $f(x+h), f'\left(x+\dfrac{h}{2}\right)$ 在 x 处进行 Taylor 展开, 得

$$f(x+h) = f(x) + f'(x) \cdot h + \frac{f''(x)}{2!} h^2 + \frac{1}{3!} f'''(x + \theta_1 h) \cdot h^3,$$

$$f'\left(x + \frac{h}{2}\right) = f'(x) + f''(x) \cdot \frac{h}{2} + \frac{1}{2!} f'''\left(x + \frac{\theta_2 h}{2}\right) \cdot \left(\frac{h}{2}\right)^2,$$

其中 $0 < \theta_1, \theta_2 < 1$.

再将上述展开式代入题设 $f(x+h) - f(x) = h f'\left(x + \dfrac{h}{2}\right)$ 中, 得

$$4 f'''(x + \theta_1 h) = 3 f'''\left(x + \theta_2 \cdot \frac{h}{2}\right),$$

令 $h \to 0^+$, 由 $f'''(x)$ 的连续性, 两边取极限得 $4 f'''(x) = 3 f'''(x)$, 从而有 $f'''(x) = 0$. 故 $f(x)$ 是至多二次的多项式.

【证法 2】 由题设 $f(x+h) - f(x) = h f'\left(x + \dfrac{h}{2}\right), \forall h > 0$. 两边对 h 求导, 得

$$f'(x+h) = \frac{h}{2} f''\left(x + \frac{h}{2}\right) + f'\left(x + \frac{h}{2}\right), \text{ 令 } x + \frac{h}{2} = 0, \text{ 则得 } f'\left(\frac{h}{2}\right) = \frac{h}{2} f''(0) + f'(0). \text{ 再}$$

由题设条件, 取 $x=0$, 即得

$$f(h)-f(0)=hf'\left(\frac{h}{2}\right)=h\left(\frac{h}{2}f''(0)+f'(0)\right)=\frac{f''(0)}{2}h^2+f'(0)h,$$

故 $f(x)=\dfrac{f''(0)}{2}x^2+f'(0)x+f(0)$, 即 $f(x)$ 是至多二次的多项式.

【证法 3】　由题设 $f(x+h)-f(x)=hf'\left(x+\dfrac{h}{2}\right),\forall h>0$, 记 $x_1=x+\dfrac{h}{2}$, 则有

$f\left(x_1+\dfrac{h}{2}\right)-f\left(x_1-\dfrac{h}{2}\right)=hf'(x_1)$, 两边对 h 求导三次, 得

$$f'''\left(x_1+\frac{h}{2}\right)+f'''\left(x_1-\frac{h}{2}\right)=0.$$

又由 $f'''(x)$ 的连续性, 两边令 $h\to 0^+$, 取极限, 得 $f'''(x_1)=0$. 再由 x,x_1 的任意性得 $f'''(x)=0,\forall x\in\mathbf{R}$. 故 $f(x)$ 是至多二次的多项式.

【证法 4】　由题设 $f(x+h)-f(x)=hf'\left(x+\dfrac{h}{2}\right)$ 知, $f(x)$ 在 $(-\infty,+\infty)$ 上无穷

阶可导. 不妨设 $f(x)=\displaystyle\sum_{n=0}^{\infty}a_nx^n$, 则 $f(x+h)=\displaystyle\sum_{n=0}^{\infty}a_n(x+h)^n$, $f'(x)=\displaystyle\sum_{n=1}^{\infty}na_nx^{n-1}$, 代入题设条件中得

$$\sum_{n=0}^{\infty}a_n(x+h)^n-\sum_{n=0}^{\infty}a_nx^n=\sum_{n=1}^{\infty}na_nh\left(x+\frac{h}{2}\right)^{n-1},$$

比较两边 $h^n(n=1,2,\cdots)$ 的系数知 $a_n=0\quad(n=3,4,\cdots)$, 故必有

$$f(x)=a_0+a_1x+a_2x^2,$$

其中 a_0,a_1,a_2 为任意实数, 即 $f(x)$ 是至多二次的多项式.

特别提示　该题实质上是数值微分公式的反问题. 该类题通常可以采用 Taylor 展开法, 或方程两边对 h 多次求导法, 或幂级数法等方法求解.

推广到一般情形, 设函数 $f(x)$ 在 $\mathbf{R}$ 上 $n+2$ 阶连续可导, 且有

$$f(x+h)=f(x)+hf'(x)+\frac{h^2}{2!}f''(x)+\cdots+\frac{h^n}{n!}f^{(n)}(x+\theta h),$$

其中 θ 与 x,h 无关, 则 $f(x)$ 是次数不超过 $n+1$ 次的多项式.

特别地, 有

(1) 设函数 $f(x)$ 在 $\mathbf{R}$ 上三阶连续可导, 且有 $f(x+h)=f(x)+hf'(x+\theta h)$, 其中 θ 与 x,h 无关, 则 $f(x)$ 是线性函数或二次函数.

(2) 设函数 $f(x)$ 在 $\mathbf{R}$ 上四阶连续可导, $f(x+h)=f(x)+hf'(x)+\dfrac{h^2}{2!}f''(x+\theta h)$,

其中 θ 是与 x, h 无关的常数, 则 $f(x)$ 是不超过三次的多项式. (2014 年第五届全国大学生数学竞赛决赛(非数学类)试题)

♻ 类题训练

1. 设 $f(x)$ 为连续可导函数, 且对任意的 x 和 h, 成立

$$f(x+h) - f(x) = \frac{h}{2} \cdot \left(f'(x) + f'(x+h) \right),$$

证明 $f(x)$ 为 x 的二次多项式函数.

2. 设 $f(x)$ 为连续可导函数, $f(0) = 0$, 且对任意实数 x 成立

$$5f(x) - 4f\left(\frac{x}{2}\right) = x \cdot \left(f'(x) + 2f'\left(\frac{x}{2}\right) \right),$$

证明 $f(x)$ 为 x 的至多三次的多项式.

3. 设函数 $f(x)$ 在 $\mathbf{R}$ 上可导, 且 $\forall a, b \in \mathbf{R}, a \neq b$, 有 $f(b) = f(a) + f'(a) \cdot (b-a)$. 证明 $f(x)$ 为次数不超过一次的多项式.

4. 设函数 $f(x)$ 在 $\mathbf{R}$ 上可导, 且 $\forall a, b \in \mathbf{R}, a \neq b$ 有

$$-3f(a) + 4f\left(\frac{a+b}{2}\right) - f(b) = f'(a)(b-a).$$

证明 $f(x)$ 为次数不超过二次的多项式.

5. 设函数 $f(x)$ 在 $\mathbf{R}$ 上二阶可导, 且 $\forall a, b \in \mathbf{R}, a \neq b$, 有

$$f(b) - 2f\left(\frac{a+b}{2}\right) + f(a) = f''\left(\frac{a+b}{2}\right) \cdot \left(\frac{b-a}{2}\right)^2,$$

证明 $f(x)$ 为次数不超过三次的多项式.

📖 典型例题

43 设 $f(x) \in C^1[a,b], f(a) = 0, \lambda \in \mathbf{R}, \lambda > 0$ 且 $\forall x \in [a,b]$, 有 $|f'(x)| \leqslant \lambda |f(x)|$, 证明 $\forall x \in [a,b], f(x) \equiv 0$. (第 1 届国际大学生数学竞赛试题)

【证法 1】 取 $\delta = \dfrac{1}{2\lambda}$, 将 $[a,b]$ 作 n 等分划分, 使小区间长度 $\Delta x_i = \dfrac{b-a}{n} < \delta$, 其中分点记为 $a = x_0 < x_1 < \cdots < x_{n-1} < x_n = b$, 第 i 个小区间长度 $\Delta x_i = x_i - x_{i-1}$, 对任意 $x \in [a, x_1]$, 因为 $f(a) = 0$, 由 Lagrange 中值定理, 有

$$f(x) = f(a) + f'(\xi)(x-a) = f'(\xi)(x-a), \text{ 其中 } \xi \in (a,x) \subset [a,x_1].$$

于是有

$$|f(x)| \leqslant |f'(\xi)| \cdot \Delta x_1 \leqslant |f'(\xi)| \cdot \delta \leqslant \lambda \delta \cdot |f(\xi)|.$$

又因为 $f(x)$ 在 $[a,x_1]$ 上连续, 所以 $|f(x)|$ 在 $[a,x_1]$ 上连续, 于是必有最大值, 记为 $M = \max\limits_{x \in [a,x_1]} |f(x)|$. 从而得 $|f(x)| \leqslant \lambda \delta \cdot M = \dfrac{M}{2}$.

故由 x 的任意性, 有 $M \leqslant \dfrac{M}{2}$, 即 $M = 0$. 因此 $\forall x \in [a,x_1]$, $f(x) \equiv 0$. 然后延拓到 $[x_{i-1},x_i](i=2,\cdots,n)$, 同理可得 $\forall x \in [x_{i-1},x_i]$, $f(x) \equiv 0$. 故在 $[a,b]$ 上总有 $f(x) \equiv 0$.

【证法 2】　因为 $f(x)$ 在 $[a,b]$ 上可导, $f(a)=0$, 所以由 Lagrange 中值定理, $\forall x \in [a,b]$, 存在 $\xi_1 \in (a,x)$, 使得 $f(x) - f(a) = f'(\xi_1)(x-a)$, 从而得

$$|f(x)| = |f(x) - f(a)| = |f'(\xi_1)(x-a)| \leqslant \lambda(x-a)|f(\xi_1)|.$$

当限制 $x \in \left(a, a+\dfrac{1}{2\lambda}\right]$ 时, 则得 $|f(x)| \leqslant \dfrac{1}{2}|f(\xi_1)|$. 再对 $f(x)$ 在 $[a,\xi_1]$ 上用 Lagrange 中值定理, 并类推下去, 可得

$$|f(x)| \leqslant \frac{1}{2}|f(\xi_1)| \leqslant \frac{1}{4}|f(\xi_2)| \leqslant \cdots \leqslant \frac{1}{2^n}|f(\xi_n)|,$$

其中 $a < \xi_n < \xi_{n-1} < \cdots < \xi_1 < x \leqslant a + \dfrac{1}{2\lambda}$.

又 $f(x)$ 在 $\left[a, a+\dfrac{1}{2\lambda}\right]$ 上连续, 所以 $f(x)$ 在 $\left[a, a+\dfrac{1}{2\lambda}\right]$ 上有界, 即 $\exists M > 0$, $\forall x \in \left[a, a+\dfrac{1}{2\lambda}\right]$, 有 $|f(x)| \leqslant M$. 从而得

$$|f(x)| \leqslant \frac{M}{2^n} \quad (n=1,2,\cdots).$$

令 $n \to +\infty$, 则得 $|f(x)| \leqslant \lim\limits_{n\to\infty} \dfrac{M}{2^n} = 0$, 即得 $\forall x \in \left[a, a+\dfrac{1}{2\lambda}\right]$, $f(x) \equiv 0$.

类似地, 在 $\left[a+\dfrac{1}{2\lambda}, a+\dfrac{1}{\lambda}\right]$ 上用上述方法, 由 $f\left(a+\dfrac{1}{2\lambda}\right)=0$, 得 $f(x) \equiv 0, \forall x \in \left[a, a+\dfrac{1}{\lambda}\right]$. 选取 n, 使 $a+\dfrac{n}{2\lambda} \geqslant b$, 则依此类推 n 次即可得 $f(x) \equiv 0, \forall x \in [a,b]$.

【证法 3】　因为 $f(x)$ 在 $[a,b]$ 上连续, 所以 $f(x)$ 在 $[a,b]$ 上有界, 即存在 $M > 0$, 使得 $\forall x \in [a,b]$, 有 $|f(x)| < M$.

又因为 $f(x) = \displaystyle\int_a^x f'(t)\mathrm{d}t$, 所以 $|f(x)| \leqslant \displaystyle\int_a^x |f'(t)|\mathrm{d}t \leqslant \displaystyle\int_a^x \lambda|f(t)|\mathrm{d}t \leqslant \lambda M(x-a)$.

而由 $|f'(x)| \leqslant \lambda|f(x)|, \forall x \in [a,b]$, 两边积分得 $|f(x)| \leqslant \lambda \displaystyle\int_a^x |f(t)|\mathrm{d}t$. 于是将上式代

入该不等式右边, 可得

$$|f(x)| \leqslant \lambda \int_a^x \lambda M(t-a)\mathrm{d}t = \lambda^2 M \frac{(x-a)^2}{2}.$$

如此迭代, 可得 $|f(x)| \leqslant \dfrac{\lambda^n M}{n!}(x-a)^n$.

再考虑级数 $\displaystyle\sum_{n=1}^{\infty}\frac{\lambda^n}{n!}(x-a)^n$, 记 $u_n(x) = \dfrac{\lambda^n}{n!}(x-a)^n$, 因为

$$\lim_{n\to\infty}\frac{u_{n+1}(x)}{u_n(x)} = \lim_{n\to\infty}\frac{\lambda}{n+1}(x-a), \quad \forall x \in [a,b],$$

所以级数 $\displaystyle\sum_{n=1}^{\infty}\frac{\lambda^n}{n!}(x-a)^n$ 在 $[a,b]$ 上收敛, 从而 $\displaystyle\lim_{n\to\infty}u_n(x)=0, \forall x\in[a,b]$. 故由夹逼准则及 x 的任意性, 得 $f(x)\equiv 0, \forall x\in[a,b]$.

【证法 4】 反证法. 假设存在 $x_1 \in (a,b)$, 满足 $f(x_1)\neq 0$. 不失一般性, 不妨设 $f(x_1)>0$, 则由 $f(x)$ 的连续性知, 存在 $c\in[a,x_1)$, 使 $f(c)=0$, 而对于 $x\in(c,x_1], f(x)>0$. 于是当 $x\in(c,x_1]$ 时, 有 $|f'(x)| \leqslant \lambda f(x)$.

令 $F(x) = \ln f(x) - \lambda x, x\in(c,x_1]$, 则 $F'(x) = \dfrac{f'(x)}{f(x)} - \lambda \leqslant 0, \forall x\in(c,x_1]$. 即 $F(x)$ 在 $(c,x_1]$ 上单调减少. 于是当 $x\in(c,x_1]$ 时, 有

$$F(x) = \ln f(x) - \lambda x \geqslant F(x_1) = \ln f(x_1) - \lambda x_1,$$

即得 $f(x) \geqslant \mathrm{e}^{\lambda x - \lambda x_1}\cdot f(x_1)$, 其中 $x\in(c,x_1]$. 因而 $0 = f(c) = f(c+0) \geqslant \mathrm{e}^{\lambda c - \lambda x_1}f(x_1)>0$, 矛盾. 故 $\forall x\in[a,b], f(x)\equiv 0$.

【证法 5】 令 $g(x) = f^2(x)$, 则由题设知 $g(a)=0, g'(x) = 2f(x)f'(x)$, 于是得 $|g'(x)| \leqslant 2\lambda g(x)$, 即 $-2\lambda g(x) \leqslant g'(x) \leqslant 2\lambda g(x), x\in(-\infty,+\infty)$.

而由 $g'(x) \leqslant 2\lambda g(x)$ 可得 $\left(\mathrm{e}^{-2\lambda x}\cdot g(x)\right)' \leqslant 0$, 所以 $\mathrm{e}^{-2\lambda x}\cdot g(x)$ 单调减少.

故当 $x\geqslant a$ 时, $\mathrm{e}^{-2\lambda x}\cdot g(x) \leqslant \mathrm{e}^{-2\lambda a}\cdot g(a)=0$, 从而 $g(x)\leqslant 0$; 当 $x\leqslant a$ 时, $\mathrm{e}^{-2\lambda x}\cdot g(x) \geqslant \mathrm{e}^{-2\lambda a}\cdot g(a)=0$, 从而 $g(x)\geqslant 0$.

又由 $-2\lambda g(x) \leqslant g'(x)$ 可得 $\left(\mathrm{e}^{2\lambda x}\cdot g(x)\right)' \geqslant 0$, 所以 $\mathrm{e}^{2\lambda x}\cdot g(x)$ 单调增加, 故当 $x\geqslant a$ 时, $\mathrm{e}^{2\lambda x}\cdot g(x) \geqslant \mathrm{e}^{2\lambda a}\cdot g(a)=0$, 从而 $g(x)\geqslant 0$; 当 $x\leqslant a$ 时, $\mathrm{e}^{2\lambda x}\cdot g(x) \leqslant \mathrm{e}^{2\lambda a}\cdot g(a)=0$, 从而 $g(x)\leqslant 0$.

综上所述, 即得 $g(x)\equiv 0, \forall x\in(-\infty,+\infty)$, 从而 $f(x)\equiv 0, \forall x\in(-\infty,+\infty)$.

【证法 6】 令 $\beta = \sup\{y\geqslant a\,|\,f(x)=0, \forall x\in[a,y]\}$, 则 β 是非空集. 此时只需证

$\beta = b$ 即可. 用反证法. 设 $\beta < b$, 则由连续性有 $f(\beta) = 0$. 取 $\delta > 0$ 充分小, $\forall x \in (\beta, \beta + \delta)$, 有

$$\left| f(x) \right| = \left| f(x) - f(\beta) \right| = \left| (x - \beta) f'(\xi_1) \right| \leqslant \lambda \delta \cdot \left| f(\xi_1) \right| \leqslant \lambda \delta \left| (\xi_1 - \beta) \cdot f'(\xi_2) \right|$$
$$= (\lambda \delta)^2 \cdot \left| f(\xi_2) \right| \leqslant \cdots \leqslant (\lambda \delta)^n \cdot \left| f(\xi_n) \right|,$$

其中 $\beta < \xi_1 < x, \beta < \xi_2 < \xi_1, \cdots, \beta < \xi_n < \xi_{n-1}$. 于是 $\xi_n \in (\beta, \beta + \delta)$. 取 $\delta > 0$, 使 $\lambda \delta < 1$, 则由 $\lim\limits_{n \to \infty} (\lambda \delta)^n = 0$ 及上述不等式两边取极限, 得 $f(x) = 0$.

综上所述, 在 $[a, \beta + \delta)$ 上, 有 $f(x) = 0$, 这与 β 的定义相矛盾. 故 $\beta = b$, 即 $\forall x \in [a, b], f(x) \equiv 0$.

✳ 特别提示

[1] 利用证法 1 和证法 3 证明时, 条件 $f(x) \in C^1[a, b]$ 可减弱为 $f(x)$ 在 $[a, b]$ 上连续, 在 $(a, b]$ 内可导.

[2] 该题的逆否命题为设函数 $f(x)$ 在 $[a, b]$ 上连续, 在 $(a, b]$ 内可导, $f(a) = 0$, $f(x) > 0$ $(a < x \leqslant b)$, 则不存在常数 $M > 0$, 使 $\forall x \in (a, b]$, 有

$$\left| \frac{f'(x)}{f(x)} \right| \leqslant M.$$

[3] 该题可推广到一般情形: 设函数 $f(x), g(x)$ 在 $[a, b]$ 上连续, $f(x)$ 在 (a, b) 内可导, 且 $f(a) = 0$. 若有实数 $\lambda \neq 0$, 使得 $\left| f(x) g(x) + \lambda f'(x) \right| \leqslant \left| f(x) \right|$, 对 $x \in (a, b)$ 成立, 则 $f(x) \equiv 0$, $\forall x \in [a, b)$.

[4] 该题也可进一步推广到无穷区间情形: 设函数 $f(x)$ 在 $[a, +\infty)$ 上可微, $f(a) = 0$, 且存在实数 $\lambda > 0$, $\forall x \in [a, +\infty)$, 有 $\left| f'(x) \right| \leqslant \lambda \left| f(x) \right|$, 则 $f(x) \equiv 0$, $\forall x \in [a, +\infty)$.

类似地, 推广到无穷区间 $(-\infty, b]$ 和 $(-\infty, +\infty)$.

♻ 类题训练

1. 设函数 $f(x)$ 在 $[0, 1]$ 上连续, 在 $(0, 1)$ 内可导, $f(0) = 0$, 且 $\left| f'(x) \right| \leqslant \left| f(x) \right|$, $\forall x \in [0, 1]$, 证明 $f(x) \equiv 0$.

2. 设函数 $f(x)$ 在 $[0, 1]$ 上的导函数连续, $f(0) = 0$, 且满足 $0 \leqslant f'(x) \leqslant 2 f(x)$, 证明 $f(x) \equiv 0$.

3. 设函数 $f(x)$ 在 $(-\infty, +\infty)$ 上可微, $f(0) = 0$, 且 $\left| f'(x) \right| \leqslant p \left| f(x) \right|$, $p > 0$, 证明 $\forall x \in (-\infty, +\infty)$, $f(x) \equiv 0$.

4. 设函数 $f(x)$ 在 $(-1,1)$ 内二阶可导，$f(0)=f'(0)=0$，且 $\forall x \in (-1,1)$，$|f''(x)| \leqslant |f(x)| + |f'(x)|$，证明存在 $\delta > 0$，使得 $\forall x \in (-\delta, \delta)$，$f(x) \equiv 0$.

5. 设函数 $f(x)$ 在 $(-\infty, +\infty)$ 上二阶可导，$f(0)=f'(0)=0$，且 $\forall x \in (-\infty, +\infty)$，有 $|f''(x)| \leqslant C|f(x)f'(x)|$，其中 C 为正常数，证明 $\forall x \in (-\infty, +\infty)$，$f(x) \equiv 0$.

📖 典型例题

44 设函数 $f(x)$ 在 $(-\infty, +\infty)$ 内具有任意阶导数，且满足：(1) 存在常数 $L > 0$，$\forall x \in (-\infty, +\infty), n \in \mathbf{N}$，有 $|f^{(n)}(x)| < L$；(2) $f\left(\dfrac{1}{n}\right) = 0$ $(n=1,2,\cdots)$. 证明 $\forall x \in (-\infty, +\infty)$，$f(x) \equiv 0$.

【证法 1】 因为 $f(x)$ 在 $(-\infty, +\infty)$ 内可导，所以 $f(x)$ 在 $(-\infty, +\infty)$ 内连续，于是取 $x_n = \dfrac{1}{n}$，由题设 $f\left(\dfrac{1}{n}\right) = 0$，即得 $f(0) = \lim_{x \to 0} f(x) = \lim_{n \to \infty} f\left(\dfrac{1}{n}\right) = 0$.

又将 $f\left(\dfrac{1}{2}\right)$ 与 $f\left(\dfrac{1}{3}\right)$ 分别在点 $x = 0$ 处进行 Taylor 展开，得

$$0 = f\left(\frac{1}{2}\right) = f(0) + f'(0) \cdot \frac{1}{2} + \frac{1}{2!} f''(0) \cdot \left(\frac{1}{2}\right)^2 + \cdots + \frac{1}{n!} f^{(n)}(0) \cdot \left(\frac{1}{2}\right)^n + o\left(\left(\frac{1}{2}\right)^n\right),$$

$$0 = f\left(\frac{1}{3}\right) = f(0) + f'(0) \cdot \frac{1}{3} + \frac{1}{2!} f''(0) \cdot \left(\frac{1}{3}\right)^2 + \cdots + \frac{1}{n!} f^{(n)}(0) \cdot \left(\frac{1}{3}\right)^n + o\left(\left(\frac{1}{3}\right)^n\right).$$

比较上述两式，即得

$$f'(0) = f''(0) = \cdots = f^{(n)}(0) = 0.$$

对于任意 $x \in (-\infty, +\infty)$，再将 $f(x)$ 进行 Maclaurin 展开，得

$$f(x) = f(0) + f'(0)x + \frac{1}{2!} f''(0)x^2 + \cdots + \frac{1}{(n-1)!} f^{(n-1)}(0)x^{n-1} + \frac{1}{n!} f^{(n)}(\xi)x^n,$$

其中 ξ 介于 0 与 x 之间. 于是有 $f(x) = \dfrac{1}{n!} f^{(n)}(\xi)x^n$，从而

$$|f(x)| = \left| \frac{1}{n!} f^{(n)}(\xi)x^n \right| < \frac{L}{n!} |x|^n.$$

又由级数 $\displaystyle\sum_{n=1}^{\infty} \frac{|x|^n}{n!}$ 收敛知，$\displaystyle\lim_{n \to \infty} \frac{L}{n!} |x|^n = 0$，故由夹逼准则及 x 的任意性，得 $f(x) \equiv 0$，$\forall x \in (-\infty, +\infty)$.

【证法 2】 类似于证法 1 可得 $f^{(k)}(0) = 0$ $(k=1,2,\cdots,n)$. 于是当 $x > 0$ 时，有

$$f^{(n-1)}(x) = f^{(n-1)}(x) - f^{(n-1)}(0) = \int_0^x f^{(n)}(t)\mathrm{d}t \,,$$

从而

$$\left| f^{(n-1)}(x) \right| < \int_0^x \left| f^{(n)}(t) \right| \mathrm{d}t < L\int_0^x \mathrm{d}t = Lx \,,$$

又因为 $f^{(n-2)}(x) = \int_0^x f^{(n-1)}(t)\mathrm{d}t$ ，所以

$$\left| f^{(n-2)}(x) \right| < \int_0^x \left| f^{(n-1)}(t) \right| \mathrm{d}t < \int_0^x Lt\mathrm{d}t = \frac{L}{2}x^2 \,, \cdots,$$

依此类推，得 $\left| f(x) \right| < \dfrac{L}{n!} x^n$. 类似地，当 $x < 0$ 时，也可证得 $\left| f(x) \right| < \dfrac{L}{n!} \left| x^n \right|$. 于是由 $\lim\limits_{n \to \infty} \dfrac{L}{n!} \left| x \right|^n = 0$ 及夹逼准则可得 $\lim\limits_{n \to \infty} f(x) = f(x) = 0$ ，故由 x 的任意性可得 $\forall x \in (-\infty, +\infty)$ ，有 $f(x) \equiv 0$.

特别提示　　利用题设，得到函数在 $x = 0$ 点处各阶导数的值，再利用 Maclaurin 展开式及夹逼准则，这是证明该类问题的一种常规思路.

类题训练

1. 设函数 $f(x)$ 在 $[-1,1]$ 上有任意阶导数，$f^{(n)}(0) = 0$ ，$n = 1, 2, \cdots$，且存在常数 $C > 0$ ，使得对所有的 $n \in \mathbf{N}_+$ 和 $x \in [-1,1]$ 成立不等式 $\left| f^{(n)}(x) \right| \leqslant n!C^n$ ，证明在 $[-1,1]$ 上，$f(x) \equiv 0$. (2018 年四川大学高等数学竞赛试题)

2. 设函数 $f(x)$ 和 $g(x)$ 在 $(-1,1)$ 内具有任意阶导数，且满足

$$\left| f^{(n)}(x) - g^{(n)}(x) \right| \leqslant n! \left| x \right|, \quad \left| x \right| < 1, \quad n = 0, 1, 2, \cdots,$$

证明 $\forall x \in (-1,1)$，$f(x) = g(x)$.

3. 设函数 $f(x)$ 在 $[-1,1]$ 上具有任意阶导数，存在 $M > 0$ ，使 $\left| f^{(n)}(x) \right| \leqslant n!M$ ，并且 $f\left(\dfrac{1}{n} \right) = \ln(1 + 2n) - \ln n$ ，$n = 1, 2, \cdots$，求 $f^{(k)}(0)(k = 1, 2, \cdots)$ ，并求 $f(x)$.

典型例题

45　设函数 $f(x)$ 在 $(-\infty, +\infty)$ 上二次可微，且有界，证明存在点 $x_0 \in (-\infty, +\infty)$ ，使得 $f''(x_0) = 0$.

【证法 1】　若 $f''(x)$ 在 $(-\infty, +\infty)$ 上变号，则由导函数的介值性定理(达布定理)，一定存在 $x_0 \in (-\infty, +\infty)$ ，使得 $f''(x_0) = 0$.

下面用反证法证明 $f''(x)$ 在 $(-\infty, +\infty)$ 上一定会变号.

假设 $f''(x)$ 在 $(-\infty, +\infty)$ 上不变号, 不妨设 $f''(x) > 0$ (若 $f''(x) < 0$, 则类似证明), 则 $f'(x)$ 在 $(-\infty, +\infty)$ 上严格单调增加, 于是 $f'(x)$ 不恒为常数, 故存在 $x_1 \in (-\infty, +\infty)$, 使得 $f'(x_1) \neq 0$. 又将 $f(x)$ 在点 x_1 进行 Taylor 展开, 有

$$f(x) = f(x_1) + f'(x_1)(x - x_1) + \frac{1}{2!} f''(\xi)(x - x_1)^2 \geqslant f(x_1) + f'(x_1)(x - x_1),$$

其中 ξ 介于 x_1 与 x 之间.

若 $f'(x_1) > 0$, 则不等式两边令 $x \to +\infty$ 取极限得 $\lim\limits_{x \to +\infty} f(x) = +\infty$; 若 $f'(x_1) < 0$, 则不等式两边令 $x \to -\infty$ 取极限得 $\lim\limits_{x \to -\infty} f(x) = +\infty$. 无论哪种情况, 都与 $f(x)$ 在 $(-\infty, +\infty)$ 上有界相矛盾. 故假设不成立, 即得 $f''(x)$ 在 $(-\infty, +\infty)$ 一定会变号.

【证法 2】 先用反证法证明存在两点 $a, b \in (-\infty, +\infty)$, $a < b$, 使得 $f'(a) = f'(b)$.

假设 $\forall a, b \in (-\infty, +\infty)$, $a < b$, $f'(a) \neq f'(b)$, 不妨设 $f'(a) < f'(b)$ (若 $f'(a) > f'(b)$, 则类似证明), 则 $f'(x)$ 在 $(-\infty, +\infty)$ 上严格单调增加, 于是 $f'(x)$ 不恒为常数, 故存在常数 $x_1 \in (-\infty, +\infty)$, 使得 $f'(x_1) \neq 0$.

(i) 若 $f'(x_1) > 0$, 则当 $x > x_1$ 时, 由 Lagrange 中值定理, 存在 $\xi \in (x_1, x)$, 使

$$f(x) = f(x_1) + f'(\xi)(x - x_1) > f(x_1) + f'(x_1)(x - x_1) \to +\infty \quad (x \to +\infty);$$

(ii) 若 $f'(x_1) < 0$, 则当 $x < x_1$ 时, 由 Lagrange 中值定理, 存在 $\eta \in (x, x_1)$, 使

$$f(x) = f(x_1) + f'(\eta)(x - x_1) > f(x_1) + f'(x_1)(x - x_1) \to +\infty \quad (x \to -\infty).$$

不论情形 (i) 还是情形 (ii) 都与已知 $f(x)$ 在 $(-\infty, +\infty)$ 上有界相矛盾. 故存在 $a, b \in (-\infty, +\infty)$, $a < b$, 使得 $f'(a) = f'(b)$. 再对 $f'(x)$ 在 $[a, b]$ 上用 Rolle 定理知, 必存在 $x_0 \in (a, b) \subset (-\infty, +\infty)$, 使得 $f''(x_0) = 0$.

特别提示

[1] 反证法是证明该类问题的常用方法. 类似地, 可证明: 设函数 $f(x)$ 在点 x_0 处二阶可导, 证明 $f(x)$ 在点 x_0 处取到极大值 (或极小值) 的必要条件是 $f'(x_0) = 0$ 且 $f''(x_0) \leqslant 0$ (或 $f''(x_0) \geqslant 0$).

[2] 广义 Rolle 定理的几种形式:

(i) 设函数 $f(x)$ 在 (a, b) 内可导, 且 $\lim\limits_{x \to a^+} f(x) = \lim\limits_{x \to b^-} f(x) = A$ (A 为有限值, 或 $\pm\infty$), 则至少存在一点 $\xi \in (a, b)$, 使 $f'(\xi) = 0$.

(ii) 设函数 $f(x)$ 在 $[a, +\infty)$ 上连续, 在 $(a, +\infty)$ 内可导, 且 $f(a) = \lim\limits_{x \to +\infty} f(x)$, 则至少存在一点 $\xi \in (a, +\infty)$, 使 $f'(\xi) = 0$.

(iii) 设函数 $f(x)$ 在 $(a, +\infty)$ 内可导, 且 $\lim\limits_{x \to a^+} f(x) = \lim\limits_{x \to +\infty} f(x) = A$ (A 为有限

值), 则至少存在一点 $\xi \in (a, +\infty)$, 使 $f'(\xi) = 0$.

(iv) 设函数 $f(x)$ 在 $(-\infty, +\infty)$ 上可导, 且 $\lim\limits_{x \to -\infty} f(x) = \lim\limits_{x \to +\infty} f(x) = \pm\infty$, 则至少存在一点 $\xi \in (-\infty, +\infty)$, 使 $f'(\xi) = 0$.

♻ 类题训练

1. 设函数 $f(x)$ 在无穷区间 $(x_0, +\infty)$ 上二次可微, 且 $f(x_0 + 1) = 0$, $\lim\limits_{x \to x_0^+} f(x) = \lim\limits_{x \to +\infty} f(x) = 0$, 证明至少存在一点 $\xi \in (x_0, +\infty)$, 使得 $f''(\xi) = 0$.

2. 设函数 $f(x)$ 在无穷区间 $(x_0, +\infty)$ 上二次可微, 且 $\lim\limits_{x \to +\infty} f(x) = \lim\limits_{x \to x_0^+} f(x)$ 存在(有限), 证明至少存在一点 $\xi \in (x_0, +\infty)$, 使得 $f''(\xi) = 0$.

3. 设函数 $f(x)$ 在 $[a, +\infty)$ 上二阶可导, 且 $f(a) = \lim\limits_{x \to +\infty} f(x)$, 证明至少存在一点 $\xi \in (a, +\infty)$, 使得 $f''(\xi) = 0$.

4. 设函数 $f(x)$ 在 $[0, +\infty)$ 上可导, $\lim\limits_{x \to +\infty} f(x) = 0$, 且 $f(0) \cdot f'(0) \geqslant 0$, 证明至少存在一点 $\xi \in [0, +\infty)$, 使得 $f'(\xi) = 0$.

第3章　一元函数积分学

3.1　不定积分

一、经典习题选编

1　求 $\displaystyle\int \frac{\mathrm{d}x}{1+\mathrm{e}^x}$.

2　求 $\displaystyle\int \frac{\mathrm{d}x}{a\sin x + b\cos x}$，其中 a，b 都是常数且 $a\cdot b\neq 0$.

3　求 $\displaystyle\int \frac{\mathrm{d}x}{x\left(x^6+4\right)}$.

4　求 $\displaystyle\int \frac{\mathrm{d}x}{\sin^2 x\cos^2 x}$.

5　求 $\displaystyle\int \frac{\tan x}{1+\cos x}\mathrm{d}x$.

6　求 $\displaystyle\int \frac{\mathrm{d}x}{\sqrt{x(1-x)}}$.

7　计算不定积分 $\displaystyle\int \frac{\mathrm{d}x}{x\sqrt{x^2-1}}$.

8　求 $\displaystyle\int \frac{\mathrm{d}x}{x\sqrt{4-x^2}}$.

9　求 $\displaystyle\int \frac{1+\sin x}{1+\cos x}\mathrm{e}^x\mathrm{d}x$. (2002 年江苏省高等数学竞赛试题)

10　求 $\displaystyle\int \sqrt{\frac{a+x}{a-x}}\mathrm{d}x$.

11　求 $\displaystyle\int \sqrt{\frac{x-a}{b-x}}\mathrm{d}x$，其中 $a<b$.

12　求 $\displaystyle\int \sin(\ln x)\mathrm{d}x$. (2014 年大连市第二十三届高等数学竞赛试题(B))

13　求 $\displaystyle\int x\mathrm{e}^x\sin x\mathrm{d}x$.

14　求 $\displaystyle\int \frac{x + \sin x \cos x}{(\cos x - x \sin x)^2}\mathrm{d}x$. (2004 年江苏省高等数学竞赛题)

15　求 $\displaystyle\int \frac{\mathrm{d}x}{x^3 + 1}$.

16　已知 $f(x)$ 在区间 $\left(\dfrac{1}{4}, \dfrac{1}{2}\right)$ 内满足 $f'(x) = \dfrac{1}{\sin^3 x + \cos^3 x}$, 求 $f(x)$. (2010 年首届全国大学生竞赛决赛(非数学类)试题)

17　已知积分 $\displaystyle\int \frac{\mathrm{e}^x}{x}\mathrm{d}x$ 不是初等函数, 试求 λ 使 $\displaystyle\int \frac{3x^2 + \lambda x - 4}{x^3}\mathrm{e}^x\mathrm{d}x$ 是一个初等函数, 并求该积分.

18　求 $\displaystyle\int \frac{a \sin x + b \cos x}{a_1 \sin x + b_1 \cos x}\mathrm{d}x$, 其中 a, b, a_1, b_1 为常数, a_1, b_1 不同时为 0.

19　求 $\displaystyle\int \frac{\cos^2 x\, \mathrm{d}x}{\sin x + \sqrt{3} \cos x}$.

20　求 $\displaystyle\int \frac{\mathrm{d}x}{(\sin^2 x + 2\cos^2 x)^2}$.

二、一题多解

📖 **典型例题**

1　求 $\displaystyle\int \frac{\mathrm{d}x}{1 + \mathrm{e}^x}$.

【解法 1】　$\displaystyle\int \frac{\mathrm{d}x}{1 + \mathrm{e}^x} = \int \frac{(\mathrm{e}^x + 1) - \mathrm{e}^x}{1 + \mathrm{e}^x}\mathrm{d}x = \int \mathrm{d}x - \int \frac{\mathrm{e}^x}{1 + \mathrm{e}^x}\mathrm{d}x = x - \ln(\mathrm{e}^x + 1) + C$.

【解法 2】　$\displaystyle\int \frac{\mathrm{d}x}{1 + \mathrm{e}^x} = \int \frac{\mathrm{e}^{-x}}{1 + \mathrm{e}^{-x}}\mathrm{d}x = -\int \frac{\mathrm{d}(1 + \mathrm{e}^{-x})}{1 + \mathrm{e}^{-x}} = -\ln(1 + \mathrm{e}^{-x}) + C$.

【解法 3】　注意到 $1 + \tan^2 t = \sec^2 t$, 令 $\mathrm{e}^x = \tan^2 t$, 则

$$\int \frac{\mathrm{d}x}{1 + \mathrm{e}^x} = \int \frac{2}{\tan t}\mathrm{d}t = 2\int \frac{\cos t}{\sin t}\mathrm{d}t = 2\ln|\sin t| + C = 2\ln \frac{1}{\sqrt{1 + \mathrm{e}^{-x}}} + C = -\ln(\mathrm{e}^{-x} + 1) + C.$$

【解法 4】　令 $\mathrm{e}^x = t$, 则 $x = \ln t$, $\mathrm{d}x = \dfrac{1}{t}\mathrm{d}t$, 于是

$$\int \frac{\mathrm{d}x}{1 + \mathrm{e}^x} = \int \frac{1}{1 + t} \cdot \frac{1}{t}\mathrm{d}t = \int \left(\frac{1}{t} - \frac{1}{t + 1}\right)\mathrm{d}t = \ln\left|\frac{t}{t + 1}\right| + C = \ln\left|\frac{\mathrm{e}^x}{\mathrm{e}^x + 1}\right| + C.$$

【解法 5】　令 $I = \displaystyle\int \frac{\mathrm{d}x}{1 + \mathrm{e}^x}$, $J = \displaystyle\int \frac{\mathrm{e}^x}{1 + \mathrm{e}^x}\mathrm{d}x$, 则 $I + J = \displaystyle\int \frac{1 + \mathrm{e}^x}{1 + \mathrm{e}^x}\mathrm{d}x = x + C_1$, $J =$

$$\int \frac{\mathrm{d}\left(e^x+1\right)}{e^x+1} = \ln\left(1+e^x\right)+C_2,\ \text{故}\ I = x-\ln\left(1+e^x\right)+C,\ \text{其中}\ C = C_1-C_2.$$

特别提示　　如上所示，利用 e^x 的特性将被积函数变形，可以方便地求得不定积分结果.

类题训练

1. 求下列不定积分：

(1) $\displaystyle\int \frac{\mathrm{d}x}{e^x+e^{-x}}$；　　(2) $\displaystyle\int \frac{\mathrm{d}x}{\sqrt{1+e^{2x}}}$；　　(3) $\displaystyle\int \frac{xe^x}{\sqrt{e^x-1}}\mathrm{d}x$；　　(4) $\displaystyle\int \frac{e^x\left(1+e^x\right)}{\sqrt{1-e^{2x}}}\mathrm{d}x$；

(5) $\displaystyle\int \frac{1+x}{x\left(1+xe^x\right)}\mathrm{d}x$；(6) $\displaystyle\int \frac{\ln\left(e^x+1\right)}{e^x}\mathrm{d}x$；(7) $\displaystyle\int \frac{\mathrm{d}x}{\left(1+e^x\right)^2}$.

典型例题

2　求 $\displaystyle\int \frac{\mathrm{d}x}{a\sin x+b\cos x}$，其中 a，b 都是常数且 $a\cdot b \neq 0$.

【解法1】　因为

$$a\sin x+b\cos x = \sqrt{a^2+b^2}\cdot\left(\frac{a}{\sqrt{a^2+b^2}}\cdot\sin x+\frac{b}{\sqrt{a^2+b^2}}\cdot\cos x\right)$$

$$= \sqrt{a^2+b^2}\cdot\sin\left(x+\varphi\right),$$

其中 $\cos\varphi = \dfrac{a}{\sqrt{a^2+b^2}}$，$\sin\varphi = \dfrac{b}{\sqrt{a^2+b^2}}$，所以

$$\int \frac{\mathrm{d}x}{a\sin x+b\cos x} = \frac{1}{\sqrt{a^2+b^2}}\int \frac{\mathrm{d}\left(x+\varphi\right)}{\sin\left(x+\varphi\right)} = \frac{1}{\sqrt{a^2+b^2}}\int \csc\left(x+\varphi\right)\mathrm{d}\left(x+\varphi\right)$$

$$= \frac{1}{\sqrt{a^2+b^2}}\ln\left|\csc\left(x+\varphi\right)-\cot\left(x+\varphi\right)\right|+C.$$

【解法2】　同解法1，有 $a\sin x+b\cos x = \sqrt{a^2+b^2}\cdot\sin\left(x+\varphi\right)$，所以

$$\int \frac{\mathrm{d}x}{a\sin x+b\cos x} = \frac{1}{\sqrt{a^2+b^2}}\int \frac{\mathrm{d}\left(x+\varphi\right)}{\sin\left(x+\varphi\right)} = \frac{1}{\sqrt{a^2+b^2}}\int \frac{\sec^2\dfrac{x+\varphi}{2}}{\tan\dfrac{x+\varphi}{2}}\mathrm{d}\left(\frac{x+\varphi}{2}\right)$$

$$= \frac{1}{\sqrt{a^2+b^2}}\ln\left|\tan\frac{x+\varphi}{2}\right|+C.$$

【**解法 3**】　利用万能代换公式，令 $t = \tan\dfrac{x}{2}$，则

$$\int \frac{\mathrm{d}x}{a\sin x + b\cos x} = \int \frac{2\mathrm{d}t}{2at + b\left(1-t^2\right)} = -\frac{2}{b}\int \frac{\mathrm{d}t}{t^2 - \dfrac{2a}{b}t - 1} = -\frac{2}{b}\int \frac{\mathrm{d}t}{\left(t - \dfrac{a}{b}\right)^2 - \left(1 + \dfrac{a^2}{b^2}\right)}$$

$$= -\frac{1}{\sqrt{a^2 + b^2}}\ln\left|\frac{bt - a - \sqrt{a^2 + b^2}}{bt - a + \sqrt{a^2 + b^2}}\right| + C$$

$$= -\frac{1}{\sqrt{a^2 + b^2}}\ln\left|\frac{b\tan\dfrac{x}{2} - a - \sqrt{a^2 + b^2}}{b\tan\dfrac{x}{2} - a + \sqrt{a^2 + b^2}}\right| + C.$$

✳ **特别提示**　求解该题需要熟练掌握三角函数的变换公式、诱导公式、求导公式及不定积分公式.

♻ **类题训练**

1. 求下列不定积分:

(1) $\displaystyle\int \frac{\mathrm{d}x}{3\sin x - 4\cos x}$;　(2) $\displaystyle\int \frac{\sin x + \cos x}{\sqrt[3]{\sin x - \cos x}}\mathrm{d}x$;　(3) $\displaystyle\int \frac{\mathrm{d}x}{2\sin x - \cos x + 5}$;

(4) $\displaystyle\int \frac{\sin x\cos x}{\sin x + \cos x}\mathrm{d}x$;　(5) $\displaystyle\int \frac{\cos x\,\mathrm{d}x}{\sin x\left(\sin x + \cos x\right)}$.

📖 **典型例题**

3　求 $\displaystyle\int \frac{\mathrm{d}x}{x\left(x^6 + 4\right)}$.

【**解法 1**】

$$\int \frac{\mathrm{d}x}{x\left(x^6 + 4\right)} = \int \frac{x^5\mathrm{d}x}{x^6\left(x^6 + 4\right)} = \frac{1}{24}\int \left(\frac{1}{x^6} - \frac{1}{x^6 + 4}\right)\mathrm{d}\left(x^6\right)$$

$$= \frac{1}{24}\left[\ln x^6 - \ln\left(x^6 + 4\right)\right] + C = \frac{1}{24}\ln\frac{x^6}{x^6 + 4} + C.$$

【**解法 2**】

$$\int \frac{\mathrm{d}x}{x\left(x^6 + 4\right)} = \int \frac{\mathrm{d}x}{x^7\left(1 + 4x^{-6}\right)} = -\frac{1}{24}\int \frac{\mathrm{d}\left(1 + 4x^{-6}\right)}{1 + 4x^{-6}} = -\frac{1}{24}\ln\left(1 + 4x^{-6}\right) + C.$$

【解法 3】　分母关于 x 的最高幂次比分子关于 x 的最高幂次要高 7 次, 可考虑作倒代换, 令 $x = \dfrac{1}{t}$, 则

$$\int \frac{\mathrm{d}x}{x\left(x^6+4\right)} = -\int \frac{t^5 \mathrm{d}t}{1+4t^6} = -\frac{1}{24}\int \frac{\mathrm{d}\left(1+4t^6\right)}{1+4t^6} = -\frac{1}{24}\ln\left(1+4t^6\right)+C$$

$$= -\frac{1}{24}\ln\left(1+\frac{4}{x^6}\right)+C.$$

【解法 4】

$$\int \frac{\mathrm{d}x}{x\left(x^6+4\right)} = \frac{1}{4}\int \frac{\left(x^6+4\right)-x^6}{x\left(x^6+4\right)}\mathrm{d}x = \frac{1}{4}\left[\int \frac{1}{x}\mathrm{d}x - \int \frac{x^5}{x^6+4}\mathrm{d}x\right] = \frac{1}{4}\left[\int \frac{1}{x}\mathrm{d}x - \frac{1}{6}\int \frac{\mathrm{d}\left(x^6+4\right)}{x^6+4}\right]$$

$$= \frac{1}{4}\left[\ln|x| - \frac{1}{6}\ln\left(x^6+4\right)\right]+C = \frac{1}{24}\ln\frac{x^6}{x^6+4}+C.$$

✴ **特别提示**　上述解法表明: 掌握一些常用的变形技巧和倒代换的适用范围, 对不定积分的求解是很有必要的.

♻ **类题训练**

1. 求下列不定积分:

(1) $\displaystyle\int \frac{\mathrm{d}x}{x^8\left(1+x^2\right)}$;　　　(2) $\displaystyle\int \frac{\mathrm{d}x}{x\left(1+x^{10}\right)}$;　　　(3) $\displaystyle\int \frac{x^{11}}{\left(1+x^8\right)^2}\mathrm{d}x$;

(4) $\displaystyle\int \frac{x^{11}}{x^8+3x^4+2}\mathrm{d}x$;　　　(5) $\displaystyle\int \frac{x^3}{\left(1+x^8\right)^2}\mathrm{d}x$.

📖 **典型例题**

4 　求 $\displaystyle\int \frac{\mathrm{d}x}{\sin^2 x \cos^2 x}$.

【解法 1】

$$\int \frac{\mathrm{d}x}{\sin^2 x \cos^2 x} = \int \frac{\mathrm{d}x}{\frac{1}{4}\sin^2 2x} = 2\int \csc^2 2x \, \mathrm{d}(2x) = -2\cot(2x)+C.$$

【解法 2】　利用 $1 = \sin^2 x + \cos^2 x$,

$$\int \frac{\mathrm{d}x}{\sin^2 x \cos^2 x} = \int \frac{\sin^2 x + \cos^2 x}{\sin^2 x \cos^2 x}\mathrm{d}x = \int \frac{\mathrm{d}x}{\cos^2 x} + \int \frac{\mathrm{d}x}{\sin^2 x} = \tan x - \cot x + C.$$

【解法 3】　利用 $1 = \left(\sin^2 x + \cos^2 x\right)^2 = \sin^4 x + 2\sin^2 x \cos^2 x + \cos^4 x$,

$$\int \frac{\mathrm{d}x}{\sin^2 x \cos^2 x} = \int \left(\tan^2 x + 2 + \cot^2 x\right)\mathrm{d}x = \int \left[\left(\sec^2 x - 1\right) + 2 + \left(\csc^2 x - 1\right)\right]\mathrm{d}x$$

$$= \int \sec^2 x \,\mathrm{d}x + \int \csc^2 x \,\mathrm{d}x = \tan x - \cot x + C.$$

【解法 4】

$$\int \frac{\mathrm{d}x}{\sin^2 x \cos^2 x} = \int \frac{\mathrm{d}x}{\cos^2 x \tan^2 x \cos^2 x} = \int \frac{\sec^2 x}{\tan^2 x}\mathrm{d}(\tan x)$$

$$= \int \frac{1 + \tan^2 x}{\tan^2 x}\mathrm{d}(\tan x) = -\frac{1}{\tan x} + \tan x + C.$$

特别提示　在求解一些三角函数有理式的不定积分时, 熟练运用三角函数的诱导公式, 特别是 $1 = \sin^2 x + \cos^2 x$, 会收到意想不到的效果.

类题训练

1. 求下列不定积分:

(1) $\displaystyle\int \frac{\mathrm{d}x}{\sin x \cos x}$; 　　(2) $\displaystyle\int \frac{\mathrm{d}x}{\sin 2x \cos x}$; 　　(3) $\displaystyle\int \frac{\mathrm{d}x}{\sin^2 x \cos^4 x}$;

(4) $\displaystyle\int \frac{1 + \sin x + \cos x}{1 + \sin^2 x}\mathrm{d}x$; 　　(5) $\displaystyle\int \frac{\mathrm{d}x}{\sin^3 x \cos x}$.

典型例题

5 求 $\displaystyle\int \frac{\tan x}{1 + \cos x}\mathrm{d}x$.

【解法 1】　$\displaystyle\int \frac{\tan x}{1 + \cos x}\mathrm{d}x = \int \frac{\tan x \sec x}{\sec x + 1}\mathrm{d}x = \int \frac{\mathrm{d}(\sec x + 1)}{\sec x + 1} = \ln|\sec x + 1| + C$.

【解法 2】　令 $u = \cos x$, 则

$$\int \frac{\tan x}{1 + \cos x}\mathrm{d}x = \int \frac{\sin x}{\cos x (1 + \cos x)}\mathrm{d}x = -\int \frac{\mathrm{d}(\cos x)}{\cos x (1 + \cos x)} = -\int \frac{\mathrm{d}u}{u(u+1)}$$

$$= -\left(\int \frac{\mathrm{d}u}{u} - \int \frac{\mathrm{d}u}{u+1}\right) = -\ln|u| + \ln|u+1| + C = \ln\left|\frac{\cos x + 1}{\cos x}\right| + C.$$

【解法 3】　利用倍角公式 $\tan x = \dfrac{2\tan\dfrac{x}{2}}{1 - \tan^2\dfrac{x}{2}}$, $\cos x = 2\cos^2\dfrac{x}{2} - 1$, 有

$$\int \frac{\tan x}{1+\cos x}dx = \int \frac{2\tan\frac{x}{2}}{1-\tan^2\frac{x}{2}} \cdot \frac{1}{2\cos^2\frac{x}{2}}dx = 2\int \frac{\tan\frac{x}{2}}{1-\tan^2\frac{x}{2}}d\left(\tan\frac{x}{2}\right)$$

$$= -\int \frac{d\left(1-\tan^2\frac{x}{2}\right)}{1-\tan^2\frac{x}{2}} = -\ln\left|1-\tan^2\frac{x}{2}\right| + C.$$

【解法4】

$$\int \frac{\tan x}{1+\cos x}dx = \int \frac{\tan x(1-\cos x)}{1-\cos^2 x}dx = \int \frac{\tan x}{\sin^2 x}dx - \int \frac{dx}{\sin x} = \int \frac{dx}{\sin x \cos x} - \int \frac{dx}{\sin x}$$

$$= \int \frac{d(2x)}{\sin 2x} - \int \frac{dx}{\sin x} = \int \csc 2x\, d(2x) - \int \csc x\, dx = \ln\left|\csc(2x) - \cot(2x)\right|$$

$$- \ln\left|\csc x - \cot x\right| + C.$$

【解法5】

$$\int \frac{\tan x}{1+\cos x}dx = \int \frac{dx}{\sin x \cos x} - \int \frac{dx}{\sin x} = \int \frac{\sin^2 x + \cos^2 x}{\sin x \cos x}dx - \int \frac{dx}{\sin x}$$

$$= \int \tan x\, dx + \int \cot x\, dx - \int \frac{dx}{\sin x}$$

$$= -\ln\left|\cos x\right| + \ln\left|\sin x\right| - \ln\left|\csc x - \cot x\right| + C.$$

【解法6】 用万能代换公式，令 $u = \tan\frac{x}{2}$，则 $\cos x = \frac{1-u^2}{1+u^2}$，$\tan x = \frac{2u}{1-u^2}$，

$dx = \frac{2}{1+u^2}du$，于是

$$\int \frac{\tan x}{1+\cos x} = \int \frac{\frac{2u}{1-u^2}}{1+\frac{1-u^2}{1+u^2}} \cdot \frac{2}{1+u^2}du = \int \frac{2u}{1-u^2}du = -\int \frac{d\left(1-u^2\right)}{1-u^2}$$

$$= -\ln\left|1-u^2\right| + C = -\ln\left|1-\tan^2\frac{x}{2}\right| + C.$$

【解法7】 令 $I = \int \frac{\tan x}{1+\cos x}dx$，$J = \int \frac{\tan x}{1-\cos x}dx$，则

$$I + J = \int \tan x\left(\frac{1}{1+\cos x} + \frac{1}{1-\cos x}\right)dx = 2\int \frac{dx}{\cos x \sin x} = 2\int \frac{d(2x)}{\sin 2x},$$

$$I - J = \int \tan x\left(\frac{1}{1+\cos x} - \frac{1}{1-\cos x}\right)dx = -2\int \frac{dx}{\sin x}.$$

两式相加，即得

$$I = \int \frac{\mathrm{d}(2x)}{\sin 2x} - \int \frac{\mathrm{d}x}{\sin x} = \ln \left| \csc(2x) - \cot(2x) \right| - \ln \left| \csc x - \cot x \right| + C.$$

特别提示 该题要求熟练掌握三角函数变换公式、万能代换公式等.

类题训练

1. 求下列不定积分:

(1) $\displaystyle\int \frac{1 + \tan x}{1 - \tan x} \mathrm{d}x$;
(2) $\displaystyle\int \frac{\sin x}{\sin x + \cos x} \mathrm{d}x$;

(3) $\displaystyle\int \frac{\mathrm{d}x}{1 + \sin x + \cos x}$;
(4) $\displaystyle\int \frac{\mathrm{d}x}{(2 + \sin x)\cos x}$.

典型例题

6 求 $\displaystyle\int \frac{\mathrm{d}x}{\sqrt{x(1-x)}}$.

【解法 1】 被积函数的定义域为 $0 < x < 1$，故

$$\int \frac{\mathrm{d}x}{\sqrt{x(1-x)}} = \int \frac{\mathrm{d}x}{\sqrt{x}\sqrt{1-x}} = 2\int \frac{\mathrm{d}\left(\sqrt{x}\right)}{\sqrt{1 - \left(\sqrt{x}\right)^2}} = 2\arcsin\sqrt{x} + C.$$

【解法 2】 被积函数的定义域为 $0 < x < 1$，故

$$\int \frac{\mathrm{d}x}{\sqrt{x(1-x)}} = \int \frac{\mathrm{d}x}{\sqrt{x}\sqrt{1-x}} = -2\int \frac{1}{\sqrt{x}}\mathrm{d}\left(\sqrt{1-x}\right) = -2\int \frac{\mathrm{d}\left(\sqrt{1-x}\right)}{\sqrt{1 - \left(\sqrt{1-x}\right)^2}}$$

$$= -2\arcsin\sqrt{1-x} + C.$$

【解法 3】 令 $x - \dfrac{1}{2} = \dfrac{1}{2}\sin t \ \left(-\dfrac{\pi}{2} < t < \dfrac{\pi}{2}\right)$，则

$$\int \frac{\mathrm{d}x}{\sqrt{x(1-x)}} = \int \frac{\mathrm{d}\left(x - \dfrac{1}{2}\right)}{\sqrt{\dfrac{1}{4} - \left(x - \dfrac{1}{2}\right)^2}} = \int \frac{\dfrac{1}{2}\cos t}{\sqrt{\dfrac{1}{4} - \dfrac{1}{4}\sin^2 t}}\mathrm{d}t = \int \mathrm{d}t = t + C = \arcsin(2x - 1) + C.$$

【解法 4】 令 $\sqrt{x} = \sin t \ \left(0 < t < \dfrac{\pi}{2}\right)$，则 $x = \sin^2 t$，

$$\int \frac{\mathrm{d}x}{\sqrt{x(1-x)}} = \int \frac{2\sin t \cos t}{\sin t \cos t}\mathrm{d}t = 2\int \mathrm{d}t = 2t + C = 2\arcsin\sqrt{x} + C.$$

【解法 5】 令 $t = 2x - 1$，则

$$\int \frac{\mathrm{d}x}{\sqrt{x(1-x)}} = \int \frac{\mathrm{d}(2x-1)}{\sqrt{1-(2x-1)^2}} = \int \frac{\mathrm{d}t}{\sqrt{1-t^2}} = \arcsin t + C = \arcsin(2x-1) + C.$$

【解法 6】 令 $x = \dfrac{1}{t}$，则 $\mathrm{d}x = -\dfrac{1}{t^2}\mathrm{d}t$，

$$\int \frac{\mathrm{d}x}{\sqrt{x(1-x)}} = \int \frac{t}{\sqrt{t-1}} \cdot \left(-\frac{1}{t^2}\right)\mathrm{d}t = -\int \frac{\mathrm{d}t}{t\sqrt{t-1}} = -2\int \frac{1}{t}\mathrm{d}\left(\sqrt{t-1}\right)$$

$$= -2\int \frac{1}{1+\left(\sqrt{t-1}\right)^2}\mathrm{d}\left(\sqrt{t-1}\right) = -2\arctan\sqrt{t-1} + C$$

$$= -2\arctan\sqrt{\frac{1-x}{x}} + C.$$

【解法 7】 被积函数的定义域为 $0 < x < 1$，故

$$\int \frac{\mathrm{d}x}{\sqrt{x(1-x)}} = \int \frac{\mathrm{d}x}{(1-x)\sqrt{\dfrac{x}{1-x}}} = \int \frac{1}{1-x} 2(1-x)^2 \,\mathrm{d}\left(\sqrt{\frac{x}{1-x}}\right)$$

$$= 2\int (1-x)\,\mathrm{d}\left(\sqrt{\frac{x}{1-x}}\right) = 2\int \frac{1}{1+\left(\sqrt{\dfrac{x}{1-x}}\right)^2}\mathrm{d}\left(\sqrt{\frac{x}{1-x}}\right)$$

$$= 2\arctan\sqrt{\frac{x}{1-x}} + C.$$

✳ **特别提示** 积分运算是微分运算的逆运算，相比于求导运算，运算难度要大些. 当积分不能直接用基本积分公式和性质求解出来时，通常可以考虑利用一些常用的换元方法，把被积函数变形为可用基本积分公式求解的形式，再用基本积分公式求得结果. 不同方法计算结果的形式可以不相同，它们之间相差一个任意常数. 不要拘泥于不定积分计算结果的形式，只要过程没有错误，且带任意常数的积分结果的导数等于被积函数，则这个不定积分计算结果就是正确的.

♻ **类题训练**

1. 求下列不定积分:

(1) $\displaystyle\int \frac{\mathrm{d}x}{\sqrt{x}\,(1+x)}$；　　(2) $\displaystyle\int \frac{\mathrm{d}x}{\sqrt{x(4-x)}}$；　　(3) $\displaystyle\int \frac{\operatorname{arccot}\sqrt{x}}{\sqrt{x}\,(1+x)}\mathrm{d}x$；

(4) $\displaystyle\int \frac{\arcsin \sqrt{x}}{\sqrt{x-x^2}}\mathrm{d}x$.

2. 计算 $\displaystyle\int_0^1 x\arcsin\left(2\sqrt{x(1-x)}\right)\mathrm{d}x$.

3. 计算 $\displaystyle\int_0^1 \frac{\arcsin \sqrt{x}}{\sqrt{1-x+x^2}}\mathrm{d}x$.

📖 典型例题

7 计算不定积分 $\displaystyle\int \frac{\mathrm{d}x}{x\sqrt{x^2-1}}$.

【**解法 1**】 可考虑利用 $\sec^2 t-1=\tan^2 t$ 来化去根式. 注意到被积函数 $f(x)=$ $\dfrac{1}{x\sqrt{x^2-1}}$ 的定义域是 $x>1$ 和 $x<-1$ 两个区间, 我们在两个区间内分别求不定积分.

当 $x>1$ 时, 令 $x=\sec t\ \left(0<t<\dfrac{\pi}{2}\right)$, 则

$$\sqrt{x^2-1}=\sqrt{\sec^2 t-1}=|\tan t|=\tan t, \quad \mathrm{d}x=\sec t\cdot\tan t\,\mathrm{d}t,$$

于是

$$\int \frac{\mathrm{d}x}{x\sqrt{x^2-1}}=\int \frac{\sec t\cdot\tan t}{\sec t\cdot\tan t}\mathrm{d}t=\int \mathrm{d}t=t+C=\arccos\frac{1}{x}+C;$$

当 $x<-1$ 时, 令 $x=-u$, 则 $u>1$. 由上段结果, 有

$$\int \frac{\mathrm{d}x}{x\sqrt{x^2-1}}=\int \frac{\mathrm{d}u}{u\sqrt{u^2-1}}=\arccos\frac{1}{u}+C=\arccos\left(-\frac{1}{x}\right)+C=\pi-\arccos\frac{1}{x}+C.$$

【**解法 2**】 被积函数 $f(x)=\dfrac{1}{x\sqrt{x^2-1}}$ 的定义域是 $x>1$ 和 $x<-1$ 两个区间, 我们在两个区间内分别求不定积分.

当 $x>1$ 时, 作倒代换 $x=\dfrac{1}{t}$, 则

$$\int \frac{\mathrm{d}x}{x\sqrt{x^2-1}}=-\int \frac{\mathrm{d}t}{\sqrt{1-t^2}}=-\arcsin t+C=-\arcsin\frac{1}{x}+C;$$

当 $x<-1$ 时, 令 $x=-u$, 则 $u>1$. 由上段结果, 有

$$\int \frac{\mathrm{d}x}{x\sqrt{x^2-1}}=\int \frac{\mathrm{d}u}{u\sqrt{u^2-1}}=-\arcsin\frac{1}{u}=\arcsin\frac{1}{x}+C.$$

【解法3】　$\displaystyle\int\frac{\mathrm{d}x}{x\sqrt{x^2-1}}=\int\frac{x\mathrm{d}x}{x^2\sqrt{x^2-1}}=\int\frac{\mathrm{d}\left(\sqrt{x^2-1}\right)}{\left(\sqrt{x^2-1}\right)^2+1}=\arctan\sqrt{x^2-1}+C.$

这种做法相当于令 $\sqrt{x^2-1}=t$，则 $x=\pm\sqrt{1+t^2}$，$\mathrm{d}x=\pm\dfrac{t}{\sqrt{1+t^2}}\mathrm{d}t$，于是

$$\int\frac{\mathrm{d}x}{x\sqrt{x^2-1}}=\int\frac{\pm\dfrac{t}{\sqrt{1+t^2}}}{\pm t\sqrt{1+t^2}}\mathrm{d}t=\int\frac{\mathrm{d}t}{1+t^2}=\arctan t+C=\arctan\sqrt{x^2-1}+C.$$

【解法4】　先令 $x^2=t$，再令 $\sqrt{t-1}=u$，则

$$\int\frac{\mathrm{d}x}{x\sqrt{x^2-1}}=\frac{1}{2}\int\frac{\mathrm{d}\left(x^2\right)}{x^2\sqrt{x^2-1}}=\frac{1}{2}\int\frac{\mathrm{d}t}{t\sqrt{t-1}}=\int\frac{\mathrm{d}u}{1+u^2}=\arctan u+C$$
$$=\arctan\sqrt{x^2-1}+C.$$

【解法5】　被积函数 $f(x)=\dfrac{1}{x\sqrt{x^2-1}}$ 的定义域是 $x>1$ 和 $x<-1$ 两个区间，我们在两个区间内分别求不定积分.

当 $x>1$ 时，令 $x=\mathrm{ch}t$，则

$$\int\frac{\mathrm{d}x}{x\sqrt{x^2-1}}=\int\frac{\mathrm{d}t}{\mathrm{ch}t}=\int\frac{\mathrm{d}(\mathrm{sh}t)}{\mathrm{ch}^2t}=\int\frac{\mathrm{d}(\mathrm{sh}t)}{1+\mathrm{sh}^2t}=\arctan(\mathrm{sh}t)+C=\arctan\sqrt{x^2-1}+C.$$

当 $x<-1$ 时，$x=\mathrm{ch}t$ 不成立，此时令 $x=-u$，则 $u>1$，由上段结果，有

$$\int\frac{\mathrm{d}x}{x\sqrt{x^2-1}}=\int\frac{\mathrm{d}u}{u\sqrt{u^2-1}}=\arctan\sqrt{u^2-1}+C=\arctan\sqrt{x^2-1}+C.$$

最后结果可统一表示为 $\displaystyle\int\frac{\mathrm{d}x}{x\sqrt{x^2-1}}=\arctan\sqrt{x^2-1}+C.$

【解法6】　利用第一种 Euler 变换，令 $\sqrt{x^2-1}=x+t$，则可解得 $x=-\dfrac{t^2+1}{2t}$，

$\mathrm{d}x=-\dfrac{t^2-1}{2t^2}\mathrm{d}t$，$\sqrt{x^2-1}=\dfrac{-1+t^2}{2t}$，故

$$\int\frac{\mathrm{d}x}{x\sqrt{x^2-1}}=2\int\frac{\mathrm{d}t}{1+t^2}=2\arctan t+C=2\arctan\left(-x+\sqrt{x^2-1}\right)+C.$$

【解法7】　利用第三种 Euler 变换，令 $\sqrt{x^2-1}=t(x-1)$，则可解得 $x=\dfrac{t^2+1}{t^2-1}$，

$$dx = \frac{-4t\,dt}{\left(t^2-1\right)^2},\quad \sqrt{x^2-1} = \frac{2t}{t^2-1},\quad 故$$

$$\int \frac{dx}{x\sqrt{x^2-1}} = -2\int \frac{dt}{1+t^2} = -2\arctan t + C = -2\arctan \frac{\sqrt{x^2-1}}{x-1} + C.$$

✳ 特别提示

[1] 所求不定积分应是被积函数在整个定义域上的不定积分,因此解法 1, 解法 2, 解法 5 中须讨论 $x>1$ 和 $x<-1$ 两种情形;

[2] 若被积函数中含有 $\sqrt{x^2-a^2}$,则可考虑作代换 $x = a\sec t\left(0<t<\frac{\pi}{2}\right)$,如解法 1;若被积函数中分母关于 x 的最高幂次比分子关于 x 的最高幂次至少高两次,则可考虑作倒代换 $x = \frac{1}{t}$,如解法 2.

[3] 对于含有二次无理式的一般积分 $\int R\left(x, \sqrt{ax^2+bx+c}\right)dx$,其中 $R(u,v)$ 是二元有理函数,则可作 Euler 代换. 它有三种形式:

(i) 若 $a>0$,则可令 $\sqrt{ax^2+bx+c} = \pm\sqrt{a}x + t$;

(ii) 若 $c>0$,则可令 $\sqrt{ax^2+bx+c} = xt \pm \sqrt{c}$;

(iii) 对于根号内为可约的二次三项式,则可令 $\sqrt{a\left(x-x_1\right)\left(x-x_2\right)} = t\left(x-x_1\right)$,如解法 6 和解法 7.

♻ 类题训练

1. 求下列不定积分:

(1) $\displaystyle\int \frac{dx}{x\sqrt{1+x^2}}$; (2) $\displaystyle\int \frac{dx}{x^2\sqrt{x^2-4}}$; (3) $\displaystyle\int \frac{dx}{1+\sqrt{1-x^2}}$;

(4) $\displaystyle\int \frac{dx}{(x+1)^3\cdot\sqrt{x^2+2x}}$; (5) $\displaystyle\int \frac{\sqrt{x^2+2x+2}}{x+1}\,dx$; (6) $\displaystyle\int \frac{dx}{x+\sqrt{x^2+x+1}}$.

📖 典型例题

8 求 $\displaystyle\int \frac{dx}{x\sqrt{4-x^2}}$.

【解法 1】 令 $x = 2\sin t\left(-\frac{\pi}{2}<t<0 \text{ 或 } 0<t<\frac{\pi}{2}\right)$,则 $dx = 2\cos t\,dt$,

$$\int \frac{\mathrm{d}x}{x\sqrt{4-x^2}} = \int \frac{1}{2\sin t}\mathrm{d}t = \frac{1}{2}\int \csc t\,\mathrm{d}t = \frac{1}{2}\ln\left|\csc t - \cot t\right| + C = \frac{1}{2}\ln\left|\frac{2-\sqrt{4-x^2}}{x}\right| + C.$$

【解法 2】 令 $\sqrt{4-x^2} = t$, 则 $x = \pm\sqrt{4-t^2}$, $\mathrm{d}x = \mp\dfrac{t}{\sqrt{4-t^2}}\mathrm{d}t$,

$$\int \frac{\mathrm{d}x}{x\sqrt{4-x^2}} = \int \frac{1}{\pm t\sqrt{4-t^2}} \cdot \frac{\mp t}{\sqrt{4-t^2}}\mathrm{d}t = -\int \frac{\mathrm{d}t}{4-t^2} = \frac{1}{4}\int\left(\frac{1}{t-2} - \frac{1}{t+2}\right)\mathrm{d}t$$

$$= \frac{1}{4}\ln\left|\frac{t-2}{t+2}\right| + C = \frac{1}{2}\ln\left|\frac{x}{2+\sqrt{4-x^2}}\right| + C.$$

【解法 3】 被积函数 $f(x) = \dfrac{1}{x\sqrt{4-x^2}}$ 的定义域是 $0<x<2$ 和 $-2<x<0$ 两个

区间, 在两个区间上皆有 $f(x) = \dfrac{1}{x(2-x)}\sqrt{\dfrac{2-x}{2+x}}$, 故考虑令 $t = \sqrt{\dfrac{2-x}{2+x}}$, 则

$x = \dfrac{2-2t^2}{t^2+1}$, $\mathrm{d}x = -\dfrac{8t\,\mathrm{d}t}{\left(t^2+1\right)^2}$, 从而

$$\int \frac{\mathrm{d}x}{x\sqrt{4-x^2}} = -\int \frac{\mathrm{d}t}{1-t^2} = \frac{1}{2}\ln\left|\frac{t-1}{t+1}\right| + C = \frac{1}{2}\ln\left|\frac{x}{2+\sqrt{4-x^2}}\right| + C.$$

【解法 4】 被积函数 $f(x) = \dfrac{1}{x\sqrt{4-x^2}}$ 的定义域是 $0<x<2$ 和 $-2<x<0$ 两个

区间, 在两个区间内分别求不定积分.

当 $0<x<2$ 时, 令 $x = \dfrac{1}{t}$, 则 $t > \dfrac{1}{2}$, $\mathrm{d}x = -\dfrac{1}{t^2}\mathrm{d}t$,

$$\int \frac{\mathrm{d}x}{x\sqrt{4-x^2}} = \int \frac{-\dfrac{1}{t^2}\mathrm{d}t}{\dfrac{1}{t}\sqrt{4-\dfrac{1}{t^2}}} = -\int \frac{\mathrm{d}t}{t\sqrt{4-\dfrac{1}{t^2}}} = -\frac{1}{2}\int \frac{\mathrm{d}t}{\sqrt{t^2-\dfrac{1}{4}}},$$

再令 $t = \dfrac{1}{2}\sec u \left(0<u<\dfrac{\pi}{2}\right)$, 则 $\mathrm{d}t = \dfrac{1}{2}\sec u\tan u\,\mathrm{d}u$,

$$\text{上式} = -\frac{1}{2}\int \sec u\,\mathrm{d}u = -\frac{1}{2}\ln\left|\sec u + \tan u\right| + C = -\frac{1}{2}\ln\left|2t + 2\sqrt{t^2-\frac{1}{4}}\right| + C$$

$$= -\frac{1}{2}\ln\left|\frac{2+\sqrt{4-x^2}}{x}\right| + C = \frac{1}{2}\ln\left|\frac{x}{2+\sqrt{4-x^2}}\right| + C.$$

当 $-2<x<0$ 时, 令 $x = -u$, 则由上段结果, 有

$$\int \frac{\mathrm{d}x}{x\sqrt{4-x^2}} = \int \frac{\mathrm{d}u}{u\sqrt{4-u^2}} = \frac{1}{2}\ln\left|\frac{u}{2+\sqrt{4-u^2}}\right| + C = \frac{1}{2}\ln\left|\frac{x}{2+\sqrt{4-x^2}}\right| + C.$$

【解法 5】　利用第二种 Euler 代换, 令 $\sqrt{4-x^2} = xt - 2$, 则 $x = \dfrac{4t}{1+t^2}$, $\mathrm{d}x =$

$\dfrac{4(1-t^2)}{(1+t^2)^2}\mathrm{d}t$, $\sqrt{4-x^2} = \dfrac{2(-1+t^2)}{1+t^2}$, 故

$$\int \frac{\mathrm{d}x}{x\sqrt{4-x^2}} = -\frac{1}{2}\int \frac{1}{t}\mathrm{d}t = -\frac{1}{2}\ln|t| + C = -\frac{1}{2}\ln\left|\frac{2+\sqrt{4-x^2}}{x}\right| + C$$

$$= \frac{1}{2}\ln\left|\frac{x}{2+\sqrt{4-x^2}}\right| + C.$$

【解法 6】　利用第三种 Euler 代换, 令 $\sqrt{4-x^2} = t(x-2)$, 即得 $t^2 = \dfrac{2+x}{2-x}$, 则

$x = \dfrac{2t^2-2}{t^2+1}$, $\mathrm{d}x = \dfrac{8t}{(1+t^2)^2}\mathrm{d}t$. 故

$$\int \frac{\mathrm{d}x}{x\sqrt{4-x^2}} = \int \frac{\mathrm{d}t}{t^2-1} = \frac{1}{2}\ln\left|\frac{t-1}{t+1}\right| + C = \frac{1}{2}\ln\left|\frac{x}{2+\sqrt{4-x^2}}\right| + C.$$

特别提示　若被积函数中含有 $\sqrt{a^2-x^2}$, 则可考虑作代换 $x = a\sin t$, 但需在被积函数的整个定义域上求不定积分. 对于含有二次无理式的积分问题, 作 Euler 代换进行求解也是重要的方法之一.

类题训练

1. 求下列不定积分:

(1) $\int x^3\sqrt{4-x^2}\,\mathrm{d}x$;　(2) $\int \dfrac{\sqrt{16-x^2}}{x}\mathrm{d}x$;　(3) $\int \dfrac{\arcsin x}{x^2}\dfrac{1+x^2}{\sqrt{1-x^2}}\mathrm{d}x$;

(4) $\int \dfrac{x^3\arccos x}{\sqrt{1-x^2}}\mathrm{d}x$;　(5) $\int \dfrac{2x^3+x^2-1}{(x^2-1)\sqrt{1-x^2}}\mathrm{d}x$.

典型例题

9 求 $\int \dfrac{1+\sin x}{1+\cos x}\mathrm{e}^x\mathrm{d}x$. (2002 年江苏省高等数学竞赛试题)

【解法 1】　利用倍角公式, 有

$$\frac{\sin x}{1+\cos x} = \tan\frac{x}{2}, \quad \frac{1}{1+\cos x} = \frac{1}{2\cos^2\frac{x}{2}} = \left(\tan\frac{x}{2}\right)', \text{ 故}$$

$$\int\frac{1+\sin x}{1+\cos x}e^x dx = \int\left(\frac{1}{1+\cos x} + \frac{\sin x}{1+\cos x}\right)e^x dx = \int\left[\left(\tan\frac{x}{2}\right)' + \tan\frac{x}{2}\right]e^x dx$$

$$= \int\left(e^x\tan\frac{x}{2}\right)'dx = e^x\tan\frac{x}{2} + C.$$

【解法 2】 利用分部积分公式

$$\int\frac{1+\sin x}{1+\cos x}e^x dx = \int\frac{e^x}{1+\cos x}dx + \int\frac{\sin x}{1+\cos x}e^x dx = \int\frac{e^x}{1+\cos x}dx + \frac{\sin x}{1+\cos x}e^x$$

$$- \int\left(\frac{\sin x}{1+\cos x}\right)'e^x dx = \int\frac{e^x}{1+\cos x}dx + \frac{\sin x}{1+\cos x}e^x - \int\frac{e^x}{1+\cos x}dx$$

$$= \frac{\sin x}{1+\cos x}e^x + C.$$

【解法 3】 "借力打牛"法

令 $I = \int\frac{1+\sin x}{1+\cos x}e^x dx$, $J = \int\frac{1+\sin x}{1-\cos x}e^x dx$, 则

$$I + J = 2\int e^x\frac{1+\sin x}{\sin^2 x}dx = 2\int\frac{e^x}{\sin^2 x}dx + 2\int\frac{e^x}{\sin x}dx$$

$$= -2e^x\cot x + 2\int e^x\cot x dx + 2\int\frac{e^x}{\sin x}dx,$$

$$I - J = -2\int e^x\frac{\cos x(1+\sin x)}{\sin^2 x}dx = -2\int e^x\frac{d(\sin x)}{\sin^2 x} - 2\int e^x\cot x dx$$

$$= \frac{2e^x}{\sin x} - 2\int\frac{e^x}{\sin x}dx - 2\int e^x\cot x dx.$$

联立上述两式, 解得

$$I = \int\frac{1+\sin x}{1+\cos x}e^x dx = -e^x\cot x + \frac{e^x}{\sin x} + C.$$

✴ **特别提示** 解法 1 和解法 2 表明: 在把被积函数拆分为各子项求积分时, 不须求出各子项的积分, 它们可能会出现相抵或组成能用导数公式表达的形式, 从而得到积分结果. 事实上, 有时子项的积分是不易求得的. 解法 3 应用"借力打牛"法, 即借助一个与所求积分相关联(或称为对偶)的积分, 建立以它们为未知量的二元一次方程组, 联立求解后即可求得积分结果.

♻ 类题训练

1. 求 $\int \dfrac{x + \sin x}{1 + \cos x} \mathrm{d}x$.

2. 求 $\int \dfrac{\mathrm{d}x}{\ln^3 x} - \dfrac{1}{2} \int \dfrac{\mathrm{d}x}{\ln x}$.

3. 求 $\int \mathrm{e}^{\sin x} \dfrac{x \cos^3 x - \sin x}{\cos^2 x} \mathrm{d}x$.

4. 求 $\int \mathrm{e}^{-\frac{x}{2}} \dfrac{\cos x - \sin x}{\sqrt{\sin x}} \mathrm{d}x$.

5. 求 $\int \dfrac{x \mathrm{e}^x}{(x+1)^2} \mathrm{d}x$.

6. $\int \mathrm{e}^x \left(\dfrac{1-x}{1+x^2} \right)^2 \mathrm{d}x$.

📖 典型例题

10 求 $\int \sqrt{\dfrac{a+x}{a-x}} \mathrm{d}x$.

【解法 1】 不妨设 $a > 0$（否则令 $x = -t$），由 $\dfrac{a+x}{a-x} \geqslant 0$ 解得 $-a \leqslant x < a$.

令 $x = a\cos t \, (0 < t \leqslant \pi)$，则 $\mathrm{d}x = -a\sin t \, \mathrm{d}t$，$\sqrt{\dfrac{a+x}{a-x}} = \cot \dfrac{t}{2}$，于是

$$\int \sqrt{\frac{a+x}{a-x}} \mathrm{d}x = \int \cot \frac{t}{2} (-a\sin t) \mathrm{d}t = -\int 2a \cos^2 \frac{t}{2} \mathrm{d}t = -a \int (1 + \cos t) \mathrm{d}t$$

$$= -at - a\sin t + C = -a \arccos \frac{x}{a} - \sqrt{a^2 - x^2} + C.$$

【解法 2】 $\int \sqrt{\dfrac{a+x}{a-x}} \mathrm{d}x = \int \dfrac{a+x}{\sqrt{a^2 - x^2}} \mathrm{d}x = a \int \dfrac{\mathrm{d}\left(\dfrac{x}{a}\right)}{\sqrt{1 - \left(\dfrac{x}{a}\right)^2}} - \dfrac{1}{2} \int \dfrac{\mathrm{d}(a^2 - x^2)}{\sqrt{a^2 - x^2}}$

$$= a \arcsin \frac{x}{a} - \sqrt{a^2 - x^2} + C.$$

【解法 3】 令 $t = \sqrt{\dfrac{a+x}{a-x}}$，则有 $x = a - \dfrac{2a}{t^2 + 1}$，$\mathrm{d}x = \dfrac{4at \, \mathrm{d}t}{(t^2 + 1)^2}$，于是

$$\int \sqrt{\frac{a+x}{a-x}}\,dx = \int \frac{4at^2}{\left(t^2+1\right)^2}\,dt = \int (-2at)\,d\left(\frac{1}{t^2+1}\right) = -\frac{2at}{t^2+1} + \int \frac{2a\,dt}{t^2+1}$$

$$= -\frac{2at}{t^2+1} + 2a\arctan t + C = -\sqrt{a^2-x^2} + 2a\arctan\sqrt{\frac{a+x}{a-x}} + C.$$

【解法 4】 不妨设 $a>0$，则被积函数的定义域为 $-a \leqslant x < a$．因为 $(a+x)+$ $(a-x)=2a$，所以 $\frac{a+x}{2a}+\frac{a-x}{2a}=1$．为了去掉根号，令 $\frac{a+x}{2a}=\sin^2 t$，则 $\frac{a-x}{2a}=$ $\cos^2 t$．于是

$$\int \sqrt{\frac{a+x}{a-x}}\,dx = \int \sqrt{\frac{\frac{a+x}{2a}}{\frac{a-x}{2a}}}\,dx = 4a\int \sin^2 t\,dt = 2a\int (1-\cos 2t)\,dt = 2at - a\sin^2 t + C$$

$$= 2a\cdot\arcsin\sqrt{\frac{a+x}{2a}} - \sqrt{a^2-x^2} + C$$

✳ **特别提示**　解法 3 所用的代换可推广用于求解 $\int R\left(x,\sqrt[n]{\frac{ax+b}{cx+d}}\right)dx$ 型不定积分，其中 $R(u,v)$ 为二元有理函数．此时令 $t=\sqrt[n]{\frac{ax+b}{cx+d}}$．

♻ **类题训练**

1. 求 $\int \sqrt{\frac{1-\sin x}{1+\sin x}}\,dx$．

2. 求 $\int \arctan\sqrt{\frac{a-x}{a+x}}\,dx\,(a>0)$．

3. 求 $\int_{-1}^{0} x^4\sqrt{\frac{1+x}{1-x}}\,dx$．

📖 **典型例题**

11　求 $\int \sqrt{\frac{x-a}{b-x}}\,dx$，其中 $a<b$．

【解法 1】　被积函数的定义域为 $a \leqslant x < b$．$\forall a \leqslant x < b$，有恒等式 $\frac{x-a}{b-a}+$ $\frac{b-x}{b-a}=1$．为了去掉根号，可以令 $\frac{x-a}{b-a}=\sin^2 t\left(0 \leqslant t < \frac{\pi}{2}\right)$，则 $\frac{b-x}{b-a}=\cos^2 t$，

$$dx = 2(b-a)\cos t \sin t\, dt\,, \quad \sqrt{\frac{x-a}{b-x}} = \tan t\,. \quad \text{故}$$

$$\int \sqrt{\frac{x-a}{b-x}}\, dx = \int (b-a)(1-\cos 2t)\, dt = (b-a)(t-\cos t \sin t) + C$$

$$= (b-a)\arcsin\sqrt{\frac{x-a}{b-a}} - \sqrt{(b-x)(x-a)} + C\,.$$

【解法 2 】　令 $t = \sqrt{\dfrac{x-a}{b-x}}$，则 $x = \dfrac{bt^2 + a}{1+t^2}$，$dx = \dfrac{2(b-a)t}{\left(1+t^2\right)^2}\, dt$，

$$\int \sqrt{\frac{x-a}{b-x}}\, dx = \int \frac{2(b-a)t^2}{\left(1+t^2\right)^2}\, dt = 2(b-a)\left[\int \frac{dt}{t^2+1} - \int \frac{dt}{\left(t^2+1\right)^2}\right].$$

不妨记 $I_n = \displaystyle\int \frac{dt}{\left(t^2+1\right)^n}$，则 $I_1 = \displaystyle\int \frac{dt}{t^2+1} = \arctan t + C_1$，当 $n > 1$ 时，由分部积分

法，有

$$\int \frac{dt}{\left(t^2+1\right)^{n-1}} = \frac{t}{\left(t^2+1\right)^{n-1}} + 2(n-1)\int \frac{t^2}{\left(t^2+1\right)^n}\, dt$$

$$= \frac{t}{\left(t^2+1\right)^{n-1}} + 2(n-1)\int \left[\frac{1}{\left(t^2+1\right)^{n-1}} - \frac{1}{\left(t^2+1\right)^n}\right] dt,$$

即 $I_{n-1} = \dfrac{t}{\left(t^2+1\right)^{n-1}} + 2(n-1)\left(I_{n-1} - I_n\right)$．于是

$$I_n = \frac{1}{2(n-1)}\left[\frac{t}{\left(t^2+1\right)^{n-1}} + (2n-3)I_{n-1}\right],$$

从而

$$I_2 = \frac{1}{2}\left(\frac{t}{t^2+1} + I_1\right) = \frac{1}{2}\left(\frac{t}{t^2+1} + \arctan t\right) + C_2\,,$$

故

$$\int \sqrt{\frac{x-a}{b-x}}\, dx = 2(b-a)\left(\frac{1}{2}\arctan t - \frac{1}{2}\frac{t}{t^2+1}\right) + C$$

$$= (b-a)\arctan\sqrt{\frac{x-a}{b-x}} - \sqrt{(x-a)(b-x)} + C,$$

其中 $C = 2(b-a)\left(C_1 - C_2\right)$．

【解法3】 被积函数的定义域为 $a \leqslant x < b$，且 $\forall a < x < b$，有

$$\sqrt{\frac{x-a}{b-x}} = \frac{x-a}{\sqrt{(x-a)(b-x)}} = \frac{x-a}{\sqrt{\left(\frac{b-a}{2}\right)^2 - \left(x - \frac{a+b}{2}\right)^2}}.$$

故可令 $x - \dfrac{a+b}{2} = \dfrac{b-a}{2}\sin t \left(-\dfrac{\pi}{2} < t < \dfrac{\pi}{2}\right)$，则 $\mathrm{d}x = \dfrac{b-a}{2}\cos t\,\mathrm{d}t$，

$$\int \sqrt{\frac{x-a}{b-x}}\mathrm{d}x = \int \frac{\dfrac{a+b}{2} + \dfrac{b-a}{2}\sin t - a}{\sqrt{\left(\dfrac{b-a}{2}\right)^2 - \left(\dfrac{b-a}{2}\sin t\right)^2}} \cdot \frac{b-a}{2}\cos t\,\mathrm{d}t = \int \left(\frac{b-a}{2} + \frac{b-a}{2}\sin t\right)\mathrm{d}t$$

$$= \frac{b-a}{2}t - \frac{b-a}{2}\cos t + C = \frac{b-a}{2}\arcsin\frac{2x-(a+b)}{b-a} - \sqrt{(x-a)(b-x)} + C.$$

⁑ **特别提示** 为了去掉根号，可以根据被积函数的形式，或变形，或由有关恒等式，灵活地作代换，使达到求解不定积分的目的，这也是一种技巧. 如解法1和解法3.

♻ **类题训练**

1. 求 $\displaystyle\int \frac{\mathrm{d}x}{\sqrt{(x-a)(-x+b)}}$，其中 $a < b$.

2. 求下列不定积分: $(1) \displaystyle\int \sqrt{\frac{x}{1-x\sqrt{x}}}\mathrm{d}x$; $(2) \displaystyle\int \sqrt{x^3 - x^4}\,\mathrm{d}x$; $(3) \displaystyle\int x\sqrt{\frac{x}{2-x}}\mathrm{d}x$.

3. 计算 $\displaystyle\int_a^b (x-a)^n (b-x)^n \mathrm{d}x$，其中 $a < b$，n 为正整数.

📖 **典型例题**

12 求 $\displaystyle\int \sin(\ln x)\mathrm{d}x$. (2014年大连市第二十三届高等数学竞赛试题(B))

【解法1】 直接用分部积分法

$$\int \sin(\ln x)\mathrm{d}x = x\sin(\ln x) - \int \cos(\ln x)\mathrm{d}x = x\sin(\ln x) - x\cos(\ln x) - \int \sin(\ln x)\mathrm{d}x$$

$$= \frac{x\sin(\ln x) - x\cos(\ln x)}{2} + C.$$

【解法2】 令 $t = \ln x$，则 $x = \mathrm{e}^t$，

$$\int \sin(\ln x)\mathrm{d}x = \int \mathrm{e}^t \sin t\,\mathrm{d}t = \mathrm{e}^t \sin t - \int \mathrm{e}^t \cos t\,\mathrm{d}t = \mathrm{e}^t \sin t - \int \cos t\,\mathrm{d}\left(\mathrm{e}^t\right)$$

$$= \mathrm{e}^t \sin t - \left(\mathrm{e}^t \cos t + \int \mathrm{e}^t \sin t\,\mathrm{d}t\right) = \frac{\mathrm{e}^t \sin t - \mathrm{e}^t \cos t}{2} + C$$

$$= \frac{x\sin(\ln x) - x\cos(\ln x)}{2} + C.$$

【解法 3】　令 $t = \ln x$，则 $\int \sin(\ln x)\mathrm{d}x = \int \mathrm{e}^t \sin t\,\mathrm{d}t$．取 $p_1(t) = \mathrm{e}^t \sin t$，$p_2(t) = \mathrm{e}^t \cos t$，则

$$p_1'(t) = \mathrm{e}^t \cos t + \mathrm{e}^t \sin t = p_1(t) + p_2(t),$$

$$p_2'(t) = -\mathrm{e}^t \sin t + \mathrm{e}^t \cos t = -p_1(t) + p_2(t),$$

于是 $\left(p_1'(t), p_2'(t)\right) = \left(p_1(t), p_2(t)\right)\boldsymbol{A}$，其中 $\boldsymbol{A} = \begin{pmatrix} 1 & -1 \\ 1 & 1 \end{pmatrix}$．

由于积分运算是微分运算的逆运算，且 $\boldsymbol{A}^{-1} = \begin{pmatrix} \dfrac{1}{2} & \dfrac{1}{2} \\ -\dfrac{1}{2} & \dfrac{1}{2} \end{pmatrix}$，于是

$$\int p_1(t)\mathrm{d}t = \left(p_1(t), p_2(t)\right)\begin{pmatrix} \dfrac{1}{2} \\ -\dfrac{1}{2} \end{pmatrix} = \frac{1}{2}p_1(t) - \frac{1}{2}p_2(t) + C = \frac{\sin t - \cos t}{2}\mathrm{e}^t + C,$$

从而得 $\int \sin(\ln x)\mathrm{d}x = \dfrac{\sin t - \cos t}{2}\mathrm{e}^t + C = \dfrac{\sin(\ln x) - \cos(\ln x)}{2}x + C$．

【解法 4】　"借力打牛" 法

令 $I = \int \sin(\ln x)\mathrm{d}x$，$J = \int \cos(\ln x)\mathrm{d}x$，则由

$$\left(x\sin(\ln x)\right)' = \sin(\ln x) + \cos(\ln x),$$

$$\left(x\cos(\ln x)\right)' = \cos(\ln x) - \sin(\ln x).$$

两边积分，得

$$x\sin(\ln x) + C_1 = I + J,$$

$$x\cos(\ln x) + C_2 = -I + J.$$

两式相减，得 $I = \dfrac{1}{2}x\left(\sin(\ln x) - \cos(\ln x)\right) + C$，其中 $C = C_1 - C_2$．

 特别提示　直接用两次分部积分，右端会出现所求积分，移项后求得积分

结果, 此时务必加上任意常数 C , 因为不定积分是原函数全体构成的集合, 如解法 1.

该题通过作代换 $t = \ln x$, 将所求积分问题转化为常规的不定积分形式计算, 也很简单, 如解法 2 和解法 3.

♲ 类题训练

1. 求下列不定积分:

(1) $\int \sec^3 x \, dx$;　　(2) $\int \cos(\ln x) \, dx$;

(3) $\int e^{ax} \cos bx \, dx$, 其中 a, b 为常数且 $ab \neq 0$.

2. 求 $\int \dfrac{dx}{ax + bx^n}$, 其中 $n \neq 1$, a, b, n 为非零常数.

📖 典型例题

13　求 $\int x e^x \sin x \, dx$.

【解法 1】　直接用分部积分公式

$$\int x e^x \sin x \, dx = \int x \sin x \, d(e^x) = x e^x \sin x - \int e^x d(x \sin x)$$

$$= x e^x \sin x - \int (\sin x + x \cos x) d(e^x)$$

$$= x e^x \sin x - \int x \cos x \, d(e^x) - \int e^x \sin x \, dx$$

$$= x e^x \sin x - x e^x \cos x + \int e^x d(x \cos x) - \int e^x \sin x \, dx$$

$$= x e^x (\sin x - \cos x) + \int e^x (\cos x - \sin x) dx - \int x e^x \sin x \, dx$$

$$= \frac{1}{2} x e^x (\sin x - \cos x) + \frac{1}{2} \int e^x (\cos x - \sin x) dx$$

$$= \frac{1}{2} x e^x (\sin x - \cos x) + \frac{1}{2} e^x \cos x + C.$$

【解法 2】　先求出 $\int e^x \sin x \, dx = \dfrac{e^x}{2} (\sin x - \cos x) + C$, 再用分部积分公式

$$\int x e^x \sin x \, dx = \int x \, d\left(\frac{e^x}{2} (\sin x - \cos x) \right) = x \frac{e^x}{2} (\sin x - \cos x) - \int \frac{e^x}{2} (\sin x - \cos x) dx$$

$$= \frac{1}{2} x e^x (\sin x - \cos x) + \frac{e^x}{2} \cos x + C.$$

【解法 3】　利用复数方法, $e^x \sin x = \operatorname{Im}\left(e^{(1+i)x} \right)$.

$$\int x\mathrm{e}^x\sin x\,\mathrm{d}x = \int x\,\mathrm{Im}\left(\mathrm{e}^{(1+\mathrm{i})x}\right)\mathrm{d}x = \mathrm{Im}\left(\int x\mathrm{e}^{(1+\mathrm{i})x}\,\mathrm{d}x\right) = \mathrm{Im}\left(\int x\,\mathrm{d}\left(\frac{\mathrm{e}^{(1+\mathrm{i})x}}{1+\mathrm{i}}\right)\right)$$

$$= \mathrm{Im}\left(x\,\frac{\mathrm{e}^{(1+\mathrm{i})x}}{1+\mathrm{i}} - \int \frac{\mathrm{e}^{(1+\mathrm{i})x}}{1+\mathrm{i}}\,\mathrm{d}x\right) = \mathrm{Im}\left(x\,\frac{\mathrm{e}^{(1+\mathrm{i})x}}{1+\mathrm{i}} - \frac{\mathrm{e}^{(1+\mathrm{i})x}}{(1+\mathrm{i})^2}\right)+C$$

$$= \mathrm{Im}\left[\left(\frac{x}{2} - \mathrm{i}\left(\frac{x}{2} - \frac{1}{2}\right)\right)\mathrm{e}^x(\cos x + \mathrm{i}\sin x)\right]+C$$

$$= \frac{1}{2}x\mathrm{e}^x(\sin x - \cos x) + \frac{1}{2}\mathrm{e}^x\cos x + C.$$

【解法 4】　"借力打牛"法

令 $I = \int x\mathrm{e}^x\sin x\,\mathrm{d}x$，$J = \int x\mathrm{e}^x\cos x\,\mathrm{d}x$，则由

$$\left(x\mathrm{e}^x\sin x\right)' = \mathrm{e}^x\sin x + x\mathrm{e}^x\sin x + x\mathrm{e}^x\cos x,$$

$$\left(x\mathrm{e}^x\cos x\right)' = \mathrm{e}^x\cos x + x\mathrm{e}^x\cos x - x\mathrm{e}^x\sin x.$$

两边积分，得

$$I + J = x\mathrm{e}^x\sin x - \int \mathrm{e}^x\sin x\,\mathrm{d}x,$$

$$-I + J = x\mathrm{e}^x\cos x - \int \mathrm{e}^x\cos x\,\mathrm{d}x.$$

两式相减，即得

$$I = \frac{1}{2}x\mathrm{e}^x(\sin x - \cos x) - \frac{1}{2}\int \mathrm{e}^x\sin x\,\mathrm{d}x + \frac{1}{2}\int \mathrm{e}^x\cos x\,\mathrm{d}x$$

$$= \frac{1}{2}x\mathrm{e}^x(\sin x - \cos x) - \frac{1}{2}\int \mathrm{e}^x(\sin x - \cos x)\,\mathrm{d}x$$

$$= \frac{1}{2}x\mathrm{e}^x(\sin x - \cos x) + \frac{\mathrm{e}^x}{2}\cos x + C.$$

特别提示　当被积函数为反三角函数、对数函数、幂函数、指数函数及三角函数中三类函数的乘积时，选取分部积分公式中 u 的"口诀"失效，此时须熟练运用求导和积分公式，如解法 1；也可分层次积分，或化为复数积分，或用"借力打牛"法，如解法 2，解法 3，解法 4.

类题训练

1. 求 $\int x\mathrm{e}^{ax}\cos bx\,\mathrm{d}x$，其中 a,b 为常数，$ab \neq 0$.

2. 求 $\int x\arctan x\ln(1+x^2)\,\mathrm{d}x$. (2013 年第四届全国大学生数学竞赛决赛(非数

学类)试题)

3. 设 a,b 为常数，$ab \neq 0$，n 为非负整数，且 $I_n = \int x^n \mathrm{e}^{ax}\cos bx\mathrm{d}x$，$J_n = \int x^n \mathrm{e}^{ax}\cos bx\mathrm{d}x$，试推导计算 I_n, J_n 的递推公式.

4. 求 $I = \int \dfrac{\mathrm{e}^{-\sin x}\cdot\sin 2x}{(1-\sin x)^2}\mathrm{d}x = $ _____ . (2017 年第九届全国大学生数学竞赛预赛(非数学类)试题)

📖 典型例题

14 求 $\int \dfrac{x+\sin x\cos x}{(\cos x - x\sin x)^2}\mathrm{d}x$. (2004 年江苏省高等数学竞赛题)

【解法1】 被积函数的分子、分母同时除以 $\cos^2 x$，有

$$\int \frac{x+\sin x\cos x}{(\cos x - x\sin x)^2}\mathrm{d}x = \int \frac{x\sec^2 x + \tan x}{(1-x\tan x)^2}\mathrm{d}x = \int \frac{\mathrm{d}(x\tan x)}{(1-x\tan x)^2}$$

$$= -\int \frac{\mathrm{d}(1-x\tan x)}{(1-x\tan x)^2} = \frac{1}{1-x\tan x} + C.$$

【解法2】 由于被积函数的分母是二次式，可以猜想它的原函数是 $\dfrac{\varphi(x)}{\cos x - x\sin x} + C$，其中 $\varphi(x)$ 待定，使满足

$$\left(\frac{\varphi(x)}{\cos x - x\sin x} + C\right)' = \frac{\varphi'(x)\cdot(\cos x - x\sin x) - \varphi(x)\cdot(-2\sin x - x\cos x)}{(\cos x - x\sin x)^2}$$

$$= \frac{x+\sin x\cos x}{(\cos x - x\sin x)^2},$$

于是得 $\varphi'(x)\cdot(\cos x - x\sin x) - \varphi(x)\cdot(-2\sin x - x\cos x) = x + \sin x\cos x$，比较含 x 的项，有 $-\varphi'(x)\sin x + \varphi(x)\cos x = 1$，解得 $\varphi(x) = \cos x$. 故

$$\int \frac{x+\sin x\cos x}{(\cos x - x\sin x)^2}\mathrm{d}x = \frac{\cos x}{\cos x - x\sin x} + C.$$

✦ **特别提示** 解法 1 具有一定的技巧性，要求对求导公式和积分公式非常熟悉，否则不易观察得到. 而解法 2 是受 $\int \dfrac{1}{x^2}\mathrm{d}x = -\dfrac{1}{x} + C$ 的启发，对于被积函数的分母是二次式的积分问题，可以猜想它的原函数形式，并由原函数的导数等于被积函数确定原函数，得到积分结果. 但并非每个被积函数的分母是二次式的积分

问题都可用该方法求解. 例如 $\displaystyle\int\dfrac{\cos x\sin x}{(1+\sin x)^2}\mathrm{d}x$, $\displaystyle\int\dfrac{x^2\mathrm{d}x}{(x\sin x+\cos x)^2}$, $\displaystyle\int\left(\dfrac{\ln x}{x}\right)^2\mathrm{d}x$,

$\displaystyle\int\dfrac{\arctan \mathrm{e}^x}{\mathrm{e}^{2x}}\mathrm{d}x$, $\displaystyle\int\dfrac{x\ln x}{\left(1+x^2\right)^2}\mathrm{d}x$ 等积分就不能用该方法求.

♲ 类题训练

1. 求 $\displaystyle\int\dfrac{\ln x-1}{\ln^2 x}\mathrm{d}x$. (第十一届北京市大学生数学竞赛题)

2. 求 $\displaystyle\int\dfrac{1-\ln x}{(x-\ln x)^2}\mathrm{d}x$.

3. 求 $\displaystyle\int\dfrac{\mathrm{e}^x(1+x)}{\left(1-x\mathrm{e}^x\right)^2}\mathrm{d}x$. (2004 年江苏省大学生数学竞赛题)

4. 求 $\displaystyle\int\dfrac{x\ln x}{\left(1+x^2\right)^2}\mathrm{d}x$.

5. 求 $\displaystyle\int\dfrac{\cos x\sin x}{(1+\sin x)^2}\mathrm{d}x$.

6. 求 $\displaystyle\int\dfrac{x^2\mathrm{d}x}{(x\sin x+\cos x)^2}$.

📖 典型例题

15　求 $\displaystyle\int\dfrac{\mathrm{d}x}{x^3+1}$.

【解法 1】　$x^3+1=(x+1)\left(x^2-x+1\right)$, 由有理数的因式分解方法, 将被积函数

化为部分分式之和. 为此, 令 $\dfrac{1}{x^3+1}=\dfrac{a}{x+1}+\dfrac{bx+c}{x^2-x+1}$, 则等式两边同时乘以 $x+1$,

然后令 $x\to-1$, 可得 $a=\lim\limits_{x\to-1}\dfrac{x+1}{x^3+1}=\lim\limits_{x\to-1}\dfrac{1}{x^2-x+1}=\dfrac{1}{3}$.

又 $\dfrac{1}{x^3+1}-\dfrac{1}{3}\dfrac{1}{x+1}=\dfrac{-x+2}{3\left(x^2-x+1\right)}=\dfrac{bx+c}{x^2-x+1}$, 所以 $b=-\dfrac{1}{3}$, $c=\dfrac{2}{3}$, 故

$$\int\dfrac{\mathrm{d}x}{x^3+1}=\int\dfrac{\mathrm{d}x}{3(x+1)}+\dfrac{1}{3}\int\dfrac{-x+2}{x^2-x+1}\mathrm{d}x=\dfrac{1}{3}\ln|x+1|-\dfrac{1}{6}\int\dfrac{2x-1}{x^2-x+1}\mathrm{d}x+\dfrac{1}{2}\int\dfrac{\mathrm{d}x}{\left(x-\dfrac{1}{2}\right)^2+\dfrac{3}{4}}$$

$$= \frac{1}{3}\ln|x+1| - \frac{1}{6}\ln\left|x^2 - x + 1\right| + \frac{1}{2}\int \frac{d\left(x - \frac{1}{2}\right)}{\left(x - \frac{1}{2}\right)^2 + \left(\frac{\sqrt{3}}{2}\right)^2}$$

$$= \frac{1}{6}\ln\left(\frac{(x+1)^2}{x^2 - x + 1}\right) + \frac{1}{\sqrt{3}}\arctan\left(\frac{2x-1}{\sqrt{3}}\right) + C.$$

【解法 2 】 $\displaystyle\int \frac{dx}{x^3 + 1} = \frac{1}{2}\int \frac{1+x}{1+x^3}dx + \frac{1}{2}\int \frac{1-x}{1+x^3}dx$

$$= \frac{1}{2}\int \frac{dx}{x^2 - x + 1} + \frac{1}{2}\int \frac{\left(1 - x + x^2\right) - x^2}{1 + x^3}dx$$

$$= \frac{1}{2}\int \frac{dx}{\left(x - \frac{1}{2}\right)^2 + \left(\frac{\sqrt{3}}{2}\right)^2} + \frac{1}{2}\int \frac{dx}{1 + x} - \frac{1}{6}\int \frac{d\left(1 + x^3\right)}{1 + x^3}$$

$$= \frac{1}{\sqrt{3}}\arctan\left(\frac{2x-1}{\sqrt{3}}\right) + \frac{1}{2}\ln|1 + x| - \frac{1}{6}\ln\left|1 + x^3\right| + C$$

$$= \frac{1}{\sqrt{3}}\arctan\left(\frac{2x-1}{\sqrt{3}}\right) + \frac{1}{6}\ln\left(\frac{(x+1)^2}{x^2 - x + 1}\right) + C.$$

【解法 3 】 因为

$$1 = \left(x^2 - x + 1\right) - \left(x^2 - x\right) = \left(x^2 - x + 1\right) - \frac{1}{3}\left(3x^2\right) + (x+1) - 1$$

$$= \frac{1}{2}\left(x^2 - x + 1\right) - \frac{1}{6}\left(3x^2\right) + \frac{1}{2}(x+1),$$

所以

$$\int \frac{dx}{x^3 + 1} = \int \frac{\frac{1}{2}\left(x^2 - x + 1\right) - \frac{1}{6}\left(3x^2\right) + \frac{1}{2}(x+1)}{x^3 + 1}dx$$

$$= \frac{1}{2}\int \frac{dx}{x + 1} - \frac{1}{6}\int \frac{3x^2}{x^3 + 1}dx + \frac{1}{2}\int \frac{dx}{x^2 - x + 1}$$

$$= \frac{1}{2}\ln|x + 1| - \frac{1}{6}\ln\left|x^3 + 1\right| + \frac{1}{\sqrt{3}}\arctan\left(\frac{2x-1}{\sqrt{3}}\right) + C$$

$$= \frac{1}{6}\ln\left(\frac{(x+1)^2}{x^2 - x + 1}\right) + \frac{1}{\sqrt{3}}\arctan\left(\frac{2x-1}{\sqrt{3}}\right) + C.$$

⊛　**特别提示**

[1]　对于有理函数的积分, 可将被积函数化为部分分式之和, 再求部分分式的积分, 即可得到积分结果, 如解法 1. 也可通过拆项、凑项等方法化简而求得积分结果, 如解法 2 和解法 3.

[2]　不能由解法 1 中的因式分解表达式而得到

$$\int_0^{+\infty}\frac{\mathrm{d}x}{1+x^3}=\frac{1}{3}\int_0^{+\infty}\frac{\mathrm{d}x}{1+x}+\frac{1}{3}\int_0^{+\infty}\frac{-x+2}{x^2-x+1}\mathrm{d}x,$$

因为右端两个无穷积分都不收敛. 但可由解法 1 中求得的不定积分, 用莱布尼茨公式求得.

♻　**类题训练**

1. 求下列不定积分:

(1)　$\displaystyle\int\frac{\mathrm{d}x}{x^4+1}$;　　(2)　$\displaystyle\int\frac{\mathrm{d}x}{x^6+1}$;　　(3)　$\displaystyle\int\frac{x^2+x}{x^6+1}\mathrm{d}x$;　　(4)　$\displaystyle\int\frac{x^2+1}{x^4+1}\mathrm{d}x$.

2. 问在什么条件下, 积分 $\displaystyle\int\frac{ax^2+bx+c}{x^3(x-1)^2}\mathrm{d}x$ 为有理函数?

📖　**典型例题**

16　已知 $f(x)$ 在区间 $\left(\frac{1}{4},\frac{1}{2}\right)$ 内满足 $f'(x)=\dfrac{1}{\sin^3 x+\cos^3 x}$, 求 $f(x)$. (2010 年首届全国大学生竞赛决赛(非数学类)试题)

【解法 1】　$\sin^3 x+\cos^3 x=(\sin x+\cos x)\cdot(\sin^2 x+\cos^2 x-\sin x\cos x)$

$$=(\sin x+\cos x)\cdot(1-\sin x\cos x),$$

$$f(x)=\int f'(x)\mathrm{d}x=\int\frac{\mathrm{d}x}{(\sin x+\cos x)\cdot(1-\sin x\cos x)}$$

$$=\frac{1}{3}\int\left(\frac{2}{\sin x+\cos x}+\frac{\sin x+\cos x}{1-\sin x\cos x}\right)\mathrm{d}x$$

$$=\frac{2}{3}\int\frac{\mathrm{d}x}{\sin x+\cos x}+\frac{1}{3}\int\frac{\sin x+\cos x}{1-\sin x\cos x}\mathrm{d}x$$

$$=\frac{2}{3}\int\frac{\mathrm{d}\left(x+\frac{\pi}{4}\right)}{\sqrt{2}\sin\left(x+\frac{\pi}{4}\right)}-\frac{2}{3}\int\frac{(\cos x-\sin x)'}{1+(\cos x-\sin x)^2}\mathrm{d}x$$

$$=\frac{\sqrt{2}}{3}\int\csc\left(x+\frac{\pi}{4}\right)\mathrm{d}\left(x+\frac{\pi}{4}\right)-\frac{2}{3}\int\frac{\mathrm{d}t}{1+t^2}\quad(\diamondsuit\,t=\cos x-\sin x)$$

$$= \frac{\sqrt{2}}{3} \ln \left| \csc \left(x + \frac{\pi}{4} \right) - \cot \left(x + \frac{\pi}{4} \right) \right| - \frac{2}{3} \arctan t + C$$

$$= \frac{\sqrt{2}}{3} \ln \left| \frac{1 - \cos \left(x + \frac{\pi}{4} \right)}{\sin \left(x + \frac{\pi}{4} \right)} \right| - \frac{2}{3} \arctan \left(\cos x - \sin x \right) + C.$$

【解法 2】 $\quad \sin^3 x + \cos^3 x = (\sin x + \cos x) \cdot (\sin^2 x + \cos^2 x - \sin x \cos x)$

$$= \sqrt{2} \sin \left(\frac{\pi}{4} + x \right) \cdot \frac{1}{2} \left[(\sin x - \cos x)^2 + 1 \right]$$

$$= \frac{\sqrt{2}}{2} \cos \left(\frac{\pi}{4} - x \right) \cdot \left(2 \sin^2 \left(x - \frac{\pi}{4} \right) + 1 \right),$$

令 $u = \frac{\pi}{4} - x$, 再令 $v = \sin u$, 则

$$f(x) = \int f'(x) \mathrm{d}x = \sqrt{2} \int \frac{\mathrm{d}x}{\cos \left(\frac{\pi}{4} - x \right) \cdot \left(2 \sin^2 \left(x - \frac{\pi}{4} \right) + 1 \right)} = -\sqrt{2} \int \frac{\mathrm{d}u}{\cos u \left(2 \sin^2 u + 1 \right)}$$

$$= -\sqrt{2} \int \frac{\mathrm{d}(\sin u)}{\cos^2 u \left(1 + 2 \sin^2 u \right)} = -\sqrt{2} \int \frac{\mathrm{d}v}{\left(1 - v^2 \right) \left(1 + 2 v^2 \right)}$$

$$= -\frac{\sqrt{2}}{3} \left[\int \frac{\mathrm{d}v}{1 - v^2} + \int \frac{2 \mathrm{d}v}{1 + 2 v^2} \right]$$

$$= -\frac{\sqrt{2}}{3} \left[\frac{1}{2} \ln \left| \frac{v + 1}{v - 1} \right| + \sqrt{2} \arctan \sqrt{2} v \right] + C$$

$$= -\frac{\sqrt{2}}{6} \ln \left| \frac{\sin \left(\frac{\pi}{4} - x \right) + 1}{\sin \left(\frac{\pi}{4} - x \right) - 1} \right| - \frac{2}{3} \arctan \left(\sqrt{2} \sin \left(\frac{\pi}{4} - x \right) \right) + C.$$

【解法 3】 利用万能代换公式

令 $u = \tan \frac{x}{2}$, 则 $x = 2 \arctan u$, $\mathrm{d}x = \frac{2}{1 + u^2} \mathrm{d}u$, 于是

$$f(x) = \int f'(x) \mathrm{d}x = \int \frac{\mathrm{d}x}{\sin^3 x + \cos^3 x} = \int \frac{\frac{2}{1 + u^2} \mathrm{d}u}{\left(\frac{2u}{1 + u^2} \right)^3 + \left(\frac{1 - u^2}{1 + u^2} \right)^3}$$

$$= \int \frac{2(1+u^2)^2}{(2u)^3 + (1-u^2)^3} \mathrm{d}u = \int \frac{2(1+u^2)^2}{(2u+1-u^2)(u^4+2u^3+2u^2-2u+1)} \mathrm{d}u,$$

而

$$u^4 + 2u^3 + 2u^2 - 2u + 1 = (u^2 + u + 2)^2 - 3(u+1)^2$$

$$= \left[\left(u + \frac{\sqrt{3}+1}{2} \right)^2 + \frac{2+\sqrt{3}}{2} \right] \cdot \left[\left(u - \frac{\sqrt{3}-1}{2} \right)^2 + \frac{2-\sqrt{3}}{2} \right],$$

故对用万能代换化简后的不定积分的被积函数, 可作如下因式分解, 令

$$\frac{2(1+u^2)^2}{(2u+1-u^2)(u^4+2u^3+2u^2-2u+1)}$$

$$= \frac{a_1}{\sqrt{2}-1+u} + \frac{a_2}{\sqrt{2}+1-u} + \frac{c_1 u + d_1}{u^2 + (\sqrt{3}+1)u + 2 + \sqrt{3}} + \frac{c_2 u + d_2}{u^2 - (\sqrt{3}-1)u + 2 - \sqrt{3}},$$

上式右边通分, 然后比较等式两边分子同次幂的系数, 解得

$$a_1 = \sqrt{2} + \frac{2}{3}, \quad a_2 = \sqrt{2} - \frac{2}{3},$$

$$c_1 = -\frac{349 - 26\sqrt{3}}{426}, \quad c_2 = -\frac{219 + 26\sqrt{3}}{426},$$

$$d_1 = -\frac{102\sqrt{3} - 16}{213}, \quad d_2 = \frac{68\sqrt{3} + 84}{213}.$$

又 $\int \frac{1}{\sqrt{2}-1+u} \mathrm{d}u = \ln|u + \sqrt{2} - 1| + C$, $\int \frac{1}{\sqrt{2}+1-u} \mathrm{d}u = -\ln|u - \sqrt{2} - 1| + C$,

$$\int \frac{c_1 u + d_1}{u^2 + (\sqrt{3}+1)u + 2 + \sqrt{3}} \mathrm{d}u$$

$$= \frac{c_1}{2} \int \frac{\left[u^2 + (\sqrt{3}+1)u + 2 + \sqrt{3} \right]' + \frac{2d_1}{c_1} - (\sqrt{3}+1)}{u^2 + (\sqrt{3}+1)u + 2 + \sqrt{3}} \mathrm{d}u$$

$$= \frac{c_1}{2} \ln\left| u^2 + (\sqrt{3}+1)u + 2 + \sqrt{3} \right| + \frac{c_1}{2} \left[\frac{2d_1}{c_1} - (\sqrt{3}+1) \right] \cdot \int \frac{\mathrm{d}\left(u + \frac{\sqrt{3}+1}{2} \right)}{\left(u + \frac{\sqrt{3}+1}{2} \right)^2 + \frac{\sqrt{3}+2}{2}}$$

$$= \frac{c_1}{2} \ln\left| u^2 + (\sqrt{3}+1)u + 2 + \sqrt{3} \right| + \left[d_1 - \frac{c_1}{2}(\sqrt{3}+1) \right] \cdot \frac{2}{\sqrt{3}+1} \arctan \frac{2u + \sqrt{3} + 1}{\sqrt{3}+1} + C.$$

类似地, 有

$$\int \frac{c_2 u + d_2}{u^2 - (\sqrt{3}-1)u + 2 - \sqrt{3}} du$$

$$= \frac{c_2}{2} \int \frac{\left[u^2 - \left(\sqrt{3}-1\right)u + 2 - \sqrt{3} \right]' + \dfrac{2d_2}{c_2} + \left(\sqrt{3}-1\right)}{u^2 - \left(\sqrt{3}-1\right)u + 2 - \sqrt{3}} du$$

$$= \frac{c_2}{2} \ln \left| u^2 - \left(\sqrt{3}-1\right)u + 2 - \sqrt{3} \right| + \frac{c_2}{2} \left[\frac{2d_2}{c_2} + \left(\sqrt{3}-1\right) \right] \cdot \int \frac{d\left(u - \dfrac{\sqrt{3}-1}{2} \right)}{\left(u - \dfrac{\sqrt{3}-1}{2} \right)^2 + \dfrac{2-\sqrt{3}}{2}}$$

$$= \frac{c_2}{2} \ln \left| u^2 - \left(\sqrt{3}-1\right)u + 2 - \sqrt{3} \right| + \left[d_2 + \frac{c_2}{2}\left(\sqrt{3}-1\right) \right] \cdot \frac{2}{\sqrt{3}-1} \arctan \frac{2u - \sqrt{3} + 1}{\sqrt{3}-1} + C,$$

故由因式分解式两边积分, 并回代变量, 即可得到所求不定积分.

✳ 特别提示 　求解该题须熟练掌握三角函数的变换公式、$a^3 - b^3$ 的因式分解公式、$f(x) = \int f'(x) dx$ 及一些常用的不定积分公式及其技巧.

♻ 类题训练

1. 求 $\displaystyle\int \frac{dx}{\sin^4 x + \cos^4 x}$.

2. 求 $\displaystyle\int \frac{dx}{\sin^6 x + \cos^6 x}$.

3. 求 $\displaystyle\int \frac{\sin 4x}{\sin^8 x + \cos^8 x} dx$.

📖 典型例题

17 已知积分 $\displaystyle\int \frac{e^x}{x} dx$ 不是初等函数, 试求 λ 使 $\displaystyle\int \frac{3x^2 + \lambda x - 4}{x^3} e^x dx$ 是一个初等函数, 并求该积分.

【解法 1】 　先用积分的线性性质分成子项积分之和差, 然后分部积分.

$$\int \frac{3x^2 + \lambda x - 4}{x^3} e^x dx = 3 \int \frac{e^x}{x} dx + \lambda \int \frac{e^x}{x^2} dx - 4 \int \frac{e^x}{x^3} dx$$

$$= 3 \int \frac{e^x}{x} dx - \lambda \int e^x d\left(\frac{1}{x} \right) + 2 \int e^x d\left(\frac{1}{x^2} \right)$$

$$= 3 \int \frac{e^x}{x} dx - \lambda \frac{e^x}{x} + \lambda \int \frac{e^x}{x} dx + \frac{2e^x}{x^2} + 2\frac{e^x}{x} - 2 \int \frac{e^x}{x} dx$$

$$= (1+\lambda)\int \frac{e^x}{x}dx + (2-\lambda)\frac{e^x}{x} + \frac{2e^x}{x^2}.$$

要使 $\int \frac{3x^2+\lambda x-4}{x^3}e^x dx$ 是一个初等函数，仅需 $1+\lambda=0$，即 $\lambda=-1$. 此时

$$\int \frac{3x^2+\lambda x-4}{x^3}e^x dx = \frac{3e^x}{x} + \frac{2e^x}{x^2} + C.$$

【**解法 2**】　因为被积函数的有理函数部分的分母是 x^3，所以猜想它的原函数的有理函数部分的分母一定是 x^2，由此设

$$\int \frac{3x^2+\lambda x-4}{x^3}e^x dx = \frac{ax+b}{x^2}e^x + C,$$

则两边求导，即得

$$\frac{3x^2+\lambda x-4}{x^3}e^x = \frac{ax^2+(b-a)x-2b}{x^3}e^x,$$

比较两边有理函数部分分子的系数，得 $a=3, b=2, \lambda=b-a=-1$. 故

$$\int \frac{3x^2+\lambda x-4}{x^3}e^x dx = \frac{3x+2}{x^2}e^x + C.$$

✳ **特别提示**　求解该题需要掌握常用的积分方法及初等函数的概念.

♻ **类题训练**

1. 在什么条件下，不定积分 $\int \frac{ax^2+bx+c}{x^3(x-1)^2}dx$ 为有理函数？

2. 若不定积分 $\int \frac{ax^2+bx+c}{x^2(x-1)}dx$ 为有理式，则 a,b,c 应满足什么条件？(2005 年浙江师范大学研究生入学考试题)

3. 当常数 a,b 分别满足什么条件时，不定积分 $\int \frac{x^2+ax+b}{(x+1)^2(x^2+1)}dx$ 的结果中，(1)没有反正切函数; (2)没有对数函数.

4. 已知 $I=\int \frac{ax^3+bx^2+cx+d}{x^2(x^2+1)}dx$. 当常数 a,b,c,d 满足什么条件时，I 不包含 (1)反三角函数; (2)对数函数.

📖 **典型例题**

18　求 $\int \frac{a\sin x+b\cos x}{a_1\sin x+b_1\cos x}dx$，其中 a,b,a_1,b_1 为常数，a_1,b_1 不同时为 0.

【解法 1 】　由三角函数的变换公式, 有

$$a\sin x + b\cos x = \sqrt{a^2+b^2}\left(\frac{a}{\sqrt{a^2+b^2}}\sin x + \frac{b}{\sqrt{a^2+b^2}}\cos x\right) = \sqrt{a^2+b^2}\sin(x+\varphi),$$

$$a_1\sin x + b_1\cos x = \sqrt{a_1^2+b_1^2}\sin(x+\varphi_1),$$

其中 $\tan\varphi = \dfrac{b}{a}$, 若 $a=0$, 则取 $\varphi = \dfrac{\pi}{2}$;　$\tan\varphi_1 = \dfrac{b_1}{a_1}$, 若 $a_1=0$, 则取 $\varphi_1 = \dfrac{\pi}{2}$, 故

$$\int \frac{a\sin x + b\cos x}{a_1\sin x + b_1\cos x}\,\mathrm{d}x = \int \frac{\sqrt{a^2+b^2}\sin(x+\varphi)}{\sqrt{a_1^2+b_1^2}\sin(x+\varphi_1)}\,\mathrm{d}x$$

$$= \int \frac{\sqrt{a^2+b^2}\sin\big[(x+\varphi_1)+(\varphi-\varphi_1)\big]}{\sqrt{a_1^2+b_1^2}\sin(x+\varphi_1)}\,\mathrm{d}x$$

$$= \frac{\sqrt{a^2+b^2}}{\sqrt{a_1^2+b_1^2}}\int \frac{\sin(x+\varphi_1)\cos(\varphi-\varphi_1)+\cos(x+\varphi_1)\sin(\varphi-\varphi_1)}{\sin(x+\varphi_1)}\,\mathrm{d}x$$

$$= \frac{\sqrt{a^2+b^2}}{\sqrt{a_1^2+b_1^2}}\left[\int \cos(\varphi-\varphi_1)\,\mathrm{d}x + \sin(\varphi-\varphi_1)\int \frac{\big[\sin(x+\varphi_1)\big]'}{\sin(x+\varphi_1)}\,\mathrm{d}x\right]$$

$$= \frac{\sqrt{a^2+b^2}}{\sqrt{a_1^2+b_1^2}}\Big[x\cos(\varphi-\varphi_1)+\sin(\varphi-\varphi_1)\ln|\sin(x+\varphi_1)|\Big] + C$$

$$= \frac{1}{a_1^2+b_1^2}\left[(aa_1+bb_1)x + (a_1 b - ab_1)\ln\left|\frac{a_1\sin x + b_1\cos x}{\sqrt{a_1^2+b_1^2}}\right|\right] + C,$$

其中

$$\cos(\varphi-\varphi_1) = \cos\varphi\cos\varphi_1 + \sin\varphi\sin\varphi_1 = \frac{aa_1+bb_1}{\sqrt{a^2+b^2}\sqrt{a_1^2+b_1^2}},$$

$$\sin(\varphi-\varphi_1) = \sin\varphi\cos\varphi_1 - \cos\varphi\sin\varphi_1 = \frac{ba_1-ab_1}{\sqrt{a^2+b^2}\sqrt{a_1^2+b_1^2}}.$$

【解法 2 】　"借力打牛" 法

令 $I = \displaystyle\int \frac{\sin x\,\mathrm{d}x}{a_1\sin x + b_1\cos x}$,　$J = \displaystyle\int \frac{\cos x\,\mathrm{d}x}{a_1\sin x + b_1\cos x}$, 则

$$a_1 I + b_1 J = \int \frac{a_1\sin x + b_1\cos x}{a_1\sin x + b_1\cos x}\,\mathrm{d}x = x + C_1,$$

$$-b_1 I + a_1 J = \int \frac{a_1 \cos x - b_1 \sin x}{a_1 \sin x + b_1 \cos x} dx = \int \frac{(a_1 \sin x + b_1 \cos x)'}{a_1 \sin x + b_1 \cos x} dx = \ln |a_1 \sin x + b_1 \cos x| + C_2,$$

联立求解得

$$I = \frac{a_1 x - b_1 \ln |a_1 \sin x + b_1 \cos x| + a_1 C_1 - b_1 C_2}{a_1^2 + b_1^2},$$

$$J = \frac{b_1 x + a_1 \cdot \ln |a_1 \sin x + b_1 \cos x| + b_1 C_1 + a_2 C_2}{a_1^2 + b_1^2}.$$

从而

$$\int \frac{a \sin x + b \cos x}{a_1 \sin x + b_1 \cos x} dx = aI + bJ$$

$$= \frac{(aa_1 + bb_1) x + (a_1 b - ab_1) \ln |a_1 \sin x + b_1 \cos x|}{a_1^2 + b_1^2} + C,$$

其中 $C = a \dfrac{a_1 C_1 - b_1 C_2}{a_1^2 + b_1^2} + b \dfrac{b_1 C_1 + a_2 C_2}{a_1^2 + b_1^2}.$

【解法 3】　对于 $\dfrac{a \sin x + b \cos x}{a_1 \sin x + b_1 \cos x}$，我们希望分子 $a \sin x + b \cos x$ 凑成分母与分母导数的线性组合. 不妨设

$$a \sin x + b \cos x = A(a_1 \sin x + b_1 \cos x)' + B(a_1 \sin x + b_1 \cos x),$$

则

$$a \sin x + b \cos x = (a_1 B - b_1 A) \sin x + (a_1 A + b_1 B) \cos x,$$

于是比较等式两边，得 $\begin{cases} a_1 B - b_1 A = a, \\ b_1 B + a_1 A = b. \end{cases}$　解得 $A = \dfrac{a_1 b - ab_1}{a_1^2 + b_1^2}, B = \dfrac{aa_1 + bb_1}{a_1^2 + b_1^2}$，从而得

$$\int \frac{a \sin x + b \cos x}{a_1 \sin x + b_1 \cos x} dx = A \int \frac{(a_1 \sin x + b_1 \cos x)'}{a_1 \sin x + b_1 \cos x} dx + \int B dx$$

$$= A \ln |a_1 \sin x + b_1 \cos x| + Bx + C$$

$$= \frac{aa_1 + bb_1}{a_1^2 + b_1^2} x + \frac{a_1 b - ab_1}{a_1^2 + b_1^2} \ln |a_1 \sin x + b_1 \cos x| + C.$$

✸ **特别提示**　　上述给出了求 $\int \dfrac{a \sin x + b \cos x}{a_1 \sin x + b_1 \cos x} dx$ 型不定积分的三种方法，其中解法 2 和解法 3 属于巧解，其解题思路可以借鉴.

♻ 类题训练

1. 求 $\displaystyle\int \dfrac{3\sin x + 5\cos x}{\sin x - 7\cos x}\mathrm{d}x$.

2. 求 $\displaystyle\int \dfrac{\sin x\,\mathrm{d}x}{3\sin x + 4\cos x}$. (2005 年浙江省大学生数学竞赛题)

3. 求 $\displaystyle\int \dfrac{a\sin x + b\cos x + c}{a_1\sin x + b_1\cos x + c_1}\mathrm{d}x$, 其中 a, b, a_1, b_1 为常数, a_1, b_1 不同时为 0.

4. 求 $\displaystyle\int \dfrac{\sin x + \cos x + 3\mathrm{e}^x}{\sin x + \cos x + \mathrm{e}^x}\mathrm{d}x$.

5. 求 $\displaystyle\int \dfrac{a\mathrm{e}^x + b\mathrm{e}^{-x}}{a_1\mathrm{e}^x + b_1\mathrm{e}^{-x}}\mathrm{d}x$, 其中 a, b, a_1, b_1 为常数, a_1, b_1 不同时为 0.

📖 典型例题

19 求 $\displaystyle\int \dfrac{\cos^2 x\,\mathrm{d}x}{\sin x + \sqrt{3}\cos x}$.

【解法 1】 由辗转相除法, 得
$$\cos^2 x = \dfrac{\sqrt{3}}{4}\left(\sin x + \sqrt{3}\cos x\right)\left(\cos x - \dfrac{1}{\sqrt{3}}\sin x\right) + \dfrac{1}{4},$$

于是

$$\int \dfrac{\cos^2 x\,\mathrm{d}x}{\sin x + \sqrt{3}\cos x} = \int \left(\dfrac{\sqrt{3}}{4}\cos x - \dfrac{1}{4}\sin x + \dfrac{1}{4\left(\sin x + \sqrt{3}\cos x\right)}\right)\mathrm{d}x$$

$$= \dfrac{\sqrt{3}}{4}\sin x + \dfrac{1}{4}\cos x + \dfrac{1}{8}\ln\left|\tan\left(\dfrac{x}{2} + \dfrac{\pi}{6}\right)\right| + C.$$

【解法 2】 记 $I_1 = \displaystyle\int \dfrac{\cos^2 x\,\mathrm{d}x}{\sin x + \sqrt{3}\cos x}$, $I_2 = \displaystyle\int \dfrac{\sin^2 x\,\mathrm{d}x}{\sin x + \sqrt{3}\cos x}$, 则

$$3I_1 - I_2 = \int \dfrac{3\cos^2 x - \sin^2 x}{\sin x + \sqrt{3}\cos x}\mathrm{d}x = \int \left(\sqrt{3}\cos x - \sin x\right)\mathrm{d}x = \sqrt{3}\sin x + \cos x + C_1,$$

$$I_1 + I_2 = \int \dfrac{\cos^2 x + \sin^2 x}{\sin x + \sqrt{3}\cos x}\mathrm{d}x = \int \dfrac{\mathrm{d}\left(x + \dfrac{\pi}{3}\right)}{2\sin\left(x + \dfrac{\pi}{3}\right)} = \dfrac{1}{2}\ln\left|\csc\left(x + \dfrac{\pi}{3}\right) - \cot\left(x + \dfrac{\pi}{3}\right)\right| + C_2,$$

联立求解, 得

$$I_1 = \dfrac{\sqrt{3}}{4}\sin x + \dfrac{1}{4}\cos x + \dfrac{1}{8}\ln\left|\csc\left(x + \dfrac{\pi}{3}\right) - \cot\left(x + \dfrac{\pi}{3}\right)\right| + C,$$

其中 $C = \dfrac{C_1 + C_2}{4}$.

【解法 3】　因为

$$\sin x + \sqrt{3}\cos x = 2\left(\frac{1}{2}\sin x + \frac{\sqrt{3}}{2}\cos x\right) = 2\cos\left(x - \frac{\pi}{6}\right),$$

$$\cos x = \cos\left[\left(x - \frac{\pi}{6}\right) + \frac{\pi}{6}\right] = \frac{\sqrt{3}}{2}\cos\left(x - \frac{\pi}{6}\right) - \frac{1}{2}\sin\left(x - \frac{\pi}{6}\right),$$

$$\cos^2 x = \left[\frac{\sqrt{3}}{2}\cos\left(x - \frac{\pi}{6}\right) - \frac{1}{2}\sin\left(x - \frac{\pi}{6}\right)\right]^2$$

$$= \frac{3}{4}\cos^2\left(x - \frac{\pi}{6}\right) - \frac{\sqrt{3}}{2}\sin\left(x - \frac{\pi}{6}\right)\cos\left(x - \frac{\pi}{6}\right) + \frac{1}{4}\sin^2\left(x - \frac{\pi}{6}\right)$$

$$= \frac{1}{2}\cos^2\left(x - \frac{\pi}{6}\right) - \frac{\sqrt{3}}{2}\sin\left(x - \frac{\pi}{6}\right)\cos\left(x - \frac{\pi}{6}\right) + \frac{1}{4},$$

所以

$$\int \frac{\cos^2 x\,\mathrm{d}x}{\sin x + \sqrt{3}\cos x} = \int \frac{\frac{1}{2}\cos^2\left(x - \frac{\pi}{6}\right) - \frac{\sqrt{3}}{2}\sin\left(x - \frac{\pi}{6}\right)\cos\left(x - \frac{\pi}{6}\right) + \frac{1}{4}}{2\cos\left(x - \frac{\pi}{6}\right)}\,\mathrm{d}x$$

$$= \frac{1}{4}\int \cos\left(x - \frac{\pi}{6}\right)\mathrm{d}x - \frac{\sqrt{3}}{4}\int \sin\left(x - \frac{\pi}{6}\right)\mathrm{d}x + \frac{1}{8}\int \frac{\mathrm{d}x}{\cos\left(x - \frac{\pi}{6}\right)}$$

$$= \frac{1}{4}\sin\left(x - \frac{\pi}{6}\right) + \frac{\sqrt{3}}{4}\cos\left(x - \frac{\pi}{6}\right) + \frac{1}{8}\ln\left|\sec\left(x - \frac{\pi}{6}\right) + \tan\left(x - \frac{\pi}{6}\right)\right| + C$$

$$= \frac{\sqrt{3}}{4}\sin x + \frac{1}{4}\cos x + \frac{1}{8}\ln\left|\sec\left(x - \frac{\pi}{6}\right) + \tan\left(x - \frac{\pi}{6}\right)\right| + C.$$

✳ **特别提示**　　上述方法是求解该类题的常用方法, 希望读者能理解并掌握. 该题也可以利用万能代换公式求解, 有兴趣的读者可以自己完成求解过程, 此处略.

♻ **类题训练**

1. 求下列不定积分:

(1) $\displaystyle\int \frac{\sin^2 x\,\mathrm{d}x}{3\sin x + 4\cos x}$;　　　(2) $\displaystyle\int \frac{\cos^3 x\,\mathrm{d}x}{\sin x + \cos x}$;　　　(3) $\displaystyle\int \frac{\cos^2 x\,\mathrm{d}x}{1 + \sin x \cos x}$.

2. 求 $\displaystyle\int \frac{\sin(x+a)}{\cos(x+b)}\mathrm{d}x$, 其中 a, b 为常数.

3. 求 $\displaystyle\int\frac{\sin^2 x\,\mathrm{d}x}{(a\sin x+b\cos x)^2}$，其中 a,b 是不同时为 0 的常数.

4. 求 $\displaystyle\int\frac{a_1\sin x+b_1\cos x}{(a\sin x+b\cos x)^3}\mathrm{d}x$，其中 a，b，a_1，b_1 为常数且 a,b 不同时为 0.

📖 **典型例题**

20 求 $\displaystyle\int\frac{\mathrm{d}x}{(\sin^2 x+2\cos^2 x)^2}$.

【解法 1】 巧妙地利用 $1=\sin^2 x+\cos^2 x$ 化简，再用换元法.

$$\int\frac{\mathrm{d}x}{(\sin^2 x+2\cos^2 x)^2}=\int\frac{(\sin^2 x+2\cos^2 x)-\cos^2 x}{(\sin^2 x+2\cos^2 x)^2}\mathrm{d}x$$

$$=\int\frac{\mathrm{d}x}{\sin^2 x+2\cos^2 x}-\int\frac{\cos^2 x\,\mathrm{d}x}{(\sin^2 x+2\cos^2 x)^2}.$$

而

$$\int\frac{\mathrm{d}x}{\sin^2 x+2\cos^2 x}=\int\frac{1}{\tan^2 x+2}\cdot\frac{\mathrm{d}x}{\cos^2 x}=\int\frac{\mathrm{d}(\tan x)}{\tan^2 x+2}=\frac{1}{\sqrt{2}}\arctan\frac{\tan x}{\sqrt{2}}+C_1,$$

$$\int\frac{\cos^2 x\,\mathrm{d}x}{(\sin^2 x+2\cos^2 x)^2}=\int\frac{1}{\left(\tan^2 x+2\right)^2}\cdot\frac{\mathrm{d}x}{\cos^2 x}$$

$$=\int\frac{\mathrm{d}(\tan x)}{\left(\tan^2 x+2\right)^2}=\int\frac{\mathrm{d}u}{\left(u^2+2\right)^2}(\diamondsuit u=\tan x),$$

再令 $u=\sqrt{2}\tan t\left(-\dfrac{\pi}{2}<t<\dfrac{\pi}{2}\right)$，则 $\mathrm{d}u=\sqrt{2}\sec^2 t\,\mathrm{d}t$，

$$\int\frac{\mathrm{d}u}{\left(u^2+2\right)^2}=\int\frac{\sqrt{2}\sec^2 t\,\mathrm{d}t}{\left[2\left(\tan^2 t+1\right)\right]^2}=\frac{\sqrt{2}}{4}\int\cos^2 t\,\mathrm{d}t=\frac{\sqrt{2}}{8}\int(1+\cos 2t)\mathrm{d}t$$

$$=\frac{\sqrt{2}}{8}t+\frac{\sqrt{2}}{16}\sin 2t+C_2=\frac{\sqrt{2}}{8}\arctan\frac{\tan x}{\sqrt{2}}+\frac{1}{4}\frac{\tan x}{\tan^2 x+2}+C_2,$$

故

$$\int\frac{\mathrm{d}x}{(\sin^2 x+2\cos^2 x)^2}=\frac{1}{\sqrt{2}}\arctan\frac{\tan x}{\sqrt{2}}-\frac{\sqrt{2}}{8}\arctan\frac{\tan x}{\sqrt{2}}-\frac{1}{4}\frac{\tan x}{\tan^2 x+2}+C$$

$$=\frac{3}{8}\sqrt{2}\arctan\frac{\tan x}{\sqrt{2}}-\frac{1}{4}\frac{\tan x}{\tan^2 x+2}+C$$

其中 $C=C_1-C_2$.

【解法 2】 被积函数是关于 $\sin x$ 和 $\cos x$ 的偶函数，可考虑用换元法，令

$t = \tan x$，则

$$\int \frac{\mathrm{d}x}{(\sin^2 x + 2\cos^2 x)^2} = \int \frac{\dfrac{1}{\cos^4 x}}{\left(\tan^2 x + 2\right)^2}\mathrm{d}x = \int \frac{\left(\tan^2 x + 1\right)\mathrm{d}(\tan x)}{\left(\tan^2 x + 2\right)^2}$$

$$= \int \frac{t^2 + 1}{\left(t^2 + 2\right)^2}\mathrm{d}t = \int \frac{\left(t^2 + 2\right) - 1}{\left(t^2 + 2\right)^2}\mathrm{d}t = \int \frac{\mathrm{d}t}{t^2 + 2} - \int \frac{\mathrm{d}t}{\left(t^2 + 2\right)^2},$$

而由分部积分公式, 有

$$\int \frac{\mathrm{d}t}{t^2 + 2} = \frac{t}{t^2 + 2} - \int 2t^2 \cdot \left(-\frac{1}{\left(t^2 + 2\right)^2}\right)\mathrm{d}t = \frac{t}{t^2 + 2} + 2\int \frac{\left(t^2 + 2\right) - 2}{\left(t^2 + 2\right)^2}\mathrm{d}t$$

$$= \frac{t}{t^2 + 2} + 2\int \frac{\mathrm{d}t}{t^2 + 2} - 4\int \frac{\mathrm{d}t}{\left(t^2 + 2\right)^2},$$

于是 $\displaystyle\int \frac{\mathrm{d}t}{\left(t^2 + 2\right)^2} = \frac{1}{4}\cdot\left[\frac{t}{t^2 + 2} + \int \frac{\mathrm{d}t}{t^2 + 2}\right]$, 从而

$$\int \frac{\mathrm{d}t}{t^2 + 2} - \int \frac{\mathrm{d}t}{\left(t^2 + 2\right)^2} = \int \frac{\mathrm{d}t}{t^2 + 2} - \frac{1}{4}\cdot\left[\frac{t}{t^2 + 2} + \int \frac{\mathrm{d}t}{t^2 + 2}\right] = -\frac{t}{4(t^2 + 2)} + \frac{3}{4}\int \frac{\mathrm{d}t}{t^2 + 2}$$

$$= -\frac{t}{4(t^2 + 2)} + \frac{3}{4}\cdot\frac{1}{\sqrt{2}}\cdot\arctan\frac{t}{\sqrt{2}} + C.$$

故

$$\int \frac{\mathrm{d}x}{(\sin^2 x + 2\cos^2 x)^2} = -\frac{\tan x}{4(\tan^2 x + 2)} + \frac{3\sqrt{2}}{8}\arctan\frac{\tan x}{\sqrt{2}} + C.$$

【解法 3】　令 $t = \tan x$, $u = t - \dfrac{2}{t}$, $v = t + \dfrac{2}{t}$, 则

$$\int \frac{\mathrm{d}x}{(\sin^2 x + 2\cos^2 x)^2} = \int \frac{t^2 + 1}{\left(t^2 + 2\right)^2}\mathrm{d}t = \frac{1}{4}\int \frac{3(t^2 + 2) + (t^2 - 2)}{(t^2 + 2)^2}\mathrm{d}t$$

$$= \frac{3}{4}\int \frac{t^2 + 2}{(t^2 + 2)^2}\mathrm{d}t + \frac{1}{4}\int \frac{t^2 - 2}{(t^2 + 2)^2}\mathrm{d}t$$

$$= \frac{3}{4}\int \frac{\mathrm{d}\left(t - \dfrac{2}{t}\right)}{\left(t - \dfrac{2}{t}\right)^2 + 8} + \frac{1}{4}\int \frac{\mathrm{d}\left(t + \dfrac{2}{t}\right)}{\left(t + \dfrac{2}{t}\right)^2}$$

$$= \frac{3}{4} \int \frac{\mathrm{d}u}{u^2 + 8} + \frac{1}{4} \int \frac{\mathrm{d}v}{v^2} = \frac{3}{4\sqrt{8}} \arctan \frac{u}{\sqrt{8}} - \frac{1}{4v} + C$$

$$= \frac{3}{16} \sqrt{2} \arctan \frac{\tan x - \dfrac{2}{\tan x}}{2\sqrt{2}} - \frac{1}{4} \cdot \frac{1}{\tan x + \dfrac{2}{\tan x}} + C$$

$$= \frac{3}{16} \sqrt{2} \arctan \frac{\tan^2 x - 2}{2\sqrt{2} \tan x} - \frac{1}{4} \cdot \frac{\tan x}{\tan^2 x + 2} + C.$$

【解法 4】 $(\sin^2 x + 2\cos^2 x)' = -2\sin x \cos x = -\sin 2x$,

$$\int \frac{\mathrm{d}x}{(\sin^2 x + 2\cos^2 x)^2}$$

$$= -\int \frac{1}{\sin 2x} \cdot \frac{\mathrm{d}(\sin^2 x + 2\cos^2 x)}{(\sin^2 x + 2\cos^2 x)^2} = \int \frac{1}{\sin 2x} \cdot \mathrm{d}\left(\frac{1}{\sin^2 x + 2\cos^2 x} \right)$$

$$= \frac{1}{\sin 2x} \cdot \frac{1}{\sin^2 x + 2\cos^2 x} - \int \frac{1}{\sin^2 x + 2\cos^2 x} \cdot \left(-\frac{2\cos 2x}{\sin^2 2x} \right) \mathrm{d}x$$

$$= \frac{1}{\sin 2x} \cdot \frac{1}{\sin^2 x + 2\cos^2 x} + \frac{1}{2} \int \frac{\cos^2 x - \sin^2 x}{(\sin^2 x + 2\cos^2 x)\sin^2 x \cos^2 x} \mathrm{d}x$$

$$= \frac{1}{\sin 2x (\sin^2 x + 2\cos^2 x)}$$

$$+ \frac{1}{2} \left[\int \frac{\mathrm{d}x}{(\sin^2 x + 2\cos^2 x)\sin^2 x} - \int \frac{\mathrm{d}x}{(\sin^2 x + 2\cos^2 x)\cos^2 x} \right]$$

$$= \frac{1}{\sin 2x \cdot (\sin^2 x + 2\cos^2 x)} + \frac{1}{2} \left[\int \frac{1 + \cot^2 x}{1 + 2\cot^2 x} \mathrm{d}(-\cot x) - \int \frac{1 + \tan^2 x}{\tan^2 x + 2} \mathrm{d}(\tan x) \right]$$

$$= \frac{1}{\sin 2x \cdot (\sin^2 x + 2\cos^2 x)} + \frac{1}{2} \left[-\int \frac{1 + u^2}{1 + 2u^2} \mathrm{d}u - \int \frac{1 + v^2}{v^2 + 2} \mathrm{d}v \right]$$

$$= \frac{1}{\sin 2x \cdot (\sin^2 x + 2\cos^2 x)} - \frac{1}{4} \int \frac{(1 + 2u^2) + 1}{1 + 2u^2} \mathrm{d}u - \frac{1}{2} \int \frac{(2 + v^2) - 1}{v^2 + 2} \mathrm{d}v$$

$$= \frac{1}{\sin 2x \cdot (\sin^2 x + 2\cos^2 x)} - \frac{1}{4} \left[u + \int \frac{\mathrm{d}u}{1 + 2u^2} \right] - \frac{1}{2} \left[v - \int \frac{\mathrm{d}v}{v^2 + 2} \right]$$

$$= \frac{1}{\sin 2x \cdot (\sin^2 x + 2\cos^2 x)} - \frac{1}{4} u - \frac{\sqrt{2}}{8} \arctan \sqrt{2} u - \frac{1}{2} v + \frac{\sqrt{2}}{4} \arctan \frac{v}{\sqrt{2}} + C$$

$$= \frac{1}{\sin 2x \cdot (\sin^2 x + 2\cos^2 x)} - \frac{1}{4} \cot x$$

$$-\frac{\sqrt{2}}{8}\arctan\left(\sqrt{2}\cot x\right)-\frac{1}{2}\tan x+\frac{\sqrt{2}}{4}\arctan\left(\frac{\tan x}{\sqrt{2}}\right)+C,$$

其中 $u=\cot x$, $v=\tan x$.

✳ 特别提示 解法 1 要求能熟练运用三角函数的诱导公式进行化简, 并掌握常用的换元代换方法; 解法 2 要求化简后, 能熟练运用分部积分公式; 解法 3 和解法 4 具有一定的技巧性, 其思路可以借鉴.

♻ 类题训练

1. 求 $\displaystyle\int\frac{\mathrm{d}x}{a\sin^2 x+b\cos^2 x}$, 其中 a, b 为常数且不同时为 0.

2. 求 $\displaystyle\int\frac{\cos x\,\mathrm{d}x}{\sin x(\sin x+\cos x)}$.

3. 求 $\displaystyle\int\frac{\sin^2 x\,\mathrm{d}x}{(x\cos x-\sin x)^2}$.

3.2 定 积 分

一、经典习题选编

1 计算 $\displaystyle\int_0^3\frac{x^2}{(x^2-3x+3)^2}\,\mathrm{d}x$.

2 计算 $I=\displaystyle\int_{-\frac{\pi}{4}}^{\frac{\pi}{4}}\frac{\sin^2 x}{1+\mathrm{e}^{-x}}\,\mathrm{d}x$. (2014 年大连市第二十三届高等数学竞赛试题(B))

3 计算 $\displaystyle\int_0^{n\pi}x|\sin x|\,\mathrm{d}x$, 其中 n 为正整数. (2012 年浙江省高等数学竞赛(工科类)试题)

4 设 $f(x)$ 为定义在 $(-\infty,+\infty)$ 上的连续周期函数, 周期为 T $(T>0)$, 证明

$$\lim_{x\to+\infty}\frac{1}{x}\int_0^x f(t)\mathrm{d}t=\frac{1}{T}\int_0^T f(t)\mathrm{d}t.$$

5 计算 $\displaystyle\int_0^{\frac{\pi}{2}}\frac{\mathrm{d}x}{1+(\tan x)^{\sqrt{2}}}$.

6 设 $f(x) = \begin{cases} \dfrac{1}{2}\sin x, & 0 \leqslant x \leqslant \pi, \\ 0, & x < 0 \text{或} x > \pi, \end{cases}$ 求 $\Phi(x) = \displaystyle\int_0^x f(t)\mathrm{d}t$ 在 $(-\infty, +\infty)$ 内的表达式.

7 计算广义积分 $\displaystyle\int_0^{+\infty} \dfrac{\ln x}{x^2 + a^2}\mathrm{d}x$ $(a > 0)$. (2004年第15届北京市大学生数学竞赛题)

8 计算广义积分 $\displaystyle\int_0^{+\infty} \dfrac{\mathrm{d}x}{(1+x^2)(1+x^\alpha)}$ $(\alpha \in \mathbf{R})$.

9 证明欧拉(Euler)积分 $\displaystyle\int_0^{\frac{\pi}{2}} \ln\sin x\mathrm{d}x = \int_0^{\frac{\pi}{2}} \ln\cos x\mathrm{d}x = -\dfrac{\pi}{2}\ln 2$.

10 设函数 $f(x)$ 在 $[0,1]$ 上连续, 且单调减少, 证明 $\forall a \in [0,1]$, 都有

$$\int_0^a f(x)\mathrm{d}x \geqslant a\int_0^1 f(x)\mathrm{d}x.$$

11 设函数 $f(x)$ 在 $[a,b]$ 上连续, 且 $\displaystyle\int_a^b f(x)\mathrm{d}x = \int_a^b xf(x)\mathrm{d}x = 0$, 证明至少存在两个不同的点 $\alpha, \beta \in [a,b]$, 使得 $f(\alpha) = f(\beta) = 0$.

12 设函数 $f(x)$ 在 $[0,\pi]$ 上连续, 且 $\displaystyle\int_0^\pi f(x)\cos x\mathrm{d}x = \int_0^\pi f(x)\sin x\mathrm{d}x = 0$, 证明在 $(0,\pi)$ 内至少存在两个不同的点 ξ_1, ξ_2, 使 $f(\xi_1) = f(\xi_2) = 0$.

13 设函数 $f(x)$ 在 $[0,\pi]$ 上连续, $f(x) > 0$, 证明 $\mathrm{e}^{\int_0^1 \ln f(x)\mathrm{d}x} \leqslant \displaystyle\int_0^1 f(x)\mathrm{d}x$.

14 设函数 $f(x)$ 和 $g(x)$ 在 $[a,b]$ 上连续, 且 $g(x) > 0$, 证明至少存在一点 $\xi \in (a,b)$, 使得 $\displaystyle\int_a^b f(x)g(x)\mathrm{d}x = f(\xi)\int_a^b g(x)\mathrm{d}x$.

15 设函数 $f(x)$ 在 $[a,b]$ 上连续且单调增加, 证明 $\displaystyle\int_a^b xf(x)\mathrm{d}x \geqslant \dfrac{a+b}{2}\int_a^b f(x)\mathrm{d}x$.

16 证明柯西-施瓦茨(Cauchy-Schwarz)不等式: 设函数 $f(x)$ 与 $g(x)$ 在 $[a,b]$ 上连续, 则有 $\left(\displaystyle\int_a^b f(x)g(x)\mathrm{d}x\right)^2 \leqslant \int_a^b f^2(x)\mathrm{d}x\int_a^b g^2(x)\mathrm{d}x$.

17 函数 $f(x)$ 在区间 $[a,b]$ 上连续, 且满足方程

$$\dfrac{1}{x_2 - x_1}\int_{x_1}^{x_2} f(x)\mathrm{d}x = \dfrac{1}{2}\big[f(x_1) + f(x_2)\big],$$

其中 $x_1 \neq x_2$, 且 $x_1, x_2 \in [a,b]$, 求 $f(x)$.

18 设 $f(x)$ 是连续函数, 证明 $\displaystyle\int_0^x\left[\int_0^u f(t)\mathrm{d}t\right]\mathrm{d}u = \int_0^x (x-u)f(u)\mathrm{d}u$.

19 设函数 $f(x)$ 在 $[0,a]$ $(a > 0)$ 上有连续的一阶导数, 且 $f(0) = 0$, $M =$

$\max\limits_{x\in[0,a]}\left|f'(x)\right|$，证明 $\left|\displaystyle\int_0^a f(x)\mathrm{d}x\right|\leqslant \dfrac{Ma^2}{2}$. (1993 年硕士研究生入学考试数学(三)试题)

20　设函数 $f(x)$ 在 $[0,1]$ 上有连续的一阶导数, 且 $f(0)=f(1)=0$ ，证明

$$\left|\int_0^1 f(x)\mathrm{d}x\right|\leqslant \frac{1}{4}\max\limits_{x\in[0,1]}\left|f'(x)\right|.$$

21　设函数 $f(x)$ 在 $[a,b]$ 上连续, 在 (a,b) 上可导, 且 $\dfrac{1}{b-a}\displaystyle\int_a^b f(x)\mathrm{d}x=f(b)$ ，证明在 (a,b) 内至少存在一点 ξ , 使得 $f'(\xi)=0$.

22　设函数 $f(x)$ 在 $[0,1]$ 上连续, 在 $(0,1)$ 内可导, 且满足 $f(1)=\displaystyle\int_0^1 xf(x)\mathrm{d}x$ ，证明在 $(0,1)$ 内至少存在一点 ξ , 使得 $f(\xi)+\xi f'(\xi)=0$.

23　设函数 $f(x)$ 在 $[-a,a]$ $(a>0)$ 上具有二阶连续导数, 且 $f(0)=0$ ，证明在 $[-a,a]$ 上至少存在一点 η , 使 $a^3 f''(\eta)=3\displaystyle\int_{-a}^a f(x)\mathrm{d}x$. (2001 年硕士研究生入学考试数学(二)试题)

24　设函数 $f(x)$ 在 $[a,b]$ 上具有二阶连续的导数, 证明存在 $\xi\in(a,b)$, 使得

$$\int_a^b f(x)\mathrm{d}x=(b-a)f\left(\frac{a+b}{2}\right)+\frac{1}{24}(b-a)^3 f''(\xi).$$

25　证明不存在同时满足下列条件的函数 $f(x)$: (1) $f(x)$ 在 $[0,1]$ 上连续且非负; (2) $\displaystyle\int_0^1 f(x)\mathrm{d}x=1$; (3) $\exists\alpha\in\mathbf{R}$, 使 $\displaystyle\int_0^1 xf(x)\mathrm{d}x=\alpha$, $\displaystyle\int_0^1 x^2 f(x)\mathrm{d}x=\alpha^2$.

26　设函数 $f(x)$ 在 $[a,b]$ 上有三阶连续的导数, 证明至少存在一点 $\eta\in(a,b)$, 使

$$\int_a^b f(x)\mathrm{d}x=\frac{b-a}{4}\left[f(a)+3f\left(\frac{a+2b}{3}\right)\right]+\frac{(b-a)^4}{216}f'''(\eta).$$

27　设函数 $f(x)$ 在 $[a,b]$ 上有连续的导数, 证明

$$\max\limits_{x\in[a,b]}\left|f(x)\right|\leqslant\left|\frac{1}{b-a}\int_a^b f(x)\mathrm{d}x\right|+\int_a^b\left|f'(x)\right|\mathrm{d}x .$$ (2008 年江苏省高等数学竞赛试题)

28　设函数 $f(x)$ 在 $[0,1]$ 上可导, $f(0)=0$, 且当 $x\in[0,1]$ 时, 有 $0<f'(x)\leqslant 1$, 证明 $\left(\displaystyle\int_0^1 f(x)\mathrm{d}x\right)^2\geqslant\displaystyle\int_0^1 f^3(x)\mathrm{d}x$. (第 34 届 Putnam 数学竞赛题)

29　证明 $\displaystyle\int_0^1\frac{\sin x}{\sqrt{1-x^2}}\mathrm{d}x<\displaystyle\int_0^1\frac{\cos x}{\sqrt{1-x^2}}\mathrm{d}x$. (1977 年苏联大学生数学竞赛题)

30　设函数 $f(x)$ 在 $[0,1]$ 上具有一阶连续的导数, 且 $\displaystyle\int_0^{\frac{1}{2}} f(x)\mathrm{d}x=0$, 证明

$$\int_0^1 \left(f'(x)\right)^2 dx \geqslant 12 \left(\int_0^1 f(x) dx\right)^2.$$

31 设函数 $f(x)$ 具有二阶导数，且 $f''(x) > 0$，$f(0) = 0$，证明当 $x > 0$ 时，

$$\int_0^x t f(t) dt > \frac{2}{3} x \int_0^x f(t) dt.$$

32 证明广义积分 $\int_0^{+\infty} \frac{\sin x}{x} dx$ 不是绝对收敛的. (2013 年第五届全国大学生数学竞赛预赛(非数学类)试题)

二、一 题 多 解

典型例题

1 计算 $\int_0^3 \frac{x^2}{(x^2-3x+3)^2} dx$.

【解法 1】 分母配方 $x^2-3x+3 = \left(x-\frac{3}{2}\right)^2 + \frac{3}{4}$，故可令 $x-\frac{3}{2} = \frac{\sqrt{3}}{2}\tan t$ $\left(-\frac{\pi}{2} < t < \frac{\pi}{2}\right)$，则 $(x^2-3x+3)^2 = \left(\frac{3}{4}\tan^2 t + \frac{3}{4}\right)^2 = \frac{9}{16}\sec^4 t$，$dx = \frac{\sqrt{3}}{2}\sec^2 t dt$，于是

$$\int_0^3 \frac{x^2}{(x^2-3x+3)^2} dx = \int_{-\frac{\pi}{3}}^{\frac{\pi}{3}} \left(\frac{3}{4}\tan^2 t + \frac{3\sqrt{3}}{2}\tan t + \frac{9}{4}\right) \cdot \frac{8\sqrt{3}}{9}\cos^2 t dt$$

$$= \frac{16\sqrt{3}}{9}\int_0^{\frac{\pi}{3}} \left(\frac{3}{4}\tan^2 t + \frac{9}{4}\right)\cos^2 t dt = \frac{4}{\sqrt{3}}\int_0^{\frac{\pi}{3}}(\sin^2 t + 3\cos^2 t) dt$$

$$= \frac{4}{\sqrt{3}}\int_0^{\frac{\pi}{3}}(2+\cos 2t) dt = \frac{8}{9}\sqrt{3}\pi + 1.$$

【解法 2】 分母关于 x 的最高幂次比分子高 2 次，考虑作倒代换，令 $x = \frac{1}{t}$，则

$$\int_0^3 \frac{x^2}{(x^2-3x+3)^2} dx = \int_{+\infty}^{\frac{1}{3}} \frac{\frac{1}{t^2}}{\left(\frac{1}{t^2}-\frac{3}{t}+3\right)^2} \cdot \left(-\frac{1}{t^2}\right) dt = \int_{\frac{1}{3}}^{+\infty} \frac{dt}{(3t^2-3t+1)^2}$$

$$= \frac{1}{9}\int_{\frac{1}{3}}^{+\infty} \frac{dt}{\left(t^2-t+\frac{1}{3}\right)^2} = \frac{1}{9}\int_{\frac{1}{3}}^{+\infty} \frac{d\left(t-\frac{1}{2}\right)}{\left[\left(t-\frac{1}{2}\right)^2 + \frac{1}{12}\right]^2}.$$

令 $u = t - \dfrac{1}{2}$，$b = \dfrac{1}{\sqrt{12}}$，则 $\displaystyle\int \frac{\mathrm{d}\left(t - \dfrac{1}{2}\right)}{\left[\left(t - \dfrac{1}{2}\right)^2 + \dfrac{1}{12}\right]^2} = \int \frac{\mathrm{d}u}{(u^2 + b^2)^2}$.

记 $I_n = \displaystyle\int \dfrac{\mathrm{d}u}{(u^2 + b^2)^n}$，则由分部积分公式可得 $I_1 = \displaystyle\int \dfrac{1}{u^2 + b^2}\mathrm{d}u = \dfrac{u}{u^2 + b^2} +$

$2I_1 - 2b^2 I_2$，于是得

$$I_2 = \int \frac{\mathrm{d}u}{(u^2 + b^2)^2} = \frac{I_1 + \dfrac{u}{u^2 + b^2}}{2b^2} = \frac{\dfrac{1}{b}\arctan\dfrac{u}{b} + \dfrac{u}{u^2 + b^2}}{2b^2}$$

$$= 6\sqrt{12}\arctan 2\sqrt{3}\left(t - \frac{1}{2}\right) + \frac{6t - 3}{t^2 - t + \dfrac{1}{3}},$$

故 $\displaystyle\int_0^3 \frac{x^2}{(x^2 - 3x + 3)^2} = \frac{1}{9}\cdot\left[6\sqrt{12}\arctan 2\sqrt{3}\left(t - \frac{1}{2}\right) + \frac{6t - 3}{t^2 - t + \dfrac{1}{3}}\right]_{\frac{1}{3}}^{+\infty} = \frac{8}{9}\sqrt{3}\pi + 1$,

其中 $\displaystyle\lim_{t\to+\infty}\arctan 2\sqrt{3}\left(t - \frac{1}{2}\right) = \frac{\pi}{2}$，$\arctan\left(-\dfrac{\sqrt{12}}{6}\right) = -\arctan\dfrac{2\sqrt{3}}{6} = -\arctan\dfrac{\sqrt{3}}{3} = -\dfrac{\pi}{6}$.

【解法 3】　视为有理函数的积分

令 $\dfrac{x^2}{(x^2 - 3x + 3)^2} = \dfrac{px + q}{(x^2 - 3x + 3)^2} + \dfrac{ax + b}{x^2 - 3x + 3}$，右端通分，然后比较等式两端
分子同类项的系数，得 $a = 0$，$b - 3a = 1$，$3a - 3b + p = 0$，$3b + q = 0$，解得
$a = 0, b = 1, p = 3, q = -3$. 而

$$\int \frac{px + q}{(x^2 - 3x + 3)^2}\mathrm{d}x = \int \frac{3x - 3}{(x^2 - 3x + 3)^2}\mathrm{d}x = \frac{3}{2}\int \frac{(2x - 3) + 1}{(x^2 - 3x + 3)^2}\mathrm{d}x$$

$$= \frac{3}{2}\int \frac{(x^2 - 3x + 3)'}{(x^2 - 3x + 3)^2}\mathrm{d}x + \frac{3}{2}\int \frac{\mathrm{d}x}{(x^2 - 3x + 3)^2}$$

$$= -\frac{3}{2}\frac{1}{x^2 - 3x + 3} + \frac{3}{2}\int \frac{\mathrm{d}\left(x - \dfrac{3}{2}\right)}{\left[\left(x - \dfrac{3}{2}\right)^2 + \left(\dfrac{\sqrt{3}}{2}\right)^2\right]^2}$$

$$= -\frac{3}{2}\frac{1}{x^2 - 3x + 3} + \frac{3}{2}\int \frac{\mathrm{d}v}{(v^2 + a^2)^2} \quad \left(\diamondsuit v = x - \frac{3}{2},\ d = \frac{\sqrt{3}}{2}\right).$$

记 $I_2 = \int \dfrac{dv}{(v^2+d^2)^2}$ ，则由分部积分公式可得

$$I_1 = \int \frac{dv}{v^2+d^2} = \frac{v}{v^2+d^2} + 2\int \frac{v^2}{(v^2+d^2)^2}\,dv = \frac{v}{v^2+d^2} + 2I_1 - 2a^2 I_2,$$

于是 $I_2 = \dfrac{I_1 + \dfrac{v}{v^2+d^2}}{2d^2} = \dfrac{\dfrac{1}{d}\arctan\dfrac{v}{d} + \dfrac{v}{v^2+d^2}}{2d^2}$ ，从而

$$\int \frac{x^2}{(x^2-3x+3)^2}\,dx = -\frac{3}{2}\cdot\frac{1}{x^2-3x+3} + \frac{3}{2}\cdot\frac{\dfrac{1}{d}\arctan\dfrac{x-\dfrac{3}{2}}{d} + \dfrac{x-\dfrac{3}{2}}{x^2-3x+3}}{2d^2}$$

$$+ \frac{1}{d}\arctan\frac{x-\dfrac{3}{2}}{d} + C$$

$$= -\frac{3}{2}\cdot\frac{1}{x^2-3x+3} + \frac{4}{3}\sqrt{3}\arctan\frac{2x-3}{\sqrt{3}} + \frac{x-\dfrac{3}{2}}{x^2-3x+3} + C.$$

故由牛顿-莱布尼茨公式得

$$\int_0^3 \frac{x^2}{(x^2-3x+3)^2}\,dx = \frac{8}{3}\sqrt{3}\arctan\sqrt{3} + 1 = \frac{8}{9}\sqrt{3}\,\pi + 1.$$

特别提示　　从三个不同的视角给出了三种不同的解法. 解法 1 要求熟悉第二类换元法如何作代换; 解法 2 要求熟悉倒代换的适用范围, 解法 3 要求掌握有理函数积分的方法.

类题训练

1. 求 $\displaystyle\int \frac{x^3}{(x^2-2x+2)^2}\,dx$.

2. 计算 $\displaystyle\int_{-\infty}^{+\infty} \frac{dx}{(x^2+2x+2)^n}$.

3. 求 $\displaystyle\int_0^{\pi} \frac{x}{1+\cos^2 x}\,dx$.

4. 求 $\displaystyle\int x^2\sqrt{x^2-2}\,dx$.

5. 计算 $\displaystyle\int_{-\infty}^{+\infty} \frac{dx}{(x^2+x+1)^2}$.

📖 **典型例题**

2 计算 $I = \int_{-\frac{\pi}{4}}^{\frac{\pi}{4}} \dfrac{\sin^2 x}{1+e^{-x}} dx$. (2014 年大连市第二十三届高等数学竞赛试题(B))

【**解法 1**】 令 $x=-t$, 则 $I = -\int_{\frac{\pi}{4}}^{-\frac{\pi}{4}} \dfrac{\sin^2 t}{1+e^t} dt = \int_{-\frac{\pi}{4}}^{\frac{\pi}{4}} \dfrac{\sin^2 x}{1+e^x} dx$, 故

$$2I = \int_{-\frac{\pi}{4}}^{\frac{\pi}{4}} \frac{\sin^2 x}{1+e^{-x}} dx + \int_{-\frac{\pi}{4}}^{\frac{\pi}{4}} \frac{\sin^2 x}{1+e^x} dx = \int_{-\frac{\pi}{4}}^{\frac{\pi}{4}} \sin^2 x \cdot \left(\frac{1}{1+e^{-x}} + \frac{1}{1+e^x} \right) dx$$

$$= \int_{-\frac{\pi}{4}}^{\frac{\pi}{4}} \sin^2 x\, dx = 2\int_0^{\frac{\pi}{4}} \frac{1-\cos 2x}{2} dx = \frac{1}{4}(\pi-2),$$

即得 $I = \dfrac{1}{8}(\pi-2)$.

【**解法 2**】 先证明对称区间上的积分公式 $\int_{-a}^{a} f(x)dx = \int_0^a [f(x)+f(-x)]dx$ $(a>0)$.

事实上, 因为 $\int_{-a}^{a} f(x)dx = \int_{-a}^{0} f(x)dx + \int_0^a f(x)dx$, 而令 $x=-t$, 有

$$\int_{-a}^{0} f(x)dx = -\int_a^0 f(-t)dt = \int_0^a f(-t)dt = \int_0^a f(-x)dx,$$

所以 $\int_{-a}^{a} f(x)dx = \int_0^a [f(x)+f(-x)]dx$.

由上公式, 即有

$$I = \int_{-\frac{\pi}{4}}^{\frac{\pi}{4}} \frac{\sin^2 x}{1+e^{-x}} dx = \int_0^{\frac{\pi}{4}} \left[\frac{\sin^2 x}{1+e^{-x}} + \frac{\sin^2 x}{1+e^x} \right] dx = \int_0^{\frac{\pi}{4}} \sin^2 x \left(\frac{1}{1+e^{-x}} + \frac{1}{1+e^x} \right) dx$$

$$= \int_0^{\frac{\pi}{4}} \sin^2 x\, dx = \int_0^{\frac{\pi}{4}} \frac{1-\cos 2x}{2} dx = \frac{1}{8}(\pi-2).$$

【**解法 3**】

$$I = \int_{-\frac{\pi}{4}}^{\frac{\pi}{4}} \frac{\sin^2 x}{1+e^{-x}} dx = \int_{-\frac{\pi}{4}}^{\frac{\pi}{4}} \frac{e^x}{1+e^x} \sin^2 x\, dx = \int_{-\frac{\pi}{4}}^{\frac{\pi}{4}} \sin^2 x\, dx - \int_{-\frac{\pi}{4}}^{\frac{\pi}{4}} \frac{\sin^2 x}{1+e^x} dx.$$

又令 $x=-t$, 则 $\int_{-\frac{\pi}{4}}^{\frac{\pi}{4}} \dfrac{\sin^2 x}{1+e^x} dx = -\int_{\frac{\pi}{4}}^{-\frac{\pi}{4}} \dfrac{\sin^2 t}{1+e^{-t}} dt = \int_{-\frac{\pi}{4}}^{\frac{\pi}{4}} \dfrac{\sin^2 t}{1+e^{-t}} dt = I$, 于是代入上式即得

$$I = \int_{-\frac{\pi}{4}}^{\frac{\pi}{4}} \frac{\sin^2 x}{1+e^{-x}} dx = \frac{1}{2}\int_{-\frac{\pi}{4}}^{\frac{\pi}{4}} \sin^2 x\, dx = \frac{1}{8}(\pi-2).$$

★ **特别提示**　关于对称区间上的定积分计算与证明题, 不论被积函数的奇偶性如何, 皆可利用公式 $\int_{-a}^{a}f(x)\mathrm{d}x=\int_{0}^{a}[f(x)+f(-x)]\mathrm{d}x\ (a>0)$. 更为一般地, 设函数 $f(x)$, $g(x)$ 在 $[-a,a]\ (a>0)$ 上连续, 且 $g(x)$ 为偶函数, 则 $\int_{-a}^{a}f(x)g(x)\mathrm{d}x=$ $\int_{0}^{a}[f(x)+f(-x)]g(x)\mathrm{d}x$.

♻ **类题训练**

1. 计算下列定积分:

(1) $\int_{-\frac{\pi}{2}}^{\frac{\pi}{2}}\dfrac{\cos^2 x}{1+\mathrm{e}^{-x}}\mathrm{d}x$;　(2) $\int_{-2}^{2}x\ln(1+\mathrm{e}^x)\mathrm{d}x$;　(3) $\int_{-\frac{1}{2}}^{\frac{1}{2}}\cos x\left(\ln\dfrac{1+x}{1-x}+\sin^2 x\right)\mathrm{d}x$.

2. 计算定积分 $I=\int_{-\pi}^{\pi}\dfrac{x\sin x\arctan \mathrm{e}^x}{1+\cos^2 x}\mathrm{d}x$. (2013 年第五届全国大学生数学竞赛(非数学类)预赛试题)

3. 计算 $I=\int_{-1}^{1}x\,(1+x^{1997})(\mathrm{e}^x-\mathrm{e}^{-x})\mathrm{d}x$.

4. 设 $a>0$, $f(x)$ 是 $[-a,a]$ 上的连续偶函数, 证明 $\int_{-a}^{a}\dfrac{f(x)}{1+\mathrm{e}^x}\mathrm{d}x=\int_{0}^{a}f(x)\mathrm{d}x$.

5. 设函数 $f(x)$ 在 $(-\infty,+\infty)$ 上连续, 且对任何 x,y, 有 $f(x+y)=f(x)+f(y)$, 计算 $\int_{-1}^{1}(x^2+1)f(x)\mathrm{d}x$.

📖 **典型例题**

3　计算 $\int_{0}^{n\pi}x|\sin x|\mathrm{d}x$, 其中 n 为正整数. (2012 年浙江省高等数学竞赛(工科类)试题)

【解法1】　先作换元变换, 然后用周期函数定积分的性质.

令 $t=n\pi-x$, 则

$$\int_{0}^{n\pi}x|\sin x|\mathrm{d}x=\int_{n\pi}^{0}(n\pi-t)|\sin(n\pi-t)|(-\mathrm{d}t)=\int_{0}^{n\pi}(n\pi-t)|\sin t|\mathrm{d}t$$

$$=n\pi\int_{0}^{n\pi}|\sin x|\mathrm{d}x-\int_{0}^{n\pi}x|\sin x|\mathrm{d}x=\dfrac{n\pi}{2}\int_{0}^{n\pi}|\sin x|\mathrm{d}x.$$

因为 $|\sin x|=\sqrt{\sin^2 x}=\sqrt{\dfrac{1-\cos 2x}{2}}$ 的周期为 $T=\dfrac{2\pi}{2}=\pi$, 所以

$$\int_{0}^{n\pi}|\sin x|\mathrm{d}x=n\int_{0}^{\pi}\sin x\mathrm{d}x=2n,$$

故 $\int_0^{n\pi} x|\sin x|\mathrm{d}x = n^2\pi$.

【解法 2】　先证明定积分等式: $\int_a^b f(x)\mathrm{d}x = \int_a^{\frac{a+b}{2}}[f(x)+f(a+b-x)]\mathrm{d}x$.

事实上, $\int_a^b f(x)\mathrm{d}x = \int_a^{\frac{a+b}{2}} f(x)\mathrm{d}x + \int_{\frac{a+b}{2}}^b f(x)\mathrm{d}x$, 令 $x = a+b-t$, 则

$$\int_{\frac{a+b}{2}}^b f(x)\mathrm{d}x = \int_{\frac{a+b}{2}}^a f(a+b-t)(-\mathrm{d}t) = \int_a^{\frac{a+b}{2}} f(a+b-t)\mathrm{d}t = \int_a^{\frac{a+b}{2}} f(a+b-x)\mathrm{d}x .$$

所以有 $\int_a^b f(x)\mathrm{d}x = \int_a^{\frac{a+b}{2}}[f(x)+f(a+b-x)]\mathrm{d}x$.

利用上述定积分等式, 有

$$\int_0^{n\pi} x|\sin x|\mathrm{d}x = \int_0^{\frac{n\pi}{2}}\left[x|\sin x| + (n\pi-x)|\sin(n\pi-x)|\right]\mathrm{d}x = n\pi\int_0^{\frac{n\pi}{2}}|\sin x|\mathrm{d}x .$$

而因为 $|\sin x| = \sqrt{\sin^2 x} = \sqrt{\dfrac{1-\cos 2x}{2}}$ 的周期为 $T = \dfrac{2\pi}{2} = \pi$, 且 $\int_0^{\frac{\pi}{2}}|\sin x|\mathrm{d}x =$
$\int_0^{\frac{\pi}{2}}\sin x\,\mathrm{d}x = 1$, $\int_{\frac{\pi}{2}}^\pi|\sin x|\mathrm{d}x = 1$, 所以 $\int_0^{\frac{n\pi}{2}}|\sin x|\mathrm{d}x = n$, 从而得 $\int_0^{n\pi} x|\sin x|\mathrm{d}x =$
$n\pi\int_0^{\frac{n\pi}{2}}|\sin x|\mathrm{d}x = n^2\pi$.

【解法 3】　利用定积分关于积分区间的可加性, 设法去掉绝对值.

当 $n = 2m$ 时,

$$\int_0^{n\pi} x|\sin x|\mathrm{d}x = \sum_{k=0}^{m-1}\int_{2k\pi}^{(2k+1)\pi} x\sin x\,\mathrm{d}x - \sum_{k=0}^{m-1}\int_{(2k+1)\pi}^{(2k+2)\pi} x\sin x\,\mathrm{d}x$$
$$= \sum_{k=0}^{m-1}(8k+4)\pi = (2m)^2\pi;$$

当 $n = 2m+1$ 时,

$$\int_0^{n\pi} x\cdot|\sin x|\mathrm{d}x = \sum_{k=1}^{m}\int_{(2k-1)\pi}^{2k\pi}(-x\sin x)\mathrm{d}x + \sum_{k=1}^{m}\int_{2k\pi}^{(2k+1)\pi} x\sin x\,\mathrm{d}x + \int_0^\pi x\sin x\,\mathrm{d}x$$
$$= \sum_{k=1}^{m} 8k\pi + \pi = (2m+1)^2\pi.$$

故 $\int_0^{n\pi} x|\sin x|\mathrm{d}x = n^2\pi$.

特别提示　解法 1 中用到了周期函数定积分的性质, 即设 $f(x)$ 是连续的周

期函数, 周期为 T, $\alpha \in \mathbf{R}$, $n \in \mathbf{N}$, 则有

(1) $\displaystyle\int_{\alpha}^{\alpha+T} f(x)\mathrm{d}x = \int_0^T f(x)\mathrm{d}x$;

(2) $\displaystyle\int_{\alpha}^{\alpha+nT} f(x)\mathrm{d}x = n\int_0^T f(x)\mathrm{d}x$.

解法 2 中得到且利用了定积分等式: $\displaystyle\int_a^b f(x)\mathrm{d}x = \int_a^{\frac{a+b}{2}} [f(x)+f(a+b-x)]\mathrm{d}x$.

♻ **类题训练**

1. $\displaystyle\int_0^{2006} x\,|\sin x|\,\mathrm{d}x = \underline{\qquad}$. (北京市 2006 年数学竞赛题)

2. 设 n 为正整数, 计算下列定积分:

(1) $\displaystyle\int_0^{n\pi} \sqrt{1+\sin 2x}\,\mathrm{d}x$; (2) $\displaystyle\int_0^{n\pi} x\sin^2 x\,\mathrm{d}x$; (3) $\displaystyle\int_0^n \mathrm{e}^x|\sin \pi x|\,\mathrm{d}x$;

(4) $\displaystyle\int_{\mathrm{e}^{-2n\pi}}^1 \left|\frac{\mathrm{d}}{\mathrm{d}x}\cos\left(\ln\frac{1}{x}\right)\right|\mathrm{d}x$. (2014 年第六届全国大学生数学竞赛(非数学类)预赛试题)

📖 **典型例题**

4 设 $f(x)$ 为定义在 $(-\infty,+\infty)$ 上的连续周期函数, 周期为 $T\ (T>0)$, 证明

$$\lim_{x\to+\infty}\frac{1}{x}\int_0^x f(t)\mathrm{d}t = \frac{1}{T}\int_0^T f(t)\mathrm{d}t .$$

【证法 1】 $\forall x>0$, $\exists n\in \mathbf{N}$ 及 $x_0\in[0,T)$, 使 $x=nT+x_0$, 于是

$$\frac{1}{x}\int_0^x f(t)\mathrm{d}t = \frac{1}{nT+x_0}\int_0^{nT+x_0} f(t)\mathrm{d}t = \frac{1}{nT+x_0}\left[\int_0^{nT} f(t)\mathrm{d}t + \int_{nT}^{nT+x_0} f(t)\mathrm{d}t\right]$$

$$= \frac{1}{nT+x_0}\left[n\int_0^T f(t)\mathrm{d}t + \int_0^{x_0} f(t)\mathrm{d}t\right] .$$

因为 $f(x)$ 连续, 所以 $f(x)$ 在 $[0,T]$ 上可积, 从而有界, 即 $\exists M>0$, $\forall x\in[0,T]$, 有 $|f(x)|\leqslant M$, 故 $\left|\displaystyle\int_0^{x_0} f(t)\mathrm{d}t\right| \leqslant \int_0^T |f(t)|\mathrm{d}t \leqslant MT$, 因而 $\displaystyle\lim_{x\to+\infty}\frac{1}{x}\int_0^x f(t)\mathrm{d}t = \frac{1}{T}\int_0^T f(t)\mathrm{d}t$.

【证法 2】 令 $F(x)=\displaystyle\int_0^x f(t)\mathrm{d}t - \frac{x}{T}\int_0^T f(t)\mathrm{d}t$, 则 $F(x)$ 可导, 且有

$$F(x+T) = \int_0^{x+T} f(t)\mathrm{d}t - \frac{x+T}{T}\int_0^T f(t)\mathrm{d}t$$

$$= \int_0^x f(t)\mathrm{d}t - \frac{x}{T}\int_0^T f(t)\mathrm{d}t + \int_x^{x+T} f(t)\mathrm{d}t - \int_0^T f(t)\mathrm{d}t$$

$$= \int_0^x f(t)\mathrm{d}t - \frac{x}{T}\int_0^T f(t)\mathrm{d}t = F(x).$$

于是 $F(x)$ 是以 T 为周期的连续函数, 从而 $F(x)$ 为有界函数, 即得 $\lim\limits_{x\to+\infty}\frac{1}{x}F(x)=0$.

又 $\frac{F(x)}{x} = \frac{1}{x}\int_0^x f(t)\mathrm{d}t - \frac{1}{T}\int_0^T f(t)\mathrm{d}t$, 故

$$\lim_{x\to+\infty}\frac{1}{x}\int_0^x f(t)\mathrm{d}t = \lim_{x\to+\infty}\left(\frac{1}{T}\int_0^T f(t)\mathrm{d}t + \frac{F(x)}{x}\right) = \frac{1}{T}\int_0^T f(t)\mathrm{d}t.$$

【证法 3】 $\forall x>0$, $\exists n\in\mathbf{N}$, 使 $nT\leqslant x<(n+1)T$. 不妨记 $x=nT+\gamma$, $\int_0^T f(t)\mathrm{d}t = A$, $\int_{nT}^x f(t)\mathrm{d}t = \alpha$, 则

$$\left|\frac{\gamma}{n}\right| = \frac{|x-nt|}{n} \leqslant \frac{T}{n} \to 0 \quad (x\to+\infty),$$

$$\left|\frac{\alpha}{n}\right| \leqslant \frac{1}{n}\int_{nT}^x |f(t)|\mathrm{d}t \leqslant \frac{M(x-nT)}{n} \leqslant \frac{MT}{n} \to 0 \quad (x\to+\infty),$$

其中 $M>0$ 为 $|f(x)|$ 的上界.

于是 $\lim\limits_{x\to+\infty}\frac{1}{x}\int_0^x f(t)\mathrm{d}t = \lim\limits_{x\to+\infty}\frac{nA+\alpha}{nT+\gamma} = \lim\limits_{x\to+\infty}\dfrac{A+\dfrac{\alpha}{n}}{T+\dfrac{\gamma}{n}} = \frac{A}{T} = \frac{1}{T}\int_0^T f(t)\mathrm{d}t$.

【证法 4】　利用夹逼准则, 分两种情况考虑:

(1) 若 $f(x)\geqslant0$, $\forall x>0$, $\exists n\in\mathbf{N}$, 使 $nT\leqslant x<(n+1)T$, 于是有

$$\frac{1}{(n+1)T}\int_0^{nT} f(t)\mathrm{d}t \leqslant \frac{1}{x}\int_0^x f(t)\mathrm{d}t \leqslant \frac{1}{nT}\int_0^{(n+1)T} f(t)\mathrm{d}t.$$

而由题设, 有 $\int_0^{nT} f(t)\mathrm{d}t = n\int_0^T f(t)\mathrm{d}t$, 所以

$$\lim_{n\to+\infty}\frac{1}{(n+1)T}\int_0^{nT} f(t)\mathrm{d}t = \lim_{n\to+\infty}\frac{n}{n+1}\cdot\frac{1}{T}\int_0^T f(t)\mathrm{d}t = \frac{1}{T}\int_0^T f(t)\mathrm{d}t,$$

$$\lim_{n\to+\infty}\frac{1}{nT}\int_0^{(n+1)T} f(t)\mathrm{d}t = \lim_{n\to+\infty}\frac{n+1}{n}\cdot\frac{1}{T}\int_0^T f(t)\mathrm{d}t = \frac{1}{T}\int_0^T f(t)\mathrm{d}t,$$

故 $\displaystyle\lim_{x\to+\infty}\frac{1}{x}\int_0^x f(t)\mathrm{d}t=\frac{1}{T}\int_0^T f(t)\mathrm{d}t$.

(2) 若不能确定 $f(x)$ 是否大于等于 0，因为 $f(x)$ 是连续的周期函数，所以 $f(x)$ 一定有界，即 $\exists m, M$，使 $m\leqslant f(x)\leqslant M$. 此时，令 $g(x)=f(x)-m$，则 $g(x)\geqslant 0$，由(1)的结论，得

$$\lim_{x\to+\infty}\frac{1}{x}\int_0^x f(t)\mathrm{d}t=\lim_{x\to+\infty}\frac{1}{x}\int_0^x (g(x)+m)\mathrm{d}t=\lim_{x\to+\infty}\frac{1}{x}\int_0^x g(t)\mathrm{d}t+m$$

$$=\frac{1}{T}\int_0^T g(t)\mathrm{d}t+m=\frac{1}{T}\int_0^T f(t)\mathrm{d}t.$$

❋ 特别提示

[1] 该题具有明显的几何意义和物理意义. 其几何意义是以 T 为周期的连续函数在 $[0,T]$ 上的积分平均值等于 $[0,+\infty)$ 上的积分平均值. 其物理意义是如果用 x 表示时间，$f(x)$ 表示速度，那么 $\dfrac{1}{x}\int_0^x f(t)\mathrm{d}t$ 表示时间段 $[0,x]$ 内的平均速度，由于 $f(x)$ 的周期性，当 $x\to+\infty$ 时，这个平均速度趋于一个周期内的平均速度.

[2] 以上证法中用到了周期函数定积分的性质.

[3] 证法 2 表明：若 $f(x)$ 是以 T 为周期的连续函数，则函数 $\displaystyle\int_0^x f(t)\mathrm{d}t$ 是线性函数与周期为 T 的周期函数之和.

♻ 类题训练

1. 设函数 $S(x)=\displaystyle\int_0^x |\cos t|\mathrm{d}t$，(i)当 n 为正整数，且 $n\pi\leqslant x<(n+1)\pi$ 时，证明 $2n\leqslant S(x)<2(n+1)$；(ii)求 $\displaystyle\lim_{x\to+\infty}\frac{S(x)}{x}$. (2000 年硕士研究生入学考试数学(二)试题)

2. 求 $\displaystyle\lim_{x\to+\infty}\frac{\int_0^x |\sin t|\mathrm{d}t}{x}$.

3. 求 $\displaystyle\lim_{x\to+\infty}\frac{\int_0^x t|\sin t|\mathrm{d}t}{x^2}$.

4. 设 $f(x)=x-[x]$，$[x]$ 表示不超过 x 的最大整数，求 $\displaystyle\lim_{x\to+\infty}\frac{\int_0^x f(t)\mathrm{d}t}{x}$.

5. 设函数 $f(x)$ 在 $[0,+\infty)$ 内连续，单调增加，且 $\displaystyle\lim_{x\to+\infty}\frac{1}{x}\int_0^x f(t)\mathrm{d}t=A$，证明 $\displaystyle\lim_{x\to+\infty}f(x)=A$.

📖 **典型例题**

5 计算 $\displaystyle\int_0^{\frac{\pi}{2}} \frac{\mathrm{d}x}{1+(\tan x)^{\sqrt{2}}}$.

【**解法 1**】　令 $x = \dfrac{\pi}{2} - t$ ，则 $\mathrm{d}x = -\mathrm{d}t$ ，

$$\int_0^{\frac{\pi}{2}} \frac{\mathrm{d}x}{1+(\tan x)^{\sqrt{2}}} = \int_{\frac{\pi}{2}}^{0} \frac{-\mathrm{d}t}{1+(\cot t)^{\sqrt{2}}} = \int_0^{\frac{\pi}{2}} \frac{\mathrm{d}t}{1+(\cot t)^{\sqrt{2}}} = \int_0^{\frac{\pi}{2}} \frac{(\tan t)^{\sqrt{2}}}{1+(\tan t)^{\sqrt{2}}} \mathrm{d}t$$

$$= \int_0^{\frac{\pi}{2}} \frac{1+(\tan t)^{\sqrt{2}} - 1}{1+(\tan t)^{\sqrt{2}}} \mathrm{d}t = \int_0^{\frac{\pi}{2}} \mathrm{d}t - \int_0^{\frac{\pi}{2}} \frac{\mathrm{d}t}{1+(\tan t)^{\sqrt{2}}} = \frac{1}{2}\int_0^{\frac{\pi}{2}} \mathrm{d}t = \frac{\pi}{4} .$$

【**解法 2**】　利用图形的对称性及定积分的几何意义.

因为被积函数 $f(x) - \dfrac{1}{1+(\tan x)^{\sqrt{2}}}$ 不是初等函数，所以不能直接用常用的定积分技巧计算. 考虑函数 $y = f(x)$ 的几何图形，如图 3.1 所示.

经观察，猜测 $\left(\dfrac{\pi}{4}, \dfrac{1}{2}\right)$ 可能是 $y = f(x)$ 在 $\left[0, \dfrac{\pi}{2}\right]$ 上的对称点. 下面加以验证：

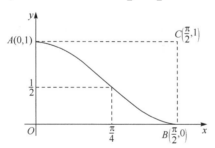

图 3.1　$y = f(x) = \dfrac{1}{1+(\tan x)^{\sqrt{2}}}$ 的图形

任取横坐标关于 $\dfrac{\pi}{4}$ 对称的两个对称点 $x, \dfrac{\pi}{2} - x$ ，只需验证对应的函数值 $f(x)$ 与 $f\left(\dfrac{\pi}{2} - x\right)$ 关于 $\dfrac{1}{2}$ 对称，即验证 $f(x) + f\left(\dfrac{\pi}{2} - x\right) = 1$. 而因为

$$f(x) + f\left(\frac{\pi}{2} - x\right) = \frac{1}{1+(\tan x)^{\sqrt{2}}} + \frac{1}{1+\left(\tan\left(\dfrac{\pi}{2} - x\right)\right)^{\sqrt{2}}}$$

$$= \frac{1}{1+(\tan x)^{\sqrt{2}}} + \frac{1}{1+(\cot x)^{\sqrt{2}}}$$

$$= \frac{1}{1+(\tan x)^{\sqrt{2}}} + \frac{(\tan x)^{\sqrt{2}}}{1+(\tan x)^{\sqrt{2}}} = 1.$$

所以 $\left(\dfrac{\pi}{4}, \dfrac{1}{2}\right)$ 是 $y = f(x)$ 在 $\left[0, \dfrac{\pi}{2}\right]$ 上的对称点, 也是矩形 $OBCA$ 的中心点. 故由定积分的几何意义, $\displaystyle\int_0^{\frac{\pi}{2}} \frac{\mathrm{d}x}{1+(\tan x)^{\sqrt{2}}}$ 应为矩形 $OBCA$ 面积的一半, 即 $\displaystyle\int_0^{\frac{\pi}{2}} \frac{\mathrm{d}x}{1+(\tan x)^{\sqrt{2}}} = \frac{\pi}{4}$.

【解法 3】 利用定积分等式: $\displaystyle\int_a^b f(x)\,\mathrm{d}x = \int_a^{\frac{a+b}{2}} [f(x) + f(a+b-x)]\,\mathrm{d}x$.

由上述等式, 得

$$\int_0^{\frac{\pi}{2}} \frac{\mathrm{d}x}{1+(\tan x)^{\sqrt{2}}} = \int_0^{\frac{\pi}{4}} \left[\frac{1}{1+(\tan x)^{\sqrt{2}}} + \frac{1}{1+\left(\tan\left(\frac{\pi}{2}-x\right)\right)^{\sqrt{2}}} \right] \mathrm{d}x = \int_0^{\frac{\pi}{4}} \mathrm{d}x = \frac{\pi}{4}.$$

特别提示 一般地, 设 α 为任意正实常数, 则

$$\int_0^{\frac{\pi}{2}} \frac{\mathrm{d}x}{1+(\tan x)^{\alpha}} = \int_0^{\frac{\pi}{2}} \frac{\mathrm{d}x}{1+(\cot x)^{\alpha}} = \frac{\pi}{4}.$$

类题训练

1. 计算 $\displaystyle\int_0^a \frac{\mathrm{d}x}{x+\sqrt{a^2-x^2}}$.

2. 计算 $I = \displaystyle\int_0^{\frac{\pi}{2}} \frac{1}{\sqrt{x}} f(x)\,\mathrm{d}x$, 其中 $f(x) = \displaystyle\int_{\sqrt{\frac{\pi}{2}}}^{\sqrt{x}} \frac{\mathrm{d}u}{1+\left[\tan\left(u^2\right)\right]^{\sqrt{2}}}$.

典型例题

6 设 $f(x) = \begin{cases} \dfrac{1}{2}\sin x, & 0 \leqslant x \leqslant \pi, \\ 0, & x < 0 \text{或} x > \pi, \end{cases}$ 求 $\Phi(x) = \displaystyle\int_0^x f(t)\,\mathrm{d}t$ 在 $(-\infty, +\infty)$ 内的表达式.

【解法 1】 依据 $f(x)$ 的定义域分区间讨论, 再综合.

当 $x < 0$ 时, $\Phi(x) = \displaystyle\int_0^x f(t)\,\mathrm{d}t = \int_0^x 0\,\mathrm{d}t = 0$;

当 $0 \leqslant x \leqslant \pi$ 时, $\Phi(x) = \int_0^x f(t)\mathrm{d}t = \int_0^x \frac{1}{2}\sin t\,\mathrm{d}t = \frac{1-\cos x}{2}$;

当 $x > \pi$ 时, $\Phi(x) = \int_0^x f(t)\mathrm{d}t = \int_0^\pi \frac{1}{2}\sin t\,\mathrm{d}t + \int_\pi^x 0\mathrm{d}x = 1$.

综上所述, 得 $\Phi(x) = \begin{cases} 0, & x < 0, \\ \dfrac{1-\cos x}{2}, & 0 \leqslant x \leqslant \pi, \\ 1, & x > \pi. \end{cases}$

【解法 2】 先求 $\int f(x)\mathrm{d}x$, 再由牛顿-莱布尼茨公式.

因为 $f(x)$ 在 $(-\infty,+\infty)$ 内连续, 所以 $f(x)$ 在 $(-\infty,+\infty)$ 内原函数存在, 且

$$\int f(x)\mathrm{d}x = \begin{cases} \int 0\mathrm{d}x = C_1, & x < 0, \\ \int \frac{1}{2}\sin x\,\mathrm{d}x = -\dfrac{\cos x}{2} + C_2, & 0 \leqslant x \leqslant \pi, \\ \int 0\mathrm{d}x = C_3, & x > \pi. \end{cases}$$

再由 $\int f(x)\mathrm{d}x$ 在 $(-\infty,+\infty)$ 内的连续性, 有

$$\lim_{x\to 0^-} C_1 = \lim_{x\to 0^+}\left(-\frac{\cos x}{2}+C_2\right), \quad \lim_{x\to \pi^-}\left(-\frac{\cos x}{2}+C_2\right) = \lim_{x\to \pi^+} C_3,$$

解得 $C_1 = -\dfrac{1}{2}+C_2$, $C_3 = \dfrac{1}{2}+C_2$.

不妨记 $F(x) = \int f(x)\mathrm{d}x$, 则 $F(x) = \begin{cases} -\dfrac{1}{2}+C_2, & x < 0, \\ -\dfrac{\cos x}{2}+C_2, & 0 \leqslant x \leqslant \pi, \\ \dfrac{1}{2}+C_2, & x > \pi. \end{cases}$

从而 $\Phi(x) = \int_0^x f(t)\mathrm{d}t = F(x) - F(0) = \begin{cases} 0, & x < 0, \\ \dfrac{1-\cos x}{2}, & 0 \leqslant x \leqslant \pi, \\ 1, & x > \pi. \end{cases}$

特别提示 上述两种方法是求解该类问题的常用方法. 解法 1 是根据被积函数的定义域分区间讨论, 相对来说较为简洁; 解法 2 是先求分段函数的不定积分, 再由牛顿-莱布尼茨公式确定.

🔄 **类题训练**

1. 设 $f(x) = \begin{cases} \mathrm{e}^{-x}, & x < 0, \\ x, & x \geqslant 0, \end{cases}$ 求 $\Phi(x) = \int_{-1}^{x} f(t)\mathrm{d}t$ 表达式.

2. 设 $f(x) = \begin{cases} x^2, & x \in [0,1), \\ x, & x \in [1,2], \end{cases}$ 求 $\Phi(x) = \int_{0}^{x} f(t)\mathrm{d}t$ 在 $[0,2]$ 上的表达式,并讨论 $\Phi(x)$ 在 $(0,2)$ 内的连续性.

3. 已知 $f(x) = \begin{cases} \dfrac{1}{\sqrt{\mathrm{e}^x + 1}}, & x < 0, \\ \dfrac{x\mathrm{e}^x}{(x+1)^2}, & x \geqslant 0, \end{cases}$ 求 $F(x) = \int_{-1}^{x} f(t)\mathrm{d}t$ 在 $x \geqslant -1$ 时的表达式.

📖 **典型例题**

7 计算广义积分 $\int_{0}^{+\infty} \dfrac{\ln x}{x^2 + a^2}\mathrm{d}x$ $(a > 0)$. (2004 年第 15 届北京市大学生数学竞赛题)

【解法 1】   令 $x = a\tan t$,则

$$\int_{0}^{+\infty} \frac{\ln x}{x^2 + a^2}\mathrm{d}x = \int_{0}^{\frac{\pi}{2}} \frac{\ln(a\tan t)}{a^2\tan^2 t + a^2} \cdot a\sec^2 t\,\mathrm{d}t = \frac{1}{a}\int_{0}^{\frac{\pi}{2}}(\ln a + \ln\tan t)\mathrm{d}t$$

$$= \frac{\pi}{2a}\ln a + \frac{1}{a}\int_{0}^{\frac{\pi}{2}}\ln\tan t\,\mathrm{d}t.$$

对于无界函数的广义积分 $\int_{0}^{\frac{\pi}{2}}\ln\tan t\,\mathrm{d}t$,有

$$\int_{0}^{\frac{\pi}{2}}\ln\tan t\,\mathrm{d}t = \int_{0}^{\frac{\pi}{2}}\ln\sin t\,\mathrm{d}t - \int_{0}^{\frac{\pi}{2}}\ln\cos t\,\mathrm{d}t.$$

令 $t = \dfrac{\pi}{2} - u$,则 $\int_{0}^{\frac{\pi}{2}}\ln\cos t\,\mathrm{d}t = \int_{\frac{\pi}{2}}^{0}\ln\sin u \cdot (-\mathrm{d}u) = \int_{0}^{\frac{\pi}{2}}\ln\sin u\,\mathrm{d}u = \int_{0}^{\frac{\pi}{2}}\ln\sin t\,\mathrm{d}t$,于是

$$\int_{0}^{\frac{\pi}{2}}\ln\tan t\,\mathrm{d}t = \int_{0}^{\frac{\pi}{2}}\ln\sin t\,\mathrm{d}t - \int_{0}^{\frac{\pi}{2}}\ln\sin t\,\mathrm{d}t = 0.$$ 故

$$\int_{0}^{+\infty} \frac{\ln x}{x^2 + a^2}\mathrm{d}x = \frac{\pi}{2a}\ln a.$$

【解法 2】　令 $x = \dfrac{a^2}{t}$，则当 $x \to +\infty$ 时，$t \to 0^+$；当 $x \to 0$ 时，$t \to +\infty$，且

$\mathrm{d}x = -\dfrac{a^2}{t^2}\mathrm{d}t$，于是

$$\int_0^{+\infty} \frac{\ln x}{x^2 + a^2}\mathrm{d}x = \int_{+\infty}^0 \frac{\ln \dfrac{a^2}{t}}{\dfrac{a^4}{t^2} + a^2}\left(-\frac{a^2}{t^2}\right)\mathrm{d}t = \int_0^{+\infty} \frac{2\ln a - \ln t}{t^2 + a^2}\mathrm{d}t$$

$$= 2\int_0^{+\infty} \frac{\ln a}{t^2 + a^2}\mathrm{d}t - \int_0^{+\infty} \frac{\ln t}{t^2 + a^2}\mathrm{d}t = \int_0^{+\infty} \frac{\ln a}{t^2 + a^2}\mathrm{d}t = \frac{\pi}{2a}\ln a.$$

【解法 3】　$\displaystyle\int_0^{+\infty} \frac{\ln x}{x^2 + a^2}\mathrm{d}x = \int_0^a \frac{\ln x}{x^2 + a^2}\mathrm{d}x + \int_a^{+\infty} \frac{\ln x}{x^2 + a^2}\mathrm{d}x$，令 $x = \dfrac{a^2}{t}$，则

$$\int_a^{+\infty} \frac{\ln x}{x^2 + a^2}\mathrm{d}x = \int_a^0 \frac{\ln \dfrac{a^2}{t}}{\dfrac{a^4}{t^2} + a^2}\left(-\frac{a^2}{t^2}\right)\mathrm{d}t = \int_0^a \frac{\ln a^2 - \ln t}{t^2 + a^2}\mathrm{d}t,$$

于是 $\displaystyle\int_0^{+\infty} \frac{\ln x}{x^2 + a^2}\mathrm{d}x = \int_0^a \frac{\ln a^2}{t^2 + a^2}\mathrm{d}t = 2\ln a\left[\frac{1}{a}\arctan \frac{t}{a}\right]_0^a = \frac{\pi}{2a}\ln a$.

特别提示　上述三种解法是计算无穷限广义积分的常用方法.

一般地，有 $\displaystyle\int_0^{+\infty} \frac{\ln(b^2 + x^2)}{a^2 + x^2}\mathrm{d}x = \frac{\pi}{a}\ln(a + b)$，其中 $a, b > 0$.

类题训练

1. 计算下列广义积分:

(1) $\displaystyle\int_0^{+\infty} \frac{\mathrm{d}x}{(1 + x^2)^{n + \frac{1}{2}}}$（$n$ 为自然数); 　(2) $\displaystyle\int_0^{+\infty} \frac{\arctan x}{(1 + x^2)^{\frac{5}{2}}}\mathrm{d}x$; 　(3) $\displaystyle\int_0^{+\infty} \frac{x\ln x}{(1 + x^2)^2}\mathrm{d}x$.

2. 设函数 $f(x)$ 连续，计算 $\displaystyle\int_0^{+\infty} f(x^p + x^{-p})\frac{\ln x}{1 + x^2}\mathrm{d}x$.

3. 证明等式 $\displaystyle\int_0^{+\infty} f\left(ax + \frac{b}{x}\right)\mathrm{d}x = \frac{1}{a}\int_0^{+\infty} f\left(\sqrt{t^2 + 4ab}\right)\mathrm{d}t$，其中 $a, b > 0$，且其中
的积分均有意义.

典型例题

8　计算广义积分 $\displaystyle\int_0^{+\infty} \frac{\mathrm{d}x}{(1 + x^2)(1 + x^\alpha)}$（$\alpha \in \mathbf{R}$).

【解法 1】 令 $x = \tan t$, 则 $dx = \sec^2 t\, dt$,

$$\int_0^{+\infty} \frac{dx}{(1+x^2)(1+x^\alpha)} = \int_0^{\frac{\pi}{2}} \frac{dt}{1+\tan^\alpha t} \xrightarrow{\diamondsuit\, t = \frac{\pi}{2} - u} \int_0^{\frac{\pi}{2}} \frac{du}{1+\cot^\alpha u} = \int_0^{\frac{\pi}{2}} \frac{\tan^\alpha u}{\tan^\alpha u + 1}\, du$$

$$= \frac{1}{2} \int_0^{\frac{\pi}{2}} \frac{\tan^\alpha u + 1}{\tan^\alpha u + 1}\, du = \frac{1}{2} \int_0^{\frac{\pi}{2}} du = \frac{\pi}{4}.$$

【解法 2】 令 $x = \dfrac{1}{t}$, 则 $dx = -\dfrac{1}{t^2}\, dt$,

$$\int_0^{+\infty} \frac{dx}{(1+x^2)(1+x^\alpha)} = \int_{+\infty}^{0} \frac{-\dfrac{1}{t^2}\, dt}{\left(1+\dfrac{1}{t^2}\right)\left(1+\dfrac{1}{t^\alpha}\right)} = \int_0^{+\infty} \frac{t^\alpha\, dt}{(1+t^2)(t^\alpha+1)} = \int_0^{+\infty} \frac{x^\alpha\, dx}{(1+x^2)(x^\alpha+1)}$$

$$= \frac{1}{2} \left[\int_0^{+\infty} \frac{dx}{(1+x^2)(1+x^\alpha)} + \int_0^{+\infty} \frac{x^\alpha\, dx}{(1+x^2)(1+x^\alpha)} \right]$$

$$= \frac{1}{2} \int_0^{+\infty} \frac{dx}{1+x^2} = \frac{\pi}{4}.$$

【解法 3】 $\displaystyle\int_0^{+\infty} \frac{dx}{(1+x^2)(1+x^\alpha)} = \int_0^{1} \frac{dx}{(1+x^2)(1+x^\alpha)} + \int_1^{+\infty} \frac{dx}{(1+x^2)(1+x^\alpha)}$,

令 $x = \dfrac{1}{t}$, 则

$$\int_1^{+\infty} \frac{dx}{(1+x^2)(1+x^\alpha)} = \int_1^{0} \frac{-\dfrac{1}{t^2}\, dt}{\left(1+\dfrac{1}{t^2}\right)\left(1+\dfrac{1}{t^\alpha}\right)} = \int_0^{1} \frac{t^\alpha\, dt}{(1+t^2)(1+t^\alpha)} = \int_0^{1} \frac{x^\alpha\, dx}{(1+x^2)(1+x^\alpha)},$$

于是 $\displaystyle\int_0^{+\infty} \frac{dx}{(1+x^2)(1+x^\alpha)} = \int_0^{1} \frac{dx}{(1+x^2)(1+x^\alpha)} + \int_0^{1} \frac{x^\alpha\, dx}{(1+x^2)(1+x^\alpha)} = \int_0^{1} \frac{1}{1+x^2}\, dx = \frac{\pi}{4}.$

✳ 特别提示 该题计算结果与 α 的取值无关. 特别地, 有 $\displaystyle\int_0^{+\infty} \frac{dx}{(1+x^2)\left(1+x^{\sqrt{2}}\right)} = \frac{\pi}{4}$.

♻ 类题训练

1. 计算下列广义积分:

(1) $\displaystyle\int_1^{+\infty} \frac{dx}{x\sqrt{1+x^5+x^{10}}}$;   (2) $\displaystyle\int_0^{+\infty} \frac{\ln x}{(1+x)\sqrt{x}}\, dx$;   (3) $\displaystyle\int_0^{+\infty} \frac{dx}{(1+x^6)^2}$;

(4) $\displaystyle\int_0^{+\infty} \frac{x^2}{1+x^4}\, dx$; (2003 年浙江省大学生高等数学竞赛题)

(5) $\displaystyle\int_{-\infty}^{+\infty}\dfrac{\mathrm{d}x}{(1+x^2)(2-2x+x^2)}$. (2010 年浙江省大学生高等数学竞赛(工科类)试题)

📖 **典型例题**

9 证明欧拉(Euler)积分 $\displaystyle\int_0^{\frac{\pi}{2}}\ln\sin x\,\mathrm{d}x=\int_0^{\frac{\pi}{2}}\ln\cos x\,\mathrm{d}x=-\dfrac{\pi}{2}\ln 2$.

【**证法 1**】 被积函数 $f(x)=\ln\sin x$ 在 $x=0$ 点的右邻域内无界, 由 L'Hospital 法

则可以求得 $\displaystyle\lim_{x\to 0^+}\dfrac{\ln\sin x}{x^{-\frac{1}{2}}}=0$, 故由广义积分的比较判别法知广义积分 $\displaystyle\int_0^{\frac{\pi}{2}}\ln\sin x\,\mathrm{d}x$

收敛.

同理可证: 广义积分 $\displaystyle\int_0^{\frac{\pi}{2}}\ln\cos x\,\mathrm{d}x$ 收敛.

令 $x=\dfrac{\pi}{2}-t$, 则

$$\int_0^{\frac{\pi}{2}}\ln\sin x\,\mathrm{d}x=\int_{\frac{\pi}{2}}^0\ln\sin\left(\frac{\pi}{2}-t\right)(-\mathrm{d}t)=\int_0^{\frac{\pi}{2}}\ln\cos t\,\mathrm{d}t=\int_0^{\frac{\pi}{2}}\ln\cos x\,\mathrm{d}x.$$

因为 $\displaystyle\int_a^b f(x)\mathrm{d}x=\int_a^{\frac{a+b}{2}}\left[f(x)+f(a+b-x)\right]\mathrm{d}x$, 所以

$$\int_0^{\frac{\pi}{2}}\ln\sin x\,\mathrm{d}x=\int_0^{\frac{\pi}{4}}\left[\ln\sin x+\ln\sin\left(\frac{\pi}{2}-x\right)\right]\mathrm{d}x=\int_0^{\frac{\pi}{4}}(\ln\sin x+\ln\cos x)\mathrm{d}x$$

$$=\int_0^{\frac{\pi}{4}}(\ln\sin 2x-\ln 2)\mathrm{d}x=\frac{1}{2}\int_0^{\frac{\pi}{4}}\ln\sin 2x\,\mathrm{d}(2x)-\frac{\pi}{4}\ln 2$$

$$\xlongequal{\diamondsuit t=2x}\frac{1}{2}\int_0^{\frac{\pi}{2}}\ln\sin t\,\mathrm{d}t-\frac{\pi}{4}\ln 2=-\frac{\pi}{2}\ln 2.$$

【**证法 2**】 被积函数 $f(x)=\ln\sin x$ 在 $x=0$ 点的右邻域内无界, 这是无界函数

的广义积分, 瑕点为 $x=0$. 由 Cauchy 判别法, 容易验证 $\displaystyle\int_0^{\frac{\pi}{2}}\ln\sin x\,\mathrm{d}x$ 及

$\displaystyle\int_0^{\frac{\pi}{2}}\ln\cos x\,\mathrm{d}x$ 的收敛性. $\displaystyle\int_0^{\frac{\pi}{2}}\ln\sin x\,\mathrm{d}x=\int_0^{\frac{\pi}{2}}\ln\cos x\,\mathrm{d}x$ 的证明同证法 1. 下证

$\displaystyle\int_0^{\frac{\pi}{2}}\ln\sin x\,\mathrm{d}x=-\frac{\pi}{2}\ln 2$.

$$\int_0^{\frac{\pi}{2}} \ln\sin x \mathrm{d}x \xrightarrow{\text{令}x=2t} \int_0^{\frac{\pi}{4}} 2\ln\sin 2t\mathrm{d}t$$

$$= 2\int_0^{\frac{\pi}{4}}\left[\ln 2 + \ln\sin t + \ln\cos t\right]\mathrm{d}t = \frac{\pi}{2}\ln 2 + 2\int_0^{\frac{\pi}{4}}\ln\sin t\mathrm{d}t + 2\int_0^{\frac{\pi}{4}}\ln\sin\left(\frac{\pi}{2}-t\right)\mathrm{d}t$$

$$\xrightarrow{\text{令}u=\frac{\pi}{2}-t} \frac{\pi}{2}\ln 2 + 2\int_0^{\frac{\pi}{4}}\ln\sin t\mathrm{d}t + 2\int_{\frac{\pi}{2}}^{\frac{\pi}{4}}\ln\sin u(-\mathrm{d}u)$$

$$= \frac{\pi}{2}\ln 2 + 2\int_0^{\frac{\pi}{4}}\ln\sin t\mathrm{d}t + 2\int_{\frac{\pi}{4}}^{\frac{\pi}{2}}\ln\sin t\mathrm{d}t$$

$$= \frac{\pi}{2}\ln 2 + 2\int_0^{\frac{\pi}{2}}\ln\sin t\mathrm{d}t = -\frac{\pi}{2}\ln 2.$$

特别提示　无界函数广义积分的收敛性判别需要用到一些判别法, 需要熟练掌握. 这里主要专注于 Euler 积分的计算, 需要熟悉相关的公式和变换.

类题训练

1. 利用 Euler 积分, 计算下列积分:

(1) 计算 $\int_0^{\frac{\pi}{2}} \ln\tan x\mathrm{d}x$;

(2) 计算 $\int_0^{\pi} x\ln\sin x\mathrm{d}x$;

(3) 计算 $\int_0^{\pi} \dfrac{x\sin x}{1-\cos x}\mathrm{d}x$;

(4) $\int_0^1 \dfrac{\arcsin x}{x}\mathrm{d}x$;

(5) $\int_0^1 \dfrac{\ln x}{\sqrt{1-x^2}}\mathrm{d}x$.

典型例题

10　设函数 $f(x)$ 在 $[0,1]$ 上连续, 且单调减少, 证明 $\forall a\in[0,1]$, 都有

$$\int_0^a f(x)\mathrm{d}x \geqslant a\int_0^1 f(x)\mathrm{d}x.$$

【证法1】 $\int_0^1 f(x)\mathrm{d}x = \int_0^a f(x)\mathrm{d}x + \int_a^1 f(x)\mathrm{d}x$, $\forall a\in[0,1]$, 由积分中值定理, 有

$$\int_0^a f(x)\mathrm{d}x - a\int_0^1 f(x)\mathrm{d}x = \int_0^a f(x)\mathrm{d}x - a\int_0^a f(x)\mathrm{d}x - a\int_a^1 f(x)\mathrm{d}x$$

$$= (1-a)\int_0^a f(x)\mathrm{d}x - a\int_a^1 f(x)\mathrm{d}x$$

$$= (1-a)af(\xi_1) - a(1-a)f(\xi_2) = a(1-a)\big(f(\xi_1) - f(\xi_2)\big),$$

其中 $\xi_1 \in (0, a)$，$\xi_2 \in (a, 1)$.

又由 $f(x)$ 在 $[0,1]$ 上单调减少，$\xi_1 < \xi_2$，有 $f(\xi_1) \geqslant f(\xi_2)$，因而 $\int_0^a f(x)\mathrm{d}x - a\int_0^1 f(x)\mathrm{d}x \geqslant 0$，即得证.

【证法 2】 令 $F(a) = \dfrac{1}{a}\int_0^a f(x)\mathrm{d}x \ (0 < a \leqslant 1)$，则

$$F'(a) = \frac{af(a) - \displaystyle\int_0^a f(x)\mathrm{d}x}{a^2} = \frac{af(a) - af(\xi)}{a^2} = \frac{f(a) - f(\xi)}{a},$$

其中 $\xi \in (0, a)$.

因为 $f(x)$ 在 $[0,1]$ 上单调减少，所以有 $f(\xi) \geqslant f(a)$，于是 $F'(a) \leqslant 0$，从而 $F(a) \geqslant F(1) = \int_0^1 f(x)\mathrm{d}x$，即得当 $0 < a \leqslant 1$ 时，$\int_0^a f(x)\mathrm{d}x \geqslant a\int_0^1 f(x)\mathrm{d}x$. 又当 $a = 0$ 时，等号显然成立. 故当 $0 \leqslant a \leqslant 1$ 时，都有 $\int_0^a f(x)\mathrm{d}x \geqslant a\int_0^1 f(x)\mathrm{d}x$.

【证法 3】 $\forall a \in (0, 1)$，令 $x = at$，则 $\int_0^a f(x)\mathrm{d}x = a\int_0^1 f(at)\mathrm{d}t = a\int_0^1 f(ax)\mathrm{d}x$.

因为 $f(x)$ 在 $[0,1]$ 上单调减少，所以 $f(ax) \geqslant f(x)$，从而有

$$\int_0^a f(x)\mathrm{d}x = a\int_0^1 f(ax)\mathrm{d}x \geqslant a\int_0^1 f(x)\mathrm{d}x.$$

又当 $a = 0, 1$ 时，上式等号成立. 综合即得 $\forall a \in [0, 1]$，有 $\int_0^a f(x)\mathrm{d}x \geqslant a\int_0^1 f(x)\mathrm{d}x$.

【证法 4】 令 $F(a) = \int_0^a f(x)\mathrm{d}x - a\int_0^1 f(x)\mathrm{d}x$，则 $F(0) = F(1) = 0$，于是由 Rolle 定理得，存在 $\xi \in (0, 1)$，使得 $F'(\xi) = 0$，即 $f(\xi) = \int_0^1 f(x)\mathrm{d}x$.

因为 $f(x)$ 在 $[0,1]$ 上单调减少，且 $F'(a) = f(a) - \int_0^1 f(x)\mathrm{d}x = f(a) - f(\xi)$，所以当 $a > \xi$ 时，$F'(a) = f(a) - f(\xi) \leqslant 0$；当 $a < \xi$ 时，$F'(a) = f(a) - f(\xi) \geqslant 0$. 于是知 $a = \xi$ 是 $F(a)$ 的最大值点. 又 $F(0) = F(1) = 0$，故有 $\forall a \in [0, 1]$，$F(a) \geqslant 0$，即 $\int_0^a f(x)\mathrm{d}x \geqslant a\int_0^1 f(x)\mathrm{d}x$.

【证法 5】 当 $a = 0$ 或 1 时，$\int_0^a f(x)\mathrm{d}x = a\int_0^1 f(x)\mathrm{d}x$ 显然成立；

当 $0 < a < 1$ 时，由 $f(x)$ 在 $[0,1]$ 上单调减少知当 $x \in [0, a]$ 时，$f(x) \geqslant f(a)$，两

边积分得 $\dfrac{1}{a}\displaystyle\int_0^a f(x)\mathrm{d}x \geqslant f(a)$；当 $x\in[a,1]$ 时，$f(x)\leqslant f(a)$，两边积分得

$$\frac{1}{1-a}\int_a^1 f(x)\mathrm{d}x \leqslant f(a).$$

于是得 $\dfrac{1}{1-a}\displaystyle\int_a^1 f(x)\mathrm{d}x \leqslant f(a) \leqslant \dfrac{1}{a}\displaystyle\int_0^a f(x)\mathrm{d}x$，从而有

$$a\int_a^1 f(x)\mathrm{d}x \leqslant (1-a)\int_0^a f(x)\mathrm{d}x = \int_0^a f(x)\mathrm{d}x - a\int_0^a f(x)\mathrm{d}x,$$

故得 $a\left[\displaystyle\int_a^1 f(x)\mathrm{d}x + \displaystyle\int_0^a f(x)\mathrm{d}x\right] \leqslant \displaystyle\int_0^a f(x)\mathrm{d}x$，即 $a\displaystyle\int_0^1 f(x)\mathrm{d}x \leqslant \displaystyle\int_0^a f(x)\mathrm{d}x$.

综合上述，即得 $\forall a\in[0,1]$，有 $\displaystyle\int_0^a f(x)\mathrm{d}x \geqslant a\displaystyle\int_0^1 f(x)\mathrm{d}x$.

【证法 6】 当 $a=0$ 或 1 时，等号显然成立；当 $0<a<1$ 时，$f(x)$ 在 $[0,1]$ 上连续，所以 $f(x)$ 在 $[0,1]$ 上可积. 于是

$$\int_0^a f(x)\mathrm{d}x = \lim_{n\to\infty}\sum_{i=1}^n f\left(\frac{ai}{n}\right)\frac{a}{n}, \quad a\int_0^1 f(x)\mathrm{d}x = a\lim_{n\to\infty}\sum_{i=1}^n f\left(\frac{i}{n}\right)\frac{1}{n} = \lim_{n\to\infty}\sum_{i=1}^n f\left(\frac{i}{n}\right)\frac{a}{n},$$

从而 $\displaystyle\int_0^a f(x)\mathrm{d}x - a\displaystyle\int_0^1 f(x)\mathrm{d}x = \lim_{n\to\infty}\sum_{i=1}^n \left[f\left(\frac{ai}{n}\right) - f\left(\frac{i}{n}\right)\right]\frac{a}{n}$.

又因为 $f(x)$ 在 $[0,1]$ 上单调减少，且 $\dfrac{a}{n}i < \dfrac{i}{n}$，所以 $f\left(\dfrac{a}{n}i\right) \geqslant f\left(\dfrac{i}{n}\right)$，从而得

$\displaystyle\int_0^a f(x)\mathrm{d}x - a\displaystyle\int_0^1 f(x)\mathrm{d}x \geqslant 0$. 综合上述即得证：$\forall a\in[0,1]$，有

$$\int_0^a f(x)\mathrm{d}x \geqslant a\int_0^1 f(x)\mathrm{d}x.$$

【证法 7】 令 $F(t) = \dfrac{1}{t}\displaystyle\int_0^t f(x)\mathrm{d}x$，$t\in[0,1]$，则 $F(t)$ 的几何意义表示区间 $[0,t]$

上曲边梯形的平均高度，于是 $\forall a\in(0,1)$，$F(a) = \dfrac{1}{a}\displaystyle\int_0^a f(x)\mathrm{d}x$ 和 $F(1) = \displaystyle\int_0^1 f(x)\mathrm{d}x$

分别表示 $[0,a]$ 和 $[0,1]$ 上的曲边梯形的平均高度. 因为 $f(x)$ 在 $[0,1]$ 上单调减少，所以由几何意义知

$$F(a) = \frac{1}{a}\int_0^a f(x)\mathrm{d}x \geqslant F(1) = \int_0^1 f(x)\mathrm{d}x, \quad 即 \int_0^a f(x)\mathrm{d}x \geqslant a\int_0^1 f(x)\mathrm{d}x.$$

又当 $a=0,1$ 时，等号显然成立，综合即得 $\forall a\in[0,1]$，有 $\displaystyle\int_0^a f(x)\mathrm{d}x \geqslant a\displaystyle\int_0^1 f(x)\mathrm{d}x$.

特别提示 由上述证明过程可以看出，证法 5 和证法 6 不需要 $f(x)$ 在 $[0,1]$

上连续, 可以削弱该条件为 $f(x)$ 在 $[0,1]$ 上可积, 且其他条件不变, 即可成立.

♻ 类题训练

1. 设函数 $f(x)$ 在 $[0,1]$ 上连续且单调减少, $f(x) > 0$, 证明对满足 $0 < \alpha < \beta < 1$ 的任何 α, β, 有 $\beta \int_0^\alpha f(x)\mathrm{d}x > \alpha \int_0^\beta f(x)\mathrm{d}x$.

2. 设函数 $f(x)$ 在 $[0,1]$ 上连续, 且 $f(x) > 0$, 证明 $\ln\left(\int_0^1 f(x)\mathrm{d}x\right) \geqslant \int_0^1 \ln f(x)\mathrm{d}x$.

3. 设函数 $f(x)$ 在 $[0,b]$ 上非负连续且严格单调减少, $0 < a < b < 1$, 证明 $a\int_a^b f(x)\mathrm{d}x < b\int_0^a f(x)\mathrm{d}x$.

4. 设函数 $f(x)$ 在 $[0,1]$ 上可微, $f'(x)$ 单调增加, 证明

$$\int_a^b f(x)\mathrm{d}x \leqslant \frac{b-a}{2}(f(a) + f(b)).$$

📖 典型例题

11 设函数 $f(x)$ 在 $[a,b]$ 上连续, 且 $\int_a^b f(x)\mathrm{d}x = \int_a^b xf(x)\mathrm{d}x = 0$, 证明至少存在两个不同的点 $\alpha, \beta \in (a,b)$, 使得 $f(\alpha) = f(\beta) = 0$.

【证法 1】 设 $F(x) = \int_a^x f(t)\mathrm{d}t \ (a \leqslant x \leqslant b)$, 则 $F'(x) = f(x)$, $F(a) = F(b) = 0$. 下面证明存在一点 $c \in (a,b)$, 使 $F(c) = 0$.

反证: 如若不然, 则在 (a,b) 内 $F(x)$ 恒大于 0 或恒小于 0, 此时

$$\int_a^b xf(x)\mathrm{d}x = \int_a^b x\mathrm{d}F(x) = xF(x)\Big|_a^b - \int_a^b F(x)\mathrm{d}x = -\int_a^b F(x)\mathrm{d}x \neq 0,$$

这与已知 $\int_a^b xf(x)\mathrm{d}x = 0$ 矛盾. 因此必存在 $c \in (a,b)$, 使 $F(c) = 0$.

再由 $F(a) = F(c) = F(b) = 0$, 对 $F(x)$ 分别在 $[a,c]$ 和 $[c,b]$ 上用 Rolle 定理得存在 $\alpha \in (a,c) \subset (a,b)$, 使 $F'(\alpha) = 0$, 即 $f(\alpha) = 0$; 存在 $\beta \in (c,b) \subset (a,b)$, 使 $F'(\beta) = 0$, 即 $f(\beta) = 0$.

【证法 2】 令 $\Phi(x) = \int_a^x (x-t)f(t)\mathrm{d}t$, 则 $\Phi'(x) = \int_a^x f(t)\mathrm{d}t$, $\Phi(a) = \Phi(b) = 0$.

由 Rolle 定理知, 存在 $c \in (a,b)$, 使 $\Phi'(c) = 0$. 又 $\Phi'(a) = \Phi'(b) = 0$, 对 $\Phi'(x)$ 分别在 $[a,c]$ 和 $[c,b]$ 上用 Rolle 定理, 得存在 $\alpha \in (a,c) \subset (a,b)$, 使 $\Phi''(\alpha) = f(\alpha) = 0$; 存在 $\beta \in (c,b) \subset (a,b)$, 使 $\Phi''(\beta) = f(\beta) = 0$.

【证法 3】 因为 $f(x)$ 在 $[a,b]$ 上连续, 且 $\int_a^b f(x)\mathrm{d}x = 0$, 则可推知 $f(x)$ 在

$[a,b]$ 上必不能保持同号, 从而存在 $\alpha \in (a,b)$, 使 $f(\alpha)=0$.

假设 α 是 $f(x)$ 在 $[a,b]$ 上的唯一零点, 则 $(x-\alpha)f(x)$ 在 $[a,b]$ 上保持确定的符号, 故 $\int_a^b (x-\alpha)f(x)\mathrm{d}x \neq 0$, 但这与 $\int_a^b (x-\alpha)f(x)\mathrm{d}x = \int_a^b xf(x)\mathrm{d}x - \alpha\int_a^b f(x)\mathrm{d}x = 0$ 矛盾. 故至少存在两点 $\alpha,\beta \in (a,b)$, 使得 $f(\alpha)=f(\beta)=0$.

✳ 特别提示

[1]　证法 2 中辅助函数 $\Phi(x)$ 的构造思想是令 $\Phi'(x)=\int_a^x f(t)\mathrm{d}t$, 则有 $\Phi'(a)=\Phi'(b)=0$, 要证结论成立, 只需再证存在 $c \in (a,b)$, 使得 $\Phi'(c)=0$. 而由

$$0=\int_a^b xf(x)\mathrm{d}x = \int_a^b x\mathrm{d}(\Phi'(x)) = x\Phi'(x)\Big|_a^b - \int_a^b \Phi'(x)\mathrm{d}x = -(\Phi(b)-\Phi(a))$$

知 $\Phi(a)=\Phi(b)$, 所以由 Rolle 定理即知存在 $c \in (a,b)$, 使 $\Phi'(c)=0$. 于是由 $\Phi'(x)=\int_a^x f(t)\mathrm{d}t$ 可反解得到

$$\Phi(x)=\int_a^x \Phi'(u)\mathrm{d}u + \Phi(a) = \int_a^x \left[\int_a^u f(t)\mathrm{d}t\right]\mathrm{d}u + \Phi(a) = \int_a^x (x-t)f(t)\mathrm{d}t + \Phi(a),$$

故取 $\Phi(x)=\int_a^x (x-t)f(t)\mathrm{d}t$.

[2]　一般地, 设函数 $f(x)$ 在 $[a,b]$ 上连续, $g(x)$ 在 $[a,b]$ 上有一阶连续导数, 且 $\forall x \in (a,b)$, $g'(x)\neq 0$. 又 $\int_a^b f(x)\mathrm{d}x = \int_a^b f(x)g(x)\mathrm{d}x = 0$, 证明在 (a,b) 内至少存在两个点 ξ_1, ξ_2, 使 $f(\xi_1)=f(\xi_2)=0$.

该题可作如下推广:

(i)　设 $f(x)$ 在 $[a,b]$ 上连续, 且 $\int_a^b f(x)\mathrm{d}x = \int_a^b xf(x)\mathrm{d}x = \int_a^b x^2 f(x)\mathrm{d}x = 0$, 则 $f(x)$ 在 (a,b) 内至少存在三个不同的点 ξ_1, ξ_2, ξ_3, 使 $f(\xi_1)=f(\xi_2)=f(\xi_3)=0$;

(ii)　设 $f(x)$ 在 $[a,b]$ 上连续, 且 $\int_a^b f(x)x^k\mathrm{d}x = 0$ $(k=0,1,2,\cdots,n)$, 则 $f(x)$ 在 (a,b) 内至少有 $(n+1)$ 个零点;

(iii)　设 $f(x)$ 在 $[a,b]$ 上连续, 且 $\int_a^b f(x)x^k\mathrm{d}x = 0$ $(k=0,1,2,\cdots,n)$, 则 $f(x)$ 在 (a,b) 内有无穷多个零点.

♺ 类题训练

1. 设函数 $f(x)$ 在 $[a,b]$ 上连续, 且 $\int_a^b f(x)\mathrm{d}x = \int_a^b \mathrm{e}^x f(x)\mathrm{d}x = 0$, 证明 $f(x)$ 在

(a, b) 内至少有两个零点.

2. 设函数 $f(x)$ 在 $[a, b]$ 上连续, 且 $\int_a^b f(x)\mathrm{d}x = 0$, $\int_a^b (x-a)^2 f(x)\mathrm{d}x = 0$, 证明在 (a, b) 内至少存在两个不同的点 ξ_1, ξ_2, 使得 $f(\xi_1) = f(\xi_2) = 0$.

📖 **典型例题**

12 设函数 $f(x)$ 在 $[0, \pi]$ 上连续, 且 $\int_0^\pi f(x)\cos x\mathrm{d}x = \int_0^\pi f(x)\sin x\mathrm{d}x = 0$, 证明在 $(0, \pi)$ 内至少存在两个不同的点 ξ_1, ξ_2, 使 $f(\xi_1) = f(\xi_2) = 0$.

【**证法 1**】 反证法. 假设 $f(x)$ 在 $(0, \pi)$ 内至多有一个零点. 下面分两种情形考虑:

(i) 若 $f(x)$ 在 $(0, \pi)$ 内无零点, 则由 $f(x)$ 在 $[0, \pi]$ 上连续可知, $f(x)$ 在 $(0, \pi)$ 内恒大于 0 或恒小于 0. 又 $\forall x \in (0, \pi)$, $\sin x > 0$, 于是 $f(x) \cdot \sin x$ 在 $(0, \pi)$ 内恒大于或恒小于 0, 从而 $\int_0^\pi f(x)\sin x\mathrm{d}x > 0$ 或 < 0. 这与已知 $\int_0^\pi f(x)\sin x\mathrm{d}x = 0$ 矛盾.

(ii) 若 $f(x)$ 在 $(0, \pi)$ 内仅有一个零点 x_0, 则由 $f(x)$ 在 $[0, \pi]$ 上连续可知, $f(x)$ 在 $(0, x_0)$ 与 (x_0, π) 内异号, 不妨设 $\forall x \in (0, x_0)$, $f(x) > 0$; $\forall x \in (x_0, \pi)$, $f(x) < 0$. 则由已知有

$$0 = \sin x_0 \int_0^\pi f(x)\cos x\mathrm{d}x - \cos x_0 \int_0^\pi f(x)\sin x\mathrm{d}x$$

$$= \int_0^\pi f(x)(\sin x_0 \cos x - \cos x_0 \sin x)\mathrm{d}x$$

$$= \int_0^\pi f(x)\sin(x_0 - x)\mathrm{d}x = \int_0^{x_0} f(x)\sin(x_0 - x)\mathrm{d}x + \int_{x_0}^\pi f(x)\sin(x_0 - x)\mathrm{d}x,$$

而因为当 $x \in (0, x_0)$ 时, 有

$$x_0 - x \in (0, \pi), \quad f(x)\sin(x_0 - x) > 0, \quad \int_0^{x_0} f(x)\sin(x_0 - x)\mathrm{d}x > 0;$$

当 $x \in (x_0, \pi)$ 时, 有

$$x - x_0 \in (0, \pi), \quad f(x)\sin(x_0 - x) > 0, \quad \int_{x_0}^\pi f(x)\sin(x_0 - x)\mathrm{d}x > 0,$$

所以得 $\int_0^\pi f(x)\sin(x_0 - x)\mathrm{d}x > 0$, 这与 $\int_0^\pi f(x)\sin(x_0 - x)\mathrm{d}x = 0$ 矛盾.

综上所述, 即得证 $f(x)$ 在 $(0, \pi)$ 内至少有两个零点, 即至少存在两个不同的点 $\xi_1, \xi_2 \in (0, \pi)$, 使 $f(\xi_1) = f(\xi_2) = 0$.

【**证法 2**】 因为在 $(0, \pi)$ 内 $\sin x > 0$, 所以由 $\int_0^\pi f(x)\sin x\mathrm{d}x = 0$ 知 $f(x)$ 在 $(0, \pi)$ 内不可能恒正或恒负, 于是由零点定理知 $f(x)$ 必有零点. 下面再用反证法证明 $f(x)$ 在 $(0, \pi)$ 内不止一个零点.

设 $x_0 \in (0, \pi)$ 是 $f(x)$ 的唯一零点，则 $f(x) \sin(x - x_0)$ 恒正或恒负(除 $x = x_0$ 点)，从而 $\int_0^\pi f(x) \sin(x - x_0) \mathrm{d}x \neq 0$，这与已知条件

$$\int_0^\pi f(x) \sin(x - x_0) \mathrm{d}x = \cos x_0 \int_0^\pi f(x) \sin x \mathrm{d}x - \sin x_0 \int_0^\pi f(x) \cos x \mathrm{d}x = 0$$

矛盾. 故 $f(x)$ 在 $(0, \pi)$ 内至少有两个零点，即至少存在两个不同的 $\xi_1, \xi_2 \in (0, \pi)$，使 $f(\xi_1) = f(\xi_2) = 0$.

【证法3】　令 $F(x) = \int_0^x f(t) \sin t \mathrm{d}t$，$x \in [0, \pi]$，则 $F(0) = F(\pi) = 0$，

$$0 = \int_0^\pi f(x) \cos t \mathrm{d}t = \int_0^\pi \frac{\cos t}{\sin t} \mathrm{d}F(t) = \left. \frac{\cos t}{\sin t} F(t) \right|_0^\pi + \int_0^\pi F(t) \frac{\mathrm{d}t}{\sin^2 t}.$$

又因为 $\lim\limits_{t \to 0} \frac{\cos t}{\sin t} F(t) = \lim\limits_{t \to 0} \frac{F(t)}{\tan t} = \lim\limits_{t \to 0} \frac{f(t) \sin t}{\sec^2 t} = 0$，$\lim\limits_{t \to \pi} \frac{\cos t}{\sin t} F(t) = 0$.

$$\lim\limits_{t \to 0} \frac{F(t)}{\sin^2 t} = \lim\limits_{t \to 0} \frac{f(t)}{2 \cos t} = \frac{f(0)}{2}, \quad \lim\limits_{t \to \pi} \frac{F(t)}{\sin^2 t} = \lim\limits_{t \to \pi} \frac{f(t)}{2 \cos t} = -\frac{f(\pi)}{2},$$

所以由积分第一中值定理知，$\exists \xi \in (0, \pi)$，使 $0 = \int_0^\pi \frac{F(t)}{\sin^2 t} \mathrm{d}t = F(\xi) \frac{1}{\sin^2 \xi}$，从而知 $F(\xi) = 0 = F(0) = F(\pi)$. 故对 $F(x)$ 分别在 $[0, \xi]$ 及 $[\xi, \pi]$ 上用 Rolle 定理知，存在 $\xi_1 \in (0, \xi) \subset (0, \pi)$，$\xi_2 \in (\xi, \pi) \subset (0, \pi)$，使得

$$F'(\xi_1) = f(\xi_1) \sin \xi_1 = 0, \quad F'(\xi_2) = f(\xi_2) \sin \xi_2 = 0,$$

即得 $f(\xi_1) = f(\xi_2) = 0$.

⚡ 特别提示

[1]　该题也可叙述为设 $f(x)$ 在 $[0, \pi]$ 上连续，$\int_0^\pi f(x) \cos x \mathrm{d}x = 0$，且在 $(0, \pi)$ 内仅有一点 x_0，使 $f(x_0) = 0$，则有 $\int_0^\pi f(x) \sin x \mathrm{d}x \neq 0$.

[2]　由该题进一步有：设 $f(x)$ 在 $[0, \pi]$ 上连续，在 $(0, \pi)$ 内可导，且

$$\int_0^\pi f(x) \cos x \mathrm{d}x = \int_0^\pi f(x) \sin x \mathrm{d}x = 0,$$

证明至少存在一点 $\xi \in (0, \pi)$，使得 $f'(\xi) = 0$.

[3]　若削弱题设中的条件，则有如下结论：

设 $f(x)$ 在 $[0, \pi]$ 上连续，$\int_0^\pi f(x) \cos x \mathrm{d}x = 0$，证明至少存在两个点 $\xi_1, \xi_2 \in (0, \pi)$，$\xi_1 \neq \xi_2$，使得 $f(\xi_1) = f(\xi_2)$. (读者自证)

♻ **类题训练**

1. 设 $f(x)$ 在 $[0,\pi]$ 上连续, 且 $\int_0^\pi f(x)\mathrm{d}x = \int_0^\pi f(x)\cos x\mathrm{d}x = 0$, 证明至少存在 $(0,\pi)$ 内两个不同的点 ξ_1, ξ_2, 使得 $f(\xi_1) = f(\xi_2) = 0$.

2. 设 $f(x)$ 在 $[0,\pi]$ 上连续, 在 $(0,\pi)$ 内可导, 且 $\int_0^\pi f(x)\cos x\mathrm{d}x = 0$, 证明至少存在一点 $\xi \in (0,\pi)$, 使得 $f'(\xi) = 0$.

3. 设 $f(x)$ 是 $[0,\pi]$ 上的正值连续函数, 且 $\int_0^\pi \mathrm{e}^{f(x)}\sin x \ln f(x)\mathrm{d}x = \int_0^\pi \mathrm{e}^{f(x)}\cos x \ln f(x)\mathrm{d}x = 0$, 证明方程 $f(x) = 1$ 在 $(0,\pi)$ 内至少有两个根.

📖 **典型例题**

13 设函数 $f(x)$ 在 $[0,\pi]$ 上连续, $f(x) > 0$, 证明 $\mathrm{e}^{\int_0^1 \ln f(x)\mathrm{d}x} \leqslant \int_0^1 f(x)\mathrm{d}x$.

【证法 1】 由题设知 $f(x)$, $\ln f(x)$ 在 $[0,1]$ 上可积. 将 $[0,1]$ n 等分, 则

$$\int_0^1 f(x)\mathrm{d}x = \lim_{n\to\infty}\frac{1}{n}\sum_{i=1}^n f\left(\frac{i}{n}\right), \quad \int_0^1 \ln f(x)\mathrm{d}x = \lim_{n\to\infty}\frac{1}{n}\sum_{i=1}^n \ln f\left(\frac{i}{n}\right) = \lim_{n\to\infty}\ln\left(\prod_{i=1}^n f\left(\frac{i}{n}\right)\right)^{\frac{1}{n}},$$

$$\mathrm{e}^{\int_0^1 \ln f(x)\mathrm{d}x} = \mathrm{e}^{\lim_{n\to\infty}\ln\left(\prod_{i=1}^n f\left(\frac{i}{n}\right)\right)^{\frac{1}{n}}} = \lim_{n\to\infty}\left(\prod_{i=1}^n f\left(\frac{i}{n}\right)\right)^{\frac{1}{n}}.$$

而由几何平均值 $\leqslant$ 算术平均值, 有

$$\left(\prod_{i=1}^n f\left(\frac{i}{n}\right)\right)^{\frac{1}{n}} \leqslant \frac{1}{n}\sum_{i=1}^n f\left(\frac{i}{n}\right),$$

故令 $n \to \infty$, 由定积分的定义, 得 $\mathrm{e}^{\int_0^1 \ln f(x)\mathrm{d}x} \leqslant \int_0^1 f(x)\mathrm{d}x$.

【证法 2】 要证的不等式两边取对数, 即要证 $\int_0^1 \ln f(x)\mathrm{d}x \leqslant \ln\left(\int_0^1 f(x)\mathrm{d}x\right)$.

记 $s = \int_0^1 f(x)\mathrm{d}x$, 因为 $f(x) > 0$, 所以 $s > 0$, $\frac{f(x)}{s} > 0$, $\frac{f(x)}{s} - 1 > -1$. 故由已知不等式: 当 $x > -1$ 时, $\ln(1+x) \leqslant x$, 可得

$$\int_0^1 (\ln f(x) - \ln s)\mathrm{d}x = \int_0^1 \ln\frac{f(x)}{s}\mathrm{d}x = \int_0^1 \ln\left[1 + \left(\frac{f(x)}{s} - 1\right)\right]\mathrm{d}x \leqslant \int_0^1 \left(\frac{f(x)}{s} - 1\right)\mathrm{d}x$$

$$= \frac{1}{s}\cdot\int_0^1 f(x)\mathrm{d}x - 1 = 0,$$

即得证 $e^{\int_0^1 \ln f(x)dx} \leqslant \int_0^1 f(x)dx$.

【证法 3】 利用 "归一法"，下面分两步证明:

(i) 先考虑最简形式. 设 $\int_0^1 f(x)dx = 1$ ，由已知不等式: 当 $x > -1$ 时, $\ln(1+x) \leqslant x$ ，可得 $\ln f(x) = \ln[1 + (f(x)-1)]dx \leqslant f(x) - 1$ ，于是

$$e^{\int_0^1 \ln f(x)dx} \leqslant e^{\int_0^1 (f(x)-1)dx} = e^0 = 1 = \int_0^1 f(x)dx .$$

(ii) 再考虑一般形式. 设 $A = \int_0^1 f(x)dx > 0$ ，令 $g(x) = \dfrac{f(x)}{A}$ ， $x \in [0,1]$ ，则 $\int_0^1 g(x)dx = 1$ ，由(i)得 $e^{\int_0^1 \ln g(x)dx} \leqslant \int_0^1 g(x)dx$ ，化简即得 $e^{\int_0^1 \ln f(x)dx} \leqslant \int_0^1 f(x)dx$.

【证法 4】 令 $A = \int_0^1 f(x)dx$ ，则由 Taylor 公式得

$$\ln y = \ln A + \frac{1}{A}(y-A) - \frac{1}{2\xi^2}(y-A)^2 \leqslant \ln A + \frac{1}{A}(y-A) ,$$

其中 ξ 介于 y 与 A 之间.

令 $y = f(x)$ ，代入上式，再积分，得

$$\int_0^1 \ln f(x)dx \leqslant \ln A + \frac{1}{A}\int_0^1 (f(x)-A)dx = \ln A = \ln\left(\int_0^1 f(x)dx\right) ,$$

故得 $e^{\int_0^1 \ln f(x)dx} \leqslant \int_0^1 f(x)dx$.

特别提示 事实上，该题有更加完整的结论: 设函数 $f(x)$ 在 $[0,1]$ 上连续, 且 $f(x) > 0$ ，则有 $e^{\int_0^1 \ln f(x)dx} \leqslant \int_0^1 f(x)dx \leqslant \ln\left(\int_0^1 e^{f(x)}dx\right)$.

一般地，设函数 $f(x)$ 在 $[a,b]$ 上连续, 且 $f(x) > 0$ ，则

$$\ln\left(\frac{1}{b-a}\int_a^b f(x)dx\right) \geqslant \frac{1}{b-a}\int_a^b \ln f(x)dx \geqslant \ln\left(\frac{b-a}{\int_a^b \frac{1}{f(x)}dx}\right) .$$

更为一般地，设函数 $f(x)$ 在 $[a,b]$ 上连续，$g(x)$ 在 $[a,b]$ 上二阶可导， $g''(x) < 0$ ，则 $g\left(\dfrac{1}{b-a}\int_a^b f(x)dx\right) \geqslant \dfrac{1}{b-a}\int_a^b g(f(x))dx$.

类题训练

1. 设函数 $f(x)$ 在 $[0,1]$ 上连续, 证明 $e^{\int_0^1 f(x)dx} \leqslant \int_0^1 e^{f(x)}dx$.

2. 设函数 $f(x)$ 在 $[0,1]$ 上连续, $\varphi(x)$ 在 $(-\infty,+\infty)$ 内连续, 且满足 $\varphi(x) \geqslant$ $\varphi(y)(1+x-y)$, $\forall x, y \in (-\infty,+\infty)$, 证明 $\varphi\left(\int_0^1 f(x)\mathrm{d}x\right) \leqslant \int_0^1 \varphi(f(x))\mathrm{d}x$.

3. 设函数 $g(x)$ 二阶可导, $g''(x) \geqslant 0$, $x \in (-\infty,+\infty)$, $f(x)$ 在 $[0,a]$ 上连续, $a > 0$, 证明 $\dfrac{1}{a}\int_0^a g(f(x))\mathrm{d}x \geqslant g\left(\dfrac{1}{a}\int_0^a f(x)\mathrm{d}x\right)$.

4. 已知函数 $f(x)$ 为 $[2020, 2021]$ 上的连续恒正函数, 证明

$$\int_{2020}^{2021} \ln f(x)\mathrm{d}x \leqslant \ln\left(\int_{2020}^{2021} f(x)\mathrm{d}x\right).$$

📖 典型例题

14 设函数 $f(x)$ 和 $g(x)$ 在 $[a,b]$ 上连续, 且 $g(x) > 0$, 证明至少存在一点 $\xi \in [a,b]$, 使得 $\int_a^b f(x)g(x)\mathrm{d}x = f(\xi)\int_a^b g(x)\mathrm{d}x$.

【证法 1】　因为 $f(x)$ 在 $[a,b]$ 上连续, 所以 $f(x)$ 在 $[a,b]$ 上存在最大值 M 和最小值 m, 即 $\forall x \in [a,b]$, 有 $m \leqslant f(x) \leqslant M$. 又 $g(x) > 0$ $(x \in [a,b])$, 则 $\forall x \in [a,b]$, 有 $mg(x) \leqslant f(x)g(x) \leqslant Mg(x)$, 于是有 $m\int_a^b g(x)\mathrm{d}x \leqslant \int_a^b f(x)g(x)\mathrm{d}x \leqslant M\int_a^b g(x)\mathrm{d}x$.

由已知有 $\int_a^b g(x)\mathrm{d}x > 0$, 从而得 $m \leqslant \dfrac{\displaystyle\int_a^b f(x)g(x)\mathrm{d}x}{\displaystyle\int_a^b g(x)\mathrm{d}x} \leqslant M$, 故由 $f(x)$ 在 $[a,b]$

上用介值定理知, 至少存在一点 $\xi \in [a,b]$, 使 $f(\xi) = \dfrac{\displaystyle\int_a^b f(x)g(x)\mathrm{d}x}{\displaystyle\int_a^b g(x)\mathrm{d}x}$, 即得

$$\int_a^b f(x)g(x)\mathrm{d}x = f(\xi)\int_a^b g(x)\mathrm{d}x.$$

【证法 2】　令 $F(x) = \int_a^b f(t)g(t)\mathrm{d}t - f(x)\int_a^b g(t)\mathrm{d}t = \int_a^b [f(t)-f(x)]g(t)\mathrm{d}t$, 因为 $f(x)$ 在 $[a,b]$ 上连续, 所以 $f(x)$ 在 $[a,b]$ 上取最大值 M 和最小值 m. 不妨设 $f(x_1) = m$, $f(x_2) = M$.

若 $f(x)$ 恒为常数, 则任取 $\xi \in (a,b)$, 结论显然成立; 若 $f(x)$ 不恒为常数, 由于 $g(x) > 0$, 则有 $F(x_1) = \int_a^b (f(t)-m)g(t)\mathrm{d}t > 0$, $F(x_2) = \int_a^b (f(t)-M)g(t)\mathrm{d}t < 0$. 又因为 $F(x)$ 在 $[a,b]$ 上连续, 所以由零点定理知, 必存在一点 $\xi \in (x_1, x_2)$ 或 $(x_2, x_1) \subset (a,b)$, 使

$$F(\xi) = \int_a^b \left[f(t) - f(\xi) \right] g(t)\mathrm{d}t = \int_a^b f(t)g(t)\mathrm{d}t - f(\xi)\int_a^b g(t)\mathrm{d}t = 0 \, ,$$

即得 $\displaystyle\int_a^b f(x)g(x)\mathrm{d}x = f(\xi)\int_a^b g(x)\mathrm{d}x$.

【证法 3】 设 k 为使 $\displaystyle\int_a^b f(x)g(x)\mathrm{d}x = k\int_a^b g(x)\mathrm{d}x$ 成立的实数, 要证结论成立,

只需证 $k = f(\xi)$. 为此令 $\displaystyle F(x) = \int_a^x f(t)g(t)\mathrm{d}t - k\int_a^x g(t)\mathrm{d}t$, 则 $F(a) = F(b) = 0$, 故

由 Rolle 定理知, 存在 $\xi \in (a,b)$, 使 $F'(\xi) = 0$, 即 $f(\xi)g(\xi) - kg(\xi) = 0$.

又 $g(x) > 0 \; \left(x \in [a,b]\right)$, 则有 $k = f(\xi)$.

【证法 4】 设 $\displaystyle F(x) = \int_a^x f(t)g(t)\mathrm{d}t$, $\displaystyle G(x) = \int_a^x g(t)\mathrm{d}t$, 由已知得 $F(x)$ 与 $G(x)$

在 $[a,b]$ 上连续, 在 (a,b) 内可导, 且 $G'(x) = g(x) > 0$, $\forall x \in (a,b)$. 故对 $F(x)$ 与

$G(x)$ 在 $[a,b]$ 上由 Cauchy 中值定理知, 至少存在一点 $\xi \in (a,b)$, 使得

$\dfrac{F(b) - F(a)}{G(b) - G(a)} = \dfrac{F'(\xi)}{G'(\xi)}$, 即得

$$\int_a^b f(x)g(x)\mathrm{d}x = f(\xi)\int_a^b g(x)\mathrm{d}x .$$

✷ 特别提示

[1] 若结论中要求 $\xi \in (a,b)$, 则证法 1 不能用;

[2] 该题的已知条件可削弱为 "设 $f(x)$ 在 $[a,b]$ 上连续, $g(x)$ 在 $[a,b]$ 上可积

且不变号(即恒有 $g(x) \geqslant 0$ 或恒有 $g(x) \leqslant 0$)", 则结论仍成立. 此即称

为积分第一中值定理.

事实上, 由证法 1 及证法 2 的证明过程即可看出, 只需分 $g(x) \equiv 0$ 和 $g(x) \geqslant 0$

且 $g(x) \not\equiv 0$ 两种情形考虑. 但用证法 3 和证法 4 证明该题, 条件不能削弱, 因为含

有的积分上限函数要能求导才行. 由 $g(x)$ 在 $[a,b]$ 上可积, 仅能得到

$\displaystyle G(x) = \int_a^x g(t)\mathrm{d}t$ 在 $[a,b]$ 上连续, 而得不到 $G(x)$ 在 $[a,b]$ 上可导的信息.

♻ 类题训练

1. 设函数 $g(x)$ 在 $[a,b]$ 上可积, (i)若函数 $f(x)$ 在 $[a,b]$ 上非负单调减少, 则至

少存在一点 $\xi_1 \in [a,b]$, 使 $\displaystyle\int_a^b f(x)g(x)\mathrm{d}x = f(a)\int_a^{\xi_1} g(x)\mathrm{d}x$; (ii)若函数 $f(x)$ 在 $[a,b]$

上非负单调增加, 则至少存在一点 $\xi_2 \in [a,b]$, 使 $\displaystyle\int_a^b f(x)g(x)\mathrm{d}x = f(b)\int_{\xi_2}^b g(x)\mathrm{d}x$;

(iii)若函数 $f(x)$ 在 $[a,b]$ 上单调, 则至少存在一点 $\xi_3 \in [a,b]$, 使得 $\int_a^b f(x)g(x)\mathrm{d}x =$

$f(a)\int_a^{\xi_3} g(x)\mathrm{d}x + f(b)\int_{\xi_3}^b g(x)\mathrm{d}x$. 此即称为积分第二中值定理.

2. 设函数 $f(x)$, $g(x)$ 在 $[a,b]$ 上连续, 证明至少存在一点 $\xi \in (a,b)$, 使得

$$f(\xi)\int_\xi^b g(x)\mathrm{d}x = g(\xi)\int_a^\xi f(x)\mathrm{d}x.$$

3. 设函数 $f(x)$ 在 $[a,b]$ 上连续, 在 (a,b) 内可导, 且 $f'(x) > 0$, 证明至少存在一点 $\xi \in (a,b)$, 使 $\int_a^b f(x)\mathrm{d}x = f(a)(\xi - a) + f(b)(b - \xi)$.

📖 典型例题

15 设函数 $f(x)$ 在 $[a,b]$ 上连续且单调增加, 证明 $\int_a^b xf(x)\mathrm{d}x \geqslant \dfrac{a+b}{2}\int_a^b f(x)\mathrm{d}x$.

【证法 1】　要证不等式结论成立, 即要证 $\int_a^b \left(x - \dfrac{a+b}{2}\right) f(x)\mathrm{d}x \geqslant 0$.

因为 $f(x)$ 单调增加, 所以 $\left(x - \dfrac{a+b}{2}\right)\left(f(x) - f\left(\dfrac{a+b}{2}\right)\right) \geqslant 0$, 从而

$$\int_a^b \left(x - \frac{a+b}{2}\right)\left(f(x) - f\left(\frac{a+b}{2}\right)\right)\mathrm{d}x \geqslant 0.$$

又 $\int_a^b \left(x - \dfrac{a+b}{2}\right) f\left(\dfrac{a+b}{2}\right)\mathrm{d}x = f\left(\dfrac{a+b}{2}\right)\int_a^b \left(x - \dfrac{a+b}{2}\right)\mathrm{d}x = 0$, 故得

$$\int_a^b \left(x - \frac{a+b}{2}\right) f(x)\mathrm{d}x \geqslant 0, \quad 即 \int_a^b xf(x)\mathrm{d}x \geqslant \frac{a+b}{2}\int_a^b f(x)\mathrm{d}x.$$

【证法 2】　由积分第一中值定理

$$\int_a^b \left(x - \frac{a+b}{2}\right) f(x)\mathrm{d}x = \int_a^{\frac{a+b}{2}} \left(x - \frac{a+b}{2}\right) f(x)\mathrm{d}x + \int_{\frac{a+b}{2}}^b \left(x - \frac{a+b}{2}\right) f(x)\mathrm{d}x$$

$$= f(\xi_1)\int_a^{\frac{a+b}{2}} \left(x - \frac{a+b}{2}\right)\mathrm{d}x + f(\xi_2)\int_{\frac{a+b}{2}}^b \left(x - \frac{a+b}{2}\right)\mathrm{d}x$$

$$= \frac{(b-a)^2}{8}(f(\xi_2) - f(\xi_1)).$$

其中 $\xi_1 \in \left(a, \dfrac{a+b}{2}\right)$, $\xi_2 \in \left(\dfrac{a+b}{2}, b\right)$. 因为 $f(x)$ 单调增加, $\xi_1 < \xi_2$, 所以 $f(\xi_2) -$

$f(\xi_1) \geqslant 0$，从而 $\int_a^b \left(x - \dfrac{a+b}{2} \right) f(x) \mathrm{d}x \geqslant 0$.

【证法 3】 构作辅助函数，利用积分中值定理及单调性

令 $F(t) = \int_a^t x f(x) \mathrm{d}x - \dfrac{a+t}{2} \int_a^t f(x) \mathrm{d}x$，$t \in [a, b]$，则 $F(a) = 0$，且 $\forall t \in [a, b]$，有

$$F'(t) = t f(t) - \frac{1}{2} \int_a^t f(x) \mathrm{d}x - \frac{a+t}{2} f(t) = \frac{t-a}{2} f(t) - \frac{1}{2} \int_a^t f(x) \mathrm{d}x = \frac{t-a}{2} (f(t) - f(\xi)),$$

其中 $\xi \in (a, t)$.

因为函数 $f(x)$ 在 $[a, b]$ 上单调增加，所以当 $a < \xi < t \leqslant b$ 时，$f(t) - f(\xi) \geqslant 0$，于是对 $t \in (a, b]$，有 $F'(t) \geqslant 0$，即知 $F(t)$ 在 $(a, b]$ 上单调增加，从而有 $F(b) \geqslant F(a) = 0$，即 $\int_a^b x f(x) \mathrm{d}x \geqslant \dfrac{a+b}{2} \int_a^b f(x) \mathrm{d}x$.

【证法 4】 因为 $f(x)$ 在 $[a, b]$ 上单调增加，所以由积分第二中值定理知，存在 $\xi \in [a, b]$，使得

$$\int_a^b \left(x - \frac{a+b}{2} \right) f(x) \mathrm{d}x = f(a) \int_a^\xi \left(x - \frac{a+b}{2} \right) \mathrm{d}x + f(b) \int_\xi^b \left(x - \frac{a+b}{2} \right) \mathrm{d}x$$

$$= f(a) \int_a^b \left(x - \frac{a+b}{2} \right) \mathrm{d}x + (f(b) - f(a)) \int_\xi^b \left(x - \frac{a+b}{2} \right) \mathrm{d}x$$

$$= (f(b) - f(a)) \frac{(b-\xi)(\xi-a)}{2} \geqslant 0.$$

【证法 5】 要证 $\int_a^b x f(x) \mathrm{d}x \geqslant \dfrac{a+b}{2} \int_a^b f(x) \mathrm{d}x$，即证 $(b-a) \int_a^b x f(x) \mathrm{d}x \geqslant \dfrac{b^2 - a^2}{2} \int_a^b f(x) \mathrm{d}x$，亦即证 $\int_a^b \mathrm{d}x \int_a^b x f(x) \mathrm{d}x \geqslant \int_a^b x \mathrm{d}x \int_a^b f(x) \mathrm{d}x$.

令 $I = \int_a^b \mathrm{d}x \int_a^b x f(x) \mathrm{d}x - \int_a^b x \mathrm{d}x \int_a^b f(x) \mathrm{d}x$，记 $D = \left\{ (x, y) \mid a \leqslant x \leqslant b, a \leqslant y \leqslant b \right\}$，则由已知，有 $\forall (x, y) \in D$，$(x-y)(f(x) - f(y)) \geqslant 0$. 于是

$$I = \frac{1}{2} \iint_D [x f(x) + y f(y) - x f(y) - y f(x)] \mathrm{d}x \mathrm{d}y = \frac{1}{2} \iint_D (x-y)(f(x) - f(y)) \mathrm{d}x \mathrm{d}y \geqslant 0.$$

✳ **特别提示** 该题具有明显的物理意义：如果曲线 $y = f(x)$ 单调增加，则密度均匀的曲边梯形 $\left\{ (x, y) \mid a \leqslant x \leqslant b, 0 \leqslant y \leqslant f(x) \right\}$ 的重心位于直线 $x = \dfrac{a+b}{2}$ 的右边. 此外，若函数 $f(x)$ 在 $[a, b]$ 上连续且单调减少，则上述不等式反向成立，即有 $\int_a^b x f(x) \mathrm{d}x \leqslant \dfrac{a+b}{2} \int_a^b f(x) \mathrm{d}x$.

♻ **类题训练**

1. 设函数 $f(x)$ 在 $[0,1]$ 上连续且单调增加，证明 $\int_0^1 f(x)\mathrm{d}x \leqslant 2\int_0^1 x f(x)\mathrm{d}x$.
(2005 年第十六届北京市大学生数学竞赛试题)

2. 设函数 $f(x)$ 在 $[0,+\infty)$ 上连续且单调减少，$0<a<b$，证明 $a\int_0^b f(x)\mathrm{d}x \leqslant b\int_0^a f(x)\mathrm{d}x$.

3. 设函数 $f(x)$ 在 $[0,+\infty)$ 上单调减少，$f(x)>0$，$0<a<b$，证明 $\int_0^a f(x)\mathrm{d}x \geqslant \dfrac{a}{b}\int_a^b f(x)\mathrm{d}x$.

4. 设 $a,b>0$，函数 $f(x)$ 在 $[-a,b]$ 上非负可积，且有 $\int_{-a}^b x f(x)\mathrm{d}x = 0$，证明 $\int_{-a}^b x^2 f(x)\mathrm{d}x \leqslant ab\int_{-a}^b f(x)\mathrm{d}x$.

5. 设 $f(x)$ 为闭区间 $[0,a]$ 上具有二阶导数的正值函数，且 $f'(x)>0$，$f(0)=0$，点 (X,Y) 为曲线 $y=f(x)$ 与直线 $y=0$ 及 $x=a$ 所围成区域的形心，证明 $X>\dfrac{a}{2}$.

6. 设 $f(x)$ 是 $[0,1]$ 上单调减少且连续的正值函数，证明

$$\frac{\int_0^1 x f^2(x)\mathrm{d}x}{\int_0^1 x f(x)\mathrm{d}x} \leqslant \frac{\int_0^1 f^2(x)\mathrm{d}x}{\int_0^1 f(x)\mathrm{d}x} .$$

📖 **典型例题**

16 证明柯西-施瓦茨(Cauchy-Schwarz)不等式: 设函数 $f(x)$ 与 $g(x)$ 在 $[a,b]$ 上连续，则有 $\left(\int_a^b f(x)g(x)\mathrm{d}x\right)^2 \leqslant \int_a^b f^2(x)\mathrm{d}x \int_a^b g^2(x)\mathrm{d}x$.

【**证法 1**】 $\forall t \in \mathbf{R}$，$x \in [a,b]$，有 $(t f(x) - g(x))^2 \geqslant 0$，即
$$t^2 f^2(x) - 2t f(x)g(x) + g^2(x) \geqslant 0,$$
于是有 $t^2 \int_a^b f^2(x)\mathrm{d}x - 2t \int_a^b f(x)g(x)\mathrm{d}x + \int_a^b g^2(x)\mathrm{d}x \geqslant 0$，$\forall t \in \mathbf{R}$ 都成立.

(i) 当 $\int_a^b f^2(x)\mathrm{d}x = 0$ 时，由 $f(x)$ 在 $[a,b]$ 上的连续性知，$f(x) \equiv 0$，此时要证

的不等式中等式成立;

(ii) 当 $\int_a^b f^2(x)\mathrm{d}x > 0$ 时, 由于关于 t 的二次三项式恒大于零, 故它的判别式

$$\Delta = \left(2\int_a^b f(x)g(x)\mathrm{d}x\right)^2 - 4\int_a^b f^2(x)\mathrm{d}x \cdot \int_a^b g^2(x)\mathrm{d}x \leqslant 0, \text{ 即得}$$

$$\left(\int_a^b f(x)g(x)\mathrm{d}x\right)^2 \leqslant \int_a^b f^2(x)\mathrm{d}x \cdot \int_a^b g^2(x)\mathrm{d}x.$$

【证法 2】 要证结论, 即证 $\int_a^b f^2(x)\mathrm{d}x \cdot \int_a^b g^2(x)\mathrm{d}x - \left(\int_a^b f(x)g(x)\mathrm{d}x\right)^2 \geqslant 0$.

因为

$$\int_a^b f^2(x)\mathrm{d}x \cdot \int_a^b g^2(x)\mathrm{d}x - \left(\int_a^b f(x)g(x)\mathrm{d}x\right)^2$$

$$= \frac{1}{2}\int_a^b f^2(x)\mathrm{d}x\int_a^b g^2(y)\mathrm{d}y + \frac{1}{2}\int_a^b f^2(y)\mathrm{d}y\int_a^b g^2(x)\mathrm{d}x$$

$$\quad - \int_a^b f(x)g(x)\mathrm{d}x\int_a^b f(y)g(y)\mathrm{d}y$$

$$= \frac{1}{2}\iint_D \left[f^2(x)g^2(y) + f^2(y)g^2(x) - 2f(x)g(x)f(y)g(y)\right]\mathrm{d}x\mathrm{d}y$$

$$= \frac{1}{2}\iint_D \left(f(x)g(y) - f(y)g(x)\right)^2\mathrm{d}x \geqslant 0,$$

其中 $D = \left\{(x,y)\big| a \leqslant x \leqslant b,\ a \leqslant y \leqslant b\right\}$. 故得

$$\int_a^b f^2(x)\mathrm{d}x\int_a^b g^2(x)\mathrm{d}x \geqslant \int_a^b f(x)g(x)\mathrm{d}x.$$

【证法 3】 因为 $f(x)$, $g(x)$ 在 $[a,b]$ 上连续, 所以 $f(x)$, $g(x)$ 及 $f(x)g(x)$ 在 $[a,b]$ 上可积. 将 $[a,b]$ n 等分, 取 $\Delta x = \dfrac{b-a}{n}$, $\xi_i = x_i = a + \dfrac{i}{n}(b-a)$, 则由离散情形的 Cauchy-Schwarz 不等式, 有

$$\left(\sum_{i=1}^n f(x_i)g(x_i)\right)^2 \leqslant \left(\sum_{i=1}^n f^2(x_i)\right)\left(\sum_{i=1}^n g^2(x_i)\right),$$

于是得 $\left(\dfrac{b-a}{n}\sum_{i=1}^n f(x_i)g(x_i)\right)^2 \leqslant \left(\dfrac{b-a}{n}\sum_{i=1}^n f^2(x_i)\right)\left(\dfrac{b-a}{n}\sum_{i=1}^n g^2(x_i)\right)$, 故令 $n\to\infty$ 两边取极限, 由定积分定义得

$$\left(\int_a^b f(x)g(x)\mathrm{d}x\right)^2 \leqslant \int_a^b f^2(x)\mathrm{d}x\int_a^b g^2(x)\mathrm{d}x.$$

【**证法 4**】　构作辅助积分上限函数, 将要证不等式中的 b 改为 x, 并移项, 令

$$F(x) = \left(\int_a^x f(t)g(t)\mathrm{d}t\right)^2 - \int_a^x f^2(t)\mathrm{d}t \cdot \int_a^x g^2(t)\mathrm{d}t,$$

则有 $F(a) = 0$, $\forall x \in [a, b]$,

$$F'(x) = 2\int_a^x f(t)g(t)\mathrm{d}t \cdot f(x)g(x) - f^2(x)\int_a^x g^2(t)\mathrm{d}t - g^2(x)\int_a^x f^2(t)\mathrm{d}t$$

$$= -\int_a^x \left[f^2(x)g^2(t) - 2f(x)f(t)g(x)g(t) + f^2(t)g^2(x)\right]\mathrm{d}t$$

$$= -\int_a^x \left[f(x)g(t) - f(t)g(x)\right]^2 \mathrm{d}t \leqslant 0,$$

于是 $\forall x \in [a,b]$, $F(x) \leqslant F(a) = 0$, 从而 $F(b) \leqslant 0$, 即得证.

【**证法 5**】　利用 "归一法", 下面分两步证明:

(i) 先考虑特殊情形. 设 $\int_a^b f^2(x)\mathrm{d}x = 1$, $\int_a^b g^2(x)\mathrm{d}x = 1$, 因为

$$f(x)g(x) \leqslant \frac{1}{2}\left[f^2(x) + g^2(x)\right],$$

所以 $\int_a^b f(x)g(x)\mathrm{d}x \leqslant \frac{1}{2}\left[\int_a^b f^2(x)\mathrm{d}x + \int_a^b g^2(x)\mathrm{d}x\right] = 1$, 即有

$$\left(\int_a^b f(x)g(x)\mathrm{d}x\right)^2 \leqslant 1 = \int_a^b f^2(x)\mathrm{d}x \cdot \int_a^b g^2(x)\mathrm{d}x.$$

(ii) 再考虑一般情形. 令 $\int_a^b f^2(x)\mathrm{d}x = A$, $\int_a^b g^2(x)\mathrm{d}x = B$.

若 $A = 0$ 或 $B = 0$, 则 $f(x) = 0$ 或 $g(x) = 0$, 结论显然成立;

若 $A \neq 0$, $B \neq 0$, 则令 $f_1(x) = \dfrac{f(x)}{\sqrt{A}}$, $g_1(x) = \dfrac{g(x)}{\sqrt{B}}$, 于是

$$\int_a^b f_1^2(x)\mathrm{d}x = 1 = \int_a^b g_1^2(x)\mathrm{d}x.$$

故由(i)得 $\left(\int_a^b f_1(x)g_1(x)\mathrm{d}x\right)^2 \leqslant \int_a^b f_1^2(x)\mathrm{d}x \cdot \int_a^b g_1^2(x)\mathrm{d}x$, 化简即得

$$\left(\int_a^b f(x)g(x)\mathrm{d}x\right)^2 \leqslant \int_a^b f^2(x)\mathrm{d}x \cdot \int_a^b g^2(x)\mathrm{d}x.$$

【**证法 6**】　先给出一个引理.

【**引理**】　设 ξ, η 是两个随机变量, 且 $E\xi^2$, $E\eta^2$ 存在, 则 $\left[E(\xi\eta)\right]^2 \leqslant E\xi^2 \cdot E\eta^2$.

事实上: 构造 t 的函数 $f_1(t) = E(t\xi - \eta)^2 = t^2 E\xi^2 - 2tE(\xi\eta) + E\eta^2$, 由 $f_1(t) \geqslant 0$,

$\forall t \in \mathbf{R}$ 成立, 有 $\Delta = \left[2E(\xi\eta)\right]^2 - 4E\xi^2 \cdot E\eta^2$, 即 $\left[E(\xi\eta)\right]^2 \leqslant E\xi^2 \cdot E\eta^2$. 等号当且仅

当 $\eta = t\xi$ 时成立.

下面再用引理证明不等式:

设随机变量 ξ 服从分布 $U[a,b] = \begin{cases} \dfrac{1}{b-a}, & x \in [a,b], \\ 0, & \text{其他}, \end{cases}$ $\eta = f(\xi)$, $\varsigma = g(\xi)$, 则由

引理知, $\left[E(\eta\varsigma)\right]^2 \leqslant E\eta^2 \cdot E\varsigma^2$, 即得

$$\left(\int_a^b f(x)g(x)\frac{1}{b-a}\mathrm{d}x\right)^2 \leqslant \left(\int_a^b f^2(x)\frac{1}{b-a}\mathrm{d}x\right) \cdot \left(\int_a^b g^2(x)\frac{1}{b-a}\mathrm{d}x\right),$$

化简得 $\left(\int_a^b f(x)g(x)\mathrm{d}x\right)^2 \leqslant \int_a^b f^2(x)\mathrm{d}x \cdot \int_a^b g^2(x)\mathrm{d}x$. 等号仅当 $\varsigma = t\eta$, 即 $g(x) = tf(x)$ 时成立.

特别提示

[1] 由证法 1—证法 6 可知, Cauchy-Schwarz 不等式成立仅需 $f(x)$ 与 $g(x)$ 在 $[a,b]$ 上可积即可. 若 $f(x)$ 与 $g(x)$ 在 $[a,b]$ 上连续, 则等号当且仅当 $\alpha f(x) = \beta g(x)$ 时成立, 其中 α,β 是不同时为零的常数.

[2] 类似地, 可以推广到一般情况: 设函数 $f_i(x)$ $(i = 1,2,\cdots,m)$ 在 $[a,b]$ 上可积, 则行列式 $\det\left(\int_a^b f_i(x)f_j(x)\mathrm{d}x\right) \geqslant 0$.

若 $f_i(x)$ $(i = 1,2,\cdots,m)$ 在 $[a,b]$ 上连续, 则等号成立当且仅当 $f_i(x)$ $(i = 1,2,\cdots,m)$ 线性相关, 即存在不全为 0 的常数 $k_1, k_2, \cdots, k_m$, 使得 $k_1 f_1(x) + k_2 f_2(x) + \cdots + k_m f_m(x) \equiv 0$.

类题训练

1. 设函数 $f(x)$ 在 $[a,b]$ 上具有一阶连续导数, $f(a) = 0$, 证明

(i) $\max\limits_{x \in [a,b]} f^2(x) \leqslant (b-a)\int_a^b f'^2(x)\mathrm{d}x$; (ii) $\int_a^b f^2(x)\mathrm{d}x \leqslant \dfrac{(b-a)^2}{2}\int_a^b (f'(x))^2\,\mathrm{d}x$.

2. 设函数 $f(x)$ 在 $[0,1]$ 上可积, 且 $|f(x)| \leqslant 1$, 证明

$$\int_0^1 \sqrt{1 - f^2(x)}\,\mathrm{d}x \leqslant \sqrt{1 - \left(\int_0^1 f(x)\mathrm{d}x\right)^2}.$$

3. 设函数 $f(x)$ 在 $[a,b]$ 上连续, 且满足 $0 < m \leqslant f(x) \leqslant M$, 证明

$$(b-a)^2 \leqslant \int_a^b f(x)\mathrm{d}x \int_a^b \frac{1}{f(x)}\mathrm{d}x \leqslant \frac{(m+M)^2}{4mM}(b-a)^2.$$

4. 设函数 $f(x)$ 在 $[0,1]$ 上连续, 证明 $\forall t > 0$, $\left(\int_0^1 \dfrac{f(x)}{t^2 + x^2} dx \right)^2 \leqslant \dfrac{\pi}{2t} \int_0^1 \dfrac{f^2(x)}{t^2 + x^2} dx$.
(2004 年浙江省大学生数学竞赛题)

5. 设函数 $f(x)$ 在 $[a,b]$ 上连续可微, 且 $f(a) = 0$, 证明 $\int_a^b |f(x)f'(x)| dx \leqslant$
$\dfrac{b-a}{2} \int_a^b (f'(x))^2 dx$, 其中等号当且仅当 $f(x) = C(x-a)$ 成立. (C 为常数)

6. 证明 $0 \leqslant \int_0^{\frac{\pi}{2}} \sqrt{x} \cos x dx \leqslant \sqrt{\dfrac{\pi^3}{32}}$.

7. 设 $f(x)$ 是 $[0,1]$ 上的连续函数, 且满足 $\int_0^1 f(x)dx = 1$, 求一个这样的函数
$f(x)$ 使得积分 $I = \int_0^1 (1 + x^2) f^2(x) dx$ 取得最小值. (2014 年第五届全国大学生数学
竞赛决赛(非数学类)题)

📖 **典型例题**

17 函数 $f(x)$ 在区间 $[a,b]$ 上连续, 且满足方程 $\dfrac{1}{x_2 - x_1} \int_{x_1}^{x_2} f(x)dx =$
$\dfrac{1}{2} [f(x_1) + f(x_2)]$, 其中 $x_1 \neq x_2$, 且 $x_1, x_2 \in [a,b]$, 求 $f(x)$. (1982 年浙江大学高等
数学竞赛题)

【**解法 1**】 已 知 方 程 等 价 于 $\int_{x_1}^{x_2} f(x)dx = \dfrac{x_2 - x_1}{2} (f(x_1) + f(x_2))$, 取
$x_1 = a, x_2 = x = x \in (a,b)$, 则有 $\int_a^x f(t)dt = \dfrac{x-a}{2} (f(a) + f(x))$, 于是知 $f(x)$ 在 $[a,b]$
上具有无穷阶导数. 下面利用函数的幂级数展开:

设 $f(x) = \sum\limits_{n=0}^{\infty} a_n (x - x_1)^n$, 则 $f(x_1) = a_0$, $f(x_2) = \sum\limits_{n=0}^{\infty} a_n (x_2 - x_1)^n$. 代入等价方程, 得

$$\int_{x_1}^{x_2} \left(\sum_{n=0}^{\infty} a_n (x - x_1)^n \right) dx = \dfrac{x_2 - x_1}{2} \left[a_0 + \sum_{n=0}^{\infty} a_n (x_2 - x_1)^n \right],$$

于是得 $\sum\limits_{n=0}^{\infty} \dfrac{a_n}{n+1} (x_2 - x_1)^{n+1} = \dfrac{a_0}{2} (x_2 - x_1) + \dfrac{1}{2} \sum\limits_{n=0}^{\infty} a_n (x_2 - x_1)^{n+1}$.

比较上式两边关于 $x_2 - x_1$ 的同次幂的系数, 得 $a_n = 0$ $(n = 2,3,\cdots)$, 从而得
$f(x) = a_0 + a_1(x - x_1)$, 其中 a_0, a_1 为任意实数, 故 $f(x)$ 为 x 的一次多项式.

【**解法 2**】 已知方程变形为 $\int_{x_1}^{x_2} f(x)dx = \dfrac{x_2 - x_1}{2} (f(x_1) + f(x_2))$.

两边分别对 x_2 求导, 得 $f(x_2) = \dfrac{f(x_1)+f(x_2)}{2} + \dfrac{x_2-x_1}{2}f'(x_2)$, 两边再分别对

x_1 求导, 得 $0 = \dfrac{1}{2}f'(x_1) - \dfrac{1}{2}f'(x_2)$, 即得 $f'(x_1) = f'(x_2)$. 由 x_1, x_2 的任意性, 得

$f'(x) \equiv C_1$(其中 C_1 为常数), 故得 $f(x) = C_1 x + C_2$ (C_2 为任意常数), 即 $f(x)$ 为 x 的

一次多项式.

【解法 3】 由已知条件得: 当 $x \in [a,b]$ 时, 有 $\dfrac{1}{x-a}\displaystyle\int_a^x f(x)\mathrm{d}x = \dfrac{1}{2}\left[f(x)+f(a)\right]$,

化简为 $\displaystyle\int_a^x f(x)\mathrm{d}x = \dfrac{1}{2}(x-a)\left[f(x)+f(a)\right]$, 两边对 x 求导, 整理得 $f'(x) -$

$\dfrac{1}{x-a}f(x) = -\dfrac{f(a)}{x-a}$. 解该一阶线性非齐次微分方程得通解: $f(x) = C(x-a) + f(a)$,

其中 C 为任意常数. 取 $x=b$, 代入上式即得 $C = \dfrac{f(b)-f(a)}{b-a}$, 故

$$f(x) = \frac{f(b)-f(a)}{b-a}(x-a) + f(a).$$

特别提示 该题可看作梯形公式的反问题. 类似地, 有中矩形公式, 左右

矩形公式, Simpson 公式等数值积分公式的反问题. 如中矩形公式的反问题: 设

函数 $f(x)$ 在 $[a,b]$ 上连续, 且满足方程 $\displaystyle\int_{x_1}^{x_2} f(x)\mathrm{d}x = f\left(\dfrac{x_2+x_1}{2}\right)(x_2-x_1)$, 其中

$x_1 \neq x_2$, 且 $x_1, x_2 \in [a,b]$, 求 $f(x)$.

类题训练

1. 设函数 $f(x)$ 对任意的 x 及 a 满足 $\dfrac{1}{2a}\displaystyle\int_{x-a}^{x+a} f(t)\mathrm{d}t = f(x)$ $(a \neq 0)$, 证明 $f(x)$

是线性函数. (1995 年第七届北京市大学生数学竞赛题)

2. 试求 $f(x)$, 使满足 $\displaystyle\int_x^{2x} f(t)\mathrm{d}t = \mathrm{e}^x - 1$. (1982 年西北工业大学研究生入学考

试题)

3. 设函数 $f(x)$ 在 $[0,+\infty)$ 上连续, 且满足方程 $\displaystyle\int_0^x f(t)\mathrm{d}t = \dfrac{1}{2}xf(x)$ $(x>0)$, 证

明 $f(x) = Cx$, 其中 C 是常数.

4. 设函数 $f(x)$ 在 $[a,b]$ 上连续, 且满足方程

$$\int_{x_1}^{x_2} f(x)\mathrm{d}x = \frac{x_2-x_1}{6}\left[f(x_1) + 4f\left(\frac{x_1+x_2}{2}\right) + f(x_2)\right],$$

其中 $x_1 \neq x_2$, $x_1, x_2 \in [a,b]$, 求 $f(x)$.

📖 **典型例题**

18 设 $f(x)$ 是连续函数, 证明 $\int_0^x \left[\int_0^u f(t)\mathrm{d}t \right] \mathrm{d}u = \int_0^x (x-u)f(u)\mathrm{d}u$.

【**证法 1**】　左边直接分部积分, 得

$$左边 = \left[u\int_0^u f(t)\mathrm{d}t \right]_0^x - \int_0^x u f(u)\mathrm{d}u = x\int_0^x f(t)\mathrm{d}t - \int_0^x u f(u)\mathrm{d}u = 右边 .$$

【**证法 2**】　令 $F(x) = \int_0^x \left[\int_0^u f(t)\mathrm{d}t \right] \mathrm{d}u - \int_0^x (x-u)f(u)\mathrm{d}u$, 则 $F'(x) = 0$, $\forall x \in \mathbf{R}$,
于是 $F(x) \equiv C$ (C 为常数). 又因为 $F(0) = 0$, 故 $F(x) \equiv 0$, 即得证.

【**证法 3**】　记 $D = \left\{ (u,t) \middle| 0 \leqslant u \leqslant x,\ 0 \leqslant t \leqslant u \right\}$, 则

$$\int_0^x \left[\int_0^u f(t)\mathrm{d}t \right] \mathrm{d}u = \iint\limits_{D} f(t)\mathrm{d}t\mathrm{d}u,$$

交换积分次序, 得 $\iint\limits_{D} f(t)\mathrm{d}t\mathrm{d}u = \int_0^x \mathrm{d}t \int_t^x f(t)\mathrm{d}u = \int_0^x (x-t)f(t)\mathrm{d}t = \int_0^x (x-u)f(u)\mathrm{d}u$,
即得证.

【**证法 4**】　令 $\Phi(x) = \int_0^x f(t)\mathrm{d}t$, 则 $\Phi(0) = 0$, $\Phi'(x) = f(x)$.

$$\int_0^x (x-u)f(u)\mathrm{d}u = \int_0^x (x-u)\mathrm{d}\Phi(u) = (x-u)\Phi(u)\Big|_0^x - \int_0^x \Phi(u)(-\mathrm{d}u)$$

$$= \int_0^x \Phi(u)\mathrm{d}u = \int_0^x \left[\int_0^u f(t)\mathrm{d}t \right] \mathrm{d}u.$$

✳ **特别提示**　　上述证法是证明该类问题的常用方法, 希望读者理解并掌握.

♻ **类题训练**

1. 设函数 $f(x)$ 在 $[0,1]$ 上连续, 证明 $2\int_0^1 f(x)\mathrm{d}x \int_x^1 f(y)\mathrm{d}y = \left[\int_0^1 f(x)\mathrm{d}x \right]^2$.

2. 设函数 $f(x)$ 在 $[0,a]$ $(a>0)$ 上连续, 证明

$$\int_0^a \mathrm{d}u \int_0^u \mathrm{e}^{a-x} f(x)\mathrm{d}x = \int_0^a u\mathrm{e}^u f(a-u)\mathrm{d}u .$$

3. 设 $x > 0$, 证明 $\int_0^x \dfrac{\mathrm{d}t}{1+t^2} + \int_0^{\frac{1}{x}} \dfrac{\mathrm{d}t}{1+t^2} = \dfrac{\pi}{2}$.

4. 设 $a \geqslant 0$, 证明 $\int_0^a \mathrm{d}x \int_0^a \mathrm{e}^{-(x^2+y^2)}\mathrm{d}y - \int_0^1 \mathrm{d}v \int_{-\infty}^a 2u\mathrm{e}^{-u^2(1+v^2)}\mathrm{d}u = \dfrac{\pi}{4}$.

📖 **典型例题**

19 设函数 $f(x)$ 在 $[0,a]$ $(a>0)$ 上有连续的一阶导数，且 $f(0)=0$ ，$M=\max\limits_{x\in[0,a]}|f'(x)|$ ，证明 $\left|\int_0^a f(x)\mathrm{d}x\right|\leqslant\dfrac{Ma^2}{2}$. (1993年硕士研究生入学考试数学(三)试题)

【证法 1】　任取 $x\in(0,a]$ ，由 Lagrange 中值定理，有 $f(x)-f(0)=f'(\xi)x$ ，$\xi\in(0,x)$.

因为 $f(0)=0$ ，所以 $f(x)=f'(\xi)x$ ，$x\in(0,a]$ ，故有

$$\left|\int_0^a f(x)\mathrm{d}x\right|=\left|\int_0^a f'(\xi)x\,\mathrm{d}x\right|\leqslant\int_0^a|f'(\xi)|x\,\mathrm{d}x\leqslant M\int_0^a x\,\mathrm{d}x=\frac{Ma^2}{2}.$$

【证法 2】　任取 $x\in[0,a]$ ，由 $f(0)=0$ 知 $\int_0^x f'(t)\mathrm{d}t=f(x)-f(0)=f(x)$. 于是

$$|f(x)|=\left|\int_0^x f'(t)\mathrm{d}t\right|\leqslant\int_0^x|f'(t)|\mathrm{d}t\leqslant Mx,\ \text{故}\ \left|\int_0^a f(x)\mathrm{d}x\right|\leqslant\int_0^a|f(x)|\mathrm{d}x\leqslant\int_0^a Mx\,\mathrm{d}x=\frac{Ma^2}{2}.$$

【证法 3】　由已知，有

$$\int_0^a f(x)\mathrm{d}x=\int_0^a f(x)\mathrm{d}(x-a)=(x-a)f(x)\Big|_0^a-\int_0^a(x-a)f'(x)\mathrm{d}x=\int_0^a(a-x)f'(x)\mathrm{d}x,$$

故 $\left|\int_0^a f(x)\mathrm{d}x\right|=\left|\int_0^a(a-x)f'(x)\mathrm{d}x\right|\leqslant M\int_0^a(a-x)\mathrm{d}x=\dfrac{Ma^2}{2}.$

【证法 4】　令 $\Phi(x)=\int_0^x f(t)\mathrm{d}t$ ，由题设知，$\Phi(x)$ 在 $[0,a]$ 上有二阶连续导数，且 $\Phi'(0)=f(0)=0$ ，所以由 Taylor 公式得 $\forall x\in(0,a]$ ，存在 $\xi\in(0,x)$ ，使

$$\Phi(x)=\Phi(0)+\Phi'(0)x+\frac{\Phi''(\xi)}{2!}x^2=\frac{1}{2}\Phi''(\xi)x^2,\ \text{即}\ \int_0^x f(t)\mathrm{d}t=\frac{1}{2}f'(\xi)x^2.$$

故 $\left|\int_0^x f(t)\mathrm{d}t\right|=\left|\dfrac{1}{2}f'(\xi)x^2\right|\leqslant\dfrac{Mx^2}{2}$ ，取 $x=a$ ，即得 $\left|\int_0^a f(t)\mathrm{d}t\right|\leqslant\dfrac{Ma^2}{2}.$

【证法 5】　利用 Cauchy-Schwarz 不等式，由题设得

$$|f(x)|=\left|\int_0^x f'(t)\mathrm{d}t\right|\leqslant\left(\int_0^x|f'(t)|^2\,\mathrm{d}t\right)^{\frac{1}{2}}\left(\int_0^x 1^2\,\mathrm{d}t\right)^{\frac{1}{2}}\leqslant M\left(\int_0^x\mathrm{d}t\right)^{\frac{1}{2}}\left(\int_0^x\mathrm{d}t\right)^{\frac{1}{2}}=Mx,$$

故 $\left|\int_0^a f(x)\mathrm{d}x\right|\leqslant\int_0^a|f(x)|\mathrm{d}x\leqslant\int_0^a Mx\,\mathrm{d}x=\dfrac{Ma^2}{2}.$

✳ **特别提示**　一般地，设函数 $f(x)$ 在 $[a,b]$ 上有连续的一阶导数，且 $f(a)=0$ ，$M=\max\limits_{x\in[a,b]}|f'(x)|$ ，则 $\left|\int_a^b f(x)\mathrm{d}x\right|\leqslant\dfrac{M}{2}(b-a)^2.$

⟳ **类题训练**

1. 设函数 $f(x)$ 在 $[0,2]$ 上有连续的二阶导数, 且 $f(1)=0$, 证明 $\left|\int_0^2 f(x)\mathrm{d}x\right| \leqslant \dfrac{1}{3}M$, 其中 $M = \max\limits_{x\in[0,2]}|f''(x)|$.

2. 设函数 $f(x)$ 在 $[-1,1]$ 上可导, $M = \max\limits_{x\in[-1,1]}|f'(x)|$, 且存在 $a\in(0,1)$, 使 $\int_{-a}^a f(x)\mathrm{d}x = 0$, 证明 $\left|\int_{-1}^1 f(x)\mathrm{d}x\right| \leqslant M(1-a^2)$.

3. 设函数 $f(x)$ 在 $[0,1]$ 上有连续导数, 且 $\int_0^1 f(x)\mathrm{d}x = 0$, 证明对于任意的 $x\in[0,1]$, 有 $\left|\int_0^x f(t)\mathrm{d}t\right| \leqslant \dfrac{1}{8}\max\limits_{0\leqslant x\leqslant 1}|f'(x)|$.

📖 **典型例题**

20 设函数 $f(x)$ 在 $[0,1]$ 上有连续的一阶导数, 且 $f(0)=f(1)=0$, 证明
$$\left|\int_0^1 f(x)\mathrm{d}x\right| \leqslant \dfrac{1}{4}\max\limits_{x\in[0,1]}|f'(x)|.$$

【证法 1】 记 $M = \max\limits_{x\in[0,1]}|f'(x)|$, 由 Lagrange 中值定理, 有 $\forall x\in(0,1)$,
$$f(x) = f(0) + f'(\xi_1)x = f'(\xi_1)x, \quad \xi_1 \in (0,x),$$
$$f(x) = f(1) + f'(\xi_2)(x-1) = f'(\xi_2)(x-1), \quad \xi_2 \in (x,1).$$
于是
$$|f(x)| = |f'(\xi_1)|x \leqslant Mx, \quad |f(x)| = |f'(\xi_2)(x-1)| \leqslant M(1-x),$$
从而
$$\left|\int_0^1 f(x)\mathrm{d}x\right| \leqslant \int_0^1 |f(x)|\mathrm{d}x = \int_0^{\frac{1}{2}}|f(x)|\mathrm{d}x + \int_{\frac{1}{2}}^1 |f(x)|\mathrm{d}x$$
$$\leqslant \int_0^{\frac{1}{2}} Mx\,\mathrm{d}x + \int_{\frac{1}{2}}^1 M(1-x)\mathrm{d}x = \frac{M}{4} = \frac{1}{4}\max\limits_{x\in[0,1]}|f'(x)|.$$

【证法 2】 $\displaystyle\int_0^1 f(x)\mathrm{d}x = \int_0^1 f(x)\mathrm{d}\left(x-\frac{1}{2}\right) = \left(x-\frac{1}{2}\right)f(x)\Big|_0^1 - \int_0^1\left(x-\frac{1}{2}\right)f'(x)\mathrm{d}x$
$$= \frac{f(1)+f(0)}{2} - \int_0^1\left(x-\frac{1}{2}\right)f'(x)\mathrm{d}x = -\int_0^1\left(x-\frac{1}{2}\right)f'(x)\mathrm{d}x,$$
故

$$\left|\int_0^1 f(x)\mathrm{d}x\right| = \left|-\int_0^1\left(x-\frac{1}{2}\right)f'(x)\mathrm{d}x\right| \leqslant \max_{x\in[0,1]}|f'(x)|\int_0^1\left|x-\frac{1}{2}\right|\mathrm{d}x$$

$$= \max_{x\in[0,1]}|f'(x)|\left[\int_0^{\frac{1}{2}}\left(\frac{1}{2}-x\right)\mathrm{d}x+\int_{\frac{1}{2}}^1\left(x-\frac{1}{2}\right)\mathrm{d}x\right] = \frac{1}{4}\max_{x\in[0,1]}|f'(x)|.$$

【证法 3】 令 $x-\dfrac{1}{2}=t$，则

$$\left|\int_0^1 f(x)\mathrm{d}x\right| = \left|\int_{-\frac{1}{2}}^{\frac{1}{2}} f\left(t+\frac{1}{2}\right)\mathrm{d}t\right| = \left|tf\left(t+\frac{1}{2}\right)\Big|_{-\frac{1}{2}}^{\frac{1}{2}} - \int_{-\frac{1}{2}}^{\frac{1}{2}} tf'\left(t+\frac{1}{2}\right)\mathrm{d}t\right|$$

$$= \left|\int_{-\frac{1}{2}}^{\frac{1}{2}} tf'\left(t+\frac{1}{2}\right)\mathrm{d}t\right| \leqslant \max_{x\in[0,1]}|f'(x)|\int_{-\frac{1}{2}}^{\frac{1}{2}}|t|\mathrm{d}t = \frac{1}{4}\max_{x\in[0,1]}|f'(x)|.$$

❋ **特别提示** 一般地，有

[1] 设函数 $f(x)$ 在 $[a,b]$ 上有连续导数，且 $f(a)=f(b)=0$，$M=\max\limits_{x\in[a,b]}|f'(x)|$，则 $\left|\displaystyle\int_a^b f(x)\mathrm{d}x\right| \leqslant \dfrac{(b-a)^2}{4}M$.

[2] 设函数 $f(x)$ 在 $[a,b]$ 上有连续导数，且 $f\left(\dfrac{a+b}{2}\right)=0$，$M=\max\limits_{x\in[a,b]}|f'(x)|$，则 $\left|\displaystyle\int_a^b f(x)\mathrm{d}x\right| \leqslant \dfrac{(b-a)^2}{4}M$.

♻ **类题训练**

1. 设 $f(x)$ 在 $[2,4]$ 上有连续导数，$f(2)=f(4)=0$，证明 $\left|\displaystyle\int_2^4 f(x)\mathrm{d}x\right| \leqslant \max\limits_{x\in[2,4]}|f'(x)|$.

2. 设非常值函数 $f(x)$ 在 $[a,b]$ 上可微，且 $f(a)=f(b)=0$，证明在 $[a,b]$ 上至少存在一点 ξ，使 $|f'(\xi)| > \dfrac{4}{(b-a)^2} \cdot \displaystyle\int_a^b f(x)\mathrm{d}x$.

3. 设函数 $f(x)$ 在 $[0,1]$ 上连续可微，且 $f(0)=f(1)=0$，证明对所有 $t\in[0,1]$，都有 $f^2(t) \leqslant \dfrac{1}{4}\displaystyle\int_0^1 [f'(x)]^2\mathrm{d}x$.

4. 设函数 $f(x)$ 在 $[0,2]$ 上连续可导，$f(0)=f(2)=1$，且 $|f'(x)|\leqslant 1$，证明 $1\leqslant \displaystyle\int_0^2 f(x)\mathrm{d}x \leqslant 3$.

5. 设函数 $f(x)$ 在 $[a,b]$ 上不恒为 0，导函数 $f'(x)$ 连续，且 $f(a)=f(b)=0$，证

明至少存在一点 $\xi \in [a,b]$，使得 $|f'(\xi)| > \dfrac{1}{(b-a)^2} \displaystyle\int_a^b f(x)\mathrm{d}x$．

6. 设函数 $f(x)$ 在 $[a,b]$ 上有连续的二阶导数，且 $f(a)=f(b)$，证明

$$\left| \int_a^b f(x)\mathrm{d}x \right| \leqslant \frac{(b-a)^3}{12} \max_{x \in [a,b]} |f''(x)|.$$

📖 **典型例题**

21　设函数 $f(x)$ 在 $[a,b]$ 上连续，在 (a,b) 上可导，且 $\dfrac{1}{b-a}\displaystyle\int_a^b f(x)\mathrm{d}x = f(b)$，证明在 (a,b) 内至少存在一点 ξ，使得 $f'(\xi)=0$．

【证法 1】　已知等式可化为 $\dfrac{1}{b-a}\displaystyle\int_a^b \big(f(x)-f(b)\big)\mathrm{d}x = 0$．

令 $F(x)=f(x)-f(b)$，则 $F(x)$ 在 $[a,b]$ 上连续，在 (a,b) 内可导，且 $\displaystyle\int_a^b F(x)\mathrm{d}x=0$，于是由积分中值定理知，$\exists \eta \in (a,b)$，使 $F(\eta)=0$，即 $f(\eta)=f(b)$．再对 $f(x)$ 在 $[\eta,b]$ 上由 Rolle 定理知，$\exists \xi \in (\eta,b) \subset (a,b)$，使得 $f'(\xi)=0$．

【证法 2】　令 $\Phi(x)=\displaystyle\int_a^x f(t)\mathrm{d}t$，则 $\Phi'(x)=f(x)$，由已知得 $\dfrac{\Phi(b)-\Phi(a)}{b-a}=\Phi'(b)$．而对 $\Phi(x)$ 在 $[a,b]$ 上由 Lagrange 中值定理知，$\exists \eta \in (a,b)$，使 $\Phi(b)-\Phi(a)=\Phi'(\eta)(b-a)$，于是有 $\Phi'(\eta)=\Phi'(b)$．再对 $\Phi'(x)$ 在 $[\eta,b]$ 上由 Rolle 定理，即得 $\exists \xi \in (\eta,b) \subset (a,b)$，使得 $f'(\xi)=0$．

【证法 3】　令 $F(x)=\displaystyle\int_a^x f(t)\mathrm{d}t - f(x)(x-a)$，则 $F(x)$ 在 $[a,b]$ 上连续，在 (a,b) 内可导，且 $F(a)=F(b)=0$．于是由 Rolle 定理知，$\exists \xi \in (a,b)$，使 $F'(\xi)=0$，即得 $f'(\xi)(\xi-a)=0$，故得 $f'(\xi)=0$．

【证法 4】　已知等式可化为 $\dfrac{1}{b-a}\displaystyle\int_a^b \big(f(x)-f(b)\big)\mathrm{d}x=0$．记 $F(x)=f(x)-f(b)$．

若在 $[a,b]$ 上，$F(x)\equiv 0$，即 $f(x)\equiv f(b)$，则结论显然成立；若在 $[a,b]$ 上，$F(x)\not\equiv 0$（不恒为 0），则由 $\displaystyle\int_a^b F(x)\mathrm{d}x=0$ 知不可能有 $F(x)\geqslant 0$ 或 $F(x)\leqslant 0$ 恒成立，故 $F(x)$ 在 $[a,b]$ 上的最大值 $M>0$，最小值 $m<0$．不妨设 $F(\xi_1)=M$，$F(\eta_1)=m$，因为 $F(b)=0$，所以 ξ_1，η_1 异于 b，将 ξ_1，η_1 中异于 a 的点记作 ξ，则 $\xi \in (a,b)$，且 ξ 也是 $F(x)$ 的极值点，故由 Fermat 引理知，$F'(\xi)=0$，即 $f'(\xi)=0$．

✳ **特别提示**　由上述证明方法可以看出：要证明 $f'(\xi)=0$，其主要证明思路是由 Rolle 定理或 Fermat 引理．

♻ **类题训练**

1. 设函数 $f(x)$ 在 $[a,b]$ 上连续, 在 (a,b) 内可导, 且 $\dfrac{1}{b-a}\displaystyle\int_a^b f(x)\mathrm{d}x = f(a)$, 证明存在 $\xi \in (a,b)$, 使得 $f'(\xi) = 0$.

2. 设函数 $f(x)$ 在 $[a,b]$ 内可导, 且 $f(a) = 0$, $\displaystyle\int_a^b f(x)\mathrm{d}x = 0$, 证明在 (a,b) 内至少存在一点 ξ, 使得 $f'(\xi) = 0$.

3. 设函数 $f(x)$ 在 $[a,b]$ 上连续, 在 (a,b) 内二阶可导, 且

$$\frac{1}{b-a}\int_a^b f(x)\mathrm{d}x = \frac{f(a)+f(b)}{2},$$

证明存在 $\xi \in (a,b)$, 使得 $f''(\xi) = 0$.

📖 **典型例题**

22 设函数 $f(x)$ 在 $[0,1]$ 上连续, 在 $(0,1)$ 内可导, 且满足 $f(1) = \displaystyle\int_0^1 x f(x)\mathrm{d}x$, 证明在 $(0,1)$ 内至少存在一点 ξ, 使得 $f(\xi) + \xi f'(\xi) = 0$.

【证法 1】 要证结论成立, 即证 $\left. (x f(x))' \right|_{x=\xi} = 0$, 为此可考虑用 Rolle 定理.

因为 $f(x)$ 在 $[0,1]$ 上连续, 所以由积分中值定理, 至少存在一点 $\xi_1 \in (0,1)$, 使得 $f(1) = \displaystyle\int_0^1 x f(x)\mathrm{d}x = \xi_1 f(\xi_1)$.

令 $F(x) = x f(x)$, 则 $F(x)$ 在 $[\xi_1, 1]$ 上满足 Rolle 定理的条件, 故由 Rolle 定理知, 必存在 $\xi \in (\xi_1, 1) \subset (0,1)$, 使得 $F'(\xi) = f(\xi) + \xi f'(\xi) = 0$.

【证法 2】 令 $G(x) = \displaystyle\int_0^x t f(t)\mathrm{d}t$, 则 $G'(x) = x f(x)$, $G''(x) = f(x) + x f'(x)$.

而由题设有 $G(1) = \displaystyle\int_0^1 t f(t)\mathrm{d}t = f(1)$, 为此可考虑用 Taylor 公式. 将 $G(x)$ 在 $x=1$ 处进行 Taylor 展开, 有

$$G(x) = G(1) + G'(1)(x-1) + \frac{1}{2}G''(\xi)(x-1)^2.$$

取 $x=0$ 代入上式, 得 $G(0) = G(1) - G'(1) + \dfrac{1}{2}G''(\xi)$, 其中 $\xi \in (0,1)$. 故由上式得 $G''(\xi) = 0$, 即 $f(\xi) + \xi f'(\xi) = 0$.

【证法 3】 将已知等式改写为 $\displaystyle\int_0^1 [x f(x) - f(1)]\mathrm{d}x = 0$. 记 $F(x) = x f(x) - f(1)$, 则有 $\displaystyle\int_0^1 F(x)\mathrm{d}x = 0$.

(1) 若 $F(x) \equiv 0$，则任取 $\xi \in (0,1)$，皆有 $F'(\xi) = 0$，结论显然成立；

(2) 若 $F(x) \not\equiv 0$，则 $F(x)$ 在 $[0,1]$ 上不可能恒大于等于 0 或恒小于等于 0，从而 $F(x)$ 在 $[0,1]$ 上的最大值 $M > 0$，最小值 $m < 0$．不妨记 $F(\xi_1) = M$，$F(\xi_2) = m$，因为 $F(1) = 0$，所以 ξ_1，ξ_2 异于 1，将 ξ_1，ξ_2 中异于 0 的点记为 ξ，则 $\xi \in (0,1)$ 且 ξ 也是 $F(x)$ 的极值点，故由 Fermat 引理知，$F'(\xi) = 0$，即 $f(\xi) + \xi f'(\xi) = 0$．

✳ 特别提示　利用积分中值定理及 Rolle 定理、Cauchy 中值定理、Taylor 公式和 Fermat 引理是证明该类问题的常用方法．

♻ 类题训练

1. 设函数 $f(x)$ 在 $[0,1]$ 上连续，在 $(0,1)$ 内可导，且满足 $3\int_{\frac{2}{3}}^{1} f(x)\mathrm{d}x = f(0)$，证明在 $(0,1)$ 内至少存在一点 ξ，使得 $f'(\xi) = 0$．

2. 设函数 $f(x)$ 在 $[0,1]$ 上连续，在 $(0,1)$ 内可导，且满足 $f(1) = k\int_{0}^{\frac{1}{k}} x\mathrm{e}^{1-x} f(x)\mathrm{d}x\,(k>1)$，证明至少存在一点 $\xi \in (0,1)$，使得 $f'(\xi) = \left(1 - \dfrac{1}{\xi}\right)f(\xi)$．

3. 设函数 $f(x)$ 在 $[0,2]$ 上连续，在 $(0,2)$ 内二阶可导，且 $f(0) = f(1)$，$f(2) = 2\int_{1}^{\frac{3}{2}} f(x)\mathrm{d}x$，证明至少存在一点 $\xi \in (0,2)$，使得 $f''(\xi) = 0$．

4. 设函数 $f(x)$ 在 $[0,1]$ 上连续，在 $(0,1)$ 内可导，且 $\lim\limits_{x\to 0} \dfrac{f(x)}{x^2}$ 存在，$\int_{0}^{1} f(x)\mathrm{d}x = f(1)$，证明至少存在一点 $\xi \in (0,1)$，使得 $f''(\xi) + 2\xi f'(\xi) = 0$．

📖 典型例题

23　设函数 $f(x)$ 在 $[-a, a]\,(a > 0)$ 上具有二阶连续导数，且 $f(0) = 0$，证明在 $[-a, a]$ 上至少存在一点 η，使 $a^3 f''(\eta) = 3\int_{-a}^{a} f(x)\mathrm{d}x$．(2001 年硕士研究生入学考试数学(二)试题)

【证法 1】　$\forall x \in [-a, a]$，将 $f(x)$ 展开为一阶 Maclaurin 级数：

$$f(x) = f(0) + f'(0)x + \frac{f''(\xi)}{2!}x^2 = f'(0)x + \frac{f''(\xi)}{2}x^2,$$

其中 ξ 介于 0 与 x 之间．

对上式两边在 $[-a, a]$ 上积分，得

$$\int_{-a}^{a} f(x)\mathrm{d}x = \int_{-a}^{a} f'(0)x\mathrm{d}x + \int_{-a}^{a} \frac{f''(\xi)}{2}x^2\mathrm{d}x = \frac{1}{2}\int_{-a}^{a} x^2 f''(\xi)\mathrm{d}x.$$

因为 $f''(x)$ 在 $[-a,a]$ 上连续, 所以 $\forall x \in [-a,a]$, 有 $m \leqslant f''(x) \leqslant M$, 其中 m, M 分别为 $f''(x)$ 在 $[-a,a]$ 上的最小值和最大值. 于是有 $mx^2 \leqslant f''(\xi)x^2 \leqslant Mx^2$, 从而

$$m\int_{-a}^{a} x^2 \mathrm{d}x \leqslant \int_{-a}^{a} x^2 f''(\xi)\mathrm{d}x \leqslant M\int_{-a}^{a} x^2 \mathrm{d}x,$$

即

$$\frac{a^3}{3}m \leqslant \frac{1}{2}\int_{-a}^{a} x^2 f''(\xi)\mathrm{d}x \leqslant \frac{a^3}{3}M,$$

$$m \leqslant \frac{3}{a^3} \cdot \frac{1}{2}\int_{-a}^{a} x^2 f''(\xi)\mathrm{d}x \leqslant M, \quad 亦即 \quad m \leqslant \frac{3}{a^3}\int_{-a}^{a} f(x)\mathrm{d}x \leqslant M.$$

故由连续函数 $f''(x)$ 的介值定理知, 存在 $\eta \in [-a,a]$, 使 $f''(\eta) = \frac{3}{a^3}\int_{-a}^{a} f(x)\mathrm{d}x$, 化简即得 $a^3 f''(\eta) = 3\int_{-a}^{a} f(x)\mathrm{d}x$.

【证法 2】 令 $F(x) = \int_0^x f(t)\mathrm{d}t$, 则 $F(x)$ 在 $[-a,a]$ 上具有三阶连续导数, 其二阶 Maclaurin 展开式为

$$F(x) = F(0) + F'(0)x + \frac{F''(0)}{2!}x^2 + \frac{F'''(\xi)}{3!}x^3$$

$$= f(0)x + \frac{f'(0)}{2!}x^2 + \frac{f''(\xi)}{3!}x^3 = \frac{f'(0)}{2!}x^2 + \frac{f''(\xi)}{3!}x^3,$$

所以

$$F(a) = \frac{f'(0)}{2!}a^2 + \frac{f''(\xi_1)}{3!}a^3, \quad F(-a) = \frac{f'(0)}{2!}a^2 - \frac{f''(\xi_2)}{3!}a^3,$$

其中 $-a < \xi_2 < 0 < \xi_1 < a$.
于是

$$\int_{-a}^{a} f(x)\mathrm{d}x = F(a) - F(-a) = \frac{a^3}{3!}\left(f''(\xi_1) + f''(\xi_2)\right) = \frac{a^3}{3} \cdot \frac{f''(\xi_1) + f''(\xi_2)}{2}.$$

因为 $\min\left(f''(\xi_1), f''(\xi_2)\right) \leqslant \frac{f''(\xi_1) + f''(\xi_2)}{2} \leqslant \max\left(f''(\xi_1), f''(\xi_2)\right)$, 所以由导函数的介值定理, 存在 $\eta \in [-a,a]$, 使 $f''(\eta) = \frac{f''(\xi_1) + f''(\xi_2)}{2}$, 故有 $\int_{-a}^{a} f(x)\mathrm{d}x = \frac{a^3}{3}f''(\eta)$.

【证法 3】 令 $F(x)=\int_{-x}^{x} f(t)\mathrm{d}t$，将 $F(x)$ 在 $x=0$ 处进行 Taylor 展开：

$$F(x)=F(0)+F'(0)x+\frac{F''(0)x^2}{2!}+\frac{F'''(\xi)}{3!}x^3，其中 \xi 介于 0 与 x 之间.$$

因为 $F'(x)=f(x)+f(-x)$，$F''(x)=f'(x)-f'(-x)$，$F'''(x)=f''(x)+f''(-x)$，所以 $F'(0)=2f(0)=0$，$F''(0)=0$，从而

$$F(x)=\frac{1}{3}\cdot\frac{f''(\xi)+f''(-\xi)}{2}x^3，\quad F(a)=\frac{1}{3}\cdot\frac{f''(\xi)+f''(-\xi)}{2}a^3.$$

又由 $f''(x)$ 在 $[-a,a]$ 上连续，故存在最大值 M 和最小值 m，使 $\forall x\in[-a,a]$，$m\leqslant f''(x)\leqslant M$，于是 $m\leqslant\frac{f''(\xi)+f''(-\xi)}{2}\leqslant M$，故由 $f''(x)$ 的介值定理知，存在 $\eta\in[-a,a]$，使 $f''(\eta)=\frac{f''(\xi)+f''(-\xi)}{2}$，从而得 $F(a)=\frac{a^3}{3}f''(\eta)$，即得证

$$\int_{-a}^{a} f(x)\mathrm{d}x=\frac{a^3}{3}f''(\eta).$$

特别提示 证法 1 中，如果得到 $\int_{-a}^{a} f(x)\mathrm{d}x=\frac{1}{2}\int_{-a}^{a} x^2 f''(\xi)\mathrm{d}x$，再把 $f''(\xi)$ 提出来，或直接由积分中值定理，得 $\int_{-a}^{a} x^2 f''(\xi)\mathrm{d}x=f''(\xi)\int_{-a}^{a} x^2\mathrm{d}x=\frac{2}{3}a^3 f''(\xi)$ 或 $\int_{-a}^{a} x^2 f''(\xi)\mathrm{d}x=f''(\eta)\int_{-a}^{a} x^2\mathrm{d}x=\frac{2}{3}a^3 f''(\eta)$，两者都是错误的. 因为 ξ 与 x 有关，$f''(\xi)$ 不是常数，不能提出来；即使由 x^2 可积不变号，但因为我们对 $\xi(x)$ 的性质一无所知，$f''(\xi)$ 对于 x 未必连续，所以也不能用积分中值定理.

类题训练

1. 设函数 $f(x)$ 在 $[0,a]$ $(a>0)$ 上有一阶连续导数，证明至少存在一点 $\xi\in(0,a)$，使 $\int_0^a f(x)\mathrm{d}x=af(0)+\frac{a^2}{2}f'(\xi)$.

2. 设函数 $f(x)$ 的二阶导数 $f''(x)$ 在 $[2,4]$ 上连续，且 $f(3)=0$，证明在 $(2,4)$ 内至少存在一点 ξ，使得 $f''(\xi)=3\int_2^4 f(x)\mathrm{d}x$.

3. 设函数 $f(x)$ 在 $[-1,1]$ 上有二阶连续导数，证明存在 $\xi\in(-1,1)$，使 $\int_{-1}^1 xf(x)\mathrm{d}x=\frac{2}{3}f'(\xi)+\frac{1}{3}\xi f''(\xi)$. (2005 年浙江省高等数学竞赛题)

📖 典型例题

24 设函数 $f(x)$ 在 $[a,b]$ 上具有二阶连续的导数, 证明存在 $\xi \in (a,b)$, 使得

$$\int_a^b f(x)\mathrm{d}x = (b-a)f\left(\frac{a+b}{2}\right) + \frac{1}{24}(b-a)^3 f''(\xi).$$

【证法 1】 将 $f(x)$ 在 $x = \dfrac{a+b}{2}$ 处进行 Taylor 展开, 有

$$f(x) = f\left(\frac{a+b}{2}\right) + f'\left(\frac{a+b}{2}\right)\left(x - \frac{a+b}{2}\right) + \frac{f''(\xi_1)}{2!}\left(x - \frac{a+b}{2}\right)^2.$$

对上式两边在 $[a,b]$ 上积分, 有

$$\int_a^b f(x)\mathrm{d}x = \int_a^b f\frac{(a+b)}{2}\mathrm{d}x + \int_a^b f'\frac{(a+b)}{2}\cdot\left(x - \frac{a+b}{2}\right)\mathrm{d}x + \int_a^b \frac{f''(\xi_1)}{2!}\left(x - \frac{a+b}{2}\right)^2\mathrm{d}x,$$

即

$$\int_a^b f(x)\mathrm{d}x = (b-a)f\left(\frac{a+b}{2}\right) + \frac{1}{2}\int_a^b f''(\xi_1)\cdot\left(x - \frac{a+b}{2}\right)^2\mathrm{d}x.$$

其中 ξ_1 介于 x 与 $\dfrac{a+b}{2}$ 之间.

因为 $f''(x)$ 在 $[a,b]$ 上连续, 所以存在最小值 m 和最大值 M, 使 $\forall x \in [a,b]$, 有 $m \leqslant f''(x) \leqslant M$. 于是

$$m\int_a^b \left(x - \frac{a+b}{2}\right)^2\mathrm{d}x \leqslant \int_a^b f''(\xi_1)\left(x - \frac{a+b}{2}\right)^2\mathrm{d}x \leqslant M\int_a^b \left(x - \frac{a+b}{2}\right)^2\mathrm{d}x,$$

从而有 $m \leqslant \dfrac{\displaystyle\int_a^b f''(\xi_1)\left(x - \frac{a+b}{2}\right)^2\mathrm{d}x}{\displaystyle\int_a^b \left(x - \frac{a+b}{2}\right)^2\mathrm{d}x} \leqslant M$. 故由介值定理知, 存在 $\xi \in [a,b]$, 使

$$f''(\xi) = \frac{\displaystyle\int_a^b f''(\xi_1)\left(x - \frac{a+b}{2}\right)^2\mathrm{d}x}{\displaystyle\int_a^b \left(x - \frac{a+b}{2}\right)^2\mathrm{d}x} = \frac{\displaystyle\int_a^b f''(\xi_1)\cdot\left(x - \frac{a+b}{2}\right)^2\mathrm{d}x}{\dfrac{1}{12}(b-a)^3},$$

即得证 $\displaystyle\int_a^b f(x)\mathrm{d}x = (b-a)f\left(\frac{a+b}{2}\right) + \frac{1}{24}(b-a)^3 f''(\xi)$.

【证法 2】 令 $F(x) = \displaystyle\int_a^x f(t)\mathrm{d}t$, 将 $F(x)$ 在 $x_0 = \dfrac{a+b}{2}$ 处进行 Taylor 展开, 有

$$F(x) = F(x_0) + F'(x_0)(x - x_0) + \frac{F''(x_0)}{2!}(x - x_0)^2 + \frac{F'''(\xi)}{3!}(x - x_0)^3,$$

其中 ξ 介于 x_0 与 x 之间.

将 $x=b$，$x=a$ 代入上式且相减，得

$$F(b)-F(a)=(b-a)f\left(\frac{a+b}{2}\right)+\frac{1}{24}(b-a)^3\frac{f''(\xi_1)+f''(\xi_2)}{2},$$

其中 $a<\xi_2<\dfrac{a+b}{2}<\xi_1<b$.

不妨设 $f''(\xi_1)\leqslant f''(\xi_2)$，则 $f''(\xi_1)\leqslant\dfrac{f''(\xi_1)+f''(\xi_2)}{2}\leqslant f''(\xi_2)$，由导函数 $f''(x)$ 的达布定理或 $f''(x)$ 的连续性及介值定理知，$\exists\xi\in(\xi_1,\xi_2)$ 或 $(\xi_2,\xi_1)\subset(a,b)$，使 $f''(\xi)=\dfrac{f''(\xi_1)+f''(\xi_2)}{2}$，故

$$\int_a^b f(x)\mathrm{d}x=F(b)-F(a)=(b-a)f\left(\frac{a+b}{2}\right)+\frac{1}{24}(b-a)^3 f''(\xi).$$

【证法 3】　设 k 为使 $\int_a^b f(x)\mathrm{d}x=(b-a)f\left(\dfrac{a+b}{2}\right)+\dfrac{1}{24}(b-a)^3 k$ 成立的实数.

令 $F(x)=\int_a^x f(t)\mathrm{d}t-(x-a)f\left(\dfrac{a+x}{2}\right)-\dfrac{1}{24}(x-a)^3 k$，则 $F(a)=F(b)=0$，故由 Rolle 定理，$\exists\eta\in(a,b)$，使 $F'(\eta)=0$，即

$$f(\eta)-f\left(\frac{a+\eta}{2}\right)-\frac{\eta-a}{2}f'\left(\frac{a+\eta}{2}\right)-\frac{k}{8}(\eta-a)^2=0.$$

又将 $f(\eta)$ 在 $x=\dfrac{a+\eta}{2}$ 处进行 Taylor 展开，有

$$f(\eta)=f\left(\frac{a+\eta}{2}\right)+f'\left(\frac{a+\eta}{2}\right)\frac{\eta-a}{2}+\frac{f''(\xi)}{2!}\left(\frac{\eta-a}{2}\right)^2,$$

其中 $\xi\in\left(\dfrac{a+\eta}{2},\eta\right)\subset(a,b)$.

比较上述两式，得 $k=f''(\xi)$. 故得证.

【证法 4】

$$\int_a^{\frac{a+b}{2}}f(x)\mathrm{d}x=\int_a^{\frac{a+b}{2}}f(x)\mathrm{d}(x-a)=(x-a)f(x)\Big|_a^{\frac{a+b}{2}}-\int_a^{\frac{a+b}{2}}(x-a)f'(x)\mathrm{d}x$$

$$=\frac{b-a}{2}f\left(\frac{a+b}{2}\right)-\int_a^{\frac{a+b}{2}}(x-a)f'(x)\mathrm{d}x,$$

$$\int_a^{\frac{a+b}{2}}(x-a)f'(x)\mathrm{d}x = \int_a^{\frac{a+b}{2}}(x-a)f'(x)\mathrm{d}(x-a)$$

$$= (x-a)^2 f'(x)\Big|_a^{\frac{a+b}{2}} - \int_a^{\frac{a+b}{2}}(x-a)\big[f'(x)+(x-a)f''(x)\big]\mathrm{d}x$$

$$= \frac{(b-a)^2}{4}f'\Big(\frac{a+b}{2}\Big) - \int_a^{\frac{a+b}{2}}(x-a)f'(x)\mathrm{d}x$$

$$- \int_a^{\frac{a+b}{2}}(x-a)^2 f''(x)\mathrm{d}x$$

$$= \frac{1}{8}(b-a)^2 f'\Big(\frac{a+b}{2}\Big) - \frac{1}{2}\int_a^{\frac{a+b}{2}}(x-a)^2 f''(x)\mathrm{d}x$$

$$= \frac{(b-a)^2}{8}f'\Big(\frac{a+b}{2}\Big) - \frac{1}{2}f''(\xi_1)\frac{(b-a)^3}{24} \quad \Big(\text{其中}\xi_1\in\Big(a,\frac{a+b}{2}\Big)\Big),$$

类似地,

$$\int_{\frac{a+b}{2}}^b f(x)\mathrm{d}x = \int_{\frac{a+b}{2}}^b f(x)\mathrm{d}(x-b) = \frac{b-a}{2}f\Big(\frac{a+b}{2}\Big) - \int_{\frac{a+b}{2}}^b(x-b)f'(x)\mathrm{d}x,$$

$$\int_{\frac{a+b}{2}}^b(x-b)f'(x)\mathrm{d}x = \int_{\frac{a+b}{2}}^b(x-b)f'(x)\mathrm{d}(x-b)$$

$$= (x-b)^2 f'(x)\Big|_{\frac{a+b}{2}}^b - \int_{\frac{a+b}{2}}^b(x-b)\big[f'(x)+(x-b)f''(x)\big]\mathrm{d}x$$

$$= -\frac{(b-a)^2}{8}f'\Big(\frac{a+b}{2}\Big) - \frac{1}{2}\int_{\frac{a+b}{2}}^b(x-b)^2 f''(x)\mathrm{d}x$$

$$= -\frac{(b-a)^2}{8}f'\Big(\frac{a+b}{2}\Big) - \frac{1}{2}f''(\xi_2)\frac{(b-a)^3}{24} \quad \Big(\text{其中}\xi_2\in\Big(\frac{a+b}{2},b\Big)\Big).$$

将上述式子代入 $\int_a^b f(x)\mathrm{d}x = \int_a^{\frac{a+b}{2}}f(x)\mathrm{d}x + \int_{\frac{a+b}{2}}^b f(x)\mathrm{d}x$ 中, 得

$$\int_a^b f(x)\mathrm{d}x = (b-a)f\Big(\frac{a+b}{2}\Big) + \frac{f''(\xi_1)+f''(\xi_2)}{2}\cdot\frac{(b-a)^3}{24}.$$

而由导函数 $f''(x)$ 的达布定理知, 存在 $\xi\in(\xi_1,\xi_2)\subset(a,b)$, 使

$$f''(\xi) = \frac{f''(\xi_1)+f''(\xi_2)}{2},$$

故得证 $\displaystyle\int_a^b f(x)\mathrm{d}x = (b-a)f\left(\dfrac{a+b}{2}\right) + \dfrac{1}{24}(b-a)^3 f''(\xi)$.

⚡ **特别提示**   证法 1、证法 2 和证法 4 都用到了函数 $f(x)$ 在 $[a,b]$ 上具有二阶连续导数这一条件. 若仅已知函数 $f(x)$ 在 $[a,b]$ 上二阶可导, 则结论也成立. 此时可用证法 3.

♻ **类题训练**

1. 设函数 $f(x)$ 在 $[0,2]$ 上二阶连续可导, 证明存在一点 $\xi \in (0,2)$, 使

$$\int_0^2 f(x)\mathrm{d}x = 2f(1) + \frac{1}{3}f''(\xi).$$

2. 设函数 $f(x)$ 在 $[a,b]$ 上具有二阶连续导数, 证明存在一点 $\xi \in (a,b)$, 使得

$$\int_a^b f(x)\mathrm{d}x = \frac{b-a}{2}\big(f(a)+f(b)\big) - \frac{1}{12}f''(\xi)(b-a)^3.$$

3. 设函数 $f(x)$ 在 $[a,b]$ 上具有四阶连续导数, 证明存在一点 $\xi \in (a,b)$, 使得

$$\int_a^b f(x)\mathrm{d}x = \frac{b-a}{6}\left[f(a)+4f\left(\frac{a+b}{2}\right)+f(b)\right] - \frac{(b-a)^5}{2880}f^{(4)}(\xi).$$

4. 设函数 $f(x)$ 在 $[0,1]$ 上具有连续导数, 且 $f(0)+f(1)=0$, 证明

$$\left|\int_0^1 f(x)\mathrm{d}x\right| \leqslant \frac{1}{2}\int_0^1 \left|f'(x)\right|\mathrm{d}x.$$

📖 **典型例题**

25   证明不存在同时满足下列条件的函数 $f(x)$: (1) $f(x)$ 在 $[0,1]$ 上连续且非负; (2) $\displaystyle\int_0^1 f(x)\mathrm{d}x = 1$; (3) $\exists \alpha \in \mathbf{R}$, 使 $\displaystyle\int_0^1 xf(x)\mathrm{d}x = \alpha$, $\displaystyle\int_0^1 x^2 f(x)\mathrm{d}x = \alpha^2$.

【证法 1】   反证法. 假设存在同时满足题中三个条件的函数 $f(x)$, 则由 $\displaystyle\int_0^1 f(x)\mathrm{d}x = 1$ 知 $f(x) \not\equiv 0$, $\forall x \in [0,1]$. 又因为 $f(x) \geqslant 0$, $\forall \alpha \in \mathbf{R}$, $\forall x \in [0,1]$, $(x-\alpha)^2 \cdot f(x) \geqslant 0$ 但不恒为 0, 所以

$$0 < \int_0^1 (x-\alpha)^2 f(x)\mathrm{d}x = \int_0^1 x^2 f(x)\mathrm{d}x - 2\alpha\int_0^1 xf(x)\mathrm{d}x + \alpha^2\int_0^1 f(x)\mathrm{d}x$$
$$= \alpha^2 - 2\alpha\cdot\alpha + \alpha^2 = 0,$$

矛盾. 故假设不成立, 即不存在同时满足题中三个条件的函数 $f(x)$.

【证法 2】   反证法. 假设存在同时满足题中三个条件的函数 $f(x)$, 则由

Cauchy-Schwarz 不等式, 得

$$\left[\int_0^1 xf(x)\mathrm{d}x\right]^2 \leqslant \int_0^1 \left(x\sqrt{f(x)}\right)^2 \mathrm{d}x \int_0^1 \left(\sqrt{f(x)}\right)^2 \mathrm{d}x = \int_0^1 x^2 f(x)\mathrm{d}x \int_0^1 f(x)\mathrm{d}x,$$

其中等号当且仅当 $x\sqrt{f(x)}$ 与 $\sqrt{f(x)}$ 线性相关时成立. 又 $\left(\int_0^1 xf(x)\mathrm{d}x\right)^2 = \alpha^2$,

$\int_0^1 x^2 f(x)\mathrm{d}x \int_0^1 f(x)\mathrm{d}x = \alpha^2 \cdot 1 = \alpha^2$. 所以有 $\left(\int_0^1 xf(x)\mathrm{d}x\right)^2 = \int_0^1 x^2 f(x)\mathrm{d}x \int_0^1 f(x)\mathrm{d}x$,

从而知 $\exists \mu \in \mathbf{R}$, 有 $x\sqrt{f(x)} = \mu\sqrt{f(x)}$, 即得 $x = \mu$ 或 $f(x) = 0$, 亦即当 $x \in [0,1]\backslash\{\mu\}$ 时, $f(x) = 0$. 由 $f(x)$ 的连续性知, $f(x) = 0$, $x \in [0,1]$. 这与 $\int_0^1 f(x)\mathrm{d}x = 1$ 矛盾. 故假设不成立, 即不存在同时满足题中三个条件的函数 $f(x)$.

✳ 特别提示　该类问题通常用反证法证明.

♻ 类题训练

1. 设函数 $f(x)$ 在 $[0,1]$ 上连续, 且 $\int_0^1 f(x)\mathrm{d}x = 0$, $\int_0^1 xf(x)\mathrm{d}x = 1$, 证明(1)存在 $x_0 \in [0,1]$, 使 $|f(x_0)| > 4$; (2)存在 $x_1 \in [0,1]$, 使 $|f(x_1)| = 4$. (2015 年全国大学生数学竞赛预赛(非数学类)试题)

2. 证明不存在在 $[0,2]$ 上连续可导且满足条件 $f(0) = f(2) = 1$, $|f'(x)| \leqslant 1$, $\left|\int_0^2 f(x)\mathrm{d}x\right| \geqslant 1$ 的函数 $f(x)$.

3. 设函数 $f(x)$ 在 $[0,\pi]$ 上可积, 证明积分不等式 $\int_0^\pi \left(f(x) - \sin x\right)^2 \mathrm{d}x \leqslant \dfrac{3}{4}$, $\int_0^\pi \left(f(x) - \cos x\right)^2 \mathrm{d}x \leqslant \dfrac{3}{4}$ 不能同时成立.

4. 证明对任意连续函数 $f(x)$, 都有 $\max\left(\int_{-1}^1 \left|x - \sin^2 x - f(x)\right|\mathrm{d}x,\right.$ $\left.\int_{-1}^1 \left|\cos^2 x - f(x)\right|\mathrm{d}x\right) \geqslant 1$. (2005 年浙江省高等数学竞赛题)

5. 设函数 $f(x)$ 在 $[a,b]$ 上连续, 在 (a,b) 内可导, 且 $f(a) = 0$, $f(x) > 0$, $x \in (a,b)$, 证明不存在 $M > 0$, 使 $0 \leqslant f'(x) \leqslant Mf(x)$, $x \in (a,b)$.

6. 设函数 $f(x)$ 在 $[0,2]$ 上连续, 且 $\int_0^2 f(x)\mathrm{d}x = 0$, $\int_0^2 xf(x)\mathrm{d}x = a > 0$, 证明

存在 $\xi\in[0,2]$，使得 $\left|f(\xi)\right|\geqslant a$．

📖 **典型例题**

26　设函数 $f(x)$ 在 $[a,b]$ 上有三阶连续的导数，证明至少存在一点 $\eta\in(a,b)$，

使 $\displaystyle\int_a^b f(x)\mathrm{d}x=\frac{b-a}{4}\left[f(a)+3f\left(\frac{a+2b}{3}\right)\right]+\frac{(b-a)^4}{216}f'''(\eta)$．

【证法 1】　利用待定常数法

令 k 为使 $\displaystyle\int_a^b f(x)\mathrm{d}x=\frac{b-a}{4}\left[f(a)+3f\left(\frac{a+2b}{3}\right)\right]+\frac{(b-a)^4}{216}k$ 成立的实常数．要

证结论成立，只需证 $k=f'''(\eta)$．为此，将上式右端移到左端，并将 b 改写为 x，构
作辅助函数

$$F(x)=\int_a^x f(t)\mathrm{d}t-\frac{x-a}{4}\left[f(a)+3f\left(\frac{a+2x}{3}\right)\right]-\frac{(x-a)^4}{216}k,\quad x\in[a,b],$$

则 $F(a)=F(b)=0$，$F(x)$ 在 $[a,b]$ 上连续且可导，故由 Rolle 定理知，$\exists\xi_1\in(a,b)$，
使得 $F'(\xi_1)=0$．

又由 $F'(x)=f(x)-\dfrac{1}{4}\left[f(a)+3f\left(\dfrac{a+2x}{3}\right)\right]-\dfrac{(x-a)}{2}f'\left(\dfrac{a+2x}{3}\right)-\dfrac{(x-a)^3}{54}k$，得
$F'(a)=F'(\xi_1)=0$，故对 $F'(x)$ 在 $[a,\xi_1]$ 上用 Rolle 定理，得 $\exists\xi\in(a,\xi_1)\subset(a,b)$，
使得 $F''(\xi)=0$，即

$$F''(\xi)=f'(\xi)-f'\left(\frac{a+2\xi}{3}\right)-\frac{\xi-a}{3}f''\left(\frac{a+2\xi}{3}\right)-\frac{(\xi-a)^2}{18}k=0．$$

再将 $f'(\xi)$ 在 $x=\dfrac{a+2\xi}{3}$ 处进行 Taylor 展开，有

$$f'(\xi)=f'\left(\frac{a+2\xi}{3}\right)+f''\left(\frac{a+2\xi}{3}\right)\left(\xi-\frac{a+2\xi}{3}\right)+\frac{f'''(\eta)}{2!}\left(\xi-\frac{a+2\xi}{3}\right)^2,$$

即 $f'(\xi)-f'\left(\dfrac{a+2\xi}{3}\right)-\dfrac{\xi-a}{3}f''\left(\dfrac{a+2\xi}{3}\right)-\dfrac{(\xi-a)^2}{18}f'''(n)=0$，

其中 $\eta\in\left(\dfrac{a+2\xi}{3},\xi\right)\subset(a,b)$．

比较上述两式，即得 $k=f'''(\eta)$．故得证．

【证法 2】　考虑数值求积公式 $\displaystyle\int_a^b f(x)\mathrm{d}x\approx\frac{b-a}{4}\left[f(a)+3f\left(\frac{a+2b}{3}\right)\right]$，易于

验证其代数精度为 2. 作 2 次多项式 $H(x)$，使满足

$$H(a) = f(a), \quad H\left(\frac{a+2b}{3}\right) = f\left(\frac{a+2b}{3}\right), \quad H'\left(\frac{a+2b}{3}\right) = f'\left(\frac{a+2b}{3}\right),$$

则有 $f(x) - H(x) = \frac{1}{3!} f'''(\xi_x)(x-a)\left(x - \frac{a+2b}{3}\right)^2$. 于是余项

$$R[f] = \int_a^b f(x)\mathrm{d}x - \frac{b-a}{4}\left[f(a) + 3f\left(\frac{a+2b}{3}\right)\right]$$

$$= \int_a^b f(x)\mathrm{d}x - \frac{b-a}{4}\left[H(a) + 3H\left(\frac{a+2b}{3}\right)\right]$$

$$= \int_a^b f(x)\mathrm{d}x - \int_a^b H(x)\mathrm{d}x = \int_a^b \frac{1}{3!} f'''(\xi_x)(x-a)\left(x - \frac{a+2b}{3}\right)^2 \mathrm{d}x$$

$$= \frac{1}{3!} f'''(\eta)\int_a^b (x-a)\left(x - \frac{a+2b}{3}\right)^2 \mathrm{d}x = \frac{1}{216} f'''(\eta)(b-a)^4.$$

其中 $\eta \in (a, b)$. 得证.

【证法 3】 考虑数值求积公式 $\int_a^b f(x)\mathrm{d}x \approx \frac{b-a}{4}\left[f(a) + 3f\left(\frac{a+2b}{3}\right)\right]$，易于

验证其代数精度为 2. 故可令其余项为

$$R[f] = \int_a^b f(x)\mathrm{d}x - \frac{b-a}{4}\left[f(a) + 3f\left(\frac{a+2b}{3}\right)\right] = k f'''(\eta),$$

其中 k 为不依赖于 $f(x)$ 及 a, b 的常数，$\eta \in (a, b)$.

取 $f(x) = x^3$，则得

$$k = \frac{\int_a^b x^3 \mathrm{d}x - \frac{b-a}{4}\left[a^3 + 3\left(\frac{a+2b}{3}\right)^3\right]}{3!} = \frac{(b-a)^4}{216}.$$

从而有

$$\int_a^b f(x)\mathrm{d}x = \frac{b-a}{4}\left[f(a) + 3f\left(\frac{a+2b}{3}\right)\right] + \frac{(b-a)^4}{216} f'''(\eta).$$

※ 特别提示

[1] 证法 2 中用到了 Hermite 插值理论及数值求积公式代数精度的概念；证法 3 中用到了数值求积公式代数精度及余项表达式的结论. 有关内容可参看数值分析书籍.

[2] 分析证法 2 中多项式 $H(x)$ 的构作方法, 探究 $H(x)$ 的构造思想.

[3] 特别地, 设函数 $f(x)$ 在 $[0,1]$ 上有三阶连续导数, 则(i)在 $(0,1)$ 内至少存在一点 ξ, 使 $\int_0^1 f(x)\mathrm{d}x = \dfrac{1}{4}\left[f(0)+3f\left(\dfrac{2}{3}\right)\right]+\dfrac{1}{216}f'''(\xi)$; (ii)在 $(0,1)$ 内至少存在一点 η, 使 $\int_0^1 f(x)\mathrm{d}x = \dfrac{3}{4}f\left(\dfrac{1}{3}\right)+\dfrac{1}{4}f(1)-\dfrac{1}{216}f'''(\eta)$.

类题训练

1. 设函数 $f(x)$ 在 $[a,b]$ 上有三阶连续的导数, 证明至少存在一点 $\xi\in(a,b)$, 使得
$$\int_a^b f(x)\mathrm{d}x = \frac{b-a}{4}\left[3f\left(\frac{2a+b}{3}\right)+f(b)\right]-\frac{(b-a)^4}{216}f'''(\xi).$$

2. 设函数 $f(x)$ 在 $[a,b]$ 上二阶可导, 证明至少存在一点 $\xi\in(a,b)$, 使得
$$\int_a^b f(x)\mathrm{d}x = f(b)(b-a)-f'(b)\frac{(b-a)^2}{2}+\frac{1}{6}(b-a)^3 f''(\xi).$$

典型例题

27 设函数 $f(x)$ 在 $[a,b]$ 上有连续的导数, 证明
$$\max_{x\in[a,b]}|f(x)| \leqslant \left|\frac{1}{b-a}\int_a^b f(x)\mathrm{d}x\right|+\int_a^b |f'(x)|\mathrm{d}x.$$ (2008 年江苏省高等数学竞赛试题)

【证法 1】 由题设及积分中值定理知, 存在 $\xi\in(a,b)$, 使 $f(\xi)=\dfrac{1}{b-a}\int_a^b f(x)\mathrm{d}x$. 又由 $|f(x)|$ 在 $[a,b]$ 上连续, 所以 $|f(x)|$ 在 $[a,b]$ 上有最大值, 即存在 $x_0\in[a,b]$, 使 $\max\limits_{x\in[a,b]}|f(x)|=|f(x_0)|=\left|\int_\xi^{x_0}f'(t)\mathrm{d}t+f(\xi)\right|\leqslant\int_\xi^{x_0}|f'(t)|\mathrm{d}t+|f(\xi)|\leqslant\int_a^b|f'(x)|\mathrm{d}x+\left|\dfrac{1}{b-a}\int_a^b f(x)\mathrm{d}x\right|$. 这里假设 $\xi<x_0$, 否则上式中 $\int_\xi^{x_0}|f'(t)|\mathrm{d}t$ 须写为 $\int_{x_0}^\xi|f'(t)|\mathrm{d}t$.

【证法 2】 由题设知, $f(x)$ 在 $[a,b]$ 上连续, 所以 $|f(x)|$ 在 $[a,b]$ 上连续, 于是由最值原理知 $|f(x)|$ 在 $[a,b]$ 上有最大值和最小值, 即存在 ξ, $\eta\in[a,b]$, 使 $|f(\xi)|=\max\limits_{x\in[a,b]}|f(x)|$, $|f(\eta)|=\min\limits_{x\in[a,b]}|f(x)|$. 从而有
$$\max_{x\in[a,b]}|f(x)|-\min_{x\in[a,b]}|f(x)|=|f(\xi)|-|f(\eta)|\leqslant|f(\xi)-f(\eta)|=\left|\int_\eta^\xi f'(x)\mathrm{d}x\right|\leqslant\int_a^b|f'(x)|\mathrm{d}x.$$

又将 $|f(x)|$ 在 $[a,b]$ 上由积分中值定理知, 存在 $\varsigma \in (a,b)$, 使 $f(\varsigma) = \dfrac{1}{b-a}\displaystyle\int_a^b f(x)\mathrm{d}x$.

由此得 $\displaystyle\min_{x\in[a,b]}|f(x)| \leqslant |f(\varsigma)| = \left|\dfrac{1}{b-a}\displaystyle\int_a^b f(x)\mathrm{d}x\right|$. 故

$$\max_{x\in[a,b]}|f(x)| = \min_{x\in[a,b]}|f(x)| + \left(\max_{x\in[a,b]}|f(x)| - \min_{x\in[a,b]}|f(x)|\right)$$

$$\leqslant \left|\dfrac{1}{b-a}\displaystyle\int_a^b f(x)\mathrm{d}x\right| + \displaystyle\int_a^b |f'(x)|\mathrm{d}x.$$

【证法 3】 由题设, $f(x)$ 在 $[a,b]$ 上连续, 故 $f(x)$ 在 $[a,b]$ 上取到最大值 M 和最小值 m, 即存在 $x_1, x_2 \in [a,b]$, 使得 $f(x_1) = m$, $f(x_2) = M$.

下面, 我们分几种情形加以讨论:

(1) 当 $m \cdot M \geqslant 0$, 且 $M \geqslant 0$ 时, 则有 $m \geqslant 0$, 此时 $f(x) \geqslant 0$, 且 $\displaystyle\max_{x\in[a,b]}|f(x)| = M =$

$f(x_2) = |f(x_2)|$. 由积分中值定理, 存在 $\xi \in (a,b)$, 使得 $f(\xi) = \dfrac{1}{b-a}\displaystyle\int_a^b f(x)\mathrm{d}x$. 因

为 $0 \leqslant m = f(x_1) \leqslant f(\xi)$, 所以 $|f(x_1)| \leqslant |f(\xi)| = \left|\dfrac{1}{b-a}\displaystyle\int_a^b f(x)\mathrm{d}x\right|$. 不妨设 $x_1 < x_2$, 则

$$\max_{x\in[a,b]}|f(x)| = |f(x_2)| = \left|f(x_1) + \displaystyle\int_{x_1}^{x_2} f'(x)\mathrm{d}x\right| \leqslant |f(x_1)| + \left|\displaystyle\int_{x_1}^{x_2} f'(x)\mathrm{d}x\right|$$

$$\leqslant |f(x_1)| + \displaystyle\int_{x_1}^{x_2} |f'(x)|\mathrm{d}x \leqslant \left|\dfrac{1}{b-a}\displaystyle\int_a^b f(x)\mathrm{d}x\right| + \displaystyle\int_a^b |f'(x)|\mathrm{d}x.$$

(2) 当 $m \cdot M \geqslant 0$, 且 $M \leqslant 0$ 时, 则有 $m \leqslant 0$, 此时 $f(x) \leqslant 0$, 且 $\displaystyle\max_{x\in[a,b]}|f(x)| =$

$-m = |m| = |f(x_1)|$. 又因为 $0 \geqslant M = f(x_2) \geqslant f(\xi) = \dfrac{1}{b-a}\displaystyle\int_a^b f(x)\mathrm{d}x$, 所以 $|f(x_2)| \leqslant$

$\left|\dfrac{1}{b-a}\displaystyle\int_a^b f(x)\mathrm{d}x\right|$.

不妨设 $x_1 < x_2$, 则

$$\max_{x\in[a,b]}|f(x)| = |f(x_1)| = \left|f(x_2) + \displaystyle\int_{x_1}^{x_2} f'(x)\mathrm{d}x\right| \leqslant |f(x_2)| + \left|\displaystyle\int_{x2}^{x_1} f'(x)\mathrm{d}x\right|$$

$$\leqslant \left|\dfrac{1}{b-a}\displaystyle\int_a^b f(x)\mathrm{d}x\right| + \displaystyle\int_a^b |f'(x)|\mathrm{d}x.$$

(3) 当 $m \cdot M < 0$ 时, 则有 $M > 0$, $m < 0$. 此时 $\displaystyle\max_{x\in[a,b]}|f(x)| = \max(M, |m|)$, 且

必存在 $a < c < b$, 使得 $f(c) = 0$.

(i) 若 $\displaystyle\max_{x\in[a,b]}|f(x)| = M$, 不妨设 $c < x_2$ ($c > x_2$ 时同样地证明), 则

$$\max_{x\in[a,b]}\left|f(x)\right|=M=\left|f(x_2)\right|=\left|f(c)+\int_c^{x_2}f'(x)\mathrm{d}x\right|\leqslant\left|f(c)\right|+\left|\int_c^{x_2}f'(x)\mathrm{d}x\right|$$

$$\leqslant\int_c^{x_2}\left|f'(x)\right|\mathrm{d}x\leqslant\int_a^b\left|f'(x)\right|\mathrm{d}x+\left|\frac{1}{b-a}\int_a^bf(x)\mathrm{d}x\right|.$$

(ii) 若 $\max\limits_{x\in[a,b]}\left|f(x)\right|=\left|m\right|=\left|f(x_1)\right|$，对上述使得 $f(c)=0$ 的点 c，不妨设 $c<x_1$（$c>x_1$ 时同样地证明)，则

$$\max_{x\in[a,b]}\left|f(x)\right|=\left|f(x_1)\right|=\left|f(c)+\int_c^{x_1}f'(x)\mathrm{d}x\right|\leqslant\left|f(c)\right|+\left|\int_c^{x_1}f'(x)\mathrm{d}x\right|$$

$$\leqslant\int_c^{x_1}\left|f'(x)\right|\mathrm{d}x\leqslant\int_a^b\left|f'(x)\right|\mathrm{d}x+\left|\frac{1}{b-a}\int_a^bf(x)\mathrm{d}x\right|.$$

综上所述，即得证.

特别提示　以上证明中主要用到了积分中值定理及闭区间上连续函数的最值原理, 此外还用到 Cauchy-Schwarz 公式: $\forall x\in[a,b]$, $f(x)-f(\xi)=\int_\xi^x f'(t)\mathrm{d}t$.

类题训练

1. 设函数 $f(x)$ 在 $[0,1]$ 上有连续的导数, 证明

(i) $\forall x\in[0,1]$, 有 $\left|f(x)\right|\leqslant\int_0^1\left(\left|f(t)\right|+\left|f'(t)\right|\right)\mathrm{d}t$;

(ii) $\left|f\left(\dfrac{1}{2}\right)\right|\leqslant\int_0^1\left(\left|f(x)\right|+\dfrac{1}{2}\left|f'(x)\right|\right)\mathrm{d}x$.

2. 设函数 $f'(x)$ 在 $[0,1]$ 上连续, 证明

$$\int_0^1\left|f(x)\right|\mathrm{d}x\leqslant\max\left\{\int_0^1\left|f'(x)\right|\mathrm{d}x,\ \left|\int_0^1 f(x)\mathrm{d}x\right|\right\}.$$

3. 设函数 $f(x)$ 在 $[0,1]$ 上变号, 且有连续导数, 证明 $\max\limits_{x\in[a,b]}f(x)\geqslant$ $-\int_0^1\left|f'(x)\right|\mathrm{d}x$.

4. 设函数 $f(x)$ 在 $[0,1]$ 上具有二阶连续导数, 证明 (1) 对于 $x\in[0,1]$, 有 $\left|f(x)\right|\leqslant\int_0^1\left(\left|f(t)\right|+\left|f'(t)\right|\right)\mathrm{d}t$; (2) 对任意的 $\xi\in\left(0,\dfrac{1}{3}\right)$, $\eta\in\left(\dfrac{2}{3},1\right)$, 有 $\left|f'(x)\right|\leqslant$ $3\left|f(\xi)-f(\eta)\right|+\int_0^1\left|f''(x)\right|\mathrm{d}x$.

📖 **典型例题**

28 设函数 $f(x)$ 在 $[0,1]$ 上可导，$f(0)=0$，且当 $x\in[0,1]$ 时，有 $0<f'(x)\leqslant 1$，证明 $\left(\int_0^1 f(x)\mathrm{d}x\right)^2\geqslant\int_0^1 f^3(x)\mathrm{d}x$.（第 34 届 Putnam 数学竞赛题）

【证法 1】 要证结论，只需证明 $\left(\int_0^1 f(x)\mathrm{d}x\right)^2-\int_0^1 f^3(x)\mathrm{d}x\geqslant 0$.

为此，令 $F(x)=\left(\int_0^x f(t)\mathrm{d}t\right)^2-\int_0^x f^3(t)\mathrm{d}t$，$x\in[0,1]$，则 $F(0)=0$，且 $F'(x)=f(x)\cdot\left[2\int_0^x f(t)\mathrm{d}t-f^2(x)\right]$，故只需证当 $x\in[0,1]$ 时，$F'(x)\geqslant 0$ 即可. 又由题设 $f(0)=0$，且 $0<f'(x)\leqslant 1$ $(x\in[0,1])$，所以当 $x\in[0,1]$ 时，$f(x)\geqslant f(0)=0$.

而因为 $F'(x)$ 的符号不易直接确定，故再令 $g(x)=2\int_0^x f(t)\mathrm{d}t-f^2(x)$，则 $g'(x)=2f(x)\cdot\left(1-f'(x)\right)\geqslant 0$ $(x\in[0,1])$，于是当 $x\in[0,1]$ 时，$g(x)\geqslant g(0)=0$，从而 $F'(x)\geqslant 0$ $(x\in[0,1])$，故当 $x\in[0,1]$ 时，$F(x)\geqslant F(0)=0$，因而 $F(1)\geqslant 0$，即得 $\left(\int_0^1 f(x)\mathrm{d}x\right)^2\geqslant\int_0^1 f^3(x)\mathrm{d}x$.

【证法 2】 因为当 $x\in[0,1]$ 时，$0<f'(x)\leqslant 1$，且 $f(0)=0$，所以当 $x\in(0,1)$ 时，$f(x)>0$，于是 $\int_0^1 f^3(x)\mathrm{d}x>0$. 故要证结论成立，只需证明 $\dfrac{\left(\int_0^1 f(x)\mathrm{d}x\right)^2}{\int_0^1 f^3(x)\mathrm{d}x}\geqslant 1$. 为此，令 $F(x)=\left(\int_0^x f(t)\mathrm{d}t\right)^2$，$G(x)=\int_0^x f^3(t)\mathrm{d}t$，则由 Cauchy 中值定理，有

$$\frac{\left(\int_0^1 f(x)\mathrm{d}x\right)^2}{\int_0^1 f^3(x)\mathrm{d}x}=\frac{F(1)-F(0)}{G(1)-G(0)}=\frac{F'(\xi)}{G'(\xi)}=\frac{2\int_0^\xi f(t)\mathrm{d}t}{f^2(\xi)}$$

再令 $F_1(x)=2\int_0^x f(t)\mathrm{d}t$，$G_1(x)=f^2(x)$，由 Cauchy 中值定理，有

$$\text{上式}=\frac{2\int_0^\xi f(t)\mathrm{d}t-2\int_0^0 f(t)\mathrm{d}t}{f^2(\xi)-f^2(0)}=\frac{1}{f'(\eta)},$$

其中 $0<\xi<1$，$0<\eta<\xi$.

而由 $f(\eta)>0$，$0<f'(\eta)\le 1$，即得 $\dfrac{\left(\int_0^1 f(x)\mathrm{d}x\right)^2}{\int_0^1 f^3(x)\mathrm{d}x}\ge 1$．故得证．

【证法3】　因为 $f(0)=0$，且当 $x\in[0,1]$ 时，有 $0<f'(x)\le 1$，所以当 $x\in(0,1)$ 时，$f(x)>f(0)=0$．又

$$\int_0^1 f^3(x)\mathrm{d}x=\int_0^1 f(x)f^2(x)\mathrm{d}x,\ f^2(x)=\int_0^x \mathrm{d}\left(f^2(t)\right)=2\int_0^x f(t)f'(t)\mathrm{d}t\le 2\int_0^x f(t)\mathrm{d}t,$$

于是 $\int_0^1 f^3(x)\mathrm{d}x\le\int_0^1 f(x)\cdot\left(2\int_0^x f(t)\mathrm{d}t\right)\mathrm{d}x=2\int_0^1 \mathrm{d}x\int_0^x f(x)f(t)\mathrm{d}t$．

再由二重积分的对称性，得 $\int_0^1 \mathrm{d}x\int_0^x f(x)f(t)\mathrm{d}t=\int_0^1 \mathrm{d}t\int_0^t f(t)f(x)\mathrm{d}x$，从而

$$2\int_0^1 \mathrm{d}x\int_0^x f(x)f(t)\mathrm{d}t=\iint\limits_D f(x)f(t)\mathrm{d}x\mathrm{d}t=\int_0^1 \mathrm{d}x\int_0^1 f(x)f(t)\mathrm{d}t=\int_0^1 f(x)\mathrm{d}x\int_0^1 f(t)\mathrm{d}t,$$

其中 $D=\{(x,t)|0\le x\le 1,0\le t\le 1\}$．故 $\int_0^1 f^3(x)\mathrm{d}x\le\int_0^1 f(x)\mathrm{d}x\int_0^1 f(t)\mathrm{d}t=\left(\int_0^1 f(x)\mathrm{d}x\right)^2$．

【证法4】　设 $f(1)=c$，由已知当 $x\in[0,1]$ 时，$0<f'(x)\le 1$，且 $f(0)=0$，所以 $c>0$，$f(x)$ 存在反函数 $x=g(y)$，且当 $y\in[0,c]$ 时，有 $g'(y)=\dfrac{1}{f'(x)}\ge 1$．

记 $A=\left(\int_0^1 f(x)\mathrm{d}x\right)^2$，$B=\int_0^1 f^3(x)\mathrm{d}x$，作换元变换 $x=g(y)$，则

$$A=\left(\int_0^1 f(x)\mathrm{d}x\right)^2=\left(\int_0^c yg'(y)\mathrm{d}y\right)^2=\int_0^c\int_0^c yg'(y)\cdot zg'(z)\mathrm{d}y\mathrm{d}z$$
$$=2\int_0^c \mathrm{d}z\int_0^z yg'(y)\cdot zg'(z)\mathrm{d}y．$$

而由于 $g'(y)\ge 1$，故 $A\ge\int_0^c zg'(z)\cdot\left(\int_0^z 2y\mathrm{d}y\right)\mathrm{d}z=\int_0^c z^3 g'(z)\mathrm{d}z=B$．即得证．

特别提示　若条件"当 $x\in[0,1]$ 时，有 $0<f'(x)\le 1$"改为"当 $x\in[0,1]$ 时，有 $f'(x)\ge 1$"，而其他条件不变，则结论中不等号反向成立．

推广到一般区间情形，设函数 $f(x)$ 在 $[a,b]$ 上可导，$f(a)=0$，则(i)当 $x\in[a,b]$，满足 $0<f'(x)\le 1$时，有 $\left(\int_a^b f(x)\mathrm{d}x\right)^2\ge\int_a^b f^3(x)\mathrm{d}x$；(ii)当 $x\in[a,b]$，满足 $f'(x)\ge 1$时，不等号反向成立．　等号当且仅当 $f(x)\equiv x$ 或 0 时成立．

♻ **类题训练**

1. 设 $f(x)$ 在 $[0,1]$ 上可导，$f(0)=0$，且当 $x \in (0,1)$ 时，$0 < f'(x) < 1$，证明当 $a \in (0,1)$ 时，有 $\left(\int_0^a f(x)\mathrm{d}x\right)^2 > \int_0^a f^3(x)\mathrm{d}x$. (2016 年第八届全国大学生数学竞赛预赛(非数学类)试题)

2. 设 $f(x)$ 在 $[0,1]$ 上可导，$f(0)=0$，且当 $x \in [0,1]$ 时，有 $f'(x) \geqslant 1$，证明 $\left(\int_0^1 f(x)\mathrm{d}x\right)^3 \leqslant \frac{3}{4}\int_0^1 f^5(x)\mathrm{d}x$，等号仅当 $f(x) \equiv x$ 或 0 时成立.

3. 设函数 $f(x)$ 在 $[0,+\infty)$ 上可导，且 $f(a)=0$，$0 < f'(x) \leqslant \lambda$ （$\lambda > 0$ 为常数），则对任意的实数 $a > 0$ 及 $m > 1$，有 $\left(\int_0^a f(x)\mathrm{d}x\right)^m \geqslant \frac{m}{(2\lambda)^{m-1}}\int_0^a [f(x)]^{2m-1}\mathrm{d}x$.

📖 **典型例题**

29 证明 $\int_0^1 \frac{\sin x}{\sqrt{1-x^2}}\mathrm{d}x < \int_0^1 \frac{\cos x}{\sqrt{1-x^2}}\mathrm{d}x$. (1977 年苏联大学生数学竞赛题)

【证法 1】 容易证明瑕积分 $\int_0^1 \frac{\cos x}{\sqrt{1-x^2}}\mathrm{d}x$ 与 $\int_0^1 \frac{\sin x}{\sqrt{1-x^2}}\mathrm{d}x$ 收敛(参见特别提示).

对于 $\int_0^1 \frac{\sin x}{\sqrt{1-x^2}}\mathrm{d}x$：令 $x = \sin t$，则由 $\sin t < t$ $(t > 0)$ 得

$$\int_0^1 \frac{\sin x}{\sqrt{1-x^2}}\mathrm{d}x = \int_0^{\frac{\pi}{2}} \sin(\sin t)\mathrm{d}t < \int_0^{\frac{\pi}{2}} \sin t\,\mathrm{d}t = 1.$$

而对于 $\int_0^1 \frac{\cos x}{\sqrt{1-x^2}}\mathrm{d}x$：令 $x = \cos u$，则由 $\cos x > 1 - \frac{x^2}{2}$ $(x \neq 0)$ 得

$$\int_0^1 \frac{\cos x}{\sqrt{1-x^2}}\mathrm{d}x = \int_0^{\frac{\pi}{2}} \cos(\cos u)\mathrm{d}u > \int_0^{\frac{\pi}{2}}\left(1 - \frac{\cos^2 u}{2}\right)\mathrm{d}u = \int_0^{\frac{\pi}{2}}\left(1 - \frac{\cos 2u + 1}{4}\right)\mathrm{d}x = \frac{3\pi}{8} > 1.$$

故 $\int_0^1 \frac{\sin x}{\sqrt{1-x^2}}\mathrm{d}x < \int_0^1 \frac{\cos x}{\sqrt{1-x^2}}\mathrm{d}x$.

【证法 2】 令 $t = \arcsin x$，则 $\int_0^1 \frac{\cos x}{\sqrt{1-x^2}}\mathrm{d}x = \int_0^{\frac{\pi}{2}} \cos(\sin t)\mathrm{d}t$.

又令 $u = \arccos x$，则 $\int_0^1 \frac{\sin x}{\sqrt{1-x^2}}\mathrm{d}x = \int_0^{\frac{\pi}{2}} \sin(\cos u)\mathrm{d}u = \int_0^{\frac{\pi}{2}} \sin(\cos t)\mathrm{d}t$.

如此, 要证的不等式化为 $\int_0^{\frac{\pi}{2}}\cos(\sin t)\mathrm{d}t > \int_0^{\frac{\pi}{2}}\sin(\cos t)\mathrm{d}t$. 而这只需证: 当

$t\in\left(0,\dfrac{\pi}{2}\right]$ 时, $\cos(\sin t) > \sin(\cos t)$ 即可. 但由已知: 当 $x\in\left(0,\dfrac{\pi}{2}\right]$ 时, 有 $\sin x < x$,

$\cos x$ 单调减少, 于是有 $\sin(\cos t) < \cos t < \cos(\sin t)$. 两边在 $\left[0,\dfrac{\pi}{2}\right]$ 上积分即得证.

【**证法 3**】 令 $t=\arcsin x$, 则 $\int_0^1\dfrac{\cos x}{\sqrt{1-x^2}}\mathrm{d}x=\int_0^{\frac{\pi}{2}}\cos(\sin t)\mathrm{d}t$.

又令 $u=\arccos x$, 则 $\int_0^1\dfrac{\sin x}{\sqrt{1-x^2}}\mathrm{d}x=\int_0^{\frac{\pi}{2}}\sin(\cos u)\mathrm{d}u=\int_0^{\frac{\pi}{2}}\sin(\cos t)\mathrm{d}t$. 要证的

不等式化为 $\int_0^{\frac{\pi}{2}}\cos(\sin t)\mathrm{d}t > \int_0^{\frac{\pi}{2}}\sin(\cos t)\mathrm{d}t$, 即只要证 $\int_0^{\frac{\pi}{2}}\sin\left(\dfrac{\pi}{2}-\sin t\right)\mathrm{d}t-$

$\int_0^{\frac{\pi}{2}}\sin(\cos t)\mathrm{d}t > 0$, $\int_0^{\frac{\pi}{2}}\left[\sin\left(\dfrac{\pi}{2}-\sin t\right)-\sin(\cos t)\right]\mathrm{d}t > 0$, 亦只要证 $\dfrac{\pi}{2}-\sin t-$

$\cos t > 0$, 即 $\dfrac{\pi}{2}-\sqrt{2}\sin\left(t+\dfrac{\pi}{4}\right) > 0$. 而由 $\dfrac{\pi}{2}>\sqrt{2}$ 知上式显然成立, 故倒推即知

$\int_0^{\frac{\pi}{2}}\cos(\sin t)\mathrm{d}t > \int_0^{\frac{\pi}{2}}\sin(\cos t)\mathrm{d}t$. 故得证.

【**证法 4**】 由 $\cos x$, $\sin x$ 的幂级数展开式, 有

$$\int_0^1\frac{\cos x-\sin x}{\sqrt{1-x^2}}\mathrm{d}x=\int_0^1\frac{1}{\sqrt{1-x^2}}\left[\sum_{n=0}^{\infty}\frac{(-1)^n x^{2n}}{(2n)!}-\sum_{n=0}^{\infty}\frac{(-1)^{n-1}x^{2n-1}}{(2n-1)!}\right]\mathrm{d}x$$

$$=\int_0^1\frac{1}{\sqrt{1-x^2}}\left[1-x-\frac{x^2}{2!}+\left(\frac{x^3}{3!}+\frac{x^4}{4!}-\frac{x^5}{5!}-\frac{x^6}{6!}\right)+\cdots\right.$$

$$\left.+\left(\frac{x^{4n-1}}{(4n-1)!}+\frac{x^{4n}}{(4n)!}-\frac{x^{4n+1}}{(4n+1)!}-\frac{x^{4n+2}}{(4n+2)!}\right)+\cdots\right]\mathrm{d}x$$

$$>\int_0^1\frac{1-x-\dfrac{x^2}{2}}{\sqrt{1-x^2}}\mathrm{d}x\xrightarrow{令x=\sin t}\int_0^{\frac{\pi}{2}}\left(1-\sin t-\frac{1}{2}\sin^2 t\right)\mathrm{d}t$$

$$=\frac{3}{8}\pi-1>0.$$

故 $\int_0^1\dfrac{\cos x}{\sqrt{1-x^2}}\mathrm{d}x > \int_0^1\dfrac{\sin x}{\sqrt{1-x^2}}\mathrm{d}x$.

【证法 5】 $\displaystyle\int_0^1 \frac{\cos x}{\sqrt{1-x^2}}\,dx = \lim_{b\to 1^-}\int_0^b \frac{\cos x}{\sqrt{1-x^2}}\,dx > 1$，$\displaystyle\int_0^1 \frac{\sin x}{\sqrt{1-x^2}}\,dx = \lim_{b\to 1^-}\int_0^b \frac{\sin x}{\sqrt{1-x^2}}$

$dx < 1$.

事实上，因为 $\cos x = 1 - 2\sin^2\dfrac{x}{2} > 1 - \dfrac{x^2}{2} > \sqrt{1-x^2}$ $(0 < x \leqslant b < 1)$，所以

$$\int_0^b \frac{\cos x}{\sqrt{1-x^2}}\,dx > \int_0^b dx = b \quad (0 < b < 1),$$

从而 $\displaystyle\lim_{b\to 1^-}\int_0^b \frac{\cos x}{\sqrt{1-x^2}}\,dx > 1$. 又由 $\sin x < x$ $(x>0)$ 得 $\displaystyle\int_0^1 \frac{\sin x}{\sqrt{1-x^2}}\,dx = \int_0^{\frac{\pi}{2}} \sin(\sin t)\,dt <$

$\displaystyle\int_0^{\frac{\pi}{2}} \sin t\,dt = 1$. 故 $\displaystyle\int_0^1 \frac{\cos x}{\sqrt{1-x^2}}\,dx > \int_0^1 \frac{\sin x}{\sqrt{1-x^2}}\,dx$.

✴ 特别提示 瑕积分 $\displaystyle\int_0^1 \frac{\cos x}{\sqrt{1-x^2}}\,dx$ 与 $\displaystyle\int_0^1 \frac{\sin x}{\sqrt{1-x^2}}\,dx$ 收敛性的证明.

$$\int_0^1 \frac{\cos x}{\sqrt{1-x^2}}\,dx = \lim_{b\to 1^-}\int_0^b \frac{\cos x}{\sqrt{1-x^2}}\,dx \quad (0<b<1). \text{记} f(b) = \int_0^b \frac{\cos x}{\sqrt{1-x^2}}\,dx \quad (0<b<1),$$

则 当 $0 < b_1 < b_2 < 1$ 时， $f(b_2) = \displaystyle\int_0^{b_2}\frac{\cos x}{\sqrt{1-x^2}}\,dx = \int_0^{b_1}\frac{\cos x}{\sqrt{1-x^2}}\,dx + \int_{b_1}^{b_2}\frac{\cos x}{\sqrt{1-x^2}}\,dx >$

$\displaystyle\int_0^{b_1}\frac{\cos x}{\sqrt{1-x^2}}\,dx = f(b_1)$，即 $f(b)$ 在 $(0,1)$ 上单调增加. 又 $f(b) < \displaystyle\int_0^b \frac{dx}{\sqrt{1-x^2}} =$

$\arcsin b \leqslant \dfrac{\pi}{2}$ $(0 < b < 1)$，即 $f(b)$ 在 $(0,1)$ 上 有 上 界，故 $\displaystyle\lim_{b\to 1^-} f(b)$ 存在，即

$\displaystyle\int_0^1 \frac{\cos x}{\sqrt{1-x^2}}\,dx$ 收敛. 同理可证 $\displaystyle\int_0^1 \frac{\sin x}{\sqrt{1-x^2}}\,dx$ 收敛.

♻ 类题训练

1. 证明 $\displaystyle\int_0^{\frac{\pi}{2}} \sin(\sin x)\,dx \leqslant \int_0^{\frac{\pi}{2}} \cos(\cos x)\,dx$.

2. 证明 $\displaystyle\int_0^{\frac{\pi}{2}} \frac{\sin x}{1+x^2}\,dx < \int_0^{\frac{\pi}{2}} \frac{\cos x}{1+x^2}\,dx$.

3. 证明 $\displaystyle\int_0^1 \frac{x\sin\frac{\pi}{2}x}{1+x}\,dx > \int_0^1 \frac{x\cos\frac{\pi}{2}x}{1+x}\,dx$.

4. 设 $A = \displaystyle\int_0^1 \frac{dx}{\sqrt{1-x^4}}$，$B = \displaystyle\int_0^1 \frac{dx}{\sqrt{1+x^4}}$，求 $\dfrac{A}{B}$.

📖 **典型例题**

30 设函数 $f(x)$ 在 $[0,1]$ 上具有一阶连续的导数, 且 $\int_0^{\frac{1}{2}} f(x)\mathrm{d}x = 0$, 证明

$$\int_0^1 (f'(x))^2 \,\mathrm{d}x \geqslant 12\left(\int_0^1 f(x)\,\mathrm{d}x\right)^2.$$

【证法 1】 利用 Cauchy-Schwarz 积分不等式及初等不等式 $(a+b)^2 \leqslant 2(a^2+b^2)$.

由题设 $\int_0^{\frac{1}{2}} f(x)\mathrm{d}x = 0$ 及分部积分公式有

$$\int_0^{\frac{1}{2}} x f'(x)\mathrm{d}x = x f(x)\Big|_0^{\frac{1}{2}} - \int_0^{\frac{1}{2}} f(x)\mathrm{d}x = \frac{1}{2}f\left(\frac{1}{2}\right),$$

于是

$$\left(\int_0^1 f(x)\,\mathrm{d}x\right)^2 = \left(\int_0^{\frac{1}{2}} f(x)\,\mathrm{d}x + \int_{\frac{1}{2}}^1 f(x)\,\mathrm{d}x\right)^2 = \left(\int_{\frac{1}{2}}^1 \left(f(x)-f\left(\frac{1}{2}\right)\right)\mathrm{d}x + \frac{1}{2}f\left(\frac{1}{2}\right)\right)^2$$

$$= \left(\int_{\frac{1}{2}}^1 \mathrm{d}x \int_{\frac{1}{2}}^x f'(t)\,\mathrm{d}t + \int_0^{\frac{1}{2}} x f'(x)\,\mathrm{d}x\right)^2 = \left(\int_{\frac{1}{2}}^1 \mathrm{d}t \int_t^1 f'(t)\,\mathrm{d}x + \int_0^{\frac{1}{2}} x f'(x)\,\mathrm{d}x\right)^2$$

$$= \left(\int_{\frac{1}{2}}^1 (1-t) f'(t)\mathrm{d}t + \int_0^{\frac{1}{2}} x f'(x)\,\mathrm{d}x\right)^2.$$

再由不等式 $(a+b)^2 \leqslant 2(a^2+b^2)$ 及 Cauchy-Schwarz 积分不等式, 有

$$\text{上式右端} \leqslant 2\left[\left(\int_{\frac{1}{2}}^1 (1-t) f'(t)\mathrm{d}t\right)^2 + \left(\int_0^{\frac{1}{2}} x f'(x)\,\mathrm{d}x\right)^2\right]$$

$$\leqslant 2\left[\int_{\frac{1}{2}}^1 (1-t)^2\,\mathrm{d}t \cdot \int_{\frac{1}{2}}^1 (f'(t))^2\,\mathrm{d}t + \int_0^{\frac{1}{2}} x^2\,\mathrm{d}x \cdot \int_0^{\frac{1}{2}} (f'(x))^2\,\mathrm{d}x\right]$$

$$= \frac{1}{12}\left(\int_0^1 (f'(x))^2\,\mathrm{d}x\right),$$

即得 $\int_0^1 (f'(x))^2\,\mathrm{d}x \geqslant 12\left(\int_0^1 f(x)\,\mathrm{d}x\right)^2$.

【证法 2】 利用 Cauchy-Schwarz 积分不等式, 有

$$\int_0^{\frac{1}{2}} x^2\,\mathrm{d}x \cdot \int_0^{\frac{1}{2}} (f'(x))^2\,\mathrm{d}x \geqslant \left(\int_0^{\frac{1}{2}} x f'(x)\,\mathrm{d}x\right)^2 = \left(\frac{1}{2}f\left(\frac{1}{2}\right) - \int_0^{\frac{1}{2}} f(x)\,\mathrm{d}x\right)^2 = \left(\frac{1}{2}f\left(\frac{1}{2}\right)\right)^2,$$

$$\int_{\frac{1}{2}}^{1}(1-x)^2\,\mathrm{d}x \cdot \int_{\frac{1}{2}}^{1}(f'(x))^2\,\mathrm{d}x \geqslant \left(\int_{\frac{1}{2}}^{1}(1-x)f'(x)\,\mathrm{d}x\right)^2 = \left(-\frac{1}{2}f\left(\frac{1}{2}\right)+\int_{\frac{1}{2}}^{1}f(x)\,\mathrm{d}x\right)^2$$

$$= \left(-\frac{1}{2}f\left(\frac{1}{2}\right)+\int_{0}^{1}f(x)\,\mathrm{d}x\right)^2.$$

上述两个不等式相加, 并用不等式 $a^2+b^2 \geqslant \dfrac{(a+b)^2}{2}$, 有

$$\int_{0}^{\frac{1}{2}}x^2\,\mathrm{d}x \cdot \int_{0}^{\frac{1}{2}}(f'(x))^2\,\mathrm{d}x + \int_{\frac{1}{2}}^{1}(1-x)^2\,\mathrm{d}x \cdot \int_{\frac{1}{2}}^{1}(f'(x))^2\,\mathrm{d}x$$

$$\geqslant \left(\frac{1}{2}f\left(\frac{1}{2}\right)\right)^2 + \left(-\frac{1}{2}f\left(\frac{1}{2}\right)+\int_{0}^{1}f(x)\,\mathrm{d}x\right)^2$$

$$\geqslant \frac{\left(\int_{0}^{1}f(x)\,\mathrm{d}x\right)^2}{2},$$

又 $\displaystyle\int_{0}^{\frac{1}{2}}x^2\,\mathrm{d}x = \frac{1}{24}$, $\displaystyle\int_{\frac{1}{2}}^{1}(1-x)^2\,\mathrm{d}x = \frac{1}{24}$, 由上即得 $\displaystyle\int_{0}^{1}(f'(x))^2\,\mathrm{d}x \geqslant 12\left(\int_{0}^{1}f(x)\,\mathrm{d}x\right)^2$.

【证法 3】 构作辅助函数, 并利用 Cauchy-Schwarz 积分不等式

令 $g(x) = \begin{cases} x, & 0 \leqslant x \leqslant \dfrac{1}{2}, \\ 1-x, & \dfrac{1}{2} \leqslant x \leqslant 1. \end{cases}$ 则

$$\int_{0}^{1}f'(x)g(x)\,\mathrm{d}x = \int_{0}^{\frac{1}{2}}xf'(x)\,\mathrm{d}x + \int_{\frac{1}{2}}^{1}(1-x)f'(x)\,\mathrm{d}x$$

$$= xf(x)\bigg|_{0}^{\frac{1}{2}} - \int_{0}^{\frac{1}{2}}f(x)\,\mathrm{d}x + (1-x)f(x)\bigg|_{\frac{1}{2}}^{1} + \int_{\frac{1}{2}}^{1}f(x)\,\mathrm{d}x$$

$$= \int_{\frac{1}{2}}^{1}f(x)\,\mathrm{d}x = \int_{0}^{1}f(x)\,\mathrm{d}x,$$

$\displaystyle\int_{0}^{1}g^2(x)\,\mathrm{d}x = \int_{0}^{\frac{1}{2}}x^2\,\mathrm{d}x + \int_{\frac{1}{2}}^{1}(1-x)^2\,\mathrm{d}x = \frac{1}{12}$, 于是由 Cauchy-Schwarz 积分不等式, 有

$$\left(\int_{0}^{1}f(x)\,\mathrm{d}x\right)^2 = \left(\int_{0}^{1}f'(x)g(x)\,\mathrm{d}x\right)^2 \leqslant \int_{0}^{1}(f'(x))^2\,\mathrm{d}x \cdot \int_{0}^{1}(g(x))^2\,\mathrm{d}x = \frac{1}{12}\int_{0}^{1}(f'(x))^2\,\mathrm{d}x,$$

从而得 $\int_0^1 \left(f'(x)\right)^2 \mathrm{d}x \geqslant 12\left(\int_0^1 f(x)\,\mathrm{d}x\right)^2$.

✷ **特别提示**　由证法 2 的证明思路, 可以得到更为一般的结论: 设函数 $f(x)$ 在 $[0,1]$ 上具有一阶连续的导数, 则有 $\int_0^1 \left(f'(x)\right)^2 \mathrm{d}x \geqslant 12\left(\int_0^1 f(x)\,\mathrm{d}x - 2\int_0^{\frac{1}{2}} f(x)\,\mathrm{d}x\right)^2$.

♲ **类题训练**

1. 设函数 $f(x)$ 在 $[0,1]$ 上具有一阶连续的导数, 且 $\int_{\frac{1}{3}}^{\frac{2}{3}} f(x)\mathrm{d}x = 0$, 证明

$$\int_0^1 \left(f'(x)\right)^2 \mathrm{d}x \geqslant 27\left(\int_0^1 f(x)\,\mathrm{d}x\right)^2.$$

2. 设函数 $f(x)$ 在 $[-1,1]$ 上具有二阶连续的导数, 且 $f(0)=0$, 证明

$$\int_0^1 \left(f''(x)\right)^2 \mathrm{d}x \geqslant 10\left(\int_{-1}^1 f(x)\,\mathrm{d}x\right)^2.$$

3. 设函数 $f(x)$ 在 $[0,1]$ 上具有二阶连续的导数, 且 $\int_{\frac{1}{3}}^{\frac{2}{3}} f(x)\mathrm{d}x = 0$, 证明

$$\int_0^1 \left(f''(x)\right)^2 \mathrm{d}x \geqslant \frac{4860}{11}\left(\int_0^1 f(x)\,\mathrm{d}x\right)^2.$$

📖 **典型例题**

31　设函数 $f(x)$ 具有二阶导数, 且 $f''(x)>0$, $f(0)=0$, 证明当 $x>0$ 时,

$$\int_0^x t f(t)\mathrm{d}t > \frac{2}{3}x\int_0^x f(t)\mathrm{d}t.$$

【**证法 1**】　要证结论, 即证 $\int_0^x t f(t)\mathrm{d}t - \frac{2}{3}x\int_0^x f(t)\mathrm{d}t > 0\ (x>0)$.

令 $g(x)=\int_0^x t f(t)\mathrm{d}t - \frac{2}{3}x\int_0^x f(t)\mathrm{d}t$, $x>0$, 则

$$g'(x)=\frac{1}{3}x f(x) - \frac{2}{3}\int_0^x f(t)\mathrm{d}t,$$

$$g''(x)=\frac{1}{3}x f'(x) - \frac{1}{3}f(x),$$

$$g'''(x)=\frac{1}{3}x f''(x) > 0\ \ (x>0).$$

而因为 $g'''(x) = (g''(x))'$，且由 $f(0) = 0$ 知 $g''(0) = 0$，所以当 $x > 0$ 时，$g''(x) > 0$.
又 $g''(x) = (g'(x))'$，且 $g'(0) = 0$，于是 $g'(x) > 0$ $(x > 0)$. 再由 $g(0) = 0$，从而得
当 $x > 0$ 时，$g(x) > g(0) = 0$，即得证.

【证法 2】 令 $F(x) = \int_0^x f(t) \mathrm{d}t$，$F'(x) = f(x)$，且

$$\int_0^x t f(t) \mathrm{d}t = \int_0^x t \mathrm{d}F(t) = (t F(t))\big|_0^x - \int_0^x F(t) \mathrm{d}t = x \int_0^x f(t) \mathrm{d}t - \int_0^x F(t) \mathrm{d}t.$$

又由已知 $f''(x) > 0$，$f(0) = 0$ 知，$f(x)$ 是下凸函数，于是由定积分及下凸函
数的几何意义知 $\forall t > 0$，$\int_0^t f(u) \mathrm{d}u < \dfrac{f(0) + f(t)}{2} t = \dfrac{t}{2} f(t)$. 从而

$$\int_0^x F(t) \mathrm{d}t = \int_0^x \left[\int_0^t f(u) \mathrm{d}u \right] \mathrm{d}t < \int_0^x \frac{t}{2} f(t) \mathrm{d}t = \frac{1}{2} \int_0^x t f(t) \mathrm{d}t,$$

故 $\int_0^x t f(t) \mathrm{d}t > x \int_0^x f(t) \mathrm{d}t - \dfrac{1}{2} \int_0^x t f(t) \mathrm{d}t$，移项整理即得 $\int_0^x t f(t) \mathrm{d}t > \dfrac{2}{3} x \int_0^x f(t) \mathrm{d}t$.

【证法 3】 当 $x > 0$ 时，有

$$x \int_0^x f(t) \mathrm{d}t = \int_0^x \mathrm{d}u \int_0^x f(t) \mathrm{d}t = \iint_D f(t) \mathrm{d}t \mathrm{d}u = \int_0^x \mathrm{d}t \int_0^t f(t) \mathrm{d}u + \int_0^x \mathrm{d}u \int_0^u f(t) \mathrm{d}t,$$

其中 $D = \{ (t, u) \,|\, 0 \leqslant t \leqslant x,\ 0 \leqslant u \leqslant x \}$.

而 $\int_0^x \mathrm{d}t \int_0^t f(t) \mathrm{d}u = \int_0^x t f(t) \mathrm{d}t$，且由题意 $f''(x) > 0$，$f(0) = 0$，所以有
$\int_0^u f(t) \mathrm{d}t < \dfrac{1}{2} u f(u)$，于是 $\int_0^x \mathrm{d}u \int_0^u f(t) \mathrm{d}t < \int_0^x \dfrac{1}{2} u f(u) \mathrm{d}u = \dfrac{1}{2} \int_0^x u f(u) \mathrm{d}u$，故

$$x \int_0^x f(t) \mathrm{d}t < \int_0^x t f(t) \mathrm{d}t + \frac{1}{2} \int_0^x u f(u) \mathrm{d}u = \frac{3}{2} \int_0^x t f(t) \mathrm{d}t,$$

即得 $\int_0^x t f(t) \mathrm{d}t > \dfrac{2}{3} x \int_0^x f(t) \mathrm{d}t$.

特别提示　证法 1 通过构作辅助函数, 利用单调性证明; 证法 2 和证法 3 利用
了下凸函数的几何特征及定积分的几何意义, 几何特性对于证题具有很好的积极作用.

类题训练

1. 设 $f(x)$ 是 $[0, 1]$ 上的非负连续上凸函数, 且 $f(0) = 1$, 证明 $\int_0^1 x f(x) \mathrm{d}x \leqslant \dfrac{2}{3} \left(\int_0^1 f(x) \mathrm{d}x \right)^2$. (第一届 "师大杯" 网络数学竞赛题)

2. 设 $f(x)$ 是 $[1,2]$ 上的非负连续上凸函数, 且 $f(1)=1$, 证明 $\int_1^2 x f(x)\mathrm{d}x \leqslant \dfrac{8}{9}\left(\int_1^2 f(x)\mathrm{d}x\right)^2$.

3. 设函数 $f(x)$ 在 $[0,1]$ 上连续, 且对于任意的 $x\in[0,1]$, 有 $\int_x^1 f(t)\mathrm{d}t \geqslant \dfrac{1-x^2}{2}$, 证明 $\int_0^1 f^2(t)\mathrm{d}t \geqslant \dfrac{1}{3}$. (第二届国际大学生数学竞赛题)

4. 设在 $[a,b]$ 上, $f(x)>0$, $f'(x)>0$, $f''(x)<0$. 令 $A=\int_a^b f(x)\mathrm{d}x, B = f(a)(b-a)$, $C=\dfrac{1}{2}\big(f(a)+f(b)\big)(b-a)$, 试比较 A, B, C 的大小.

📖 典型例题

32 证明广义积分 $\displaystyle\int_0^{+\infty}\dfrac{\sin x}{x}\mathrm{d}x$ 不是绝对收敛的. (2013 年第五届全国大学生数学竞赛预赛(非数学类)试题)

证明 在 $x=0$, 被积函数 $\dfrac{\sin x}{x}$ 没有意义, 但 $\lim\limits_{x\to 0^+}\dfrac{\sin x}{x}=1$, 于是定义 $x=0$ 时, $\dfrac{\sin x}{x}=1$, 则 $\dfrac{\sin x}{x}$ 在 $[0,+\infty)$ 上连续, $\displaystyle\int_0^{+\infty}\dfrac{\sin x}{x}\mathrm{d}x = \int_0^1\dfrac{\sin x}{x}\mathrm{d}x + \int_1^{+\infty}\dfrac{\sin x}{x}\mathrm{d}x$.

下面首先证明广义积分 $\displaystyle\int_0^{+\infty}\dfrac{\sin x}{x}\mathrm{d}x$ 的收敛性.

【方法 1】 利用广义积分的 Cauchy 收敛准则证明

因为 $\forall b>1$, $p>0$, $\dfrac{1}{x}$ 在 $[b,b+p]$ 上严格单调减少, 所以由积分第二中值定理, 存在 $\theta\in(0,1)$, 使成立 $\displaystyle\int_b^{b+p}\dfrac{\sin x}{x}\mathrm{d}x = \dfrac{1}{b}\int_b^{b+\theta p}\sin x\mathrm{d}x$. 于是

$$\left|\int_b^{b+p}\dfrac{\sin x}{x}\mathrm{d}x\right| = \dfrac{1}{b}\left|\int_b^{b+\theta p}\sin x\mathrm{d}x\right| = \dfrac{1}{b}\left|(-\cos x)\big|_b^{b+\theta p}\right| \leqslant \dfrac{2}{b},$$

从而得 $\lim\limits_{b\to+\infty}\displaystyle\int_b^{b+p}\dfrac{\sin x}{x}\mathrm{d}x = 0$ 对于所有的 $p>0$ 一致成立, 故由 Cauchy 收敛准则知, $\displaystyle\int_1^{+\infty}\dfrac{\sin x}{x}\mathrm{d}x$ 收敛, 从而 $\displaystyle\int_0^{+\infty}\dfrac{\sin x}{x}\mathrm{d}x$ 收敛.

【方法 2】 利用 Dirichlet 判别法

因为 $f(x)=\sin x$ 在 $[1,+\infty)$ 上连续, 且 $\forall p>1$, 有 $\left|\displaystyle\int_1^p\sin x\mathrm{d}x\right| = |\cos 1 - \cos p| \leqslant 2$.

又 $g(x)=\dfrac{1}{x}$ 在 $[1,+\infty)$ 上单调减少趋于 $0\,(x\to+\infty)$, 所以由 Dirichlet 判别法,

$\displaystyle\int_1^{+\infty}\frac{\sin x}{x}\mathrm{d}x$ 收敛, 从而 $\displaystyle\int_0^{+\infty}\frac{\sin x}{x}\mathrm{d}x$ 收敛.

【方法 3】 因为 $\displaystyle\int_1^{+\infty}\frac{\sin x}{x}\mathrm{d}x = -\frac{\cos x}{x}\Big|_1^{+\infty} - \int_1^{+\infty}\frac{\cos x}{x^2}\mathrm{d}x = \cos 1 - \int_1^{+\infty}\frac{\cos x}{x^2}\mathrm{d}x$, 且

$\left|\displaystyle\int_1^{+\infty}\frac{\cos x}{x^2}\mathrm{d}x\right| \leqslant \int_1^{+\infty}\frac{1}{x^2}\mathrm{d}x = 1$, 所以 $\displaystyle\int_1^{+\infty}\frac{\sin x}{x}\mathrm{d}x$ 收敛, 从而 $\displaystyle\int_0^{+\infty}\frac{\sin x}{x}\mathrm{d}x$ 收敛.

其次, 证明广义积分 $\displaystyle\int_0^{+\infty}\left|\frac{\sin x}{x}\right|\mathrm{d}x$ 发散.

【方法 1】 $\displaystyle\int_1^{+\infty}\left|\frac{\sin x}{x}\right|\mathrm{d}x \geqslant \int_1^{+\infty}\frac{\sin^2 x}{x}\mathrm{d}x = \frac{1}{2}\int_1^{+\infty}\frac{\mathrm{d}x}{x} - \frac{1}{2}\int_1^{+\infty}\frac{\cos 2x}{x}\mathrm{d}x$. 因为

$\displaystyle\int_1^{+\infty}\frac{\cos 2x}{2x}\mathrm{d}x$ 收敛 $\left(\text{类似于证明}\displaystyle\int_1^{+\infty}\frac{\sin x}{x}\mathrm{d}x\text{收敛}\right)$, 而 $\displaystyle\int_1^{+\infty}\frac{\mathrm{d}x}{x}$ 发散, 故 $\displaystyle\int_1^{+\infty}\left|\frac{\sin x}{x}\right|\mathrm{d}x$

发散, 因而 $\displaystyle\int_0^{+\infty}\left|\frac{\sin x}{x}\right|\mathrm{d}x$ 发散.

综上所述, 广义积分 $\displaystyle\int_0^{+\infty}\frac{\sin x}{x}\mathrm{d}x$ 是条件收敛的.

【方法 2】 记 $a_k = \displaystyle\int_{k\pi}^{(k+1)\pi}\left|\frac{\sin x}{x}\right|\mathrm{d}x$, 因为

$a_k \geqslant \displaystyle\int_{k\pi}^{(k+1)\pi}\frac{|\sin x|}{(k+1)\pi}\mathrm{d}x = \frac{1}{(k+1)\pi}\int_{k\pi}^{(k+1)\pi}|\sin x|\mathrm{d}x = \frac{1}{(k+1)\pi}\int_0^{\pi}\sin x\mathrm{d}x = \frac{2}{(k+1)\pi}$,

所以 $\displaystyle\int_0^{n\pi}\left|\frac{\sin x}{x}\right|\mathrm{d}x = \sum_{k=0}^{n-1}a_k \geqslant \sum_{k=0}^{n-1}\frac{2}{(k+1)\pi} = \frac{2}{\pi}\sum_{k=0}^{n}\frac{1}{k+1}$. 而 $\displaystyle\sum_{k=0}^{\infty}\frac{1}{k+1}$ 发散, 故 $\displaystyle\int_0^{+\infty}\left|\frac{\sin x}{x}\right|\mathrm{d}x$

发散, 即 $\displaystyle\int_0^{+\infty}\frac{\sin x}{x}\mathrm{d}x$ 条件收敛.

【方法 3】 反证法. 假设 $\displaystyle\int_0^{+\infty}\left|\frac{\sin x}{x}\right|\mathrm{d}x$ 收敛, 因为当 $x > 0$ 时, 有 $0 \leqslant \frac{\sin^2 x}{x} \leqslant \left|\frac{\sin x}{x}\right|$,

所以 $\displaystyle\int_0^{+\infty}\frac{\sin^2 x}{x}\mathrm{d}x$ 收敛. 又因为 $0 \leqslant \displaystyle\int_{\frac{\pi}{2}}^{+\infty}\frac{\cos^2 x}{x}\mathrm{d}x = \int_0^{+\infty}\frac{\sin^2 x}{x+\frac{\pi}{2}}\mathrm{d}x \leqslant \int_0^{+\infty}\frac{\sin^2 x}{x}\mathrm{d}x$, 故

$\displaystyle\int_{\frac{\pi}{2}}^{+\infty}\frac{\cos^2 x}{x}\mathrm{d}x$ 收敛. 但 $\displaystyle\int_{\frac{\pi}{2}}^{+\infty}\frac{\cos^2 x}{x}\mathrm{d}x + \int_{\frac{\pi}{2}}^{+\infty}\frac{\sin^2 x}{x}\mathrm{d}x = \int_{\frac{\pi}{2}}^{+\infty}\frac{1}{x}\mathrm{d}x = +\infty$, 矛盾, 故

$\displaystyle\int_0^{+\infty}\left|\frac{\sin x}{x}\right|\mathrm{d}x$ 发散, 从而 $\displaystyle\int_0^{+\infty}\frac{\sin x}{x}\mathrm{d}x$ 条件收敛.

特别提示   证明该类题需要熟练掌握广义积分收敛的 Cauchy 收敛准则、

Dirichlet 判别法及 Abel 判别法等, 也经常结合反证法证明.

该广义积分 $\int_0^{+\infty} \dfrac{\sin x}{x}\mathrm{d}x$ 称为 Dirichlet 积分, 可以证明 $\int_0^{+\infty} \dfrac{\sin x}{x}\mathrm{d}x = \dfrac{\pi}{2}$.

类题训练

1. 判别广义积分 $\int_0^{+\infty} \sin x^2 \mathrm{d}x$ 的敛散性.

2. 研究广义积分 $\int_0^{+\infty} \dfrac{\sin^2 x}{x}\mathrm{d}x$ 的敛散性.

3. 研究广义积分 $\int_0^{+\infty} \dfrac{\cos 2x}{1+\sqrt{x}}\mathrm{d}x$ 的敛散性.

4. 证明 $\int_0^{+\infty} \dfrac{\sin x}{x}\mathrm{d}x < \int_0^{\pi} \dfrac{\sin x}{x}\mathrm{d}x$.

5. 利用 Dirichlet 积分, 可以计算下列积分:

(1) $\int_0^{+\infty} \dfrac{\sin x^2}{x^2}\mathrm{d}x$;

(2) $\int_0^{+\infty} \dfrac{\sin^3 x}{x^3}\mathrm{d}x$;

(3) $\int_0^{+\infty} \dfrac{\sin^4 x}{x^4}\mathrm{d}x$;

(4) $\int_0^{+\infty} \dfrac{\sin x^2}{x}\mathrm{d}x$.

第4章

多元函数微分学

一、经典习题选编

1 求极限 $\lim\limits_{(x,y)\to(0,0)}\dfrac{x^2y}{x^2+y^2}$.

2 设 $f(x,y)=x+(y-1)\arcsin\sqrt{\dfrac{x}{y}}$, 求 $f_x(1,1)$ 和 $f_y(1,1)$.

3 设 $z=\dfrac{(x-2y)^2}{2x+y}$, 求 $\dfrac{\partial z}{\partial x}$, $\dfrac{\partial z}{\partial y}$.

4 设由方程组 $x=u+v$, $y=u-v$, $z=uv$ 确定 $z=z(x,y)$, 求 $\dfrac{\partial z}{\partial x}$, $\dfrac{\partial z}{\partial y}$.

5 设 $z^3-3xyz=a^3$, 求 $\dfrac{\partial z}{\partial x}$, $\dfrac{\partial z}{\partial y}$, $\dfrac{\partial^2 z}{\partial x\partial y}$.

6 设 $z=z(x,y)$ 是由方程 $x^2+y^2-z=\varphi(x+y+z)$ 所确定的函数, 其中 φ 具有二阶导数, 且 $\varphi'\ne-1$. (1)求 $\mathrm{d}z$; (2)记 $u(x,y)=\dfrac{1}{x-y}\left(\dfrac{\partial z}{\partial x}-\dfrac{\partial z}{\partial y}\right)$, 求 $\dfrac{\partial u}{\partial x}$. (2008 年硕士研究生入学考试数学(三)试题)

7 设 $xu-yv=0$, $yu+xv=1$, 求 $\dfrac{\partial u}{\partial x}$, $\dfrac{\partial u}{\partial y}$, $\dfrac{\partial v}{\partial x}$ 和 $\dfrac{\partial v}{\partial y}$.

8 设 $u=f(x,y,z)$, $\varphi(x^2,\mathrm{e}^y,z)=0$, $y=\sin x$, 其中 f , φ 都具有一阶连续偏导数, 且 $\dfrac{\partial\varphi}{\partial z}\ne0$, 求 $\dfrac{\mathrm{d}u}{\mathrm{d}x}$.

9 设 $z=f(x^2-y^2,\mathrm{e}^{xy})$, 其中 f 具有一阶连续偏导数, 求 $\dfrac{\partial z}{\partial x}$, $\dfrac{\partial z}{\partial y}$.

10 设 $\Phi(u,v)$ 具有连续偏导数, a,b,c 是常数且 $a\Phi_1'+b\Phi_2'\ne0$, 由方程 $\Phi(cx-az,cy-bz)=0$ 确定隐函数 $z=z(x,y)$, 求 $a\dfrac{\partial z}{\partial x}+b\dfrac{\partial z}{\partial y}$.

11 求曲线 $\begin{cases} xyz=1, \\ x=y^2 \end{cases}$ 在点 $M(1,1,1)$ 处的切线和法平面方程.

12　求曲线 $\begin{cases} x^2+y^2+z^2=50, \\ x^2+y^2-z^2=0 \end{cases}$ 在点 $P(3,4,5)$ 处的切线和法平面方程.

13　求函数 $z=1-\left(\dfrac{x^2}{a^2}+\dfrac{y^2}{b^2}\right)$ 在点 $P\left(\dfrac{a}{\sqrt{2}},\dfrac{b}{\sqrt{2}}\right)$ 处沿曲线 $\dfrac{x^2}{a^2}+\dfrac{y^2}{b^2}=1$ 在该点的内法线方向的方向导数.

14　在椭球面 $x^2+2y^2+3z^2=21$ 上求一点, 使它在该点处的切平面 π 通过直线 $l:\dfrac{x-6}{2}=\dfrac{y-3}{1}=\dfrac{2z-1}{-2}$, 并写出该切平面 π 的方程.

15　求函数 $z=f(x,y)=x^2+4y^2+9$ 在 $D=\left\{(x,y)\big| x^2+y^2\leqslant 4\right\}$ 上的最大值与最小值.

16　已知函数 $z=f(x,y)$ 的全微分 $\mathrm{d}z=2x\mathrm{d}x-2y\mathrm{d}y$, 且 $f(1,1)=2$, 求 $f(x,y)$ 在椭圆域 $D=\left\{(x,y)\big| x^2+\dfrac{y^2}{4}\leqslant 1\right\}$ 上的最大值和最小值. (2005 年硕士研究生入学考试数学(二)试题)

17　在椭圆 $x^2+4y^2=4$ 上求一点, 使它到直线 $2x+3y-6=0$ 的距离最短. (1994 年硕士研究生入学考试数学(一)试题)

18　求函数 $u=x^2+y^2+z^2$ 在约束条件 $z=x^2+y^2$ 和 $x+y+z=4$ 下的最大值与最小值. (2008 年硕士研究生入学考试数学(二)试题)

19　求由方程 $x^2+y^2+z^2-2x+2y-4z-10=0$ 确定的函数 $z=f(x,y)$ 的极值.

20　设变换 $\begin{cases} u=x-2y, \\ v=x+ay \end{cases}$ 可把方程 $6\dfrac{\partial^2 z}{\partial x^2}+\dfrac{\partial^2 z}{\partial x\partial y}-\dfrac{\partial^2 z}{\partial y^2}=0$ 化简为 $\dfrac{\partial^2 z}{\partial u\partial v}=0$, 求常数 a, 其中 $z=z(x,y)$ 有二阶连续的偏导数.

二、一题多解

典型例题

1　求极限 $\displaystyle\lim_{(x,y)\to(0,0)}\dfrac{x^2 y}{x^2+y^2}$.

【解法 1】　转化为一元函数的极限问题, 再由有界量与无穷小的乘积仍为无穷小这一性质得到结果.

令 $x=\rho\cos\theta$, $y=\rho\sin\theta$, 则 $(x,y)\to(0,0)$ 转化为 $\rho\to 0^+$. 于是

$$\lim_{(x,y)\to(0,0)}\frac{x^2 y}{x^2+y^2}=\lim_{\rho\to 0^+}\frac{\rho^2\cos^2\theta\cdot\rho\sin\theta}{\rho^2}=\lim_{\rho\to 0^+}\rho\cos^2\theta\sin\theta=0.$$

【解法2】 转化为一元函数的极限问题, 再由夹逼准则

因为 $0 \leqslant \left| \dfrac{x^2 y}{x^2 + y^2} \right| \leqslant |y|$, 所以由夹逼准则, 得 $\lim\limits_{(x,y) \to (0,0)} \dfrac{x^2 y}{x^2 + y^2} = 0$.

【解法3】 用定义法

注意到 $\left| \dfrac{x^2 y}{x^2 + y^2} - 0 \right| = \dfrac{x^2}{x^2 + y^2} \cdot |y| \leqslant |y| \leqslant \sqrt{x^2 + y^2}$.

对于 $\forall \varepsilon > 0$, 取 $\delta = \varepsilon$, 则当 $0 < \sqrt{x^2 + y^2} < \delta$ 时, 有 $\sqrt{x^2 + y^2} < \varepsilon$, 从而 $\left| \dfrac{x^2 y}{x^2 + y^2} - 0 \right| < \varepsilon$, 故由二元函数极限的定义即得 $\lim\limits_{(x,y) \to (0,0)} \dfrac{x^2 y}{x^2 + y^2} = 0$.

特别提示   上述给出了求二元函数极限的三种常用的解法. 解法1 和解法2 是利用直角坐标与极坐标的关系: $x - x_0 = \rho \cos\theta$, $y - y_0 = \rho \sin\theta$, 将 $(x, y) \to (x_0, y_0)$ 转化为 $\rho \to 0^+$, 即把二元函数的极限转化为一元函数的极限问题, 再分别用有界量与无穷小的乘积仍为无穷小或夹逼准则; 解法3 是先观察与估计极限值, 再由二元函数极限的定义证明, 若估计不出极限值, 则无法用该方法. 三元及以上函数的极限用类似方法求解. 特别要注意的是定义中要求点 $P(x, y)$ 需以任何方式趋于 $P_0(x_0, y_0)$. 此外, 不能直接用 L'Hospital 法则求二元函数的极限, 但可在转化为一元函数后用 L'Hospital 法则(必须满足相应条件).

类题训练

1. 求下列各极限:

(1) $\lim\limits_{\substack{x \to 0 \\ y \to 0}} \dfrac{xy^2}{x^2 + y^2 + y^4}$;

(2) $\lim\limits_{\substack{x \to 0 \\ y \to 0}} \dfrac{3y^3 + 2yx^2}{x^2 - xy + y^2}$;

(3) $\lim\limits_{\substack{x \to +\infty \\ y \to +\infty}} \left(\dfrac{xy}{x^2 + y^2} \right)^{x^2}$;

(4) $\lim\limits_{\substack{x \to +\infty \\ y \to +\infty}} (x^2 + y^2) e^{-(x+y)}$;

(5) $\lim\limits_{(x,y) \to (0,0)} \dfrac{1 - \cos(x^2 + y^2)}{(x^2 + y^2) e^{x^2 y^2}}$;

(6) $\lim\limits_{(x,y) \to (0,0)} xy \dfrac{3x - 4y}{x^2 + y^2}$.

典型例题

2 设 $f(x, y) = x + (y - 2) \arcsin \sqrt{\dfrac{x}{y}}$, 求 $f_x(1, 2)$ 和 $f_y(1, 2)$.

【解法 1 】　由偏导数的定义

$$f_x(1,2) = \lim_{x \to 1} \frac{f(x,2) - f(1,2)}{x-1} = \lim_{x \to 1} \frac{x-1}{x-1} = 1,$$

$$f_y(1,2) = \lim_{y \to 2} \frac{f(1,y) - f(1,2)}{y-2} = \lim_{y \to 2} \frac{1 + (y-2)\arcsin\sqrt{\dfrac{1}{y}} - 1}{y-2} = \lim_{y \to 2} \arcsin\sqrt{\frac{1}{y}} = \frac{\pi}{4}.$$

【解法 2 】　先求导，再代值

因为 $f_x(x,y) = 1 + (y-2) \cdot \dfrac{1}{\sqrt{1-\dfrac{x}{y}}} \cdot \dfrac{1}{2\sqrt{\dfrac{x}{y}}} \cdot \dfrac{1}{y},$

$$f_y(x,y) = \arcsin\sqrt{\frac{x}{y}} + (y-2) \cdot \frac{1}{\sqrt{1-\dfrac{x}{y}}} \cdot \frac{1}{2\sqrt{\dfrac{x}{y}}} \cdot \left(-\frac{x}{y^2}\right),$$

所以 $f_x(1,2) = 1$，$f_y(1,2) = \arcsin\dfrac{\sqrt{2}}{2} = \dfrac{\pi}{4}$.

【解法 3 】　先代值，再求导、代值

因为 $f_x(x,2)$ 表示 $f(x,2)$ 对 x 求导，即 $f_x(x,2) = \dfrac{\mathrm{d}}{\mathrm{d}x} f(x,2) = \dfrac{\mathrm{d}}{\mathrm{d}x}(x) = 1,$

$f_y(1,y)$ 表示 $f(1,y)$ 对 y 求导，即

$$f_y(1,y) = \frac{\mathrm{d}}{\mathrm{d}y} f(1,y) = \frac{\mathrm{d}}{\mathrm{d}y}\left(1 + (y-2)\arcsin\sqrt{\frac{1}{y}}\right)$$

$$= \arcsin\sqrt{\frac{1}{y}} + (y-2) \cdot \frac{1}{\sqrt{1-\dfrac{1}{y}}} \cdot \frac{1}{2\sqrt{\dfrac{1}{y}}} \cdot \left(-\frac{1}{y^2}\right),$$

所以 $f_x(1,2) = f_x(x,2)\big|_{x=1} = 1$，$f_y(1,2) = f_y(1,y)\big|_{y=2} = \arcsin\dfrac{\sqrt{2}}{2} = \dfrac{\pi}{4}.$

【解法 4 】　利用全微分形式不变性

因为

$$\mathrm{d}f(x,y) = \mathrm{d}x + \arcsin\sqrt{\frac{x}{y}}\,\mathrm{d}y + (y-2) \cdot \frac{1}{\sqrt{1-\dfrac{x}{y}}} \cdot \frac{1}{2\sqrt{\dfrac{x}{y}}} \cdot \frac{y\mathrm{d}x - x\mathrm{d}y}{y^2},$$

所以 $\mathrm{d}f(1,2) = \mathrm{d}x + \dfrac{\pi}{4}\mathrm{d}y$，故 $f_x(1,2) = 1$，$f_y(1,2) = \dfrac{\pi}{4}.$

 特别提示　　以上从不同角度给出了求多元函数在某一点处偏导数的方法，

要求理解和掌握多元函数偏导数的定义及其实质.

♻ **类题训练**

1. 设 $f(x,y)=(x+1)^{y\sin x}+x^2\cos(xy^2)$, 求 $f_x(0,0)$ 和 $f_y(0,0)$.

2. 设 $f(x,y)=x\cos\dfrac{x}{y}+(2-y)\ln\arctan\dfrac{x^2-y^2}{x^2+y^2}$, 求 $f_x(0,2)$.

3. 设 $f(x,y)=\dfrac{x\cos(y-1)-(y-1)\cos x}{1+\sin x+\sin(y-1)}$, 求 $f_x(0,1)$ 和 $f_y(0,1)$.

4. 设 $f(x,y,z)=\sqrt[z]{\dfrac{x}{y}}$, 求 $f_x(1,1,1)$, $f_y(1,1,1)$ 和 $f_z(1,1,1)$.

📖 **典型例题**

3 设 $z=\dfrac{(x-2y)^2}{2x+y}$, 求 $\dfrac{\partial z}{\partial x}$, $\dfrac{\partial z}{\partial y}$.

【解法1】 求 $\dfrac{\partial z}{\partial x}$ 时, 视 y 为常数, 求 $\dfrac{\partial z}{\partial y}$ 时, 视 x 为常数, 再利用一元函数的导数公式直接求.

$$\frac{\partial z}{\partial x}=\frac{2(x-2y)\cdot(2x+y)-(x-2y)^2\cdot 2}{(2x+y)^2}=\frac{2(x-2y)}{2x+y}-\frac{2(x-2y)^2}{(2x+y)^2},$$

$$\frac{\partial z}{\partial y}=\frac{2(x-2y)\cdot(-2)\cdot(2x+y)-(x-2y)^2\cdot 1}{(2x+y)^2}=\frac{-4(x-2y)}{2x+y}-\frac{(x-2y)^2}{(2x+y)^2}.$$

【解法2】 令 $u=x-2y$, $v=2x+y$, 则 $z=\dfrac{u^2}{v}$. 由复合函数的求导法则,

$$\frac{\partial z}{\partial x}=\frac{\partial z}{\partial u}\cdot\frac{\partial u}{\partial x}+\frac{\partial z}{\partial v}\cdot\frac{\partial v}{\partial x}=\frac{2u}{v}\cdot 1-\frac{u^2}{v^2}\cdot 2=\frac{2(x-2y)}{2x+y}-\frac{2(x-2y)^2}{(2x+y)^2},$$

$$\frac{\partial z}{\partial y}=\frac{\partial z}{\partial u}\cdot\frac{\partial u}{\partial y}+\frac{\partial z}{\partial v}\cdot\frac{\partial v}{\partial y}=\frac{2u}{v}\cdot(-2)-\frac{u^2}{v^2}\cdot 1=\frac{-4(x-2y)}{2x+y}-\frac{(x-2y)^2}{(2x+y)^2}.$$

【解法3】 令 $u=x-2y$, $v=2x+y$, 则 $z=\dfrac{u^2}{v}$. 两边微分, 得

$$\mathrm{d}z=\frac{2uv\mathrm{d}u-u^2\mathrm{d}v}{v^2}.$$

再将 $\mathrm{d}u=\mathrm{d}x-2\mathrm{d}y$, $\mathrm{d}v=2\mathrm{d}x+\mathrm{d}y$ 代入上式, 即得

$$dz = \left(\frac{2uv}{v^2} - \frac{2u^2}{v^2} \right) dx - \left(\frac{4uv}{v^2} + \frac{u^2}{v^2} \right) dy.$$

于是由全微分形式不变性, 得

$$\frac{\partial z}{\partial x} = \frac{2uv}{v^2} - \frac{2u^2}{v^2} = \frac{2(x-2y)}{2x+y} - \frac{2(x-2y)^2}{(2x+y)^2},$$

$$\frac{\partial z}{\partial y} = -\left(\frac{4uv}{v^2} + \frac{u^2}{v^2} \right) = \frac{-4(x-2y)}{2x+y} - \frac{(x-2y)^2}{(2x+y)^2}.$$

【解法 4】　将 $z = \dfrac{(x-2y)^2}{2x+y}$ 化为 $z(2x+y) - (x-2y)^2 = 0$.

令 $F(x,y,z) = z(2x+y) - (x-2y)^2$, 则 $z = \dfrac{(x-2y)^2}{2x+y}$ 可视为由方程 $F(x,y,z) = 0$ 确定的隐函数, 故由隐函数的求导公式, 得

$$\frac{\partial z}{\partial x} = -\frac{F_x}{F_z} = -\frac{2z - 2(x-2y)}{2x+y} = \frac{2(x-2y)}{2x+y} - \frac{2(x-2y)^2}{(2x+y)^2},$$

$$\frac{\partial z}{\partial y} = -\frac{F_y}{F_z} = -\frac{z - 2(x-2y)\cdot(-2)}{2x+y} = \frac{-4(x-2y)}{2x+y} - \frac{(x-2y)^2}{(2x+y)^2}.$$

【解法 5】　将 $z = \dfrac{(x-2y)^2}{2x+y}$ 化为 $z(2x+y) - (x-2y)^2 = 0$. 再对方程两边求微分, 得

$$2x dz + 2z dx + y dz + z dy - 2(x-2y)(dx - 2dy) = 0,$$

整理得

$$dz = \frac{-2z + 2(x-2y)}{2x+y} dx - \frac{4(x-2y) + z}{2x+y} dy.$$

故由全微分形式不变性, 得

$$\frac{\partial z}{\partial x} = \frac{-2z + 2(x-2y)}{2x+y} = \frac{2(x-2y)}{2x+y} - \frac{2(x-2y)^2}{(2x+y)^2},$$

$$\frac{\partial z}{\partial y} = -\frac{4(x-2y) + z}{2x+y} = \frac{-4(x-2y)}{2x+y} - \frac{(x-2y)^2}{(2x+y)^2}.$$

【解法 6】　两边取对数, 得 $\ln z = 2\ln(x-2y) - \ln(2x+y)$. 然后两边分别对 x 求导, 得

$$\frac{1}{z}\frac{\partial z}{\partial x}=\frac{2}{x-2y}-\frac{2}{2x+y},$$

两边分别再对 y 求导, 得 $\dfrac{1}{z}\dfrac{\partial z}{\partial y}=\dfrac{-4}{x-2y}-\dfrac{1}{2x+y}$.

故得 $\dfrac{\partial z}{\partial x}=\dfrac{2(x-2y)}{2x+y}-\dfrac{2(x-2y)^2}{(2x+y)^2}$, $\dfrac{\partial z}{\partial y}=\dfrac{-4(x-2y)}{2x+y}-\dfrac{(x-2y)^2}{(2x+y)^2}$.

特别提示　　解法 1 是依据偏导数的含义, 直接利用一元函数的导数公式求二元函数的偏导数. 但在函数表达式较为复杂时, 该种方法很繁琐且易出错. 因此常常作变量代换, 再由多元复合函数的求导法则或全微分形式不变性求, 如解法 2 和解法 3. 有时, 也转化为三元方程, 由隐函数的求导公式或全微分形式不变性求, 如解法 4 和解法 5. 解法 6 通过两边取对数, 化为隐函数的求导问题, 求解也很简洁.

类题训练

1. 设 $z=\left(x^2+y^2\right)\mathrm{e}^{\frac{x^2+y^2}{xy}}$, 求 $\dfrac{\partial z}{\partial x}$, $\dfrac{\partial z}{\partial y}$.

2. 设 $z=\arctan\dfrac{x+y}{1-xy}$, 求 $\dfrac{\partial z}{\partial x}$, $\dfrac{\partial^2 z}{\partial x^2}$.

3. 设 $z=\ln\left(x+y+\sqrt{(x+y)^2+1}\right)$, 求 $\dfrac{\partial z}{\partial x}$, $\dfrac{\partial z}{\partial y}$.

4. 设 $z=(1+xy)^{x+2y}$, 求 $\dfrac{\partial z}{\partial x}(0,1)$.

典型例题

4　设由方程组 $x=u+v$, $y=u-v$, $z=uv$ 确定 $z=z(x,y)$, 求 $\dfrac{\partial z}{\partial x}$, $\dfrac{\partial z}{\partial y}$.

【解法 1】　反解得 $u=\dfrac{x+y}{2}$, $v=\dfrac{x-y}{2}$, 再由复合函数的求导法则, 得

$$\frac{\partial z}{\partial x}=\frac{\partial z}{\partial u}\cdot\frac{\partial u}{\partial x}+\frac{\partial z}{\partial v}\cdot\frac{\partial v}{\partial x}=v\cdot\frac{1}{2}+u\cdot\frac{1}{2}=\frac{x}{2},$$

$$\frac{\partial z}{\partial y}=\frac{\partial z}{\partial u}\cdot\frac{\partial u}{\partial y}+\frac{\partial z}{\partial v}\cdot\frac{\partial v}{\partial y}=v\cdot\frac{1}{2}+u\cdot\left(-\frac{1}{2}\right)=-\frac{y}{2}.$$

【解法 2】　利用全微分形式不变性

方程组两边微分, 得 $\mathrm{d}x=\mathrm{d}u+\mathrm{d}v$, $\mathrm{d}y=\mathrm{d}u-\mathrm{d}v$, $\mathrm{d}z=v\mathrm{d}u+u\mathrm{d}v$. 于是得

$$\mathrm{d}z=v\cdot\frac{\mathrm{d}x+\mathrm{d}y}{2}+u\cdot\frac{\mathrm{d}x-\mathrm{d}y}{2}=\frac{u+v}{2}\mathrm{d}x+\frac{v-u}{2}\mathrm{d}y=\frac{x}{2}\mathrm{d}x-\frac{y}{2}\mathrm{d}y,\ 故\frac{\partial z}{\partial x}=\frac{x}{2},\ \frac{\partial z}{\partial y}=-\frac{y}{2}.$$

【解法 3】　利用矩阵计算

因为 $\dfrac{\partial x}{\partial u},\ \dfrac{\partial x}{\partial v},\ \dfrac{\partial y}{\partial u},\ \dfrac{\partial y}{\partial v}$ 易于计算, 且

$$v=\frac{\partial z}{\partial u}=\frac{\partial z}{\partial x}\cdot\frac{\partial x}{\partial u}+\frac{\partial z}{\partial y}\cdot\frac{\partial y}{\partial u}=\frac{\partial z}{\partial x}+\frac{\partial z}{\partial y},$$

$$u=\frac{\partial z}{\partial v}=\frac{\partial z}{\partial x}\cdot\frac{\partial x}{\partial v}+\frac{\partial z}{\partial y}\cdot\frac{\partial y}{\partial v}=\frac{\partial z}{\partial x}-\frac{\partial z}{\partial y}.$$

所以写为矩阵形式, 即

$$\begin{pmatrix}v\\u\end{pmatrix}=\begin{pmatrix}1&1\\1&-1\end{pmatrix}\begin{pmatrix}\dfrac{\partial z}{\partial x}\\[2mm]\dfrac{\partial z}{\partial y}\end{pmatrix},$$

从而

$$\begin{pmatrix}\dfrac{\partial z}{\partial x}\\[2mm]\dfrac{\partial z}{\partial y}\end{pmatrix}=\begin{pmatrix}1&1\\1&-1\end{pmatrix}^{-1}\begin{pmatrix}v\\u\end{pmatrix}=-\frac{1}{2}\begin{pmatrix}-1&-1\\-1&1\end{pmatrix}\begin{pmatrix}v\\u\end{pmatrix}=\begin{pmatrix}\dfrac{1}{2}(v+u)\\[2mm]\dfrac{1}{2}(v-u)\end{pmatrix},$$

故 $\dfrac{\partial z}{\partial x}=\dfrac{1}{2}(v+u)=\dfrac{x}{2},\ \dfrac{\partial z}{\partial y}=\dfrac{1}{2}(v-u)=-\dfrac{y}{2}.$

【解法 4】　反解得 $u=\dfrac{x+y}{2},\ v=\dfrac{x-y}{2}$, 从而 $z=uv=\dfrac{x+y}{2}\cdot\dfrac{x-y}{2}=\dfrac{x^2-y^2}{4}$,

故 $\dfrac{\partial z}{\partial x}=\dfrac{x}{2},\ \dfrac{\partial z}{\partial y}=-\dfrac{y}{2}.$

特别提示　该题恰巧能反解出 u,v, 故可以直接得出 z 与 x,y 的函数关系表达, 再求其偏导数(如解法 4), 或由复合函数的求导法则求偏导数(如解法 1). 一般情况下, $u,\ v$ 不易反解得出, 此时灵活运用全微分形式不变性不失为一种好方法(如解法 2), 也可考虑矩阵方法(如解法 3).

类题训练

1. 设 $x=u\mathrm{e}^v,\ y=u\sin v,\ z=uv$, 求 $\dfrac{\partial z}{\partial x},\ \dfrac{\partial z}{\partial y}.$

2. 设 $w=f(u,v)$ 具有二阶连续偏导数, 且 $u=x-cy,\ v=x+cy$, 其中 c 为非零常数, 则 $w_{xx}-\dfrac{1}{c^2}w_{yy}=$ _____. (2017 年第九届全国大学生数学竞赛预赛(非数学类)试题)

3. 设 $x = u\cos\dfrac{v}{u}$，$y = u\sin\dfrac{v}{u}$，求 $\dfrac{\partial u}{\partial x}$，$\dfrac{\partial u}{\partial y}$，$\dfrac{\partial v}{\partial x}$，$\dfrac{\partial v}{\partial y}$.

典型例题

5　设 $z^3 - 3xyz = a^3$，求 $\dfrac{\partial z}{\partial x}$，$\dfrac{\partial z}{\partial y}$，$\dfrac{\partial^2 z}{\partial x \partial y}$.

【解法1】　公式法

令 $F(x,y,z) = z^3 - 3xyz - a^3$，则原方程化为 $F(x,y,z)=0$. 由隐函数的求导公式，得

$$\frac{\partial z}{\partial x} = -\frac{F_x}{F_z} = -\frac{-3yz}{3z^2 - 3xy} = \frac{yz}{z^2 - xy},$$

$$\frac{\partial z}{\partial y} = -\frac{F_y}{F_z} = -\frac{-3xz}{3z^2 - 3xy} = \frac{xz}{z^2 - xy}.$$

求 $\dfrac{\partial^2 z}{\partial x \partial y}$ 的方法有两种.

【方法1】　由题意 $z = z(x,y)$，得

$$\frac{\partial^2 z}{\partial x \partial y} = \frac{\partial}{\partial y}\left(\frac{\partial z}{\partial x}\right) = \frac{\partial}{\partial y}\left(\frac{yz}{z^2 - xy}\right) = \frac{\left(z + y\dfrac{\partial z}{\partial y}\right)(z^2 - xy) - yz\left(2z\dfrac{\partial z}{\partial y} - x\right)}{(z^2 - xy)^2}$$

$$= \frac{z^5 - 2xyz^3 - x^2y^2z}{(z^2 - xy)^3}.$$

【方法2】　$\dfrac{\partial z}{\partial x}$ 是 x,y,z 的函数，而 z 又是 x,y 的函数，故由复合函数的求导法则，得

$$\frac{\partial^2 z}{\partial x \partial y} = \frac{\partial}{\partial y}\left(\frac{\partial z}{\partial x}\right) = \frac{z(z^2 - xy) - yz(-x)}{(z^2 - xy)^2} + \frac{y(z^2 - xy) - 2yz^2}{(z^2 - xy)^2} \cdot \frac{xz}{z^2 - xy}$$

$$= \frac{z^5 - 2xyz^3 - x^2y^2z}{(z^2 - xy)^3}.$$

【解法2】　直接推导法

由题意 $z = z(x,y)$，方程 $z^3 - 3xyz = a^3$ 两边分别对 x,y 求偏导数，得

$$3z^2 \frac{\partial z}{\partial x} - 3yz - 3xy \frac{\partial z}{\partial x} = 0,$$

$$3z^2 \frac{\partial z}{\partial y} - 3xz - 3xy \frac{\partial z}{\partial y} = 0.$$

从而得

$$\frac{\partial z}{\partial x} = \frac{yz}{z^2 - xy}, \quad \frac{\partial z}{\partial y} = \frac{xz}{z^2 - xy}.$$

$\dfrac{\partial^2 z}{\partial x \partial y}$ 的求解同解法 1.

【解法 3】 全微分形式不变性

方程 $z^3 - 3xyz = a^3$ 两边求全微分, 得

$$3z^2 \mathrm{d}z - 3yz\mathrm{d}x - 3xz\mathrm{d}y - 3xy\mathrm{d}z = 0,$$

化简得 $\mathrm{d}z = \dfrac{yz}{z^2 - xy}\mathrm{d}x + \dfrac{xz}{z^2 - xy}\mathrm{d}y$. 而由题意 $z = z(x, y)$, 故由全微分形式不变性, 得

$$\frac{\partial z}{\partial x} = \frac{yz}{z^2 - xy}, \quad \frac{\partial z}{\partial y} = \frac{xz}{z^2 - xy}.$$

$\dfrac{\partial^2 z}{\partial x \partial y}$ 的求解同解法 1.

✦ **特别提示**   对于由方程 $F(x, y, z) = 0$ 或 $F(x, y) = 0$ 确定的隐函数求偏导数问题, 皆有下述三种求法.

设由方程 $F(x, y, z) = 0$ 确定一个隐函数 $z = z(x, y)$, 则通常求其偏导数的方法主要是

(1) 公式法: 将 x, y, z 看作独立变量, 再由隐函数的求导公式 $\dfrac{\partial z}{\partial x} = -\dfrac{F_x}{F_z}$, $\dfrac{\partial z}{\partial y} = -\dfrac{F_y}{F_z}$ $(F_z \neq 0)$, 求 $\dfrac{\partial z}{\partial x}$, $\dfrac{\partial z}{\partial y}$.

(2) 直接推导法: 注意到 $z = z(x, y)$, 将方程 $F(x, y, z(x, y)) \equiv 0$ 两边分别对 x, y 求导, 得 $F_x + F_z \cdot \dfrac{\partial z}{\partial x} = 0$, $F_y + F_z \cdot \dfrac{\partial z}{\partial y} = 0$, 从而求得 $\dfrac{\partial z}{\partial x}$, $\dfrac{\partial z}{\partial y}$.

(3) 全微分形式不变性法: 由方程 $F(x, y, z) = 0$ 两边求微分, 有

$$\mathrm{d}F = F_x \mathrm{d}x + F_y \mathrm{d}y + F_z \mathrm{d}z = 0,$$

从而得 $\mathrm{d}z = -\dfrac{F_x}{F_z}\mathrm{d}x - \dfrac{F_y}{F_z}\mathrm{d}y$, 故由全微分形式不变性, 得 $\dfrac{\partial z}{\partial x}$, $\dfrac{\partial z}{\partial y}$.

◆ 类题训练

1. 设 $e^z - xyz = 0$，求 $\dfrac{\partial z}{\partial x}$，$\dfrac{\partial z}{\partial y}$，$\dfrac{\partial^2 z}{\partial x^2}$．

2. 设 $\dfrac{x}{z} = \ln\dfrac{z}{y}$，求 $\dfrac{\partial z}{\partial x}$，$\dfrac{\partial z}{\partial y}$．

3. 设 $z + e^z = xy$，求 $\dfrac{\partial z}{\partial x}$，$\dfrac{\partial z}{\partial y}$，$\dfrac{\partial^2 z}{\partial x \partial y}$．

4. 设 $z = z(x,y)$ 是由 $z + e^z = xy$ 所确定的函数, 求 $\mathrm{d}z$，$\dfrac{\partial^2 z}{\partial x \partial y}$．

📖 典型例题

6 设 $z = z(x,y)$ 是由方程 $x^2 + y^2 - z = \varphi(x+y+z)$ 所确定的函数, 其中 φ 具有二阶导数, 且 $\varphi' \neq -1$，(1)求 $\mathrm{d}z$；(2)记 $u(x,y) = \dfrac{1}{x-y} \cdot \left(\dfrac{\partial z}{\partial x} - \dfrac{\partial z}{\partial y} \right)$，求 $\dfrac{\partial u}{\partial x}$．(2008 年硕士研究生入学考试数学(三)试题)

【解法1】 公式法

(1) 令 $F(x,y,z) = x^2 + y^2 - z - \varphi(x+y+z)$ ，则 $F_x = 2x - \varphi'$ ， $F_y = 2y - \varphi'$ ， $F_z = -1 - \varphi'$ ，于是由隐函数的求导公式, 有

$$\frac{\partial z}{\partial x} = -\frac{F_x}{F_z} = \frac{2x - \varphi'}{1 + \varphi'}, \qquad \frac{\partial z}{\partial y} = -\frac{F_y}{F_z} = \frac{2y - \varphi'}{1 + \varphi'}.$$

故 $\mathrm{d}z = \dfrac{\partial z}{\partial x}\mathrm{d}x + \dfrac{\partial z}{\partial y}\mathrm{d}y = \dfrac{1}{1 + \varphi'} \cdot \left[(2x - \varphi')\mathrm{d}x + (2y - \varphi')\mathrm{d}y \right]$．

(2) 将 $\dfrac{\partial z}{\partial x} = \dfrac{2x - \varphi'}{1 + \varphi'}$ ， $\dfrac{\partial z}{\partial y} = \dfrac{2y - \varphi'}{1 + \varphi'}$ 代入 $u(x,y) = \dfrac{1}{x-y} \cdot \left(\dfrac{\partial z}{\partial x} - \dfrac{\partial z}{\partial y} \right)$ 中，得

$u(x,y) = \dfrac{2}{1 + \varphi'}$，于是 $\dfrac{\partial u}{\partial x} = -\dfrac{2}{(1 + \varphi')^2} \cdot \varphi'' \cdot \left(1 + \dfrac{\partial z}{\partial x} \right) = -\dfrac{2(2x+1)}{(1 + \varphi')^3} \varphi''$．

【解法2】 全微分形式不变性

(1) 由方程 $x^2 + y^2 - z = \varphi(x+y+z)$ 两边分别求微分, 得

$$2x\mathrm{d}x + 2y\mathrm{d}y - \mathrm{d}z = \varphi' \cdot (\mathrm{d}x + \mathrm{d}y + \mathrm{d}z),$$

整理得

$$\mathrm{d}z = \frac{2x - \varphi'}{1 + \varphi'}\mathrm{d}x + \frac{2y - \varphi'}{1 + \varphi'}\mathrm{d}y.$$

(2) 同解法 1.

【解法 3】　直接推导法

(1) 由题意 $z = z(x, y)$，方程 $x^2 + y^2 - z = \varphi(x + y + z)$ 两边分别对 x, y 求偏导数，得

$$2x - \frac{\partial z}{\partial x} = \varphi' \cdot \left(1 + \frac{\partial z}{\partial x} \right), \quad 2y - \frac{\partial z}{\partial y} = \varphi' \cdot \left(1 + \frac{\partial z}{\partial y} \right),$$

解得 $\dfrac{\partial z}{\partial x} = \dfrac{2x - \varphi'}{1 + \varphi'}$，$\dfrac{\partial z}{\partial y} = \dfrac{2y - \varphi'}{1 + \varphi'}$. 故

$$\mathrm{d}z = \frac{\partial z}{\partial x}\mathrm{d}x + \frac{\partial z}{\partial y}\mathrm{d}y = \frac{1}{1 + \varphi'} \cdot \left[(2x - \varphi')\mathrm{d}x + (2y - \varphi')\mathrm{d}y \right].$$

(2) 同解法 1.

⚡ **特别提示**　对于由方程 $F(x, y, z) = 0$ 所确定的隐函数 $z = z(x, y)$，公式法、全微分形式不变性及直接推导法是求其偏导数的三种主要方法. 按叠加原理可求其全微分，$\mathrm{d}z = \dfrac{\partial z}{\partial x}\mathrm{d}x + \dfrac{\partial z}{\partial y}\mathrm{d}y$.

♻ **类题训练**

1. 已知由 $x = z\mathrm{e}^{y+z}$ 可确定 $z = z(x, y)$，则 $\mathrm{d}z\big|_{(\mathrm{e}, 0)} = $_____. (2006 年江苏省高等数学竞赛题)

2. 若函数 $z = z(x, y)$ 由方程 $\mathrm{e}^{x+2y+3z} + xyz = 1$ 所确定，求 $\mathrm{d}z\big|_{(0,0)} = $_____. (2015 年硕士研究生入学考试数学(二)试题)

3. 设函数 $f(u, v)$ 可微，$z = z(x, y)$ 由方程 $(x+1)z - y^2 = x^2 f(x - z, y)$ 确定，则 $\mathrm{d}z\big|_{(0,1)} = $_____. (2016 年硕士研究生入学考试数学(一)试题)

4. 设函数 $f(x, y)$ 具有一阶连续偏导数，且满足 $\mathrm{d}f(x, y) = y\mathrm{e}^y\mathrm{d}x + x(1+y)\mathrm{e}^y\mathrm{d}y$ 及 $f(0, 0) = 0$，则 $f(x, y) = $_____. (2018 年第九届全国大学生数学竞赛决赛(非数学类)试题)

📖 **典型例题**

7　设 $xu - yv = 0$，$yu + xv = 1$，求 $\dfrac{\partial u}{\partial x}$，$\dfrac{\partial u}{\partial y}$，$\dfrac{\partial v}{\partial x}$ 和 $\dfrac{\partial v}{\partial y}$.

【解法 1】　公式法

记 $F(x, y, u, v) = xu - yv$，$G(x, y, u, v) = yu + xv - 1$，则方程组化为

$$\begin{cases} F(x,y,u,v)=0, \\ G(x,y,u,v)=0. \end{cases}$$

于是由公式知, 在 $J = \dfrac{\partial(F,G)}{\partial(u,v)} = x^2+y^2 \neq 0$ 条件下, 有

$$\frac{\partial u}{\partial x} = -\frac{\dfrac{\partial(F,G)}{\partial(x,v)}}{\dfrac{\partial(F,G)}{\partial(u,v)}} = -\frac{\begin{vmatrix} F_x & F_v \\ G_x & G_v \end{vmatrix}}{\begin{vmatrix} F_u & F_v \\ G_u & G_v \end{vmatrix}} = -\frac{\begin{vmatrix} u & -y \\ v & x \end{vmatrix}}{\begin{vmatrix} x & -y \\ y & x \end{vmatrix}} = -\frac{xu+yv}{x^2+y^2}.$$

同理, 可得

$$\frac{\partial u}{\partial y} = -\frac{\dfrac{\partial(F,G)}{\partial(y,v)}}{\dfrac{\partial(F,G)}{\partial(u,v)}} = \frac{xv-yu}{x^2+y^2}, \quad \frac{\partial v}{\partial x} = \frac{yu-xv}{x^2+y^2}, \quad \frac{\partial v}{\partial y} = -\frac{xu+yv}{x^2+y^2}.$$

【解法 2】 直接推导法

由题意 $u=u(x,y)$, $v=v(x,y)$, 方程组两边对 x 求导, 得

$$\begin{cases} u + x\dfrac{\partial u}{\partial x} - y\dfrac{\partial v}{\partial x} = 0, \\ y\dfrac{\partial u}{\partial x} + v + x\dfrac{\partial v}{\partial x} = 0, \end{cases} \quad 即 \quad \begin{cases} x\dfrac{\partial u}{\partial x} - y\dfrac{\partial v}{\partial x} = -u, \\ y\dfrac{\partial u}{\partial x} + x\dfrac{\partial v}{\partial x} = -v. \end{cases}$$

当 $J = \begin{vmatrix} x & -y \\ y & x \end{vmatrix} = x^2+y^2 \neq 0$ 时, 解得

$$\frac{\partial u}{\partial x} = -\frac{xu+yv}{x^2+y^2}, \quad \frac{\partial v}{\partial x} = \frac{yu-xv}{x^2+y^2}.$$

同理, 可得

$$\frac{\partial u}{\partial y} = \frac{xv-yu}{x^2+y^2}, \quad \frac{\partial v}{\partial y} = -\frac{xu+yv}{x^2+y^2}.$$

【解法 3】 利用全微分形式不变性

方程组 $xu-yv=0$, $yu+xv=1$ 两边分别微分, 得

$$\begin{cases} u\,dx + x\,du - y\,dv - v\,dy = 0, \\ v\,dx + y\,du + x\,dv + u\,dy = 0. \end{cases}$$

第 1 个方程两边乘以 x 加上第 2 个方程两边乘以 y, 消去 dv, 得

$$du = -\frac{xu+yv}{x^2+y^2}dx + \frac{xv-yu}{x^2+y^2}dy.$$

于是由全微分形式不变性, 得

$$\frac{\partial u}{\partial x} = -\frac{xu+yv}{x^2+y^2}, \quad \frac{\partial u}{\partial y} = \frac{xv-yu}{x^2+y^2}.$$

同理, 消去 $\mathrm{d}u$, 得

$$\frac{\partial v}{\partial x} = \frac{yu-xv}{x^2+y^2}, \quad \frac{\partial v}{\partial y} = -\frac{xu+yv}{x^2+y^2}.$$

【解法 4 】　由已知反解出 $u = \dfrac{y}{x^2+y^2}$, $v = \dfrac{x}{x^2+y^2}$, 直接求导可得.

✴ **特别提示**　　对于由方程组 $\begin{cases} F(x,y,u,v)=0, \\ G(x,y,u,v)=0 \end{cases}$ 所确定的隐函数求偏导数问题, 皆可以用上述解法 1—解法 3.

♻ **类题训练**

1. 设 $\begin{cases} u^2 - v + x = 0, \\ u + v^2 - y = 0. \end{cases}$ 求 $\dfrac{\partial u}{\partial x}$, $\dfrac{\partial u}{\partial y}$, $\dfrac{\partial v}{\partial x}$ 及 $\dfrac{\partial v}{\partial y}$.

2. 设 $\begin{cases} x = \mathrm{e}^u + u\sin v, \\ y = \mathrm{e}^u - u\cos v. \end{cases}$ 求 $\dfrac{\partial u}{\partial x}$, $\dfrac{\partial u}{\partial y}$, $\dfrac{\partial v}{\partial x}$ 及 $\dfrac{\partial v}{\partial y}$.

📖 **典型例题**

8　设 $u = f(x,y,z)$, $\varphi(x^2, \mathrm{e}^y, z) = 0$, $y = \sin x$, 其中 f , φ 都具有一阶连续偏导数, 且 $\dfrac{\partial \varphi}{\partial z} \neq 0$, 求 $\dfrac{\mathrm{d}u}{\mathrm{d}x}$.

【解法 1 】　由复合函数的求导公式, 有

$$\frac{\mathrm{d}u}{\mathrm{d}x} = \frac{\partial u}{\partial x} + \frac{\partial u}{\partial y} \cdot \frac{\mathrm{d}y}{\mathrm{d}x} + \frac{\partial u}{\partial z} \cdot \frac{\mathrm{d}z}{\mathrm{d}x}.$$

又由 $\varphi(x^2, \mathrm{e}^y, z) = 0$ 两边对 x 求导, 有

$$\varphi_1' \cdot 2x + \varphi_2' \cdot \mathrm{e}^y \cdot \frac{\mathrm{d}y}{\mathrm{d}x} + \varphi_3' \cdot \frac{\mathrm{d}z}{\mathrm{d}x} = 0, \quad \text{其中} \varphi_3' = \frac{\partial \varphi}{\partial z} \neq 0.$$

将 $\dfrac{\mathrm{d}y}{\mathrm{d}x} = \cos x$ 代入上两式, 得

$$\frac{\mathrm{d}z}{\mathrm{d}x} = -\frac{1}{\varphi_3'} \cdot \left(2x\varphi_1' + \mathrm{e}^y \cdot \cos x \cdot \varphi_2'\right),$$

从而

$$\frac{\mathrm{d}u}{\mathrm{d}x} = f_x + f_y \cos x - \frac{f_z}{\varphi_3'}\left(2x\varphi_1' + \mathrm{e}^y \varphi_2' \cos x\right).$$

【解法2】 利用全微分形式不变性

分别在 $u = f(x,y,z)$，$\varphi(x^2, \mathrm{e}^y, z) = 0$ 及 $y = \sin x$ 两边微分，可得

$$\mathrm{d}u = f_x \mathrm{d}x + f_y \mathrm{d}y + f_z \mathrm{d}z, \quad \varphi_1' \cdot 2x\mathrm{d}x + \varphi_2' \cdot \mathrm{e}^y \mathrm{d}y + \varphi_3' \cdot \mathrm{d}z = 0, \quad \mathrm{d}y = \cos x \mathrm{d}x,$$

其中 $\varphi_3' = \dfrac{\partial \varphi}{\partial z} \neq 0$.

联立求解，得

$$\mathrm{d}u = \left[f_x + f_y \cos x - \frac{f_z}{\varphi_3'}\left(2x\varphi_1' + \mathrm{e}^y \cos x \cdot \varphi_2'\right)\right]\mathrm{d}x,$$

故 $\dfrac{\mathrm{d}u}{\mathrm{d}x} = f_x + f_y \cos x - \dfrac{f_z}{\varphi_3'}\left(2x\varphi_1' + \mathrm{e}^y \cos x \cdot \varphi_2'\right).$

特别提示 在自变量与因变量不太明确的情况下，利用全微分形式不变性处理比较简便.

类题训练

1. 设 $y = y(x)$，$z = z(x)$ 是由方程 $z = xf(x+y)$ 和 $F(x,y,z) = 0$ 所确定的，其中 f 和 F 分别具有一阶连续导数和一阶连续偏导数，求 $\dfrac{\mathrm{d}z}{\mathrm{d}x}$.

2. 设 $\begin{cases} u = f(ux, v+y), \\ v = g(u-x, v^2 y). \end{cases}$ 其中 f, g 具有一阶连续偏导数，求 $\dfrac{\partial u}{\partial x}$，$\dfrac{\partial v}{\partial y}$.

3. 设 $x = -u^2 + v + z$，$y = u + vz$，求 $\dfrac{\partial u}{\partial x}$，$\dfrac{\partial v}{\partial x}$，$\dfrac{\partial u}{\partial z}$.

4. 设 $u = f(x,y,z)$，z 由方程 $z^5 - 5xy + 5z = 1$ 所确定，其中 f 具有二阶连续偏导数，求 $\dfrac{\partial u}{\partial x}$，$\dfrac{\partial^2 u}{\partial x^2}$.

5. 设 $u = f(x^2, y^2, z^2)$，其中 $y = \mathrm{e}^x$，且 $\varphi(y,z) = 0$，f，φ 皆可微，求 $\dfrac{\mathrm{d}u}{\mathrm{d}x}$.

6. 设 $y = f(x,t)$，而 $t = t(x,y)$ 是由方程 $F(x,y,t) = 0$ 所确定的函数，其中 f，F 都具有一阶连续偏导数，证明

$$\frac{\mathrm{d}y}{\mathrm{d}x} = \frac{\dfrac{\partial f}{\partial x} \cdot \dfrac{\partial F}{\partial t} - \dfrac{\partial f}{\partial t} \cdot \dfrac{\partial F}{\partial x}}{\dfrac{\partial f}{\partial t} \cdot \dfrac{\partial F}{\partial y} + \dfrac{\partial F}{\partial t}}.$$

📖 **典型例题**

9 设 $z = f\left(x^2 - y^2, \mathrm{e}^{xy}\right)$，其中 f 具有一阶连续偏导数，求 $\dfrac{\partial z}{\partial x}$，$\dfrac{\partial z}{\partial y}$.

【**解法 1**】 令 $u = x^2 - y^2$，$v = \mathrm{e}^{xy}$，则 $z = f(u, v)$.
由复合函数求导法则，得

$$\frac{\partial z}{\partial x} = \frac{\partial z}{\partial u} \cdot \frac{\partial u}{\partial x} + \frac{\partial z}{\partial v} \cdot \frac{\partial v}{\partial x} = 2x \frac{\partial f}{\partial u} + y\mathrm{e}^{xy} \frac{\partial f}{\partial v},$$

$$\frac{\partial z}{\partial y} = \frac{\partial z}{\partial u} \cdot \frac{\partial u}{\partial y} + \frac{\partial z}{\partial v} \cdot \frac{\partial v}{\partial y} = -2y \frac{\partial f}{\partial u} + x\mathrm{e}^{xy} \frac{\partial f}{\partial v}.$$

【**解法 2**】 $z = f\left(x^2 - y^2, \mathrm{e}^{xy}\right)$ 两边微分，得

$$\mathrm{d}z = f_1' \cdot \mathrm{d}\left(x^2 - y^2\right) + f_2' \cdot \mathrm{d}\left(\mathrm{e}^{xy}\right) = f_1' \cdot (2x\mathrm{d}x - 2y\mathrm{d}y) + f_2' \cdot \mathrm{e}^{xy}\left(y\mathrm{d}x + x\mathrm{d}y\right)$$

$$= \left(2x f_1' + y\mathrm{e}^{xy} f_2'\right)\mathrm{d}x + \left(-2y f_1' + x\mathrm{e}^{xy} f_2'\right)\mathrm{d}y,$$

从而由全微分形式不变性，得

$$\frac{\partial z}{\partial x} = 2x f_1' + y\mathrm{e}^{xy} f_2', \qquad \frac{\partial z}{\partial y} = -2y f_1' + x\mathrm{e}^{xy} f_2'.$$

【**解法 3**】 令 $G(x, y, z) = z - f\left(x^2 - y^2, \mathrm{e}^{xy}\right)$，则 $z = z(x, y)$ 可视为由方程 $G(x, y, z) = 0$ 所确定的隐函数，于是由隐函数的求导，得

$$\frac{\partial z}{\partial x} = -\frac{G_x}{G_z} = -\frac{-2x f_1' - y\mathrm{e}^{xy} f_2'}{1} = 2x f_1' + y\mathrm{e}^{xy} f_2',$$

$$\frac{\partial z}{\partial y} = -\frac{G_y}{G_z} = -\frac{2y f_1' - x\mathrm{e}^{xy} f_2'}{1} = -2y f_1' + x\mathrm{e}^{xy} f_2'.$$

✳ **特别提示** 该类含抽象函数的多元函数求偏导数问题，主要有上述三种解法. 第一种解法的基本思路是作换元变换，再由复合函数的求导法则求得；第二种解法的基本思路是通过两边微分，再由全微分形式不变性求得；第三种解法的基本思路是化为由方程所确定的隐函数的求导问题，再由隐函数的求导方法求得.

♻ **类题训练**

1. 设 $z = f(2x - y, y\sin x)$，其中 f 具有一阶连续偏导数，求 $\dfrac{\partial z}{\partial x}$，$\dfrac{\partial z}{\partial y}$.

2. 设 $z = f(xe^y, ye^x)$，其中 f 具有一阶连续偏导数，求 $\dfrac{\partial z}{\partial x}$，$\dfrac{\partial^2 z}{\partial x^2}$，$\dfrac{\partial^2 z}{\partial x \partial y}$.

3. 设 $z = \dfrac{y}{f(x^2 - y^2)}$，其中 f 为可微函数，证明 $\dfrac{1}{x}\dfrac{\partial z}{\partial x} + \dfrac{1}{y}\dfrac{\partial z}{\partial y} = \dfrac{z}{y^2}$.

4. 设函数 $f(u,v)$ 具有二阶连续偏导数，$y = f(e^x, \cos x)$，求 $\dfrac{dy}{dx}\bigg|_{x=0}$，$\dfrac{d^2 y}{dx^2}\bigg|_{x=0}$. (2017 年硕士研究生入学考试数学(一)试题)

5. 设函数 $z = f(xy, yg(x))$，其中函数 f 具有二阶连续偏导数，函数 $g(x)$ 可导，且在 $x = 1$ 处取得极值 $g(1) = 1$，求 $\dfrac{\partial^2 z}{\partial x \partial y}\bigg|_{\substack{x=1\\y=1}}$. (2011 年硕士研究生入学考试数学(二)试题)

6. 已知 $z = f\left(\dfrac{y}{x}\right) + g(e^x, \sin y)$，其中 f 的二阶导数连续，g 的二阶偏导数连续，求 $\dfrac{\partial^2 z}{\partial x \partial y}$. (2002 年江苏省高等数学竞赛题)

📖 **典型例题**

10 设 $\Phi(u,v)$ 具有连续偏导数，a, b, c 是常数且 $a\Phi_1' + b\Phi_2' \neq 0$，由方程 $\Phi(cx - az, cy - bz) = 0$ 确定隐函数 $z = z(x,y)$，求 $a\dfrac{\partial z}{\partial x} + b\dfrac{\partial z}{\partial y}$.

【**解法 1**】 记 $F(x,y,z) = \Phi(cx - az, cy - bz)$，则由题意，方程 $F(x,y,z) = 0$ 确定隐函数 $z = z(x,y)$，于是由隐函数存在定理，有

$$\frac{\partial z}{\partial x} = -\frac{F_x}{F_z} = -\frac{\Phi_1' \cdot c}{\Phi_1' \cdot (-a) + \Phi_2' \cdot (-b)} = \frac{c\Phi_1'}{a\Phi_1' + b\Phi_2'},$$

$$\frac{\partial z}{\partial y} = -\frac{F_y}{F_z} = -\frac{\Phi_2' \cdot c}{\Phi_1' \cdot (-a) + \Phi_2' \cdot (-b)} = \frac{c\Phi_2'}{a\Phi_1' + b\Phi_2'}.$$

故 $a\dfrac{\partial z}{\partial x} + b\dfrac{\partial z}{\partial y} = c$.

【**解法 2**】 令 $u = cx - az$，$v = cy - bz$，则方程 $\Phi(cx - az, cy - bz) = 0$ 化为 $\Phi(u,v) = 0$. 方程两边分别对 x, y 求偏导数，得

$$\Phi'_u \cdot \frac{\partial u}{\partial x} + \Phi'_u \cdot \frac{\partial u}{\partial z} \cdot \frac{\partial z}{\partial x} + \Phi'_v \cdot \frac{\partial v}{\partial z} \cdot \frac{\partial z}{\partial x} = 0,$$

$$\Phi'_u \cdot \frac{\partial u}{\partial z} \cdot \frac{\partial z}{\partial y} + \Phi'_v \cdot \frac{\partial v}{\partial z} \cdot \frac{\partial z}{\partial y} + \Phi'_v \cdot \frac{\partial v}{\partial y} = 0.$$

解得 $\frac{\partial z}{\partial x} = \frac{c\Phi'_u}{a\Phi'_u + b\Phi'_v}$, $\frac{\partial z}{\partial y} = \frac{c\Phi'_v}{a\Phi'_u + b\Phi'_v}$. 故 $a\frac{\partial z}{\partial x} + b\frac{\partial z}{\partial y} = c$.

【解法 3】 方程 $\Phi(cx - az, cy - bz) = 0$ 两边微分, 得

$$\Phi'_1 \cdot \mathrm{d}(cx - az) + \Phi'_2 \cdot \mathrm{d}(cy - bz) = 0,$$

整理得

$$\mathrm{d}z = \frac{c\Phi'_1}{a\Phi'_1 + b\Phi'_2}\mathrm{d}x + \frac{c\Phi'_2}{a\Phi'_1 + b\Phi'_2}\mathrm{d}y.$$

从而得

$$\frac{\partial z}{\partial x} = \frac{c\Phi'_1}{a\Phi'_1 + b\Phi'_2}, \quad \frac{\partial z}{\partial y} = \frac{c\Phi'_2}{a\Phi'_1 + b\Phi'_2}.$$

故 $a\frac{\partial z}{\partial x} + b\frac{\partial z}{\partial y} = c$.

特别提示　该题主要是要熟练掌握由方程组所确定的隐函数的求导方法, 在函数关系并不具体的情况下, 用全微分形式不变性方法求偏导数简单得多.

类题训练

1. 设函数 $z = z(x, y)$ 由方程 $F\left(x + \frac{z}{y}, y + \frac{z}{x}\right) = 0$ 所确定, 其中 $F(u, v)$ 具有连续偏导数, 且 $xF'_u + yF'_v \neq 0$, 则 $x\frac{\partial z}{\partial x} + y\frac{\partial z}{\partial y} = $ _____. (2015 年第七届全国大学生数学竞赛预赛(非数学类)试题)

2. 设 $F(u, v)$ 具有连续的一阶偏导数, 且 F'_u 与 F'_v 不同时为 0, 常数 a, b, c 都不为 0, 证明曲面 $F(ax - bz, ay - cz) = 0$ 的任一切平面都垂直于平面 $bx + cy + az = 0$.

3. 设 $F(u, v)$ 是可微函数, 证明曲面 $F\left(\frac{x-a}{z-c}, \frac{y-b}{z-c}\right) = 0$ 上任一点处的切平面都经过固定点. (2016 年第七届全国大学生数学竞赛决赛(非数学类)试题)

4. 设 $f(u)$ 有连续导数, 证明曲面 $z = xf\left(\frac{y}{x}\right)$ 上任一点的切平面都通过原点.

5. 设 $F(u, v, w)$ 有一阶连续偏导数, 求曲面 $S: F\left(\frac{z}{y}, \frac{x}{z}, \frac{y}{x}\right) = 0$ 上任一点

$M_0(x_0, y_0, z_0)$ 处的切平面方程, 并证明所有切平面经过一定点.

6. 设 $z = z(x, y)$ 是由方程 $F\left(z + \dfrac{1}{x}, z + \dfrac{1}{y}\right) = 0$ 确定的隐函数, 且具有连续的

二阶偏导数. 证明 $x^2 \dfrac{\partial z}{\partial x} + y^2 \dfrac{\partial z}{\partial y} = 1$ 和 $x^3 \dfrac{\partial^2 z}{\partial x^2} + xy(x + y) \dfrac{\partial^2 z}{\partial x \partial y} + y^3 \dfrac{\partial^2 z}{\partial y^2} = -2$. (2011 年第三届全国大学生数学竞赛预赛(非数学类)试题)

📖 **典型例题**

11 求曲线 $\begin{cases} xyz = 1, \\ x = y^2 \end{cases}$ 在点 $M(1,1,1)$ 处的切线和法平面方程.

【解法 1】 将曲线方程改写成 $\begin{cases} x = y^2, \\ y = y, \\ z = \dfrac{1}{y^3} \end{cases}$ (视 y 为参数), 则曲线在点 $M(1,1,1)$ 的

切向量为 $\left.\overline{T}\right|_M = \left(2y, 1, -3y^{-4}\right)\Big|_M = (2, 1, -3)$, 故所求切线方程为 $\dfrac{x-1}{2} = y - 1 = \dfrac{z-1}{-3}$; 法平面方程为 $2(x-1) + (y-1) - 3(z-1) = 0$.

【解法 2】 将曲线方程两边分别微分, 得

$$\begin{cases} xy\mathrm{d}z + xz\mathrm{d}y + yz\mathrm{d}x = 0, \\ \mathrm{d}x = 2y\mathrm{d}y. \end{cases} \qquad 解得 \ \mathrm{d}z = -\dfrac{xz + 2y^2 z}{xy}\mathrm{d}y.$$

于是曲线在点 $M(1,1,1)$ 处的切向量为

$$\left.\overline{T}\right|_M = (\mathrm{d}x, \mathrm{d}y, \mathrm{d}z)\big|_M = \mathrm{d}y\left(2y, 1, -\dfrac{xz + 2y^2 z}{xy}\right)\Bigg|_M = \mathrm{d}y(2, 1, -3) \, /\!/ \, (2, 1, -3).$$

故所求切线方程为 $\dfrac{x-1}{2} = y - 1 = \dfrac{z-1}{-3}$; 法平面方程为 $2(x-1) + (y-1) - 3(z-1) = 0$.

【解法 3】 记 $F(x, y, z) = xyz - 1$, $G(x, y, z) = x - y^2$, 则曲线 $\begin{cases} F(x, y, z) = 0, \\ G(x, y, z) = 0 \end{cases}$ 的切向量为

$$\overline{T} = \left(\dfrac{\partial(F, G)}{\partial(y, z)}, \dfrac{\partial(F, G)}{\partial(z, x)}, \dfrac{\partial(F, G)}{\partial(x, y)}\right) = \left(2xy^2, xy, -2y^2 z - xz\right),$$

曲线在 $M(1,1,1)$ 点的切向量为 $\left.\overline{T}\right|_M = (2, 1, -3)$, 从而知所求的切线方程为 $\dfrac{x-1}{2} = y - 1 = \dfrac{z-1}{-3}$; 法平面方程为 $2(x-1) + (y-1) - 3(z-1) = 0$.

✳ **特别提示**　求曲线在某点的切线及法平面方程, 关键是求出曲线在该点的切向量, 主要有上述三种求法.

♻ **类题训练**

1. 在曲线 $y = x^2$, $z = x^3$ 上求一点, 使在该点的切线与平面 $x + 2y + z = 4$ 平行.

2. 在曲线 $x = y^2$, $y = z^2$ 上求一点, 使它在该点的切线平行于平面 $y + 2z = 4$, 并写出切线及法平面的方程.

3. 求空间曲线 $y = 2x$, $z^2 = 3 + x$ 在点 $(1, 2, 2)$ 处的切线及法平面方程.

📖 **典型例题**

12　求曲线 $\begin{cases} x^2 + y^2 + z^2 = 50, \\ x^2 + y^2 - z^2 = 0 \end{cases}$ 在点 $P(3, 4, 5)$ 处的切线和法平面方程.

【**解法 1**】　令 $F(x, y, z) = x^2 + y^2 + z^2 - 50$,　$G(x, y, z) = x^2 + y^2 - z^2$, 则曲线 $\begin{cases} F(x, y, z) = 0, \\ G(x, y, z) = 0 \end{cases}$ 在点 P 处的切向量为

$$\left. \overline{T} \right|_P = \left. \left(\frac{\partial(F, G)}{\partial(y, z)}, \frac{\partial(F, G)}{\partial(z, x)}, \frac{\partial(F, G)}{\partial(x, y)} \right) \right|_P = (-160, 120, 0) /\!/ (-4, 3, 0).$$

故所求切线方程为 $\dfrac{x - 3}{-4} = \dfrac{y - 4}{3} = \dfrac{z - 5}{0}$;　法平面方程为 $-4(x - 3) + 3(y - 4) = 0$.

【**解法 2**】　将曲线方程两边分别微分, 得

$$\begin{cases} 2x\,\mathrm{d}x + 2y\,\mathrm{d}y + 2z\,\mathrm{d}z = 0, \\ 2x\,\mathrm{d}x + 2y\,\mathrm{d}y - 2z\,\mathrm{d}z = 0. \end{cases}$$

解得 $\mathrm{d}z = 0$, $\mathrm{d}y = -\dfrac{x}{y}\mathrm{d}x$, 于是曲线在点 P 处的切向量为

$$\left. \overline{T} \right|_P = \left. (\mathrm{d}x, \mathrm{d}y, \mathrm{d}z) \right|_P = \left. \left(\mathrm{d}x, -\frac{x}{y}\mathrm{d}x, 0 \right) \right|_P = \mathrm{d}x \cdot \left(1, -\frac{3}{4}, 0 \right) /\!/ (4, -3, 0).$$

故所求切线方程为 $\dfrac{x - 3}{4} = \dfrac{y - 4}{-3} = \dfrac{z - 5}{0}$;　法平面方程为 $4(x - 3) - 3(y - 4) = 0$.

【**解法 3**】　曲面 $x^2 + y^2 + z^2 = 50$ 在点 $P(3, 4, 5)$ 处的法向量为

$$\overrightarrow{n_1} = \left. (2x, 2y, 2z) \right|_P = (6, 8, 10),$$

曲面 $x^2 + y^2 - z^2 = 0$ 在点 $P(3, 4, 5)$ 处的法向量为

$$\overrightarrow{n_2}=(2x,2y,-2z)\big|_P=(6,8,-10).$$

从而曲线在点 P 处的切向量 $\overrightarrow{T}=\overrightarrow{n_1}\times\overrightarrow{n_2}=\begin{vmatrix}\vec{i}&\vec{j}&\vec{k}\\6&8&10\\6&8&-10\end{vmatrix}=-160\vec{i}-120\vec{j}//(4,-3,0).$ 故

所求切线方程为 $\dfrac{x-3}{4}=\dfrac{y-4}{-3}=\dfrac{z-5}{0}$;　法平面方程为 $4(x-3)-3(y-4)=0$.

特别提示　曲线 $\begin{cases}F(x,y,z)=0\\G(x,y,z)=0\end{cases}$ 的切向量为 $\overrightarrow{T}=\left(\dfrac{\partial(F,G)}{\partial(y,z)},\dfrac{\partial(F,G)}{\partial(z,x)},\dfrac{\partial(F,G)}{\partial(x,y)}\right)$

或 $\overrightarrow{T}=(\mathrm{d}x,\mathrm{d}y,\mathrm{d}z)$ 或 $\overrightarrow{T}=\vec{n}_1\times\vec{n}_2=\{F_x,F_y,F_z\}\times\{G_x,G_y,G_z\}$. 切向量不唯一, 但互相平行.

类题训练

1. 求曲线 $\begin{cases}x^2+y^2+z^2-3x=0,\\2x-3y+5z-4=0\end{cases}$ 在点 $(1,1,1)$ 处的切线及法平面方程.

2. 求曲线 $\begin{cases}2x^2+3y^2+z^2=47,\\x^2+2y^2=z\end{cases}$ 上点 $(-2,1,6)$ 处的切线和法平面方程.

3. 设 $F(x,y,z)$ 和 $G(x,y,z)$ 有连续偏导数, 且 $\dfrac{\partial(F,G)}{\partial(x,z)}\ne0$, 曲线

$$\Gamma:\begin{cases}F(x,y,z)=0,\\G(x,y,z)=0\end{cases}$$

过点 $P_0(x_0,y_0,z_0)$, 记 Γ 在 xOy 平面上的投影曲线为 S, 求 S 上过点 (x_0,y_0) 的切线方程. (2014 年全国大学生数学竞赛决赛(非数学类)试题)

典型例题

13　求函数 $z=1-\left(\dfrac{x^2}{a^2}+\dfrac{y^2}{b^2}\right)$ 在点 $P\left(\dfrac{a}{\sqrt{2}},\dfrac{b}{\sqrt{2}}\right)$ 处沿曲线 $\dfrac{x^2}{a^2}+\dfrac{y^2}{b^2}=1$ 在该点的内法线方向的方向导数.

【解法 1】　$\dfrac{\partial z}{\partial x}\Big|_P=-\dfrac{2x}{a^2}\Big|_P=-\dfrac{\sqrt{2}}{a},\ \dfrac{\partial z}{\partial y}\Big|_P=-\dfrac{2y}{b^2}\Big|_P=-\dfrac{\sqrt{2}}{b}.$

曲线 $\dfrac{x^2}{a^2}+\dfrac{y^2}{b^2}=1$ 在点 $P\left(\dfrac{a}{\sqrt{2}},\dfrac{b}{\sqrt{2}}\right)$ 处切线的斜率为 $\dfrac{\mathrm{d}y}{\mathrm{d}x}\Big|_P=-\dfrac{x}{y}\cdot\dfrac{b^2}{a^2}\Big|_P=-\dfrac{b}{a}.$

于是法线的斜率是 $\tan\theta=\dfrac{a}{b}$，内法线的方向余弦为

$$\cos\theta=\frac{1}{\sec\theta}=-\frac{1}{\sqrt{1+\tan^2\theta}}=-\frac{b}{\sqrt{a^2+b^2}},\quad \sin\theta=\tan\theta\cdot\cos\theta=-\frac{a}{\sqrt{a^2+b^2}}.$$

故函数在点 P 处沿曲线在该点的内法线方向 $\vec{l}$ 的方向导数为

$$\frac{\partial z}{\partial l}\bigg|_P=\frac{\partial z}{\partial x}\bigg|_P\cdot\cos\theta+\frac{\partial z}{\partial y}\bigg|_P\cdot\sin\theta=\frac{\sqrt{2}}{ab}\sqrt{a^2+b^2}.$$

【**解法 2**】　记 $f(x,y)=1-\left(\dfrac{x^2}{a^2}+\dfrac{y^2}{b^2}\right)$，则平面曲线 $\dfrac{x^2}{a^2}+\dfrac{y^2}{b^2}=1$ 是函数

$z=f(x,y)$ 的一条等值线 $\begin{cases} z=f(x,y), \\ z=0. \end{cases}$ 而由 $f(x,y)=0$ 知 $f_x\,\mathrm{d}x+f_y\,\mathrm{d}y=0$，即

$\pm\left(f_x,f_y\right)\cdot\left(\mathrm{d}x,\mathrm{d}y\right)=0$．

记 $\vec{T}=(\mathrm{d}x,\mathrm{d}y)$ 为切向量，则等值线 $f(x,y)=0$ 上任一点的一个法向量 $\vec{n}=\left(f_x,f_y\right)$ 与梯度 $\mathrm{grad}\,f(x,y)$ 的方向相同. 而

$$\mathrm{grad}\,f(x,y)\big|_P=\left(\frac{\partial f}{\partial x},\frac{\partial f}{\partial y}\right)\bigg|_P=\left(-\frac{2x}{a^2},-\frac{2y}{b^2}\right)\bigg|_P=\left(-\frac{\sqrt{2}}{a},-\frac{\sqrt{2}}{b}\right),$$

所以与梯度 $\mathrm{grad}\,f(x,y)\big|_P$ 方向相同的法向量为内法线方向，因此，沿这个方向的方向导数

$$\frac{\partial z}{\partial l}=\left|\mathrm{grad}\,f(x,y)\big|_P\right|=\frac{\sqrt{2}}{ab}\sqrt{a^2+b^2}.$$

✴　**特别提示**　对于函数 $z=f(x,y)$，梯度 $\mathrm{grad}\,f(x,y)=f_x(x,y)\vec{i}+f_y(x,y)\vec{j}=\left(f_x,f_y\right)$，沿方向 $\vec{l}\neq\vec{0}$ 的方向导数为

$$\frac{\partial z}{\partial l}=\frac{\partial f}{\partial x}\cos\theta+\frac{\partial f}{\partial y}\sin\theta=\left(f_x,f_y\right)\cdot\left(\cos\theta,\sin\theta\right)$$

$$=\mathrm{grad}\,f(x,y)\cdot\frac{\vec{l}}{|\vec{l}|}=\left|\mathrm{grad}\,f(x,y)\right|\cdot\cos\left(\mathrm{grad}\,f(x,y),\vec{l}\right),$$

其中 $\dfrac{\vec{l}}{|\vec{l}|}=(\cos\theta,\sin\theta)$．

而由等值线 $f(x,y)=0$ 知 $f_x\,\mathrm{d}x+f_y\,\mathrm{d}y=0$，即 $\pm\left(f_x,f_y\right)\cdot\left(\mathrm{d}x,\mathrm{d}y\right)=0$．切向量为 $\vec{T}=(\mathrm{d}x,\mathrm{d}y)$，所以法向量为 $\vec{n}=\pm\left(f_x,f_y\right)$，其中 $\vec{n}=\left(f_x,f_y\right)$ 与梯度 $\mathrm{grad}\,f(x,y)$

方向相同, 故沿着该方向(也是梯度方向), 方向导数取最大值 $\left|\operatorname{grad} f(x,y)\right|$; 沿着该方向的反方向, 方向导数取最小值 $-\left|\operatorname{grad} f(x,y)\right|$; 沿着与该方向垂直的方向, 方向导数为 0. 对于三元函数, 也有类似的结论.

♻ 类题训练

1. 求函数 $u = \dfrac{x^2}{a^2} + \dfrac{y^2}{b^2} + \dfrac{z^2}{c^2}$ 在椭球面 $\dfrac{x^2}{a^2} + \dfrac{y^2}{b^2} + \dfrac{z^2}{c^2} = 1$ 上点 $\left(\dfrac{a}{\sqrt{3}}, \dfrac{b}{\sqrt{3}}, \dfrac{c}{\sqrt{3}}\right)$ 处沿外法线方向的方向导数.

2. 求函数 $u = x + y + z$ 在球面 $x^2 + y^2 + z^2 = 1$ 上点 (x_0, y_0, z_0) 处沿该点的外法线方向的方向导数.

📖 典型例题

14 在椭球面 $x^2 + 2y^2 + 3z^2 = 21$ 上求一点, 使它在该点处的切平面 π 通过直线 $l : \dfrac{x-6}{2} = \dfrac{y-3}{1} = \dfrac{2z-1}{-2}$, 并写出该切平面 π 的方程.

【解法 1】   设所求的切点为 $M(x_0, y_0, z_0)$, 则有 $x_0^2 + 2y_0^2 + 3z_0^2 = 21$.

令 $F(x,y,z) = x^2 + 2y^2 + 3z^2 - 21$, 则椭球面 $F(x,y,z) = 0$ 在点 M 处的切平面 π 的方程为 $2x_0(x - x_0) + 4y_0(y - y_0) + 6z_0(z - z_0) = 0$, 代入 $x_0^2 + 2y_0^2 + 3z_0^2 = 21$, 化简得 $x_0 x + 2y_0 y + 3z_0 z = 21$.

再由已知切平面 π 通过已知直线 l, 在直线 l 上任取两点 $\left(6, 3, \dfrac{1}{2}\right)$ 及 $\left(4, 2, \dfrac{3}{2}\right)$, 代入切平面 π 的方程, 得 $6x_0 + 6y_0 + \dfrac{3}{2}z_0 = 21$, $4x_0 + 4y_0 + \dfrac{9}{2}z_0 = 21$, 联立 $x_0^2 + 2y_0^2 + 3z_0^2 = 21$, 解得 $x_0 = 3$, $y_0 = 0$, $z_0 = 2$ 与 $x_0 = 1$, $y_0 = 2$, $z_0 = 2$, 即切点为 $M(3, 0, 2)$ 与 $M(1, 2, 2)$; 对应的切平面 π 的方程为 $x + 2z = 7$ 与 $x + 4y + 6z = 21$.

【解法 2】   直线 l 的方程改写为 $\begin{cases} \dfrac{x-6}{2} = \dfrac{y-3}{1}, \\ \dfrac{x-6}{2} = \dfrac{2z-1}{-2}, \end{cases}$ 即 $\begin{cases} x - 2y = 0, \\ x + 2z - 7 = 0. \end{cases}$

经过直线 l 的平面束方程可设为 $\lambda(x - 2y) + \mu(x + 2z - 7) = 0$, 即 $(\lambda + \mu)x - 2\lambda y + 2\mu z - 7\mu = 0$.

设所求的切点为 $M(x_0, y_0, z_0)$, 则椭球面在点 $M(x_0, y_0, z_0)$ 处的法向量为 $\vec{n} = (2x_0, 4y_0, 6z_0)$, 切平面 π 的方程为 $2x_0(x - x_0) + 4y_0(y - y_0) + 6z_0(z - z_0) = 0$.

于是由已知, 得

$$
\begin{cases}
\dfrac{2x_0}{\lambda+\mu}=\dfrac{4y_0}{-2\lambda}=\dfrac{6z_0}{2\mu}, \\[2mm]
(\lambda+\mu)x_0-2\lambda y_0+2\mu z_0-7\mu=0, \\[2mm]
x_0^2+2y_0^2+3z_0^2=21.
\end{cases}
$$

令 $\dfrac{2x_0}{\lambda+\mu}=\dfrac{4y_0}{-2\lambda}=\dfrac{6z_0}{2\mu}\xlongequal{\Delta}t$, 代入上式解得 $\lambda=0$ 或 $\lambda=-\dfrac{2}{3}\mu$, $x_0=3\dfrac{\lambda+\mu}{\mu}$, $y_0=-3\dfrac{\lambda}{\mu}$, $z_0=2$. 故当 $\lambda=0$ 时, $x_0=3$, $y_0=0$, $z_0=2$, 切平面 π 的方程为 $x+2z-7=0$; 当 $\lambda=-\dfrac{2}{3}\mu$ 时, $x_0=1$, $y_0=2$, $z_0=2$, 切平面 π 的方程为 $x+4y+6z-21=0$.

【解法 3】　设所求的切点为 $M(x_0,y_0,z_0)$, 则椭球面在该点的法向量为 $\vec{n}=(2x_0,4y_0,6z_0)$. 因为已知 M 点的切平面 π 通过直线 l, 所以有

$$
\vec{n}\perp(2,1,-1), \quad 且\ \vec{n}\perp\left(6-x_0,3-y_0,\frac{1}{2}-z_0\right),
$$

于是有 $4x_0+4y_0-6z_0=0$, $2x_0(6-x_0)+4y_0(3-y_0)+6z_0\left(\dfrac{1}{2}-z_0\right)=0$.

又 M 点在椭球面上, 所以有 $x_0^2+2y_0^2+3z_0^2=21$. 代入上式化简得

$$
\begin{aligned}
&x_0+y_0-\frac{3}{2}z_0=0, \\[2mm]
&x_0+y_0+\frac{1}{4}z_0-\frac{7}{2}=0, \\[2mm]
&x_0^2+2y_0^2+3z_0^2=21.
\end{aligned}
$$

上述第 1 个和第 2 个方程相减消去 x_0+y_0, 得 $z_0=2$, 再由第 1 个和第 3 个方程代入 $z_0=2$ 后联立求解, 即得 $y_0=0$, $x_0=3$ 或 $y_0=2$, $x_0=1$. 故所求的切点为 $M(3,0,2)$ 与 $M(1,2,2)$, 对应的切平面 π 的方程为

$$
6(x-3)+12(z-2)=0 \quad 与 \quad 2(x-1)+8(y-2)+12(z-2)=0,
$$

即 $x+2z=7$ 与 $x+4y+6z=21$.

✦ **特别提示**　该题主要是要掌握曲面 $F(x,y,z)=0$ 的切平面方程的确定及平面通过直线的含义及相关信息, 特别是切平面法向量为 $\vec{n}=(F_x,F_y,F_z)$, 直线

$\dfrac{x-x_0}{m}=\dfrac{y-y_0}{n}=\dfrac{z-z_0}{p}$ 的方向向量为 $\vec{s}=(m,n,p)$，且它过点 (x_0,y_0,z_0)．

♻ 类题训练

1. 求过直线 $l:\begin{cases}3x-2y-z=5,\\ x+y+z=0\end{cases}$ 且与曲面 $2x^2-2y^2+2z=\dfrac{5}{8}$ 相切的切平面方程．

2. 求曲面 $z=\dfrac{x^2}{2}+y^2$ 平行于平面 $2x+2y-z=0$ 的切平面方程. (2016 年第八届全国大学生数学竞赛预赛(非数学类)试题)

3. 过直线 $\begin{cases}10x+2y-2z=27,\\ x+y-z=0\end{cases}$ 作曲面 $3x^2+y^2-z^2=27$ 的切平面，求切平面的方程. (2013 年第四届全国大学生数学竞赛决赛(非数学类)试题)

4. 曲面 $z=\dfrac{x^2}{2}+y^2-2$ 平行平面 $2x+2y-z=0$ 的切平面方程是＿＿＿＿＿＿. (2009 年首届中国大学生数学竞赛预赛(非数学类)试题)

5. 设函数 $z=f(x,y)$ 在点 $(0,1)$ 的某邻域内可微，且 $f(x,y+1)=1+2x+3y+0(\rho)$，其中 $\rho=\sqrt{x^2+y^2}$，则曲面 $z=f(x,y)$ 在点 $(0,1)$ 处的切平面方程为＿＿＿＿＿＿. (第十八届北京市数学竞赛试题)

6. 已知曲面 $\Sigma:\sqrt{x}+2\sqrt{y}+3\sqrt{z}=3$，(1)求该曲面上点 $P(a,b,c)\,(abc>0)$ 处的切平面方程；(2)问 a,b,c 为何值时，上述切平面与三个坐标平面所围四面体的体积最大.

7. 设曲面为 $e^{2x+y-z}=f(x-2y+z)$，其中 f 可微，证明该曲面上任一点处的切平面都平行于某一过原点的直线(要求写出直线的方程)．

📖 典型例题

15 求函数 $z=f(x,y)=x^2+4y^2+9$ 在 $D=\left\{(x,y)\,\middle|\,x^2+y^2\leqslant 4\right\}$ 上的最大值与最小值.

【解法1】 首先，由 $\begin{cases}f_x(x,y)=2x=0,\\ f_y(x,y)=8y=0,\end{cases}$ 求得 $f(x,y)$ 在 D 内部的驻点 $(0,0)$，且 $f(0,0)=9$．

其次，再由 Lagrange 乘数法求 $f(x,y)$ 在 D 的边界：$x^2+y^2=4$ 上的可能的极值点.

令 $F(x,y)=x^2+4y^2+9+\lambda\left(x^2+y^2-4\right)$，则

$$\begin{cases} \dfrac{\partial F}{\partial x} = 2x + 2\lambda x = 0, \\[2mm] \dfrac{\partial F}{\partial y} = 8y + 2\lambda y = 0, \\[2mm] x^2 + y^2 - 4 = 0. \end{cases}$$

解得
$$x = 0,\ y = \pm 2,\ \lambda = -4;\ x = \pm 2,\ y = 0,\ \lambda = -1.$$
$$f(0,2) = 25, f(0,-2) = 25,\ f(2,0) = 13,\ f(-2,0) = 13.$$

　　最后，比较驻点及可能极值点处的值，即得 $f(x,y)$ 在闭区域 D 上的最大值为 25，最小值为 9.

　　【解法 2】　同上求出 $f(x,y)$ 在 D 内部的驻点 $(0,0)$，$f(0,0) = 9$.

　　再考虑 $f(x,y)$ 在 D 的边界：$x^2 + y^2 = 4$ 上取极值的情况.

　　将 $x^2 + y^2 = 4$ 写为参数方程：$\begin{cases} x = 2\cos t, \\ y = 2\sin t. \end{cases}$　并代入 $z = f(x,y) = x^2 + 4y^2 + 9$ 中

转化为求 $z = \varphi(t) = f(2\cos t, 2\sin t) = 4\cos^2 t + 16\sin^2 t + 9$ 的极值问题.

　　令 $\varphi'(t) = 24\cos t \cdot \sin t = 0$，解得 $t = 0, \dfrac{\pi}{2}$，$\varphi(0) = 13$，$\varphi\left(\dfrac{\pi}{2}\right) = 25$.

　　因为 $\varphi(t)$ 是以 π 为周期的周期函数，所以只要讨论 $t = 0, \dfrac{\pi}{2}$ 即可. 经过比较，即知 $f(x,y)$ 在 D 上的最大值为 25，最小值为 9.

　　【解法 3】　同上求出 $f(x,y)$ 在 D 内部的驻点 $(0,0)$.

　　再考虑 $f(x,y)$ 在 D 的边界：$x^2 + y^2 = 4$ 上取极值的情况.

　　$f(x,y) = x^2 + 4y^2 + 9 = x^2 + 4(4 - x^2) + 9 = 25 - 3x^2$ $(-2 \leqslant x \leqslant 2)$，记 $g(x) = 25 - 3x^2$，$-2 \leqslant x \leqslant 2$，则由 $g'(x) = 0$，得驻点 $x = 0$. 又 $g(0) = 25$，$g(\pm 2) = 13$，所以 $f(x,y)$ 在 D 的边界上取最大值 25 和最小值 13. 而 $f(0,0) = 9$，故比较驻点处的函数值及边界上的最值，可得 $f(x,y)$ 在 D 上取最大值 25 和最小值 9.

　　✳ **特别提示**　求 $z = f(x,y)$ 在闭区域 D 上的最大值和最小值的步骤如下：

　　首先，求出 $z = f(x,y)$ 在 D 内可能的极值点，即驻点与不可微点；其次，求出 $z = f(x,y)$ 在 D 的边界上可能的极值点，通常由 Lagrange 乘数法求；最后，比较上述点处的函数值，其中最大的即为最大值，最小的即为最小值.

　　♻ **类题训练**

　　1. 求函数 $f(x,y) = x^2 + y^2 - xy$ 在区域 $|x| + |y| \leqslant 1$ 的最大值与最小值.

2. 求函数 $f(x,y) = x^2 + 2y^2 - x^2 y^2$ 在 $D = \left\{ (x,y) \middle| x^2 + y^2 \leqslant 4, \ y \geqslant 0 \right\}$ 上的最大值与最小值. (2007 年硕士研究生入学考试数学(一)试题)

3. 求函数 $f(x,y) = x^2 + \sqrt{2}xy + 2y^2$ 在区域 $x^2 + 2y^2 \leqslant 4$ 上的最大值与最小值. (2006 年江苏省高等数学竞赛题)

4. 求函数 $f(x,y) = \mathrm{e}^{-x} \left(ax + b - y^2 \right)$ 中常数 a, b 满足条件 _____ 时, $f(-1, 0)$ 为其极大值. (2006 年江苏省高等数学竞赛题)

📖 典型例题

16 已知函数 $z = f(x,y)$ 的全微分 $\mathrm{d}z = 2x\mathrm{d}x - 2y\mathrm{d}y$, 且 $f(1,1) = 2$, 求 $f(x,y)$ 在椭圆域 $D = \left\{ (x,y) \middle| x^2 + \dfrac{y^2}{4} \leqslant 1 \right\}$ 上的最大值和最小值. (2005 年硕士研究生入学考试数学(二)试题)

【解法 1】 因为 $\mathrm{d}z = 2x\mathrm{d}x - 2y\mathrm{d}y = \mathrm{d}\left(x^2 - y^2 \right)$, 所以 $f_x = 2x$, $f_y = -2y$, 且 $z = x^2 - y^2 + C$. 又由 $f(1,1) = 2$, 即得 $C = 2$, 故 $z = f(x,y) = x^2 - y^2 + 2$.

令 $\begin{cases} f_x(x,y) = 2x = 0, \\ f_y(x,y) = -2y = 0. \end{cases}$ 则得 $f(x,y)$ 在 D 内部的唯一驻点 $(0,0)$, 且 $f(0,0) = 2$.

又在椭圆域 D 的边界 $\partial D : x^2 + \dfrac{y^2}{4} = 1$ 上, $f(x,y) = x^2 - \left(4 - 4x^2 \right) + 2 = 5x^2 - 2$ $(-1 \leqslant x \leqslant 1)$, 可求得椭圆边界 ∂D 上的最值 $f(\pm 1, 0) = 3$, $f(0, \pm 2) = -2$. 将其与 $f(0,0)$ 进行比较知, $f(x,y)$ 在 D 上的最大值为3, 最小值为 -2.

【解法 2】 同解法 1 求得 $f(x,y) = x^2 - y^2 + 2$ 及 D 内部的唯一驻点 $(0,0)$.

在 D 的边界 ∂D 上, 由参数方程 $x = \cos\theta$, $y = 2\sin\theta$ $(0 \leqslant \theta \leqslant 2\pi)$ 代入, 得 $f(\cos\theta, 2\sin\theta) = \cos^2\theta - 4\sin^2\theta + 2 = 3 - 5\sin^2\theta$, 于是当 $\theta = 0, \pi$ 时, $f(\cos\theta, 2\sin\theta) = 3$; 当 $\theta = \dfrac{\pi}{2}, \dfrac{3}{2}\pi$ 时, $f(\cos\theta, 2\sin\theta) = -2$. 又 $f(0,0) = 2$, 故 $f(x,y)$ 在 D 上的最大值为3, 最小值为 -2.

【解法 3】 同解法 1 求得 $f(x,y) = x^2 - y^2 + 2$ 及 D 内部的唯一驻点 $(0,0)$.

因为 $A = f_{xx}(0,0) = 2$, $B = f_{xy}(0,0) = 0$, $C = f_{yy}(0,0) = -2$, $AC - B^2 = -4 < 0$, 所以 $(0,0)$ 不是极值点, 从而 $f(x,y)$ 在 D 上的最值应该在 D 的边界上取得.

在椭圆边界 $x^2 + \dfrac{y^2}{4} = 1$ 上, $f(x,y) = x^2 - \left(4 - 4x^2 \right) + 2 = 5x^2 - 2$ $(-1 \leqslant x \leqslant 1)$.

记 $g(x) = 5x^2 - 2$，则 $g(x)$ 在 $[-1,1]$ 上的最大值为 $g(\pm 1) = 3$，最小值为 $g(0) = -2$．故 $f(x,y)$ 在 D 上的最大值为 3，最小值为 -2．

【解法 4】　同解法 1 求得 $f(x,y) = x^2 - y^2 + 2$ 及 D 内部的唯一驻点 $(0,0)$．

在 D 的边界 ∂D 上，用 Lagrange 乘数法求可能的极值点. 构作 Lagrange 函数

$$F(x,y) = x^2 - y^2 + 2 + \lambda\left(x^2 + \frac{y^2}{4} - 1\right),$$

则由 $F_x = 2x + 2\lambda x = 0$，$F_y = -2y + \dfrac{\lambda}{2}y = 0$ 及 $x^2 + \dfrac{y^2}{4} - 1 = 0$，求得可能的极值点 $(0,2),(0,-2),(1,0),(-1,0)$．

又 $f(x,y)$ 在闭区域 D 上连续，且 $f(0,2) = -2$，$f(0,-2) = -2$，$f(1,0) = 3$，$f(-1,0) = 3$，$f(0,0) = 2$．故 $f(x,y)$ 在 D 上一定存在最大值和最小值，且最大值为 3，最小值为 -2．

✳ **特别提示**　首先由已知确定函数 $z = f(x,y)$ 的表达式，再分别求出 $f(x,y)$ 在闭区域 D 内部及边界上可能的极值点，并比较这些点处函数值的大小，其中值最大的即为最大值，值最小的即为最小值. 在 D 的内部，考虑驻点；在 D 的边界上，用 Lagrange 乘数法或转化为一元函数的极值问题进行确定.

♻ **类题训练**

1. 求函数 $f(x,y) = x^2 + 2y^2 - x^2 y^2$ 在区域 $D = \left\{(x,y)\,\middle|\,x^2 + y^2 \leqslant 4,\ y \geqslant 0\right\}$ 上的最大值和最小值. (2007 年硕士研究生入学考试数学(一)试题)

2. 求函数 $z = x^2 - y^2 + 2xy$ 在区域 $D = \left\{(x,y)\,\middle|\,x^2 + y^2 \leqslant 1\right\}$ 上的最大值和最小值.

3. 求函数 $z = x^2 + xy + y^2 + x - y + 1$ 在由 $y = 2 + x$，$x = 0$，$y = 0$ 所围的有界闭区域 D 上的最大值和最小值.

📖 **典型例题**

17　在椭圆 $x^2 + 4y^2 = 4$ 上求一点，使它到直线 $2x + 3y - 6 = 0$ 的距离最短. (1994 年硕士研究生入学考试数学(一)试题)

【解法 1】　设 $P(x,y)$ 为椭圆 $x^2 + 4y^2 = 4$ 上的任意一点，则点 P 到直线 $2x + 3y - 6 = 0$ 的距离 $d = \dfrac{|2x + 3y - 6|}{\sqrt{13}}$．

因为 d 中含有绝对值，计算不方便，而 d^2 与 d 在相同条件下极值点相同，所

以问题转化为求 $d^2 = \dfrac{1}{13}(2x+3y-6)^2$ 在条件 $x^2+4y^2=4$ 下的最小值. 为此, 构作 Lagrange 辅助函数

$$F(x,y) = \frac{1}{13}(2x+3y-6)^2 + \lambda\left(x^2+4y^2-4\right),$$

则由 $\dfrac{\partial F}{\partial x}=0$, $\dfrac{\partial F}{\partial y}=0$ 及 $x^2+4y^2=4$, 联立解得 $x_1=\dfrac{8}{5}$, $y_1=\dfrac{3}{5}$ 及 $x_2=-\dfrac{8}{5}$, $y_2=$ $-\dfrac{3}{5}$. 于是 $d(x_1,y_1)=\dfrac{1}{\sqrt{13}}$, $d(x_2,y_2)=\dfrac{11}{\sqrt{13}}$. 而由问题的实际含义, 最短距离存在, 故所求的点为 $(x_1,y_1)=\left(\dfrac{8}{5},\dfrac{3}{5}\right)$, 最短距离为 $d(x_1,y_1)=\dfrac{1}{\sqrt{13}}$.

【解法 2】 设 $P_1(x_1,y_1)$, $P_2(x_2,y_2)$ 分别为椭圆 $x^2+4y^2=4$ 及直线 $2x+3y-6=0$ 上的任意点, 则点 P_1 与 P_2 的距离为 $d=\sqrt{(x_1-x_2)^2+(y_1-y_2)^2}$.

因为 d^2 与 d 有相同的极值点, 所以把问题转化为 $d^2=(x_1-x_2)^2+(y_1-y_2)^2$ 在条件 $x_1^2+4y_1^2=4$ 及 $2x_2+3y_2-6=0$ 下的最小值. 为此, 构作 Lagrange 辅助函数

$$F(x_1,y_1,x_2,y_2) = (x_1-x_2)^2+(y_1-y_2)^2 + \lambda\left(x_1^2+4y_1^2-4\right)+\mu(2x_2+3y_2-6),$$

则由

$$\frac{\partial F}{\partial x_1} = 2(x_1-x_2)+2\lambda x_1=0, \qquad \frac{\partial F}{\partial y_1}=2(y_1-y_2)+8\lambda y_1=0,$$

$$\frac{\partial F}{\partial x_2} = -2(x_1-x_2)+2\mu=0, \qquad \frac{\partial F}{\partial y_2}=-2(y_1-y_2)+3\mu=0$$

得 $x_1-x_2=\mu=-\lambda x_1$, $y_1-y_2=\dfrac{3}{2}\mu=-4\lambda y_1$. 再代入 $x_1^2+4y_1^2=4$, $2x_2+3y_2-6=0$ 中, 解得 $\mu=\mp\dfrac{2}{13}$, $\lambda=\dfrac{5}{52}$, $x_1=\pm\dfrac{8}{5}$, $y_1=\pm\dfrac{3}{5}$, $x_2=\pm\dfrac{114}{65}$, $y_2=\pm\dfrac{54}{65}$.

而由问题的实际含义, 最短距离存在, 故最短距离为

$$d=\sqrt{(x_1+x_2)^2+(y_1+y_2)^2}=\sqrt{\mu^2+\left(\frac{3}{2}\mu\right)^2}=\sqrt{\left(\mp\frac{2}{13}\right)^2+\left(\mp\frac{3}{2}\cdot\frac{2}{13}\right)^2}=\frac{1}{\sqrt{13}}.$$

又由 $(x_1,y_1)=\left(\dfrac{8}{5},\dfrac{3}{5}\right)$ 到直线 $2x+3y-6=0$ 的距离为 $d_1=\dfrac{1}{\sqrt{13}}$; $(x_1,y_1)=\left(-\dfrac{8}{5},-\dfrac{3}{5}\right)$ 到直线 $2x+3y-6=0$ 的距离为 $d_2=\dfrac{11}{\sqrt{13}}$, 因而所求点为 $(x_1,y_1)=\left(\dfrac{8}{5},\dfrac{3}{5}\right)$.

【解法 3】　设 $P(x,y)$ 为椭圆 $x^2 + 4y^2 = 4$ 上的任一点，则点 P 到直线

$2x + 3y - 6 = 0$ 的距离为 $d = \dfrac{|2x + 3y - 6|}{\sqrt{13}}$.

将椭圆方程 $x^2 + 4y^2 = 4$ 写为参数方程 $\begin{cases} x = 2\cos t, \\ y = \sin t \end{cases}$ 代入距离公式中得

$d = \dfrac{|4\cos t + 3\sin t - 6|}{\sqrt{13}} = \dfrac{|5\sin(t + \theta) - 6|}{\sqrt{13}}$，其中 $\tan\theta = \dfrac{4}{3}$. 于是当 $\sin(t + \theta) = 1$，即

$t = \dfrac{\pi}{2} - \theta$ 时，d 取最小值，且最小值 $d = \dfrac{1}{\sqrt{13}}$. 此时 $x = 2\cos t = 2\sin\theta = \dfrac{8}{5}$，$y =$

$\sin t = \cos\theta = \dfrac{3}{5}$，所求点为 $\left(\dfrac{8}{5}, \dfrac{3}{5}\right)$.

特别提示　解法 1 是按含一个约束条件的 Lagrange 乘数法求解；解法 2 是按含两个约束条件的 Lagrange 乘数法求解；解法 3 是转化为一元函数的最值问题求解. 要理解和掌握 Lagrange 乘数法求极值和最值的解题思想和步骤.

类题训练

1. 在球面 $x^2 + y^2 + z^2 = 1$ 上求一点，使它到点 $(1, 2, 3)$ 的距离最远.

2. 求抛物线 $y = x^2$ 与直线 $x - y - 2 = 0$ 之间的最短距离.

3. 在旋转椭球面 $2x^2 + y^2 + z^2 = 1$ 上，求距离平面 $2x + y - z = 6$ 的最近点、最远点、最近距离与最远距离.

4. 求曲线 $\begin{cases} x^2 + 3y^2 - z = 0, \\ 3x^2 + y^2 + z = 4 \end{cases}$ 上的点的坐标 z 的最大值与最小值.

5. 已知曲线 C: $\begin{cases} x^2 + 2y^2 - z = 6, \\ 4x + 2y + z = 30. \end{cases}$ 求曲线 C 上的点到 xOy 坐标面距离的最大值. (2021 年硕士研究生入学考试数学(一)试题)

典型例题

18　求函数 $u = x^2 + y^2 + z^2$ 在约束条件 $z = x^2 + y^2$ 和 $x + y + z = 4$ 下的最大值与最小值. (2008 年硕士研究生入学考试数学(二)试题)

【解法 1】　构造 Lagrange 函数

$$F(x, y, z) = x^2 + y^2 + z^2 + \lambda\left(x^2 + y^2 - z\right) + \mu(x + y + z - 4).$$

令 $\begin{cases} F_x = 2x + 2\lambda x + \mu = 0, \\ F_y = 2y + 2\lambda y + \mu = 0, \\ F_z = 2z - \lambda + \mu = 0, \qquad 解得 (x_1, y_1, z_1) = (1,1,2), \quad (x_2, y_2, z_2) = (-2,-2,8). \\ x^2 + y^2 - z = 0, \\ x + y + z = 4. \end{cases}$

由于连续函数 $u = x^2 + y^2 + z^2$ 在闭曲线 $\begin{cases} z = x^2 + y^2, \\ x + y + z = 4 \end{cases}$ 上存在最大值和最小值,

故所求最小值为 6, 最大值为 72.

【解法 2】 由约束条件 $z = x^2 + y^2$ 和 $x + y + z = 4$, 得 $x^2 + y^2 = 4 - x - y$. 再构作 Lagrange 函数 $F(x,y) = x^2 + y^2 + \left(x^2 + y^2 \right)^2 + \lambda \left(x^2 + y^2 + x + y - 4 \right)$.

令 $\begin{cases} F_x = 2x + 4x\left(x^2 + y^2 \right) + 2\lambda x + \lambda = 0, \\ F_y = 2y + 4y\left(x^2 + y^2 \right) + 2\lambda y + \lambda = 0, 解得 (x_1, y_1) = (1,1), \quad (x_2, y_2) = (-2,-2). \\ x^2 + y^2 + x + y - 4 = 0. \end{cases}$

于是 $z_1 = x_1^2 + y_1^2 = 2$, $z_2 = x_2^2 + y_2^2 = 8$. 故所求最小值为 6, 最大值为 72.

【解法 3】 因为将目标函数和约束条件中的 x, y 互换, 其结果与原来一样, 所以应有 $x = y$, 再代入约束条件, 得 $\begin{cases} z = 2x^2, \\ z = 4 - 2x. \end{cases}$ 于是有 $2x^2 = 4 - 2x$, 解得 $x_1 = 1$, $x_2 = -2$.

而当 $x_1 = 1$ 时, $y_1 = 1$, $z_1 = 2$, $u = 6$; 当 $x_2 = -2$ 时, $y_2 = -2$, $z_2 = 8$, $u = 72$. 故所求最小值为 6, 最大值为 72.

【解法 4】 由约束条件 $z = x^2 + y^2$ 和 $x + y + z = 4$, 得 $x^2 + y^2 = 4 - x - y$, 即

$\left(x + \dfrac{1}{2} \right)^2 + \left(y + \dfrac{1}{2} \right)^2 = \left(\dfrac{3}{2}\sqrt{2} \right)^2$. 于是令 $\begin{cases} x + \dfrac{1}{2} = \dfrac{3}{2}\sqrt{2}\cos\theta, \\ y + \dfrac{1}{2} = \dfrac{3}{2}\sqrt{2}\sin\theta. \end{cases}$ 则

$x^2 + y^2 = \left(-\dfrac{1}{2} + \dfrac{3}{2}\sqrt{2}\cos\theta \right)^2 + \left(-\dfrac{1}{2} + \dfrac{3}{2}\sqrt{2}\sin\theta \right)^2 = 5 - \dfrac{3}{2}\sqrt{2}(\cos\theta + \sin\theta)$,

于是原问题转化为求一元函数

$$u = F(\theta) = 5 - \dfrac{3}{2}\sqrt{2}(\cos\theta + \sin\theta) + \left[5 - \dfrac{3}{2}\sqrt{2}(\cos\theta + \ \sin\theta) \right]^2$$

的最值.

记 $\omega = 5 - \dfrac{3}{2}\sqrt{2}(\cos\theta + \sin\theta)$，则 $\omega = 5 - 3\sin\left(\theta + \dfrac{\pi}{4}\right)$，于是知当 $\sin\left(\theta + \dfrac{\pi}{4}\right) = 1$

时，ω 取最小值 2；当 $\sin\left(\theta + \dfrac{\pi}{4}\right) = -1$ 时，ω 取最大值 8．

又 $u = \omega + \omega^2 = \left(\omega + \dfrac{1}{2}\right)^2 - \dfrac{1}{4}$，故当 $\omega = 2$ 时，u 取最小值 $\left(2 + \dfrac{1}{2}\right)^2 - \dfrac{1}{4} = 6$；当

$\omega = 8$ 时，u 取最大值 $\left(8 + \dfrac{1}{2}\right)^2 - \dfrac{1}{4} = 72$．

✳ **特别提示**　　如上解法可知，对于含有两个约束条件的目标函数求最值问题，可以直接构作 Lagrange 函数，也可化为一个约束条件，再构作 Lagrange 函数由 Lagrange 乘数法，或可转化为一元函数的求最值问题．

♻ **类题训练**

1. 已知抛物面 $z = x^2 + y^2$ 被平面 $x + y + z = 1$ 截成一椭圆，求原点到这椭圆的最长与最短距离．

2. 求函数 $z = \dfrac{1}{13}(2x + 3y - 6)^2$ 在约束条件 $x^2 + 4y^2 = 4$ 下的最大值和最小值．(2014 年大连市第二十三届高等数学竞赛试题(A))

3. 求曲线 $\Gamma: \begin{cases} x^2 + y^2 - 2z^2 = 0, \\ x + y + 4z = 6 \end{cases}$ 上点到平面 $\Pi: 2x + 2y + z = 0$ 的最大距离和最小距离. (2016 年天津市(理工类)大学数学竞赛试题)

4. 设 $\Sigma_1: x^2 + \dfrac{y^2}{4} + \dfrac{z^2}{9} = 1$，$\Sigma_2: z^2 = x^2 + y^2$，$\Gamma$ 为 Σ_1 与 Σ_2 的交线，求椭球面 Σ_1 在 Γ 上各点的切平面到原点距离的最大值和最小值. (2011 年全国大学生数学竞赛(非数学类)决赛试题).

5. 求函数 $f(x,y,z) = \ln x + \ln y + 3\ln z$ 在第一卦限的球面 $x^2 + y^2 + z^2 = 5r^2$（$x > 0$，$y > 0$，$z > 0$）上的最大值，并由此结果证明：对任何正数 a,b,c，有 $abc^3 \leqslant 27\left(\dfrac{a+b+c}{5}\right)^5$．

📖 **典型例题**

19　求由方程 $x^2 + y^2 + z^2 - 2x + 2y - 4z - 10 = 0$ 确定的函数 $z = f(x,y)$ 的极值．

【**解法 1**】　方程两边分别对 x 和 y 求偏导数，得

$$2x + 2z\frac{\partial z}{\partial x} - 2 - 4\frac{\partial z}{\partial x} = 0, \quad 2y + 2z\frac{\partial z}{\partial y} + 2 - 4\frac{\partial z}{\partial y} = 0,$$

解得 $\dfrac{\partial z}{\partial x} = \dfrac{x-1}{2-z}$, $\dfrac{\partial z}{\partial y} = \dfrac{y+1}{2-z}$.

令 $\begin{cases} \dfrac{\partial z}{\partial x} = 0, \\[2mm] \dfrac{\partial z}{\partial y} = 0. \end{cases}$ 得 $x=1$, $y=-1$, 即 $z = f(x,y)$ 的驻点为 $(1,-1)$.

将 $x=1$, $y=-1$ 代入原方程, 得 $z_1 = -2$, $z_2 = 6$.

因为 $\dfrac{\partial^2 z}{\partial x^2} = \dfrac{1}{2-z}$, $\dfrac{\partial^2 z}{\partial x \partial y} = 0$, $\dfrac{\partial^2 z}{\partial y^2} = \dfrac{1}{2-z}$, 所以当 $z_1 = -2$ 时, $A = \dfrac{\partial^2 z}{\partial x^2}\bigg|_{z_1=-2} = $

$\dfrac{1}{4} > 0$, $B = \dfrac{\partial^2 z}{\partial x \partial y}\bigg|_{z_1=-2} = 0$, $C = \dfrac{\partial^2 z}{\partial y^2}\bigg|_{z_1=-2} = \dfrac{1}{4}$, $AC - B^2 > 0$, 故 $z = -2$ 为极小值; 当

$z_2 = 6$ 时, $A = \dfrac{\partial^2 z}{\partial x^2}\bigg|_{z_2=6} = -\dfrac{1}{4} < 0$, $B = \dfrac{\partial^2 z}{\partial x \partial y}\bigg|_{z_2=6} = 0$, $C = \dfrac{\partial^2 z}{\partial y^2}\bigg|_{z_2=6} = -\dfrac{1}{4}$, $AC - $

$B^2 > 0$, 故 $z = 6$ 为极大值.

【解法 2】 考虑条件极值问题, 构造 Lagrange 函数

$$F(x,y,z) = z + \lambda\left(x^2 + y^2 + z^2 - 2x + 2y - 4z - 10\right),$$

令 $F_x = 0$, $F_y = 0$, $F_z = 0$ 求得 $x=1$, $y=-1$, 代入原方程中, 解得 $z_1 = -2$, $z_2 = 6$. 故 $z = f(x,y)$ 的极小值为 -2, 极大值为 6.

【解法 3】 原方程经配方后可化为 $(x-1)^2 + (y+1)^2 + (z-2)^2 = 16$, 所以 $z = 2 \pm \sqrt{16 - (x-1)^2 - (y+1)^2}$. 故当 $x=1$, $y=-1$ 时, $\sqrt{16 - (x-1)^2 - (y+1)^2}$ 取极大值 4, 从而 z 取极小值 -2, 极大值 6.

🔆 **特别提示** **[1]** 该题是隐函数的极值问题, 其常见的解法主要有两种, 如解法 1 和解法 2.

[2] 求函数的极值点和极值不一定必须知道函数的表达式, 只要能够求得驻点处的二阶偏导数值, 便可以根据极值点的必要条件和充分条件判别.

[3] 求函数 $z = f(x,y)$ 极值的一般步骤是(i)令 $\begin{cases} f_x = 0, \\ f_y = 0, \end{cases}$ 求得驻点, 再看是否有偏导数不存在的点; (ii)对于各驻点, 分别求 $A = f_{xx}$, $B = f_{xy}$, $C = f_{yy}$ 在驻点处

的值, 若 $AC - B^2 > 0$, 则在该点处取极值, 且当 $A > 0$ 时, 取极小值, 当 $A < 0$ 时, 取极大值; 对于偏导数不存在的点, 利用极值的定义判别.

♻ 类题训练

1. 已知函数 $z = z(x, y)$ 由方程 $(x^2 + y^2)z + \ln z + 2(x + y + 1) = 0$ 确定, 求 $z = z(x, y)$ 的极值. (2016 年硕士研究生入学考试数学(二)试题)

2. 设函数 $y = y(x)$ 由 $x^3 + 3x^2 y - 2y^3 = 2$ 确定, 求 $y = y(x)$ 的极值. (2013 年第五届全国大学生数学竞赛预赛(非数学类)试题)

3. 已知函数 $y = y(x)$ 由 $x^3 + y^3 - 3x + 3y - 2 = 0$ 确定, 求 $y = y(x)$ 的极值. (2017 年硕士研究生入学考试数学(一)试题)

4. 设函数 $f(x, y) = 2(y - x^2)^2 - y^2 - \dfrac{1}{7} x^7$, (i)求 $f(x, y)$ 的极值, 并证明函数 $f(x, y)$ 在点 $(0, 0)$ 处不取极值; (ii)当点 (x, y) 在过原点的任一直线上变化时, 证明 $f(x, y)$ 在点 $(0, 0)$ 处取极小值.

5. 设 $f(x, y)$ 有二阶连续偏导数, $g(x, y) = f(e^{xy}, x^2 + y^2)$, 且 $f(x, y) = 1 - x - y + o\left(\sqrt{(x-1)^2 + y^2}\right)$, 证明 $g(x, y)$ 在 $(0, 0)$ 点取得极值, 判断此极值是极大值还是极小值, 并求出此极值. (第十九届北京市数学竞赛试题)

6. 求函数 $z = x^4 + y^4 - x^2 - 2xy - y^2$ 的极值. (哈尔滨工程大学第十五届数学竞赛试题)

7. 设函数 $f(x, y)$ 满足 $f''_{xy}(x, y) = 2(y + 1)e^x$, $f'_x(x, 0) = (x + 1)e^x$, $f(0, y) = y^2 + 2y$, 求 $f(x, y)$ 的极值. (2015 年硕士研究生入学考试数学(二)试题)

📖 典型例题

20 设变换 $\begin{cases} u = x - 2y, \\ v = x + ay, \end{cases}$ 可把方程 $6\dfrac{\partial^2 z}{\partial x^2} + \dfrac{\partial^2 z}{\partial x \partial y} - \dfrac{\partial^2 z}{\partial y^2} = 0$ 化简为 $\dfrac{\partial^2 z}{\partial u \partial v} = 0$, 求常数 a, 其中 $z = z(x, y)$ 有二阶连续的偏导数.

【解法 1】 将 x, y 看作自变量, u, v 看作中间变量, 由复合函数的求导法则, 有

$$\frac{\partial z}{\partial x} = \frac{\partial z}{\partial u} \cdot \frac{\partial u}{\partial x} + \frac{\partial z}{\partial v} \cdot \frac{\partial v}{\partial x} = \frac{\partial z}{\partial u} + \frac{\partial z}{\partial v}, \quad \frac{\partial z}{\partial y} = \frac{\partial z}{\partial u} \cdot \frac{\partial u}{\partial y} + \frac{\partial z}{\partial v} \cdot \frac{\partial v}{\partial y} = -2\frac{\partial z}{\partial u} + a\frac{\partial z}{\partial v}.$$

于是

$$\frac{\partial^2 z}{\partial x^2} = \frac{\partial^2 z}{\partial u^2} + 2\frac{\partial^2 z}{\partial u \partial v} + \frac{\partial^2 z}{\partial v^2}, \quad \frac{\partial^2 z}{\partial x \partial y} = -2\frac{\partial^2 z}{\partial u^2} + (a - 2)\frac{\partial^2 z}{\partial u \partial v} + a\frac{\partial^2 z}{\partial v^2},$$

$$\frac{\partial^2 z}{\partial y^2} = 4\frac{\partial^2 z}{\partial u^2} - 4a\frac{\partial^2 z}{\partial u \partial v} + a^2\frac{\partial^2 z}{\partial v^2}.$$

代入原方程, 整理得 $\left(10 + 5a\right)\dfrac{\partial^2 z}{\partial u \partial v} + \left(6 + a - a^2\right)\dfrac{\partial^2 z}{\partial v^2} = 0$.

由已知, a 应满足 $6 + a - a^2 = 0$ 且 $10 + 5a \neq 0$, 解得 $a = 3$.

【解法 2】 将 u, v 看作自变量, x, y 看作中间变量. 由已知, 解得 $x = \dfrac{au + 2v}{a + 2}$,

$y = \dfrac{-u + v}{a + 2}$. 于是得

$$\frac{\partial x}{\partial u} = \frac{a}{a+2}, \quad \frac{\partial x}{\partial v} = \frac{2}{a+2}, \quad \frac{\partial y}{\partial u} = -\frac{1}{a+2}, \quad \frac{\partial y}{\partial v} = \frac{1}{a+2},$$

$$\frac{\partial z}{\partial u} = \frac{\partial z}{\partial x}\cdot\frac{\partial x}{\partial u} + \frac{\partial z}{\partial y}\cdot\frac{\partial y}{\partial u} = \frac{a}{a+2}\frac{\partial z}{\partial x} - \frac{1}{a+2}\frac{\partial z}{\partial y},$$

$$\frac{\partial^2 z}{\partial u \partial v} = \frac{a}{a+2}\cdot\left(\frac{\partial^2 z}{\partial x^2}\cdot\frac{\partial x}{\partial v} + \frac{\partial^2 z}{\partial x \partial y}\cdot\frac{\partial y}{\partial v}\right) - \frac{1}{a+2}\cdot\left(\frac{\partial^2 z}{\partial y \partial x}\cdot\frac{\partial x}{\partial v} + \frac{\partial^2 z}{\partial y^2}\cdot\frac{\partial y}{\partial v}\right)$$

$$= \frac{2a}{(a+2)^2}\cdot\frac{\partial^2 z}{\partial x^2} + \frac{a-2}{(a+2)^2}\cdot\frac{\partial^2 z}{\partial x \partial y} - \frac{1}{(a+2)^2}\cdot\frac{\partial^2 z}{\partial y^2}.$$

由已知 $6\dfrac{\partial^2 z}{\partial x^2} + \dfrac{\partial^2 z}{\partial x \partial y} - \dfrac{\partial^2 z}{\partial y^2} = 0$, 即 $\dfrac{\partial^2 z}{\partial y^2} = 6\dfrac{\partial^2 z}{\partial x^2} + \dfrac{\partial^2 z}{\partial x \partial y}$, 代入上式, 得

$$\frac{\partial^2 z}{\partial u \partial v} = \frac{2a-6}{(a+2)^2}\cdot\frac{\partial^2 z}{\partial x^2} + \frac{a-3}{(a+2)^2}\cdot\frac{\partial^2 z}{\partial x \partial y}.$$

于是由 $\dfrac{\partial^2 z}{\partial u \partial v} = 0$, 得 $a - 3 = 0$, 且 $a + 2 \neq 0$, 故 $a = 3$.

特别提示 该题主要是清楚复合函数的求导法则, 特别要注意二阶偏导数的计算.

类题训练

1. 已知函数 $z = u(x, y)\,\mathrm{e}^{ax+by}$, 且 $\dfrac{\partial^2 u}{\partial x \partial y} = 0$, 确定常数 a, b, 使函数 $z = z(x, y)$

满足方程 $\dfrac{\partial^2 z}{\partial x \partial y} - \dfrac{\partial z}{\partial x} - \dfrac{\partial z}{\partial y} + z = 0$. (2012 年第四届全国大学生数学竞赛预赛(非数学类)试题)

2. 设函数 $u = f(x, y)$ 具有二阶连续偏导数, 且满足等式 $4\dfrac{\partial^2 u}{\partial x^2} + 12\dfrac{\partial^2 u}{\partial x \partial y} +$

$5\dfrac{\partial^2 u}{\partial y^2}=0$，确定常数 a，b 的值，使等式在变换 $\begin{cases}\xi=x+ay,\\ \eta=x+by\end{cases}$ 下简化为 $\dfrac{\partial^2 u}{\partial\xi\partial\eta}=0$.

(2010 年硕士研究生入学考试数学(二)试题)

3. 设函数 $z=z(x,y)$ 具有二阶连续偏导数，变换 $\begin{cases}u=x+a\sqrt{y},\\ v=x+2\sqrt{y}.\end{cases}$ 把方程

$\dfrac{\partial^2 z}{\partial x^2}-y\dfrac{\partial^2 z}{\partial y^2}-\dfrac{1}{2}\dfrac{\partial z}{\partial y}=0$ 化为 $\dfrac{\partial^2 z}{\partial u\partial v}=0$，求常数 a.

4. 设 $z=f(x-y,x+y)+g(x+ky)$，f，g 具有二阶连续偏导数，且 $g''\neq 0$，$\dfrac{\partial^2 z}{\partial x^2}+2\dfrac{\partial^2 z}{\partial x\partial y}+\dfrac{\partial^2 z}{\partial y^2}=4f''_{22}$，求常数 k 的值.

5. 设 $x=r\cos\theta$，$y=r\sin\theta$，试把直角坐标系下的 Laplace 方程 $\dfrac{\partial^2 u}{\partial x^2}+\dfrac{\partial^2 u}{\partial y^2}=0$ 化为极坐标形式的方程.

6. 设 $f(x,y)$ 满足 $\left(\dfrac{\partial f}{\partial x}\right)^2+\left(\dfrac{\partial f}{\partial y}\right)^2=4$，作变量代换 $x=uv$，$y=\dfrac{1}{2}(u^2-v^2)$，求常数 a,b，使满足 $a\left(\dfrac{\partial f}{\partial u}\right)^2-b\left(\dfrac{\partial f}{\partial v}\right)^2=u^2+v^2$.

第5章 多元函数积分学

5.1 二 重 积 分

一、经典习题选编

1 设区域 D 为 $x^2 + y^2 \leqslant r^2$，$f(x,y)$ 在 D 上连续, 证明 $\lim\limits_{r \to 0} \dfrac{\iint\limits_{D} f(x,y)\mathrm{d}x\mathrm{d}y}{\pi r^2} = f(0,0)$.

2 计算 $\iint\limits_{D} \dfrac{x^2}{y^2}\mathrm{d}\sigma$, 其中 D 是由直线 $y = 2$, $y = x$ 和双曲线 $xy = 1$ 所围成的平面区域.

3 计算 $\iint\limits_{D} \mathrm{e}^{-y^2}\mathrm{d}x\mathrm{d}y$, 其中 D 是由直线 $x = 0$, $y = 1$, $y = x$ 所围成的闭区域.

4 设 $f(x) = \displaystyle\int_1^{\sqrt{x}} \mathrm{e}^{-y^2}\mathrm{d}y$, 求 $\displaystyle\int_0^1 \dfrac{1}{\sqrt{x}} f(x)\mathrm{d}x$.

5 计算 $\iint\limits_{D} \left(x + x^3 y^2\right)\mathrm{d}\sigma$, 其中 D 为半圆: $x^2 + y^2 \leqslant 4$, $y \geqslant 0$.

6 计算 $\iint\limits_{D} \left(\dfrac{x^2}{a^2} + \dfrac{y^2}{b^2}\right)\mathrm{d}x\mathrm{d}y$, 其中 D 为圆域: $x^2 + y^2 \leqslant R^2$.

7 将 $\displaystyle\int_0^2 \mathrm{d}x \int_0^x f\left(\sqrt{x^2 + y^2}\right)\mathrm{d}y$ 化为极坐标系下的二次积分.

8 计算 $\iint\limits_{D} (6x + 8y)\mathrm{d}x\mathrm{d}y$, 其中 D 是由圆周 $(x-3)^2 + (y-4)^2 = 25$ 所围成的区域.

9 计算 $\iint\limits_{D} (x + y)\mathrm{d}x\mathrm{d}y$, 其中 $D = \left\{(x,y) \mid x^2 + y^2 \leqslant x + y + 1\right\}$. (1994 年硕士研究生入学考试数学(三)试题)

10 计算 $\iint\limits_{D} y\mathrm{d}x\mathrm{d}y$ ，其中 D 是由直线 $x=-2$ ， $y=0$ ， $y=2$ 及曲线 $x=-\sqrt{2y-y^2}$ 所围成的平面区域. (1999 年硕士研究生入学考试数学(三)试题)

11 计算 $\iint\limits_{D} \mathrm{e}^{\frac{y}{x+y}}\mathrm{d}x\mathrm{d}y$ ，其中 D 是由 $x+y=1$ 与坐标轴所围成的区域.

12 设函数 $f(x)$ 在 $[a,b]$ 上连续, 证明 $\int_a^b f(x)\mathrm{d}x\int_x^b f(y)\mathrm{d}y = \dfrac{1}{2}\left[\int_a^b f(x)\mathrm{d}x\right]^2$.

13 设函数 $f(x)$ 在 $[a,b]$ 上连续, $D=\left\{(x,y)\middle|a\leqslant x\leqslant b,\ a\leqslant y\leqslant b\right\}$ ，证明 $\iint\limits_{D} \mathrm{e}^{f(x)-f(y)}\mathrm{d}x\mathrm{d}y\geqslant (b-a)^2$.

14 设 $f(x)$ 为连续函数, 证明 $\iint\limits_{D} f(x+y)\mathrm{d}x\mathrm{d}y = \int_{-1}^1 f(u)\mathrm{d}u$ ，其中闭区域 $D: |x|+|y|\leqslant 1$.

15 设函数 $f(x,y)$ 在区域 $D: x^2+y^2\leqslant 1$ 上有二阶连续偏导数, 且 $\dfrac{\partial^2 f}{\partial x^2}+\dfrac{\partial^2 f}{\partial y^2}=\mathrm{e}^{-(x^2+y^2)}$ ，证明

$$\iint\limits_{D}\left(x\frac{\partial f}{\partial x}+y\frac{\partial f}{\partial y}\right)\mathrm{d}x\mathrm{d}y = \frac{\pi}{2\mathrm{e}}.$$

 二、一 题 多 解

典型例题

1 设区域 D 为 $x^2+y^2\leqslant r^2$ ， $f(x,y)$ 在 D 上连续, 证明

$$\lim_{r\to 0}\frac{\iint\limits_{D} f(x,y)\mathrm{d}x\mathrm{d}y}{\pi r^2} = f(0,0).$$

【证法1】 由二重积分的积分中值定理知, 存在 $(\xi,\eta)\in D$ ，使得

$$\iint\limits_{D} f(x,y)\mathrm{d}x\mathrm{d}y = f(\xi,\eta)\cdot\pi r^2,$$

于是 $\lim\limits_{r\to 0}\dfrac{\iint\limits_{D} f(x,y)\mathrm{d}x\mathrm{d}y}{\pi r^2} = \lim\limits_{r\to 0} f(\xi,\eta) = f(0,0)$.

【证法2】 因为 $f(x,y)$ 在 D 上连续, $(0,0)\in D$ ，所以 $f(x,y)$ 在点 $(0,0)$ 连续, 于是 $\forall\varepsilon>0$ ， $\exists\delta>0$ ，当 $\sqrt{x^2+y^2}<\delta$ 时, 有 $\left|f(x,y)-f(0,0)\right|<\varepsilon$. 从而

$$\left| \frac{1}{\pi r^2} \iint\limits_D f(x,y) \mathrm{d}x\mathrm{d}y - f(0,0) \right| = \left| \frac{1}{\pi r^2} \iint\limits_D \left[f(x,y) - f(0,0) \right] \mathrm{d}x\mathrm{d}y \right|$$

$$\leqslant \frac{1}{\pi r^2} \iint\limits_D \left| f(x,y) - f(0,0) \right| \mathrm{d}x\mathrm{d}y < \varepsilon,$$

即 $\lim\limits_{r \to 0} \dfrac{1}{\pi r^2} \iint\limits_D f(x,y)\mathrm{d}x\mathrm{d}y = f(0,0)$.

【证法3】 用极坐标, 化为先 θ 后 ρ 次序的二次积分, 即

$$\iint\limits_D f(x,y)\mathrm{d}x\mathrm{d}y = \int_0^r \mathrm{d}\rho \int_0^{2\pi} \rho f(\rho\cos\theta, \rho\sin\theta)\mathrm{d}\theta.$$

再由 L'Hospital 法则, 有

$$\lim_{r \to 0} \frac{1}{\pi r^2} \iint\limits_D f(x,y)\mathrm{d}x\mathrm{d}y = \lim_{r \to 0} \frac{\int_0^r \mathrm{d}\rho \int_0^{2\pi} \rho f(\rho\cos\theta, \rho\sin\theta)\mathrm{d}\theta}{\pi r^2}$$

$$= \lim_{r \to 0} \frac{\int_0^{2\pi} r f(r\cos\theta, r\sin\theta)\mathrm{d}\theta}{2\pi r}$$

$$= \lim_{r \to 0} \frac{\int_0^{2\pi} f(r\cos\theta, r\sin\theta)\mathrm{d}\theta}{2\pi} = f(0,0).$$

其中最后一步用到一元函数的积分中值定理.

特别提示 证法 1 要求熟悉二重积分的积分中值定理及其条件要求; 证法 2 要求掌握二元函数在某一点连续的定义及二重积分的放缩性质; 证法 3 要求掌握极坐标系下如何化二重积分为先 θ 后 ρ 积分次序的积分, L'Hospital 法则及一元函数的积分中值定理. 证法 3 要求较高, 一般化为先 θ 后 ρ 次序的积分不作要求.

类题训练

1. 设区域 D 为 $x^2 + y^2 \leqslant r^2$, 求极限 $\lim\limits_{r \to 0} \dfrac{1}{\pi r^2} \iint\limits_D \mathrm{e}^{x^2 - y^2} \cos(x+y)\mathrm{d}x\mathrm{d}y$.

2. 计算 $I = \iint\limits_D \mathrm{e}^{-(x^2+y^2)} \cos(x^2+y^2)\mathrm{d}x\mathrm{d}y$, 其中 D 是全平面.

3. 求极限 $\lim\limits_{t \to 0^+} \dfrac{1}{t^2} \int_0^t \mathrm{d}x \int_0^{t-x} \mathrm{e}^{x^2+y^2}\mathrm{d}y$. (2009 年南京工业大学高等数学竞赛题)

4. 设函数 $f(x,y)$ 在点 $(0,0)$ 的某个邻域内连续, 令 $F(t) = \iint\limits_{x^2+y^2 \leqslant t^2} f(x,y)\mathrm{d}x\mathrm{d}y$,

求 $\lim\limits_{t\to 0^+}\dfrac{F'(t)}{t}$. (2016 年天津市(理工类)大学数学竞赛试题)

📖 **典型例题**

2 计算 $\displaystyle\iint_D \dfrac{x^2}{y^2}\mathrm{d}\sigma$,其中 D 是由直线 $y=2$,$y=x$ 和双曲线 $xy=1$ 所围成的平面区域(图 5.1).

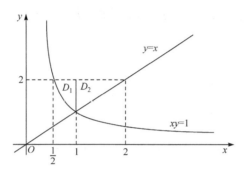

图 5.1 平面区域 D 的图形

【解法 1】 按 Y-型域计算

$$\iint_D \dfrac{x^2}{y^2}\mathrm{d}\sigma = \int_1^2 \mathrm{d}y\int_{\frac{1}{y}}^{y}\dfrac{x^2}{y^2}\mathrm{d}x = \dfrac{27}{64}.$$

【解法 2】 按 X-型域计算

$$\iint_D \dfrac{x^2}{y^2}\mathrm{d}\sigma = \iint_{D_1}\dfrac{x^2}{y^2}\mathrm{d}\sigma + \iint_{D_2}\dfrac{x^2}{y^2}\mathrm{d}\sigma = \int_{\frac{1}{2}}^{1}\mathrm{d}x\int_{\frac{1}{x}}^{2}\dfrac{x^2}{y^2}\mathrm{d}y + \int_1^2 \mathrm{d}x\int_x^2 \dfrac{x^2}{y^2}\mathrm{d}y = \dfrac{27}{64}.$$

【解法 3】 利用极坐标

令 $x=\rho\cos\theta$,$y=\rho\sin\theta$,则 $y=2$ 化为 $\rho=\dfrac{2}{\sin\theta}$,$xy=1$ 化为 $\rho=\dfrac{1}{\sqrt{\sin\theta\cos\theta}}$,

$y=x$ 化为 $\theta=\dfrac{\pi}{4}$,记 $\tan\beta=4$,于是

$$\iint_D \dfrac{x^2}{y^2}\mathrm{d}\sigma = \int_{\frac{\pi}{4}}^{\beta}\mathrm{d}\theta\int_{\frac{1}{\sqrt{\sin\theta\cos\theta}}}^{\frac{2}{\sin\theta}}\dfrac{\cos^2\theta}{\sin^2\theta}\rho\mathrm{d}\rho = \int_{\frac{\pi}{4}}^{\beta}\dfrac{\cos^2\theta}{\sin^2\theta}\cdot\dfrac{1}{2}\left[\dfrac{4}{\sin^2\theta}-\dfrac{1}{\sin\theta\cos\theta}\right]\mathrm{d}\theta$$

$$= 2\int_{\frac{\pi}{4}}^{\beta}\cot^2\theta\csc^2\theta\mathrm{d}\theta - \dfrac{1}{2}\int_{\frac{\pi}{4}}^{\beta}\dfrac{\cos\theta}{\sin^3\theta}\mathrm{d}\theta = \left(-\dfrac{2}{3}\cot^3\theta + \dfrac{1}{4}\dfrac{1}{\sin^2\theta}\right)\Bigg|_{\frac{\pi}{4}}^{\beta} = \dfrac{27}{64}.$$

⊛ **特别提示**　　直角坐标系下二重积分的计算步骤是(i)画出积分区域的图形,确定是 X-型域, Y-型域还是非 X-、非 Y-型域; (ii)根据区域的类型,确定积分次序是先 x 后 y,还是先 y 后 x,再确定它们的积分限.

极坐标系下二重积分的计算步骤是(i)将直角坐标下的二重积分按换元变换化为极坐标系下, $\iint\limits_{D} f(x,y)\mathrm{d}x\mathrm{d}y = \iint\limits_{D_1} f(\rho\cos\theta,\rho\sin\theta)\rho\mathrm{d}\rho\mathrm{d}\theta$; (ii)在 (θ,ρ) 极坐标系下,根据 D_1 的形状,确定是先 ρ 后 θ,还是先 θ 后 ρ 积分次序. 如果是化为先 ρ 后 θ 积分次序,那么依据极点 O 与区域 D_1 的位置(内、上、外)确定积分限.

♻ **类题训练**

1. 计算 $\iint\limits_{D} x(x+y)\mathrm{d}x\mathrm{d}y$,其中 $D = \left\{(x,y)\,\middle|\, x^2+y^2 \leqslant 2,\ y \geqslant x^2\right\}$. (2015 年硕士研究生入学考试数学(一)、(二)试题)

2. 计算 $\iint\limits_{D} \left(x+y^2\right)\mathrm{d}x\mathrm{d}y$,其中 D 是 $y=x^2$ 与 $y^2=x$ 所围成的闭区域.

3. 计算 $\iint\limits_{D} y\mathrm{e}^{xy}\mathrm{d}x\mathrm{d}y$,其中 D 是由直线 $x=1$, $x=2$, $y=2$ 及双曲线 $xy=1$ 所围成的闭区域.

4. 计算 $\iint\limits_{D} \left(x^3\mathrm{e}^{y^2}+y\right)\mathrm{d}x\mathrm{d}y$,其中 D 是由抛物线 $y=x^2$, $y=4x^2$ 及直线 $y=1$ 所围成的平面闭区域.

📖 **典型例题**

3　计算 $\iint\limits_{D} \mathrm{e}^{-y^2}\mathrm{d}x\mathrm{d}y$,其中 D 是由直线 $x=0$, $y=1$, $y=x$ 所围成的闭区域(图 5.2).

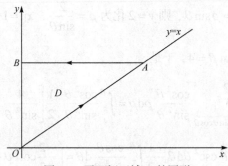

图 5.2　平面闭区域 D 的图形

【**解法 1**】　因为 $\int e^{-y^2}dy$ 是属于 "积不出来" 的那一类积分, 即其原函数存在但不能用初等函数表示, 所以直接按 X -型域计算不出来。下面按 Y -型域计算.

$$\iint\limits_D e^{-y^2}dxdy = \int_0^1 dy \int_0^y e^{-y^2}dx = \int_0^1 y e^{-y^2}dy = \left(-\frac{1}{2}e^{-y^2}\right)\Bigg|_0^1 = \frac{1}{2}\left(1 - \frac{1}{e}\right).$$

【**解法 2**】　按 X -型域化为先对 y 后对 x 的积分, 再用分部积分法

$$\iint\limits_D e^{-y^2}dxdy = \int_0^1 dx \int_x^1 e^{-y^2}dy.$$

令 $\Phi(x) = \int_x^1 e^{-y^2}dy$, 则 $\Phi'(x) = -e^{-x^2}$, 于是

$$\iint\limits_D e^{-y^2}dxdy = \int_0^1 dx \int_x^1 e^{-y^2}dy = \int_0^1 \Phi(x)dx = x\Phi(x)\Big|_0^1 - \int_0^1 x\Phi'(x)dx$$

$$= -\int_0^1 x\left(-e^{-x^2}\right)dx = \int_0^1 x e^{-x^2}dx = \left(-\frac{1}{2}e^{-x^2}\right)_0^1 = \frac{1}{2}\left(1 - \frac{1}{e}\right).$$

【**解法 3**】　利用 Green 公式 $\iint\limits_D \left(\dfrac{\partial Q}{\partial x} - \dfrac{\partial P}{\partial y}\right)dxdy = \oint_L Pdx + Qdy$.

取 $P(x,y) = 0$, $Q(x,y) = x e^{-y^2}$, 则由 Green 公式, 有

$$\iint\limits_D e^{-y^2}dxdy = \oint_L x e^{-y^2}dy = \int_{\overline{OA}} x e^{-y^2}dy + \int_{\overline{AB}} x e^{-y^2}dy + \int_{\overline{BO}} x e^{-y^2}dy.$$

$\overline{OA}$: $y = x$, $dy = dx$;　$\overline{AB}$: $y = 1$, $dy = 0$;　$\overline{BO}$: $x = 0$, $dx = 0$.

故 $\iint\limits_D e^{-y^2}dxdy = \int_0^1 y e^{-y^2}dy = \dfrac{1}{2}\left(1 - \dfrac{1}{e}\right)$.

【**解法 4**】　利用极坐标

令 $x = \rho\cos\theta$, $y = \rho\sin\theta$, 则 $y = x$ 化为 $\theta = \dfrac{\pi}{4}$, $y = 1$ 化为 $\rho = \dfrac{1}{\sin\theta}$, $x = 0$ 化为 $\theta = \dfrac{\pi}{2}$, 于是

$$\iint\limits_D e^{-y^2}dxdy = \int_{\frac{\pi}{4}}^{\frac{\pi}{2}} d\theta \int_0^{\frac{1}{\sin\theta}} \rho e^{-\rho^2\sin^2\theta}d\rho = \int_{\frac{\pi}{4}}^{\frac{\pi}{2}}\left[-\frac{1}{2\sin^2\theta}e^{-\rho^2\sin^2\theta}\right]_0^{\frac{1}{\sin\theta}}d\theta = \frac{1}{2}\left(1 - \frac{1}{e}\right).$$

⊛　**特别提示**　上述给出了四种解法, 特别要注意解法 2 和解法 4. 解法 2 中先按 X -型域选取积分次序, 直接计算 $\int e^{-y^2}dy$ 是行不通的, 但若利用分部积分法就

能迎刃而解. 解法 4 中利用极坐标计算也是很简单的.

♻ 类题训练

1. 计算 $\iint\limits_{D} x^2 e^{-y^2} dxdy$, 其中 D 是由直线 $x=0$, $y=1$ 及 $y=x$ 所围成的闭区域.

2. 计算 $\iint\limits_{D} \dfrac{\sin y}{y} dxdy$, 其中 D 是由直线 $y=x$ 与抛物线 $y^2=x$ 所围成的闭区域.

📖 典型例题

4 设 $f(x) = \displaystyle\int_1^{\sqrt{x}} e^{-y^2} dy$, 求 $\displaystyle\int_0^1 \dfrac{1}{\sqrt{x}} f(x)dx$.

【解法 1】 分部积分法

$$\int_0^1 \frac{1}{\sqrt{x}} f(x)dx = 2\int_0^1 f(x)d\sqrt{x} = 2\left[\sqrt{x}f(x)\Big|_0^1 - \int_0^1 \sqrt{x}\, f'(x)dx \right]$$

$$= 2f(1) - 2\int_0^1 \sqrt{x}\, e^{-x} \cdot \frac{1}{2\sqrt{x}} dx = 2f(1) - \int_0^1 e^{-x} dx = \frac{1}{e} - 1.$$

【解法 2】 交换积分次序法

由已知, 积分区域为 $D = \left\{ (x,y) \big| 0 \leqslant x \leqslant 1, \sqrt{x} \leqslant y \leqslant 1 \right\}$, 改写为 Y- 型域 $D = \left\{ (x,y) \big| 0 \leqslant y \leqslant 1, 0 \leqslant x \leqslant y^2 \right\}$, (图 5.3)交换积分次序, 有

$$\int_0^1 \frac{1}{\sqrt{x}} f(x)dx = \int_0^1 \frac{1}{\sqrt{x}} dx \int_1^{\sqrt{x}} e^{-y^2} dy = -\int_0^1 \frac{1}{\sqrt{x}} dx \int_{\sqrt{x}}^1 e^{-y^2} dy$$

$$= -\int_0^1 e^{-y^2} dy \int_0^{y^2} \frac{1}{\sqrt{x}} dx = -2\int_0^1 y e^{-y^2} dy = e^{-y^2}\Big|_0^1 = \frac{1}{e} - 1.$$

【解法 3】 利用 Green 公式

取 $P(x,y) = 0$, $Q(x,y) = 2\sqrt{x}\, e^{-y^2}$, 则由 Green 公式, 有

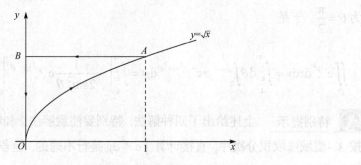

图 5.3 平面区域 D 的图形

$$\int_0^1 \frac{1}{\sqrt{x}} f(x)\,dx = \int_0^1 dx \int_1^{\sqrt{x}} \frac{1}{\sqrt{x}} e^{-y^2}\,dy = -\int_0^1 dx \int_{\sqrt{x}}^1 \frac{1}{\sqrt{x}} e^{-y^2}\,dy$$

$$= -\iint_D \left(\frac{\partial Q}{\partial x} - \frac{\partial P}{\partial y} \right) dx dy = -\oint_L P dx + Q dy = -\oint_L 2\sqrt{x}\, e^{-y^2}\,dy.$$

其中 $D = \left\{ (x,y) \middle| 0 \leqslant x \leqslant 1, \sqrt{x} \leqslant y \leqslant 1 \right\}$, $L = \overset{\frown}{OA} + \overline{AB} + \overline{BO}$. 而 $\overset{\frown}{OA}: y = \sqrt{x}$, $dy = \dfrac{dx}{2\sqrt{x}}$,

$x:0 \to 1$; $\overline{AB}: y = 1$, $dy = 0$, $x:1 \to 0$; $\overline{BO}: x = 0$, $y:1 \to 0$. 故

$$\int_0^1 \frac{1}{\sqrt{x}} f(x)\,dx = -\int_{\overset{\frown}{OA}} 2\sqrt{x}\, e^{-y^2}\,dy - \int_{\overline{AB}} 2\sqrt{x}\, e^{-y^2}\,dy - \int_{\overline{BO}} 2\sqrt{x}\, e^{-y^2}\,dy$$

$$= -\int_0^1 2\sqrt{x}\, e^{-x} \frac{dx}{2\sqrt{x}} = \frac{1}{e} - 1.$$

特别提示

[1]　对于被积函数中含 e^{-x^2}, $\sin x^2$, $\dfrac{\sin x}{x}$, $e^{\frac{y}{x}}$, $\sin \dfrac{y}{x}$ 等函数时二重积分的计算问题, 通常可考虑利用分部积分法和交换积分次序法, 如解法 1 和解法 2. 有时, 也可考虑利用 Green 公式, 如解法 3.

[2]　一般地, 对于 $\int_a^b f(x)\,dx \int_{\varphi_1(x)}^{\varphi_2(x)} g(y)\,dy$, 令 $G(x) = \int_{\varphi_1(x)}^{\varphi_2(x)} g(y)\,dy$, $F'(x) = f(x)$, 则 $\int_a^b f(x)\,dx \int_{\varphi_1(x)}^{\varphi_2(x)} g(y)\,dy = \int_a^b G(x)\,dF(x) = G(x)F(x)\big|_a^b - \int_a^b F(x)G'(x)\,dx$.

类题训练

1. 计算下列积分:

(1)　$\int_0^1 dx \int_0^{\sqrt{x}} e^{-\frac{y^2}{2}}\,dy$;　(2)　$\int_1^2 dx \int_{\sqrt{x-1}}^1 \frac{\sin y}{y}\,dy$;　(3)　$\int_0^1 dx \int_{x^2}^1 \frac{xy}{\sqrt{1+y^3}}\,dy$;

(4)　$\int_1^2 dx \int_{\sqrt{x}}^x \sin \frac{\pi x}{2y}\,dy + \int_2^4 dx \int_{\sqrt{x}}^2 \sin \frac{\pi x}{2y}\,dy$.

2. 计算 $\int_0^1 \frac{f(x)}{\sqrt{x}}\,dx$, 其中 $f(x) = \int_1^x \frac{\ln(t+1)}{t}\,dt$. (2013 年硕士研究生入学考试数学(一)试题)

3. 设 $f(x) = \int_0^x \frac{\sin t}{\pi - t}\,dt$, 计算 $\int_0^\pi f(x)\,dx$. (2016 年天津市(理工类)大学数学竞赛试题, 1995 年硕士研究生入学考试数学(二)试题)

4. 求 $\lim\limits_{t\to 0^+}\dfrac{1}{t^6}\int_0^t \mathrm{d}x\int_x^t \sin(xy)^2\,\mathrm{d}y$.

📖 典型例题

5 计算 $\iint\limits_D \left(x+x^3y^2\right)\mathrm{d}\sigma$，其中 D 为半圆：$x^2+y^2\leqslant 4$，$y\geqslant 0$.

【解法 1】 按 X-型域计算

$$\iint\limits_D \left(x+x^3y^2\right)\mathrm{d}\sigma = \int_{-2}^2 \mathrm{d}x\int_0^{\sqrt{4-x^2}}\left(x+x^3y^2\right)\mathrm{d}y = \int_{-2}^2\left[x\sqrt{4-x^2}+\frac{x^3}{3}\left(4-x^2\right)^{\frac{3}{2}}\right]\mathrm{d}x = 0.$$

这里用到了对称区间上奇函数的性质.

【解法 2】 利用对称性

记 $f(x,y)=x+x^3y^2$，因为 D 关于 y 轴对称，且 $f(-x,y)=-x+(-x)^3y^2= -f(x,y)$，所以由对称性，得 $\iint\limits_D f(x,y)\mathrm{d}\sigma = 0$，即 $\iint\limits_D \left(x+x^3y^2\right)\mathrm{d}\sigma = 0$.

【解法 3】 利用极坐标

$$\iint\limits_D \left(x+x^3y^2\right)\mathrm{d}\sigma = \int_0^\pi \mathrm{d}\theta\int_0^2 \rho\left(\rho\cos\theta+\rho^5\cos^3\theta\sin^2\theta\right)\mathrm{d}\rho$$

$$= \frac{8}{3}\int_0^\pi \cos\theta\,\mathrm{d}\theta + \frac{128}{7}\int_0^\pi \cos^3\theta\sin^2\theta\,\mathrm{d}\theta$$

$$= \frac{128}{7}\int_0^\pi \left(1-\sin^2\theta\right)\sin^2\theta\,\mathrm{d}(\sin\theta) = 0.$$

✳ **特别提示**　解法 2 中用到二重积分的对称性，它有别于定积分的对称性，不仅要考虑区域的对称性，而且要考虑对称点函数值的情况. 一般地，

(i) 设区域 D 关于 y 轴对称，记 D_1 为 y 轴一侧的部分区域，则有

$$\iint\limits_D f(x,y)\mathrm{d}\sigma = \begin{cases} 2\iint\limits_{D_1} f(x,y)\mathrm{d}\sigma, & f(-x,y)=f(x,y), \\ 0, & f(-x,y)=-f(x,y). \end{cases}$$

(ii) 设区域 D 关于 x 轴对称，记 D_2 为 x 轴一侧的部分区域，则有

$$\iint\limits_D f(x,y)\mathrm{d}\sigma = \begin{cases} 2\iint\limits_{D_2} f(x,y)\mathrm{d}\sigma, & f(x,-y)=f(x,y), \\ 0, & f(x,-y)=-f(x,y). \end{cases}$$

(iii) 设区域 D 关于原点对称, 记 D_3 为部分区域, 则有

$$\iint\limits_{D} f(x,y)\mathrm{d}\sigma = \begin{cases} 2\iint\limits_{D_3} f(x,y)\mathrm{d}\sigma, & f(-x,-y)=f(x,y), \\ 0, & f(-x,-y)=-f(x,y). \end{cases}$$

(iv) 设区域 D 关于 $y=x$ 对称, D' 为将 x,y 互换后所成区域, 则有

$$\iint\limits_{D} f(x,y)\mathrm{d}\sigma = \iint\limits_{D'} f(y,x)\mathrm{d}\sigma.$$

♻ **类题训练**

1. 计算 $\iint\limits_{D} xy^2 \mathrm{d}\sigma$, 其中 D 是由 $y=x^2$ 与 $y=8-x^2$ 所围成的闭区域.

2. 设平面区域 $D=\left\{(x,y)\,\middle|\, x^2+y^2 \leqslant 1,\ x \geqslant 0\right\}$, 计算 $\iint\limits_{D} \dfrac{1+xy}{1+x^2+y^2}\mathrm{d}x\mathrm{d}y$. (2006 年硕士研究生入学考试数学(三)试题)

3. 设平面区域 $D=\left\{(x,y)\,\middle|\, 1 \leqslant x^2+y^2 \leqslant 4,\ x \geqslant 0,\ y \geqslant 0\right\}$, 计算

$\iint\limits_{D} \dfrac{x\sin\left(\pi\sqrt{x^2+y^2}\right)}{x+y}\mathrm{d}x\mathrm{d}y$. (2014 年硕士研究生入学考试数学(一)试题)

4. 计算 $\iint\limits_{D} \dfrac{x^2\left(1+x^5\sqrt{1+y}\right)}{1+x^6}\mathrm{d}x\mathrm{d}y$, 其中 $D=\left\{(x,y)\,\middle|\, |x| \leqslant 1,\ 0 \leqslant y \leqslant 2\right\}$.

5. 计算 $\iint\limits_{D} xy\mathrm{d}x\mathrm{d}y$, 其中 D 是由双纽线 $\left(x^2+y^2\right)^2 = 2xy$ 所围成的区域.

6. 设二元函数 $f(x,y)=\begin{cases} x^2, & |x|+|y| \leqslant 1, \\ \dfrac{1}{\sqrt{x^2+y^2}}, & 1 \leqslant |x|+|y| \leqslant 2. \end{cases}$ 计算二重积分

$\iint\limits_{D} f(x,y)\mathrm{d}\sigma$, 其中 $D=\left\{(x,y)\,\middle|\, |x|+|y| \leqslant 2\right\}$. (2007 年硕士研究生入学考试数学(二)试题)

📖 **典型例题**

6 计算 $\iint\limits_{D} \left(\dfrac{x^2}{a^2}+\dfrac{y^2}{b^2}\right)\mathrm{d}x\mathrm{d}y$, 其中 D 为圆域: $x^2+y^2 \leqslant R^2$.

【解法 1】 利用轮换对称性

因为积分区域 D 关于直线 $y = x$ 对称，所以由轮换对称性有

$$\iint\limits_{D} x^2 \mathrm{d}x\mathrm{d}y = \iint\limits_{D} y^2 \mathrm{d}x\mathrm{d}y = \frac{1}{2}\iint\limits_{D}\left(x^2 + y^2\right)\mathrm{d}x\mathrm{d}y = \frac{1}{2}\int_0^{2\pi}\mathrm{d}\theta\int_0^R \rho^3 \mathrm{d}\rho = \frac{\pi R^4}{4}.$$

从而 $\displaystyle\iint\limits_{D}\left(\frac{x^2}{a^2} + \frac{y^2}{b^2}\right)\mathrm{d}x\mathrm{d}y = \frac{1}{a^2}\iint\limits_{D} x^2\mathrm{d}x\mathrm{d}y + \frac{1}{b^2}\iint\limits_{D} y^2\mathrm{d}x\mathrm{d}y = \frac{\pi R^4}{4}\left(\frac{1}{a^2} + \frac{1}{b^2}\right).$

【解法 2】 利用轮换对称性

因为积分区域 D 关于直线 $y = x$ 对称，所以由轮换对称性，有

$$\iint\limits_{D}\left(\frac{x^2}{a^2} + \frac{y^2}{b^2}\right)\mathrm{d}x\mathrm{d}y = \iint\limits_{D}\left(\frac{y^2}{a^2} + \frac{x^2}{b^2}\right)\mathrm{d}x\mathrm{d}y = \frac{1}{2}\iint\limits_{D}\left(\frac{x^2}{a^2} + \frac{y^2}{b^2} + \frac{y^2}{a^2} + \frac{x^2}{b^2}\right)\mathrm{d}x\mathrm{d}y$$

$$= \frac{1}{2}\iint\limits_{D}\left(\frac{1}{a^2} + \frac{1}{b^2}\right)\left(x^2 + y^2\right)\mathrm{d}x\mathrm{d}y = \frac{1}{2}\left(\frac{1}{a^2} + \frac{1}{b^2}\right)\iint\limits_{D}\left(x^2 + y^2\right)\mathrm{d}x\mathrm{d}y$$

$$= \frac{1}{2}\left(\frac{1}{a^2} + \frac{1}{b^2}\right)\int_0^{2\pi}\mathrm{d}\theta\int_0^R \rho^3\mathrm{d}\rho = \frac{\pi}{4}R^4\left(\frac{1}{a^2} + \frac{1}{b^2}\right).$$

【解法 3】 利用极坐标

令 $\begin{cases} x = \rho\cos\theta, \\ y = \rho\sin\theta. \end{cases}$ 则 $0 \leqslant \theta \leqslant 2\pi, \ 0 \leqslant \rho \leqslant R,$

$$\iint\limits_{D}\left(\frac{x^2}{a^2} + \frac{y^2}{b^2}\right)\mathrm{d}x\mathrm{d}y = \int_0^{2\pi}\mathrm{d}\theta\int_0^R\left(\frac{\rho^2\cos^2\theta}{a^2} + \frac{\rho^2\sin^2\theta}{b^2}\right)\cdot\rho\mathrm{d}\rho = \frac{\pi}{4}R^4\left(\frac{1}{a^2} + \frac{1}{b^2}\right).$$

【解法 4】 利用 X-型域及奇偶对称性

因为圆域 D 既关于 x 轴对称又关于 y 轴对称，且被积函数在关于 x 轴和 y 轴对称点上的值都相等，所以由对称性，有

$$\iint\limits_{D}\left(\frac{x^2}{a^2} + \frac{y^2}{b^2}\right)\mathrm{d}x\mathrm{d}y = 4\int_0^R\mathrm{d}x\int_0^{\sqrt{R^2-x^2}}\left(\frac{x^2}{a^2} + \frac{y^2}{b^2}\right)\mathrm{d}y$$

$$= 4\int_0^R\left[\frac{x^2}{a^2}\sqrt{R^2-x^2} + \frac{1}{3b^2}\left(\sqrt{R^2-x^2}\right)^3\right]\mathrm{d}x$$

$$\xrightarrow{x = R\sin t} 4\int_0^{\frac{\pi}{2}}\left[\frac{1}{a^2}R^4\sin^2 t\cos^2 t + \frac{1}{3b^2}R^4\cos^4 t\right]\mathrm{d}t$$

$$= 4\left[\frac{R^4}{a^2}\int_0^{\frac{\pi}{2}}\left(\sin^2 t - \sin^4 t\right)\mathrm{d}t + \frac{R^4}{3b^2}\int_0^{\frac{\pi}{2}}\cos^4 t\mathrm{d}t\right] = \frac{\pi}{4}R^4\left(\frac{1}{a^2} + \frac{1}{b^2}\right).$$

✳ **特别提示**　　利用对称性可以简化计算, 但须注意二重积分的对称性既要考虑积分区域的对称性, 也可考虑被积函数关于对称点的性质. 解法 4 中最后用到了公式:

$$\int_0^{\frac{\pi}{2}} \sin^n x\,\mathrm{d}x = \int_0^{\frac{\pi}{2}} \cos^n x\,\mathrm{d}x = \begin{cases} \dfrac{(n-1)!!}{n!!} \cdot \dfrac{\pi}{2}, & n\text{为正偶数}, \\[3mm] \dfrac{(n-1)!!}{n!!}, & n\text{为大于}1\text{的正奇数}. \end{cases}$$

其中 $n!!$ 表示不超过 n 且与 n 有相同奇偶性的那些数的连乘积.

♻ **类题训练**

1. 求椭圆 $\dfrac{x^2}{a^2} + \dfrac{y^2}{b^2} = 1$ 所围区域的面积.

2. 计算 $\displaystyle\iint\limits_D \sqrt{1 - \dfrac{x^2}{a^2} - \dfrac{y^2}{b^2}}\,\mathrm{d}x\mathrm{d}y$, 其中 D 为椭圆 $\dfrac{x^2}{a^2} + \dfrac{y^2}{b^2} = 1$ 所围成的区域.

3. 计算 $\displaystyle\iint\limits_D (|x| + |y|)\,\mathrm{d}x\mathrm{d}y$, 其中 D 为圆域: $x^2 + y^2 \leqslant 1$.

4. 求 $I = \displaystyle\iint\limits_D \dfrac{a\sqrt{f(x)} + b\sqrt{f(y)}}{\sqrt{f(x)} + \sqrt{f(y)}}\,\mathrm{d}x\mathrm{d}y$, 其中 $D = \left\{(x,y)\middle| x^2 + y^2 \leqslant 4,\ x \geqslant 0, y \geqslant 0\right\}$, $f(x)$ 为 D 上的正值连续函数, a, b 为常数. (2005 年硕士研究生入学考试数学(二)试题)

5. 计算 $\displaystyle\iint\limits_D \left(|x - |y||\right)^{\frac{1}{2}}\,\mathrm{d}x\mathrm{d}y$, 其中 $D = \left\{(x,y)\middle| 0 \leqslant x \leqslant 2,\ |y| \leqslant 1\right\}$. (第十七届北京市数学竞赛题)

6. 设 $f(x,y) = \begin{cases} \arctan\dfrac{y}{x}, & x^2 + y^2 \geqslant 1 \text{ 且 } xy > 0, \\ 0, & \text{其他}, \end{cases}$ 计算 $\displaystyle\iint\limits_D f(x,y)\,\mathrm{d}x\mathrm{d}y$, 其中 $D = \left\{(x,y)\middle| x^2 + y^2 \leqslant 2y\right\}$.

📖 **典型例题**

7　将 $\displaystyle\int_0^2 \mathrm{d}x \int_0^x f\left(\sqrt{x^2 + y^2}\right)\mathrm{d}y$ 化为极坐标系下的二次积分.

【解法 1】　确定积分区域为 $D = \left\{(x,y)\middle| 0 \leqslant x \leqslant 2,\ 0 \leqslant y \leqslant x\right\}$.

令 $x = \rho\cos\theta,\ y = \rho\sin\theta$, 则 $y = x$ 化为 $\theta = \dfrac{\pi}{4}$, $x = 2$ 化为 $\rho = \dfrac{2}{\cos\theta}$, 于是化为先 ρ 后 θ 次序的积分为

$$\int_0^2 \mathrm{d}x \int_0^x f\left(\sqrt{x^2+y^2}\right)\mathrm{d}y = \int_0^{\frac{\pi}{4}} \mathrm{d}\theta \int_0^{\frac{2}{\cos\theta}} \rho f(\rho)\mathrm{d}\rho.$$

【解法 2】 化为先 θ 后 ρ 次序的积分为

$$\int_0^2 \mathrm{d}x \int_0^x f\left(\sqrt{x^2+y^2}\right)\mathrm{d}y = \int_0^2 \mathrm{d}\rho \int_0^{\frac{\pi}{4}} \rho f(\rho)\mathrm{d}\theta + \int_2^{2\sqrt{2}} \mathrm{d}\rho \int_{\arccos\frac{2}{\rho}}^{\frac{\pi}{4}} \rho f(\rho)\mathrm{d}\theta.$$

✳ **特别提示** 将二重积分化为极坐标系下二次积分的主要步骤是

(1) 首先画出积分区域 D 的图形;

(2) 依据极点 O 与区域的位置关系(上、内、外), 分别确定 θ 和 ρ 的上下限, 化为先 ρ 后 θ 次序的积分.

将区域 D 分解为 $\left\{(\rho,\theta)\,\middle|\,\rho_1 \leqslant \rho \leqslant \rho_2,\ \theta_1(\rho) \leqslant \theta \leqslant \theta_2(\rho)\right\}$ 形式子区域的和集, 从而确立先 θ 后 ρ 次序的积分上下限.

♻ **类题训练**

1. $\displaystyle\int_0^1 \mathrm{d}y \int_y^1 f\left(\sqrt{x^2+y^2}\right)\mathrm{d}x$ 化为极坐标系下的先对 ρ 后对 θ 的二次积分为_____. (2014 年大连市第二十三届高等数学竞赛试题(A))

2. $I = \displaystyle\int_0^2 \mathrm{d}x \int_{\sqrt{2x-x^2}}^{\sqrt{4x-x^2}} f(x,y)\mathrm{d}y + \int_2^4 \mathrm{d}x \int_0^{\sqrt{4x-x^2}} f(x,y)\mathrm{d}y$ 化为极坐标系下的二次积分.

3. 将 $I = \displaystyle\int_0^1 \mathrm{d}x \int_0^1 f(x,y)\mathrm{d}y$ 化为极坐标系下的二次积分.

4. 将 $I = \displaystyle\iint_D f(x,y)\mathrm{d}\sigma$ 化为极坐标系下的二次积分, 其中 D 为 $x^2+y^2 = 2ax$ 与 $x^2+y^2 = 4ax\,(a>0)$ 所围成的区域.

5. 把积分 $\displaystyle\iint_D f(x,y)\mathrm{d}x\mathrm{d}y$ 表示为极坐标形式的二次积分, 其中积分区域 $D = \left\{(x,y)\,\middle|\,x^2 \leqslant y \leqslant 1,\ -1 \leqslant x \leqslant 1\right\}$.

6. 将 $I = \displaystyle\iint_D f(x,y)\mathrm{d}\sigma$ 化为极坐标系下的二次积分, 其中 D 是由 $(x-a)^2 + y^2 = a^2$ 与 $y \geqslant x$ 所围成的区域.

📖 **典型例题**

8 计算 $\displaystyle\iint\limits_{D}(6x+8y)\mathrm{d}x\mathrm{d}y$，其中 D 是由圆周 $(x-3)^2+(y-4)^2=25$ 所围成的

区域.

【解法 1 】   利用变量代换

令 $\begin{cases}x-3=\rho\cos\theta,\\ y-4=\rho\sin\theta.\end{cases}$ 则 $\dfrac{\partial(x,y)}{\partial(\rho,\theta)}=\begin{vmatrix}\dfrac{\partial x}{\partial\rho}&\dfrac{\partial x}{\partial\theta}\\[2mm]\dfrac{\partial y}{\partial\rho}&\dfrac{\partial y}{\partial\theta}\end{vmatrix}=\begin{vmatrix}\cos\theta&-\rho\sin\theta\\ \sin\theta&\rho\cos\theta\end{vmatrix}=\rho$，于是

$$\iint\limits_{D}(6x+8y)\mathrm{d}x\mathrm{d}y=\iint\limits_{D_{\rho\theta}}\left[6(3+\rho\cos\theta)+8(4+\rho\sin\theta)\right]\rho\mathrm{d}\rho\mathrm{d}\theta$$

$$=\int_0^{2\pi}\mathrm{d}\theta\int_0^5\left(50\rho+6\rho^2\cos\theta+8\rho^2\sin\theta\right)\mathrm{d}\rho=1250\pi,$$

其中 $D_{\rho\theta}=\left\{(\theta,\rho)\big|0\leqslant\theta\leqslant2\pi,\ 0\leqslant\rho\leqslant5\right\}$.

【解法 2 】   利用重心坐标公式 $\overline{x}=\dfrac{\displaystyle\iint\limits_{D}x\mathrm{d}x\mathrm{d}y}{\displaystyle\iint\limits_{D}\mathrm{d}x\mathrm{d}y}$，$\overline{y}=\dfrac{\displaystyle\iint\limits_{D}y\mathrm{d}x\mathrm{d}y}{\displaystyle\iint\limits_{D}\mathrm{d}x\mathrm{d}y}$.

$$\iint\limits_{D}(6x+8y)\mathrm{d}x\mathrm{d}y=6\iint\limits_{D}x\mathrm{d}x\mathrm{d}y+8\iint\limits_{D}y\mathrm{d}x\mathrm{d}y.$$

而区域 D 的重心坐标为 $(3,4)$，区域 D 的面积为 $5^2\pi=25\pi$，所以

$$\iint\limits_{D}x\mathrm{d}x\mathrm{d}y=\overline{x}\cdot\iint\limits_{D}\mathrm{d}x\mathrm{d}y=3\times25\pi=75\pi,\qquad\iint\limits_{D}y\mathrm{d}x\mathrm{d}y=\overline{y}\cdot\iint\limits_{D}\mathrm{d}x\mathrm{d}y=4\times25\pi=100\pi,$$

故 $\displaystyle\iint\limits_{D}(6x+8y)\mathrm{d}x\mathrm{d}y=6\times75\pi+8\times100\pi=1250\pi$.

【解法 3 】   利用极坐标.

$$D=\left\{(x,y)\big|x^2+y^2\leqslant6x+8y\right\}=\left\{(\rho,\theta)\big|\rho\leqslant6\cos\theta+8\sin\theta\right\},$$

$$\iint\limits_{D}(6x+8y)\mathrm{d}x\mathrm{d}y=\int_{-\varphi}^{\pi-\varphi}\mathrm{d}\theta\int_0^{6\cos\theta+8\sin\theta}\rho^2\left(6\cos\theta+8\sin\theta\right)\mathrm{d}\rho$$

$$=\frac{1}{3}\int_{-\varphi}^{\pi-\varphi}\left(6\cos\theta+8\sin\theta\right)^4\mathrm{d}\theta.$$

其中 $\varphi=\arctan\dfrac{3}{4}$.

再作变换 $t=\theta+\varphi-\dfrac{\pi}{2}$，即 $\theta=t-\varphi+\dfrac{\pi}{2}$，则得

$$\iint\limits_{D}(6x+8y)\mathrm{d}x\mathrm{d}y=\frac{1}{3}\int_{-\frac{\pi}{2}}^{\frac{\pi}{2}}\left(-6\sin(t-\varphi)+8\cos(t-\varphi)\right)^{4}\mathrm{d}t$$

$$=\frac{1}{3}\int_{-\frac{\pi}{2}}^{\frac{\pi}{2}}10^{4}\cos^{4}t\mathrm{d}t$$

$$=\frac{2\times10^{4}}{3}\int_{0}^{\frac{\pi}{2}}\cos^{4}t\mathrm{d}t$$

$$=\frac{2\times10^{4}}{3}\times\frac{3\times1}{4\times2}\times\frac{\pi}{2}$$

$$=1250\pi.$$

特别提示　解法 1 利用了二重积分的换元变换公式：

$$\iint\limits_{D}f(x,y)\mathrm{d}x\mathrm{d}y=\iint\limits_{D_{uv}}f\left[x(u,v),y(u,v)\right]\cdot\left|\frac{\partial(x,y)}{\partial(u,v)}\right|\mathrm{d}u\mathrm{d}v.$$

解法 2 利用了重心坐标公式，适用于一些规则区域的积分，可推广到计算特殊三重积分，曲线积分和曲面积分情形.

类题训练

1. 计算 $\iint\limits_{D}\left(ax^{2}+by^{2}\right)\mathrm{d}x\mathrm{d}y$，其中 D 是圆域：$x^{2}+y^{2}\leqslant2y$.

2. 计算 $\iint\limits_{D}(2x+3y)\mathrm{d}x\mathrm{d}y$，其中 D 是由椭圆 $\dfrac{(x-1)^{2}}{9}+\dfrac{(y-2)^{2}}{16}=1$ 所围成的区域.

3. 计算 $\iint\limits_{D}\left(y^{2}+3x-6y+9\right)\mathrm{d}x\mathrm{d}y$，其中 D 是圆域：$x^{2}+y^{2}\leqslant R^{2}$.

典型例题

9　计算 $\iint\limits_{D}(x+y)\mathrm{d}x\mathrm{d}y$，其中 $D=\left\{(x,y)\big|x^{2}+y^{2}\leqslant x+y+1\right\}$. (1994 年硕士研究生入学考试数学(三)试题)

【**解法 1**】　利用变量代换

将 D 化简为 $\left(x-\dfrac{1}{2}\right)^{2}+\left(y-\dfrac{1}{2}\right)^{2}\leqslant\dfrac{3}{2}$.

令 $\begin{cases} x - \dfrac{1}{2} = u, \\ y - \dfrac{1}{2} = v. \end{cases}$ 则 $D_{uv} = \left\{ (u,v) \middle| u^2 + v^2 \leqslant \dfrac{3}{2} \right\}$, $\dfrac{\partial(x,y)}{\partial(u,v)} = \begin{vmatrix} \dfrac{\partial x}{\partial u} & \dfrac{\partial x}{\partial v} \\ \dfrac{\partial y}{\partial u} & \dfrac{\partial y}{\partial v} \end{vmatrix} = \begin{vmatrix} 1 & 0 \\ 0 & 1 \end{vmatrix} = 1$,

$$\iint\limits_{D} (x+y)\mathrm{d}x\mathrm{d}y = \iint\limits_{D_{uv}} \left[\left(u + \frac{1}{2} \right) + \left(v + \frac{1}{2} \right) \right] \mathrm{d}u\mathrm{d}v = \iint\limits_{D_{uv}} \mathrm{d}u\mathrm{d}v + \iint\limits_{D_{uv}} (u+v)\mathrm{d}u\mathrm{d}v$$

$$= \pi \cdot \left(\sqrt{\frac{3}{2}} \right)^2 + 0 = \frac{3}{2}\pi.$$

【解法 2】 利用广义极坐标

将 D 化简为 $\left(x - \dfrac{1}{2} \right)^2 + \left(y - \dfrac{1}{2} \right)^2 \leqslant \dfrac{3}{2}$.

令 $\begin{cases} x - \dfrac{1}{2} = \rho\cos\theta, \\ y - \dfrac{1}{2} = \rho\sin\theta. \end{cases}$ 则 $\dfrac{\partial(x,y)}{\partial(\rho,\theta)} = \begin{vmatrix} \dfrac{\partial x}{\partial \rho} & \dfrac{\partial x}{\partial \theta} \\ \dfrac{\partial y}{\partial \rho} & \dfrac{\partial y}{\partial \theta} \end{vmatrix} = \begin{vmatrix} \cos\theta & -\rho\sin\theta \\ \sin\theta & \rho\cos\theta \end{vmatrix} = \rho$,

$$\iint\limits_{D} (x+y)\mathrm{d}x\mathrm{d}y = \iint\limits_{D_{\rho\theta}} (1 + \rho\cos\theta + \rho\sin\theta)\,\rho\mathrm{d}\rho\mathrm{d}\theta$$

$$= \int_0^{2\pi} \mathrm{d}\theta \int_0^{\sqrt{\frac{3}{2}}} \rho(1 + \rho\cos\theta + \rho\sin\theta)\mathrm{d}\rho = \frac{3}{2}\pi.$$

其中 $D_{\rho\theta} = \left\{ (\theta,\rho) \middle| 0 \leqslant \theta \leqslant 2\pi, \ 0 \leqslant \rho \leqslant \sqrt{\frac{3}{2}} \right\}$.

【解法 3】 利用重心坐标公式

将 D 化简为 $\left(x - \dfrac{1}{2} \right)^2 + \left(y - \dfrac{1}{2} \right)^2 \leqslant \dfrac{3}{2}$, 即 D 是以 $\left(\dfrac{1}{2}, \dfrac{1}{2} \right)$ 为圆心, $R = \sqrt{\dfrac{3}{2}}$ 为半

径的圆域. 记 D 为面密度为 1 的平面薄片, 其重心(质心、形心)为 $\left(\dfrac{1}{2}, \dfrac{1}{2} \right)$, 薄片面

积 $A = \iint\limits_{D} \mathrm{d}x\mathrm{d}y = \pi R^2 = \dfrac{3}{2}\pi$.

由重心坐标公式知

$$\iint\limits_{D} x\mathrm{d}x\mathrm{d}y = \bar{x} \cdot \iint\limits_{D} \mathrm{d}x\mathrm{d}y = \frac{1}{2} \times \frac{3}{2}\pi = \frac{3}{4}\pi, \quad \iint\limits_{D} y\mathrm{d}x\mathrm{d}y = \bar{y} \cdot \iint\limits_{D} \mathrm{d}x\mathrm{d}y = \frac{1}{2} \times \frac{3}{2}\pi = \frac{3}{4}\pi.$$

从而 $\iint\limits_{D} (x+y)\mathrm{d}x\mathrm{d}y = \iint\limits_{D} x\mathrm{d}x\mathrm{d}y + \iint\limits_{D} y\mathrm{d}x\mathrm{d}y = \dfrac{3}{4}\pi + \dfrac{3}{4}\pi = \dfrac{3}{2}\pi$.

🔆 **特别提示**　　极坐标也是一种特殊的变量代换, 解法 1 和解法 2 分别利用不同的变量代换计算二重积分, 计算过程都较简洁. 解法3利用重心坐标公式, 巧妙地计算了该题, 也说明了应用物理方法可以计算部分特殊类型积分. 该方法可推广到计算三重积分.

♻️ **类题训练**

1. 计算 $\iint\limits_D (x+3y)\mathrm{d}x\mathrm{d}y$, 其中 $D=\left\{(x,y)\,\big|\,x^2+y^2\leqslant x-y\right\}$.

2. 计算 $\iint\limits_D (ax+by+c)\mathrm{d}x\mathrm{d}y$, 其中 $D=\left\{(x,y)\,\big|\,x^2+y^2\leqslant 2x+2y\right\}$.

3. 计算 $\iint\limits_D xy\mathrm{d}x\mathrm{d}y$, 其中 D 是由曲线 $x^2+y^2=2x+2y-1$ 所围成的闭区域.

📖 **典型例题**

10　　计算 $\iint\limits_D y\mathrm{d}x\mathrm{d}y$, 其中 D 是由直线 $x=-2$, $y=0$, $y=2$ 及曲线 $x=-\sqrt{2y-y^2}$ 所围成的平面区域. (1999 年硕士研究生入学考试数学(三)试题)

【解法 1】　　按 Y-型域计算

$$\iint\limits_D y\mathrm{d}x\mathrm{d}y=\int_0^2\mathrm{d}y\int_{-2}^{-\sqrt{2y-y^2}} y\mathrm{d}x=\int_0^2 y\left(2-\sqrt{2y-y^2}\right)\mathrm{d}y$$

$$=\int_0^2 2y\mathrm{d}y-\int_0^2 y\sqrt{2y-y^2}\mathrm{d}y=4-\int_0^2 y\sqrt{2y-y^2}\,\mathrm{d}y.$$

而 $\sqrt{2y-y^2}=\sqrt{y(2-y)}$, $y+(2-y)=2$, $\dfrac{y}{2}+\dfrac{2-y}{2}=1$, 于是令 $\begin{cases}\dfrac{y}{2}=\cos^2\theta,\\[2mm]\dfrac{2-y}{2}=\sin^2\theta.\end{cases}$

从而

$$\int_0^2 y\sqrt{2y-y^2}\,\mathrm{d}y=-\int_{\frac{\pi}{2}}^0 16\cos^4\theta\sin^2\theta\mathrm{d}\theta=16\int_0^{\frac{\pi}{2}}\left(\cos^4\theta-\cos^6\theta\right)\mathrm{d}\theta=\frac{\pi}{2}.$$

故 $\iint\limits_D y\mathrm{d}x\mathrm{d}y=4-\dfrac{\pi}{2}$.

【解法 2】　　按 X-型域计算

将 D 分为 D_1, D_2, D_3 三个子区域之和, 即 $D=D_1+D_2+D_3$, 其中

$$D_1=\left\{(x,y)\,\big|\,{-2}\leqslant x\leqslant-1,0\leqslant y\leqslant 2\right\},\quad D_2=\left\{(x,y)\,\big|\,{-1}\leqslant x\leqslant 0,\ 0\leqslant y\leqslant 1-\sqrt{1-x^2}\right\},$$

$$D_3 = \left\{ (x, y) \middle| -1 \leqslant x \leqslant 0,\ 1 + \sqrt{1 - x^2} \leqslant y \leqslant 2 \right\}.$$

于是

$$\iint\limits_{D} y \mathrm{d}x\mathrm{d}y = \iint\limits_{D_1} y \mathrm{d}x\mathrm{d}y + \iint\limits_{D_2} y \mathrm{d}x\mathrm{d}y + \iint\limits_{D_3} y \mathrm{d}x\mathrm{d}y$$

$$= \int_{-2}^{-1} \mathrm{d}x \int_0^2 y\mathrm{d}y + \int_{-1}^0 \mathrm{d}x \int_0^{1-\sqrt{1-x^2}} y\mathrm{d}y + \int_{-1}^0 \mathrm{d}x \int_{1+\sqrt{1-x^2}}^2 y\mathrm{d}y = 4 - \frac{\pi}{2}.$$

【解法 3】　利用二重积分的性质

记 D_1 为曲线 $x = -\sqrt{2y - y^2}$ 与 y 轴所围成的闭区域, 则 $D + D_1$ 构成一个矩形域, 于是

$$\iint\limits_{D} y \mathrm{d}x\mathrm{d}y = \iint\limits_{D+D_1} y \mathrm{d}x\mathrm{d}y - \iint\limits_{D_1} y \mathrm{d}x\mathrm{d}y = \int_{-2}^0 \mathrm{d}x \int_0^2 y\mathrm{d}y - \int_{\frac{\pi}{2}}^{\pi} \mathrm{d}\theta \int_0^{2\sin\theta} \rho^2 \sin\theta \mathrm{d}\rho$$

$$= 4 - \frac{8}{3} \int_{\frac{\pi}{2}}^{\pi} \sin^4\theta \mathrm{d}\theta \xlongequal{\theta = \frac{\pi}{2} + t} 4 - \frac{8}{3} \int_0^{\frac{\pi}{2}} \cos^4 t \mathrm{d}t = 4 - \frac{8}{3} \cdot \frac{3}{16}\pi = 4 - \frac{\pi}{2}.$$

【解法 4】　利用重心坐标公式

令 D 为面密度为 1 的平面薄片, D 的重心(形心)的 y 坐标为 $\bar{y} = 1$. 薄片的面积 $A = 2 \times 2 - \frac{1}{2}\pi \times 1^2 = 4 - \frac{\pi}{2}$, 故 $\iint\limits_{D} y\mathrm{d}x\mathrm{d}y = \bar{y} \cdot \iint\limits_{D} \mathrm{d}x\mathrm{d}y = \bar{y} \cdot A = 4 - \frac{\pi}{2}.$

特别提示　上面给出了四种解法. 由解法 1 和解法 2 可以看出: 在直角坐标系下计算二重积分时, 选择不同的积分次序, 即按 X-型域还是按 Y-型域计算差别较大, 如本题解法 1 就比解法 2 要简单一些. 解法 3 和解法 4 都是巧方法, 适用于一类问题, 希望读者能理解并掌握.

类题训练

1. 计算 $\iint\limits_{D} x^2 y^2 \mathrm{d}x\mathrm{d}y$, 其中 D 是由直线 $x = -2$, $y = 0$, $y = 2$ 及曲线 $x = -\sqrt{2y - y^2}$ 所围成的平面区域.

2. 计算 $I = \iint\limits_{D} (x + y)^3 \mathrm{d}x\mathrm{d}y$, 其中 D 是由 $x = \sqrt{1 + y^2}$, $x + \sqrt{2}y = 0$ 与 $x - \sqrt{2}y = 0$ 所围成的平面区域. (2010 年硕士研究生入学考试数学(三)试题)

3. 计算 $\iint\limits_{D} \max\{xy, 1\} \mathrm{d}x\mathrm{d}y$, 其中 $D = \{(x, y) | 0 \leqslant x \leqslant 2,\ 0 \leqslant y \leqslant 2\}$. (2008 年硕士

研究生入学考试数学(二)试题)

4. 计算二重积分 $I = \iint\limits_{D} \left| x^2 + y^2 - x - y \right| \mathrm{d}x\mathrm{d}y$，其中 $D = \left\{ (x,y) \middle| x^2 + y^2 \leqslant 1 \right\}$.

(2013年第四届全国大学生数学竞赛决赛(非数学类)试题)

📖 典型例题

11 计算 $\iint\limits_{D} \mathrm{e}^{\frac{y}{x+y}} \mathrm{d}x\mathrm{d}y$，其中 D 是由 $x+y=1$ 与坐标轴所围成的区域.

【解法1】 利用极坐标

令 $\begin{cases} x = \rho\cos\theta, \\ y = \rho\sin\theta. \end{cases}$ 则区域 D 化为 $D' = \left\{ (\theta,\rho) \middle| 0 \leqslant \theta \leqslant \frac{\pi}{2}, \ 0 \leqslant \rho \leqslant \frac{1}{\cos\theta+\sin\theta} \right\}$，

$\mathrm{d}x\mathrm{d}y = \rho\mathrm{d}\theta\mathrm{d}\rho$. 于是

$$\iint\limits_{D} \mathrm{e}^{\frac{y}{x+y}} \mathrm{d}x\mathrm{d}y = \iint\limits_{D'} \mathrm{e}^{\frac{\sin\theta}{\cos\theta+\sin\theta}} \rho\mathrm{d}\rho\mathrm{d}\theta = \int_0^{\frac{\pi}{2}} \mathrm{d}\theta \int_0^{\frac{1}{\cos\theta+\sin\theta}} \rho\, \mathrm{e}^{\frac{\sin\theta}{\cos\theta+\sin\theta}} \mathrm{d}\rho$$

$$= \frac{1}{2} \int_0^{\frac{\pi}{2}} \mathrm{e}^{\frac{\sin\theta}{\cos\theta+\sin\theta}} \mathrm{d}\left(\frac{\sin\theta}{\cos\theta+\sin\theta} \right) = \frac{1}{2} \mathrm{e}^{\frac{\sin\theta}{\cos\theta+\sin\theta}} \Bigg|_0^{\frac{\pi}{2}} = \frac{1}{2}(\mathrm{e}-1).$$

【解法2】 利用变量代换 I

令 $x+y=u$，$y=uv$，则区域 D 化为 $D' = \left\{ (u,v) \middle| 0 \leqslant u \leqslant 1, \ 0 \leqslant v \leqslant 1 \right\}$，

$$\frac{\partial(x,y)}{\partial(u,v)} = \begin{vmatrix} \dfrac{\partial x}{\partial u} & \dfrac{\partial x}{\partial v} \\ \dfrac{\partial y}{\partial u} & \dfrac{\partial y}{\partial v} \end{vmatrix} = \begin{vmatrix} 1-v & -u \\ v & u \end{vmatrix} = u.$$

于是 $\iint\limits_{D} \mathrm{e}^{\frac{y}{x+y}} \mathrm{d}x\mathrm{d}y = \iint\limits_{D'} \mathrm{e}^{v} \left| \dfrac{\partial(x,y)}{\partial(u,v)} \right| \mathrm{d}u\mathrm{d}v = \int_0^1 u\mathrm{d}u \int_0^1 \mathrm{e}^{v}\mathrm{d}v = \frac{1}{2}(\mathrm{e}-1).$

【解法3】 利用变量代换 II

令 $x+y=u$，$y-x=v$，则区域 D 化为 $D' = \left\{ (u,v) \middle| 0 \leqslant u \leqslant 1, \ -u \leqslant v \leqslant u \right\}$，

$$\frac{\partial(x,y)}{\partial(u,v)} = \begin{vmatrix} \dfrac{\partial x}{\partial u} & \dfrac{\partial x}{\partial v} \\ \dfrac{\partial y}{\partial u} & \dfrac{\partial y}{\partial v} \end{vmatrix} = \begin{vmatrix} \dfrac{1}{2} & -\dfrac{1}{2} \\ \dfrac{1}{2} & \dfrac{1}{2} \end{vmatrix} = \frac{1}{2}.$$

于是 $\iint\limits_{D} \mathrm{e}^{\frac{y}{x+y}} \mathrm{d}x\mathrm{d}y = \iint\limits_{D'} \mathrm{e}^{\frac{u+v}{2u}} \left| \dfrac{\partial(x,y)}{\partial(u,v)} \right| \mathrm{d}u\mathrm{d}v = \frac{1}{2} \int_0^1 \mathrm{d}u \int_{-u}^{u} \mathrm{e}^{\frac{u+v}{2u}} \mathrm{d}v = \frac{1}{2}(\mathrm{e}-1).$

特别提示　计算二重积分时, 作变量代换的目的是简化积分区域或被积函数, 使经变换后易于计算. 变量代换的选取通常与积分区域 D 的边界曲线所对应的曲线族有关.

类题训练

1. 计算 $\iint\limits_{D} e^{\frac{x-y}{x+y}} \mathrm{d}x\mathrm{d}y$, 其中 D 是由 $x+y=1$, $x=0$ 及 $y=0$ 所围成的区域.

2. 计算 $\iint\limits_{D} \dfrac{3x}{y^2+xy^3} \mathrm{d}x\mathrm{d}y$, 其中 D 是由曲线 $xy=1$, $xy=3$, $y^2=x$ 及 $y^2=3x$ 所围成的有界闭区域.

3. 求曲线 $\left(a_1x+b_1y+c_1\right)^2+\left(a_2x+b_2y+c_2\right)^2=1\ (a_1b_2-a_2b_1\neq0)$ 所围区域 D 的面积.

4. 计算 $\iint\limits_{D} \dfrac{(x+y)\ln\left(1+\dfrac{y}{x}\right)}{\sqrt{1-x-y}} \mathrm{d}x\mathrm{d}y$, 其中 D 是由直线 $x+y=1$ 与两坐标轴所围成的三角形区域. (2009 年首届中国大学生数学竞赛预赛(非数学类)试题)

5. 计算 $\iint\limits_{D} \cos\dfrac{x-y}{x+y} \mathrm{d}x\mathrm{d}y$, 其中 D 是由直线 $x+y=1$ 与两坐标轴所围成的三角形区域.

6. 求曲线 $|\ln x|+|\ln y|=1$ 所围成的平面图形的面积.

7. 计算 $\iint\limits_{D} \left(\sqrt{x}+\sqrt{y}\right)\mathrm{d}x\mathrm{d}y$, 其中 D 是由抛物线 $\sqrt{x}+\sqrt{y}=1$, $x=0$ 及 $y=0$ 所围的区域.

典型例题

12　设函数 $f(x)$ 在 $[a,b]$ 上连续, 证明 $\int_a^b f(x)\mathrm{d}x \int_x^b f(y)\mathrm{d}y = \dfrac{1}{2}\left[\int_a^b f(x)\mathrm{d}x\right]^2$.

【证法 1】　利用分部积分法

令 $F(x)=\int_x^b f(y)\mathrm{d}y$, $x\in[a,b]$, 则 $F'(x)=-f(x)$, $F(b)=0$, 由分部积分公式, 有

$$\int_a^b f(x)\mathrm{d}x \int_x^b f(y)\mathrm{d}y = \int_a^b f(x)F(x)\mathrm{d}x = -\int_a^b F(x)\mathrm{d}F(x) = -\frac{1}{2}F^2(x)\bigg|_a^b$$

$$=-\frac{1}{2}\left[F^2(b)-F^2(a)\right]=\frac{1}{2}\left[\int_a^b f(x)\mathrm{d}x\right]^2.$$

【证法2】 利用对称性

记区域 $D_1=\left\{(x,y)\big| a\leqslant x\leqslant b,\ x\leqslant y\leqslant b\right\}$, $D_2=\left\{(x,y)\big| a\leqslant x\leqslant b,\ a\leqslant y\leqslant x\right\}$, $F(x,y)=f(x)f(y)$, 则 $D=D_1+D_2$, D_1 与 D_2 关于直线 $y=x$ 对称, 且 $F(x,y)=F(y,x)$, 于是

$$\iint\limits_{D_1}F(x,y)\mathrm{d}x\mathrm{d}y=\iint\limits_{D_2}F(y,x)\mathrm{d}x\mathrm{d}y=\frac{1}{2}\iint\limits_{D}F(x,y)\mathrm{d}x\mathrm{d}y$$

$$=\frac{1}{2}\int_a^b\mathrm{d}x\int_a^b f(x)f(y)\mathrm{d}y=\frac{1}{2}\left[\int_a^b f(x)\mathrm{d}x\right]^2.$$

【证法3】 由结论: $\forall x\in I$, $F(x)\equiv C\Leftrightarrow F'(x)=0$, $\forall x\in I$.

要证的等式两边并非变量, 似乎无从应用微分法, 但移项后, 以 x 代替 b, 构作辅助函数, 由上述结论即可证明. 事实上,

$$令 F(x)=\int_a^x f(t)\mathrm{d}t\cdot\int_t^x f(y)\mathrm{d}y-\frac{1}{2}\left[\int_a^x f(t)\mathrm{d}t\right]^2,\ x\in[a,b], 则 F(a)=0.$$

$$记 g(x)=\int_a^x f(t)\mathrm{d}t, 则 g'(x)=f(x), \int_t^x f(y)\mathrm{d}y=g(x)-g(t),$$

$$\frac{\mathrm{d}}{\mathrm{d}x}\left[\int_a^x f(t)\mathrm{d}t\int_t^x f(y)\mathrm{d}y\right]=\frac{\mathrm{d}}{\mathrm{d}x}\left[\int_a^x f(t)(g(x)-g(t))\mathrm{d}t\right]$$

$$=g'(x)\int_a^x f(t)\mathrm{d}t=f(x)\int_a^x f(t)\mathrm{d}t.$$

从而 $F'(x)=f(x)\int_a^x f(t)\mathrm{d}t-f(x)\int_a^x f(t)\mathrm{d}t=0$. 故 $\forall x\in[a,b]$, $F(x)\equiv C$. 因为 $F(a)=0$, 所以 $C=0$. 特别地, $F(b)=0$, 即得证.

【证法4】 利用二重积分交换积分次序

记 $D=\left\{(x,y)\big| a\leqslant x\leqslant b,\ x\leqslant y\leqslant b\right\}=\left\{(x,y)\big| a\leqslant y\leqslant b,\ a\leqslant x\leqslant y\right\}$, 则

$$\int_a^b f(x)\mathrm{d}x\int_x^b f(y)\mathrm{d}y=\iint\limits_{D}f(x)f(y)\mathrm{d}x\mathrm{d}y=\int_a^b\mathrm{d}y\int_a^y f(x)\mathrm{d}x$$

$$=\int_a^b f(y)\mathrm{d}y\int_a^y f(x)\mathrm{d}x,$$

于是

$$2\int_a^b f(x)\mathrm{d}x\int_x^b f(y)\mathrm{d}y=\int_a^b f(x)\mathrm{d}x\int_x^b f(y)\mathrm{d}y+\int_a^b f(y)\mathrm{d}y\int_a^y f(x)\mathrm{d}x$$

$$=\int_a^b\left[f(x)\int_x^b f(y)\mathrm{d}y\right]\mathrm{d}x+\int_a^b\left[f(y)\int_a^y f(x)\mathrm{d}x\right]\mathrm{d}y$$

$$= \int_a^b \left[f(x) \int_x^b f(y) \mathrm{d}y \right] \mathrm{d}x + \int_a^b \left[f(x) \int_a^x f(y) \mathrm{d}y \right] \mathrm{d}x$$

$$= \int_a^b \left[f(x) \int_x^b f(y) \mathrm{d}y + f(x) \int_a^x f(y) \mathrm{d}y \right] \mathrm{d}x$$

$$= \int_a^b \left[f(x) \int_a^b f(y) \mathrm{d}y \right] \mathrm{d}x = \int_a^b f(x) \mathrm{d}x \cdot \int_a^b f(y) \mathrm{d}y$$

$$= \left[\int_a^b f(x) \mathrm{d}x \right]^2 .$$

✴ **特别提示** 由上可知,分部积分法、对称性、重要结论及二重积分的交换积分次序法是证明该类题的重要方法.

♻ **类题训练**

1. 设函数 $f(x)$ 在 $[a,b]$ 上连续,证明

(i) $\int_a^b f(x) \mathrm{d}x \int_a^x f(y) \mathrm{d}y = \dfrac{1}{2} \left[\int_a^b f(x) \mathrm{d}x \right]^2$;

(ii) $\int_a^b \mathrm{d}x \int_a^x f(y) \mathrm{d}y = \int_a^b (b-y) f(y) \mathrm{d}y$.

2. 设函数 $f(x)$ 在 $[0,1]$ 上连续,证明 $\int_0^1 \mathrm{d}x \int_{x^2}^{\sqrt{x}} f(y) \mathrm{d}y = \int_0^1 \left(\sqrt{x} - x^2 \right) f(x) \mathrm{d}x$.

3. 设 a,b 均为常数,$a > 0$,函数 $f(x)$ 在 $[0,a]$ 上连续,证明

$$\int_0^a \mathrm{d}y \int_0^y \mathrm{e}^{b(x-a)} f(x) \mathrm{d}x = \int_0^a (a-x) \mathrm{e}^{b(x-a)} f(x) \mathrm{d}x .$$

📖 **典型例题**

13 设函数 $f(x)$ 在 $[a,b]$ 上连续,$D = \left\{ (x,y) \mid a \leqslant x \leqslant b,\ a \leqslant y \leqslant b \right\}$,证明

$$\iint\limits_D \mathrm{e}^{f(x)-f(y)} \mathrm{d}x \mathrm{d}y \geqslant (b-a)^2 .$$

【证法 1】 利用 Cauchy-Schwarz 不等式

$$\iint\limits_D \mathrm{e}^{f(x)-f(y)} \mathrm{d}x \mathrm{d}y = \int_a^b \mathrm{e}^{f(x)} \mathrm{d}x \cdot \int_a^b \mathrm{e}^{-f(y)} \mathrm{d}y = \int_a^b \left(\mathrm{e}^{\frac{f(x)}{2}} \right)^2 \mathrm{d}x \cdot \int_a^b \left(\mathrm{e}^{-\frac{f(x)}{2}} \right)^2 \mathrm{d}x$$

$$\geqslant \left(\int_a^b \mathrm{e}^{\frac{f(x)}{2}} \cdot \mathrm{e}^{-\frac{f(x)}{2}} \mathrm{d}x \right)^2 = (b-a)^2 .$$

【证法 2】 利用轮换对称性及 Cauchy-Schwarz 不等式

因为 $e^{f(x)}$ 与 $e^{-f(x)}$ 都是 $[a,b]$ 上的正值连续函数, 且区域 D 关于直线 $y=x$ 对称, 所以由轮换对称性有 $\iint\limits_{D}e^{f(x)-f(y)}\mathrm{d}x\mathrm{d}y=\iint\limits_{D}\dfrac{e^{f(x)}}{e^{f(y)}}\mathrm{d}x\mathrm{d}y=\iint\limits_{D}\dfrac{e^{f(y)}}{e^{f(x)}}\mathrm{d}x\mathrm{d}y=\iint\limits_{D}e^{f(y)-f(x)}\mathrm{d}x\mathrm{d}y$, 故

$$\iint\limits_{D}e^{f(x)-f(y)}\mathrm{d}x\mathrm{d}y=\frac{1}{2}\iint\limits_{D}\left[\frac{e^{f(x)}}{e^{f(y)}}+\frac{e^{f(y)}}{e^{f(x)}}\right]\mathrm{d}x\mathrm{d}y\geqslant\frac{1}{2}\iint\limits_{D}2\sqrt{\frac{e^{f(x)}}{e^{f(y)}}\cdot\frac{e^{f(y)}}{e^{f(x)}}}\mathrm{d}x\mathrm{d}y=(b-a)^2.$$

【证法3】 利用已知不等式及二重积分的性质

由 $e^t\geqslant1+t$, 得 $e^{f(x)-f(y)}\geqslant1+f(x)-f(y)$, 于是有

$$\iint\limits_{D}e^{f(x)-f(y)}\mathrm{d}x\mathrm{d}y\geqslant\iint\limits_{D}\big(1+f(x)-f(y)\big)\mathrm{d}x\mathrm{d}y$$

$$=\iint\limits_{D}\mathrm{d}x\mathrm{d}y+\int_a^b f(x)\mathrm{d}x\int_a^b\mathrm{d}y-\int_a^b\mathrm{d}x\int_a^b f(y)\mathrm{d}y=(b-a)^2.$$

【证法4】 利用积分中值定理

要证 $\iint\limits_{D}e^{f(x)-f(y)}\mathrm{d}x\mathrm{d}y\geqslant(b-a)^2$, 即证 $\iint\limits_{D}\big[e^{f(x)-f(y)}-1\big]\mathrm{d}x\mathrm{d}y\geqslant0$. 而 $e^{f(x)-f(y)}$ 在区域 D 上连续, 所以由拉格朗日中值定理, 有

$$e^{f(x)-f(y)}-1=e^{f(x)-f(y)}-e^0=e^{\xi}\big(f(x)-f(y)\big),$$

其中 ξ 介于 0 与 $f(x)-f(y)$ 之间.

当 $f(x)-f(y)>0$ 时, $\xi>0$, $e^{f(x)-f(y)}-1>f(x)-f(y)$; 当 $f(x)-f(y)=0$ 时, $e^{f(x)-f(y)}-1=0=f(x)-f(y)$; 当 $f(x)-f(y)<0$ 时, $\xi<0$, $e^{f(x)-f(y)}-1>f(x)-f(y)$. 故 $\iint\limits_{D}\big(e^{f(x)-f(y)}-1\big)\mathrm{d}x\mathrm{d}y\geqslant\iint\limits_{D}\big(f(x)-f(y)\big)\mathrm{d}x\mathrm{d}y=0$, 即得证.

【证法5】 利用单调性

令 $F(x)=\int_a^x\mathrm{d}t\int_a^x e^{f(t)-f(u)}\mathrm{d}u-(x-a)^2$, $x\in[a,b]$, 则 $F(a)=0$, 且

$$F'(x)=\left(\int_a^x e^{f(t)}\mathrm{d}t\right)'\cdot\int_a^x e^{-f(u)}\mathrm{d}u+\int_a^x e^{f(t)}\mathrm{d}t\cdot\left(\int_a^x e^{-f(u)}\mathrm{d}u\right)'-2(x-a)$$

$$=e^{f(x)}\cdot\int_a^x e^{-f(u)}\mathrm{d}u+e^{-f(x)}\cdot\int_a^x e^{f(t)}\mathrm{d}t-2\int_a^x\mathrm{d}t$$

$$=\int_a^x e^{f(x)-f(u)}\mathrm{d}t+\int_a^x e^{f(t)-f(x)}\mathrm{d}t-2\int_a^x\mathrm{d}t=\int_a^x\big[e^{f(x)-f(t)}+e^{f(t)-f(x)}-2\big]\mathrm{d}t.$$

令 $g(\omega)=\mathrm{e}^{\omega}+\mathrm{e}^{-\omega}-2$，则 $g(0)=0$，且 $g'(\omega)=\mathrm{e}^{\omega}-\mathrm{e}^{-\omega}$．

当 $\omega>0$ 时，$g'(\omega)>0$，$g(\omega)>g(0)=0$；当 $\omega<0$ 时，$g'(\omega)<0$，$g(\omega)>g(0)=0$．于是对于任意的 $\omega\in\mathbf{R}$，有 $\mathrm{e}^{\omega}+\mathrm{e}^{-\omega}-2\geqslant0$．从而 $F'(x)\geqslant0$，$\forall x\in[a,b]$．故 $\forall x\in[a,b]$，$F(x)\geqslant F(a)=0$，特别地，有 $F(b)\geqslant0$，即

$$\iint_D \mathrm{e}^{f(x)-f(y)}\mathrm{d}x\mathrm{d}y \geqslant (b-a)^2.$$

特别提示 上述给出了证明二重积分不等式的常用的几种证明方法. 此外，还可以利用二重积分的估值性质及级数等方法证明二重积分不等式.

类题训练

1. 设函数 $f(x)$ 在 $[a,b]$ 上连续，证明 $\left(\int_a^b f(x)\mathrm{d}x\right)^2 \leqslant (b-a)\int_a^b f^2(x)\mathrm{d}x$．

2. 设正值函数 $f(x)$ 在 $[a,b]$ 上连续且有 $\int_a^b f(x)\mathrm{d}x=A$，证明 $\int_a^b f(x)\mathrm{e}^{f(x)}\mathrm{d}x\cdot\int_a^b \frac{1}{f(x)}\mathrm{d}x \geqslant (b-a)(b-a+A)$．(2005 年天津市高等数学竞赛题)

3. 证明 $I=\int_0^{2\pi}\mathrm{d}y\int_0^{2\pi}\sqrt{xy}\cos(x-y)\mathrm{d}x>0$．

典型例题

14 设 $f(x)$ 为连续函数，证明 $\iint_D f(x+y)\mathrm{d}x\mathrm{d}y=\int_{-1}^1 f(u)\mathrm{d}u$，其中闭区域 $D:|x|+|y|\leqslant1$．

【证法1】 变量代换法

令 $x+y=u$，$x-y=v$，则 $x=\dfrac{u+v}{2}$，$y=\dfrac{u-v}{2}$，区域 D 化为

$$D_{uv}=\{(u,v)\mid -1\leqslant u\leqslant1,\ -1\leqslant v\leqslant1\},\ 且\ \frac{\partial(x,y)}{\partial(u,v)}=\begin{vmatrix}\dfrac{\partial x}{\partial u}&\dfrac{\partial x}{\partial v}\\[2mm]\dfrac{\partial y}{\partial u}&\dfrac{\partial y}{\partial v}\end{vmatrix}=\begin{vmatrix}\dfrac{1}{2}&\dfrac{1}{2}\\[2mm]\dfrac{1}{2}&-\dfrac{1}{2}\end{vmatrix}=-\frac{1}{2}.$$

于是

$$\iint_D f(x+y)\mathrm{d}x\mathrm{d}y=\iint_{D_{uv}}f(u)\cdot\left|\frac{\partial(x,y)}{\partial(u,v)}\right|\mathrm{d}u\mathrm{d}v=\frac{1}{2}\iint_{D_{uv}}f(u)\mathrm{d}u\mathrm{d}v$$

$$= \frac{1}{2} \int_{-1}^{1} \mathrm{d}v \int_{-1}^{1} f(u) \mathrm{d}u = \int_{-1}^{1} f(u) \mathrm{d}u.$$

【证法 2】 二次积分法

将二重积分化为先对 y 后对 x 的积分

$$\iint\limits_{D} f(x+y) \mathrm{d}x \mathrm{d}y = \int_{-1}^{0} \mathrm{d}x \int_{-x-1}^{x+1} f(x+y) \mathrm{d}y + \int_{0}^{1} \mathrm{d}x \int_{x-1}^{-x+1} f(x+y) \mathrm{d}y.$$

令 $x+y=u$, 则上式 $= \int_{-1}^{0} \mathrm{d}x \int_{-1}^{2x+1} f(u) \mathrm{d}u + \int_{0}^{1} \mathrm{d}x \int_{2x-1}^{1} f(u) \mathrm{d}u$. 再交换积分次序, 化为先对 x 后对 u 的积分, 得

$$\iint\limits_{D} f(x+y) \mathrm{d}x \mathrm{d}y = \int_{-1}^{1} \mathrm{d}u \int_{\frac{u-1}{2}}^{\frac{u+1}{2}} f(u) \mathrm{d}x = \int_{-1}^{1} f(u) \mathrm{d}u.$$

【证法 3】 原函数法

$$\iint\limits_{D} f(x+y) \mathrm{d}x \mathrm{d}y = \int_{-1}^{0} \mathrm{d}x \int_{-x-1}^{x+1} f(x+y) \mathrm{d}y + \int_{0}^{1} \mathrm{d}x \int_{x-1}^{-x+1} f(x+y) \mathrm{d}y$$

$$= \int_{-1}^{0} \mathrm{d}x \int_{-x-1}^{x+1} f(x+y) \mathrm{d}(x+y) + \int_{0}^{1} \mathrm{d}x \int_{x-1}^{-x+1} f(x+y) \mathrm{d}(x+y).$$

记 $F(u)$ 为 $f(u)$ 的原函数, 则

$$\text{上式} = \int_{-1}^{0} \left(F(x+y) \Big|_{-x-1}^{x+1} \right) \mathrm{d}x + \int_{0}^{1} \left(F(x+y) \Big|_{x-1}^{-x+1} \right) \mathrm{d}x$$

$$= \int_{-1}^{0} \left[F(2x+1) - F(-1) \right] \mathrm{d}x + \int_{0}^{1} \left[F(1) - F(2x-1) \right] \mathrm{d}x$$

$$= F(1) - F(-1) + \int_{-1}^{0} F(2x+1) \mathrm{d}x - \int_{0}^{1} F(2x-1) \mathrm{d}x$$

$$= F(1) - F(-1) + \frac{1}{2} \int_{-1}^{1} F(t) \mathrm{d}t - \frac{1}{2} \int_{-1}^{1} F(t) \mathrm{d}t$$

$$= F(1) - F(-1) = \int_{-1}^{1} f(u) \mathrm{d}u.$$

✴ **特别提示** 从上述三种解法可以看出: 解法 1 使用变量代换法证明更为简洁.

♻ **类题训练**

1. 设 $f(x)$ 为连续函数, 证明 $\iint\limits_{D} f(x+y) \mathrm{d}x \mathrm{d}y = \int_{-\sqrt{2}}^{\sqrt{2}} f(t) \sqrt{2-t^2} \, \mathrm{d}t$, 其中区域 D 为圆域: $x^2 + y^2 \leqslant 1$.

2. 设 $f(x)$ 为连续函数, $a^2 + b^2 \neq 0$, 区域 D 为圆域: $x^2 + y^2 \leqslant 1$, 证明

$$\iint\limits_{D} f(ax+by+c)\mathrm{d}x\mathrm{d}y = 2\int_{-1}^{1}\sqrt{1-u^2}\, f\left(u\sqrt{a^2+b^2}+c\right)\mathrm{d}u .$$

3. 设 $f(x)$ 为连续函数, 常数 $a>0$, $D=\left\{(x,y)\big|-a\leqslant x\leqslant a,\ -a\leqslant y\leqslant a\right\}$, 证明 $\iint\limits_{D} f(x-y)\mathrm{d}x\mathrm{d}y = \int_{-2a}^{2a} f(t)\left(2a-|t|\right)\mathrm{d}t$.

由此求: 已知 $\int_{0}^{2}\sin\left(x^2\right)\mathrm{d}x = a$, 求 $\iint\limits_{D}\sin(x-y)^2\,\mathrm{d}x\mathrm{d}y$, 其中 $D=\left\{(x,y)\big||x|\leqslant 1,\right.$ $\left.|y|\leqslant 1\right\}$. (2008 年浙江省高等数学竞赛(理工类)试题)

📖 典型例题

15 设函数 $f(x,y)$ 在区域 D : $x^2+y^2\leqslant 1$ 上有二阶连续偏导数, 且 $\dfrac{\partial^2 f}{\partial x^2}+\dfrac{\partial^2 f}{\partial y^2} = \mathrm{e}^{-\left(x^2+y^2\right)}$, 证明 $\iint\limits_{D}\left(x\dfrac{\partial f}{\partial x}+y\dfrac{\partial f}{\partial y}\right)\mathrm{d}x\mathrm{d}y = \dfrac{\pi}{2\mathrm{e}}$.

【证法 1】 积分区域 D 是圆形域, 考虑采用极坐标, 然后利用已知等式化简被积函数. 为此在半径为 $\rho\ (0\leqslant\rho\leqslant 1)$ 的圆周 L_{ρ} 上应用 Green 公式.

令 $x=\rho\cos\theta$, $y=\rho\sin\theta$, 则 $D=\left\{(\rho,\theta)\big|0\leqslant\rho\leqslant 1,\ 0\leqslant\theta\leqslant 2\pi\right\}$,

$$\iint\limits_{D}\left(x\frac{\partial f}{\partial x}+y\frac{\partial f}{\partial y}\right)\mathrm{d}x\mathrm{d}y = \int_{0}^{1}\rho\,\mathrm{d}\rho\int_{0}^{2\pi}\left(\rho\cos\theta\frac{\partial f}{\partial x}+\rho\sin\theta\frac{\partial f}{\partial y}\right)\mathrm{d}\theta .$$

记 L_{ρ} 为半径是 $\rho\ (0\leqslant\rho\leqslant 1)$ 的圆周(逆时针方向), D_{ρ} 为 L_{ρ} 包围的区域, 则

$$\int_{0}^{2\pi}\left(\rho\cos\theta\cdot\frac{\partial f}{\partial x}+\rho\sin\theta\cdot\frac{\partial f}{\partial y}\right)\mathrm{d}\theta = \oint_{L_{\rho}}-\frac{\partial f}{\partial y}\mathrm{d}x+\frac{\partial f}{\partial x}\mathrm{d}y .$$

利用 Green 公式及已知等式, 得

$$上式 = \iint\limits_{D_{\rho}}\left(\frac{\partial^2 f}{\partial x^2}+\frac{\partial^2 f}{\partial y^2}\right)\mathrm{d}x\mathrm{d}y = \iint\limits_{D_{\rho}}\mathrm{e}^{-\left(x^2+y^2\right)}\mathrm{d}x\mathrm{d}y = \int_{0}^{2\pi}\mathrm{d}\theta\int_{0}^{\rho}\mathrm{e}^{-r^2}r\,\mathrm{d}r = \pi\left(1-\mathrm{e}^{-\rho^2}\right).$$

故 $\iint\limits_{D}\left(x\dfrac{\partial f}{\partial x}+y\dfrac{\partial f}{\partial y}\right)\mathrm{d}x\mathrm{d}y = \int_{0}^{1}\rho\pi\left(1-\mathrm{e}^{-\rho^2}\right)\mathrm{d}\rho = \dfrac{\pi}{2\mathrm{e}}$.

【证法 2】 由 Green 公式, 可导出二重积分的分部积分公式:

$$\iint\limits_{D}u\frac{\partial v}{\partial x}\mathrm{d}x\mathrm{d}y = \oint_{\partial D}uv\,\mathrm{d}y - \iint\limits_{D}v\frac{\partial u}{\partial x}\mathrm{d}x\mathrm{d}y, \qquad \iint\limits_{D}u\frac{\partial v}{\partial y}\mathrm{d}x\mathrm{d}y = -\oint_{\partial D}uv\,\mathrm{d}x - \iint\limits_{D}v\frac{\partial u}{\partial y}\mathrm{d}x\mathrm{d}y.$$

其中 D 是由一条分段光滑闭曲线所围成的闭区域, ∂D 为 D 的正向边界, $u=u(x,y)$ 和 $v=v(x,y)$ 在 D 上具有一阶连续的偏导数.

下面再利用二重积分的分部积分公式证明该题.

令 $u = \dfrac{\partial f}{\partial x}$, $\dfrac{\partial v}{\partial x} = x = \dfrac{\partial}{\partial x}\left(\dfrac{x^2 + y^2}{2}\right)$, 则由上述公式, 有

$$\iint_D x\frac{\partial f}{\partial x}\mathrm{d}x\mathrm{d}y = \iint_D \frac{\partial f}{\partial x}\cdot\frac{\partial}{\partial x}\left(\frac{x^2 + y^2}{2}\right)\mathrm{d}x\mathrm{d}y$$

$$= \frac{1}{2}\oint_{\partial D}\left(x^2 + y^2\right)\frac{\partial f}{\partial x}\mathrm{d}y - \frac{1}{2}\iint_D \left(x^2 + y^2\right)\cdot\frac{\partial^2 f}{\partial x^2}\mathrm{d}x\mathrm{d}y;$$

再令 $u = \dfrac{\partial f}{\partial y}$, $\dfrac{\partial v}{\partial x} = y = \dfrac{\partial}{\partial y}\left(\dfrac{x^2 + y^2}{2}\right)$, 类似地, 有

$$\iint_D y\frac{\partial f}{\partial y}\mathrm{d}x\mathrm{d}y = \iint_D \frac{\partial f}{\partial y}\cdot\frac{\partial}{\partial y}\left(\frac{x^2 + y^2}{2}\right)\mathrm{d}x\mathrm{d}y$$

$$= -\frac{1}{2}\oint_{\partial D}\left(x^2 + y^2\right)\frac{\partial f}{\partial y}\mathrm{d}x - \frac{1}{2}\iint_D \left(x^2 + y^2\right)\cdot\frac{\partial^2 f}{\partial y^2}\mathrm{d}x\mathrm{d}y.$$

于是

$$\iint_D \left(x\frac{\partial f}{\partial x} + y\frac{\partial f}{\partial y}\right)\mathrm{d}x\mathrm{d}y = \frac{1}{2}\oint_{\partial D}\left(x^2 + y^2\right)\frac{\partial f}{\partial x}\mathrm{d}y - \left(x^2 + y^2\right)\frac{\partial f}{\partial y}\mathrm{d}x$$

$$- \frac{1}{2}\iint_D \left(x^2 + y^2\right)\left(\frac{\partial^2 f}{\partial x^2} + \frac{\partial^2 f}{\partial y^2}\right)\mathrm{d}x\mathrm{d}y.$$

因为在边界 ∂D 上, $x^2 + y^2 = 1$, 所以利用 Green 公式, 得

$$\text{上式} = \frac{1}{2}\oint_{\partial D}\frac{\partial f}{\partial x}\mathrm{d}y - \frac{\partial f}{\partial y}\mathrm{d}x - \frac{1}{2}\iint_D \left(x^2 + y^2\right)\mathrm{e}^{-\left(x^2+y^2\right)}\mathrm{d}x\mathrm{d}y$$

$$= \frac{1}{2}\iint_D \left(\frac{\partial^2 f}{\partial x^2} + \frac{\partial^2 f}{\partial y^2}\right)\mathrm{d}x\mathrm{d}y - \frac{1}{2}\iint_D \left(x^2 + y^2\right)\mathrm{e}^{-\left(x^2+y^2\right)}\mathrm{d}x\mathrm{d}y$$

$$= \frac{1}{2}\iint_D \left(1 - x^2 - y^2\right)\mathrm{e}^{-\left(x^2+y^2\right)}\mathrm{d}x\mathrm{d}y = \frac{1}{2}\int_0^{2\pi}\mathrm{d}\theta\int_0^1\left(1 - \rho^2\right)\rho\mathrm{e}^{-\rho^2}\mathrm{d}\rho = \frac{\pi}{2\mathrm{e}}.$$

※ 特别提示 证法1先采用极坐标化简被积函数, 再用 Green 公式, 要求熟练运用 Green 公式; 证法2利用了二重积分的分部积分公式.

♻ 类题训练

1. 设 $f(x,y)$ 是 $D = \left\{(x,y)\big| x^2 + y^2 \leqslant 1\right\}$ 上二次连续可微函数, 满足 $\dfrac{\partial^2 f}{\partial x^2}$ +

$\dfrac{\partial^2 f}{\partial y^2}=x^2y^2$，计算积分 $I=\displaystyle\iint\limits_{D}\left(\dfrac{x}{\sqrt{x^2+y^2}}\dfrac{\partial f}{\partial x}+\dfrac{y}{\sqrt{x^2+y^2}}\dfrac{\partial f}{\partial y}\right)\mathrm{d}x\mathrm{d}y$．(2010 年首届全国

大学生数学竞赛决赛(数学类)试题)

2．设 $D=\left\{(x,y)\big|x^2+y^2\leqslant1\right\}$，$f(x,y)$ 在 D 上有一阶连续的偏导数，且在边

界 $x^2+y^2=1$ 上恒为 0, 证明 $\left|\displaystyle\iint\limits_{D}f(x,y)\mathrm{d}x\mathrm{d}y\right|\leqslant\dfrac{\pi}{3}\max_{(x,y)\in D}\left[\left(\dfrac{\partial f}{\partial x}\right)^2+\left(\dfrac{\partial f}{\partial y}\right)^2\right]^{\frac{1}{2}}$．

3．设函数 $f(x,y)$ 在单位圆上有连续的偏导数，且在边界上取值为零，证明

$\displaystyle\lim_{\varepsilon\to0^+}\iint\limits_{D}\dfrac{x\dfrac{\partial f}{\partial x}+y\dfrac{\partial f}{\partial y}}{x^2+y^2}\mathrm{d}x\mathrm{d}y=-2\pi f(0,0)$，其中 D 为圆环域：$\varepsilon^2\leqslant x^2+y^2\leqslant1$．

4．设函数 $f(x,y)$ 在区域 $D=\left\{(x,y)\big|x^2+y^2\leqslant a^2\right\}$ 上是有一阶连续偏导数，且

满足 $f(x,y)\big|_{x^2+y^2=a^2}=a^2$，以及 $\max_{(x,y)\in D}\left[\left(\dfrac{\partial f}{\partial x}\right)^2+\left(\dfrac{\partial f}{\partial y}\right)^2\right]=a^2$，其中 $a>0$．证明

$\left|\displaystyle\iint\limits_{D}f(x,y)\mathrm{d}x\mathrm{d}y\right|\leqslant\dfrac{4}{3}\pi a^4$．(2018 年第九届全国大学生数学竞赛决赛(非数学类)试题)

5.2　三 重 积 分

一、经典习题选编

1　计算 $I=\displaystyle\iiint\limits_{\Omega}(x^2+y^2)\mathrm{d}v$，其中 Ω 为 $x^2+y^2=z^2$ 与 $z=a\,(a>0)$ 所围成的

区域．

2　计算 $\displaystyle\iiint\limits_{\Omega}xyz\mathrm{d}v$，其中 Ω 为球体 $x^2+y^2+z^2\leqslant1$ 在第一卦限部分．

3　计算 $I=\displaystyle\iiint\limits_{\Omega}z\mathrm{d}v$，其中 Ω 为 $x^2+y^2+z^2=4$ 与 $x^2+y^2=3z$ 所围成的区域．

4　计算 $I=\displaystyle\iiint\limits_{\Omega}(x^2+y^2)\mathrm{d}v$，其中 Ω 为由曲线 $y^2=2z$，$x=0$ 绕 Oz 轴旋转一

周而成的曲面与两平面 $z=2$ 及 $z=8$ 所围成的立体．

5　计算 $\displaystyle\iiint\limits_{\Omega}z^2\mathrm{d}x\mathrm{d}y\mathrm{d}z$，其中 Ω 是由椭球面 $\dfrac{x^2}{a^2}+\dfrac{y^2}{b^2}+\dfrac{z^2}{c^2}=1$ 所围成的空间闭

区域.

6 计算 $I = \iiint\limits_{\Omega} (x+y+z)\mathrm{d}x\mathrm{d}y\mathrm{d}z$，其中 Ω 为由平面 $x+y+z=1$ 及三个坐标面所围成的区域.

7 求球面 $x^2+y^2+z^2=4$ 和抛物面 $x^2+y^2=3z$ 所围成的立体(含在抛物面内部)Ω 的体积 V.

8 求由 $x^2+y^2+z^2 \leqslant 1$ 与 $x^2+y^2+z^2 \leqslant 2az$ $\left(a \geqslant \dfrac{1}{2}\right)$ 所围成立体 Ω 的体积.

9 求由方程 $\left(\dfrac{x^2}{a^2}+\dfrac{y^2}{b^2}\right)^2+\dfrac{z^4}{c^4}=z$ 所确定的曲面 Σ 所围空间立体 Ω 的体积，其中 a,b,c 为正常数.

10 设某物体所在的空间区域为 $\Omega: x^2+y^2+2z^2 \leqslant x+y+2z$，密度函数为 $x^2+y^2+z^2$，求质量 $M = \iiint\limits_{\Omega} \left(x^2+y^2+z^2\right)\mathrm{d}x\mathrm{d}y\mathrm{d}z$. (2016 年第八届全国大学生数学竞赛预赛(非数学类)试题)

11 计算 $I = \int_0^1 \mathrm{d}x \int_0^x \mathrm{d}y \int_0^y \dfrac{\sin z}{1-z}\mathrm{d}z$.

12 设函数 $f(x)$ 在 $[a,b]$ 上连续，证明 $\int_a^b f(x)\mathrm{d}x \int_x^b f(y)\mathrm{d}y \int_y^b f(z)\mathrm{d}z = \dfrac{1}{6}\left[\int_a^b f(x)\mathrm{d}x\right]^3$.

13 设区域 $\Omega: x^2+y^2+z^2 \leqslant 1$，证明 $\dfrac{4\sqrt[3]{2}\pi}{3} \leqslant \iiint\limits_{\Omega} \sqrt[3]{x+2y-2z+5}\,\mathrm{d}v \leqslant \dfrac{8\pi}{3}$. (第十五届北京市数学竞赛题)

14 设 $f(x)$ 为连续函数，$t>0$，区域 Ω 是由抛物面 $z=x^2+y^2$ 和球面 $x^2+y^2+z^2=t^2$ $(t>0)$ 所围成的部分，定义三重积分 $F(t) = \iiint\limits_{\Omega} f\left(x^2+y^2+z^2\right)\mathrm{d}v$，求 $F'(t)$. (2012 年第四届全国大学生数学竞赛预赛(非数学类)试题)

二、一 题 多 解

典型例题

1 计算 $I = \iiint\limits_{\Omega} \left(x^2+y^2\right)\mathrm{d}v$，其中 Ω 为 $x^2+y^2=z^2$ 与 $z=a$ $(a>0)$ 所围成的

区域.

【解法 1】　利用直角坐标系下的"先一后二"方法, 再化为柱坐标.

$$I = \iint\limits_{D_{xy}} \mathrm{d}x\mathrm{d}y \int_{\sqrt{x^2+y^2}}^{a} \left(x^2+y^2\right)\mathrm{d}z = \int_0^{2\pi}\mathrm{d}\theta\int_0^a \rho\mathrm{d}\rho\int_\rho^a \rho^2\mathrm{d}z = \frac{\pi}{10}a^5,$$

其中 $D_{xy}: x^2+y^2 \leqslant a^2$.

【解法 2】　利用直角坐标系下的"先二后一"方法, 再化为柱坐标.

$$I = \int_0^a \mathrm{d}z \iint\limits_{D_z} \left(x^2+y^2\right)\mathrm{d}x\mathrm{d}y = \int_0^a \mathrm{d}z\int_0^{2\pi}\mathrm{d}\theta\int_0^z \rho^3\mathrm{d}\rho = \frac{\pi}{10}a^5,$$

其中截面 $D_z: z=z$ 平面上的 $x^2+y^2 \leqslant z^2$.

【解法 3】　利用球坐标

令 $\begin{cases} x = r\sin\varphi\cos\theta, \\ y = r\sin\varphi\sin\theta, \\ z = r\cos\varphi. \end{cases}$　则 $\mathrm{d}v = r^2\sin\varphi\mathrm{d}r\mathrm{d}\varphi\mathrm{d}\theta$, $x^2+y^2 = r^2\sin^2\varphi$, $x^2+y^2 = z^2$

化为 $\varphi = \dfrac{\pi}{4}$, $z=a$ 化为 $r = \dfrac{a}{\cos\varphi}$. 故

$$I = \int_0^{2\pi}\mathrm{d}\theta\int_0^{\frac{\pi}{4}}\mathrm{d}\varphi\int_0^{\frac{a}{\cos\varphi}} r^2\sin^2\varphi \cdot r^2\sin\varphi\mathrm{d}r = \frac{\pi}{10}a^5.$$

 特别提示　三重积分的计算方法主要有直角坐标系下的"先一后二"法、"先二后一"法, 柱坐标及球坐标法, 变量代换法等. 而柱坐标实际上是"先一后二"或"先二后一"中的"二"用极坐标. "先一后二"法是将积分区域 Ω 向平面投影, 得投影区域, 再过该区域中任意一点, 作垂直于该区域的直线, 穿入点即为对应坐标的下限, 穿出点为上限. "先二后一"法是将积分区域 Ω 向某个轴上投影, 得投影区间, 再过该区间中的任意一点, 作垂直于该轴的平面, 该平面截 Ω 的截面即为"先二"的积分域. 注意区别该截面与 Ω 在平面上的投影区域. 一般来说, 若积分区域的边界曲面方程或被积函数中含 x^2+y^2 或 x^2+z^2 或 y^2+z^2, 可考虑用柱坐标, 计算时可先化为直角坐标系下"先一后二"或"先二后一"形式, 再由极坐标转化为柱坐标, 如解法 1 和解法 2; 若积分区域的边界曲面方程或被积函数中含 $x^2+y^2+z^2$, 或 x^2+y^2 或 y^2+z^2 或 x^2+z^2, 可考虑用球坐标, 注意各个变量 r, θ, φ 的含义, 以确定正确的上下限. 此外, 不要遗漏体积元素中的 $r^2\sin\varphi$. 解题时, 尽量先画出积分区域 Ω 的图形.

♻ **类题训练**

1. 计算 $\iiint\limits_{\Omega} z\mathrm{e}^{x^2+y^2}\mathrm{d}v$，其中 Ω 为 $x^2+y^2=z^2$ 与平面 $z=1$ 所围的区域.

2. 计算 $\iiint\limits_{\Omega}\left(x^2+y^2\right)\mathrm{d}v$，其中 Ω 为 $x^2+y^2+(z-a)^2\leqslant a^2$ 与 $z\geqslant\sqrt{x^2+y^2}$ 所围的区域.

3. 计算 $\iiint\limits_{\Omega}\sqrt{x^2+y^2}\,\mathrm{d}v$，其中 Ω 为由曲面 $z=\sqrt{x^2+y^2}$ 与 $z=\sqrt{1-x^2-y^2}$ 所围成的立体.

📖 **典型例题**

2 计算 $\iiint\limits_{\Omega} xyz\mathrm{d}v$，其中 Ω 为球体 $x^2+y^2+z^2\leqslant1$ 在第一卦限部分.

【解法1】 利用直角坐标系下的"先一后二"方法，再化为柱坐标.

将 Ω 投影到 xOy 平面，得投影区域 $D_{xy}:x^2+y^2\leqslant1$.

$$\iiint\limits_{\Omega} xyz\mathrm{d}v=\iint\limits_{D_{xy}}\mathrm{d}x\mathrm{d}y\int_0^{\sqrt{1-x^2-y^2}}xyz\mathrm{d}z=\int_0^{\frac{\pi}{2}}\mathrm{d}\theta\int_0^1\rho\mathrm{d}\rho\int_0^{\sqrt{1-\rho^2}}z\rho^2\cos\theta\sin\theta\mathrm{d}z=\frac{1}{48}.$$

【解法2】 利用直角坐标系下的"先二后一"方法，再化为柱坐标.

将 Ω 投影到 z 轴上，得投影区间 $[0,1]$.

$$\iiint\limits_{\Omega} xyz\mathrm{d}v=\int_0^1\mathrm{d}z\iint\limits_{D_z}xyz\mathrm{d}x\mathrm{d}y=\int_0^1\mathrm{d}z\int_0^{\frac{\pi}{2}}\mathrm{d}\theta\int_0^{\sqrt{1-\rho^2}}z\rho^3\cos\theta\sin\theta\mathrm{d}\rho=\frac{1}{48},$$

其中 $D_z=\left\{(x,y)\big| x^2+y^2\leqslant1-z^2,\ x\geqslant0,y\geqslant0,0\leqslant z\leqslant1\right\}$.

【解法3】 利用球坐标

令 $x=r\sin\varphi\cos\theta$，$y=r\sin\varphi\sin\theta$，$z=r\cos\varphi$，则 $\mathrm{d}v=r^2\sin\varphi\mathrm{d}\theta\mathrm{d}\varphi\mathrm{d}r$.

$$\iiint\limits_{\Omega} xyz\mathrm{d}v=\int_0^{\frac{\pi}{2}}\mathrm{d}\theta\int_0^{\frac{\pi}{2}}\mathrm{d}\varphi\int_0^1 r^5\sin^3\varphi\cos\varphi\cos\theta\sin\theta\mathrm{d}r=\frac{1}{48}.$$

✳ **特别提示**   特别要注意解法2中的截面 D_z 不同于 xOy 平面上的投影域 D_{xy}，这关系到利用极坐标后 ρ 的定限问题. 解法3中 θ，φ，r 的含义也要明确，这关系到它们的定限问题.

♻ **类题训练**

1. 计算 $\iiint\limits_{\Omega} z^2 \mathrm{d}v$，其中 Ω 为半球体：$x^2+y^2+z^2 \leqslant 1$，$z \geqslant 0$.

2. 计算 $\iiint\limits_{\Omega}\left(x^2+y^2\right)\mathrm{d}v$，其中 Ω 为中心在原点，半径为 R 的球体.

3. 计算 $\iiint\limits_{\Omega}\left(x^2+y^2+z^2\right)\mathrm{d}v$，其中 Ω 为球体 $x^2+y^2+z^2 \leqslant R^2$ 在第一卦限部分.

📖 **典型例题**

3 计算 $I = \iiint\limits_{\Omega} z \mathrm{d}v$，其中 Ω 为 $x^2+y^2+z^2 = 4$ 与 $x^2+y^2 = 3z$ 所围成的区域.

【**解法 1**】 利用直角坐标系下的"先一后二"方法，再化为柱坐标.

将 Ω 投影到 xOy 平面，得投影域 $D_{xy}: x^2+y^2 \leqslant 3$.

$$I = \iint\limits_{D_{xy}} \mathrm{d}x\mathrm{d}y \int_{\frac{x^2+y^2}{3}}^{\sqrt{4-x^2-y^2}} z \mathrm{d}z = \int_0^{2\pi} \mathrm{d}\theta \int_0^{\sqrt{3}} \rho \mathrm{d}\rho \int_{\frac{\rho^2}{3}}^{\sqrt{4-\rho^2}} z \mathrm{d}z = \frac{13}{4}\pi.$$

【**解法 2**】 利用直角坐标系下的"先二后一"方法，再化为柱坐标.

将 Ω 投影到 z 轴上，得投影区间 $[0,2]$，注意到过 z 轴区间 $[0,1]$ 和 $[1,2]$ 上任意一点 z 作垂直于 z 轴的平面交 Ω 的截面 D_z 是不同的形式，所以需要分区域考虑. 于是

$$I = \iiint\limits_{\Omega_1} z \mathrm{d}v + \iiint\limits_{\Omega_2} z \mathrm{d}v = \int_0^1 z \mathrm{d}z \iint\limits_{D_{z_1}} \mathrm{d}x\mathrm{d}y + \int_1^2 z \mathrm{d}z \iint\limits_{D_{z_2}} \mathrm{d}x\mathrm{d}y$$

$$= \int_0^1 z \cdot \pi \left(\sqrt{3z}\right)^2 \mathrm{d}z + \int_1^2 z \cdot \pi \left(\sqrt{4-z^2}\right)^2 \mathrm{d}z = \frac{13}{4}\pi.$$

其中

$\Omega_1 = \left\{(x,y,z) \middle| 0 \leqslant z \leqslant 1, (x,y) \in D_{z_1}\right\}$，$D_{z_1}: x^2+y^2 \leqslant 3z$；

$\Omega_2 = \left\{(x,y,z) \middle| 1 \leqslant z \leqslant 2, (x,y) \in D_{z_2}\right\}$，$D_{z_2}: x^2+y^2 \leqslant 4-z^2$.

或

$$I = \int_0^1 z \mathrm{d}z \iint\limits_{D_{z_1}} \mathrm{d}x\mathrm{d}y + \int_1^2 z \mathrm{d}z \iint\limits_{D_{z_2}} \mathrm{d}x\mathrm{d}y$$

$$= \int_0^1 z \mathrm{d}z \int_0^{2\pi} \mathrm{d}\theta \int_0^{\sqrt{3z}} \rho \mathrm{d}\rho + \int_1^2 z \mathrm{d}z \int_0^{2\pi} \mathrm{d}\theta \int_0^{\sqrt{4-z^2}} \rho \mathrm{d}\rho = \frac{13}{4}\pi.$$

【**解法 3**】 利用球坐标

令 $x = r\sin\varphi\cos\theta$，$y = r\sin\varphi\sin\theta$，$z = r\cos\varphi$，则 $\mathrm{d}v = r^2 \sin\varphi \mathrm{d}r\mathrm{d}\varphi\mathrm{d}\theta$.

于是

$$I = \iiint\limits_{\Omega} z \mathrm{d}v = \iiint\limits_{\Omega_1} z \mathrm{d}v + \iiint\limits_{\Omega_2} z \mathrm{d}v$$

$$= \int_0^{2\pi} \mathrm{d}\theta \int_0^{\frac{\pi}{3}} \sin\varphi \mathrm{d}\varphi \int_0^2 r^3 \cos\varphi \mathrm{d}r + \int_0^{2\pi} \mathrm{d}\theta \int_{\frac{\pi}{3}}^{\frac{\pi}{2}} \sin\varphi \mathrm{d}\varphi \int_0^{\frac{3\cos\varphi}{\sin^2\varphi}} r^3 \cos\varphi \mathrm{d}r = \frac{13}{4}\pi.$$

其中 Ω_1 与 Ω_2 不同于解法 2 中的 Ω_1 与 Ω_2. 这里 Ω_1 表示上半锥面 $z = \sqrt{\dfrac{x^2 + y^2}{3}}$ 与球面 $x^2 + y^2 + z^2 = 4$ 所围区域, $\Omega_2 = \Omega \backslash \Omega_1$.

特别提示 注意解法 2 和解法 3 中要分区域考虑, 所分的子区域 Ω_1 和 Ω_2 在两个解法中表达不同的含义.

类题训练

1. 计算 $\iiint\limits_{\Omega} z \mathrm{d}v$, 其中 Ω 为 $x^2 + y^2 = 2z$ 与平面 $z = 2$ 所围成区域.

2. 记曲面 $z^2 = x^2 + y^2$ 和 $z = \sqrt{4 - x^2 - y^2}$ 围成空间区域为 V, 则三重积分 $\iiint\limits_{V} z \mathrm{d}x\mathrm{d}y\mathrm{d}z = \underline{\qquad\qquad}$. (2017 年第九届全国大学生数学竞赛预赛(非数学类)试题)

3. 计算 $\iiint\limits_{\Omega} z \mathrm{d}v$, 其中 Ω 为 $z = \sqrt{x^2 + y^2}$ 与 $z = \sqrt{8 - x^2 - y^2}$ 所围成区域.

典型例题

4 计算 $I = \iiint\limits_{\Omega} (x^2 + y^2) \mathrm{d}v$, 其中 Ω 为由曲线 $y^2 = 2z$, $x = 0$ 绕 Oz 轴旋转一周而成的曲面与两平面 $z = 2$ 及 $z = 8$ 所围成的立体.

【解法1】 利用直角坐标系下的 "先一后二" 方法, 再化为柱坐标.

曲线 $y^2 = 2z$, $x = 0$ 绕 Oz 轴旋转一周所成的曲面方程为: $x^2 + y^2 = 2z$.

将 Ω 投影到 xOy 平面, 可得投影域 D_{xy}, 在 D_{xy} 内任取一点 (x, y), 作垂直于 xOy 平面的直线, 与 Ω 相交, 穿入点和穿出点有两种不同情况, 所以要分区域考虑. 记 $\Omega = \Omega_1 + \Omega_2$, Ω_1 在 xOy 平面上的投影域 $D_{xy}^{(1)}: x^2 + y^2 \leqslant 2^2$, Ω_2 在 xOy 平面上的投影域 $D_{xy}^{(2)}: 2^2 \leqslant x^2 + y^2 \leqslant 4^2$. 于是

$$I = \iiint\limits_{\Omega}\left(x^2 + y^2\right)\mathrm{d}v = \iiint\limits_{\Omega_1}\left(x^2 + y^2\right)\mathrm{d}v + \iiint\limits_{\Omega_2}\left(x^2 + y^2\right)\mathrm{d}v$$

$$= \iint\limits_{D_{xy}^{(1)}}\mathrm{d}x\mathrm{d}y\int_2^8\left(x^2 + y^2\right)\mathrm{d}z + \iint\limits_{D_{xy}^{(2)}}\mathrm{d}x\mathrm{d}y\int_{\frac{x^2+y^2}{2}}^8\left(x^2 + y^2\right)\mathrm{d}z$$

$$= \int_0^{2\pi}\mathrm{d}\theta\int_0^2\rho^3\mathrm{d}\rho\int_2^8\mathrm{d}z + \int_0^{2\pi}\mathrm{d}\theta\int_2^4\rho^3\mathrm{d}\rho\int_{\frac{\rho^2}{2}}^8\mathrm{d}z = 336\pi.$$

【解法 2】 利用直角坐标系下的"先二后一"方法, 再化为柱坐标.

将 Ω 投影到 z 轴上得投影区间 $[2,8]$, 过 z 轴区间 $[2,8]$ 上任意一点 z 作垂直于 z 轴的平面交 Ω 得截面 $D_z : x^2 + y^2 \leqslant 2z$. 于是

$$I = \iiint\limits_{\Omega}\left(x^2 + y^2\right)\mathrm{d}v = \int_2^8\mathrm{d}z\iint\limits_{D_z}\left(x^2 + y^2\right)\mathrm{d}x\mathrm{d}y = \int_2^8\mathrm{d}z\int_0^{2\pi}\mathrm{d}\theta\int_0^{\sqrt{2z}}\rho^3\mathrm{d}\rho = 336\pi.$$

【解法 3】 利用球面坐标

令 $x = r\sin\varphi\cos\theta$, $y = r\sin\varphi\sin\theta$, $z = r\cos\varphi$, 则 $\mathrm{d}v = r^2\sin\varphi\mathrm{d}r\mathrm{d}\varphi\mathrm{d}\theta$, $z = 2$ 化为 $r = \dfrac{2}{\cos\varphi}$, $z = 8$ 化为 $r = \dfrac{8}{\cos\varphi}$, $x^2 + y^2 = 2z$ 化为 $r = \dfrac{2\cos\varphi}{\sin^2\varphi}$. 分区域考虑, 记 $\Omega = \Omega_3 + \Omega_4$, 于是

$$I = \iiint\limits_{\Omega}\left(x^2 + y^2\right)\mathrm{d}v = \iiint\limits_{\Omega_3}\left(x^2 + y^2\right)\mathrm{d}v + \iiint\limits_{\Omega_4}\left(x^2 + y^2\right)\mathrm{d}v$$

$$= \int_0^{2\pi}\mathrm{d}\theta\int_0^{\arctan\frac{1}{2}}\mathrm{d}\varphi\int_{\frac{2}{\cos\varphi}}^{\frac{8}{\cos\varphi}}r^4\sin^3\varphi\mathrm{d}r + \int_0^{2\pi}\mathrm{d}\theta\int_{\arctan\frac{1}{2}}^{\frac{\pi}{4}}\mathrm{d}\varphi\int_{\frac{2}{\cos\varphi}}^{\frac{2\cos\varphi}{\sin^2\varphi}}r^4\sin^3\varphi\mathrm{d}r = 336\pi.$$

✳ **特别提示** 解法 1 和解法 3 中由于穿入点和穿出点有两种情况, 需分区域考虑, 特别要注意积分限的选取. 此外, 要了解旋转曲面的概念及旋转曲面方程的确定方法.

♻ **类题训练**

1. 计算 $\iiint\limits_{\Omega}\left(x^2 + z^2\right)\mathrm{d}v$, 其中 Ω 为平面 $y = 2$ 与曲面 $x^2 + z^2 = 2y$ 所围成的区域.

2. 计算 $\iiint\limits_{\Omega}\left(x^2 + y^2 + z\right)\mathrm{d}v$, 其中 Ω 为由曲线 $\begin{cases} y^2 = 2z, \\ x = 0 \end{cases}$ 绕 Oz 轴旋转一周而成的旋转曲面与平面 $z = 4$ 所围成的区域.

3. 计算 $\iiint\limits_{\Omega}(x+y+z)\mathrm{d}v$，其中 Ω 为由曲线 $\begin{cases} z=x, \\ y=0 \end{cases}$ 绕 Oz 轴旋转一周而成的旋转曲面与平面 $z=0$ 及 $z=1$ 所围成的区域.

4. 计算 $\iiint\limits_{\Omega}z\mathrm{d}v$，其中 Ω 为由 $x^2+y^2=z$，$z=1$ 及 $z=4$ 所围成的区域.

5. 计算 $\iiint\limits_{\Omega}z\mathrm{d}v$，其中 $\Omega=\left\{(x,y,z)\middle| z\leqslant\sqrt{x^2+y^2}\leqslant\sqrt{3}z,\ 0\leqslant z\leqslant 4\right\}$.

6. 计算 $\iiint\limits_{\Omega}(y^2+z^2)\mathrm{d}v$，其中 Ω 是由 xOy 平面上曲线 $y^2=2x$ 绕 x 轴旋转而成的曲面与平面 $x=5$ 所围成的闭区域.

📖 典型例题

5 计算 $\iiint\limits_{\Omega}z^2\mathrm{d}x\mathrm{d}y\mathrm{d}z$，其中 Ω 是由椭球面 $\dfrac{x^2}{a^2}+\dfrac{y^2}{b^2}+\dfrac{z^2}{c^2}=1$ 所围成的空间闭区域.

【解法 1】 利用直角坐标系下的"先二后一"方法

将 Ω 投影到 z 轴上, 得投影区间 $[-c,c]$.

$$\iiint\limits_{\Omega}z^2\mathrm{d}x\mathrm{d}y\mathrm{d}z\int_{-c}^{c}z^2\mathrm{d}z\iint\limits_{D_z}\mathrm{d}x\mathrm{d}y=\pi ab\int_{-c}^{c}\left(1-\frac{z^2}{c^2}\right)z^2\mathrm{d}z=\frac{4}{15}\pi abc^3,$$

其中 D_z 为过点 $z\in[-c,c]$, 作垂直于 z 轴的平面与 Ω 交的截面区域: $\dfrac{x^2}{a^2}+\dfrac{y^2}{b^2}\leqslant 1-\dfrac{z^2}{c^2}$.

【解法 2】 利用直角坐标系下的"先一后二"方法, 再用广义极坐标变换

将 Ω 投影到 xOy 平面, 得投影区域 $D_{xy}: \dfrac{x^2}{a^2}+\dfrac{y^2}{b^2}\leqslant 1$.

$$\iiint\limits_{\Omega}z^2\mathrm{d}x\mathrm{d}y\mathrm{d}z=\iint\limits_{D_{xy}}\mathrm{d}x\mathrm{d}y\int_{-c\sqrt{1-\frac{x^2}{a^2}-\frac{y^2}{b^2}}}^{c\sqrt{1-\frac{x^2}{a^2}-\frac{y^2}{b^2}}}z^2\mathrm{d}z.$$

令 $\begin{cases} x=a\rho\cos\theta, \\ y=b\rho\sin\theta. \end{cases}$ 则 $\mathrm{d}x\mathrm{d}y=ab\rho\mathrm{d}\rho\mathrm{d}\theta$, 于是

$$\iiint\limits_{\Omega}z^2\mathrm{d}x\mathrm{d}y\mathrm{d}z=\int_{0}^{2\pi}\mathrm{d}\theta\int_{0}^{1}ab\rho\mathrm{d}\rho\int_{-c\sqrt{1-\rho^2}}^{c\sqrt{1-\rho^2}}z^2\mathrm{d}z=\frac{4}{15}\pi abc^3.$$

【解法 3】 利用广义球坐标变换

令 $x = ar\sin\varphi\cos\theta$，$y = br\sin\varphi\sin\theta$，$z = cr\cos\varphi$，则

$$\frac{x^2}{a^2} + \frac{y^2}{b^2} + \frac{z^2}{c^2} = r^2, \quad \mathrm{d}x\mathrm{d}y\mathrm{d}z = \left|\frac{\partial(x,y,z)}{\partial(\theta,\varphi,r)}\right|\mathrm{d}\theta\mathrm{d}\varphi\mathrm{d}r = abcr^2\sin\varphi\mathrm{d}\theta\mathrm{d}\varphi\mathrm{d}r,$$

$$\iiint\limits_{\Omega} z^2\mathrm{d}x\mathrm{d}y\mathrm{d}z = \int_0^{2\pi}\mathrm{d}\theta\int_0^{\pi}\mathrm{d}\varphi\int_0^1 abcr^2\sin\varphi\cdot c^2r^2\cos^2\varphi\mathrm{d}r = \frac{4}{15}\pi abc^3.$$

特别提示　由上可以看出，解法 1 比较简单. 一般地，若被积函数为 $f(z)$，则用"先二后一"方法，将积分区域 Ω 投影到 z 轴上；类似地，若被积函数为 $f(x)$ 或 $f(y)$，则分别将 Ω 投影到 x 轴或 y 轴上，用"先二后一"方法计算较为简单.

类题训练

1. 计算 $\iiint\limits_{\Omega}\left(\dfrac{x^2}{a^2} + \dfrac{y^2}{b^2} + \dfrac{z^2}{c^2}\right)\mathrm{d}x\mathrm{d}y\mathrm{d}z$，其中 Ω 为椭球体：$\dfrac{x^2}{a^2} + \dfrac{y^2}{b^2} + \dfrac{z^2}{c^2} \leqslant 1$.

2. 计算 $\iiint\limits_{\Omega}\left(x^{100} + y^{99}\right)\mathrm{d}x\mathrm{d}y\mathrm{d}z$，其中 Ω 为椭球体：$\dfrac{x^2}{a^2} + \dfrac{y^2}{b^2} + \dfrac{z^2}{c^2} \leqslant 1$.

3. 计算 $\iiint\limits_{\Omega}\left(\dfrac{x}{a} + \dfrac{y}{b} + \dfrac{z}{c}\right)^2\mathrm{d}x\mathrm{d}y\mathrm{d}z$，其中 Ω 为椭球体：$x^2 + y^2 + z^2 \leqslant R^2$.

典型例题

6　计算 $I = \iiint\limits_{\Omega}(x + y + z)\mathrm{d}x\mathrm{d}y\mathrm{d}z$，其中 Ω 为由平面 $x + y + z = 1$ 及三个坐标面所围成的区域.

【解法 1】 利用直角坐标系下的"先一后二"方法

将 Ω 投影到 xOy 平面，得投影域 $D_{xy} = \left\{(x,y)\mid 0\leqslant y\leqslant 1-x,\ 0\leqslant x\leqslant 1\right\}$.

$$I = \iiint\limits_{\Omega}(x + y + z)\mathrm{d}x\mathrm{d}y\mathrm{d}z = \iint\limits_{D_{xy}}\mathrm{d}x\mathrm{d}y\int_0^{1-x-y}(x + y + z)\mathrm{d}z$$

$$= \int_0^1\mathrm{d}x\int_0^{1-x}\mathrm{d}y\int_0^{1-x-y}(x + y + z)\mathrm{d}z = \frac{1}{8}.$$

【解法 2】 利用直角坐标系下的"先二后一"方法

将 Ω 投影到 z 轴上，得投影区间 $[0,1]$.

$$\iiint\limits_{\Omega} z\mathrm{d}x\mathrm{d}y\mathrm{d}z = \int_0^1 z\mathrm{d}z\iint\limits_{D_z}\mathrm{d}x\mathrm{d}y = \int_0^1 z\cdot\frac{1}{2}(1-z)^2\mathrm{d}z = \frac{1}{24},$$

其中 $D_z = \left\{ (x,y) \middle| 0 \leqslant x \leqslant 1-z, \ 0 \leqslant y \leqslant 1-x-z, \ 0 \leqslant z \leqslant 1 \right\}$.

同理, 分别将 Ω 投影到 x, y 轴上, 得 $\iiint\limits_{\Omega} x \mathrm{d}x\mathrm{d}y\mathrm{d}z = \iiint\limits_{\Omega} y \mathrm{d}x\mathrm{d}y\mathrm{d}z = \dfrac{1}{24}$. 故

$$I = \iiint\limits_{\Omega} x \mathrm{d}x\mathrm{d}y\mathrm{d}z + \iiint\limits_{\Omega} y \mathrm{d}x\mathrm{d}y\mathrm{d}z + \iiint\limits_{\Omega} z \mathrm{d}x\mathrm{d}y\mathrm{d}z = \dfrac{1}{8}.$$

【解法3】 利用轮换对称性及重心坐标公式

Ω 是一个四面体, 它的四个顶点坐标分别为 $(0,0,0)$, $(1,0,0)$, $(0,1,0)$, $(0,0,1)$, 故 Ω 的重心坐标为 $\left(\dfrac{1}{4}, \dfrac{1}{4}, \dfrac{1}{4} \right)$.

又因为 Ω 关于 x, y, z 轮换对称, 所以有 $\iiint\limits_{\Omega} x \mathrm{d}x\mathrm{d}y\mathrm{d}z = \iiint\limits_{\Omega} y \mathrm{d}x\mathrm{d}y\mathrm{d}z = \iiint\limits_{\Omega} z \mathrm{d}x\mathrm{d}y\mathrm{d}z$,

从而有 $I = 3 \iiint\limits_{\Omega} x \mathrm{d}x\mathrm{d}y\mathrm{d}z$.

再由重心坐标公式, 有 $\dfrac{1}{4} = \dfrac{\iiint\limits_{\Omega} x \mathrm{d}x\mathrm{d}y\mathrm{d}z}{\iiint\limits_{\Omega} \mathrm{d}x\mathrm{d}y\mathrm{d}z}$. 而四面体 Ω 的体积 $V = \iiint\limits_{\Omega} \mathrm{d}x\mathrm{d}y\mathrm{d}z = \dfrac{1}{6}$,

故 $I = 3 \iiint\limits_{\Omega} x \mathrm{d}x\mathrm{d}y\mathrm{d}z = 3 \times \dfrac{1}{4} \cdot V = 3 \times \dfrac{1}{4} \times \dfrac{1}{6} = \dfrac{1}{8}$.

【解法4】 利用等值面法之一

取等值面 $x+y+z=t$ $(0 \leqslant t \leqslant 1)$, 因为该等值面与三个坐标面所围成的立体体积

$V(t) = \dfrac{1}{3} \times \dfrac{1}{2} t^2 \times t = \dfrac{1}{6} t^3$, 所以 $\mathrm{d}V(t) = \dfrac{1}{2} t^2 \mathrm{d}t$, 故 $I = \iiint\limits_{\Omega} (x+y+z) \mathrm{d}v = \displaystyle\int_0^1 t \cdot \dfrac{1}{2} t^2 \mathrm{d}t = \dfrac{1}{8}$.

【解法5】 利用等值面法之二

由轮换对称性, $I = 3 \iiint\limits_{\Omega} x \mathrm{d}x\mathrm{d}y\mathrm{d}z$.

取等值面 $x=t$ $(0 \leqslant t \leqslant 1)$, 因为该等值面与三个坐标面及平面 $x+y+z=1$ 所围立体的体积 $V(t) = \dfrac{1}{6} \left[1 - (1-t)^3 \right]$, 所以 $\mathrm{d}V(t) = \dfrac{1}{2} (1-t)^2 \mathrm{d}t$, 故

$$I = 3 \iiint\limits_{\Omega} x \mathrm{d}x\mathrm{d}y\mathrm{d}z = 3 \int_0^1 t \cdot \dfrac{1}{2} (1-t)^2 \mathrm{d}t = \dfrac{1}{8}.$$

【解法 6】　利用变量代换法

令 $\begin{cases} u = x + y + z, \\ v = x, \\ w = y. \end{cases}$ 则围成 Ω 的各边界面分别变为 $u = 1$，$v = 0$，$w = 0$，

$u = v + w$，且 $\dfrac{\partial(u,v,w)}{\partial(x,y,z)} = \begin{vmatrix} \dfrac{\partial u}{\partial x} & \dfrac{\partial u}{\partial y} & \dfrac{\partial u}{\partial z} \\[2mm] \dfrac{\partial v}{\partial x} & \dfrac{\partial v}{\partial y} & \dfrac{\partial v}{\partial z} \\[2mm] \dfrac{\partial w}{\partial x} & \dfrac{\partial w}{\partial y} & \dfrac{\partial w}{\partial z} \end{vmatrix} = 1$. 故由换元变换公式，有

$$I = \iiint\limits_{\Omega} (x + y + z)\,dv = \iiint\limits_{\Omega'} u \cdot \left| \dfrac{\partial(u,v,w)}{\partial(x,y,z)} \right| du dv dw = \int_0^1 du \int_0^u dv \int_0^{u-v} u\,dw = \dfrac{1}{8}.$$

✳ **特别提示**　该题可进行推广，得到一般性结论:

设函数 $f(x)$ 为连续函数，Ω 为由平面 $ax + by + cz = d$ $(a,b,c,d>0)$ 及三个坐标面所围成的区域，则有

$$\iiint\limits_{\Omega} f(ax + by + cz)\,dx dy dv = \dfrac{1}{2abc} \int_0^d t^2 f(t)\,dt.$$

♻ **类题训练**

1. 计算 $\iiint\limits_{\Omega} x\,dv$，其中 Ω 为平面 $x + 2y + z = 1$ 与三个坐标面所围成的区域.

2. 计算 $\iiint\limits_{\Omega} \dfrac{dx dy dz}{(1 + x + y + z)^3}$，其中 Ω 为平面 $x + y + z = 1$ 与三个坐标面所围成的区域.

3. 计算 $\iiint\limits_{\Omega} xy^2 z^3\,dx dy dz$，其中 Ω 是由曲面 $z = xy$，与平面 $y = x$，$x = 1$ 和 $z = 1$ 所围成的闭区域.

📖 **典型例题**

7　求球面 $x^2 + y^2 + z^2 = 4$ 和抛物面 $x^2 + y^2 = 3z$ 所围成的立体(含在抛物面内部)Ω 的体积 V.

【解法 1】　利用二重积分的几何意义

将 Ω 投影到 xOy 平面，得投影区域 $D_{xy}: x^2 + y^2 \leqslant 3$. 所求体积为

$$V = \iint\limits_{D_{xy}} \sqrt{4-x^2-y^2}\,\mathrm{d}x\mathrm{d}y - \iint\limits_{D_{xy}} \frac{x^2+y^2}{3}\,\mathrm{d}x\mathrm{d}y$$

$$= \int_0^{2\pi} \mathrm{d}\theta \int_0^{\sqrt{3}} \left(\sqrt{4-\rho^2} - \frac{\rho^2}{3}\right) \cdot \rho\,\mathrm{d}\rho = \frac{19}{6}\pi.$$

【解法2】 利用直角坐标系下三重积分的"先一后二"方法，再化为极坐标

$$V = \iiint\limits_{\Omega} \mathrm{d}v = \iint\limits_{D_{xy}} \mathrm{d}x\mathrm{d}y \int_{\frac{x^2+y^2}{3}}^{\sqrt{4-x^2-y^2}} \mathrm{d}z = \int_0^{2\pi} \mathrm{d}\theta \int_0^{\sqrt{3}} \rho\,\mathrm{d}\rho \int_{\frac{\rho^2}{3}}^{\sqrt{4-\rho^2}} \mathrm{d}z = \frac{19}{6}\pi.$$

【解法3】 利用直角坐标系下三重积分的"先二后一"方法

$$V = \iiint\limits_{\Omega} \mathrm{d}v = \iiint\limits_{\Omega_1} \mathrm{d}v + \iiint\limits_{\Omega_2} \mathrm{d}v = \int_0^1 \mathrm{d}z \iint\limits_{D_{z_1}} \mathrm{d}x\mathrm{d}y + \int_1^2 \mathrm{d}z \iint\limits_{D_{z_2}} \mathrm{d}x\mathrm{d}y$$

$$= \int_0^1 \pi\left(\sqrt{3z}\right)^2 \mathrm{d}z + \int_1^2 \pi\left(\sqrt{4-z^2}\right)^2 \mathrm{d}z = \frac{19}{6}\pi,$$

其中 $D_{z_1}: x^2+y^2 \le 3z \ (0 \le z \le 1)$，$D_{z_2}: x^2+y^2 \le 4-z^2 \ (1 \le z \le 2)$.

【解法4】 利用球坐标

$$V = \iiint\limits_{\Omega} \mathrm{d}v = \iiint\limits_{\Omega_3} \mathrm{d}v + \iiint\limits_{\Omega_4} \mathrm{d}v$$

$$= \int_0^{2\pi} \mathrm{d}\theta \int_0^{\frac{\pi}{3}} \sin\varphi\,\mathrm{d}\varphi \int_0^2 r^2\,\mathrm{d}r + \int_0^{2\pi} \mathrm{d}\theta \int_{\frac{\pi}{3}}^{\frac{\pi}{2}} \sin\varphi\,\mathrm{d}\varphi \int_0^{\frac{3\cos\varphi}{\sin^2\varphi}} r^2\,\mathrm{d}r = \frac{19}{6}\pi.$$

特别提示 求空间闭区域 Ω 的体积 V 主要有两种方法: (1)利用二重积分的几何意义 $V = \iint\limits_{D} f(x,y)\mathrm{d}\sigma$ 或 $V = \iint\limits_{D}[f(x,y)-g(x,y)]\mathrm{d}x\mathrm{d}y$; (2)利用 $V = \iiint\limits_{\Omega} \mathrm{d}v$. 第二种方法更为常用, 它转化为三重积分的计算.

类题训练

1. 求由 $z = 6-x^2-y^2$ 与 $z = \sqrt{x^2+y^2}$ 所围成区域 Ω 的体积.

2. 求由 $z = \sqrt{a^2-x^2-y^2}$ 与 $z = \sqrt{x^2+y^2}$ 所围成立体 Ω 的体积.

3. 曲面 $z = x^2+y^2+1$ 在点 $M(1,-1,3)$ 的切平面与曲面 $z = x^2+y^2$ 所围区域的体积为_____. (2015年第七届全国大学生数学竞赛预赛(非数学类)试题)

📖 **典型例题**

8 求由 $x^2+y^2+z^2 \leqslant 1$ 与 $x^2+y^2+z^2 \leqslant 2az$ $\left(a \geqslant \dfrac{1}{2}\right)$ 所围成立体 Ω 的体积.

【解法 1】 利用直角坐标系下的"先一后二"方法, 再化为柱坐标

$$V = \iiint\limits_{\Omega} \mathrm{d}V = \iint\limits_{D_{xy}} \mathrm{d}x\mathrm{d}y \int_{a-\sqrt{a^2-x^2-y^2}}^{1-x^2-y^2} \mathrm{d}z = \int_0^{2\pi}\mathrm{d}\theta \int_0^{\sqrt{1-\frac{1}{4a^2}}} \rho\mathrm{d}\rho \int_{a-\sqrt{a^2-\rho^2}}^{1-\rho^2} \mathrm{d}z = \frac{\pi}{12a}(8a-3).$$

其中 $D_{xy} : x^2+y^2 \leqslant 1-\dfrac{1}{4a^2}$.

【解法 2】 利用直角坐标系下的"先二后一"方法

$$V = \iiint\limits_{\Omega} \mathrm{d}v = \iiint\limits_{\Omega_1} \mathrm{d}v + \iiint\limits_{\Omega_2} \mathrm{d}v = \int_0^{\frac{1}{2a}} \mathrm{d}z \iint\limits_{D_{z_1}} \mathrm{d}x\mathrm{d}y + \int_{\frac{1}{2a}}^1 \mathrm{d}z \iint\limits_{D_{z_2}} \mathrm{d}x\mathrm{d}y$$

$$= \int_0^{\frac{1}{2a}} \pi \cdot \left(2az-z^2\right)\mathrm{d}z + \int_{\frac{1}{2a}}^1 \pi \cdot \left(1-z^2\right)\mathrm{d}z = \frac{\pi}{12a}(8a-3),$$

其中 $D_{z_1} : x^2+y^2 \leqslant 2az-z^2$ $\left(0 \leqslant z \leqslant \dfrac{1}{2a}\right)$, $D_{z_2} : x^2+y^2 \leqslant 1-z^2$ $\left(\dfrac{1}{2a} \leqslant z \leqslant 1\right)$.

【解法 3】 利用球坐标

$$V = \iiint\limits_{\Omega} \mathrm{d}v = \int_0^{2\pi} \mathrm{d}\theta \int_0^{\arctan\sqrt{4a^2-1}} \mathrm{d}\varphi \int_0^1 r^2 \sin\varphi \mathrm{d}r + \int_0^{2\pi} \mathrm{d}\theta \int_{\arctan\sqrt{4a^2-1}}^{\frac{\pi}{2}} \mathrm{d}\varphi \int_0^{2a\cos\varphi} r^2 \sin\varphi \mathrm{d}r$$

$$= \frac{\pi}{12a}(8a-3).$$

⊛ **特别提示** 空间闭区域的体积 $V = \iiint\limits_{\Omega} \mathrm{d}V$.

♻ **类题训练**

1. 求由 $x^2+y^2+z^2 \leqslant 2z$ 与 $z \leqslant x^2+y^2$ 所围成的立体 Ω 的体积.

2. 求球体 $x^2+y^2+z^2 \leqslant 2a^2$ 在 $z = \sqrt{x^2+y^2}$ 上方部分所围区域 Ω 的体积.

3. 求由曲面 $x^2+y^2 = az$, $z = 2a - \sqrt{x^2+y^2}$ $(a>0)$ 所围成立体 Ω 的体积.

4. 设一球缺高为 h, 所在球半径为 R, 证明该球缺的体积为 $\dfrac{\pi}{3}(3R-h)h^2$, 球冠的面积为 $2\pi Rh$. (2014 年第六届全国大学生数学竞赛预赛(非数学类)试题)

📖 典型例题

9 求由方程 $\left(\dfrac{x^2}{a^2}+\dfrac{y^2}{b^2}\right)^2+\dfrac{z^4}{c^4}=z$ 所确定的曲面 $\sum$ 所围空间立体 Ω 的体积,

其中 a,b,c 为正常数.

【解法1】 利用直角坐标系下的"先二后一"方法

所求体积

$$V=\iiint\limits_{\Omega}\mathrm{d}V=\int_0^{c_1}\mathrm{d}z\iint\limits_{D_z}\mathrm{d}x\mathrm{d}y=\int_0^{c_1}\pi ab\cdot\sqrt{z-\dfrac{z^4}{c^4}}\mathrm{d}z=\int_0^{c_1}\pi ab\sqrt{z}\sqrt{1-\dfrac{z^3}{c^4}}\mathrm{d}z$$

$$=\pi ab\int_0^{c_1}\sqrt{z}\sqrt{1-\left(\dfrac{z}{c_1}\right)^3}\mathrm{d}z\xlongequal{\frac{z}{c_1}=t}\pi ab\int_0^1 c_1\sqrt{c_1}\,\sqrt{t}\,\sqrt{1-t^3}\mathrm{d}t$$

$$\xlongequal{\diamondsuit u=t^{\frac{3}{2}}}\pi abc_1\sqrt{c_1}\int_0^1\dfrac{2}{3}\sqrt{1-u^2}\mathrm{d}u=\pi abc_1^{\frac{3}{2}}\cdot\dfrac{2}{3}\cdot\dfrac{\pi}{4}=\dfrac{\pi^2}{6}abc_1^{\frac{3}{2}}=\dfrac{\pi^2}{6}abc^2.$$

其中 Ω 的图形不易画出,但可按如下确定 z 的范围:

由 $\dfrac{z^4}{c^4}\leqslant z$ 且 $z\geqslant 0$,得 $0\leqslant\dfrac{z^3}{c^4}\leqslant 1$,从而 $0\leqslant z\leqslant\sqrt[3]{c^4}\overset{\triangle}{=}c_1$,$D_z:\dfrac{x^2}{a^2}+\dfrac{y^2}{b^2}\leqslant\sqrt{z-\dfrac{z^4}{c^4}}$

$(0\leqslant z\leqslant c_1)$.

【解法2】 利用广义球坐标变换

令 $x=ar\sin\varphi\cos\theta,\ y=br\sin\varphi\sin\theta,\ z=cr\cos\varphi$,则 $\mathrm{d}V=abcr^2\sin\varphi\mathrm{d}\theta\mathrm{d}\varphi\mathrm{d}r$ 且

$$\Omega=\left\{(\theta,\varphi,r)\,\middle|\,0\leqslant\theta\leqslant 2\pi,\ 0\leqslant\varphi\leqslant\dfrac{\pi}{2},\ 0\leqslant r\leqslant\left(\dfrac{c\cos\varphi}{\sin^4\varphi+\cos^4\varphi}\right)^{\frac{1}{3}}\right\}.$$

所求体积

$$V=\iiint\limits_{\Omega}\mathrm{d}V=\int_0^{2\pi}\mathrm{d}\theta\int_0^{\frac{\pi}{2}}\mathrm{d}\varphi\int_0^{\left(\frac{c\cos\varphi}{\sin^4\varphi+\cos^4\varphi}\right)^{\frac{1}{3}}}abcr^2\sin\varphi\mathrm{d}r$$

$$=\dfrac{2}{3}\pi abc^2\int_0^{\frac{\pi}{2}}\dfrac{\sin\varphi\cos\varphi}{\sin^4\varphi+\cos^4\varphi}\mathrm{d}\varphi\xlongequal{\diamondsuit t=\sin^2\varphi}\dfrac{\pi}{3}abc^2\int_0^1\dfrac{\mathrm{d}t}{t^2+(1-t)^2}$$

$$\xlongequal{\diamondsuit u=\frac{1}{t}}\dfrac{\pi}{3}abc^2\int_1^{+\infty}\dfrac{\mathrm{d}u}{1+(u-1)^2}=\dfrac{\pi^2}{6}abc^2.$$

✳ **特别提示**　若积分区域 Ω 的图形不易画出, 则可依据 Ω 的边界曲面方程的形式与对称性等相关信息确定积分限.

♻ **类题训练**

1. 求由曲面 $\sum : \left(\dfrac{x^2}{a^2} + \dfrac{y^2}{b^2} + z^2 \right)^2 = c^3 z$　$(a,b,c>0)$ 所围成的立体 Ω 的体积.

2. 求曲面 $(z+1)^2 = (x-z-1)^2 + y^2$ 与平面 $z=0$ 所围成的立体 Ω 的体积.

3. 求曲面 $\left(\dfrac{x}{a} \right)^{\frac{2}{3}} + \left(\dfrac{y}{b} \right)^{\frac{2}{3}} + \left(\dfrac{z}{c} \right)^{\frac{2}{3}} = 1$ 所围空间区域 Ω 的体积.

4. 求椭球 $\dfrac{x^2}{a^2} + \dfrac{y^2}{b^2} + \dfrac{z^2}{c^2} = 1$ 与锥面 $\dfrac{x^2}{a^2} + \dfrac{y^2}{b^2} - \dfrac{z^2}{c^2} = 0$　$(z>0)$ 所围成的立休的体积.

5. 求曲面 $\left(x^2 + y^2 + z^2 \right)^3 = a^3 xyz$　$(a>0)$ 所围成立体的体积.

📖 **典型例题**

10　设某物体所在的空间区域为 $\Omega : x^2 + y^2 + 2z^2 \leqslant x + y + 2z$, 密度函数为 $x^2 + y^2 + z^2$, 求质量 $M = \iiint\limits_{\Omega} \left(x^2 + y^2 + z^2 \right) \mathrm{d}x\mathrm{d}y\mathrm{d}z$. (2016 年第八届全国大学生数学竞赛预赛(非数学类)试题)

【解法 1】　将 $x^2 + y^2 + 2z^2 \leqslant x + y + 2z$ 化为

$$\left(x - \frac{1}{2} \right)^2 + \left(y - \frac{1}{2} \right)^2 + \left[\sqrt{2} \left(z - \frac{1}{2} \right) \right]^2 \leqslant 1.$$

于是 Ω 是一个椭球, 其体积为 $V = \dfrac{4}{3} \pi abc = \dfrac{4}{3} \pi \cdot 1 \cdot 1 \cdot \dfrac{1}{\sqrt{2}} = \dfrac{2}{3} \sqrt{2}\, \pi$.

令 $u = x - \dfrac{1}{2}$, $v = y - \dfrac{1}{2}$, $w = \sqrt{2} \left(z - \dfrac{1}{2} \right)$, 则区域 Ω 变为单位球 $S : u^2 + v^2 +$

$w^2 \leqslant 1$, 且雅可比行列式 $J(u,v,w) = \dfrac{\partial(u,v,w)}{\partial(x,y,z)} = \begin{vmatrix} 1 & 0 & 0 \\ 0 & 1 & 0 \\ 0 & 0 & \sqrt{2} \end{vmatrix} = \sqrt{2}$, 于是

$$M = \iiint\limits_{\Omega} \left(x^2 + y^2 + z^2\right) dxdydz = \frac{1}{\sqrt{2}} \iiint\limits_{S} \left[\left(u+\frac{1}{2}\right)^2 + \left(v+\frac{1}{2}\right)^2 + \left(\frac{w}{\sqrt{2}}+\frac{1}{2}\right)^2\right] dudvdw$$

$$= \frac{1}{\sqrt{2}} \iiint\limits_{S} \left(u^2 + v^2 + \frac{w^2}{2}\right) dudvdw + \frac{1}{\sqrt{2}} \iiint\limits_{S} \left(u + v + \frac{w}{\sqrt{2}}\right) dudvdw + \frac{1}{\sqrt{2}} \iiint\limits_{S} \frac{3}{4} dudvdw$$

$$= \frac{1}{\sqrt{2}} \iiint\limits_{S} \left(u^2 + v^2 + \frac{w^2}{2}\right) dudvdw + 0 + \frac{1}{\sqrt{2}} \cdot \frac{3}{4} \cdot \frac{4}{3}\pi.$$

又记 $I = \iiint\limits_{S} \left(u^2 + v^2 + w^2\right) dudvdw$，则 $I = \int_0^{2\pi} d\theta \int_0^{\pi} d\varphi \int_0^1 r^4 \sin\varphi dr = \frac{4\pi}{5}$。由对

称性知，$\iiint\limits_{S} u^2 dudvdw = \iiint\limits_{S} v^2 dudvdw = \iiint\limits_{S} w^2 dudvdw = \frac{I}{3} = \frac{4}{15}\pi$，故

$$M = \frac{1}{\sqrt{2}} \cdot \left(\frac{4}{15}\pi + \frac{4}{15}\pi + \frac{1}{2}\cdot\frac{4}{15}\pi\right) + \frac{\pi}{\sqrt{2}} = \frac{5}{6}\sqrt{2}\pi.$$

【解法2】 注意到 $\Omega: x^2 + y^2 + 2z^2 \leqslant x + y + 2z$ 可化为

$$S: \left(x-\frac{1}{2}\right)^2 + \left(y-\frac{1}{2}\right)^2 + \left(\sqrt{2}\left(z-\frac{1}{2}\right)\right)^2 \leqslant 1.$$

于是令

$$\begin{cases} x - \frac{1}{2} = r\sin\varphi\cos\theta, \\ y - \frac{1}{2} = r\sin\varphi\sin\theta, \\ z - \frac{1}{2} = \frac{1}{\sqrt{2}}r\cos\varphi. \end{cases}$$

则

$$J(r,\theta,\varphi) = \frac{\partial(x,y,z)}{\partial(r,\theta,\varphi)} = \begin{vmatrix} x_r & y_r & z_r \\ x_\theta & y_\theta & z_\theta \\ x_\varphi & y_\varphi & z_\varphi \end{vmatrix} = -\frac{r^2}{\sqrt{2}}\sin\varphi,$$

$$x^2 + y^2 + z^2 = \left(\frac{1}{2} + r\sin\varphi\cos\theta\right)^2 + \left(\frac{1}{2} + r\sin\varphi\sin\theta\right)^2 + \left(\frac{1}{2} + \frac{1}{\sqrt{2}}r\cos\varphi\right)^2$$

$$= \frac{3}{4} + r\sin\varphi\cos\theta + r\sin\varphi\sin\theta + r^2\sin^2\varphi + \frac{1}{2}r^2\cos^2\varphi + \frac{1}{\sqrt{2}}r\cos\varphi$$

$$\overset{\Delta}{=} \rho(r,\theta,\varphi).$$

故

$$M = \iiint\limits_{\Omega} \left(x^2 + y^2 + z^2\right) \mathrm{d}x\mathrm{d}y\mathrm{d}z = \iiint\limits_{S} \rho(r,\theta,\varphi) \cdot \frac{r^2}{\sqrt{2}} \sin\varphi \mathrm{d}\theta \mathrm{d}\varphi \mathrm{d}r$$

$$= \int_0^{2\pi} \mathrm{d}\theta \int_0^{\pi} \mathrm{d}\varphi \int_0^1 \rho(r,\theta,\varphi) \cdot \frac{1}{\sqrt{2}} r^2 \sin\varphi \mathrm{d}r$$

$$= \frac{1}{\sqrt{2}} \int_0^{2\pi} \left(\frac{5}{6} + \frac{\pi}{8}\cos\theta + \frac{\pi}{8}\sin\theta\right) \mathrm{d}\theta = \frac{5}{6\sqrt{2}} \cdot 2\pi = \frac{5}{6}\sqrt{2}\pi.$$

✷ 特别提示 除了求空间闭区域的体积和质量，还可求空间闭区域的重心，转动惯量等物理应用问题. 当空间闭区域的边界曲面方程比较复杂时，可通过变量代换进行化简，再用换元变换公式计算.

♲ 类题训练

1. 设有一物体占有空间闭区域 $\Omega: z^2 \geqslant x^2 + y^2$, $0 \leqslant z \leqslant 1$, 它在点 (x,y,z) 处的密度为 $\rho(x,y,z) = \left(x^2 + y^2\right)z$, 求该物体的质量.

2. 设 l 是过原点和方向为 (α,β,γ) (其中 $\alpha^2 + \beta^2 + \gamma^2 = 1$) 的直线, 均匀椭球体 $\dfrac{x^2}{a^2} + \dfrac{y^2}{b^2} + \dfrac{z^2}{c^2} \leqslant 1$ (其中 $0 < c < b < a$, 密度为 1) 绕 l 旋转. (i) 求其转动惯量; (ii) 求其转动惯量关于方向 (α,β,γ) 的最大值和最小值. (2010 年全国大学生数学竞赛预赛(非数学类)试题)

3. 设有一物体占有空间闭区域 $\Omega = \{(x,y,z) \mid 0 \leqslant x \leqslant 1, 0 \leqslant y \leqslant 1, 0 \leqslant z \leqslant 1\}$, 它在点 (x,y,z) 处的密度为 $\rho(x,y,z) = x + y + z$, 计算该物体的质量.

📖 典型例题

11 计算 $I = \int_0^1 \mathrm{d}x \int_0^x \mathrm{d}y \int_0^y \dfrac{\sin z}{1-z} \mathrm{d}z$.

【解法 1】 令 $g(y) = \int_0^y \dfrac{\sin z}{1-z} \mathrm{d}z$, $f(x) = \int_0^x g(y)\mathrm{d}y$, 则 $g'(y) = \dfrac{\sin y}{1-y}$, $f'(x) = g(x)$. 于是用分部积分公式, 有

$$I = \int_0^1 f(x)\mathrm{d}x = x f(x)\Big|_0^1 - \int_0^1 x g(x)\mathrm{d}x = f(1) - \frac{1}{2}\int_0^1 g(x)\mathrm{d}\left(x^2\right)$$

$$= f(1) - \frac{1}{2}\left[x^2 g(x)\Big|_0^1 - \int_0^1 x^2 g'(x)\mathrm{d}x\right] = \int_0^1 g(y)\mathrm{d}y - \frac{1}{2}g(1) + \frac{1}{2}\int_0^1 \frac{x^2 \sin x}{1-x}\mathrm{d}x$$

$$= \left(y g(y)\right)\Big|_0^1 - \int_0^1 y g'(y)\mathrm{d}y + \frac{1}{2}\int_0^1 \left(\frac{x^2 \sin x}{1-x} - \frac{\sin x}{1-x}\right)\mathrm{d}x$$

$$= g(1) - \int_0^1 \frac{y\sin y}{1-y}\mathrm{d}y - \frac{1}{2}\int_0^1 (x+1)\sin x\mathrm{d}x$$

$$= \int_0^1 \sin y\mathrm{d}y - \frac{1}{2}\int_0^1 (x+1)\sin x\mathrm{d}x = \frac{1}{2}(1-\sin 1).$$

【解法 2 】 交换积分次序

首先化为 y, z, x 积分次序, 即将原积分视为按"先二后一"方法表示为

$$I = \int_0^1 \mathrm{d}x \iint\limits_{D_x} \frac{\sin z}{1-z}\mathrm{d}y\mathrm{d}z, \text{其中截平面闭区域 } D_x = \left\{(y,z)\middle| 0 \leqslant y \leqslant x,\ 0 \leqslant z \leqslant y,\ x \in [0,1]\right\}.$$

其次, 再交换 D_x 上二重积分的积分次序为先 y 后 z (x 视为常数), 得

$$I = \int_0^1 \mathrm{d}x \int_0^x \mathrm{d}z \int_z^x \frac{\sin z}{1-z}\mathrm{d}y.$$

然后化为 y, x, z 积分次序, 即将上述积分视为按"先一后二"方法表示为

$$I = \iint\limits_{D_{xz}} \mathrm{d}x\mathrm{d}z \int_z^x \frac{\sin z}{1-z}\mathrm{d}y, \text{其中 } xOz \text{ 平面上投影区域 } D_{xz} = \left\{(x,z)\middle| 0 \leqslant z \leqslant x,\ 0 \leqslant x \leqslant 1\right\}.$$

再交换 D_{xz} 上二重积分的积分次序为先 x 后 z , 得

$$I = \int_0^1 \mathrm{d}z \int_z^1 \mathrm{d}x \int_z^x \frac{\sin z}{1-z}\mathrm{d}y = \int_0^1 \frac{\sin z}{1-z}\cdot\frac{(1-z)^2}{2}\mathrm{d}z = \frac{1}{2}(1-\sin 1).$$

特别提示　解法 1 中多处利用了分部积分公式; 解法 2 利用了三重积分交换积分次序的方法. 有关三重积分交换积分次序的问题较之于二重积分交换积分次序问题要复杂, 也是一个难点, 希望读者细细品味.

类题训练

1. 计算 $I = \int_0^1 \mathrm{d}x \int_x^1 \mathrm{d}y \int_y^1 y\sqrt{1+z^4}\,\mathrm{d}z$.

2. 计算 $I = \int_0^1 \mathrm{d}x \int_0^{1-x} \mathrm{d}z \int_0^{1-x-z} (1-y)\mathrm{e}^{-(1-y-z)^2}\mathrm{d}y$.

3. 求极限 $\lim\limits_{t\to x_0^+} \dfrac{1}{(t-x_0)^{n+4}} \int_{x_0}^t \mathrm{d}z \int_z^t \mathrm{d}x \int_{x_0}^z (x-y)^n f(y)\mathrm{d}y$, 其中 $f(x)$ 在 $[x_0, x_0+\delta]$ $(\delta>0)$ 上可微, 且 $f(x_0)=0$, n 是自然数.

典型例题

12　设函数 $f(x)$ 在 $[a,b]$ 上连续, 证明

$$\int_a^b f(x)\mathrm{d}x \int_x^b f(y)\mathrm{d}y \int_y^b f(z)\mathrm{d}z = \frac{1}{6}\left[\int_a^b f(x)\mathrm{d}x\right]^3.$$

【证法 1】 令 $F(x)=\int_a^x f(t)\mathrm{d}t$, 则 $F'(x)=f(x)$, $F(a)=0$. 于是

$$\int_y^b f(z)\mathrm{d}z = F(b)-F(y),$$

$$\int_x^b f(y)\mathrm{d}y\int_y^b f(z)\mathrm{d}z = \int_x^b f(y)\big(F(b)-F(y)\big)\mathrm{d}y$$

$$=-\frac{1}{2}\big(F(b)-F(y)\big)^2\bigg|_x^b = \frac{1}{2}\big(F(b)-F(x)\big)^2,$$

从而

$$\int_a^b f(x)\mathrm{d}x\int_x^b f(y)\mathrm{d}y\int_y^b f(z)\mathrm{d}z = \int_a^b f(x)\cdot\frac{1}{2}\big(F(b)-F(x)\big)^2\mathrm{d}x$$

$$=-\frac{1}{6}\big(F(b)-F(x)\big)^3\bigg|_a^b$$

$$=\frac{1}{6}\big(F(b)-F(a)\big)^3 = \frac{1}{6}\left[\int_a^b f(x)\mathrm{d}x\right]^3.$$

【证法 2】 令 $F(x)=\int_a^x f(t)\mathrm{d}t\int_t^x f(y)\mathrm{d}y\int_y^x f(z)\mathrm{d}z-\frac{1}{6}\left[\int_a^x f(t)\mathrm{d}t\right]^3$, $x\in[a,b]$, 则

$F(a)=0$. 记 $g(x)=\int_a^x f(t)\mathrm{d}t$, 则 $g'(x)=f(x)$, $\int_y^x f(z)\mathrm{d}z = g(x)-g(y)$,

$$\int_t^x f(y)\mathrm{d}y\int_y^x f(z)\mathrm{d}z = \int_t^x f(y)\big(g(x)-g(y)\big)\mathrm{d}y = -\frac{1}{2}\big(g(x)-g(y)\big)^2\bigg|_t^x$$

$$=\frac{1}{2}\big(g(x)-g(t)\big)^2,$$

$$F'(x)=\frac{\mathrm{d}}{\mathrm{d}x}\int_a^x f(t)\cdot\frac{1}{2}\big(g(x)-g(t)\big)^2\mathrm{d}t-\frac{1}{2}\left[\int_a^x f(t)\mathrm{d}t\right]^2\cdot f(x)=0, \quad 故 \quad \forall x\in[a,b],$$

$F(x)\equiv 0$, 从而 $F(b)=0$, 即得证.

【证法 3】 注意到 $\int_x^b f(y)\mathrm{d}y\int_y^b f(z)\mathrm{d}z = \int_x^b \mathrm{d}y\int_y^b f(y)f(z)\mathrm{d}z$. 记

$$D_1 = \big\{(y,z)\big|x\leqslant y\leqslant b,\ y\leqslant z\leqslant b,\ x\in[a,b]\big\},$$

$D_2 = \big\{(y,z)\big|x\leqslant y\leqslant b,\ x\leqslant z\leqslant y,\ x\in[a,b]\big\}$, $D=D_1+D_2$, $F(y,z)=f(y)\cdot f(z)$,

则 $F(y,z)=F(z,y)=f(y)\cdot f(z)$, 由对称性有

$$\iint\limits_{D_1} F(y,z)\mathrm{d}y\mathrm{d}z = \iint\limits_{D_2} F(y,z)\mathrm{d}y\mathrm{d}z = \frac{1}{2}\iint\limits_{D} F(y,z)\mathrm{d}y\mathrm{d}z,$$

即得 $\int_x^b \mathrm{d}y \int_y^b f(y)f(z)\mathrm{d}z = \frac{1}{2}\int_x^b \mathrm{d}y \int_x^b f(y)f(z)\mathrm{d}z = \frac{1}{2}\left(\int_x^b f(y)\mathrm{d}y\right)^2$, 从而

$$\int_a^b f(x)\mathrm{d}x \int_x^b f(y)\mathrm{d}y \int_y^b f(z)\mathrm{d}z = \int_a^b \left[f(x)\cdot\frac{1}{2}\left(\int_x^b f(y)\mathrm{d}y\right)^2 \right]\mathrm{d}x$$

$$= \frac{1}{2}\int_a^b \left[\int_x^b f(y)\mathrm{d}y\right]^2 \mathrm{d}\left(-\int_x^b f(y)\mathrm{d}y\right)$$

$$= -\frac{1}{6}\left(\int_x^b f(y)\mathrm{d}y\right)^3 \Bigg|_a^b$$

$$= \frac{1}{6}\left[\int_a^b f(y)\mathrm{d}y\right]^3 = \frac{1}{6}\left[\int_a^b f(x)\mathrm{d}x\right]^3.$$

特别提示 一般地, 设函数 $f(x)$ 在 $[a,b]$ 上连续, 则有

$$\int_a^b f(x_1)\mathrm{d}x_1 \int_{x_1}^b f(x_2)\mathrm{d}x_2 \cdots \int_{x_{n-1}}^b f(x_n)\mathrm{d}x_n = \frac{1}{n!}\left[\int_a^b f(x)\mathrm{d}x\right]^n,$$

$$\int_a^b \mathrm{d}x_1 \int_{x_1}^b \mathrm{d}x_2 \cdots \int_{x_{n-1}}^b f(x_n)\mathrm{d}x_n = \frac{1}{(n-1)!}\int_a^b (x-a)^{n-1}f(x)\mathrm{d}x,$$

$$\int_a^b \mathrm{d}x_1 \int_a^{x_1} \mathrm{d}x_2 \cdots \int_a^{x_{n-1}} f(x_n)\mathrm{d}x_n = \frac{1}{(n-1)!}\int_a^b (b-x)^{n-1}f(x)\mathrm{d}x.$$

类题训练

1. 设 $f(x)$ 在 $[a,b]$ 上连续, 证明 $\int_a^b f(x)\mathrm{d}x \int_a^x f(y)\mathrm{d}y \int_a^y f(z)\mathrm{d}z = \frac{1}{6}\left[\int_a^b f(x)\mathrm{d}x\right]^3$.

2. 设 $f(x)$ 在 $[0,1]$ 上连续, 证明 $\int_0^1 f(x)\mathrm{d}x \int_x^1 f(y)\mathrm{d}y \int_x^y f(z)\mathrm{d}z = \frac{1}{6}\left(\int_0^1 f(x)\mathrm{d}x\right)^3$.

3. 设 $f(x)$ 为连续函数, 证明 $\int_0^x \mathrm{d}v \int_0^v \mathrm{d}u \int_0^u f(t)\mathrm{d}t = \frac{1}{2}\int_0^x (x-t)^2 f(t)\mathrm{d}t$.

典型例题

13 设区域 $\Omega: x^2+y^2+z^2 \leqslant 1$, 证明 $\frac{4\sqrt[3]{2}\pi}{3} \leqslant \iiint_\Omega \sqrt[3]{x+2y-2z+5}\,\mathrm{d}v \leqslant \frac{8\pi}{3}$. (第十五届北京市数学竞赛题)

【证法 1 】 令 $f(x,y,z)=x+2y-2z+5$，因为 $\dfrac{\partial f}{\partial x}=1$，$\dfrac{\partial f}{\partial y}=2$，$\dfrac{\partial f}{\partial z}=-2$，所以 $f(x,y,z)$ 在 Ω 内部无驻点，从而 $f(x,y,z)$ 在边界 $\partial\Omega$ 上取得最值.

再令 $F(x,y,z)=x+2y-2z+5+\lambda\left(x^2+y^2+z^2-1\right)$，则由 $F_x=0$，$F_y=0$，$F_z=0$ 及 $x^2+y^2+z^2=1$，解得 $F(x,y,z)$ 的驻点为 $P_1\left(\dfrac{1}{3},\dfrac{2}{3},-\dfrac{2}{3}\right)$，$P_2\left(-\dfrac{1}{3},-\dfrac{2}{3},\dfrac{2}{3}\right)$. 而 $f(P_1)=8$，$f(P_2)=2$，所以 $f(x,y,z)$ 在闭区域 Ω 上的最大值为 8，最小值为 2.

因为 $f(x,y,z)$ 与 $\sqrt[3]{f(x,y,z)}$ 有相同的极值点，所以 $\sqrt[3]{f(x,y,z)}$ 在 Ω 上的最大值为 2，最小值为 $\sqrt[3]{2}$，故由估值性质，得

$$\frac{4\sqrt[3]{2}}{3}\pi\leqslant\iiint_\Omega\sqrt[3]{2}\,\mathrm{d}v\leqslant\iiint_\Omega\sqrt[3]{x+2y-2z+5}\,\mathrm{d}v\leqslant\iiint_\Omega 2\,\mathrm{d}v=\frac{8}{3}\pi.$$

【证法 2 】 由 Cauchy 不等式

当 $(x,y,z)\in\Omega$，即 $x^2+y^2+z^2\leqslant1$ 时，有

$$(x+2y-2z)^2\leqslant\left[1^2+2^2+(-2)^2\right]\cdot\left(x^2+y^2+z^2\right)\leqslant9,$$

于是 $-3\leqslant x+2y-2z\leqslant3$，从而 $2\leqslant x+2y-2z+5\leqslant8$. 故

$$\frac{4}{3}\sqrt[3]{2}\pi=\iiint_\Omega\sqrt[3]{2}\,\mathrm{d}v\leqslant\iiint_\Omega\sqrt[3]{x+2y-2z+5}\,\mathrm{d}v\leqslant\iiint_\Omega 2\,\mathrm{d}v=\frac{8}{3}\pi.$$

【证法 3 】 记平面 $\pi: x+2y-2z+5=0$，则 Ω 的中心 $O(0,0,0)$ 到平面 π 的距离为 $\dfrac{|0+0+0+5|}{\sqrt{1^2+2^2+(-2)^2}}=\dfrac{5}{3}>1$，于是平面 π 与球心为 $O(0,0,0)$，半径为 1 的单位球面 $x^2+y^2+z^2=1$ 没有交点，从而 Ω 上的点到平面 π 的距离的最大值 $\dfrac{8}{3}$，最小值为 $\dfrac{2}{3}$.

又因为 Ω 上的点 (x,y,z) 到平面 π 的距离为 $d=\dfrac{|x+2y-2z+5|}{\sqrt{1^2+2^2+(-2)^2}}=$ $\dfrac{|x+2y-2z+5|}{3}$，所以 $\dfrac{2}{3}\leqslant\dfrac{|x+2y-2x+5|}{3}\leqslant\dfrac{8}{3}$，即 $2\leqslant|x+2y-2x+5|\leqslant8$.

而当 $(x,y,z)\in\Omega$ 时，有 $-1\leqslant x\leqslant1$，$-1\leqslant y\leqslant1$，$-1\leqslant z\leqslant1$，于是有 $x+2y-2z+5\geqslant0$，从而 $2\leqslant x+2y-2z+5\leqslant8$. 故

$$\frac{4\sqrt[3]{2}}{3}\pi = \iiint_\Omega \sqrt[3]{2}\,\mathrm{d}v \leqslant \iiint_\Omega \sqrt[3]{x+2y-2z+5}\,\mathrm{d}v \leqslant \iiint_\Omega 2\,\mathrm{d}v = \frac{8}{3}\pi.$$

特别提示　要证明三重积分的不等式, 主要是先求出被积函数在积分闭区域上的最大值和最小值, 然后再由估值性质进行缩放. 解法 1 利用了 Lagrange 乘数法确定极值, 也是最值, 解法 2 利用了 Cauchy 不等式确定最值, 解法 3 则是利用了几何特征确定最值, 各有千秋, 但此处解法 3 更为简捷.

类题训练

1. 设 $\Omega : x^2+y^2+z^2 \leqslant 1$, 证明 $\dfrac{8}{9}\pi \leqslant \iiint_\Omega \sin\sqrt{x^2+y^2+z^2}\,\mathrm{d}v \leqslant \pi$.

2. 设 $\Omega = \left\{ (x,y,z) \big| 0 \leqslant x \leqslant 1,\ 0 \leqslant y \leqslant 1,\ 0 \leqslant z \leqslant 1 \right\}$, 证明

$$1 \leqslant \iiint_\Omega \left[\cos(xyz) + \sin(xyz) \right] \mathrm{d}x\mathrm{d}y\mathrm{d}z \leqslant \sqrt{2}.$$

3. 设 $\Omega : x^2+y^2+z^2 \leqslant 3$, 证明 $28\sqrt{3}\,\pi \leqslant \iiint_\Omega (x+y-z+10)\mathrm{d}x\mathrm{d}y\mathrm{d}z \leqslant 52\sqrt{3}\,\pi$.

典型例题

14　设 $f(x)$ 为连续函数, $t>0$, 区域 Ω 是由抛物面 $z=x^2+y^2$ 和球面 $x^2+y^2+z^2 = t^2$ $(t>0)$ 所围成的部分, 定义三重积分 $F(t) = \iiint_\Omega f\left(x^2+y^2+z^2\right)\mathrm{d}v$, 求 $F'(t)$. (2012 年第四届全国大学生数学竞赛预赛(非数学类)试题)

【解法 1】　利用柱坐标系

令 $\begin{cases} x = r\cos\theta, \\ y = r\sin\theta, \\ z = z, \end{cases}$ 则由 $\begin{cases} z = x^2+y^2, \\ x^2+y^2+z^2 = t^2 \end{cases}$ 联立得 $z^2+z = t^2$, 解得 $z = \dfrac{\sqrt{1+4t^2}-1}{2}$

$\triangleq b^2(t)$, 于是区域 Ω 在 xOy 平面上的投影区域为 $D_{xy} : x^2+y^2 \leqslant b^2(t)$, 从而

$$F(t) = \int_0^{2\pi}\mathrm{d}\theta \int_0^{b(t)} r\,\mathrm{d}r \int_{r^2}^{\sqrt{t^2-r^2}} f\left(r^2+z^2\right)\mathrm{d}z = 2\pi \int_0^{b(t)} r\left(\int_{r^2}^{\sqrt{t^2-r^2}} f\left(r^2+z^2\right)\mathrm{d}z \right)\mathrm{d}r.$$

记 $g(t,r) = r\left(\displaystyle\int_{r^2}^{\sqrt{t^2-r^2}} f\left(r^2+z^2\right)\mathrm{d}z \right)$, 则由 $f(x)$ 连续知 $g(t,r)$ 及 $\dfrac{\partial g(t,r)}{\partial t}$ 连续, 于是由含参变量积分的求导公式, 有

$$F'(t) = 2\pi \left[\int_0^{b(t)} \frac{\partial g}{\partial t} dr + g[t, b(t)] \cdot b'(t) - g[t, 0] \cdot 0 \right]$$

$$= 2\pi \left[\int_0^{b(t)} r f(t^2) \cdot \frac{t}{\sqrt{t^2 - r^2}} dr + b(t) \cdot \int_{b^2(t)}^{\sqrt{t^2 - b^2(t)}} f(b^2(t) + z^2) dz \cdot b'(t) \right]$$

$$= 2\pi t f(t^2) \int_0^{b(t)} \frac{r}{\sqrt{t^2 - r^2}} dr = -\pi t f(t^2) \int_0^{b(t)} \frac{d(t^2 - r^2)}{\sqrt{t^2 - r^2}}$$

$$= 2\pi t f(t^2) \left(t - \sqrt{t^2 - b^2(t)} \right) = 2\pi t f(t^2) \left(t - b^2(t) \right) = \pi t f(t^2) \left(2t + 1 - \sqrt{1 + 4t^2} \right),$$

其中 $\sqrt{t^2 - b^2(t)} = b^2(t)$.

【**解法 2**】　利用球坐标系

令 $\begin{cases} x = r\sin\varphi\cos\theta, \\ y = r\sin\varphi\sin\theta, \\ z = r\cos\varphi. \end{cases}$　则 $z = x^2 + y^2$ 的球坐标方程为 $r = \dfrac{\cos\varphi}{\sin^2\varphi}$，$x^2 + y^2 + z^2 =$

t^2 的球坐标方程为 $r = t$.

又由 $\begin{cases} z = x^2 + y^2, \\ x^2 + y^2 + z^2 = t^2, \end{cases}$　得 $\begin{cases} r\cos\varphi = r^2\sin^2\varphi, \\ r^2 = t^2. \end{cases}$　解得 $\cos\varphi = t\sin^2\varphi = t - t\cos^2\varphi$，

于是 $\cos\varphi = \dfrac{\sqrt{1 + 4t^2} - 1}{2t}$，即 $\varphi = \arccos\dfrac{\sqrt{1 + 4t^2} - 1}{2t} \overset{\Delta}{=} \varphi_1(t)$，从而

$$F(t) = \int_0^{2\pi} d\theta \int_0^{\varphi_1(t)} d\varphi \int_0^t f(r^2) \cdot r^2 \sin\varphi dr + \int_0^{2\pi} d\theta \int_{\varphi_1(t)}^{\frac{\pi}{2}} d\varphi \int_0^{\frac{\cos\varphi}{\sin^2\varphi}} f(r^2) \cdot r^2 \sin\varphi dr$$

$$= 2\pi \int_0^{\varphi_1(t)} \left(\sin\varphi \int_0^t r^2 f(r^2) dr \right) + 2\pi \int_{\varphi_1(t)}^{\frac{\pi}{2}} \left(\sin\varphi \int_0^{\frac{\cos\varphi}{\sin^2\varphi}} r^2 f(r^2) dr \right) d\varphi.$$

类似于解法 1，由含参变量积分的求导公式，有

$$F'(t) = 2\pi \left[\int_0^{\varphi_1(t)} \frac{\partial}{\partial t} \left(\sin\varphi \int_0^t r^2 f(r^2) dr \right) d\varphi + \varphi_1'(t) \cdot \sin(\varphi_1(t)) \cdot \int_0^t r^2 f(r^2) dr \right]$$

$$\quad - 2\pi \varphi_1'(t) \cdot \sin(\varphi_1(t)) \cdot \int_0^{\frac{\cos\varphi_1(t)}{\sin^2\varphi_1(t)}} r^2 f(r^2) dr$$

$$= 2\pi t^2 f(t^2) \cdot \int_0^{\varphi_1(t)} \sin\varphi d\varphi + 2\pi \varphi_1'(t) \cdot \sin(\varphi_1(t)) \cdot \int_0^t r^2 f(r^2) dr$$

$$\quad - 2\pi \varphi_1'(t) \cdot \sin\varphi_1(t) \cdot \int_0^{\frac{\cos\varphi_1(t)}{\sin^2\varphi_1(t)}} r^2 f(r^2) dr$$

$$= 2\pi t^2 f\left(t^2\right)\left(1-\cos\varphi_1(t)\right) + 2\pi\varphi_1'(t)\cdot\sin\varphi_1(t)\cdot\int_{\frac{\cos\varphi_1(t)}{\sin^2\varphi_1(t)}}^{t} r^2 f\left(r^2\right)\mathrm{d}r$$

$$= 2\pi t^2 f\left(t^2\right)\left(1-\cos\varphi_1(t)\right) = \pi t f\left(t^2\right)\left(2t+1-\sqrt{1+4t^2}\right),$$

其中 $\cos\varphi_1(t) = t\sin^2\varphi_1(t)$, $\displaystyle\int_{\frac{\cos\varphi_1(t)}{\sin^2\varphi_1(t)}}^{t} r^2 f\left(r^2\right)\mathrm{d}r = 0$.

【解法 3】 利用球坐标系

令 $\begin{cases} x = r\sin\varphi\cos\theta, \\ y = r\sin\varphi\sin\theta, \\ z = r\cos\varphi. \end{cases}$ 则 $z = x^2 + y^2$ 的球坐标方程为 $r = \dfrac{\cos\varphi}{\sin^2\varphi}$, $x^2 + y^2 + z^2 =$

t^2 的球坐标方程为 $r = t$.

又由 $\begin{cases} r\cos\varphi = r^2\sin^2\varphi, \\ r^2 = t^2. \end{cases}$ 解得 $\varphi = \arccos\dfrac{\sqrt{1+4t^2}-1}{2t} \triangleq \varphi_1(t)$, 从而

$$F(t) = \int_0^{2\pi}\mathrm{d}\theta\int_0^t\mathrm{d}r\int_0^{\varphi_1(t)} r^2 f\left(r^2\right)\sin\varphi\,\mathrm{d}\varphi + \int_0^{2\pi}\mathrm{d}\theta\int_0^t\mathrm{d}r\int_{\varphi_1(t)}^{\varphi_1(r)} r^2 f\left(r^2\right)\sin\varphi\,\mathrm{d}\varphi$$

$$= 2\pi\int_0^t r^2 f\left(r^2\right)\left(1-\cos\varphi_1(t)\right)\mathrm{d}r + 2\pi\int_0^t r^2 f\left(r^2\right)\left(\cos\varphi_1(t)-\cos\varphi_1(r)\right)\mathrm{d}r$$

$$= 2\pi\int_0^t r^2 f\left(r^2\right)\left(1-\cos\varphi_1(r)\right)\mathrm{d}r.$$

故由积分上限函数的求导公式, 有

$$F'(t) = 2\pi t^2 f\left(t^2\right)\left(1-\cos\varphi_1(t)\right) = \pi t f\left(t^2\right)\left(2t+1-\sqrt{1+4t^2}\right).$$

特别提示 在求用三重积分表示的函数的导数时, 如果积分区域 Ω 是球形域、锥形域或其一部分, 或被积函数表示为 $f\left(x^2+y^2+z^2\right)$ 形式, 可考虑利用球面坐标系或柱坐标系化为二次积分, 再由积分上限函数的求导公式或含参变量积分的求导公式计算.

类题训练

1. 设 $F(t) = \iiint\limits_{\Omega_t} f\left(x^2+y^2+z^2\right)\mathrm{d}v$, 其中 f 是可微函数, $\Omega_t: x^2+y^2+z^2 \leqslant t^2$, 求 $F'(t)$.

2. 设函数 $f(x,y,z)$ 在 $\Omega: x^2+y^2+z^2 \leqslant 1$ 上连续, 记 $\Omega_r: x^2+y^2+z^2 \leqslant r^2$ $(0 < r \leqslant 1)$, 求 $\lim\limits_{r \to 0^+}\dfrac{3}{r^3}\iiint\limits_{\Omega_r} f(x,y,z)\mathrm{d}v$.

3. 设 $F(t) = \iiint\limits_{\Omega_t} f\left(x^2 + y^2 + z^2\right)\mathrm{d}v$，其中 $f(t)$ 在 $[0, +\infty]$ 上有连续导数，且

$f(0) = 0$，$\Omega_t : \sqrt{x^2 + y^2 + z^2} \leqslant t$，求 $\lim\limits_{t \to 0^+} \dfrac{F(t)}{t^5}$.

4. 设函数 $f(x)$ 在 $x = 0$ 连续，且 $\Omega : \sqrt{x^2 + y^2} \leqslant z \leqslant \sqrt{t^2 - x^2 - y^2}$，求

$\lim\limits_{t \to 0^+} \dfrac{1}{t^3} \iiint\limits_{\Omega} f\left(x^2 + y^2 + z^2\right)\mathrm{d}v$.

5. 设函数 $f(x)$ 连续可导，$P = Q = R = f((x^2 + y^2)z)$，有向曲面 Σ_t 是圆柱体

$x^2 + y^2 \leqslant t^2$，$0 \leqslant z \leqslant 1$ 的表面，方向朝外，$I_t = \iint\limits_{\Sigma_t} P\mathrm{d}y\mathrm{d}z + Q\mathrm{d}z\mathrm{d}x + R\mathrm{d}x\mathrm{d}y$，求

$\lim\limits_{t \to 0^+} \dfrac{I_t}{t^4}$. (2014 年第五届全国大学生数学竞赛决赛(非数学类)试题)

6. 设函数 $f(x)$ 连续，$f(0) = k$，Ω_t 由 $0 \leqslant z \leqslant k$，$x^2 + y^2 \leqslant t^2$ 确定，

$$F(t) = \iiint\limits_{\Omega_t} \left[z^2 + f\left(x^2 + y^2\right)\right]\mathrm{d}x\mathrm{d}y\mathrm{d}z,$$

求 $\lim\limits_{t \to 0^+} \dfrac{F(t)}{t^2}$.

5.3　曲线积分

一、经典习题选编

1　计算 $\oint_L \sqrt{x^2 + y^2}\, ds$，其中 L 为圆周 $x^2 + y^2 = ax \ (a > 0)$.

2　计算 $\int_L (x + y)\mathrm{d}x + x\mathrm{d}y$，其中 L 为 $x^2 + y^2 = 1 \ (y \geqslant 0)$ 上从点 $A(1, 0)$ 到 $B(0, 1)$ 的一段弧.

3　计算 $\int_L \left(x^2 - 2xy\right)\mathrm{d}x + \left(y^2 - 2xy\right)\mathrm{d}y$，其中 L 由直线段 AB 与 BC 组成，路径方向从点 $A(2, -1)$ 经 $B(2, 2)$ 到 $C(0, 2)$.

4　计算 $\int_L \left(2xy^3 - y^2\cos x\right)\mathrm{d}x + \left(1 - 2y\sin x + 3x^2y^2\right)\mathrm{d}y$，其中 L 为抛物线 $2x = \pi y^2$ 从点 $O(0, 0)$ 到 $B\left(\dfrac{\pi}{2}, 1\right)$ 的一段弧.

5　计算 $\int_L \left(2x\cos y + y^2\cos x\right)\mathrm{d}x + \left(2y\sin x - x^2\sin y\right)\mathrm{d}y$，其中 L 为

$(x-1)^2 + y^2 = 1$ 上由点 $O(0,0)$ 到点 $A(2,0)$ 的上半圆周.

6　计算 $\int_L \left(e^x \sin 2y - y \right) \mathrm{d}x + \left(2e^x \cos 2y - 100 \right) \mathrm{d}y$，其中 L 为上半圆周 $x^2 + y^2 = 1$ $(y \geqslant 0)$ 从点 $A(1,0)$ 到点 $B(-1,0)$ 一段弧.

7　计算 $I = \int_L \dfrac{x\mathrm{d}y - y\mathrm{d}x}{x^2 + y^2}$，其中 L 为 (1) $x^2 + y^2 = 4$ 逆时针方向；(2) 摆线 $\begin{cases} x = t - \sin t - \pi, \\ y = 1 - \cos t \end{cases}$ 上从 $(-\pi, 0)$ 到 $(\pi, 0)$ 的一段弧.

8　设 L 为沿上半圆周 $x^2 + y^2 = 2x$ 从点 $O(0,0)$ 到点 $A(2,0)$ 的曲线弧, 试将对坐标的曲线积分 $\int_L P(x,y)\mathrm{d}x + Q(x,y)\mathrm{d}y$ 化成对弧长的曲线积分.

9　设 C 为平面光滑闭曲线, $\vec{l}$ 为任意确定方向, $\vec{n}$ 为曲线 C 的外法向量, 证明 $\oint_C \cos(\vec{l}, \vec{n})\mathrm{d}s = 0$.

10　已知平面区域 $D = \left\{ (x,y) \middle| 0 \leqslant x \leqslant \pi,\ 0 \leqslant y \leqslant \pi \right\}$，$L$ 为 D 的正向边界. 证明

(1) $\oint_L x e^{\sin y}\mathrm{d}y - y e^{-\sin x}\mathrm{d}x = \oint_L x e^{-\sin y}\mathrm{d}y - y e^{\sin x}\mathrm{d}x$；

(2) $\oint_L x e^{\sin y}\mathrm{d}y - y e^{-\sin x}\mathrm{d}x \geqslant \dfrac{5}{2}\pi^2$. (2009 年第一届全国大学生数学竞赛预赛(非数学类)试题, 2003 年硕士研究生入学考试数学(一)试题)

二、一 题 多 解

典型例题

1　计算 $\oint_L \sqrt{x^2 + y^2}\,\mathrm{d}s$，其中 L 为圆周 $x^2 + y^2 = ax\,(a > 0)$.

【解法 1】　采用直角坐标

记 $L = L_1 + L_2$，$L_1: y = \sqrt{ax - x^2}$，$L_2: y = -\sqrt{ax - x^2}$，则

$$\oint_L \sqrt{x^2 + y^2}\,\mathrm{d}s = \int_{L_1} \sqrt{x^2 + y^2}\,\mathrm{d}s + \int_{L_2} \sqrt{x^2 + y^2}\,\mathrm{d}s$$

$$= \int_0^a \sqrt{ax} \cdot \sqrt{1 + \left(\frac{a - 2x}{2\sqrt{ax - x^2}} \right)^2}\,\mathrm{d}x$$

$$+ \int_0^a \sqrt{ax} \cdot \sqrt{1 + \left(-\frac{a - 2x}{2\sqrt{ax - x^2}} \right)^2}\,\mathrm{d}x$$

$$= 2\int_0^a \sqrt{ax} \cdot \frac{a}{2\sqrt{ax-x^2}}\,\mathrm{d}x = a\sqrt{a}\int_0^a \frac{\mathrm{d}x}{\sqrt{a-x}} = 2a^2.$$

【解法 2】　采用参数方程

$$L: x^2+y^2 = ax \text{ 化为}\begin{cases} x-\dfrac{a}{2} = \dfrac{a}{2}\cos\theta, \\[2mm] y = \dfrac{a}{2}\sin\theta \end{cases} (0\leqslant\theta\leqslant 2\pi), \text{ 则}$$

$$\oint_L \sqrt{x^2+y^2}\,\mathrm{d}s = \int_0^{2\pi} \sqrt{a\left(\frac{a}{2}+\frac{a}{2}\cos\theta\right)} \cdot \sqrt{\left(-\frac{a}{2}\sin\theta\right)^2 + \left(\frac{a}{2}\cos\theta\right)^2}\,\mathrm{d}\theta$$

$$= \int_0^{2\pi} \frac{a^2}{2}\cdot\left|\cos\frac{\theta}{2}\right|\mathrm{d}\theta = 2a^2.$$

【解法 3】　采用极坐标

$$L: x^2+y^2 = ax \text{ 化为 } r = a\cos\theta \left(-\frac{\pi}{2}\leqslant\theta\leqslant\frac{\pi}{2}\right), \text{ 于是 } L \text{ 的参数方程为}$$

$$\begin{cases} x = r\cos\theta = a\cos^2\theta, \\ y = r\sin\theta = a\cos\theta\cdot\sin\theta. \end{cases} \text{ 故}\oint_L \sqrt{x^2+y^2}\,\mathrm{d}s = \int_{-\frac{\pi}{2}}^{\frac{\pi}{2}} \sqrt{a\cdot a\cos^2\theta}\cdot a\,\mathrm{d}\theta = 2a^2.$$

【解法 4】　利用对称性

记 $f(x,y) = \sqrt{x^2+y^2}$，L_1 为 L 在 $y\geqslant 0$ 的那段弧，L 关于 x 轴对称，且 $f(x,-y) = \sqrt{x^2+(-y)^2} = f(x,y)$，故

$$\oint_L \sqrt{x^2+y^2}\,\mathrm{d}s = 2\int_{L_1} \sqrt{x^2+y^2}\,\mathrm{d}s = 2\int_0^a \sqrt{ax}\cdot\frac{a}{2\sqrt{ax-x^2}}\,\mathrm{d}x = 2a^2.$$

✳ **特别提示**　解法 2 与解法 3 中参数 θ 的含义不同，变化范围也不同.

计算第一类型曲线积分(对弧长的曲线积分)的主要步骤是先确定积分曲线 L 的表示形式，是直角坐标、参数方程、还是极坐标？然后用对应的弧微分公式代入计算，积分下限总是小于积分上限.

若 $L: y = g(x)$ $(a\leqslant x\leqslant b)$，则 $\displaystyle\int_L f(x,y)\,\mathrm{d}s = \int_a^b f[x,g(x)]\cdot\sqrt{1+(g'(x))^2}\,\mathrm{d}x$；

若 $L:\begin{cases} x = \varphi(t), \\ y = \psi(t) \end{cases} (\alpha\leqslant t\leqslant\beta)$，则

$$\int_L f(x,y)\,\mathrm{d}s = \int_\alpha^\beta f[\varphi(t),\psi(t)]\sqrt{(\varphi'(t))^2+(\psi'(t))^2}\,\mathrm{d}t;$$

若 $L: r = r(\theta)$ $(\alpha \leqslant \theta \leqslant \beta)$，则 $\int_L f(x, y) \mathrm{d}s = \int_\alpha^\beta f[r\cos\theta, r\sin\theta] \cdot \sqrt{r^2 + (r')^2} \, \mathrm{d}\theta$.

有时也可利用对称性简化计算，但须注意使用对称性不仅要求积分曲线 L 有对称性，而且对被积函数在对称点上的值也有要求. 如设积分曲线 L 关于 x 轴对称，L_1 为 L 在 $y \geqslant 0$ 的那段，$(x, y), (x, -y) \in L$，则有

$$\int_L f(x, y) \mathrm{d}s = \begin{cases} 2\int_{L_1} f(x, y) \mathrm{d}s, & f(x, -y) = f(x, y), \\ 0, & f(x, -y) = -f(x, y). \end{cases}$$

类似地，有 L 关于 y 轴对称的结论.

♻ 类题训练

1. 计算 $\oint_L y \mathrm{d}s$，其中 L 为由 $y^2 = 4x$，$x = 1$ 及 x 轴所围成的闭曲线.

2. 计算 $\oint_L |y| \mathrm{d}s$，其中 L 为右半圆 $x^2 + y^2 = a^2 (x \geqslant 0)$ 及 y 轴上的直径所组成.

3. 计算 $\oint_L (x^2 + y^2)^n \mathrm{d}s$，其中 L 为 $x^2 + y^2 = a^2 (a > 0)$ 的上半圆周.

4. 设 L 是椭圆 $\dfrac{x^2}{4} + \dfrac{y^2}{3} = 1$，其周长为 a，计算 $\oint_L (2xy + 3x^2 + 4y^2) \mathrm{d}s$.

5. 计算 $\oint_L \mathrm{e}^{\sqrt{x^2+y^2}} \mathrm{d}s$，其中 L 为圆周 $x^2 + y^2 = a^2$，直线 $y = x$ 及 x 轴在第一象限内所围成的扇形的整个边界.

📖 典型例题

2 计算 $\int_L (x + y) \mathrm{d}x + x \mathrm{d}y$，其中 L 为 $x^2 + y^2 = 1$ $(y \geqslant 0)$ 上从点 $A(1, 0)$ 到 $B(0, 1)$ 的一段弧.

【解法1】 $L: y = \sqrt{1 - x^2}$，$x : 1 \to 0$，则

$$\int_L (x + y) \mathrm{d}x + x \mathrm{d}y = \int_1^0 \left(x + \sqrt{1 - x^2} + x \cdot \frac{-2x}{2\sqrt{1 - x^2}} \right) \mathrm{d}x$$

$$= -\int_0^1 \left(x + \sqrt{1 - x^2} + \frac{-x^2}{\sqrt{1 - x^2}} \right) \mathrm{d}x$$

$$= -\int_0^1 \left(x + 2\sqrt{1 - x^2} - \frac{1}{\sqrt{1 - x^2}} \right) \mathrm{d}x$$

$$= -\int_0^1 x\mathrm{d}x - 2\int_0^1 \sqrt{1-x^2}\,\mathrm{d}x + \int_0^1 \frac{\mathrm{d}x}{\sqrt{1-x^2}}$$

$$= -\frac{1}{2} - 2\times\frac{\pi}{4} + \arcsin x\Big|_0^1 = -\frac{1}{2}.$$

【解法 2】　将 $L: x^2 + y^2 = 1$ 用参数方程表示为 $L:\begin{cases} x = \cos\theta, \\ y = \sin\theta, \end{cases} \theta: 0 \to \dfrac{\pi}{2}.$ 故

$$\int_L (x+y)\mathrm{d}x + x\mathrm{d}y = \int_0^{\frac{\pi}{2}} \big[(\cos\theta + \sin\theta)\cdot(-\sin\theta) + \cos\theta\cdot\cos\theta\big]\mathrm{d}\theta = -\frac{1}{2}.$$

【解法 3】　记 $P(x,y) = x + y$，$Q(x,y) = x$，则 $\dfrac{\partial Q}{\partial x} = 1 = \dfrac{\partial P}{\partial y}$，于是曲线积分与路径无关. 取特殊路径：$\overline{AO} + \overline{OB}$，故有

$$\int_L (x+y)\mathrm{d}x + x\mathrm{d}y = \int_{\overline{AO}} (x+y)\mathrm{d}x + x\mathrm{d}y + \int_{\overline{OB}} (x+y)\mathrm{d}x + x\mathrm{d}y = \int_1^0 x\mathrm{d}x + 0 = -\frac{1}{2}.$$

【解法 4】　添加辅助有向直线段 $\overline{BO}$，$\overline{OA}$，则 $L + \overline{BO} + \overline{OA}$ 构成闭曲线，记其所围区域为 D，$P(x,y) = x + y$，$Q(x,y) = x$，则由 Green 公式，有

$$\oint_{L+\overline{BO}+\overline{OA}} (x+y)\mathrm{d}x + x\mathrm{d}y = \iint_D \left(\frac{\partial Q}{\partial x} - \frac{\partial P}{\partial y}\right)\mathrm{d}x\mathrm{d}y = 0,$$

故 $\displaystyle\int_L (x+y)\mathrm{d}x + x\mathrm{d}y = -\int_{\overline{BO}} (x+y)\mathrm{d}x + x\mathrm{d}y - \int_{\overline{OA}} (x+y)\mathrm{d}x + x\mathrm{d}y = -\frac{1}{2}.$

【解法 5】　$\displaystyle\int_L (x+y)\mathrm{d}x + x\mathrm{d}y = \int_L x\mathrm{d}x + \int_L y\mathrm{d}x + x\mathrm{d}y = \int_L \mathrm{d}\left(\frac{x^2}{2}\right) + \int_L \mathrm{d}(xy)$

$$= \left(\frac{x^2}{2} + xy\right)\Bigg|_{A(1,0)}^{B(0,1)} = 0 - \frac{1}{2} = -\frac{1}{2}.$$

✳ **特别提示**　第二型曲线积分(对坐标的曲线积分)与积分曲线的方向有关，即与起点和终点有关.

　　计算第二型曲线积分的主要方法是直接计算，视作换元变换，积分下限对应起点，积分上限对应终点，如解法 1 和解法 2；或由曲线积分与路径无关，选取特殊路径计算，如解法 3；或通过添加特殊辅助曲线构成闭曲线，由 Green 公式计算，如解法 4；或可由 $\displaystyle\int_L P\mathrm{d}x + Q\mathrm{d}y = \int_L \mathrm{d}u(x,y) = \mathrm{u}(x,y)\big|_A^B$，其中 A，B 分别为起点和终点，如解法 5.

♻ 类题训练

1. 计算 $\int_L \left(e^y + x\right)dx + \left(xe^y - 2y\right)dy$，其中 L 为曲线 $y = 2x^2$ 上从点 $A(0,0)$ 到 $B(1,2)$ 的一段弧.

2. 计算 $\int_L (x+2y)dx + (2x+y)dy$，其中 L 为椭圆 $x = 2\cos t$，$y = \sin t$，对应于 t 从 0 到 π 的一段弧.

📖 典型例题

3 计算 $\int_L \left(x^2 - 2xy\right)dx + \left(y^2 - 2xy\right)dy$，其中 L 由直线段 AB 与 BC 组成，路径方向从点 $A(2,-1)$ 经 $B(2,2)$ 到 $C(0,2)$.

【解法 1】 $L = \overline{AB} + \overline{BC}$，$\overline{AB}: x = 2$，$y: -1 \to 2$；$\overline{BC}: y = 2$，$x: 2 \to 0$. 故

$$\int_L \left(x^2 - 2xy\right)dx + \left(y^2 - 2xy\right)dy = \int_{\overline{AB}} \left(x^2 - 2xy\right)dx + \left(y^2 - 2xy\right)dy$$
$$+ \int_{\overline{BC}} \left(x^2 - 2xy\right)dx + \left(y^2 - 2xy\right)dy$$
$$= \int_{-1}^2 \left(y^2 - 4y\right)dy + \int_2^0 \left(x^2 - 4x\right)dx = \frac{7}{3}.$$

【解法 2】 记 $E(0,-1)$，连接 EA，则 $L + \overline{CE} + \overline{EA}$ 构成封闭正向闭曲线，所围区域记为 D，由 Green 公式，有

$$\oint_{L+\overline{CE}+\overline{EA}} \left(x^2 - 2xy\right)dx + \left(y^2 - 2xy\right)dy = \iint_D (-2y + 2x)dxdy$$
$$= \int_0^2 dx \int_{-1}^2 (2x - 2y)dy = 6,$$

从而

$$\int_L \left(x^2 - 2xy\right)dx + \left(y^2 - 2xy\right)dy = 6 - \int_{\overline{CE}} \left(x^2 - 2xy\right)dx + \left(y^2 - 2xy\right)dy$$
$$- \int_{\overline{EA}} \left(x^2 - 2xy\right)dx + \left(y^2 - 2xy\right)dy$$
$$= 6 - \int_2^{-1} y^2 dy - \int_0^2 \left(x^2 + 2x\right)dx = \frac{7}{3}.$$

【解法 3】 $\int_L \left(x^2 - 2xy\right)dx + \left(y^2 - 2xy\right)dy = \int_L x^2 dx + y^2 dy - \int_L 2xy dx + 2xy dy$
$$= \int_L d\left(\frac{x^3}{3} + \frac{y^3}{3}\right) - \int_L 2xy dx + 2xy dy.$$

又 $\int_L \mathrm{d}\left(\dfrac{x^3}{3}+\dfrac{y^3}{3}\right)=\left(\dfrac{x^3}{3}+\dfrac{y^3}{3}\right)\Bigg|_{A(2,-1)}^{C(0,2)}=\dfrac{8}{3}-\dfrac{7}{3}=\dfrac{1}{3}$,

$\int_L 2xy\mathrm{d}x+2xy\mathrm{d}y=\int_{\overline{AB}}2xy\mathrm{d}x+2xy\mathrm{d}y+\int_{\overline{BC}}2xy\mathrm{d}x+2xy\mathrm{d}y=\int_{-1}^2 4y\mathrm{d}y+\int_2^0 4x\mathrm{d}x=-2$,

故 $\int_L\left(x^2-2xy\right)\mathrm{d}x+\left(y^2-2xy\right)\mathrm{d}y=\dfrac{1}{3}-(-2)=\dfrac{7}{3}$.

✳ 特别提示　解法 2 中也可连接 $\overline{CA}$ ，由 $L+\overline{CA}$ 构成封闭正向闭曲线，利用 Green 公式求解，但计算稍繁.

♻ 类题训练

1. 计算 $\int_L\left(\mathrm{e}^x\sin y-y+x\right)\mathrm{d}x+\left(\mathrm{e}^x\cos y+y\right)\mathrm{d}y$ ，其中 L 为圆周 $y=\sqrt{2ax-x^2}$ $(a>0)$ 上从点 $A(2a,0)$ 到点 $O(0,0)$ 的一段弧.

2. 计算 $\int_L\left(y-\mathrm{e}^x\cos y\right)\mathrm{d}x+\mathrm{e}^x\sin y\mathrm{d}y$ ，其中 L 是从点 $A(R,0)$ 到点 $O(0,0))$ 的上半圆弧： $y=\sqrt{Rx-x^2}$ $(R>0)$.

3. 已知 L 是第一象限中从点 $(0,0)$ 沿圆周 $x^2+y^2=2x$ 到点 $(2,0)$ ，再沿圆周 $x^2+y^2=4$ 到点 $(0,2)$ 的曲线段，计算 $\int_L 3x^2y\mathrm{d}x+(x^3+x-2y)\mathrm{d}y$.(2012 年硕士研究生入学考试数学(一)试题)

📖 典型例题

4　计算 $\int_L\left(2xy^3-y^2\cos x\right)\mathrm{d}x+\left(1-2y\sin x+3x^2y^2\right)\mathrm{d}y$ ，其中 L 为抛物线 $2x=\pi y^2$ 从点 $O(0,0)$ 到 $B\left(\dfrac{\pi}{2},1\right)$ 的一段弧.

【解法 1】　记 $P(x,y)=2xy^3-y^2\cos x$ ， $Q(x,y)=1-2y\sin x+3x^2y^2$ ，则 $\dfrac{\partial Q}{\partial x}=6xy^2-2y\cos x=\dfrac{\partial P}{\partial y}$ ，于是曲线积分与路径无关. 记 $A\left(\dfrac{\pi}{2},0\right)$ ，则

$$\int_L P\mathrm{d}x+Q\mathrm{d}y=\int_{\overline{OA}}P\mathrm{d}x+Q\mathrm{d}y+\int_{\overline{AB}}P\mathrm{d}x+Q\mathrm{d}y$$

$$=0+\int_0^1\left[1-2y\sin\dfrac{\pi}{2}+3\left(\dfrac{\pi}{2}\right)^2y^2\right]\mathrm{d}y=\dfrac{\pi^2}{4}.$$

【解法2】 记 $A\left(\dfrac{\pi}{2},0\right)$，添加辅助线 $\overline{OA}$ 和 $\overline{AB}$，使 $L^{-}+\overline{OA}+\overline{AB}$ 构成封闭的正向边界曲线，记其所围区域为 D，则由 Green 公式，有

$$\oint_{L^{-}+\overline{OA}+\overline{AB}}P\mathrm{d}x+Q\mathrm{d}y=\iint_{D}\left(\frac{\partial Q}{\partial x}-\frac{\partial P}{\partial y}\right)\mathrm{d}x\mathrm{d}y=0,$$

故

$$\int_{L}P\mathrm{d}x+Q\mathrm{d}y=-\int_{L^{-}}P\mathrm{d}x+Q\mathrm{d}y=\int_{\overline{OA}}P\mathrm{d}x+Q\mathrm{d}y+\int_{\overline{AB}}P\mathrm{d}x+Q\mathrm{d}y$$

$$=\int_{0}^{1}\left[1-2y\sin\frac{\pi}{2}+3\left(\frac{\pi}{2}\right)^{2}y^{2}\right]\mathrm{d}y=\frac{\pi^{2}}{4}.$$

【解法3】 同解法1判定曲线积分与路径无关，所以存在 $u(x,y)$，使 $\mathrm{d}u=P\mathrm{d}x+Q\mathrm{d}y$，而 $P\mathrm{d}x+Q\mathrm{d}y=\left(2xy^{3}\mathrm{d}x+3x^{2}y^{2}\mathrm{d}y\right)-\left(y^{2}\cos x\mathrm{d}x+2y\sin x\mathrm{d}y\right)+\mathrm{d}y=\mathrm{d}\left(x^{2}y^{3}\right)-\mathrm{d}\left(y^{2}\sin x\right)+\mathrm{d}y=\mathrm{d}\left(x^{2}y^{3}-y^{2}\sin x+y+C\right)$，即得 $u(x,y)=x^{2}y^{3}-y^{2}\sin x+y+C$.

故 $\int_{L}P\mathrm{d}x+Q\mathrm{d}y=u(x,y)\Big|_{O(0,0)}^{B\left(\frac{\pi}{2},1\right)}=\left(x^{2}y^{3}-y^{2}\sin x+y+C\right)\Big|_{(0,0)}^{\left(\frac{\pi}{2},1\right)}=\frac{\pi^{2}}{4}.$

特别提示　曲线积分 $\int_{L}P\mathrm{d}x+Q\mathrm{d}y$ 与路径无关 $\Leftrightarrow\dfrac{\partial P}{\partial y}=\dfrac{\partial Q}{\partial x}\Leftrightarrow$ 存在 $u(x,y)$，使 $\mathrm{d}u=P\mathrm{d}x+Q\mathrm{d}y$.

类题训练

1. 计算 $\int_{L}\left(x^{2}+2xy\right)\mathrm{d}x+\left(x^{2}+y^{4}\right)\mathrm{d}y$，其中 L 为 $y=\sin\dfrac{\pi}{2}x$ 从点 $O(0,0)$ 到点 $A(1,1)$ 的一段弧.

2. 计算 $\int_{L}\left(x^{2}-y\right)\mathrm{d}x-\left(x+\sin^{2}y\right)\mathrm{d}y$，其中 L 是在圆周 $y=\sqrt{2x-x^{2}}$ 上由点 $O(0,0)$ 到点 $A(1,1)$ 的一段弧.

3. 设曲线积分 $\int_{L}xy^{2}\mathrm{d}x+y\varphi(x)\mathrm{d}y$ 与路径无关，其中 $\varphi(x)$ 具有连续导数且 $\varphi(0)=0$，求 $\varphi(x)$ 及曲线积分 $\int_{(0,0)}^{(1,1)}xy^{2}\mathrm{d}x+y\varphi(x)\mathrm{d}y$.

4. 设函数 $f(t)$ 具有连续的二阶导数，且 $f(1)=f'(1)=1$，试确定函数 $f\left(\dfrac{y}{x}\right)$，

使 $\oint_L \left[\dfrac{y^2}{x} + x f\left(\dfrac{y}{x}\right) \right] dx + \left[y - x f'\left(\dfrac{y}{x}\right) \right] dy = 0$，其中 L 是不与 y 轴相交的任意的简单正向闭路径. (1991 年广东省高等数学竞赛题)

5. 设函数 $Q(x,y)$ 在 xOy 平面上具有连续的一阶偏导数，曲线积分 $\displaystyle\int_L 2xy dx + Q(x,y) dy$ 与路径无关，并且对任意的 t，恒有 $\displaystyle\int_{(0,0)}^{(t,1)} 2xy dx + Q(x,y) dy = \int_{(0,0)}^{(1,t)} 2xy dx + Q(x,y) dy$，求 $Q(x,y)$. (2002 年天津数学竞赛题, 1995 年硕士研究生入学考试数学(一)试题)

📖 典型例题

5　计算 $\displaystyle\int_L \left(2x\cos y + y^2 \cos x\right) dx + \left(2y\sin x - x^2 \sin y\right) dy$，其中 L 为 $(x-1)^2 + y^2 = 1$ 上由点 $O(0,0)$ 到点 $A(2,0)$ 的上半圆周.

【解法 1】　由被积函数的形式及积分曲线的方程可知, 不易直接计算.

记 $P(x,y) = 2x\cos y + y^2 \cos x$，$Q(x,y) = 2y\sin x - x^2\sin y$，则由 $\dfrac{\partial Q}{\partial x} = 2y\cos x - 2x\sin y = \dfrac{\partial P}{\partial y}$ 知, 曲线积分 $\displaystyle\int_L P dx + Q dy$ 与路径无关. 选取特殊路径: 从点 $O(0,0)$ 到点 $A(2,0)$ 的有向直线段 $\overline{OA}$，即 $y=0$，$x:0\to 2$，故 $\displaystyle\int_L P dx + Q dy = \int_0^2 P(x,0) dx = \int_0^2 2x dx = 4$.

【解法 2】　同解法 1 判定曲线积分与路径无关, 所以存在 $u(x,y)$，使 $du = P dx + Q dy$，而

$$P dx + Q dy = \left(2x\cos y dx - x^2\sin y dy\right) + \left(y^2\cos x dx + 2y\sin x dy\right)$$
$$= d\left(x^2\cos y\right) + d\left(y^2\sin x\right) = d\left(x^2\cos y + y^2\sin x + C\right),$$

即得 $u(x,y) = x^2\cos y - y^2\sin x + C$. 故

$$\int_L P dx + Q dy = u(x,y)\Big|_{O(0,0)}^{A(2,0)} = \left(x^2\cos y + y^2\sin x + C\right)\Big|_{(0,0)}^{(2,0)} = 4.$$

【解法 3】　$L^- + \overline{OA}$ 构成封闭的正向边界曲线, 记其所围区域为 D，则由 Green 公式, 有

$$\oint_{L^- + \overline{OA}} P dx + Q dy = \iint_D \left(\frac{\partial Q}{\partial x} - \frac{\partial P}{\partial y}\right) dx dy = 0,$$

故

$$\int_L P\mathrm{d}x + Q\mathrm{d}y = -\int_{L^-} P\mathrm{d}x + Q\mathrm{d}y = -\oint_{L^-+\overline{OA}} P\mathrm{d}x + Q\mathrm{d}y + \int_{\overline{OA}} P\mathrm{d}x + Q\mathrm{d}y$$

$$= \int_{\overline{OA}} P\mathrm{d}x + Q\mathrm{d}y = \int_0^2 2x\mathrm{d}x = 4.$$

特别提示　记 L^- 为曲线 L 方向的反方向, 则 $\int_L P\mathrm{d}x + Q\mathrm{d}y = -\int_{L^-} P\mathrm{d}x + Q\mathrm{d}y$.

类题训练

1. 计算 $\int_L\left(1+x\mathrm{e}^{2y}\right)\mathrm{d}x + \left(x^2\mathrm{e}^{2y}-y\right)\mathrm{d}y$, 其中 L 是 $(x-2)^2+y^2=4$ 的上半圆周, 取顺时针方向.

2. 计算 $\int_L\dfrac{(x+y)\mathrm{d}y+(x-y)\mathrm{d}x}{x^2+y^2-2x+2y}$, 其中 L 为圆周 $(x-1)^2+(y+1)^2=4$ 的正向.

3. 设函数连续可导, $f(1)=1$, G 为不包含原点的单连通域, 任取 $M,N\in G$, 在 G 内曲线积分 $\int_M^N\dfrac{1}{2x^2+f(y)}(y\mathrm{d}x-x\mathrm{d}y)$ 与路径无关.

(i) 求 $f(x)$; (ii) 求 $\int_L\dfrac{1}{2x^2+f(y)}(y\mathrm{d}x-x\mathrm{d}y)$, 其中 L 为 $x^{\frac{2}{3}}+y^{\frac{2}{3}}=a^{\frac{2}{3}}$, 取正向.

4. 已知函数 $u=u(x,y)$, 有 $\mathrm{d}u=\dfrac{ax+y}{x^2+y^2}\mathrm{d}x-\dfrac{x-y+b}{x^2+y^2}\mathrm{d}y$.

(i) 求 a, b 的值; (ii) 计算 $I=\oint_L\dfrac{ax+y}{x^2+y^2}\mathrm{d}x-\dfrac{x-y+b}{x^2+y^2}\mathrm{d}y$, 其中 L 为 $x^2+y^2=1$, 取正向.

典型例题

6　计算 $\int_L\left(\mathrm{e}^x\sin 2y-y\right)\mathrm{d}x + \left(2\mathrm{e}^x\cos 2y-100\right)\mathrm{d}y$, 其中 L 为上半圆周 $x^2+y^2=1$ $(y\geqslant 0)$ 从点 $A(1,0)$ 到点 $B(-1,0)$ 一段弧.

【解法1】　记 $P(x,y)=\mathrm{e}^x\sin 2y-y$, $Q(x,y)=2\mathrm{e}^x\cos 2y-100$, 则

$$\frac{\partial Q}{\partial x}=2\mathrm{e}^x\cos 2y, \qquad \frac{\partial P}{\partial y}=2\mathrm{e}^x\cos 2y-1.$$

添加辅助有向线段 $\overline{BA}$, 使 $L+\overline{BA}$ 构成封闭正向闭曲线, 记它所围成的区域为 D. 则由 Green 公式, 有

$$\oint_{L+\overline{BA}} P\mathrm{d}x + Q\mathrm{d}y = \iint_D \left(\frac{\partial Q}{\partial x} - \frac{\partial P}{\partial y}\right)\mathrm{d}x\mathrm{d}y = \iint_D \mathrm{d}x\mathrm{d}y = \frac{\pi}{2}.$$

故 $\displaystyle\int_L P\mathrm{d}x + Q\mathrm{d}y = -\int_{\overline{BA}} P\mathrm{d}x + Q\mathrm{d}y + \frac{\pi}{2} = -\int_{-1}^1 0\mathrm{d}x + \frac{\pi}{2} = \frac{\pi}{2}.$

【解法 2】 同上记 $P(x,y)$, $Q(x,y)$, 且有 $\dfrac{\partial Q}{\partial x} - \dfrac{\partial P}{\partial y} = 1$.

构作 $\widetilde{P}(x,y) = P(x,y)$, $\widetilde{Q}(x,y) = Q(x,y) - x$, 则有 $\dfrac{\partial \widetilde{Q}}{\partial x} = \dfrac{\partial \widetilde{P}}{\partial y}$, 于是曲线积分

$\displaystyle\int_L \widetilde{P}(x,y)\mathrm{d}x + \widetilde{Q}(x,y)\mathrm{d}y$ 与路径无关.

取特殊路径 $\overline{AB}$: $y = 0$, $x: 1 \to -1$, 从而有

$$\int_L \widetilde{P}(x,y)\mathrm{d}x + \widetilde{Q}(x,y)\mathrm{d}y = \int_{AB} \widetilde{P}(x,y)\mathrm{d}x + \widetilde{Q}(x,y)\mathrm{d}y = \int_1^{-1} 0\mathrm{d}x = 0.$$

故 $\displaystyle\int_L P\mathrm{d}x + Q\mathrm{d}y = \int_L \widetilde{P}\mathrm{d}x + \widetilde{Q}\mathrm{d}y + x\mathrm{d}y = \int_L x\mathrm{d}y \xlongequal[y=\sin\theta]{x=\cos\theta} \int_0^\pi \cos^2\theta\,\mathrm{d}\theta = \frac{\pi}{2}.$

【解法 3】 重新组合, 凑微分得

$$\int_L \left(\mathrm{e}^x \sin 2y - y\right)\mathrm{d}x + \left(2\mathrm{e}^x \cos 2y - 100\right)\mathrm{d}y$$

$$= \int_L \mathrm{e}^x \sin 2y\,\mathrm{d}x + 2\mathrm{e}^x \cos 2y\,\mathrm{d}y - \int_L y\mathrm{d}x - 100\int_L \mathrm{d}y$$

$$= \int_L \mathrm{d}\left(\mathrm{e}^x \sin 2y\right) - \int_L y\mathrm{d}x - 100\int_L \mathrm{d}y$$

$$= \mathrm{e}^x \sin 2y\Big|_{(1,0)}^{(-1,0)} - \int_0^\pi \sin\theta \cdot (-\sin\theta)\mathrm{d}\theta - 100\int_0^\pi \cos\theta\,\mathrm{d}\theta$$

$$= 0 + \left(\frac{1}{2}\theta - \frac{1}{4}\sin 2\theta\right)\Big|_0^\pi - 100\sin\theta\Big|_0^\pi = \frac{\pi}{2}.$$

其中用到了 L 的参数方程 $x = \cos\theta$, $y = \sin\theta$, $\theta: 0 \to \pi$.

⚡ 特别提示 由被积表达式的形式可知, 该曲线积分不宜直接计算. 解法 1 通过添加辅助曲线的方法, 利用 Green 公式, 给出了计算结果; 解法 2 在原曲线积分的基础上, 通过修正 $Q(x,y)$, 利用曲线积分与路径无关, 选取特殊路径进行了计算; 解法 3 通过重新组合, 凑微分, 得到了计算结果. 在对坐标的曲线积分不宜(或较难)直接计算的情况下, 上述三种方法是计算该类问题的常用方法.

♻ **类题训练**

1. 计算 $\oint_L \left(y - e^x \cos y\right)dx + e^x \sin y\, dy$，其中 L 为 $y = \sin x\,(0 \leqslant x \leqslant \pi)$ 与 x 轴所围成区域的正向边界曲线.

2. 计算 $\int_L e^x(1 - \cos y)dx - e^x(1 - \sin y)dy$，其中 L 为 $y = \sin x$ 从点 $(0,0)$ 到点 $(\pi, 0)$ 的一段弧.

3. 计算 $\int_L \left(e^x \sin y - b(x+y)\right)dx + \left(e^x \cos y - ax\right)dy$，其中 a, b 为正的常数，L 为从点 $A(2a, 0)$ 沿曲线 $y = \sqrt{2ax - x^2}$ 到点 $O(0,0)$ 的弧. (1999 年硕士研究生入学数学(一)试题)

4. 计算 $\int_{\overparen{AmB}} \left[\phi(y)\cos x - \pi y\right]dx + \left[\phi'(y)\sin x - \pi\right]dy$，$\overparen{AmB}$ 为连接 $A(\pi, 2)$ 及 $B(3\pi, 4)$ 两点的光滑曲线，并设 $\overparen{AmB}$ 恒在线段 AB 下方且与线段 AB 围成的弓形域 D 的面积为 2.

5. 设函数 $f(x)$ 在 $(-\infty, +\infty)$ 内具有一阶连续导数，L 是上半平面$(y > 0)$内的有向分段光滑曲线，其起点为 (a, b)，终点为 (c, d). 记

$$I = \int_L \frac{1}{y}[1 + y^2 f(xy)]dx + \frac{x}{y^2}\left[y^2 f(xy) - 1\right]dy,$$

(i)证明曲线积分 I 与路径 L 无关; (ii)当 $ab = cd$ 时，求 I 的值. (2002 年硕士研究生入学考试数学(一)试题)

📖 **典型例题**

7 计算 $I = \int_L \dfrac{x\,dy - y\,dx}{x^2 + y^2}$，其中 L 为 (1) $x^2 + y^2 = 4$ 逆时针方向；(2)摆线 $\begin{cases} x = t - \sin t - \pi, \\ y = 1 - \cos t \end{cases}$ 上从 $(-\pi, 0)$ 到 $(\pi, 0)$ 的一段弧.

解 (1)

【方法 1】 利用区域的面积公式 $\sigma = \dfrac{1}{2}\oint_L x\,dy - y\,dx$.

$$I = \oint_L \frac{x\,dy - y\,dx}{x^2 + y^2} = \oint_L \frac{x\,dy - y\,dx}{4} = \frac{1}{2} \cdot \frac{1}{2}\oint_L x\,dy - y\,dx = \frac{1}{2} \cdot 2^2 \cdot \pi = 2\pi.$$

【方法 2】 利用 L 的参数方程直接计算.

令 $L: \begin{cases} x = 2\cos\theta, \\ y = 2\sin\theta, \end{cases} \quad \theta: 0 \to 2\pi,$ 则

$$I = \oint_L \frac{x\mathrm{d}y - y\mathrm{d}x}{x^2 + y^2} = \int_0^{2\pi} \frac{2\cos\theta \cdot 2\cos\theta - 2\sin\theta \cdot 2(-\sin\theta)}{4}\mathrm{d}\theta = \int_0^{2\pi} \mathrm{d}\theta = 2\pi.$$

【方法 3】 挖"孔"后用 Green 公式

记 $P(x,y) = -\dfrac{y}{x^2 + y^2}$，$Q(x,y) = \dfrac{x}{x^2 + y^2}$，则 $\dfrac{\partial Q}{\partial x} = \dfrac{y^2 - x^2}{\left(x^2 + y^2\right)^2} = \dfrac{\partial P}{\partial y}\left(x^2 + y^2 \neq 0\right)$；

在 $(0,0)$ 点处，$\dfrac{\partial Q}{\partial x}$，$\dfrac{\partial P}{\partial y}$ 不存在.

作以原点为圆心，半径为 $r(0 < r < 2)$ 的小圆周 C，取顺时针方向，并记曲线 L 与 C 所围区域为 D，于是由 Green 公式，有

$$\oint_{L+C} \frac{x\mathrm{d}y - y\mathrm{d}x}{x^2 + y^2} = \oint_{L+C} P\mathrm{d}x + Q\mathrm{d}y = \iint_D \left(\frac{\partial Q}{\partial x} - \frac{\partial P}{\partial y}\right)\mathrm{d}x\mathrm{d}y = 0,$$

从而

$$I = \oint_L \frac{x\mathrm{d}y - y\mathrm{d}x}{x^2 + y^2} = -\oint_C \frac{x\mathrm{d}y - y\mathrm{d}x}{x^2 + y^2} = \oint_{C^-} \frac{x\mathrm{d}y - y\mathrm{d}x}{x^2 + y^2} = \int_0^{2\pi} \mathrm{d}\theta = 2\pi.$$

其中 C^- 为小圆周 C 的反方向.

(2)

【方法 1】 记 $P(x,y) = -\dfrac{y}{x^2 + y^2}$，$Q(x,y) = \dfrac{x}{x^2 + y^2}$，则 $\dfrac{\partial Q}{\partial x} = \dfrac{y^2 - x^2}{\left(x^2 + y^2\right)^2} =$

$\dfrac{\partial P}{\partial y}\left(x^2 + y^2 \neq 0\right)$；于是曲线积分与路径无关.

取特殊路径 l：$\begin{cases} x = \pi\cos\theta, \\ y = \pi\sin\theta, \end{cases}$ $\theta: \pi \to 0$，则

$$\int_L P\mathrm{d}x + \theta\mathrm{d}y = \int_l P\mathrm{d}x + \theta\mathrm{d}y = \int_\pi^0 \frac{\pi\cos\theta \cdot \pi\cos\theta - \pi\sin\theta \cdot \pi \cdot (-\sin\theta)}{\pi^2}\mathrm{d}\theta = -\pi.$$

【方法 2】 同上记 $P(x,y)$，$Q(x,y)$，则在 $(0,0)$ 点处，$\dfrac{\partial Q}{\partial x}$ 与 $\dfrac{\partial P}{\partial y}$ 不存在，且

$\dfrac{\partial Q}{\partial x} = \dfrac{y^2 - x^2}{\left(x^2 + y^2\right)^2} = \dfrac{\partial P}{\partial y}$ $\left(x^2 + y^2 \neq 0\right)$. 于是挖"洞"处理：作以原点为圆心，半径为

$r(0 < r < 1)$ 的充分小的上半小圆周 C_r，取逆时针方向，并记曲线 L 与半圆周 C_r 及线段 AE 和 FB 所围区域为 D，由 Green 公式，有

$$\oint_{L^- + \overline{AE} + C_r + \overline{FB}} P\mathrm{d}x + Q\mathrm{d}y = \iint_D \left(\frac{\partial Q}{\partial x} - \frac{\partial P}{\partial y}\right)\mathrm{d}x\mathrm{d}y = 0,$$

其中 $A(-\pi,0)$，$E(-r,0)$，$F(r,0)$，$B(\pi,0)$．

又 $\int_{\overline{AE}+\overline{FB}} P\mathrm{d}x + Q\mathrm{d}y = 0$，从而

$$\int_L P\mathrm{d}x + Q\mathrm{d}y = \int_{C_r^-} P\mathrm{d}x + Q\mathrm{d}y = -\int_{C_r} P\mathrm{d}x + Q\mathrm{d}y = -\int_{C_r} \frac{x\mathrm{d}y - y\mathrm{d}x}{x^2 + y^2} = -\int_0^\pi \mathrm{d}\theta = -\pi.$$

特别提示

[1] 对于第(1)问，可推广到一般情形，若 L 为一条无重点，分段光滑且不经过原点的连续闭曲线，L 的方向取为逆时针方向，则当 L 所围区域内不包含原点 $(0,0)$ 时，$I = \oint_L \frac{x\mathrm{d}y - y\mathrm{d}x}{x^2 + y^2} = 0$；当 L 所围区域内包含原点时，类似于方法 3 可求得 $I = 2\pi$．

[2] 对于第(2)问，方法 1 中特殊路径 l 不能取沿 x 轴从 $(-\pi,0)$ 到 $(\pi,0)$ 的有向线段，因为 $\frac{\partial Q}{\partial x}$ 及 $\frac{\partial P}{\partial y}$ 在原点 $(0,0)$ 不连续．

类题训练

1. 计算 $I = \oint_L \frac{x\mathrm{d}y - y\mathrm{d}x}{x^2 + y^2}$，其中 (1) L 是正向圆周 $(x-a)^2 + (y-a^2)^2 = a^2$；(2) L 是正向曲线 $|x| + |y| = 1$．(1996 年江苏省高等数学竞赛题)

2. 计算 $I = \oint_L \frac{x\mathrm{d}y - y\mathrm{d}x}{\frac{1}{9}x^2 + \frac{1}{4}y^2}$，其中 L 为圆周 $x^2 + y^2 = 16$ 按顺时针方向．

3. 计算 $I = \oint_L \frac{x\mathrm{d}y - y\mathrm{d}x}{4x^2 + y^2}$，其中 L 为圆周 $(x-1)^2 + y^2 = 4$ 按逆时针方向．

4. 计算 $\int_L \frac{(x-y)\mathrm{d}x + (x+y)\mathrm{d}y}{x^2 + y^2}$，其中 L 为摆线 $x = t - \sin t - \pi$，$y = 1 - \cos t$ 上从 $t = 0$ 到 $t = 2\pi$ 的有向弧段．

5. 设 $I_a(r) = \oint_C \frac{y\mathrm{d}x - x\mathrm{d}y}{(x^2 + y^2)^a}$，其中 a 为常数，曲线 C 为椭圆 $x^2 + xy + y^2 = r^2$，取正向，求极限 $\lim_{r \to +\infty} I_a(r)$．(2013 年第五届全国大学生数学竞赛预赛(非数学类)试题)

6. 设 L 是不经过点 $(2,0)$，$(-2,0)$ 的分段光滑简单闭曲线，试就 L 的不同情形计算曲线积分

$$I = \oint_L \left[\frac{y}{(2-x)^2 + y^2} + \frac{y}{(2+x)^2 + y^2} \right] \mathrm{d}x + \left[\frac{2-x}{(2-x)^2 + y^2} - \frac{2+x}{(2+x)^2 + y^2} \right] \mathrm{d}y \,,$$

其中 L 取正向.

7. 已知曲线积分 $\displaystyle\int_L \frac{1}{\phi(x) + y^2}(x\mathrm{d}y - y\mathrm{d}x) = A$ (常数), 其中 $\phi(x)$ 是可导函数, $\phi(1) = 1$, L 是绕原点 $(0,0)$ 一周的任意正向闭曲线, 试求出 $\phi(x)$ 及 A. (第二届北京市大学生(非数学专业)数学竞赛试题)

📖 **典型例题**

8 设 L 为沿上半圆周 $x^2 + y^2 = 2x$ 从点 $O(0,0)$ 到点 $A(2,0)$ 的曲线弧, 试将对坐标的曲线积分 $\displaystyle\int_L P(x,y)\mathrm{d}x + Q(x,y)\mathrm{d}y$ 化成对弧长的曲线积分.

【解法 1】 将曲线弧 L 的方程改写为参数方程: $\begin{cases} x = x, \\ y = \sqrt{2x - x^2} \end{cases}$ (x 为参数),

$x: 0 \to 2$. 因为 $(1, y')$ 与 L 的走向一致, 所以曲线 L 上的有向正向切向量为 $\overline{T} = (1, y')$, 单位化得 $\dfrac{\overline{T}}{|\overline{T}|} = \left(\sqrt{2x - x^2}, 1 - x \right) = (\cos\alpha, \sin\alpha)$. 故

$$\int_L P(x,y)\mathrm{d}x + Q(x,y)\mathrm{d}y = \int_L \left[P(x,y)\cos\alpha + Q(x,y)\sin\alpha \right] \mathrm{d}s$$
$$= \int_L \left[P(x,y)\sqrt{2x - x^2} + Q(x,y)(1 - x) \right] \mathrm{d}s \cdot$$

【解法 2】 将曲线弧 L 的方程改写为参数方程: $\begin{cases} x = 1 + \cos\theta, \\ y = \sin\theta, \end{cases} \theta: \pi \to 0.$

因为 (x'_θ, y'_θ) 与 L 的走向反向, 所以曲线 L 上的有向正向切向量取为

$$\overline{T} = -(x'_\theta, y'_\theta) = (\sin\theta, -\cos\theta),$$

单位化得

$$\frac{\overline{T}}{|\overline{T}|} = (\sin\theta, -\cos\theta) = (y, 1 - x) = \left(\sqrt{2x - x^2}, 1 - x \right).$$

故 $\displaystyle\int_L P(x,y)\mathrm{d}x + Q(x,y)\mathrm{d}y = \int_L \left[P(x,y)\sqrt{2x - x^2} + Q(x,y)(1 - x) \right] \mathrm{d}s.$

【解法 3】 将曲线弧 L 的方程改写为极坐标方程: $\rho = 2\cos\theta$, 再化为参数方程:

$$x = \rho\cos\theta = 2\cos^2\theta \,, \quad y = \rho\sin\theta = 2\cos\theta \cdot \sin\theta = \sin 2\theta \,, \quad \theta: \frac{\pi}{2} \to 0.$$

因为 (x'_θ, y'_θ) 与 L 的走向反向, 所以曲线 L 上的有向正向切向量取为

$$\overline{T} = -(x'_\theta, y'_\theta) = -(-4\cos\theta \cdot \sin\theta, 2\cos 2\theta) = (2\sin 2\theta, -2\cos 2\theta).$$

而 $\left|\overline{T}\right| = 2$, $\sin 2\theta = y$, $\cos 2\theta = 2\cos^2\theta - 1 = x - 1$, 于是单位化 $\overline{T}$ 得

$$\frac{\overline{T}}{\left|\overline{T}\right|} = (\sin 2\theta, -\cos 2\theta) = (y, 1-x) = \left(\sqrt{2x-x^2}, 1-x\right),$$

故 $\int_L P(x,y)\mathrm{d}x + Q(x,y)\mathrm{d}y = \int_L \left[P(x,y)\sqrt{2x-x^2} + Q(x,y)(1-x) \right]\mathrm{d}s$.

✷ 特别提示   设平面有向光滑曲线弧 L 由参数方程 $x = \varphi(t)$, $y = \psi(t)$ 确定, L 的起点和终点分别对应参数 $t = a$ 和 $t = b$, 函数 $\varphi(t)$ 和 $\psi(t)$ 在以 a, b 为端点的闭区间上具有一阶连续导数, 且 $\varphi'^2(t) + \psi'^2(t) \neq 0$. 又函数 $P(x,y)$ 和 $Q(x,y)$ 在 L 上连续, 则两类曲线积分之间的联系为

$$\int_L P\mathrm{d}x + Q\mathrm{d}y = \int_L (P\cos\alpha + Q\sin\alpha)\mathrm{d}s,$$

其中 $(\cos\alpha, \sin\alpha)$ 为与有向曲线弧 L 方向一致的切向量 T 的方向余弦,

$$\overline{T} = \begin{cases} \big(\varphi'(t), \psi'(t)\big), & a < b, \\ -\big(\varphi'(t), \psi'(t)\big), & a > b, \end{cases} \quad \frac{T}{|T|} = (\cos\alpha, \sin\alpha).$$

♻ 类题训练

1. 将对坐标的曲线积分 $\int_L x\mathrm{d}x + y\mathrm{d}y$ 化成对弧长的曲线积分, 其中 L 为有向直线段 $x = t$, $y = t(0 \leqslant t \leqslant 1)$, 方向是从点 $(1,1)$ 到点 $(0,0)$.

2. 将对坐标的曲线积分 $\int_L P(x,y)\mathrm{d}x + Q(x,y)\mathrm{d}y$ 化成对弧长的曲线积分, 其中 L 为: (i)沿抛物线 $y = x^2$ 从点 $(1,1)$ 到点 $(0,0)$; (ii)沿上半圆周 $x^2 + y^2 = 2x$ 从点 $(1,1)$ 到点 $(0,0)$.

📖 典型例题

9 设 C 为平面光滑闭曲线, $\overline{l}$ 为任意确定方向, $\overline{n}$ 是曲线 C 的外法向量, 证明 $\oint_C \cos(\overline{l}, \overline{n})\mathrm{d}s = 0$.

【证法1】 记曲线 C 的正向单位切向量为 $\overline{T} = (\cos\alpha, \sin\alpha)$, $\dfrac{\overline{l}}{|\overline{l}|} = (\cos\beta, \sin\beta)$, 则

$$\frac{\bar{n}}{|\bar{n}|} = \left(\cos\left(\alpha - \frac{\pi}{2} \right), \sin\left(\alpha - \frac{\pi}{2} \right) \right) = (\sin\alpha, -\cos\alpha),$$

$$\cos(\bar{l}, \bar{n}) = \frac{\bar{l}}{|\bar{l}|} \cdot \frac{\bar{n}}{|\bar{n}|} = (\cos\beta, \sin\beta) \cdot (\sin\alpha, -\cos\alpha) = \sin\alpha\cos\beta - \cos\alpha\sin\beta,$$

$\mathrm{d}x = \cos\alpha\,\mathrm{d}s$, $\mathrm{d}y = \sin\alpha\,\mathrm{d}s$, $\cos\beta$ 和 $\sin\beta$ 都是常数. 故由 Green 公式, 有

$$\oint_C \cos(\bar{l}, \bar{n})\mathrm{d}s = \oint_C (\sin\alpha \cdot \cos\beta - \cos\alpha \cdot \sin\beta)\mathrm{d}s = \oint_C \cos\beta\,\mathrm{d}y - \sin\beta\,\mathrm{d}x$$

$$= \iint_D \left[\frac{\partial}{\partial x}(\cos\beta) - \frac{\partial}{\partial y}(\sin\beta) \right]\mathrm{d}x\mathrm{d}y = 0.$$

【证法 2】 由 Green 公式的第二形式:

$$\oint_C \left[P\cos(\bar{n}, x) + Q\cos(\bar{n}, y) \right]\mathrm{d}s = \iint_D \left(\frac{\partial P}{\partial x} + \frac{\partial Q}{\partial y} \right)\mathrm{d}x\mathrm{d}y,$$

其中 $\bar{n}$ 为指向区域 D 外侧的单位法向量. 故有

$$\oint_C \cos(\bar{l}, \bar{n})\mathrm{d}s = \oint_C \left(\cos\beta \cdot \cos(\bar{n}, x) + \sin\beta \cdot \cos(\bar{n}, y) \right)\mathrm{d}s$$

$$= \iint_D \left[\frac{\partial}{\partial x}(\cos\beta) - \frac{\partial}{\partial y}(\sin\beta) \right]\mathrm{d}x\mathrm{d}y = 0.$$

✳ **特别提示** 搞清楚封闭曲线 C 的正向切向量及外法向量的确定方法. 掌握证法 2 中所用的 Green 公式的第二形式.

类似地, 可推广到曲面积分, 设 Σ 是光滑闭曲面, $\bar{l}$ 是任意常向量, 证明 $\displaystyle\iint_\Sigma \cos(\bar{n}, \bar{l})\mathrm{d}s = 0$, 其中 $\bar{n}$ 是曲面 Σ 的外法向量.

♻ **类题训练**

1. 求 $I = \displaystyle\oint_C \left[x \cdot \cos(\bar{n}, x) + y \cdot \cos(\bar{n}, y) \right]\mathrm{d}s$, 其中 D 是由光滑闭曲线 C 所围成的有界闭区域, $\bar{n}$ 是曲线 C 上点 (x, y) 处的外法向量.

2. 设 C 是围成区域 D 的闭曲线, $\dfrac{\partial f}{\partial n}$ 表示函数 $f(x, y)$ 在曲线 C 上点 $M(x, y)$ 处沿 C 的外法向量 $\bar{n}$ 的方向导数, $f(x, y)$ 在 D 上具有二阶连续偏导数. 证明

$$\iint_D \left(\frac{\partial^2 f}{\partial x^2} + \frac{\partial^2 f}{\partial y^2} \right)\mathrm{d}x\mathrm{d}y = \oint_C \frac{\partial f}{\partial n}\mathrm{d}s.$$

3. 设函数 $u(x,y)$ 在区域 $D=\left\{(x,y)\big|x^2+y^2\leqslant\pi\right\}$ 上有二阶连续偏导数，且

$$\frac{\partial^2 u}{\partial x^2}+\frac{\partial^2 u}{\partial y^2}=\mathrm{e}^{\pi-x^2-y^2}\cdot\sin\left(x^2+y^2\right)，\text{记 } D \text{ 的正向边界曲线为 } L，L \text{ 的外法向量为 }\vec{n}，$$

求 $\displaystyle\int_L\frac{\partial u}{\partial\vec{n}}\mathrm{d}s$.

4. 设 $u(x,y)$，$v(x,y)$ 在闭区域 D 上都具有二阶连续偏导数，分段光滑的曲线 L 为 D 的正向边界曲线，证明 $\displaystyle\iint_D(u\Delta v-v\Delta u)\mathrm{d}x\mathrm{d}y=\oint_L\left(u\frac{\partial v}{\partial\vec{n}}-v\frac{\partial u}{\partial\vec{n}}\right)\mathrm{d}s$，其中 $\dfrac{\partial u}{\partial\vec{n}}$，

$\dfrac{\partial v}{\partial\vec{n}}$ 分别是 u，v 沿 L 的外法向量 $\vec{n}$ 的方向导数，符号 $\Delta=\dfrac{\partial^2}{\partial x^2}+\dfrac{\partial^2}{\partial y^2}$ 称为二维

Laplace 算子. 该公式称为 Green 第二公式.

5. 设函数 $u(x,y)$ 在有界闭区域 D 上具有二阶连续偏导数，且满足

$\dfrac{\partial^2 u}{\partial x^2}+\dfrac{\partial^2 u}{\partial y^2}=0$，$(x,y)\in D$. 记 D 的正向边界曲线为 ∂D，∂D 的外法向量为 $\vec{n}$. 若

当 $(x,y)\in\partial D$ 时，$u(x,y)=A$，(i) 求 $\displaystyle\oint_{\partial D}u\frac{\partial u}{\partial\vec{n}}\mathrm{d}s$ 的值；(ii) 证明 $u(x,y)=A$，

$(x,y)\in D$.

6. 设 L 为平面上的一条连续可微且没有重点的曲线，L 的起点为 $A(1,0)$，终

点为 $B(0,2)$，L 全落在第一象限，求 $\displaystyle\int_L\frac{\partial\ln r}{\partial\vec{n}}\mathrm{d}s$，其中 $\dfrac{\partial\ln r}{\partial\vec{n}}$ 表示函数 $\ln r$ 沿曲线法

线正向 $\vec{n}$ 的方向导数，$r=\sqrt{x^2+y^2}$.

📖 典型例题

10 已知平面区域 $D=\left\{(x,y)\big|0\leqslant x\leqslant\pi,\ 0\leqslant y\leqslant\pi\right\}$，$L$ 为 D 的正向边界.

证明(1) $\displaystyle\oint_L x\mathrm{e}^{\sin y}\mathrm{d}y-y\mathrm{e}^{-\sin x}\mathrm{d}x=\oint_L x\mathrm{e}^{-\sin y}\mathrm{d}y-y\mathrm{e}^{\sin x}\mathrm{d}x$；

(2) $\displaystyle\oint_L x\mathrm{e}^{\sin y}\mathrm{d}y-y\mathrm{e}^{-\sin x}\mathrm{d}x\geqslant\frac{5}{2}\pi^2$. (2009 年第一届全国大学生数学竞赛预赛(非

数学类)试题, 2003 年硕士研究生入学考试数学(一)试题)

【证法 1】 (1) 直接计算

$$\text{左边}=\int_0^\pi\pi\mathrm{e}^{\sin y}\mathrm{d}y-\int_\pi^0\pi\mathrm{e}^{-\sin x}\mathrm{d}x=\pi\int_0^\pi\left(\mathrm{e}^{\sin x}+\mathrm{e}^{-\sin x}\right)\mathrm{d}x，$$

$$\text{右边}=\int_0^\pi\pi\mathrm{e}^{-\sin y}\mathrm{d}y-\int_\pi^0\pi\mathrm{e}^{\sin x}\mathrm{d}x=\pi\int_0^\pi\left(\mathrm{e}^{\sin x}+\mathrm{e}^{-\sin x}\right)\mathrm{d}x，$$

故左边=右边, 即 $\oint_L xe^{\sin y}\mathrm{d}y - ye^{-\sin x}\mathrm{d}x = \oint_L xe^{-\sin y}\mathrm{d}y - ye^{\sin x}\mathrm{d}x$.

(2) 当 $t \geqslant 0$ 时, $e^t + e^{-t} = 2\sum_{n=0}^{\infty}\dfrac{t^{2n}}{(2n)!} \geqslant 2 + t^2$. 令 $t = \sin x$, $x \in [0,\pi]$, 则有 $e^{\sin x} + e^{-\sin x} \geqslant 2 + \sin^2 x$. 故

$$\oint_L xe^{\sin y}\mathrm{d}y - ye^{-\sin x}\mathrm{d}x = \pi\int_0^{\pi}\left(e^{\sin x} + e^{-\sin x}\right)\mathrm{d}x \geqslant \pi\int_0^{\pi}\left(2 + \sin^2 x\right)\mathrm{d}x = \frac{5}{2}\pi^2.$$

【证法 2】　(1) 由 Green 公式, 有

$$\oint_L xe^{\sin y}\mathrm{d}y - ye^{-\sin x}\mathrm{d}x = \iint_D \left(e^{\sin y} + e^{-\sin x}\right)\mathrm{d}x\mathrm{d}y,$$

$$\oint_L xe^{-\sin y}\mathrm{d}y - ye^{\sin x}\mathrm{d}x = \iint_D \left(e^{-\sin y} + e^{\sin x}\right)\mathrm{d}x\mathrm{d}y.$$

因为区域 D 关于直线 $y = x$ 对称, 所以由轮换对称性, 有

$$\iint_D \left(e^{\sin y} + e^{-\sin x}\right)\mathrm{d}x\mathrm{d}y = \iint_D \left(e^{-\sin y} + e^{\sin x}\right)\mathrm{d}x\mathrm{d}y.$$

故 $\oint_L xe^{\sin y}\mathrm{d}y - ye^{-\sin x}\mathrm{d}x = \oint_L xe^{-\sin y}\mathrm{d}y - ye^{\sin x}\mathrm{d}x$.

(2) 因为 $e^t + e^{-t} = \sum_{n=0}^{\infty}\dfrac{t^n}{n!} + \sum_{n=0}^{\infty}\dfrac{(-t)^n}{n!} = 2\sum_{n=0}^{\infty}\dfrac{t^{2n}}{(2n)!} \geqslant 2 + t^2$, 所以由(1)及二重积分的轮换对称性, 有

$$\oint_L xe^{\sin y}\mathrm{d}y - ye^{-\sin x}\mathrm{d}x = \iint_D \left(e^{\sin y} + e^{-\sin x}\right)\mathrm{d}x\mathrm{d}y$$

$$= \iint_D \left(e^{\sin x} + e^{-\sin x}\right)\mathrm{d}x\mathrm{d}y \geqslant \iint_D \left(2 + \sin^2 x\right)\mathrm{d}x\mathrm{d}y = \frac{5}{2}\pi^2.$$

✳ **特别提示**　对于第(1)问, 可以通过直接计算等式两边的曲线积分, 使得到相同的定积分, 如证法 1; 或利用 Green 公式将等式两边的曲线积分化为二重积分, 再由轮换对称性证明两边对应的二重积分相等即可, 如证法 2. 对于第(2)问, 由第(1)问的方法, 化为定积分和二重积分, 再结合函数不等式及不等式性质放缩即可得到.

♻ **类题训练**

1. 设 C 是圆周 $(x-1)^2 + (y-1)^2 = 1$, 取逆时针方向, $f(x)$ 为正值连续函数, 证明 $\oint_C xf(y)\mathrm{d}y - \dfrac{y}{f(x)}\mathrm{d}x \geqslant 2\pi$. (2002 年天津高等数学竞赛题)

2. 设曲线 C 为 $y = \sin x$，$x \in [0, \pi]$，证明 $\dfrac{3\sqrt{2}}{8}\pi^2 \leqslant \displaystyle\int_C x\mathrm{d}x \leqslant \dfrac{\sqrt{2}}{2}\pi^2$.

3. 证明 $\left|\displaystyle\int_L P\mathrm{d}x + Q\mathrm{d}y + R\mathrm{d}z\right| \leqslant \displaystyle\int_L \sqrt{P^2 + Q^2 + R^2}\,\mathrm{d}s$，并由此估计 $\left|\displaystyle\oint_L z\mathrm{d}x + x\mathrm{d}y + y\mathrm{d}z\right|$，其中 L 为球面 $x^2 + y^2 + z^2 = a^2$ 与平面 $x + y + z = 0$ 交线的正向.

5.4 曲 面 积 分

一、经典习题选编

1 计算 $\displaystyle\oiint_{\Sigma} xy\mathrm{d}y\mathrm{d}z + yz\mathrm{d}z\mathrm{d}x + xz\mathrm{d}x\mathrm{d}y$，其中 Σ 为 $x = 0$，$y = 0$，$z = 0$ 及 $x + y + z = 1$ 所围四面体的外侧表面.

2 计算 $\displaystyle\iint_{\Sigma} yz\mathrm{d}z\mathrm{d}x + 2\mathrm{d}x\mathrm{d}y$，其中 Σ 为 $z = \sqrt{4 - x^2 - y^2}$，取上侧.

3 计算 $\displaystyle\iint_{\Sigma} x^2\mathrm{d}y\mathrm{d}z - x^2\mathrm{d}z\mathrm{d}x + (x + z)\mathrm{d}x\mathrm{d}y$，其中 Σ 为平面 $2x + 2y + z = 6$ 在第一卦限部分的上侧.

4 计算 $\displaystyle\iint_{\Sigma}(z^2 + x)\mathrm{d}y\mathrm{d}z - z\mathrm{d}x\mathrm{d}y$，其中 Σ 是旋转抛物面 $z = \dfrac{1}{2}(x^2 + y^2)$ 介于平面 $z = 0$ 及 $z = 2$ 之间部分的下侧.

5 计算 $\displaystyle\iint_{\Sigma} y^2\mathrm{d}S$，其中 Σ 为球面 $x^2 + y^2 + z^2 = 1$.

6 设曲面 Σ 为曲线 $\begin{cases} y = \sqrt{1 + z^2}, \\ x = 0 \end{cases}$ $(1 \leqslant z \leqslant 2)$ 绕 z 轴旋转一周而成的曲面，其法向量与 z 轴正向的夹角为锐角，计算曲面积分 $I = \displaystyle\iint_{\Sigma} xz^2\mathrm{d}y\mathrm{d}z + (\sin x + x^2 + y^2)\mathrm{d}x\mathrm{d}y$.

7 计算 $\displaystyle\oiint_{\Sigma} x^3\mathrm{d}y\mathrm{d}z + y^3\mathrm{d}z\mathrm{d}x + z^3\mathrm{d}x\mathrm{d}y$，其中 Σ 是球面 $x^2 + y^2 + z^2 = R^2$ 的外侧.

8 计算 $\displaystyle\oiint_{\Sigma} \dfrac{x\mathrm{d}y\mathrm{d}z + y\mathrm{d}z\mathrm{d}x + z\mathrm{d}x\mathrm{d}y}{(x^2 + y^2 + z^2)^{\frac{3}{2}}}$，其中 Σ 为球面 $x^2 + y^2 + z^2 = 1$ 的内侧.

9 计算 $\displaystyle\iint_{\Sigma} \dfrac{ax\mathrm{d}y\mathrm{d}z + (z + a)^2\mathrm{d}x\mathrm{d}y}{(x^2 + y^2 + z^2)^{\frac{1}{2}}}$，其中 Σ 为下半球面 $z = -\sqrt{a^2 - x^2 - y^2}$ 的上

侧，a 为大于 0 的常数. (1998 年硕士研究生入学考试数学(一)试题, 2010 年首届全国大学生数学竞赛决赛(非数学类)试题)

10 计算 $I = \int_{\Gamma} (y - z)\mathrm{d}x + (z - x)\mathrm{d}y + (x - y)\mathrm{d}z$，其中 Γ 是柱面 $x^2 + y^2 = R^2$ 和平面 $x + z = R$ 相交的椭圆，且从 x 轴正向看去，Γ 的方向是逆时针的.

二、一 题 多 解

典型例题

1 计算 $\oiint_{\Sigma} xy\mathrm{d}y\mathrm{d}z + yz\mathrm{d}z\mathrm{d}x + xz\mathrm{d}x\mathrm{d}y$，其中 Σ 为 $x = 0$，$y = 0$，$z = 0$ 及 $x + y + z = 1$ 所围四面体的外侧表面.

【解法1】 将曲面 Σ 在平面 $x = 0$，$y = 0$，$z = 0$ 及 $x + y + z = 1$ 上的部分依次记为 Σ_1，Σ_2，Σ_3，Σ_4，则 $\Sigma = \Sigma_1 + \Sigma_2 + \Sigma_3 + \Sigma_4$，所求曲面积分化为

$$\oiint_{\Sigma} xy\mathrm{d}y\mathrm{d}z + \oiint_{\Sigma} yz\mathrm{d}z\mathrm{d}x + \oiint_{\Sigma} xz\mathrm{d}x\mathrm{d}y ,$$

再逐个计算即可.

$$\oiint_{\Sigma} xy\mathrm{d}y\mathrm{d}z = \iint_{\Sigma_1} xy\mathrm{d}y\mathrm{d}z + \iint_{\Sigma_2} xy\mathrm{d}y\mathrm{d}z + \iint_{\Sigma_3} xy\mathrm{d}y\mathrm{d}z + \iint_{\Sigma_4} xy\mathrm{d}y\mathrm{d}z$$

$$= \iint_{\Sigma_4} xy\mathrm{d}y\mathrm{d}z = \int_0^1 \mathrm{d}y \int_0^{1-y} y(1 - y - z)\mathrm{d}z = \frac{1}{24},$$

同理

$$\oiint_{\Sigma} yz\mathrm{d}z\mathrm{d}x = \iint_{\Sigma_4} yz\mathrm{d}z\mathrm{d}x = \int_0^1 \mathrm{d}x \int_0^{1-x} z(1 - x - z)\mathrm{d}z = \frac{1}{24},$$

$$\oiint_{\Sigma} xz\mathrm{d}x\mathrm{d}y = \iint_{\Sigma_4} xz\mathrm{d}x\mathrm{d}y = \int_0^1 \mathrm{d}x \int_0^{1-x} x(1 - x - y)\mathrm{d}y = \frac{1}{24},$$

故 $\oiint_{\Sigma} xy\mathrm{d}y\mathrm{d}z + yz\mathrm{d}z\mathrm{d}x + xz\mathrm{d}x\mathrm{d}y = \frac{1}{24} + \frac{1}{24} + \frac{1}{24} = \frac{1}{8}$.

【解法2】 用 Gauss 公式

$$\oiint_{\Sigma} xy\mathrm{d}y\mathrm{d}z + yz\mathrm{d}z\mathrm{d}x + xz\mathrm{d}x\mathrm{d}y = \iiint_{\Omega} (x + y + z)\mathrm{d}v = \iint_{D_{xy}} \mathrm{d}x\mathrm{d}y \int_0^{1-x-y} (x + y + z)\mathrm{d}z$$

$$= \int_0^1 \mathrm{d}x \int_0^{1-x} \mathrm{d}y \int_0^{1-x-y} (x + y + z)\mathrm{d}z = \frac{1}{8}.$$

记 Ω 为曲面 Σ 所围空间闭区域，D_{xy} 为 Ω 在 xOy 坐标面上的投影区域.

【**解法 3**】　化为对面积的曲面积分

将曲面 Σ 在平面 $x=0$，$y=0$，$z=0$ 及 $x+y+z=1$ 上的部分依次记为 Σ_1，Σ_2，Σ_3，Σ_4，则有

$$\iint\limits_{\Sigma_1} xy\mathrm{d}y\mathrm{d}z + yz\mathrm{d}z\mathrm{d}x + xz\mathrm{d}x\mathrm{d}y = \iint\limits_{\Sigma_2} xy\mathrm{d}y\mathrm{d}z + yz\mathrm{d}z\mathrm{d}x + xz\mathrm{d}x\mathrm{d}y$$

$$= \iint\limits_{\Sigma_3} xy\mathrm{d}y\mathrm{d}z + yz\mathrm{d}z\mathrm{d}x + xz\mathrm{d}x\mathrm{d}y = 0.$$

又因为 $\bar{n}=(1,1,1)$，$\dfrac{\bar{n}}{|\bar{n}|}=\left(\dfrac{1}{\sqrt{3}},\dfrac{1}{\sqrt{3}},\dfrac{1}{\sqrt{3}}\right)$，所以 $\cos\alpha=\cos\beta=\cos\gamma=\dfrac{1}{\sqrt{3}}$.

于是

$$\iint\limits_{\Sigma_4} xy\mathrm{d}y\mathrm{d}z + yz\mathrm{d}z\mathrm{d}x + xz\mathrm{d}x\mathrm{d}y = \iint\limits_{\Sigma_4}\dfrac{1}{\sqrt{3}}(xy+yz+xz)\mathrm{d}S$$

$$= \iint\limits_{D_{xy}}\left[xy+(x+y)(1-x-y)\right]\mathrm{d}x\mathrm{d}y = \dfrac{1}{8},$$

其中 D_{xy} 为 Σ_4 在 xOy 平面上的投影区域，$D_{xy}=\left\{(x,y)\,\middle|\,x\geqslant 0,\ y\geqslant 0,\text{且}\ x+y\leqslant 1\right\}$.

✳ 特别提示　上述给出了计算曲面积分 $\iint\limits_{\Sigma} P\mathrm{d}y\mathrm{d}z + Q\mathrm{d}z\mathrm{d}x + R\mathrm{d}x\mathrm{d}y$ 的三种方法：

(1) 化为 $\iint\limits_{\Sigma} P\mathrm{d}y\mathrm{d}z + \iint\limits_{\Sigma} Q\mathrm{d}z\mathrm{d}x + \iint\limits_{\Sigma} R\mathrm{d}x\mathrm{d}y$ 逐个直接计算，将它们分别投影到 yOz 平面，zOx 平面，xOy 平面，按照"一投、二代、三定号"的原则化为二重积分计算；

(2) 当 Σ 为封闭曲面，取外侧，且满足 P,Q,R 在 Σ 所围闭区域 Ω 内有连续偏导数时，利用 Gauss 公式，将

$$\oiint\limits_{\Sigma} P\mathrm{d}y\mathrm{d}z + Q\mathrm{d}z\mathrm{d}x + R\mathrm{d}x\mathrm{d}y = \iiint\limits_{\Omega}\left(\dfrac{\partial P}{\partial x}+\dfrac{\partial Q}{\partial y}+\dfrac{\partial R}{\partial z}\right)\mathrm{d}x\mathrm{d}y\mathrm{d}z$$

化为三重积分计算；

(3) 可转化为对面积的曲面积分

$$\iint\limits_{\Sigma} P\mathrm{d}y\mathrm{d}z + Q\mathrm{d}z\mathrm{d}x + R\mathrm{d}x\mathrm{d}y = \iint\limits_{\Sigma}(P\cos\alpha+Q\cos\beta+R\cos\gamma)\mathrm{d}S,$$

其中 $(\cos\alpha,\cos\beta,\cos\gamma)$ 为曲面 Σ 指定侧法向量 $\bar{n}$ 的方向余弦.

◇ **类题训练**

1. 计算 $\iint\limits_{\Sigma} xz\mathrm{d}y\mathrm{d}z + xy\mathrm{d}z\mathrm{d}x + yz\mathrm{d}x\mathrm{d}y$，其中 Σ 为上半球体 $0 \leqslant z \leqslant \sqrt{1-x^2-y^2}$，$x^2 + y^2 \leqslant 1$ 的表面外侧.

2. 计算 $\iint\limits_{\Sigma} xz^2\mathrm{d}y\mathrm{d}z + yz^2\mathrm{d}z\mathrm{d}x + z^3\mathrm{d}x\mathrm{d}y$，其中 Σ 是两个球 $x^2 + y^2 + z^2 \leqslant R^2$，$x^2 + y^2 + z^2 \leqslant 2Rx$ 的公共部分表面的外侧.

3. 计算 $\iint\limits_{\Sigma} 5x^3\mathrm{d}y\mathrm{d}z + 3z^2\mathrm{d}x\mathrm{d}y$，其中 Σ 为球面 $x^2 + y^2 + (z-1)^2 = 1$ 的外侧. (第十二届大连市数学竞赛试题)

4. 计算 $\iint\limits_{\Sigma} yz\mathrm{d}y\mathrm{d}z + zx\mathrm{d}z\mathrm{d}x + xy\mathrm{d}x\mathrm{d}y$，其中 Σ 为四面体 $x + y + z \leqslant a$ $(a > 0)$，$x \geqslant 0$，$y \geqslant 0$，$z \geqslant 0$ 的表面外侧.

◇ **典型例题**

2 计算 $\iint\limits_{\Sigma} yz\mathrm{d}z\mathrm{d}x + 2\mathrm{d}x\mathrm{d}y$，其中 Σ 为 $z = \sqrt{4-x^2-y^2}$，取上侧.

【**解法 1**】 化为 $\iint\limits_{\Sigma} yz\mathrm{d}z\mathrm{d}x + 2\iint\limits_{\Sigma} \mathrm{d}x\mathrm{d}y$，逐个直接计算

对于 $\iint\limits_{\Sigma} yz\mathrm{d}z\mathrm{d}x$，记 $\Sigma = \Sigma_1 + \Sigma_2$，其中 $\Sigma_1 : y = \sqrt{4-x^2-z^2}$ $(z \geqslant 0)$，取右侧；

$\Sigma_2 : y = -\sqrt{4-x^2-z^2}$ $(z \geqslant 0)$，取左侧. 则

$$\iint\limits_{\Sigma} yz\mathrm{d}z\mathrm{d}x = \iint\limits_{\Sigma_1} yz\mathrm{d}z\mathrm{d}x + \iint\limits_{\Sigma_2} yz\mathrm{d}z\mathrm{d}x = \iint\limits_{D_{zx}} z\sqrt{4-x^2-z^2}\,\mathrm{d}z\mathrm{d}x - \iint\limits_{D_{zx}} z\left(-\sqrt{4-x^2-z^2}\right)\mathrm{d}z\mathrm{d}x$$

$$= 2\iint\limits_{D_{zx}} z\sqrt{4-x^2-z^2}\,\mathrm{d}z\mathrm{d}x = 2\int_0^\pi \mathrm{d}\theta \int_0^2 \rho^2 \sin\theta \sqrt{4-\rho^2}\,\mathrm{d}\rho = 4\pi,$$

其中 D_{zx} 为 $z = \sqrt{4-x^2}$，即 $x^2 + z^2 = 4$ $(z \geqslant 0)$ 与 x 轴所围区域.

又 $\iint\limits_{\Sigma} 2\mathrm{d}x\mathrm{d}y = 2\iint\limits_{D_{xy}} \mathrm{d}x\mathrm{d}y = 2 \cdot \pi \cdot 2^2 = 8\pi$. 故

$$\iint\limits_{\Sigma} yz\mathrm{d}z\mathrm{d}x + 2\mathrm{d}x\mathrm{d}y = \iint\limits_{\Sigma} yz\mathrm{d}z\mathrm{d}x + \iint\limits_{\Sigma} 2\mathrm{d}x\mathrm{d}y = 4\pi + 8\pi = 12\pi.$$

【**解法 2**】 将 $\mathrm{d}z\mathrm{d}x$ 化为 $\mathrm{d}x\mathrm{d}y$

由已知 Σ 取上侧, 得 $\vec{n} = \left(-\dfrac{\partial z}{\partial x}, -\dfrac{\partial z}{\partial y}, 1 \right) = \left(\dfrac{x}{\sqrt{4 - x^2 - y^2}}, \dfrac{y}{\sqrt{4 - x^2 - y^2}}, 1 \right)$, 于是

$$\mathrm{d}z\mathrm{d}x = \cos\beta \cdot \mathrm{d}S = \frac{\cos\beta}{\cos\gamma} \cdot \cos\gamma \cdot \mathrm{d}S = \frac{\cos\beta}{\cos\gamma} \mathrm{d}x\mathrm{d}y = \frac{y}{\sqrt{4 - x^2 - y^2}} \mathrm{d}x\mathrm{d}y,$$

从而

$$\iint\limits_{\Sigma} yz\,\mathrm{d}z\mathrm{d}x + 2\,\mathrm{d}x\mathrm{d}y = \iint\limits_{\Sigma} \left(y \cdot \sqrt{4 - x^2 - y^2} \cdot \frac{\cos\beta}{\cos\gamma} + 2 \right) \mathrm{d}x\mathrm{d}y$$

$$= \iint\limits_{\Sigma} \left[y \cdot \sqrt{4 - x^2 - y^2} \cdot \left(\frac{y}{\sqrt{4 - x^2 - y^2}} \right) + 2 \right] \mathrm{d}x\mathrm{d}y$$

$$= \iint\limits_{\Sigma} \left(y^2 + 2 \right) \mathrm{d}x\mathrm{d}y = \iint\limits_{D_{xy}} \left(y^2 + 2 \right) \mathrm{d}x\mathrm{d}y = \int_0^{2\pi} \mathrm{d}\theta \int_0^2 \left(2 + \rho^2 \sin^2\theta \right) \rho\,\mathrm{d}\rho$$

$$= 12\pi.$$

【**解法 3**】 作辅助面 $\Sigma_1 : z = 0$ $\left(x^2 + y^2 \leqslant 4 \right)$, 取下侧, 使 $\Sigma + \Sigma_1$ 为闭曲面, 取外侧, 记 $\Sigma + \Sigma_1$ 所围区域为 Ω, 则由 Gauss 公式, 有

$$\oiint\limits_{\Sigma + \Sigma_1} yz\,\mathrm{d}z\mathrm{d}x + 2\,\mathrm{d}x\mathrm{d}y = \iiint\limits_{\Omega} z\,\mathrm{d}x\mathrm{d}y\mathrm{d}z = \int_0^{2\pi} \mathrm{d}\theta \int_0^{\frac{\pi}{2}} \mathrm{d}\varphi \int_0^2 r\cos\varphi \cdot r^2 \sin\varphi\,\mathrm{d}r = 4\pi.$$

而

$$\iint\limits_{\Sigma_1} yz\,\mathrm{d}z\mathrm{d}x + 2\,\mathrm{d}x\mathrm{d}y = 2\iint\limits_{\Sigma_1} \mathrm{d}x\mathrm{d}y = -2\iint\limits_{D_{xy}} \mathrm{d}x\mathrm{d}y = -2 \times \pi \times 2^2 = -8\pi.$$

故 $\displaystyle\iint\limits_{\Sigma} yz\,\mathrm{d}z\mathrm{d}x + 2\,\mathrm{d}x\mathrm{d}y = 4\pi - (-8\pi) = 12\pi.$

⚡ **特别提示** 解法 1 利用直接计算法, 分别计算 $\displaystyle\iint\limits_{\Sigma} yz\,\mathrm{d}z\mathrm{d}x$ 和 $\displaystyle\iint\limits_{\Sigma} 2\,\mathrm{d}x\mathrm{d}y$. 对于 $\displaystyle\iint\limits_{\Sigma} yz\,\mathrm{d}z\mathrm{d}x$, 将 Σ 投影到 zOx 平面, 得投影区域 $D_{zx} : x^2 + z^2 \leqslant 4$ $(z \geqslant 0)$, 但 $y = \pm\sqrt{4 - x^2 - z^2}$, 需转化为两个单值函数 $y = \sqrt{4 - x^2 - z^2}$ 和 $y = -\sqrt{4 - x^2 - z^2}$, 故需将曲面 Σ 分为 Σ_1 与 Σ_2, 分别计算. 解法 2 和解法 3 分别给出了计算曲面积分 $\displaystyle\iint\limits_{\Sigma} P\mathrm{d}y\mathrm{d}z + Q\mathrm{d}z\mathrm{d}x + R\mathrm{d}x\mathrm{d}y$ 的另外两种方法:

(1) 利用 $\mathrm{d}y\mathrm{d}z = \cos\alpha \cdot \mathrm{d}S$, $\mathrm{d}z\mathrm{d}x = \cos\beta \cdot \mathrm{d}S$, $\mathrm{d}x\mathrm{d}y = \cos\gamma \cdot \mathrm{d}S$, 统一化为 $\mathrm{d}y\mathrm{d}z$, 或 $\mathrm{d}z\mathrm{d}x$, 或 $\mathrm{d}x\mathrm{d}y$, 如全化为 $\mathrm{d}x\mathrm{d}y$ 形式, 有

$$\iint\limits_{\Sigma} Pdydz + Qdzdx + Rdxdy = \iint\limits_{\Sigma}\left(P\frac{\cos\alpha}{\cos\gamma} + Q\frac{\cos\beta}{\cos\gamma} + R \right)dxdy,$$

再行计算.

(2) 当 Σ 不是封闭曲面时, 可通过添加辅助曲面, 使构成封闭曲面, 利用 Gauss 公式计算, 然后再减去所添加曲面上的曲面积分的值即可求得.

♻ 类题训练

1. 计算 $\iint\limits_{\Sigma} y^2 z^2 dydz + z\sqrt{x^2 + y^2}dxdy$, 其中 Σ 为 $z = -\sqrt{R^2 - x^2 - y^2}$ 的上侧.

2. 计算 $\iint\limits_{\Sigma}\left(x^2 + y^2\right)z dxdy$, 其中 Σ 是下半球面 $x^2 + y^2 + z^2 = 1$ $(z \le 0)$ 的下侧.

3. 计算 $\iint\limits_{\Sigma} 2x^3 dydz + 2y^3 dzdx + 3(z^2 - 1)dxdy$, 其中 Σ 是曲面 $z = 1 - x^2 - y^2$ $(z \ge 0)$ 的上侧. (2004 年硕士研究生入学考试数学(一)试题)

4. 计算 $\iint\limits_{\Sigma} e^{x^2 + 4y^2}dydz + \sin(x + y)dxdz$, 其中 Σ 是平面 $x + 2z - 4 = 0$ 被柱面 $\dfrac{x^2}{16} + \dfrac{y^2}{4} = 1$ 所截得部分的上侧.

📖 典型例题

3　计算 $\iint\limits_{\Sigma} x^2 dydz - x^2 dzdx + (x + z)dxdy$, 其中 Σ 为平面 $2x + 2y + z = 6$ 在第一卦限部分的上侧.

【解法 1】　化为面积的曲面积分

依 Σ 指定侧的法向量 $\vec{n} = (2,2,1)$, 单位化为 $\vec{n}^{\,\circ} = \left(\dfrac{2}{3}, \dfrac{2}{3}, \dfrac{1}{3}\right) = (\cos\alpha, \cos\beta, \cos\gamma)$, 所以

$$\iint\limits_{\Sigma} x^2 dydz - x^2 dzdx + (x + z)dxdy = \iint\limits_{\Sigma}\left[x^2\cos\alpha - x^2\cos\beta + (x + z)\cos\gamma \right]dS$$

$$= \frac{1}{3}\iint\limits_{\Sigma}(x + z)dS$$

$$= \frac{1}{3}\iint\limits_{D_{xy}}\left[x + (6 - 2x - 2y) \right]\cdot\sqrt{1 + (-2)^2 + (-2)^2}\,dxdy$$

$$= \int_0^3 dx\int_0^{3-x}(6 - x - 2y)dy = \frac{27}{2},$$

其中 $D_{xy} = \left\{ (x,y) \middle| x \geqslant 0,\ y \geqslant 0,\ x+y \leqslant 3 \right\}$.

【解法 2】 将 $\mathrm{d}y\mathrm{d}z$，$\mathrm{d}z\mathrm{d}x$ 化为 $\mathrm{d}x\mathrm{d}y$

Σ 指定侧的单位法向量 $\vec{n}^\circ$ 如解法 1 中确定，$\vec{n}^\circ = \left(\dfrac{2}{3}, \dfrac{2}{3}, \dfrac{1}{3} \right) = (\cos\alpha, \cos\beta, \cos\gamma)$，故

$$\iint\limits_{\Sigma} x^2 \mathrm{d}y\mathrm{d}z - x^2 \mathrm{d}z\mathrm{d}x + (x+z)\mathrm{d}x\mathrm{d}y = \iint\limits_{\Sigma} \left[x^2 \cdot \frac{\cos\alpha}{\cos\gamma} - x^2 \cdot \frac{\cos\beta}{\cos\gamma} + (x+z) \right] \mathrm{d}x\mathrm{d}y$$

$$= \iint\limits_{\Sigma} (x+z)\mathrm{d}x\mathrm{d}y = \iint\limits_{D_{xy}} \left[x + (6-2x-2y) \right] \mathrm{d}x\mathrm{d}y$$

$$= \int_0^3 \mathrm{d}x \int_0^{3-x} (6-x-2y)\mathrm{d}y = \frac{27}{2},$$

其中 $D_{xy} = \left\{ (x,y) \middle| x \geqslant 0,\ y \geqslant 0,\ x+y \leqslant 3 \right\}$.

【解法 3】 化为 $\iint\limits_{\Sigma} x^2 \mathrm{d}y\mathrm{d}z - \iint\limits_{\Sigma} x^2 \mathrm{d}z\mathrm{d}x + \iint\limits_{\Sigma} (x+z)\mathrm{d}x\mathrm{d}y$，再分别计算.

将 Σ 分别投影到 yOz 平面，zOx 平面及 xOy 平面，得投影区域：

$$D_{yz} = \left\{ (y,z) \middle| y \geqslant 0,\ z \geqslant 0,\ 2y+z \leqslant 6 \right\},$$

$$D_{zx} = \left\{ (z,x) \middle| z \geqslant 0,\ x \geqslant 0,\ 2x+z \leqslant 6 \right\},$$

$$D_{xy} = \left\{ (x,y) \middle| x \geqslant 0,\ y \geqslant 0,\ x+y \leqslant 3 \right\}.$$

于是

$$\iint\limits_{\Sigma} x^2 \mathrm{d}y\mathrm{d}z = \iint\limits_{D_{yz}} \left(\frac{6-2y-z}{2} \right)^2 \mathrm{d}y\mathrm{d}z = \int_0^3 \mathrm{d}y \int_0^{6-2y} \left(\frac{6-2y-z}{2} \right)^2 \mathrm{d}z = \frac{27}{2},$$

$$\iint\limits_{\Sigma} x^2 \mathrm{d}z\mathrm{d}x = \iint\limits_{D_{zx}} x^2 \mathrm{d}z\mathrm{d}x = \int_0^3 \mathrm{d}x \int_0^{6-2x} x^2 \mathrm{d}z = \frac{27}{2},$$

$$\iint\limits_{\Sigma} (x+z)\mathrm{d}x\mathrm{d}y = \iint\limits_{D_{xy}} \left[x + (6-2x-2y) \right] \mathrm{d}x\mathrm{d}y = \int_0^3 \mathrm{d}x \int_0^{3-x} (6-x-2y)\mathrm{d}y = \frac{27}{2},$$

故 $\iint\limits_{\Sigma} x^2 \mathrm{d}y\mathrm{d}z - x^2 \mathrm{d}z\mathrm{d}x + (x+z)\mathrm{d}x\mathrm{d}y = \iint\limits_{\Sigma} x^2 \mathrm{d}y\mathrm{d}z - \iint\limits_{\Sigma} x^2 \mathrm{d}z\mathrm{d}x + \iint\limits_{\Sigma} (x+z)\mathrm{d}x\mathrm{d}y = \frac{27}{2}$.

特别提示 由上可见，有时将对坐标的曲面积分化为对面积的曲面积分，计算会更为简洁，如解法 1. 其基本解题思路是设曲面 Σ 指定侧的法向量为 $\vec{n}$，单位化后得单位法向量 $\vec{n}^\circ = \dfrac{\vec{n}}{|\vec{n}|} = (\cos\alpha, \cos\beta, \cos\gamma)$，则有

$$\iint_{\Sigma} P \mathrm{d}y\mathrm{d}z + Q\mathrm{d}z\mathrm{d}x + R\mathrm{d}x\mathrm{d}y = \iint_{\Sigma}\left(P\cos\alpha + Q\cos\beta + R\cos\gamma\right)\mathrm{d}S.$$

♻ **类题训练**

1. 计算 $\displaystyle\iint_{\Sigma}\left[f(x,y,z)+x\right]\mathrm{d}y\mathrm{d}z + \left[2f(x,y,z)+y\right]\mathrm{d}z\mathrm{d}x + \left[f(x,y,z)+z\right]\mathrm{d}x\mathrm{d}y$,
其中 $f(x,y,z)$ 为连续函数, Σ 为平面 $x-y+z=1$ 在第四卦限部分的上侧.

2. 设有界区域 Ω 由平面 $2x+y+2z=2$ 与三个坐标平面围成, Σ 为 Ω 整个表面的外侧, 计算曲面积分 $I = \displaystyle\iint_{\Sigma}\left(x^2+1\right)\mathrm{d}y\mathrm{d}z - 2y\mathrm{d}z\mathrm{d}x + 3z\mathrm{d}x\mathrm{d}y$. (2016 年硕士研究生入学考试数学(一)试题)

3. 将对坐标的曲面积分 $\displaystyle\iint_{\Sigma} P(x,y,z)\mathrm{d}y\mathrm{d}z + Q(x,y,z)\mathrm{d}z\mathrm{d}x + R(x,y,z)\mathrm{d}x\mathrm{d}y$ 化成对面积的曲面积分, 其中(i) Σ 是平面 $3x+2y+2\sqrt{3}z=6$ 在第一卦限部分的上侧; (ii) Σ 是抛物面 $z=8-\left(x^2+y^2\right)$ 在 xOy 面上方部分的上侧.

📖 **典型例题**

4 计算 $\displaystyle\iint_{\Sigma}\left(z^2+x\right)\mathrm{d}y\mathrm{d}z - z\mathrm{d}x\mathrm{d}y$, 其中 Σ 是旋转抛物面 $z=\dfrac{1}{2}\left(x^2+y^2\right)$ 介于平面 $z=0$ 及 $z=2$ 之间部分的下侧.

【**解法 1**】 将 $\mathrm{d}y\mathrm{d}z$ 转化为 $\mathrm{d}x\mathrm{d}y$ 形式

由题意, Σ 取下侧, 于是

$$\vec{n} = \left(\frac{\partial z}{\partial x},\frac{\partial z}{\partial y},-1\right) = (x,y,-1), \qquad \mathrm{d}y\mathrm{d}z = \cos\alpha\,\mathrm{d}S = \frac{\cos\alpha}{\cos\gamma}\mathrm{d}x\mathrm{d}y = -x\mathrm{d}x\mathrm{d}y,$$

从而

$$\iint_{\Sigma}\left(z^2+x\right)\mathrm{d}y\mathrm{d}z - z\mathrm{d}x\mathrm{d}y = \iint_{\Sigma}\left[\left(z^2+x\right)\cdot(-x)-z\right]\mathrm{d}x\mathrm{d}y$$

$$= -\iint_{D_{xy}}\left\{\left[\frac{1}{4}\left(x^2+y^2\right)^2+x\right]\cdot(-x)-\frac{1}{2}\left(x^2+y^2\right)\right\}\mathrm{d}x\mathrm{d}y,$$

其中 $D_{xy}:\dfrac{1}{2}\left(x^2+y^2\right)\leqslant 2$.

又由对称性知 $\displaystyle\iint_{D_{xy}}\left(x^2+y^2\right)^2 x\mathrm{d}x\mathrm{d}y = 0$, 故

$$\iint\limits_{\Sigma}\left(z^2+x\right)\mathrm{d}y\mathrm{d}z-z\mathrm{d}x\mathrm{d}y=\iint\limits_{D_{xy}}\left[x^2+\frac{1}{2}\left(x^2+y^2\right)\right]\mathrm{d}x\mathrm{d}y$$

$$=\int_0^{2\pi}\mathrm{d}\theta\int_0^2\left(\rho^2\cos^2\theta+\frac{1}{2}\rho^2\right)\rho\mathrm{d}\rho$$

$$=8\pi.$$

【解法 2】　添加辅助面 $\Sigma_1:z=2$ $\left(x^2+y^2\leqslant 4\right)$，取上侧，使 Σ 和 Σ_1 围成封闭的曲面 Ω．于是由 Gauss 公式，有

$$\oiint\limits_{\Sigma+\Sigma_1}\left(z^2+x\right)\mathrm{d}y\mathrm{d}z-z\mathrm{d}x\mathrm{d}y=\iiint\limits_{\Omega}(1-1)\mathrm{d}x\mathrm{d}y\mathrm{d}z=0.$$

故

$$\iint\limits_{\Sigma}\left(z^2+x\right)\mathrm{d}y\mathrm{d}z-z\mathrm{d}x\mathrm{d}y=\oiint\limits_{\Sigma+\Sigma_1}\left(z^2+x\right)\mathrm{d}y\mathrm{d}z-z\mathrm{d}x\mathrm{d}y-\iint\limits_{\Sigma_1}\left(z^2+x\right)\mathrm{d}y\mathrm{d}z-z\mathrm{d}x\mathrm{d}y$$

$$=\iint\limits_{\Sigma_1}2\mathrm{d}x\mathrm{d}y=2\iint\limits_{D_{xy}}\mathrm{d}x\mathrm{d}y=2\times\pi\times 2^2=8\pi.$$

其中 $D_{xy}:x^2+y^2\leqslant 4$．

【解法 3】　$\iint\limits_{\Sigma}\left(z^2+x\right)\mathrm{d}y\mathrm{d}z-z\mathrm{d}x\mathrm{d}y=\iint\limits_{\Sigma}\left(z^2+x\right)\mathrm{d}y\mathrm{d}z-\iint\limits_{\Sigma}z\mathrm{d}x\mathrm{d}y$，直接计算．

对于 $\iint\limits_{\Sigma}\left(z^2+x\right)\mathrm{d}y\mathrm{d}z$：将 Σ 投影到 yOz 平面，得投影区域：

$$D_{yz}=\left\{(y,z)\middle| 0\leqslant z\leqslant 2,-\sqrt{2z}\leqslant y\leqslant\sqrt{2z}\right\}.$$

所以 $\iint\limits_{\Sigma}z^2\mathrm{d}y\mathrm{d}z=\iint\limits_{\Sigma_{\text{前}}}z^2\mathrm{d}y\mathrm{d}z+\iint\limits_{\Sigma_{\text{后}}}z^2\mathrm{d}y\mathrm{d}z=\iint\limits_{D_{yz}}z^2\mathrm{d}y\mathrm{d}z-\iint\limits_{D_{yz}}z^2\mathrm{d}y\mathrm{d}z=0$．

又

$$\iint\limits_{\Sigma}x\mathrm{d}y\mathrm{d}z=\iint\limits_{\Sigma_{\text{前}}}x\mathrm{d}y\mathrm{d}z+\iint\limits_{\Sigma_{\text{后}}}x\mathrm{d}y\mathrm{d}z$$

$$=\iint\limits_{D_{yz}}\sqrt{2z-y^2}\mathrm{d}y\mathrm{d}z-\iint\limits_{D_{yz}}\left(-\sqrt{2z-y^2}\right)\mathrm{d}y\mathrm{d}z$$

$$=2\iint\limits_{D_{yz}}\sqrt{2z-y^2}\mathrm{d}y\mathrm{d}z=2\int_0^2\mathrm{d}z\int_{-\sqrt{2z}}^{\sqrt{2z}}\sqrt{2z-y^2}\mathrm{d}y.$$

记 $a=\sqrt{2z}$，则 $\int_{-\sqrt{2z}}^{\sqrt{2z}}\sqrt{2z-y^2}\mathrm{d}y=\int_{-a}^a\sqrt{a^2-y^2}\mathrm{d}y=2\int_0^a\sqrt{a^2-y^2}\mathrm{d}y=\frac{\pi}{2}a^2,$

于是 $\iint\limits_{\Sigma} x \mathrm{d}y\mathrm{d}z = 2\int_0^2 \pi z \mathrm{d}z = 4\pi$，从而 $\iint\limits_{\Sigma}\left(z^2+x\right)\mathrm{d}y\mathrm{d}z = \iint\limits_{\Sigma} z^2\mathrm{d}y\mathrm{d}z + \iint\limits_{\Sigma} x\mathrm{d}y\mathrm{d}z = 4\pi$．

对于 $\iint\limits_{\Sigma} z\mathrm{d}x\mathrm{d}y$：将 Σ 投影到 xOy 平面，得投影区域 $D_{xy}: x^2+y^2 \leqslant 4$．所以

$$\iint\limits_{\Sigma} z\mathrm{d}x\mathrm{d}y = -\iint\limits_{D_{xy}} \frac{1}{2}\left(x^2+y^2\right)\mathrm{d}x\mathrm{d}y = -\frac{1}{2}\int_0^{2\pi}\mathrm{d}\theta\int_0^2 \rho^3\mathrm{d}\rho = -4\pi.$$

故 $\iint\limits_{\Sigma}\left(z^2+x\right)\mathrm{d}y\mathrm{d}z - z\mathrm{d}x\mathrm{d}y = 4\pi - \left(-4\pi\right) = 8\pi$．

✳ **特别提示**　　由上可见，该题利用直接计算法比较繁杂，利用添加辅助面的方法比较简单．但需注意 Gauss 公式的条件及所添加曲面的侧向的选取．

♻ **类题训练**

1. 计算 $\iint\limits_{\Sigma}\left(x^2+y^2\right)\mathrm{d}z\mathrm{d}x + z\mathrm{d}x\mathrm{d}y$，其中 Σ 为锥面 $z=\sqrt{x^2+y^2}$ 被平面 $z=1$ 所截下在第一卦限部分的下侧．

2. 计算 $\iint\limits_{\Sigma} y^2 z\mathrm{d}x\mathrm{d}y + xz\mathrm{d}y\mathrm{d}z + x^2\mathrm{d}z\mathrm{d}x$，其中 Σ 是旋转抛物面 $z=x^2+y^2$ $\left(0 \leqslant z \leqslant 1\right)$ 的下侧．

3. 计算 $\iint\limits_{\Sigma} x\mathrm{d}y\mathrm{d}z + y\mathrm{d}z\mathrm{d}x + z\mathrm{d}x\mathrm{d}y$，其中 Σ 是圆柱面 $x^2+y^2=1$ $\left(0 \leqslant z \leqslant 3\right)$ 的外侧．

📖 **典型例题**

5　计算 $\iint\limits_{\Sigma} y^2\mathrm{d}S$，其中 Σ 为球面 $x^2+y^2+z^2=1$．

【解法 1】　利用对称性

记 $f(x,y,z)=y^2$，因为将 x,y,z 轮换后球面的方程 $x^2+y^2+z^2=1$ 保持不变，所以由轮换对称性，有

$$\iint\limits_{\Sigma} f(x,y,z)\mathrm{d}S = \iint\limits_{\Sigma} f(y,z,x)\mathrm{d}S = \iint\limits_{\Sigma} f(z,x,y)\mathrm{d}S,$$

即有 $\iint\limits_{\Sigma} y^2\mathrm{d}S = \iint\limits_{\Sigma} z^2\mathrm{d}S = \iint\limits_{\Sigma} x^2\mathrm{d}S$．从而有

$$\iint_{\Sigma} y^2 \mathrm{d}S = \frac{1}{3}\iint_{\Sigma}(x^2 + y^2 + z^2)\mathrm{d}S = \frac{1}{3}\iint_{\Sigma}\mathrm{d}S = \frac{4}{3}\pi .$$

【解法 2】 分割曲面 Σ，直接计算

因为 $\Sigma = \Sigma_{左} + \Sigma_{右}$，其中 $\Sigma_{左} : y = -\sqrt{1-x^2-z^2}$；$\Sigma_{右} : y = \sqrt{1-x^2-z^2}$. 所以

$$\iint_{\Sigma} y^2 \mathrm{d}S = \iint_{\Sigma_{左}} y^2 \mathrm{d}S + \iint_{\Sigma_{右}} y^2 \mathrm{d}S$$

$$= 2\iint_{D_{xz}}(1-x^2-z^2)\cdot\sqrt{1+\left(\frac{\partial y}{\partial x}\right)^2+\left(\frac{\partial y}{\partial z}\right)^2}\,\mathrm{d}x\mathrm{d}z$$

$$= 2\int_0^{2\pi}\mathrm{d}\theta\int_0^1 \rho\sqrt{1-\rho^2}\,\mathrm{d}\rho = \frac{4\pi}{3}.$$

其中 $D_{xz} : x^2 + z^2 \leqslant 1$.

【解法 3】 将对面积的曲面积分转化为对坐标的曲面积分.

令 $F(x,y,z) = x^2 + y^2 + z^2 - 1$，则曲面 $\Sigma_{上}$ 的外法向量 $\vec{n} = (F_x,\ F_y,\ F_z) = (2x, 2y, 2z)$，$\dfrac{\vec{n}}{|\vec{n}|} = (x, y, z)$，$\forall (x, y, z) \in \Sigma$. 于是 $\cos\beta = y$，从而

$$\iint_{\Sigma} y^2 \mathrm{d}S = \iint_{\Sigma} y\cdot\cos\beta\,\mathrm{d}S = \iint_{\Sigma} y\,\mathrm{d}z\mathrm{d}x .$$

再由 Gauss 公式，得

$$\iint_{\Sigma} y^2 \mathrm{d}S = \iint_{\Sigma} y\,\mathrm{d}z\mathrm{d}x = \iiint_{\Omega}\mathrm{d}x\mathrm{d}y\mathrm{d}z = V_{\Omega} = \frac{4}{3}\pi,$$

其中 $\Omega : x^2 + y^2 + z^2 \leqslant 1$.

特别提示 特别注意，如果曲面方程中将 x, y, z 轮换后方程保持不变，那么就可考虑用轮换对称性. 一般地，设 Σ 为球面 $x^2 + y^2 + z^2 = R^2$，则可类似地求 $\iint_{\Sigma} f(y)\mathrm{d}S$ 或 $\iint_{\Sigma} f(x)\mathrm{d}S$ 或 $\iint_{\Sigma} f(z)\mathrm{d}S$，其中 $f(t)$ 为 t 的 n 次多项式.

类题训练

1. 设曲面 $\Sigma : |x| + |y| + |z| = 1$，求 $\iint_{\Sigma}(x + |y|)\mathrm{d}S$. (2007 年硕士研究生入学考试数学(一)试题)

2. 设一球冠高为 h, 所在球半径为 R, 证明该球冠的面积为 $2\pi Rh$.

3. 设 Σ 为椭球面 $\dfrac{x^2}{2}+\dfrac{y^2}{2}+z^2=1$ 的上半部分, 点 $P(x,y,z)\in\Sigma$, π 为 Σ 在点 P 处的切平面, $\rho(x,y,z)$ 为点 $O(0,0,0)$ 到平面 π 的距离, 求 $\displaystyle\iint_{\Sigma}\dfrac{z}{\rho(x,y,z)}\mathrm{d}S$.

4. 设函数 $f(x)$ 连续, a,b,c 为常数, Σ 是单位球面 $x^2+y^2+z^2=1$. 记第一型曲面积分 $I=\displaystyle\iint_{\Sigma}f(ax+by+cz)\mathrm{d}S$, 证明 $I=2\pi\displaystyle\int_{-1}^{1}f\left(\sqrt{a^2+b^2+c^2}\,u\right)\mathrm{d}u$. (2011 年第三届全国大学生数学竞赛预赛(非数学类)试题)

📖 **典型例题**

6 设曲面 Σ 为曲线 $\begin{cases} y=\sqrt{1+z^2}, \\ x=0 \end{cases}$ $(1\leqslant z\leqslant 2)$ 绕 z 轴旋转一周而成的曲面, 其法向量与 z 轴正向的夹角为锐角, 计算曲面积分 $I=\displaystyle\iint_{\Sigma}xz^2\mathrm{d}y\mathrm{d}z+\left(\sin x+x^2+y^2\right)\mathrm{d}x\mathrm{d}y$.

【**解法 1**】 直接计算

$$I=\iint_{\Sigma}xz^2\mathrm{d}y\mathrm{d}z+\left(\sin x+x^2+y^2\right)\mathrm{d}x\mathrm{d}y=\iint_{\Sigma}xz^2\mathrm{d}y\mathrm{d}z+\iint_{\Sigma}\left(\sin x+x^2+y^2\right)\mathrm{d}x\mathrm{d}y.$$

下面逐个计算:

由题设知旋转曲面 Σ 的方程为 $x^2+y^2-z^2=1$ $(1\leqslant z\leqslant 2)$, 所以 Σ 在 yOz 平面上的投影区域为 $D_{yz}=\left\{(y,z)\,\middle|\,1\leqslant z\leqslant 2,-\sqrt{1+z^2}\leqslant y\leqslant\sqrt{1+z^2}\right\}$. 于是

$$\iint_{\Sigma}xz^2\mathrm{d}y\mathrm{d}z=\iint_{\substack{\Sigma\\前侧}}xz^2\mathrm{d}y\mathrm{d}z+\iint_{\substack{\Sigma\\后侧}}xz^2\mathrm{d}y\mathrm{d}z=-2\iint_{D_{yz}}\sqrt{1+z^2-y^2}\cdot z^2\mathrm{d}y\mathrm{d}z$$

$$=-2\int_{1}^{2}z^2\mathrm{d}z\int_{-\sqrt{1+z^2}}^{\sqrt{1+z^2}}\sqrt{1+z^2-y^2}\mathrm{d}y=-2\int_{1}^{2}z^2\cdot\frac{1}{2}\pi\left(1+z^2\right)\mathrm{d}z=-\frac{128}{15}\pi.$$

其中由定积分的几何意义, 有 $\displaystyle\int_{-a}^{a}\sqrt{a^2-y^2}\mathrm{d}y=\frac{1}{2}\pi a^2$.

又 Σ 在 xOy 平面上的投影区域为 $D_{xy}=\left\{(x,y)\,\middle|\,2\leqslant x^2+y^2\leqslant 5\right\}$, 所以

$$\iint_{\Sigma}\left(\sin x+x^2+y^2\right)\mathrm{d}x\mathrm{d}y=\iint_{D_{xy}}\left(\sin x+x^2+y^2\right)\mathrm{d}x\mathrm{d}y=\iint_{D_{xy}}\left(x^2+y^2\right)\mathrm{d}x\mathrm{d}y$$

$$=\int_{0}^{2\pi}\mathrm{d}\theta\int_{\sqrt{2}}^{\sqrt{5}}\rho^2\cdot\rho\mathrm{d}\rho=\frac{21}{2}\pi,$$

故 $I = -\dfrac{128}{15}\pi + \dfrac{21}{2}\pi = \dfrac{59}{30}\pi$.

【解法2】 转化为 dxdy 型曲面积分

由题设知旋转曲面 Σ 的方程为 $z = \sqrt{-1+x^2+y^2}$ $(1 \leqslant z \leqslant 2)$, 取上侧. 所以曲面 Σ 的法向量为 $\vec{n} = \{-z_x, -z_y, 1\} = \left\{\dfrac{-x}{\sqrt{-1+x^2+y^2}}, \dfrac{-y}{\sqrt{-1+x^2+y^2}}, 1\right\}$. 故

$$I = \iint\limits_{\Sigma}\left(xz^2 \cdot \dfrac{\cos\alpha}{\cos\gamma} + \sin x + x^2 + y^2\right)\mathrm{d}x\mathrm{d}y = \iint\limits_{\Sigma}\left(-xz^2 \cdot z_x + \sin x + x^2 + y^2\right)\mathrm{d}x\mathrm{d}y$$

$$= \iint\limits_{D_{xy}}\left(-x^2\sqrt{x^2+y^2-1} + \sin x + x^2 + y^2\right)\mathrm{d}x\mathrm{d}y$$

$$= \iint\limits_{D_{xy}}\left(-x^2\sqrt{x^2+y^2-1} + x^2 + y^2\right)\mathrm{d}x\mathrm{d}y = 4\int_0^{\frac{\pi}{2}}\mathrm{d}\theta\int_{\sqrt{2}}^{\sqrt{5}}\left(-\rho^2\cos^2\theta \cdot \sqrt{\rho^2-1} + \rho^2\right)\rho\mathrm{d}\rho$$

$$= \dfrac{59}{30}\pi.$$

其中 $D_{xy}: 2 \leqslant x^2 + y^2 \leqslant 5$.

【解法3】 添加辅助曲面, 利用 Gauss 公式

由题设知旋转曲面 Σ 的方程为 $x^2 + y^2 - z^2 = 1$ $(1 \leqslant z \leqslant 2)$, 因其法向量与 z 轴正向的夹角为锐角, 所以取的是上侧.

设 $\Sigma_1: z = 2$ $\left(x^2 + y^2 \leqslant 5\right)$, 取下侧; $\Sigma_2: z = 1$ $\left(x^2 + y^2 \leqslant 2\right)$, 取上侧, 则 $\Sigma + \Sigma_1 + \Sigma_2$ 构成封闭曲面, 取内侧. 由 Gauss 公式, 有

$$\oiint\limits_{\Sigma+\Sigma_1+\Sigma_2} xz^2\mathrm{d}y\mathrm{d}z + \left(\sin x + x^2 + y^2\right)\mathrm{d}x\mathrm{d}y = -\iiint\limits_{\Omega} z^2\mathrm{d}v = -\int_1^2 z^2\mathrm{d}z\iint\limits_{x^2+y^2\leqslant 1+z^2}\mathrm{d}x\mathrm{d}y$$

$$= -\int_1^2 z^2\left(1+z^2\right)\pi\mathrm{d}z = -\dfrac{128\pi}{15}.$$

而

$$\iint\limits_{\Sigma_1} xz^2\mathrm{d}y\mathrm{d}z + \left(\sin x + x^2 + y^2\right)\mathrm{d}x\mathrm{d}y = \iint\limits_{\Sigma_1}\left(\sin x + x^2 + y^2\right)\mathrm{d}x\mathrm{d}y$$

$$= -\iint\limits_{D_{xy}^{(1)}}\left(\sin x + x^2 + y^2\right)\mathrm{d}x\mathrm{d}y$$

$$= -\iint\limits_{D_{xy}^{(1)}}\left(x^2 + y^2\right)\mathrm{d}x\mathrm{d}y$$

$$= -\int_0^{2\pi} \mathrm{d}\theta \int_0^{\sqrt{5}} \rho^2 \cdot \rho \mathrm{d}\rho = -\frac{25}{2}\pi,$$

$$\iint\limits_{\Sigma_2} xz^2 \mathrm{d}y\mathrm{d}z + \left(\sin x + x^2 + y^2\right)\mathrm{d}x\mathrm{d}y$$

$$= \iint\limits_{\Sigma_2} \left(\sin x + x^2 + y^2\right)\mathrm{d}x\mathrm{d}y = \iint\limits_{D_{xy}^{(2)}} \left(\sin x + x^2 + y^2\right)\mathrm{d}x\mathrm{d}y$$

$$= \iint\limits_{D_{xy}^{(2)}} \left(x^2 + y^2\right)\mathrm{d}x\mathrm{d}y = \int_0^{2\pi} \mathrm{d}\theta \int_0^{\sqrt{2}} \rho^2 \cdot \rho \mathrm{d}\rho = 2\pi,$$

其中 $D_{xy}^{(1)}: x^2 + y^2 \leqslant 5$；$D_{xy}^{(2)}: x^2 + y^2 \leqslant 2$. 故

$$I = \left(\oiint\limits_{\Sigma+\Sigma_1+\Sigma_2} - \iint\limits_{\Sigma_1} - \iint\limits_{\Sigma_2}\right) xz^2 \mathrm{d}y\mathrm{d}z + \left(\sin x + x^2 + y^2\right)\mathrm{d}x\mathrm{d}y = \frac{59}{30}\pi.$$

特别提示　解法 2 的基本原理是由题设确定曲面 Σ 的方程及法向量 $\vec{n} = \pm\{-z_x, -z_y, 1\}$（对于该题，"$\pm$" 取 "$+$"），然后利用

$$\mathrm{d}y\mathrm{d}z = \cos\alpha \mathrm{d}S = \frac{\cos\alpha}{\cos\gamma} \cdot \cos\gamma \mathrm{d}S = \frac{\cos\alpha}{\cos\gamma}\mathrm{d}x\mathrm{d}y = -z_x\mathrm{d}x\mathrm{d}y,$$

$$\mathrm{d}z\mathrm{d}x = \cos\beta \mathrm{d}S = \frac{\cos\beta}{\cos\gamma} \cdot \cos\gamma \mathrm{d}S = \frac{\cos\beta}{\cos\gamma}\mathrm{d}x\mathrm{d}y = -z_y\mathrm{d}x\mathrm{d}y,$$

得

$$\iint\limits_{\Sigma} P\mathrm{d}y\mathrm{d}z + Q\mathrm{d}z\mathrm{d}x + R\mathrm{d}x\mathrm{d}y = \iint\limits_{\Sigma} \{P,Q,R\} \cdot \vec{n}\mathrm{d}x\mathrm{d}y = \iint\limits_{\Sigma} \left[P \cdot \left(-z_x\right) + Q \cdot \left(-z_y\right) + R\right]\mathrm{d}x\mathrm{d}y.$$

类似地，化为 $\mathrm{d}y\mathrm{d}z$ 或 $\mathrm{d}z\mathrm{d}x$ 形式.

解法 3 中添加了两个辅助曲面(圆盘) Σ_1 和 Σ_2，使 $\Sigma+\Sigma_1+\Sigma_2$ 构成封闭曲面，且满足 Gauss 公式的条件，同时在 Σ_1 和 Σ_2 上的曲面积分要易于计算. 此外，要特别注意所构成封闭曲面侧向的选取，若取内侧，则应用 Gauss 公式须加负号 "–".

类题训练

1. 设曲面 Σ 为曲线 $\begin{cases} z = \mathrm{e}^y, \\ x = 0 \end{cases}$（$1 \leqslant y \leqslant 2$）绕 z 轴旋转一周所成曲面的下侧，计算曲面积分 $I = \iint\limits_{\Sigma} 4zx\mathrm{d}y\mathrm{d}z - 2z\mathrm{d}z\mathrm{d}x + \left(1 - z^2\right)\mathrm{d}x\mathrm{d}y$.

2. 设曲面 Σ 是由一段空间曲线 $C: x=t,\ y=2t,\ z=t^2\quad (0 \leqslant t \leqslant 1)$ 绕 z 轴旋转一周所成，其法向量指向与 z 轴正向成钝角，已知连续函数 $f(x,y,z)$ 满足 $f(x,y,z)=(x+y+z)^2+\iint\limits_{\Sigma}f(x,y,z)\mathrm{d}y\mathrm{d}z+x^2\mathrm{d}x\mathrm{d}y$，求 $f(1,1,1)$ 的值.

3. 设函数 $f(x)$ 连续可导，$P=Q=R=f\big((x^2+y^2)z\big)$，有向曲面 Σ_t 是圆柱体 $x^2+y^2 \leqslant t^2$，$0 \leqslant z \leqslant 1$ 的表面，方向朝外. 记第二型曲面积分 $I_t=\iint\limits_{\Sigma_t}P\mathrm{d}y\mathrm{d}z+$

$Q\mathrm{d}z\mathrm{d}x+R\mathrm{d}x\mathrm{d}y$，求极限 $\lim\limits_{t\to 0^+}\dfrac{I_t}{t^4}$. (2014 年第五届全国大学生数学竞赛决赛(非数学类)试题)

📖 **典型例题**

7 计算 $\iint\limits_{\Sigma}x^3\mathrm{d}y\mathrm{d}z+y^3\mathrm{d}z\mathrm{d}x+z^3\mathrm{d}x\mathrm{d}y$，其中 Σ 是球面 $x^2+y^2+z^2=R^2$ 的外侧.

【解法 1】 利用 Gauss 公式

由 Gauss 公式及球面坐标计算，有

$$\iint\limits_{\Sigma}x^3\mathrm{d}y\mathrm{d}z+y^3\mathrm{d}z\mathrm{d}x+z^3\mathrm{d}x\mathrm{d}y=\iiint\limits_{\Omega}3(x^2+y^2+z^2)\mathrm{d}v$$

$$=3\int_0^{2\pi}\mathrm{d}\theta\int_0^{\pi}\mathrm{d}\varphi\int_0^R r^4\sin\varphi\mathrm{d}r=\frac{12}{5}\pi R^5.$$

【解法 2】 结合对称性，直接计算

记 $\Sigma=\Sigma_{上}+\Sigma_{下}$，其中 $\Sigma_{上}:z=\sqrt{R^2-x^2-y^2}$，$\Sigma_{下}:z=-\sqrt{R^2-x^2-y^2}$，则 Σ 在 xOy 平面上的投影区域 $D_{xy}:x^2+y^2 \leqslant R^2$. 于是

$$\iint\limits_{\Sigma}z^3\mathrm{d}x\mathrm{d}y=\iint\limits_{\Sigma_{上}}z^3\mathrm{d}x\mathrm{d}y+\iint\limits_{\Sigma_{下}}z^3\mathrm{d}x\mathrm{d}y$$

$$=\iint\limits_{D_{xy}}\left(\sqrt{R^2-x^2-y^2}\right)^3\mathrm{d}x\mathrm{d}y-\iint\limits_{D_{xy}}\left(-\sqrt{R^2-x^2-y^2}\right)^3\mathrm{d}x\mathrm{d}y$$

$$=2\int_0^{2\pi}\mathrm{d}\theta\int_0^R\left(\sqrt{R^2-\rho^2}\right)^3\cdot\rho\mathrm{d}\rho=\frac{4}{5}\pi R^5.$$

又由轮换对称性知 $\iint\limits_{\Sigma}x^3\mathrm{d}y\mathrm{d}z=\iint\limits_{\Sigma}y^3\mathrm{d}z\mathrm{d}x=\iint\limits_{\Sigma}z^3\mathrm{d}x\mathrm{d}y$，故

$$\iint\limits_{\Sigma}x^3\mathrm{d}y\mathrm{d}z+y^3\mathrm{d}z\mathrm{d}x+z^3\mathrm{d}x\mathrm{d}y=3\iint\limits_{\Sigma}z^3\mathrm{d}x\mathrm{d}y=3\times\frac{4}{5}\pi R^5=\frac{12}{5}\pi R^5.$$

【解法 3】 $\displaystyle\oiint_{\Sigma} x^3\mathrm{d}y\mathrm{d}z + y^3\mathrm{d}z\mathrm{d}x + z^3\mathrm{d}x\mathrm{d}y = \oiint_{\Sigma} x^3\mathrm{d}y\mathrm{d}z + \oiint_{\Sigma} y^3\mathrm{d}z\mathrm{d}x + \oiint_{\Sigma} z^3\mathrm{d}x\mathrm{d}y$ ，然后分割曲面直接计算.

对于 $\displaystyle\oiint_{\Sigma} z^3\mathrm{d}x\mathrm{d}y$ ，如解法 2 中直接计算得 $\displaystyle\oiint_{\Sigma} z^3\mathrm{d}x\mathrm{d}y = \frac{4}{5}\pi R^5$ ；

对 于 $\displaystyle\oiint_{\Sigma} x^3\mathrm{d}y\mathrm{d}z$ ，记 $\Sigma = \Sigma_{前} + \Sigma_{后}$ ，其 中 $\Sigma_{前}: x = \sqrt{R^2 - y^2 - z^2}$ ，$\Sigma_{后}: x = -\sqrt{R^2 - y^2 - z^2}$ ，Σ 在 yOz 平面上的投影区域 $D_{yz}: y^2 + z^2 \leqslant R^2$.

对 于 $\displaystyle\oiint_{\Sigma} y^3\mathrm{d}z\mathrm{d}x$ ，记 $\Sigma = \Sigma_{左} + \Sigma_{右}$ ，其 中 $\Sigma_{右}: y = \sqrt{R^2 - x^2 - z^2}$ ，$\Sigma_{左}: y = -\sqrt{R^2 - x^2 - z^2}$ ，Σ 在 xOz 平面上的投影区域 $D_{xz}: x^2 + z^2 \leqslant R^2$.

类似地可直接计算, 得 $\displaystyle\oiint_{\Sigma} x^3\mathrm{d}y\mathrm{d}z = \oiint_{\Sigma} y^3\mathrm{d}z\mathrm{d}x = \frac{4}{5}\pi R^5$. 故

$$\oiint_{\Sigma} x^3\mathrm{d}y\mathrm{d}z + y^3\mathrm{d}z\mathrm{d}x + z^3\mathrm{d}x\mathrm{d}y = 3 \times \frac{4}{5}\pi R^5 = \frac{12}{5}\pi R^5 .$$

✳ **特别提示** 由上述解法可知，利用 Gauss 公式计算比较方便，若直接分割曲面则计算较为繁杂.

♻ **类题训练**

1. 计算 $\displaystyle\oiint_{\Sigma}\left(x^2 + y^2 + z^2\right)\mathrm{d}y\mathrm{d}z$ ，其中 Σ 是球面 $x^2 + y^2 + z^2 = a^2$ 取外侧.

2. 计 算 $\displaystyle\iint_{\Sigma} xz^2\mathrm{d}y\mathrm{d}z + \left(x^2y - z^3\right)\mathrm{d}z\mathrm{d}x + \left(2xy + y^2z\right)\mathrm{d}x\mathrm{d}y$ ，其 中 Σ 是球面 $x^2 + y^2 + z^2 = a^2$ $(z \geqslant 0)$ 取外侧.

3. 计算 $\displaystyle\oiint_{\Sigma} xy^2\mathrm{d}y\mathrm{d}z + yz^2\mathrm{d}z\mathrm{d}x + x^2z\mathrm{d}x\mathrm{d}y$ ，其中 Σ 是球面 $x^2 + y^2 + z^2 = 2z$ 的外侧.

📖 **典型例题**

8 计算 $\displaystyle\oiint_{\Sigma} \frac{x\mathrm{d}y\mathrm{d}z + y\mathrm{d}z\mathrm{d}x + z\mathrm{d}x\mathrm{d}y}{\left(x^2 + y^2 + z^2\right)^{\frac{3}{2}}}$ ，其中 Σ 为球面 $x^2 + y^2 + z^2 = 1$ 的内侧.

【解法 1】 利用 Gauss 公式

Σ 取球面内侧，记 Σ^- 表示取球面外侧，因为 $\forall (x, y, z) \in \Sigma$ ，有

$x^2 + y^2 + z^2 = 1$，所以有

$$原式 = \oiint\limits_{\Sigma} x\mathrm{d}y\mathrm{d}z + y\mathrm{d}z\mathrm{d}x + z\mathrm{d}x\mathrm{d}y = -\oiint\limits_{\Sigma^-} x\mathrm{d}y\mathrm{d}z + y\mathrm{d}z\mathrm{d}x + z\mathrm{d}x\mathrm{d}y$$

故由 Gauss 公式，

$$原式 = -\iiint\limits_{\Omega} 3\mathrm{d}x\mathrm{d}y\mathrm{d}z = -3 \times \frac{4}{3}\pi \times 1^3 = -4\pi.$$

【解法2】 化为对面积的曲面积分

Σ 指定侧的法向量为 $\vec{n} = (-2x, -2y, -2z)$，其单位法向量为

$$\vec{n}^{\circ} = \frac{\vec{n}}{|\vec{n}|} = \left(-\frac{x}{\sqrt{x^2+y^2+z^2}}, -\frac{y}{\sqrt{x^2+y^2+z^2}}, -\frac{z}{\sqrt{x^2+y^2+z^2}} \right) = (\cos\alpha, \cos\beta, \cos\gamma).$$

故 $原式 = -\oiint\limits_{\Sigma} \frac{1}{x^2+y^2+z^2}\mathrm{d}S = -\oiint\limits_{\Sigma}\mathrm{d}S = -4\pi \times 1^2 = -4\pi.$

【解法3】 "挖洞"，用 Gauss 公式

记 $r = \sqrt{x^2+y^2+z^2}$，$P = \dfrac{x}{r^3}$，$Q = \dfrac{y}{r^3}$，$R = \dfrac{z}{r^3}$，则

$$\frac{\partial P}{\partial x} = \frac{r^3 - x \cdot 3r^2 \frac{\partial r}{\partial x}}{r^6} = \frac{r^3 - 3x^2 r}{r^6}, \quad \frac{\partial Q}{\partial y} = \frac{r^3 - 3y^2 r}{r^6}, \quad \frac{\partial R}{\partial z} = \frac{r^3 - 3z^2 r}{r^6},$$

$$\frac{\partial P}{\partial x} + \frac{\partial \theta}{\partial y} + \frac{\partial R}{\partial z} = 0 \quad (\forall (x,y,z) \neq (0,0,0)).$$

因为 P, Q, R 在 $\Omega: x^2+y^2+z^2 \leqslant 1$ 内有不连续点，且 $\dfrac{\partial P}{\partial x}$，$\dfrac{\partial Q}{\partial y}$，$\dfrac{\partial R}{\partial z}$ 在坐标原点 $(0,0,0)$ 不连续，所以取一个以原点为球心，半径为 $r(0 < r < 1)$ 的球面 Σ_r，取外侧，且记 $\Omega_r: x^2+y^2+z^2 \leqslant r^2$，则由 Gauss 公式，有

$$\oiint\limits_{\Sigma_r^- + \Sigma^-} P\mathrm{d}y\mathrm{d}z + Q\mathrm{d}z\mathrm{d}x + R\mathrm{d}x\mathrm{d}y = \iiint\limits_{\Omega \backslash \Omega_r} \left(\frac{\partial P}{\partial x} + \frac{\partial Q}{\partial y} + \frac{\partial R}{\partial z} \right)\mathrm{d}V = 0.$$

从而

$$原式 = \oiint\limits_{\Sigma_r^-} P\mathrm{d}y\mathrm{d}z + Q\mathrm{d}z\mathrm{d}x + R\mathrm{d}x\mathrm{d}y = -\frac{1}{r^3}\oiint\limits_{\Sigma_r} x\mathrm{d}y\mathrm{d}z + y\mathrm{d}z\mathrm{d}x + z\mathrm{d}x\mathrm{d}y$$

$$= -\frac{1}{r^3}\iiint\limits_{\Omega_r} 3\mathrm{d}V = -\frac{3}{r^3} \times \frac{4}{3}\pi r^3 = -4\pi.$$

【解法 4】　利用轮换对称性, 直接计算

因为积分曲面 Σ 与被积函数具有轮换对称性, 所以

$$\iint\limits_{\Sigma}\frac{x\mathrm{d}y\mathrm{d}z}{\left(x^2+y^2+z^2\right)^{\frac{3}{2}}}=\iint\limits_{\Sigma}\frac{y\mathrm{d}z\mathrm{d}x}{\left(x^2+y^2+z^2\right)^{\frac{3}{2}}}=\iint\limits_{\Sigma}\frac{z\mathrm{d}x\mathrm{d}y}{\left(x^2+y^2+z^2\right)^{\frac{3}{2}}}\ .$$

又将 Σ 分为 $\Sigma_{\perp}$ 和 $\Sigma_{\top}$, $\Sigma_{\perp}:z=\sqrt{1-x^2-y^2}$, $\Sigma_{\top}:z=-\sqrt{1-x^2-y^2}$. Σ 取内侧, 即 $\Sigma_{\perp}$ 取下侧, $\Sigma_{\top}$ 取上侧, 它们在 xOy 平面上的投影区域都是 $D_{xy}:x^2+y^2\leqslant1$, 所以

$$\iint\limits_{\Sigma}\frac{z\mathrm{d}x\mathrm{d}y}{\left(x^2+y^2+z^2\right)^{\frac{3}{2}}}=\iint\limits_{\Sigma}z\mathrm{d}x\mathrm{d}y=\iint\limits_{\Sigma_{\perp}}z\mathrm{d}x\mathrm{d}y+\iint\limits_{\Sigma_{\top}}z\mathrm{d}x\mathrm{d}y$$

$$=-\iint\limits_{D_{xy}}\sqrt{1-x^2-y^2}\mathrm{d}x\mathrm{d}y+\iint\limits_{D_{xy}}\left(-\sqrt{1-x^2-y^2}\right)\mathrm{d}x\mathrm{d}y$$

$$=-2\iint\limits_{D_{xy}}\sqrt{1-x^2-y^2}\mathrm{d}x\mathrm{d}y=-2\int_0^{2\pi}\mathrm{d}\theta\int_0^1\rho\sqrt{1-\rho^2}\mathrm{d}\rho=-\frac{4}{3}\pi,$$

故 $\iint\limits_{\Sigma}\dfrac{x\mathrm{d}y\mathrm{d}z+y\mathrm{d}z\mathrm{d}x+z\mathrm{d}x\mathrm{d}y}{\left(x^2+y^2+z^2\right)^{\frac{3}{2}}}=3\iint\limits_{\Sigma}\dfrac{z\mathrm{d}x\mathrm{d}y}{\left(x^2+y^2+z^2\right)^{\frac{3}{2}}}=-4\pi$.

【解法 5】　利用轮换对称性及二重积分的几何意义.

同解法 4, 有 $\iint\limits_{\Sigma}\dfrac{x\mathrm{d}y\mathrm{d}z}{\left(x^2+y^2+z^2\right)^{\frac{3}{2}}}=\iint\limits_{\Sigma}\dfrac{y\mathrm{d}z\mathrm{d}x}{\left(x^2+y^2+z^2\right)^{\frac{3}{2}}}=\iint\limits_{\Sigma}\dfrac{z\mathrm{d}x\mathrm{d}y}{\left(x^2+y^2+z^2\right)^{\frac{3}{2}}}$, 且

$$\iint\limits_{\Sigma}\frac{z\mathrm{d}x\mathrm{d}y}{\left(x^2+y^2+z^2\right)^{\frac{3}{2}}}=\iint\limits_{\Sigma}z\mathrm{d}x\mathrm{d}y=-2\iint\limits_{D_{xy}}\sqrt{1-x^2-y^2}\mathrm{d}x\mathrm{d}y.$$

又由二重积分的几何意义, $\iint\limits_{D_{xy}}\sqrt{1-x^2-y^2}\mathrm{d}x\mathrm{d}y$ 表示上半单位球的体积, 即

$$\iint\limits_{D_{xy}}\sqrt{1-x^2-y^2}\mathrm{d}x\mathrm{d}y=\frac{2}{3}\pi\times1^3=\frac{2}{3}\pi\ .$$

故 $\iint\limits_{\Sigma}\dfrac{x\mathrm{d}y\mathrm{d}z+y\mathrm{d}z\mathrm{d}x+z\mathrm{d}x\mathrm{d}y}{\left(x^2+y^2+z^2\right)^{\frac{3}{2}}}=3\iint\limits_{\Sigma}\dfrac{z\mathrm{d}x\mathrm{d}y}{\left(x^2+y^2+z^2\right)^{\frac{3}{2}}}=3\times\left(-2\right)\times\frac{2}{3}\pi=-4\pi$.

特别提示　利用 Gauss 公式计算曲面积分时, 特别要注意积分曲面 Σ 封闭,

总取外侧. 如果已知积分曲面 Σ 取内侧, 那么需转化为外侧添 "–" 号, 如解法 1. 此外, 需验证 Gauss 公式的条件, 要求 $P(x,y,z)$, $Q(x,y,z)$, $R(x,y,z)$ 需有一阶连续的偏导数. 如有不连续点, 须 "挖掉" 后才能用 Gauss 公式计算.

♻ 类题训练

1. 计算 $\oiint\limits_{\Sigma} \dfrac{x\mathrm{d}y\mathrm{d}z + z^2\mathrm{d}x\mathrm{d}y}{x^2+y^2+z^2}$, 其中 Σ 为 $x^2+y^2+z^2=4$ 的外侧.

2. 计算 $\oiint\limits_{\Sigma} \dfrac{x\mathrm{d}y\mathrm{d}z + y\mathrm{d}z\mathrm{d}x + z\mathrm{d}x\mathrm{d}y}{\left(x^2+y^2+z^2\right)^{\frac{3}{2}}}$, 其中 Σ 为椭球面 $\dfrac{x^2}{a^2}+\dfrac{y^2}{b^2}+\dfrac{z^2}{c^2}=1$ 的外侧.

3. 计算 $\oiint\limits_{\Sigma} \dfrac{x\mathrm{d}y\mathrm{d}z + y\mathrm{d}z\mathrm{d}x + z\mathrm{d}x\mathrm{d}y}{\left(x^2+y^2+z^2\right)^{\frac{3}{2}}}$, 其中 Σ 为曲面 $1-\dfrac{z}{5}=\dfrac{(x-2)^2}{16}+\dfrac{(y-1)^2}{9}$

$(z \geqslant 0)$ 的上侧.

📖 典型例题

9 计算 $\displaystyle\iint\limits_{\Sigma} \dfrac{ax\mathrm{d}y\mathrm{d}z + (z+a)^2\mathrm{d}x\mathrm{d}y}{\left(x^2+y^2+z^2\right)^{\frac{1}{2}}}$, 其中 Σ 为下半球面 $z=-\sqrt{a^2-x^2-y^2}$ 的上

侧, a 为大于 0 的常数. (1998 年硕士研究生入学考试数学(一)试题, 2010 年首届全国大学生数学竞赛决赛(非数学类)试题)

【解法 1】 化为 $\displaystyle\iint\limits_{\Sigma} x\mathrm{d}y\mathrm{d}z + \iint\limits_{\Sigma} \dfrac{(z+a)^2}{a}\mathrm{d}x\mathrm{d}y$, 再直接计算.

对于 $\displaystyle\iint\limits_{\Sigma} x\mathrm{d}y\mathrm{d}z$: 将 Σ 投影到 yOz 平面得投影区域 $D_{yz}=\left\{(y,z)\big| y^2+z^2 \leqslant a^2,\ z \leqslant 0\right\}$.

记 $\Sigma = \Sigma_{前} + \Sigma_{后}$, $\Sigma_{前}: x=\sqrt{a^2-y^2-z^2}$, 取后侧; $\Sigma_{后}: x=-\sqrt{a^2-y^2-z^2}$, 取前侧, 则

$$\iint\limits_{\Sigma} x\mathrm{d}y\mathrm{d}z = \iint\limits_{\Sigma_{前}} x\mathrm{d}y\mathrm{d}z + \iint\limits_{\Sigma_{后}} x\mathrm{d}y\mathrm{d}z = -\iint\limits_{D_{yz}}\sqrt{a^2-y^2-z^2}\mathrm{d}y\mathrm{d}z + \iint\limits_{D_{yz}}\left(-\sqrt{a^2-y^2-z^2}\right)\mathrm{d}y\mathrm{d}z$$

$$= -2\iint\limits_{D_{yz}}\sqrt{a^2-y^2-z^2}\mathrm{d}y\mathrm{d}z = -2\int_{\pi}^{2\pi}\mathrm{d}\theta\int_0^a \rho\sqrt{a^2-\rho^2}\mathrm{d}\rho = -\dfrac{2}{3}\pi a^3.$$

又

$$\iint_{\Sigma}\frac{(z+a)^2}{a}\mathrm{d}x\mathrm{d}y = \frac{1}{a}\iint_{D_{xy}}\left(a-\sqrt{a^2-x^2-y^2}\right)^2\mathrm{d}x\mathrm{d}y$$

$$=\frac{1}{a}\int_0^{2\pi}\mathrm{d}\theta\int_0^a \rho\left(2a^2-2a\sqrt{a^2-\rho^2}-\rho^2\right)\mathrm{d}\rho$$

$$=\frac{\pi}{6}a^3,$$

其中 $D_{xy}: x^2+y^2\leqslant a^2$. 故

$$原式 = \iint_{\Sigma}x\mathrm{d}y\mathrm{d}z + \iint_{\Sigma}\frac{(z+a)^2}{a}\mathrm{d}x\mathrm{d}y = -\frac{2}{3}\pi a^3 + \frac{1}{6}\pi a^3 = -\frac{\pi}{2}a^3.$$

【解法 2】　将 $\mathrm{d}y\mathrm{d}z$ 化为 $\mathrm{d}x\mathrm{d}y$.

Σ 指定侧的法向量为 $\vec{n}=\left(-\dfrac{\partial z}{\partial x},-\dfrac{\partial z}{\partial y},1\right)=\left(\dfrac{-x}{\sqrt{a^2-x^2-y^2}},\dfrac{-y}{\sqrt{a^2-x^2-y^2}},1\right);$

单位化法向量为 $\vec{n}^{\,\circ}=\dfrac{\vec{n}}{|\vec{n}|}=\left(-\dfrac{x}{a},-\dfrac{y}{a},\dfrac{\sqrt{a^2-x^2-y^2}}{a}\right)=(\cos\alpha,\cos\beta,\cos\gamma).$

故

$$原式 = \iint_{\Sigma}\frac{a\,x\mathrm{d}y\mathrm{d}z+(z+a)^2\mathrm{d}x\mathrm{d}y}{a} = \frac{1}{a}\iint_{\Sigma}\left[ax\frac{\cos\alpha}{\cos\gamma}+(z+a)^2\right]\mathrm{d}x\mathrm{d}y$$

$$=\frac{1}{a}\iint_{\Sigma}\left[ax\left(-\frac{x}{\sqrt{a^2-x^2-y^2}}\right)+\left(a-\sqrt{a^2-x^2-y^2}\right)^2\right]\mathrm{d}x\mathrm{d}y$$

$$=\frac{1}{a}\iint_{D_{xy}}\left[\frac{-a\,x^2}{\sqrt{a^2-x^2-y^2}}+\left(a-\sqrt{a^2-x^2-y^2}\right)^2\right]\mathrm{d}x\mathrm{d}y$$

$$=\frac{1}{a}\int_0^{2\pi}\mathrm{d}\theta\int_0^a\left(-\frac{a\rho^2\cos^2\theta}{\sqrt{a^2-\rho^2}}+2a^2-2a\sqrt{a^2-\rho^2}-\rho^2\right)\rho\mathrm{d}\rho=-\frac{\pi}{2}a^3.$$

【解法 3】　添加辅助曲面, 用 Gauss 公式

因为被积函数的分母在坐标原点 $(0,0,0)$ 处为 0, $P(x,y,z)=\dfrac{a\,x}{\left(x^2+y^2+z^2\right)^{\frac{1}{2}}},$

$R(x, y, z) = \dfrac{(z+a)^2}{\left(x^2 + y^2 + z^2\right)^{\frac{1}{2}}}$ 在点 $(0,0,0)$ 处不满足 Gauss 公式的条件, 所以不能通过

添加辅助面 $z = 0$ $\left(x^2 + y^2 \leqslant a^2\right)$ 的方法直接套用 Gauss 公式, 需化简后, 再利用 Gauss 公式

$$\iint\limits_{\Sigma} \frac{a\,x\mathrm{d}y\mathrm{d}z + (z+a)^2\,\mathrm{d}x\mathrm{d}y}{\left(x^2 + y^2 + z^2\right)^{\frac{1}{2}}} = \iint\limits_{\Sigma} \frac{a\,x\mathrm{d}y\mathrm{d}z + (z+a)^2\,\mathrm{d}x\mathrm{d}y}{a},$$

添加辅助面 $\Sigma_1 : z = 0$ $\left(x^2 + y^2 \leqslant a^2\right)$, 取上侧, 使 $\Sigma_1 + \Sigma^-$ 构成封闭外侧闭曲面, 记其所围区域为 Ω, 则由 Gauss 公式, 有

$$\oiint\limits_{\Sigma_1 + \Sigma^-} \frac{a\,x\mathrm{d}y\mathrm{d}z + (z+a)^2\,\mathrm{d}x\mathrm{d}y}{a} = \frac{1}{a}\iiint\limits_{\Omega}(3a + 2z)\mathrm{d}v$$

$$= \frac{1}{a}\left(3a \times \frac{2\pi}{3}a^3 + 2\int_0^{2\pi}\mathrm{d}\theta\int_{\frac{\pi}{2}}^{\pi}\mathrm{d}\varphi\int_0^a r\cos\varphi \cdot r^2\sin\varphi\,\mathrm{d}r\right)$$

$$= \frac{3}{2}\pi a^3.$$

而 $\displaystyle\iint\limits_{\Sigma_1}\frac{a\,x\mathrm{d}y\mathrm{d}z + (z+a)^2\,\mathrm{d}x\mathrm{d}y}{a} = \frac{1}{a}\iint\limits_{D_{xy}}a^2\mathrm{d}x\mathrm{d}y = \pi a^3$, 其中 $D_{xy} : x^2 + y^2 \leqslant a^2$. 故

$$\text{原式} = -\left[\oiint\limits_{\Sigma_1 + \Sigma^-}\frac{a\,x\mathrm{d}y\mathrm{d}z + (z+a)^2\,\mathrm{d}x\mathrm{d}y}{a} - \iint\limits_{\Sigma_1}\frac{a\,x\mathrm{d}y\mathrm{d}z + (z+a)^2\,\mathrm{d}x\mathrm{d}y}{a}\right]$$

$$= -\left(\frac{3}{2}\pi a^3 - \pi a^3\right) = -\frac{\pi}{2}a^3.$$

⚡ **特别提示**   由上可知, 在计算曲面积分时, 应先将积分曲面 Σ 的方程代入被积函数化简, 再行计算, 否则计算过程将会很繁杂, 或直接套用 Gauss 公式, 将会得到错误的结果.

♻ **类题训练**

1. 计算 $I = \displaystyle\oiint\limits_{\Sigma}\frac{a\,x\mathrm{d}y\mathrm{d}z + 2(x+a)\,y\mathrm{d}z\mathrm{d}x}{\sqrt{x^2 + y^2 + z^2 + 1}}$, 其中 $\Omega = \left\{(x, y, z)\,\middle|\,-\sqrt{a^2 - x^2 - y^2} \leqslant z \leqslant 0,\ a > 0\right\}$, Σ 为 Ω 的边界曲面外侧.

2. 计算 $I = \iint\limits_{\Sigma_1} \dfrac{x\mathrm{d}y\mathrm{d}z + y\mathrm{d}z\mathrm{d}x + z\mathrm{d}x\mathrm{d}y}{\left(x^2 + y^2 + 4z^2\right)^{\frac{3}{2}}}$，其中曲面 Σ 为球面 $\left(x-1\right)^2 + y^2 + z^2 = a^2$

$\left(a > 0,\ a \neq 1\right)$，取外侧.

📖 典型例题

10　计算 $I = \displaystyle\int_{\Gamma}\left(y - z\right)\mathrm{d}x + \left(z - x\right)\mathrm{d}y + \left(x - y\right)\mathrm{d}z$，其中 Γ 是柱面 $x^2 + y^2 = R^2$ 和平面 $x + z = R$ 相交的椭圆，且从 x 轴正向看去，Γ 的方向是逆时针的.

【解法 1】　利用参数方程计算

令 Γ 的参数方程为 $x = R\cos\theta$，$y = R\sin\theta$，$z = R - R\cos\theta$，$\theta : 0 \to 2\pi$，则

$$
\begin{aligned}
I &= \int_0^{2\pi}\Big[\left(R\sin\theta - R + R\cos\theta\right)\cdot\left(-R\sin\theta\right) + \left(R - R\cos\theta - R\cos\theta\right)\cdot R\cos\theta \\
&\quad + \left(R\cos\theta - R\sin\theta\right)\cdot R\sin\theta\Big]\mathrm{d}\theta \\
&= \int_0^{2\pi} R^2 \cdot \left(\sin\theta + \cos\theta - 2\right)\mathrm{d}\theta = -4\pi R^2.
\end{aligned}
$$

【解法 2】　利用 Stokes 公式

设 Σ 为平面 $x + z = R$ 被柱面截下部分的上侧，则由 Stokes 公式，有

$$
\begin{aligned}
I &= \iint\limits_{\Sigma} -2\mathrm{d}y\mathrm{d}z - 2\mathrm{d}z\mathrm{d}x - 2\mathrm{d}x\mathrm{d}y = -2\iint\limits_{D_{yz}}\mathrm{d}y\mathrm{d}z - 2\iint\limits_{D_{zx}}\mathrm{d}z\mathrm{d}x - 2\iint\limits_{D_{xy}}\mathrm{d}x\mathrm{d}y \\
&= -2\pi R^2 - 0 - 2\pi R^2 = -4\pi R^2,
\end{aligned}
$$

其中 $D_{yz} : \left(R - z\right)^2 + y^2 \leqslant R^2$，$D_{zx} : x + z = R\ \ \left(|x| \leqslant R,\ z \geqslant 0\right)$，$D_{xy} : x^2 + y^2 \leqslant R^2$.

✳ 特别提示
解法 2 中用到了 Stokes 公式，注意 Stokes 公式的条件及 Γ 正向与曲面 Σ 侧向需符合右手螺旋法则.

♻ 类题训练

1. 计算 $I = \displaystyle\oint_{\Gamma}\left(y^2 - z^2\right)\mathrm{d}x + \left(2z^2 - x^2\right)\mathrm{d}y + \left(3x^2 - y^2\right)\mathrm{d}z$，其中 Γ 是平面 $x + y + z = 2$ 与柱面 $|x| + |y| = 1$ 的交线，且从 z 轴正向看去，Γ 为逆时针方向. (2001 年硕士研究生入学考试数学(一)试题)

2. 计算 $I = \displaystyle\oint_{\Gamma} 2y\mathrm{d}x + 3x\mathrm{d}y - z^2\mathrm{d}z$，其中 Γ 是圆 $x^2 + y^2 + z^2 = 9$，$z = 0$，从 z 轴正向看去 Γ 取顺时针方向.

3. 计算 $I = \oint_\Gamma y\,dx - xz\,dy + yz^2\,dz$，其中 Γ 是圆 $\begin{cases} x^2 + y^2 = 2z, \\ z = 2 \end{cases}$ 从 z 轴正向看去 Γ 取逆时针方向.

4. 设曲线 Γ 为在 $x^2 + y^2 + z^2 = 1$，$x + z = 1$，$x \geqslant 0$, $y \geqslant 0$, $z \geqslant 0$ 上从 $A(1,0,0)$ 到 $B(0,0,1)$ 的一段, 求曲线积分 $I = \oint_\Gamma y\,dx + z\,dy + x\,dz$. (2017 年第九届全国大学生数学竞赛预赛(非数学类)试题)

5. 计算 $I = \oint_\Gamma y\,dx + z\,dy + 2x\,dz$，其中 Γ 是 $x^2 + y^2 + z^2 = R^2$，$x + y + z = 0$, 沿 x 轴正向看去 Γ 为顺时针方向.

第6章 # 向量代数与空间解析几何

 一、经典习题选编

1 已知 $\vec{a}$，$\vec{b}$，$\vec{c}$ 均为单位向量，且满足 $\vec{a}+\vec{b}+\vec{c}=\vec{0}$，试求 $\vec{a}\cdot\vec{b}+\vec{b}\cdot\vec{c}+\vec{c}\cdot\vec{a}$.

2 设 $\vec{a}=(2,1,-1)$，$\vec{b}=(1,-3,1)$，试在 $\vec{a}$，$\vec{b}$ 所决定的平面内，求与 $\vec{a}$ 垂直，且模为 $\sqrt{93}$ 的向量.

3 求过点 $M_1(4,1,2)$ 和 $M_2(-3,5,-1)$ 且垂直于平面 $\pi:6x-2y+3z+7=0$ 的平面方程.

4 求通过两平面 $\pi_1:2x+y-z-2=0$ 和平面 $\pi_2:3x-2y-2z+1=0$ 的交线，且与平面 $\pi_3:3x+2y+3z-6=0$ 垂直的平面方程.

5 求过点 $M(3,1,-2)$ 且通过直线 $l:\dfrac{x-4}{5}=\dfrac{y+3}{2}=\dfrac{z}{1}$ 的平面方程.

6 设一平面垂直于平面 $z=0$ 且通过 $M_0(1,1,1)$ 到直线 $l:\begin{cases}y-z+1=0,\\z=0\end{cases}$ 的垂线，求此平面的方程.

7 求过点 $M(2,1,0)$，且与直线 $l_1:\dfrac{x-5}{3}=\dfrac{y}{2}=\dfrac{z+5}{-2}$ 垂直相交的直线方程.

8 求过点 $N(-1,2,-3)$ 且平行于平面 $6x-2y-3z+6=0$，又与直线 $l_1:\dfrac{x-1}{3}=\dfrac{y+1}{2}=\dfrac{z-3}{-5}$ 相交的直线 l 的方程.

9 求通过点 $M_0(1,1,1)$ 和直线 $l_1:\dfrac{x}{1}=\dfrac{y}{2}=\dfrac{z}{3}$ 相交且垂直于直线 $l_2:\dfrac{x-1}{2}=\dfrac{y-2}{1}=\dfrac{z-3}{4}$ 的直线 l 的方程.

10 求点 $M_0(3,-1,2)$ 到直线 $l:\begin{cases}x+y-z+1=0,\\2x-y+z-4=0\end{cases}$ 的距离.

11 设直线 $l:\begin{cases}x+y+b=0,\\x+ay-z-3=0\end{cases}$ 在平面 $\pi:2x-4y-z+5=0$ 上，求 a,b 的值.

12 求直线 $l:\begin{cases}x+y-z-1=0,\\x-y+z+1=0\end{cases}$ 在平面 $\pi:x+y+z=0$ 上的投影直线的方程.

二、一 题 多 解

典型例题

1 已知 $\vec{a}$, $\vec{b}$, $\vec{c}$ 均为单位向量, 且满足 $\vec{a}+\vec{b}+\vec{c}=\vec{0}$, 试求 $\vec{a}\cdot\vec{b}+\vec{b}\cdot\vec{c}+\vec{c}\cdot\vec{a}$.

【解法 1】 由 $\vec{a}+\vec{b}+\vec{c}=\vec{0}$, 且 $\vec{a}$, $\vec{b}$, $\vec{c}$ 均为单位向量知, $\vec{a}$, $\vec{b}$, $\vec{c}$ 两两尾首相接, 且构成等边三角形, 所以

$$\vec{a}\cdot\vec{b}+\vec{b}\cdot\vec{c}+\vec{c}\cdot\vec{a}=|\vec{a}|\cdot|\vec{b}|\cdot\cos(\vec{a},\vec{b})+|\vec{b}|\cdot|\vec{c}|\cdot\cos(\vec{b},\vec{c})+|\vec{c}|\cdot|\vec{a}|\cdot\cos(\vec{c},\vec{a})=3\cdot\cos\frac{2}{3}\pi=-\frac{3}{2}.$$

【解法 2】 由已知, $\vec{c}=-(\vec{a}+\vec{b})$, 于是

$$|\vec{c}|^2=\left|-(\vec{a}+\vec{b})\right|^2=(\vec{a}+\vec{b})\cdot(\vec{a}+\vec{b})=|\vec{a}|^2+2\vec{a}\cdot\vec{b}+|\vec{b}|^2,$$

从而 $\vec{a}\cdot\vec{b}=-\frac{1}{2}$, 同理 $\vec{a}\cdot\vec{c}=\vec{b}\cdot\vec{c}=-\frac{1}{2}$, 故 $\vec{a}\cdot\vec{b}+\vec{b}\cdot\vec{c}+\vec{c}\cdot\vec{a}=-\frac{3}{2}$.

【解法 3】 由已知, 有 $(\vec{a}+\vec{b}+\vec{c})\cdot(\vec{a}+\vec{b}+\vec{c})=\vec{0}\cdot\vec{0}=0$, 即

$$\vec{a}\cdot\vec{a}+\vec{b}\cdot\vec{b}+\vec{c}\cdot\vec{c}+2\vec{a}\cdot\vec{b}+2\vec{b}\cdot\vec{c}+2\vec{a}\cdot\vec{c}=0,$$

亦即 $|\vec{a}|^2+|\vec{b}|^2+|\vec{c}|^2+2(\vec{a}\cdot\vec{b}+\vec{b}\cdot\vec{c}+\vec{c}\cdot\vec{a})=0$, 故得

$$\vec{a}\cdot\vec{b}+\vec{b}\cdot\vec{c}+\vec{c}\cdot\vec{a}=-\frac{3}{2}.$$

特别提示 解法 1 利用了向量加法的三角形法则及向量点乘积的定义, 值得注意的是 $(\vec{a}\cdot\vec{b})=(\vec{b}\cdot\vec{c})=(\vec{c}\cdot\vec{a})=\frac{2}{3}\pi$, 而不是 $\frac{\pi}{3}$. 解法 2 和解法 3 要求熟练掌握向量点乘积的定义及其运算性质. 此外, 向量叉乘积的定义及其运算性质也需掌握.

类题训练

1. 已知非零向量 $\vec{a}$, $\vec{b}$, $\vec{c}$ 满足 $\vec{a}+\vec{b}+\vec{c}=\vec{0}$, 证明 $\vec{a}\times\vec{b}=\vec{b}\times\vec{c}=\vec{c}\times\vec{a}$.

2. 设 $|\vec{a}|=5$, $|\vec{b}|=3$, $(\vec{a},\vec{b})=\frac{\pi}{3}$, 求向量 $\vec{a}+\vec{b}$ 的大小和方向.

3. 设 $|\vec{a}|=3$, $|\vec{b}|=4$, $|\vec{c}|=5$, 且满足 $\vec{a}+\vec{b}+\vec{c}=\vec{0}$, 求 $|\vec{a}\times\vec{b}+\vec{b}\times\vec{c}+\vec{c}\times\vec{a}|$.

典型例题

2 设 $\vec{a}=(2,1,-1)$, $\vec{b}=(1,-3,1)$, 试在 $\vec{a}$, $\vec{b}$ 所决定的平面内, 求与 $\vec{a}$ 垂直, 且模为 $\sqrt{93}$ 的向量.

【解法 1】　设所求向量为 $\vec{c} = (x, y, z)$，则由题设有 $\vec{c} \perp \vec{a} \times \vec{b}$，$\vec{c} \perp \vec{a}$，$|\vec{c}| = \sqrt{93}$．

而 $\vec{a} \times \vec{b} = \begin{vmatrix} \vec{i} & \vec{j} & \vec{k} \\ 2 & 1 & -1 \\ 1 & -3 & 1 \end{vmatrix} = -2\vec{i} - 3\vec{j} - 7\vec{k}$，于是有

$$\begin{cases} -2x - 3y - 7z = 0, \\ 2x + y - z = 0, \\ x^2 + y^2 + z^2 = 93, \end{cases}$$

解得 $x = \pm 5$，$y = \mp 8$，$z = \pm 2$．从而 $\vec{c} = \pm(5, -8, 2)$．

【解法 2】　设所求向量为 $\vec{c}$，则由题设有 $\vec{c} \perp \vec{a} \times \vec{b}$，$\vec{c} \perp \vec{a}$，$|\vec{c}| = \sqrt{93}$．于是 $\vec{c} \parallel (\vec{a} \times \vec{b}) \times \vec{a}$，从而得

$$\vec{c} = |\vec{c}| \cdot \left(\pm \frac{(\vec{a} \times \vec{b}) \times \vec{a}}{|(\vec{a} \times \vec{b}) \times \vec{a}|} \right) = \pm(5, -8, 2).$$

【解法 3】　设所求向量为 $\vec{c}$，则可设 $\vec{c} = \lambda\vec{a} + \mu\vec{b} = (2\lambda + \mu, \lambda - 3\mu, -\lambda + \mu)$．由已知 $\vec{c} \perp \vec{a}$ 得 $\vec{c} \cdot \vec{a} = 0$，即 $2(2\lambda + \mu) + \lambda - 3\mu - (-\lambda + \mu) = 0$，解得 $\mu = 3\lambda$．

又 $|\vec{c}| = \sqrt{93}$，所以 $\sqrt{(2\lambda + \mu)^2 + (\lambda - 3\mu)^2 + (\mu - \lambda)^2} = \sqrt{93}$，代入 $\mu = 3\lambda$，得 $\lambda^2 = 1$，解得 $\lambda = \pm 1$，$\mu = \pm 3$，故 $\vec{c} = \pm(5, -8, 2)$．

特别提示　解法 1 和解法 2 要求熟练掌握向量叉乘积的概念及其计算．

一般地，设 $\vec{a} = (a_x, a_y, a_z)$，$\vec{b} = (b_x, b_y, b_z)$，$\vec{c} \perp \vec{a}$，$\vec{c} \perp \vec{b}$，则 $\vec{a} \times \vec{b} \perp \vec{a}$，$\vec{a} \times \vec{b} \perp \vec{b}$，$\vec{c} \parallel \vec{a} \times \vec{b}$，$\vec{c} \cdot \vec{a} = 0$，$\vec{c} \cdot \vec{b} = 0$，$\vec{a} \times \vec{b} = \begin{vmatrix} \vec{i} & \vec{j} & \vec{k} \\ a_x & a_y & a_z \\ b_x & b_y & b_z \end{vmatrix}$．解法 3 用到了三个向量共面的知识点，一般地，有：向量 $\vec{a}$，$\vec{b}$，$\vec{c}$ 共面 $\Leftrightarrow \vec{c} = \lambda\vec{a} + \mu\vec{b} \Leftrightarrow \vec{c} \perp \vec{a} \times \vec{b}$．

类题训练

1. 设 $\vec{a} = \vec{i}$，$\vec{b} = \vec{j} - 2\vec{k}$，$\vec{c} = 2\vec{i} - 2\vec{j} + \vec{k}$，求一个单位向量 $\vec{e}$，使 $\vec{e} \perp \vec{c}$，且 $\vec{a}$，$\vec{b}$，$\vec{e}$ 共面．

2. 设 $\vec{a} = (1, 1, 0)$，$\vec{b} = (2, 0, 2)$，向量 $\vec{c}$ 与 $\vec{a}$，$\vec{b}$ 共面，且 $\text{Prj}_{\vec{a}}\vec{c} = \text{Prj}_{\vec{b}}\vec{c} = 3$，求 $\vec{c}$．

3. 设 $\vec{a}=(1,2,\lambda)$，$\vec{b}=(1,1,1)$，$\vec{c}=(2,-2,1)$ 是共面的三个向量，求 λ.

📖 典型例题

3 求过点 $M_1(4,1,2)$ 和 $M_2(-3,5,-1)$ 且垂直于平面 $\pi:6x-2y+3z+7=0$ 的平面方程.

【解法 1】 设所求平面的法向量为 $\vec{n}$，则由已知有 $\vec{n}\perp\overrightarrow{M_1M_2}$，且 $\vec{n}\perp\overrightarrow{n_1}=(6,-2,3)$.

取 $\vec{n}=\overrightarrow{M_1M_2}\times\overrightarrow{n_1}=(6,3,-10)$，故所求平面方程为 $6(x-4)+3(y-1)-10(z-2)=0$，即 $6x+3y-10z-7=0$.

【解法 2】 由已知平面过点 M_1，故可设所求平面方程为
$$A(x-4)+B(y-1)+C(z-2)=0.$$

又由已知所求平面垂直于平面 π，所以有 $(A,B,C)\perp(6,-2,3)$，即 $6A-2B+3C=0$.再由平面过点 M_2，有 $-7A+4B-3C=0$.

联立 $\begin{cases}6A-2B+3C=0,\\-7A+4B-3C=0.\end{cases}$ 解得 $A=-\dfrac{6}{10}C$，$B=-\dfrac{3}{10}C$，代入平面方程，化简即得所求平面方程为 $6x+3y-10z-7=0$.

【解法 3】 利用三个向量共面的充分必要条件.

在所求平面上任取一点 $M(x,y,z)$，则由 $\overrightarrow{M_1M}$，$\overrightarrow{M_1M_2}$ 与 $\overrightarrow{n_1}=(6,-2,3)$ 共面的充分必要条件是 $(\overrightarrow{M_1M}\times\overrightarrow{M_1M_2})\cdot\overrightarrow{n_1}=0$，即
$$\begin{vmatrix} x-4 & y-1 & z-2 \\ -3-4 & 5-1 & -1-2 \\ 6 & -2 & 3 \end{vmatrix}=0,$$
展开即得所求平面方程为 $6x+3y-10z-7=0$.

【解法 4】 利用平面束方程

$\overrightarrow{M_1M_2}=(-7,4-3)$，先求过 M_1，M_2 两点的直线 l 的方程 $\dfrac{x-4}{-7}=\dfrac{y-1}{4}=\dfrac{z-2}{-3}$. 写成一般方程为
$$\begin{cases}\dfrac{x-4}{-7}=\dfrac{y-1}{4},\\[2mm]\dfrac{y-1}{4}=\dfrac{z-2}{-3}.\end{cases}\quad\text{即}\begin{cases}4x+7y-23=0,\\3y+4z-11=0.\end{cases}$$

再设过直线 l 的平面束方程为 $4x+7y-23+\lambda(3y+4z-11)=0$，即

$$4x + (7+3\lambda)y + 4\lambda z - 23 - 11\lambda = 0.$$

于是平面束与已知平面 $\pi : 6x - 2y + 3z + 7 = 0$ 垂直的平面方程应满足

$$(4, 7+3\lambda, 4\lambda) \perp (6, -2, 3),$$

即 $4 \times 6 - 2(7+3\lambda) + 3 \times 4\lambda = 0$，解得 $\lambda = -\dfrac{5}{3}$. 故所求平面方程为 $4x + 2y - \dfrac{20}{3}z - \dfrac{14}{3} = 0$，即 $6x + 3y - 10z - 7 = 0$.

✳ 特别提示　求平面的方程，关键在于确定平面的法向量 $\vec{n}$. 平面方程有四种形式.

(1) 平面的点法式方程：设平面 π 经过一点 $M_0(x_0, y_0, z_0)$，且一个法向量为 $\vec{n} = (A, B, C)$，则该平面的方程为 $A(x-x_0) + B(y-y_0) + C(z-z_0) = 0$.

(2) 平面的一般式方程：$Ax + By + Cz + D = 0$，其法向量 $\vec{n} = (A, B, C)$. 特别地，当 $D = 0$ 时，$Ax + By + Cz = 0$ 表示一个通过原点的平面；当 $A = 0$ 时，$By + Cz + D = 0$ 表示一个平行于 x 轴的平面；当 $A = 0$，$D = 0$ 时，$By + Cz = 0$ 表示过 x 轴的平面；当 $A = B = 0$ 时，$Cz + D = 0$ 表示一个平行于 xOy 平面的平面.

(3) 平面的截距式方程：设平面在 x, y, z 轴上的截距分别为 a, b, c（$a \cdot b \cdot c \neq 0$），则该平面的方程为 $\dfrac{x}{a} + \dfrac{y}{b} + \dfrac{z}{c} = 1$.

(4) 平面的三点式方程：设平面经过不在同一直线上的三点 $M_i(x_i, y_i, z_i)$（$i = 1, 2, 3$），则该平面的法向量可取为 $\vec{n} = \overrightarrow{M_1M_2} \times \overrightarrow{M_1M_3}$，然后由点法式可写出该平面的方程.

♲ 类题训练

1. 求平行于 y 轴，且经过点 $P(4,2,-2)$ 和 $Q(5,1,7)$ 的平面方程.

2. 一平面过点 $A(2,4,-3)$ 且通过 Oz 轴，求此平面方程.

3. 一平面过点 $P(2,1,-1)$ 且在 x 轴和 y 轴上的截距分别为 2 和 1，求此平面方程.

📖 典型例题

4　求通过两平面 $\pi_1: 2x + y - z - 2 = 0$ 和平面 $\pi_2: 3x - 2y - 2z + 1 = 0$ 的交线，且与平面 $\pi_3: 3x + 2y + 3z - 6 = 0$ 垂直的平面方程.

【解法 1】　设过两平面 π_1 与 π_2 交线的平面束方程为

$$(2x + y - z - 2) + \lambda(3x - 2y - 2z + 1) = 0,$$

即 $(2+3\lambda)x+(1-2\lambda)y+(-1-2\lambda)z-2+\lambda=0$, 其中 λ 为待定常数.

由已知该平面与平面 π_3 垂直, 于是有 $(2+3\lambda,1-2\lambda,-1-2\lambda)\cdot(3,2,3)=0$, 即 $3(2+3\lambda)+2(1-2\lambda)+3(-1-2\lambda)=0$, 解得 $\lambda=5$. 代入平面束方程, 即得所求平面方程为 $17x-9y-11z+3=0$.

【解法2】 取 $z_0=0$, 代入平面 π_1 平面 π_2 的交线方程, 得

$$\begin{cases} 2x+y-2=0, \\ 3x-2y+1=0. \end{cases} \quad 解得 \quad x_0=\frac{3}{7}, \quad y_0=\frac{8}{7}.$$

即 $\left(\dfrac{3}{7},\dfrac{8}{7},0\right)$ 是平面 π_1 与平面 π_2 交线上的一点.

又设所求平面的法向量为 $\bar{n}$, 由已知, 有 $\bar{n}\perp(3,2,3)$, $\bar{n}\perp(2,1,-1)\times(3,-2,-2)$.

取 $\bar{n}=(3,2,3)\times((2,1,-1)\times(3,-2,-2))=(-17,9,11)$. 故所求平面的方程为

$$-17\left(x-\frac{3}{7}\right)+9\left(y-\frac{8}{7}\right)+11(z-0)=0, \quad 即 \quad 17x-9y-11z+3=0.$$

【解法3】 设所求平面 π 的方程为 $Ax+By+Cz+D=0$, 则由已知, 有

$$\bar{n}=(A,B,C)\perp(3,2,3), \quad \bar{n}\perp(2,1,-1)\times(3,-2,-2).$$

而 $(2,1-1)\times(3,-2,-2)=\begin{vmatrix} \vec{i} & \vec{j} & \vec{k} \\ 2 & 1 & -1 \\ 3 & -2 & -2 \end{vmatrix}=-4\vec{i}+\vec{j}-7\vec{k}$, 于是有 $\begin{cases} 3A+2B+3C=0, \\ -4A+B-7C=0. \end{cases}$ 解得

$$A=-\frac{17}{11}C, \quad B=\frac{9}{11}C.$$

又类似于解法2, 在平面 π_1 与 π_2 的交线上任取一点, 如 $\left(\dfrac{3}{7},\dfrac{8}{7},0\right)$, 它满足平

面 π 的方程, 于是有 $\dfrac{3}{7}A+\dfrac{8}{7}B+D=0$, 解得 $D=-\dfrac{3}{11}C$. 故所求平面 π 的方程为

$$-\frac{17}{11}Cx+\frac{9}{11}Cy+Cz-\frac{3}{11}C=0, \quad 即 \quad 17x-9y-11z+3=0.$$

✦ 特别提示　解法1中用到了平面束方程的概念. 一般地, 设直线 l 由方程组 $\begin{cases} A_1x+B_1y+C_1z+D_1=0, \\ A_2x+B_2y+C_2Z+D_2=0 \end{cases}$ 所确定, 其中系数 A_1,B_1,C_1 与 A_2,B_2,C_2 不成比例, 则方程 $A_1x+B_1y+C_1z+D_1+\lambda(A_2x+B_2y+C_2z+D_2)=0$ (其中 λ 为任意常数) 表示通过直线 l 的平面束方程 (通过直线 l 的任何平面, 除平面 $A_2x+B_2y+C_2z+D_2=0$ 外). 利用平面束方程解题有时非常方便.

♻ **类题训练**

1. 求过点 $M(1,-2,3)$ 和两平面 $2x-3y+z=3$ 及 $x+3y+2z+1=0$ 的交线的平面方程.

2. 求由平面 $\pi_1:2x-y+2z-6=0$ 和平面 $\pi_2:9x+2y-6z+11=0$ 所构成的二面角的平分面的方程.

📖 **典型例题**

5 求过点 $M(3,1,-2)$ 且通过直线 $l:\dfrac{x-4}{5}=\dfrac{y+3}{2}=\dfrac{z}{1}$ 的平面方程.

【解法1】 由题设知,直线 l 经过点 $N(4,-3,0)$,且方向向量为 $\vec{S}=(5,2,1)$.

设所求平面的法向量为 $\vec{n}=(A,B,C)$,则有 $\vec{n}\perp\overrightarrow{MN}$,$\vec{n}\perp\vec{S}$,于是得 $\begin{cases}\vec{n}\cdot\overrightarrow{MN}=0,\\ \vec{n}\cdot\vec{S}=0.\end{cases}$

即 $\begin{cases}A-4B+2C=0,\\ 5A+2B+C=0.\end{cases}$ 解得 $A=-\dfrac{4}{11}C$,$B=\dfrac{9}{22}C$.

故所求平面方程为

$$A(x-3)+B(y-1)+C(z+2)=0,\ \text{即}\ -8x+9y+22z+59=0.$$

【解法2】 如上,设所求平面的法向量为 $\vec{n}$,则 $\vec{n}\perp\overrightarrow{MN}$,$\vec{n}\perp\vec{s}$.

取 $\vec{n}=\overrightarrow{MN}\times\vec{s}=-8\vec{i}+9\vec{j}+22\vec{k}$,故所求平面方程为

$$-8(x-3)+9(y-1)+22(z+2)=0,\ \text{即}\ -8x+9y+22z+59=0.$$

【解法3】 由题设知,直线 l 经过点 $N(4,-3,0)$,且方向向量为 $\vec{s}=(5,2,1)$.在平面上任取一点 $P(x,y,z)$,则向量 $\overrightarrow{MP}$,$\overrightarrow{MN}$ 与 $\vec{s}=(5,2,1)$ 共面,于是 $\left[\overrightarrow{MP},\overrightarrow{MN},\vec{s}\right]=0$,

即 $\begin{vmatrix} x-3 & y-1 & z+2 \\ 1 & -4 & 2 \\ 5 & 2 & 1 \end{vmatrix}=0$,化简得 $-8x+9y+22z+59=0$.

【解法4】 由题设知,直线 l 经过点 $N(4,-3,0)$,且方向向量为 $\vec{s}=(5,2,1)$.

设所求平面方程为 $Ax+By+Cz+D=0$,则由平面过点 $M(3,1,-2)$ 及 $N(4,-3,0)$,且法向量 $\vec{n}=(A,B,C)\perp\vec{s}$,得

$$\begin{cases}3A+B-2C+D=0,\\ 4A-3B+D=0,\\ 5A+2B+C=0.\end{cases}$$

解得 $A=-\dfrac{4}{11}C$,$B=\dfrac{9}{22}C$,$D=\dfrac{59}{22}C$.

故所求平面方程为 $-8x+9y+22z+59=0$.

⊛ **特别提示** 解法1和解法2通过确定平面的法向量求得了平面方程, 解法3通过三个向量共面的方法求得平面方程, 解法4由平面方程的一般式结合已知条件求得平面方程.

♻ **类题训练**

1. 求通过两平行直线 $\dfrac{x+1}{2}=\dfrac{y-2}{3}=\dfrac{z+3}{2}$ 和 $\dfrac{x-3}{2}=\dfrac{y+3}{3}=\dfrac{z-1}{2}$ 的平面方程.

2. 求通过直线 $\dfrac{x}{2}=\dfrac{y}{-1}=\dfrac{z-1}{2}$ 且平行于直线 $\dfrac{x-1}{0}=\dfrac{y}{1}=\dfrac{z}{-1}$ 的平面方程.

3. 求过点 $(1,2,1)$ 且与两直线 $\begin{cases} x+2y-z+1=0, \\ x-y+z-1=0 \end{cases}$ 和 $\begin{cases} 2x-y+z=0, \\ x-y+z=0 \end{cases}$ 平行的平面的方程.

📖 **典型例题**

6 设一平面垂直于平面 $z=0$ 且通过 $M_0(1,1,1)$ 到直线 $l:\begin{cases} y-z+1=0, \\ z=0 \end{cases}$ 的垂线, 求此平面的方程.

【**解法1**】 首先求点 M_0 到直线 l 的垂线 l_1 的方程

因为直线 l 的方向向量为 $\vec{S}=(0,1,-1)\times(0,0,1)=(1,0,0)$, 取 $\overrightarrow{n_1}=\vec{S}$, 所以过点 M_0 且垂直于直线 l 的平面 π_1 的方程为 $x-1=0$.

再求直线 l 与平面 π_1 的交点 M_1, 即由 $\begin{cases} y-z+1=0, \\ z=0, \\ x=1 \end{cases}$ 得 $M_1(1,-1,0)$, 于是由两点式得垂线 l_1 的方程为 $\dfrac{x-1}{0}=\dfrac{y-1}{-2}=\dfrac{z-1}{-1}$, 即 $\begin{cases} x-1=0, \\ y-2z+1=0. \end{cases}$

其次写出过垂线 l_1 的平面束方程, 并从中求出与平面 $z=0$ 垂直的平面方程, 则该方程即为所求.

设过垂线 l_1 的平面束方程为 $\lambda(x-1)+\mu(y-2z+1)=0$, 因为与平面 $z=0$ 垂直, 所以 $(\lambda,\mu,-2\mu)\cdot(0,0,1)=-2\mu=0$, 即 $\mu=0$. 故所求平面方程为 $x-1=0$.

【**解法2**】 由已知, 直线 l 的方向向量为 $\vec{S}=(0,1,-1)\times(0,0,1)=(1,0,0)$. 如解法1, 求得点 M_0 到直线 l 的垂线 l_1 的方向向量为 $\overrightarrow{S_1}=(0,-2,-1)$. 不妨设所求平面的方程为 $Ax+By+Cz+D=0$, 记 $\vec{n}=(A,B,C)$, 由已知, 有 $\vec{n}\cdot\vec{k}=0$, M_0 满足

平面方程，$\vec{n} \cdot \overline{S_1} = 0$，从而得 $C = 0$，$A + B + C + D = 0$，$-2B - C = 0$，解得 $B = 0$，$C = 0$，$A = -D$. 故所求平面方程为 $x - 1 = 0$.

【解法 3】 如解法 1，求得点 M_0 到直线 l 的垂线 l_1 的方向向量为 $\overline{S_1} = (0, -2, -1)$. 在垂线 l_1 上任取一点 $(1, 0, -1)$，且设所求平面的法向量为 $\vec{n}$，则 $\vec{n} \perp \overline{S_1}$，且 $\vec{n} \perp \overline{n_1} = (0, 0, 1)$.

取 $\vec{n} = \overline{S_1} \times \overline{n_1} = (2, 0, 0)$，故所求平面的方程为 $2(x - 1) = 0$，即 $x - 1 = 0$.

特别提示 以上解法中都需要先求出点 M_0 到直线 l 的垂线的方向向量 $\overline{S_1}$，其后，解法 1 利用平面束方程求解更为简洁.

类题训练

1. 设一平面垂直于平面 $z = 0$ 且通过从点 $M(1, -1, 1)$ 到直线 $\begin{cases} y - z + 1 = 0, \\ x = 0 \end{cases}$ 的垂线，求此平面的方程.

2. 求直线 $l_1: \dfrac{x - 3}{2} = y = \dfrac{z - 1}{0}$ 与直线 $l_2: \dfrac{x + 1}{1} = \dfrac{y - 2}{0} = z$ 的公垂线.

典型例题

7 求过点 $M(2, 1, 0)$，且与直线 $l_1: \dfrac{x - 5}{3} = \dfrac{y}{2} = \dfrac{z + 5}{-2}$ 垂直相交的直线方程.

【解法 1】 设所求直线 l 的方向向量为 $\vec{S} = (m, n, p)$，则由已知，直线 l_1 经过点 $P(5, 0, -5)$，且其方向向量为 $\overline{S_1} = (3, 2, -2)$.

记由已知直线 l_1 与 $\overrightarrow{MP} = (3, -1, -5)$ 所确定的平面为 π，则它的一个法向量为 $\vec{n} = \overrightarrow{MP} \times \overline{S_1} = (12, -9, 9)$. 因为直线 l 在平面 π 上，所以 $\vec{S} \perp \overline{S_1}$ 且 $\vec{S} \perp \vec{n}$，故可取 $\vec{S} = \vec{n} \times \overline{S_1} = (0, -51, -51)$，则所求直线 l 的方程为 $\dfrac{x - 2}{0} = \dfrac{y - 1}{1} = \dfrac{z}{1}$.

【解法 2】 同解法 1，$\vec{S} \perp \overline{S_1}$ 且 $\vec{S} \perp \vec{n}$，于是有 $\vec{S} \cdot \overline{S_1} = 0$，$\vec{S} \cdot \vec{n} = 0$，即 $\begin{cases} 4m - 3n + 3p = 0, \\ 3m + 2n - 2p = 0. \end{cases}$ 解得 $m = 0$，$n = p$. 故所求直线方程为 $\dfrac{x - 2}{0} = \dfrac{y - 1}{1} = \dfrac{z}{1}$.

【解法 3】 因为直线 l 与已知直线 l_1 垂直相交，所以直线 l 与 l_1 共面，即向量 $\vec{S}$，$\overrightarrow{MP}$，$\overline{S_1}$ 的混合积为 0，亦即 $\begin{vmatrix} m & n & p \\ 3 & -1 & -5 \\ 3 & 2 & -2 \end{vmatrix} = 0$，展开即得 $4m - 3n + 3p = 0$. 其中 $\vec{S} = (m, n, p)$，$\overline{S_1} = (3, 2, -2)$，$P(5, 0, -5)$.

又由直线 $l \perp l_1$，可得 $\vec{S} \perp \vec{S_1}$，从而 $\vec{S} \cdot \vec{S_1} = 0$，即有 $3m + 2n - 2p = 0$. 联立上述两个方程，求得 $m = 0$，$n = p$. 故所求直线方程为 $\dfrac{x-2}{0} = \dfrac{y-1}{1} = \dfrac{z}{1}$.

【解法 4】 设过点 $M(2,1,0)$ 且与已知直线 l_1 垂直的平面为 π_1，则可取平面 π_1 的法向量 $\vec{n} = \vec{S_1} = (3,2,-2)$，平面 π_1 的方程为 $3(x-2) + 2(y-1) - 2z = 0$，即 $3x + 2y - 2z - 8 = 0$. 显然所求直线 l 在平面 π_1 上，垂足 $M_0(x_0, y_0, z_0)$ 的坐标满足平面 π_1 的方程，于是有 $\begin{cases} 3x_0 + 2y_0 - 2z_0 - 8 = 0, \\ \dfrac{x_0 - 5}{3} = \dfrac{y_0}{2} = \dfrac{z_0 + 5}{-2} = t. \end{cases}$ 解得 $t = -1$，$x_0 = 2$，$y_0 = -2$，$z_0 = -3$，即 $M_0(2, -2, -3)$.

取 $\vec{S} = \overrightarrow{MM_0} = (0, -3, -3)$，故所求直线 l 的方程为 $\dfrac{x-2}{0} = \dfrac{y}{-3} = \dfrac{z}{-3}$.

【解法 5】 设所求直线 l 与已知直线 l_1 的交点为 $M_0(x_0, y_0, z_0)$，则由两点式方程可得直线 l 的方程为 $\dfrac{x-2}{x_0 - 2} = \dfrac{y-1}{y_0 - 1} = \dfrac{z-0}{z_0 - 0}$. 因为 M_0 在 l_1 上，所以满足直线 l_1 的方程，即 $\dfrac{x_0 - 5}{3} = \dfrac{y_0}{2} = \dfrac{z_0 + 5}{-2}$. 令 $\dfrac{x_0 - 5}{3} = \dfrac{y_0}{2} = \dfrac{z_0 + 5}{-2} = t$，则得参数方程

$$\begin{cases} x_0 = 5 + 3t, \\ y_0 = 2t, \\ z_0 = -5 - 2t. \end{cases}$$

于是 $\overrightarrow{MM_0} = (3t+3, 2t-1, -2t-5)$，直线 l 的方向向量为 $\vec{S} = (x_0 - 2, y_0 - 1, z_0)$. 因为直线 $l \perp l_1$，所以可得 $\vec{S} \cdot \vec{S_1} = 0$，即 $3(x_0 - 2) + 2(y_0 - 1) - 2z_0 = 0$.

将 $\begin{cases} x_0 = 5 + 3t, \\ y_0 = 2t, \\ z_0 = -5 - 2t \end{cases}$ 代入上式得 $x_0 = 2, y_0 = -2, z_0 = -3, t = -1$. 故所求直线方程为

$\dfrac{x-2}{0} = \dfrac{y-1}{-3} = \dfrac{z}{-3}$.

【解法 6】 由已知直线 l_1 经过点 $P(5, 0, -5)$，且其方向向量为 $\vec{S_1} = (3, 2, -2)$，则过点 $M(2,1,0)$ 且与已知直线 l_1 垂直的平面 π_1 的方程为 $3(x-2) + 2(y-1) - 2z = 0$，即 $3x + 2y - 2z - 8 = 0$. 又设由已知直线 l_1 与向量 $\overrightarrow{MP}$ 所确定的平面为 π_2，则取它的一个法向量 $\vec{n} = \overrightarrow{MP} \times \vec{S_1} = (12, -9, 9)$，可得平面 π_2 方程为 $-4(x-2) + 3(y-1) - 3z = 0$，即 $4x - 3y + 3z - 5 = 0$. 将上述两个平面联立，即得所求直线的

一般式方程：$\begin{cases} 3x + 2y - 2z - 8 = 0, \\ 4x - 3y + 3z - 5 = 0. \end{cases}$

特别提示　以上从多个角度给出了该题的求解方法. 解法 6 给出了所求直线的一般式方程, 它的表示形式不唯一, 可转化为直线的对称式方程.

类题训练

1. 求过点 $M(4,-1,3)$ 且与直线 $\dfrac{x+1}{2}=y-1=\dfrac{z-1}{3}$ 垂直相交的直线方程.

2. 求过点 $M(2,1,3)$ 且与直线 $\dfrac{x+1}{3}=\dfrac{y-1}{2}=\dfrac{z}{-1}$ 垂直相交的直线方程.

典型例题

8　求过点 $N(-1,2,-3)$ 且平行于平面 $6x-2y-3z+6=0$, 又与直线 l_1:
$\dfrac{x-1}{3}-\dfrac{y+1}{2}=\dfrac{z-3}{-5}$ 相交的直线 l 的方程.

【解法 1】　设所求直线 l 的方向向量为 $\vec{S}$, 已知平面的法向量 $\vec{n}=(6,-2,-3)$, 因为直线 l 与平面平行, 所以 $\vec{S}\perp\vec{n}$. 又直线 l_1 的方向向量为 $\vec{S_1}=(3,2,-5)$, 经过点 $M(1,-1,3)$, 直线 l 过点 N 且与直线 l_1 相交, 所以 $\overrightarrow{NM}$, $\vec{S}$ 与 $\vec{S_1}$ 共面, 从而有 $\vec{S}\perp\overrightarrow{NM}\times\vec{S_1}$. 故取 $\vec{S}=\vec{n}\times\left(\overrightarrow{NM}\times\vec{S_1}\right)=(58,-87,174)=29(2,-3,6)$, 则所求直线 l 的方程为 $\dfrac{x+1}{2}=\dfrac{y-2}{-3}=\dfrac{z+3}{6}$.

【解法 2】　设所求直线 l 的方程为 $\begin{cases} x=-1+lt, \\ y=2+mt, \\ z=-3+nt. \end{cases}$ 方向向量 $\vec{S}=(l,m,n)$, 平面的法向量 $\vec{n}=(6,-2,-3)$. 由已知直线 l 与平面平行, 所以 $\vec{n}\perp\vec{S}$, 从而有 $\vec{n}\cdot\vec{S}=0$, 即 $6l-2m-3n=0$.

又因为直线 l 与直线 l_1 相交, 所以 $\dfrac{-2+lt}{3}=\dfrac{3+mt}{2}=\dfrac{-6+nt}{-5}$, 于是由

$\begin{cases} \dfrac{-2+lt}{3}=\dfrac{3+mt}{2}, \\ \dfrac{3+mt}{2}=\dfrac{-6+nt}{-5}, \end{cases}$ 得 $56m+26n+6l=0$. 联立 $\begin{cases} 6l-2m-3n=0, \\ 6l+56m+26n=0. \end{cases}$ 解得 $m=-\dfrac{1}{2}n$, $l=\dfrac{1}{3}n$.

令 $n=6$, 则得 $m=-3$, $l=2$, 故所求直线 l 的方程为 $\begin{cases} x=-1+2t, \\ y=2-3t, \\ z=-3+6t, \end{cases}$

即 $\dfrac{x+1}{2}=\dfrac{y-2}{-3}=\dfrac{z+3}{6}$.

【解法 3】　设直线 l 与直线 l_1 的交点的坐标为 $P(x_0,y_0,z_0)$ ，则直线 l 的方向向量可取为 $\vec{S}=\overrightarrow{NP}=(x_0+1,y_0-2,z_0+3)$ ．又因为直线 l 平行于平面 $6x-2y-$

$3z+6=0$ ，且点 P 在直线 l_1 上，所以有 $\begin{cases}6(x_0+1)-2(y_0-2)-3(z_0+3)=0,\\ \dfrac{x_0-1}{3}=\dfrac{y_0+1}{2}=\dfrac{z_0-3}{-5}\triangleq t.\end{cases}$　解得

$t=0$ ，$x_0=1$ ，$y_0=-1$ ，$z_0=3$ ．于是得 $\vec{S}=(2,-3,6)$ ，故直线 l 的方程为 $\dfrac{x+1}{2}=$

$\dfrac{y-2}{-3}=\dfrac{z+3}{6}$ ．

【解法 4】　设直线 l 上任意一点 D 的坐标为 (x,y,z) ，则经过点 N 且与已知平面平行的平面方程为 $6(x+1)-2(y-2)-3(z+3)=0$ ．

又直线 l_1 的方向向量为 $\overrightarrow{S_1}=(3,2,-5)$ ，且经过点 $M(1,-1,3)$ ，所以向量

$\overrightarrow{NM}$ ，$\overrightarrow{ND}$ 与 $\overrightarrow{S_1}$ 共面，且 N,M,D 所在的平面方程为 $\begin{vmatrix}x+1 & y-2 & z+3\\ 2 & -3 & 6\\ 3 & 2 & -5\end{vmatrix}=0$ ，即

$3(x+1)+28(y-2)+13(z+3)=0$ ．故所求直线 l 的方程即为上述所得两平面的交线：

$$\begin{cases}6(x+1)-2(y-2)-3(z+3)=0,\\ 3(x+1)+28(y-2)+13(z+3)=0.\end{cases}\text{即}\begin{cases}6x-2y-3z+1=0,\\ 3x+28y+13z-14=0.\end{cases}$$

【解法 5】　过 N 点作与已知平面平行的平面 π_1 的方程为

$$6(x+1)-2(y-2)-3(z+3)=0,\text{即}6x-2y-3z+1=0.$$

再求已知直线 l_1 与该平面 π_1 的交点 P 的坐标：令 $\dfrac{x-1}{3}=\dfrac{y+1}{2}=\dfrac{z-3}{-5}=t$ ，则

$x=1+3t$ ，$y=-1+2t$ ，$z=3-5t$ ，代入平面 π_1 的方程，解得 $t=0$ ，于是得交点 $P(1,-1,3)$ ，从而由 N ，P 两点可确定直线 l 的方向向量 $\vec{S}=\overrightarrow{NP}=(2,-3,6)$ ，故直线 l 的方程为 $\dfrac{x+1}{2}=\dfrac{y-2}{-3}=\dfrac{z+3}{6}$ ．

✿ **特别提示**　求直线的方程，关键是确定直线的方向向量．解法 4 中用到了两直线相交的充分必要条件．一般地，直线 $l_1:\dfrac{x-x_1}{m_1}=\dfrac{y-y_1}{n_1}=\dfrac{z-z_1}{p_1}$ 与直线 $l_2:$

$\dfrac{x-x_2}{m_2}=\dfrac{y-y_2}{n_2}=\dfrac{z-z_2}{p_2}$ 相交的充分必要条件是 $\left[\overrightarrow{M_1M_2},\overrightarrow{S_1},\overrightarrow{S_2}\right]=0$，即

$\begin{vmatrix} x_2-x_1 & y_2-y_1 & z_2-z_1 \\ m_1 & n_1 & p_1 \\ m_2 & n_2 & p_2 \end{vmatrix}=0$，其中 $M_1(x_1,y_1,z_1)$，$M_2(x_2,y_2,z_2)$，$\overrightarrow{S_1}=(m_1,n_1,p_1)$，

$\overrightarrow{S_2}=(m_2,n_2,p_2)$.

♻ 类题训练

1. 求过点 $M_0(-1,0,4)$，平行于平面 $3x-4y+z=10$，且与直线 $x+1=y-3=\dfrac{z}{2}$ 相交的直线方程.

2. 设直线 l 在平面 π：$x+y+z=0$ 上，且与直线 l_1：$\begin{cases} x+y-1=0, \\ x-y+z+1=0 \end{cases}$ 和直线 l_2：$\begin{cases} 2x-y+z-1=0, \\ x+y-z+1=0 \end{cases}$ 都相交，求直线 l 的方程.

3. 设直线过点 $M(2,-1,3)$ 且与直线 $\dfrac{x-1}{2}=\dfrac{y}{-1}=\dfrac{z+2}{1}$ 相交，又平行于平面 $3x-2y+z+5=0$，求该直线的方程.

📖 典型例题

9　求通过点 $M_0(1,1,1)$ 和直线 l_1：$\dfrac{x}{1}=\dfrac{y}{2}=\dfrac{z}{3}$ 相交且垂直于直线 l_2：$\dfrac{x-1}{2}=\dfrac{y-2}{1}=\dfrac{z-3}{4}$ 的直线 l 的方程.

【解法 1】　由题设可知直线 l_1 的方向向量为 $\overrightarrow{S_1}=(1,2,3)$，经过点 $M_1(0,0,0)$；直线 l_2 的方向向量为 $\overrightarrow{S_2}=(2,1,4)$，经过点 $M_2(1,2,3)$.

设所求直线 l 的方向向量为 $\overrightarrow{S}$，由已知直线 l 与直线 l_2 垂直，与直线 l_1 相交，则有 $\overrightarrow{S}\perp\overrightarrow{S_2}$，$\overrightarrow{S}\perp\overrightarrow{S_1}\times\overrightarrow{M_0M_1}$.取 $\overrightarrow{S}=\overrightarrow{S_2}\times\left(\overrightarrow{S_1}\times\overrightarrow{M_0M_1}\right)=(9,2,-5)$，故所求直线 l 的方程为 $\dfrac{x-1}{9}=\dfrac{y-1}{2}=\dfrac{z-1}{-5}$.

【解法 2】　设直线 l 的方向向量为 $\overrightarrow{S}$，直线 l 与直线 l_1 相交的交点 P 的坐标为 (x_1,y_1,z_1)，则 P 点的坐标须满足直线 l_1 的方程，即有 $\dfrac{x_1}{1}=\dfrac{y_1}{2}=\dfrac{z_1}{3}\triangleq k$. 取 $\overrightarrow{S}=\overrightarrow{M_0P}$，因为直线 l 与直线 l_2 垂直，所以 $\overrightarrow{S}\perp\overrightarrow{S_2}=(2,1,4)$，于是 $\overrightarrow{S}\cdot\overrightarrow{S_2}=0$，即得

$2(x_1-1)+(y_1-1)+4(z_1-1)=0$.

联立上述两个方程, 解得 $k=\dfrac{7}{16}$, $x_1=\dfrac{7}{16}$, $y_1=\dfrac{7}{8}$, $z_1=\dfrac{21}{16}$, 从而得 $\vec{S}=$

$(x_1-1,y_1-1,z_1-1)=\left(-\dfrac{9}{16},-\dfrac{2}{16},\dfrac{5}{16}\right)$, 故所求直线 l 的方程为 $\dfrac{x-1}{-\dfrac{9}{16}}=\dfrac{y-1}{-\dfrac{2}{16}}=$

$\dfrac{z-1}{\dfrac{5}{16}}$, 化简得 $\dfrac{x-1}{-9}=\dfrac{y-1}{-2}=\dfrac{z-1}{5}$.

【解法3】 由题设知直线 l_1 的方向向量为 $\vec{S_1}=(1,2,3)$, 经过点 $M_1(0,0,0)$, 直线 l_2 的方向向量为 $\vec{S_2}=(2,1,4)$.

设 $M(x,y,z)$ 为直线 l 上的任一点, 由已知直线 l 与直线 l_1 相交, 且经过 M_0 点, 则 $\overline{M_0M}$, $\overline{M_0M_1}$ 与 $\vec{S_1}$ 共面, 且所共平面 π_1 的方程为 $\begin{vmatrix} x-1 & y-1 & z-1 \\ -1 & -1 & -1 \\ 1 & 2 & 3 \end{vmatrix}=0$, 即

$$-(x-1)+2(y-1)-(z-1)=0, \quad 化简得 \quad -x+2y-z=0.$$

又过 M_0 点且与直线 l_2 垂直的平面 π_2 的方程为 $2(x-1)+(y-1)+4(z-1)=0$, 即 $2x+y+4z-7=0$. 故平面 π_1 与平面 π_2 的交线即为直线 l: $\begin{cases} -x+2y-z=0, \\ 2x+y+4z-7=0. \end{cases}$

【解法4】 先求过 M_0 点且垂直于直线 l_2 的平面 π 的方程: 取 $\vec{n}=\vec{S_2}=(2,1,4)$, 则过点 M_0 且垂直于直线 l_2 的平面 π 的方程为 $2(x-1)+y-1+4(z-1)=0$.

再求直线 l_1 与平面 π 的交点 P: 用直线 l_1 的参数方程, 令 $\dfrac{x}{1}=\dfrac{y}{2}=\dfrac{z}{3}=t$, 则

$x=t$, $y=2t$, $z=3t$, 代入平面 π 的方程, 得 $t=\dfrac{7}{16}$, 于是 P 的坐标为

$P\left(\dfrac{7}{16},\dfrac{7}{8},\dfrac{21}{16}\right)$.

取所求直线 l 的方向向量为 $\vec{S}=\overline{M_0P}=\left(-\dfrac{9}{16},-\dfrac{1}{8},\dfrac{5}{16}\right)$, 则所求直线 l 的方程

为 $\dfrac{x-1}{-\dfrac{9}{16}}=\dfrac{y-1}{-\dfrac{1}{8}}=\dfrac{z-1}{\dfrac{5}{16}}$, 化简得 $\dfrac{x-1}{9}=\dfrac{y-1}{2}=\dfrac{z-1}{-5}$.

特别提示 确定直线的方向向量是求直线方程的关键.直线方程主要有对称式(点向式)、参数式、两点式及一般式等形式. 它们之间可以相互转化. 解法3给出的是一般式方程.

◇ 类题训练

1. 过点 $M_0(1,-2,3)$ 作一条直线, 使其与 oz 轴相交, 且和直线 l_1: $\dfrac{x}{4}=\dfrac{y-3}{3}=\dfrac{z-2}{-2}$ 垂直, 求此直线的方程.

2. 求过点 $(-1,-4,3)$, 且与两直线 l_1: $\begin{cases} 2x-4y+z=1, \\ x+3y=-5 \end{cases}$ 和 l_2: $\begin{cases} x=2+4t, \\ y=-1-t, \\ z=-3+2t \end{cases}$ 都垂直的直线方程.

📖 典型例题

10　求点 $M_0(3,-1,2)$ 到直线 l: $\begin{cases} x+y-z+1=0, \\ 2x-y+z-4=0 \end{cases}$ 的距离.

【解法 1】　在直线 l 上任取一点, 易知点 $A(1,-1,1)$ 在直线 l 上, 且 $\overrightarrow{AM_0}=(2,0,1)$, $\left|\overrightarrow{AM_0}\right|=\sqrt{5}$, 直线 l 的方向向量可取为

$$\vec{S}=(1,1,-1)\times(2,-1,1)=\begin{vmatrix} \vec{i} & \vec{j} & \vec{k} \\ 1 & 1 & -1 \\ 2 & -1 & 1 \end{vmatrix}=(0,-3,-3).$$

又过点 M_0 作直线 l 的垂线, 记垂足为 D, 则 $\left|\overrightarrow{AD}\right|=\left|\mathrm{Prj}_{\vec{S}}\overrightarrow{AM_0}\right|=\dfrac{\left|\overrightarrow{AM_0}\cdot\vec{S}\right|}{\left|\vec{S}\right|}=\dfrac{1}{\sqrt{2}}$. 故点 $M_0(3,-1,2)$ 到直线 l 的距离为 $\left|\overrightarrow{M_0D}\right|=\sqrt{\left|\overrightarrow{AM_0}\right|^2-\left|\overrightarrow{AD}\right|^2}=\dfrac{3}{\sqrt{2}}$.

【解法 2】　不妨取直线 l 上的一点 $A(1,-1,1)$, 则 $\overrightarrow{AM_0}=(2,0,1)$, 直线 l 的方向向量取为 $\vec{S}=(1,1,-1)\times(2,-1,1)=\begin{vmatrix} \vec{i} & \vec{j} & \vec{k} \\ 1 & 1 & -1 \\ 2 & -1 & 1 \end{vmatrix}=(0,-3,-3)$, 于是点 M_0 到直线 l 的距离为 $d=\dfrac{\left|\overrightarrow{AM_0}\times\vec{S}\right|}{\left|\vec{S}\right|}=\dfrac{3}{\sqrt{2}}$.

【解法 3】　过点 M_0 作直线 l 的垂线, 垂足为 $D(x_0,y_0,z_0)$, 因为 D 在直线 l 上, 所以有 $\begin{cases} x_0+y_0-z_0+1=0, \\ 2x_0-y_0+z_0-4=0. \end{cases}$ 又直线 l 的方向向量为 $\vec{S}=(1,1,-1)\times(2,-1,1)=(0,-3,-3)$, $\overrightarrow{DM_0}=(3-x_0,-1-y_0,2-z_0)$. 因为 $\vec{S}\perp\overrightarrow{DM_0}$, 所以 $\vec{S}\cdot\overrightarrow{DM_0}=0$, 即

$3(1+y_0)-3(2-z_0)=0$.

将上述关系式联立，即可求得 $(x_0,y_0,z_0)=\left(1,-\dfrac{1}{2},\dfrac{3}{2}\right)$，从而 $\overrightarrow{DM_0}=\left(2,\dfrac{1}{2},\dfrac{1}{2}\right)$，

故得点 M_0 到直线 l 的距离为 $\left|\overrightarrow{DM_0}\right|=\sqrt{2^2+\left(\dfrac{1}{2}\right)^2+\left(\dfrac{1}{2}\right)^2}=\dfrac{3}{\sqrt{2}}$.

【解法 4】　首先过点 M_0 作一平面 π，使其与直线 l 垂直. 该平面 π 的法向量可取为 $\vec{n}=\vec{S}=(1,1,-1)\times(2,-1,1)=(0,-3,-3)$，于是平面 π 的方程为

$$0\cdot(x-3)-3(y+1)-3(z-2)=0，\quad 即 -3(y+1)-3(z-2)=0.$$

再求平面 π 与直线 l 的交点 D 的坐标：联立平面 π 与直线 l 的方程

$$\begin{cases} -3(y+1)-3(z-2)=0, \\ x+y-z+1=0, \\ 2x-y+z-4=0. \end{cases}$$

解得交点 D 的坐标为 $\left(1,-\dfrac{1}{2},\dfrac{3}{2}\right)$. 故点 M_0 到直线 l 的距离为 $\left|\overrightarrow{DM_0}\right|=\dfrac{3}{\sqrt{2}}$.

【解法 5】　直线 l 的两个相交平面的法向量分别为 $\vec{n_1}=(1,1,-1)$，$\vec{n_2}=(2,-1,1)$. 由于 $\vec{n_1}\cdot\vec{n_2}=0$，所以 $\vec{n_1}\perp\vec{n_2}$，即两个相交平面互相垂直. 而点 M_0 到两平面的距离分别为 $d_1=\dfrac{|1\times3+1\times(-1)+(-1)\times2+1|}{\sqrt{1^2+1^2+(-1)^2}}=\dfrac{1}{\sqrt{3}}$，$d_2=\dfrac{|2\times3+(-1)\times(-1)+1\times2-4|}{\sqrt{2^2+(-1)^2+1^2}}=\dfrac{5}{\sqrt{6}}$，

故点 M_0 到已知直线的距离是 $d=\sqrt{d_1^2+d_2^2}=\dfrac{3}{\sqrt{2}}$.

特别提示　一般地，有点到直线的距离公式：设 M_0 是直线 l 外一点，M 是直线 l 上任意一点，且直线 l 的方向向量为 $\vec{S}$，则点 M_0 到直线 l 的距离 $d=\dfrac{\left|\overrightarrow{M_0M}\times\vec{S}\right|}{\left|\vec{S}\right|}$. 解法 5 是根据已知直线 l 是两个平面的交线，且这两个平面互相垂直而给出的解法，具有一定的特殊性，不适用于一般情况.

类题训练

1. 求原点到直线 $\dfrac{x-2}{3}=\dfrac{y-1}{4}=\dfrac{z-2}{5}$ 的距离.

2. 求点 $M_0(1,-4,5)$ 到直线 $l:\begin{cases} y-z+1=0, \\ x+2z=0 \end{cases}$ 的距离.

3. 求经过向径 $\vec{r_1}=(1,2,-1)$ 和 $\vec{r_2}=(3,-1,2)$ 终点的直线方程，且计算原点到该

直线的距离.

4. 求直线 $l_1 : \begin{cases} x - y = 0, \\ z = 0 \end{cases}$ 与直线 $l_2 : \dfrac{x-2}{4} = \dfrac{y-1}{-2} = \dfrac{z-3}{-1}$ 的距离. (2010 年第二届全国大学生数学竞赛预赛(非数学类)试题)

📖 **典型例题**

11　设直线 $l : \begin{cases} x + y + b = 0, \\ x + a y - z - 3 = 0 \end{cases}$ 在平面 $\pi : 2x - 4y - z + 5 = 0$ 上, 求 a, b 的值.

【解法1】　过直线 l 的平面束方程可设为 $x + y + b + \lambda(x + a y - z - 3) = 0$, 即 $(1+\lambda)x + (1+\lambda a)y - \lambda z + b - 3\lambda = 0$, 其中 λ 为待定常数. 因为直线 l 在平面 π 上, 所以应在上述平面束方程中找与平面 π 重合的平面, 即得 $\dfrac{1+\lambda}{2} = \dfrac{1+\lambda a}{-4} = \dfrac{-\lambda}{-1} = \dfrac{b-3\lambda}{5}$, 解得 $\lambda = 1$, $a = -5$, $b = 8$.

【解法2】　将 $x = -y - b$, $z = x + a y - 3$ 代入平面 π 的方程应得恒等式, 即 $2(-y-b) - 4y - (x + a y - 3) + 5 = (-6-a)y - 2b - x + 8 \equiv 0$, 代入 $x = -y - b$, 化为 $-(a+5)y - b + 8 \equiv 0$, 从而得 $b = 8$, $a = -5$.

【解法3】　直线 l 的方向向量 $\vec{S} = (1,1,0) \times (1,a,-1) = \begin{vmatrix} \vec{i} & \vec{j} & \vec{k} \\ 1 & 1 & 0 \\ 1 & a & -1 \end{vmatrix} = -\vec{i} + \vec{j} + (a-1)\vec{k}$. 因为直线 l 在平面上, 所以 $\vec{S} \perp (2,-4,-1)$, 于是 $\vec{S} \cdot (2,-4,-1) = 0$, 即得 $-2 - 4 - (a-1) = 0$, 解得 $a = -5$. 又由直线 l 的方程 $\begin{cases} x + y + b = 0, \\ x + a y - z - 3 = 0. \end{cases}$ 解得 $x = \dfrac{z+3-5b}{6}$, $y = \dfrac{z+3+b}{-6}$, 于是得 $\dfrac{x+b}{-1} = y = \dfrac{z+3+b}{-6}$, 故点 $(-b, 0, -3-b)$ 在直线 l 上, 也在平面 π 上, 代入平面方程, 有 $2 \times (-b) - 4 \times 0 - (-3-b) + 5 = 0$, 即得 $b = 8$.

【解法4】　直线 l 在平面 π 上的充分必要条件是方程组 $\begin{cases} x + y + b = 0, \\ x + a y - z - 3 = 0, \\ 2x - 4y - z + 5 = 0, \end{cases}$ 即 $\begin{pmatrix} 1 & 1 & 0 \\ 1 & a & -1 \\ 2 & -4 & -1 \end{pmatrix} \begin{pmatrix} x \\ y \\ z \end{pmatrix} = \begin{pmatrix} -b \\ 3 \\ -5 \end{pmatrix}$ 有无穷多个解, 从而其充分必要条件为 $R(\boldsymbol{A}) =$

$R(A|\vec{b}) < 3$. 而

$$(A|\vec{b}) = \begin{pmatrix} 1 & 1 & 0 & -b \\ 1 & a & -1 & 3 \\ 2 & -4 & -1 & -5 \end{pmatrix} \rightarrow \begin{pmatrix} 1 & 1 & 0 & -b \\ 0 & a-1 & -1 & 3+b \\ 0 & -6 & -1 & -5+2b \end{pmatrix} \rightarrow \begin{pmatrix} 1 & 1 & 0 & -b \\ 0 & a+5 & 0 & 8-b \\ 0 & -6 & -1 & -5+2b \end{pmatrix},$$

故必有 $a+5=0$, $8-b=0$, 即 $a=-5$, $b=8$.

✳ **特别提示**　解法 1 用到了平面束方程及两个平面重合的充分必要条件, 解法 4 用到了线性代数中线性方程组 $A\vec{x}=\vec{b}$ 有无穷多个解的充分必要条件是 $R(A)=R(A|\vec{b})<n$, 其中 n 为未知量的个数.

♻ **类题训练**

1. 设直线 $l : \begin{cases} x+y+b=0, \\ x+ay-z-3=0 \end{cases}$ 在平面 π 上, 而平面 π 与曲面 $z=x^2+y^2$ 相切于点 $(1,-2,5)$, 求 a,b 之值. (1997 年硕士研究生入学考试数学(一)试题)

2. 设矩阵 $\begin{pmatrix} a_1 & b_1 & c_1 \\ a_2 & b_2 & c_2 \\ a_3 & b_3 & c_3 \end{pmatrix}$ 满秩, 则直线 $l_1 : \dfrac{x-a_3}{a_1-a_2} = \dfrac{y-b_3}{b_1-b_2} = \dfrac{z-c_3}{c_1-c_2}$ 与直线 $l_2 :$ $\dfrac{x-a_1}{a_2-a_3} = \dfrac{y-b_1}{b_2-b_3} = \dfrac{z-c_1}{c_2-c_3}$ 的位置关系为 ( ).

（A）相交于一点;　（B）异面;　（C）平行但不重合;　（D）重合.

3. 设有直线 $l : \begin{cases} x+3y+2z+1=0, \\ 2x-y-10z+3=0 \end{cases}$ 及平面 $\pi : 2x+5y+2z+a=0$ (a 为常数), 试判定直线 l 与平面 π 的关系.

📖 **典型例题**

12　求直线 $l : \begin{cases} x+y-z-1=0, \\ x-y+z+1=0 \end{cases}$ 在平面 $\pi : x+y+z=0$ 上的投影直线的方程.

【解法 1】　过直线 $l : \begin{cases} x+y-z-1=0, \\ x-y+z+1=0 \end{cases}$ 的平面束的方程为 $(x+y-z-1) + \lambda(x-y+z+1)=0$, 即 $(1+\lambda)x + (1-\lambda)y + (-1+\lambda)z + (-1+\lambda)=0$, 其中 λ 为待定常数.

该平面与平面 π 垂直的充分必要条件是 $(1+\lambda)\cdot 1 + (1-\lambda)\cdot 1 + (-1+\lambda)\cdot 1 = 0$,

即 $\lambda+1=0$ ，得 $\lambda=-1$ ．代入平面束方程即得投影平面的方程为 $2y-2z-2=0$ ，即

$y-z-1=0$ ．故所求投影直线的方程为 $\begin{cases} y-z-1=0, \\ x+y+z=0. \end{cases}$

【解法 2】 直线 l 的方向向量为 $\vec{S}=(1,1-1)\times(1,-1,1)=\begin{vmatrix} \vec{i} & \vec{j} & \vec{k} \\ 1 & 1 & -1 \\ 1 & -1 & 1 \end{vmatrix}=-2\vec{j}-2\vec{k}$ ，

在直线 l 上任取一点，不妨令 $z=0$ ，则由 $\begin{cases} x+y-1=0, \\ x-y+1=0 \end{cases}$ 解得 $x=0$ ，$y=1$ ．于是得

直线 l 上一点 $M(0,1,0)$ ．

再过直线 l 作垂直于已知平面 π 的平面 π_1 ，设其法向量为 $\vec{n_1}$ ，则 $\vec{n_1} \perp \vec{n} =$

$(1,1,1)$ ，$\vec{n_1} \perp \vec{S}$ ，取 $n_1=(1,1,1)\times\vec{S}=\begin{vmatrix} \vec{i} & \vec{j} & \vec{k} \\ 1 & 1 & 1 \\ 0 & -2 & -2 \end{vmatrix}=2\vec{j}-2\vec{k}$ ，于是得平面 π_1 的方程为

$0\cdot(x-0)+2(y-1)-2(z-0)=0$ ，即 $y-z-1=0$ ．故所求投影直线的方程为

$\begin{cases} y-z-1=0, \\ x+y+z=0. \end{cases}$

【解法 3】 在直线 l 上任取两个不同点，不妨取 $P_1(0,0,-1)$ ，$P_2(0,1,0)$ ，分别

过 P_1 ，P_2 两点作平面 π ：$x+y+z=0$ 的垂线 l_1 ，l_2 ：

$$l_1: \frac{x}{1}=\frac{y}{1}=\frac{z+1}{1}; \quad l_2: \frac{x}{1}=\frac{y-1}{1}=\frac{z}{1}.$$

不妨设垂线 l_1 ，l_2 与平面 π 的交点分别为 A ，B ，令 $\frac{x}{1}=\frac{y}{1}=\frac{z+1}{1}=t$ ，则 $x=t$ ，

$y=t$ ，$z=-1+t$ ，代入平面 π 的方程，得 $t=\frac{1}{3}$ ，于是得 A 的坐标为 $A\left(\frac{1}{3},\frac{1}{3},-\frac{2}{3}\right)$ ．

同理得 $B\left(-\frac{1}{3},\frac{2}{3},-\frac{1}{3}\right)$ ，$\overrightarrow{AB}=\left(-\frac{2}{3},\frac{1}{3},\frac{1}{3}\right)$ ．故投影直线的方程为

$$\frac{x-\frac{1}{3}}{-\frac{2}{3}}=\frac{y-\frac{1}{3}}{\frac{1}{3}}=\frac{z+\frac{2}{3}}{\frac{1}{3}}, \quad 即 \frac{x-\frac{1}{3}}{-2}=y-\frac{1}{3}=z+\frac{2}{3}.$$

⚡ **特别提示** 解法 1 和解法 2 给出的是投影直线的一般方程，解法 3 给出的是投影直线的点向式方程，两者可以相互转化．

◆ 类题训练

1. 求直线 $\begin{cases} 2x - 4y + z = 0, \\ 3x - y - 2z - 9 = 0 \end{cases}$ 在平面 $4x - y + z = 1$ 上的投影直线的方程.

2. 求直线 $\begin{cases} 2x - y + z = 0, \\ x - y - 6z - 9 = 0 \end{cases}$ 在平面 $x - y + z = 1$ 上的投影直线的方程, 并求该直线与平面之间的夹角.

3. 求直线 $l: \dfrac{x-1}{1} = \dfrac{y}{1} = \dfrac{z-1}{-1}$ 在平面 $\pi: x - y + 2z - 1 = 0$ 上的投影直线 l_0 的方程, 确定 l_0 绕 Oy 轴旋转一周所成曲面的方程. (1998 年硕士研究生入学考试数学(一)试题)

4. 曲线 $L_1: y = \dfrac{1}{3}x^3 + 2x$ $(0 \leqslant x \leqslant 1)$ 绕直线 $L_2: y = \dfrac{4}{3}x$ 旋转所生成的旋转曲面的面积为 ___ . (2016 年第八届全国大学生数学竞赛预赛(非数学类)试题)

5. 设薄片型物体 S 是圆锥面 $z = \sqrt{x^2 + y^2}$ 被柱面 $z^2 = 2x$ 割下的有限部分, 其上任一点的密度为 $\mu(x, y, z) = 9\sqrt{x^2 + y^2 + z^2}$. 记圆锥面与柱面的交线为 C, (i)求 C 在 xOy 平面上的投影曲线的方程; (ii)求 S 的质量 M. (2017 年硕士研究生入学考试数学(一)试题)

第7章 微 分 方 程

 一、经典习题选编

1 求微分方程 $\tan x \cdot \dfrac{\mathrm{d}y}{\mathrm{d}x} - y = 5$ 的通解.

2 求微分方程 $xy' + y - \mathrm{e}^x = 0$ 满足初始条件 $y\big|_{x=2} = \mathrm{e}^2$ 的特解.

3 求微分方程 $y' = \dfrac{y}{x} + \dfrac{x}{y}$ 的通解.

4 求微分方程 $\dfrac{\mathrm{d}y}{\mathrm{d}x} = \dfrac{1}{3x + 2y}$ 的通解.

5 求微分方程 $\left(\sin y - y\mathrm{e}^{-x}\right)\mathrm{d}x + \left(x\cos y + \mathrm{e}^{-x}\right)\mathrm{d}y = 2x\mathrm{d}x$ 的通解.

6 求微分方程 $xy' + 2y = 4\ln x$ 的通解.

7 求微分方程 $y\mathrm{d}x + \left(y - x\right)\mathrm{d}y = 0$ 的通解.

8 已知函数 $y = \mathrm{e}^x - \mathrm{e}^{-x}$ 是某个一阶非齐次线性微分方程 $\dfrac{\mathrm{d}y}{\mathrm{d}x} + ay = k\mathrm{e}^x$ 的特解,求该微分方程.

9 设二阶常系数非齐次线性微分方程 $y'' + ay' + by = k\mathrm{e}^x$ 的一个特解为 $y = \mathrm{e}^{2x} + (1+x)\mathrm{e}^x$,试确定 a, b, k,并求该方程的通解.(1993 年硕士研究生入学考试数学(三)试题)

10 设 $y = \mathrm{e}^x\left(C_1\sin x + C_2\cos x\right)$ (C_1, C_2 为任意常数)为某二阶常系数齐次线性微分方程的通解,求该微分方程.

11 已知 $y_1 = x$, $y_2 = x + \sin x$, $y_3 = \mathrm{e}^x + x$ 为某个二阶非齐次线性微分方程的三个特解,求该微分方程,并求其通解.

12 求微分方程 $y'' - 3y' + 2y = 2x\mathrm{e}^x$ 的通解.(2010 年硕士研究生入学考试数学(一)试题)

13 求微分方程 $y'' - y' = 2\sin x$ 的通解.

14 求微分方程 $y'' - 2y' + y = \dfrac{\mathrm{e}^x}{x}$ 的通解.

15 求微分方程 $yy'' = 2y'^2$ 的通解.

16 求微分方程 $xy'' + y' = 5x$ 的通解.

17 求微分方程 $(1 + x^2)y'' = 2xy'$ 满足初始条件 $y(0) = 1$，$y'(0) = 3$ 的特解.

18 求微分方程 $y'' - y'^2 = 1$ 的通解.

19 求微分方程 $x^2y'' - 2xy' + 2y = 2x^3$ 的通解.

20 求微分方程 $2y''' - 3y'' + y' = 0$ 的通解，并求满足初始条件 $y(0) = 6$，$y'(0) = 3$，$y''(0) = 2$ 的特解.

21 求微分方程 $y''' + y'' = x^2 + 1$ 的通解.

22 求微分方程 $y''' - \dfrac{1}{x}y'' = x$ 的通解. (第十七届北京市数学竞赛试题)

23 设非负函数 $y = y(x)$ $(x \geqslant 0)$ 满足微分方程 $xy'' - y' + 2 = 0$，当曲线 $y = y(x)$ 过原点时，其与直线 $x = 1$ 及 $y = 0$ 围成平面区域 D 的面积为 2，求 D 绕 y 轴旋转所得旋转体的体积. (2009 年硕士研究生入学考试数学(二)试题)

24 设曲线 $y = f(x)$，其中 $f(x)$ 是可导函数，且 $f(x) > 0$. 已知曲线 $y = f(x)$ 与直线 $y = 0$，$x = 1$ 及 $x = t$ $(t > 1)$ 所围成的曲边梯形绕 x 轴旋转一周所得的立体体积是该曲边梯形面积的 πt 倍，求该曲线的方程. (2009 年硕士研究生入学考试数学(三)试题)

25 设 $\left[xy(x + y) - f(x) \cdot y\right]\mathrm{d}x + \left[f'(x) + x^2y\right]\mathrm{d}y = 0$ 为一全微分方程，其中 $f(x)$ 具有二阶连续导数，且 $f(0) = 0$，$f'(0) = 1$，求 $f(x)$ 及该全微分方程的通解.

26 设函数 $y = f(x)$ 由参数方程 $\begin{cases} x = 2t + t^2, \\ y = \psi(t) \end{cases}$ $(t > -1)$ 所确定，且 $\dfrac{\mathrm{d}^2 y}{\mathrm{d}x^2} = \dfrac{3}{4(1 + t)}$，其中 $\psi(t)$ 具有二阶导数，曲线 $y = \psi(t)$ 与 $y = \displaystyle\int_1^{t^2} \mathrm{e}^{-u^2}\mathrm{d}u + \dfrac{3}{2\mathrm{e}}$ 在 $t = 1$ 处相切，求函数 $\psi(t)$. (2010 年第二届全国大学生数学竞赛预赛(非数学类)试题)

27 设 $\varphi(x)$ 连续，且 $\varphi(x) + \displaystyle\int_0^x (x - u)\varphi(u)\mathrm{d}u = \mathrm{e}^x + 2x\int_0^1 \varphi(xu)\mathrm{d}u$，求 $\varphi(x)$.

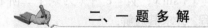

二、一 题 多 解

📖 **典型例题**

1 求微分方程 $\tan x \cdot \dfrac{\mathrm{d}y}{\mathrm{d}x} - y = 5$ 的通解.

【解法1】 视作可分离变量的微分方程

原方程化简为 $\dfrac{\mathrm{d}y}{y+5} = \dfrac{\mathrm{d}x}{\tan x}$，两边积分，得 $\ln(y+5) = \ln\sin x + \ln C$，即

$y+5 = C\sin x$，其中 C 为任意常数.

【**解法 2**】 视作一阶非齐次线性微分方程，由通解公式

原方程化为 $\dfrac{\mathrm{d}y}{\mathrm{d}x} - \cot x \cdot y = 5\cot x$，由公式得通解为

$$y = \mathrm{e}^{\int \cot x \mathrm{d}x} \cdot \left[\int 5\cot x \cdot \mathrm{e}^{-\int \cot x \mathrm{d}x} \mathrm{d}x + C \right] = \sin x \cdot \left(-\dfrac{5}{\sin x} + C \right) = -5 + C\sin x,$$

其中 C 为任意常数.

【**解法 3**】 视作一阶非齐次线性微分方程，由常数变易法

原方程化为 $\dfrac{\mathrm{d}y}{\mathrm{d}x} - \cot x \cdot y = 5\cot x$.

先求齐次线性方程 $\dfrac{\mathrm{d}y}{\mathrm{d}x} - \cot x \cdot y = 0$ 的通解：化为 $\dfrac{\mathrm{d}y}{y} = \cot x \mathrm{d}x$，两边积分，得

$\ln y = \ln\sin x + \ln C$，即 $y = C\sin x$.

再求非齐次线性方程 $\dfrac{\mathrm{d}y}{\mathrm{d}x} - \cot x \cdot y = 5\cot x$ 的通解：令 $y = C(x) \cdot \sin x$ 为非齐

次线性方程 $\dfrac{\mathrm{d}y}{\mathrm{d}x} - \cot \cdot y = 5\cot x$ 的解，代入方程得 $C'(x) \cdot \sin x = 5\cot x$，解得

$C(x) = -\dfrac{5}{\sin x} + C$. 故原方程的通解为 $y = \left(-\dfrac{5}{\sin x} + C \right)\sin x = -5 + C\sin x$.

特别提示 解法 1 是把原方程化为可分离变量的微分方程求解，解法 2 和解法 3 是把原方程化为一阶非齐次线性微分方程，分别用通解公式和常数变易法求解. 求解一阶微分方程时，通常是判别方程属于哪类方程形式，然后对应求解即可.

类题训练

1. 求微分方程 $x^2 y' = y + 1$ 的通解.

2. 求微分方程 $y\mathrm{d}x + (x^2 - 4x)\mathrm{d}y = 0$ 的通解.

3. 求微分方程 $\cos y \mathrm{d}x + (1 + \mathrm{e}^{-x})\sin y \mathrm{d}y = 0$ 满足 $y(0) = \dfrac{\pi}{4}$ 的特解.

典型例题

2 求微分方程 $xy' + y - \mathrm{e}^x = 0$ 满足初始条件 $y\big|_{x=2} = \mathrm{e}^2$ 的特解.

【解法 1】　原方程化简为 $y' + \dfrac{1}{x}y = \dfrac{1}{x}\mathrm{e}^x$，这是一阶非齐次线性微分方程.

由公式得通解：$y = \mathrm{e}^{-\int \frac{1}{x}\mathrm{d}x}\left[\displaystyle\int \dfrac{\mathrm{e}^x}{x}\cdot\mathrm{e}^{\int \frac{1}{x}\mathrm{d}x}\,\mathrm{d}x + C\right] = \dfrac{1}{x}\left(\mathrm{e}^x + C\right)$. 代入初始条件

$y\big|_{x=2} = \mathrm{e}^2$，得 $C = \mathrm{e}^2$，故所求特解为 $y = \dfrac{1}{x}\left(\mathrm{e}^x + \mathrm{e}^2\right)$.

【解法 2】　利用常数变易法

首先，求对应一阶齐次线性微分方程 $xy' + y = 0$ 的通解：方程化为

$\dfrac{\mathrm{d}y}{y} = -\dfrac{1}{x}\mathrm{d}x$，再两边积分 $\displaystyle\int\dfrac{\mathrm{d}y}{y} = -\int\dfrac{1}{x}\mathrm{d}x$，得通解 $\ln y = -\ln x + \ln C_1$，即 $y = \dfrac{C_1}{x}$.

其次，设 $y = \dfrac{C_1(x)}{x}$ 为 $xy' + y - \mathrm{e}^x = 0$ 的解，代入原方程，得 $C_1'(x) - \mathrm{e}^x = 0$，

解得 $C_1(x) = \mathrm{e}^x + C$，于是原方程的通解为 $y = \dfrac{C_1(x)}{x} = \dfrac{1}{x}\left(\mathrm{e}^x + C\right)$，再代入初始条

件 $y\big|_{x=2} = \mathrm{e}^2$，得 $C = \mathrm{e}^2$. 故所求特解为 $y = \dfrac{1}{x}\left(\mathrm{e}^x + \mathrm{e}^2\right)$.

【解法 3】　因为 $xy' + y = \dfrac{\mathrm{d}}{\mathrm{d}x}(xy)$，所以原方程可化为 $\dfrac{\mathrm{d}}{\mathrm{d}x}(xy) = \mathrm{e}^x = \dfrac{\mathrm{d}}{\mathrm{d}x}\left(\mathrm{e}^x\right)$，

从而得原方程的通解为 $xy = \mathrm{e}^x + C$. 再代入初始条件 $y\big|_{x=2} = \mathrm{e}^2$，得 $C = \mathrm{e}^2$，故所

求特解为 $y = \dfrac{1}{x}\left(\mathrm{e}^x + \mathrm{e}^2\right)$.

特别提示　由解法 3 可以看出，如果能灵活地运用求导公式将微分方式化为

$\dfrac{\mathrm{d}}{\mathrm{d}x}F(x,y) = \dfrac{\mathrm{d}}{\mathrm{d}x}G(x)$ 形式，则可得通解为 $F(x,y) = G(x) + C$. 如此求解更为简单.

类题训练

1. 求微分方程 $\left(1 + \mathrm{e}^x\right)yy' = \mathrm{e}^x$ 满足 $y(0) = 1$ 的特解.

2. 求微分方程 $y\ln y\,\mathrm{d}x + (x - \ln y)\mathrm{d}y = 0$ 满足 $y\left(\dfrac{1}{2}\right) = \mathrm{e}$ 的特解.

3. 设有微分方程 $y' - 2y = \varphi(x)$，其中 $\varphi(x) = \begin{cases} 2, & x < 1, \\ 0, & x > 1. \end{cases}$ 试求在 $(-\infty, +\infty)$ 内的

连续函数 $y = y(x)$，使之在 $(-\infty, 1)$ 和 $(1, +\infty)$ 内都满足所给方程，且满足条件

$y(0) = 0$. (1999 年硕士研究生入学考试数学(三)试题)

📖 **典型例题**

3　求微分方程 $y' = \dfrac{y}{x} + \dfrac{x}{y}$ 的通解.

【解法 1】　方程为齐次方程

令 $u = \dfrac{y}{x}$，则 $y = ux$，$\dfrac{\mathrm{d}y}{\mathrm{d}x} = u + x\dfrac{\mathrm{d}u}{\mathrm{d}x}$，代入原方程，化为 $x\dfrac{\mathrm{d}u}{\mathrm{d}x} = \dfrac{1}{u}$，再化为

$u\,\mathrm{d}u = \dfrac{\mathrm{d}x}{x}$，两边积分 $\displaystyle\int u\,\mathrm{d}u = \int \dfrac{\mathrm{d}x}{x}$，解得 $\dfrac{u^2}{2} = \ln|x| + \ln|C| = \ln|Cx|$，故原方程的通

解为 $\dfrac{1}{2}\dfrac{y^2}{x^2} = \ln|Cx|$，其中 C 为任意常数.

【解法 2】　原方程化简为 $yy' - \dfrac{1}{x}y^2 = x$，即 $\dfrac{\mathrm{d}}{\mathrm{d}x}\left(\dfrac{1}{2}y^2\right) - \dfrac{2}{x}\left(\dfrac{1}{2}y^2\right) = x$，令

$z = \dfrac{1}{2}y^2$，上式化为 $\dfrac{\mathrm{d}z}{\mathrm{d}x} - \dfrac{2}{x}z = x$，由公式得通解为

$$z = \mathrm{e}^{-\int\left(-\frac{2}{x}\right)\mathrm{d}x}\left[\int x\,\mathrm{e}^{\int\left(-\frac{2}{x}\right)\mathrm{d}x}\mathrm{d}x + C\right] = x^2\left(\ln|x| + C\right),$$

故原方程的通解为 $\dfrac{1}{2}y^2 = x^2 \cdot \left(\ln|x| + C\right)$，其中 C 为任意常数.

【解法 3】　原方程化简为 $y' - \dfrac{1}{x}y = xy^{-1}$，此为 Bernoulli 方程，其中 $n = -1$. 令

$z = y^{1-n} = y^{1-(-1)} = y^2$，代入上述方程，化简得 $\dfrac{1}{2}\dfrac{\mathrm{d}z}{\mathrm{d}x} - \dfrac{1}{x}z = x$，即 $\dfrac{\mathrm{d}z}{\mathrm{d}x} - \dfrac{2}{x}z = 2x$，

由公式得通解为 $z = \mathrm{e}^{\int\frac{2}{x}\mathrm{d}x}\left[\int 2x\,\mathrm{e}^{\int\left(-\frac{2}{x}\right)\mathrm{d}x}\mathrm{d}x + C\right] = x^2\left(2\ln|x| + C\right)$，故原方程的通解

为 $y^2 = x^2\left(2\ln|x| + C\right)$，其中 C 为任意常数.

✳ **特别提示**　容易看出原方程既是齐次方程，也是 Bernoulli 方程类型，可用对应的方法求解，如解法 1 和解法 3；解法 2 将原方程化简后，通过变量代换进一步化为一阶非齐次线性微分方程求解，需要对求导公式很熟悉且要有一定的观察能力.

♻ **类题训练**

1. 求下列微分方程的通解:

(1) $xy' + x\tan\dfrac{y}{x} - y = 0$；(2) $xy' = y(\ln y - \ln x)$；(3) $y^2\mathrm{d}x = x(x\mathrm{d}y - y\mathrm{d}x)$；

(4) $\dfrac{\mathrm{d}y}{\mathrm{d}x} - \dfrac{y}{x} = \dfrac{1}{\ln\left(x^2+y^2\right)-2\ln x}$.

2. 已知微分方程 $y' = \dfrac{y}{x} + \varphi\left(\dfrac{x}{y}\right)$ 有特解 $y = \dfrac{x}{\ln|x|}$，则 $\varphi(x) = $ _____. (1991 年江苏省高校高等数学(非理科专业本科)竞赛题)

3. 求微分方程 $\dfrac{\mathrm{d}y}{\mathrm{d}x} = \dfrac{y-\sqrt{x^2+y^2}}{x}$ 的通解. (1996 年硕士研究生入学考试数学(三)试题)

📖 **典型例题**

4 求微分方程 $\dfrac{\mathrm{d}y}{\mathrm{d}x} = \dfrac{1}{3x+2y}$ 的通解.

【解法1】 令 $u = 3x + 2y$，则 $\dfrac{\mathrm{d}u}{\mathrm{d}x} = 3 + 2\dfrac{\mathrm{d}y}{\mathrm{d}x}$，代入原方程，得 $\dfrac{\mathrm{d}u}{\mathrm{d}x} = 3 + \dfrac{2}{u}$，两边积分，得 $\dfrac{1}{3}u - \dfrac{2}{9}\ln(3u+2) = x + C$. 故原方程的通解为

$$\frac{3x+2y}{3} - \frac{2}{9}\ln\left(9x+6y+2\right) = x + C.$$

【解法2】 交换 x 与 y 的位置为 $\dfrac{\mathrm{d}x}{\mathrm{d}y} = 3x + 2y$，化为 $\dfrac{\mathrm{d}x}{\mathrm{d}y} - 3x = 2y$. 于是原方程的通解为

$$x = \mathrm{e}^{\int 3\mathrm{d}y}\left[\int 2y\mathrm{e}^{-\int 3\mathrm{d}y}\mathrm{d}y + C\right] = \mathrm{e}^{3y}\left[-\frac{2}{3}\left(y\mathrm{e}^{-3y} + \frac{\mathrm{e}^{-3y}}{3}\right) + C\right] = -\frac{2}{3}y - \frac{2}{9} + C\mathrm{e}^{3y}.$$

✳ **特别提示** 有些一阶微分方程, 无法直接求解, 但可通过作变量代换化为可求解形式, 或交换 x 与 y 的位置, 以 x 为未知量, y 为自变量化为可求解形式求得.

♻ **类题训练**

1. 求下列微分方程的通解:

(1) $\dfrac{\mathrm{d}y}{\mathrm{d}x} = (x-y)^2$; (2) $\left(y^2 - 6x\right)\dfrac{\mathrm{d}y}{\mathrm{d}x} + 2y = 0$;

(3) $(x - \sin y)\mathrm{d}y + \tan y\mathrm{d}x = 0$;

(4) $\dfrac{\mathrm{d}y}{\mathrm{d}x} = \dfrac{y}{x + y^4}$.

2. 求微分方程 $\mathrm{d}x-\left(x\cos y+\sin 2y\right)\mathrm{d}y=0$ 满足 $y(-2)=0$ 的特解.

📖 **典型例题**

5　求微分方程 $\left(\sin y-y\mathrm{e}^{-x}\right)\mathrm{d}x+\left(x\cos y+\mathrm{e}^{-x}\right)\mathrm{d}y=2x\mathrm{d}x$ 的通解.

【**解法 1**】　重新分组法

记 $P(x,y)=\sin y-y\mathrm{e}^{-x}-2x$，$Q(x,y)=x\cos y+\mathrm{e}^{-x}$，则由 $\dfrac{\partial P}{\partial y}=\cos y-\mathrm{e}^{-x}=\dfrac{\partial Q}{\partial x}$ 知原方程为全微分方程.

将原方程重新分组化为 $\left(\sin y\mathrm{d}x+x\cos y\mathrm{d}y\right)+\left(-y\mathrm{e}^{-x}\mathrm{d}x+\mathrm{e}^{-x}\mathrm{d}y\right)-2x\mathrm{d}x=0$，即 $\mathrm{d}\left(x\sin y\right)+\mathrm{d}\left(y\mathrm{e}^{-x}\right)-\mathrm{d}\left(x^2\right)=0$，$\mathrm{d}\left(x\sin y+y\mathrm{e}^{-x}-x^2\right)=0$．故原方程的通解为 $x\sin y+y\mathrm{e}^{-x}-x^2\equiv C$，其中 C 为任意常数.

【**解法 2**】　偏导函数法

如上判断原方程为全微分方程．记 $\mathrm{d}u(x,y)=P(x,y)\mathrm{d}x+Q(x,y)\mathrm{d}y$．由 $\dfrac{\partial u}{\partial x}=P(x,y)$，两边对 x 积分，得 $u(x,y)=x\sin y+y\mathrm{e}^{-x}-x^2+\varphi(y)$，再由 $\dfrac{\partial u}{\partial y}=Q(x,y)$，得 $x\cos y+\mathrm{e}^{-x}+\varphi'(y)=x\cos y+\mathrm{e}^{-x}$，化简得 $\varphi'(y)=0$，解得 $\varphi(y)\equiv C$，故原方程的通解为 $x\sin y+y\mathrm{e}^{-x}-x^2\equiv C$．

【**解法 3**】　原函数法

如上判别原方程为全微分方程，且曲线积分 $\displaystyle\int_{(x_0,y_0)}^{(x,y)}P\mathrm{d}x+Q\mathrm{d}y$ 与路径无关.

取 $\left(x_0,y_0\right)=\left(0,0\right)$，原函数为

$$u(x,y)=\int_{(0,0)}^{(x,y)}P(x,y)\mathrm{d}x+Q(x,y)\mathrm{d}y=\int_0^x P(x,0)\mathrm{d}x+\int_0^y Q(x,y)\mathrm{d}y$$

$$=\int_0^x\left(-2x\right)\mathrm{d}x+\int_0^y\left(x\cos y+\mathrm{e}^{-x}\right)\mathrm{d}y=-x^2+x\sin y+y\mathrm{e}^{-x}.$$

故原方程的通解为 $u(x,y)\equiv C$，即 $x\sin y+y\mathrm{e}^{-x}-x^2\equiv C$．

✳ **特别提示**　对于微分方程 $P(x,y)\mathrm{d}x+Q(x,y)\mathrm{d}y=0$，若 $\dfrac{\partial P}{\partial y}=\dfrac{\partial Q}{\partial x}$，则该方程为全微分方程.对于全微分方程 $P(x,y)\mathrm{d}x+Q(x,y)\mathrm{d}y=0$，都可以用上述重新分组法、偏导函数法及原函数法等三种方法求解．利用重新分组法要求对求导公式很熟悉．偏导函数法的理论基础是 $\dfrac{\partial P}{\partial y}=\dfrac{\partial Q}{\partial x}\Leftrightarrow\exists u(x,y)$，使 $\mathrm{d}u(x,y)=$

$P(x,y)\mathrm{d}x + Q(x,y)\mathrm{d}y \Leftrightarrow \dfrac{\partial u}{\partial x} = P(x,y), \dfrac{\partial u}{\partial y} = Q(x,y)$. 其解题思路: 先由 $\dfrac{\partial u}{\partial x} = $

$P(x,y)\left(\text{或} \dfrac{\partial u}{\partial y} = Q(x,y)\right)$, 两边对 x (或 y)积分, 得 $u(x,y) = \int P(x,y)\mathrm{d}x + $

$\varphi(y)\left(\text{或} u(x,y) = \int Q(x,y)\mathrm{d}y + \psi(x)\right)$, 再由 $\dfrac{\partial u}{\partial y} = Q(x,y)\left(\text{或} \dfrac{\partial u}{\partial x} = P(x,y)\right)$ 求得

$\varphi(y)$ (或 $\psi(x)$), 从而求得通解.

原函数法的理论基础是 $\dfrac{\partial P}{\partial y} = \dfrac{\partial Q}{\partial x} \Leftrightarrow$ 曲线积分 $\displaystyle\int_{(x_0, y_0)}^{(x,y)} P(x,y)\mathrm{d}x + Q(x,y)\mathrm{d}y$ 与

路径无关. 其解题思路是选取特殊点 (x_0, y_0), 选取特殊路径求得原函数

$u(x,y) = \displaystyle\int_{(x_0, y_0)}^{(x,y)} P(x,y)\mathrm{d}x + Q(x,y)\mathrm{d}y$, 所求通解即为 $u(x,y) \equiv C$. 具体求解时,

可任选一条特殊路径.

♻ **类题训练**

1. 求下列微分方程的通解:

(1) $\left(e^{x+y} - e^x\right)\mathrm{d}x + \left(e^{x+y} + e^y\right)\mathrm{d}y = 0$; (2) $(x+y-1)\mathrm{d}x + \left(e^y + x\right)\mathrm{d}y = 0$;

(3) $\left(x^2 + 1\right)\mathrm{d}y + 2x(y - 2x)\mathrm{d}x = 0$; (4) $\left(3x^2 + 6xy^2\right)\mathrm{d}x + \left(6x^2 y + 4y^2\right)\mathrm{d}y = 0$.

2. 求微分方程 $(2x + y - 4)\mathrm{d}x + (x + y - 1)\mathrm{d}y = 0$ 的通解. (2011 年全国大学生数学竞赛决赛(非数学类)试题)

3. 求微分方程 $\left(x^2 - 2xy + 1\right)y' - y^2 + 2xy - 1 = 0$ 的通解. (南开大学研究生入学试题)

📖 **典型例题**

6 求微分方程 $xy' + 2y = 4\ln x$ 的通解.

【解法 1】 原方程化为 $y' + \dfrac{2}{x}y = \dfrac{4}{x}\ln x$. 于是由一阶非齐次线性微分方程的通解公式, 得通解为

$$y = e^{-\int \frac{2}{x}\mathrm{d}x}\left[\int \frac{4}{x}\ln x \cdot e^{\int \frac{2}{x}\mathrm{d}x}\mathrm{d}x + C\right] = \frac{1}{x^2}\left(\int 4x\ln x\,\mathrm{d}x + C\right)$$

$$= \frac{1}{x^2}\left(2x^2\ln x - x^2 + C\right) = 2\ln x - 1 + \frac{C}{x^2}.$$

【解法 2】 原方程化为 $(xy'+y)+y=4\ln x$，即 $(xy)'+y=4\ln x$．令 $u=xy$，

则方程进一步化为 $\dfrac{\mathrm{d}u}{\mathrm{d}x}+\dfrac{1}{x}u=4\ln x$，于是得通解为

$$u=\mathrm{e}^{-\int\frac{1}{x}\mathrm{d}x}\left[\int 4\ln x\,\mathrm{e}^{\int\frac{1}{x}\mathrm{d}x}\mathrm{d}x+C\right]=\frac{1}{x}\left[\int 4x\ln x\mathrm{d}x+C\right]=\frac{1}{x}\left(2x^2\ln x-x^2+C\right),$$

故原方程的通解为 $y=\dfrac{1}{x}u=2\ln x-1+\dfrac{C}{x^2}$．

【解法 3】 原方程两边同时乘以 x，得 $x^2y'+2xy=4x\ln x$，即 $\left(x^2y\right)'=4x\ln x$，

于是 $x^2y=\displaystyle\int 4x\ln x\mathrm{d}x+C$，故通解为 $y=\dfrac{1}{x^2}\left[\displaystyle\int 4x\ln x\mathrm{d}x+C\right]=2\ln x-1+\dfrac{C}{x^2}$．

【解法 4】 原方程为 Euler 方程

令 $x=\mathrm{e}^t$，则 $t=\ln x$，原方程化为 $\dfrac{\mathrm{d}y}{\mathrm{d}t}+2y=4t$．故其通解为

$$y=\mathrm{e}^{-\int 2\mathrm{d}t}\left[\int 4t\,\mathrm{e}^{\int 2\mathrm{d}t}\mathrm{d}t+C\right]=\mathrm{e}^{-2t}\left[\int 4t\,\mathrm{e}^{2t}\mathrm{d}t+C\right]=(2t-1)+C\mathrm{e}^{-2t}=2\ln x-1+\frac{C}{x^2}.$$

特别提示 解法 2 和解法 3 表明灵活地运用求导公式化简原方程，有助于微分方程的简便求解．解法 4 是利用 Euler 方程的求解方法．

类题训练

1. 求下列微分方程的通解：

(1) $xy'+y=y\left(\ln x+\ln y\right)$；　(2) $y'+x=\sqrt{x^2+y}$；

(3) $y'=y^2+2\left(\sin x-1\right)y+\sin^2 x-2\sin x-\cos x+1$．

典型例题

7 求微分方程 $y\mathrm{d}x+\left(y-x\right)\mathrm{d}y=0$ 的通解．

【解法 1】 原方程化简为 $\dfrac{\mathrm{d}y}{\mathrm{d}x}=\dfrac{y}{x-y}$，这是齐次方程．

令 $u=\dfrac{y}{x}$，则 $y=ux$，$\dfrac{\mathrm{d}y}{\mathrm{d}x}=u+x\dfrac{\mathrm{d}u}{\mathrm{d}x}$，代入原方程，得 $\dfrac{1-u}{u^2}\mathrm{d}u=\dfrac{\mathrm{d}x}{x}$，两边积分，

得 $\ln|x|+\ln|u|+\dfrac{1}{u}=C$．故原方程的通解为 $\dfrac{x}{y}+\ln|y|=C$．此外，$y=0$ 是原方程的特解．

【解法 2】 原方程化简为 $\dfrac{\mathrm{d}x}{\mathrm{d}y} - \dfrac{1}{y}x = -1$.

由通解公式得通解为 $x = \mathrm{e}^{-\int\left(-\frac{1}{y}\right)\mathrm{d}y}\left[\int(-1)\mathrm{e}^{\int\left(-\frac{1}{y}\right)\mathrm{d}y}\mathrm{d}y + C\right] = y\left(C - \ln|y|\right)$. 此外,

$y = 0$ 是原方程的特解.

【解法 3】 原方程不是全微分方程, 但两边乘以 $\dfrac{1}{y^2}$ 后是全微分方程:

$$\frac{y\mathrm{d}x - x\mathrm{d}y}{y^2} + \frac{\mathrm{d}y}{y} = \mathrm{d}\left(\frac{x}{y}\right) + \mathrm{d}\left(\ln|y|\right) = \mathrm{d}\left(\frac{x}{y} + \ln|y|\right) = 0.$$

故原方程的通解为 $\dfrac{x}{y} + \ln|y| = C$. 此外, $y = 0$ 是原方程的特解.

特别提示 容易判别原方程是齐次方程, 可按齐次方程的求解方法处理, 如解法 1. 解法 2 将原方程化为以 y 为自变量, x 为未知量的一阶非齐次线性微分方程, 然后由通解公式求解. 解法 3 通过乘以积分因子 $\dfrac{1}{y^2}$, 使原方程化为全微分方程, 即可求得通解, 然而并不是任何一个非全微分方程都能找到积分因子, 使其化为全微分方程, 即使存在积分因子化原方程为全微分方程, 积分因子的求法也不是一件容易的事, 不过在比较简单的情形下, 我们可以凭观察得到积分因子, 如该题原方程中含有 $y\mathrm{d}x - x\mathrm{d}y$, 而 $\mathrm{d}\left(\dfrac{x}{y}\right) = \dfrac{y\mathrm{d}x - x\mathrm{d}y}{y^2}$, 可知 $\dfrac{1}{y^2}$ 是一个积分因子.

若微分方程 $P(x,y)\mathrm{d}x + Q(x,y)\mathrm{d}y = 0$ 不满足 $\dfrac{\partial P}{\partial y} = \dfrac{\partial Q}{\partial x}$, 则对于以下两种特殊情况, 可确定积分因子:

(i) 若 $\dfrac{1}{Q}\left(\dfrac{\partial P}{\partial y} - \dfrac{\partial Q}{\partial x}\right)$ 与 y 无关, 则有积分因子 $\mu(x) = \mathrm{e}^{\int \frac{1}{Q}\left(\frac{\partial P}{\partial y} - \frac{\partial Q}{\partial x}\right)\mathrm{d}x}$;

(ii) 若 $\dfrac{1}{P}\left(\dfrac{\partial P}{\partial y} - \dfrac{\partial Q}{\partial x}\right)$ 与 x 无关, 则有积分因子 $\mu(y) = \mathrm{e}^{-\int \frac{1}{P}\left(\frac{\partial P}{\partial y} - \frac{\partial Q}{\partial x}\right)\mathrm{d}y}$.

类题训练

1. 求下列微分方程的通解:

(1) $\left(x + y^2\right)\mathrm{d}x - 2xy\mathrm{d}y = 0$; (2) $\left(y - \dfrac{x}{y}\right)\mathrm{d}x + 2\left(x + y^2\right)\mathrm{d}y = 0$;

(3) $(1+xy)y\mathrm{d}x+(1-xy)x\mathrm{d}y=0$； (4) $x\mathrm{d}x=\left(\dfrac{x^2}{y}-y^3\right)\mathrm{d}y$.

典型例题

8 已知函数 $y=\mathrm{e}^x-\mathrm{e}^{-x}$ 是某个一阶非齐次线性微分方程 $\dfrac{\mathrm{d}y}{\mathrm{d}x}+a\,y=k\mathrm{e}^x$ 的特解, 求该微分方程.

【**解法 1**】 将 $y=\mathrm{e}^x-\mathrm{e}^{-x}$ 代入非齐次方程 $\dfrac{\mathrm{d}y}{\mathrm{d}x}+a\,y=k\mathrm{e}^x$ 中, 得 $(1+a-k)\mathrm{e}^x+(1-a)\mathrm{e}^{-x}=0$. 因为函数 e^x 与 e^{-x} 线性无关, 所以有 $\begin{cases}1+a-k=0,\\1-a=0.\end{cases}$ 解得 $a=1$, $k=2$. 故所求的微分方程为 $\dfrac{\mathrm{d}y}{\mathrm{d}x}+y=2\mathrm{e}^x$.

【**解法 2**】 由已知及一阶非齐次线性微分方程的通解结构, 可知: e^{-x} 是对应齐次线性方程 $\dfrac{\mathrm{d}y}{\mathrm{d}x}+ay=0$ 的解, e^x 是非齐次线性方程 $\dfrac{\mathrm{d}y}{\mathrm{d}x}+ay=k\mathrm{e}^x$ 的解. 分别代入对应方程, 得 $\begin{cases}-\mathrm{e}^{-x}+a\mathrm{e}^{-x}=0,\\\mathrm{e}^x+a\mathrm{e}^x=k\mathrm{e}^x.\end{cases}$ 解得 $a=1, k=2$. 故所求微分方程为 $\dfrac{\mathrm{d}y}{\mathrm{d}x}+y=2\mathrm{e}^x$.

【**解法 3**】 同解法 2 分析, 根据一阶非齐次线性微分方程的通解结构及微分方程和特解的形式, 可知 e^{-x} 是对应齐次线性方程 $\dfrac{\mathrm{d}y}{\mathrm{d}x}+ay=0$ 的解, e^x 应是非齐次线性方程 $\dfrac{\mathrm{d}y}{\mathrm{d}x}+ay=k\mathrm{e}^x$ 的解, 所以非齐次线性方程通解的形式为 $y=C\mathrm{e}^{-x}+\mathrm{e}^x$, 求一阶导数 $y'=-C\mathrm{e}^{-x}+\mathrm{e}^x$, 联立 y, y' 的表达式消去 C, 得 $y-\mathrm{e}^x=\mathrm{e}^x-y'$, 即 $y'+y=2\mathrm{e}^x$. 故所求微分方程为 $\dfrac{\mathrm{d}y}{\mathrm{d}x}+y=2\mathrm{e}^x$.

【**解法 4**】 由常数变易法. 因为一阶齐次线性方程 $\dfrac{\mathrm{d}y}{\mathrm{d}x}+ay=0$ 的通解为 $y=C\mathrm{e}^{-ax}$, 所以可设 $y=C(x)\mathrm{e}^{-ax}$ 为一阶非齐次线性微分方程 $\dfrac{\mathrm{d}y}{\mathrm{d}x}+ay=k\mathrm{e}^x$ 的解, 代入方程, 得 $C'(x)=k\mathrm{e}^{(a+1)x}$, 解得 $C(x)=\dfrac{k}{a+1}\mathrm{e}^{(a+1)x}+C$, 即得非齐次线性微分方程的通解为 $y=\dfrac{k}{1+a}\mathrm{e}^x+C\mathrm{e}^{-ax}$, 其中 C 为任意常数. 当 $\dfrac{k}{1+a}=1$, $C=-1$,

$a=1$ 时, 即知 $y=\mathrm{e}^x-\mathrm{e}^{-x}$ 是非齐次线性方程的一个特解. 故得 $a=1$, $k=2$, 所求微分方程为 $\dfrac{\mathrm{d}y}{\mathrm{d}x}+y=2\mathrm{e}^x$.

【解法 5】 有一阶非齐次线性微分方程的通解公式, 知方程 $\dfrac{\mathrm{d}y}{\mathrm{d}x}+ay=k\mathrm{e}^x$ 的

通解为 $y=\mathrm{e}^{-\int a\mathrm{d}x}\left[\int k\mathrm{e}^x\mathrm{e}^{\int a\mathrm{d}x}\mathrm{d}x+C\right]=\dfrac{k}{1+a}\mathrm{e}^x+C\mathrm{e}^{-ax}$, 其中 C 为任意常数.

取 $\dfrac{k}{1+a}=1$, $C=-1$, $a=1$, 即知 $y=\mathrm{e}^x-\mathrm{e}^{-x}$ 是 $\dfrac{\mathrm{d}y}{\mathrm{d}x}+ay=k\mathrm{e}^x$ 的一个特解. 此时 $a=1$, $k=2$. 故所求微分方程为 $\dfrac{\mathrm{d}y}{\mathrm{d}x}+y=2\mathrm{e}^x$.

特别提示 解法 1 直接代入方程, 再由 e^x 与 e^{-x} 的线性无关性; 解法 2 和解法 3 利用了一阶非齐次线性微分方程的通解结构; 解法 4 和解法 5 分别利用了常数变易法和一阶非齐次线性微分方程的通解公式. 对于一阶方程来说, 求解都不复杂, 相比之下, 解法 3 更为简洁一些.

类题训练

1. 求通解为 $y=\mathrm{e}^{cx}$ 的微分方程, 其中 c 是任意常数.

2. 设 $\sin y=1+c\mathrm{e}^{-x}$ 是某个一阶微分方程的通解, 其中 c 是任意常数, 求该微分方程.

3. 设 $y=\mathrm{e}^x$ 是 $xy'+p(x)y=x$ 的一个解, 求此微分方程满足 $y(\ln 2)=0$ 的特解.

4. 设非齐次线性微分方程 $y'+P(x)y=Q(x)$ 有两个不同的解 $y_1(x)$, $y_2(x)$, C 为任意常数, 则该方程的通解是( )

(A) $C\left[y_1(x)-y_2(x)\right]$; (B) $y_1(x)+C\left[y_1(x)-y_2(x)\right]$; (C) $C\left[y_1(x)+y_2(x)\right]$;

(D) $y_1(x)+C\left[y_1(x)+y_2(x)\right]$. (2006 年硕士研究生入学考试数学(三)试题)

典型例题

9 设二阶常系数非齐次线性微分方程 $y''+ay'+by=k\mathrm{e}^x$ 的一个特解为 $y=\mathrm{e}^{2x}+(1+x)\mathrm{e}^x$, 试确定 a,b,k, 并求该方程的通解. (1993 年硕士研究生入学考试数学(三)试题)

【解法 1】 将特解 $y=\mathrm{e}^{2x}+(1+x)\mathrm{e}^x$ 代入原方程, 得

$$(4+2a+b)\mathrm{e}^{2x}+(3+2a+b)\mathrm{e}^x+(1+a+b)x\mathrm{e}^x=k\mathrm{e}^x.$$

比较两边同类项的系数, 得 $2a+b=-4$, $2a+b-k=-3$, $a+b=-1$. 解得 $a=-3$,

$b=2, k=-1$. 故原方程为 $y''-3y'+2y=-\mathrm{e}^x$. 又对应的齐次线性方程的特征方程为 $r^2-3r+2=0$, 解得特征根为 $r_1=1, r_2=2$. 于是可设原方程的特解形式为 $y^*=cx\mathrm{e}^x$, 把它代入原方程中得 $c=1$. 故由通解结构知原方程的通解为 $y=C_1\mathrm{e}^x+C_2\mathrm{e}^{2x}+x\mathrm{e}^x$, 其中 C_1, C_2 为任意常数.

【解法 2】 由已知及通解的结构与特解形式, 得 e^{2x} 与 e^x 应是对应齐次线性方程的特解, $x\mathrm{e}^x$ 是非齐次线性方程的一个特解. 于是特征方程为 $r^2+ar+b=(r-1)(r-2)=r^2-3r+2$, 即得 $a=-3, b=2$. 又将 $y^*=x\mathrm{e}^x$ 代入原方程 $y''-3y'+2y=k\mathrm{e}^x$ 中得 $k=-1$. 故原方程为 $y''-3y'+2y=-\mathrm{e}^x$, 其通解为 $y=C_1\mathrm{e}^x+C_2\mathrm{e}^{2x}+x\mathrm{e}^x$, 其中 C_1, C_2 为任意常数.

【解法 3】 由已知及通解的结构与特解形式, 得 e^{2x}, e^x 是对应齐次线性方程的特解, $x\mathrm{e}^x$ 是非齐次线性方程的一个特解, 分别代入对应的方程, 得

$$\begin{cases} 4+2a+b=0, \\ 1+a+b=0, \\ (2+x)+a(1+x)+bx=k. \end{cases} \quad 解 得 \ a=-3, b=2, k=-1. \ 故 原 方 程 为 \ y''-3y'+$$

$2y=-\mathrm{e}^x$, 其通解为 $y=C_1\mathrm{e}^x+C_2\mathrm{e}^{2x}+x\mathrm{e}^x$, 其中 C_1, C_2 为任意常数.

✳ **特别提示** 弄清楚二阶非齐次线性微分方程的通解结构及二阶常系数齐次线性微分方程的通解公式和非齐次线性微分方程的特解形式是求解该类题的关键之所在.

♻ **类题训练**

1. 若二阶常系数齐次线性微分方程 $y''+ay'+by=0$ 的通解为 $y=(c_1+c_2x)\mathrm{e}^x$, 求非齐次线性微分方程 $y''+ay'+by=x$ 满足条件 $y(0)=2$, $y'(0)=0$ 的特解. (2009 年硕士研究生入学考试数学(一)试题)

2. 求常数 a,b, 使微分方程 $y''+ay'+2y=(bx+2)\mathrm{e}^{2x}$ 有一个解是 $y=\mathrm{e}^x+x^2\mathrm{e}^{2x}$.

3. 设 $y=x^2\mathrm{e}^x$ 是方程 $y''+ay'+by=c\mathrm{e}^{hx}$ 的一个解, 求常数 a,b,c,h. (2002 年浙江省高等数学竞赛题)

4. 设二阶常系数非齐次线性微分方程 $y''+ay'+by=(cx+d)\mathrm{e}^{2x}$ 有特解 $y^*=2\mathrm{e}^x+(x^2-1)\mathrm{e}^{2x}$, 不解方程, 写出通解(说明理由), 并求出常数 a,b,c,d.

📖 **典型例题**

10 设 $y = \mathrm{e}^x(C_1\sin x + C_2\cos x)$ (C_1, C_2 为任意常数)为某二阶常系数齐次线性微分方程的通解, 求该微分方程.

【解法 1】 由二阶常系数齐次线性微分方程的通解公式, 可知特征方程的根应为 $\lambda_{1,2} = 1 \pm \mathrm{i}$, 从而特征方程为 $(\lambda - \lambda_1)(\lambda - \lambda_2) = (\lambda - 1 - \mathrm{i}) \cdot (\lambda - 1 + \mathrm{i}) = 0$, 即 $\lambda^2 - 2\lambda + 2 = 0$. 故所求微分方程为 $y'' - 2y' + 2y = 0$.

【解法 2】 设所求微分方程为 $y'' + py' + qy = 0$, 其中 p, q 为常数. 将已知解 $y = \mathrm{e}^x(C_1\sin x + C_2\cos x)$ 代入上述方程, 得

$$\mathrm{e}^x\sin x\left[p(C_1 - C_2) + qC_1 - 2C_2\right] + \mathrm{e}^x\cos x\left[p(C_1 + C_2) + qC_2 + 2C_1\right] = 0.$$

因为 $\mathrm{e}^x\sin x$ 与 $\mathrm{e}^x\cos x$ 线性无关, 所以 $p(C_1 - C_2) + qC_1 - 2C_2 = 0$, $p(C_1 + C_2) + qC_2 + 2C_1 = 0$, 解得 $p = -2$, $q = 2$. 故所求微分方程为 $y'' - 2y' + 2y = 0$.

【解法 3】 设所求微分方程为 $y'' + py' + qy = 0$, 其中 p, q 为常数.

因为 $y = \mathrm{e}^x(C_1\sin x + C_2\cos x)$ 为上述方程的通解, 所以 $y_1 = \mathrm{e}^x\sin x$ 和 $y_2 = \mathrm{e}^x\cos x$ 为 $y'' + py' + qy = 0$ 的特解, 代入方程, 得

$$\begin{cases} p(\cos x + \sin x) + q\sin x + 2\cos x = 0, \\ p(\cos x - \sin x) + q\cos x - 2\sin x = 0. \end{cases}$$

改写为矩阵形式, 有 $\begin{pmatrix} \cos x + \sin x & \sin x \\ \cos x - \sin x & \cos x \end{pmatrix}\begin{pmatrix} p \\ q \end{pmatrix} = \begin{pmatrix} -2\cos x \\ 2\sin x \end{pmatrix}$.

而 $\begin{pmatrix} \cos x + \sin x & \sin x \\ \cos x - \sin x & \cos x \end{pmatrix}^{-1} = \begin{pmatrix} \cos x & -\sin x \\ \sin x - \cos x & \cos x + \sin x \end{pmatrix}$, 且 $\begin{vmatrix} \cos x + \sin x & \sin x \\ \cos x - \sin x & \cos x \end{vmatrix} = 1$, 所以

$$\begin{pmatrix} p \\ q \end{pmatrix} = \begin{pmatrix} \cos x & -\sin x \\ \sin x - \cos x & \cos x + \sin x \end{pmatrix}\begin{pmatrix} -2\cos x \\ 2\sin x \end{pmatrix} = \begin{pmatrix} -2 \\ 2 \end{pmatrix}.$$

故所求微分方程为 $y'' - 2y' + 2y = 0$.

【解法 4】 由通解 $y = \mathrm{e}^x(C_1\sin x + C_2\cos x)$, 求 y', y'':

$$y' = \mathrm{e}^x\left[(C_1 - C_2)\sin x + (C_1 + C_2)\cos x\right], \quad y'' = \mathrm{e}^x(-2C_2\sin x + 2C_1\cos x),$$

消去 C_1 与 C_2, 得 $y'' - 2y' + 2y = 0$, 此即为所求微分方程.

✳ **特别提示** 该题解法 1 不仅要求掌握二阶常系数齐次线性微分方程的通解

形式, 而且要求由其通解形式能看出特征根, 如此即可确定特征方程, 从而得到所求微分方程; 解法 2 要求了解函数线性无关的定义及其判别; 解法 3 利用了线性代数中线性方程组的求解方法; 解法 4 也是常规方法, 但计算会复杂一些.

♻ 类题训练

1. 已知 $(x - C_1)^2 + (y - C_2)^2 = 1$ 为某微分方程的通解, 求该微分方程.

2. 求以下列各式所表示的函数为通解的微分方程

(i) $y = C_1 \mathrm{e}^x + C_2 \mathrm{e}^{2x}$, 其中 C_1, C_2 为任意常数;

(ii) $y = C_1 + \sin(x + C_2)$, 其中 C_1, C_2 为任意常数.

3. 试确定以 $y = \sin 2x$ 为特解的二阶常系数齐次线性微分方程.

4. 求一个 $y_1 = \mathrm{e}^x$, $y_2 = 2x\mathrm{e}^x$, $y_3 = \cos 2x$, $y_4 = 3\sin 2x$ 为特解的四阶常系数齐次线性微分方程, 并求其通解.

📖 典型例题

11 已知 $y_1 = x$, $y_2 = x + \sin x$, $y_3 = \mathrm{e}^x + x$ 为某个二阶非齐次线性微分方程的三个特解, 求该微分方程, 并求其通解.

【解法 1】 因为 $\dfrac{y_2 - y_1}{y_3 - y_1} = \dfrac{\sin x}{\mathrm{e}^x} \neq$ 常数, 所以 $y_2 - y_1$ 与 $y_3 - y_1$ 线性无关, 故对应的齐次线性微分方程通解为 $y = C_1 \sin x + C_2 \mathrm{e}^x$.

分别求一、二阶导数, $y' = C_1 \cos x + C_2 \mathrm{e}^x$, $y'' = -C_1 \sin x + C_2 \mathrm{e}^x$, 消去 C_1, C_2, 得齐次线性微分方程为 $(\cos x - \sin x)y'' + 2\sin x \cdot y' - (\sin x + \cos x)y = 0$.

设所求非齐次线性微分方程为 $(\cos x - \sin x)y'' + 2\sin x \cdot y' - (\sin x + \cos x)y = f(x)$, 将 $y_1 = x$ 代入得 $f(x) = 2\sin x - (\cos x + \sin x) \cdot x$, 故所求微分方程为

$$(\cos x - \sin x)y'' + 2\sin x \cdot y' - (\sin x + \cos x)y = 2\sin x - x(\cos x + \sin x).$$

其通解为 $y = C_1 \sin x + C_2 \mathrm{e}^x + x$.

【解法 2】 因为 $\dfrac{y_2 - y_1}{y_3 - y_1} = \dfrac{\sin x}{\mathrm{e}^x} \neq$ 常数, 所以 $y_2 - y_1$ 与 $y_3 - y_1$ 线性无关, 从而得所求微分方程的通解为 $y = C_1 \sin x + C_2 \mathrm{e}^x + x$.

分别求一、二阶导数, $y' = C_1 \cos x + C_2 \mathrm{e}^x + 1$, $y'' = -C_1 \sin x + C_2 \mathrm{e}^x$, 解出 C_1, C_2, 并代入通解表达式即得所求的微分方程为

$$(\cos x - \sin x)y'' + 2\sin x \cdot y' - (\sin x + \cos x)y = 2\sin x - x(\sin x + \cos x).$$

【解法 3】 设所求二阶非齐次线性微分方程为 $y'' + p(x)y' + q(x)y = f(x)$, 则由题设知 $y_2 - y_1 = \sin x$ 与 $y_3 - y_1 = \mathrm{e}^x$ 是对应齐次线性微分方程 $y'' + p(x)y' + q(x)y = 0$

的两个线性无关的解, 将它们带入齐次线性微分方程中, 得

$$\begin{cases} -\sin x + p(x)\cos x + q(x)\sin x = 0, \\ \mathrm{e}^x + p(x)\mathrm{e}^x + q(x)\mathrm{e}^x = 0. \end{cases}$$

解得 $p(x) = \dfrac{2\sin x}{\cos x - \sin x}$, $q(x) = -\dfrac{\cos x + \sin x}{\cos x - \sin x}$. 故得齐次方程为

$$y'' + \frac{2\sin x}{\cos x - \sin x} y' - \frac{\cos x + \sin x}{\cos x - \sin x} y = 0.$$

又由已知, $y_1 = x$ 为 $y'' + \dfrac{2\sin x}{\cos x - \sin x} y' - \dfrac{\cos x + \sin x}{\cos x - \sin x} y = f(x)$ 的特解, 代入其

中, 即得 $f(x) = \dfrac{2\sin x - x(\cos x + \sin x)}{\cos x - \sin x}$. 故所求微分方程为

$$y'' + \frac{2\sin x}{\cos x - \sin x} y' - \frac{\cos x + \sin x}{\cos x - \sin x} y = \frac{2\sin x - x(\cos x + \sin x)}{\cos x - \sin x},$$

其通解为 $y = C_1 \sin x + C_2 \mathrm{e}^x + x$.

特别提示　该题要求掌握二阶线性微分方程的通解结构及性质. 一般地, 设线性无关的函数 y_1, y_2, y_3 都是二阶非齐次线性微分方程 $y'' + p(x)y' + q(x)y = f(x)$ 的解, 则(i) $y_1 - y_2$, $y_1 - y_3$, $y_2 - y_3$ 都是 $y'' + p(x)y' + q(x)y = 0$ 的解, 且 $y_1 - y_3$ 与 $y_2 - y_3$ 线性无关; (ii)非齐次线性微分方程的通解为 $y = C_1(y_1 - y_3) + C_2(y_2 - y_3) + y_3 = C_1 y_1 + C_2 y_2 + (1 - C_1 - C_2) y_3$.

类题训练

1. 设二阶线性微分方程 $y'' + p(x)y' + q(x)y = f(x)$ 有三个特解 $y_1 = \mathrm{e}^x$, $y_2 = \mathrm{e}^x + \mathrm{e}^{\frac{x}{2}}$, $y_3 = \mathrm{e}^x + \mathrm{e}^{-x}$, 试求该微分方程, 并求其通解. (第15届北京市数学竞赛试题)

2. 已知函数 $y_1 = x$, $y_2 = \mathrm{e}^x$ 是某二阶齐次线性微分方程的两个解, 试求该微分方程.

3. 设某个二阶常系数非齐次线性微分方程有三个特解: $y_1 = x\mathrm{e}^x + \mathrm{e}^{2x}$, $y_2 = x\mathrm{e}^x + \mathrm{e}^{-x}$, $y_3 = x\mathrm{e}^x + \mathrm{e}^{2x} - \mathrm{e}^{-x}$, 求该微分方程, 并给出其通解. (2009年首届中国大学生数学竞赛预赛(非数学类)试题, 1997年硕士研究生入学考试数学(二)试题)

4. 已知函数 $y_1(x) = \mathrm{e}^x$, $y_2(x) = u(x)\mathrm{e}^x$ 是二阶微分方程 $(2x - 1)y'' - (2x + 1)y' + 2y = 0$ 的两个解. 若 $u(-1) = \mathrm{e}$, $u(0) = -1$, 求 $u(x)$, 并写出该微分方程的通解. (2016年硕士研究生入学考试数学(二)试题)

📖 典型例题

12 求微分方程 $y'' - 3y' + 2y = 2xe^x$ 的通解. (2010 年硕士研究生入学考试数学(一)试题)

【解法 1】 待定系数法

先求对应齐次线性微分方程 $y'' - 3y' + 2y = 0$ 的通解:

特征方程为 $r^2 - 3r + 2 = 0$,解得 $r_1 = 1$,$r_2 = 2$. 于是齐次线性微分方程的通解为 $Y = C_1e^x + C_2e^{2x}$.

下面由待定系数法求非齐次线性微分方程的一个特解:

因为 $f(x) = P_m(x)e^{\lambda x}$,$P_m(x) = 2x$,$\lambda = 1$. 而 $\lambda = 1$ 是特征方程的单根,所以可设 $y^* = x(ax+b)e^x$ 为非齐次线性微分方程的一个特解,代入原方程,得

$$(2ax + 2a - b)e^x = 2xe^x.$$

比较等式两端同次幂的系数,得 $a = -1$,$b = -2$. 因此得非齐次线性微分方程的一个特解为 $y^* = -(x^2 + 2x)e^x$. 故原方程的通解为 $y = Y + y^* = C_1e^x + C_2e^{2x} - (x^2 + 2x)e^x$.

【解法 2】 常数变易法 I

类似于解法 1,求得 $y_1 = e^x$ 和 $y_2 = e^{2x}$ 是对应齐次线性微分方程的解.故可设原方程的解为 $y = e^x \cdot v_1(x) + e^{2x} \cdot v_2(x)$. 由常数变易法公式有

$$\begin{cases} e^x v_1'(x) + e^{2x} v_2'(x) = 0, \\ e^x v_1'(x) + 2e^{2x} v_2'(x) = 2xe^x. \end{cases}$$

解得 $v_1(x) = -x^2 + C_1$,$v_2(x) = -2(x+1)e^{-x} + C_2$. 故原方程的通解为

$$y = e^x(-x^2 + C_1) + e^{2x}\left(-2(x+1)e^{-x} + C_2\right) = C_1e^x + C_2e^{2x} - (x^2 + 2x + 2)e^x.$$

【解法 3】 常数变易法 II

对应齐次线性微分方程 $y'' - 3y' + 2y = 0$ 的特征方程为 $r^2 - 3r + 2 = 0$,解得特征根 $r_1 = 1$,$r_2 = 2$. 于是 $y_1 = e^x$ 为 $y'' - 3y' + 2y = 0$ 的一个非零解.

设 $y = y_1 u(x) = e^x u(x)$ 为 $y'' - 3y' + 2y = 2xe^x$ 的解,代入方程化简得 $u''(x) - u'(x) = 2x$. 再设 $p(x) = u'(x)$,则 $p'(x) - p(x) = 2x$,解得

$$p(x) = e^{-\int (-1)dx}\left[\int 2x e^{\int(-1)dx}dx + C_1\right] = e^x\left(-2xe^{-x} - 2e^{-x} + C_1\right) = -2x - 2 + C_1e^x.$$

于是 $u(x) = \int u'(x)dx = \int p(x)dx = \int(-2x - 2 + C_1e^x)dx = -x^2 - 2x + C_1e^x + C_2$.

从而得原方程的通解为 $y = \mathrm{e}^x u(x) = -(x^2 + 2x)\mathrm{e}^x + C_1 \mathrm{e}^{2x} + C_2 \mathrm{e}^x$.

【解法4】 降阶法

将原方程改写为 $(y'' - 2y') - (y' - 2y) = 2x\mathrm{e}^x$. 设 $y' - 2y = u$, 则上述方程化为 $u' - u = 2x\mathrm{e}^x$, 解得

$$u = \mathrm{e}^{-\int (-1)\mathrm{d}x}\left[\int 2x\mathrm{e}^x \mathrm{e}^{\int (-1)\mathrm{d}x}\mathrm{d}x + C_1\right] = \mathrm{e}^x\left(\int 2x\mathrm{d}x + C_1\right) = x^2\mathrm{e}^x + C_1\mathrm{e}^x.$$

再求一阶方程 $y' - 2y = x^2\mathrm{e}^x + C_1\mathrm{e}^x$ 得原方程的通解为

$$y = \mathrm{e}^{2x}\left[\int (x^2\mathrm{e}^x + C_1\mathrm{e}^x)\mathrm{e}^{-2x}\mathrm{d}x + C_2\right] = -(x^2 + 2x + 2)\mathrm{e}^x - C_1\mathrm{e}^x + C_2\mathrm{e}^{2x}.$$

【解法5】 算子分解法

记 $D = \dfrac{\mathrm{d}}{\mathrm{d}x}$, $Iy = y$, 则原方程可改写为 $(D^2 - 3D + 2I)y = 2x\mathrm{e}^x$, 即

$$(D - I)(D - 2I)y = 2x\mathrm{e}^x.$$

令 $(D - 2I)y = z(x)$, 则有 $(D - I)z(x) = 2x\mathrm{e}^x$, 即 $\dfrac{\mathrm{d}z(x)}{\mathrm{d}x} - z(x) = 2x\mathrm{e}^x$, 解得

$$z(x) = \mathrm{e}^{\int \mathrm{d}x}\left[\int 2x\mathrm{e}^x\mathrm{e}^{-\int \mathrm{d}x}\mathrm{d}x + C_1\right] = \mathrm{e}^x(x^2 + C_1).$$

再由 $(D - 2I)y = z(x)$ 化为 $\dfrac{\mathrm{d}y}{\mathrm{d}x} - 2y = \mathrm{e}^x(x^2 + C_1)$, 故原方程的通解为

$$y = \mathrm{e}^{\int 2\mathrm{d}x}\left[\int \mathrm{e}^x(x^2 + C_1)\mathrm{e}^{-\int 2\mathrm{d}x}\mathrm{d}x + C_2\right] = \mathrm{e}^{2x}\left(\int \mathrm{e}^{-x}(x^2 + C_1)\mathrm{d}x + C_2\right)$$

$$= \mathrm{e}^{2x}\left[(-x^2\mathrm{e}^{-x} - 2x\mathrm{e}^{-x} - 2\mathrm{e}^{-x}) - C_1\mathrm{e}^{-x} + C_2\right] = (-x^2 - 2x - 2 - C_1)\mathrm{e}^x + C_2\mathrm{e}^{2x},$$

其中 C_1, C_2 为任意常数.

【解法6】 逆特征算子分解法

记 $D = \dfrac{\mathrm{d}}{\mathrm{d}x}$, $Iy = y$, 则原方程可改写为 $(D^2 - 3D + 2I)y = 2x\mathrm{e}^x$.

记 $L(D) = D^2 - 3D + 2I = (D - I)(D - 2I)$, 于是原方程的解为

$$y = \frac{1}{L(D)}\cdot 2x\mathrm{e}^x = \frac{1}{(D - I)(D - 2I)}\left(2x\mathrm{e}^x\right) = \left[-(D - I)^{-1} + (D - 2I)^{-1}\right]\cdot\left(2x\mathrm{e}^x\right).$$

令 $(D - I)^{-1}\cdot\left(2x\mathrm{e}^x\right) = z_1(x)$, 则 $(D - I)\cdot z_1(x) = 2x\mathrm{e}^x$, 即 $z_1'(x) - z_1(x) = 2x\mathrm{e}^x$, 解得

$$z_1(x) = \mathrm{e}^x\left[\int 2x\mathrm{e}^x\cdot\mathrm{e}^{-x}\mathrm{d}x + C_1\right] = \mathrm{e}^x(x^2 + C_1).$$

又令 $(D-2I)^{-1}\cdot\left(2xe^x\right)=z_2(x)$，则 $z_2'(x)-2z_2(x)=2xe^x$，解得

$$z_2(x)=e^{2x}\left[\int 2xe^x\cdot e^{-2x}dx+C_2\right]=-2(x+1)e^x+C_2e^{2x}.$$

故原方程的通解为

$$y=z_2(x)-z_1(x)=-2(x+1)e^x+C_2e^{2x}-x^2e^x-C_1e^x$$
$$=-(x^2+2x+2)e^x+C_2e^{2x}-C_1e^x.$$

【解法 7】　算子法

记 $D=\dfrac{d}{dx}$，则原方程可化为 $(D^2-3D+2)y=2xe^x$. 原方程的特解为

$$y^*=\frac{2xe^x}{(D-1)(D-2)}=2e^x\cdot\frac{x}{(D-1)D}=2e^x\cdot\frac{1}{D}\times\frac{x}{D-1}=2e^x\cdot\frac{1}{D}\cdot\left[-1-Dx\right]$$
$$=2e^x\cdot\frac{(-1-x)}{D}=2e^x\cdot\left(-\frac{1}{2}x^2-x\right),$$

又对应齐次线性微分方程 $y''-3y'+2y=0$ 的通解为 $Y=C_1e^x+C_2e^{2x}$. 故原方程的通解为 $y=Y+y^*=C_1e^x+C_2e^{2x}-(x^2+2x)e^x$.

【解法 8】　积分因子法

方程两边乘以 e^{-x}，并积分可得 $e^{-x}(y'-2y)=x^2+C_1$，然后上述方程两边再乘以 e^{-x}，并积分可得：$e^{-2x}y=-(x^2+2x+2)e^{-x}-C_1e^{-x}+C_2$.

从而得原方程的通解为 $y=-(x^2+2x+2)e^x-C_1e^x+C_2e^{2x}$.

【解法 9】　Laplace 变换法

对方程两边进行 Laplace 变换，得到 $s^2Y(s)-3sY(s)+2Y(s)=\dfrac{2}{(s-1)^2}$，解得

$$Y(s)=2\left(\frac{1}{s-2}-\frac{1}{s-1}-\frac{1}{(s-1)^2}-\frac{1}{(s-1)^3}\right).$$

所以一个特解为 $y^*=2\left(e^{2x}-e^x-xe^x-\dfrac{x^2}{2}e^x\right)$.

又对应齐次线性微分方程 $y''-3y'+2y=0$ 的通解为 $Y=C_1e^x+C_2e^{2x}$. 故原方程的通解为

$$y=Y+y^*=C_1e^x+C_2e^{2x}+2e^{2x}-\left(x^2+2x+2\right)e^x.$$

特别提示　　以上给出了求解二阶常系数非齐次线性微分方程的九种解法，其中解法 4、解法 5 及解法 6 具有新颖性，且解法 6 是作者独创的方法，已撰文发表，在《大学数学》期刊 2014 年第 30 卷第 4 期第 76～81 页.

对于二阶常系数非齐次线性微分方程 $y'' + py' + qy = f(x)$，若由特征方程 $r^2 + pr + q = 0$ 求出特征根为 λ_1, λ_2，则有 $\lambda_1 + \lambda_2 = -p$，$\lambda_1 \cdot \lambda_2 = q$，于是方程总可以化为

$$(y' - \lambda_1 y)' - \lambda_2 (y' - \lambda_1 y) = f(x).$$

令 $y' - \lambda_1 y = u$，则由上式可化为 $u' - \lambda_2 u = f(x)$. 故原方程总可以化为求两个一阶线性微分方程，此方法称为降阶法.

此外，解法 8 也可由方程两边先乘以 e^{-2x}，并积分化为 $e^{-2x}(y' - \lambda_1) = 2xe^{-x} - 2e^{-x} + C_1 e^{-x}$，然后两边再同时乘以 e^x，并积分得.

♻ 类题训练

1. 求下列微分方程的通解:

(1) $y'' - 2y' - 3y = 3x + 1$；　(2) $y'' - 3y' + 2y = \sin e^{-x}$.

2. 设函数 $y = y(x)$ 是微分方程 $y'' + y' - 2y = 0$ 的解，且在 $x = 0$ 处 $y(x)$ 取得极值 3，则 $y(x) = $ ___ . (2015 年硕士研究生入学考试数学(三)试题)

3. 设函数 $y = y(x)$ 满足微分方程 $y'' - 3y' + 2y = 2e^x$，且其图形在点 $(0,1)$ 处的切线与曲线 $y = x^2 - x + 1$ 在该点处的切线重合，求函数 $y = y(x)$. (1988 年硕士研究生入学考试数学(三)试题)

4. 设函数 $y(x)$ 满足方程 $y'' + 2y' + ky = 0$，其中 $0 < k < 1$. (i)证明反常积分 $\int_0^{+\infty} y(x)dx$ 收敛；(ii)若 $y(0) = 1$，$y'(0) = 1$，求 $\int_0^{+\infty} y(x)dx$ 的值. (2016 年硕士研究生入学考试数学(一)试题)

📖 典型例题

13 求微分方程 $y'' - y' = 2\sin x$ 的通解.

【解法 1】 利用待定系数法求特解，再由通解结构.

特征方程为 $r^2 - r = 0$，解得 $r_1 = 0$，$r_2 = 1$. 所以对应齐次线性微分方程 $y'' - y' = 0$ 的通解为 $Y = C_1 + C_2 e^x$.

设原方程的特解形式为 $y^* = a\cos x + b\sin x$，代入原方程，得 $a = 1$，$b = -1$. 故原方程的通解为 $y = Y + y^* = C_1 + C_2 e^x + \cos x - \sin x$.

【解法 2】 原方程属于 $y'' = f(x, y')$ 型可降阶方程

令 $y' = p(x)$，则原方程化为 $p'(x) - p(x) = 2\sin x$，其通解为

$$p(x) = e^{\int dx}\left[\int 2\sin x \, e^{-\int dx} dx + C_1\right] = e^x\left(2\int e^{-x}\sin x \, dx + C_1\right) = -\sin x - \cos x + C_1 e^x.$$

故原方程通解为 $y = \int p(x)\mathrm{d}x = \int (-\sin x - \cos x + C_1 \mathrm{e}^x)\mathrm{d}x = \cos x - \sin x + C_1 \mathrm{e}^x + C_2$.

【解法 3】 常数变易法

特征方程为 $r^2 - r = 0$,解得 $r_1 = 0$,$r_2 = 1$. 所以对应齐次线性微分方程 $y'' - y' = 0$ 的通解为 $Y = C_1 + C_2 \mathrm{e}^x$.

设 $y = C_1(x) + C_2(x)\mathrm{e}^x$ 为原方程的解,则由 $\begin{cases} C_1'(x) + C_2'(x)\mathrm{e}^x = 0, \\ C_1'(x) \cdot 0 + C_2'(x) \cdot \mathrm{e}^x = 2\sin x \end{cases}$ 解得

$C_1(x) = 2\cos x + C_1$, $C_2(x) = -(\sin x + \cos x)\mathrm{e}^{-x} + C_2$. 故原方程的通解为 $y = C_1(x) + C_2(x)\mathrm{e}^x = \cos x - \sin x + C_1 + C_2 \mathrm{e}^x$,其中 C_1, C_2 为任意常数.

【解法 4】 算子分解法

记 $D = \dfrac{\mathrm{d}}{\mathrm{d}x}$,$Iy = y$,则原方程化为 $D(D-I)y = 2\sin x$. 令 $(D-I)y = z(x)$,则有 $Dz(x) = 2\sin x$,即 $\dfrac{\mathrm{d}}{\mathrm{d}x}z(x) = 2\sin x$,解得 $z(x) = \int 2\sin x \mathrm{d}x = -2\cos x + C_1$.

再由 $(D-I)y = z(x)$ 化为 $\dfrac{\mathrm{d}y}{\mathrm{d}x} - y = -2\cos x + C_1$. 故由通解公式得原方程的通解为

$$y = \mathrm{e}^{-\int(-1)\mathrm{d}x}\left[\int(-2\cos x + C_1)\mathrm{e}^{\int(-1)\mathrm{d}x}\mathrm{d}x + C_2\right] = \mathrm{e}^x\left[\int(-2\cos x + C_1)\mathrm{e}^{-x}\mathrm{d}x + C_2\right]$$

$$= \mathrm{e}^x\left[(\cos x - \sin x)\mathrm{e}^{-x} - C_1\mathrm{e}^{-x} + C_2\right] = \cos x - \sin x - C_1 + C_2\mathrm{e}^x.$$

【解法 5】 逆特征算子分解法

记 $D = \dfrac{\mathrm{d}}{\mathrm{d}x}$,$Iy = y$,则原方程改写为 $D(D-I)y = 2\sin x$. 记 $L(D) = D^2 - D = D(D-I)$,则原方程的解为

$$y = \frac{1}{L(D)} \cdot (2\sin x) = \frac{1}{D(D-I)} \cdot (2\sin x) = \left(-\frac{1}{D} + \frac{1}{D-I}\right) \cdot (2\sin x)$$

$$= \left[-D^{-1} + (D-I)^{-1}\right] \cdot (2\sin x),$$

令 $D^{-1} \cdot (2\sin x) = z_1(x)$,则 $Dz_1(x) = 2\sin x$,即 $z_1'(x) = 2\sin x$,解得 $z_1(x) = \int 2\sin x \mathrm{d}x = -2\cos x + C_1$.

又令 $(D-I)^{-1} \cdot (2\sin x) = z_2(x)$,则 $(D-I) \cdot z_2(x) = 2\sin x$,即 $z_2'(x) - z_2(x) = 2\sin x$,解得 $z_2(x) = \mathrm{e}^{\int \mathrm{d}x}\left[\int 2\sin x \mathrm{e}^{-\int \mathrm{d}x}\mathrm{d}x + C_2\right] = -(\sin x + \cos x) + C_2\mathrm{e}^x$. 故原方程的通解为

$$y = -z_1(x) + z_2(x) = \cos x - \sin x + C_2 e^x - C_1.$$

【解法 6】　降阶法

将原方程改写为 $(y' - y)' = 2\sin x$．令 $y' - y = u$，则方程化为 $u' = 2\sin x$，解得 $u = \int 2\sin x \, dx = -2\cos x + C_1$．再求一阶方程 $y' - y = u = -2\cos x + C_1$ 得原方程的

通解为 $y = e^{-\int(-1)dx}\left[\int(-2\cos x + C_1)e^{\int(-1)dx}dx + C_2\right] = \cos x - \sin x + C_2 e^x + C_1$．

【解法 7】　积分因子法

原方程的两边同时乘以 e^{-x}，得 $(e^{-x}y')' = 2\sin x \cdot e^{-x}$．然后两边积分得

$$e^{-x}y' = \int 2\sin x \cdot e^{-x}dx = -2\int \sin x \, d(e^{-x}) = -(\cos x + \sin x)e^{-x} + C_1.$$

于是 $y' = -\cos x - \sin x + C_1 e^x$，从而得原方程的通解为

$$y = \int(-\cos x - \sin x + C_1 e^x)dx = -\sin x + \cos x + C_1 e^x + C_2.$$

特别提示　上述给出了求解二阶常系数非齐次线性微分方程的多种解法，除了解法 1 用待定系数法仅限于求 $f(x) = e^{\lambda x}[p_l(x)\cos \omega x + p_n(x)\sin \omega x]$ 及 $f(x) = P_m(x)e^{\lambda x}$ 两种类型方程，其他解法都适用于 $f(x)$ 取任意函数的方程，其中以解法 6 和解法 7 的解题过程较为简洁。

类题训练

1. 求下列微分方程的通解：

(1) $y'' + y' = x\cos 2x$；　(2) $y'' - 2y' + 5y = e^x \cos 2x$；

(3) $y'' + y' = x^2$．(1996 年硕士研究生入学考试数学(三)试题)

2. 求微分方程 $y''(3y'^2 - x) = y'$ 满足初始条件 $y(1) = y'(1) = 1$ 的特解．

3. 求微分方程 $(2\cos 2x) \cdot y'y'' + 2\sin 2x \cdot y'^2 = \sin 2x$ 满足初始条件 $y(0) = 1$，$y'(0) = 0$ 的特解．

4. 设函数 $f(u)$ 在 $(0, +\infty)$ 内具有二阶导数，且 $z = f\left(\sqrt{x^2 + y^2}\right)$ 满足等式 $\frac{\partial^2 z}{\partial x^2} + \frac{\partial^2 z}{\partial y^2} = 0$．(i)验证 $f''(u) + \frac{f'(u)}{u} = 0$；(ii)若 $f(1) = 0$，$f'(1) = 1$，求函数 $f(u)$ 的表达式．(2006 年硕士研究生入学考试数学(一)试题)

📖 **典型例题**

14　求微分方程 $y'' - 2y' + y = \dfrac{e^x}{x}$ 的通解.

【**解法 1**】　常数变易法 I

对应齐次线性微分方程的特征方程为 $r^2 - 2r + 1 = 0$，解得 $r_1 = r_2 = 1$，所以齐次线性微分方程 $y'' - 2y' + y = 0$ 的通解为 $y = (C_1 x + C_2) e^x$.

令 $y = (C_1(x) \cdot x + C_2(x)) e^x$ 为原方程的解, 代入原方程, 由常数变易法, 得

$$\begin{cases} C_1'(x) \cdot x e^x + C_2'(x) \cdot e^x = 0, \\ C_1'(x) \cdot (e^x + x e^x) + C_2'(x) \cdot e^x = \dfrac{e^x}{x}. \end{cases}$$

联立求解, 得 $C_1(x) = \ln x + C_1$，$C_2(x) = -x + C_2$. 故原方程的通解为

$$y = (\ln x + C_1) x e^x + (-x + C_2) e^x = e^x (x \ln x - x + C_1 x + C_2).$$

【**解法 2**】　常数变易法 II

对应齐次线性微分方程的特征方程为 $r^2 - 2r + 1 = 0$，解得 $r_1 = r_2 = 1$，所以 $y_1 = e^x$ 为齐次线性微分方程 $y'' - 2y' + y = 0$ 的一个解.

令 $y = y_1 \cdot u(x) = e^x u(x)$ 为原方程的解, 代入原方程, 得 $u''(x) = \dfrac{1}{x}$，解得 $u(x) = x \ln x - x + C_1 x + C_2$. 故原方程的通解为 $y = e^x (x \ln x - x + C_1 x + C_2)$.

【**解法 3**】　降阶法

原方程改写为 $(y' - y)' - (y' - y) = \dfrac{e^x}{x}$. 设 $y' - y = u$，则原方程化为 $u' - u = \dfrac{e^x}{x}$，解得

$$u = e^{-\int (-1)dx} \left[\int \frac{e^x}{x} \cdot e^{\int (-1)dx} dx + C_1 \right] = e^x (\ln x + C_1).$$

再求 $y' - y = u = e^x (\ln x + C_1)$，得原方程的通解为

$$y = e^{-\int (-1)dx} \left[\int e^x (\ln x + C_1) e^{\int (-1)dx} dx + C_2 \right] = e^x (x \ln x - x + C_1 x + C_2).$$

【**解法 4**】　积分因子法

原方程两边乘 e^{-x}，并积分得 $(y' - y) e^{-x} = \ln x + C_1$，即 $\left(y e^{-x} \right)' = \ln x + C_1$，两边积分可得 $y e^{-x} = x \ln x - x + C_1 x + C_2$. 故原方程的通解为 $y = e^x (x \ln x - x +$

$C_1 x + C_2)$.

【解法 5】 算子分解法

记 $D = \dfrac{\mathrm{d}}{\mathrm{d}x}$, $Iy = y$, 则原方程化为 $(D^2 - 2D + I)y = \dfrac{\mathrm{e}^x}{x}$, 即令 $(D - I)$

$(D - I)y = \dfrac{\mathrm{e}^x}{x}$. 令 $(D - I)y = z(x)$, 则有 $(D - I) \cdot z(x) = \dfrac{\mathrm{e}^x}{x}$, 即 $\dfrac{\mathrm{d}z(x)}{\mathrm{d}x} - z(x) = \dfrac{\mathrm{e}^x}{x}$,

解得

$$z(x) = \mathrm{e}^{\int \mathrm{d}x} \left[\int \frac{\mathrm{e}^x}{x} \cdot \mathrm{e}^{-\int \mathrm{d}x} \, \mathrm{d}x + C_1 \right] = \mathrm{e}^x \left(\ln x + C_1 \right).$$

再由 $(D - I)y = z(x)$, 即 $\dfrac{\mathrm{d}y}{\mathrm{d}x} - y = \mathrm{e}^x (\ln x + C_1)$, 解得原方程的通解为

$$y = \mathrm{e}^{\int \mathrm{d}x} \left[\int \mathrm{e}^x (\ln x + C_1) \mathrm{e}^{-\int \mathrm{d}x} \, \mathrm{d}x + C_2 \right] = \mathrm{e}^x \left[\int (\ln x + C_1) \, \mathrm{d}x + C_2 \right]$$

$$= \mathrm{e}^x \left(x \ln x - x + C_1 x + C_2 \right).$$

【解法 6】 逆特征算子分解法

记 $D = \dfrac{\mathrm{d}}{\mathrm{d}x}$, $Iy = y$, 则原方程化为 $(D^2 - 2D + I)y = \dfrac{\mathrm{e}^x}{x}$, 原方程的解为

$$y = \frac{1}{D^2 - 2D + I} \cdot \left(\frac{\mathrm{e}^x}{x} \right) = (D - I)^{-1} \cdot \left[(D - I)^{-1} \cdot \frac{\mathrm{e}^x}{x} \right].$$

令 $(D - I)^{-1} \cdot \dfrac{\mathrm{e}^x}{x} = z_1(x)$, 则 $z_1'(x) - z_1(x) = \dfrac{\mathrm{e}^x}{x}$, 解得 $z_1(x) = \mathrm{e}^x (\ln x + C_1)$.

令 $(D - I)^{-1} \cdot z_1(x) = z_2(x)$, 则 $z_2'(x) - z_2(x) = z_1(x) = \mathrm{e}^x (\ln x + C_1)$, 解得

$$z_2(x) = \mathrm{e}^x \left[\int \mathrm{e}^x (\ln x + C_1) \cdot \mathrm{e}^{-x} \, \mathrm{d}x + C_2 \right] = \mathrm{e}^x \left(x \ln x - x + C_1 x + C_2 \right).$$

故原方程的通解为 $y = z_2(x) = \mathrm{e}^x \left(x \ln x - x + C_1 x + C_2 \right)$.

✳ 特别提示 一些教材及资料在讨论二阶常系数非齐次线性微分方程

$y'' + py' + qy = f(x)$ 的求解时, 主要是介绍方程中 $f(x)$ 取下列两种常见形式求特

解 y^* 的待定系数法, 然后再由通解结构求得通解.

(i) $f(x) = P_m(x) \cdot \mathrm{e}^{\lambda x}$, 其中 λ 是常数, $P_m(x)$ 是 x 的一个 m 次多项式;

(ii) $f(x) = \mathrm{e}^{\lambda x} \cdot \left[P_l(x) \cdot \cos \omega x + P_n(x) \cdot \sin \omega x \right]$, 其中 λ, ω 是常数, $P_l(x)$, $P_n(x)$

分别是 x 的 l 次、n 次多项式.

对于 $f(x)$ 取其他形式的函数未加讨论. 例如本题 $f(x) = \dfrac{e^x}{x}$, 不属于上述两种形式, 不能由待定系数法求解, 所以待定系数法的应用具有较大的局限性, 不利于推广. 而降阶法、算子分解法及逆特征算子分解法对 $f(x)$ 是任何形式的函数都适用, 只需记住一阶非齐次线性微分方程的通解公式即可, 适于推广, 具有很好的应用性和推广性.

类题训练

1. 求微分方程 $y'' - 4y' + 4y = \dfrac{x}{2}e^{2x}$ 的通解.

2. 已知 $y_1 = \dfrac{\sin x}{x}$ 是微分方程 $y'' + \dfrac{2}{x}y' + y = 0$ 的解, 求该微分方程的通解.

3. 求微分方程 $y'' - 6y' + 9y - 2x + (x+1)e^{3x}$ 的通解.

4. 求微分方程 $y'' + y' - 2y = \dfrac{e^x}{1+e^x}$ 的通解.

典型例题

15 求微分方程 $y y'' = 2y'^2$ 的通解.

【解法 1】 方程属于 $y'' = f(y, y')$ 类型可降阶方程

令 $y' = p(y)$, 则 $y'' = p\dfrac{dp}{dy}$, 代入原方程, 得 $yp\dfrac{dp}{dy} = 2p^2$.

当 $p \neq 0$ 时, $yp\dfrac{dp}{dy} = 2p^2$, 化为 $\dfrac{dp}{p} = \dfrac{2dy}{y}$, 两边积分, 得 $\ln p = 2\ln y + \ln C_1$,

即得 $\dfrac{dy}{dx} = C_1 y^2$, 化简为 $\dfrac{dy}{y^2} = C_1 dx$, 两边积分得 $-\dfrac{1}{y} = C_1 x + C_2$, 故通解为

$y = -\dfrac{1}{C_1 x + C_2}$. 当 $p = 0$ 时, $y = C$ 是方程的解, 它包含在通解中($x = 0$ 时).

【解法 2】 以 $y'y$ 除方程两边, 得 $\dfrac{y''}{y'} = \dfrac{2y'}{y}$, 即 $d(\ln y') = d(2\ln y)$, 两边积分

得 $\ln y' = 2\ln y + \ln C_1$, 于是有 $y' = C_1 y^2$, 化为 $\dfrac{dy}{y^2} = C_1 dx$, 再两边积分即得通解为

$y = -\dfrac{1}{C_1 x + C_2}$.

【解法 3】 原方程两边同时除以 y^2, 化简为 $\dfrac{y \cdot y'' - y'^2}{y^2} = \dfrac{y'^2}{y^2}$, 即

$$\left(\frac{y'}{y}\right)' = \left(\frac{y'}{y}\right)^2.$$

令 $u = \dfrac{y'}{y}$，则有 $u' = u^2$，即 $\dfrac{du}{dx} = u^2$，解得 $-\dfrac{1}{u} = x + C_1$，即 $\dfrac{y'}{y} = -\dfrac{1}{x + C_1}$. 两边

积分，得 $\ln y = -\ln(x + C_1) + \ln C_2$，即得通解为 $y = \dfrac{C_2}{x + C_1}$，其中 C_1, C_2 为任意常数.

【解法 4】 由 $\dfrac{dx}{dy} = \dfrac{1}{y'}$ 可得 $\dfrac{d^2 x}{dy^2} = -\dfrac{1}{y'^2} \cdot y'' \cdot \dfrac{1}{y'} = -\dfrac{y''}{(y')^3}$.

代入原方程得 $-y \dfrac{d^2 x}{dy^2} \cdot (y')^3 = 2y'^2$，即 $\dfrac{\dfrac{d^2 x}{dy^2}}{\dfrac{dx}{dy}} = -\dfrac{2}{y}$. 两边对 y 积分，即得

$\ln\left(\dfrac{dx}{dy}\right) = -2\ln y + \ln C_1$，于是 $\dfrac{dx}{dy} = \dfrac{C_1}{y^2}$. 两边再对 y 积分，得通解为 $x = -\dfrac{C_1}{y} + C_2$，

即 $y = \dfrac{C_1}{-x + C_2}$，其中 C_1, C_2 为任意常数.

特别提示 该题属于 $y'' = f(y, y')$ 型可降阶微分方程，可以通过令 $y' = p(y)$，$y'' = p\dfrac{dp}{dy}$ 代入原方程，化为以 y 为自变量，p 为未知量的一阶微分方程求解得 $p(y) = \varphi(y, C_1)$；再由 $y' = p(y) = \varphi(y, C_1)$ 进一步求得原方程的通解，如解法 1. 解法 2 和解法 3 根据原方程的形式巧妙化简而求解. 解法 4 将原方程化为以 y 为自变量，x 为未知量的微分方程，求解也比较简单，但在化简过程中对复合函数的求导法则的应用有较高的要求.

类题训练

1. 求下列微分方程的通解：

(1) $y y'' - y' = 0$；　(2) $y y'' = y' + y'^2$；　(3) $y y'' + 1 = y'^2$.

2. 求微分方程 $2 y'' = 3 y^2$ 满足初始条件 $y(2) = 1$，$y'(2) = -1$ 的特解.

3. 微分方程 $y y'' + y'^2 = 0$ 满足初始条件 $y(0) = 1$，$y'(0) = \dfrac{1}{2}$ 的特解是_____. (2002 年硕士研究生入学考试数学(一)试题)

4. 求微分方程 $2(2 + y) y'' = 1 + y'^2$ 的通解.

📖 **典型例题**

16 求微分方程 $x\,y'' + y' = 5x$ 的通解.

【**解法 1**】 先求对应齐次线性微分方程 $x\,y'' + y' = 0$ 的通解:

令 $y' = p(x)$, 则齐次线性微分方程化为 $x\dfrac{\mathrm{d}p}{\mathrm{d}x} + p = 0$, 即有 $\dfrac{\mathrm{d}p}{p} = -\dfrac{\mathrm{d}x}{x}$. 两边积分, 解得 $\ln p(x) = -\ln x + \ln C_1$, 于是得 $xp(x) = C_1$, 即 $y' = \dfrac{C_1}{x}$. 故齐次线性微分方程的通解为 $Y = C_1 \ln x + C_2$.

再求非齐次线性微分方程 $xy'' + y' = 5x$ 的一个特解:

易观察 $y^* = a\,x^2$ 为原方程的一个特解形式, 代入方程即得 $a = \dfrac{5}{4}$, 从而特解为 $y^* = \dfrac{5}{4}x^2$.

故由非齐次线性微分方程的通解结构, 原方程的通解为 $y = Y + y^* = C_1 \ln x + C_2 + \dfrac{5}{4}x^2$.

【**解法 2**】 如解法 1 求得齐次线性微分方程 $x\,y'' + y' = 0$ 的通解为 $Y = C_1 \ln x + C_2$.

由常数变易法, 令原方程的解为 $y = C_1(x)\cdot \ln x + C_2(x)$, 则有

$$\begin{cases} C_1'(x)\cdot \ln x + C_2'(x) = 0, \\[2mm] C_1'(x)\cdot \dfrac{1}{x} + C_2'(x)\cdot 0 = 5. \end{cases}$$

解得 $C_1(x) = \dfrac{5}{2}x^2 + C_1$, $C_2(x) = -\dfrac{5}{2}x^2 \ln x + \dfrac{5}{4}x^2 + C_2$.

故原方程的通解为

$$y = \left(\dfrac{5}{2}x^2 + C_1\right)\cdot \ln x + \left(-\dfrac{5}{2}x^2 \ln x + \dfrac{5}{4}x^2 + C_2\right) = C_1 \ln x + \dfrac{5}{4}x^2 + C_2.$$

【**解法 3**】 原方程化为 $x^2 y'' + xy' = 5x^2$, 此即为 Euler 方程.

令 $x = \mathrm{e}^t$, $D = \dfrac{\mathrm{d}}{\mathrm{d}t}$, 则 $x^2 y'' = D(D-1)y$, $xy' = Dy$, 于是原方程化简为 $D^2 y = 5x^2$, 即 $\dfrac{\mathrm{d}^2 y}{\mathrm{d}t^2} = 5\mathrm{e}^{2t}$. 两边对 t 积分两次, 得 $y = \dfrac{5}{4}\mathrm{e}^{2t} + C_1 t + C_2$, 故原方程的通解为 $y = \dfrac{5}{4}x^2 + C_1 \ln x + C_2$.

【**解法 4**】 属于 $y'' = f(x, y')$ 型可降阶方程

令 $y' = p(x)$，则 $y'' = p'(x)$，代入原方程化简为 $p'(x) + \dfrac{1}{x} p(x) = 5$，其通解为

$$p(x) = \mathrm{e}^{-\int \frac{1}{x} \mathrm{d}x} \left[\int 5\mathrm{e}^{\int \frac{1}{x} \mathrm{d}x} \mathrm{d}x + C_1 \right] = \frac{1}{x} \left(\frac{5}{2} x^2 + C_1 \right) = \frac{5}{2} x + \frac{C_1}{x}.$$

故原方程的通解为 $y = \displaystyle\int p(x)\mathrm{d}x = \int \left(\frac{5}{2} x + \frac{C_1}{x} \right) \mathrm{d}x = \frac{5}{4} x^2 + C_1 \ln x + C_2$.

【解法 5】   因为 $xy'' + y' = (xy')'$，所以原方程化为 $(xy')' = 5x = \left(\dfrac{5}{2} x^2 \right)'$，即得

$xy' = \dfrac{5}{2} x^2 + C_1$. 于是 $y' = \dfrac{5}{2} x + \dfrac{C_1}{x}$，两边积分，即得原方程的通解为

$$y = \int \left(\frac{5}{2} x + \frac{C_1}{x} \right) \mathrm{d}x = \frac{5}{4} x^2 + C_1 \ln x + C_2.$$

特别提示   解法 1 是利用二阶线性非齐次微分方程的通解结构，对于简单情形，可以通过观察确定其特解形式；解法 2 是先求得对应齐次线性微分方程的通解后，再由常数变易法求非齐次线性微分方程的通解；解法 3 是把原方程化为 Euler 方程，再用求解 Euler 方程的特定方法；解法 4 是把原方程当作 $y'' = f(x, y')$ 型可降阶方程，再用它对应的方法；解法 5 是灵活运用求导公式. 解法 1、解法 2 和解法 4 是常规性的一般方法，解法 3 和解法 5 更为简单一些.

类题训练

1. 求下列微分方程的通解：

(1) $xy'' + y' = \ln x$；   (2) $xy'' - y' = x^2$；   (3) $xy'' + 2y' = 10x$；

(4) $4x^4 y''' - 4x^3 y'' + 4x^2 y' = 1$. (第十一届北京市大学生数学竞赛题)

2. 求微分方程 $(1+x)^2 y'' - (1+x) y' + y = \dfrac{1}{1+x}$ 满足初始条件 $y(0) = y'(0) = 0$ 的特解.

典型例题

17   求微分方程 $\left(1 + x^2\right) y'' = 2xy'$ 满足初始条件 $y(0) = 1$，$y'(0) = 3$ 的特解.

【解法 1】   属于 $y'' = f(x, y')$ 型可降阶的方程.

令 $y' = p(x)$，则 $y'' = p'(x)$，代入原方程化简为 $p'(x) = \dfrac{2x}{1 + x^2} p(x)$，先分离变

量, 再两边积分得 $\int \dfrac{\mathrm{d}p}{p} = \int \dfrac{2x}{1+x^2}\mathrm{d}x$, 解得 $p = C_1(1+x^2)$. 由 $y'(0)=3$, 得 $C_1=3$.

于是 $y' = 3(1+x^2)$. 两边积分, 得 $y = x^3 + 3x + C_2$. 再由 $y(0)=1$ 得 $C_2=1$. 故所求特

解为 $y = x^3 + 3x + 1$.

【解法2】 原方程可化简为 $\dfrac{(1+x^2)y'' - 2xy'}{(1+x^2)^2} = 0$, 即 $\left(\dfrac{y'}{1+x^2}\right)' = 0$, 所以

$\dfrac{y'}{1+x^2} = C_1$. 再由 $y'(0)=3$ 得 $C_1=3$, 于是 $y' = 3(1+x^2)$. 两边积分得 $y = x^3 +$

$3x + C_2$. 再由 $y(0)=1$ 得 $C_2=1$. 故所求特解为 $y = x^3 + 3x + 1$.

【解法3】 设原方程 $(1+x^2)y'' = 2xy'$ 有幂级数解 $y = \sum\limits_{n=0}^{\infty} a_n x^n$, 则 $y' =$

$\sum\limits_{n=1}^{\infty} na_n x^{n-1}$, $y'' = \sum\limits_{n=2}^{\infty} n(n-1)a_n x^{n-2} = \sum\limits_{n=0}^{\infty}(n+2)(n+1)a_{n+2}x^n$, 代入原方程得

$$\sum\limits_{n=0}^{\infty}(n+2)(n+1)a_{n+2}x^n + \sum\limits_{n=0}^{\infty}(n+2)(n+1)a_{n+2}x^{n+2} = \sum\limits_{n=0}^{\infty} 2na_n x^n,$$

化简为 $2a_2 + (6a_3 - 2a_1)x + \sum\limits_{n=2}^{\infty}[(n+2)(n+1)a_{n+2} + n(n-1)a_n - 2na_n]x^n = 0$. 于是

有 $2a_2 = 0$, $6a_3 - 2a_1 = 0$, $(n+2)(n+1)a_{n+2} + n(n-1)a_n - 2na_n = 0$, 即得 $a_2 = 0$,

$a_1 = 3a_3$, $a_{n+2} = \dfrac{3n - n^2}{(n+2)(n+1)}a_n$, 从而 $a_{2k} = 0\ (k=1,2,\cdots)$, $a_{2k+1} = 0\ (k=2,3,\cdots)$,

故 $y = a_0 + 3a_3 x + a_3 x^3$.

又由 $y(0)=1$, 得 $a_0=1$, 再由 $y'(0)=3$, 得 $a_3=1$. 故所求特解为 $y = x^3 + 3x + 1$.

特别提示 解法1将原方程视为 $y'' = f(x,y')$ 型可降阶方程求解, 中规中矩; 解法2灵活运用求导公式化简, 求解简单, 但不易想到; 解法3利用幂级数求解, 虽然略显复杂, 但适用性较强, 值得重视.

类题训练

1. 求下列微分方程的通解:

(1) $(x+1)y'' + y' = \ln(x+1)$; (2) $y'' = y' + x$;

(3) $x^2 y'' - 2xy' - y'^2 = 0$; (4) $y'' + xy' + y = 0$.

2. 求微分方程 $y''(x + y'^2) = y'$ 满足初始条件 $y(1) = y'(1) = 1$ 的特解. (2007 年

硕士研究生入学考试数学(二)试题)

📖 **典型例题**

18　求微分方程 $y'' - y'^2 = 1$ 的通解.

【解法 1】　可看作 $y'' = f(x, y')$ 型可降阶方程.

令 $y' = p(x)$, 则 $y'' = \dfrac{\mathrm{d}p}{\mathrm{d}x}$, 代入原方程化为 $\dfrac{\mathrm{d}p}{\mathrm{d}x} = 1 + p^2$, 分离变量 $\dfrac{\mathrm{d}p}{1 + p^2} = \mathrm{d}x$,

再两边积分, 得 $\arctan p(x) = x + C_1$, 从而 $y' = p(x) = \tan(x + C_1)$.

故原方程的通解为 $y = \displaystyle\int \tan(x + C_1)\,\mathrm{d}x = -\ln\cos(x + C_1) + C_2$.

【解法 2】　方程两边同时除以 y'^2, 得 $\dfrac{y''}{y'^2} = 1 + \dfrac{1}{y'^2}$. 令 $u = \dfrac{1}{y'}$, 则方程进一步化

为 $-u' = 1 + u^2$, 即 $\dfrac{\mathrm{d}u}{1 + u^2} = -\mathrm{d}x$, 两边积分, 得 $\arctan u = -x + C_1$, 即 $u = \tan(-x + C_1)$,

从而 $y' = \dfrac{1}{\tan(-x + C_1)} = \cot(-x + C_1)$.

故原方程通解为 $y = \displaystyle\int \cot(-x + C_1)\,\mathrm{d}x = -\ln\sin(-x + C_1) + C_2$.

【解法 3】　方程两边乘以 e^{-y}, 化为 $\left(\mathrm{e}^{-y} y'\right)' = \mathrm{e}^{-y}$, 即 $\left(\mathrm{e}^{-y}\right)'' = -\mathrm{e}^{-y}$.

令 $u = \mathrm{e}^{-y}$, 则方程化为 $u'' + u = 0$, 其通解为 $u = C_1\cos x + C_2\sin x$.

故原方程的通解为 $y = -\ln\left(C_1\cos x + C_2\sin x\right)$.

【解法 4】　方程化为 $\dfrac{y''}{1 + y'^2} = 1$, 即 $\left(\arctan y'\right)' = 1 = \left(x\right)'$, 于是 $\arctan y' = x + C_1$, 从而 $y' = \tan(x + C_1)$. 故原方程的通解为

$$y = \int \tan(x + C_1)\,\mathrm{d}x = -\ln\cos(x + C_1) + C_2.$$

【解法 5】　方程化为 $\dfrac{y''}{\left(1 + y'^2\right)^{\frac{3}{2}}} = \dfrac{1}{\left(1 + y'^2\right)^{\frac{1}{2}}}$.

而由曲率及曲线的切向量公式, 知上式即为 $\dfrac{\mathrm{d}\alpha}{\mathrm{d}s} = \cos\alpha$, 从而 $\mathrm{d}\alpha = \mathrm{d}s \cdot \cos\alpha$.

又 $\mathrm{d}x = \cos\alpha\,\mathrm{d}s$, $\mathrm{d}y = \sin\alpha\,\mathrm{d}s$, 所以 $\mathrm{d}x = \mathrm{d}\alpha$, $\mathrm{d}y = \tan\alpha\,\mathrm{d}\alpha$, 从而 $x = \alpha + C_1$,

$y = \displaystyle\int \tan\alpha\,\mathrm{d}\alpha = -\ln\cos\alpha + C_2$, 故原方程的通解为

$$\begin{cases} x = \alpha + C_1, \\ y = -\ln\cos\alpha + C_2. \end{cases} \quad \text{即 } y = -\ln\cos(x - C_1) + C_2.$$

✳ **特别提示**　解法 1 按 $y'' = f(x, y')$ 型可降阶方程求解是常规方法，而解法 2——解法 5 是巧方法. 原方程也可看作 $y'' = f(y, y')$ 型可降阶方程，但不易计算.

♻ **类题训练**

1. 设实数 $a \neq 0$，求微分方程 $y'' - a{y'}^2 = 0$ 满足初始条件 $y(0) = 0$，$y'(0) = -1$ 的特解. (2009 年全国大学生数学竞赛(非数学类)决赛试题)

2. 求微分方程 $y'' = \left(y'\right)^3 + y'$ 的通解.

📖 **典型例题**

19　求微分方程 $x^2 y'' - 2xy' + 2y = 2x^3$ 的通解.

【**解法 1**】　该方程为 Euler 方程.

令 $x = \mathrm{e}^t$，$D = \dfrac{\mathrm{d}}{\mathrm{d}t}$，则 $xy' = Dy$，$x^2 y'' = D(D-1)y$，原方程化为 $D(D-1)y - 2Dy + 2y = 2\mathrm{e}^{3t}$，即 $D^2 y - 3Dy + 2y = 2\mathrm{e}^{3t}$，亦即 $\dfrac{\mathrm{d}^2 y}{\mathrm{d}t^2} - 3\dfrac{\mathrm{d}y}{\mathrm{d}t} + 2y = 2\mathrm{e}^{3t}$.

对应的齐次线性微分方程为 $\dfrac{\mathrm{d}^2 y}{\mathrm{d}t^2} - 3\dfrac{\mathrm{d}y}{\mathrm{d}t} + 2y = 0$，其特征方程为 $r^2 - 3r + 2 = 0$，解得 $r_1 = 1$，$r_2 = 2$，于是齐次线性微分方程的通解为 $Y = C_1 \mathrm{e}^t + C_2 \mathrm{e}^{2t}$.

又非齐次线性微分方程的 $\dfrac{\mathrm{d}^2 y}{\mathrm{d}t^2} - 3\dfrac{\mathrm{d}y}{\mathrm{d}t} + 2y = 2\mathrm{e}^{3t}$ 的特解形式可设为 $y^* = a\mathrm{e}^{3t}$，代入方程，求得 $a = 1$，即 $y^* = \mathrm{e}^{3t} = x^3$. 故原方程的通解为 $y = C_1 x + C_2 x^2 + x^3$.

【**解法 2**】　常数变易法

易于观察 $y_1(x) = x$ 为齐次线性微分方程 $x^2 y'' - 2xy' + 2y = 0$ 的解，故可设非齐次线性微分方程的通解为 $y = y_1(x) \cdot u(x) = x \cdot u(x)$，代入原方程，得 $u''(x) = 2$，解得 $u(x) = x^2 + C_1 x + C_2$. 故原方程的通解为 $y = x\left(x^2 + C_1 x + C_2\right) = x^3 + C_1 x^2 + C_2 x$.

【**解法 3**】　由二阶非齐次线性微分方程的通解结构

易于观察 $y_1(x) = x$，$y_2(x) = x^2$ 都为齐次线性微分方程 $x^2 y'' - 2xy' + 2y = 0$ 的解，且 $\dfrac{y_2(x)}{y_1(x)} = x$，于是齐次线性微分方程的通解为 $Y = C_1 x + C_2 x^2$. 又 $y^* = x^3$ 为非齐次线性微分方程的一个特解，故原方程的通解为 $y = Y + y^* = C_1 x + C_2 x^2 + x^3$.

【**解法 4**】　设 $y = x^k$，代入对应齐次线性微分方程 $x^2 y'' - 2xy' + 2y = 0$ 得到 k 满足的方程，即特征方程为 $k^2 - 3k + 2 = 0$，解得 $k_1 = 1$，$k_2 = 2$，于是齐次 Euler 方

程的通解为 $Y = C_1 x + C_2 x^2$.又因 $f(x) = 2x^3$，$f(\mathrm{e}^t) = 2\mathrm{e}^{3t}$，而 3 不是特征根，故可设其特解为 $y^* = a\mathrm{e}^{3t}$，即设原方程的特解为 $y^* = ax^3$，代入原方程解得 $a = 1$，所以原方程的通解为 $y = C_1 x + C_2 x^2 + x^3$.

特别提示　解法 3 中在确定了齐次线性微分方程的通解后，也可设 $y = C_1(x) \cdot x + C_2(x) \cdot x^2$ 为原方程的解，利用常数变易法求解.读者自己完成，也可尝试用幂级数法求解.

齐次 Euler 方程有形如 $y = x^k$ 的解，其中 k 为待定常数.将 $y = x^k$ 代入齐次 Euler 方程得到关于 k 的代数方程，当求得 k 时便可得齐次 Euler 方程的通解，如解法 4.

类题训练

1. 求下列非齐次欧拉方程的通解:

(1) $x^2 y'' - 4xy' + 6y = x$；　(2) $x^2 y'' - 2xy' + 2y + x - 2x^3 = 0$；

(3) $x^2 y'' - xy' + 2y = x\ln x$.

2. 已知 $y_1 = \mathrm{e}^x$ 是微分方程 $y'' + \dfrac{x}{1-x} y' - \dfrac{1}{1-x} y = x - 1$ 对应的齐次线性微分方程的一个特解，求所给二阶变系数非齐次线性微分方程的通解.

3. 求微分方程 $x^2 y'' + 3xy' + y = 0$ 有极小值 $y(1) = 2$ 的特解 $y(x)$，并判断该极值是极大值还是极小值.

典型例题

20　求微分方程 $2y''' - 3y'' + y' = 0$ 的通解，并求满足初始条件 $y(0) = 6$，$y'(0) = 3$，$y''(0) = 2$ 的特解.

【解法 1】　特征方程为 $2r^3 - 3r^2 + r = 0$，解得特征根为 $r_1 = 0$，$r_2 = \dfrac{1}{2}$，$r_3 = 1$，从而原方程通解为 $y = C_1 + C_2 \mathrm{e}^{\frac{1}{2}x} + C_3 \mathrm{e}^x$，其中 C_1, C_2, C_3 为待定常数，代入初始条件，解得 $C_1 = 1$，$C_2 = 4$，$C_3 = 1$，故所求特解为 $y = 1 + 4\mathrm{e}^{\frac{1}{2}x} + \mathrm{e}^x$.

【解法 2】　令 $y' = p(x)$，代入原方程化为 $2p''(x) - 3p'(x) + p(x) = 0$. 它对应的特征方程为 $2r^2 - 3r + 1 = 0$，解得 $r_1 = \dfrac{1}{2}$，$r_2 = 1$. 于是 $p(x) = C_1 \mathrm{e}^{\frac{1}{2}x} + C_2 \mathrm{e}^x$，即 $y' = C_1 \mathrm{e}^{\frac{1}{2}x} + C_2 \mathrm{e}^x$.

两边对 x 积分，得原方程的通解为

$$y = \int \left(C_1 e^{\frac{1}{2}x} + C_2 e^x \right) dx = 2C_1 e^{\frac{1}{2}x} + C_2 e^x + C_3 ,$$

其中 C_1 , C_2 , C_3 为待定常数. 代入初始条件, 解得 $C_1 = 2$, $C_2 = 1$, $C_3 = 1$. 故所求特

解是 $y = 1 + 4e^{\frac{1}{2}x} + e^x$.

【解法3】 原方程改写为 $(2y'' - 3y' + y)' = 0$, 所以 $2y'' - 3y' + y = C_1$.

又对应齐次线性微分方程 $2y'' - 3y' + y = 0$ 的特征方程为 $2r^2 - 3r + 1 = 0$, 解得

特征根 $r_1 = \frac{1}{2}$, $r_2 = 1$, 且 $y^* = C_1$ 为 $2y'' - 3y' + y = C_1$ 的一个特解, 所以非齐次线性

微分方程 $2y'' - 3y' + y = C_1$ 的通解为 $y = C_2 e^{\frac{1}{2}x} + C_3 e^x + C_1$, 此即为原方程的通解.

代入初始条件, 即可解得 $C_1 = 1$, $C_2 = 4$, $C_3 = 1$. 故所求特解为 $y = 1 + 4e^{\frac{1}{2}x} + e^x$.

【解法4】 逆特征算子分解法

由特征方程 $L(r) = 2r^3 - 2r^2 + r = r(2r-1)(r-1) = 0$, 解得 $r_1 = 0$, $r_2 = \frac{1}{2}$,

$r_3 = 1$. 于是原方程的解为

$$y = \frac{1}{L(D)} f(x) = \frac{1}{D(2D-I)(D-I)} 0 = \left[\frac{1}{D} - \frac{4}{2D-I} + \frac{1}{D-I} \right] \cdot 0$$
$$= D^{-1} \cdot 0 - 4(2D-I)^{-1} \cdot 0 + (D-I)^{-1} \cdot 0 .$$

令 $D^{-1} \cdot 0 = z_1(x)$, 则有 $Dz_1(x) = 0$, 即 $z_1'(x) = 0$, 解得 $z_1(x) = C_1$.

又令 $(2D-I)^{-1} \cdot 0 = z_2(x)$, 则有 $(2D-I)z_2(x) = 0$, 即 $2z_2'(x) - z_2(x) = 0$, 解

得 $\ln z_2(x) = \frac{1}{2}x + \tilde{C}_2$, 即得 $z_2(x) = C_2 e^{\frac{1}{2}x}$ $(C_2 = e^{\tilde{C}_2})$.

再令 $(D-I)^{-1} \cdot 0 = z_3(x)$, 则有 $(D-I) \cdot z_3(x) = 0$, 即 $z_3'(x) - z_3(x) = 0$, 解得

$\ln z_3(x) = x + \tilde{C}_3$, 即得 $z_3(x) = C_3 e^x$ $(C_3 = e^{\tilde{C}_3})$.

故原方程的通解为 $y = z_1(x) - 4z_2(x) + z_3(x) = C_1 - 4C_2 e^{\frac{1}{2}x} + C_3 e^x$.

代入初始条件, 得 $C_1 = 1$, $C_2 = -1$, $C_3 = 1$, 从而得所求特解是

$$y = 1 + 4e^{\frac{1}{2}x} + e^x .$$

【解法5】 算子分解法

记 $D = \frac{d}{dx}$, $Iy = y$, 特征方程 $L(r) = 2r^3 - 3r^2 + r = r(2r-1)(r-1) = 0$, 所以原

方程改写为 $L(D)y = D(2D-I)(D-I)y = 0$.

记 $(2D-I)(D-I)y = z_1(x)$，$(D-I)y = z_2(x)$，则 $(2D-I)z_2(x) = z_1(x)$，$Dz_1(x) = 0$．而由 $Dz_1(x) = 0$，即 $z_1'(x) = 0$，得 $z_1(x) = C_1$．又由 $(2D-I)z_2(x) = z_1(x)$，即 $z_2'(x) - \dfrac{1}{2}z_2(x) = \dfrac{1}{2}z_1(x) = \dfrac{1}{2}C_1$，解得

$$z_2(x) = \mathrm{e}^{\frac{1}{2}x}\left[\int \dfrac{1}{2}C_1\mathrm{e}^{-\frac{1}{2}x}\mathrm{d}x + C_2\right] = -C_1 + C_2\mathrm{e}^{\frac{1}{2}x}.$$

再由 $(D-I)y = z_2(x)$，即 $y' - y = -C_1 + C_2\mathrm{e}^{\frac{1}{2}x}$．解得原方程的通解为

$$y = \mathrm{e}^{x}\left[\int\left(-C_1 + C_2\mathrm{e}^{\frac{1}{2}x}\right)\cdot\mathrm{e}^{-x}\mathrm{d}x + C_3\right] = C_1 - 2C_2\mathrm{e}^{\frac{x}{2}} + C_3\mathrm{e}^{x}.$$

代入初始条件，得 $C_1 = 1$，$C_2 = -2$，$C_3 = 1$，故所求特解是 $y = 1 + 4\mathrm{e}^{\frac{1}{2}x} + \mathrm{e}^{x}$．

特别提示　对于三阶常系数齐次线性微分方程 $p_0y''' + p_1y'' + p_2y' = 0$（其中 p_0, p_1, p_2 为常数），都可以采用上述方法求解．它们都可以推广到求解更高阶形式的类方程．解法 2、解法 4 和解法 5 还可用求解形如 $p_0y''' + p_1y'' + p_2y' + p_3y = f(x)$ 的微分方程．

♻ 类题训练

1. 求下列微分方程的通解：

(1) $y''' + y'' - 2y' = 0$；　(2) $y^{(4)} - 2y''' + 5y'' = 0$；　(3) $y^{(5)} + 2y''' + y' = 0$．

📖 典型例题

21 求微分方程 $y''' + y'' = x^2 + 1$ 的通解．

【解法 1】　原方程化为 $(y' + y)'' = x^2 + 1$．两边对 x 积分两次，得

$$y' + y = \dfrac{x^4}{12} + \dfrac{x^2}{2} + C_1x + C_2.$$

再由一阶非齐次线性方程的通解公式，得原方程的通解为

$$y = \mathrm{e}^{-\int\mathrm{d}x}\left[\int\left(\dfrac{x^4}{12} + \dfrac{x^2}{2} + C_1x + C_2\right)\cdot\mathrm{e}^{\int\mathrm{d}x}\mathrm{d}x + C_3\right]$$

$$= \mathrm{e}^{-x}\left[\int\left(\dfrac{x^4}{12} + \dfrac{x^2}{2} + C_1x + C_2\right)\mathrm{e}^{x}\mathrm{d}x + C_3\right]$$

$$= \dfrac{x^4}{12} - \dfrac{x^3}{3} + \dfrac{3}{2}x^2 + (C_1 - 3)x + 3 - C_1 + C_2 + C_3\mathrm{e}^{-x},$$

其中 C_1, C_2, C_3 是任意常数.

【解法 2】 原方程属于 $y''' = f(x, y'')$ 型可降阶方程

令 $y'' = p(x)$，则 $y''' = p'(x)$，代入原方程，化为 $p'(x) + p(x) = x^2 + 1$.

其通解为 $p(x) = \mathrm{e}^{-\int \mathrm{d}x} \left[\int \left(x^2 + 1 \right) \cdot \mathrm{e}^{\int \mathrm{d}x} \mathrm{d}x + C_1 \right] = \mathrm{e}^{-x} \left[\int \left(x^2 + 1 \right) \mathrm{e}^x \mathrm{d}x + C_1 \right]$

$$= x^2 - 2x + 3 + C_1 \mathrm{e}^{-x}.$$

两边积分两次，即得原方程的通解为 $y = \dfrac{x^4}{12} - \dfrac{1}{3} x^3 + \dfrac{3}{2} x^2 + C_1 \mathrm{e}^{-x} + C_2 x + C_3$.

【解法 3】 对应齐次线性微分方程 $y''' + y'' = 0$ 的特征方程是 $r^3 + r^2 = 0$，解得特征根 $r_1 = -1$，$r_2 = r_3 = 0$，所以齐次线性微分方程 $y''' + y'' = 0$ 的通解为 $Y(x) = C_1 \mathrm{e}^{-x} + C_2 x + C_3$.

因为 $f(x) = x^2 + 1$，所以 $\lambda = 0$ 是特征重根，故由待定系数法可设原方程的特解形式为 $y^* = x^2 \left(ax^2 + bx + c \right)$，代入原方程，解得 $a = \dfrac{1}{12}$，$b = -\dfrac{1}{3}$，$c = \dfrac{3}{2}$，即

$$y^* = \frac{x^4}{12} - \frac{x^3}{3} + \frac{3}{2} x^2.$$

故原方程的通解为

$$y = Y(x) + y^* = C_1 \mathrm{e}^{-x} + C_2 x + C_3 + \frac{x^4}{12} - \frac{x^3}{3} + \frac{3}{2} x^2.$$

【解法 4】 类似于解法 3，求得齐次线性微分方程 $y''' + y'' = 0$ 的通解为 $Y(x) = C_1 \mathrm{e}^{-x} + C_2 x + C_3$.

设 $y = C_1(x) \cdot \mathrm{e}^{-x} + C_2(x) \cdot x + C_3(x)$ 为非齐次线性微分方程 $y''' + y'' = x^2 + 1$ 的解，则用常数变易法，由

$$\begin{cases} C_1'(x) \cdot \mathrm{e}^{-x} + C_2'(x) \cdot x + C_3'(x) \cdot 1 = 0, \\ -C_1'(x) \cdot \mathrm{e}^{-x} + C_2'(x) \cdot 1 + C_3'(x) \cdot 0 = 0, \\ C_1'(x) \cdot \mathrm{e}^{-x} + C_2'(x) \cdot 0 + C_3'(x) \cdot 0 = x^2 + 1. \end{cases}$$

解得 $C_1'(x) = \mathrm{e}^x \left(x^2 + 1 \right)$，$C_2'(x) = x^2 + 1$，$C_3'(x) = -x^3 - x^2 - x - 1$，从而

$$C_1(x) = \left(x^2 - 2x + 3 \right) \mathrm{e}^x + C_1, \quad C_2(x) = \frac{x^3}{3} + x + C_2, \quad C_3(x) = -\frac{x^4}{4} - \frac{x^3}{3} - \frac{x^2}{2} - x + C_3.$$

故原方程的通解为

$$y = \left[\left(x^2 - 2x + 3 \right) e^x + C_1 \right] e^{-x} + \left(\frac{x^3}{3} + x + C_2 \right) x - \frac{x^4}{4} - \frac{x^3}{3} - \frac{x^2}{2} - x + C_3$$

$$= C_1 e^{-x} + C_2 x + C_3 + \frac{x^4}{12} - \frac{x^3}{3} + \frac{3}{2} x^2 - 3x + 3.$$

【解法 5】　利用算子分解法

记 $D = \dfrac{\mathrm{d}}{\mathrm{d}x}$, $Iy = y$, 则原方程改写为 $D^2 (D + I) y = x^2 + 1$.

令 $(D + I) y = z_1(x)$, 则有 $D^2 z_1(x) = x^2 + 1$, 即 $z_1''(x) = x^2 + 1$. 两边积分两次, 得 $z_1(x) = \dfrac{x^4}{12} + \dfrac{x^2}{2} + C_1 x + C_2$. 再由 $(D + I) y = z_1(x)$, 即 $\dfrac{\mathrm{d}y}{\mathrm{d}x} + y = \dfrac{x^4}{12} + \dfrac{x^2}{2} + C_1 x + C_2$. 由通解公式得原方程的通解为

$$y = \frac{x^4}{12} - \frac{x^3}{3} + \frac{3}{2} x^2 - 3x + 3 - C_1 + C_1 x + C_2 + C_3 e^{-x}.$$

✳ **特别提示**　解法 3(待定系数法), 解法 4(常数变易法)及解法 5(算子分解法)是求解高阶常系数线性微分方程的常用方法, 但待定系数法有一定的局限性, 对非齐次项 $f(x)$ 的形式有要求, 而常数变易法和算子分解法适用于 $f(x)$ 为任意形式的函数, 且常数变易法还可用于求解高阶变系数线性微分方程. 这里解法 1、解法 2 及解法 5 都较简单. 此外, 还可利用逆特征算子分解法求解.

♻ **类题训练**

1. 求下列微分方程的通解:

(1) $y''' - 3y'' + 2y' = x$; 　(2) $y''' - 3y'' + 3y' - y = \cos x$;

(3) $y''' + 6y'' + (9 + a^2) y' = 1$, 其中常数 $a > 0$. (1987 年硕士研究生入学考试数学(一)试题)

📖 **典型例题**

22　求微分方程 $y''' - \dfrac{1}{x} y'' = x$ 的通解. (第十七届北京市数学竞赛试题)

【解法 1】　令 $y'' = p(x)$, 则原方程化为 $p'(x) - \dfrac{1}{x} p(x) = x$.

由通解公式, 得其通解为

$$p(x) = e^{\int \frac{1}{x} \mathrm{d}x} \left[\int x e^{-\int \frac{1}{x} \mathrm{d}x} \mathrm{d}x + C_1 \right] = x^2 + C_1 x, \quad 即 \ y'' = x^2 + C_1 x.$$

两边积分两次, 得原方程的通解为

$$y = \frac{x^4}{12} + C_1 x^3 + C_2 x + C_3, \quad 其中 \quad C_1, C_2, C_3 为任意常数.$$

【解法 2】 原方程两边同除以 x，得 $\dfrac{xy''' - y''}{x^2} = 1$，即 $\left(\dfrac{y''}{x} \right)' = 1$.

两边积分，得 $\dfrac{y''}{x} = x + C_1$，即 $y'' = x^2 + C_1 x$.

两边再积分两次，即得原方程的通解为

$$y = \frac{x^4}{12} + C_1 x^3 + C_2 x + C_3, \quad 其中 \quad C_1, C_2, C_3 为任意常数.$$

【解法 3】 原方程两边同乘以 x^3，化为 $x^3 y''' - x^2 y'' = x^4$.

令 $x = \mathrm{e}^t$，则 $t = \ln x$，$x^3 y''' = D(D-1)(D-2)y$，$x^2 y'' = D(D-1)y$，其中 $D = \dfrac{\mathrm{d}}{\mathrm{d}t}$.

原方程化为 $D(D-1)(D-2)y - D(D-1)y = \mathrm{e}^{4t}$，即 $D^3 y - 4D^2 y + 3Dy = \mathrm{e}^{4t}$，

或 $\dfrac{\mathrm{d}^3 y}{\mathrm{d}t^3} - 4 \dfrac{\mathrm{d}^2 y}{\mathrm{d}t^2} + 3 \dfrac{\mathrm{d}y}{\mathrm{d}t} = \mathrm{e}^{4t}$.

该方程对应的齐次线性微分方程为 $\dfrac{\mathrm{d}^3 y}{\mathrm{d}t^3} - 4 \dfrac{\mathrm{d}^2 y}{\mathrm{d}t^2} + 3 \dfrac{\mathrm{d}y}{\mathrm{d}t} = 0$，其特征方程为 $r^3 - 4r^2 + 3r = r(r-1)(r-3) = 0$，解得特征根为 $r_1 = 0$，$r_2 = 1$，$r_3 = 3$. 于是上述齐次线性微分方程的通解为 $Y = C_1 + C_2 \mathrm{e}^t + C_3 \mathrm{e}^{3t} = C_1 + C_2 x + C_3 x^3$.

又由待定系数法，$\lambda = 4$，故可设 $y^* = a\mathrm{e}^{4t}$ 为非齐次线性微分方程 $\dfrac{\mathrm{d}^3 y}{\mathrm{d}t^3} - 4 \dfrac{\mathrm{d}^2 y}{\mathrm{d}t^2} + 3 \dfrac{\mathrm{d}y}{\mathrm{d}t} = \mathrm{e}^{4t}$ 的解，代入方程，解得 $a = \dfrac{1}{12}$，即 $y^* = \dfrac{1}{12} \mathrm{e}^{4t} = \dfrac{x^4}{12}$.

故原方程的通解为 $y = Y + y^* = C_1 + C_2 x + C_3 x^3 + \dfrac{x^4}{12}$.

【解法 4】 常数变易法

先求对应齐次线性微分方程 $y''' - \dfrac{1}{x} y'' = 0$ 的通解：

将 $y''' - \dfrac{1}{x} y'' = 0$ 化为 $\dfrac{y'''}{y''} = \dfrac{1}{x}$，两边积分得 $\ln y'' = \ln x + \ln C_1$，即 $y'' = C_1 x$，再两边积分二次得齐次线性微分方程的通解为 $Y(x) = \dfrac{C_1}{6} x^3 + C_2 x + C_3$.

再由常数变易法求原方程的通解：

令 $y = \dfrac{1}{6} C_1(x) \cdot x^3 + C_2(x)x + C_3(x)$ 为原方程 $y''' - \dfrac{1}{x} y'' = x$ 的解，则由

$$
\begin{cases}
C_1'(x)\cdot\dfrac{1}{6}x^3 + C_2'(x)\cdot x + C_3'(x)\cdot 1 = 0,\\[2mm]
C_1'(x)\cdot\dfrac{x^2}{2} + C_2'(x)\cdot 1 + C_3'(x)\cdot 0 = 0,\\[2mm]
C_1'(x)\cdot x + C_2'(x)\cdot 0 + C_3'(x)\cdot 0 = x.
\end{cases}
$$

解得 $C_1'(x)=1$，$C_2'(x)=-\dfrac{x^2}{2}$，$C_3'(x)=\dfrac{x^3}{3}$，从而得 $C_1(x)=x+C_1$，$C_2(x)=$ $-\dfrac{1}{6}x^3+C_2$，$C_3(x)=\dfrac{x^4}{12}+C_3$. 故原方程的通解为

$$
y=\frac{1}{6}x^3(x+C_1)+x\left(-\frac{x^3}{6}+C_2\right)+\frac{x^4}{12}+C_3=\frac{1}{6}C_1x^3+C_2x+C_3+\frac{x^4}{12}.
$$

特别提示　解法1利用降阶法将原方程化为一阶线性微分方程，再积分求解，原方程可归结为形如 $y'''=f(x,y'')$ 的可降阶微分方程. 解法4利用常数变易法求解，它是求解 n 阶变系数微分方程的常用方法. 解法3将原方程化简为类 Euler 方程，类似于 Euler 方程求解. 解法2是巧方法，需要对求导公式非常熟悉，也是最简捷的解法，但不易想到.

类题训练

1. 求下列微分方程的通解：

(1) $y'''+\dfrac{1}{x}y''-\dfrac{4}{x^2}y'=\dfrac{3}{x}$；(2) $(y''')^2-y''y^{(4)}=0$；(3) $y'y'''-2(y'')^2=0$.

典型例题

23　设非负函数 $y=y(x)$ $(x\geqslant 0)$ 满足微分方程 $xy''-y'+2=0$，当曲线 $y=y(x)$ 过原点时，其与直线 $x=1$ 及 $y=0$ 围成平面区域 D 的面积为 2，求 D 绕 y 轴旋转所得旋转体的体积. (2009 年硕士研究生入学考试数学(二)试题)

【解法1】　令 $y'=p(x)$，则 $y''=p'(x)$，代入原方程，得

当 $x>0$ 时，$p'(x)-\dfrac{1}{x}p(x)=-\dfrac{2}{x}$. 由通解公式，其通解为

$$
y'=p(x)=\mathrm{e}^{\int\frac{1}{x}\mathrm{d}x}\left[\int\left(-\frac{2}{x}\right)\cdot\mathrm{e}^{-\int\frac{1}{x}\mathrm{d}x}\mathrm{d}x+C_1\right]=2+C_1x.
$$

两边积分，解得 $y=2x+\dfrac{1}{2}C_1x^2+C_2$ $(x>0)$.

而由已知 $y(0)=0$，得 $C_2=0$．从而 $y=2x+\dfrac{1}{2}C_1x^2$．

又由定积分的几何意义，有 $2=\displaystyle\int_0^1\left(2x+\dfrac{1}{2}C_1x^2\right)\mathrm{d}x=1+\dfrac{1}{6}C_1$，解得 $C_1=6$，从

而得 $y=2x+3x^2$．由求根公式，解得 $x=\dfrac{1}{3}\left(\pm\sqrt{3y+1}-1\right)$．

因为 $0\leqslant x\leqslant 1$，且 $y=y(x)$ 非负，所以 $x=\dfrac{1}{3}\left(-\sqrt{3y+1}-1\right)$ 舍去，从而得

$x=\dfrac{1}{3}\left(\sqrt{3y+1}-1\right)$，$0\leqslant y\leqslant 5$．

故所求体积为 $V=5\pi-\pi\displaystyle\int_0^5 x^2\mathrm{d}y=5\pi-\dfrac{\pi}{9}\int_0^5\left(\sqrt{3y+1}-1\right)^2\mathrm{d}y=\dfrac{17\pi}{6}$．

【解法 2】　方程两边同时除以 x^2，化为 $\dfrac{xy''-y'}{x^2}=\dfrac{2}{x^2}$，即 $\left(\dfrac{y'}{x}\right)'=\left(\dfrac{2}{x}\right)'$．于是

得 $\dfrac{y'}{x}=\dfrac{2}{x}+C_1$，即 $y'=2+C_1x$．两边积分，得 $y=2x+\dfrac{C_1}{2}x^2+C_2$．而由 $y(0)=0$，得

$C_2=0$，从而 $y=2x+\dfrac{C_1}{2}x^2$．

又由定积分的几何意义，有 $2=\displaystyle\int_0^1\left(2x+\dfrac{1}{2}C_1x^2\right)\mathrm{d}x=1+\dfrac{1}{6}C_1$，解得 $C_1=6$．于

是 $y=2x+3x^2$．故所求旋转体的体积为

$$V=2\pi\int_0^1 x\,y(x)\mathrm{d}x=2\pi\int_0^1 x\left(2x+3x^2\right)\mathrm{d}x=\dfrac{17\pi}{6}.$$

【解法 3】　将方程 $xy''-y'+2=0$，化简为 $xy''+y'-2y'+2=0$，即 $(xy'-$

$2y+2x)'=0$．于是得 $xy'-2y+2x=C_1$，即 $y'-\dfrac{2}{x}y=-2+\dfrac{C_1}{x}$，由通解公式，其通

解为

$$y=\mathrm{e}^{\int\frac{2}{x}\mathrm{d}x}\left[\int\left(-2+\dfrac{C_1}{x}\right)\cdot\mathrm{e}^{-\int\frac{2}{x}\mathrm{d}x}\mathrm{d}x+C_2\right]=x^2\left(\dfrac{2}{x}-\dfrac{C_1}{2x^2}+C_2\right)=2x-\dfrac{C_1}{2}+C_2x^2.$$

而由已知 $y(0)=0$，代入得 $C_1=0$，于是 $y=2x+C_2x^2$．

又由定积分的几何意义，有 $2=\displaystyle\int_0^1\left(2x+C_2x^2\right)\mathrm{d}x=1+\dfrac{C_2}{3}$，解得 $C_2=3$，从而

得 $y=2x+3x^2$．故所求旋转体的体积为

$$V=2\pi\int_0^1 x\,y(x)\mathrm{d}x=2\pi\int_0^1\left(2x^2+3x^3\right)\mathrm{d}x=\dfrac{17\pi}{6}.$$

⚡ **特别提示**　该题是二阶微分方程、平面图形面积和旋转体体积三个知识点的综合运用.首先由二阶微分方程,求解得到非负函数 $y = y(x)$,再由已知条件,利用平面图形及旋转体体积的公式求得结果.

♻ **类题训练**

1. 设函数 $f(x)$ 在闭区间 $[0,1]$ 上连续,在开区间 $(0,1)$ 内大于零,并满足 $xf'(x) = f(x) + \dfrac{3a}{2}x^2$ (a 为常数),又曲线 $y = y(x)$ 与 $x = 1$,$y = 0$ 所围的图形 S 的面积值为 2,求函数 $y = y(x)$,并问 a 为何值时,图形 S 绕 x 轴旋转一周所得的旋转体的体积最小.(1997 年硕士研究生入学考试数学(二)试题)

2. 设 $y = y(x)$ 是 $(-\pi, \pi)$ 内过点 $\left(-\dfrac{\pi}{\sqrt{2}}, \dfrac{\pi}{\sqrt{2}}\right)$ 的光滑曲线. 当 $-\pi < x < 0$ 时,曲线上任一点处的法线都过原点;当 $0 \leqslant x < \pi$ 时,函数 $y(x)$ 满足 $y'' + y + x = 0$,求 $y(x)$ 的表达式.(2009 年硕士研究生入学考试数学(二)试题)

3. 设 $y = f(x)$ ($x \geqslant 0$) 连续函数,且 $f(0) = 1$,又已知曲线 $y = f(x)$、x 轴、y 轴及过点 $(0,1)$ 且垂直于 x 轴的直线所围成的图形与曲线 $y = f(x)$ 在 $[0, x]$ 上的一段弧长值相等,求 $f(x)$.

4. 设函数 $f(x)$ 在 $[1, +\infty)$ 上连续,若由曲线 $y = f(x)$,直线 $x = 1$,$x = t$ ($t > 1$) 与 x 轴所围成的平面图形绕 x 轴旋转一周所成的旋转体体积为 $V(t) = \dfrac{\pi}{3}\left[t^2 f(t) - f(1)\right]$.试求 $y = f(x)$ 所满足的微分方程,并求该微分方程满足条件 $y(2) = \dfrac{2}{9}$ 的解.(1998 年硕士研究生入学考试数学(三)试题)

📖 **典型例题**

24　设曲线 $y = f(x)$,其中 $f(x)$ 是可导函数,且 $f(x) > 0$.已知曲线 $y = f(x)$ 与直线 $y = 0$,$x = 1$ 及 $x = t$ ($t > 1$) 所围成的曲边梯形绕 x 轴旋转一周所得的立体体积是该曲边梯形面积的 πt 倍,求该曲线的方程.(2009 年硕士研究生入学考试数学(三)试题)

【解法1】　由题设得 $\pi \displaystyle\int_1^t f^2(x)\,\mathrm{d}x = \pi t \int_1^t f(x)\,\mathrm{d}x$.

两边对 t 求导,得 $f^2(t) = \displaystyle\int_1^t f(x)\,\mathrm{d}x + t f(t)$.

取 $t = 1$,得 $f^2(1) = f(1)$. 又 $f(x) > 0$,于是得 $f(1) = 1$.

再在上面函数方程两边对 t 求导,得 $2f(t)f'(t) = 2f(t) + t f'(t)$.

记 $f(t) = y$，则上述方程化为 $2yy' = 2y + ty'$，整理得 $\dfrac{dy}{dt} = \dfrac{2y}{2y - t}$. 它可视为以 t 为未知函数，y 为自变量的方程 $\dfrac{dt}{dy} = \dfrac{2y - t}{2y}$，即 $\dfrac{dt}{dy} + \dfrac{1}{2y}t = 1$.

其通解为 $t = e^{-\int \frac{1}{2y}dy}\left[\int e^{\int \frac{1}{2y}dy}dy + C\right] = \dfrac{C}{\sqrt{y}} + \dfrac{2}{3}y$. 代入 $f(1) = 1$，得 $C = \dfrac{1}{3}$，从 而 $t = \dfrac{1}{3\sqrt{y}} + \dfrac{2}{3}y$. 故所求曲线方程为 $x = \dfrac{1}{3\sqrt{y}} + \dfrac{2}{3}y$.

【解法 2】 同解法 1 得 $2f(t)f'(t) = 2f(t) + tf'(t)$，$f(1) = 1$.

记 $f(t) = y$，上述方程整理得 $\dfrac{dy}{dt} = \dfrac{2y}{2y - t}$，该方程为齐次方程.

令 $\dfrac{y}{t} = u$，则 $\dfrac{dy}{dt} = u + t\dfrac{du}{dt}$，原方程化为 $t\dfrac{du}{dt} = \dfrac{3u - 2u^2}{2u - 1}$. 分离变量，再两边积 分，得 $-\dfrac{1}{3}\ln\left[u(3 - 2u)^2\right] = \ln(Ct)$，即 $u^{-\frac{1}{3}} \cdot (3 - 2u)^{-\frac{2}{3}} = Ct$.

由 $f(1) = 1$，得 $t = 1$ 时，$u = 1$，代入上面方程中得 $C = 1$，于是得 $u(3 - 2u)^2 = \dfrac{1}{t^3}$，再回代 $u = \dfrac{y}{t}$，即得 $y \cdot (3t - 2y)^2 = 1$，即 $t = \dfrac{1}{3\sqrt{y}} + \dfrac{2}{3}y$，故所求曲线方程为 $x = \dfrac{1}{3\sqrt{y}} + \dfrac{2}{3}y$.

特别提示 由题设旋转体的体积与曲边梯形的面积之间的关系，建立关系式，确定曲线所满足的微分方程，然后求解即得曲线的方程.

类题训练

1. 设对任意 $x > 0$，曲线 $y = f(x)$ 上的点 $(x, f(x))$ 处的切线在 y 轴上的截距 等于 $\dfrac{1}{x}\displaystyle\int_0^x f(t)dt$，求 $f(x)$ 的表达式.

2. 设曲线 $y = y(x)$ 上的任一点 $P(x, y)$ 处的切线在 y 轴上的截距等于在同一 点处法线在 x 轴上的截距，求此曲线方程.

3. 设函数 $y(x)$ $(x \geqslant 0)$ 二阶可导，且 $y'(x) > 0$，$y(0) = 1$，过曲线 $y = y(x)$ 上任 一点 $P(x, y)$ 作该曲线的切线及 x 轴的垂线，上述两直线与 x 轴围成的三角形面积 记为 S_1，区间 $[0, x]$ 上以 $y = y(x)$ 为曲边的曲边梯形面积记为 S_2，且 $2S_1 - S_2 \equiv 1$，求此曲线 $y = y(x)$ 的方程. (1999 年硕士研究生入学考试数学(二)试题)

📖 **典型例题**

25 设 $\left[xy(x+y)-f(x)\cdot y\right]dx+\left[f'(x)+x^2y\right]dy=0$ 为一全微分方程，其中 $f(x)$ 具有二阶连续导数，且 $f(0)=0$，$f'(0)=1$，求 $f(x)$ 及该全微分方程的通解.

【解法 1】 由已知及全微分方程的充分必要条件得

$$\frac{\partial\left[xy(x+y)-f(x)\cdot y\right]}{\partial y}=\frac{\partial\left[f'(x)+x^2y\right]}{\partial x},$$

化简整理得 $f''(x)+f(x)=x^2$.

它对应的齐次线性微分方程 $f''(x)+f(x)=0$ 的特征方程为 $r^2+1=0$，解得 $r_{1,2}=\pm i$，于是其通解为 $Y=C_1\cos x+C_2\sin x$.

又设 $y^*=ax^2+bx+c$ 为非齐次线性微分方程 $f''(x)+f(x)=x^2$ 的特解，代入方程中解得 $a=1$，$b=0$，$c=-2$. 于是 $y^*=x^2-2$. 故非齐次线性微分方程的通解为

$$f(x)=Y+y^*=C_1\cos x+C_2\sin x+x^2-2.$$

代入 $f(0)=0$，$f'(0)=1$，得 $C_1=2$，$C_2=1$. 故 $f(x)=2\cos x+\sin x+x^2-2$.

再将 $f(x)$ 的表达式代入原方程，化为

$$\left[xy^2-y(2\cos x+\sin x)+2y\right]dx+\left[-2\sin x+\cos x+2x+x^2y\right]dy=0,$$

重新分组后，化为 $-2d(y\sin x)+d(y\cos x)+\frac{1}{2}d(x^2y^2)+2d(xy)=0$.

故原方程的通解为

$$-2y\sin x+y\cos x+\frac{1}{2}x^2y^2+2xy\equiv C\quad\text{（其中 }C\text{ 为任意常数）}.$$

【解法 2】 同解法 1 求得 $f(x)=2\cos x+\sin x+x^2-2$.

记 $P(x,y)=xy(x+y)-f(x)\cdot y$，$Q(x,y)=f'(x)+x^2y$，则由已知 $Pdx+Qdy=0$ 为全微分方程，可知存在 $u(x,y)$，使 $du=Pdx+Qdy$，且

$$u(x,y)=\int_{(0,0)}^{(x,y)}Pdx+Qdy=\int_0^x P(x,0)dx+\int_0^y Q(x,y)dy$$

$$=0+\int_0^y\left[f'(x)+x^2y\right]dy=yf'(x)+\frac{x^2y^2}{2}=-2y\sin x+y\cos x+\frac{1}{2}x^2y^2+2xy.$$

故原方程的通解为 $u(x,y)\equiv C$，即 $-2y\sin x+y\cos x+\frac{1}{2}x^2y^2+2xy\equiv C$.

✳ **特别提示**　常用的几个等价命题. 设 G 为单连通区域，则以下几个命题等价：

(1) 曲线积分 $\int_L P\mathrm{d}x + Q\mathrm{d}y$ 在 G 内与积分路径无关;

(2) $\forall (x,y) \in G$, $\dfrac{\partial P}{\partial y} = \dfrac{\partial Q}{\partial x}$;

(3) $P(x,y)\mathrm{d}x + Q(x,y)\mathrm{d}y = 0$ 为全微分方程;

(4) 存在 $u(x,y)$, 使得 $\mathrm{d}u(x,y) = P\mathrm{d}x + Q\mathrm{d}y$, 且

$$u(x,y) = \int_{(x_0,y_0)}^{(x,y)} P\mathrm{d}x + Q\mathrm{d}y = \int_{x_0}^{x} P(x,y_0)\mathrm{d}x + \int_{y_0}^{y} Q(x,y)\mathrm{d}y$$

$$= \int_{y_0}^{y} Q(x_0,y)\mathrm{d}y + \int_{x_0}^{x} P(x,y)\mathrm{d}x.$$

♻ 类题训练

1. 设函数 $u = u(x)$ 连续可微, $u(2) = 1$, 且 $\int_L (x+2y)u\mathrm{d}x + (x+u^3)u\mathrm{d}y$ 在右半平面上与路径无关, 求 $u(x)$. (2012 年第四届全国大学生数学竞赛预赛(非数学类)试题)

2. 设有 $\mathrm{d}u = (x^2 - 2yz)\mathrm{d}x + (y^2 - 2xz)\mathrm{d}y + (z^2 - 2xy)\mathrm{d}z$, 求 $u(x,y,z)$. (第十六届北京市数学竞赛试题)

3. 设函数 $f(x)$ 具有一阶连续导数, 且 $f(\pi) = 1$. 又 $\dfrac{1}{x}y \cdot [\sin x - f(x)]\mathrm{d}x + f(x)\mathrm{d}y = 0$ 在右半平面内 $(x > 0)$ 是一全微分方程, 求 $f(x)$, 并求此全微分方程的通解.

📖 典型例题

26 设函数 $y = f(x)$ 由参数方程 $\begin{cases} x = 2t + t^2, \\ y = \psi(t) \end{cases}$ $(t > -1)$ 所确定, 且 $\dfrac{\mathrm{d}^2 y}{\mathrm{d}x^2} = \dfrac{3}{4(1+t)}$, 其中 $\psi(t)$ 具有二阶导数, 曲线 $y = \psi(t)$ 与 $y = \int_1^{t^2} \mathrm{e}^{-u^2}\mathrm{d}u + \dfrac{3}{2\mathrm{e}}$ 在 $t = 1$ 处相切, 求函数 $\psi(t)$. (2010 年第二届全国大学生数学竞赛预赛(非数学类)试题)

【解法 1】 $\dfrac{\mathrm{d}y}{\mathrm{d}x} = \dfrac{\psi'(t)}{2+2t}$, $\dfrac{\mathrm{d}^2 y}{\mathrm{d}x^2} = \dfrac{\dfrac{\mathrm{d}}{\mathrm{d}t}\left(\dfrac{\mathrm{d}y}{\mathrm{d}x}\right)}{\dfrac{\mathrm{d}x}{\mathrm{d}t}} = \dfrac{(1+t)\cdot\psi''(t) - \psi'(t)}{4(1+t)^3}$.

由已知 $\dfrac{\mathrm{d}^2 y}{\mathrm{d}x^2} = \dfrac{3}{4(1+t)}$, 得 $\dfrac{(1+t)\cdot\psi''(t) - \psi'(t)}{4(1+t)^3} = \dfrac{3}{4(1+t)}$, 整理得 $\psi''(t) - \dfrac{1}{1+t}\psi'(t) =$

$3(1+t)$. 这是不显含 $\psi(t)$ 的方程. 令 $\psi'(t)=u$, 则上述方程化为 $u'-\dfrac{1}{1+t}u=$ $3(1+t)$. 由通解公式求得其通解为

$$u=\mathrm{e}^{\int\frac{1}{1+t}\mathrm{d}t}\left[\int 3(1+t)\mathrm{e}^{-\int\frac{1}{1+t}\mathrm{d}t}\mathrm{d}t+C_1\right]=(1+t)(3t+C_1).$$

两边对 t 积分, 得 $\psi(t)=\int(1+t)(3t+C_1)\mathrm{d}t=t^3+\dfrac{3+C_1}{2}t^2+C_1t+C_2$.

又由曲线 $y=\psi(t)$ 与 $y=\displaystyle\int_1^{t^2}\mathrm{e}^{-u^2}\mathrm{d}u+\dfrac{3}{2e}$ 在 $t=1$ 处相切, 所以有 $\psi(1)=\dfrac{3}{2e}$, $\psi'(1)=\dfrac{2}{e}$. 代入 $\psi(t)$ 的表达式中得 $C_1=\dfrac{1}{e}-3$, $C_2=2$. 故 $\psi(t)=t^3+\dfrac{1}{2e}t^2+\left(\dfrac{1}{e}-3\right)t+2$ $(t>-1)$.

【解法 2】　同解法 1, 由参数方程的求导及 $\dfrac{\mathrm{d}^2y}{\mathrm{d}x^2}=\dfrac{3}{4(1+t)}$, 可得 $\psi''(t)-\dfrac{1}{1+t}\psi'(t)=3(1+t)$. 改写为 $\dfrac{(1+t)\cdot\psi''(t)-\psi'(t)}{(1+t)^2}=3$, 即 $\left(\dfrac{\psi'(t)}{1+t}\right)'=3$.

两边对 t 积分, 得 $\dfrac{\psi'(t)}{1+t}=3t+C_1$, 即 $\psi'(t)=(1+t)(3t+C_1)$. 再两边对 t 积分, 得

$$\psi(t)=\int(1+t)(3t+C_1)\mathrm{d}t=t^3+\dfrac{3+C_1}{2}t^2+C_1t+C_2.$$

又由曲线 $y=\psi(t)$ 与 $y=\displaystyle\int_1^{t^2}\mathrm{e}^{-u^2}\mathrm{d}u+\dfrac{3}{2e}$ 在 $t=1$ 处相切, 得 $\psi(1)=\dfrac{3}{2e}$, $\psi'(1)=\dfrac{2}{e}$. 代入上述 $\psi(t)$ 的表达式中, 得 $C_1=\dfrac{1}{e}-3$, $C_2=2$.

故 $\psi(t)=t^3+\dfrac{1}{2e}t^2+\left(\dfrac{1}{e}-3\right)t+2$ $(t>-1)$.

【解法 3】　同解法 1, 得 $\psi''(t)-\dfrac{1}{1+t}\psi'(t)=3(1+t)$. 两边同乘 $(1+t)^2$, 化为 $(1+t)^2\psi''(t)-(1+t)\psi'(t)=3(1+t)^3$.

令 $1+t=\mathrm{e}^s$, 则 $s=\ln(1+t)$, $(1+t)^2\psi''(t)=\dfrac{\mathrm{d}^2\psi}{\mathrm{d}s^2}-\dfrac{\mathrm{d}\psi}{\mathrm{d}s}$, $(1+t)\psi'(t)=\dfrac{\mathrm{d}\psi}{\mathrm{d}s}$, 上述方程化为 $\dfrac{\mathrm{d}^2\psi}{\mathrm{d}s^2}-2\dfrac{\mathrm{d}\psi}{\mathrm{d}s}=3\mathrm{e}^{3s}$, 即 $\dfrac{\mathrm{d}}{\mathrm{d}s}\left(\dfrac{\mathrm{d}\psi}{\mathrm{d}s}-2\psi\right)=\dfrac{\mathrm{d}}{\mathrm{d}s}\left(\mathrm{e}^{3s}\right)$. 于是 $\dfrac{\mathrm{d}\psi}{\mathrm{d}s}-2\psi=$

$e^{3s} + C_1$, 其通解为 $\psi = e^{2s}\left[\int\left(e^{3s}+C_1\right)e^{-2s}\mathrm{d}s + C_2\right] = e^{3s} - \dfrac{C_1}{2} + C_2 e^{2s}$. 即 $\psi(t) = (1+t)^3 + C_2(1+t)^2 - \dfrac{C_1}{2}$.

又由曲线 $y = \psi(t)$ 与 $y = \displaystyle\int_1^{t^2} e^{-u^2}\mathrm{d}u + \dfrac{3}{2e}$ 在 $t=1$ 处相切, 得 $\psi(1) = \dfrac{3}{2e}$, $\psi'(1) = \dfrac{2}{e}$. 代入 $\psi(t)$ 的表达式中, 得 $C_1 = \dfrac{1}{e} - 8$, $C_2 = \dfrac{1}{2e} - 3$.

故 $\psi(t) = (1+t)^3 + \left(\dfrac{1}{2e} - 3\right)(1+t)^2 - \dfrac{1}{2e} + 4 = t^3 + \dfrac{1}{2e}t^2 + \left(\dfrac{1}{e} - 3\right)t + 2$ $(t > -1)$.

⚡ **特别提示** 该题主要是参数方程的求导与二阶线性微分方程两个知识点的运用.特别要注意二阶导数 $\dfrac{\mathrm{d}^2 y}{\mathrm{d}x^2} = \dfrac{\mathrm{d}}{\mathrm{d}x}\left(\dfrac{\mathrm{d}y}{\mathrm{d}x}\right) = \dfrac{\dfrac{\mathrm{d}}{\mathrm{d}t}\left(\dfrac{\mathrm{d}y}{\mathrm{d}x}\right)}{\dfrac{\mathrm{d}x}{\mathrm{d}t}}$, $\psi(t)$ 所满足的微分方程是二阶变系数微分方程, 还可以用常数变易法求 $\psi(t)$.

♻ **类题训练**

1. 设函数 $y = f(x)$ 由 $\begin{cases} x = 2t + t^2, \\ y = \psi(t) \end{cases}$ $(t > -1)$ 确定, 其中 $\psi(t)$ 具有二阶导数, 且 $\psi(1) = \dfrac{5}{2}$, $\psi'(1) = 6$, $\dfrac{\mathrm{d}^2 y}{\mathrm{d}x^2} = \dfrac{3}{4(1+t)}$, 求函数 $\psi(t)$. (2010 年硕士研究生入学考试数学(二)试题)

2. 设 $y = f(x)$ 由 $\begin{cases} x = t^2 + 2t, \\ t^2 - y + a\sin y = 1 \end{cases}$ 确定, 若 $y(0) = b$, 求 $\dfrac{\mathrm{d}^2 y}{\mathrm{d}x^2}\bigg|_{t=0}$.

3. 已知曲线 L 的方程为 $\begin{cases} x = t^2 + 1, \\ y = 4t - t^2 \end{cases}$ $(t \geqslant 0)$, (i)讨论 L 的凹凸性; (ii)过点 $(-1, 0)$ 引 L 的切线, 求切点 (x_0, y_0), 并写出切线的方程; (iii)求此切线与 L(对应于 $x \leqslant x_0$ 的部分)及 x 轴所围成的平面图形的面积. (2006 年硕士研究生入学考试数学(二)试题)

📖 **典型例题**

27 设 $\varphi(x)$ 连续, 且 $\varphi(x) + \displaystyle\int_0^x (x-u)\varphi(u)\mathrm{d}u = e^x + 2x\int_0^1 \varphi(xu)\,\mathrm{d}u$, 求 $\varphi(x)$.

【解法 1】 令 $v = xu$，则 $x\int_0^1 \varphi(xu)\mathrm{d}u = \int_0^x \varphi(v)\mathrm{d}v$，原方程化为

$$\varphi(x) + x\int_0^x \varphi(u)\mathrm{d}u - \int_0^x u\varphi(u)\mathrm{d}u = \mathrm{e}^x + 2\int_0^x \varphi(v)\mathrm{d}v.$$

两边对 x 求导，得 $\varphi'(x) + \int_0^x \varphi(u)\mathrm{d}u = \mathrm{e}^x + 2\varphi(x)$．两边再对 x 求导，得

$\varphi''(x) - 2\varphi'(x) + \varphi(x) = \mathrm{e}^x.$

又令 $x = 0$，则由上述两个方程得 $\varphi(0) = 1$，$\varphi'(0) = 3$．于是原问题转化为求微分方程 $\varphi''(x) - 2\varphi'(x) + \varphi(x) = \mathrm{e}^x$ 满足初始条件 $\varphi(0) = 1$，$\varphi'(0) = 3$ 的特解．

而对应齐次线性微分方程 $\varphi''(x) - 2\varphi'(x) + \varphi(x) = 0$ 的特征方程为 $r^2 - 2r + 1 = 0$，解得 $r_1 = r_2 = 1$．所以齐次线性微分方程的通解为 $Y = (C_1 + C_2 x)\mathrm{e}^x$．

又因为 $\lambda = 1$ 是特征重根，所以非齐次线性微分方程 $\varphi''(x) - 2\varphi'(x) + \varphi(x) = \mathrm{e}^x$ 的特解可设为 $y^* = ax^2\mathrm{e}^x$，代入方程得 $a = \dfrac{1}{2}$，于是非齐次线性微分方程的通解为

$$y = \varphi(x) = Y + y^* = (C_1 + C_2 x)\mathrm{e}^x + \frac{1}{2}x^2\mathrm{e}^x.$$

代入初始条件 $\varphi(0) = 1$，$\varphi'(0) = 3$，得 $C_1 = 1$，$C_2 = 2$，从而

$$y = \varphi(x) = (1 + 2x)\mathrm{e}^x + \frac{1}{2}x^2\mathrm{e}^x = \left(\frac{x^2}{2} + 2x + 1\right)\mathrm{e}^x.$$

经验证，它确实是原方程的解．

【解法 2】 同解法 1，原问题转化为求下列微分方程的解．

$$\begin{cases} \varphi''(x) - 2\varphi'(x) + \varphi(x) = \mathrm{e}^x, \\ \varphi(0) = 1, \ \varphi'(0) = 3. \end{cases}$$

方程 $\varphi''(x) - 2\varphi'(x) + \varphi(x) = \mathrm{e}^x$ 可化为 $\mathrm{e}^{-x}(\varphi''(x) - 2\varphi'(x) + \varphi(x)) = 1$，即 $\left(\mathrm{e}^{-x}\varphi(x)\right)'' = 1 = (x)'$．于是得 $\left(\mathrm{e}^{-x}\varphi(x)\right)' = x + C_1$．从而 $\mathrm{e}^{-x}\varphi(x) = \int(x + C_1)\mathrm{d}x = \dfrac{x^2}{2} + C_1 x + C_2$，即

$$\varphi(x) = \left(\frac{x^2}{2} + C_1 x + C_2\right)\mathrm{e}^x.$$

又代入初始条件 $\varphi(0) = 1$，$\varphi'(0) = 3$，解得 $C_1 = 2$，$C_2 = 1$．故 $\varphi(x) = \left(\dfrac{x^2}{2} + 2x + 1\right)\mathrm{e}^x$．经验证，它是原方程的解．

【解法3】 令 $v = xu$, $x\int_0^1 \varphi(xu)\mathrm{d}u = \int_0^x \varphi(v)\mathrm{d}v$, 于是原方程化为

$$\varphi(x) + x\int_0^x \varphi(u)\mathrm{d}u - \int_0^x u\varphi(u)\mathrm{d}u = \mathrm{e}^x + 2\int_0^x \varphi(v)\mathrm{d}v .$$

令 $F(x) = \int_0^x \varphi(u)\mathrm{d}u$, 则 $F'(x) = \varphi(x)$, $\int_0^x u\varphi(u)\mathrm{d}u = \int_0^x u\mathrm{d}F(u) = xF(x) - \int_0^x F(u)\mathrm{d}u$,

代入上述方程得 $F'(x) + \int_0^x F(u)\mathrm{d}u = \mathrm{e}^x + 2F(x)$. 两边对 x 求导, 化简得

$$F''(x) - 2F'(x) + F(x) = \mathrm{e}^x .$$

易于观察, 对应的齐次线性微分方程 $F''(x) - 2F'(x) + F(x) = 0$ 有一个特解 $F_1(x) = \mathrm{e}^x$.

下面用常数变易法求非齐次线性微分方程 $F''(x) - 2F'(x) + F(x) = \mathrm{e}^x$ 的通解.

设 $F(x) = F_1(x) \cdot u(x) = \mathrm{e}^x u(x)$ 为上述非齐次线性微分方程的解, 代入方程得 $u''(x) = 1$, 解得 $u(x) = \dfrac{x^2}{2} + C_1 x + C_2$. 于是得非齐次线性微分方程的通解为

$$F(x) = \left(\frac{x^2}{2} + C_1 x + C_2 \right)\mathrm{e}^x .$$

而令 $x = 0$, 则由上述化简过程可得 $F(0) = 0$, $F'(0) = 1$. 代入上式即得 $C_1 = 1$, $C_2 = 0$. 于是得非齐次线性微分方程满足初始条件 $F(0) = 0$, $F'(0) = 1$ 的特解为 $F(x) = \left(\dfrac{x^2}{2} + x \right)\mathrm{e}^x$, 从而得所求 $\varphi(x) = F'(x) = \left(\dfrac{1}{2}x^2 + 2x + 1 \right)\mathrm{e}^x$.

特别提示 对于含有变限积分的函数方程问题, 都可以按解法1和解法3中的方法求解. 但方程求导后, 可能会产生增解, 因此所求出的解必须代入原方程验证, 如解法1和解法2. 而直接设含未知函数的积分为新函数, 化原方程为常微分方程, 所得微分方程与原方程是等价的, 因此验证解的步骤可省略. 初始条件隐含在方程中. 解法2在求解化简后的二阶微分方程时更为简单, 但不具有一般性.

类题训练

1. 设 $\varphi(x) = \cos x - \int_0^x (x - u)\varphi(u)\mathrm{d}u$, 其中 $\varphi(u)$ 为连续函数, 求 $\varphi(x)$.

2. 设函数 $f(x)$ 连续, 且满足 $\int_0^x f(x - t)\mathrm{d}t = \int_0^x (x - t)f(t)\,\mathrm{d}t + \mathrm{e}^{-x} - 1$, 求 $f(x)$. (2016年硕士研究生入学考试数学(三)试题)

3. 设 $f(x)$ 在 $[0,+\infty)$ 上具有连续的导数，且满足 $f(x)=-1+x+\int_0^x tf(x-t)f'(x-t)\mathrm{d}t$，求 $f(x)$.

4. 设连续函数 $f(x)$ 满足 $\dfrac{1}{2}f(x)=x\displaystyle\int_0^1 f(tx)\mathrm{d}t+\dfrac{1}{2}\mathrm{e}^{x^2}(1-x)$，且 $f(0)=1$，求 $f(x)$.

5. 设函数 $f(x)$ 在 $[0,+\infty)$ 上可导，$f(0)=1$，且满足方程 $f'(x)+f(x)-\dfrac{1}{1+x}\displaystyle\int_0^x f(t)\mathrm{d}t=0$，(i)求 $f(x)$；(ii)证明 当 $x\geqslant 0$ 时，成立不等式 $\mathrm{e}^{-x}\leqslant f(x)\leqslant 1$.
(2000 年硕士研究生入学考试数学(二)试题)

6. 设函数 $f(x)$ 在 $[0,+\infty)$ 上连续，且满足方程

$$f(t)=\mathrm{e}^{4\pi t^2}+\iint\limits_{x^2+y^2\leqslant 4t^2}f\left(\dfrac{1}{2}\sqrt{x^2+y^2}\right)\mathrm{d}x\mathrm{d}y,$$

求 $f(t)$. (1997 年硕士研究生入学考试数学(三)试题)

第8章 级 数

一、经典习题选编

1 判别级数 $\sum\limits_{n=1}^{\infty}\left(\sqrt{n+2}-2\sqrt{n+1}+\sqrt{n}\right)$ 的敛散性.

2 判别级数 $\sum\limits_{n=1}^{\infty}\dfrac{7^n}{8^n-5^n}$ 的敛散性.

3 判别级数 $\sum\limits_{n=1}^{\infty}\dfrac{n\cos^2\dfrac{n\pi}{2}}{2^n}$ 的敛散性.

4 判别级数 $\sum\limits_{n=1}^{\infty}\ln\left(1+\dfrac{1}{n}\right)$ 的敛散性.

5 证明当 $p>1$，p- 级数 $\sum\limits_{n=1}^{\infty}\dfrac{1}{n^p}$ 收敛.

6 证明调和级数 $1+\dfrac{1}{2}+\dfrac{1}{3}+\cdots+\dfrac{1}{n}+\cdots$ 发散.

7 证明级数 $1+\dfrac{1}{2}-\dfrac{1}{3}+\dfrac{1}{4}+\dfrac{1}{5}-\dfrac{1}{6}+\cdots$ 发散.

8 判别级数 $\sum\limits_{n=1}^{\infty}\left(\dfrac{1}{n}-\ln\left(1+\dfrac{1}{n}\right)\right)$ 的敛散性.

9 判别级数 $\sum\limits_{n=1}^{\infty}\left(\dfrac{\left(1+\dfrac{1}{n}\right)^n}{e}\right)^n$ 的敛散性.

10 判别级数 $\sum\limits_{n=1}^{\infty}\dfrac{n^n}{n!}$ 的敛散性.

11 判别级数 $\sum\limits_{n=2}^{\infty}\dfrac{(-1)^n}{\sqrt{n}+(-1)^n}$ 的敛散性.

12 设 $u_n>0,\ u_n\neq 1$, 级数 $\sum\limits_{n=1}^{\infty}u_n$ 收敛, 证明级数 $\sum\limits_{n=1}^{\infty}u_n^2$ 及 $\sum\limits_{n=1}^{\infty}\dfrac{u_n}{1-u_n}$ 都收敛.

13 设数列 $\{u_n\}$ 满足 $u_1=3$，$u_2=5$，当 $n\geqslant 3$ 时，$u_n=u_{n-1}+u_{n-2}$，证明级数 $\sum_{n=1}^{\infty}\dfrac{1}{u_n}$ 收敛.

14 设 $\lim\limits_{n\to\infty}n^{2n\sin\frac{1}{n}}\cdot a_n=1$，问级数 $\sum_{n=1}^{\infty}a_n$ 是否收敛? 若收敛, 试证之.

15 求幂级数 $\sum_{n=1}^{\infty}\dfrac{n+1}{n}x^n$ 的收敛域及和函数.

16 求幂级数 $\sum_{n=0}^{\infty}\dfrac{x^{2n}}{3^n}$ 的收敛半径与收敛域, 并求和函数.

17 求幂级数 $\sum_{n=0}^{\infty}\dfrac{1}{(2n+1)!}x^{2n+1}$ 的和函数.

18 求幂级数 $\sum_{n=1}^{\infty}\dfrac{x^{n^2}}{2^n}$ 的收敛域.

19 求幂级数 $\sum_{n=1}^{\infty}\dfrac{(x-1)^{2n-1}}{n\cdot 2^n}$ 的收敛域及和函数.

20 设函数 $f(x)$ 在点 $x=0$ 的某一邻域内具有二阶连续导数，且 $\lim\limits_{x\to 0}\dfrac{f(x)}{x}=0$，证明级数 $\sum_{n=1}^{\infty}f\left(\dfrac{1}{n}\right)$ 绝对收敛.

21 证明级数 $1-\dfrac{1}{2}+\dfrac{1}{3}-\dfrac{1}{4}+\dfrac{1}{5}-\dfrac{1}{6}+\cdots$ 收敛并求其和.

22 求级数 $\dfrac{1}{1\cdot 2\cdot 3}+\dfrac{1}{2\cdot 3\cdot 4}+\dfrac{1}{3\cdot 4\cdot 5}+\cdots$ 的和.

23 已知 $\sum_{n=1}^{\infty}\dfrac{(-1)^{n+1}}{n}=\ln 2$，将该级数的各项重排, 得到下列级数:

$$1+\dfrac{1}{3}-\dfrac{1}{2}+\dfrac{1}{5}+\dfrac{1}{7}-\dfrac{1}{4}+\cdots,$$

求此级数的和.

24 设 $u_n>0,v_n>0$，且 $\dfrac{u_{n+1}}{u_n}\leqslant\dfrac{v_{n+1}}{v_n}$ $(n=1,2,\cdots)$，证明(1)若级数 $\sum_{n=1}^{\infty}v_n$ 收敛, 则级数 $\sum_{n=1}^{\infty}u_n$ 也收敛; (2)若级数 $\sum_{n=1}^{\infty}u_n$ 发散, 则级数 $\sum_{n=1}^{\infty}v_n$ 也发散.

25 设 $u_n\neq 0\,(n=1,2,\cdots)$，且 $\lim\limits_{n\to\infty}\dfrac{n}{u_n}=1$，证明 $\sum_{n=1}^{\infty}(-1)^{n-1}\left(\dfrac{1}{u_n}+\dfrac{1}{u_{n+1}}\right)$ 条件收敛.

26 将函数 $f(x) = \dfrac{x^2}{(1+x^2)^2}$ 展开为 x 的幂级数.

27 设 $a_n > 0$，$S_n = \sum\limits_{k=1}^{n} a_k$，且 $S_n \to +\infty$，$\dfrac{a_n}{S_n} \to 0$ $(n \to \infty)$，证明幂级数 $\sum\limits_{n=1}^{\infty} a_n x^n$ 的收敛半径为 1.

28 设级数 $\sum\limits_{n=1}^{\infty} a_n$ 满足：(1) $\{a_n\}$ 单调减少，且 $\lim\limits_{n\to\infty} a_n = 0$；(2) $\sum\limits_{k=1}^{n}(a_k - a_n)$ 对 n 有界. 证明级数 $\sum\limits_{n=1}^{\infty} a_n$ 收敛.

29 设 $a_n > 0 \,(n = 1, 2, \cdots)$，$\{a_n\}$ 单调减少，且级数 $\sum\limits_{n=1}^{\infty} a_n$ 收敛，证明

$$\lim_{n\to\infty} n a_n = 0.$$

30 设级数 $\sum\limits_{n=1}^{\infty} \dfrac{a_n}{n}$ 收敛，证明 $\lim\limits_{n\to\infty} \dfrac{a_1 + a_2 + \cdots + a_n}{n} = 0$.

31 设 $f(x)$ 是 $\mathbf{R}$ 上以 2π 为周期的连续函数，且在 $[-\pi,\ \pi]$ 上分段光滑，函数 $g(x)$ 在 $[-\pi,\ \pi]$ 上可积，则 $\dfrac{1}{\pi} \int_{-\pi}^{\pi} f(x) g(x) \mathrm{d}x = \dfrac{1}{2} a_0 \alpha_0 + \sum\limits_{n=1}^{\infty} (a_n \alpha_n + b_n \beta_n)$，其中 a_n, b_n 与 α_n, β_n 分别是函数 $f(x)$ 与 $g(x)$ 的 Fourier 系数.

32 求级数 $\sum\limits_{n=1}^{\infty} \dfrac{1}{n^2}$ 的和.

二、一题多解

📖 **典型例题**

1 判别级数 $\sum\limits_{n=1}^{\infty} \left(\sqrt{n+2} - 2\sqrt{n+1} + \sqrt{n} \right)$ 的敛散性.

【**解法 1**】 利用级数敛散的定义

分别记 u_n，S_n 为级数 $\sum\limits_{n=1}^{\infty} \left(\sqrt{n+2} - 2\sqrt{n+1} + \sqrt{n} \right)$ 的通项和部分和，则

$$u_n = \sqrt{n+2} - 2\sqrt{n+1} + \sqrt{n} = \left(\sqrt{n+2} - \sqrt{n+1} \right) - \left(\sqrt{n+1} - \sqrt{n} \right).$$

于是

$$S_n = \sum_{k=1}^{n} u_k = \sum_{k=1}^{n} \left[\left(\sqrt{k+2} - \sqrt{k+1} \right) - \left(\sqrt{k+1} - \sqrt{k} \right) \right] = \sqrt{n+2} - \sqrt{n+1} - \sqrt{2} + 1$$

$$= \frac{1}{\sqrt{n+2} + \sqrt{n+1}} - \sqrt{2} + 1 \to -\sqrt{2} + 1 \quad (n \to \infty),$$

故原级数收敛.

【解法 2】 利用比较判别法

令 $f(x) = \sqrt{x}$，u_n 为原级数的通项, 将 $f(x)$ 分别在 $[n, n+1]$ 和 $[n+1, n+2]$ 上用 Lagrange 中值定理, 有

$$\sqrt{n+1} - \sqrt{n} = \frac{1}{2\sqrt{\xi_1}}, \quad \sqrt{n+2} - \sqrt{n+1} = \frac{1}{2\sqrt{\xi_2}},$$

其中 $n < \xi_1 < n+1$，$n+1 < \xi_2 < n+2$. 于是

$$0 < -u_n = \left(\sqrt{n+1} - \sqrt{n}\right) - \left(\sqrt{n+2} - \sqrt{n+1}\right) = \frac{1}{2\sqrt{\xi_1}} - \frac{1}{2\sqrt{\xi_2}} = \frac{\sqrt{\xi_2} - \sqrt{\xi_1}}{2\sqrt{\xi_1}\sqrt{\xi_2}}$$

$$= \frac{1}{2} \cdot \frac{\xi_2 - \xi_1}{\sqrt{\xi_1}\sqrt{\xi_2}\left(\sqrt{\xi_1} + \sqrt{\xi_2}\right)} < \frac{2}{2\xi_1 \cdot 2\sqrt{\xi_1}} = \frac{1}{2\xi_1^{\frac{3}{2}}} < \frac{1}{2n^{\frac{3}{2}}}.$$

又 $\displaystyle\sum_{n=1}^{\infty} \frac{1}{n^{\frac{3}{2}}}$ 收敛, 故由比较判别法知级数 $\displaystyle\sum_{n=1}^{\infty}(-u_n)$ 收敛, 从而原级数 $\displaystyle\sum_{k=1}^{n} u_n$ 收敛.

【解法 3】 利用比较判别法的极限形式

记 u_n 为原级数的通项, 则

$$u_n = \sqrt{n+2} - 2\sqrt{n+1} + \sqrt{n} = \left(\sqrt{n+2} - \sqrt{n+1}\right) - \left(\sqrt{n+1} - \sqrt{n}\right)$$

$$= \frac{1}{\sqrt{n+2} + \sqrt{n+1}} - \frac{1}{\sqrt{n+1} + \sqrt{n}} = \frac{\sqrt{n} - \sqrt{n+2}}{\left(\sqrt{n+2} + \sqrt{n+1}\right) \cdot \left(\sqrt{n+1} + \sqrt{n}\right)}$$

$$= \frac{-2}{\left(\sqrt{n+2} + \sqrt{n+1}\right) \cdot \left(\sqrt{n+1} + \sqrt{n}\right)\left(\sqrt{n+2} + \sqrt{n}\right)} \sim -\frac{1}{4\left(\sqrt{n}\right)^3} \quad (n \to \infty),$$

所以 $0 < -u_n \sim \dfrac{1}{4n^{\frac{3}{2}}}$. 又 $\displaystyle\sum_{n=1}^{\infty} \frac{1}{n^{\frac{3}{2}}}$ 收敛, 故由比较判别法的极限形式知, 级数 $\displaystyle\sum_{n=1}^{\infty}(-u_n)$

收敛, 从而原级数 $\displaystyle\sum_{k=1}^{n} u_n$ 收敛.

特别提示 解法 1 通过对级数通项化简, 求得部分和及其极限, 从而确定原级数收敛; 解法 2 利用 Lagrange 中值定理将通项放大为 $C \cdot \dfrac{1}{n^p}$ $(p > 1)$ 形式, 然

后由 $\displaystyle\sum_{n=1}^{\infty} \frac{1}{n^p}(p > 1)$ 收敛, 用比较判别法即可知原级数收敛. 值得注意的是由于

$u_n < 0$，所以应考虑对 $-u_n$ 放大；解法 3 主要是对通项化简，考察通项的无穷小的阶，类似于上面的说明，应考虑 $-u_n$ 的等价(或同阶)无穷小.

◆ **类题训练**

1. 判别下列级数的敛散性:

(1) $\displaystyle\sum_{n=1}^{\infty} \frac{1}{\left(\sqrt{n(n+1)}\right)\left(\sqrt{n+1}+\sqrt{n}\right)}$；　(2) $\displaystyle\sum_{n=1}^{\infty} \frac{n+1}{\sqrt{n^5-n+2}}$；

(3) $\displaystyle\sum_{n=1}^{\infty} \frac{\sqrt{n+1}-\sqrt{n}}{n^\alpha}$，其中 α 为实数；　(4) $\displaystyle\sum_{n=1}^{\infty} n^p\left(\sqrt{n+1}-2\sqrt{n}+\sqrt{n-1}\right)$.

2. 设 $u_n = \dfrac{1}{\left(\sqrt{n+1}+\sqrt{n}\right)^p} \ln\dfrac{n+1}{n-1}$　$(p>0)$，判别级数 $\displaystyle\sum_{n=2}^{\infty} u_n$ 的敛散性.

📖 **典型例题**

2　判别级数 $\displaystyle\sum_{n=1}^{\infty} \frac{7^n}{8^n-5^n}$ 的敛散性.

【**解法 1**】　利用比值判别法

记 $u_n = \dfrac{7^n}{8^n-5^n}$，则 $\displaystyle\lim_{n\to\infty} \frac{u_{n+1}}{u_n} = \lim_{n\to\infty} \frac{7^{n+1}}{8^{n+1}-5^{n+1}} \cdot \frac{8^n-5^n}{7^n} = 7\lim_{n\to\infty} \frac{1-\left(\frac{5}{8}\right)^n}{8-5\left(\frac{5}{8}\right)^n} = \frac{7}{8} < 1,$

故由比值判别法知原级数收敛.

【**解法 2**】　利用根值判别法

记 $u_n = \dfrac{7^n}{8^n-5^n}$，则

$$\lim_{n\to\infty} \sqrt[n]{u_n} = \lim_{n\to\infty} \sqrt[n]{\frac{7^n}{8^n-5^n}} = \frac{7}{8}\lim_{n\to\infty} \frac{1}{\sqrt[n]{1-\left(\frac{5}{8}\right)^n}} = \frac{7}{8} < 1,$$

故由根值判别法知原级数收敛.

【**解法 3**】　利用比较判别法的极限形式

记 $u_n = \dfrac{7^n}{8^n-5^n}$，则 $u_n \sim \dfrac{7^n}{8^n} = \left(\dfrac{7}{8}\right)^n$ $(n\to\infty)$. 而 $\displaystyle\sum_{n=1}^{\infty}\left(\dfrac{7}{8}\right)^n$ 收敛，故由比较判别法的极限形式知原级数收敛.

【解法 4】　利用比较判别法记 $u_n = \dfrac{7^n}{8^n - 5^n}$，则 $u_n = \dfrac{\left(\dfrac{7}{8}\right)^n}{1 - \left(\dfrac{5}{8}\right)^n} < \dfrac{\left(\dfrac{7}{8}\right)^n}{1 - \dfrac{5}{8}} = \dfrac{8}{1}\left(\dfrac{7}{8}\right)^n$.

而 $\displaystyle\sum_{n=1}^{\infty}\left(\dfrac{7}{8}\right)^n$ 收敛, 故由比较判别法知原级数收敛.

特别提示　一般地，设 a, b, c 为正实常数，且 $a > \max(b, c)$，则级数 $\displaystyle\sum_{n=1}^{\infty}\dfrac{b^n}{a^n - c^n}$ 必收敛.

类题训练

1. 判别级数 $\displaystyle\sum_{n=1}^{\infty}\dfrac{4^n}{5^n - 3^n}$ 的敛散性.

2. 判别级数 $\displaystyle\sum_{n=1}^{\infty}\dfrac{1}{\sqrt{n^3 - 1}}$ 的敛散性.

典型例题

3　判别级数 $\displaystyle\sum_{n=1}^{\infty}\dfrac{n\cos^2\dfrac{n\pi}{2}}{2^n}$ 的敛散性.

【解法 1】　因为 $0 \leqslant \dfrac{n\cos^2\dfrac{n\pi}{2}}{2^n} \leqslant \dfrac{n}{2^n}$，所以转而考虑级数 $\displaystyle\sum_{n=1}^{\infty}\dfrac{n}{2^n}$ 的敛散性.

记 $u_n = \dfrac{n}{2^n}$，则 $\displaystyle\lim_{n\to\infty}\dfrac{u_{n+1}}{u_n} = \lim_{n\to\infty}\dfrac{n+1}{2^{n+1}}\cdot\dfrac{2^n}{n} = \dfrac{1}{2} < 1$，于是由比值判别法知级数

$\displaystyle\sum_{n=1}^{\infty}\dfrac{n}{2^n}$ 收敛, 从而由比较判别法知级数 $\displaystyle\sum_{n=1}^{\infty}\dfrac{n\cdot\cos^2\dfrac{n\pi}{2}}{2^n}$ 收敛.

【解法 2】　同解法 1, 先考虑级数 $\displaystyle\sum_{n=1}^{\infty}\dfrac{n}{2^n}$ 的敛散性.

因为 $\displaystyle\lim_{n\to\infty}\sqrt[n]{u_n} = \lim_{n\to\infty}\sqrt[n]{\dfrac{n}{2^n}} = \lim_{n\to\infty}\dfrac{\sqrt[n]{n}}{2} = \dfrac{1}{2} < 1$，所以由根值判别法知级数 $\displaystyle\sum_{n=1}^{\infty}\dfrac{n}{2^n}$ 收

敛, 进而由比较判别法知级数 $\displaystyle\sum_{n=1}^{\infty}\dfrac{n\cdot\cos^2\dfrac{n\pi}{2}}{2^n}$ 收敛.

【解法 3】　因为 $\cos^2\dfrac{n\pi}{2}=\dfrac{1+\cos n\pi}{2}=\dfrac{1+(-1)^n}{2}$，所以

$$\sum_{n=1}^{\infty}\frac{n\cos^2\dfrac{n\pi}{2}}{2^n}=\sum_{n=1}^{\infty}\frac{n}{2^n}\cdot\frac{1+(-1)^n}{2}=\sum_{k=1}^{\infty}\frac{2k}{2^{2k}}.$$

记 $u_k=\dfrac{2k}{2^{2k}}$，则 $\lim\limits_{k\to\infty}\sqrt[k]{u_k}=\lim\limits_{k\to\infty}\sqrt[k]{\dfrac{2k}{2^{2k}}}=\lim\limits_{k\to\infty}\dfrac{\sqrt[k]{2k}}{4}=\dfrac{1}{4}<1$，故级数 $\sum\limits_{k=1}^{\infty}\dfrac{2k}{2^{2k}}$ 收敛，

从而 $\sum\limits_{n=1}^{\infty}\dfrac{n\cos^2\dfrac{n\pi}{2}}{2^n}$ 收敛.

特别提示　　比值判别法和根值判别法是判别正项级数敛散性的重要方法，但有时没法直接应用，需先通过放缩通项，考虑放缩后级数的敛散性，再用比较判别法判别原级数的敛散性.如上解法 1 和解法 2.

类题训练

1. 判别下列级数的敛散性:

(1) $\sum\limits_{n=1}^{\infty}2^n\sin\dfrac{\pi}{3^n}$;　　　　(2) $\sum\limits_{n=1}^{\infty}\dfrac{\sin(\pi^n)}{n^2}$;　　　　(3) $\sum\limits_{n=1}^{\infty}\dfrac{\pi}{3^n}\sin^2\dfrac{n\pi}{6}$;

(4) $\sum\limits_{n=1}^{\infty}\dfrac{n\cos\dfrac{n\pi}{3}}{2^n}$;　　　　(5) $\sum\limits_{n=1}^{\infty}\dfrac{1+\cos^2 n}{2^n+3\sin n}$;　　　　(6) $\sum\limits_{n=1}^{\infty}\dfrac{\cos\left(\dfrac{\pi\ln n}{2}\right)}{n}$.

典型例题

4　判别级数 $\sum\limits_{n=1}^{\infty}\ln\left(1+\dfrac{1}{n}\right)$ 的敛散性.

【解法 1】　因为 $\lim\limits_{x\to 0}\dfrac{\ln(1+x)}{x}=1$，所以 $\lim\limits_{n\to\infty}\dfrac{\ln\left(1+\dfrac{1}{n}\right)}{\dfrac{1}{n}}=1$.

而级数 $\sum\limits_{n=1}^{\infty}\dfrac{1}{n}$ 发散，故由比较判别法的极限形式知，级数 $\sum\limits_{n=1}^{\infty}\ln\left(1+\dfrac{1}{n}\right)$ 发散.

【解法 2】　利用微分中值定理
因为 $\ln x$ 在 $[1,+\infty)$ 上满足 Lagrange 定理的条件，所以由 Lagrange 中值定理知，

存在 $\xi_n \in (n, n+1)$ $(n \geqslant 1)$. 有 $\ln\left(1+\dfrac{1}{n}\right) = \ln(n+1) - \ln n = \dfrac{1}{\xi_n}$. 从而有 $\dfrac{1}{n+1} <$

$\ln\left(1+\dfrac{1}{n}\right) < \dfrac{1}{n}$. 又级数 $\displaystyle\sum_{n=1}^{\infty} \dfrac{1}{n+1}$ 发散, 故由比较判别法知, 原级数 $\displaystyle\sum_{n=1}^{\infty} \ln\left(1+\dfrac{1}{n}\right)$ 发散.

【解法 3】 利用 Taylor 公式

由 Taylor 公式, 有 $\ln\left(1+\dfrac{1}{n}\right) = \dfrac{1}{n} - \dfrac{1}{2n^2} + o\left(\dfrac{1}{n^2}\right)$.

又 $\dfrac{1}{2n^2} - o\left(\dfrac{1}{n^2}\right) \sim \dfrac{1}{2n^2}$ $(n \to \infty)$, 所以 $\displaystyle\sum_{n=1}^{\infty}\left(\dfrac{1}{2n^2} - o\left(\dfrac{1}{n^2}\right)\right)$ 收敛. 而级数 $\displaystyle\sum_{n=1}^{\infty} \dfrac{1}{n}$ 发

散, 故由级数的性质, 得原级数 $\displaystyle\sum_{n=1}^{\infty} \ln\left(1+\dfrac{1}{n}\right)$ 发散.

【解法 4】 利用级数敛散的定义

记级数的部分和为 $S_n = \displaystyle\sum_{k=1}^{n} \ln\left(1+\dfrac{1}{k}\right)$, 则

$$S_n = \sum_{k=1}^{n}\left[\ln(1+k) - \ln k\right] = \ln(1+n) \to +\infty \quad (n \to \infty).$$

故级数 $\displaystyle\sum_{n=1}^{\infty} \ln\left(1+\dfrac{1}{n}\right)$ 发散.

【解法 5】 利用广义积分与级数的联系

$$\int_1^{+\infty} \dfrac{1}{x} dx = \sum_{n=1}^{\infty} \int_n^{n+1} \dfrac{1}{x} dx = \sum_{n=1}^{\infty}\left[\ln(n+1) - \ln n\right] = \sum_{n=1}^{\infty} \ln\left(1+\dfrac{1}{n}\right),$$

因为 $\displaystyle\int_1^{+\infty} \dfrac{1}{x} dx = \lim_{b \to +\infty} \int_1^b \dfrac{1}{x} dx = \lim_{b \to +\infty} \ln b = +\infty$, 所以级数 $\displaystyle\sum_{n=1}^{\infty} \ln\left(1+\dfrac{1}{n}\right)$ 发散.

特别提示 上述从几个不同的角度对原级数的发散性给予了判别. 解法 2 和解法 1 利用了比较判别法及其极限形式; 解法 3 利用了级数的性质; 解法 4 利用了级数敛散的定义; 解法 5 利用了广义积分与级数的联系, 通过广义积分的敛散性判别级数的敛散性.

类题训练

1. 判别级数 $\displaystyle\sum_{n=1}^{\infty} \ln\left(1+\dfrac{1}{n^p}\right)$ $(p>0)$ 的敛散性.

2. 对常数 p, 讨论级数 $\displaystyle\sum_{n=1}^{\infty} (-1)^{n+1} \dfrac{\sqrt{n+1} - \sqrt{n}}{n^p}$ 何时绝对收敛、何时条件收敛、何时发散? (2006 年江苏省高等数学竞赛题)

3. 设 $f(x)$ 在 **R** 上具有直到 $n+1$ 阶导数, 且 $f'(x) \neq 0$, 证明级数 $\sum\limits_{n=1}^{\infty} \left[f\left(\dfrac{1}{n}\right) - f(0) - \dfrac{1}{n} f'(0) \right]$ 收敛, 而级数 $\sum\limits_{n=1}^{\infty} \left[f\left(\dfrac{1}{n}\right) - f(0) \right]$ 发散.

📖 典型例题

5 证明当 $p > 1$, p-级数 $\sum\limits_{n=1}^{\infty} \dfrac{1}{n^p}$ 收敛.

【证法 1】 依次将 p-级数的 1 项, 2 项, 4 项, 8 项, $\cdots$, 2^n 项, $\cdots$ 括在一起, 得到一个新级数, 即

$$1 + \left(\frac{1}{2^p} + \frac{1}{3^p} \right) + \left(\frac{1}{4^p} + \frac{1}{5^p} + \frac{1}{6^p} + \frac{1}{7^p} \right) + \left(\frac{1}{8^p} + \frac{1}{9^p} + \cdots + \frac{1}{15^p} \right) + \cdots$$

因为　　$\dfrac{1}{2^p} + \dfrac{1}{3^p} < \dfrac{1}{2^p} + \dfrac{1}{2^p} = \dfrac{1}{2^{p-1}}$, $\dfrac{1}{4^p} + \dfrac{1}{5^p} + \dfrac{1}{6^p} + \dfrac{1}{7^p} < \left(\dfrac{1}{2^{p-1}} \right)^2$,

$$\frac{1}{8^p} + \cdots + \frac{1}{15^p} < \left(\frac{1}{2^{p-1}} \right)^3, \cdots,$$

且 $p > 1$ 时, 等比级数 $\sum\limits_{m=1}^{\infty} \left(\dfrac{1}{2^{p-1}} \right)^{m-1}$ 收敛, 所以由比较判别法知 p-级数 $\sum\limits_{n=1}^{\infty} \dfrac{1}{n^p}$ 收敛.

【证法 2】 设 $p > 1$, 则当 $k-1 \leqslant x \leqslant k$ 时, 有 $\dfrac{1}{k^p} \leqslant \dfrac{1}{x^p}$, 于是 $\dfrac{1}{k^p} = \int_{k-1}^{k} \dfrac{1}{k^p} \mathrm{d}x \leqslant \int_{k-1}^{k} \dfrac{1}{x^p} \mathrm{d}x$ $(k = 2, 3, \cdots)$, 从而 p-级数的部分和

$$S_n = 1 + \sum_{k=2}^{n} \frac{1}{k^p} \leqslant 1 + \sum_{k=2}^{n} \int_{k-1}^{k} \frac{1}{x^p} \mathrm{d}x = 1 + \int_{1}^{n} \frac{1}{x^p} \mathrm{d}x = 1 + \frac{1}{p-1} \left(1 - \frac{1}{n^{p-1}} \right) < 1 + \frac{1}{p-1},$$

即数列 $\{S_n\}$ 有上界, 故由正项级数收敛的充要条件知 p-级数收敛.

【证法 3】 令 $f(x) = \dfrac{1}{x^{p-1}}$ $(x \geqslant 1)$, 则将 $f(x)$ 在 $[n-1, n]$ 上用 Lagrange 中值定理, 有

$$\frac{1}{n^{p-1}} - \frac{1}{(n-1)^{p-1}} = \frac{1-p}{\xi^p},$$

其中 $n-1 < \xi < n$, $n \geqslant 2$. 于是 $\dfrac{1}{(n-1)^{p-1}} - \dfrac{1}{n^{p-1}} = \dfrac{p-1}{\xi^p} > \dfrac{p-1}{n^p}$ $(p > 1)$, 从而

$$S_m = \sum_{n=1}^{m} \frac{1}{n^p} < 1 + \frac{1}{p-1} \sum_{n=2}^{m} \left[\frac{1}{(n-1)^{p-1}} - \frac{1}{n^{p-1}} \right] = 1 + \frac{1}{p-1} \left(1 - \frac{1}{m^{p-1}} \right) < 1 + \frac{1}{p-1},$$

即数列 $\{S_m\}$ 有上界, 故由正项级数收敛的充要条件知 p-级数收敛.

⚡ **特别提示**　证法 1 用到结论: 正项级数收敛的充分必要条件是对该级数的项任意加括号后所成的新级数仍收敛, 且其和不变. 证法 2 和证法 3 用到正项级数收敛的充分必要条件, 即正项级数 $\sum\limits_{n=1}^{n} u_n$ 收敛的充分必要条件是它的部分和数列 $\{S_n\}$ 有上界.

对于 p-级数 $\sum\limits_{n=1}^{\infty}\dfrac{1}{n^p}$, 当 $p>1$ 时收敛; 当 $p\leqslant 1$ 时发散. 它是一个重要的级数, 在级数收敛性判别中经常使用.

♻ **类题训练**

1. 证明当 $p<1$ 时, p-级数 $\sum\limits_{n=1}^{\infty}\dfrac{1}{n^p}$ 发散.

2. 判别下列级数的敛散性:

(1) $\sum\limits_{n=1}^{\infty}\dfrac{n^2-6}{n^4+4}$;　(2) $\sum\limits_{n=1}^{\infty}\dfrac{\sqrt[n]{n}\,\sin\dfrac{1}{n^4}}{\ln\left(1+\dfrac{2}{n}+\dfrac{1}{n^2}\right)\cdot\arcsin\dfrac{1}{2n}}$;　(3) $\sum\limits_{n=1}^{\infty}\dfrac{1!+2!+\cdots+n!}{(2n)!}$.

3. 讨论下列级数的敛散性:

(1) $\sum\limits_{n=1}^{\infty}\dfrac{1}{\left(n^2+1\right)^p}$ $(p>0)$;　　　(2) $\sum\limits_{n=1}^{\infty}\left(1-\sqrt[3]{\dfrac{n-1}{n+1}}\right)^p$ $(p>0)$;

(3) $\sum\limits_{n=1}^{\infty}\dfrac{(-1)^n}{\left[n+(-1)^n\right]^p}$ $(p>0)$;　　(4) $\sum\limits_{n=1}^{\infty}\dfrac{1}{n^p}\sin\dfrac{\pi}{n}$.

📖 **典型例题**

6　证明调和级数 $1+\dfrac{1}{2}+\dfrac{1}{3}+\cdots+\dfrac{1}{n}+\cdots$ 发散.

【证法 1】　反证法

假设级数 $\sum\limits_{n=1}^{\infty}\dfrac{1}{n}$ 收敛, 记它的部分和为 S_n, 且 $\lim\limits_{n\to\infty}S_n=S$, 则 $\lim\limits_{n\to\infty}S_{2n}=S$, 于是 $\lim\limits_{n\to\infty}\left(S_{2n}-S_n\right)=S-S=0$. 但

$$S_{2n}-S_n=\dfrac{1}{n+1}+\dfrac{1}{n+2}+\cdots+\dfrac{1}{2n}>\underbrace{\dfrac{1}{2n}+\dfrac{1}{2n}+\cdots+\dfrac{1}{2n}}_{n\text{项}}=\dfrac{1}{2},$$

从而与假设相矛盾. 故级数 $\sum\limits_{n=1}^{\infty}\dfrac{1}{n}$ 发散.

【证法 2】　因为 $\left(1+\dfrac{1}{2}\right)+\left(\dfrac{1}{3}+\dfrac{1}{4}\right)+\left(\dfrac{1}{5}+\dfrac{1}{6}+\dfrac{1}{7}+\dfrac{1}{8}\right)+\left(\dfrac{1}{9}+\cdots+\dfrac{1}{16}\right)+\left(\dfrac{1}{2^m+1}+\right.$

$\left.\cdots+\dfrac{1}{2^{m+1}}\right)>\dfrac{1}{2}+\dfrac{1}{2}+\cdots+\dfrac{1}{2}=\dfrac{1}{2}(m+1)\to+\infty\ (m\to+\infty)$，所以由收敛级数的性质

$\left(\text{若}\sum\limits_{n=1}^{\infty}u_n\text{ 收敛, 则对该级数的项任意加括号后所成的级数仍收敛, 且其和不变}\right)$

知级数 $\sum\limits_{n=1}^{\infty}\dfrac{1}{n}$ 发散.

【证法 3】　记 $S_n=\sum\limits_{k=1}^{n}\dfrac{1}{k}$，考虑函数 $f(x)=\dfrac{1}{x}$，则由定积分的几何意义，有

$$S_n=1+\dfrac{1}{2}+\cdots+\dfrac{1}{n}>\int_1^{n+1}\dfrac{1}{x}\mathrm{d}x=\ln(n+1)\to+\infty\quad(n\to\infty),$$

故级数 $\sum\limits_{n=1}^{\infty}\dfrac{1}{n}$ 发散.

【证法 4】　令 $f(x)=\dfrac{1}{x}\ (x\geqslant1)$，则 $f(x)$ 在 $[1,+\infty)$ 上非负单调减少，且 $\int_1^{+\infty}f(x)$

$\mathrm{d}x=\int_1^{+\infty}\dfrac{1}{x}\mathrm{d}x=\ln x\big|_1^{+\infty}=+\infty$，故由 Cauchy 积分判别法知级数 $\sum\limits_{n=1}^{\infty}\dfrac{1}{n}$ 发散.

【证法 5】　取 $\varepsilon_0=\dfrac{1}{2}$，则 $\forall n\in\mathbf{N}$，取 $p=n$，有 $\left|\sum\limits_{k=n+1}^{2n}\dfrac{1}{n}\right|\geqslant\dfrac{n}{2n}=\dfrac{1}{2}=\varepsilon_0>0$.

故有级数的 Cauchy 收敛准则知，$\sum\limits_{n=1}^{\infty}\dfrac{1}{n}$ 发散.

⊛ **特别提示**　级数收敛的 Cauchy 收敛准则: 级数 $\sum\limits_{n=1}^{\infty}u_n$ 收敛的充分必要条件

是对于任意给定的正数 ε，总存在自然数 N，对于任意的自然数 p，当 $n>N$ 时，

有 $\left|\sum\limits_{k=n+1}^{n+p}u_k\right|<\varepsilon$ 成立.经常用该收敛准则的否定形式证明级数发散.

　　Cauchy 积分判别法: 设函数 $f(x)>0$，且在 $[1,+\infty)$ 上单调减少，则级数

$\sum\limits_{n=1}^{\infty}f(n)$ 与广义积分 $\int_1^{+\infty}f(x)\mathrm{d}x$ 同时敛散.

　　对于调和级数，有 $1+\dfrac{1}{2}+\dfrac{1}{3}+\cdots+\dfrac{1}{n}=\ln n+\gamma+\varepsilon_n$，其中 $\varepsilon_n\to0\ (n\to\infty)$，也可

记为 $\varepsilon_n = 0(1)$，$\gamma = 0.5772\cdots$ 称为欧拉常数.

♻ 类题训练

1. 证明若在调和级数 $\sum\limits_{n=1}^{\infty}\dfrac{1}{n}$ 中去掉分母含有数字 9 的项，则新级数收敛，其和不超过 80.

2. 设级数的部分和为 $S_n = \sum\limits_{k=1}^{n}\dfrac{1}{k} - \ln n$，判断该级数的敛散性.

3. 设 $\sum\limits_{n=1}^{\infty} a_n$ 是发散的正项级数，证明存在收敛于 0 的正数序列 $\{c_n\}$，使级数 $\sum\limits_{n=1}^{\infty} c_n a_n$ 发散.

4. 证明级数 $\sum\limits_{n=2}^{\infty}\dfrac{1}{n\ln^p n}$ 当 $p>1$ 时收敛，当 $p \leqslant 1$ 时发散.

📖 典型例题

7 证明级数 $1 + \dfrac{1}{2} - \dfrac{1}{3} + \dfrac{1}{4} + \dfrac{1}{5} - \dfrac{1}{6} + \cdots$ 发散.

【证法1】 用级数的 Cauchy 收敛准则

要证级数 $\sum\limits_{n=1}^{\infty} u_n$ 发散，即证存在某个 $\varepsilon_0 > 0$，对任意的 N，总存在 $m > n > N$，使得 $|u_{n+1} + \cdots + u_m| \geqslant \varepsilon_0$.

记 S_{3n} 为级数前 $3n$ 项的部分和，则有

$$S_{6n} - S_{3n} = \left[\frac{1}{3n+1} + \left(\frac{1}{3n+2} - \frac{1}{3n+3}\right)\right] + \left[\frac{1}{3n+4} + \left(\frac{1}{3n+5} - \frac{1}{3n+6}\right)\right] + \cdots$$

$$+ \left[\frac{1}{6n-2} + \left(\frac{1}{6n-1} - \frac{1}{6n}\right)\right] > \frac{1}{3n+1} + \frac{1}{3n+4} + \cdots + \frac{1}{6n-2} > n \cdot \frac{1}{6n} = \frac{1}{6}.$$

于是取 $\varepsilon_0 = \dfrac{1}{6}$，$m = 6n$，从而由 Cauchy 收敛准则即知原级数发散.

【证法2】 记 S_{3n} 为级数前 $3n$ 项的部分和，则

$$S_{3n} = \left[1 + \left(\frac{1}{2} - \frac{1}{3}\right)\right] + \left[\frac{1}{4} + \left(\frac{1}{5} - \frac{1}{6}\right)\right] + \cdots + \left[\frac{1}{3n-2} + \left(\frac{1}{3n-1} - \frac{1}{3n}\right)\right]$$

$$> 1 + \frac{1}{4} + \frac{1}{7} + \cdots + \frac{1}{3n-2} > \frac{1}{3}\left(1 + \frac{1}{2} + \frac{1}{3} + \cdots + \frac{1}{n}\right).$$

而因为级数 $\sum\limits_{n=1}^{\infty}\dfrac{1}{n}$ 发散,所以 $\lim\limits_{n\to\infty}\left(1+\dfrac{1}{2}+\dfrac{1}{3}+\cdots+\dfrac{1}{n}\right)=+\infty$,从而有 $\lim\limits_{n\to\infty}S_{3n}=$ $+\infty$,故得原级数发散.

【证法 3】　利用 $1+\dfrac{1}{2}+\dfrac{1}{3}+\cdots+\dfrac{1}{n}=\ln n+\gamma+\varepsilon_n$,其中 $\gamma=0.5772\cdots$,$\varepsilon_n\to0(n\to\infty)$.

因为

$$S_{3n}=1+\dfrac{1}{2}-\dfrac{1}{3}+\dfrac{1}{4}+\dfrac{1}{5}-\dfrac{1}{6}+\cdots+\dfrac{1}{3n-2}+\dfrac{1}{3n-1}-\dfrac{1}{3n}$$
$$=\left(1+\dfrac{1}{2}+\dfrac{1}{3}+\cdots+\dfrac{1}{3n}\right)-2\left(\dfrac{1}{3}+\dfrac{1}{6}+\cdots+\dfrac{1}{3n}\right)$$
$$=\left(1+\dfrac{1}{2}+\dfrac{1}{3}+\cdots+\dfrac{1}{3n}\right)-\dfrac{2}{3}\left(1+\dfrac{1}{2}+\cdots+\dfrac{1}{n}\right)$$
$$=\ln(3n)+\gamma+\varepsilon_{3n}-\dfrac{2}{3}(\ln n+\gamma+\varepsilon_n)=\ln\dfrac{3n}{n^{\frac{2}{3}}}+\dfrac{1}{3}\gamma+\varepsilon_{3n}-\dfrac{2}{3}\varepsilon_n,$$

其中 $\varepsilon_{3n}\to0$,$\varepsilon_n\to0\,(n\to+\infty)$,所以 $\lim\limits_{n\to\infty}S_{3n}=+\infty$,故原级数发散.

特别提示　证法 1 利用了级数收敛的 Cauchy 收敛准则的反面叙述,这在证明级数发散时常用;证法 2 通过找一个发散的部分和数列的子列,由级数敛散的定义加以证明;证法 3 利用已知的重要命题得到部分和数列的一个子列发散,从而由定义说明级数的发散性.

类题训练

1. 证明级数 $1+\dfrac{1}{\sqrt{3}}-\dfrac{1}{\sqrt{2}}+\dfrac{1}{\sqrt{5}}+\dfrac{1}{\sqrt{7}}-\dfrac{1}{\sqrt{4}}+\dfrac{1}{\sqrt{9}}+\dfrac{1}{\sqrt{11}}-\dfrac{1}{\sqrt{6}}+\cdots$ 发散.

2. 证明级数 $\dfrac{1}{\sqrt{2}-1}-\dfrac{1}{\sqrt{2}+1}+\dfrac{1}{\sqrt{3}-1}-\dfrac{1}{\sqrt{3}+1}+\cdots+\dfrac{1}{\sqrt{n}-1}-\dfrac{1}{\sqrt{n}+1}+\cdots$ 发散.

3. 证明级数 $1+\dfrac{1}{3}+\dfrac{1}{5}+\cdots+\dfrac{1}{2n-1}+\cdots$ 发散.

典型例题

8　判别级数 $\sum\limits_{n=1}^{\infty}\left(\dfrac{1}{n}-\ln\left(1+\dfrac{1}{n}\right)\right)$ 的敛散性.

【解法 1】　由 $x>\ln(1+x)(x>0)$ 知级数是正项级数.

又 $\ln\left(1+\dfrac{1}{n}\right)=\dfrac{1}{n}-\dfrac{1}{2n^2}+o\left(\dfrac{1}{n^2}\right)$，所以 $\dfrac{1}{n}-\ln\left(1+\dfrac{1}{n}\right)\sim\dfrac{1}{2n^2}$ $(n\to\infty)$. 而级数

$\sum\limits_{n=1}^{\infty}\dfrac{1}{2n^2}$ 收敛，故由比较判别法的极限形式知原级数收敛.

【解法2】 当 $x>0$ 时，有 $\dfrac{x}{1+x}<\ln(1+x)<x$，所以

$$0<x-\ln(1+x)<x-\dfrac{x}{1+x}=\dfrac{x^2}{1+x}<x^2,$$

从而 $0<\dfrac{1}{n}-\ln\left(1+\dfrac{1}{n}\right)<\dfrac{1}{n^2}$. 又 $\sum\limits_{n=1}^{\infty}\dfrac{1}{n^2}$ 收敛，故由比较判别法知原级数收敛.

【解法3】 由已知 $\dfrac{1}{n+1}<\ln\left(1+\dfrac{1}{n}\right)<\dfrac{1}{n}$，有 $0<\dfrac{1}{n}-\ln\left(1+\dfrac{1}{n}\right)<\dfrac{1}{n}-\dfrac{1}{n+1}=$

$\dfrac{1}{n(n+1)}$. 因为 $\sum\limits_{n=1}^{\infty}\dfrac{1}{n(n+1)}$ 收敛，所以由比较判别法知原级数收敛.

【解法4】 因为 $1+\dfrac{1}{2}+\dfrac{1}{3}+\cdots+\dfrac{1}{n}=\ln n+\gamma+\varepsilon_n$，其中 $\gamma=0.5772\cdots,\varepsilon_n\to0$

$(n\to\infty)$. 所以原级数的部分和

$$S_n=\sum_{k=1}^{n}\left[\dfrac{1}{k}-\ln\left(1+\dfrac{1}{k}\right)\right]=\sum_{k=1}^{n}\dfrac{1}{k}-\sum_{k=1}^{n}\ln\left(1+\dfrac{1}{k}\right)=\ln n+\gamma+\varepsilon_n-\sum_{k=1}^{n}\left[\ln(k+1)-\ln k\right]$$

$$=\ln n+\gamma+\varepsilon_n-\ln(n+1)=\ln\dfrac{n}{n+1}+\gamma+\varepsilon_n\to\gamma\quad(n\to\infty),$$

故原级数收敛.

特别提示 解法1利用 $\ln(1+x)$ 的 Taylor 展开，得到通项的等价无穷小，再由正项级数的比较判别法的极限形式判别；解法2和解法3分别利用已知不等式放缩通项，再由比较判别法判别；解法4利用调和级数的重要结论，由级数收敛的定义加以判别.要熟记一些常用的等式和不等式及几个基本初等函数的 Taylor 展开式，如

(i) $1+\dfrac{1}{2}+\dfrac{1}{3}+\cdots+\dfrac{1}{n}=\ln n+\gamma+\varepsilon_n$，其中 $\gamma=0.5772\cdots,\varepsilon_n\to0(n\to\infty)$；

(ii) 当 $x>0$ 时，有 $\dfrac{x}{1+x}<\ln(1+x)<x$，特别地有 $\dfrac{1}{n+1}<\ln\left(1+\dfrac{1}{n}\right)<\dfrac{1}{n}$.

类题训练

1. 证明级数 $\sum\limits_{n=1}^{\infty}\left[e-\left(1+\dfrac{1}{1!}+\dfrac{1}{2!}+\cdots+\dfrac{1}{n!}\right)\right]$ 收敛.

2. 判别下列级数的敛散性:

(1) $\displaystyle\sum_{n=1}^{\infty}\left(\dfrac{\pi}{n}-\sin\dfrac{\pi}{n}\right)$;　(2) $\displaystyle\sum_{n=1}^{\infty}\left(e^{\frac{1}{n}}-1-\dfrac{1}{n}\right)$;　(3) $\displaystyle\sum_{n=1}^{\infty}\left(\dfrac{1}{n}-\arctan\dfrac{1}{n}\right)$;　(4) $\displaystyle\sum_{n=1}^{\infty}\cos\dfrac{1}{n}$;

(5) $\displaystyle\sum_{n=1}^{\infty}\arctan\dfrac{1}{n}$;　(6) $\displaystyle\sum_{n=1}^{\infty}\left(\dfrac{1}{\sqrt{n}}-\sqrt{\ln\dfrac{n+1}{n}}\right)$;　(7) $\displaystyle\sum_{n=1}^{\infty}\dfrac{1}{\sqrt{n}}\ln\left(1+\dfrac{(-1)^{n}}{n}\right)$;

(8) $\displaystyle\sum_{n=1}^{\infty}\left[e-\left(1+\dfrac{1}{n}\right)^{n}\right]^{2}$;　(9) $\displaystyle\sum_{n=1}^{\infty}\ln\cos\dfrac{1}{n}$.

📖 典型例题

9 判别级数 $\displaystyle\sum_{n=1}^{\infty}\left(\dfrac{\left(1+\dfrac{1}{n}\right)^{n}}{e}\right)^{n}$ 的敛散性.

【**解法 1**】　利用 $\ln(1+x)$ 的 Taylor 展开式 $\ln(1+x)=x-\dfrac{1}{2}x^{2}+o\left(x^{2}\right)$, 有

$$\ln\left(1+\dfrac{1}{n}\right)=\dfrac{1}{n}-\dfrac{1}{2n^{2}}+o\left(\dfrac{1}{n^{2}}\right),$$

于是

$$u_{n}=\left(\dfrac{\left(1+\dfrac{1}{n}\right)^{n}}{e}\right)^{n}=e^{\left[n\ln\left(1+\frac{1}{n}\right)-1\right]}=e^{n\left[n\left(\frac{1}{n}-\frac{1}{2n^{2}}+o\left(\frac{1}{n^{2}}\right)\right)-1\right]}=e^{-\frac{1}{2}+o(1)}\rightarrow e^{-\frac{1}{2}}\quad(n\rightarrow\infty),$$

而原级数发散.

【**解法 2**】　记 u_{n} 为原级数的通项, 则由 Heine 定理及 L'Hospital 法则, 有

$$\lim_{n\rightarrow\infty}u_{n}=\lim_{n\rightarrow\infty}\left[\dfrac{\left(1+\dfrac{1}{n}\right)^{n}}{e}\right]^{n}=\lim_{x\rightarrow+\infty}\left[\dfrac{\left(1+\dfrac{1}{x}\right)^{x}}{e}\right]^{x}=e^{\lim\limits_{x\rightarrow+\infty}x\left[x\ln\left(1+\frac{1}{x}\right)-1\right]}$$

$$=e^{\lim\limits_{t\rightarrow0^{+}}\frac{\ln(1+t)-t}{t^{2}}}=e^{\lim\limits_{t\rightarrow0^{+}}\frac{\frac{1}{1+t}-1}{2t}}=e^{-\frac{1}{2}}\neq0,$$

故原级数发散.

【**解法 3**】　因为数列 $\left\{\left(1+\dfrac{1}{n}\right)^{n}\right\}$ 严格单调增加趋于 e, $\left\{\left(1+\dfrac{1}{n}\right)^{n+1}\right\}$ 严格单调

减少趋于 e, 所以

$$u_n = \left[\frac{\left(1+\frac{1}{n}\right)^n}{e}\right]^n > \left[\frac{\left(1+\frac{1}{n}\right)^n}{\left(1+\frac{1}{n}\right)^{n+1}}\right]^n = \frac{1}{\left(1+\frac{1}{n}\right)^n} > \frac{1}{e},$$

从而 $\lim\limits_{n\to\infty} u_n \neq 0$, 故原级数发散.

⁂ **特别提示**   以上解法主要利用级数收敛的必要条件, 即若级数 $\sum\limits_{n=1}^{\infty} u_n$ 收敛,

则有 $\lim\limits_{n\to\infty} u_n = 0$. 常用其逆否命题: "若 $\lim\limits_{n\to\infty} u_n \neq 0$, 则级数 $\sum\limits_{n=1}^{\infty} u_n$ 发散." 判别级数

$\sum\limits_{n=1}^{\infty} u_n$ 发散.

♻ **类题训练**

1. 判别下列级数的敛散性:

(1) $\sum\limits_{n=1}^{\infty} n^2\left(1-\cos\frac{1}{n}\right)$;   (2) $\sum\limits_{n=1}^{\infty} \frac{e^n n!}{n^n}$;   (3) $\sum\limits_{n=1}^{\infty} \frac{1}{1+a^n}$ $(a>0)$;   (4) $\sum\limits_{n=1}^{\infty} \frac{n^{n+\frac{1}{n}}}{\left(n+\frac{1}{n}\right)^n}$.

📖 **典型例题**

10 判别级数 $\sum\limits_{n=1}^{\infty} \frac{n^n}{n!}$ 的敛散性.

【**解法 1**】   利用级数收敛的必要条件

因为 $\frac{n^n}{n!} = \frac{n \cdot n \cdots n}{1 \cdot 2 \cdots n} \geqslant 1 (n>1)$, 所以 $\lim\limits_{n\to\infty} \frac{n^n}{n!} \neq 0$. 故由级数收敛的必要条件知,

级数 $\sum\limits_{n=1}^{\infty} \frac{n^n}{n!}$ 发散.

【**解法 2**】   利用比较判别法

因为当 $n \geqslant 2$ 时, 有 $\frac{n^n}{n!} = \frac{n \cdot n \cdot n \cdots n}{1 \cdot 2 \cdot 3 \cdots n} \geqslant n$, 且级数 $\sum\limits_{n=1}^{\infty} n$ 发散, 所以由比较判别法

知, 级数 $\sum\limits_{n=1}^{\infty} \frac{n^n}{n!}$ 发散.

【**解法 3**】   利用比值判别法

记 $u_n = \dfrac{n^n}{n!}$，则 $\lim\limits_{n\to\infty}\dfrac{u_{n+1}}{u_n} = \lim\limits_{n\to\infty}\dfrac{(n+1)^{n+1}}{(n+1)!}\cdot\dfrac{n!}{n^n} = \lim\limits_{n\to\infty}\left(1+\dfrac{1}{n}\right)^n = \mathrm{e} > 1$. 由比值判别

法知，级数 $\sum\limits_{n=1}^{\infty}\dfrac{n^n}{n!}$ 发散.

【解法 4】　利用根值判别法

由 Stirling 公式：$n! \sim \sqrt{2n\pi}\cdot\left(\dfrac{n}{\mathrm{e}}\right)^n$ $(n\to\infty)$，有

$$\lim_{n\to\infty}\sqrt[n]{u_n} = \lim_{n\to\infty}\sqrt[n]{\dfrac{n^n}{n!}} = \lim_{n\to\infty}\dfrac{\mathrm{e}}{\sqrt[n]{\sqrt{2n\pi}}} = \mathrm{e} > 1.$$

故由根值判别法知，级数 $\sum\limits_{n=1}^{\infty}\dfrac{n^n}{n!}$ 发散.

✳ **特别提示**　　解法 1 中利用了级数收敛必要条件的逆否命题，这也是判别级数

发散的一种常用的方法. 解法 4 中用到了 Stirling 公式 $n! \sim \sqrt{2n\pi}\cdot\left(\dfrac{n}{\mathrm{e}}\right)^n$ $(n\to\infty)$，它

的另两种形式分别为 $n! = \left(\dfrac{n}{\mathrm{e}}\right)^n\cdot\sqrt{2\pi n}\,\mathrm{e}^{\frac{\theta_n}{4n}}$ $(0<\theta_n<1)$ 和 $n! = \sqrt{2\pi n}\cdot n^n\mathrm{e}^{-n}(1+o(1))$.

♻ **类题训练**

1. 判别下列级数的敛散性：

(1) $\sum\limits_{n=1}^{\infty}n\sin\dfrac{\pi}{n}$;　　(2) $\sum\limits_{n=2}^{\infty}\dfrac{1}{\ln n}$;　　(3) $\sum\limits_{n=1}^{\infty}\left(\dfrac{2+(-1)^n}{3}\right)^n$;　　(4) $\sum\limits_{n=1}^{\infty}\dfrac{n^2}{\left(2+\dfrac{1}{n}\right)^n}$;

(5) $\sum\limits_{n=1}^{\infty}\dfrac{(2n-1)!!}{(2n)!!}$;　　(6) $\sum\limits_{n=1}^{\infty}\dfrac{1}{n!}$;　　(7) $\sum\limits_{n=1}^{\infty}(-1)^{n+1}\dfrac{2^{n^2}}{n!}$;　　(8) $\sum\limits_{n=1}^{\infty}(-1)^n\dfrac{n^{n+1}}{(n+1)!}$.

📖 **典型例题**

11　判别级数 $\sum\limits_{n=2}^{\infty}\dfrac{(-1)^n}{\sqrt{n}+(-1)^n}$ 的敛散性.

【解法 1】　将通项化简为

$$\dfrac{(-1)^n}{\sqrt{n}+(-1)^n} = \dfrac{(-1)^n\sqrt{n}}{\sqrt{n}\cdot\left(\sqrt{n}+(-1)^n\right)} = \dfrac{(-1)^n}{\sqrt{n}} - \dfrac{1}{\sqrt{n}\left(\sqrt{n}+(-1)^n\right)},$$

于是 $\displaystyle\sum_{n=2}^{\infty}\frac{(-1)^n}{\sqrt{n}+(-1)^n}=\sum_{n=2}^{\infty}\frac{(-1)^n}{\sqrt{n}}-\sum_{n=2}^{\infty}\frac{1}{\sqrt{n}\left(\sqrt{n}+(-1)^n\right)}.$

对于 $\displaystyle\sum_{n=2}^{\infty}\frac{(-1)^n}{\sqrt{n}}$，由莱布尼茨判别法知收敛；对于 $\displaystyle\sum_{n=2}^{\infty}\frac{1}{\sqrt{n}\left(\sqrt{n}+(-1)^n\right)}$，该级数

为 正 项 级 数 ， 且 $\dfrac{1}{\sqrt{n}\left(\sqrt{n}+(-1)^n\right)}\sim\dfrac{1}{n}\ (n\to\infty)$，而 $\displaystyle\sum_{n=2}^{\infty}\frac{1}{n}$ 发散，所以

$\displaystyle\sum_{n=1}^{\infty}\frac{1}{\sqrt{n}\left(\sqrt{n}+(-1)^n\right)}$ 发散，从而知原级数发散.

【解法2】 将通项的分母有理化，原级数可化为

$$\sum_{n=2}^{\infty}\frac{(-1)^n}{\sqrt{n}+(-1)^n}=\sum_{n=2}^{\infty}\frac{(-1)^n\sqrt{n}}{n-1}-\sum_{n=2}^{\infty}\frac{1}{n-1}=\sum_{n=2}^{\infty}\frac{(-1)^n\sqrt{n}}{n-1}-\sum_{n=1}^{\infty}\frac{1}{n}.$$

而 $\displaystyle\sum_{n=1}^{\infty}\frac{1}{n}$ 发散，由莱布尼茨判别法知 $\displaystyle\sum_{n=2}^{\infty}\frac{(-1)^n\sqrt{n}}{n-1}$ 收敛，从而得原级数发散.

【解法3】 对原级数重新分组，依次每两项加括号，得到一个新级数 $\displaystyle\sum_{k=1}^{\infty}u_k$：

$$\left(\frac{1}{\sqrt{2}+1}-\frac{1}{\sqrt{3}-1}\right)+\cdots+\left(\frac{1}{\sqrt{2k}+1}-\frac{1}{\sqrt{2k+1}-1}\right)+\cdots,$$

其通项 $u_k=\dfrac{1}{\sqrt{2k}+1}-\dfrac{1}{\sqrt{2k+1}-1}=\dfrac{\sqrt{2k+1}-\sqrt{2k}-2}{\left(\sqrt{2k}+1\right)\left(\sqrt{2k+1}-1\right)}<0$，所以新级数 $\displaystyle\sum_{k=1}^{\infty}u_k$ 是

负项级数. 又由

$$u_k\sim\frac{\sqrt{2k+1}-\sqrt{2k}-2}{2k}=\frac{\dfrac{1}{\sqrt{2k+1}+\sqrt{2k}}-2}{2k}=\frac{1}{2k\sqrt{2k+1}+\sqrt{2k}}-\frac{1}{k}(k\to\infty),\quad 又$$

$\dfrac{1}{2k\left(\sqrt{2k+1}+\sqrt{2k}\right)}\sim\dfrac{1}{4\sqrt{2}k^{3/2}}(k\to\infty)$，且 $\displaystyle\sum_{k=1}^{\infty}\frac{1}{k^{3/2}}$ 收 敛. 所 以

$\displaystyle\sum_{k=1}^{\infty}\frac{1}{2k\left(\sqrt{2k+1}+\sqrt{2k}\right)}$ 收敛. 而 $\displaystyle\sum_{k=1}^{\infty}\frac{1}{k}$ 发散，所以级数 $\displaystyle\sum_{k=1}^{\infty}u_k$ 发散，故由级数收敛的

性质得原级数发散.

✷ 特别提示 原级数通项 $\dfrac{(-1)^n}{\sqrt{n}+(-1)^n}\sim\dfrac{(-1)^n}{\sqrt{n}}\ (n\to\infty)$，但原级数发散，级数

$\sum\limits_{n=2}^{\infty} \dfrac{(-1)^n}{\sqrt{n}}$ 却是收敛的. 由此可见: 对于变号级数不能用比较判别法的极限形式判别.

♻ **类题训练**

1. 判别下列级数的敛散性:

(1) $\dfrac{1}{\sqrt{2}-1} - \dfrac{1}{\sqrt{2}+1} + \dfrac{1}{\sqrt{3}-1} - \dfrac{1}{\sqrt{3}+1} + \cdots + \dfrac{1}{\sqrt{n}-1} - \dfrac{1}{\sqrt{n}+1} + \cdots$;

(2) $1 + \dfrac{1}{\sqrt{3}} - \dfrac{1}{\sqrt{2}} + \dfrac{1}{\sqrt{5}} + \dfrac{1}{\sqrt{7}} - \dfrac{1}{\sqrt{4}} + \cdots + \dfrac{1}{\sqrt{4n-3}} + \dfrac{1}{\sqrt{4n-1}} - \dfrac{1}{\sqrt{2n}} + \cdots$;

(3) $\sum\limits_{n=1}^{\infty} (-1)^n \dfrac{\sin^2 n}{n}$; (4) $\sum\limits_{n=1}^{\infty} (-1)^n \left(\dfrac{2n+100}{3n+1}\right)^n$.

2. 证明级数 $\sum\limits_{n=1}^{\infty} \dfrac{(-1)^{n-1}}{\left[\sqrt{n}+(-1)^{n-1}\right]^p}$ 当 $p > 2$ 时绝对收敛, 当 $1 < p \leqslant 2$ 时条件收敛,

而当 $p \leqslant 1$ 时发散.

3. 判别级数 $\sum\limits_{n=2}^{\infty} \dfrac{(-1)^n}{\sqrt{n}+(-1)^{[\sqrt{n}]}}$ 的敛散性, 其中 $[x]$ 表示 x 的取整. (2017 年第一

届 Xionger 网络数学竞赛(非数学类)试题)

📖 **典型例题**

12 设 $u_n > 0$, $u_n \neq 1$, 级数 $\sum\limits_{n=1}^{\infty} u_n$ 收敛, 证明级数 $\sum\limits_{n=1}^{\infty} u_n^2$ 及 $\sum\limits_{n=1}^{\infty} \dfrac{u_n}{1-u_n}$ 都收敛.

【证法 1】 因为级数 $\sum\limits_{n=1}^{\infty} u_n$ 收敛, 所以 $\lim\limits_{n\to\infty} u_n = 0$, 于是 $\exists N$, 当 $n > N$ 时, 有

$0 < u_n < \dfrac{1}{2}$, 从而有 $u_n^2 < \dfrac{1}{2} u_n$, $0 < \dfrac{u_n}{1-u_n} < 2u_n$. 故由比较审敛法知级数 $\sum\limits_{n=1}^{\infty} u_n^2$ 收

敛, $\sum\limits_{n=1}^{\infty} \dfrac{u_n}{1-u_n}$ 收敛.

【证法 2】 因为级数 $\sum\limits_{n=1}^{\infty} u_n$ 收敛, 所以 $\lim\limits_{n\to\infty} u_n = 0$.

又 $u_n > 0$, 且 $\lim\limits_{n\to\infty} \dfrac{u_n + u_n^2}{u_n} = \lim\limits_{n\to\infty} (1 + u_n) = 1$, $\lim\limits_{n\to\infty} \dfrac{\left|\dfrac{u_n}{1-u_n}\right|}{u_n} = \lim\limits_{n\to\infty} \left|\dfrac{1}{1-u_n}\right| = 1$, 故由

比较审敛法的极限形式, 得 $\sum\limits_{n=1}^{\infty}\left|\dfrac{u_n}{1-u_n}\right|$ 收敛, 且 $\sum\limits_{n=1}^{\infty}\left(u_n+u_n^{\,2}\right)$ 收敛, 从而级数

$\sum\limits_{n=1}^{\infty}\dfrac{u_n}{1-u_n}$ 收敛且 $\sum\limits_{n=1}^{\infty}u_n^{\,2}$ 收敛.

【证法 3】 因为级数 $\sum\limits_{n=1}^{\infty}u_n$ 收敛且 $u_n>0$, 所以 $\sum\limits_{n=1}^{\infty}u_n=S>0$. 于是 $0<u_n<S$,

$0<u_n^{\,2}<Su_n$. 故由比较审敛法知级数 $\sum\limits_{n=1}^{\infty}u_n^{\,2}$ 收敛.

同上证明级数 $\sum\limits_{n=1}^{\infty}\dfrac{u_n}{1-u_n}$ 收敛.

❋ 特别提示 上述证法中用到了级数收敛的必要条件及正项级数收敛的比较审敛法或比较审敛法的极限形式.

一般地, 设级数 $\sum\limits_{n=1}^{\infty}u_n\ (u_n>0)$ 收敛, 则级数 $\sum\limits_{n=1}^{\infty}u_n^2$, $\sum\limits_{n=1}^{\infty}u_n^3,\cdots,\ \sum\limits_{n=1}^{\infty}u_n^k\,(k\in\mathbf{N})$,

$\sum\limits_{n=1}^{\infty}\sqrt{u_n u_{n+1}}$ 都收敛.

♺ 类题训练

1. 设级数 $\sum\limits_{n=1}^{\infty}a_n^{\,2}\ (a_n>0)$ 收敛, 证明级数 $\sum\limits_{n=1}^{\infty}\dfrac{a_n}{n}$ 收敛.

2. 设 $\alpha>\dfrac{1}{2}$, 级数 $\sum\limits_{n=1}^{\infty}a_n\ (a_n>0)$ 收敛, 证明级数 $\sum\limits_{n=1}^{\infty}n^{-\alpha}\sqrt{a_n}$ 收敛.

3. 设 $a_n\geqslant0$, 数列 $\{na_n\}$ 有界, 证明级数 $\sum\limits_{n=1}^{\infty}a_n^{\,2}$ 收敛.

4. 设 $\{x_n\}$ 是正数列, 若 $\lim\limits_{n\to\infty}\dfrac{n^2\left(\mathrm{e}^{\frac{1}{n}}-1\right)}{x_n}=1$, 证明级数 $\sum\limits_{n=1}^{\infty}x_n$ 发散.

📖 典型例题

13 设数列 $\{u_n\}$ 满足 $u_1=3$, $u_2=5$, 当 $n\geqslant3$ 时, $u_n=u_{n-1}+u_{n-2}$, 证明级数 $\sum\limits_{n=1}^{\infty}\dfrac{1}{u_n}$ 收敛.

【证法1】 由已知得 $u_n>0$, $n=1,2,\cdots$, 且有 $u_n>u_{n-1}$, 即 $\{u_n\}$ 是单调增加的,

所以 $u_n = u_{n-2} + u_{n-1} < 2u_{n-1}$，于是得 $u_n = u_{n-2} + u_{n-1} > \frac{1}{2}u_{n-1} + u_{n-1} = \frac{3}{2}u_{n-1}$，从而

得 $u_n > \frac{3}{2}u_{n-1} > \left(\frac{3}{2}\right)^2 u_{n-2} > \cdots > \left(\frac{3}{2}\right)^{n-1} u_1 = 3 \cdot \left(\frac{3}{2}\right)^{n-1}$，即 $\frac{1}{u_n} < \frac{1}{3} \cdot \left(\frac{2}{3}\right)^{n-1}$. 而级数

$\sum\limits_{n=1}^{\infty} \left(\frac{2}{3}\right)^{n-1}$ 收敛，故由比较判别法知级数 $\sum\limits_{n=1}^{\infty} \frac{1}{u_n}$ 收敛.

【证法 2】 由已知得 $u_n > 0$，$n = 1, 2, \cdots$，且有 $u_n > u_{n-1}$，即 $\{u_n\}$ 是单调增加的，

所以　$u_n = u_{n-2} + u_{n-1} < 2u_{n-1}$，于是得 $u_n = u_{n-2} + u_{n-1} > \frac{1}{2}u_{n-1} + u_{n-1} = \frac{3}{2}u_{n-1}$，从

而得 $\dfrac{u_n^{-1}}{u_{n-1}^{-1}} = \dfrac{u_{n-1}}{u_n} < \dfrac{2}{3} < 1$，故由达朗贝尔判别法知级数 $\sum\limits_{n=1}^{\infty} \frac{1}{u_n}$ 收敛.

【证法 3】 由已知，$u_1 = 3$，$u_2 = 5$，$u_3 = 8$，$u_4 = 13$，$\cdots$.

利用数学归纳法易证数列 $\{u_n\}$ 满足：$u_n \geqslant (n-1)^2 \ (n \geqslant 1)$，即有 $\dfrac{1}{u_n} \leqslant$

$\dfrac{1}{(n-1)^2}$. 而 $\sum\limits_{n=2}^{\infty} \dfrac{1}{(n-1)^2}$ 收敛，故由比较判别法知级数 $\sum\limits_{n=1}^{\infty} \dfrac{1}{u_n}$ 收敛.

【证法 4】 将递推关系式改写为矩阵形式：

$$\begin{pmatrix} u_n \\ u_{n-1} \end{pmatrix} = \begin{pmatrix} 1 & 1 \\ 1 & 0 \end{pmatrix} \begin{pmatrix} u_{n-1} \\ u_{n-2} \end{pmatrix} = \cdots = \begin{pmatrix} 1 & 1 \\ 1 & 0 \end{pmatrix}^{n-2} \begin{pmatrix} u_2 \\ u_1 \end{pmatrix}.$$

记 $\boldsymbol{A} = \begin{pmatrix} 1 & 1 \\ 1 & 0 \end{pmatrix}$，由 $|\lambda \boldsymbol{E} - \boldsymbol{A}| = 0$ 求得 $\boldsymbol{A}$ 的特征值为 $\lambda_1 = \dfrac{1+\sqrt{5}}{2}$，$\lambda_2 = \dfrac{1-\sqrt{5}}{2}$，其

对应的特征向量为 $\boldsymbol{X}_1 = (\lambda_1, 1)^{\mathrm{T}}$，$\boldsymbol{X}_2 = (\lambda_2, 1)^{\mathrm{T}}$.

取 $\boldsymbol{X} = (\boldsymbol{X}_1, \boldsymbol{X}_2) = \begin{pmatrix} \lambda_1 & \lambda_2 \\ 1 & 1 \end{pmatrix}$，则有 $\boldsymbol{X}^{-1} = \dfrac{1}{\sqrt{5}} \begin{pmatrix} 1 & -\lambda_2 \\ -1 & \lambda_1 \end{pmatrix}$，$\boldsymbol{A} = \boldsymbol{X} \begin{pmatrix} \lambda_1 & 0 \\ 0 & \lambda_2 \end{pmatrix} \boldsymbol{X}^{-1}$，

$$\boldsymbol{A}^{n-2} = \boldsymbol{X} \begin{pmatrix} \lambda_1 & 0 \\ 0 & \lambda_2 \end{pmatrix}^{n-2} \boldsymbol{X}^{-1} = \dfrac{1}{\sqrt{5}} \begin{pmatrix} \lambda_1^{n-1} - \lambda_2^{n-1} & -\lambda_2 \lambda_1^{n-1} + \lambda_1 \lambda_2^{n-1} \\ \lambda_1^{n-2} - \lambda_2^{n-2} & -\lambda_2 \lambda_1^{n-2} + \lambda_1 \lambda_2^{n-2} \end{pmatrix}.$$

于是由 $\begin{pmatrix} u_n \\ u_{n-1} \end{pmatrix} = \boldsymbol{A}^{n-2} \begin{pmatrix} u_2 \\ u_1 \end{pmatrix}$ 得

$$u_n = \frac{1}{\sqrt{5}} \left[\left(\lambda_1^{n-1} - \lambda_2^{n-1} \right) u_2 + \left(-\lambda_2 \lambda_1^{n-1} + \lambda_1 \lambda_2^{n-1} \right) u_1 \right],$$

从而

$$\frac{u_n}{u_{n+1}}=\frac{5\left[\dfrac{1}{\lambda_1}-\left(\dfrac{\lambda_2}{\lambda_1}\right)^{n-1}\cdot\dfrac{1}{\lambda_1}\right]+3\left[-\dfrac{\lambda_2}{\lambda_1}+\left(\dfrac{\lambda_2}{\lambda_1}\right)^{n-1}\right]}{5\left[1-\left(\dfrac{\lambda_2}{\lambda_1}\right)^{n}\right]+3\left[-\lambda_2+\lambda_1\left(\dfrac{\lambda_2}{\lambda_1}\right)^{n}\right]}.$$

因为 $\left|\dfrac{\lambda_2}{\lambda_1}\right|<1$，所以 $\lim\limits_{n\to\infty}\dfrac{u_n}{u_{n+1}}=\dfrac{2}{\sqrt5}$，即 $\lim\limits_{n\to\infty}\dfrac{\frac{1}{u_{n+1}}}{\frac{1}{u_n}}=\dfrac{2}{\sqrt5}<1$. 故由正项级数的比

值判别法知，级数 $\sum\limits_{n=1}^{\infty}\dfrac{1}{u_n}$ 收敛.

⊛ 特别提示　一般地，设数列 $\{u_n\}$ 满足：u_1，u_2 是不同时为 0 的常数，且

$u_2\neq\beta u_1$，当 $n\geqslant3$ 时，$u_n=ku_{n-1}+lu_{n-2}$，其中 $k>0$，$l>0$，$\beta=\dfrac{k-\sqrt{k^2+4l}}{2}$. 则

当 $k+\sqrt{k^2+4l}>2$ 时，级数 $\sum\limits_{n=1}^{\infty}\dfrac{1}{u_n}$ 收敛.

♻ 类题训练

1. 设数列 $\{u_n\}$ 满足：$u_1=1$，$u_2=2$，$u_n=u_{n-1}+u_{n-2}$ $(n\geqslant3)$，问级数 $\sum\limits_{n=1}^{\infty}\dfrac{1}{u_n}$ 是否收敛？

2. 设数列 $\{u_n\}$ 满足：$u_0=1$，$u_1=1$，$u_n=u_{n-1}+u_{n-2}$ $(n=2,3,\cdots)$，判别级数 $\sum\limits_{n=2}^{\infty}\dfrac{1}{\ln u_n}$ 的敛散性.

3. 设 $u_n>0$，且 $\dfrac{u_{n+1}}{u_n}=1+\dfrac{\rho}{n}+O\left(\dfrac{1}{n^{1+\gamma}}\right)$，其中常数 $\gamma>0$，则当 $\rho>1$ 时，级数 $\sum\limits_{n=1}^{\infty}\dfrac{1}{u_n}$ 收敛；当 $\rho\leqslant1$ 时，级数 $\sum\limits_{n=1}^{\infty}\dfrac{1}{u_n}$ 发散.

4. 设 $a_1=a_2=1$，$a_{n+1}=a_n+a_{n+1}$ $(n=2,3,\cdots)$，求幂级数 $\sum\limits_{n=1}^{\infty}a_nx^n$ 的收敛半径.

📖 典型例题

14　设 $\lim\limits_{n\to\infty}n^{2n\sin\frac{1}{n}}\cdot a_n=1$，问级数 $\sum\limits_{n=1}^{\infty}a_n$ 是否收敛？若收敛，试证之.

【解法 1】 由题设及极限的保号性知, 存在 N_1, 当 $n > N_1$ 时, 有 $0 < n^{2n\sin\frac{1}{n}}$.

$a_n < \frac{3}{2}$, 于是有 $0 < a_n < \frac{3}{2} \cdot \frac{1}{n^{2n\sin\frac{1}{n}}}$.

又因为 $\lim\limits_{n\to\infty} n\sin\frac{1}{n} = \lim\limits_{n\to\infty} \frac{\sin\frac{1}{n}}{\frac{1}{n}} = 1$, 所以存在 N_2, 当 $n > N_2$ 时, 有 $n\sin\frac{1}{n} > \frac{2}{3}$.

取 $N = \max(N_1, N_2)$, 则当 $n > N$ 时, 有 $0 < a_n < \frac{3}{2} \cdot \frac{1}{n^3}$. 故由正项级数的比较判别

法得级数 $\sum\limits_{n=1}^{\infty} a_n$ 收敛.

【解法 2】 因为 $\lim\limits_{n\to\infty} \frac{a_n}{n^{-2n\sin\frac{1}{n}}} = \lim\limits_{n\to\infty} n^{2n\sin\frac{1}{n}} \cdot a_n = 1$, $\lim\limits_{n\to\infty} n\sin\frac{1}{n} = \lim\limits_{n\to\infty} \frac{\sin\frac{1}{n}}{\frac{1}{n}} = 1$, 所以

由极限的保号性知, 存在 N, 当 $n > N$ 时, 有 $a_n > 0$, 且 $n\sin\frac{1}{n} < \frac{3}{2}$, 于是当 $n > N$

时, 有 $0 \leqslant n^{-2n\sin\frac{1}{n}} = \left(\frac{1}{n^2}\right)^{n\sin\frac{1}{n}} < \left(\frac{1}{n^2}\right)^{\frac{3}{2}} = \frac{1}{n^3}$. 从而由级数 $\sum\limits_{n=1}^{\infty} \frac{1}{n^3}$ 收敛知, $\sum\limits_{n=1}^{\infty} n^{-2n\sin\frac{1}{n}}$

收敛.

又 $n^{-2n\sin\frac{1}{n}}$ 是无穷小量且它与 a_n 为等价的无穷小, 故由比较判别法的极限形

式知, 级数 $\sum\limits_{n=1}^{\infty} a_n$ 与 $\sum\limits_{n=1}^{\infty} n^{-2n\sin\frac{1}{n}}$ 同敛性, 从而级数 $\sum\limits_{n=1}^{\infty} a_n$ 收敛.

【解法 3】 由题设知, 当 n 充分大时, $a_n > 0$, 且 $\lim\limits_{n\to\infty} \ln\left(n^{2n\sin\frac{1}{n}} \cdot a_n\right) = 0$,

于是 $\lim\limits_{n\to\infty} \left(\ln a_n + 2n\sin\frac{1}{n} \cdot \ln n\right) = 0$, 从而 $\lim\limits_{n\to\infty} \frac{\ln a_n + 2n\sin\frac{1}{n} \cdot \ln n}{\ln n} = 0$, 即得 $\lim\limits_{n\to\infty} \frac{\ln a_n}{\ln n} =$

$-\lim\limits_{n\to\infty} 2n\sin\frac{1}{n} = -2$. 故由对数判别法知级数 $\sum\limits_{n=1}^{\infty} a_n$ 收敛.

✿ 特别提示 解法 1 和解法 2 利用极限的保号性及比较判别法或其极限形式;
解法 3 利用了对数判别法的极限形式, 即

设 $a_n > 0\ (n=1,2,\cdots)$，$\lim\limits_{n\to\infty}\dfrac{\ln a_n}{\ln n}=q$（有限或 ∞），则当 $q<-1$ 时，级数 $\sum\limits_{n=1}^{\infty}a_n$ 收敛；当 $q>-1$ 时，级数 $\sum\limits_{n=1}^{\infty}a_n$ 发散；当 $q=-1$ 时，此方法失效.

♲ **类题训练**

1. 设 $a_n > 0$，$\lim\limits_{n\to\infty}\left[n^p a_n\left(\mathrm{e}^{\frac{1}{n}}-1\right)\right]=1$，证明当 $p>2$ 时，级数 $\sum\limits_{n=1}^{\infty}a_n$ 收敛；当 $1<p\leqslant 2$ 时，级数 $\sum\limits_{n=1}^{\infty}a_n$ 发散.

2. 设正项级数 $\sum\limits_{n=1}^{\infty}a_n$ 收敛，且 $\mathrm{e}^{a_n}=a_n+\mathrm{e}^{a_n+b_n}\ (n=1,2,\cdots)$，证明级数 $\sum\limits_{n=1}^{\infty}b_n$ 收敛.

3. 设 $\{a_n\}$ 与 $\{b_n\}$ 为满足 $\mathrm{e}^{a_n}=a_n+\mathrm{e}^{b_n}\ (n\geqslant 1)$ 的两个实数列，已知 $a_n>0\ (n\geqslant 1)$ 且级数 $\sum\limits_{n=1}^{\infty}a_n$ 收敛，证明级数 $\sum\limits_{n=1}^{\infty}\dfrac{b_n}{a_n}$ 也收敛. (2002 年浙江省高等数学竞赛题)

4. 判别级数 $\sum\limits_{n=1}^{\infty}\mathrm{e}^{-\sqrt[3]{n}}$ 的敛散性.

📖 **典型例题**

15 求幂级数 $\sum\limits_{n=1}^{\infty}\dfrac{n+1}{n}x^n$ 的收敛域及和函数.

【**解法 1**】 记 $u_n=\dfrac{n+1}{n}$，则由 $\lim\limits_{n\to\infty}\dfrac{|u_{n+1}|}{|u_n|}=\lim\limits_{n\to\infty}\dfrac{n(n+2)}{(n+1)^2}=1$ 知，收敛半径 $R=1$.

又当 $x=\pm 1$ 时，$\sum\limits_{n=1}^{\infty}\dfrac{n+1}{n}x^n=\sum\limits_{n=1}^{\infty}\dfrac{n+1}{n}(\pm 1)^n=\sum\limits_{n=1}^{\infty}(\pm 1)^n+\sum\limits_{n=1}^{\infty}(\pm 1)^n\dfrac{1}{n}$ 发散，故原级数的收敛域为 $(-1,1)$.

不妨设和函数为 $S(x)$，即 $S(x)=\sum\limits_{n=1}^{\infty}\dfrac{n+1}{n}x^n$，$x\in(-1,1)$. 两边在 $(0,x)$ 或 $(x,0)$ 上积分，得

$$\int_0^x S(t)\mathrm{d}t=\int_0^x\left(\sum_{n=1}^{\infty}\frac{n+1}{n}t^n\right)\mathrm{d}t=\sum_{n=1}^{\infty}\int_0^x\frac{n+1}{n}t^n\mathrm{d}t=\sum_{n=1}^{\infty}\frac{x^{n+1}}{n},$$

化简得 $\dfrac{1}{x}\int_0^x S(t)\mathrm{d}t=\sum\limits_{n=1}^{\infty}\dfrac{x^n}{n}$，然后两边分别对 x 求导，得

$$\left(\frac{1}{x}\int_0^x S(t)\mathrm{d}t\right)' = \left(\sum_{n=1}^{\infty}\frac{x^n}{n}\right)' = \sum_{n=1}^{\infty}x^{n-1} = \frac{1}{1-x},$$

于是

$$\frac{1}{x}\int_0^x S(t)\mathrm{d}t = \int_0^x \frac{1}{1-x}\mathrm{d}x = -\ln(1-x) + C.$$

两边乘以 x，得 $\int_0^x S(t)\mathrm{d}t = -x\ln(1-x) + Cx$；再两边求导，得

$$S(x) = \frac{x}{1-x} - \ln(1-x) + C.$$

因为 $S(x)$ 在 $(-1,1)$ 内连续，且 $S(0)=0$，代入上式即得 $C=0$，所以原级数的和函数为 $S(x) = \frac{x}{1-x} - \ln(1-x)$，$x \in (-1,1)$.

【解法 2】 同解法 1，求得原级数的收敛域为 $(-1,1)$.

不妨设和函数为 $S(x)$，即 $S(x) = \sum_{n=1}^{\infty}\frac{n+1}{n}x^n$，$x \in (-1,1)$. 两边分别对 x 求导，

得 $S'(x) = \sum_{n=1}^{\infty}(n+1)x^{n-1}$，两边同时乘以 x，化简为 $xS'(x) = \sum_{n=1}^{\infty}(n+1)x^n$.

然后，两边在 $(0,x)$ 或 $(x,0)$ 上积分，得

$$\int_0^x tS'(t)\mathrm{d}t = \int_0^x\left(\sum_{n=1}^{\infty}(n+1)t^n\right)\mathrm{d}t = \sum_{n=1}^{\infty}\int_0^x(n+1)t^n\mathrm{d}t = \sum_{n=1}^{\infty}x^{n+1} = \frac{x^2}{1-x}.$$

上式两边再分别对 x 求导，得

$$xS'(x) = \left(\frac{x^2}{1-x}\right)' = \frac{2x-x^2}{(1-x)^2}, \quad 即得 \quad S'(x) = \frac{2-x}{(1-x)^2}.$$

故 $S(x) = S(x) - S(0) = \int_0^x \frac{2-x}{(1-x)^2}\mathrm{d}x = \frac{x}{1-x} - \ln(1-x)$，$x \in (-1,1)$.

【解法 3】 $\sum_{n=1}^{\infty}\frac{n+1}{n}x^n = \sum_{n=1}^{\infty}x^n + \sum_{n=1}^{\infty}\frac{x^n}{n}$. 因为 $\sum_{n=1}^{\infty}x^{n-1} = \frac{1}{1-x}$ $(|x|<1)$，所以 $\sum_{n=1}^{\infty}x^n =$

$x\sum_{n=1}^{\infty}x^{n-1} = \frac{x}{1-x}$，$\sum_{n=1}^{\infty}\frac{x^n}{n} = \sum_{n=1}^{\infty}\left(\int_0^x t^{n-1}\mathrm{d}t\right) = \int_0^x\left(\sum_{n=1}^{\infty}t^{n-1}\right)\mathrm{d}t = \int_0^x\frac{1}{1-t}\mathrm{d}t = -\ln(1-x)$.

又当 $x=1$ 时，$u_n = \frac{n+1}{n} \to 1 \neq 0$ $(n\to\infty)$，此时级数 $\sum_{n=1}^{\infty}\frac{n+1}{n}$ 发散；当 $x=-1$ 时，

$\sum_{n=1}^{\infty}(-1)^n$ 发散，而 $\sum_{n=1}^{\infty}\frac{(-1)^n}{n}$ 收敛，此时级数 $\sum_{n=1}^{\infty}\frac{n+1}{n}(-1)^n$ 也发散. 所以原级数的收

敛域为 $(-1,1)$, 且 $\sum_{n=1}^{\infty}\dfrac{n+1}{n}x^n=\sum_{n=1}^{\infty}x^n+\sum_{n=1}^{\infty}\dfrac{x^n}{n}=\dfrac{x}{1-x}-\ln(1-x)$.

✳ **特别提示** 一般地, 求幂级数和函数的解题步骤是

(1) 求出幂级数的收敛半径 R, 考察 $x=\pm R$ 时级数的收敛性, 确定收敛域;

(2) 设幂级数的和函数为 $S(x)$, 即 $S(x)=\sum_{n=1}^{\infty}u_nx^n$, 根据幂级数的形式, 选择两边对 x 求导或两边在 $(0,x)$ 或 $(x,0)$ 上积分, 使右端经逐项求导或逐项积分后, 结果能用已知函数表达出来;

(3) 如果第(2)步是两边对 x 求导, 那么该步就两边在 $(0,x)$ 或 $(x,0)$ 上积分; 如果第(2)步是两边在 $(0,x)$ 或 $(x,0)$ 上积分, 那么该步就两边对 x 求导, 如此即可得到 $S(x)$.

♻ **类题训练**

1. 求幂级数 $\sum_{n=0}^{\infty}(n+1)x^n$ 的收敛域及和函数, 并求 $\sum_{n=1}^{\infty}\dfrac{n}{2^n}$ 的和.

2. 求幂级数 $\sum_{n=0}^{\infty}(n+1)(n+3)x^n$ 的收敛域及和函数. (2014 年硕士研究生入学考试数学(三)试题)

3. 已知 $u_n(x)$ 满足 $u_n'(x)=u_n(x)+x^{n-1}\mathrm{e}^x$ (n 为正整数), 且 $u_n(1)=\dfrac{\mathrm{e}}{n}$, 求函数项级数 $\sum_{n=1}^{\infty}u_n(x)$ 之和. (2009 年首届中国大学生数学竞赛预赛(非数学类)试题)

📖 **典型例题**

16 求幂级数 $\sum_{n=0}^{\infty}\dfrac{x^{2n}}{3^n}$ 的收敛半径与收敛域, 并求和函数.

【**解法 1**】 记 $u_n(x)=\dfrac{x^{2n}}{3^n}$, 则 $\lim_{n\to\infty}\dfrac{|u_{n+1}(x)|}{|u_n(x)|}=\lim_{n\to\infty}\dfrac{x^{2(n+1)}}{3^{n+1}}\cdot\dfrac{3^n}{x^{2n}}=\dfrac{x^2}{3}$. 于是当 $\dfrac{x^2}{3}<1$, 即 $|x|<\sqrt{3}$ 时, $\sum_{n=0}^{\infty}|u_n(x)|$ 收敛, 即得 $\sum_{n=0}^{\infty}\dfrac{x^{2n}}{3^n}$ 收敛; 当 $\dfrac{x^2}{3}>1$, 即 $|x|>\sqrt{3}$ 时, $\sum_{n=0}^{\infty}|u_n(x)|$ 发散, 且 $\sum_{n=0}^{\infty}u_n(x)$ 发散, 即 $\sum_{n=0}^{\infty}\dfrac{x^{2n}}{3^n}$ 发散. 故幂级数 $\sum_{n=0}^{\infty}\dfrac{x^{2n}}{3^n}$ 的收敛半径为 $R=\sqrt{3}$.

又当 $x = \pm\sqrt{3}$ 时，$\displaystyle\sum_{n=0}^{\infty} \frac{x^{2n}}{3^n} = \sum_{n=0}^{\infty} (\pm 1)^n$ 发散，所以收敛域为 $\left(-\sqrt{3}, \sqrt{3}\right)$.

记 $S(x) = \displaystyle\sum_{n=0}^{\infty} \frac{x^{2n}}{3^n}$ $\left(x \in \left(-\sqrt{3}, \sqrt{3}\right)\right)$，则 $S(x) = \displaystyle\sum_{n=0}^{\infty} \left(\frac{x^2}{3}\right)^n = \frac{1}{1 - \dfrac{x^2}{3}} = \frac{3}{3 - x^2}$，$x \in$

$\left(-\sqrt{3}, \sqrt{3}\right)$.

【解法 2】 令 $x^2 = t$，则原级数化为 $\displaystyle\sum_{n=0}^{\infty} \frac{t^n}{3^n}$. 由 Cauchy-Hadamard 定理，得新

级数 $\displaystyle\sum_{n=0}^{\infty} \frac{t^n}{3^n}$ 的收敛半径为 $R_1 = \lim\limits_{n \to \infty} \dfrac{|a_n|}{|a_{n+1}|} = \lim\limits_{n \to \infty} \dfrac{1}{3^n} \cdot 3^{n+1} = 3$.

又当 $t = \pm 3$ 时，$\displaystyle\sum_{n=0}^{\infty} \frac{t^n}{3^n} = \sum_{n=0}^{\infty} (\pm 1)^n$ 发散，所以 $\displaystyle\sum_{n=0}^{\infty} \frac{t^n}{3^n}$ 的收敛半径域为：$|t| < 3$.

故原级数的收敛域为 $|x^2| < 3$，即 $|x| < \sqrt{3}$，其收敛半径为 $R = \sqrt{3}$.

和函数求法同解法 1.

【解法 3】 令 $t = \dfrac{x^2}{3}$，则原级数化为 $\displaystyle\sum_{n=0}^{\infty} t^n$.

而因为当 $|t| < 1$ 时，级数 $\displaystyle\sum_{n=0}^{\infty} t^n$ 收敛，且 $\displaystyle\sum_{n=0}^{\infty} t^n = \frac{1}{1-t}$；当 $|t| \geqslant 1$ 时，级数 $\displaystyle\sum_{n=0}^{\infty} t^n$ 发

散，所以新级数 $\displaystyle\sum_{n=0}^{\infty} t^n$ 的收敛域为 $|t| < 1$，从而得原级数的收敛域为 $\left|\dfrac{x^2}{3}\right| < 1$，即

$|x| < \sqrt{3}$，其收敛半径为 $R = \sqrt{3}$，且原级数的和函数

$$S(x) = \sum_{n=0}^{\infty} \left(\frac{x^2}{3}\right)^n = \sum_{n=0}^{\infty} t^n = \frac{1}{1-t} = \frac{1}{1 - \dfrac{x^2}{3}} = \frac{3}{3 - x^2}, \quad x \in \left(-\sqrt{3}, \sqrt{3}\right).$$

特别提示 对于缺项级数，其收敛半径和收敛域的求法主要有两种：

(1) 将缺项级数看作一般函数项级数 $\displaystyle\sum_{n=0}^{\infty} u_n(x)$，把 x 当作常数，再由比值法

(即达朗贝尔判别法)或根值法(即 Cauchy 判别法)确定使级数 $\displaystyle\sum_{n=0}^{\infty} |u_n(x)|$ 收敛的 x 的

取值范围，该取值范围即为收敛区间，从而确定收敛半径. 然后考虑收敛区间端点的收敛性，便可得到收敛域.

一般地,如果级数 $\sum\limits_{n=0}^{\infty}\left|u_n(x)\right|$ 发散是由比值法或根值法判别得到的,则级数

$\sum\limits_{n=0}^{\infty}u_n(x)$ 一定发散. 事实上,如果 $\lim\limits_{n\to\infty}\dfrac{\left|u_{n+1}(x)\right|}{\left|u_n(x)\right|}=\rho(x)>1$,则存在 N,当 $n>N$ 时,

有 $\left|u_{n+1}(x)\right|>\left|u_n(x)\right|$,从而 $\lim\limits_{n\to\infty}\left|u_n(x)\right|\ne 0$,即有 $\lim\limits_{n\to\infty}u_n(x)\ne 0$. 故由级数收敛的必

要条件知,级数 $\sum\limits_{n=0}^{\infty}u_n(x)$ 发散. 用根值法判别类似说明. 如解法 1.

(2) 根据缺项级数的形式,选取变量代换,将原级数化为常规不缺项新级数,然后由 Cauchy-Hadamard 定理求新级数的收敛域,再代回变量即可得到原级数的收敛域或收敛半径. 此外,要熟记常用幂级数 $\sum\limits_{n=0}^{\infty}x^n=\dfrac{1}{1-x}$ ($|x|<1$),常用于求和函数. 如解法 2 和解法 3.

♻ 类题训练

1. 求幂级数 $1+\sum\limits_{n=1}^{\infty}(-1)^n\dfrac{x^{2n}}{2n}$ ($|x|<1$) 的和函数 $f(x)$ 及其极值. (2003 年硕士研究生入学考试数学(三)试题)

2. 求幂级数 $\sum\limits_{n=1}^{\infty}(-1)^{n-1}\left(1+\dfrac{1}{n(2n-1)}\right)x^{2n}$ 的收敛区间与和函数 $f(x)$.(2005 年硕士研究生入学考试数学(一)试题)

3. 求幂级数 $\sum\limits_{n=1}^{\infty}\dfrac{(-1)^{n-1}}{2n-1}x^{2n}$ 的收敛域及和函数. (2010 年硕士研究生入学考试数学(一)试题)

4. 求幂级数 $\sum\limits_{n=0}^{\infty}\dfrac{4n^2+4n+3}{2n+1}x^{2n}$ 的收敛域及和函数. (2012 年硕士研究生入学考试数学(一)试题)

5. 求幂级数 $\sum\limits_{n=0}^{\infty}\dfrac{x^{2n+2}}{(n+1)(2n+1)}$ 的收敛域及和函数. (2016 年硕士研究生入学考试数学(三)试题)

📖 典型例题

17 求幂级数 $\sum\limits_{n=0}^{\infty}\dfrac{1}{(2n+1)!}x^{2n+1}$ 的和函数.

【解法 1】 该级数缺偶次幂项, 它的收敛域为 $(-\infty,+\infty)$.

设 $\displaystyle\sum_{n=0}^{\infty}\frac{1}{(2n+1)!}x^{2n+1}=S(x)$, 则 $\displaystyle S'(x)=\sum_{n=0}^{\infty}\frac{x^{2n}}{(2n)!}$, 于 是 有 $S'(x)+S(x)=$

$\displaystyle\sum_{n=0}^{\infty}\frac{x^n}{n}=\mathrm{e}^x$. 解此一阶线性微分方程, 得 $S(x)=\mathrm{e}^{-x}\cdot\left[\int \mathrm{e}^x\cdot\mathrm{e}^x\mathrm{d}x+c\right]=\dfrac{1}{2}\mathrm{e}^x+c\mathrm{e}^{-x}$.

又 $S(0)=0$, 代入上式得 $c=-\dfrac{1}{2}$, 故 $\displaystyle S(x)=\sum_{n=0}^{\infty}\frac{x^{2n+1}}{(2n+1)!}=\frac{1}{2}\mathrm{e}^x-\frac{1}{2}\mathrm{e}^{-x}$.

【解法 2】 原级数的收敛域为 $(-\infty,+\infty)$.

设 $\displaystyle\sum_{n=0}^{\infty}\frac{1}{(2n+1)!}x^{2n+1}=S(x)$, 则 $\displaystyle S'(x)=\sum_{n=0}^{\infty}\frac{x^{2n}}{(2n)!}$, $\displaystyle S''(x)=\sum_{n=1}^{\infty}\frac{x^{2n-1}}{(2n-1)!}$, 于是有

$S''(x)=S(x)$. 该方程的特征方程为 $r^2-1=0$, 解得 $r_1=-1, r_2=1$. 其解为

$S(x)=c_1\mathrm{e}^{-x}+c_2\mathrm{e}^x$. 又由 $S(0)=0$, $S'(0)=1$ 代入得 $c_1=-\dfrac{1}{2}$, $c_2=\dfrac{1}{2}$, 故 $S(x)=$

$\displaystyle\sum_{n=0}^{\infty}\frac{x^{2n+1}}{(2n+1)!}=-\frac{1}{2}\mathrm{e}^{-x}+\frac{1}{2}\mathrm{e}^x$.

【解法 3】 因为 $\displaystyle\sum_{n=0}^{\infty}\frac{x^n}{n!}=\mathrm{e}^x$, $\displaystyle\sum_{n=0}^{\infty}\frac{(-1)^n x^n}{n!}=\mathrm{e}^{-x}$, 所以两式相减除以 2, 得

$$\sum_{n=0}^{\infty}\frac{x^{2n+1}}{(2n+1)!}=\frac{\mathrm{e}^x-\mathrm{e}^{-x}}{2}.$$

特别提示 首先确定幂级数的收敛半径及收敛域, 再利用幂级数和函数的逐项求导或逐项积分导出和函数的关系式, 通过求解微分方程即可求得和函数; 或由已知的几个展开式, 结合幂级数和函数的逐项求导或逐项积分性质得出和函数.

类似地, 可求 $\displaystyle\sum_{n=0}^{\infty}\frac{x^{2n}}{(2n)!}$, $\displaystyle\sum_{n=0}^{\infty}\frac{x^{3n}}{(3n)!}$, $\displaystyle\sum_{n=0}^{\infty}\frac{x^{4n}}{(4n)!}$, $\cdots$, $\displaystyle\sum_{n=0}^{\infty}\frac{x^{kn}}{(kn)!}$ (k 为正整数).

类题训练

1. 求下列幂级数的和函数:

(1) $\displaystyle\sum_{n=0}^{\infty}(-1)^n\frac{1}{3^n(2n+1)}x^{2n+1}$; (2) $\displaystyle\sum_{n=0}^{\infty}\frac{(2n)!!}{(2n+1)!!}x^{2n+1}$; (3) $\displaystyle\sum_{n=1}^{\infty}\frac{1}{n\cdot 8^n}x^{3n}$.

2. 求幂级数 $\displaystyle\sum_{n=1}^{\infty}\frac{(-1)^{n-1}x^{2n+1}}{n(2n-1)}$ 的收敛域及和函数 $S(x)$. (2006 年硕士研究生入学考试数学(三)试题)

3. 设数列 $\{a_n\}$ 满足条件: $a_0=3$, $a_1=1$, $a_{n-2}-n(n-1)a_n=0$ $(n\geq 2)$, $S(x)$ 是幂级数 $\sum\limits_{n=0}^{\infty} a_n x^n$ 的和函数. (i)证明: $S''(x)-S(x)=0$; (ii)求 $S(x)$ 的表达式. (2013 年硕士研究生入学考试数学(一)试题)

4. 设 $a_1=1$, $a_2=1$, $a_{n+2}=2a_{n+1}+3a_n$ $(n\geq 1)$, 求 $\sum\limits_{n=1}^{\infty} a_n x^n$ 的收敛域及和函数. (2002 年浙江省高等数学竞赛题)

5. 设 $a_0=1$, $a_1=0$, $a_{n+1}=\dfrac{1}{n+1}(na_n+a_{n-1})$ $(n\geq 1)$, $S(x)$ 是幂级数 $\sum\limits_{n=0}^{\infty} a_n x^n$ 的和函数.

(i) 证明幂级数 $\sum\limits_{n=0}^{\infty} a_n x^n$ 的收敛半径不小于 1; (ii) 证明 $(1-x)S'(x)-xS(x)=0$, $x\in(-1,1)$, 并求 $S(x)$ 的表达式. (2017 年硕士研究生入学考试数学(三)试题)

6. (i)验证函数 $y(x)=1+\dfrac{x^3}{3!}+\dfrac{x^6}{6!}+\dfrac{x^9}{9!}+\cdots+\dfrac{x^{3n}}{(3n)!}+\cdots$ $(-\infty<x<+\infty)$ 满足微分方程 $y''+y'+y=e^x$; (ii)利用(i)的结果求幂级数 $\sum\limits_{n=0}^{\infty}\dfrac{x^{3n}}{(3n)!}$ 的和函数. (2002 年硕士研究生入学考试数学(三)试题)

📖 典型例题

18 求幂级数 $\sum\limits_{n=1}^{\infty}\dfrac{x^{n^2}}{2^n}$ 的收敛域.

【**解法 1**】 将该级数看作一般的函数项级数 $\sum\limits_{n=1}^{\infty} u_n(x)$:

记 $u_n(x)=\dfrac{x^{n^2}}{2^n}$, 则 $\lim\limits_{n\to\infty}\dfrac{|u_{n+1}(x)|}{|u_n(x)|}=\lim\limits_{n\to\infty}\dfrac{|x|^{2n+1}}{2}=\begin{cases}0, & |x|<1, \\ \dfrac{1}{2}, & |x|=1, \\ +\infty, & |x|>1.\end{cases}$ 于是由比值判别法

知, 当 $|x|\leq 1$ 时, 级数 $\sum\limits_{n=1}^{\infty}|u_n(x)|$ 收敛, 即原级数 $\sum\limits_{n=1}^{\infty} u_n(x)$ 绝对收敛; 当 $|x|>1$ 时, $\sum\limits_{n=1}^{\infty}|u_n(x)|$ 发散, 此时 $\sum\limits_{n=1}^{\infty} u_n(x)$ 发散. 故原级 $\sum\limits_{n=1}^{\infty}\dfrac{x^{n^2}}{2^n}$ 的收敛域为 $[-1,1]$.

【解法 2】　类似于解法 1，$\lim\limits_{n \to \infty} \sqrt[n]{|u_n(x)|} = \lim\limits_{n \to \infty} \dfrac{|x|^n}{2} = \begin{cases} 0, & |x| < 1, \\ \dfrac{1}{2}, & |x| = 1, \\ +\infty, & |x| > 1. \end{cases}$ 于是由根值判

别法知，当 $|x| \leqslant 1$ 时，$\sum\limits_{n=1}^{\infty} |u_n(x)|$ 收敛，即 $\sum\limits_{n=1}^{\infty} u_n(x)$ 绝对收敛；当 $|x| > 1$ 时，

$\sum\limits_{n=1}^{\infty} |u_n(x)|$ 发散，此时 $\sum\limits_{n=1}^{\infty} u_n(x)$ 发散. 故原级数 $\sum\limits_{n=1}^{\infty} \dfrac{x^{n^2}}{2^n}$ 的收敛域为 $[-1,1]$.

【解法 3】　原级数为缺项级数，所以不能利用 Cauchy-Hadamard 公式 $R = \dfrac{1}{\rho} = $

$\lim\limits_{n \to \infty} \dfrac{|a_n|}{|a_{n+1}|}$ 计算收敛半径. 将原级数改写为幂级数的标准形式 $\sum\limits_{n=1}^{\infty} a_n x^n$，其中

$a_n = \begin{cases} \dfrac{1}{2^k}, & n = k^2 \geqslant 1, \\ 0, & n \neq k^2. \end{cases}$ 于是由 Cauchy-Hadamard 公式的一般形式：$R = \dfrac{1}{\overline{\lim\limits_{n \to \infty}} \sqrt[n]{|a_n|}}$

计算得

$$R = \frac{1}{\overline{\lim\limits_{n \to \infty}} \sqrt[n]{|a_n|}} = \frac{1}{\lim\limits_{k \to \infty} \left(\dfrac{1}{2^k}\right)^{\frac{1}{k^2}}} = \frac{1}{\lim\limits_{k \to \infty} \sqrt[k]{2}} = 1.$$

又在端点 $x = \pm 1$ 处级数绝对收敛，故原级数的收敛域为 $[-1,1]$.

✳ **特别提示**　由于数列的上极限 $\overline{\lim\limits_{n \to \infty}} \sqrt[n]{|a_n|}$ 总有意义，因此用 Cauchy-

Hadamard 公式的形式 $R = \dfrac{1}{\overline{\lim\limits_{n \to \infty}} \sqrt[n]{|a_n|}}$ 求幂级数 $\sum\limits_{n=1}^{\infty} a_n x^n$ 的收敛半径普遍有效，其中

约定：当公式右边的上极限为 0 时，取 $R = +\infty$；当公式右边的上极限为 $+\infty$ 时，取

$R = 0$.

常用于计算幂级数 $\sum\limits_{n=1}^{\infty} a_n x^n$ 收敛半径的 Cauchy-Hadamard 公式 $R = \dfrac{1}{\rho} = $

$\lim\limits_{n \to \infty} \left| \dfrac{a_n}{a_{n+1}} \right|$ 只有当右边极限存在时才有效，它对于缺项级数及复杂形式的级数不适用.

♻ **类题训练**

1. 求下列幂级数的收敛域：

(1) $\displaystyle\sum_{n=1}^{\infty} n^{n^2} x^{n^3}$; (2) $\displaystyle\sum_{n=1}^{\infty} \frac{n^2}{x^n}$.

2. 求下列级数的收敛域:

(1) $\displaystyle\sum_{n=1}^{\infty} \left(\sin\frac{1}{3n}\right) \cdot \left(x^2 + x + 1\right)^n$; (2) $\displaystyle\sum_{n=1}^{\infty} \frac{1^n + 2^n + \cdots + 50^n}{n^2} \cdot \left(\frac{1-x}{1+x}\right)^n$;

(3) $\displaystyle\sum_{n=1}^{\infty} \sin\frac{1}{3^n} \left(\frac{3}{3-x}\right)^n$.

📖 典型例题

19 求幂级数 $\displaystyle\sum_{n=1}^{\infty} \frac{(x-1)^{2n-1}}{n \cdot 2^n}$ 的收敛域及和函数.

【解法 1】 当 $x=1$ 时, $\displaystyle\sum_{n=1}^{\infty} \frac{(x-1)^{2n-1}}{n \cdot 2^n} = 0$, 收敛;

当 $x \neq 1$ 时, $\displaystyle\sum_{n=1}^{\infty} \frac{(x-1)^{2n-1}}{n \cdot 2^n} = \frac{1}{x-1} \sum_{n=1}^{\infty} \frac{(x-1)^{2n}}{n \cdot 2^n} = \frac{1}{x-1} \sum_{n=1}^{\infty} \frac{1}{n} \left[\frac{(x-1)^2}{2}\right]^n$.

令 $t = \dfrac{(x-1)^2}{2}$, 考察幂级数 $\displaystyle\sum_{n=1}^{\infty} \frac{t^n}{n}$: 由 Cauchy-Hadamard 定理, 易得其收敛半

径为 $R_1 = 1$, 收敛域为 $[-1, 1)$. 故原级数的收敛域为 $-1 \leqslant \dfrac{(x-1)^2}{2} < 1$, 解得 $1 - \sqrt{2} < x < 1 + \sqrt{2}$.

下面求和函数:

设 $S(x) = \displaystyle\sum_{n=1}^{\infty} \frac{(x-1)^{2n-1}}{n \cdot 2^n}$, $x \in \left(1-\sqrt{2}, 1+\sqrt{2}\right)$, 则当 $x=1$ 时, $S(x) = 0$; 当 $x \neq 1$, 且

$1 - \sqrt{2} < x < 1 + \sqrt{2}$ 时 , $S(x) = \dfrac{1}{x-1} \displaystyle\sum_{n=1}^{\infty} \frac{t^n}{n}$. 又 记 $S_1(t) = \displaystyle\sum_{n=1}^{\infty} \frac{t^n}{n}$, 则 $S_1'(t) =$

$\displaystyle\sum_{n=1}^{\infty} t^{n-1} = \frac{1}{1-t}$, 两边在 $(0, t)$ 或 $(t, 0)$ 上积分, 得 $S_1(t) - S_1(0) = \displaystyle\int_0^t \frac{1}{1-t}\mathrm{d}t = -\ln(1-t)\big|_0^t =$

$-\ln(1-t)$, 从而得 $S_1(t) = -\ln(1-t)$. 故

$$S(x) = \begin{cases} \dfrac{1}{x-1} \cdot \left[-\ln\left(1 - \dfrac{(x-1)^2}{2}\right)\right] = -\dfrac{\ln(1 + 2x - x^2) - \ln 2}{x-1}, & x \neq 1, \text{且} 1 - \sqrt{2} < x < 1 + \sqrt{2}, \\ 0, & x = 1. \end{cases}$$

【解法2】 记 $u_n(x)=\dfrac{(x-1)^{2n-1}}{n\cdot 2^n}$，则 $\lim\limits_{n\to\infty}\dfrac{|u_{n+1}(x)|}{|u_n(x)|}=\dfrac{(x-1)^2}{2}$. 于是当 $\dfrac{(x-1)^2}{2}<1$，

即 $|x-1|<\sqrt{2}$ 时，级数 $\sum\limits_{n=1}^{\infty}|u_n(x)|$ 收敛，即原级数绝对收敛；当 $\dfrac{(x-1)^2}{2}>1$，即

$|x-1|>\sqrt{2}$ 时，级数 $\sum\limits_{n=1}^{\infty}|u_n(x)|$ 发散，此时 $\sum\limits_{n=1}^{\infty}u_n(x)$ 发散，即原级数发散. 又当

$x-1=\sqrt{2}$ 时，$\sum\limits_{n=1}^{\infty}\dfrac{(x-1)^{2n-1}}{n\cdot 2^n}=\sum\limits_{n=1}^{\infty}\dfrac{1}{n\cdot\sqrt{2}}$ 发散；当 $x-1=-\sqrt{2}$ 时，$\sum\limits_{n=1}^{\infty}\dfrac{(x-1)^{2n-1}}{n\cdot 2^n}=$

$-\sum\limits_{n=1}^{\infty}\dfrac{1}{n\cdot\sqrt{2}}$ 发散. 故幂级数的收敛域为 $|x-1|<\sqrt{2}$，即 $x\in\left(1-\sqrt{2},1+\sqrt{2}\right)$.

和函数的求解同解法 1.

【解法3】 原级数为缺项级数，所以不能用 Cauchy-Hadamard 公式计算收敛

半径. 将原级数改写为幂级数形式 $\sum\limits_{n=1}^{\infty}a_n(x-1)^n$，其中 $a_n=\begin{cases}0,&n=2k,\\[2mm]\dfrac{1}{k\cdot 2^k},&n=2k-1.\end{cases}$

令 $x-1=t$，则进一步改写幂级数形式为 $\sum\limits_{n=1}^{\infty}a_n t^n$，再由 Cauchy-Hadamard 公式

的一般形式：$R=\dfrac{1}{\lim\limits_{n\to\infty}\sqrt[n]{|a_n|}}$ 计算得 $R=\dfrac{1}{\lim\limits_{n\to\infty}\sqrt[n]{|a_n|}}=\dfrac{1}{\lim\limits_{k\to\infty}\sqrt[2k-1]{\dfrac{1}{k\cdot 2^k}}}=\sqrt{2}$.

又在 $t=\pm\sqrt{2}$ 时，级数 $\sum\limits_{n=1}^{\infty}a_n t^n=\pm\sum\limits_{k=1}^{\infty}\dfrac{1}{\sqrt{2}k}$ 发散，所以幂级数 $\sum\limits_{n=1}^{\infty}a_n t^n$ 的收敛域

为 $\left(-\sqrt{2},\sqrt{2}\right)$，即 $t\in\left(-\sqrt{2},\sqrt{2}\right)$，从而原级数的收敛域为 $-\sqrt{2}<x-1<\sqrt{2}$，即

$1-\sqrt{2}<x<1+\sqrt{2}$.

同解法 1 求和函数.

✴ **特别提示** 对于一般形式的幂级数 $\sum\limits_{n=0}^{\infty}a_n(x-x_0)^n$，可令 $u_n(x)=$

$a_n(x-x_0)^n$，求得 $\lim\limits_{n\to\infty}\dfrac{|u_{n+1}(x)|}{|u_n(x)|}=\rho(x)$，于是当 $\rho(x)<1$ 时原级数绝对收敛，当

$\rho(x)>1$ 时原级数发散，通过求解 $\rho(x)<1$，即可求得收敛区间，再单独考虑端点

的敛散性即可确定收敛域. 或者，令 $x-x_0=t$，将原级数改写为 $\sum\limits_{n=0}^{\infty}a_n t^n$ 形式，再

由 Cauchy-Hadamard 定理或其一般形式, 求出 $\sum\limits_{n=0}^{\infty} a_n t^n$ 的收敛半径 $R > 0$, 再考虑

$t = \pm R$ 时, 级数 $\sum\limits_{n=0}^{\infty} a_n (\pm R)^n$ 的敛散性, 即可确定 $\sum\limits_{n=0}^{\infty} a_n t^n$ 的收敛域, 代入 $x - x_0 = t$,

从而确定原级数的收敛域.

♻ 类题训练

1. 求下列幂级数的收敛域及和函数:

(1) $\sum\limits_{n=1}^{\infty} \dfrac{(x-5)^n}{\sqrt{n}}$;　(2) $\sum\limits_{n=1}^{\infty} (-1)^n \dfrac{(x-1)^n}{n+1}$;　(3) $\sum\limits_{n=1}^{\infty} \dfrac{3 + 2(-1)^n}{3^n} (x+1)^n$.

📖 典型例题

20 设函数 $f(x)$ 在点 $x = 0$ 的某一邻域内具有二阶连续导数, 且 $\lim\limits_{x \to 0} \dfrac{f(x)}{x} = 0$,

证明级数 $\sum\limits_{n=1}^{\infty} f\left(\dfrac{1}{n}\right)$ 绝对收敛.

【证法 1】　要证明级数 $\sum\limits_{n=1}^{\infty} f\left(\dfrac{1}{n}\right)$ 绝对收敛, 由比较判别法知, 只需证明对于

充分大的 n, 存在 $M > 0$, $p > 0$, 使得 $\left| f\left(\dfrac{1}{n}\right) \right| \leqslant \dfrac{M}{n^{1+p}}$ 成立. 为此, 仅需证明对于

充分小的 x, 存在 $M > 0$, $p > 0$, 使得 $|f(x)| \leqslant M x^{1+p}$ 或 $\lim\limits_{x \to 0} \dfrac{f(x)}{x^{1+p}}$ 存在.

由题设知 $f(0) = 0, f'(0) = 0$. $f(x)$ 在 $x = 0$ 的某一邻域内的一阶泰勒展开式为

$$f(x) = f(0) + f'(0)x + \frac{1}{2!} f''(\xi) x^2 = \frac{1}{2} f''(\xi) x^2,$$

其中 ξ 介于 0 与 x 之间.

再由已知, $f''(x)$ 在属于该邻域内包含原点的小闭区间上连续, 所以必有界,

即存在 $M > 0$, 使 $|f''(\xi)| \leqslant M$, 于是由上述 Taylor 展开式得 $|f(x)| \leqslant \dfrac{M}{2} x^2$. 令

$x = \dfrac{1}{n}$, 则当 n 充分大时, 有 $\left| f\left(\dfrac{1}{n}\right) \right| \leqslant \dfrac{M}{2} \cdot \dfrac{1}{n^2}$. 故由比较判别法知级数 $\sum\limits_{n=1}^{\infty} f\left(\dfrac{1}{n}\right)$ 绝

对收敛.

【证法 2】　由已知 $\lim\limits_{x \to 0} \dfrac{f(x)}{x} = 0$, 得 $f(0) = \lim\limits_{x \to 0} f(x) = \lim\limits_{x \to 0} \dfrac{f(x)}{x} \cdot x = 0$,

$$f'(0) = \lim_{x \to 0} \frac{f(x) - f(0)}{x} = \lim_{x \to 0} \frac{f(x)}{x} = 0 .$$

所以由 L'Hospital 法则，有

$$\lim_{x \to 0} \frac{f(x)}{x^2} = \lim_{x \to 0} \frac{f'(x)}{2x} = \frac{1}{2} \lim_{x \to 0} \frac{f'(x) - f'(0)}{x} = \frac{1}{2} f''(0) .$$

于是 $\lim\limits_{x \to 0} \dfrac{|f(x)|}{x^2} = \dfrac{1}{2} |f''(0)|$，由极限的保号性知，存在 $\delta > 0$，当 $0 < |x| < \delta$ 时，有

$|f(x)| < \left(\dfrac{1}{2} |f''(0)| + 1 \right) x^2$. 因此当 n 充分大时，有 $\left| f\left(\dfrac{1}{n} \right) \right| < \left(\dfrac{1}{2} |f''(0)| + 1 \right) \cdot \dfrac{1}{n^2}$. 故

由比较判别法知级数 $\sum\limits_{n=1}^{\infty} f\left(\dfrac{1}{n} \right)$ 绝对收敛.

【证法 3】 由已知，得 $f(0) = \lim\limits_{x \to 0} f(x) = 0$，$f'(0) = \lim\limits_{x \to 0} \dfrac{f(x) - f(0)}{x} = 0$，

$$\lim_{x \to 0} \frac{f(x)}{x^2} = \lim_{x \to 0} \frac{f'(x)}{2x} = \frac{1}{2} \lim_{x \to 0} \frac{f'(x) - f'(0)}{x} = \frac{1}{2} f''(0) ,$$

所以 $\lim\limits_{n \to \infty} \dfrac{\left| f\left(\dfrac{1}{n} \right) \right|}{\dfrac{1}{n^2}} = \lim\limits_{x \to 0} \dfrac{|f(x)|}{x^2} = \dfrac{1}{2} |f''(0)|$. 故由 $\sum\limits_{n=1}^{\infty} \dfrac{1}{n^2}$ 收敛及比较判别法的极限形

式知 $\sum\limits_{n=1}^{\infty} \left| f\left(\dfrac{1}{n} \right) \right|$ 收敛, 即级数 $\sum\limits_{n=1}^{\infty} f\left(\dfrac{1}{n} \right)$ 绝对收敛.

✳ **特别提示** 利用比较判别法及其极限形式, 结合 Taylor 展开或极限的保号性等, 是证明该类习题的常用方法. 证法 1 要求 $f(x)$ 在点 $x = 0$ 的某一邻域内具有二阶连续导数, 而证法 2 和证法 3 只需 $f(x)$ 在点 $x = 0$ 处存在二阶导数即可.

一般地, 设函数 $f(x)$ 在点 $x = 0$ 的某一邻域内具有一阶连续导数, 且

$\lim\limits_{x \to 0} \dfrac{f(x)}{x} = A > 0$, 则级数 $\sum\limits_{n=1}^{\infty} (-1)^n f\left(\dfrac{1}{n} \right)$ 收敛, 而 $\sum\limits_{n=1}^{\infty} f\left(\dfrac{1}{n} \right)$ 发散, $\sum\limits_{n=1}^{\infty} \left| f\left(\dfrac{1}{n} \right) \right|$ 发散,

即级数 $\sum\limits_{n=1}^{\infty} (-1)^n f\left(\dfrac{1}{n} \right)$ 条件收敛.

♻ **类题训练**

1. 设偶函数 $f(x)$ 在点 $x = 0$ 的某邻域内具有连续的二阶导数, 且 $f(0) = 1$,

证明级数 $\sum\limits_{n=1}^{\infty}\left[f\left(\dfrac{1}{n}\right)-1\right]$ 绝对收敛.

2. 设函数 $f(x)$ 在点 $x=0$ 的某邻域内具有连续的二阶导数, 且 $\lim\limits_{x\to 0}\dfrac{f(x)}{e^{\sin x}-1}=0$, 证明级数 $\sum\limits_{n=1}^{\infty}\sqrt{n}f\left(\dfrac{1}{n}\right)$ 绝对收敛.

3. 设函数 $f(x)$ 在区间 $(-1,1)$ 内具有直到三阶的连续导数, 且 $f(0)=0$, $\lim\limits_{x\to 0}\dfrac{f'(x)}{x}=0$, 证明级数 $\sum\limits_{n=2}^{\infty}nf\left(\dfrac{1}{n}\right)$ 绝对收敛.

4. 设函数 $f(x)$ 在区间 $[0,1]$ 上有定义, 在 $x=0$ 的右邻域内有连续的一阶导数, 且 $f(0)=0$, $u_n=\sum\limits_{k=1}^{\infty}f\left(\dfrac{k}{n^4}\right)$, 试讨论级数 $\sum\limits_{n=1}^{\infty}u_n$ 的敛散性.

5. 设函数 $f(x)$ 在 $(-\infty,+\infty)$ 内连续, 且满足 $f(x)=\sin x+\int_0^x tf(x-t)\mathrm{d}t$, 证明级数 $\sum\limits_{n=1}^{\infty}(-1)^n f\left(\dfrac{1}{n}\right)$ 收敛, 而 $\sum\limits_{n=1}^{\infty}f\left(\dfrac{1}{n}\right)$ 发散.

📖 典型例题

21 证明级数 $1-\dfrac{1}{2}+\dfrac{1}{3}-\dfrac{1}{4}+\dfrac{1}{5}-\dfrac{1}{6}+\cdots$ 收敛并求其和.

【证法1】 由莱布尼茨判别法知原级数收敛. 又由调和级数的部分和公式:

$$1+\frac{1}{2}+\frac{1}{3}+\cdots+\frac{1}{n}=\ln n+\gamma+\varepsilon_n \quad (\varepsilon_n\to 0,\ n\to\infty,\ \gamma=0.5772),$$

有原级数前 $2n$ 项的和

$$S_{2n}=1-\frac{1}{2}+\frac{1}{3}-\frac{1}{4}+\cdots+\frac{1}{2n-1}-\frac{1}{2n}$$

$$=\left(1+\frac{1}{2}+\frac{1}{3}+\frac{1}{4}+\cdots+\frac{1}{2n-1}+\frac{1}{2n}\right)-2\left(\frac{1}{2}+\frac{1}{4}+\cdots+\frac{1}{2n}\right)$$

$$=\ln(2n)+\gamma+\varepsilon_{2n}-(\ln n+\gamma+\varepsilon_n)=\ln 2+\varepsilon_{2n}-\varepsilon_n\to\ln 2 \quad (n\to\infty),$$

于是 $S_{2n+1}=S_{2n}-\dfrac{1}{2n+1}\to\ln 2 \quad (n\to\infty)$, 从而 $\lim\limits_{n\to\infty}S_n=\ln 2$. 故原级数的和为 $\ln 2$,

即 $\sum\limits_{n=1}^{\infty}\dfrac{(-1)^{n+1}}{n}=\ln 2$.

【证法2】 同证法1, 有

$$1 - \frac{1}{2} + \frac{1}{3} - \frac{1}{4} + \cdots + \frac{1}{2n-1} - \frac{1}{2n} = \left(1 + \frac{1}{2} + \frac{1}{3} + \cdots + \frac{1}{2n}\right) - 2\left(\frac{1}{2} + \frac{1}{4} + \cdots + \frac{1}{2n}\right)$$

$$= \frac{1}{n+1} + \frac{1}{n+2} + \cdots + \frac{1}{2n}$$

$$= \frac{1}{n} \cdot \left(\frac{1}{1+\dfrac{1}{n}} + \frac{1}{1+\dfrac{2}{n}} + \cdots + \frac{1}{1+\dfrac{n}{n}}\right)$$

$$= \sum_{k=1}^{\infty} \frac{1}{1+\dfrac{k}{n}} \cdot \frac{1}{n}.$$

因为 $f(x) = \dfrac{1}{1+x}$ 在 $[0,1]$ 上可积, 所以由定积分的定义, 有

$$\lim_{n \to \infty} \sum_{k=1}^{n} \frac{1}{1+\dfrac{k}{n}} \cdot \frac{1}{n} = \int_0^1 \frac{\mathrm{d}x}{1+x} = \ln 2, \quad \text{即} \sum_{n=1}^{\infty} \frac{(-1)^{n+1}}{n} = \ln 2.$$

【证法 3】   由莱布尼茨判别法知原级数收敛.

构造幂级数 $\displaystyle\sum_{n=1}^{\infty} \frac{(-1)^{n+1}}{n} x^n$, 则由 Cauchy-Hadamard 定理易得收敛半径 $R = 1$,

收敛域为 $(-1,1]$.   令 $S(x) = \displaystyle\sum_{n=1}^{\infty} \frac{(-1)^{n+1}}{n} x^n$, $x \in (-1,1]$, 则对于 $\forall x \in (-1,1)$, 两边求

导得

$$S'(x) = \sum_{n=1}^{\infty} (-1)^{n+1} \cdot x^{n-1} = \sum_{n=1}^{\infty} (-x)^{n-1} = \sum_{n=0}^{\infty} (-x)^n = \frac{1}{1+x}.$$

$\forall x \in (-1,1)$, 两边在 $(0,x)$ 或 $(x,0)$ 上积分, 得 $S(x) - S(0) = \displaystyle\int_0^x S'(t)\mathrm{d}t =$

$\displaystyle\int_0^x \frac{\mathrm{d}t}{1+t} = \ln(1+x)$, 即得 $S(x) = \ln(1+x)$. 又因为 $S(1) = \displaystyle\sum_{n=1}^{\infty} \frac{(-1)^{n+1}}{n}$ 收敛, 所以由

Abel 定理得 $S(1) = \displaystyle\lim_{x \to 1^-} S(x) = \ln 2$, 即 $\displaystyle\sum_{n=1}^{\infty} \frac{(-1)^{n+1}}{n} = \ln 2$.

特别提示   证法 1 基于结论: 对于级数 $\displaystyle\sum_{n=1}^{\infty} a_n$, 如果通项 $a_n \to 0 \, (n \to \infty)$, 且

$\displaystyle\lim_{n \to \infty} S_{2n} = S$, 则 $S_{2n+1} = S_{2n} + a_{2n+1} \to S \, (n \to \infty)$, 从而 $\displaystyle\lim_{n \to \infty} S_n = S$, 即 $\displaystyle\sum_{n=1}^{\infty} a_n = S$.

证法 3 还用到了下列 Abel 定理.

Abel 定理   设幂级数 $\sum\limits_{n=0}^{\infty} a_n x^n$ 的收敛半径为 R, 且 $\sum\limits_{n=0}^{\infty} a_n R^n$ 收敛, 则幂级数

$\sum\limits_{n=0}^{\infty} a_n x^n$ 在 $[0, R]$ 上一致收敛, 且它的和函数 $S(x)$ 在点 $x = R$ 处左连续, 即有

$S(R) = \lim\limits_{x \to R^-} S(x)$.

♻ **类题训练**

1. 求级数 $\sum\limits_{n=1}^{\infty} \dfrac{(-1)^{n-1}}{n(n+1)}$ 的和.

2. 求级数 $\dfrac{1}{2} - \dfrac{1}{5} + \dfrac{1}{8} - \dfrac{1}{11} + \cdots$ 的和.

3. 证明级数 $1 + \dfrac{1}{2} + \left(\dfrac{1}{3} - 1\right) + \dfrac{1}{4} + \dfrac{1}{5} + \left(\dfrac{1}{6} - \dfrac{1}{2}\right) + \dfrac{1}{7} + \dfrac{1}{8} + \left(\dfrac{1}{9} - \dfrac{1}{3}\right) + \cdots$ 收敛, 并求

其和.

📖 **典型例题**

22   求级数 $\dfrac{1}{1 \cdot 2 \cdot 3} + \dfrac{1}{2 \cdot 3 \cdot 4} + \dfrac{1}{3 \cdot 4 \cdot 5} + \cdots$ 的和.

【**解法 1**】   利用 $\dfrac{1}{k(k+1)(k+2)} = \dfrac{1}{2}\left[\dfrac{1}{k(k+1)} - \dfrac{1}{(k+1)(k+2)}\right]$ $(k = 1, 2, \cdots)$

记级数的和为 S, 其部分和为 S_n, 则

$$S = \lim_{n \to \infty} S_n = \lim_{n \to \infty} \sum_{k=1}^{n} \frac{1}{k(k+1)(k+2)} = \lim_{n \to \infty} \frac{1}{2} \sum_{k=1}^{n} \left[\frac{1}{k(k+1)} - \frac{1}{(k+1)(k+2)}\right]$$

$$= \frac{1}{2} \lim_{n \to \infty} \left[\frac{1}{1 \cdot 2} - \frac{1}{(n+1)(n+2)}\right] = \frac{1}{4}.$$

【**解法 2**】   利用有理函数的部分分式分解

$$\frac{1}{k(k+1)(k+2)} = \frac{1}{2k} - \frac{1}{k+1} + \frac{1}{2(k+2)}.$$

记级数的和为 S, 其部分和为 S_n, 则

$$S = \lim_{n \to \infty} S_n = \lim_{n \to \infty} \sum_{k=1}^{n} \frac{1}{k(k+1)(k+2)} = \lim_{n \to \infty} \sum_{k=1}^{n} \left(\frac{1}{2k} - \frac{1}{k+1} + \frac{1}{2(k+2)}\right)$$

$$= \lim_{n \to \infty} \left[\frac{1}{2} \sum_{k=1}^{n} \frac{1}{k} - \sum_{k=1}^{n} \frac{1}{k+1} + \frac{1}{2} \sum_{k=1}^{n} \frac{1}{k+2}\right]$$

$$= \lim_{n \to \infty} \left[\frac{1}{2} \left(\ln n + \gamma + \varepsilon_n \right) - \left(\ln(n+1) + \gamma + \varepsilon_{n+1} - 1 \right) + \frac{1}{2} \left(\ln(n+2) + \gamma + \varepsilon_{n+2} - 1 - \frac{1}{2} \right) \right]$$

$$= \lim_{n \to \infty} \left[\frac{1}{2} \ln n - \ln(n+1) + \frac{1}{2} \ln(n+2) \right] + \frac{1}{4} = \lim_{n \to \infty} \ln \frac{\sqrt{n(n+2)}}{n+1} + \frac{1}{4} = \frac{1}{4}.$$

【解法 3】 作幂级数 $\sum_{n=1}^{\infty} \frac{x^{n+2}}{n(n+1)(n+2)}$，则易求得其收敛半径 $R=1$.

记幂级数的和函数为 $S(x)$，则在 $(-1,1)$ 内逐项求导三次得 $S'''(x) =$

$\sum_{n=1}^{\infty} x^{n-1} = \frac{1}{1-x}$. 然后，在 $[0,x]$ 或 $[x,0]$（其中 $x \in (-1,1)$）上积分三次，得 $S(x) =$

$-\frac{1}{2}(1-x)^2 \cdot \ln(1-x) - \frac{x}{2} + \frac{3}{4}x^2$.

因为原级数收敛，即所作幂级数在 $x=1$ 时收敛，所以由 Abel 定理，原级数的

和为 $S(1) = \lim_{x \to 1^-} S(x) = \lim_{x \to 1^-} \left[-\frac{1}{2}(1-x)^2 \cdot \ln(1-x) - \frac{x}{2} + \frac{3}{4}x^2 \right] = \frac{1}{4}$.

特别提示 解法 1 通过错位分解通项，求得部分和的极限，由定义确定极限值即为级数的和；解法 2 利用有理函数部分分式分解及调和级数的部分和公式，求得部分和的极限，此即为级数的和；解法 3 利用关于幂级数和函数的 Abel 定理求得级数和.

类题训练

1. 求下列级数的和:

(1) $\frac{1}{1 \cdot 6} + \frac{1}{6 \cdot 11} + \cdots + \frac{1}{(5n-4) \cdot (5n+1)} + \cdots$; (2) $1 - \frac{1}{4} + \frac{1}{7} - \frac{1}{10} + \cdots$;

(3) $1 + \frac{1}{2} \cdot \frac{1}{3} + \frac{1 \cdot 3}{2 \cdot 4} \cdot \frac{1}{5} + \cdots$; (4) $\frac{1}{1 \cdot 4} + \frac{1}{4 \cdot 7} + \cdots + \frac{1}{(3n-2) \cdot (3n+1)} + \cdots$.

2. 求级数 $\sum_{k=1}^{\infty} \frac{6^k}{(3^k - 2^k)(3^{k+1} - 2^{k+1})}$ 的和.

3. 求级数 $\sum_{n=2}^{\infty} \frac{1}{(n^2-1)2^n}$ 的和. (1996 年硕士研究生入学考试数学(一)试题)

4. 设 a_n 是曲线 $y = x^n$ 与 $y = x^{n+1}$ $(n=1,2,3,\cdots)$ 所围区域的面积，记 $S_1 = \sum_{n=1}^{\infty} a_n$，

$S_2 = \sum_{n=1}^{\infty} a_{2n-1}$，求 S_1 与 S_2 的值.

📖 典型例题

23 已知 $\sum_{n=1}^{\infty}\dfrac{(-1)^{n+1}}{n}=\ln 2$，将该级数的各项重排，得到下列级数:

$$1+\frac{1}{3}-\frac{1}{2}+\frac{1}{5}+\frac{1}{7}-\frac{1}{4}+\cdots,$$

求此级数的和.

【解法1】 记重排后级数的前 $3n$ 项之和为 S_{3n}，则

$$S_{3n}=1+\frac{1}{3}-\frac{1}{2}+\cdots+\frac{1}{4n-3}+\frac{1}{4n-1}-\frac{1}{2n}$$

$$=\left(1+\frac{1}{3}+\cdots+\frac{1}{4n-3}+\frac{1}{4n-1}\right)-\left(\frac{1}{2}+\frac{1}{4}+\cdots+\frac{1}{2n}\right)$$

$$=\sum_{k=1}^{4n}\frac{1}{k}-\frac{1}{2}\sum_{k=1}^{2n}\frac{1}{k}-\frac{1}{2}\sum_{k=1}^{n}\frac{1}{k}.$$

令 $1+\dfrac{1}{2}+\cdots+\dfrac{1}{n}=\sigma_n$，则由 $\sum_{n=1}^{\infty}\dfrac{(-1)^{n+1}}{n}=\ln 2$，有 $1-\dfrac{1}{2}+\dfrac{1}{3}-\dfrac{1}{4}+\cdots+\dfrac{1}{2n-1}-\dfrac{1}{2n}=$

$\left(1+\dfrac{1}{2}+\cdots+\dfrac{1}{2n}\right)-2\left(\dfrac{1}{2}+\dfrac{1}{4}+\cdots+\dfrac{1}{2n}\right)=\sigma_{2n}-\sigma_n\to\ln 2\,(n\to\infty)$. 故

$$S_{3n}=\sigma_{4n}-\frac{1}{2}\sigma_{2n}-\frac{1}{2}\sigma_n=(\sigma_{4n}-\sigma_{2n})+\frac{1}{2}(\sigma_{2n}-\sigma_n)\to\frac{3}{2}\ln 2\ (n\to\infty),$$

即重排后级数的和为 $\dfrac{3}{2}\ln 2$.

【解法2】 同解法1，得 $S_{3n}=\sum_{k=1}^{4n}\dfrac{1}{k}-\dfrac{1}{2}\sum_{k=1}^{2n}\dfrac{1}{k}-\dfrac{1}{2}\sum_{k=1}^{n}\dfrac{1}{k}$.

因为 $1+\dfrac{1}{2}+\cdots+\dfrac{1}{n}=\ln n+\gamma+\varepsilon_n\ (\varepsilon_n\to 0,\ n\to\infty)$，所以

$$S_{3n}=\ln(4n)+\gamma+\varepsilon_{4n}-\frac{1}{2}\big(\ln(2n)+\gamma+\varepsilon_{2n}\big)-\frac{1}{2}\big(\ln n+\gamma+\varepsilon_n\big)$$

$$=\ln\frac{4n}{\sqrt{2n}\cdot\sqrt{n}}+\varepsilon_{4n}-\frac{1}{2}\varepsilon_{2n}-\frac{1}{2}\varepsilon_n\to\frac{3}{2}\ln 2\ (n\to\infty),$$

其中 $\varepsilon_{4n}\to 0,\ \varepsilon_{2n}\to 0,\ \varepsilon_n\to 0\ (n\to\infty)$. 故重排后级数的和为 $\dfrac{3}{2}\ln 2$.

【解法3】 记重排后级数的前 $3n$ 项之和为 S_{3n}，$u_n=\dfrac{1}{4n-3}+\dfrac{1}{4n-1}-\dfrac{1}{2n}$，则

$$S_{3n} = \sum_{k=1}^{n} u_k = \sum_{k=1}^{n} \left(\frac{1}{4k-3} + \frac{1}{4k-1} - \frac{1}{2k} \right)$$

$$= \sum_{k=1}^{n} \left(\frac{1}{4k-3} - \frac{1}{4k-2} + \frac{1}{4k-1} - \frac{1}{4k} \right) + \frac{1}{2} \sum_{k=1}^{n} \left(\frac{1}{2k-1} - \frac{1}{2k} \right).$$

因为 $\sum\limits_{n=1}^{\infty} \frac{(-1)^{n+1}}{n} = 1 - \frac{1}{2} + \frac{1}{3} - \frac{1}{4} + \cdots + \frac{(-1)^{n+1}}{n} + \cdots = \ln 2$, 所以

$$\lim_{n \to \infty} \sum_{k=1}^{n} \left(\frac{1}{4k-3} - \frac{1}{4k-2} + \frac{1}{4k-1} - \frac{1}{4k} \right) = \ln 2, \quad \lim_{n \to \infty} \sum_{k=1}^{n} \left(\frac{1}{2k-1} - \frac{1}{2k} \right) = \ln 2,$$

从而 $\lim\limits_{n \to \infty} S_{3n} = \ln 2 + \frac{1}{2} \ln 2 = \frac{3}{2} \ln 2$. 故重排后级数的和为 $\frac{3}{2} \ln 2$.

✳ **特别提示**   一般地, 若把级数 $1 - \frac{1}{2} + \frac{1}{3} - \frac{1}{4} + \frac{1}{5} - \cdots$ 的各项重排, 使依次 p

个正项的一组与依次 q 个负项的一组相交替, 则新级数的和为 $\ln 2 + \frac{1}{2} \ln \frac{p}{q}$.

♻ **类题训练**

1. 已知 $\sum\limits_{n=1}^{\infty} \frac{(-1)^{n-1}}{n} = \ln 2$, 证明将该级数的各项重排, 得到的级数:

$$1 - \frac{1}{2} - \frac{1}{4} + \frac{1}{3} - \frac{1}{6} - \frac{1}{8} + \cdots + \frac{1}{2k-1} - \frac{1}{4k-2} - \frac{1}{4k} + \cdots$$

是收敛的, 且其和为 $\frac{1}{2} \ln 2$.

2. 令 $a_n = 1 - \frac{1}{2} + \frac{1}{3} - \cdots + \frac{(-1)^{n-1}}{n} - \ln 2$, 证明级数 $\sum\limits_{n=1}^{\infty} a_n$ 收敛, 并求其和.

3. 证明级数 $1 + \frac{1}{2} - \frac{1}{4} + \frac{1}{8} + \frac{1}{16} - \frac{1}{32} + \cdots$ 收敛, 并求其和.

📖 **典型例题**

24   设 $u_n > 0$, $v_n > 0$, 且 $\frac{u_{n+1}}{u_n} \leqslant \frac{v_{n+1}}{v_n}$ $(n = 1, 2, \cdots)$, 证明(1)若级数 $\sum\limits_{n=1}^{\infty} v_n$ 收敛, 则

级数 $\sum\limits_{n=1}^{\infty} u_n$ 也收敛; (2)若级数 $\sum\limits_{n=1}^{\infty} u_n$ 发散, 则级数 $\sum\limits_{n=1}^{\infty} v_n$ 也发散.

【**证法 1**】   由已知得 $\frac{u_n}{v_n} \leqslant \frac{u_{n-1}}{v_{n-1}} \leqslant \cdots \leqslant \frac{u_1}{v_1}$, 于是有 $u_n \leqslant \frac{u_1}{v_1} v_n$ $(n = 1, 2, \cdots)$. 故由

正项级数的比较判别法知, 若级数 $\sum\limits_{n=1}^{\infty} v_n$ 收敛, 则有 $\sum\limits_{n=1}^{\infty} u_n$ 收敛; 若 $\sum\limits_{n=1}^{\infty} u_n$ 发散, 则

有 $\sum\limits_{n=1}^{\infty} v_n$ 发散.

【证法 2】　由题设知数列 $\left\{\dfrac{u_n}{v_n}\right\}$ 单调减少, 且有下界 0. 于是由单调有界原理

知, 数列 $\left\{\dfrac{u_n}{v_n}\right\}$ 的极限存在. 不妨设 $\lim\limits_{n\to\infty}\dfrac{u_n}{v_n}=l$, 则 $l\geqslant 0$.

(i) 当 $l>0$ 时, 由 $\lim\limits_{n\to\infty}\dfrac{u_n}{v_n}=l$ 得, 对 $\varepsilon_0=\dfrac{l}{2}>0$, 存在正整数 $N_1>0$, 当 $n>N_1$

时, 有 $\left|\dfrac{u_n}{v_n}-l\right|<\dfrac{l}{2}$, 于是有 $0<\dfrac{l}{2}v_n<u_n<\dfrac{3}{2}lv_n$. 故由比较判别法得若 $\sum\limits_{n=1}^{\infty} v_n$ 收敛,

则 $\sum\limits_{n=1}^{\infty} u_n$ 收敛; 若 $\sum\limits_{n=1}^{\infty} u_n$ 发散, 则 $\sum\limits_{n=1}^{\infty} v_n$ 发散.

(ii) 当 $l=0$ 时, 由 $\lim\limits_{n\to\infty}\dfrac{u_n}{v_n}=0$ 得, 存在正整数 $N_2>0$, 当 $n>N_2$ 时, 有

$0<\dfrac{u_n}{v_n}<1$, 于是有 $0<u_n<v_n$. 故由比较判别法得若 $\sum\limits_{n=1}^{\infty} v_n$ 收敛, 则 $\sum\limits_{n=1}^{\infty} u_n$ 收敛; 若

$\sum\limits_{n=1}^{\infty} u_n$ 发散, 则 $\sum\limits_{n=1}^{\infty} v_n$ 发散.

特别提示　比较判别法是判别正项级数敛散性的最基本也是最重要的方法
之一, 证法 1 和证法 2 都是基于比较判别法证明的.

因为级数的敛散性与级数的前有限项无关, 所以该题中的条件 " $\dfrac{u_{n+1}}{u_n}\leqslant\dfrac{v_{n+1}}{v_n}$

$(n=1,2,\cdots)$ " 可以改进为 " $\dfrac{u_{n+1}}{u_n}\leqslant\dfrac{v_{n+1}}{v_n}$ $(\exists N, \text{当} n>N)$ ", 此时结论仍成立. 该题也
可作为结论加以应用.

类题训练

1. 设 $\sum\limits_{n=1}^{\infty} a_n$ 与 $\sum\limits_{n=1}^{\infty} b_n$ 为正项级数, (1)若 $\lim\limits_{n\to\infty}\left(\dfrac{a_n}{a_{n+1}b_n}-\dfrac{1}{b_{n+1}}\right)>0$, 则 $\sum\limits_{n=1}^{\infty} a_n$ 收敛;

(2)若 $\lim\limits_{n\to\infty}\left(\dfrac{a_n}{a_{n+1}b_n}-\dfrac{1}{b_{n+1}}\right)<0$, 且 $\sum\limits_{n=1}^{\infty} b_n$ 发散, 则 $\sum\limits_{n=1}^{\infty} u_n$ 发散. (2012 年第四届全国大

学生数学竞赛预赛(非数学类)试题)

2. 证明 Kummer 判别法: 设 $a_n > 0$, $b_n > 0$ $(n=1,2,\cdots)$, (1)若存在常数 $\alpha > 0$, 使得 $\dfrac{b_n}{b_{n+1}}a_n - a_{n+1} \geqslant \alpha$ $(n=1,2,\cdots)$, 则级数 $\sum\limits_{n=1}^{\infty} b_n$ 收敛; (2)若 $\sum\limits_{n=1}^{\infty}\dfrac{1}{a_n}$ 发散, 且 $\dfrac{b_n}{b_{n+1}}a_n - a_{n+1} \leqslant 0$ $(n=1,2,\cdots)$, 则级数 $\sum\limits_{n=1}^{\infty} b_n$ 发散.

3. 证明 Raabe 判别法: 设 $a_n > 0$, $n=1,2,\cdots$, (1)若存在 $r > 1$, 使得当 $n > N$ 时, 有 $n\left(\dfrac{a_n}{a_{n+1}}-1\right) \geqslant r$, 则级数 $\sum\limits_{n=1}^{\infty} a_n$ 收敛; (2)若对充分大的 n 都有 $n\left(\dfrac{a_n}{a_{n+1}}-1\right) \leqslant 1$, 则级数 $\sum\limits_{n=1}^{\infty} a_n$ 发散.

Raabe 判别法的极限形式为设 $u_n > 0$, $n=1,2,\cdots$, 且 $\dfrac{a_n}{a_{n+1}} = 1 + \dfrac{l}{n} + o\left(\dfrac{1}{n}\right)$ $(n \to \infty)$, 则当 $l > 1$ 时级数 $\sum\limits_{n=1}^{\infty} a_n$ 收敛; 当 $l < 1$ 时, 级数 $\sum\limits_{n=1}^{\infty} a_n$ 发散.

4. 证明 Gauss 判别法: 设 $a_n > 0$, $n=1,2,\cdots$, 且

$$\frac{a_n}{a_{n+1}} = 1 + \frac{1}{n} + \frac{\beta}{n\ln n} + o\left(\frac{1}{n\ln n}\right) \quad (n \to \infty),$$

则当 $\beta > 1$ 时级数 $\sum\limits_{n=1}^{\infty} a_n$ 收敛; 当 $\beta < 1$ 时, 级数 $\sum\limits_{n=1}^{\infty} a_n$ 发散.

5. 证明 Frink 判别法: 设 $\sum\limits_{n=1}^{\infty} a_n$ 为正项级数, $\lim\limits_{n\to\infty}\left(\dfrac{a_n}{a_{n-1}}\right)^n = \rho$, 则当 $\rho < \dfrac{1}{e}$ 时, 级数 $\sum\limits_{n=1}^{\infty} a_n$ 收敛; 当 $\rho > \dfrac{1}{e}$ 时, 级数 $\sum\limits_{n=1}^{\infty} a_n$ 发散.

📖 典型例题

25 设 $u_n \neq 0$ $(n=1,2,\cdots)$, 且 $\lim\limits_{n\to\infty}\dfrac{n}{u_n} = 1$, 证明 $\sum\limits_{n=1}^{\infty}(-1)^{n-1}\left(\dfrac{1}{u_n}+\dfrac{1}{u_{n+1}}\right)$ 条件收敛.

【证法1】 由 $\lim\limits_{n\to\infty}\dfrac{n}{u_n} = 1$ 知, $\lim\limits_{n\to\infty} u_n = +\infty$, 于是 $\exists N$, 当 $n > N$ 时, 有 $u_n > 0$, 且 $\lim\limits_{n\to\infty}\dfrac{1}{u_n} = 0$, 从而原级数的部分和

$$S_n = \left(\frac{1}{u_1} + \frac{1}{u_2}\right) - \left(\frac{1}{u_2} + \frac{1}{u_3}\right) + \left(\frac{1}{u_3} + \frac{1}{u_4}\right) + \cdots + (-1)^{n-1}\left(\frac{1}{u_n} + \frac{1}{u_{n+1}}\right)$$

$$= \frac{1}{u_1} + (-1)^{n-1}\frac{1}{u_{n+1}} \to \frac{1}{u_1} \quad (n \to \infty).$$

即知原级数收敛.

又因为 $\lim\limits_{n\to\infty} \dfrac{\left|(-1)^{n-1}\left(\dfrac{1}{u_n} + \dfrac{1}{u_{n+1}}\right)\right|}{\dfrac{1}{n}} = \lim\limits_{n\to\infty}\dfrac{n}{u_n} + \lim\limits_{n\to\infty}\dfrac{n}{n+1}\cdot\dfrac{n+1}{u_{n+1}} = 2$，所以级数

$\sum\limits_{n=1}^{\infty}\left|(-1)^{n-1}\left(\dfrac{1}{u_n} + \dfrac{1}{u_{n+1}}\right)\right|$ 发散. 综上即得原级数条件收敛.

【证法 2】 因为 $\lim\limits_{n\to\infty}\dfrac{n}{u_n} = \lim\limits_{n\to\infty}\dfrac{\frac{1}{u_n}}{\frac{1}{n}} = 1$，所以 $\exists N$，当 $n > N$ 时，有 $u_n > 0$，且

$\lim\limits_{n\to\infty}\dfrac{1}{u_n} = 0$，于是 $\sum\limits_{n=1}^{\infty}\dfrac{1}{u_n}$ 发散且 $\sum\limits_{n=1}^{\infty}\dfrac{1}{u_n} = +\infty$.

而 $\sum\limits_{k=1}^{n}\left|(-1)^{k-1}\cdot\left(\dfrac{1}{u_k} + \dfrac{1}{u_{k+1}}\right)\right| = \sum\limits_{k=1}^{n}\left(\dfrac{1}{u_k} + \dfrac{1}{u_{k+1}}\right) = \dfrac{1}{u_1} + 2\sum\limits_{k=2}^{n}\dfrac{1}{u_k} + \dfrac{1}{u_{n+1}} \to \infty (n \to \infty)$，由

上式即知级数 $\sum\limits_{k=1}^{\infty}\left|(-1)^{k-1}\cdot\left(\dfrac{1}{u_k} + \dfrac{1}{u_{k+1}}\right)\right|$ 发散.

又因为原级数的部分和

$$S_n = \left(\frac{1}{u_1} + \frac{1}{u_2}\right) - \left(\frac{1}{u_2} + \frac{1}{u_3}\right) + \left(\frac{1}{u_3} + \frac{1}{u_4}\right) + \cdots + (-1)^{n-1}\left(\frac{1}{u_n} + \frac{1}{u_{n+1}}\right)$$

$$= \frac{1}{u_1} + (-1)^{n-1}\frac{1}{u_{n+1}} \to \frac{1}{u_1} \quad (n \to \infty).$$

故原级数条件收敛.

【证法 3】 原级数是交错级数，但不能确定满足莱布尼茨判别法的条件，因此无法用莱布尼茨判别法判别. 因为 $\lim\limits_{n\to\infty}\dfrac{n}{u_n} = 1$，所以有 $\dfrac{1}{u_n} \sim \dfrac{1}{n}$，$\dfrac{1}{u_n} + \dfrac{1}{u_{n+1}} \sim \dfrac{2}{n}$

$(n \to \infty)$，从而由比较判别法的极限形式知级数 $\sum\limits_{n=1}^{\infty}\left|(-1)^{n-1}\left(\dfrac{1}{u_n} + \dfrac{1}{u_{n+1}}\right)\right|$ 发散.

又原级数的部分和 $S_n = \sum\limits_{k=1}^{n} (-1)^{k+1} \cdot \left(\dfrac{1}{u_k} + \dfrac{1}{u_{k+1}} \right) = \dfrac{1}{u_1} + (-1)^{n+1} \cdot \dfrac{1}{u_{n+1}}$ ，故

$\lim\limits_{n \to \infty} S_n = \dfrac{1}{u_1}$ ，即原级数收敛，从而原级数条件收敛.

✳ 特别提示　　以上证法中都用到了比较判别法的极限形式及级数敛散性的定义.

♻ 类题训练

1. 设 $m \geqslant 1$ 为正整数，a_n 是 $(1+x)^{n+m}$ 中 x^n 的系数，证明级数 $\sum\limits_{n=0}^{\infty} \dfrac{1}{a_n}$ 收敛，并求其和.

2. 已知 $x > 1$ ，证明级数 $\dfrac{x}{x+1} + \dfrac{x^2}{(x+1)(x^2+1)} + \dfrac{x^4}{(x+1)(x^2+1)(x^4+1)} + \cdots$ 收敛，并求其和.

3. 设 $u_1 = 2$ ，$u_{n+1} = u_n^2 - u_n + 1\ (n = 1, 2, \cdots)$ ，证明级数 $\sum\limits_{n=1}^{\infty} \dfrac{1}{u_n} = 1$.

4. 设 $f(x) = \dfrac{1}{1-x-x^2}$ ，$a_n = \dfrac{f^{(n)}(0)}{n!}$ ，证明级数 $\sum\limits_{n=0}^{\infty} \dfrac{a_{n+1}}{a_n a_{n+2}}$ 收敛，并求其和.

5. 设 $\{p_n\}$ 是单调增加的正实数列，证明级数 $\sum\limits_{n=1}^{\infty} \dfrac{1}{p_n}$ 与 $\sum\limits_{n=1}^{\infty} \dfrac{n}{p_1 + p_2 + \cdots + p_n}$ 同敛散.

📖 典型例题

26　将函数 $f(x) = \dfrac{x^2}{(1+x^2)^2}$ 展开为 x 的幂级数.

【解法 1】　由 $(1+x)^{\alpha}$ 的展开式，有

$$\frac{1}{(1+x^2)^2} = (1+x^2)^{-2} = 1 + \sum_{n=1}^{\infty} \frac{-2(-2-1)\cdots(-2-n+1)}{n!}(x^2)^n$$

$$= 1 + \sum_{n=1}^{\infty} (-1)^n (n+1) x^{2n}, \quad |x| < 1.$$

故 $f(x) = \dfrac{x^2}{(1+x^2)^2} = x^2 + \sum\limits_{n=1}^{\infty} (-1)^n (n+1) x^{2n+2} = \sum\limits_{n=1}^{\infty} (-1)^{n-1} n x^{2n}$ ，$|x| < 1$.

【解法 2】 由上，$\dfrac{1}{\left(1+x^2\right)^2}=\left(1+x^2\right)^{-2}=1+\sum\limits_{n=1}^{\infty}(-1)^n(n+1)x^{2n}$ $(|x|<1)$.

又 $\dfrac{1}{1+x^2}=\sum\limits_{n=0}^{\infty}\left(-x^2\right)^n=\sum\limits_{n=0}^{\infty}(-1)^n x^{2n}$ $(|x|<1)$，所以

$$f(x)=\frac{x^2}{\left(1+x^2\right)^2}=\frac{x^2+1-1}{\left(1+x^2\right)^2}=\frac{1}{1+x^2}-\frac{1}{\left(1+x^2\right)^2}$$

$$=\sum_{n=0}^{\infty}(-1)^n x^{2n}-\left[1+\sum_{n=1}^{\infty}(-1)^n(n+1)x^{2n}\right]$$

$$=\sum_{n=1}^{\infty}(-1)^{n-1}nx^{2n} \quad (|x|<1).$$

【解法 3】 因为 $\dfrac{1}{1+x^2}=\sum\limits_{n=0}^{\infty}(-1)^n x^{2n}$ $(|x|<1)$，$\left(\dfrac{1}{1+x^2}\right)'=-\dfrac{2x}{\left(1+x^2\right)^2}$，所以

$$\frac{x}{\left(1+x^2\right)^2}=-\frac{1}{2}\left(\frac{1}{1+x^2}\right)'=-\frac{1}{2}\left(\sum_{n=0}^{\infty}(-1)^n x^{2n}\right)'=-\sum_{n=0}^{\infty}(-1)^n nx^{2n-1}, \quad |x|<1.$$

故 $f(x)=\dfrac{x^2}{\left(1+x^2\right)^2}=x\cdot\dfrac{x}{\left(1+x^2\right)^2}=\sum\limits_{n=0}^{\infty}(-1)^{n+1}nx^{2n}, \quad |x|<1.$

【解法 4】 $\dfrac{1}{1+x^2}=\sum\limits_{n=0}^{\infty}(-1)^n x^{2n}, \quad |x|<1.$

$$f(x)=\frac{x^2}{\left(1+x^2\right)^2}=x^2\cdot\frac{1}{1+x^2}\cdot\frac{1}{1+x^2}=x^2\cdot\left[\sum_{n=0}^{\infty}(-1)^n x^{2n}\right]\cdot\left[\sum_{n=0}^{\infty}(-1)^n x^{2n}\right],$$

$$=\sum_{n=1}^{\infty}(-1)^{n-1}nx^{2n}, \quad |x|<1.$$

✳ **特别提示** 将函数 $f(x)$ 展开为 $x-x_0$ 的幂级数的直接方法是首先求出 $f(x)$ 在 $x=x_0$ 点处的各阶高阶导数 $f^{(k)}(x_0)$，然后代入 Taylor 展开式中，得 $f(x)=\sum\limits_{n=0}^{\infty}\dfrac{f^{(n)}(x_0)}{n!}(x-x_0)^n$. 该题中函数的高阶导数难以求得，因此考虑用间接展开方法，即利用常用的几个基本初等函数 $\dfrac{1}{1\pm x}$，$(1+x)^{\alpha}$，e^x，$\sin x$，$\cos x$，$\ln(1+x)$ 等的 Taylor 展开公式，结合幂级数的四则运算与分析运算性质.

◆ **类题训练**

1. 将函数 $f(x) = \dfrac{x}{2 + x - x^2}$ 展开成 x 的幂级数. (2006 年硕士研究生入学考试数学(一)试题)

2. 将函数 $f(x) = \dfrac{1}{x^2 - 3x - 4}$ 展开成 $x - 1$ 的幂级数, 并指出其收敛区间. (2007 年硕士研究生入学考试数学(三)试题)

3. 将函数 $f(x) = \arctan \dfrac{1 - 2x}{1 + 2x}$ 展开成 x 的幂级数, 并求级数 $\displaystyle\sum_{n=0}^{\infty} \dfrac{(-1)^n}{2n+1}$ 的和. (2003 年硕士研究生入学考试数学(一)试题)

4. 设 $f(x) = \begin{cases} \dfrac{1 + x^2}{x} \arctan x, & x \neq 0, \\ 1, & x = 0. \end{cases}$ 试将 $f(x)$ 展开成 x 的幂级数, 并求级数

$\displaystyle\sum_{n=1}^{\infty} \dfrac{(-1)^n}{1 - 4n^2}$ 的和. (2001 年硕士研究生入学考试数学(一)试题)

📖 **典型例题**

27 设 $a_n > 0$, $S_n = \displaystyle\sum_{k=1}^{n} a_k$, 且 $S_n \to +\infty$, $\dfrac{a_n}{S_n} \to 0 \, (n \to \infty)$, 证明幂级数 $\displaystyle\sum_{n=1}^{\infty} a_n x^n$ 的收敛半径为 1.

【证法 1】 构作一个幂级数 $\displaystyle\sum_{n=1}^{\infty} S_n x^n$, 设 $\displaystyle\sum_{n=1}^{\infty} a_n x^n$ 与 $\displaystyle\sum_{n=1}^{\infty} S_n x^n$ 的收敛半径分别为 r 和 R, 则由收敛半径的计算公式知 $r \geqslant R$.

由题设 $S_n \to +\infty \, (n \to \infty)$ 知幂级数 $\displaystyle\sum_{n=1}^{\infty} a_n x^n$ 在 $x = 1$ 处发散, 所以 $r \leqslant 1$. 又由

$\dfrac{a_n}{S_n} \to 0 \, (n \to \infty)$ 得 $R = \lim_{n \to \infty} \dfrac{S_{n-1}}{S_n} = \lim_{n \to \infty} \dfrac{S_n - a_n}{S_n} = \lim_{n \to \infty} \left(1 - \dfrac{a_n}{S_n}\right) = 1$.

综上所述得 $r = 1$, 即幂级数 $\displaystyle\sum_{n=1}^{\infty} a_n x^n$ 的收敛半径为 1.

【证法 2】 因为 $S_n \to +\infty \, (n \to \infty)$, 所以 $\displaystyle\sum_{n=1}^{\infty} a_n x^n$ 在 $x = 1$ 处发散, 从而 $\displaystyle\sum_{n=1}^{\infty} a_n x^n$

的收敛半径 $r \leqslant 1$. 又 $r = \dfrac{1}{\overline{\lim\limits_{n \to \infty}} \sqrt[n]{|a_n|}}$, 所以 $\overline{\lim\limits_{n \to \infty}} \sqrt[n]{|a_n|} = \overline{\lim\limits_{n \to \infty}} \sqrt[n]{a_n} \geqslant 1$.

下证 $\varlimsup_{n\to\infty}\sqrt[n]{a_n}\leqslant 1$:

由题设 $\dfrac{a_n}{S_n}\to 0\,(n\to\infty)$,所以 $\lim_{n\to\infty}\dfrac{a_n}{S_n}=\lim_{n\to\infty}\dfrac{S_n-S_{n-1}}{S_n}=\lim_{n\to\infty}\left(1-\dfrac{S_{n-1}}{S_n}\right)=0$,于是得 $\lim_{n\to\infty}\dfrac{S_{n-1}}{S_n}=1$,从而 $\lim_{n\to\infty}\sqrt[n]{S_n}=\lim_{n\to\infty}\dfrac{S_n}{S_{n-1}}=1$.又 $a_n>0$,所以 $a_n<S_n$,从而

$\varlimsup_{n\to\infty}\sqrt[n]{a_n}\leqslant\varlimsup_{n\to\infty}\sqrt[n]{S_n}=1$.故 $\lim_{n\to\infty}\sqrt[n]{a_n}=1$,即得幂级数 $\displaystyle\sum_{n=1}^{\infty}a_nx^n$ 的收敛半径为1.

【证法 3】 因为 $S_n\to+\infty\,(n\to\infty)$,所以 $\displaystyle\sum_{n=1}^{\infty}a_nx^n$ 的收敛半径 $r\leqslant 1$.又由 $\dfrac{a_n}{S_n}\to 0\,(n\to\infty)$, $a_n>0$,得 $S_n>0$, $\lim_{n\to\infty}\dfrac{S_{n-1}}{S_n}=1$,于是 $\displaystyle\sum_{n=1}^{\infty}S_nx^n$ 的收敛半径为1. 而当 $|x|<1$ 时,

$$(1-x)\cdot\sum_{n=1}^{\infty}S_nx^n=\sum_{n=1}^{\infty}S_nx^n-x\sum_{n=1}^{\infty}S_nx^n=\sum_{n=1}^{\infty}S_nx^n-\sum_{n=1}^{\infty}S_nx^{n+1}=\sum_{n=1}^{\infty}S_nx^n-\sum_{n=2}^{\infty}S_{n-1}x^n$$

$$=a_1x+\sum_{n=2}^{\infty}a_nx^n=\sum_{n=1}^{\infty}a_nx^n,$$

故得 $r\geqslant 1$.综合即得幂级数 $\displaystyle\sum_{n=1}^{\infty}a_nx^n$ 的收敛半径 $r=1$.

特别提示 Cauchy-Hadamard 定理和 Abel 定理是求解和确定收敛半径与收敛域的重要方法. 这里 Abel 定理指的是:如果级数 $\displaystyle\sum_{n=0}^{\infty}a_nx^n$ 当 $x=x_0\,(x_0\neq 0)$ 时收敛,则适合不等式 $|x|<|x_0|$ 的一切 x 使这幂级数绝对收敛;反之,如果级数 $\displaystyle\sum_{n=0}^{\infty}a_nx^n$ 当 $x=x_0$ 时发散,则适合不等式 $|x|>|x_0|$ 的一切 x 使这幂级数发散.

类题训练

1. 设幂级数 $\displaystyle\sum_{n=0}^{\infty}a_nx^n$ 的收敛半径为 R ,试求 $\displaystyle\sum_{n=0}^{\infty}\dfrac{a_n}{b^n}x^n$ 的收敛半径,其中 b 为非零常数.

2. 设级数 $\displaystyle\sum_{n=1}^{\infty}(-1)^n2^na_n$ 收敛,证明级数 $\displaystyle\sum_{n=1}^{\infty}a_n$ 绝对收敛.

3. 设 $a_n\geqslant 0$, $\displaystyle\sum_{n=0}^{\infty}a_nx^n$ 的收敛半径为 1,和函数为 $S(x)$,且 $\displaystyle\sum_{n=0}^{\infty}a_n$ 发散,证明

$$\lim_{x \to 1-0} S(x) = +\infty.$$

4. 已知 $a_1 = 1$, $a_2 = 1$, $a_{n+1} = a_n + a_{n-1}$ $(n = 1, 2, 3, \cdots)$, 试求幂级数 $\sum\limits_{n=1}^{\infty} a_n x^n$ 的收敛半径与和函数. (1995 年北京市竞赛题)

5. 设级数 $\sum\limits_{n=1}^{\infty} (-1)^n a_n$ 条件收敛, 求 $\sum\limits_{n=1}^{\infty} \dfrac{a_n}{n+1} (x-1)^n$ 的收敛半径.

📖 典型例题

28 设级数 $\sum\limits_{n=1}^{\infty} a_n$ 满足: (1) $\{a_n\}$ 单调减少, 且 $\lim\limits_{n\to\infty} a_n = 0$; (2) $\sum\limits_{k=1}^{n} (a_k - a_n)$ 对 n 有界. 证明级数 $\sum\limits_{n=1}^{\infty} a_n$ 收敛.

【证法 1】 要证正项级数 $\sum\limits_{n=1}^{\infty} a_n$ 收敛, 由正项级数收敛的充要条件知, 只需证明其部分和数列有界.

由已知 $\sum\limits_{k=1}^{n} (a_k - a_n)$ 有界, 即存在 $M > 0$, $\forall n \in \mathbf{N}$, 有 $\sum\limits_{k=1}^{n} (a_k - a_n) \leqslant M$. 现任意固定一个 $n \in \mathbf{N}$, 任取 $m > n$, 则有 $\sum\limits_{k=1}^{n} a_k - n a_m = \sum\limits_{k=1}^{n} (a_k - a_m) \leqslant \sum\limits_{k=1}^{m} (a_k - a_m) \leqslant M$.

令 $m \to +\infty$, 则 $\lim\limits_{m \to +\infty} n a_m = 0$, 于是由上式得 $\sum\limits_{k=1}^{n} a_k \leqslant M$. 故由 n 的任意性得级数 $\sum\limits_{n=1}^{\infty} a_n$ 收敛.

【证法 2】 由已知 $\sum\limits_{k=1}^{n} (a_k - a_n)$ 有界, 即 $\exists M > 0$, $\forall n \in \mathbf{N}$, 有 $\sum\limits_{k=1}^{n} (a_k - a_n) = \sum\limits_{k=1}^{n-1} a_k - (n-1) a_n \leqslant M$. 又由 $\{a_n\}$ 单调减少, 且 $\lim\limits_{n\to\infty} a_n = 0$, 即有 $\forall m \in \mathbf{N}$, $\exists n > m$, 有 $a_n \leqslant \dfrac{1}{2} a_m$. 于是

$$M \geqslant \sum_{k=1}^{n-1} a_k - (n-1) a_n = \sum_{k=1}^{m} a_k - m a_n + (a_{m+1} + \cdots + a_{n-1}) - (n-1-m) a_n$$

$$\geqslant m a_m - \frac{m}{2} a_m + (n-1-m) a_n - (n-1-m) a_n = \frac{m}{2} a_m,$$

从而 $m a_m \leqslant 2M$. 又 $\forall m \in \mathbf{N}$, 有 $\sum\limits_{k=1}^{m} (a_k - a_m) \leqslant M$, 所以 $\forall m \in \mathbf{N}$, 有 $S_m = \sum\limits_{k=1}^{m} a_k \leqslant$

$M + ma_m \leqslant M + 2M = 3M$，即部分和数列 $\{S_m\}$ 有界，故级数 $\sum\limits_{n=1}^{\infty} a_n$ 收敛.

✦ **特别提示**   证明正项级数的收敛性(包括变号级数的绝对收敛性)，经常是证明它的部分和数列有上界. 怎样确定它的上界，需根据已知条件进行放缩，因题而异.

♻ **类题训练**

1. 设级数 $\sum\limits_{n=1}^{\infty} a_n$ 绝对收敛，证明级数 $\sum\limits_{n=1}^{\infty} a_n^2$ 收敛.

2. 设 $a_n > 0 \ (n=1,2,\cdots)$，证明级数 $\sum\limits_{n=1}^{\infty} \dfrac{a_n}{(1+a_1)(1+a_2)\cdots(1+a_n)}$ 收敛.

3. 设 $\{a_n\}$ 是单调减少的正项数列，证明级数 $\sum\limits_{n=1}^{\infty} \dfrac{a_n - a_{n+1}}{\sqrt{a_n}}$ 收敛.

4. 设 $a_n > 0 \ (n=1,2,\cdots)$，$S_n = a_1 + a_2 + \cdots + a_n$，证明 (1) 当 $\alpha > 1$ 时，级数 $\sum\limits_{n=1}^{\infty} \dfrac{a_n}{S_n^{\alpha}}$ 收敛；又问级数 $\sum\limits_{n=1}^{\infty} a_n$ 是否必收敛？并说明理由？(2) 当 $\alpha \leqslant 1$ 且 $S_n \to +\infty \ (n \to \infty)$ 时，级数 $\sum\limits_{n=1}^{\infty} \dfrac{a_n}{S_n^{\alpha}}$ 发散. (2010 年第二届全国大学生数学竞赛预赛(非数学类)试题)

📖 **典型例题**

29   设 $a_n > 0 \ (n=1,2,\cdots)$，$\{a_n\}$ 单调减少，且级数 $\sum\limits_{n=1}^{\infty} a_n$ 收敛，证明 $\lim\limits_{n\to\infty} na_n = 0$.

【证法 1】   由题设，记 $S_n = \sum\limits_{k=1}^{\infty} a_k$，$\sum\limits_{n=1}^{\infty} a_n = S$，则 $\lim\limits_{n\to\infty} S_n = S = \lim\limits_{n\to\infty} S_{2n}$，于是有 $\lim\limits_{n\to\infty}(S_{2n} - S_n) = 0$. 而因为 $S_{2n} - S_n = a_{n+1} + a_{n+2} + \cdots + a_{2n} \geqslant na_{2n} > 0$，所以由夹逼准则知 $\lim\limits_{n\to\infty} na_{2n} = 0$，从而 $\lim\limits_{n\to\infty}(2n) \cdot a_{2n} = 0$.

又 $a_{2n+1} \leqslant a_{2n}$，所以 $0 < (2n+1) \cdot a_{2n+1} \leqslant \dfrac{2n+1}{2n} \cdot (2n) \cdot a_{2n}$，于是由夹逼准则知 $\lim\limits_{n\to\infty}(2n+1) \cdot a_{2n+1} = 0$，从而得 $\lim\limits_{n\to\infty} na_n = 0$.

【证法 2】   因为级数 $\sum\limits_{n=1}^{\infty} a_n$ 收敛，且 $a_n > 0 \ (n=1,2,\cdots)$，所以由 Cauchy 收敛准

则, $\forall \varepsilon > 0$, $\exists N$, 当 $n > N$ 时, 有 $0 < a_{N+1} + a_{N+2} + \cdots + a_n < \dfrac{\varepsilon}{2}$.

又 $\{a_n\}$ 单调减少, 所以由上式得 $0 < (n-N)a_n < \dfrac{\varepsilon}{2}$. 取 $n > 2N$, 则有 $\dfrac{n}{2} < n - N$, 故得 $0 < \dfrac{n}{2}a_n < \dfrac{\varepsilon}{2}$, 即 $0 < na_n < \varepsilon$, 亦即 $\lim\limits_{n\to\infty} na_n = 0$.

【证法 3】 令 $b_n = \sum\limits_{k=1}^{n} a_k - na_n \,(n = 1, 2, \cdots)$, 则由

$$b_n - b_{n-1} = a_n - na_n + (n-1)a_{n-1} = (n-1)\cdot(a_{n-1} - a_n) \geq 0,$$

知数列 $\{b_n\}$ 为单调增加数列.

又 $b_n \leqslant \sum\limits_{k=1}^{n} a_k \leqslant \sum\limits_{k=1}^{\infty} a_k$, 所以 $\{b_n\}$ 有上界, 于是数列 $\{b_n\}$ 收敛, 从而 $na_n = \sum\limits_{k=1}^{n} a_k - b_n$ 极限存在. 不妨设 $\lim\limits_{n\to\infty} na_n = a$, 则 $a = 0$. 反证法: 假设 $a \neq 0$, 则 $\lim\limits_{n\to\infty} \dfrac{a_n}{\frac{1}{n}} = a \neq 0$, 而 $\sum\limits_{n=1}^{\infty} \dfrac{1}{n}$ 发散, 于是由比较判别法的极限形式知级数 $\sum\limits_{n=1}^{\infty} a_n$ 发散, 这与已知 $\sum\limits_{n=1}^{\infty} a_n$ 收敛相矛盾. 故 $a = 0$, $\lim\limits_{n\to\infty} na_n = 0$.

特别提示 证法 1 中用到了关于数列与子列关系的拉链定理, 即 $\lim\limits_{n\to\infty} u_n = A$ 的充分必要条件是 $\lim\limits_{k\to\infty} u_{2k} = \lim\limits_{k\to\infty} u_{2k+1} = A$.

类题训练

1. 设 $a_n > 0 \,(n = 1, 2, \cdots)$, 数列 $\{na_n\}$ 单调, 且级数 $\sum\limits_{n=1}^{\infty} a_n$ 收敛, 证明 $\lim\limits_{n\to\infty} na_n \cdot \ln n = 0$.

2. 设 $\{a_n\}$ 为实数列, 满足 $0 \leqslant a_k \leqslant 100a_n$, 其中 $n \leqslant k \leqslant 2n$, $n = 1, 2, \cdots$, 又级数 $\sum\limits_{n=1}^{\infty} a_n$ 收敛, 证明 $\lim\limits_{n\to\infty} na_n = 0$.

3. 设级数 $\sum\limits_{n=1}^{\infty} (a_{2n-1} + a_{2n})$ 收敛, 且 $\lim\limits_{n\to\infty} a_n = 0$, 证明级数 $\sum\limits_{n=1}^{\infty} a_n$ 收敛.

4. 设正项数列 $\{a_n\}$ 单调减少, 且 $\sum\limits_{n=1}^{\infty} (-1)^n a_n$ 发散, 问级数 $\sum\limits_{n=1}^{\infty} \left(\dfrac{1}{a_n+1}\right)^n$ 是否收

敛？并说明理由.(1998年硕士研究生入学考试数学(一)试题)

5. 设 $\{a_n\}$ 是单调数列, 且级数 $\sum_{n=1}^{\infty} a_n$ 收敛, 证明级数 $\sum_{n=1}^{\infty} n(a_n - a_{n+1})$ 收敛.

📖 典型例题

30 设级数 $\sum_{n=1}^{\infty} \dfrac{a_n}{n}$ 收敛, 证明 $\lim_{n \to \infty} \dfrac{a_1 + a_2 + \cdots + a_n}{n} = 0$.

【证法1】 记 $S_n = \sum_{k=1}^{n} \dfrac{a_k}{k}$, $S_0 = 0$, $S = \sum_{n=1}^{\infty} \dfrac{a_n}{n}$, 则 $S_n - S_{n-1} = \dfrac{a_n}{n}$, 且 $\lim_{n \to \infty} S_n = S$,

于是 $S_n = S + \varepsilon_n$, 其中 $n \geqslant 1, \varepsilon_n \to 0 \, (n \to \infty)$.

令 $b_n = \dfrac{a_1 + a_2 + \cdots + a_n}{n}$, 则 $\forall n \in \mathbf{N}$, 有

$$b_n = \frac{S_1 + (S_2 - S_1) + \cdots + (S_n - S_{n-1})}{n} = \frac{\sum_{k=1}^{n} k(S_k - S_{k-1})}{n} = \frac{S + \varepsilon_1 + \sum_{k=2}^{n} k(\varepsilon_k - \varepsilon_{k-1})}{n}$$

$$= \frac{S}{n} + \frac{\varepsilon_1}{n} + \frac{1}{n} \sum_{k=2}^{n} k(\varepsilon_k - \varepsilon_{k-1}) = \frac{S}{n} + \varepsilon_n - \frac{\sum_{k=1}^{n-1} \varepsilon_k}{n}.$$

而因为 $\varepsilon_k \to 0 \, (k \to \infty)$, 所以 $\lim_{n \to \infty} \dfrac{\sum_{k=1}^{n-1} \varepsilon_k}{n} = \lim_{n \to \infty} \dfrac{\sum_{k=1}^{n-1} \varepsilon_k}{n-1} \cdot \dfrac{n-1}{n} = 0$. 故 $\lim_{n \to \infty} b_n = 0$.

【证法2】 由已知 $\sum_{n=1}^{\infty} \dfrac{a_n}{n}$ 收敛, 利用 Cauchy 收敛准则知, $\forall \varepsilon > 0, \exists N$, 当

$n > N$ 时, $\forall p \in \mathbf{N}$, 有 $\left| \dfrac{a_{n+1}}{n+1} + \dfrac{a_{n+2}}{n+2} + \cdots + \dfrac{a_{n+p}}{n+p} \right| < \varepsilon$.

又有 $0 < \dfrac{n+1}{n+p} < \dfrac{n+2}{n+p} < \cdots < \dfrac{n+p}{n+p} = 1$, 由 Abel 引理, 得

$$\left| \dfrac{a_{n+1}}{n+1} \cdot \dfrac{n+1}{n+p} + \dfrac{a_{n+2}}{n+2} \cdot \dfrac{n+2}{n+p} + \cdots + \dfrac{a_{n+p}}{n+p} \cdot \dfrac{n+p}{n+p} \right| < \varepsilon,$$

即 $\left| \sum_{k=n+1}^{n+p} \dfrac{a_k}{n+p} \right| < \varepsilon$.

对固定的 n, $\exists K \in \mathbf{N}$, $\forall p > K$, 有 $\left| \sum_{k=1}^{n} \dfrac{a_k}{n+p} \right| = \dfrac{|a_1 + a_2 + \cdots + a_n|}{n+p} < \varepsilon$. 于是

$\forall \varepsilon > 0$, $\exists N + K \in \mathbf{N}$, $\forall p > K$, 有

$$\left| \sum_{k=1}^{n+p} \frac{a_k}{n+p} \right| = \left| \sum_{k=1}^{n} \frac{a_k}{n+p} \right| + \left| \sum_{k=n+1}^{n+p} \frac{a_k}{n+p} \right| < 2\varepsilon,$$

即 $\lim\limits_{n\to\infty} \dfrac{a_1 + a_2 + \cdots + a_n}{n} = 0$.

特别提示　证法 2 中用到了如下 Abel 引理:

设两个数列 $\{a_n\}$ 与 $\{b_n\}$ 满足: $a_1 \geqslant a_2 \geqslant \cdots \geqslant a_n \geqslant 0$,且 $A \leqslant b_1 + b_2 + \cdots + b_k \leqslant B$ $(k = 1, 2, \cdots, n)$,其中 A 与 B 是常数,则有 $a_1 A \leqslant \sum\limits_{k=1}^{n} a_k b_k \leqslant a_1 B$.

一般地,若级数 $\sum\limits_{n=1}^{\infty} \dfrac{a_n}{n^\sigma}$ $(\sigma > 0)$ 收敛,则 $\lim\limits_{n\to\infty} \dfrac{a_1 + a_2 + \cdots + a_n}{n} = 0$.

更为一般地,设 $\{\lambda_n\}$ 是严格单调增加且趋于无穷大的正数列,且 $\lim\limits_{n\to\infty} \dfrac{\lambda_{n+1}}{\lambda_n} = 1$,

证明 (i) 若 $\sum\limits_{n=1}^{\infty} \dfrac{a_n}{\lambda_n}$ 收敛,则 $\lim\limits_{n\to\infty} \dfrac{\sum\limits_{k=1}^{n} a_k}{\lambda_n} = 0$;(ii) 若 $\sum\limits_{n=1}^{\infty} a_n$ 收敛,则 $\lim\limits_{n\to\infty} \sum\limits_{k=1}^{n} \dfrac{\lambda_k}{\lambda_n} a_k = 0$.

类题训练

1. 设正项级数 $\sum\limits_{n=1}^{\infty} a_n$ 收敛,且其和为 S,求

(i) $\lim\limits_{n\to\infty} \dfrac{a_1 + 2a_2 + \cdots + na_n}{n}$;　(ii) $\sum\limits_{n=1}^{\infty} \dfrac{a_1 + 2a_2 + \cdots + na_n}{n(n+1)}$.

2. 设级数 $\sum\limits_{n=1}^{\infty} \dfrac{a_n}{n^2}$ 收敛,证明 $\lim\limits_{n\to\infty} \dfrac{1}{n} \sum\limits_{k=1}^{n} \dfrac{a_k}{k} = 0$.

3. 设级数 $\sum\limits_{n=1}^{\infty} a_n$ 收敛,证明 $\lim\limits_{n\to\infty} \dfrac{1}{n} \sum\limits_{k=1}^{n} k a_k = 0$.

4. 设级数 $\sum\limits_{n=1}^{\infty} \dfrac{a_n}{n^\alpha}$ 收敛,证明对于 $\forall \beta > \alpha$,级数 $\sum\limits_{n=1}^{\infty} \dfrac{a_n}{n^\beta}$ 也收敛.

典型例题

31　设 $f(x)$ 是 $\mathbf{R}$ 上以 2π 为周期的连续函数,且在 $[-\pi, \pi]$ 上分段光滑,函数 $g(x)$ 在 $[-\pi, \pi]$ 上可积,则 $\dfrac{1}{\pi} \displaystyle\int_{-\pi}^{\pi} f(x) g(x) \mathrm{d}x = \dfrac{1}{2} a_0 \alpha_0 + \sum\limits_{n=1}^{\infty} (a_n \alpha_n + b_n \beta_n)$,其中 a_n, b_n 与 α_n, β_n 分别是函数 $f(x)$ 与 $g(x)$ 的 Fourier 系数.

【证法 1 】　由收敛性定理, 有 $f(x)=\dfrac{a_0}{2}+\sum\limits_{n=1}^{\infty}(a_n\cos nx+b_n\sin nx)$.

两端分别乘以 $\dfrac{1}{\pi}g(x)$, 然后在 $[-\pi,\pi]$ 上逐项积分, 得

$$\frac{1}{\pi}\int_{-\pi}^{\pi}f(x)g(x)\mathrm{d}x$$

$$=\frac{a_0}{2}\cdot\frac{1}{\pi}\int_{-\pi}^{\pi}g(x)\mathrm{d}x+\sum_{n=1}^{\infty}\left[a_n\cdot\frac{1}{\pi}\int_{-\pi}^{\pi}g(x)\cos nx\mathrm{d}x+b_n\cdot\frac{1}{\pi}\int_{-\pi}^{\pi}g(x)\sin nx\mathrm{d}x\right]$$

$$=\frac{1}{2}a_0\alpha_0+\sum_{n=1}^{\infty}(a_n\alpha_n+b_n\beta_n).$$

【证法 2 】　假设 $g(x)$ 在 $[-\pi,\pi]$ 上连续(否则不能用该证法!), 此时, $f(x)+g(x)$, $f(x)-g(x)$ 在 $[-\pi,\pi]$ 上连续, 满足 Parseval 等式成立的条件, 故它们的 Parseval 等式分别为

$$\frac{1}{\pi}\int_{-\pi}^{\pi}\left[f(x)+g(x)\right]^2\mathrm{d}x=\frac{(a_0+\alpha_0)^2}{2}+\sum_{n=1}^{\infty}\left[(a_n+\alpha_n)^2+(b_n+\beta_n)^2\right],$$

$$\frac{1}{\pi}\int_{-\pi}^{\pi}\left[f(x)-g(x)\right]^2\mathrm{d}x=\frac{(a_0-\alpha_0)^2}{2}+\sum_{n=1}^{\infty}\left[(a_n-\alpha_n)^2+(b_n-\beta_n)^2\right],$$

其中 $a_n\pm\alpha_n$, $b_n\pm\beta_n$ 分别为 $f(x)\pm g(x)$ 的 Fourier 系数.

两式相减, 然后除以 2, 即得证.

【证法 3 】　由 Weierstrass 逼近定理, $\forall\varepsilon>0$, 存在三角多项式

$$T_N(x)=\frac{a_0'}{2}+\sum_{k=1}^{N}(a_k'\cos kx+b_k'\sin kx),$$

使得 $\forall x\in[-\pi,\pi]$, 有 $|f(x)-T_N(x)|<\sqrt{\varepsilon}$.

又 $g(x)$ 在 $[-\pi,\pi]$ 上可积, 所以 $g(x)$ 在 $[-\pi,\pi]$ 上有界, 即 $\exists M>0$, $\forall x\in[-\pi,\pi]$, 使 $|g(x)|\le M$. 而

$$0\le\delta_N=\frac{1}{\pi}\int_{-\pi}^{\pi}|f(x)-T_N(x)|^2\mathrm{d}x=\frac{1}{\pi}\int_{-\pi}^{\pi}f^2(x)\mathrm{d}x-\left[\frac{a_0^2}{2}+\sum_{k=1}^{N}(a_k^2+b_k^2)\right]$$

$$+\frac{1}{2}(a_0-a_0')^2+\sum_{k=1}^{N}\left[(a_k-a_k')^2+(b_k-b_k')^2\right],$$

其中 a_k, b_k 是 $f(x)$ 在 $[-\pi,\pi]$ 上的 Fourier 系数.

由此可见当 $a_k'=a_k$, $b_k'=b_k$ 时, δ_N 最小, 且最小 $\widehat{\delta_N}$ 为

$$\widehat{\delta_N} = \frac{1}{\pi}\int_{-\pi}^{\pi} f^2(x)\mathrm{d}x - \left[\frac{a_0^2}{2} + \sum_{k=1}^{N}\left(a_k^2 + b_k^2\right)\right].$$

故当 $n > N$ 时, 有

$$\left|\frac{1}{\pi}\int_{-\pi}^{\pi}f(x)g(x)\mathrm{d}x - \frac{1}{\pi}\int_{-\pi}^{\pi}g(x)\cdot\left[\frac{a_0}{2} + \sum_{k=1}^{n}\left(a_k\cos kx + b_k\sin kx\right)\right]\mathrm{d}x\right|$$

$$\leqslant \frac{1}{\pi}\int_{-\pi}^{\pi}\left|g(x)\right|\cdot\left|f(x) - \left[\frac{a_0}{2} + \sum_{k=1}^{n}\left(a_k\cos kx + b_k\sin kx\right)\right]\right|\mathrm{d}x$$

$$\leqslant \frac{1}{\pi}\left(\int_{-\pi}^{\pi}g^2(x)\mathrm{d}x\right)^{\frac{1}{2}}\left\{\int_{-\pi}^{\pi}\left|f(x) - \left[\frac{a_0}{2} + \sum_{k=1}^{n}\left(a_k\cos kx + b_k\sin kx\right)\right]\right|^2\mathrm{d}x\right\}^{\frac{1}{2}}$$

$$\leqslant \frac{\sqrt{2\pi}}{\pi}M\cdot\sqrt{2\pi}\,\varepsilon = 2M\varepsilon,$$

故

$$\frac{1}{\pi}\int_{-\pi}^{\pi}f(x)g(x)\mathrm{d}x = \frac{1}{\pi}\int_{-\pi}^{\pi}g(x)\cdot\left[\frac{a_0}{2} + \sum_{k=1}^{\infty}\left(a_k\cos kx + b_k\sin kx\right)\right]\mathrm{d}x$$

$$= \frac{a_0}{2}\alpha_0 + \sum_{k=1}^{\infty}\left(a_n\alpha_n + b_n\beta_n\right).$$

特别提示　设 $f(x)$ 在 $[-\pi, \pi]$ 上连续, 则有下列 Parseval 等式成立:

$$\frac{1}{\pi}\int_{-\pi}^{\pi}f^2(x)\mathrm{d}x = \frac{a_0^2}{2} + \sum_{n=1}^{\infty}\left(a_n^2 + b_n^2\right).$$

可以证明: 只要 $f(x)$ 在 $[-\pi, \pi]$ 上可积, 或者在 $[-\pi, \pi]$ 上有奇点, 但 $f(x)$ 平方可积, 则 Parseval 等式仍成立.

类题训练

1. 设函数 $f(x)$ 在 $[-\pi, \pi]$ 上连续, 且分段光滑, 证明 $\lim\limits_{k\to\infty}ka_k = 0$, 且 $\lim\limits_{k\to\infty}(-1)^k\cdot kb_k = \dfrac{f(-\pi) - f(\pi)}{\pi}$, 其中 a_k 与 b_k 是函数 $f(x)$ 的 Fourier 系数.

2. 设函数 $f'(x)$ 在 $[-\pi, \pi]$ 上连续, 且 $f(\pi) = f(-\pi)$, 证明存在常数 C, 对任意自然数 n, 函数 $f(x)$ 的 Fourier 系数 a_n 与 b_n, 有 $|a_n| \leqslant \dfrac{c}{n}$ 与 $|b_n| \leqslant \dfrac{c}{n}$.

3. 设函数 $f(x)$ 在 $[0, 2\pi]$ 上可积, $b_n = \dfrac{1}{\pi}\int_0^{2\pi}f(x)\sin nx\mathrm{d}x\,(n = 1, 2, \cdots)$, 证明

$$\frac{1}{2\pi}\int_0^{2\pi}f(x)(\pi-x)\mathrm{d}x=\sum_{n=1}^{\infty}\frac{b_n}{n}.$$

4. 设函数 $f(x)$ 在 $(-\infty,+\infty)$ 上可导, 且 $f(x)=f(x+2)=f\left(x+\sqrt{3}\right)$, 用 Fourier 级数理论证明 $f(x)$ 为常数. (2016 年第八届全国大学生数学竞赛预赛(非数学类)试题)

典型例题

32 求级数 $\displaystyle\sum_{n=1}^{\infty}\frac{1}{n^2}$ 的和.

【解法 1】 由 $(1+x)^{\alpha}\ (\alpha\in\mathbf{R})$ 的二项展开式, 取 $\alpha=-\dfrac{1}{2}$, $x=-t^2$, 则有

$$\frac{1}{\sqrt{1-t^2}}=1+\sum_{n=1}^{\infty}\frac{(2n-1)!!}{(2n)!!}t^{2n},\quad -1<t<1.$$

$\forall x\in(-1,1)$, 上式两边分别在 $(0,x)$ 或 $(x,0)$ 上积分, 有

$$\arcsin x=x+\sum_{n=1}^{\infty}\frac{(2n-1)!!}{(2n)!!}\cdot\frac{1}{2n+1}x^{2n+1}.$$

又因为 $\forall k\geqslant 1$, $\dfrac{2k-1}{2k}<\dfrac{2k}{2k+1}$, 取 $k=1,2,\cdots,n$, 得到 n 个不等式, 两边分别

相乘, 得 $\dfrac{1\cdot 3\cdots(2n-1)}{2\cdot 4\cdots(2n)}<\dfrac{2\cdot 4\cdots(2n)}{3\cdot 5\cdots(2n+1)}$, 所以 $\left[\dfrac{1\cdot 3\cdots(2n-1)}{2\cdot 4\cdots(2n)}\right]^2<\dfrac{1}{2n+1}$, 即得

$\dfrac{(2n-1)!!}{(2n)!!}<\dfrac{1}{\sqrt{2n+1}}$, 于是 $\dfrac{(2n-1)!!}{(2n)!!}\cdot\dfrac{1}{2n+1}<\dfrac{1}{(2n+1)^{\frac{3}{2}}}$, 从而 $\displaystyle\sum_{n=1}^{\infty}\frac{(2n-1)!!}{(2n)!!}\cdot\frac{1}{2n+1}$

收敛. 故当 $x=\pm 1$ 时, 上述关于 $\arcsin x$ 的等式也成立, 即有 $\forall x\in[-1,1]$,

$\arcsin x=x+\displaystyle\sum_{n=1}^{\infty}\frac{(2n-1)!!}{(2n)!!}\cdot\frac{1}{2n+1}x^{2n+1}$.

令 $x=\sin u$, 则上式化为

$$u=\sin u+\sum_{n=1}^{\infty}\frac{(2n-1)!!}{(2n+1)\cdot(2n)!!}\sin^{2n+1}u,\quad -\frac{\pi}{2}\leqslant u\leqslant\frac{\pi}{2}.$$

再将上式两端从 0 到 $\dfrac{\pi}{2}$ 积分, 得

$$\frac{\pi^2}{8}=1+\sum_{n=1}^{\infty}\frac{(2n-1)!!}{(2n+1)\cdot(2n)!!}\int_0^{\frac{\pi}{2}}\sin^{2n+1}u\mathrm{d}u=1+\sum_{n=1}^{\infty}\frac{(2n-1)!!}{(2n+1)\cdot(2n)!!}\cdot\frac{(2n)!!}{(2n+1)!!}$$

$$=1+\sum_{n=1}^{\infty}\frac{1}{(2n+1)^2}=\sum_{n=1}^{\infty}\frac{1}{(2n-1)^2},$$

于是 $\sum_{n=1}^{\infty}\dfrac{1}{n^2}=\sum_{n=1}^{\infty}\dfrac{1}{\left(2n-1\right)^2}+\sum_{n=1}^{\infty}\dfrac{1}{\left(2n\right)^2}=\dfrac{\pi^2}{8}+\dfrac{1}{4}\sum_{n=1}^{\infty}\dfrac{1}{n^2}$，故得 $\sum_{n=1}^{\infty}\dfrac{1}{n^2}=\dfrac{\pi^2}{6}$．

【解法 2】　将函数 $f\left(x\right)=x^2$ 在 $\left(-\pi,\,\pi\right]$ 上展开成 Fourier 级数.

因为 $f\left(x\right)=x^2$ 在 $\left(-\pi,\,\pi\right)$ 上为偶函数，所以其 Fourier 系数为 $b_n=0$ $(n=1,$

$2,\cdots)$，$a_0=\dfrac{2}{\pi}\displaystyle\int_0^{\pi}x^2\mathrm{d}x=\dfrac{2\pi^2}{3}$，$a_n=\dfrac{2}{\pi}\displaystyle\int_0^{\pi}x^2\cos nx\mathrm{d}x=\dfrac{4\cdot\left(-1\right)^n}{n^2}$．于是由收敛定理有

$x^2=\dfrac{\pi^2}{3}+\sum_{n=1}^{\infty}\dfrac{4\left(-1\right)^n}{n^2}\cdot\cos nx$ $\left(-\pi<x\leqslant\pi\right)$．当 $x=\pi$ 时，有 $\pi^2=\dfrac{\pi^2}{3}+4\sum_{n=1}^{\infty}\dfrac{1}{n^2}$，即得

$\sum_{n=1}^{\infty}\dfrac{1}{n^2}=\dfrac{\pi^2}{6}$．

【解法 3】　将函数 $f\left(x\right)=|x|$ 在 $\left[-\pi,\,\pi\right]$ 上展开成 Fourier 级数，其 Fourier 系数为

$a_0=\dfrac{1}{\pi}\displaystyle\int_{-\pi}^{\pi}f\left(x\right)\mathrm{d}x=\dfrac{1}{\pi}\displaystyle\int_{-\pi}^{0}\left(-x\right)\mathrm{d}x+\dfrac{1}{\pi}\displaystyle\int_0^{\pi}x\mathrm{d}x=\pi,$

$a_n=\dfrac{1}{\pi}\displaystyle\int_{-\pi}^{\pi}f\left(x\right)\cos x\mathrm{d}x=\dfrac{1}{\pi}\displaystyle\int_{-\pi}^{0}\left(-x\right)\cos nx\mathrm{d}x+\dfrac{1}{\pi}\displaystyle\int_0^{\pi}x\cos nx\mathrm{d}x=\dfrac{2}{n^2\pi}\left(\cos n\pi-1\right)$

$\qquad=\dfrac{2}{n^2\pi}\left(\left(-1\right)^n-1\right),$

$b_n=\dfrac{1}{\pi}\displaystyle\int_{-\pi}^{\pi}f\left(x\right)\sin nx\mathrm{d}x=0.$

于是有 $f\left(x\right)=|x|=\dfrac{\pi}{2}-\dfrac{4}{\pi}\sum_{n=1}^{\infty}\dfrac{1}{\left(2n-1\right)^2}\cdot\cos\left(2n-1\right)x$ $\left(-\pi\leqslant x\leqslant\pi\right)$．

当 $x=\pi$ 时，即得 $\sum_{n=1}^{\infty}\dfrac{1}{\left(2n-1\right)^2}=\dfrac{\pi^2}{8}$，从而

$$\sum_{n=1}^{\infty}\dfrac{1}{n^2}=\sum_{n=1}^{\infty}\dfrac{1}{\left(2n-1\right)^2}+\sum_{n=1}^{\infty}\dfrac{1}{\left(2n\right)^2}=\dfrac{\pi^2}{8}+\dfrac{1}{4}\sum_{n=1}^{\infty}\dfrac{1}{n^2},$$

故得 $\sum_{n=1}^{\infty}\dfrac{1}{n^2}=\dfrac{\pi^2}{6}$．

【解法 4】　将函数 $f\left(x\right)=\dfrac{1}{4}x\left(2\pi-x\right)$ 在 $\left[0,2\pi\right]$ 上展开成 Fourier 级数. 其系数为

$$a_0=\dfrac{1}{\pi}\displaystyle\int_0^{2\pi}f\left(x\right)\mathrm{d}x=\dfrac{1}{\pi}\displaystyle\int_0^{2\pi}\dfrac{1}{4}x\left(2\pi-x\right)\mathrm{d}x=\dfrac{\pi^2}{3},$$

$$a_n = \frac{1}{\pi} \int_0^{2\pi} f(x)\cos nx\, dx = \frac{1}{\pi} \int_0^{2\pi} \frac{1}{4} x(2\pi - x)\cos nx\, dx = -\frac{1}{n^2},$$

$$b_n = \frac{1}{\pi} \int_0^{2\pi} f(x)\sin nx\, dx = \frac{1}{\pi} \int_0^{2\pi} \frac{1}{4} x(2\pi - x)\sin nx\, dx = 0.$$

于是有 $\frac{1}{4}x(2\pi - x) = \frac{\pi^2}{6} - \sum_{n=1}^{\infty} \frac{1}{n^2}\cos nx$ $(x \in [0, 2\pi])$. 当 $x = 0$ 时, 即得 $\sum_{n=1}^{\infty} \frac{1}{n^2} = \frac{\pi^2}{6}$.

【解法 5】 由复数运算的 De Moivre 公式: $(\cos x + i\sin x)^m = \cos mx + i\sin mx$. 比较两边的虚部, 得

$$\sin mx = C_m^1 \cdot \sin x \cdot \cos^{m-1} x - C_m^3 \cdot \sin^3 x \cdot \cos^{m-3} x - \cdots - C_m^{2\left[\frac{m-1}{2}\right]-1} \cdot (\sin x)^{2\left[\frac{m-1}{2}\right]-1}$$
$$\cdot (\cos x)^{m-2\left[\frac{m-1}{2}\right]+1}$$

令 $m = 2n+1$, 得到

$$\sin(2n+1)x = C_{2n+1}^1 \cdot \sin x \cdot \cos^{2n} x - C_{2n+1}^3 \cdot \sin^3 x \cdot \cos^{2n-2} x + \cdots - \sin^{2n+1} x.$$

当 $x = \frac{k\pi}{2n+1}$ $(1 \leqslant k \leqslant n)$ 时, $\sin(2n+1)x = 0$, 而 $\sin x \neq 0$, 此时有

$$C_{2n+1}^1 \cdot \cot^{2n} x - C_{2n+1}^3 \cdot \cot^{2n-2} x + \cdots = 0,$$

即 $\cot^2 \frac{\pi}{2n+1}$, $\cot^2 \frac{2\pi}{2n+1}$, $\cdots$, $\cot^2 \frac{n\pi}{2n+1}$ 是方程 $C_{2n+1}^1 \cdot u^n - C_{2n+1}^3 \cdot u^{n-1} + \cdots = 0$ 的根.

由根与系数的关系, 有 $\cot^2 \frac{\pi}{2n+1} + \cot^2 \frac{2\pi}{2n+1} + \cdots + \cot^2 \frac{n\pi}{2n+1} = -\frac{-C_{2n+1}^3}{C_{2n+1}^1} = \frac{n(2n-1)}{3}$. 又由三角恒等式 $\csc^2 \alpha = \cot^2 \alpha + 1$, 有

$$\csc^2 \frac{\pi}{2n+1} + \csc^2 \frac{2\pi}{2n+1} + \cdots + \csc^2 \frac{n\pi}{2n+1} = \frac{n(2n-1)}{3} + n = \frac{n(2n+2)}{3}.$$

再由 $\sin x < x < \tan x$ $\left(0 < x < \frac{\pi}{2}\right)$, 得 $\cot x < \frac{1}{x} < \csc x$, 于是得

$$\frac{n(2n-1)}{3} \leqslant \frac{(2n+1)^2}{\pi^2} \sum_{k=1}^n \frac{1}{k^2} \leqslant \frac{n(2n+2)}{3}, \quad \text{即} \quad \frac{n(2n-1)\pi^2}{3(2n+1)^2} \leqslant \sum_{k=1}^n \frac{1}{k^2} \leqslant \frac{n(2n+2)\pi^2}{3(2n+1)^2},$$

故令 $n \to \infty$, 由夹逼准则, 得 $\sum_{n=1}^{\infty} \frac{1}{n^2} = \frac{\pi^2}{6}$.

特别提示 该无穷级数的和 $\sum_{n=1}^{\infty} \frac{1}{n^2} = \frac{\pi^2}{6}$ 称为 Basel 问题. 它也可以由其他函

数 $f(x)$ 展开成 Fourier 级数得到, 如将 $f(x) = \left(\dfrac{\pi-x}{2}\right)^2$ 在 $[0, 2\pi]$ 上展开, 或

$f(x) = x^2 - \pi^2$ 在 $[-\pi, \pi]$ 上展开等. 由 $\displaystyle\sum_{n=1}^{\infty} \dfrac{1}{n^2} = \dfrac{\pi^2}{6}$ 可以得到其他级数的求和, 如

$$\sum_{n=1}^{\infty} \frac{(-1)^{n-1}}{n^2} = 1 - \frac{1}{2^2} + \frac{1}{3^2} - \frac{1}{4^2} + \cdots = \sum_{n=1}^{\infty} \frac{1}{(2n-1)^2} - \sum_{n=1}^{\infty} \frac{1}{(2n)^2} = \frac{\pi^2}{8} - \frac{\pi^2}{24} = \frac{\pi^2}{12}.$$

◆ **类题训练**

1. 求级数 $\displaystyle\sum_{n=1}^{\infty} \dfrac{(-1)^{n-1}}{2n-1}$ 的和.

2. 将函数 $f(x) = 1 - x^2 \ (0 \leqslant x \leqslant \pi)$ 展开成余弦级数, 并求 $\displaystyle\sum_{n=1}^{\infty} \dfrac{(-1)^{n-1}}{n^2}$ 的和.
(2008 年硕士研究生入学考试数学(一)试题)

3. 设函数 $f(x)$ 是以 2π 为周期的周期函数, 且 $f(x) = e^x \ (0 \leqslant x < 2\pi)$, 将 $f(x)$ 展开成 Fourier 级数, 并求和 $\displaystyle\sum_{n=1}^{\infty} \dfrac{1}{n^2+1}$.

4. 设函数 $f(x)$ 的周期为 2π, $f(x) = \left(\dfrac{\pi-x}{2}\right)^2 \ (0 \leqslant x \leqslant 2\pi)$, 求 $f(x)$ 的 Fourier 展开式, 并由此求 $\displaystyle\sum_{n=1}^{\infty} \dfrac{1}{n^2}$ 及 $\displaystyle\sum_{n=1}^{\infty} \dfrac{1}{n^4}$ 的和.

5. 已知 $\displaystyle\sum_{n=1}^{\infty} \dfrac{1}{n^2} = \dfrac{\pi^2}{6}$,

(i) 设 $f(x) = \displaystyle\sum_{n=1}^{\infty} \dfrac{1}{n^2} x^n$, 证明 $f(x) + f(1-x) + \ln x \cdot \ln(1-x) = \dfrac{\pi^2}{6} \ (x \in (0,1))$;

(ii) 计算积分 $\mathrm{I} = \displaystyle\int_0^1 \dfrac{1}{2-x} \ln \dfrac{1}{x} \mathrm{d}x$;

(iii) 计算 $\displaystyle\int_0^{+\infty} \dfrac{x}{1+e^x} \mathrm{d}x$.

参 考 文 献

波利亚 G. 2001. 数学与猜想: 数学中的归纳和类比(第一、二卷)[M]. 北京: 科学出版社.

波利亚 G. 2007. 怎样解题: 数学思维的新方法[M]. 涂泓, 冯承天译. 上海: 上海科技教育出版社.

常庚哲, 史济怀. 2003. 数学分析教程(上、下册)[M]. 北京: 高等教育出版社.

陈鼎兴, 姚奎. 2008. 高等数学学习与提高指南[M]. 2 版. 南京: 东南大学出版社.

陈鼎兴. 2001. 数学思维与方法: 研究式教学[M]. 南京: 东南大学出版社.

陈仲. 2013. 高等数学竞赛题解析教程(2013) [M]. 2 版. 南京: 东南大学出版社.

董秋仙. 2017. 大学生数学竞赛指导全书[M]. 北京: 科学出版社.

费定晖, 周学圣. 1980. 数学分析习题集题解(一至六册)[M]. 济南: 山东科学技术出版社.

胡适耕. 1997. 大学数学解题艺术[M]. 长沙: 湖南大学出版社.

贾高. 2009. 数学分析专题选讲[M]. 上海: 上海交通大学出版社.

匡继昌. 2010. 常用不等式[M]. 4 版. 济南: 山东科学技术出版社.

拉森 L C. 2003. 美国大学生数学竞赛例题选讲[M]. 潘正义, 译. 北京: 科学出版社.

李克典, 马云苓. 2006. 数学分析选讲[M]. 厦门: 厦门大学出版社.

李庆扬, 王能超, 易大义. 2008. 数值分析[M]. 5 版. 北京: 清华大学出版社.

李心灿. 2005. 大学生数学竞赛试题研究生入学考试难题解析选编[M]. 北京: 机械工业出版社.

林源渠, 方企勤. 2003. 数学分析解题指南[M]. 北京: 北京大学出版社.

刘培杰. 2009. 超越吉米多维奇: 数列的极限[M]. 哈尔滨: 哈尔滨工业大学出版社.

刘培杰. 2009. 历届 PTN 美国大学生数学竞赛试题集(1938—2007)[M]. 哈尔滨: 哈尔滨工业大学出版社.

刘培杰数学工作室. 2014. 546 个早期俄罗斯大学生数学竞赛题[M]. 哈尔滨: 哈尔滨工业大学出版社.

刘三阳, 李广民. 2011. 数学分析十讲[M]. 北京: 科学出版社.

刘玉琏, 杨奎元, 吕凤. 1987. 数学分析讲义学习指导书: 附解题方法提要(下册)[M]. 北京: 高等教育出版社.

沐定夷, 谢惠民. 2010. 吉米多维奇数学分析习题集学习指引(第一册)[M]. 北京: 高等教育出版社.

聂宏, 祝丹梅, 等. 2013. 大学生数学竞赛解析教程[M]. 北京: 化学工业出版社.

裴礼文. 2006. 数学分析中的典型问题与方法[M]. 2 版. 北京: 高等教育出版社.

蒲和平. 2014. 大学数学竞赛教程[M]. 北京: 电子工业出版社.

钱昌本. 2004. 解题之道: 高等数学范例剖析 240 题[M]. 西安: 西安交通大学出版社.

钱吉林. 2003. 数学分析题解精粹[M]. 武汉: 崇文书局.

邵剑, 李大侃. 2008. 高等数学专题梳理与解读[M]. 上海: 同济大学出版社.

舒阳春. 2005. 高等数学中的若干问题解析[M]. 北京: 科学出版社.

孙本旺, 汪浩. 1981. 数学分析中的典型例题和解题方法[M]. 长沙: 湖南科学技术出版社.

孙梦佳. 2014. 一道全国大学生数学竞赛试题的四种解法[J]. 高等数学研究, 17(2): 48—50,53.

唐烁, 夏成林, 于莉. 2017. 几道大学生数学竞赛题的注记[J]. 大学数学, 33(5): 49—51.

王丽萍. 2012. 历届 IMC 国际大学生数学竞赛试题集(1994—2010)[M]. 哈尔滨: 哈尔滨大学出版社.

谢惠民, 沐定夷. 2011. 吉米多维奇数学分析习题集学习指引(第二、三册)[M]. 北京: 高等教育出版社.

谢惠民, 恽自求, 易法槐, 等. 2004. 数学分析习题课讲义(下册)[M]. 北京: 高等教育出版社.

徐兵. 2007. 高等数学证明题 500 例解析[M]. 北京: 高等教育出版社.

徐利治, 王兴华. 1983. 数学分析的方法及例题选讲[M]. 修订版. 北京: 高等教育出版社.

徐森林, 薛春华. 2005. 数学分析(第一册)[M]. 北京: 清华大学出版社.

徐新亚, 夏海峰. 2008. 数学分析选讲[M]. 上海: 同济大学出版社.

许康, 陈强, 陈挚, 等. 2012. 前苏联大学生数学奥林匹克竞赛题解(上编、下编)[M]. 哈尔滨: 哈尔滨工业大学出版社.

薛春华, 徐森林. 2009. 数学分析精选习题全解(上)[M]. 北京: 清华大学出版社.

严子谦, 尹景学, 张然. 2009. 数学分析中的方法与技巧[M]. 北京: 高等教育出版社.

杨松华, 王爵禄. 2002. 高等数学一题多解[M]. 郑州: 郑州大学出版社.

叶国菊, 赵大方. 2009. 数学分析学习与考研指导[M]. 北京: 清华大学出版社.

岳全发. 2004. 高等数学演算一题多解[M]. 北京: 新时代出版社.

张天德, 窦慧, 崔玉泉. 2014. 全国大学生数学竞赛辅导指南[M]. 北京: 清华大学出版社.

郑华盛, 胡结梅. 2012. 定积分不等式及其最佳常数的两种证明方法[J]. 高等数学研究, 15(6): 6—8.

郑华盛, 胡结梅. 2015. 一道定积分不等式证明题的推广[J]. 高等数学研究, 18(6): 10—11,15.

郑华盛, 胡结梅. 2016. 两个典型数列极限的推广[J]. 大学数学, 32(1): 91—95.

郑华盛, 魏贵珍. 2016. 对一道习题的再思考[J]. 高等数学研究, 19(2): 27—29.

郑华盛, 徐伟. 2008. 矩阵对角化方法的应用[J]. 高等数学研究, 11(3): 58—64.

郑华盛, 徐伟. 2011. 一种确定求积公式误差最优估计的简单方法[J]. 数学的实践与认识, 41(10): 225—229.

郑华盛, 徐伟. 2014. 一种生成迭代数列的新方法[J]. 高等数学研究, 17(1): 47—49.

郑华盛. 2012. 非线性递推数列极限的不动点解法[J]. 高等数学研究, 15(5): 1—3.

郑华盛. 2014. 不定积分的代数解法[J]. 大学数学, 30(1): 78—83.

郑华盛. 2014. 三重积分交换积分次序的方法[J]. 高等数学研究, 17(2): 25—27.

郑华盛. 2014. 高阶常系数非齐次线性微分方程的逆特征算子分解法[J]. 大学数学, 30(4): 76—81.

郑华盛. 2014. 一类含中介值定积分等式证明题的构造[J]. 数学的实践与认识, 44(19): 281—285.

郑华盛. 2015. 幂级数在不等式证明中的应用[J]. 高等数学研究, 18(3): 27—28.

郑华盛. 2015. 一类函数零点问题的推广[J]. 大学数学, 31(4): 45—48.

郑华盛. 2016. 含中介值 $\xi-\eta-\varsigma$ 等式的证明方法[J]. 高等数学研究, 19(4): 68—71.

郑华盛. 2016. 一种计算和式数列极限的方法[J]. 高等数学研究, 19(6):17—19.

郑华盛. 2017. 对偶方法在极限中的应用[J]. 高等数学研究, 20(5):35—37.

周本虎, 任耀峰. 2015. 大学生数学竞赛辅导: 高等数学题型方法技巧[M]. 北京: 科学出版社.

朱尧辰. 2013. 数学分析例选通过范例学技巧[M]. 哈尔滨: 哈尔滨工业大学出版社.

Zheng H S. 2012. Two notes on numerical differentiation formulas[J]. Chinese Quarterly Journal of Mathematics, 27(4): 480—484.